Numerical Analysis, 9e
數值分析 精華版【第九版】

Richard L. Burden・J. Douglas Faires 著

江大成 譯

Australia • Brazil • Canada • Mexico • Singapore • United Kingdom • United States

```
數值分析 精華版 / Richard L. Burden, J. Douglas Faires
著；江大成譯. -- 初版. -- 臺北市：新加坡商聖智學習
   面；公分
   譯自：Numerical Analysis, 9th ed.
   ISBN 978-986-6121-16-6

   1. 數值分析

318                                          100008173
```

數值分析 精華版【第九版】

© 2012年，新加坡商聖智學習亞洲私人有限公司台灣分公司著作權所有。本書所有內容，未經本公司事前書面授權，不得以任何方式（包括儲存於資料庫或任何存取系統內）作全部或局部之翻印、仿製或轉載。

© 2012 Cengage Learning Asia Pte. Ltd.
Original: Numerical Analysis, 9e
　　　　By Richard L. Burden・J. Douglas Faires
　　　　ISBN: 9780538733519
　　　　©2011 Cengage Learning
　　　　All rights reserved.

2 3 4 5 6 7 8 9 2 0 2 0

出 版 商　　新加坡商聖智學習亞洲私人有限公司台灣分公司
　　　　　　104415 臺北市中山區中山北路二段 129 號 3 樓之 1
　　　　　　http://www.cengageasia.com
　　　　　　電話：(02) 2581-6588　傳眞：(02) 2581-9118
原　　著　　Richard L. Burden・J. Douglas Faires
譯　　者　　江大成
執行編輯　　吳曉芳
印務管理　　吳東霖
總 經 銷　　臺灣東華書局股份有限公司
　　　　　　地址：100004 臺北市中正區重慶南路一段 147 號 3 樓
　　　　　　http://www.tunghua.com.tw
　　　　　　郵撥：00064813
　　　　　　電話：(02) 2311-4027
　　　　　　傳眞：(02) 2311-6615
出版日期　　西元 2020 年 08 月　初版二刷

ISBN 978-986-6121-16-6

(20SRM0)

前言

關於本書

我們為了一系列有關數值近似方法(approximation techniques)之理論與應用的課程而撰寫本書。讀者應至少修畢標準的大學微積分課程。熟悉基本矩陣代數與微分方程將有助於研讀本書，但我們在本書中已對相關要點做了必要的說明，所以是否修習過這些課程並非必要的條件。

之前版本的《數值分析》已被廣泛使用。有時候，數值方法背後的數學分析，比方法本身受到更多重視，在其他時候則剛好相反。我們編寫本書使能適應不同的讀者，但不捨去我們原來的目的：

介紹現代的近似方法；解釋這些方法如何、為何，以及何時有用；作為進一步研讀數值分析與科學計算的基礎。

雖然本書涵蓋的內容足夠一年的修習，但我們希望教師們能將本書用於一學期的課程。在這樣的一學期課程中，學生將學會辨別須使用數值方法求解之問題的種類，並學得在使用這些方法時，誤差傳遞的實例。對無法求得確解(exact solution)的問題，應能求得精確的近似解，並學會估計此近似解誤差界限(error bound)的方法。本書的其餘部分，則可做為未在課程中教授之方法的參考資料。不論是一年或單一學期的安排，都符合本書撰寫的目的。

本書中幾乎所有的概念都有例題說明，目前版本中包含了近 2600 題經過課堂測試的習題，由各種方法及算則(algorithm)的基本應用，到理論的一般化及推廣。此外，習題中包含了來自不同領域，如工程、物理、電腦、生物及社會科學等無數的應用問題。我們選取的應用實例，明確地顯示出數值方法可以如何應用於真實生活中，而且經常有其必要。

有好幾種電腦代數系統(Computer Algebra System, CAS)套裝軟體，可執行符式數學計算(symbolic mathematical computation)。在學術界使用最多的是 Maple®、Mathematica® 和 MATLAB®，這些軟體都有版本可於最通用的電腦系統上執行。此外，還有開放原始碼系統(open source system)的 Sage 可供選用。此系統主要由華盛頓大學的 William Stein 所開發，並於 2005 年 2 月首度公開。在網站

http://www.sagemath.org

可找到有關 Sage 的資訊。雖然這些軟體在價格及功能上有明顯的差異，但均可執行標準的代數及微積分運算。

本書中絕大部分的例題及習題都是可找到確解的問題，因為這樣我們才能了解近似方法的性能。此外，許多數值技術的誤差分析須要用到函數的高階常微或偏微導數，求高階導數的過程是非常繁瑣的，對熟悉微積分技巧的人而言，此過程也沒有太大意義。若能有一個可執行符式計算的軟體，對研習近似技術會很有幫助，因為使用符式運算可以很快地獲得各種導數。多一點深入的了解，也有助於用符式運算求得界限值。

我們選用 Maple 做為本書標準軟體是因為它使用廣泛，且它提供的 *NumericalAnalysis* 程式包，包含了和本書相同的方法與算則。但只經過微幅的修改，亦可使用其他的 CAS 替代。只要我們覺得使用 CAS 具有顯著的好處，我們就加入適當的例題及習題，當使用 CAS 無法提供一個問題的確解時，我們亦說明它使用的近似方法。

算則與程式

在第一版中，我們採用了一種創新但略具爭議性的作法。我們並不使用任一種特定的程式語言(在當時 FORTRAN 為主流)以呈現各種近似方法，我們採用一種虛擬程式碼(pseudo code)以說明算則，用不同的程式語言，可以很容易地將此虛擬程式碼轉換成結構完整的程式。以絕大多數通用程式語言所撰寫的程式及 CAS 的工作單(worksheets)均已完成，均於線上提供。均置於網頁：

t.ly/d4Bb

對每一個算則，網站上包括了 FORTRAN、Pascal、C 及 Java 的程式。此外，我們也寫了 Maple、Mathematica 及 MATLAB 的程式。這可確保，對常用的計算系統都有一組程式可用 (若無法連結網址，請洽詢東華書局)。

每一個程式都有一個與本書密切相關的問題做示範。這讓你可以依選擇的程式語言，先執行程式以了解輸出輸入的型式。然後對這些程式做微幅的修改，以用於不同的問題。對每一種程式系統，其輸出輸入的型式都儘可能相同。這使得教師可以對程式做一般性的討論，而無須顧慮每個學生使用不同的程式語言。

所有的程式都是設計可在最少的電腦配備上執行，並以 ASCII 碼的格式提供。它們可以用任一種可處理標準 ASCII 碼的文字處理器加以編輯或修改 (通常這種檔案也稱為「純文字」檔)。其中 README 檔隨著各個程式檔案，使得每一種程式語言的特色可以分別說明。且同時提供 ASCII 及 PDF 格式的 README 檔。如果有新的軟體完成，程式將會更新並放置於本書的網站。

對多數的程式系統，你將須要適當的軟體，例如 Pascal、FORTRAN 以及 C 語言須要編輯器(compiler)，或者一種電腦代數系統(Maple、Mathematica、及 MATLAB)。使用 Java 是較為特殊。你須要相對的系統以執行 Java 程式，但是 Java 可由多個不同的網站免費下載。獲得 Java 的最佳方法是在搜尋引擎上搜尋 Java 關鍵字，然後選擇一個下載網站，依其指示下載。

本版新增事項

本書初版至今已超過 30 年，那是由電腦的普及化造成數值方法大幅躍進後的 10 年。在每一版的修訂中，我們都加入新的方法，以保持本書與時俱進。延續此做法，在第 9 版中我們有幾項重要修訂。

- 我們大幅擴增了對數值線性代數的探討，並成為本版的一個修訂重點。特別是在第 9 章的最後，增加奇異值分解(Singular Value Decomposition)一節。這必須將第 9 章的前段全部重寫，並將第 6 章做相當的擴充，納入對稱及正交矩陣的相關內容。第 9 章比起第 8 版增加了約 40%的長度，並納入了相當多的新例題與習題。對於這些內容，先修過線性代數課程當然較好，但本書已納入了足夠的背景材料，而且對所有的定理，如果未在書中證明，都至少提供一個常見的參考來源。
- 本書所有例題均加以改寫，可在說明解法之前，更清楚地呈現問題本身。對於迭代計算的問題，在許多例題中都將其第一次迭代的計算步驟明確地列出。讀者可以依據這些步驟，對自己撰寫的程式做測試與除錯。
- 另外增加了說明題(Illustration)一種。當討論某個方法的特定應用時，若它不適用例題的問題陳述—解答的格式，則使用說明題解說。
- 書中所用的 Maple 程式，皆盡可能依據它的 *NumericalAnalysis* 程式包之格式。陳述所用的文字與 Maple 工作單所用完全一致，而輸出結果所用的字型，也與 Maple 一樣。
- 擴充了某些節，也分割某些節，以便於講授與指定作業。特別是在第 3、6、7、及 9 章。
- 加入了許多新的歷史註解。數值分析中大部分的內容都是在 20 世紀中期之前建立的，讀者應了解到，數學的發展是不斷往前的。
- 參考文獻的內容亦已更新，使用參考書籍的最新版本，亦加入了之前沒有的參考資料。

在每次的修訂中，每一個句子都會嚴謹審訂，以確定能對內容做最佳的詮釋。

課程規劃建議

本書在設計上要讓教師在選擇教材上有更多的彈性，能夠同時兼顧理論的嚴謹與應用的重點。依據此方向，我們對未能在書中推導的結果，以及各種方法的應用範疇提供了詳細的參考文獻。本書所列參考文獻均為大學圖書館常見的，並已對版本做更新。在可引用給讀者的情形下，我們也引述原始研究論文的內容。

下面流程圖顯示了書中各章的相關教學引導。作者於 Youngstown 州立大學教學期間，曾使用過此圖中各種可能的順序引導。

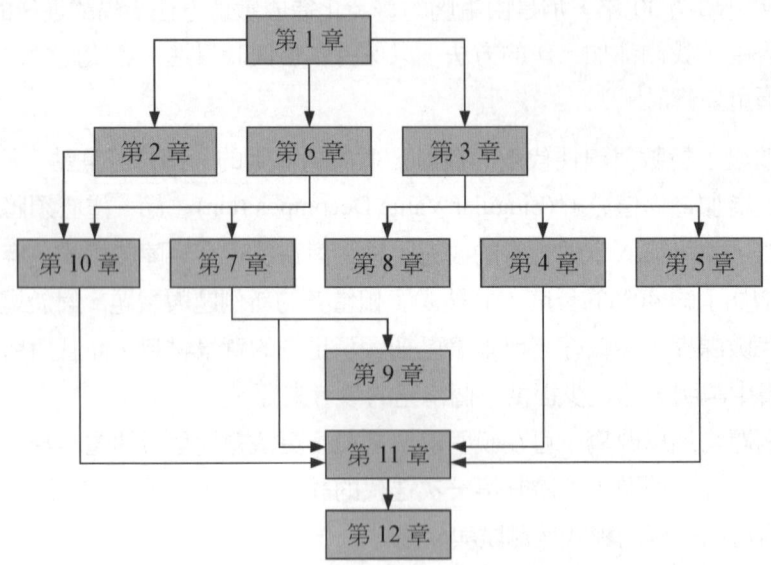

利用本版中新增的內容，教師應該能夠為沒有修過數值分析的學生，開一門數值線性代數的課。這可以納入第 1、6、7 及 9 章，然後再視時間許可，加入其他內容。

線上教學資源

線上教學資源內容包括：

- 第 10 章：非線性方程組數值解
- 第 11 章：常微分方程之邊界值問題
- 第 12 章：偏微分方程數值解
- 各章完整習題
- 參考文獻
- 第 2-9 章檢視方法與軟體小節
- 歷史註解

本書二刷所提到光碟內容改為線上教學資源，讀者可透過東華書局網站：https://www.tunghua.com.tw 搜尋本書取得

目次

前言　i

第 1 章　數學基礎及誤差分析　1

1.1　微積分複習　2
1.2　捨入誤差與電腦算術　17
1.3　算則及收斂　31
1.4　數值軟體　40

第 2 章　一元方程式的解　47

2.1　二分法　48
2.2　固定點迭代　56
2.3　牛頓法及其延伸　65
2.4　迭代法之誤差分析　76
2.5　加速收斂　85
2.6　多項式零點及繆勒法　89

第 3 章　內插及多項式近似　101

3.1　內插法與拉格朗日多項式　102
3.2　數據近似和 Neville 法　113
3.3　均差法　121
3.4　Hermite 內插多項式　131
3.5　三次雲形線內插　139
3.6　參數曲線　158

第 4 章　數值微分與積分　165

4.1　數值微分　165

4.2　理查生外推法　176

4.3　基本數值積分　183

4.4　複合數值積分　193

4.5　Romberg 積分　202

4.6　適應性數值積分法　208

4.7　高斯數值積分　216

4.8　多重積分　223

4.9　瑕積分　238

第 5 章　常微分方程的初值問題　245

5.1　初值問題的基本定理　246

5.2　歐拉法　252

5.3　高階泰勒法　262

5.4　Runge-Kutta 法　268

5.5　誤差控制與 Runge-Kutta-Fehlberg 法　279

5.6　多步法　286

5.7　可變步進多步法　300

5.8　外推法　306

5.9　高階及聯立微分方程組　313

5.10　穩定性　324

5.11　硬性微分方程　333

第 6 章　以直接法解線性方程組　341

6.1　線性方程組　342

6.2　樞軸變換策略　355

6.3　線性代數與矩陣求逆　364

6.4　矩陣的行列式值　376

6.5　矩陣因式分解　381

6.6　特殊矩陣　391

第 7 章　矩陣代數之迭代法　409

7.1　向量與矩陣的範數　410

7.2　特徵值與特徵向量　421

7.3　Jacobi 和高斯-賽德迭代法　428

7.4　求解線性方程組的鬆弛法　440

7.5　誤差界限及迭代精細化　446

7.6　共軛梯度法　455

第 8 章　近似理論　473

8.1　離散最小平方近似　474

8.2　正交多項式與最小平方近似　485

8.3　柴比雪夫多項式與冪次級數節約化　494

8.4　有理函數近似　504

8.5　三角多項式近似　515

8.6　快速傅立葉轉換　524

第 9 章　近似特徵值　535

9.1　線性代數與特徵值　536

9.2　正交矩陣與相似轉換　544

9.3　冪次法　550

9.4　Householder 法　567

9.5　QR 算則　575

9.6　奇異值分解　587

索引　601

CHAPTER 1

數學基礎及誤差分析

引言

在初級化學課程中,我們學過理想氣體定律(ideal gas law),

$$PV = NRT$$

此定律建立了「理想」氣體的壓力 P、體積 V、溫度 T、及莫爾(mole)數 N 之間的關係。在此方程式中,R 是一個取決於量測系統的常數。

假設我們使用同樣的氣體進行了兩個實驗,以測試此定律。在第一個實驗中,

$$P = 1.00 \text{ atm}, \qquad V = 0.100 \text{ m}^3$$
$$N = 0.00420 \text{ mol}, \qquad R = 0.08206$$

理想氣體定律預測此氣體的溫度應為

$$T = \frac{PV}{NR} = \frac{(1.00)(0.100)}{(0.00420)(0.08206)} = 290.15 \text{ K} = 17°C$$

但是當我們實際量測氣體溫度時發現,溫度為 15°C。

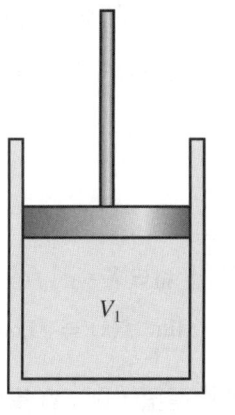
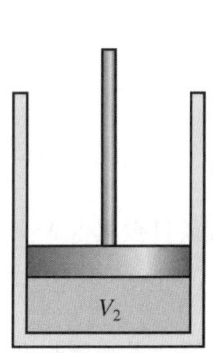

然後我們使用同樣的 R 及 N 的值重複此實驗,但是將壓力變為原來的兩倍,體積則減為 $\frac{1}{2}$。因為 PV 的乘積不變,所以預測值仍為 17°C,但這次我們發現,實際溫度為 19°C。

明顯的,理想氣體定律值得懷疑,但在我們做出此定律不適用此情形的結論前,我們應該先檢視一下我們的數據,看看

此誤差是否可歸因於實驗量測。若確實如此,我們或能決定,實驗結果應精確至何種程度,以確保此種程度的誤差不會發生。

對於和計算(calculation)相關之誤差的分析,是數值分析中一項重要課題,並將在 1.2 節中說明。此一例子列於該節之習題 28。

本章針對爾後各章將用到的,有關基本單變數微積分中的一些重點做簡單的複習。要理解數值方法的分析,必須有堅實的微積分基礎,如果你有一段時間沒有接觸微積分了,你可能須要更多的複習。本章並同時介紹收斂(convergence)、誤差分析(error analysis)、數字的機器碼型態及一些計算誤差的分類與最小化的方法。

1.1 微積分複習

■ 極限與連續性

函數的極限(limit)與連續性(continuity)的概念,是研讀微積分的基礎,同時也是分析數值方法的基礎。

定義 1.1

一個定義於實數集合 X 上的函數 f 在 x_0 處有**極限** L,寫做

$$\lim_{x \to x_0} f(x) = L$$

若給定任意實數 $\varepsilon > 0$,則存在有實數 $\delta > 0$ 在 $x \in X$ 且 $0 < |x - x_0| < \delta$ 時可使得

$$|f(x) - L| < \varepsilon$$

(見圖 1.1) ∎

定義 1.2

令 f 為定義於實數集合 X 上的函數且 $x_0 \in X$,則 f 在 x_0 處為**連續**(continuous)之條件為

$$\lim_{x \to x_0} f(x) = f(x_0)$$

若函數 f 在集合 X 所屬的每一個數均連續,則 **f 在集合 X 上連續**(continuous on the set)。 ∎

以 $C(X)$ 代表在 X 上連續的所有函數的集合。當 X 為實數線之一段時,則此表示式中的括弧可以省略。例如,在封閉區間 $[a,b]$ 為連續的所有函數的集合記為 $C[a,b]$。符號 $\mathbb{R}$ 代表所有實數的集合,它的區間表示則為 $(-\infty, \infty)$。所以在每一實數均為連續的所有函數所成的集合記為 $C(\mathbb{R})$ 或 $C(-\infty, \infty)$。

可以用同樣的方式定義實數或複數數列的極限。

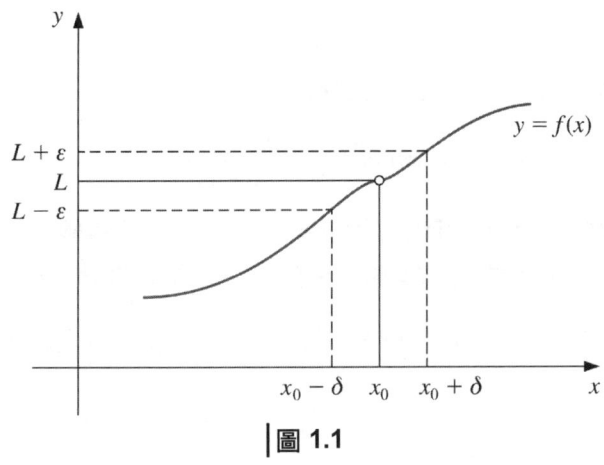

圖 1.1

定義 1.3

令 $\{x_n\}_{n=1}^{\infty}$ 為一個實數或複數的無窮數列。若,對任意 $\varepsilon > 0$ 存在有正整數 $N(\varepsilon)$,在 $n > N(\varepsilon)$ 時可使得 $|x_n - x| < \varepsilon$,則數列 $\{x_n\}_{n=1}^{\infty}$ 有**極限** x,或稱**收斂至**(converge to) x。其表示式

$$\lim_{n \to \infty} x_n = x \text{;或當 } n \to \infty, x_n \to x$$

代表數列 $\{x_n\}_{n=1}^{\infty}$ 收斂至 x。 ∎

定理 1.4

若 f 為一個定義於由實數所構成的集合 X 之上的函數,且 $x_0 \in X$,則以下敘述為同義:

a. f 在 x_0 處為連續;
b. 若 $\{x_n\}_{n=1}^{\infty}$ 為 X 中之任一數列,且收斂至 x_0,則 $\lim_{n \to \infty} f(x_n) = f(x_0)$。 ∎

在討論數值方法時,我們假設所有被考慮的函數均為連續,因為這是函數為可預測的最低要求。不連續的函數,可能跳過某些重要的點,使得我們難以求得問題的近似解。

■ 可微性(Differentiability)

對於一個函數的假設愈完備,通常可獲得愈好的近似解。例如,相較於具有無數鋸齒狀圖形的函數,一個具有平滑圖形的函數更較易於預測。平滑度(smoothness)則植基於導數的概念。

定義 1.5

令 f 為一個定義於包含 x_0 的開放區間的函數。若存在有

$$f'(x_0) = \lim_{x \to x_0} \frac{f(x) - f(x_0)}{x - x_0}$$

則函數 f 在 x_0 為**可微**(differentiable)。$f'(x_0)$ 稱做 f 在 x_0 處的**導數**(derivative)。若一個函數對集合 X 中的每一個數均存在有導數,則此函數在 X 為**可微**。 ∎

函數 f 在 x_0 處的導數,就是函數 f 的圖形在 $(x_0, f(x_0))$ 處切線的斜率,如圖 1.2 所示。

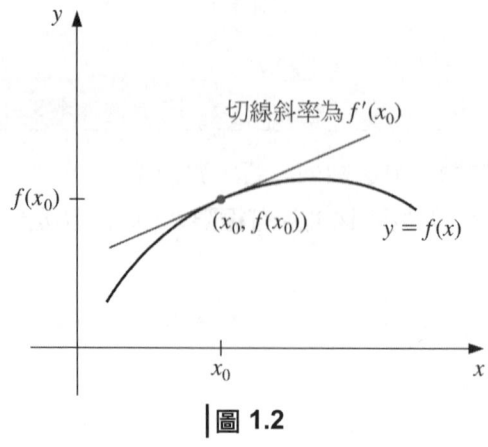

圖 1.2

定理 1.6

若函數 f 在 x_0 是可微的,則 f 在 x_0 為連續。 ∎

下一個定理在推導估計誤差的方法時非常重要。讀者可在任何標準的微積分教科書中找到此定理,以及本節中其他未列參考文獻之定理的證明。

所有在 X 上有 n 階連續導數之函數的集合記做 $C^n(X)$,所有在 X 上有任意階導數之函數的集合記做 $C^\infty(X)$。多項式、有理數、三角、指數、以及對數函數都屬於 $C^\infty(X)$,在此 X 包含了使函數有定義的所有的數。當 X 為實數線之一段時,同樣的,我們可省略表示式中的括弧。

定理 1.7 羅氏(Rolle)定理

假設 $f \in C[a,b]$ 且 f 在 (a,b) 上是可微的。若 $f(a) = f(b)$,則在 (a,b) 間存在有一數 c 使得 $f'(c) = 0$。(見圖 1.3) ∎

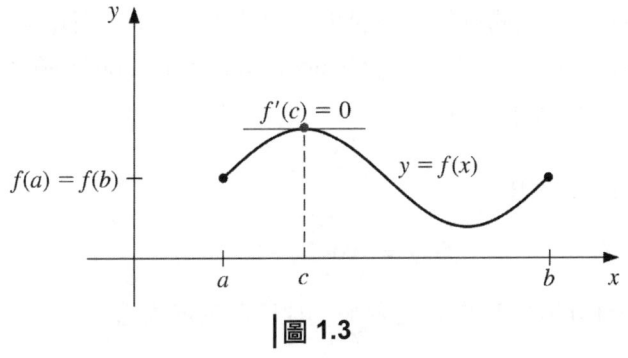

圖 1.3

定理 1.8 平均值定理(Mean Value Theorem)

若 $f \in C[a,b]$ 且 f 在 (a,b) 間是可微的，則在 (a,b) 間存在有一數 c 使得

$$f'(c) = \frac{f(b) - f(a)}{b - a}$$

(見圖 1.4)

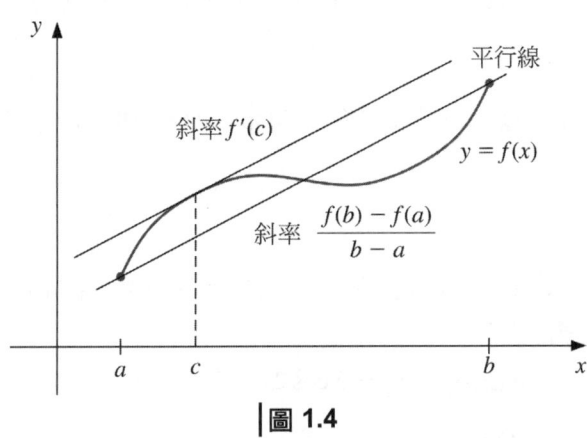

圖 1.4

定理 1.9 極值定理(Extreme Value Theorem)

若 $f \in C[a,b]$，則對所有的 $x \in [a,b]$ 存在有 $c_1, c_2 \in [a,b]$ 使得 $f(c_1) \leq f(x) \leq f(c_2)$。此外，若 f 在 (a,b) 間是可微的，則數 c_1、c_2 必位於 $[a,b]$ 的端點，或 f' 為 0 處。(見圖 1.5)

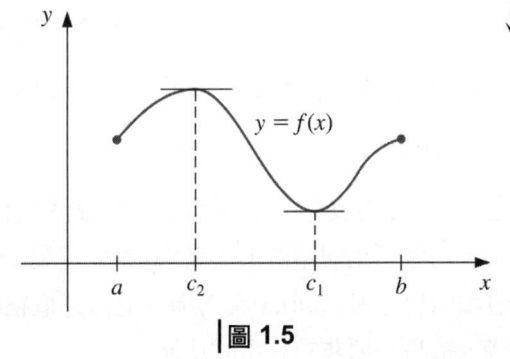

圖 1.5

在前言中提到過，我們將在所有適當的時機使用 Maple 電腦代數系統。電腦代數系統(Computer algebra systems)在符式微分(symbolic differentiation)及繪圖兩方面特別有用。此兩種技巧將用例題 1 說明。

例題 1 使用 Maple 以找出

$$f(x) = 5\cos 2x - 2x\sin 2x$$

在區間**(a)** [1, 2]、及**(b)** [0.5, 1] 中的絕對最小值與絕對最大值。

解 在 Maple C2D 的 Math 選項之下可選擇 Text 或 Math 輸入。經由在文件中加入標準文字資訊，Text 輸入係用以編排工作單(worksheet)。Math 輸入選項則用以執行 Maple 指令。對 Maple 的輸入可以直接鍵入，或由 Maple 畫面左側的選項中選取。我們將使用鍵入的輸入方式，因為這樣較能準確的說明。關於畫面選取的輸入方式，則請參考 Maple 的自學手冊。在我們的說明中，Maple 的輸入指令使用斜體字，Maple 的回復則以灰色網底呈現。

為確保我們所用的變數之前沒有被指定過，我們首先使用指令

restart

以清除 Maple 的記憶體。我們將先介紹 Maple 的繪圖能力。要使用繪圖軟體，輸入指令

with(*plots*)

以載入繪圖軟體。Maple 會回復軟體中所有可用指令的清單。在 *with*(*plots*)的後面加上一個冒號，可抑制此清單的出現。

以下指令可定義出 x 的函數 $f(x) = 5\cos 2x - 2x\sin 2x$。

$f := x \rightarrow 5\cos(2x) - 2x \cdot \sin(2x)$

Maple 會回復

$$x \rightarrow 5\cos(2x) - 2x\sin(2x)$$

要畫出 f 在區間[0.5, 2]的圖形，輸入以下指令

$plot(f, 0.5..2)$

圖 1.6 為執行此指令並在圖形上點擊滑鼠後的結果。點擊滑鼠就告訴 Maple 進入繪圖模式，它會列出觀看圖形的各種選項。移動游標到圖形上點擊，可知道該點的座標。座標值顯示於左邊 *plot*(*f*, 0.5..2)指令上方的框格內。在推估函數與座標軸交點和極值(extrema)時，這是一項非常有用的功能。

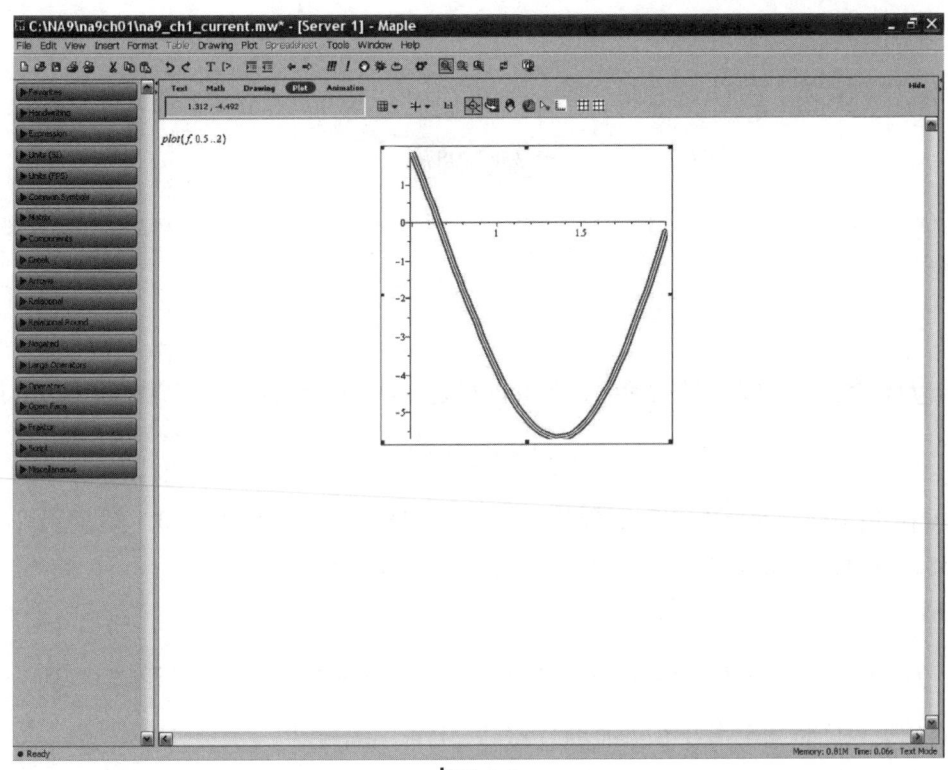

圖 1.6

$f(x)$ 在區間 $[a, b]$ 間的絕對最大值與最小值，只可能出現在兩個端點或臨界點(critical point)。

(a) 當區間為[1,2]時我們有

$$f(1) = 5\cos 2 - 2\sin 2 = -3.899329036 \quad 及 \quad f(2) = 5\cos 4 - 4\sin 4 = -0.241008123.$$

當 $f'(x) = 0$ 時有臨界點。要用 Maple 求出此點，我們先用以下指令定義出函數 fp 以代表 f'

$fp := x \to \mathit{diff}(f(x), x)$

Maple 會回復

$$x \to \frac{d}{dx} f(x)$$

要得到明確的 $f'(x)$，可輸入指令

$fp(x)$

Maple 會印出導數

$$-12\sin(2x) - 4x\cos(2x)$$

要求得臨界點，使用指令

$fsolve(fp(x), x, 1..2)$

Maple 會告訴我們，在 [1,2] 之間，當 x 為

$$1.358229874$$

時，$f'(x) = fp(x) = 0$。

用指令

$f(\%)$

以求出 $f(x)$ 在該點的值。符號%代表 Maple 最近一次的傳回值。在臨界點處 f 的值為

$$-5.675301338$$

所以，在 [1, 2] 之間 $f(x)$ 的絕對最大值為 $f(2) = -0.241008123$，絕對最小值為 $f(1.358229874) = -5.675301338$，均至少準確至所示位數。

(b) 當區間為[0.5,1]，其端點的值為

$f(0.5) = 5\cos 1 - 1\sin 1 = 1.860040545$ 及 $f(1) = 5\cos 2 - 2\sin 2 = -3.899329036$

但是，如果我們試圖用指令 $fsolve(fp(x), x, 0.5..1)$ 求出臨界點

Maple 的回復是

$$fsolve(-12\sin(2x) - 4x\cos(2x), x, .5..1)$$

這代表 Maple 無法求出解。看了圖 1.6 的圖形後，原因就很明顯了。在此區間內函數 f 是持續遞減，所以無解。當 Maple 的回復和問題一樣時就要注意了，這代表它在質疑你的要求。

綜合上述，在區間 [0.5, 1] 之間的絕對最大值為 $f(0.5) = 1.86004545$，絕對最小值為 $f(1) = -3.899329036$，至少準確至所示位數。∎

下個定理通常不會出現在基本微積分課程中，它的推導是重複將羅氏定理用於 $f, f', \ldots, f^{(n-1)}$。此定理列於習題 23。

定理 1.10　一般化羅氏定理(Generalized Rolle's Theorem)

設 $f \in C[a,b]$ 在 (a, b) 上為 n 次可微。若在 $[a, b]$ 區間內有 $n+1$ 個相異數 $a \leq x_0 < x_1 < \ldots < x_n \leq b$ 使 $f(x) = 0$，則在 (x_0, x_n) 之間，也是在 (a, b) 之間，必存在有一數 c 使得 $f^{(n)}(c) = 0$。∎

我們也會經常用到中間值定理(Intermediate Value Theorem)。雖然其敘述看起來並不出奇，但其證明超過了一般微積分課程的範疇。在許多分析學教科書中可以找到其證明。

定理 1.11　中間值定理(Intermediate Value Theorem)

若 $f \in C[a,b]$ 且 K 為 $f(a)$ 與 $f(b)$ 之間的任意數，則在 (a,b) 區間內存在有一數 c 使得 $f(c) = K$。

圖 1.7 顯示由中間值定理所保證的一個中間點。在本例中還有另外兩點。

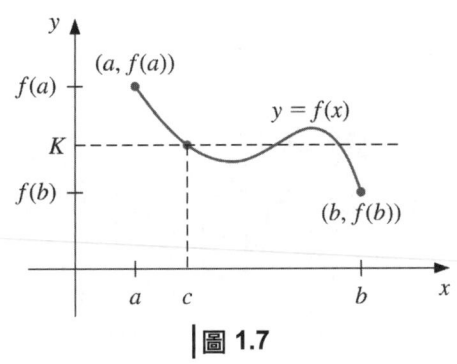

圖 1.7

例題 2　證明 $x^5 - 2x^3 + 3x^2 - 1 = 0$ 在區間 $[0, 1]$ 內有一個解。

解　考慮由 $f(x) = x^5 - 2x^3 + 3x^2 - 1$ 所定義的函數。函數 f 在 $[0, 1]$ 為連續，此外

$$f(0) = -1 < 0 \quad 且 \quad 0 < 1 = f(1)$$

經由中間值定理可知，必存在一數 x 且 $0 < x < 1$，可使得 $x^5 - 2x^3 + 3x^2 - 1 = 0$。

例題 2 顯示出，中間值定理可告訴我們一個問題何時是有解的。但是並不能提供有效的求解方法。此部分將在第 2 章中討論。

■ 積分

另一個廣泛使用的微積分觀念是黎曼積分。

定義 1.12

若存在的話，函數 f 在區間 $[a, b]$ 的**黎曼積分**(Riemann integral)為以下極限值：

$$\int_a^b f(x)\, dx = \lim_{\max \Delta x_i \to 0} \sum_{i=1}^n f(z_i)\, \Delta x_i$$

其中數 $x_0, x_1, \cdots, x_n$ 滿足 $a = x_0 \leq x_1 \leq \cdots \leq x_n = b$，且對所有的 $i = 1, 2, \cdots, n$，均有 $\Delta x_i = x_i - x_{i-1}$，而 z_i 為 $[x_{i-1}, x_i]$ 區間內的任意數。

在區間 $[a, b]$ 上為連續的函數 f，同時也是在區間 $[a, b]$ 上為黎曼可積(Riemann integrable)。為了計算方便，以上特點使我們可以對每一個 $i = 1, 2, \cdots, n$ 選擇 x_i 在區間 $[a, b]$

中做等間隔分布，並選取 $z_i = x_i$。在此情形下，

$$\int_a^b f(x)\,dx = \lim_{n\to\infty} \frac{b-a}{n} \sum_{i=1}^{n} f(x_i)$$

其中顯示在圖 1.8 中的數 x_i 為 $x_i = a + i(b-a)/n$。

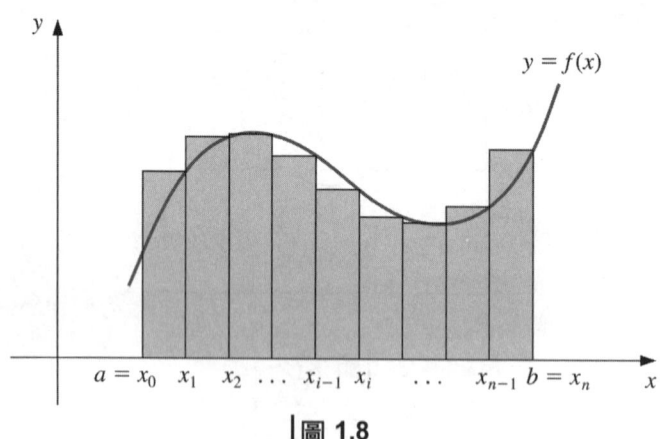

| 圖 1.8

在我們對數值分析的探討中還須要兩個定理。第一個是對普通積分平均值定理 (Mean Value Theorem for Integrals) 的一般化。

定理 1.13　加權的積分平均值定理 (Weighted Mean Value Theorem for Integrals)

假設 $f \in C[a,b]$，g 在 $[a,b]$ 區間內存在有黎曼積分，且 $g(x)$ 在 $[a,b]$ 區間內不變號。則在區間 (a,b) 內存在一數 c 使得

$$\int_a^b f(x)g(x)\,dx = f(c)\int_a^b g(x)\,dx \qquad \blacksquare$$

當 $g(x) \equiv 1$ 時，定理 1.13 即為普通積分平均值定理。它可獲得函數 f 在區間 $[a,b]$ 的**平均值** (average value) 為 (見圖 1.9)

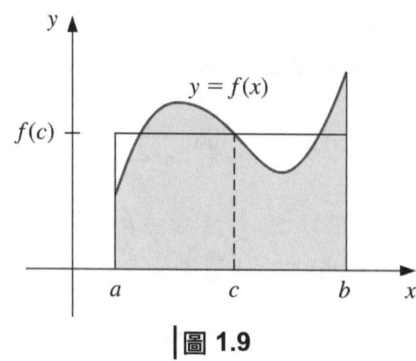

| 圖 1.9

$$f(c) = \frac{1}{b-a} \int_a^b f(x)\, dx$$

基本微積分課程中可能不會有定理 1.13 的證明，但可以在多數分析學的教科書中找到，(參見，例如 [Fu]，p.162)。

■ 泰勒多項式與級數 (Taylor Polynomials and Series)

我們要複習的最後一個定理是有關泰勒多項式。在數值分析中廣泛的使用此多項式。

定理 1.14　泰勒定理 (Taylor's Theorem)

假設 $f \in C^n[a,b]$，在 $[a,b]$ 間存在有 $f^{(n+1)}$，且 $x_0 \in [a,b]$。對每一個 $x \in [a,b]$，必存在有一個介於 x_0 與 x 間的數 $\xi(x)$ 使得

$$f(x) = P_n(x) + R_n(x)$$

其中

$$P_n(x) = f(x_0) + f'(x_0)(x-x_0) + \frac{f''(x_0)}{2!}(x-x_0)^2 + \cdots + \frac{f^{(n)}(x_0)}{n!}(x-x_0)^n$$
$$= \sum_{k=0}^{n} \frac{f^{(k)}(x_0)}{k!}(x-x_0)^k$$

且

$$R_n(x) = \frac{f^{(n+1)}(\xi(x))}{(n+1)!}(x-x_0)^{n+1}$$

在此 $P_n(x)$ 稱做 f 在 x_0 處的 **n 次泰勒多項式** (*n*th Taylor polynomial)，而 $R_n(x)$ 則稱做 $P_n(x)$ 的**剩餘項** (remainder term) 或**截尾誤差** (truncation error)。在截尾誤差 $R_n(x)$ 中的 $\xi(x)$ 的值取決於用來計算 $P_n(x)$ 的 x 的值，所以是 x 的函數。但我們不要指望能夠以外顯(explicit)的方示定義出 $\xi(x)$。泰勒定理僅確保此一函數存在，且其值介於 x_0 與 x 之間。事實上，在數值方法中經常遇到的問題就是，給定了 x 的區間後，求 $f^{(n+1)}(\xi(x))$ 的實際上下限。

若令 $n \to \infty$ 則 $P_n(x)$ 的極限成為無窮級數(infinite series)，此級數稱做函數 f 在 x_0 處的**泰勒級數** (Taylor series)。在 $x_0 = 0$ 時，泰勒多項式常被叫做**麥克勞林多項式** (Maclaurin polynomial)，而泰勒級數則被叫做**麥克勞林級數** (Maclaurin series)。

在泰勒多項式中**截尾誤差**的意義為，當我們用截斷的或有限項的和，來近似一個無窮級數的和時，所產生的誤差。

例題 3　令 $f(x) = \cos x$ 且 $x_0 = 0$。求

(a) f 對於 x_0 的二次泰勒多項式；及

(b) f 對於 x_0 的三次泰勒多項式。

解 因為 $f \in C^\infty(\mathbb{R})$，所以泰勒定理可用於任意 $n \geq 0$。同時，$f'(x) = -\sin x$，$f''(x) = -\cos x$，$f'''(x) = \sin x$ 及 $f^{(4)}(x) = \cos x$，所以

$$f(0) = 1 , f'(0) = 0 , f''(0) = -1 \text{ 及 } f'''(0) = 0$$

(a) 對 $n = 2$ 且 $x_0 = 0$ 時，我們有

$$\cos x = f(0) + f'(0)x + \frac{f''(0)}{2!}x^2 + \frac{f'''(\xi(x))}{3!}x^3$$

$$= 1 - \frac{1}{2}x^2 + \frac{1}{6}x^3 \sin \xi(x)$$

其中 $\xi(x)$ 為某個(通常是未知)介於 0 及 x 間的數。(見圖 1.10)

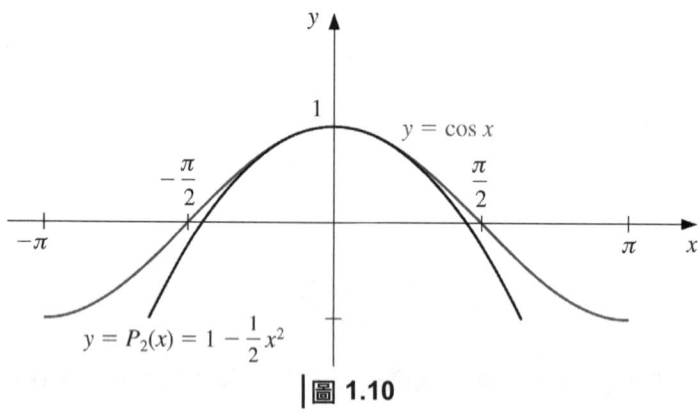

圖 1.10

當 $x = 0.01$，上式成為

$$\cos 0.01 = 1 - \frac{1}{2}(0.01)^2 + \frac{1}{6}(0.01)^3 \sin \xi(0.01) = 0.99995 + \frac{10^{-6}}{6}\sin \xi(0.01)$$

所以利用泰勒多項式所獲得的 $\cos(0.01)$ 的近似值為 0.99995。相對於此近似值的截尾誤差，或剩餘項為

$$\frac{10^{-6}}{6}\sin \xi(0.01) = 0.1\overline{6} \times 10^{-6} \sin \xi(0.01)$$

上式中 $0.1\overline{6}$ 的 6 上方加橫槓代表該數字無限重複。雖然我們無法決定 $\sin \xi(0.01)$ 的值，但我們知道正弦函數的所有值均落於 $[-1, 1]$ 區間內，所以當我們用 0.99995 做為 $\cos(0.01)$ 的近似值時，所產生誤差的上下限為

$$|\cos(0.01) - 0.99995| = 0.1\overline{6} \times 10^{-6}|\sin \xi(0.01)| \leq 0.1\overline{6} \times 10^{-6}$$

因此，近似值 0.99995 與 cos(0.01) 至少前五位數吻合，且

$$0.9999483 < 0.99995 - 1.\overline{6} \times 10^{-6} \leq \cos 0.01$$
$$\leq 0.99995 + 1.\overline{6} \times 10^{-6} < 0.9999517$$

此誤差界限遠大於實際的誤差。部分原因是我們所用的 $|\sin \xi(x)|$ 的界限不夠精確。習題 24 將證明，對所有的 x 必有 $|\sin x| \leq |x|$。因為 $0 \leq \xi < 0.01$，在誤差計算公式中，我們應利用 $|\sin \xi(x)| \leq 0.01$ 的事實，以獲得其誤差界限為 $0.1\overline{6} \times 10^{-8}$。

(b) 因為 $f'''(0) = 0$，在 $x_0 = 0$ 處的三次泰勒多項式及其剩餘項為

$$\cos x = 1 - \frac{1}{2}x^2 + \frac{1}{24}x^4 \cos \tilde{\xi}(x)$$

其中 $0 < \tilde{\xi}(x) < 0.01$。近似的多項式與前面一樣，近似值仍是 0.99995，但現在對精度的保證要高多了。因為對所有的 x 有 $|\cos \tilde{\xi}(x)| \leq 1$，我們有

$$\left| \frac{1}{24}x^4 \cos \tilde{\xi}(x) \right| \leq \frac{1}{24}(0.01)^4(1) \approx 4.2 \times 10^{-10}$$

所以

$$|\cos 0.01 - 0.99995| \leq 4.2 \times 10^{-10}$$

且

$$0.99994999958 = 0.99995 - 4.2 \times 10^{-10}$$
$$\leq \cos 0.01 \leq 0.99995 + 4.2 \times 10^{-10} = 0.99995000042 \quad\blacksquare$$

例題 3 點出了數值分析的兩個目的：

(i) 找出一個問題的近似解。

(ii) 決定此近似解的誤差界限。

兩個小題中所用的泰勒多項式對 (i) 提供了同樣的答案，但在 (ii) 的方面，三次泰勒多項式提供的答案遠優於二次泰勒多項式的結果。

我們也可用泰勒多項式求積分的近似解。

說明題 我們可以用例題 3 所求得的泰勒多項式及其剩餘項，以求得 $\int_0^{0.1} \cos x \, dx$ 的近似解。我們有

$$\int_0^{0.1} \cos x \, dx = \int_0^{0.1} \left(1 - \frac{1}{2}x^2\right) dx + \frac{1}{24} \int_0^{0.1} x^4 \cos \tilde{\xi}(x) \, dx$$
$$= \left[x - \frac{1}{6}x^3\right]_0^{0.1} + \frac{1}{24} \int_0^{0.1} x^4 \cos \tilde{\xi}(x) \, dx$$
$$= 0.1 - \frac{1}{6}(0.1)^3 + \frac{1}{24} \int_0^{0.1} x^4 \cos \tilde{\xi}(x) \, dx$$

因此，

$$\int_0^{0.1} \cos x \, dx \approx 0.1 - \frac{1}{6}(0.1)^3 = 0.0998\overline{3}$$

此近似值的誤差界限值取決於泰勒剩餘項的積分，以及對所有的 x，$|\cos \tilde{\xi}(x)| \leq 1$ 的事實：

$$\frac{1}{24} \left| \int_0^{0.1} x^4 \cos \tilde{\xi}(x) \, dx \right| \leq \frac{1}{24} \int_0^{0.1} x^4 |\cos \tilde{\xi}(x)| \, dx$$

$$\leq \frac{1}{24} \int_0^{0.1} x^4 \, dx = \frac{(0.1)^5}{120} = 8.\overline{3} \times 10^{-8}$$

因為此積分的真實值為

$$\int_0^{0.1} \cos x \, dx = \sin x \Big]_0^{0.1} = \sin 0.1 \approx 0.099833416647$$

故以上近似值的實際誤差為 8.3314×10^{-8}，此值是在誤差界限內。∎

我們也可用 Maple 求得以上結果。定義 f

$f := \cos(x)$

Maple 許可我們在一行中輸入多個敘述，各敘述間用冒號或分號隔開。使用分號可獲得所有的輸出，使用冒號則可抑制除了最後結果之外其他的輸出。例如，我們可獲得三次泰勒多項式如下

$s3 := taylor(f, x = 0, 4) : p3 := convert(s3, polynom)$

$$1 - \frac{1}{2}x^2$$

第一個敘述 $s3 := taylor(f, x = 0, 4)$ 決定此泰勒多項式是相對於 $x_0 = 0$，共有 4 項（3 次）及剩餘項。第二個敘述 $p3 := convert(s3, polynom)$ 則是將級數 $s3$ 的剩餘項捨去後轉換成多項式 $p3$。

Maple 輸出的近似值通常有 10 位小數。要顯示出 11 位有效位數，我們輸入

$Digits := 11$

並以下列指令計算

$y1 := evalf(subs(x = 0.01, f)); \ y2 := evalf(subs(x = 0.01, p3))$

這樣會得到

0.99995000042
0.99995000000

要顯示靠近 $x_0 = 0$ 處函數及多項式的圖形，則輸入

$plot((f,p3), x = -2..2)$

Maple 會顯示如圖 1.11 的圖形。

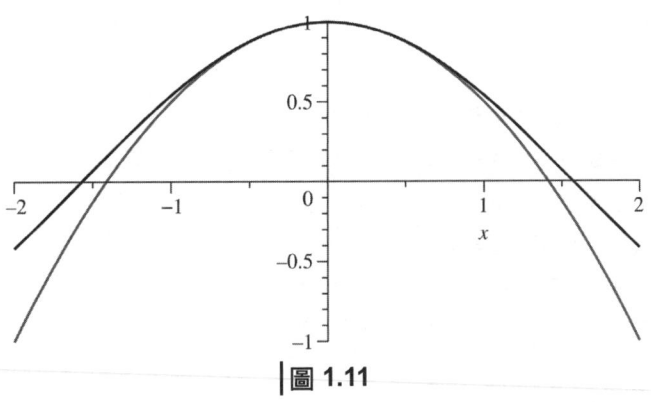

圖 1.11

對 f 及多項式積分的指令為

$q1 := int(f, x = 0..0.1); q2 := int(p3, x = 0..0.1)$

$$0.099833416647$$
$$0.099833333333$$

將這兩個值命名為 $q1$ 及 $q2$，以下指令可輕易求得誤差值

$err := |q1 - q2|$

$$8.3314 \; 10^{-8}$$

在學生版的 Maple 中有一個 *NumericalAnalysis* 的次程式集，也可用以產生泰勒多項式。將在第 2 章介紹此一次程式集。

習題組 1.1　完整習題請見隨書光碟

1. 證明下列各式在給定的區間內至少有一解。
   a. $x\cos x - 2x^2 + 3x - 1 = 0$,　$[0.2, 0.3]$ 及 $[1.2, 1.3]$
   b. $(x-2)^2 - \ln x = 0$,　$[1, 2]$ 及 $[e, 4]$
   c. $2x\cos(2x) - (x-2)^2 = 0$,　$[2, 3]$ 及 $[3, 4]$
   d. $x - (\ln x)^x = 0$,　$[4, 5]$

3. 證明在給定區間中 $f'(x)$ 至少有一次為 0。
   a. $f(x) = 1 - e^x + (e-1)\sin((\pi/2)x)$,　$[0, 1]$
   b. $f(x) = (x-1)\tan x + x\sin \pi x$,　$[0, 1]$

c. $f(x) = x \sin \pi x - (x-2) \ln x$, $\quad [1, 2]$

d. $f(x) = (x-2) \sin x \ln(x+2)$, $\quad [-1, 3]$

5. 使用中間值定理 1.11 及羅氏定理 1.7 證明，$f(x) = x^3 + 2x + k$ 恰好交 x 軸一次，不論常數 k 之值為何。

7. 令 $f(x) = x^3$
   a. 求 $x_0 = 0$ 處的二次泰勒多項式 $P_2(x)$。
   b. 當使用 $P_2(0.5)$ 做為 $f(0.5)$ 的近似值時，求 $R_2(0.5)$ 及真實誤差。
   c. 重複 (a) 但使用 $x_0 = 1$。
   d. 重複 (b) 但使用 (c) 所得的多項式。

9. 求函數 $f(x) = e^x \cos x$ 在 $x_0 = 0$ 處的二次泰勒多項式 $P_2(x)$。
   a. 使用 $P_2(0.5)$ 做為 $f(0.5)$ 的近似值。使用誤差公式找出誤差 $|f(0.5) - P_2(0.5)|$ 的上限，並與實際誤差做比較。
   b. 當在區間 $[0, 1]$ 內 $P_2(x)$ 用做為 $f(x)$ 的近似值時，找出誤差 $|f(x) - P_2(x)|$ 的界限。
   c. 利用 $\int_0^1 P_2(x) \, dx$ 求 $\int_0^1 f(x) \, dx$ 的近似值。
   d. 利用 $\int_0^1 |R_2(x)| \, dx$ 求(c)的誤差界限，並與實際誤差做比較。

11. 求函數 $f(x) = (x-1) \ln x$ 在 $x_0 = 1$ 處的三次泰勒多項式 $P_3(x)$。
    a. 使用 $P_3(0.5)$ 做為 $f(0.5)$ 的近似值。使用誤差公式找出誤差 $|f(0.5) - P_3(0.5)|$ 的上界，並與實際誤差做比較。
    b. 當在區間 $[0.5, 1.5]$ 內用 $P_3(x)$ 做為 $f(x)$ 的近似值時，找出誤差 $|f(x) - P_3(x)|$ 的界限。
    c. 利用 $\int_{0.5}^{1.5} P_3(x) \, dx$ 求 $\int_{0.5}^{1.5} f(x) \, dx$ 的近似值。
    d. 利用 $\int_{0.5}^{1.5} |R_3(x)| \, dx$ 求 (c) 的誤差界限，並與實際誤差做比較。

13. 求函數 $f(x) = xe^{x^2}$ 在 $x_0 = 0$ 處的四次泰勒多項式 $P_4(x)$。
    a. 求 $|f(x) - P_4(x)|$ 的上限，$0 \le x \le 0.4$。
    b. 利用 $\int_0^{0.4} P_4(x) \, dx$ 求 $\int_0^{0.4} f(x) \, dx$ 的近似值。
    c. 利用 $\int_0^{0.4} P_4(x) \, dx$ 找出(b)之誤差的上限。
    d. 利用 $P_4'(0.2)$ 求 $f'(0.2)$ 的近似值，並計算其誤差。

15. 利用 $\pi/4$ 處的泰勒多項式求 $\cos 42°$ 的近似值到 10^{-6}。

17. 令 $f(x) = \ln(x^2 + 2)$。利用 Maple 求下列各項
    a. f 對 $x_0 = 1$ 展開之泰勒多項式 $P_3(x)$。
    b. 在 $0 \le x \le 1$ 時 $|f(x) - P_3(x)|$ 之最大誤差。
    c. f 的麥克勞林多項式 $\tilde{P}_3(x)$。
    d. 在 $0 \le x \le 1$ 時 $|f(x) - \tilde{P}_3(x)|$ 之最大誤差。
    e. $P_3(0)$ 接近 $f(0)$ 的程度是否優於 $\tilde{P}_3(1)$ 接近 $f(1)$ 的程度？

19. 令 $f(x) = e^x$ 且 $x_0 = 0$。求 $f(x)$ 在 x_0 處的 n 次泰勒多項式 $P_n(x)$。求 n 值為何，可使區間 $[0, 0.5]$ 內 $P_n(x)$ 近似 $f(x)$ 至 10^{-6}。

21. 在 $[-\frac{1}{2}, \frac{1}{2}]$ 之間，可用多項式 $P_2(x) = 1 - \frac{1}{2}x^2$ 做為 $f(x) = \cos x$ 的近似值。求最大誤差界限。

23. 經由驗證以下各點以證明一般化羅氏定理，定理 1.10。
    a. 利用羅氏定理以證明 $f'(z_i) = 0$，其中 $a < z_1 < z_2 < \cdots < z_{n-1} < b$ 為 $[a, b]$ 區間內的 $n - 1$ 個數。

b. 利用羅氏定理以證明 $f''(w_i) = 0$，其中 w_i 為 $[a,b]$ 區間內滿足 $z_1 < w_1 < z_2 < w_2 \cdots w_{n-2} < z_{n-1} < b$ 的 $n-2$ 個數。

c. 繼續 a.及 b.的論述，證明對每個 $j = 1, 2, \ldots, n-1$，在 $[a,b]$ 內有 $n-j$ 個相異數使得 $f^{(j)}$ 為 0。

d. 證明由 c.小題可得本定理。

25. 用麥克勞林多項式來近似 e^x 時可得 e 的近似值 2.5。此一近似值的誤差界限為 $E = \frac{1}{6}$。求 E 之誤差的界限。

27. 若對所有的 $x, y \in [a,b]$，我們有 $|f(x) - f(y)| \le L|x-y|$，則稱函數 $f : [a,b] \to \mathbb{R}$ 滿足 *Lipschitz* 條件，且有介於 $[a,b]$ 間的 Lipschitz 常數 L。

a. 證明，若在 $[a,b]$ 間 f 滿足 Lipschitz 條件且有 Lipschitz 常數 L，則 $f \in C[a,b]$。

b. 證明，若 f 的導數在 $[a,b]$ 間有界限 L，則 f 滿足 Lipschitz 條件且在 $[a,b]$ 間有 Lipschitz 常數 L。

c. 舉出一個函數，其在某一封閉區間中為連續，但在該區間中不滿足 Lipschitz 條件。

29. 令 $f \in C[a,b]$，且 p 位於開放區間 (a,b) 內。

a. 設 $f(p) \ne 0$。證明存在有 $\delta > 0$，使得 $[p-\delta, p+\delta]$ 區間內的所有 x 均有 $f(x) \ne 0$，其中 $[p-\delta, p+\delta]$ 為 $[a,b]$ 的一個子集合。

b. 設 $f(p) = 0$ 且 $k > 0$ 為已知。證明存在有 $\delta > 0$，使得 $[p-\delta, p+\delta]$ 區間內的所有 x 均有 $|f(x)| \le k$，其中 $[p-\delta, p+\delta]$ 為 $[a,b]$ 的一個子集合。

1.2 捨入誤差與電腦算術

計算機或電腦所執行的算術，與我們在代數或微積分課程中用的算術是不一樣的。你或許會指望我們永遠有 $2 + 2 = 4$、$4 \times 8 = 32$ 以及 $(\sqrt{3})^2 = 3$ 這樣簡單的事實。在標準的電腦算術中，我們可以有 $2 + 2 = 4$ 及 $4 \times 8 = 32$，但我們將無法精確的獲得 $(\sqrt{3})^2 = 3$。要知道為什麼會這樣，我們必須探索有限位數算術 (finite-digit arithmetic) 的世界。

在傳統數學世界中，我們許可一個數可以有無限多位數。這個世界的算數定義 $\sqrt{3}$ 為一個特定的正數，當其自乘後，得到整數 3。但在計算的世界中，都只有固定且有限的位數。這意謂著，只有有理數——且並非全部——可精確的表示出來。因為 $\sqrt{3}$ 不是有理數，故只能以它的近似值來表達，此近似值的平方將不會剛好是 3，但在多數情形下它是足夠接近而可接受的。在多數情形下，機器算術夠精確而不會引起注意，但有時這種差異確會造成問題。

當使用計算機或電腦進行實數運算時，所產生的誤差叫做**捨入誤差** (round-off error)。此誤差的產生是因為，機器內部在運算時，只能使用有限的位數，故實際上是用該數的近似值在做計算。一個典型的電腦，只會用到整個實數系中相當小的一個子集合以代表整個實數系。此子集合僅包含正及負有理數，每個數分為小數與指數儲存。

■ 二進制機器數 (Binary Machine Numbers)

在 1985 年美國電機電子工程師學會 (IEEE) 出版了二進制浮點算術標準 (*Binary Floating Point Arithmetic Standard*) 754-1985。在 2008 年又公布了更新版 *IEEE 754-2008*。此標準提供了二進制與十進制浮點數資料交換的標準、算術運算時捨入的準則、及例外處理。區分單 (single)、倍 (double)、及延申 (extended) 精度的格式，所有使用浮點數硬體的微電腦製造商均遵循此標準。

實數用 64 位元(二進位數)表示。其第一位元代表正負號，記做 s。接著是 11 位元的指數部分，記做 c，叫做**特徵數** (characteristic)，然後是 52 位元的小數部分 f，又叫做**尾數** (mantissa)。指數的基底為 2。

因 52 位元相當於十進制的 16 到 17 位數，我們可以假定在此系統下，一個數可以精確到小數點後 16 位數。指數部分的 11 位元則可以是 0 到 $2^{11}-1 = 2047$。但指數部分只使用正整數，將無法表示絕對值很小的數。所以將特徵數減去 1023，使得指數的實際範圍是 -1023 到 1024。

為節省儲存空間並確保每一個浮點數獨自的表示法，必須再加以正規化 (normalization)。在此系統中，一個浮點數表示如下

$$(-1)^s 2^{c-1023}(1+f)$$

說明題 考慮以下機器數

0 10000000011 1011100100010000000000000000000000000000000000000000

最左側的一位元是 $s = 0$，代表這是一個正數。接著的 11 個位元 10000000011 為特徵數，寫成十進制型態則為

$$c = 1 \cdot 2^{10} + 0 \cdot 2^9 + \cdots + 0 \cdot 2^2 + 1 \cdot 2^1 + 1 \cdot 2^0 = 1024 + 2 + 1 = 1027$$

故此數的指數部分即為 $2^{1027-1023} = 2^4$。最後的 52 位元代表的尾數為

$$f = 1 \cdot \left(\frac{1}{2}\right)^1 + 1 \cdot \left(\frac{1}{2}\right)^3 + 1 \cdot \left(\frac{1}{2}\right)^4 + 1 \cdot \left(\frac{1}{2}\right)^5 + 1 \cdot \left(\frac{1}{2}\right)^8 + 1 \cdot \left(\frac{1}{2}\right)^{12}$$

所以此機器數所代表的十進制數為

$$(-1)^s 2^{c-1023}(1+f) = (-1)^0 \cdot 2^{1027-1023}\left(1 + \left(\frac{1}{2} + \frac{1}{8} + \frac{1}{16} + \frac{1}{32} + \frac{1}{256} + \frac{1}{4096}\right)\right)$$

$$= 27.56640625$$

但是，次小於此數的機器數為

0 10000000011 1011100100001111111111111111111111111111111111111111

而次大於此數的機器數為

0 10000000011 1011100100010000000000000000000000000000000000001

這意謂著原來的機器數並不僅代表了 27.56640625 這一個數，而是代表了 27.56640625 到其相鄰最近的兩機器數間上下各一半的區間內所有的實數。更精確的說，原來的機器數代表了以下區間內所有的實數

[27.566406249999998223643160599749535322189331054687 5,
27.566406250000001776356839400250464677810668945312 5) ■

可表示出來的最小正規化正數為 $s = 0$，$c = 1$，及 $f = 0$，相當於

$$2^{-1022} \cdot (1 + 0) \approx 0.22251 \times 10^{-307}$$

而最大的數則為 $s = 0$，$c = 2046$，及 $f = 1 - 2^{-52}$，相當於

$$2^{1023} \cdot (2 - 2^{-52}) \approx 0.17977 \times 10^{309}$$

在計算中若出現絕對值小於

$$2^{-1022} \cdot (1 + 0)$$

的數，稱做**不足位**(underflow)，通常會被設為 0。若出現大於

$$2^{1023} \cdot (2 - 2^{-52})$$

的數，則稱做**溢位** (overflow)，通常這將造成計算中斷(除非程式中有加入對這種情形的偵測)。有一點要注意的，0 有兩種表示方式，當 $s = 0$，$c = 0$，及 $f = 0$ 時為正 0，當 $s = 1$，$c = 0$，及 $f = 0$ 時為負 0。

■ 十進制機器數 (Decimal Machine Numbers)

當使用有限的機器數以代表所有實數時，在計算時可能出現困難，藉由使用二進位碼可消減其中一部分。要解釋此一問題，在此用我們較熟悉的十進制數取代二進制。讓我們假設機器使用如下型式的正規化十進制浮點數

$$\pm 0.d_1 d_2 \ldots d_k \times 10^n, \quad 1 \leq d_1 \leq 9, \text{且 } 0 \leq d_i \leq 9$$

對每一個 $i = 2, \ldots, k$。這種型態的數叫做 k 位十進制機器數 (*k-digit decimal machine number*)。

機器可接受的任何正實數均可正規化為如下型式

$$y = 0.d_1 d_2 \ldots d_k d_{k+1} d_{k+2} \ldots \times 10^n$$

將 y 的尾數限制在小數點 k 位處，可得 y 的浮點數型式，記做 $fl(y)$。限制尾數的方法有

2 種。第一種叫**截斷法** (chopping)，也就是直接將 $d_{k+1}d_{k+2}\ldots$ 等位數拋棄。這樣可得浮點數如下

$$fl(y) = 0.d_1d_2\ldots d_k \times 10^n$$

另一種方法叫**四捨五入法** (rounding)，將 y 加上 $5 \times 10^{n-(k+1)}$，然後將 k 位數以後部分截去，可得如下型式

$$fl(y) = 0.\delta_1\delta_2\ldots\delta_k \times 10^n$$

在捨入時，當 $d_{k+1} \geq 5$ 時，我們將 d_k 加 1 以得到 $fl(y)$；這叫做進位 (*round up*)。當 $d_{k+1} < 5$ 時，我們只是將 k 位數以後部分截去；這叫做捨位 (*round down*)。當我們做捨位時，對每一個 $i = 2,\ldots,k$ 都有 $\delta_i = d_i$。但如果是進位，各位數 (甚至指數) 有可能會改變。

例題 1 求無理數 π 的五位 **(a)** 截斷及 **(b)** 捨入值。

解 $\pi = 3.14159265\ldots$ 有無窮位數。其正規化十進制型式為

$$\pi = 0.314159265\ldots \times 10^1$$

(a) π 的 5 位數截斷的浮點數型式為

$$fl(\pi) = 0.31415 \times 10^1 = 3.1415$$

(b) 因為小數點後第 6 位數是 9，若使用 5 位數四捨五入的浮點數則成為

$$fl(\pi) = (0.31415 + 0.00001) \times 10^1 = 3.1416$$

下列定義描述兩種度量近似誤差的方法。

定義 1.15

若 p^* 為 p 的一個近似值，其**絕對誤差** (absolute error) 為 $|p - p^*|$，其**相對誤差** (relative error) 則為 $\dfrac{|p - p^*|}{|p|}$，前提為 $p \neq 0$。

當我們用 p^* 來代表 p 時，考慮下例中的絕對誤差與相對誤差。

例題 2 求以下用 p^* 近似 p 時的絕對與相對誤差。
(a) $p = 0.3000 \times 10^1$ 且 $p^* = 0.3100 \times 10^1$；
(b) $p = 0.3000 \times 10^{-3}$ 且 $p^* = 0.3100 \times 10^{-3}$；
(c) $p = 0.3000 \times 10^4$ 且 $p^* = 0.3100 \times 10^4$。

解 **(a)** 當 $p = 0.3000 \times 10^1$ 且 $p^* = 0.3100 \times 10^1$，絕對誤差為 0.1，而相對誤差為 $0.333\overline{3} \times 10^{-1}$。

(b) 當 $p = 0.3000 \times 10^{-3}$ 且 $p^* = 0.3100 \times 10^{-3}$，絕對誤差為 0.1×10^{-4}，而相對誤差為 $0.333\overline{3} \times 10^{-1}$。

(c) 當 $p = 0.3000 \times 10^{4}$ 且 $p^* = 0.3100 \times 10^{4}$，絕對誤差為 0.1×10^{3}，而相對誤差為 $0.333\overline{3} \times 10^{-1}$。

此例題顯示，當絕對誤差變化很大時，仍可以有同樣的相對誤差 $0.333\overline{3} \times 10^{-1}$。做為度量精確度的方法，絕對誤差有可能造成誤導，相對誤差才有意義，因為相對誤差將數值的大小納入考量。∎

下個定義利用相對誤差以度量近似值的精確有效位數。

定義 1.16

數 p^* 近似 p 到 t 位**有效位數** (significant digits)，條件為 t 為滿足下式的最大非負整數

$$\frac{|p - p^*|}{|p|} \leq 5 \times 10^{-t}$$
∎

表 1.1 以列表方式顯示出有效位數的連續特性，當 p^* 與 p 小數點 4 位相符時，$|p - p^*|$ 的最小上限記為 $\max |p - p^*|$。

表 1.1

p	0.1	0.5	100	1000	5000	9990	10000
$\max\|p - p^*\|$	0.00005	0.00025	0.05	0.5	2.5	4.995	5

回到數的機器表示方式，我們可看出，數 y 的浮點表示式 $fl(y)$ 的相對誤差為

$$\left| \frac{y - fl(y)}{y} \right|$$

如果我們對機器數

$$y = 0.d_1 d_2 \ldots d_k d_{k+1} \ldots \times 10^n$$

做小數點 k 位截斷，則

$$\left| \frac{y - fl(y)}{y} \right| = \left| \frac{0.d_1 d_2 \ldots d_k d_{k+1} \ldots \times 10^n - 0.d_1 d_2 \ldots d_k \times 10^n}{0.d_1 d_2 \ldots \times 10^n} \right|$$

$$= \left| \frac{0.d_{k+1} d_{k+2} \ldots \times 10^{n-k}}{0.d_1 d_2 \ldots \times 10^n} \right| = \left| \frac{0.d_{k+1} d_{k+2} \ldots}{0.d_1 d_2 \ldots} \right| \times 10^{-k}$$

因為 $d_1 \neq 0$，所以分母最小為 0.1。分子的上限為 1。所以

$$\left| \frac{y - fl(y)}{y} \right| \leq \frac{1}{0.1} \times 10^{-k} = 10^{-k+1}$$

利用類似的方法可得，採用 k 位四捨五入時相對誤差的界限為 $0.5 \times 10^{-k+1}$。(見習題 24)

要注意的是，採用 k 位算法時，其相對誤差界限與該數值本身無關。此結果係由於機器數在實數線上的分布方式。由於特徵數指數型式的關係，區間 $[0.1, 1]$，$[1, 10]$，$[10, 100]$ 中都有同樣數量的機器數。事實上，在機器所能表達的範圍內，對所有整數 n，每一個 $[10^n, 10^{n+1}]$ 區間都有同樣多的十進制機器數。

■ 有限位數算術 (Finite-Digit Arithmetic)

除了數的表示方式不精確，電腦執行的算術亦非絕對準確。電腦算術包括了對二進制位數的各種移位及邏輯運算。因為實際的電腦運算方法不易於說明，我們將採用一套近似的電腦算術做說明。雖然這套算術並非實際算法，但足以說明問題癥結。(要了解實際執行的各種動作，讀者請參考更為技術導向的電腦科學教科書，例如 [Ma]，*Computer System Architecture*。)

假設實數 x 及 y 的符點數表示式為 $fl(x)$ 及 $fl(y)$，並且符號 $\oplus$、$\ominus$、$\otimes$、$\oslash$ 分別代表機器的加、減、乘、除。我們設定有限位數算術如下

$$x \oplus y = fl(fl(x) + fl(y)), \quad x \otimes y = fl(fl(x) \times fl(y))$$
$$x \ominus y = fl(fl(x) - fl(y)), \quad x \oslash y = fl(fl(x) \div fl(y))$$

此算術相當於對 x 及 y 的浮點數表示式做正確運算，再將完整的結果轉換成有限位數浮點數表示式。

使用 Maple 做四捨五入運算很容易。例如指令

Digits := 5

將使得所有運算結果四捨五入到 5 位數。為確定 Maple 使用近似算術而非完整算術，我們使用 *evalf*。例如，若 $x = \pi$ 及 $y = \sqrt{2}$ 則

evalf(*x*); *evalf*(*y*)

會分別得到 3.1416 和 1.4142。然後用以下指令執行 $fl(fl(x) + fl(y))$ 的 5 位數四捨五入運算

evalf(*evalf*(*x*) + *evalf*(*y*))

結果為 4.5558。使用有限位數截斷運算則較為困難，須要一連串的步驟，或一個副程式。習題 27 即探討此一問題。

例題 3 設 $x = \frac{5}{7}$，$y = \frac{1}{3}$，且使用 5 位數截斷算術以計算 $x + y$、$x - y$、$x \times y$ 及 $x \div y$。

解 我們知道

$$x = \frac{5}{7} = 0.\overline{714285} \quad \text{且} \quad y = \frac{1}{3} = 0.\overline{3}$$

這代表 x 及 y 的 5 位數截斷值為

$$fl(x) = 0.71428 \times 10^0 \quad \text{且} \quad fl(y) = 0.33333 \times 10^0$$

因此

$$x \oplus y = fl(fl(x) + fl(y)) = fl\left(0.71428 \times 10^0 + 0.33333 \times 10^0\right)$$
$$= fl\left(1.04761 \times 10^0\right) = 0.10476 \times 10^1$$

真實值為 $x + y = \frac{5}{7} + \frac{1}{3} = \frac{22}{21}$，所以得

$$\text{絕對誤差} = \left|\frac{22}{21} - 0.10476 \times 10^1\right| = 0.190 \times 10^{-4}$$

及

$$\text{相對誤差} = \left|\frac{0.190 \times 10^{-4}}{22/21}\right| = 0.182 \times 10^{-4}$$

表 1.2 列出以上及其他電腦運算的值。 ∎

表 1.2

運算	結果	真實值	絕對誤差	相對誤差
$x \oplus y$	0.10476×10^1	22 / 21	0.190×10^{-4}	0.182×10^{-4}
$x \ominus y$	0.38095×10^0	8 / 21	0.238×10^{-5}	0.625×10^{-5}
$x \otimes y$	0.23809×10^0	5 / 21	0.524×10^{-5}	0.220×10^{-4}
$x \oslash y$	0.21428×10^1	15 / 7	0.571×10^{-4}	0.267×10^{-4}

因為例題 3 中所得的最大相對誤差為 0.267×10^{-4}，所以此 5 位數運算的結果是可以接受的。但是在下個例子中就不同了。

例題 4 假設除了 $x = \frac{5}{7}$，$y = \frac{1}{3}$ 之外我們還有

$$u = 0.714251 \text{，} \quad v = 98765.9 \text{，} \quad \text{及} \quad w = 0.111111 \times 10^{-4}$$

所以

$$fl(u) = 0.71425 \times 10^0 \text{，} \quad fl(v) = 0.98765 \times 10^5 \text{，} \quad \text{及} \quad fl(w) = 0.11111 \times 10^{-4}$$

求 $x \ominus u$、$(x \ominus u) \oplus w$、$(x \ominus u) \otimes v$、及 $u \oplus v$ 的 5 位數截斷值。

解 這些數是特別選來凸顯有限位數運算的一些問題。因為 x 和 u 幾乎一樣，它們的差很小。$x \ominus u$ 的絕對誤差為

$$|(x-u)-(x \ominus u)| = |(x-u) - (fl(fl(x)-fl(u)))|$$
$$= \left|\left(\frac{5}{7}-0.714251\right) - \left(fl\left(0.71428 \times 10^0 - 0.71425 \times 10^0\right)\right)\right|$$
$$= |0.347143 \times 10^{-4} - fl\left(0.00003 \times 10^0\right)| = 0.47143 \times 10^{-5}$$

此近似結果的絕對誤差很小，但相對誤差很大

$$\left|\frac{0.47143 \times 10^{-5}}{0.347143 \times 10^{-4}}\right| \le 0.136$$

接著再除以一個很小的數 w 或乘上一個很大的數 v，都會放大絕對誤差而不改變相對誤差。將一大一小的 u、v 兩數相加，會產生很大的絕對誤差，但相對誤差不大。這些計算顯示於表 1.3。∎

表 1.3

運算	結果	真實值	絕對誤差	相對誤差
$x \ominus u$	0.30000×10^{-4}	0.34714×10^{-4}	0.471×10^{-5}	0.136
$(x \ominus u) \oplus w$	0.27000×10^1	0.31242×10^1	0.424	0.136
$(x \ominus u) \otimes v$	0.29629×10^1	0.34285×10^1	0.465	0.136
$u \oplus v$	0.98765×10^5	0.98766×10^5	0.161×10^1	0.163×10^{-4}

最常見的造成誤差的運算之一，就是將兩個非常接近的數相減，造成有效位數 (significant digit) 的消減。假設有兩個非常接近的數 x 及 y，且 $x > y$，其 k 位數表示式為

$$fl(x) = 0.d_1 d_2 \ldots d_p \alpha_{p+1} \alpha_{p+2} \ldots \alpha_k \times 10^n$$

及

$$fl(y) = 0.d_1 d_2 \ldots d_p \beta_{p+1} \beta_{p+2} \ldots \beta_k \times 10^n$$

$x - y$ 的浮點數型式為

$$fl(fl(x) - fl(y)) = 0.\sigma_{p+1} \sigma_{p+2} \ldots \sigma_k \times 10^{n-p}$$

其中

$$0.\sigma_{p+1}\sigma_{p+2}\ldots\sigma_k = 0.\alpha_{p+1}\alpha_{p+2}\ldots\alpha_k - 0.\beta_{p+1}\beta_{p+2}\ldots\beta_k$$

用以表示 $x - y$ 的浮點數至多有 $k - p$ 位有效位數。但是絕大多數的計算器都會給定 $x - y$ 為 k 位數，最後的 p 位數則設為 0 或任意數。後續所有包含 $x - y$ 的運算都將只有 $k - p$ 位有效位數，因為一連串計算的精度，取決於其中最弱的一環。

如果在有限位數表示式或運算中產生了誤差，若再去除以一個絕對值很小的數(或是

乘一個絕對值很大的數)，其誤差會被放大。舉例來說，設有一數 z，其有限位數的近似值為 $z+\delta$，其中 δ 係由表示方式或之前的運算所產生的誤差。如果我們將其除以 $\varepsilon = 10^{-n}$，其中 $n > 0$，則

$$\frac{z}{\varepsilon} \approx fl\left(\frac{fl(z)}{fl(\varepsilon)}\right) = (z+\delta) \times 10^n$$

故此近似值的絕對誤差為 $|\delta| \times 10^n$，這是原來絕對誤差 $|\delta|$ 的 10^n 倍。

例題 5 令 $p = 0.54617$ 以及 $q = 0.54601$。用 4 位數運算求 $p - q$ 的近似值，並決定在 **(a)** 捨入 **(b)** 截斷時的絕對誤差及相對誤差。

解 $r = p - q$ 的真實值為 $r = 0.00016$。

(a) 假設我們用四位數捨入將兩數相減。將 p 及 q 四捨五入到 4 位數得 $p^* = 0.5462$ 及 $q^* = 0.5460$，且 $r^* = p^* - q^* = 0.0002$ 為 r 的 4 位數近似值。因為

$$\frac{|r - r^*|}{|r|} = \frac{|0.00016 - 0.0002|}{|0.00016|} = 0.25$$

其結果僅有一位有效位數，雖然 p^* 及 q^* 原本分別精確至 4 及 5 位有效位數。

(b) 如果用截斷法以獲得 4 位數表示式，則 p、q、及 r 的 4 位數近似值分別為 $p^* = 0.5461$、$q^* = 0.5460$、及 $r^* = p^* - q^* = 0.0001$。如此可得

$$\frac{|r - r^*|}{|r|} = \frac{|0.00016 - 0.0001|}{|0.00016|} = 0.375$$

這同樣僅有一位有效位數。 ■

下個範例將顯示，如何重組問題以避免由捨入誤差造成的精度下降。

說明題 對 $ax^2 + bx + c = 0$，當 $a \neq 0$ 時，二次多項式的根為

$$x_1 = \frac{-b + \sqrt{b^2 - 4ac}}{2a} \quad \text{及} \quad x_2 = \frac{-b - \sqrt{b^2 - 4ac}}{2a} \tag{1.1}$$

將上列求根公式用於方程式 $x^2 + 62.10x + 1 = 0$，其根的近似值為

$$x_1 = -0.01610723 \quad \text{及} \quad x_2 = -62.08390$$

在求根時我們仍然使用 4 位數捨入運算。在此方程式中，b^2 遠大於 $4ac$，所以計算 x_1 時，其分子為 2 個相近的數**相減** (subtraction)。因為

$$\sqrt{b^2 - 4ac} = \sqrt{(62.10)^2 - (4.000)(1.000)(1.000)}$$
$$= \sqrt{3856. - 4.000} = \sqrt{3852.} = 62.06$$

可得

$$fl(x_1) = \frac{-62.10 + 62.06}{2.000} = \frac{-0.04000}{2.000} = -0.02000$$

對於 $x_1 = -0.01611$，這是一個很差的近似值，其相對誤差大到

$$\frac{|-0.01611 + 0.02000|}{|-0.01611|} \approx 2.4 \times 10^{-1}$$

另一方面，計算 x_2 時則是 $-b$ 及 $-\sqrt{b^2 - 4ac}$ 兩個相近的數相加。這就沒有問題，因為

$$fl(x_2) = \frac{-62.10 - 62.06}{2.000} = \frac{-124.2}{2.000} = -62.10$$

的相對誤差小到

$$\frac{|-62.08 + 62.10|}{|-62.08|} \approx 3.2 \times 10^{-4}$$

要更精確的獲得 x_1 的 4 位數四捨五入近似值，我們利用分子有理化 (rationalizing the numerator) 改寫二次式公式：

$$x_1 = \frac{-b + \sqrt{b^2 - 4ac}}{2a} \left(\frac{-b - \sqrt{b^2 - 4ac}}{-b - \sqrt{b^2 - 4ac}} \right) = \frac{b^2 - (b^2 - 4ac)}{2a(-b - \sqrt{b^2 - 4ac})}$$

上式可簡化為替代二次式公式

$$x_1 = \frac{-2c}{b + \sqrt{b^2 - 4ac}} \tag{1.2}$$

利用(1.2)式可得

$$fl(x_1) = \frac{-2.000}{62.10 + 62.06} = \frac{-2.000}{124.2} = -0.01610$$

其相對誤差只有 6.2×10^{-4}。

有理化的技巧同樣可用於求 x_2，其替代二次式公式為：

$$x_2 = \frac{-2c}{b - \sqrt{b^2 - 4ac}} \tag{1.3}$$

當 b 為負時使用此式。但是，在說明題中如果將這個公式誤用於 x_2，不僅是造成 2 個相近的數相減，而且此相減後很小的數被用做除數。這樣的不準確度組合使得

$$fl(x_2) = \frac{-2c}{b - \sqrt{b^2 - 4ac}} = \frac{-2.000}{62.10 - 62.06} = \frac{-2.000}{0.04000} = -50.00$$

其相對誤差大到 1.9×10^{-1}。∎

※經驗：計算前先想一想！

■ 巢狀運算 (Nested Arithmetic)

在下一個例題中將說明，藉由重新安排計算亦可減少由捨入誤差造成的精度損失。

例題 6 利用 3 位數算術計算 $x = 4.71$ 時，$f(x) = x^3 - 6.1x^2 + 3.2x + 1.5$ 的值。

解 表 1.4 列出了計算過程的中間結果。

表 1.4

	x	x^2	x^3	$6.1x^2$	$3.2x$
真確	4.71	22.1841	104.487111	135.32301	15.072
3 位(截斷)	4.71	22.1	104.	134.	15.0
3 位(捨入)	4.71	22.2	105.	135.	15.1

為說明此一情形，讓我們檢視使用 3 位數四捨五入算術求 x^3 的計算。我們先求

$$x^2 = 4.71^2 = 22.1841 \text{ 四捨五入為 } 2.22$$

然後我們用 x^2 求

$$x^3 = x^2 \cdot x = 22.2 \cdot 4.71 = 104.562 \text{ 四捨五入為 } 105$$

同時，

$$6.1x^2 = 6.1(22.2) = 135.42 \text{ 四捨五入為 } 135$$

及

$$3.2x = 3.2(4.71) = 15.072 \text{ 四捨五入為 } 15.1$$

此計算的確解為

$$確解：f(4.71) = 104.487111 - 135.32301 + 15.072 + 1.5 = -14.263899$$

使用有限位數算術時，我們將結果相加的方式會影響最後的答案。假設我們由左向右加，則使用截斷算術時可得

3 位數(截斷)：$f(4.71) = ((104. - 134.) + 15.0) + 1.5 = -13.5$

使用四捨五入算術時可得

3 位數(捨入)：$f(4.71) = ((105. - 135.) + 15.1) + 1.5 = -13.4$

(請仔細核對以上結果，以確定你對有限位數算術的認知是正確的。)留意到 3 位數截斷值只是單純的保留前 3 位數，不做任何捨入，和 3 位數捨入有明顯的不同。

3 位數計算的相對誤差為

$$\text{截斷}: \left| \frac{-14.263899 + 13.5}{-14.263899} \right| \approx 0.05, \text{及 捨入}: \left| \frac{-14.263899 + 13.4}{-14.263899} \right| \approx 0.06$$

說明題 做為替代方法，例題 6 的多項式 $f(x)$ 可以寫成巢狀型式

$$f(x) = x^3 - 6.1x^2 + 3.2x + 1.5 = ((x - 6.1)x + 3.2)x + 1.5$$

使用 3 位數截斷算術可得

$$f(4.71) = ((4.71 - 6.1)4.71 + 3.2)4.71 + 1.5 = ((-1.39)(4.71) + 3.2)4.71 + 1.5$$
$$= (-6.54 + 3.2)4.71 + 1.5 = (-3.34)4.71 + 1.5 = -15.7 + 1.5 = -14.2$$

以類似的方式可得 3 位數四捨五入的答案為 -14.3。新的相對誤差為

$$3 \text{ 位數(截斷)}: \left| \frac{-14.263899 + 14.2}{-14.263899} \right| \approx 0.0045$$

$$3 \text{ 位數(捨入)}: \left| \frac{-14.263899 + 14.3}{-14.263899} \right| \approx 0.0025$$

巢狀型式可減小相對誤差，對截斷的情形，其值較先前小了 10%。在使用四捨五入時其改善狀況更為顯著，此情形下誤差減少了 95% 以上。

在求值之前，多項式務必要先改寫成巢狀型式，因為此種型態可將算術運算的次數減至最少。在例題 6 中，誤差會減少是因為，由原來 4 次乘法及 3 次加法，減為 2 次乘法及 3 次加法。要減低捨去誤差的一個方法，就是減少會產生誤差的計算次數。

習題組 1.2 完整習題請見隨書光碟

1. 計算以 p^* 做為 p 的近似值的絕對誤差與相對誤差。
   a. $p = \pi, p^* = 22/7$
   b. $p = \pi, p^* = 3.1416$
   c. $p = e, p^* = 2.718$
   d. $p = \sqrt{2}, p^* = 1.414$
   e. $p = e^{10}, p^* = 22000$
   f. $p = 10^\pi, p^* = 1400$
   g. $p = 8!, p^* = 39900$
   h. $p = 9!, p^* = \sqrt{18\pi}(9/e)^9$

3. 設 p 的近似值 p^* 其相對誤差不得大於 10^{-3}。求下列各 p 的近似值 p^* 的最大區間。
   a. 150
   b. 900
   c. 1500
   d. 90

5. 使用 3 位數四捨五入算術執行下列計算。用至少精確至 5 位數的正確值，計算絕對誤差與相對誤差值。

a. $133 + 0.921$
b. $133 - 0.499$
c. $(121 - 0.327) - 119$
d. $(121 - 119) - 0.327$
e. $\dfrac{\frac{13}{14} - \frac{6}{7}}{2e - 5.4}$
f. $-10\pi + 6e - \dfrac{3}{62}$
g. $\left(\dfrac{2}{9}\right) \cdot \left(\dfrac{9}{7}\right)$
h. $\dfrac{\pi - \frac{22}{7}}{\frac{1}{17}}$

7. 使用 3 位數截斷算術重複習題 5。

9. 反正切 (arctan) 函數的麥克勞林級數的前三個非零項為 $x - (1/3)x^3 + (1/5)x^5$。在下列各式中以此多項式代替反正切函數計算 π 之近似值的絕對與相對誤差：

a. $4\left[\tan^{-1}\left(\dfrac{1}{2}\right) + \tan^{-1}\left(\dfrac{1}{3}\right)\right]$
b. $16\tan^{-1}\left(\dfrac{1}{5}\right) - 4\tan^{-1}\left(\dfrac{1}{239}\right)$

11. 令

$$f(x) = \dfrac{x\cos x - \sin x}{x - \sin x}$$

a. 求 $\lim_{x \to 0} f(x)$。
b. 使用 4 位數四捨五入算術求 $f(0.1)$。
c. 用麥克勞林三次多項式取代三角函數，重複 (b)。
d. 真實值為 $f(0.1) = -1.99899998$，求 (b) 與 (c) 計算結果的絕對與相對誤差。

13. 使用 4 位數四捨五入算術及公式 (1.1)、(1.2) 和 (1.3)，求下列二次式的最準確的近似解。計算其絕對與相對誤差。

a. $\dfrac{1}{3}x^2 - \dfrac{123}{4}x + \dfrac{1}{6} = 0$
b. $\dfrac{1}{3}x^2 + \dfrac{123}{4}x - \dfrac{1}{6} = 0$
c. $1.002x^2 - 11.01x + 0.01265 = 0$
d. $1.002x^2 + 11.01x + 0.01265 = 0$

15. 求下列 64 位元長實數格式浮點數相對之十進位數。

a. 0 10000001010 1001001100000000000000000000000000000000000000000000
b. 1 10000001010 1001001100000000000000000000000000000000000000000000
c. 0 01111111111 0101001100000000000000000000000000000000000000000000
d. 0 01111111111 0101001100000000000000000000000000000000000000000001

17. 設 (x_0, y_0) 與 (x_1, y_1) 為一直線上的兩點，且 $y_1 \neq y_0$。下列兩式可計算此直線與 x 軸交點：

$$x = \dfrac{x_0 y_1 - x_1 y_0}{y_1 - y_0} \quad \text{及} \quad x = x_0 - \dfrac{(x_1 - x_0)y_0}{y_1 - y_0}$$

a. 證明以上兩式均為代數上正確。
b. 給定 $(x_0, y_0) = (1.31, 3.24)$、$(x_1, y_1) = (1.93, 4.76)$ 及 3 位數四捨五入算術，分別使用以上兩式計算此直線與 x 軸交點。何種方法較佳，原因為何？

19. 一個二元二次方程式為

$$ax + by = e$$
$$cx + dy = f$$

其中 a、b、c、d、e、f 為已知，則 x、y 的求解方式如下：

$$\diamondsuit\ m = \frac{c}{a},\ a \neq 0;$$
$$d_1 = d - mb;$$
$$f_1 = f - me;$$
$$y = \frac{f_1}{d_1};$$
$$x = \frac{(e - by)}{a}$$

使用 4 位數四捨五入算術求解下列線性方程組。

a. $1.130x - 6.990y = 14.20$
  $1.013x - 6.099y = 14.22$

b. $8.110x + 12.20y = -0.1370$
  $-18.11x + 112.2y = -0.1376$

21. a. 證明例題 6 中所示的多項式巢狀法亦可用於計算

$$f(x) = 1.01e^{4x} - 4.62e^{3x} - 3.11e^{2x} + 12.2e^x - 1.99$$

 b. 使用 3 位數四捨五入算數，依 $e^{1.53} = 4.62$ 的假設及 $e^{nx} = (e^x)^n$ 的事實，計算 (a) 中的 $f(1.53)$。

 c. 先巢狀化後再重做 (b)。

 d. 將 (b) 及 (c) 的結果與真實 3 位數結果 $f(1.53) = -7.61$ 做比較。

23. 令 $P_n(x)$ 為反正切函數的 n 次麥克勞林多項式。使用 Maple 執行小數 75 位數運算，求下列兩式要近似 π 值到 10^{-25} 之內的 n 值為何。

 a. $4\left[P_n\left(\frac{1}{2}\right) + P_n\left(\frac{1}{3}\right)\right]$

 b. $16P_n\left(\frac{1}{5}\right) - 4P_n\left(\frac{1}{239}\right)$

25. 二項式係數

$$\binom{m}{k} = \frac{m!}{k!\,(m-k)!}$$

描述有多少種方法，可由 m 個元素的集合中選取 k 個元素為子集。

 a. 假設十進制機器數之型態為

$$\pm 0.d_1 d_2 d_3 d_4 \times 10^n,\ 其中\ 1 \leq d_1 \leq 9 \cdot 0 \leq d_i \leq 9 \cdot i = 2, 3, 4\ 且\ |n| \leq 15$$

 可對所有的 k 值求得二項式係數 $\binom{m}{k}$ 而不會造成溢位的最大 m 值為何？

 b. 證明 $\binom{m}{k}$ 亦可由下式獲得

$$\binom{m}{k} = \left(\frac{m}{k}\right)\left(\frac{m-1}{k-1}\right)\cdots\left(\frac{m-k+1}{1}\right)$$

 c. 利用 (b) 計算二項式係數 $\binom{m}{3}$ 不會造成溢位的最大 m 值為何？

 d. 利用 (b) 之公式及 4 位數截斷算術求，由 52 張牌組中取出 5 張牌的可能組合有多少種。計算實際及相對誤差。

27. 下列 Maple 程式可對浮點數 x 做 t 位數截斷。(建立此程式時，在每行結尾使用 Shift 加 Enter 鍵)

```
chop := proc(x, t);
    local e, x2;
    if x = 0 then 0
    else
        e := ceil(evalf(log10(abs(x))));
        x2 := evalf(trunc(x · 10^(t-e)) · 10^(e-t));
    end if
end;
```
用下列各數驗證此程式。

a. $x = 124.031$, $t = 5$ **b.** $x = 124.036$, $t = 5$
c. $x = -124.031$, $t = 5$ **d.** $x = -124.036$, $t = 5$
e. $x = 0.00653$, $t = 2$ **f.** $x = 0.00656$, $t = 2$
g. $x = -0.00653$, $t = 2$ **h.** $x = -0.00656$, $t = 2$

1.3 算則及收斂

在本書之中，我們將探討包括一序列計算的各種近似程序，稱做算則 (algorithms)。一個**算則**指的是一個明白描述的程序，此程序是可依特定順序執行的一序列步驟。算則的目的是依一定程序求解問題，或找出問題的近似解。

我們使用**虛擬碼** (pseudocode) 以描述算則。此虛擬碼律定輸入的型式以及期望的輸出型式。對於任意的輸入，並非所有的數值程序都可提供滿意的輸出。所以對每一個算則，除了數值技巧之外還必須加上一個終止的方法，以防止出現無限迴圈。

在算則中使用兩個標點符號：

- 句號 (.) 代表一個步驟結束，
- 分號 (;) 則分隔一個步驟中的不同工作。

縮排(indentation)係用以區別一群成組的敘述應被視為一個整體。

算則中迴圈可以是計數控制，如

$$\text{For} \quad i = 1, 2, \ldots, n$$
$$\text{Set} \quad x_i = a + i \cdot h$$

或條件控制的，如

$$\text{While } i < N \text{ do Steps 3–6}$$

對於條件執行(conditional execution)，我們使用標準的

$$\text{If} \ldots \text{then} \quad \text{或} \quad \text{If} \ldots \text{then}$$
$$\text{else}$$

結構。

算則中的各步驟遵循結構化程式構建法則。我們刻意安排,使得將虛擬碼轉換成任一種科學應用程式語言的困難度降至最低。

各算則均大量的說明。這些說明以斜體字印刷並加括號,以與算則本身的敘述有所區隔。

說明題 以下算則可用以求 $x_1 + x_2 + \cdots + x_N = \sum_{i=1}^{N} x_i$,其中 N 以及數 $x_1, x_2, \ldots, x_N$ 為已知。

INPUT $N, x_1, x_2, \ldots, x_n$.

OUTPUT $SUM = \sum_{i=1}^{N} x_i$.

Step 1 Set $SUM = 0$. (*累加器初始化*)

Step 2 For $i = 1, 2, \ldots, N$ do
set $SUM = SUM + x_i$. (*加入下一項*)

Step 3 OUTPUT (SUM);
STOP. ∎

例題 1 $f(x) = \ln x$ 在 $x_0 = 1$ 處的 N 次泰勒多項式展開為

$$P_N(x) = \sum_{i=1}^{N} \frac{(-1)^{i+1}}{i}(x-1)^i$$

且 $\ln 1.5$ 至小數點 8 位的值為 0.40546511。建立一個算則,在不使用泰勒多項式剩餘項的前提下,可求得能滿足

$$|\ln 1.5 - P_N(1.5)| < 10^{-5}$$

的最小 N 值。

解 由微積分可知,如果 $\sum_{n=1}^{\infty} a_n$ 是一個極限為 A 的交替數列,且各項絕對值為遞減,則 A 與其 N 項部分合 $A_N = \sum_{n=1}^{N} a_n$ 的差小於第 $(n+1)$ 項的絕對值;也就是

$$|A - A_N| \leq |a_{N+1}|$$

下列算則即使用此界限。

INPUT x 的值，容許誤差 TOL，最大迭代數 M。
OUTPUT 多項式次數 N 或錯誤訊息。

Step 1 Set $N = 1$;
 $y = x - 1$;
 $SUM = 0$;
 $POWER = y$;
 $TERM = y$;
 $SIGN = -1.$ （用以改變正負號）

Step 2 While $N \leq M$ do Steps 3–5.

 Step 3 Set $SIGN = -SIGN$; （符號交換）
  $SUM = SUM + SIGN \cdot TERM$; （累加各項）
  $POWER = POWER \cdot y$;
  $TERM = POWER/(N + 1).$ （計算下一項）

 Step 4 If $|TERM| < TOL$ then （檢驗精度）
  OUTPUT (N);
  STOP. （計算成功）

 Step 5 Set $N = N + 1.$ （準備下一次迭代）

Step 6 OUTPUT ('Method Failed'); （計算不成功）
 STOP.

此問題的輸入值為 $x = 1.5$、$TOL = 10^{-5}$、以及或許 $M = 15$。M 的選取，在於設定一個我們所願意執行計算的上限，超過此上限就算是失敗了。輸出的結果究竟是 N 的值或失敗訊息，取決於計算工具的精度。 ∎

■ 算則分類 (Characterizing Algorithms)

在本書中我們將考慮各類的近似問題，對各類問題，我們要選取適用範圍廣且可提供可靠並準確答案的近似方法。因為各種近似方法的推導方式不同，所以我們要有不同的條件來為其準確度分類。對於特定的問題，並非所有條件都能適用。

對所有的算則，有一個條件是只要可能時我們就會加入的，也就是初始數據的小幅變化只會造成最後結果的小幅改變。滿足此一條件的算則稱為**穩定** (stable)，否則即為**不穩定** (unstable)。某些算則只在特定的初始數據時為穩定，這叫做**條件穩定** (conditionally stable)。只要可行，我們就會對一個算則的穩定性做分類。

為進一步考慮捨入誤差的增長與算則穩定性之關聯，我們設在運算的某一階段時，其誤差的絕對值為 $E_0 > 0$，而在接續 n 次運算後，誤差的絕對值成為 E_n。在實用上最常出現的兩種情況定義如下。

定義 1.17

設 $E_0 > 0$ 為計算中某一階段的誤差，且 E_n 為再連續 n 次運算後誤差的絕對值。

- 若 $E_n \approx CnE_0$，其中 C 是與 n 無關的常數，則我們稱此誤差增長為**線性**(linear)。

• 若對某一 $E_n \approx CnE_0$ 有 $C > 1$，則誤差的增長為**指數型**(exponential)。 ■

誤差的線性增長通常難以避免，當 E_0 與 C 甚小時，其結果通常是可接受的。誤差的指數型增長是必須避免，因為不須要多大的 n 就可使 C^n 變得很大。這使得不論 E_0 多小，其不準確度都無法接受。所以，誤差增長為線性的算則為穩定，誤差增長為指數型的算則為不穩定。(見圖 1.12)

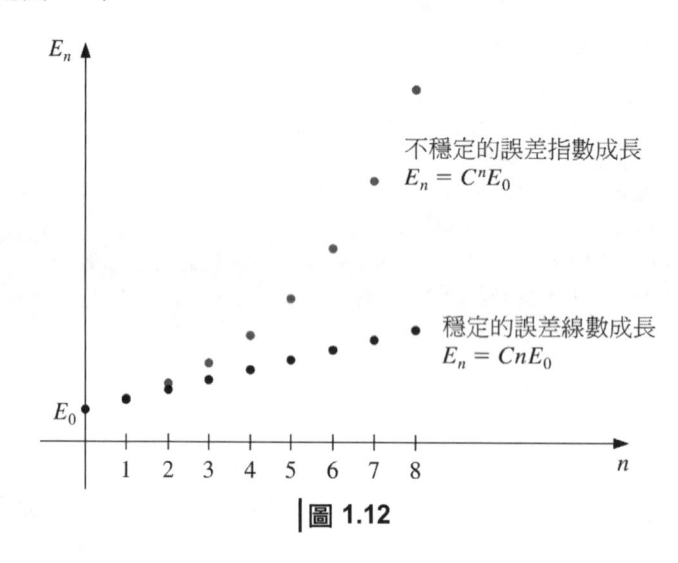

圖 1.12

說明題 對任意常數 c_1 及 c_2

$$p_n = c_1 \left(\frac{1}{3}\right)^n + c_2 3^n$$

為遞迴方程式

$$p_n = \frac{10}{3} p_{n-1} - p_{n-2}, \quad n = 2, 3, \ldots$$

之解。
由下式可看出此點

$$\frac{10}{3} p_{n-1} - p_{n-2} = \frac{10}{3} \left[c_1 \left(\frac{1}{3}\right)^{n-1} + c_2 3^{n-1} \right] - \left[c_1 \left(\frac{1}{3}\right)^{n-2} + c_2 3^{n-2} \right]$$

$$= c_1 \left(\frac{1}{3}\right)^{n-2} \left[\frac{10}{3} \cdot \frac{1}{3} - 1\right] + c_2 3^{n-2} \left[\frac{10}{3} \cdot 3 - 1\right]$$

$$= c_1 \left(\frac{1}{3}\right)^{n-2} \left(\frac{1}{9}\right) + c_2 3^{n-2}(9) = c_1 \left(\frac{1}{3}\right)^n + c_2 3^n = p_n$$

若已知 $p_0 = 1$ 且 $p_1 = \frac{1}{3}$。可得 $c_1 = 1$ 及 $c_2 = 0$。所以對所有的 n 都有 $p_n = \left(\frac{1}{3}\right)^n$。

假設我們用 5 位數四捨五入算術計算此方程式所表數列的各項，則將常數修正為

$\hat{c}_1 = 1.0000$ 及 $\hat{c}_2 = -0.12500 \times 10^{-5}$ 後可得 $\hat{p}_0 = 1.0000$ 及 $\hat{p}_1 = 0.33333$。由 $\{\hat{p}_n\}_{n=0}^{\infty}$ 所產生的近似數列可表為

$$\hat{p}_n = 1.0000 \left(\frac{1}{3}\right)^n - 0.12500 \times 10^{-5}(3)^n$$

其捨入誤差為

$$p_n - \hat{p}_n = 0.12500 \times 10^{-5}(3^n)$$

因為誤差隨著 n 以指數方式 (exponentially) 增長,所以此程序是不穩定的,表 1.5 反映出此一結果,在前幾項之後,準確性變得非常差。

表 1.5

n	計算所得 $\hat{p}_n$	正確 p_n	相對誤差
0	0.10000×10^1	0.10000×10^1	
1	0.33333×10^0	0.33333×10^0	
2	0.11110×10^0	0.11111×10^0	9×10^{-5}
3	0.37000×10^{-1}	0.37037×10^{-1}	1×10^{-3}
4	0.12230×10^{-1}	0.12346×10^{-1}	9×10^{-3}
5	0.37660×10^{-2}	0.41152×10^{-2}	8×10^{-2}
6	0.32300×10^{-3}	0.13717×10^{-2}	8×10^{-1}
7	-0.26893×10^{-2}	0.45725×10^{-3}	7×10^0
8	-0.92872×10^{-2}	0.15242×10^{-3}	6×10^1

現在考慮遞迴方程式

$$p_n = 2p_{n-1} - p_{n-2}, \quad n = 2, 3, \ldots.$$

對任意常數 c_1 及 c_2 它的解為 $p_n = c_1 + c_2 n$,因為

$$2p_{n-1} - p_{n-2} = 2(c_1 + c_2(n-1)) - (c_1 + c_2(n-2))$$
$$= c_1(2-1) + c_2(2n - 2 - n + 2) = c_1 + c_2 n = p_n$$

若已知 $p_0 = 1$ 且 $p_1 = \frac{1}{3}$,則其常數為 $c_1 = 1$ 及 $c_2 = -\frac{2}{3}$,所以 $p_n = 1 - \frac{2}{3}n$。
若使用 5 位數四捨五入算術計算此方程式所表數列的各項,可得 $\hat{p}_0 = 1.0000$ 及 $\hat{p}_1 = 0.33333$。所以 5 位數四捨五入算術的常數為 $\hat{c}_1 = 1.0000$ 及 $\hat{c}_2 = -0.66667$。因此,

$$\hat{p}_n = 1.0000 - 0.66667n$$

其捨入誤差為

$$p_n - \hat{p}_n = \left(0.66667 - \frac{2}{3}\right)n$$

因為此誤差隨 n 做線性增長，故此程序為穩定。在表 1.6 中可看出其穩定性。

表 1.6

n	計算所得 $\hat{p}_n$	正確 p_n	相對誤差
0	0.10000×10^1	0.10000×10^1	
1	0.33333×10^0	0.33333×10^0	
2	-0.33330×10^0	-0.33333×10^0	9×10^{-5}
3	-0.10000×10^1	-0.10000×10^1	0
4	-0.16667×10^1	-0.16667×10^1	0
5	-0.23334×10^1	-0.23333×10^1	4×10^{-5}
6	-0.30000×10^1	-0.30000×10^1	0
7	-0.36667×10^1	-0.36667×10^1	0
8	-0.43334×10^1	-0.43333×10^1	2×10^{-5}

使用多位數算術運算有助減小捨入誤差，多數的電腦都有倍精度(double-precision)或高精度(multiple-precision)的選擇。使用倍精度算術的缺點為計算較花時間，且並不能真正消除捨入誤差的增長。

估計捨入誤差的另一種方法為區間算術(在每一步驟都保留其最大及最小的值)，所以到最後，我們可得到一個包含了真實答案的區間。但很不幸的，這個區間要很小，這個方法才有實用價值。

■ 收斂速率(Rates of Convergence)

因為我們經常會用到與數列有關的迭代技巧，所以在本節的最後，我們簡短的討論一下幾個與數值方法收斂速率有關的名詞。一般而言，我們希望數值方法收斂的愈快愈好。我們用以下定義來比較不同方法的收斂速率。

定義 1.18

設 $\{\beta_n\}_{n=1}^{\infty}$ 為一個已知收斂到 0 的數列，且 $\{\alpha_n\}_{n=1}^{\infty}$ 收斂到 α。若存在有一個正常數 K，在 n 很大時滿足

$$|\alpha_n - \alpha| \leq K|\beta_n|, \quad n \text{ 很大}$$

則我們說 $\{\alpha_n\}_{n=1}^{\infty}$ 以 $O(\beta_n)$ (讀做 "big oh of β_n") 的**收斂速率** (rate of convergence) 收斂到

α。可寫為 $\alpha_n = \alpha + O(\beta_n)$。

雖然定義 1.18 許可以 $\{\alpha_n\}_{n=1}^{\infty}$ 與任意數列 $\{\beta_n\}_{n=1}^{\infty}$ 做比較，但幾乎所有情況下我們都使用

$$\beta_n = \frac{1}{n^p}$$

其中 p 為大於 0 的數。通常我們感興趣的是滿足 $\alpha_n = \alpha + O(1/n^p)$ 的最大的 p 值。

例題 2 設在 $n \geq 1$ 時，

$$\alpha_n = \frac{n+1}{n^2} \quad 且 \quad \hat{\alpha}_n = \frac{n+3}{n^3}$$

雖然兩者極限值相同 $\lim_{n \to \infty} \alpha_n = 0$ 且 $\lim_{n \to \infty} \hat{\alpha}_n = 0$，但數列 $\{\hat{\alpha}_n\}$ 收斂到此一極限的速度遠高於 $\{\alpha_n\}$。使用 5 位數四捨五入算術時結果如表 1.7。求這兩個數列的收斂速率。

表 1.7

n	1	2	3	4	5	6	7
α_n	2.00000	0.75000	0.44444	0.31250	0.24000	0.19444	0.16327
$\hat{\alpha}_n$	4.00000	0.62500	0.22222	0.10938	0.064000	0.041667	0.029155

解 定義數列 $\beta_n = 1/n$ 及 $\hat{\beta}_n = 1/n^2$，則有

$$|\alpha_n - 0| = \frac{n+1}{n^2} \leq \frac{n+n}{n^2} = 2 \cdot \frac{1}{n} = 2\beta_n$$

及

$$|\hat{\alpha}_n - 0| = \frac{n+3}{n^3} \leq \frac{n+3n}{n^3} = 4 \cdot \frac{1}{n^2} = 4\hat{\beta}_n$$

因為 $\{\alpha_n\}$ 收斂至 0 的速率與 $\{1/n\}$ 收斂至 0 的速率相似，而 $\{\hat{\alpha}_n\}$ 收斂到 0 的速率則與收斂快得多的 $\{1/n^2\}$ 的收斂速率相似。我們可將之寫成

$$\alpha_n = 0 + O\left(\frac{1}{n}\right) \quad 且 \quad \hat{\alpha}_n = 0 + O\left(\frac{1}{n^2}\right)$$

我們也用大 O 的記號來表示函數的收斂速率。

定義 1.19

設 $\lim_{h \to 0} G(h) = 0$ 及 $\lim_{h \to 0} F(h) = L$。當 h 夠小時，存在有正常數 K 使得

$$|F(h) - L| \leq K|G(h)|,$$

我們可寫成 $F(h) = L + O(G(h))$。

我們用來做比較的函數通常為 $G(h) = h^p$ 的型式，其中 $p > 0$。我們感興趣的是滿足 $F(h) = L + O(h^p)$ 的最大的 p 值。

例題 3 使用在 $h = 0$ 處的三次泰勒多項式以證明 $\cos h + \frac{1}{2}h^2 = 1 + O(h^4)$。

解 在 1.1 節的例題 3(b) 中我們求得，對某一介於 0 到 h 之間的數 $\tilde{\xi}(h)$，此多項式為

$$\cos h = 1 - \frac{1}{2}h^2 + \frac{1}{24}h^4 \cos \tilde{\xi}(h)$$

由此可得

$$\cos h + \frac{1}{2}h^2 = 1 + \frac{1}{24}h^4 \cos \tilde{\xi}(h)$$

因為

$$\left| \left(\cos h + \frac{1}{2}h^2 \right) - 1 \right| = \left| \frac{1}{24} \cos \tilde{\xi}(h) \right| h^4 \leq \frac{1}{24} h^4$$

這意謂著當 $h \to 0$ 時，$\cos h + \frac{1}{2}h^2$ 收斂到其極限值，1，的速度與 h^4 收斂到 0 的速度相當。也就是

$$\cos h + \frac{1}{2}h^2 = 1 + O(h^4)$$

Maple 用記號 O 來表式泰勒多項式及其他情況下的誤差型式。例如在 1.1 節最後所提到的，$f(x) = \cos(x)$ 的三次泰勒多項式，我們可以先定義

$f := \cos(x)$

然後用

$taylor(f, x = 0, 4)$

呼叫三次泰勒多項式。Maple 會傳回

$$1 - \frac{1}{2}x^2 + O(x^4)$$

以表示截尾誤差的最低階項為 x^4。

習題組 1.3   完整習題請見隨書光碟

1. a. 使用 3 位數截斷算術計算級數和 $\sum_{i=1}^{10}(1/i^2)$，先依 $\frac{1}{1} + \frac{1}{4} + \cdots + \frac{1}{100}$ 再依 $\frac{1}{100} + \frac{1}{81} + \cdots + \frac{1}{1}$

的順序。何種方法較精確？為何？

b. 寫出一個能以反順序計算 $\sum_{i=1}^{N} x_i$ 級數和的算則。

3. 在 $-1 < x \leq 1$ 時反正切函數的麥克勞林級數收斂，可寫為

$$\arctan x = \lim_{n \to \infty} P_n(x) = \lim_{n \to \infty} \sum_{i=1}^{n} (-1)^{i+1} \frac{x^{2i-1}}{2i-1}$$

a. 利用 $\pi/4 = 1$ 的事實求，能確保 $|4P_n(1) - \pi| < 10^{-3}$ 所須累加的項數 n。

b. 在 C++ 程式語言中，要求 π 的值要精確到 10^{-10}。此級數要累加多少項以達到此種精確度？

5. 另一計算 π 的公式可由恆等式 $\pi/4 = 4\arctan\frac{1}{5} - \arctan\frac{1}{239}$ 導出。須累加多少項以近似 π 到 10^{-3} 之內。

7. 當 $h \to 0$ 時，求下列各數列的收斂速率。

a. $\lim_{h \to 0} \frac{\sin h}{h} = 1$ **b.** $\lim_{h \to 0} \frac{1 - \cos h}{h} = 0$

c. $\lim_{h \to 0} \frac{\sin h - h\cos h}{h} = 0$ **d.** $\lim_{h \to 0} \frac{1 - e^h}{h} = -1$

9. 令 $P(x) = a_n x^n + a_{n-1} x^{n-1} + \cdots + a_1 x + a_0$ 為一多項式，且 x_0 為已知。建構一個算則，使用巢狀乘法以計算 $P(x_0)$。

11. 建構一個算則，使得輸入整數 $n \geq 1$、數 $x_0, x_1, \ldots, x_n$、及一個數 x，可產生乘積 $(x - x_0)(x - x_1) \cdots (x - x_n)$ 輸出。

13. **a.** 假設 $0 < q < p$ 且 $\alpha_n = \alpha + O(n^{-p})$。證明 $\alpha_n = \alpha + O(n^{-q})$。

b. 建立一個表，列出 $n = 5$、10、100、及 1000 時 $1/n$、$1/n^2$、$1/n^3$、及 $1/n^4$ 的值，並討論隨著 n 變大時，這些數列的收斂速率的變化。

15. 假設當 x 趨近於 0 時，

$$F_1(x) = L_1 + O(x^\alpha) \quad 且 \quad F_2(x) = L_2 + O(x^\beta)$$

令 c_1 及 c_2 為非 0 常數，並定義

$$F(x) = c_1 F_1(x) + c_2 F_2(x) \quad 及 \quad G(x) = F_1(c_1 x) + F_2(c_2 x)$$

證明，若 $\gamma = \text{minimum}\{\alpha, \beta\}$，則在 x 趨近於 0 時有

a. $F(x) = c_1 L_1 + c_2 L_2 + O(x^\gamma)$ **b.** $G(x) = L_1 + L_2 + O(x^\gamma)$

17. 費布納其數列同時也滿足下列方程式

$$F_n \equiv \tilde{F}_n = \frac{1}{\sqrt{5}}\left[\left(\frac{1+\sqrt{5}}{2}\right)^n - \left(\frac{1-\sqrt{5}}{2}\right)^n\right]$$

a. 寫一個 Maple 程式以計算 F_{100}。

b. 使用 Maple 中 *Digits* 的內定值及 *evalf* 以計算 $\tilde{F}_{100}$。

c. 為什麼 (a) 的結果比 (b) 的精確？

d. 為什麼計算 (b) 的結果比 (a) 快的多？

e. 當使用 *simplify* 指令取代 *evalf* 來計算 $\tilde{F}_{100}$ 時所得結果為何？

1.4 數值軟體

有許多不同類型的電腦軟體，可以用近似方法求各類問題的數值解。在我們為本書提供的網站

http://www.math.ysu.edu/~faires/Numerical-Analysis/Programs.html

上我們提供了 C、FORTRAN、Maple、Mathematica、MATLAB、Pascal、以及 Java 的程式，可用以求得本書例題與習題的解。絕大部分你要解的問題，這些程式都可提供滿意的結果。但我們叫這些程式為**特殊用途** (special-purpose) 程式。這名稱是為了與標準數學程式庫中的程式做區別。那些程式我們叫做**通用** (general purpose) 程式。

套裝軟體中的通用程式，與本書所提供之算則與程式之目的不同。通用程式考慮如何減少由機器捨入、不足位、及溢位所造成的誤差。它們也描述何種輸入範圍，可獲得特定精度的結果。因為這些都是硬體相關 (machine-dependent) 的，所以通用程式要用參數來描述所使用電腦浮點數的各種特性。

說明題 為顯示一個通用程式與本書所提供程式的差異，我們考慮一個計算 n 維向量 $\mathbf{x} = (x_1, x_2, \ldots, x_n)^t$ 之歐幾里德範數 (Euclidean norm) 的算則。在較大的程式中經常要用到此範數，其定義為

$$||\mathbf{x}||_2 = \left[\sum_{i=1}^{n} x_i^2\right]^{1/2}$$

此範數是度量向量 $\mathbf{x}$ 到向量 $\mathbf{0}$ 之距離的一種方式。例如，向量 $\mathbf{x} = (2, 1, 3, -2, -1)^t$ 有

$$||\mathbf{x}||_2 = [2^2 + 1^2 + 3^2 + (-2)^2 + (-1)^2]^{1/2} = \sqrt{19}$$

所以它到向量 $\mathbf{0} = (0, 0, 0, 0, 0)^t$ 的距離為 $\sqrt{19} \approx 4.36$。

在此我們提供一個屬於本書類型的算則。它不含任何硬體相關的參數，也不提供精確度的保證，但它「通常」能獲得準確的答案。

INPUT　$n, x_1, x_2, \ldots, x_n$.

OUTPUT　*NORM*.

Step 1　Set *SUM* = 0.

Step 2　For $i = 1, 2, \ldots, n$ set *SUM* = *SUM* + x_i^2.

Step 3　Set *NORM* = *SUM*$^{1/2}$.

Step 4　OUTPUT (*NORM*);
　　　　　STOP. ∎

利用此算則的程式易寫且易懂。但是有幾個原因可能使這個程式的結果失去準確性。

例如，對所用電腦浮點數系統而言，某些數值可能過大或過小。同時，正常的執行順序可能無法產生最準確的結果，或是標準的開根號常式(routine)並不適合我們的問題。撰寫通用軟體的人就要考慮這類事情。這類程式通常是一個較大程式的副程式，所以必須加入一些我們不須要的控制項。

■ 通用算則 (General Purpose Algorithms)

現在考慮通用軟體在計算歐幾里德範數時所用的算則。首先，向量中每一元素 x_i 的值可能都在機器可接受範圍內，但其平方數卻超過。這可能發生在某些非常小的 $|x_i|$ 值使得 x_i^2 變成不足位，或對某些很大的 $|x_i|$ 值使得 x_i^2 變成溢位。也可能這些全在電腦許可的範圍內，但可能在將某數的平方與之前的部分和相加時出現溢位。

因為精度準則取決於用來執行計算的機器，所以算則中須包含硬體相關之參數。假設我們使用一臺以 10 為底的虛擬電腦，有效位數 $t \geq 4$，指數最小為 $emin$，最大為 $emax$。則此電腦所能接受的浮點數集合包括 0 及下列型式的數

$$x = f \cdot 10^e, \quad \text{其中} \quad f = \pm(f_1 10^{-1} + f_2 10^{-2} + \cdots + f_t 10^{-t})$$

而 $1 \leq f_1 \leq 9$，對 $i = 2,\ldots,t$ 則有 $0 \leq f_i \leq 9$，並且 $emin \leq e \leq emax$。這些限制條件下，此電腦所能表示的最小正數為 $\sigma = 10^{emin-1}$，所以任何計算出來的數 x 若 $|x| < \sigma$ 則將造成不足位，使得 x 的值被設為 0。最大的正數則為 $\lambda = (1 - 10^{-t})10^{emax}$，所以任何計算出來的數 x 若 $|x| > \lambda$ 則將造成溢位。發生不足位時，程式會繼續，通常不會對精度造成明顯的影響。如果出現溢位，程式會失效。

此算則假定，與機器相關的浮點數特性可以用 N、s、S、y、及 Y 來描述。N 代表具有至少 $t/2$ 位數精度的最大可加數。其意義為，此算則只有在 $n \leq N$ 時才能計算向量 $\mathbf{x} = (x_1, x_2, \ldots, x_n)^t$ 的範數。為解決不足位－溢位問題，所有非 0 的浮點數劃分為三組：

- 絕對值很小的數 x，滿足 $0 < |x| < y$；
- 絕對值中等的數 x，滿足 $y \leq |x| < Y$；
- 絕對值很大的數 x，滿足 $Y \leq |x|$。

參數 y 及 Y 的決定條件為，所有絕對值中等的數在執行加法或平方時不會出現不足位－溢位問題。對絕對值很小的數執行平方運算時有可能造成不足位，所以不論 x^2 是否真的不足位，都要加入一個遠大於 1 的尺度因子 S 以確保 $(Sx)^2$ 不會產生不足位。對絕對值很大的數執行加法或平方運算時可能造成溢位，所以不論 x^2 是否真的溢位，都要加入一個大於 0 但遠小於 1 的尺度因子 s 以確保 $(sx)^2$ 不會產生溢位。

為避免不必要的尺度化 (scaling)，選擇 y 及 Y 時要使得絕對值中等的這一組儘可能涵蓋最多的數。下面的算則係改寫自 [Brow, W]，p. 471。它使用一個程序，對向量中絕對

值很小的分量進行尺度化,直到出現一個絕對值中等的分量。然後它將前面的部分和反尺度化(unscaling)再繼續對絕對值很小及中等的分量進行平方與加總的運算,直到遇到一個絕對值很大的分量為止。一旦出現一個絕對值很大的分量,此算則會將前面的部分和尺度化並對剩餘的各分量繼續尺度化、平方、加總的運算。

此算則假設,在由很小數轉換到中等大小數時,反尺度化後的很小數在與中等大小數相比時是可忽略不計的。類似的,在由中等大小數轉換到很大數實,與很大數相比,反尺度化後的中等大小數是可忽略不計的。所以在選擇尺度化因子時必須注意,一個數只有在它真的可忽略不計時,才能被設為 0。在算則之後列出了代表機器特性的 t、σ、λ、$emin$、$emax$ 與算則參數 N、s、S、y、及 Y 的典型關係。

此算則使用了三個旗標 (flag) 以標示加總過程的不同階段。在算則的 *Step* 3 中設定這些旗標的初始值。旗標 *FLAG* 1 的值為 1,直到遇到中等大小或很大值分量為止;然後其值重設為 0。在加總值很小的數時旗標 *FLAG* 2 的值為 0,在首次出現中等大小分量時其值重設為 1,當遇到值很大的數時其值再被設為 0。旗標 *FLAG* 3 的初始值為 0 當首次遇到值很大的數時重設為 1。在 *Step* 3 中還有另一個旗標 *DONE*,在計算完成前其值為 0,計算完成後重設為 1。

INPUT　　$N, s, S, y, Y, \lambda, n, x_1, x_2, \ldots, x_n$.

OUTPUT　　*NORM* 或適當的錯誤訊息。

Step 1　　If $n \leq 0$ then OUTPUT ('The integer *n* must be positive.');
　　　　　　　　　　STOP.

Step 2　　If $n \geq N$ then OUTPUT ('The integer *n* is too large.');
　　　　　　　　　　STOP.

Step 3　　Set *SUM* $= 0$;
　　　　　　*FLAG*1 $= 1$;　　(加總很小數)
　　　　　　*FLAG*2 $= 0$;
　　　　　　*FLAG*3 $= 0$;
　　　　　　DONE $= 0$;
　　　　　　$i = 1$.

Step 4　　While ($i \leq n$ and *FLAG*1 $= 1$) do Step 5.

　　Step 5　　If $|x_i| < y$ then set *SUM* $=$ *SUM* $+ (Sx_i)^2$;
　　　　　　　　　　　　$i = i + 1$
　　　　　　　　else set *FLAG*1 $= 0$.　　(遇到一個不是很小的數)

Step 6　　If $i > n$ then set *NORM* $= (SUM)^{1/2}/S$;
　　　　　　　　　　DONE $= 1$
　　　　　　else set *SUM* $= (SUM/S)/S$;　　(尺度化較大數)
　　　　　　　　　　*FLAG*2 $= 1$.

Step 7 While ($i \leq n$ and $FLAG2 = 1$) do Step 8.　(加總中等大小數)
　　Step 8 If $|x_i| < Y$ then set $SUM = SUM + x_i^2$;
　　　　　　　　$i = i + 1$
　　　　　　else set $FLAG2 = 0$.　(遇到一個很大的數)
Step 9 If $DONE = 0$ then
　　　　if $i > n$ then set $NORM = (SUM)^{1/2}$;
　　　　　　　　$DONE = 1$
　　　　else set $SUM = ((SUM)s)s$;　(尺度化較大數)
　　　　　　　　$FLAG3 = 1$.
Step 10 While ($i \leq n$ and $FLAG3 = 1$) do Step 11.
　　Step 11 Set $SUM = SUM + (sx_i)^2$;　(加總很大數)
　　　　　　$i = i + 1$.
Step 12 If $DONE = 0$ then
　　　　if $SUM^{1/2} < \lambda s$ then set $NORM = (SUM)^{1/2}/s$;
　　　　　　　　$DONE = 1$
　　　　else set $SUM = \lambda$.　(範數過大)
Step 13 If $DONE = 1$ then OUTPUT ('Norm is', $NORM$)
　　　　　　else OUTPUT ('Norm $\geq$', $NORM$, 'overflow occurred').
Step 14 STOP.

　　選自 [Brow, W], p.471，代表機器特性的 t、σ、λ、$emin$、$emax$ 與算則參數 N、s、S、y、及 Y 的關係為：

$N = 10^{e_N}$，其中 $e_N = \lfloor (t-2)/2 \rfloor$，小於等於 $(t-2)/2$ 的最大整數；

$s = 10^{e_s}$，其中 $e_s = \lfloor -(emax + e_N)/2 \rfloor$；

$S = 10^{e_S}$，其中 $e_S = \lceil (1 - emin)/2 \rceil$，大於等於 $(1 - emin)/2$ 的最小整數；

$y = 10^{e_y}$，其中 $e_y = \lceil (emin + t - 2)/2 \rceil$；

$Y = 10^{e_Y}$，其中 $e_Y = \lfloor (emax - e_N)/2 \rfloor$。

此算則中置入的可靠性，使它的複雜度高於本節前面所介紹的算則。在絕大多數情形下，通用算則和特殊用途算則會得到同樣的結果。而通用算則的優點則是，它保證結果的安全性。

　　在公用以及商業市場上有多種通用數值軟體可供選用。早期的軟體多半是為大型主機 (mainframe) 所撰寫，一個很好的參考資料為 Wayne Cowell [Co] 所編輯的 *Sources and Development of Mathematical Software*。

　　現在的個人電腦的功能已足夠，標準數值軟體多有支援個人電腦使用的版本。這些軟體多數是用 FORTRAN 撰寫，當然也有一些用 C、C++、及 FORTRAN 90 所撰寫。

　　執行矩陣運算的 ALGOL 程序於 1971 年發表 [WR]。隨後，改寫自此 ALGOL 程序的 FORTRAN 副程式集被建置在 EISPACK 程式庫內。此程式庫的手冊由 Springer-Verlag 公司做為他們電腦科學教材系列的一部分出版 [Sm, B] 及 [Gar]。這些 FORTRAN 副程式可用來計算各類矩陣的特徵值 (eigenvalue) 與特徵向量 (eigenvector)。

LINPACK 是一個由 FORTRAN 副程式組成的軟體，用來分析並求解線性聯立方程組以及線性最小平方 (least square) 問題。此軟體的文件說明包含在 [DBMS]。在 [CV] 中則提供了 LINPACK、EISPACK、及 BLAS(Basic Linear Algebra Subprograms) 的詳細說明。

於 1992 年首度公開的軟體 LAPACK 為一 FORTRAN 程式庫，整合並取代了 LINPACK 及 EISPACK。軟體架構經過修改，使能在諸如向量處理、記憶體，多處理器電腦上獲得更好的效率。LAPACK 的 3.0 版在廣度及深度上均有擴充，並有 FORTRAN、FORTRAN 90、C、C++、及 JAVA 等不同版本。C 及 JAVA 僅用來為 LAPACK 程式庫中的 FORTRAN 程式庫做不同語言的介面及轉譯。BALS 軟體並非 LAPACK 的一部分，但其程式碼與 LAPACK 一起發行。

在公開領域中還有其他用於不同類型問題的軟體。除了 netlib 網站，亦可使用 Xnetlib 以搜尋資料庫及檢索軟體。詳情可參見 Dongarra、Roman、及 Wade 所著的 *Software Distribution Using Netlib*[DRW]。

這些套裝軟體的效率、精確度、及可靠度都很高。它們經過完整的測試並具備說明文件。雖然這些軟體都是可攜帶的，但最好還是先了解其硬體相關性並完整的閱讀說明文件。這些程式針對幾乎所有可能造成錯誤或失效的狀況做測試。在每一章的最後，我們會討論一些適用的通用軟體。

商用軟體同時也代表了數值方法的最新發展。它們的內容主要是來自公共軟體，但其程式庫包括了適用於幾乎所有問題的方法。

IMSL(International Mathematical and Statistical Libraries) 由 MATH、STAT、及 SFUN 三個程式庫所組成，分別用於數值數學、統計及特殊函數。這些程式庫包括超過 900 個副程式，原本是以 FORTRAN 77 撰寫，現在另有 C、FORTRAN 90、及 Java 的程式。這些副程式可解一般數值分析中絕大多數問題。此程式庫透過 Visual Numerics 行銷。

此軟體是以編譯過(compiled)的型式行銷，並配以充份的文件。每一個常式均附有一個範例及背景參考資料。IMSL 包括可用於線性方程組、特徵系統 (eigensystem) 分析、內插與近似、積分與微分、微分方程、轉換、非線性方程、最佳化、以及基本矩陣/向量運算等問題的方法。此程式庫同時也包含了相當多的統計用常式。

Numerical Algorithms Group (NAG) 在 1970 年出現於英國。NAG 提供了超過 1000 個副程式的 FORTRAN 77 程式庫、約有 400 個副程式的 C 程式庫、超過 200 個副程式的 FORTRAN 90 程式庫、以及一個平行電腦及工作站或個人電腦叢集 (cluster) 使用的 MPI FORTRAN 數值程式庫。參考文獻 [Ph] 提供了對 NAG 的說明。NAG 程式庫與 IMSL 類似，可處理大部分標準數值分析問題。它也包含了一些統計副程式和一組繪圖副程式。

IMSL 與 NAG 是為了數學家、科學家與工程師所設計的，他們要在程式中呼叫高品質的 C、Java、或 FORTRAN 副程式。這些商用軟體的相關文件中都會說明，呼叫其程式庫的典型方法。下面要介紹的三種軟體則為單獨使用的。在啟動後，使用者輸入指令，讓軟體求解問題。每一種軟體都能接受以指令語言編寫程式。

MATLAB 是一個矩陣實驗室 (matrix laboratory)，原本是由 Cleve Moler [Mo]在 1980 年代所發表的 FORTRAN 程式。它主要是開發自 EISPACK 及 LINPACK 副程式，當然也加入了許多功能如非線性系統、數值積分、三次雲形線(cubic splines)、曲線擬合、最佳化、常微分方程、以及繪圖工具等。目前的 MATLAB 是用 C 及組合語言寫的，此軟體的 PC 版本須要有數學輔助運算器。其基本架構在於執行矩陣運算，例如求矩陣特徵值，矩陣可由指令列鍵入或以呼叫方式取自外部檔案。此一強大且自足式的工具，在應用線性代數課程中特別有用。

第二種軟體為 GAUSS，這是由 Lee E. Ediefson 及 Samuel D. Jones 在 1985 所開發的數學及統計軟體。它主要是依據 EISPACK 和 LINPACK，大部分以組合語言寫成。和 MATLAB 一樣，它可用於積分/微分、非線性系統、快速傅立葉級數轉換、及繪圖。GAUSS 較著重在資料的統計分析，針對線性代數的較少。如果有裝數學輔助運算器，此軟體也會加以利用。

第三個軟體為 Maple，這是一個電腦代數系統 (CAS)，由 Symbolic Computational Group 於 1980 年在 Waterloo 大學開發出來的。原始 Maple 系統的設計由 B.W. Char、K. O. Geddes、W.M. Gentlemen、及 G.H. Gonnet 發表 [CGGG]。

Maple 是以 C 語言撰寫，可以符號的型式執行運算。因為直接以符號進行運算，所以使用者可獲得確解(exact solution)而不僅是數值。Maple 可對，例如積分、微分方程、及線性方程組等問題提供確解。它包含了程式編寫架構，使得文字以及指令可以存成工作單檔案(worksheet file)。這些存入的工作單可以載入到 Maple，並執行其指令。因為 Maple 的符式運算、數值計算、及工作單等能力，故被選為本書使用之電腦語言。在全書中我們都會用到 Maple 指令，特別是來自其中的 *NumericalAnalysis* 套件。

還有許多可被歸類為 PC 超級計算器的軟體可供選用。但不要將它們和此處所列的通用軟體混為一談。如果你對這類軟體有興趣，請參閱 B. Simon 及 R.M. Wilson [SW]的 *Supercalculators on the PC*。

在 Cody 及 Waite [CW] 和 Kockler [Ko] 的書中，以及 Dongarra 和 Walker [DW]1995 年的文章中可找到更多有關軟體及程式庫的資訊。在 Chaitini-Chatelin 及 Frayse [CF]的書以及 Goldberg [Go] 的文章中可找到更多關於浮點數計算的資訊。

介紹數值方法在平行電腦的應用的書則有，Schendell [Sche]、Phillips 及 Freeman [PF]、Ortega [Or1] 以及 Golub 和 Ortega [GO] 等。

CHAPTER 2

一元方程式的解

引言

我們可以建立短時間內族群數成長的模型，此模型假設族群數隨時間的成長率，正比於當時的族群數。若令 $N(t)$ 代表時間 t 時的族群數目，而 λ 為固定的出生率，則族群數滿足下列微分方程

$$\frac{dN(t)}{dt} = \lambda N(t)$$

此方程式的解為 $N(t) = N_0 e^{\lambda t}$，其中 N_0 為初始族群數。

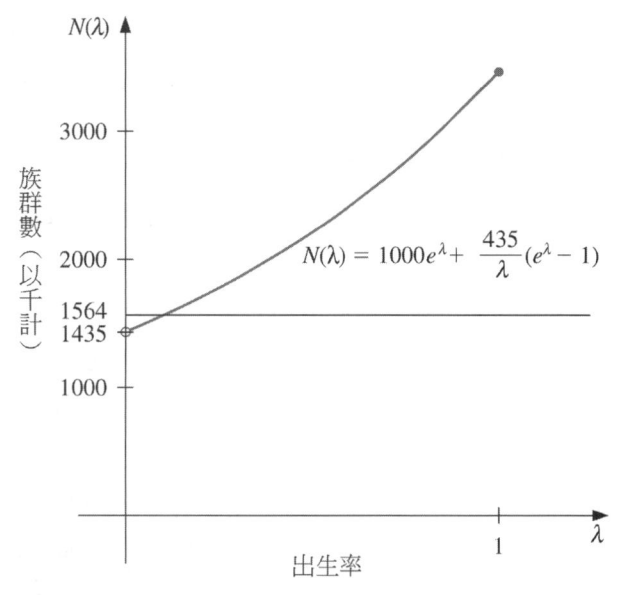

$$N(\lambda) = 1000e^\lambda + \frac{435}{\lambda}(e^\lambda - 1)$$

這個指數模型只有在隔絕狀態，沒有移入者時才成立。若許可族群以固定速率 v 由外移入，則微分方程改寫為

$$\frac{dN(t)}{dt} = \lambda N(t) + v$$

其解為

$$N(t) = N_0 e^{\lambda t} + \frac{v}{\lambda}(e^{\lambda t} - 1)$$

假設某特定族群在開始時有 $N(0) = 1,000,000$ 的個體，第

一年內有 435,000 個個體移入此一族群，在一年結束時此族群的總個體數為 1,564,000。要求解此族群的出生率，我們必須求解下列方程式中的 λ

$$1{,}564{,}000 = 1{,}000{,}000 e^{\lambda} + \frac{435{,}000}{\lambda}(e^{\lambda} - 1)$$

對這個方程式，我們無法以外顯的方式求得 λ，但本章所介紹的數值方法，可以用精確度求出此種類型方程式的近似解。針對上述問題的解答列於 2.3 節的習題 24。

2.1 二分法

在本章中我們考慮一種最基本的數值近似問題，**求根問題** (root-finding problem)。此程序包括了找出已知函數 f 的 $f(x) = 0$ 型式方程式的**根**(root)。此方程式的根也就是函數 f 的**零點** (zero)。

求方程式根之近似解的問題，最早可以回溯到公元前 1700 年。耶魯大學的巴比倫文物收藏中，有一件那個時代的楔形文字表，記載了一個相當於 1.41422 的 60 進位數，它是一個 $\sqrt{2}$ 的近似值，準確到 10^{-5} 以內。此近似值可以用 2.2 節習題 19 的方法獲得。

■ 二分法 (Bisection Technique)

要介紹的第一種方法是利用中間值定理的**二分法** (bisection method) 或**二元搜尋法** (Binary-search method)。

假設 f 是一個定義於區間 $[a,b]$ 的連續函數，且 $f(a)$ 與 $f(b)$ 為異號。由中間值定理可知，在 (a, b) 間必有一數 p 使得 $f(p) = 0$。雖然在 (a, b) 間有一個以上的根時，此方法仍然可用，但為簡化起見，我們假設在區間內只有一個根。此方法就是把 $[a, b]$ 及其次區間重複對分，並在對分時找出 p 位於那一半。

開始時先令 $a_1 = a$ 及 $b_1 = b$，且令 p_1 為 $[a, b]$ 的中點；即

$$p_1 = a_1 + \frac{b_1 - a_1}{2} = \frac{a_1 + b_1}{2}$$

- 若 $f(p_1) = 0$，則 $p = p_1$，問題得解。
- 若 $f(p_1) \neq 0$ 則看 $f(p_1)$ 與 $f(a_1)$ 或 $f(b_1)$ 中的哪一個同號。
  - 若 $f(p_1)$ 與 $f(a_1)$ 同號時，$p \in (p_1, b_1)$。令 $a_2 = p_1$ 及 $b_2 = b_1$。
  - 若 $f(p_1)$ 與 $f(a_1)$ 異號時，$p \in (a_1, p_1)$。令 $a_2 = a_1$ 及 $b_2 = p_1$。

然後再將此一程序應用到區間 $[a_2, b_2]$。算則 2.1 敘述此一程序。(見圖 2.1)

圖 2.1

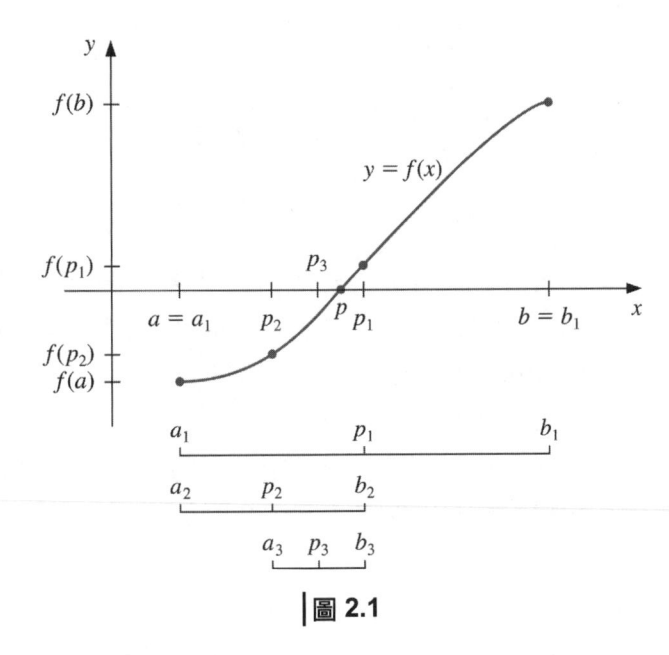

算則 2.1 二分法 (Bisection)

求 $f(x) = 0$ 之解，已知函數 f 在區間 $[a, b]$ 中為連續，且 $f(a)$ 與 $f(b)$ 為異號：

INPUT 端點 a、b；容許誤差 TOL；最大迭代次數 N_0。

OUTPUT 近似解 p 或失敗訊息。

Step 1 Set $i = 1$;
$FA = f(a)$.

Step 2 While $i \leq N_0$ do Steps 3–6.

    Step 3 Set $p = a + (b - a)/2$; （計算 p_i）
$FP = f(p)$.

    Step 4 If $FP = 0$ or $(b - a)/2 < TOL$ then
OUTPUT (p); （程式順利完成）
STOP.

    Step 5 Set $i = i + 1$.

    Step 6 If $FA \cdot FP > 0$ then set $a = p$; （計算 a_i、b_i）
$FA = FP$
else set $b = p$. （FA 不變）

Step 7 OUTPUT ('Method failed after N_0 iterations, $N_0 =$', N_0);
（程式失敗）
STOP.

在算則 2.1 的 Step 4，或本章所有的迭代方法中，亦可使用其他的終止程序。例如，選擇一個容許誤差範圍 $\varepsilon > 0$ 然後逐次產生 $p_1, p_2, \cdots, p_N$ 直到滿足下列條件之一：

$$|p_N - p_{N-1}| < \varepsilon \tag{2.1}$$

$$\frac{|p_N - p_{N-1}|}{|p_N|} < \varepsilon, \quad p_N \neq 0 \text{ 或} \tag{2.2}$$

$$|f(p_N)| < \varepsilon \tag{2.3}$$

很不幸的，使用上述任一種終止準則都有其困難。例如，某一數列 $\{p_n\}_{n=0}^{\infty}$ 可能其相鄰項的差 $p_n - p_{n-1}$ 收斂至 0，但數列本身為發散 (見習題 17)。也可能 $f(p_n)$ 非常接近 0，但 p_n 與 p 相差尚遠 (見習題 16)。如果對 f 或 p 沒有更多的了解，不等式(2.2) 是最佳的終止準則，因為它最接近相對誤差檢定。

在使用電腦產生近似解時，最好設定一個迭代次數的上限。當數列發散或程式撰寫錯誤時，這可以避免掉入無窮迴圈。這點寫在算則 2.1 的 Step 2 中，設定上限值 N_0 且程式在 $i > N_0$ 時結束。

要開始二分法算則，必須先找到一個區間 $[a, b]$ 使 $f(a) \cdot f(b) < 0$。在每一步，包含 f 之零點的區間長度減半；所以我們將區間 $[a, b]$ 選的愈小就愈有利。例如，對 $f(x) = 2x^3 - x^2 + x - 1$，我們同時有

$$f(-4) \cdot f(4) < 0 \quad \text{及} \quad f(0) \cdot f(1) < 0$$

所以我們可以在區間 $[-4, 4]$ 或 $[0, 1]$ 使用二分法算則。要達到同樣的準確度，使用區間 $[0,1]$ 要比使用區間 $[-4, 4]$ 少三次迭代。

下列例題說明二分法算則。在此例題中，當相對誤差小於 0.0001 時，終止迭代。下式確保此項條件

$$\frac{|p - p_n|}{\min\{|a_n|, |b_n|\}} < 10^{-4}$$

例題 1 證明 $f(x) = x^3 + 4x^2 - 10 = 0$ 在區間 $[1, 2]$ 之間有一個根，並使用二分法以求該根的近似解，準確至 10^{-4} 以上。

解 因為 $f(1) = -5$ 且 $f(2) = 14$，中間值定理 1.11 保證此連續函數在 $[1, 2]$ 之間有一個根。

在二分法的第一次迭代，我們用 $[1, 2]$ 的中點得到 $f(1.5) = 2.375 > 0$。這代表我們要選 $[1, 1.5]$ 做第二次迭代。然後求得 $f(1.25) = -1.796875$，所以新的區間為 $[1.25, 1.5]$，其中點為 1.375。繼續下去可得表 2.1 所列的數值。在迭代 13 次後，$p_{13} = 1.365112305$，與真實根 p 的誤差為

$$|p - p_{13}| < |b_{14} - a_{14}| = |1.365234375 - 1.365112305| = 0.000122070$$

因為 $|a_{14}| < |p|$，

表 2.1

n	a_n	b_n	p_n	$f(p_n)$
1	1.0	2.0	1.5	2.375
2	1.0	1.5	1.25	-1.79687
3	1.25	1.5	1.375	0.16211
4	1.25	1.375	1.3125	-0.84839
5	1.3125	1.375	1.34375	-0.35098
6	1.34375	1.375	1.359375	-0.09641
7	1.359375	1.375	1.3671875	0.03236
8	1.359375	1.3671875	1.36328125	-0.03215
9	1.36328125	1.3671875	1.365234375	0.000072
10	1.36328125	1.365234375	1.364257813	-0.01605
11	1.364257813	1.365234375	1.364746094	-0.00799
12	1.364746094	1.365234375	1.364990235	-0.00396
13	1.364990235	1.365234375	1.365112305	-0.00194

$$\frac{|p - p_{13}|}{|p|} < \frac{|b_{14} - a_{14}|}{|a_{14}|} \leq 9.0 \times 10^{-5}$$

所以此近似值至少準確到 10^{-4}。準確到小數點 9 位的解為 $p = 1.365230013$。注意一點，p_9 比最後的 p_{13} 更接近 p。你可能會懷疑這是真的嗎，因為 $|f(p_9)| < |f(p_{13})|$，但是不知道真實的解我們就是無法確定。 ∎

二分法的概念雖然很清楚，但有明顯的缺點。它收斂的很慢 (要使得 $|p - p_N|$ 夠小，可能 N 要很大)，而且它可能不經意的捨去一個很好的中間近似值。但這方法有一個很重要的特性，它總是收斂到解，也就為了這個原因，它經常被用來起動本章所要介紹的其他更有效率的方法。

定理 2.1

設 $f \in C[a,b]$ 且 $f(a) \cdot f(b) < 0$。二分法會產生一個數列 $\{p_n\}_{n=1}^{\infty}$ 以

$$|p_n - p| \leq \frac{b-a}{2^n}, \quad \text{當 } n \geq 1$$

的方式近似於 f 的零點 p。 ∎

證明 對每一個 $n \geq 1$，我們有

$$b_n - a_n = \frac{1}{2^{n-1}}(b-a) \quad \text{及} \quad p \in (a_n, b_n)$$

因為對所有 $n \geq 1$ 有 $p_n = \frac{1}{2}(a_n + b_n)$，故可得

$$|p_n - p| \leq \frac{1}{2}(b_n - a_n) = \frac{b-a}{2^n}$$

因為

$$|p_n - p| \leq (b-a)\frac{1}{2^n}$$

數列 $\{p_n\}_{n=1}^{\infty}$ 以 $O\left(\frac{1}{2^n}\right)$ 的速率收斂至 p；即

$$p_n = p + O\left(\frac{1}{2^n}\right)$$

要認清很重要的一點，定理 2.1 只給出了近似誤差的界限，而此界限是相當保守的。例如，將此界限用到例題 1 只能保證

$$|p - p_9| \leq \frac{2-1}{2^9} \approx 2 \times 10^{-3}$$

但實際的誤差卻小得多：

$$|p - p_9| = |1.365230013 - 1.365234375| \approx 4.4 \times 10^{-6}$$

例題 2 在精度要求為 10^{-3}、$a_1 = 1$ 且 $b_1 = 2$ 時求解 $f(x) = x^3 + 4x^2 - 10 = 0$，須迭代多少次？

解 我們要用對數找出滿足下式的整數 N

$$|p_N - p| \leq 2^{-N}(b-a) = 2^{-N} < 10^{-3}$$

雖然以任何數為底的對數都可用，但我們選擇使用以 10 為底的對數，因為容許誤差是 10 的指數型式。因為 $2^{-N} < 10^{-3}$ 代表了 $\log_{10} 2^{-N} < \log_{10} 10^{-3} = -3$，我們必須有

$$-N \log_{10} 2 < -3 \quad \text{及} \quad N > \frac{3}{\log_{10} 2} \approx 9.96$$

因此 10 次迭代可獲得準確到 10^{-3} 的近似值。

表 2.1 提供的值 $p_9 = 1.365234375$ 準確到 10^{-4}。我們再一次強調，誤差分析只提供所須迭代次數的界限，在許多情形下，此界限遠大於實際所需的迭代次數。 ■

Maple 有一個稱為 *NumericalAnalysis* 的程式包，它包含了許多我們要討論的方法，而此程式包的表達方式及範例和本書十分一致。此程式包中的二分法有數個選項，我們現在就介紹其中一些。在以下說明中，Maple 程式碼使用斜體，Maple 的回復值則使用灰色網底。

用以下指令載入 *NumericalAnalysis* 程式包

with (*Student*[*NumericalAnalysis*])

這讓你得以使用該程式包。定義函數為

$f := x^3 + 4x^2 - 10$

並使用

Bisection ($f, x = [1, 2]$, *tolerance* $= 0.005$)

Maple 回復

$$1.363281250$$

此值和表 2.1 中的 p_8 一樣。

　　使用以下指令可輸出一系列二分的區間

Bisection ($f, x = [1, 2]$, *tolerance* $= 0.005$, *output* = *sequence*)

Maple 會將所用的區間與答案一起傳回

> [1., 2.], [1., 1.500000000], [1.250000000, 1.500000000], [1.250000000, 1.375000000],
> [1.312500000, 1.375000000], [1.343750000, 1.375000000], [1.359375000, 1.375000000],
> [1.359375000, 1.367187500], 1.363281250

使用以下選項可以用相對誤差做為停止準則

Bisection ($f, x = [1, 2]$, *tolerance* $= 0.005$, *stoppingcriterion* = *relative*)

此時 Maple 會傳回

$$1.363281250$$

使用 *output=plot* 的選項

Bisection ($f, x = [1.25, 1.5]$, *output* = *plot*, *tolerance* $= 0.02$)

可得圖 2.2 的圖形。

　　我們也可用 *maxiterations*=的選項以設定最大迭代次數。如果在此迭代次數內無法達到指定的容許誤差則會顯示錯誤訊息。

　　使用指令 Roots 也可獲得二分法的結果。例如

Roots $\left(f, x = [1.0, 2.0], method = bisection, tolerance = \dfrac{1}{100}, output = information \right)$

使用二分法以得到以下資料

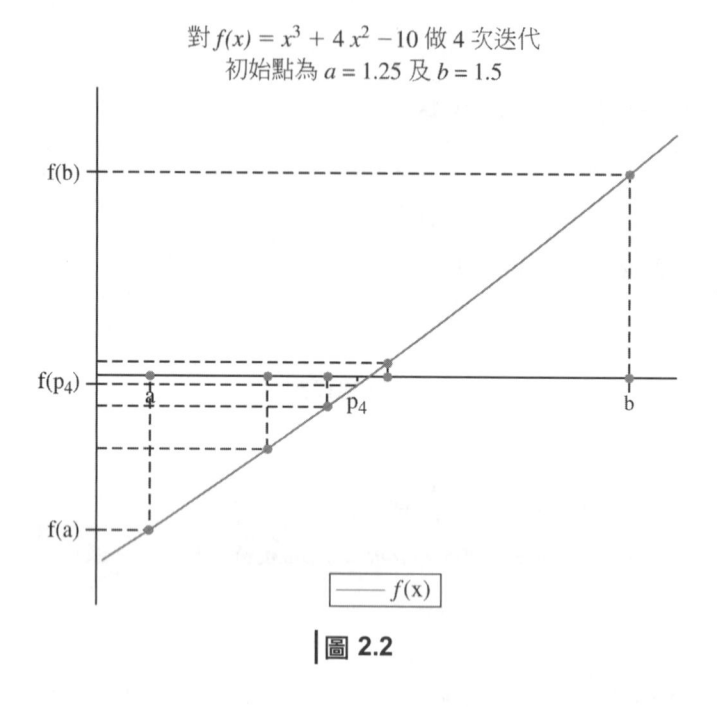

對 $f(x) = x^3 + 4x^2 - 10$ 做 4 次迭代
初始點為 $a = 1.25$ 及 $b = 1.5$

圖 2.2

$$\begin{bmatrix} n & a_n & b_n & p_n & f(p_n) & \text{相對誤差} \\ 1 & 1.0 & 2.0 & 1.500000000 & 2.37500000 & 0.3333333333 \\ 2 & 1.0 & 1.500000000 & 1.250000000 & -1.796875000 & 0.2000000000 \\ 3 & 1.250000000 & 1.500000000 & 1.375000000 & 0.16210938 & 0.09090909091 \\ 4 & 1.250000000 & 1.375000000 & 1.312500000 & -0.848388672 & 0.04761904762 \\ 5 & 1.312500000 & 1.375000000 & 1.343750000 & -0.350982668 & 0.02325581395 \\ 6 & 1.343750000 & 1.375000000 & 1.359375000 & -0.096408842 & 0.01149425287 \\ 7 & 1.359375000 & 1.375000000 & 1.367187500 & 0.03235578 & 0.005714285714 \end{bmatrix}$$

在求使用二分法所須迭代次數的上限時，我們假設使用的是無限位數算術。當實際用於電腦計算時，要考慮捨入誤差的影響。例如在計算區間 $[a_n, b_n]$ 的中點時，要使用

$$p_n = a_n + \frac{b_n - a_n}{2} \quad \text{而不應使用} \quad p_n = \frac{a_n + b_n}{2}$$

第一個方程式是對已知數 a_n 加上一個小的修正量 $(b_n - a_n)/2$。當 $b_n - a_n$ 接近機器的最大精度時，此修正量可能有誤差，但此誤差不會對計算所得的 p 造成明顯的影響。但如果在 $b_n - a_n$ 接近機器的最大精度時使用 $(a_n + b_n)/2$，計算所得的中值甚至可能超出 $[a_n, b_n]$ 之外。

最後一點，要決定函數 f 的根落在區間 $[a_n, b_n]$ 的哪一半，可以使用 signum 函數，其定義為

$$\text{sgn}(x) = \begin{cases} -1, & \text{若 } x < 0 \\ 0, & \text{若 } x = 0 \\ 1, & \text{若 } x > 0 \end{cases}$$

使用

$$\text{sgn}\,(f(a_n))\,\text{sgn}\,(f(p_n)) < 0 \quad \text{而非} \quad f(a_n)f(p_n) < 0$$

做檢定，可以得到同樣的結果，但避免了執行乘法時可能出現的不足位或溢位問題。

習題組 2.1   完整習題請見隨書光碟

1. 用二分法求 $f(x) = \sqrt{x} - \cos x$ 在 $[0, 1]$ 之間的 p_3。

3. 用二分法求 $x^3 - 7x^2 + 14x - 6 = 0$ 在下列各區間中精確至 10^{-2} 的解。

   a. $[0, 1]$　　**b.** $[1, 3.2]$　　**c.** $[3.2, 4]$

5. 用二分法求下列問題的近似解，精確至 10^{-5}。

   a. $x - 2^{-x} = 0, 0 \le x \le 1$　　**b.** $e^x - x^2 + 3x - 2 = 0, 0 \le x \le 1$
   c. $2x\cos(2x) - (x+1)^2 = 0, -3 \le x \le -2$ 及 $-1 \le x \le 0$
   d. $x\cos x - 2x^2 + 3x - 1 = 0, 0.2 \le x \le 0.3$ 及 $1.2 \le x \le 1.3$

7. **a.** 畫出 $y = x$ 及 $y = 2\sin x$ 的圖形。
   b. 以二分法求滿足 $x = 2\sin x$ 的第一個正 x 值，精確至 10^{-5}。

9. **a.** 畫出 $y = e^x - 2$ 及 $y = \cos(e^x - 2)$ 的圖形。
   b. 以二分法求在 $[0.5, 1.5]$ 之間滿足 $e^x - 2 = \cos(e^x - 2)$ 的解，精確至 10^{-5}。

11. 令 $f(x) = (x+2)(x+1)x(x-1)^3(x-2)$。在下列區間中以二分法求解時，分別會收斂至何解？

    a. $[-3, 2.5]$　　**b.** $[-2.5, 3]$　　**c.** $[-1.75, 1.5]$　　**d.** $[-1.5, 1.75]$

13. 用二分法算則求 $\sqrt[3]{25}$ 的近似值至誤差 10^{-4} 以內。

15. 利用定理 2.1 求，要計算區間 $[1, 2]$ 內 $x^3 - x - 1 = 0$ 的近似解至誤差 10^{-4} 以內的迭代次數上限。求出此種精確度的近似根。

17. 令 $\{p_n\}$ 為一級數，定義如 $p_n = \sum_{k=1}^{n} \frac{1}{k}$。證明，即使 $\lim_{n \to \infty}(p_n - p_{n-1}) = 0$，級數 $\{p_n\}$ 為發散。

19. 一個長度為 L 的水槽，截面為半徑 r 的半圓 (見附圖)。當加水至離頂端 h 距離處，水的體積 V 為

    $$V = L\left[0.5\pi r^2 - r^2 \arcsin(h/r) - h(r^2 - h^2)^{1/2}\right]$$

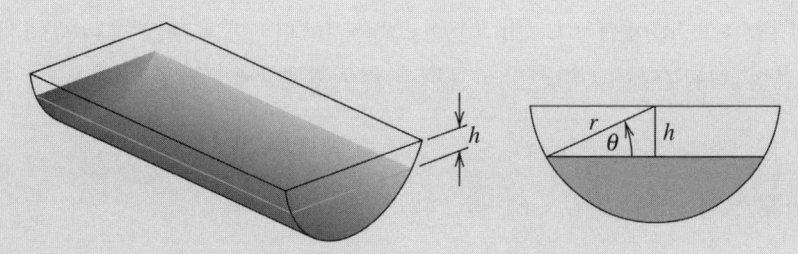

    設 $L = 10\,\text{ft}$、$r = 1\,\text{ft}$、及 $V = 12.4\,\text{ft}^3$。求槽中水的深度，精確至 $0.01\,\text{ft}$。

2.2 固定點迭代

一個函數的固定點，指的是一個數，當將此數代入函數時，會有相同的函數值。

定義 2.2

如果 $g(p) = p$ 則稱 p 為函數 g 的一個**固定點** (fixed point)。

在本節中我們考慮如何求解固定點問題，以及固定點問題與求根問題的關聯性。在下述意義上，固定點問題與求根問題為同類：

- 給定一求根問題 $f(p) = 0$，有不同的方式可定義有固定點 p 的函數 g，例如
$$g(x) = x - f(x) \quad \text{或} \quad g(x) = x + 3f(x)$$

- 反過來說，若 p 為函數 g 的固定點，則 p 為函數
$$f(x) = x - g(x)$$

的零點。

雖然我們要解的問題是求根問題的型態，但固定點型態較易分析，且某些固定點的選取可以導致非常有效的求根方法。

首先我們要習慣此種新型態的問題，並決定何時一個函數會有固定點以及如何近似此固定點到指定的精確範圍。

例題 1 求函數 $g(x) = x^2 - 2$ 的任何固定點。

解 g 的一個固定點 p 據有以下特性
$$p = g(p) = p^2 - 2 \quad \text{這表示} \quad 0 = p^2 - p - 2 = (p+1)(p-2)$$

g 的一個固定點恰位於 $y = g(x)$ 與 $y = x$ 圖形相交之點，所以 g 有兩個固定點，一個在 $p = -1$ 另一個在 $p = 2$。如圖 2.3。

下述定理為固定點存在與唯一的充份條件。

定理 2.3

(i) 若，對所有 $x \in [a, b]$ 有 $g \in C[a, b]$ 及 $g(x) \in [a, b]$，則 g 在區間 $[a, b]$ 間有固定點。

(ii) 此外，若 $g'(x)$ 存在於 (a, b) 之上，且存在有正常數 $k < 1$ 滿足
$$|g'(x)| \leq k, \text{對所有 } x \in (a, b)$$

則 $[a, b]$ 間恰有一個固定點。(見圖 2.4)

第 2 章　一元方程式的解　57

| 圖 2.3

| 圖 2.4

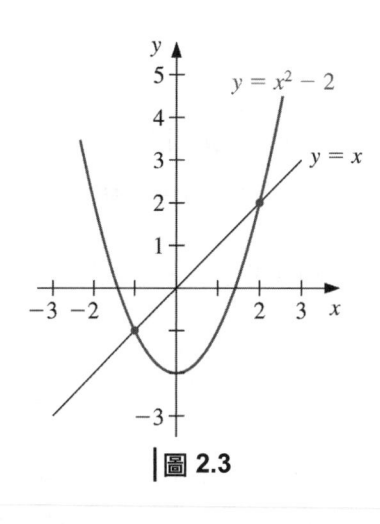

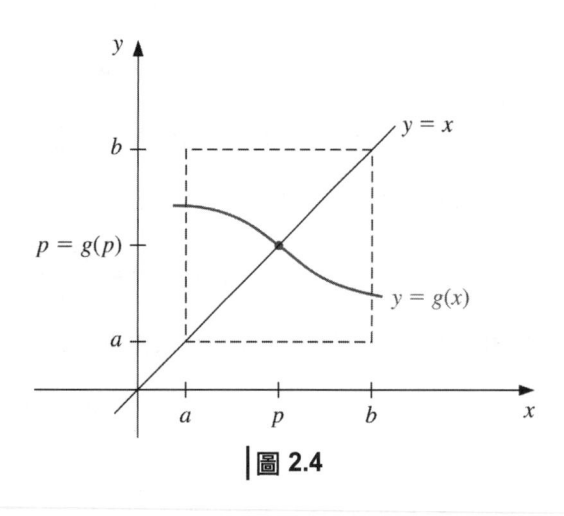

證明

(i) 若 $g(a) = a$ 或 $g(b) = b$，則某一端點為 g 的固定點。若否，則 $g(a) > a$ 且 $g(b) < b$。函數 $h(x) = g(x) - x$ 在 $[a, b]$ 間為連續，並有

$$h(a) = g(a) - a > 0 \quad \text{及} \quad h(b) = g(b) - b < 0$$

中間值定理指出，存在有 $p \in (a, b)$ 使得 $h(p) = 0$。則數 p 為 g 的固定點，因為

$$0 = h(p) = g(p) - p \quad \text{故得} \quad g(p) = p$$

(ii) 此外，設 $|g'(x)| \leq k < 1$ 且 p 和 q 為 $[a, b]$ 內之兩固定點。若 $p \neq q$，則平均值定理指出，在 p 及 q 之間，也在 $[a, b]$ 之間，必存有一數 ξ，使得

$$\frac{g(p) - g(q)}{p - q} = g'(\xi)$$

由此可得

$$|p - q| = |g(p) - g(q)| = |g'(\xi)||p - q| \leq k|p - q| < |p - q|$$

此為矛盾。此矛盾必然來自於我們唯一的假設，$p \neq q$。所以 $p = q$ 且 $[a, b]$ 間之固定點為唯一。∎

例題 2　證明 $g(x) = (x^2 - 1)/3$ 在 $[-1, 1]$ 間有唯一的固定點。

解　對於 $[-1, 1]$ 間的 x，$g(x)$ 的最小值及最大值一定出現在兩個端點或導數為 0 的位置。因為 $g'(x) = 2x/3$，在 $[-1, 1]$ 間函數 g 為連續且存在有 $g'(x)$。$g(x)$ 的最小及最大值出現在 $x = -1$、$x = 0$ 或 $x = 1$。但是 $g(-1) = 0$、$g(1) = 0$、且 $g(0) = \frac{-1}{3}$，所以在 $[-1, 1]$ 間 $g(x)$ 的絕對最大值出現在 $x = -1$ 和 $x = 1$，絕對最小值出現在 $x = 0$。

此外，對所有的 $x \in (-1, 1)$

$$|g'(x)| = \left|\frac{2x}{3}\right| \leq \frac{2}{3}$$

所以 g 滿足定理 2.3 的所有假設條件，且在 [−1, 1] 之間有唯一的固定點。 ∎

對於例題 2 的函數，這個介於 [−1, 1] 區間內的唯一固定點可以用代數方法決定。若

$$p = g(p) = \frac{p^2-1}{3}, \text{ 則 } p^2 - 3p - 1 = 0$$

如圖 2.4 所示，藉由二次式公式可得

$$p = \frac{1}{2}(3 - \sqrt{13})$$

另外，在區間 [3, 4] 之間 g 另有固定點 $p = \frac{1}{2}(3 + \sqrt{13})$。但是，$g(4) = 5$ 且 $g'(4) = \frac{8}{3} > 1$，所以在 [3, 4] 之間 g 並不滿足定理 2.3 的前提。這說明了，定理 2.3 為保證存在唯一固定點的充份條件而非必要條件。(見圖 2.5 右側圖形)

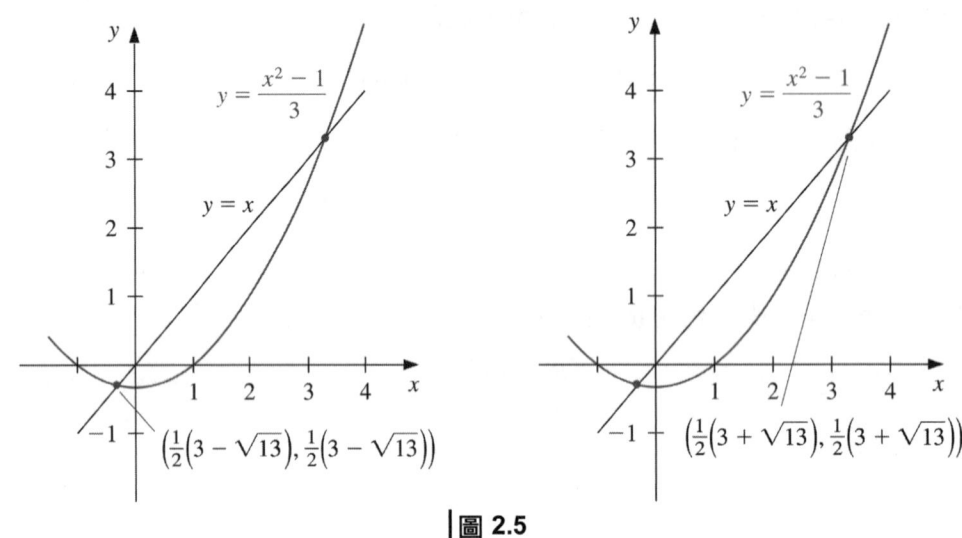

圖 2.5

例題 3 證明，定理 2.3 並無法確認 $g(x) = 3^{-x}$ 在 [0, 1] 之間存在有唯一的固定點，即使它確實存在有唯一的固定點。

解 因為在 [0, 1] 之間 $g'(x) = -3^{-x} \ln 3 < 0$，故函數 g 在 [0, 1] 之間是單純遞減。所以

$$g(1) = \frac{1}{3} \leq g(x) \leq 1 = g(0), 0 \leq x \leq 1$$

因此，對 $x \in [0, 1]$，我們有 $g(x) \in [0, 1]$。定理 2.3 的第一部分確保在 [0, 1] 之間至少有一個固定點。

不過

$$g'(0) = -\ln 3 = -1.098612289$$

所以在 (0, 1) 之間 $|g'(x)| \not\leq 1$，且無法用定理 2.3 來證明唯一性。但因為 g 為遞減，由圖 2.6 可以明顯看出固定點必定是唯一的。 ∎

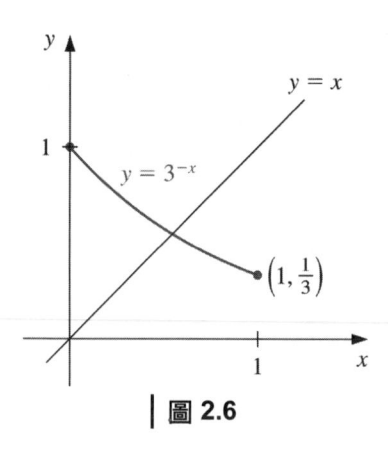

圖 2.6

■ 固定點迭代 (Fixed-Point Iteration)

我們無法以外顯的方式求得例題 3 的固定點，因為我們無法解出 $p = g(p) = 3^{-p}$ 中的 p。但我們可以任何的精確度，求得固定點的近似解。我們現在就要說明此方法。

要獲得函數 g 的固定點的近似值，我們先選擇一個初始值 p_0，對每一個 $n \geq 1$，令 $p_n = g(p_{n-1})$ 可產生一數列 $\{p_n\}_{n=0}^{\infty}$。如果此數列收斂到 p 且 g 為連續，則

$$p = \lim_{n\to\infty} p_n = \lim_{n\to\infty} g(p_{n-1}) = g\left(\lim_{n\to\infty} p_{n-1}\right) = g(p)$$

可得 $x = g(x)$ 的解。此一方法稱為**固定點迭代** (fixed-point iteration)，或稱**泛函迭代** (functional iteration)。此程序詳述於算則 2.2，並以圖 2.7 說明。

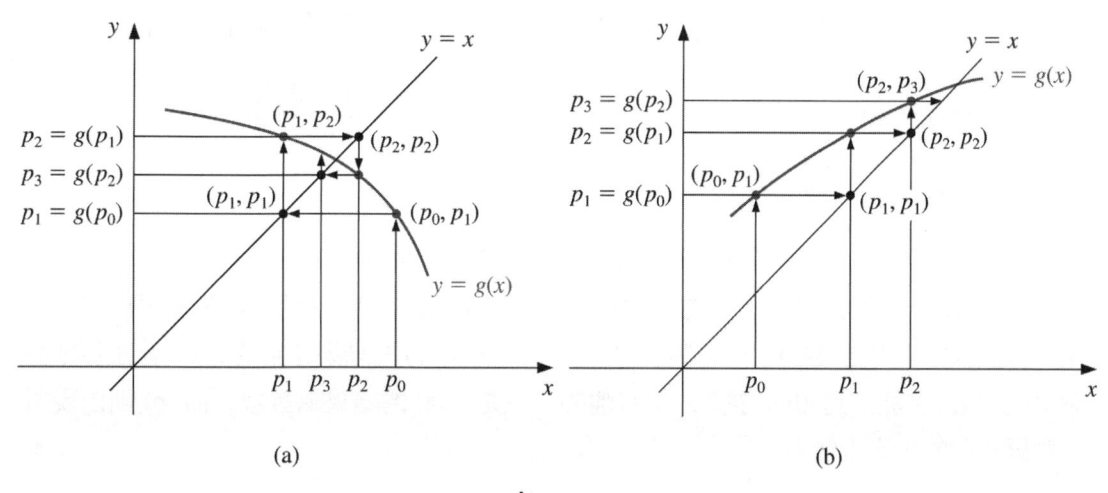

圖 2.7

算則 2.2 固定點迭代

給定初始近似值 p_0 求 $p = g(p)$ 的解：

INPUT 初始近似值 p_0；容許誤差 TOL；最大迭代次數 N_0。

OUTPUT p 之近似解或失敗訊息。

Step 1 Set $i = 1$.

Step 2 While $i \leq N_0$ do Steps 3–6.

    Step 3 Set $p = g(p_0)$. （計算 p_i）

    Step 4 If $|p - p_0| < TOL$ then
        OUTPUT (p); （程式成功）
        STOP.

    Step 5 Set $i = i + 1$.

    Step 6 Set $p_0 = p$. （更新 p_0）

Step 7 OUTPUT ('The method failed after N_0 iterations, $N_0 =$', N_0);
    （程式不成功）
    STOP. ∎

以下說明泛函迭代的一些特性。

說明題 方程式 $x^3 + 4x^2 - 10 = 0$ 在 $[1, 2]$ 間有唯一的根。藉由簡單的代數運算，此方程式可轉換成許多不同的固定點型態 $x = g(x)$。例如要得到 (c) 所描述的函數 g，可將 $x^3 + 4x^2 - 10 = 0$ 做如下運算

$$4x^2 = 10 - x^3 \text{，所以 } x^2 = \frac{1}{4}(10 - x^3) \text{，且 } x = \pm\frac{1}{2}(10 - x^3)^{1/2}$$

$g_3(x)$ 的選擇是為得到正值解。推導出下列各函數並非重點，你應該要能辨識出每一個固定點都是原方程式 $x^3 + 4x^2 - 10 = 0$ 的一個解。

(a) $x = g_1(x) = x - x^3 - 4x^2 + 10$

(b) $x = g_2(x) = \left(\dfrac{10}{x} - 4x\right)^{1/2}$

(c) $x = g_3(x) = \dfrac{1}{2}(10 - x^3)^{1/2}$

(d) $x = g_4(x) = \left(\dfrac{10}{4 + x}\right)^{1/2}$

(e) $x = g_5(x) = x - \dfrac{x^3 + 4x^2 - 10}{3x^2 + 8x}$

給定 $p_0 = 1.5$，表 2.2 列出五種不同的 g 時，固定點迭代的結果。

在 2.1 節例題 1 中已提過了，此方程式真實的根為 1.365230013。將此處的結果與該例題用二分法算則所得結果相比，我們可發現 (c)、(d)、及 (e) 的結果非常的好（二分法算則需要 27 次迭代才能達到相同的精度）。有趣的一點是，(a) 的結果為發散，而 (b) 則出現對負數開根號的未定義情形。 ∎

表 2.2

n	(a)	(b)	(c)	(d)	(e)
0	1.5	1.5	1.5	1.5	1.5
1	−0.875	0.8165	1.286953768	1.348399725	1.373333333
2	6.732	2.9969	1.402540804	1.367376372	1.365262015
3	−469.7	$(-8.65)^{1/2}$	1.345458374	1.364957015	1.365230014
4	1.03×10^8		1.375170253	1.365264748	1.365230013
5			1.360094193	1.365225594	
6			1.367846968	1.365230576	
7			1.363887004	1.365229942	
8			1.365916734	1.365230022	
9			1.364878217	1.365230012	
10			1.365410062	1.365230014	
15			1.365223680	1.365230013	
20			1.365230236		
25			1.365230006		
30			1.365230013		

雖然我們給的各個函數都是同一個求根問題，但做為求根問題的近似解法，它們卻差異很大。它們的目的是要說明我們所要回答的真正問題：

- 問題：我們要如何找到一個固定點問題，此問題可產生一個數列，以可靠且快速的收斂到我們要求根問題的解？

下列定理及其推論給我們一些線索，告訴我們該尋求的路徑，或許更重要的是，該剔除的路徑。

定理 2.4　固定點定理 (Fixed-Point Theorem)

令 $g \in C[a,b]$。可使得 $[a,b]$ 內的所有 x，都有 $g(x) \in [a,b]$。另設 g' 存在於 (a,b) 間，且存在有常數 $0 < k < 1$ 使得

$$|g'(x)| \leq k，對所有 x \in (a,b)$$

則對 $[a,b]$ 間的任意數 p_0，定義為

$$p_n = g(p_{n-1}), \quad n \geq 1$$

的數列，收斂到 $[a,b]$ 間的唯一固定點。

證明 定理 2.3 指出在 $[a, b]$ 之間存在唯一的固定點使得 $g(p) = p$。因為 g 將 $[a, b]$ 映射到它本身，對所有的 $n \geq 0$，數列 $\{p_n\}_{n=0}^{\infty}$ 是有定義的，且對所有 n 都有 $p_n \in [a, b]$。使用平均值定理 1.8 及 $|g'(x)| \leq k$ 的事實，對每個 n 可得

$$|p_n - p| = |g(p_{n-1}) - g(p)| = |g'(\xi_n)||p_{n-1} - p| \leq k|p_{n-1} - p|$$

其中 $\xi_n \in (a, b)$。以歸納方式使用此不等式可得

$$|p_n - p| \leq k|p_{n-1} - p| \leq k^2|p_{n-2} - p| \leq \cdots \leq k^n|p_0 - p| \tag{2.4}$$

因為 $0 < k < 1$，我們有 $\lim_{n \to \infty} k^n = 0$ 及

$$\lim_{n \to \infty} |p_n - p| \leq \lim_{n \to \infty} k^n |p_0 - p| = 0.$$

故得 $\{p_n\}_{n=0}^{\infty}$ 收斂至 p。　∎

推論 2.5 若 g 滿足定理 2.4 的假設條件，則使用 p_n 做為 p 的近似值時，其誤差界限為

$$|p_n - p| \leq k^n \max\{p_0 - a, b - p_0\} \tag{2.5}$$

及

$$|p_n - p| \leq \frac{k^n}{1-k}|p_1 - p_0|, \quad \text{對所有 } n \geq 1 \tag{2.6}$$

　∎

證明 因為 $p \in [a, b]$，由不等式 (2.4) 而得的第一界限為

$$|p_n - p| \leq k^n|p_0 - p| \leq k^n \max\{p_0 - a, b - p_0\}$$

在 $n \geq 1$ 時，使用證明定理 2.4 的同樣步驟可得出

$$|p_{n+1} - p_n| = |g(p_n) - g(p_{n-1})| \leq k|p_n - p_{n-1}| \leq \cdots \leq k^n|p_1 - p_0|$$

因此，對 $m > n \geq 1$，

$$\begin{aligned} |p_m - p_n| &= |p_m - p_{m-1} + p_{m-1} - \cdots + p_{n+1} - p_n| \\ &\leq |p_m - p_{m-1}| + |p_{m-1} - p_{m-2}| + \cdots + |p_{n+1} - p_n| \\ &\leq k^{m-1}|p_1 - p_0| + k^{m-2}|p_1 - p_0| + \cdots + k^n|p_1 - p_0| \\ &= k^n|p_1 - p_0|\left(1 + k + k^2 + \cdots + k^{m-n-1}\right) \end{aligned}$$

由定理 2.3，$\lim_{m \to \infty} p_m = p$，所以

$$|p - p_n| = \lim_{m \to \infty} |p_m - p_n| \leq \lim_{m \to \infty} k^n |p_1 - p_0| \sum_{i=0}^{m-n-1} k^i \leq k^n |p_1 - p_0| \sum_{i=0}^{\infty} k^i$$

但 $\sum_{i=0}^{\infty} k^i$ 是一個比率為 k 且 $0 < k < 1$ 的幾何級數。此數列收斂至 $1/(1-k)$，這提供了第

二界限：

$$|p - p_n| \leq \frac{k^n}{1-k}|p_1 - p_0|$$

此推論中的兩個不等式，建立了數列 $\{p_n\}_{n=0}^{\infty}$ 的收斂速率與一階導數界限 k 的關係。收斂速率取決於因子 k^n。k 值愈小則收斂愈快，k 值接近 1 時收斂的很慢。

說明題 在此我們將使用定理 2.4 及其推論 2.5，重新考慮前一說明題中的各個固定點公式。

(a) 對 $g_1(x) = x - x^3 - 4x^2 + 10$，我們有 $g_1(1) = 6$ 且 $g_1(2) = -12$，所以 g_1 並不會將 [1, 2] 映射到自身。此外，$g_1'(x) = 1 - 3x^2 - 8x$，所以對 [1, 2] 間的所有 x，$|g_1'(x)| > 1$。雖然定理 2.4 並不保證此方法對這樣的 g 一定失敗，但也沒有理由指望它會收斂。

(b) 當 $g_2(x) = [(10/x) - 4x]^{1/2}$，我們可看出 g_2 並不會將 [1, 2] 映射到 [1, 2]，且在 $p_0 = 1.5$ 時數列 $\{p_n\}_{n=0}^{\infty}$ 沒有定義。更有甚者，沒有任何包含 $p \approx 1.365$ 的區間可使得 $|g_2'(x)| < 1$，因為 $|g_2'(p)| \approx 3.4$。沒有理由相信此方法有可能收斂。

(c) 對函數 $g_3(x) = \frac{1}{2}(10 - x^3)^{1/2}$，在區間 [1, 2] 我們有

$$g_3'(x) = -\frac{3}{4}x^2(10 - x^3)^{-1/2} < 0$$

所以 g_3 在 [1, 2] 間為單純遞減。但是 $|g_3'(2)| \approx 2.12$，所以在 [1, 2] 間無法滿足 $|g_3'(x)| \leq k < 1$ 的條件。更進一步檢視以 $p_0 = 1.5$ 為起點的數列 $\{p_n\}_{n=0}^{\infty}$ 可發現，考慮區間 [1, 1.5] 就足夠了，無須使用 [1, 2]。在此區間內 $g_3'(x) < 0$ 仍然為真，且 g_3 為單純遞減，但對所有 $x \in [1, 1.5]$ 另有

$$1 < 1.28 \approx g_3(1.5) \leq g_3(x) \leq g_3(1) = 1.5$$

這顯示 g_3 映射區間 [1, 1.5] 到其自身。因為在此區間中 $|g_3'(x)| \leq |g_3'(1.5)| \approx 0.66$ 同時為真，定理 2.4 保證其收斂，如同我們所已知的。

(d) 對 $g_4(x) = (10/(4+x))^{1/2}$，對所有的 $x \in [1, 2]$，我們有

$$|g_4'(x)| = \left|\frac{-5}{\sqrt{10}(4+x)^{3/2}}\right| \leq \frac{5}{\sqrt{10}(5)^{3/2}} < 0.15$$

$g_4'(x)$ 的絕對值的界限比 $g_3'(x)$（來自 (c)）的小得多，這解釋了為何 g_4 收斂的較快。

(e) 由

$$g_5(x) = x - \frac{x^3 + 4x^2 - 10}{3x^2 + 8x}$$

所定義的數列較其他所有的都收斂得快。在下一節中我們將討論此一選擇是怎麼來

的，以及它為何較有效率。

在以上討論中，

- 問題：我們要如何找到一個固定點問題，使它所產生的數列能快速且可靠的收斂到所給的求根問題的解？
- 答案：將求根問題轉換成滿足固定點定理 2.4 之條件的固定點問題，並使其在固定點附近的導數愈小愈好。

在下一節中我們會就此點做進一步探討。

在 Maple 的 *NumericalAnalysis* 程式包中也包含了固定點算則。用於二分法的選項同樣也適用於固定點迭代。我們在此說明一個選項。在使用 *with(Student[NumericalAnalysis])* 載入此程式包後，輸入函數

$$g := x - \frac{(x^3 + 4x^2 - 10)}{3x^2 + 8x}$$

Maple 將回復

$$x - \frac{x^3 + 4x^2 - 10}{3x^2 + 8x}$$

輸入指令

FixedPointIteration(fixedpointiterator=g, x=1.5, tolerance =10^{-8}, output=sequence, maxiterations=20)

Maple 將回復

$$1.5, 1.373333333, 1.365262015, 1.365230014, 1.365230013$$

習題組 2.2 *完整習題請見隨書光碟*

1. 用代數運算證明下列各函數在 $f(p) = 0$ 時恰有固定點 p，而 $f(x) = x^4 + 2x^2 - x - 3$。

    a. $g_1(x) = (3 + x - 2x^2)^{1/4}$
    b. $g_2(x) = \left(\dfrac{x + 3 - x^4}{2}\right)^{1/2}$
    c. $g_3(x) = \left(\dfrac{x + 3}{x^2 + 2}\right)^{1/2}$
    d. $g_4(x) = \dfrac{3x^4 + 2x^2 + 3}{4x^3 + 4x - 1}$

3. 有下列 4 種方法以計算 $21^{1/3}$。請依它們的收斂速度加以排序，設 $p_0 = 1$。

    a. $p_n = \dfrac{20p_{n-1} + 21/p_{n-1}^2}{21}$
    b. $p_n = p_{n-1} - \dfrac{p_{n-1}^3 - 21}{3p_{n-1}^2}$

c. $p_n = p_{n-1} - \dfrac{p_{n-1}^4 - 21p_{n-1}}{p_{n-1}^2 - 21}$ 　　　　d. $p_n = \left(\dfrac{21}{p_{n-1}}\right)^{1/2}$

5. 用固定點迭代求區間 [1, 2] 內 $x^4 - 3x^2 - 3 = 0$ 的近似解準確至 10^{-2} 以內。給定 $p_0 = 1$。

7. 利用定理 2.3 以證明在區間 $[0, 2\pi]$ 內 $g(x) = \pi + 0.5\sin(x/2)$ 有唯一之固定點。利用固定點迭代求此固定點的近似值，準確至 10^{-2} 以內。使用推論 2.5 以估算達到 10^{-2} 精度所須的迭代次數，並將此理論值與實際值做比較。

11. 對下列各方程式，找出可使固定點迭代收斂之區間 $[a, b]$。估算達到 10^{-5} 精度所須的迭代次數，並執行計算。

　a. $x = \dfrac{2 - e^x + x^2}{3}$ 　　　　**b.** $x = \dfrac{5}{x^2} + 2$

　c. $x = (e^x/3)^{1/2}$ 　　　　　　　**d.** $x = 5^{-x}$

　e. $x = 6^{-x}$ 　　　　　　　　　　**f.** $x = 0.5(\sin x + \cos x)$

13. 經由對適當的函數 g 做固定點迭代，求出 $f(x) = x^2 + 10\cos x$ 的所有零點。所有零點精確到 10^{-4}。

15. 用固定點迭代求區間 [1, 2] 內 $2\sin \pi x + x = 0$ 的近似解準確至 10^{-2} 以內。給定 $p_0 = 1$。

17. 找出一個定義於 [0, 1] 的函數 g，此函數不滿足定理 2.3 的所有假設條件，但在 [0, 1] 內有唯一之固定點。

19. a. 利用定理 2.4 證明定義為

$$x_n = \dfrac{1}{2}x_{n-1} + \dfrac{1}{x_{n-1}}, \ n \geq 1$$

的數列在 $x_0 > \sqrt{2}$ 時收斂到 $\sqrt{2}$。

　b. 利用，$x_0 \neq \sqrt{2}$ 時 $0 < (x_0 - \sqrt{2})^2$ 的事實以證明，若 $0 < x_0 < \sqrt{2}$，則 $x_1 > \sqrt{2}$。

　c. 利用 (a) 及 (b) 的結果以證明 (a) 中的數列在 $x_0 > 0$ 時收斂到 $\sqrt{2}$。

21. 將定理 2.4 中的假設「存在有正數 $k < 1$ 使得 $|g'(x)| \leq k$」換成「g 在區間 $[a, b]$ 內滿足 Lipschitz 條件，且有 Lipschitz 常數 $L < 1$」(見 1.1 節習題 27) 證明此定理之結論仍然成立。

23. 一個在空氣中垂直落下的物體，同時受到黏滯阻力及重力。假設一個質量為 m 的物體由高度 s_0 處落下，則 t 秒後此物體的高度為

$$s(t) = s_0 - \dfrac{mg}{k}t + \dfrac{m^2 g}{k^2}(1 - e^{-kt/m})$$

其中 $g = 32.17$ ft/s^2 且 k 為代表空氣阻力的係數，單位為 lb-s/ft。設 $s_0 = 300$ ft、$m = 0.25$ lb、及 $k = 0.1$ lb-s/ft。求，需要多少時間此物體撞擊地面，精確至 0.01 秒內。

2.3 牛頓法及其延伸

牛頓法 (或稱 Newton-Raphson 法) 是用於解求根問題的各種數值方法中最好用也最知名之一。牛頓法可以用不同的方式來說明。

■ 牛頓法 (Newton's Method)

如果目的只是算則,我們可以由圖形的方式考慮此方法,一般微積分課程通常使用此方法。在 2.4 節中則將介紹另一種推導方法,可以顯示出其收斂速率高於其他泛函迭代法。第三種方法則是利用泰勒多項式,將於本節討論。我們將會看到,此推導方式不止得到方法本身,同時會得到近似過程的誤差界限。

假設 $f \in C^2[a,b]$。令 $p_0 \in [a,b]$ 為 $f(x) = 0$ 的解 p 之近似值,使得 $f'(p_0) \neq 0$ 且 $|p - p_0|$ 的值「甚小」。考慮 $f(x)$ 在 p_0 處展開之一次泰勒多項式,並代入 $x = p$,

$$f(p) = f(p_0) + (p - p_0)f'(p_0) + \frac{(p - p_0)^2}{2}f''(\xi(p))$$

其中 $\xi(p)$ 介於 p 及 p_0 之間。因為 $f(p) = 0$,此方程式可得

$$0 = f(p_0) + (p - p_0)f'(p_0) + \frac{(p - p_0)^2}{2}f''(\xi(p))$$

牛頓法的推導是先假設 $|p - p_0|$ 的值甚小,而包含 $(p - p_0)^2$ 的項就更小得多,所以

$$0 \approx f(p_0) + (p - p_0)f'(p_0)$$

求解 p 可得

$$p \approx p_0 - \frac{f(p_0)}{f'(p_0)} \equiv p_1$$

這就定出了牛頓法的步驟,由初始近似值 p_0 開始然後利用

$$p_n = p_{n-1} - \frac{f(p_{n-1})}{f'(p_{n-1})}, \text{ 對 } n \geq 1 \tag{2.7}$$

以產生數列 $\{p_n\}_{n=0}^{\infty}$。

圖 2.8 顯示如何利用連續的切線趨近解的過程 (參見習題 15)。由初始值 p_0 開始,近似解 p_1 是 f 在 $(p_0, f(p_0))$ 處的切線與 x 軸的交點。近似解 p_2 則是 f 圖形在 $(p_1, f(p_1))$ 處的切線與 x 軸的交點,餘類推。算則 2.3 依循此一程序。

算則 2.3 牛頓法

給定初始近似值 p_0,求 $f(x) = 0$ 的解:

INPUT 初始近似值 p_0;許可誤差 TOL;最大迭代次數 N_0。

OUTPUT 近似解 p 或失敗訊息。

Step 1 Set $i = 1$.

Step 2 While $i \leq N_0$ do Steps 3–6.

    Step 3 Set $p = p_0 - f(p_0)/f'(p_0)$. (計算 p_i)

图 2.8

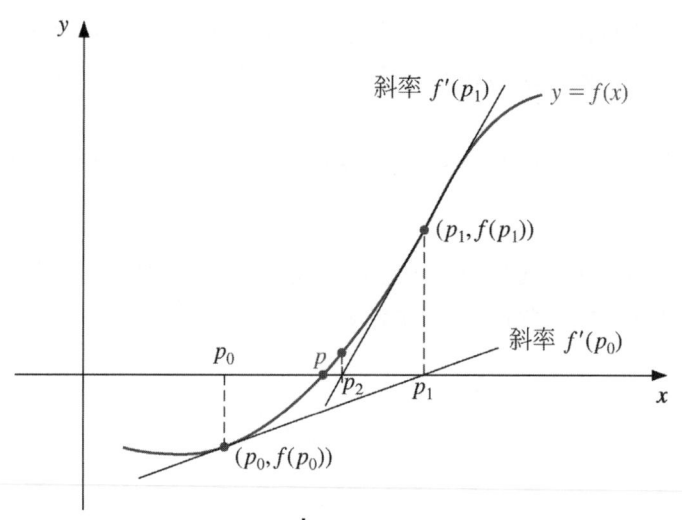

Step 4 If $|p - p_0| < TOL$ then
OUTPUT (p); （程式成功）
STOP.

Step 5 Set $i = i + 1$.

Step 6 Set $p_0 = p$. （更新 p_0）

Step 7 OUTPUT ('The method failed after N_0 iterations, $N_0 =$', N_0);
（程式不成功）
STOP. ∎

在二分法中用來做程式終止判斷的不等式，在牛頓法中一樣可用。也就是，先選許可範圍 $\varepsilon > 0$，然後建立 $p_1, \ldots p_N$ 直到

$$|p_N - p_{N-1}| < \varepsilon \tag{2.8}$$

$$\frac{|p_N - p_{N-1}|}{|p_N|} < \varepsilon, \quad p_N \neq 0 \tag{2.9}$$

或

$$|f(p_N)| < \varepsilon \tag{2.10}$$

算則 2.3 的 Step 4 則使用了不等式 (2.8) 的型式。注意一點，不等式 (2.8)、(2.9) 和 (2.10) 都無法提供有關實際誤差 $|p_N - p|$ 的精準資訊。(見 2.1 節習題 16 和 17)

牛頓法也是一種 $p_n = g(p_{n-1})$ 型式的泛函迭代法，其中

$$g(p_{n-1}) = p_{n-1} - \frac{f(p_{n-1})}{f'(p_{n-1})}, \ n \geq 1 \tag{2.11}$$

事實上，這就是我們在 2.2 節的表 2.2 中的 (e) 欄所見到的，收斂速率非常快的方法。

由 (2.7) 式可明顯看出，對某一 n 值若出現 $f'(p_{n-1})=0$，則牛頓法無法繼續。事實上，我們接著要說明，此方法最有效的情形是，在靠近 p 值處 f' 的值遠離 0。

例題 1 考慮函數 $f(x) = \cos x - x = 0$。使用 **(a)** 固定點法，及 **(b)** 牛頓法求 f 的根之近似解。

解 **(a)** 此求根問題的解，同時也是固定點問題 $x = \cos x$ 的解，且由圖 2.9 的圖形可看出，在 $[0, \pi/2]$ 之間有一個固定點 p。

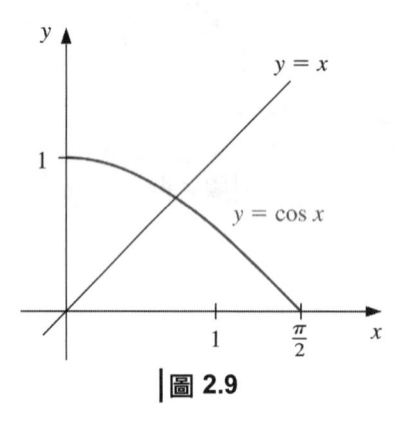

圖 2.9

表 2.3 為 $p_0 = \pi/4$ 時固定點迭代的結果。由這些數據中我們最多可歸結出 $p \approx 0.74$。

表 2.3

n	p_n
0	0.7853981635
1	0.7071067810
2	0.7602445972
3	0.7246674808
4	0.7487198858
5	0.7325608446
6	0.7434642113
7	0.7361282565

表 2.4

	牛頓法
n	P_n
0	0.7853981635
1	0.7395361337
2	0.7390851781
3	0.7390851332
4	0.7390851332

(b) 要使用牛頓法解此問題我們須要 $f'(x) = -\sin x - 1$。同樣以 $p_0 = \pi/4$ 為起點，對於 $n \geq 1$，我們得定義如下的數列

$$p_n = p_{n-1} - \frac{f(p_{n-1})}{f(p'_{n-1})} = p_{n-1} - \frac{\cos p_{n-1} - p_{n-1}}{-\sin p_{n-1} - 1}$$

由此可得表 2.4 所列之近似值。在 $n = 3$ 時就得到極佳的近似值。因為 p_3 與 p_4 的一致，

我們預期這結果應準確到列出來的小數位數。

■ 牛頓法的收斂性 (Convergence using Newton's Method)

例題 1 顯示了，牛頓法幾次迭代就可獲得極準確的近似解。例如，牛頓法 1 次迭代的結果就比固定點法 7 次迭代的結果還好。我們現在要更仔細的探討一下，它為何有如此好的效果。

在本節一開始，我們說明以泰勒級數推導牛頓法時已提過初始近似值的重要性。關鍵性的假設是，包含 $(p - p_0)^2$ 的各項在與 $|p - p_0|$ 相比時，小到可忽略不計。如果 p_0 與 p 不夠接近，這就顯然不成立。如果 p_0 與真實的根不夠接近，則不應指望牛頓法會收斂到解。但在某些情形下，即使初始值不理想，仍能收斂。(習題 20、21 顯示了一些這類問題)

下列牛頓法的收斂定理，則說明 p_0 的選取在理論上的重要性。

定理 2.6

令 $f \in C^2[a,b]$。若 $p \in (a,b)$ 可使得 $f(p) = 0$ 且 $f'(p) \neq 0$，則存在有一 $\delta > 0$ 使得任何初始假設 $p_0 \in [p - \delta, p + \delta]$，均能使牛頓法產生之數列 $\{p_n\}_{n=1}^{\infty}$ 收斂到 p。

證明 此證明係將牛頓法寫做泛函迭代法則 $p_n = g(p_{n-1})$，$n \geq 1$，來分析，並且有

$$g(x) = x - \frac{f(x)}{f'(x)}$$

令 k 介於 (0, 1) 之間。我們首先要找出一個區間 $[p - \delta, p + \delta]$ 使得 g 映射到其自身，且對所有的 $x \in (p - \delta, p + \delta)$ 有 $|g'(x)| \leq k$。

因為 f' 為連續且 $f'(p) \neq 0$，故由 1.1 節的習題 29 的 **(a)** 可知，必存在有一數 $\delta_1 > 0$，使得所有的 $x \in [p - \delta_1, p + \delta_1] \subseteq [a, b]$ 均滿足 $f'(x) \neq 0$。因此 g 在 $[p - \delta_1, p + \delta_1]$ 之間為有定義且連續。同時，對所有 $x \in [p - \delta_1, p + \delta_1]$，

$$g'(x) = 1 - \frac{f'(x)f'(x) - f(x)f''(x)}{[f'(x)]^2} = \frac{f(x)f''(x)}{[f'(x)]^2}$$

且，因為 $f \in C^2[a,b]$，可得 $g \in C^1[p - \delta_1, p + \delta_1]$。

由假設 $f(p) = 0$，所以

$$g'(p) = \frac{f(p)f''(p)}{[f'(p)]^2} = 0$$

因為 g' 為連續且 $0 < k < 1$，由 1.1 節習題 29 的 **(b)** 可知，存在有一 δ 滿足 $0 < \delta < \delta_1$，且對所有的 $x \in [p - \delta, p + \delta]$ 有

$$|g'(x)| \leq k$$

現在還要證明 g 將 $[p-\delta, p+\delta]$ 映射到 $[p-\delta, p+\delta]$。若 $x \in [p-\delta, p+\delta]$ 則平均值定理指出，某一介於 x 及 p 之間的數 ξ 可滿足 $|g(x) - g(p)| = |g'(\xi)||x-p|$。所以

$$|g(x) - p| = |g(x) - g(p)| = |g'(\xi)||x-p| \leq k|x-p| < |x-p|$$

因為 $x \in [p-\delta, p+\delta]$，故得 $|x-p| < \delta$ 以及 $|g(x) - p| < \delta$。因此，g 將 $[p-\delta, p+\delta]$ 映射到 $[p-\delta, p+\delta]$。

固定點定理 2.4 的所有前提均已滿足，所以由

$$p_n = g(p_{n-1}) = p_{n-1} - \frac{f(p_{n-1})}{f'(p_{n-1})}, \ n \geq 1$$

所定義之數列 $\{p_n\}_{n=1}^{\infty}$，對任意 $p_0 \in [p-\delta, p+\delta]$，均收斂到 p。 ∎

定理 2.6 的意思是，在合理的假設之下，初始近似值選得夠準確時牛頓法為收斂。同時也意指，g 的導數的界限值 k 隨著程序的進行而遞減至 0，所以它也代表了收斂速率。此一結果對牛頓法的理論很重要，但並不實用，因為它不能告訴我們如何決定 δ。

在實用上，我們先選一個初始近似值，然後用牛頓法產生後續近似值。這通常會很快的收斂到根，或很快的顯示出不可能收斂。

■ 正割法 (The Secant Method)

牛頓法是一個非常有力的方法，但有一個主要弱點：在每一次近似程序中，我們要用到 f 的導數值。通常計算 $f'(x)$ 的值要比 $f(x)$ 困難得多，需要的運算次數也多。

為克服牛頓法中求導數值的困難，我們引入小幅的變化。由定義，

$$f'(p_{n-1}) = \lim_{x \to p_{n-1}} \frac{f(x) - f(p_{n-1})}{x - p_{n-1}}$$

若 p_{n-2} 接近 p_{n-1}，則

$$f'(p_{n-1}) \approx \frac{f(p_{n-2}) - f(p_{n-1})}{p_{n-2} - p_{n-1}} = \frac{f(p_{n-1}) - f(p_{n-2})}{p_{n-1} - p_{n-2}}$$

將此式做為 $f'(p_{n-1})$ 的近似值代入牛頓法公式可得

$$p_n = p_{n-1} - \frac{f(p_{n-1})(p_{n-1} - p_{n-2})}{f(p_{n-1}) - f(p_{n-2})} \tag{2.12}$$

此種方法稱做**正割法**(Secant method) 詳述於算則 2.4。(見圖 2.10) 由兩初始近似值 p_0 及 p_1 開始，近似值 p_2 為 $(p_0, f(p_0))$ 與 $(p_1, f(p_1))$ 兩點所連直線與 x 軸的交點。近似值 p_3 則為 $(p_1, f(p_1))$ 與 $(p_2, f(p_2))$ 兩點所連直線與 x 軸的交點，餘此類推。特別留意到，在得到 p_2 後，正割法的每一步只須計算一次函數值。相對的，牛頓法的每一步都須計算函數

及其導數的值。

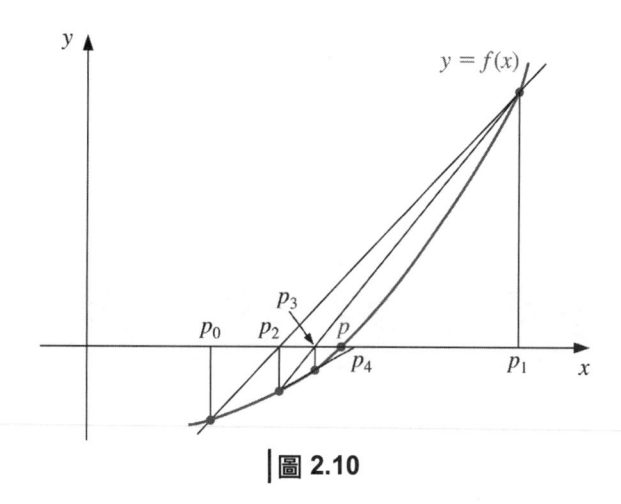

圖 2.10

算則 2.4 正割法

給定初始近似值 p_0 及 p_1，求 $f(x) = 0$ 的解：

INPUT 初始近似值 p_0 及 p_1；許可誤差 TOL；最大迭代次數 N_0。

OUTPUT 近似解 p 或失敗訊息。

Step 1 Set $i = 2$;
$q_0 = f(p_0)$;
$q_1 = f(p_1)$.

Step 2 While $i \le N_0$ do Steps 3–6.

Step 3 Set $p = p_1 - q_1(p_1 - p_0)/(q_1 - q_0)$. （計算 p_i）

Step 4 If $|p - p_1| < TOL$ then
OUTPUT (p); （程式成功）
STOP.

Step 5 Set $i = i + 1$.

Step 6 Set $p_0 = p_1$; （更新 p_0, q_0, p_1, q_1）
$q_0 = q_1$;
$p_1 = p$;
$q_1 = f(p)$.

Step 7 OUTPUT ('The method failed after N_0 iterations, $N_0 =$', N_0);
（程式不成功）
STOP. ∎

下一例題已在例題 1 討論過了，但之前用的是牛頓法，及 $p_0 = \pi/4$。

例題 2 使用正割法求 $x = \cos x$ 的解。並將結果與例題 1 中使用牛頓法的結果做比較。

解 在例題 1 中，我們以 $p_0 = \pi/4$ 為初始近似值，比較了固定點迭代與牛頓法。使用正割法，我們須要兩個初始近似值。我們使用初始近似值 $p_0 = 0.5$ 及 $p_1 = \pi/4$，以下公式可產生後續近似解

$$p_n = p_{n-1} - \frac{(p_{n-1} - p_{n-2})(\cos p_{n-1} - p_{n-1})}{(\cos p_{n-1} - p_{n-1}) - (\cos p_{n-2} - p_{n-2})}, \ n \geq 2$$

計算結果列於表 2.5。

表 2.5

正割法		牛頓法	
n	P_n	n	P_n
0	0.5	0	0.7853981635
1	0.7853981635	1	0.7395361337
2	0.7363841388	2	0.7390851781
3	0.7390581392	3	0.7390851332
4	0.7390851493	4	0.7390851332
5	0.7390851332		

　　比較表 2.5 中正割法與牛頓法所得的結果，我們看到正割法的近似解 p_5 準確到小數第 10 位，而牛頓法在 p_3 即達此精確度。在本例中，正割法的收斂速率遠高於泛函迭代，但稍慢於牛頓法，這點是普遍成立的。(見 2.4 節習題 14)

　　牛頓法及正割法常用來加強其他方法所得結果的準確度，例如二分法，因為這兩種方法須要很好的初始值但收斂的很快。

■ 錯位法

二分法的每一對相鄰近似解含括方程式的一根在其中；也就是，對每一正整數 n，必有一根位於 a_n 與 b_n 間。這代表，對每個 n 值，二分法迭代滿足

$$|p_n - p| < \frac{1}{2}|a_n - b_n|$$

這可以當成是近似解概略的誤差界限。

　　牛頓法與正割法則不保證含括真實的根。在例題 1 中，將牛頓法用於 $f(x) = \cos x - x$ 時，求得根的近似解為 0.7390851332。由表 2.5 可看出，不論 p_0 與 p_1 或 p_1 與 p_2 均未含括此根。此問題用正割法所得的結果也列於表 2.5。初始近似值 p_0 及 p_1 含括此根，但 p_3 及 p_4 則沒有。

　　錯位法 (method of False Position，又稱為 *Regula Falsi*) 與正割法產生近似值的方式相同，但增加了一項測試，以確保根一定被含括在連續兩近似值之間。雖然我們一般不建

議使用此一方法，但它顯示了如何去包夾住一個根。

首先選擇初始近似值 p_0 及 p_1，滿足 $f(p_0) \cdot f(p_1) < 0$。用和正割法同樣的方式得到 p_2，即 $(p_0, f(p_0))$ 與 $(p_1, f(p_1))$ 兩點所連直線與 x 軸的交點 0。為決定求 p_3 時要用哪條割線，我們檢查 $f(p_2) \cdot f(p_1)$，或更正確的說是 $\text{sgn } f(p_2) \cdot \text{sgn } f(p_1)$。

- 如果 $\text{sgn } f(p_2) \cdot \text{sgn } f(p_1) < 0$，則 p_1 與 p_2 含括一根。所以 p_3 即為 $(p_1, f(p_1))$ 與 $(p_2, f(p_2))$ 兩點所連直線與 x 軸的交點。
- 若否，則 p_3 為 $(p_0, f(p_0))$ 與 $(p_2, f(p_2))$ 兩點所連直線與 x 軸的交點，然後交換 p_0 與 p_1 的指標。

同樣的，一旦確定了 p_3 之後，$f(p_3) \cdot f(p_2)$ 的符號決定我們要用 p_2 與 p_3 或 p_3 與 p_1 去計算 p_4。在後一種情況，要重新標記 p_2 與 p_1。重新標記是為了確保根被含括在連續兩迭代之內。此一程序描述於算則 2.5 中，圖 2.11 則顯示了此迭代與正割法的差異。在此圖中，前三個近似解都一樣，但第四個不同。

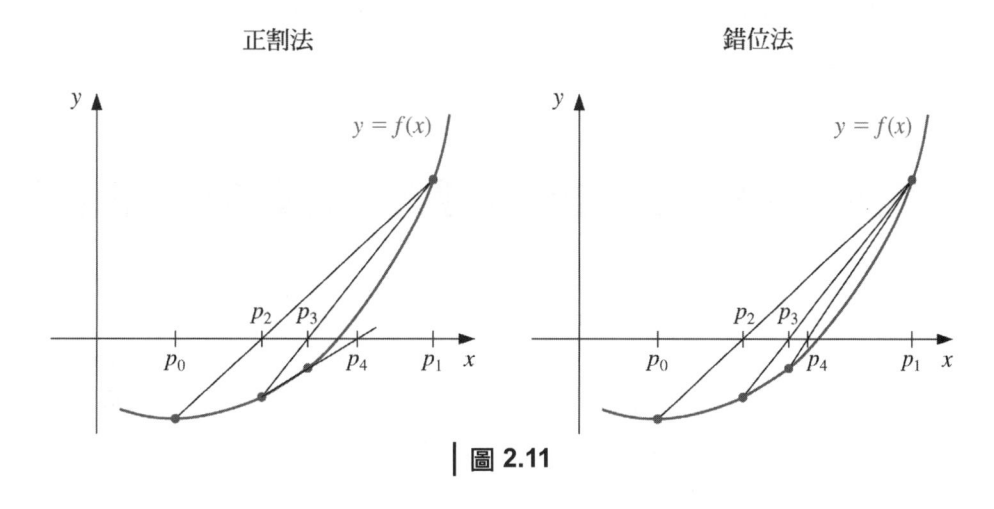

正割法　　　　　　　　　　　　　錯位法

圖 2.11

算則 2.5　錯位法 (False Position)

求 $f(x) = 0$ 的解，函數 f 在區間 $[p_0, p_1]$ 內為連續且 $f(p_0)$ 與 $f(p_1)$ 為異號：

INPUT　初始近似值 p_0 及 p_1；許可誤差 TOL；最大迭代次數 N_0。

OUTPUT　近似解 p 或失敗訊息。

Step 1　Set $i = 2$;
$\quad\quad\quad q_0 = f(p_0)$;
$\quad\quad\quad q_1 = f(p_1)$.

Step 2　While $i \leq N_0$ do Steps 3–7.

Step 3　Set $p = p_1 - q_1(p_1 - p_0)/(q_1 - q_0)$.　（計算 p_i）

Step 4　If $|p - p_1| < TOL$ then
$\quad\quad\quad\quad$ OUTPUT (p);　（程式成功）
$\quad\quad\quad\quad$ STOP.

Step 5 Set $i = i + 1$;
   $q = f(p)$.

Step 6 If $q \cdot q_1 < 0$ then set $p_0 = p_1$;
   $q_0 = q_1$.

Step 7 Set $p_1 = p$;
   $q_1 = q$.

Step 8 OUTPUT ('Method failed after N_0 iterations, $N_0 =$', N_0);
   (程式不成功)
   STOP. ∎

例題 3 用錯位法求 $x = \cos x$ 的解，並將結果與例題 1 中得自固定點迭代和牛頓法的結果，以及例題 2 中用正割法所得的結果做比較。

解 要做合理的比較，我們使用正割法所用的初始條件 $p_0 = 0.5$ 及 $p_1 = \pi/4$。表 2.6 列出將錯位法用於 $f(x) = \cos x - x$ 的結果，一併列出了正割法與牛頓法的結果。要留意的是，錯位法與正割法到 p_3 的解都相同，但要達到與正割法同樣的精度，錯位法須要多做一次迭代。 ∎

表 2.6

n	錯位法 p_n	正割法 p_n	牛頓法 p_n
0	0.5	0.5	0.7853981635
1	0.7853981635	0.7853981635	0.7395361337
2	0.7363841388	0.7363841388	0.7390851781
3	0.7390581392	0.7390581392	0.7390851332
4	0.7390848638	0.7390851493	0.7390851332
5	0.7390851305	0.7390851332	
6	0.7390851332		

加入的保證，使得錯位法比起正割法須要更多的計算，就如同正割法在簡化牛頓法時必須付出代價一樣。由習題 17 到 18 可看出更多有關這些方法正面及負面的特性。

對於牛頓法、正割法及錯位法的應用，都包含在 Maple 的 *NumericalAnalysis* 程式包中。用於二分法的各種選項同樣也適用於這些方法。例如，要獲得表 2.4、2.5 及 2.6 中的結果，我們可使用以下指令

with(*Student*[*NumericalAnalysis*])

$f := \cos(x) - x$

$Newton\left(f, x = \dfrac{\pi}{4.0}, tolerance = 10^{-8}, output = sequence, maxiterations = 20\right)$

$Secant\left(f, x = \left[0.5, \dfrac{\pi}{4.0}\right], tolerance = 10^{-8}, output = sequence, maxiterations = 20\right)$

及

$FalsePosition\left(f, x=\left[0.5, \dfrac{\pi}{4.0}\right], tolerance=10^{-8}, output=sequence, maxiterations=20\right)$

習題組 2.3 完整習題請見隨書光碟

1. 令 $f(x) = x^2 - 6$ 且 $p_0 = 1$。用牛頓法求 p_2。
3. 令 $f(x) = x^2 - 6$。已知 $p_0 = 3$ 及 $p_1 = 2$，求 p_3。
   - **a.** 用正割法。
   - **b.** 用錯位法。
   - **c.** **a** 及 **b** 中哪個較接近 $\sqrt{6}$？
5. 用牛頓法求解下列問題，準確至 10^{-4} 以內。
   - **a.** $x^3 - 2x^2 - 5 = 0$，$[1, 4]$
   - **b.** $x^3 + 3x^2 - 1 = 0$，$[-3, -2]$
   - **c.** $x - \cos x = 0$，$[0, \pi/2]$
   - **d.** $x - 0.8 - 0.2 \sin x = 0$，$[0, \pi/2]$
7. 用正割法重複習題 5。
9. 用錯位法重複習題 5。
11. 用本節所述的三種方法求解下列問題，準確至 10^{-5} 以內。
    - **a.** $3xe^x = 0, 1 \le x \le 2$
    - **b.** $2x + 3\cos x - e^x = 0, 0 \le x \le 1$
13. 用牛頓法求圖形 $y = x^2$ 上最靠近點 $(1, 0)$ 的 x 值，準確至 10^{-4} 以內。[提示：將 $[d(x)]^2$ 最小化，$d(x)$ 為 (x, x^2) 到 $(1, 0)$ 的距離。]
15. 以下用圖形的觀點說明牛頓法：假設，在 $[a, b]$ 間存在有 $f'(x)$ 且在 $[a, b]$ 間 $f'(x) \ne 0$。再設，存在有點 $p \in [a, b]$ 滿足 $f(p) = 0$，且令 $p_0 \in [a, b]$ 為任意點。令 p_1 為 f 在點 $(p_0, f(p_0))$ 處之切線與 x 軸之交點。對每一 $n \ge 1$，令 p_n 為 f 在點 $(p_{n-1}, f(p_{n-1}))$ 處之切線與 x 軸之交點。推導出上列敘述的數學表示式。
17. 四次多項式

    $$f(x) = 230x^4 + 18x^3 + 9x^2 - 221x - 9$$

    有二實根，一個在 $[-1, 0]$ 之內另一個在 $[0, 1]$ 之內。分別以下列方法求此二根之近似值至 10^{-6}
    - **a.** 錯位法
    - **b.** 正割法
    - **c.** 牛頓法

    使用每一區間的兩端點做為方法 (a) 及 (b) 的初始近似值，在方法 (c) 則使用每一區間之中點為初始近似值。
19. 正割法的迭代方程式可寫成如下之簡化型式

    $$p_n = \dfrac{f(p_{n-1})p_{n-2} - f(p_{n-2})p_{n-1}}{f(p_{n-1}) - f(p_{n-2})}$$

    解釋，為何在一般情形下此方程式之精確度不如算則 2.4 所用之方程式。
21. 方程式 $4x^2 - e^x - e^{-x} = 0$ 有 x_1 及 x_2 二個正根。用牛頓法，分別使用下列 p_0 值，求此方程式近似解至 10^{-5} 以內。
    - **a.** $p_0 = -10$
    - **b.** $p_0 = -5$
    - **c.** $p_0 = -3$
    - **d.** $p_0 = -1$
    - **e.** $p_0 = 0$

    f. $p_0 = 1$ **g.** $p_0 = 3$ **h.** $p_0 = 5$ **i.** $p_0 = 10$

23. 函數 $f(x) = \ln(x^2 + 1) - e^{0.4x} \cos \pi x$ 有無限多個零點。

    a. 求唯一之負的零點，誤差在 10^{-6} 以內。   **b.** 求正值最小的四個零點，誤差在 10^{-6} 以內。

    c. 在求函數 f 第 n 小的正值零點時，合理的初始近似值應為何？[提示：畫出 f 的近似圖形。]

    d. 利用 (c) 小題以求出 f 之第 25 小的正零點，至 10^{-6} 以內。

25. 兩數的和為 20。此兩數分別加上其本身之平方根之後相乘，乘積為 155.55，求此兩數為何，近似解至 10^{-4} 以內。

27. 對於計算償還貸款所須總金額的公式為

    $$A = \frac{P}{i}[1 - (1+i)^{-n}]$$

    此公式稱為普通年金公式 (ordinary annuity equation)。在上式中 A 是貸款總額，P 為每次支付金額，i 為 n 個付款週期中每個週期的利率。假設某人須要一筆總數 135,000 美元的 30 年期房屋貸款，它可負擔的月付額為 1000 美元，那麼他可負擔的最高利率為何？

29. 令 $f(x) = 3^{3x+1} - 7 \cdot 5^{2x}$。

    a. 利用 Maple 的指令 *solve* 及 *fsolve* 試求 f 的各根。

    b. 繪出 $f(x)$ 的圖形以找到適當的初始值。

    c. 使用牛頓法求 f 的各根，精確至 10^{-16} 以內。

    d. 不用 Maple 求出 $f(x) = 0$ 的確解。

31. 下列方程式代表了後勤族群成長模型 (logistic population growth model)

    $$P(t) = \frac{P_L}{1 - ce^{-kt}}$$

    其中 P_L、c、及 $k > 0$ 為常數，$P(t)$ 為時間 t 時的族群數。P_L 為族群數的極限值 $\lim_{t \to \infty} P(t) = P_L$。利用 101 頁所列的在 1950、1960、及 1970 年人口調查結果以決定此模型中的常數 P_L、c、及 k。利用此模型以預估美國在 1980 及 2010 年的人口數，假設 1950 年為 $t = 0$。將 1980 年的預估值與實際值做比較。

33. 在 racquetball 球賽中，一場球賽中選手 A 完全封殺選手 B (分數 21 比 0) 的機率為

    $$P = \frac{1+p}{2}\left(\frac{p}{1-p+p^2}\right)^{21}$$

    其中 p 為 A 贏得一個開球局的機率 (含任一方開球) (見[Keller, J]，p.267)。求 p 之最小值為何，才能確保 A 至少在一半的球局中可以完全封殺 B。

2.4 迭代法之誤差分析

在本節中我們要探討泛函迭代法則的收斂階數，並由快速收斂的角度重新檢視牛頓法。我們也考慮特定情形下加速牛頓法收斂速度的方法。但首先我們要建立一個程序，以度量數列收斂的快慢。

■ 收斂階數 (Order of Convergence)

定義 2.7

設 $\{p_n\}_{n=0}^{\infty}$ 為一個收斂到 p 的數列,且對所有的 n,$p_n \neq p$。若存在有正常數 λ 及 α 滿足

$$\lim_{n \to \infty} \frac{|p_{n+1} - p|}{|p_n - p|^{\alpha}} = \lambda$$

則 $\{p_n\}_{n=0}^{\infty}$ **以 α 階收斂到 p** (converges to p of order α),其**漸近誤差常數為 λ** (asymptotic error constant λ)。

對一個 $p_n = g(p_{n-1})$ 型式的迭代法,如果數列 $\{p_n\}_{n=0}^{\infty}$ 以 α 階收斂到解 $p = g(p)$,則我們說此迭代法為 α 階。

一般而言,收斂階數愈高則數列收斂的愈快。漸近常數也會影響收斂速度,但不如階數重要。兩個階數特別受到重視。

(i) 若 $\alpha = 1$(且 $\lambda < 1$),此數列為**線性收斂** (linearly convergent)。

(ii) 若 $\alpha = 2$,此數列為**二階收斂** (quadratically convergent)。

下個說明題比較了線性與二階收斂的數列。它將說明,為何我們要尋求能產生高階收斂數列的方法。

說明題 設 $\{p_n\}_{n=0}^{\infty}$ 以

$$\lim_{n \to \infty} \frac{|p_{n+1}|}{|p_n|} = 0.5$$

線性收斂到 0,另 $\{\tilde{p}_n\}_{n=0}^{\infty}$ 則以

$$\lim_{n \to \infty} \frac{|\tilde{p}_{n+1}|}{|\tilde{p}_n|^2} = 0.5$$

二階方式收斂到 0,兩者漸近誤差常數相同。

為求簡化,假設對每個 n,我們有

$$\frac{|p_{n+1}|}{|p_n|} \approx 0.5 \quad \text{且} \quad \frac{|\tilde{p}_{n+1}|}{|\tilde{p}_n|^2} \approx 0.5$$

對線性收斂法則,這代表

$$|p_n - 0| = |p_n| \approx 0.5|p_{n-1}| \approx (0.5)^2|p_{n-2}| \approx \cdots \approx (0.5)^n|p_0|$$

而對於二階收斂法則有

$$|\tilde{p}_n - 0| = |\tilde{p}_n| \approx 0.5|\tilde{p}_{n-1}|^2 \approx (0.5)[0.5|\tilde{p}_{n-2}|^2]^2 = (0.5)^3|\tilde{p}_{n-2}|^4$$
$$\approx (0.5)^3[(0.5)|\tilde{p}_{n-3}|^2]^4 = (0.5)^7|\tilde{p}_{n-3}|^8$$
$$\approx \cdots \approx (0.5)^{2^n-1}|\tilde{p}_0|^{2^n}$$

表 2.7 列出在 $|p_0| = |\tilde{p}_0| = 1$ 時，兩數列收斂到 0 的相對速度。

表 2.7

n	線性收斂數列 $\{p_n\}_{n=0}^{\infty}$ $(0.5)^n$	二階收斂數列 $\{\tilde{p}_n\}_{n=0}^{\infty}$ $(0.5)^{2^n-1}$
1	5.0000×10^{-1}	5.0000×10^{-1}
2	2.5000×10^{-1}	1.2500×10^{-1}
3	1.2500×10^{-1}	7.8125×10^{-3}
4	6.2500×10^{-2}	3.0518×10^{-5}
5	3.1250×10^{-2}	4.6566×10^{-10}
6	1.5625×10^{-2}	1.0842×10^{-19}
7	7.8125×10^{-3}	5.8775×10^{-39}

在第 7 項時，二階收斂數列與 0 的差小於 10^{-38}，線性收斂數列則須要至少 126 項，才能達到同樣精度。 ■

通常二階收斂數列的收斂速率比線性收斂數列快得多，但下一個定理指出許多方法產生的數列都是線性收斂。

定理 2.8

令 $g \in C[a,b]$ 可使得對所有 $x \in [a,b]$ 都有 $g(x) \in [a,b]$。另設 g' 在 (a,b) 為連續，並存在有正常數 $k < 1$ 使得

$$|g'(x)| \leq k, \text{對所有 } x \in (a,b)$$

若 $g'(p) \neq 0$，則對 $[a,b]$ 間任何數 $p_0 \neq p$，數列

$$p_n = g(p_{n-1}), \ n \geq 1$$

以線性方式收斂到 $[a,b]$ 間唯一之固定點 p。 ■

證明 由 2.2 節固定點定理 2.4 可知，此數列收斂到 p。因為在 (a,b) 上 g' 存在，將平均值定理用於 g，對任何 n 值我們可得

$$p_{n+1} - p = g(p_n) - g(p) = g'(\xi_n)(p_n - p)$$

其中 ξ_n 介於 p_n 及 p 之間。因為 $\{p_n\}_{n=0}^{\infty}$ 收斂到 p，我們同時有 $\{\xi_n\}_{n=0}^{\infty}$ 收斂到 p。因為 g' 在 (a,b) 上為連續，我們有

$$\lim_{n\to\infty} g'(\xi_n) = g'(p)$$

因此

$$\lim_{n\to\infty} \frac{p_{n+1}-p}{p_n-p} = \lim_{n\to\infty} g'(\xi_n) = g'(p) \quad 且 \quad \lim_{n\to\infty} \frac{|p_{n+1}-p|}{|p_n-p|} = |g'(p)|$$

所以，若 $g'(p) \neq 0$，固定點迭代表現出線性收斂，其漸近誤差常數為 $|g'(p)|$。∎

由定理 2.8 可知，對 $g(p) = p$ 型式的固定點方法而言，只有在 $g'(p) = 0$ 時會出現高階收斂。下一個定理描述我們所期望之二階收斂的額外條件。

定理 2.9

令 p 為方程式 $x = g(x)$ 的一個解。假設 $g'(p) = 0$，且在一包含 p 的開放區間 I 中 g'' 為連續並有 $|g''(x)| < M$。則存在有一數 $\delta > 0$，對 $p_0 \in [p-\delta, p+\delta]$，可使得定義為 $p_n = g(p_{n-1})$ 的數列在 $n \geq 1$ 時以至少二階的方式收斂到 p。此外，n 夠大時則有

$$|p_{n+1} - p| < \frac{M}{2}|p_n - p|^2$$ ∎

證明 選擇 $(0, 1)$ 間的 k 及 $\delta > 0$ 使得在區間 $[p-\delta, p+\delta]$ 中我們有 $|g'(x)| \leq k$ 且 g'' 為連續，區間 $[p-\delta, p+\delta]$ 包含於 I 中。因為 $|g'(x)| \leq k < 1$，由 2.3 節定理 2.6 的證明中所用的論證可看出數列 $\{p_n\}_{n=0}^{\infty}$ 的各項均包括於 $[p-\delta, p+\delta]$ 之間。用線性泰勒多項式在 $x \in [p-\delta, p+\delta]$ 展開 $g(x)$ 可得

$$g(x) = g(p) + g'(p)(x-p) + \frac{g''(\xi)}{2}(x-p)^2$$

其中 ξ 位於 x 與 p 之間。由 $g(p) = p$ 與 $g'(p) = 0$ 的前提可得

$$g(x) = p + \frac{g''(\xi)}{2}(x-p)^2$$

特別在 $x = p_n$ 時，

$$p_{n+1} = g(p_n) = p + \frac{g''(\xi_n)}{2}(p_n-p)^2$$

其中 ξ_n 位於 p_n 與 p 之間。因此

$$p_{n+1} - p = \frac{g''(\xi_n)}{2}(p_n-p)^2$$

因為在 $[p-\delta, p+\delta]$ 之間 $|g'(x)| \leq k < 1$ 且 g 將 $[p-\delta, p+\delta]$ 映射到其本身，由固定點定理

知 $\{p_n\}_{n=0}^{\infty}$ 收斂至 p。但對每一個 n，ξ_n 位於 p_n 與 p 之間，所以 $\{\xi_n\}_{n=0}^{\infty}$ 亦收斂到 p，且

$$\lim_{n \to \infty} \frac{|p_{n+1} - p|}{|p_n - p|^2} = \frac{|g''(p)|}{2}$$

此結果代表，在 $g''(p) \neq 0$ 時 $\{p_n\}_{n=0}^{\infty}$ 為二階收斂，當 $g''(p) = 0$ 時則為更高階收斂。

因為在區間 $[p - \delta, p + \delta]$ 中 g'' 為連續且有絕對上限 M，這同時也代表了，當 n 夠大時

$$|p_{n+1} - p| < \frac{M}{2} |p_n - p|^2 \qquad \blacksquare$$

定理 2.8 和 2.9 告訴我們，如果我們的目的是二階收斂的固定點法，那麼方向應該是尋找在固定點處導數為零的函數。亦即

- 一個固定點方法要能有二階收斂，必須有 $g(p) = p$ 與 $g'(p) = 0$。

將求根問題 $f(x) = 0$ 轉成固定點問題的最簡單的做法就是，用 x 減或加上 $f(x)$ 的倍數。考慮數列

$$p_n = g(p_{n-1}), \ n \geq 1$$

g 為以下型式

$$g(x) = x - \phi(x) f(x)$$

其中 ϕ 是一個稍後會決定的可微函數。

要使得由 g 所得的迭代過程為二階收斂，在 $f(p) = 0$ 時必須有 $g'(p) = 0$。因為

$$g'(x) = 1 - \phi'(x) f(x) - f'(x) \phi(x)$$

且 $f(p) = 0$，我們有

$$g'(p) = 1 - \phi'(p) f(p) - f'(p) \phi(p) = 1 - \phi'(p) \cdot 0 - f'(p) \phi(p) = 1 - f'(p) \phi(p)$$

及 $g'(p) = 0$ 若且唯若 $\phi(p) = 1/f'(p)$。

若令 $\phi(x) = 1/f'(x)$，則我們可確保 $\phi(p) = 1/f'(p)$ 並產生一個二階收斂的程序

$$p_n = g(p_{n-1}) = p_{n-1} - \frac{f(p_{n-1})}{f'(p_{n-1})}$$

這就是牛頓法。因此

- 若 $f(p) = 0$ 且 $f'(p) \neq 0$，則只要起始值與 p 夠接近，牛頓法將至少為二階收斂。

■ 多重根 (Multiple Roots)

在前面的討論中，我們加入了一個限制條件就是，當 p 為 $f(x) = 0$ 的解時，$f'(p) \neq 0$。特別是在，當 $f(p) = 0$ 時 $f'(p) = 0$ 亦為零，則牛頓法與正割法都無法使用。為更深入

檢視這些問題，我們做以下定義。

定義 2.10

對 $f(x) = 0$ 的一解 p，若在 $x \neq p$ 時可記做 $f(x) = (x-p)^m q(x)$，其中 $\lim_{x \to p} q(x) \neq 0$，則 p 為 f 的 m **重零點**(zero of multiplicity)。

實質上，$q(x)$ 代表了 $f(x)$ 中與零點無關的部分。以下定理提供一個簡單的方法以辨識單一零點，即重根數為一。∎

定理 2.11

若且唯若 $f(p) = 0$ 但 $f'(p) \neq 0$，則函數 $f \in C^1[a,b]$ 在 (a,b) 間有單一零點 p。∎

證明 若 p 為 f 的單一零點，則 $f(p) = 0$ 且 $f(x) = (x-p)q(x)$，其中 $\lim_{x \to p} q(x) \neq 0$。因為 $f \in C^1[a,b]$，

$$f'(p) = \lim_{x \to p} f'(x) = \lim_{x \to p}[q(x) + (x-p)q'(x)] = \lim_{x \to p} q(x) \neq 0$$

相反的，若 $f(p) = 0$ 但 $f'(p) \neq 0$，在 p 處對 f 做零次泰勒多項式展開。則

$$f(x) = f(p) + f'(\xi(x))(x-p) = (x-p)f'(\xi(x))$$

其中 $\xi(x)$ 介於 x 與 p 之間。因為 $f \in C^1[a,b]$，

$$\lim_{x \to p} f'(\xi(x)) = f'\left(\lim_{x \to p} \xi(x)\right) = f'(p) \neq 0$$

令 $q = f' \circ \xi$ 可得 $f(x) = (x-p)q(x)$ 其中 $\lim_{x \to p} q(x) \neq 0$。因此，$f$ 有單一零點 p。∎ ∎ ∎

以下為對定理 2.11 的一般化，將於習題 12 中考慮。

定理 2.12

若且唯若

$$0 = f(p) = f'(p) = f''(p) = \cdots = f^{(m-1)}(p)，但 f^{(m)}(p) \neq 0$$

則函數 $f \in C^m[a,b]$ 在 (a,b) 間有個 m 重零點 p。∎

定理 2.12 的結果指出，若 p 為單一零點，則存在有個含括 p 的區間，使得此區間內的任意初始近似值 p_0 均可使牛頓法以二階收斂到 p。下例顯示，若零點為重根時，則可能不會有二階收斂。

例題 1 令 $f(x) = e^x - x - 1$。**(a)** 證明在 $x = 0$ 處 f 有二重零點。**(b)** 證明在 $p_0 = 1$ 時，牛頓法收斂到此零點，但沒有二階收斂。

解 **(a)** 我們有

$$f(x) = e^x - x - 1 \text{、} f'(x) = e^x - 1 \text{、} \text{及} f''(x) = e^x$$

所以

$$f(0) = e^0 - 0 - 1 = 0 \text{、} f'(0) = e^0 - 1 = 0 \text{，及} f''(0) = e^0 = 1$$

由定理 2.12 可知，在 $x = 0$ 處 f 有二重零點。

(b) 對 f 使用牛頓法且令 $p_0 = 1$，則其前兩項為

$$p_1 = p_0 - \frac{f(p_0)}{f'(p_0)} = 1 - \frac{e-2}{e-1} \approx 0.58198$$

和

$$p_2 = p_1 - \frac{f(p_1)}{f'(p_1)} \approx 0.58198 - \frac{0.20760}{0.78957} \approx 0.31906$$

使用牛頓法所得數列的前 16 項列於表 2.8。此數列明顯收斂至 0，但並非二階。圖 2.12 則為 f 的圖形。∎

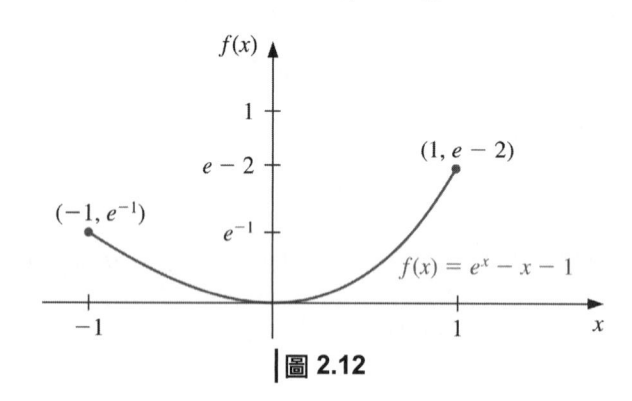

表 2.8	
n	p_n
0	1.0
1	0.58198
2	0.31906
3	0.16800
4	0.08635
5	0.04380
6	0.02206
7	0.01107
8	0.005545
9	2.7750×10^{-3}
10	1.3881×10^{-3}
11	6.9411×10^{-4}
12	3.4703×10^{-4}
13	1.7416×10^{-4}
14	8.8041×10^{-5}
15	4.2610×10^{-5}
16	1.9142×10^{-6}

圖 2.12

一個處理重根問題的方法是定義

$$\mu(x) = \frac{f(x)}{f'(x)}$$

若 p 為 f 的 m 重零點且 $f(x) = (x-p)^m q(x)$，則

$$\mu(x) = \frac{(x-p)^m q(x)}{m(x-p)^{m-1} q(x) + (x-p)^m q'(x)}$$

$$= (x-p) \frac{q(x)}{mq(x) + (x-p)q'(x)}$$

同樣在 p 處有一個零點。但是，$q(p) \neq 0$，所以

$$\frac{q(p)}{mq(p) + (p-p)q'(p)} = \frac{1}{m} \neq 0$$

且 p 為 $\mu(x)$ 的單一零點。然後可將牛頓法用於 $\mu(x)$ 以得到

$$g(x) = x - \frac{\mu(x)}{\mu'(x)} = x - \frac{f(x)/f'(x)}{\{[f'(x)]^2 - [f(x)][f''(x)]\}/[f'(x)]^2}$$

可簡化為

$$g(x) = x - \frac{f(x)f'(x)}{[f'(x)]^2 - f(x)f''(x)} \tag{2.13}$$

如果 g 為連續，則不論 f 是否有多重零點，g 的泛函迭代為二階收斂。就理論而言，此方法唯一的缺點就是須要計算 $f''(x)$ 以及每一次迭代的計算量較大。但實際上，多重根會引起嚴重的捨入誤差問題，因為 (2.13) 式的分母為兩個很接近 0 的數相減。

例題 2 在例題 1 中證明了在 $x = 0$ 處 $f(x) = e^x - x - 1$ 有二重零點，且在 $p_0 = 1$ 時，牛頓法收斂到此零點，不過沒有二階收斂。證明，如 (2.13) 式所示的改良牛頓法可改進收斂速率。

解 由改良牛頓法可得

$$p_1 = p_0 - \frac{f(p_0)f'(p_0)}{f'(p_0)^2 - f(p_0)f''(p_0)} = 1 - \frac{(e-2)(e-1)}{(e-1)^2 - (e-2)e} \approx -2.3421061 \times 10^{-1}$$

這遠於用牛頓法所得的第一項更接近 0，牛頓法所得的第一項是 0.58918。表 2.9 列出了 $x = 0$ 的雙重零點的前 5 個近似解。列出的結果是利用 10 位有效位數的系統所得的。表中最後兩個數據的改進較少，因為在此系統中此時分子分母同時趨近於 0。因此，隨著近似解趨近於 0，精確的有效位數會隨之減少。∎

表 2.9

n	p_n
1	$-2.3421061 \times 10^{-1}$
2	$-8.4582788 \times 10^{-3}$
3	$-1.1889524 \times 10^{-5}$
4	$-6.8638230 \times 10^{-6}$
5	$-2.8085217 \times 10^{-7}$

下個說明題顯示出，即使是單一零點，改良牛頓法也會有二階收斂。

說明題 在 2.2 節中，我們求出了 $f(x) = x^3 + 4x^2 - 10 = 0$ 的一個零點 $p = 1.36523001$。在此我們要比較用於單一零點時，牛頓法與 (2.13) 式改良牛頓法的收斂速率。令

(i) $p_n = p_{n-1} - \dfrac{p_{n-1}^3 + 4p_{n-1}^2 - 10}{3p_{n-1}^2 + 8p_{n-1}}$，由牛頓法

及，(2.13) 式改良牛頓法，

(ii) $p_n = p_{n-1} - \dfrac{(p_{n-1}^3 + 4p_{n-1}^2 - 10)(3p_{n-1}^2 + 8p_{n-1})}{(3p_{n-1}^2 + 8p_{n-1})^2 - (p_{n-1}^3 + 4p_{n-1}^2 - 10)(6p_{n-1} + 8)}$。

給定 $p_0 = 1.5$，我們有

牛頓法

$$p_1 = 1.37333333 \text{、} \quad p_2 = 1.36526201 \text{、及 } p_3 = 1.36523001$$

改良牛頓法

$$p_1 = 1.35689898 \text{、} \quad p_2 = 1.36519585 \text{、及 } p_3 = 1.36523001$$

兩種方法都快速收斂到真實零點，如兩種方法的 p_3。但要留意到，對於單一零點，原來的牛頓法所用的計算量少很多。 ■

在 Maple 的 *NumericalAnalysis* 程式包中也包含有 (2.13) 式的改良牛頓法。此指令可用的選項和二分法的相同。要得到類似於表 2.9 的結果，我們可以使用

with(*Student*[*NumericalAnalysis*])

$f := e^x - x - 1$

ModifiedNewton $(f, x = 1.0, tolerance = 10^{-10}, output = sequence, maxiterations = 20)$

要記得此方法對捨入誤差敏感，你可能要重設 Maple 的 *Digits*，以得到和表 2.9 一樣的數值。

習題組 2.4 完整習題請見隨書光碟

1. 用牛頓法求下列問題之解，精確至 10^{-5} 以內。
   a. $x^2 - 2xe^{-x} + e^{-2x} = 0, 0 \leq x \leq 1$
   b. $\cos(x + \sqrt{2}) + x(x/2 + \sqrt{2}) = 0, -2 \leq x \leq -1$
   c. $x^3 - 3x^2(2^{-x}) + 3x(4^{-x}) - 8^{-x} = 0, 0 \leq x \leq 1$
   d. $e^{6x} + 3(\ln 2)^2 e^{2x} - (\ln 8)e^{4x} - (\ln 2)^3 = 0, -1 \leq x \leq 0$
3. 使用 (2.13) 式的改良牛頓法重複習題 1。在精確度或速度上相較習題 1 是否有所改進？
5. 分別使用牛頓法與 (2.13) 式的改良牛頓法求下述問題之解至 10^{-5} 以內

$$e^{6x} + 1.441e^{2x} - 2.079e^{4x} - 0.3330 = 0, \; -1 \leq x \leq 0$$

上式與習題 1(d) 相同，只是把原來的係數換成 4 位數近似值。將結果與習題 1(d) 及 2(d) 所得做比較。

7. a. 證明，對任意正整數 k，數列 $p_n = 1/n^k$ 線性收斂到 $p = 0$。
   b. 對任意整數 k 及 m，求一數 N 可使得 $1/N^k < 10^{-m}$。
9. a. 寫出一個以三階速度收斂到 0 的數列。
   b. 設 $\alpha > 1$，寫出一個以 α 階速度收斂到 0 的數列。
11. 證明算則 2.1 的二分法會產生一個數列，其誤差界限以線性方式收斂到 0。

13. 在使用固定點法 $g(x) = x$ 以迭代求解 $f(x) = 0$ 時，其中

$$p_n = g(p_{n-1}) = p_{n-1} - \frac{f(p_{n-1})}{f'(p_{n-1})} - \frac{f''(p_{n-1})}{2f'(p_{n-1})} \left[\frac{f(p_{n-1})}{f'(p_{n-1})}\right]^2, \quad n = 1, 2, 3, \ldots$$

有 $g'(p) = g''(p) = 0$。此式通常有三階 ($\alpha = 3$) 收斂。推廣例題 1 中的分析，以比較二階與三階收斂。

2.5 加速收斂

定理 2.8 指出了，二階收斂是難以奢求的。在此介紹一種稱為 Aitken's Δ^2 法，可以加快線性收斂數列的收斂速度，不問此數列來源及用途為何。

■ Aitken's Δ^2 法

設 $\{p_n\}_{n=0}^{\infty}$ 為一線性收斂數列，極限值為 p。為能建立一個能比 $\{p_n\}_{n=0}^{\infty}$ 更快收斂到 p 的數列 $\{\hat{p}_n\}_{n=0}^{\infty}$，讓我們假設 $p_n - p$、$p_{n+1} - p$、和 $p_{n+2} - p$ 的符號相同，且 n 夠大所以有

$$\frac{p_{n+1} - p}{p_n - p} \approx \frac{p_{n+2} - p}{p_{n+1} - p}$$

則

$$(p_{n+1} - p)^2 \approx (p_{n+2} - p)(p_n - p)$$

所以

$$p_{n+1}^2 - 2p_{n+1}p + p^2 \approx p_{n+2}p_n - (p_n + p_{n+2})p + p^2$$

且

$$(p_{n+2} + p_n - 2p_{n+1})p \approx p_{n+2}p_n - p_{n+1}^2$$

解 p 可得

$$p \approx \frac{p_{n+2}p_n - p_{n+1}^2}{p_{n+2} - 2p_{n+1} + p_n}$$

在分子部分加及減 p_n^2 和 $2p_n p_{n+1}$ 項並適當的重組各項可得

$$p \approx \frac{p_n p_{n+2} - 2p_n p_{n+1} + p_n^2 - p_{n+1}^2 + 2p_n p_{n+1} - p_n^2}{p_{n+2} - 2p_{n+1} + p_n}$$

$$= \frac{p_n(p_{n+2} - 2p_{n+1} + p_n) - (p_{n+1}^2 - 2p_n p_{n+1} + p_n^2)}{p_{n+2} - 2p_{n+1} + p_n}$$

$$= p_n - \frac{(p_{n+1} - p_n)^2}{p_{n+2} - 2p_{n+1} + p_n}$$

Aitken's Δ^2 法的基本假設為，定義為

$$\hat{p}_n = p_n - \frac{(p_{n+1} - p_n)^2}{p_{n+2} - 2p_{n+1} + p_n} \tag{2.14}$$

的數列 $\{\hat{p}_n\}_{n=0}^{\infty}$ 會比原數列 $\{p_n\}_{n=0}^{\infty}$ 更快收斂到 p。

例題 1 數列 $\{p_n\}_{n=1}^{\infty}$ 以線性收斂到 $p = 1$，其中 $p_n = \cos(1/n)$。求用 Aitken's Δ^2 法所得之數列的前 5 項。

解 為了要求得 Aitken's Δ^2 法的 1 個項 $\hat{p}_n$，我們須要原數列的 p_n、p_{n+1}、和 p_{n+2} 項。所以，要求得 $\hat{p}_5$，我們必須有 $\{p_n\}$ 的前 7 項。這些數據列於表 2.10。明顯可看出，$\{\hat{p}_n\}_{n=1}^{\infty}$ 比 $\{p_n\}_{n=1}^{\infty}$ 更快收斂到 $p = 1$。 ∎

表 2.10

n	p_n	$\hat{p}_n$
1	0.54030	0.96178
2	0.87758	0.98213
3	0.94496	0.98979
4	0.96891	0.99342
5	0.98007	0.99541
6	0.98614	
7	0.98981	

此方法中符號 Δ 來自下述定義。

定義 2.13

對一數列 $\{p_n\}_{n=0}^{\infty}$，其**前向差分**(forward difference) Δp_n (讀做 delta p_n) 之定義為

$$\Delta p_n = p_{n+1} - p_n, \quad n \geq 0$$

運算子 Δ 的高次方係以遞迴方式定義為

$$\Delta^k p_n = \Delta(\Delta^{k-1} p_n), \quad k \geq 2$$

∎

以上定義代表了

$$\Delta^2 p_n = \Delta(p_{n+1} - p_n) = \Delta p_{n+1} - \Delta p_n = (p_{n+2} - p_{n+1}) - (p_{n+1} - p_n)$$

所以 $\Delta^2 p_n = p_{n+2} - 2p_{n+1} + p_n$，且 (2.14) 式可寫成

$$\hat{p}_n = p_n - \frac{(\Delta p_n)^2}{\Delta^2 p_n}, \qquad n \geq 0 \tag{2.15}$$

關於 Aitken's Δ^2 法，到目前為止我們只說明了數列 $\{\hat{p}_n\}_{n=0}^{\infty}$ 會比原數列 $\{p_n\}_{n=0}^{\infty}$ 更快收斂到 p，但並未說明「更快」的意義。定理 2.14 將解釋此用語。此定理的證明置於習題 16。

定理 2.14

假設 $\{p_n\}_{n=0}^{\infty}$ 為一個以線性收斂至極限 p 的數列且

$$\lim_{n \to \infty} \frac{p_{n+1} - p}{p_n - p} < 1$$

則 Aitken's Δ^2 數列 $\{\hat{p}_n\}_{n=0}^{\infty}$ 在

$$\lim_{n\to\infty} \frac{\hat{p}_n - p}{p_n - p} = 0$$

的意義下比 $\{p_n\}_{n=0}^{\infty}$ 更快收斂到 p。 ∎

■ Steffensen 法

如果修改 Aitken's Δ^2 法，以用於固定點迭代所產生之線性收斂數列，可將其加速到二階收斂。此一方法稱為 Steffensen 法，它與直接將 Aitken's Δ^2 法用於固定點迭代所產生之線性收斂數列略有不同。Aitken's Δ^2 法依序產生以下各項：

$$p_0, \quad p_1 = g(p_0) \quad p_2 = g(p_1) \quad \hat{p}_0 = \{\Delta^2\}(p_0)$$
$$p_3 = g(p_2) \quad \hat{p}_1 = \{\Delta^2\}(p_1), \ldots$$

其中 $\{\Delta^2\}$ 代表使用 (2.15) 式。Steffensen 法則產生相同的前四項 p_0、p_1、p_2、及 $\hat{p}_0$。但是，在這裡我們假設 $\hat{p}_0$ 比 p_2 更接近 p，並對 $\hat{p}_0$ 做固定點迭代而非 p_2。使用此 Steffensen 法，產生之數列為

$$p_0^{(0)} \quad p_1^{(0)} = g(p_0^{(0)}) \quad p_2^{(0)} = g(p_1^{(0)}) \quad p_0^{(1)} = \{\Delta^2\}(p_0^{(0)}) \quad p_1^{(1)} = g(p_0^{(1)}), \ldots$$

Steffensen 數列每三項一次由 (2.15) 式產生；其他各項則係對前一項進行固定點迭代而得。算則 2.6 敘述此程序。

算則 2.6　Steffensen 法

給定初始近似值 p_0 求 $p = g(p)$ 的解：

INPUT　初始近似值 p_0；許可誤差 TOL；最大迭代次數 N_0。

OUTPUT　近似解 p 或失敗訊息。

Step 1　Set $i = 1$.

Step 2　While $i \leq N_0$ do Steps 3–6.

　　Step 3　Set $p_1 = g(p_0)$;　（計算 $p_1^{(i-1)}$）
　　　　　　　$p_2 = g(p_1)$;　（計算 $p_2^{(i-1)}$）
　　　　　　　$p = p_0 - (p_1 - p_0)^2/(p_2 - 2p_1 + p_0)$.　（計算 $p_0^{(i)}$）

　　Step 4　If $|p - p_0| < TOL$ then
　　　　　　　OUTPUT (p);　（程式成功）
　　　　　　　STOP.

　　Step 5　Set $i = i + 1$.

　　Step 6　Set $p_0 = p$.　（更新 p_0.）

Step 7 OUTPUT ('Method failed after N_0 iterations, $N_0 =$', N_0);
(程式不成功)
STOP.

留意 $\Delta^2 p_n$ 可能為 0，這將使得下次迭代時分母為 0。如果發生此種情況，我們須要終止程式，並以 $p_2^{(n-1)}$ 為最佳近似解。

說明題 使用 Steffensen 法求解 $x^3 + 4x^2 - 10 = 0$，令 $x^3 + 4x^2 = 10$，除以 $x+4$，再求解 x。此程序可得固定點法

$$g(x) = \left(\frac{10}{x+4}\right)^{1/2}$$

在 2.2 節表 2.2 中的 (d) 欄，我們已考慮過此固定點問題。

在 $p_0 = 1.5$ 時 Steffensen 法所得的值列於表 2.11。表中 $p_0^{(2)} = 1.365230013$ 準確到小數點 9 位。在此例中 Steffensen 法與牛頓法的精度大略相同。在 2.4 節最後的說明題中可看到這些結果。

表 2.11

k	$p_0^{(k)}$	$p_1^{(k)}$	$p_2^{(k)}$
0	1.5	1.348399725	1.367376372
1	1.365265224	1.365225534	1.365230583
2	1.365230013		

由以上說明題可看出，Steffensen 法可以二階速度收斂而無須計算導數，定理 2.15 則說明其確實如此。在[He2]，pp. 90-92 或[IK]，pp. 103-107 可找到此定理的證明。

定理 2.15

設 $x = g(x)$ 有一解 p 且 $g'(p) \neq 1$。若存在有 $\delta > 0$ 使得 $g \in C^3[p-\delta, p+\delta]$，則 Steffensen 法對任意 $p_0 \in [p-\delta, p+\delta]$ 均可達到二階收斂。

經由 Maple 的 *NumericalAnalysis* 程式包也可使用 Steffensen 法。例如，先輸入函數

$$g := \sqrt{\frac{10}{x+4}}$$

使用 Maple 指令

Steffensen(*fixedpointiterator* $= g, x = 1.5, tolerance = 10^{-8}, output = information, maxiterations = 20$)

可得表 2.11 中的結果，並顯示出最後近似解的相對誤差約為 7.32×10^{-10}。

習題組 2.5 完整習題請見隨書光碟

1. 下列數列為線性收斂。使用 Aitken's Δ^2 法產生數列 $\{\hat{p}_n\}$ 的前 5 項。
   a. $p_0 = 0.5$, $p_n = (2 - e^{p_{n-1}} + p_{n-1}^2)/3$, $n \geq 1$
   b. $p_0 = 0.75$, $p_n = (e^{p_{n-1}}/3)^{1/2}$, $n \geq 1$
   c. $p_0 = 0.5$, $p_n = 3^{-p_{n-1}}$, $n \geq 1$
   d. $p_0 = 0.5$, $p_n = \cos p_{n-1}$, $n \geq 1$

3. 令 $g(x) = \cos(x-1)$ 且 $p_0^{(0)} = 2$,用 Steffensen 法求 $p_0^{(1)}$。

5. 將 Steffensen 法用於函數 $g(x)$,已知 $p_0^{(0)} = 1$ 及 $p_2^{(0)} = 3$,計算得 $p_1^{(0)} = 0.75$,問 $p_1^{(0)}$ 為何?

6. 將 Steffensen 法用於函數 $g(x)$,已知 $p_0^{(0)} = 1$ 及 $p_1^{(0)} = \sqrt{2}$,計算得 $p_0^{(1)} = 2.7802$,問 $p_2^{(0)}$ 為何?

11. 用 Steffensen 法求下列方程式的近似解,精確至 10^{-5} 以內。
    a. $x = (2 - e^x + x^2)/3$,其中 g 為 2.2 節習題 11(a) 之函數。
    b. $x = 0.5(\sin x + \cos x)$,其中 g 為 2.2 節習題 11(f) 之函數。
    c. $x = (e^x/3)^{1/2}$,其中 g 為 2.2 節習題 11(c) 之函數。
    d. $x = 5^{-x}$,其中 g 為 2.2 節習題 11(d) 之函數。

13. 下列數列收斂到 0。用 Aitken's Δ^2 法產生數列 $\{\hat{p}_n\}$ 直到 $|\hat{p}_n| \leq 5 \times 10^{-2}$:
    a. $p_n = \dfrac{1}{n}$, $n \geq 1$ b. $p_n = \dfrac{1}{n^2}$, $n \geq 1$

15. 假設 $\{p_n\}$ 為超線性收斂到 p。證明
$$\lim_{n \to \infty} \frac{|p_{n+1} - p_n|}{|p_n - p|} = 1$$

17. 令 $P_n(x)$ 為 $f(x) = e^x$ 在 $x_0 = 0$ 處展開之 n 次泰勒多項式。
    a. 對固定的 x,證明 $p_n = P_n(x)$ 滿足定理 2.14 的假設條件。
    b. 令 $x = 1$,並使用 Aitken's Δ^2 法產生數列 $\hat{p}_0, \ldots, \hat{p}_8$。
    c. 在此情形下 Aitken 法是否可加速收斂?

2.6 多項式零點及繆勒法

一個 n 次多項式表示為

$$P(x) = a_n x^n + a_{n-1} x^{n-1} + \cdots + a_1 x + a_0$$

其中 a_i's 稱為 P 的係數,它們是常數且 $a_n \neq 0$。一個零函數對所有的 x 均有 $P(x) = 0$,可被視為是多項式但沒有次數。

■ 代數多項式 (Algebraic Polynomials)

定理 2.16　代數基本定理 (Fundamental Theorem of Algebra)

若 $P(x)$ 是一個 $n \geq 1$ 的多項式，係數可為實數或複數，則 $P(x) = 0$ 至少有一根 (可能為複數)。∎

雖然此代數基本定理是探討基本函數的基礎，但它的證明要用到複函數理論。讀者可參考 [SaS]，p. 155，以了解此定理的證明過程。

例題 1　求 $P(x) = x^3 - 5x^2 + 17x - 13$ 的所有零點。

解　我們很容易就可驗證 $P(1) = 1 - 5 + 17 - 13 = 0$，所以 $x = 1$ 是 P 的一個零點，且 $(x - 1)$ 是此多項式的一個因式。用 $x - 1$ 除上 $P(x)$ 可得

$$P(x) = (x - 1)(x^2 - 4x + 13)$$

然後用標準型式的二次式公式求 $x^2 - 4x + 13$ 的零點

$$\frac{-(-4) \pm \sqrt{(-4)^2 - 4(1)(13)}}{2(1)} = \frac{4 \pm \sqrt{-36}}{2} = 2 \pm 3i$$

因此，三次多項式 $P(x)$ 有 $x_1 = 1$、$x_2 = 2 - 3i$、及 $x_2 = 2 + 3i$ 等三個零點。∎

在上面例題中，我們發現該三次多項式有三個相異零點。而代數基本定理的一項重要作用就是引出下列推論。此推論指出，只要依重根數計算零點個數，則多項式零點數等於多項式次數。

推論 2.17　若 $P(x)$ 是一個 $n \geq 1$ 的多項式，係數可為實數或複數，則存在有唯一的常數組 (可能為複數) $x_1, x_2, \ldots, x_k$，及唯一的正整數組 $m_1, m_2, \ldots, m_k$，使得 $\sum_{i=1}^{k} m_i = n$ 且

$$P(x) = a_n(x - x_1)^{m_1}(x - x_2)^{m_2} \cdots (x - x_k)^{m_k}$$ ∎

由推論 2.17 可知，多項式零點的組成是唯一的，若每一個零點 x_i 依據它的重根數 m_i 為幾就算幾次，則一個 n 次的多項式剛好有 n 個零點。

在本節及以後各章中，將經常用到下面有關代數基本定理的推論。

推論 2.18　令 $P(x)$ 與 $Q(x)$ 為次數最高為 n 的多項式。若 $x_1, x_2, \ldots, x_k$，$k > n$，為在 $i = 1, 2, \ldots, k$ 時滿足 $P(x_i) = Q(x_i)$ 的相異數，則對所有的 x 值均有 $P(x) = Q(x)$。∎

由此推論可引導出，若要證明兩個次數小於等於 n 的多項式相同，我們只須證明它們有 $n + 1$ 個值相同即可。我們經常會用到此特性，尤其是在第 3 章及第 8 章。

■ Horner 法

要使用牛頓法以計算多項式 $P(x)$ 零點的近似值，我們必須計算特定點上的 $P(x)$ 與 $P'(x)$ 的值。因為 $P(x)$ 與 $P'(x)$ 都是多項式，我們在 1.2 節已指出，為求計算效率必須以巢狀方式進行。Horner 的方法就採用了巢狀方式，所以對任意 n 次多項式只須要 n 次乘法與 n 次加法。

定理 2.19　Horner 法

令
$$P(x) = a_n x^n + a_{n-1} x^{n-1} + \cdots + a_1 x + a_0$$

定義 $b_n = a_n$ 且
$$b_k = a_k + b_{k+1} x_0, \quad k = n-1, n-2, \ldots, 1, 0$$

則 $b_0 = P(x_0)$。此外，若
$$Q(x) = b_n x^{n-1} + b_{n-1} x^{n-2} + \cdots + b_2 x + b_1$$

則
$$P(x) = (x - x_0) Q(x) + b_0$$

證明　由 $Q(x)$ 的定義
$$\begin{aligned}(x - x_0) Q(x) + b_0 &= (x - x_0)(b_n x^{n-1} + \cdots + b_2 x + b_1) + b_0 \\ &= (b_n x^n + b_{n-1} x^{n-1} + \cdots + b_2 x^2 + b_1 x) \\ &\quad - (b_n x_0 x^{n-1} + \cdots + b_2 x_0 x + b_1 x_0) + b_0 \\ &= b_n x^n + (b_{n-1} - b_n x_0) x^{n-1} + \cdots + (b_1 - b_2 x_0) x + (b_0 - b_1 x_0)\end{aligned}$$

由前提，$b_n = a_n$ 且 $b_k - b_{k+1} x_0 = a_k$，所以
$$(x - x_0) Q(x) + b_0 = P(x) \quad 且 \quad b_0 = P(x_0)$$

例題 2　使用 Horner 法以計算 $x_0 = -2$ 時的 $P(x) = 2x^4 - 3x^2 + 3x - 4$。

解　當我們以手算方式使用 Horner 法時，首先要建立一個表，這個表就是為什麼這種方法常被稱為綜合除法(*synthetic division*)的原因。在本例中，此表如下：

	x^4 的係數	x^3 的係數	x^2 的係數	x 的係數	常數項
$x_0 = -2$	$a_4 = 2$	$a_3 = 0$	$a_2 = -3$	$a_1 = 3$	$a_0 = -4$
		$b_4 x_0 = -4$	$b_3 x_0 = 8$	$b_2 x_0 = -10$	$b_1 x_0 = 14$
	$b_4 = 2$	$b_3 = -4$	$b_2 = 5$	$b_1 = -7$	$b_0 = 10$

所以，
$$P(x) = (x+2)(2x^3 - 4x^2 + 5x - 7) + 10$$

使用 Horner 法 (或綜合除法) 的另一個好處是，因為
$$P(x) = (x - x_0)Q(x) + b_0$$
其中
$$Q(x) = b_n x^{n-1} + b_{n-1} x^{n-2} + \cdots + b_2 x + b_1$$
對 x 微分可得
$$P'(x) = Q(x) + (x - x_0)Q'(x) \quad 及 \quad P'(x_0) = Q(x_0) \tag{2.16}$$

當我們使用牛頓-拉福生 (Newton-Raphson) 法求多項式零點近似值時，可以同樣方法計算 $P(x)$ 與 $P'(x)$。

例題 3 求下式一個零點的近似解
$$P(x) = 2x^4 - 3x^2 + 3x - 4$$
利用牛頓法，以 $x_0 = -2$ 為初始近似值，用綜合除法計算每次迭代 x_n 時的 $P(x_n)$ 與 $P'(x_n)$。

解 使用 $x_0 = -2$ 為初始近似值，可利用以下計算獲得例題 1 中的 $P(-2)$

$$
\begin{array}{r|rrrrr}
x_0 = -2 & 2 & 0 & -3 & 3 & -4 \\
 & & -4 & 8 & -10 & 14 \\
\hline
 & 2 & -4 & 5 & -7 & 10 \quad = P(-2)
\end{array}
$$

使用定理 2.19 及 (2.16) 式，
$$Q(x) = 2x^3 - 4x^2 + 5x - 7 \quad 及 \quad P'(-2) = Q(-2)$$

所以利用同樣的方法算出 $Q(-2)$ 可得 $P'(-2)$：

$$
\begin{array}{r|rrrr}
x_0 = -2 & 2 & -4 & 5 & -7 \\
 & & -4 & 16 & -42 \\
\hline
 & 2 & -8 & 21 & -49 \quad = Q(-2) = P'(-2)
\end{array}
$$

及
$$x_1 = x_0 - \frac{P(x_0)}{P'(x_0)} = x_0 - \frac{P(x_0)}{Q(x_0)} = -2 - \frac{10}{-49} \approx -1.796$$

重複此程序以求 x_2，

$$
\begin{array}{r|rrrrr}
-1.796 & 2 & 0 & -3 & 3 & -4 \\
 & & -3.592 & 6.451 & -6.197 & 5.742 \\
\hline
 & 2 & -3.592 & 3.451 & -3.197 & 1.742 \quad = P(x_1) \\
 & & -3.592 & 12.902 & -29.368 & \\
\hline
 & 2 & -7.184 & 16.353 & -32.565 & = Q(x_1) \quad = P'(x_1)
\end{array}
$$

所以 $P(-1.796) = 1.742$，$P'(-1.796) = Q(-1.796) = -32.565$，且

$$x_2 = -1.796 - \frac{1.742}{-32.565} \approx -1.7425$$

用同樣的方法，$x_3 = -1.73897$，而準確到小數 5 位的真實零點為 -1.73896。

由以上程序可看出 $Q(x)$ 取決於所用的近似值，而且在每次迭代都會改變。 ■

算則 2.7 用 Horner 法求 $P(x_0)$ 與 $P'(x_0)$。

算則 2.7 Horner 法

求 x_0 處多項式

$$P(x) = a_n x^n + a_{n-1} x^{n-1} + \cdots + a_1 x + a_0 = (x - x_0)Q(x) + b_0$$

及其導數的值：

INPUT 次數 n；係數 $a_0, a_1, \ldots, a_n; x_0$。

OUTPUT $y = P(x_0); z = P'(x_0)$.

Step 1 Set $y = a_n$；（計算 P 的 b_n）
$\qquad z = a_n$.（計算 Q 的 b_{n-1}）

Step 2 For $j = n - 1, n - 2, \ldots, 1$
$\qquad$ set $y = x_0 y + a_j$；（計算 P 的 b_j）
$\qquad\quad z = x_0 z + y$.（計算 Q 的 b_{j-1}）

Step 3 Set $y = x_0 y + a_0$.（計算 P 的 b_0）

Step 4 OUTPUT (y, z);
$\qquad$ STOP.

如果牛頓法第 N 次迭代的結果為 P 之零點的近似解 x_N，則

$$P(x) = (x - x_N)Q(x) + b_0 = (x - x_N)Q(x) + P(x_N) \approx (x - x_N)Q(x)$$

所以 $x - x_N$ 為 $P(x)$ 的近似因式。令 $\hat{x}_1 = x_N$ 為 P 的零點的近似值且 $Q_1(x) \equiv Q(x)$ 為近似因式，可得

$$P(x) \approx (x - \hat{x}_1)Q_1(x)$$

藉由把牛頓法用於 $Q_1(x)$ 可求得 P 的第二個零點的近似解。

如果 $P(x)$ 是一個有 n 個實數零點的 n 次多項式，重複使用以上程序可求得 $(n-2)$ 個零點的近似解及一個二次因式 $Q_{n-2}(x)$。此時，我們可用二次式公式求解 $Q_{n-2}(x) = 0$，以得到 P 的最後 2 個零點的近似解。雖然此方法可求出所有零點的近似解，但它須要重複使用近似值，所以有可能會得到錯誤的結果。

以上的程序稱為**降階法** (deflation)。此方法之所以會有準確性的問題是因為，當我們得到 $P(x)$ 的第一個零點的近似解後，我們接著把牛頓法用於降階的多項式 $Q_k(x)$，也就是

說，此多項式具有以下特性

$$P(x) \approx (x - \hat{x}_1)(x - \hat{x}_2) \cdots (x - \hat{x}_k)Q_k(x)$$

Q_k 的零點近似值 $\hat{x}_{k+1}$ 在做為 $Q_k(x) = 0$ 的近似解時夠精確，但做為 $P(x) = 0$ 的根時精確度就較差了，其誤差的程度隨著 k 的增加而增加。要消除此問題，我們可先利用降階方程求出 P 之零點的近似值 $\hat{x}_2, \hat{x}_3, \ldots, \hat{x}_k$，然後對原多項式 $P(x)$ 使用牛頓法以改善這些近似值的精度。

■ 複數零點：繆勒法

對多項式使用正割法、錯位法、或牛頓法時，有可能遇到一個問題，也就是多項式即使係數均為實數，也有可能出現複數根。如果選用的初始近似值為實數，後續所有的近似值都會是實數。要克服此問題，我們可以用複數做初始近似值，並在後續所有的運算中都使用複數運算。下述定理則提供了替代方法的基礎。

定理 2.20

若實係數多項式 $P(x)$ 有 m 重複數零點 $z = a+bi$，則 $\bar{z} = a - bi$ 也是多項式 $P(x)$ 的 m 重複數零點，且 $(x^2 - 2ax + a^2 + b^2)^m$ 為 $P(x)$ 的因式。　■

可發展出一種使用二次多項式的綜合除法，以得到原多項式的近似因式，使得一個因式為二次多項式，它的根則為原多項式根的近似解。此方法在本書的第二版中有較詳細的介紹[BFR]。但在此我們將討論首先由繆勒 (D.E. Müller)[Mu] 所提出的方法。此方法可用於所有的求根問題，但對於多項式求根特別有用。

正割法須要 2 個初始值 p_0 與 p_1，下一個近似值 p_2 則是 $(p_0, f(p_0))$ 與 $(p_1, f(p_1))$ 兩點連線與 x 軸的交點 (見圖 2.13(a))。繆勒的方法則使用 3 個初始值 p_0、p_1、與 p_2，下一個近似值 p_3 則是通過 $(p_0, f(p_0))$、$(p_1, f(p_1))$、及 $(p_2, f(p_2))$ 的拋物線與 x 軸的交點 (見圖 2.13(b))。

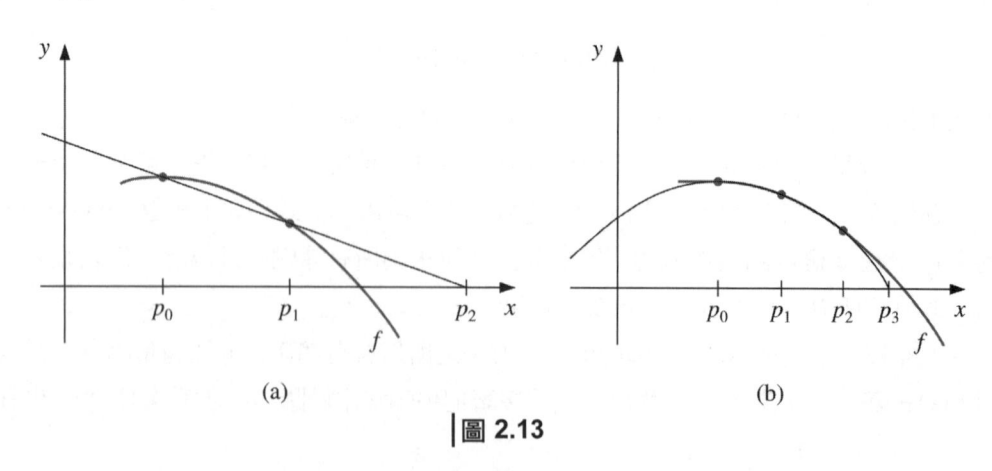

圖 2.13

要推導繆勒法首先考慮一個二次多項式

$$P(x) = a(x - p_2)^2 + b(x - p_2) + c$$

通過 $(p_0, f(p_0))$、$(p_1, f(p_1))$、及 $(p_2, f(p_2))$。常數 a、b 及 c 可由下列條件求得

$$f(p_0) = a(p_0 - p_2)^2 + b(p_0 - p_2) + c \tag{2.17}$$

$$f(p_1) = a(p_1 - p_2)^2 + b(p_1 - p_2) + c \tag{2.18}$$

及

$$f(p_2) = a \cdot 0^2 + b \cdot 0 + c = c \tag{2.19}$$

分別為

$$c = f(p_2) \tag{2.20}$$

$$b = \frac{(p_0 - p_2)^2 [f(p_1) - f(p_2)] - (p_1 - p_2)^2 [f(p_0) - f(p_2)]}{(p_0 - p_2)(p_1 - p_2)(p_0 - p_1)} \tag{2.21}$$

及

$$a = \frac{(p_1 - p_2)[f(p_0) - f(p_2)] - (p_0 - p_2)[f(p_1) - f(p_2)]}{(p_0 - p_2)(p_1 - p_2)(p_0 - p_1)} \tag{2.22}$$

要決定 P 的零點 p_3，我們將二次式公式用於 $P(x) = 0$。但是因為兩個近乎相等的數相減所可能造成的捨入誤差的問題，在此要使用在 1.2 節中所述的公式 (1.2) 和 (1.3) 式：

$$p_3 - p_2 = \frac{-2c}{b \pm \sqrt{b^2 - 4ac}}$$

利用此公式 p_3 有 2 個值，取決於根號項前面的正負號。在繆勒法中選擇與 b 同號。這樣選擇會使分母的絕對值最大，將會使得 p_3 最靠近 p_2。因此

$$p_3 = p_2 - \frac{2c}{b + \text{sgn}(b)\sqrt{b^2 - 4ac}}$$

其中 a、b、及 c 由(2.20) - (2.22) 式決定。

決定了 p_3 之後，用 p_1、p_2、與 p_3 取代 p_0、p_1、與 p_2 重複前述程序以獲得下一個近似值 p_4。此方法持續到獲得滿意的結果為止。在每個步驟中，此方法包括了根號項 $\sqrt{b^2 - 4ac}$，所以在 $b^2 - 4ac < 0$ 時可得近似之複數根。算則 2.8 即為此計算程序。

算則 2.8 繆勒法 (Müller's)

已知三個初始近似值 p_0、p_1、與 p_2，求 $f(x) = 0$ 之解：

INPUT p_0、p_1、p_2；容許誤差 TOL；最大迭代次數 N_0。

OUTPUT 近似解 p 或失敗訊息。

Step 1 Set $h_1 = p_1 - p_0$;
$h_2 = p_2 - p_1$;
$\delta_1 = (f(p_1) - f(p_0))/h_1$;
$\delta_2 = (f(p_2) - f(p_1))/h_2$;
$d = (\delta_2 - \delta_1)/(h_2 + h_1)$;
$i = 3$.

Step 2 While $i \leq N_0$ do Steps 3–7.

    Step 3 $b = \delta_2 + h_2 d$;
$D = (b^2 - 4f(p_2)d)^{1/2}$. （註：可能須用複數算術）

    Step 4 If $|b - D| < |b + D|$ then set $E = b + D$
                      else set $E = b - D$.

    Step 5 Set $h = -2f(p_2)/E$;
$p = p_2 + h$.

    Step 6 If $|h| < TOL$ then
        OUTPUT (p); （程式成功）
        STOP.

    Step 7 Set $p_0 = p_1$; （準備下次迭代）
$p_1 = p_2$;
$p_2 = p$;
$h_1 = p_1 - p_0$;
$h_2 = p_2 - p_1$;
$\delta_1 = (f(p_1) - f(p_0))/h_1$;
$\delta_2 = (f(p_2) - f(p_1))/h_2$;
$d = (\delta_2 - \delta_1)/(h_2 + h_1)$;
$i = i + 1$.

Step 8 OUTPUT ('Method failed after N_0 iterations, $N_0 =$', N_0);
（程式不成功）
STOP.

說明題 考慮多項式 $f(x) = x^4 - 3x^3 + x^2 + x + 1$，它部分圖形顯示於圖 2.14。

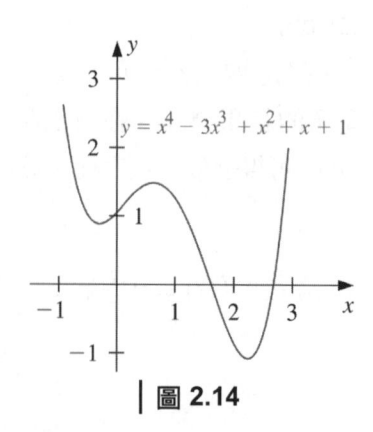

圖 2.14

以算則 2.8 使用 3 組各 3 個初始點以及 $TOL = 10^{-5}$，求 f 零點的近似解。第 1 組使用 $p_0 = 0.5$、$p_1 = -0.5$ 及 $p_2 = 0$。通過此 3 點的拋物線有複數根，因為它不通過 x 軸。表 2.12 列出了 f 之複數零點的近似解。

表 2.12

	$p_0 = 0.5,\ p_1 = -0.5,\ p_2 = 0$	
i	p_i	$f(p_i)$
3	$-0.100000 + 0.888819i$	$-0.01120000 + 3.014875548i$
4	$-0.492146 + 0.447031i$	$-0.1691201 - 0.7367331502i$
5	$-0.352226 + 0.484132i$	$-0.1786004 + 0.0181872213i$
6	$-0.340229 + 0.443036i$	$0.01197670 - 0.0105562185i$
7	$-0.339095 + 0.446656i$	$-0.0010550 + 0.000387261i$
8	$-0.339093 + 0.446630i$	$0.000000 + 0.000000i$
9	$-0.339093 + 0.446630i$	$0.000000 + 0.000000i$

表 2.13 列出 f 之 2 個實數零點的近似解。較小的零點是使用 $p_0 = 0.5$、$p_1 = 1.0$ 及 $p_2 = 1.5$，而較大的一個則使用 $p_0 = 1.5$、$p_1 = 2.0$ 及 $p_2 = 2.5$。

表 2.13

	$p_0 = 0.5, p_1 = 1.0, p_2 = 1.5$			$p_0 = 1.5, p_1 = 2.0, p_2 = 2.5$	
i	p_i	$f(p_i)$	i	p_i	$f(p_i)$
3	1.40637	-0.04851	3	2.24733	-0.24507
4	1.38878	0.00174	4	2.28652	-0.01446
5	1.38939	0.00000	5	2.28878	-0.00012
6	1.38939	0.00000	6	2.28880	0.00000
			7	2.28879	0.00000

表中數據準確度約等於所示有效位數。　■

我們利用 Maple 以產生表 2.12 的結果。要求得表中第一個結果，依下述方式定義 $f(x)$

$f := x \to x^4 - 3x^3 + x^2 + x + 1$

然後輸入初始近似值

$p0 := 0.5; p1 := -0.5; p2 := 0.0$

然後用以下指令求 3 點的函數值

$f0 := f(p0); f1 := f(p1); f2 := f(p2)$

要求得係數 a、b、c 及近似解則輸入

$c := f2;$

$$b := \frac{((p0-p2)^2 \cdot (f1-f2) - (p1-p2)^2 \cdot (f0-f2))}{(p0-p2) \cdot (p1-p2) \cdot (p0-p1)}$$

$$a := \frac{((p1-p2) \cdot (f0-f2) - (p0-p2) \cdot (f1-f2))}{(p0-p2) \cdot (p1-p2) \cdot (p0-p1)}$$

$$p3 := p2 - \frac{2c}{b + \left(\frac{b}{abs(b)}\right)\sqrt{b^2 - 4a \cdot c}}$$

這樣就可得到 Maple 的最終輸出

$$-0.1000000000 + 0.8888194418I$$

求得此點之函數值 $f(p3)$ 為

$$-0.0112000001 + 3.014875548I$$

這就是表 2.12 中的第一個近似解。

以上說明題顯示了繆勒法可以用不同的初始值求得多項式的根。事實上，不論如何選擇初始值，繆勒法通常都能收斂到根，當然我們也能特別設計一種狀況使它不收斂。例如，假設對某一特定的 i 值出現有 $f(p_i) = f(p_{i+1}) = f(p_{i+2}) \neq 0$。此二次方程式簡化為一非零常數，永不與 x 軸相交。當然，一般情形下不會發生，不過通用套裝軟體在使用繆勒法時，通常只要求輸入一個初始值，甚至於提供初始值選取。

習題組 2.6 *完整習題請見隨書光碟*

1. 以牛頓法求下列各多項式的實數零點之近似解 10^{-4} 以內。
   a. $f(x) = x^3 - 2x^2 - 5$
   b. $f(x) = x^3 + 3x^2 - 1$
   c. $f(x) = x^3 - x - 1$
   d. $f(x) = x^4 + 2x^2 - x - 3$
   e. $f(x) = x^3 + 4.001x^2 + 4.002x + 1.101$
   f. $f(x) = x^5 - x^4 + 2x^3 - 3x^2 + x - 4$
3. 用繆勒法重做習題 1。
5. 用牛頓法求下列函數的零點及臨界點至 10^{-3} 以內。利用此資訊以畫出 f 的圖形。
   a. $f(x) = x^3 - 9x^2 + 12$
   b. $f(x) = x^4 - 2x^3 - 5x^2 + 12x - 5$
7. 利用 Maple 求多項式 $f(x) = x^3 + 4x - 4$ 之實數零點的近似解。

9. 用下列各種方法求區間 [0.1, 1] 內下式的近似解，精確至 10^{-4}，

$$600x^4 - 550x^3 + 200x^2 - 20x - 1 = 0.$$

    a. 二分法   **b.** 牛頓法   **c.** 正割法   **d.** 錯位法   **e.** 繆勒法

11. 一圓柱體罐子，其內容積為 1000 cm^3。罐子的圓形頂及底板之半徑必須比必要的半徑再多 0.25 cm，以形成與側邊的密封圈。用做側板的片材長度，必須比構成所須圓週長度再多 0.25 cm，以構成封邊。求製作此圓罐所需材料最少為多少，精確至 10^{-4}。

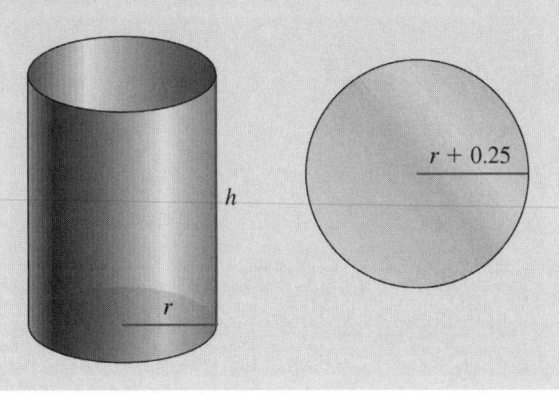

CHAPTER 3

內插及多項式近似

引言

美國每 10 年做一次人口普查。下表為 1950 到 2000 年之人口數，以千人為單位，表中數據以圖形表示如下。

年度	1950	1960	1970	1980	1990	2000
人口數 (以千為單位)	151,326	179,323	203,302	226,542	249,633	281,422

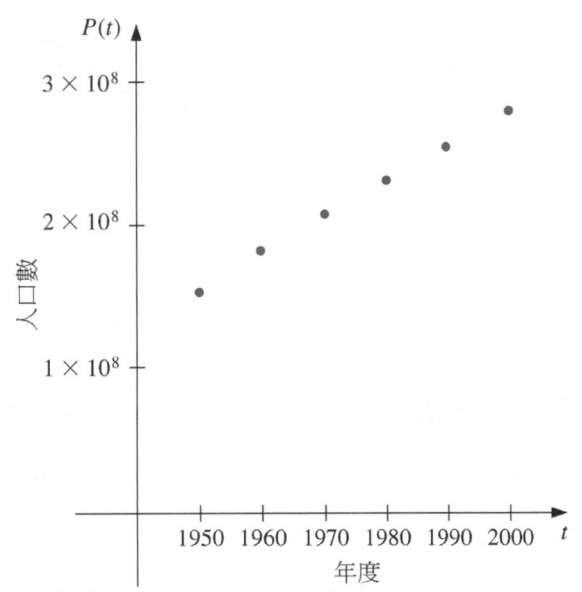

在檢視這些數據時我們或許會問，是否可以用這些數據以合理的估計，譬如說 1975 年或甚至 2020 年的人口數。我們可以用一個與已知數據相符的函數來做此種預測。此過程稱為**內插** (*interpolation*)，即為本章的主題。此處的人口問題將在本章重複出現，並用於 3.1 節的習題 18、3.3 節的習題 18、及 3.5 節的習題 28。

3.1 內插法與拉格朗日多項式

能夠將一組實數映射到其本身的函數中,最有用且最有名的一類就是代數多項式 (*algebraic polynomials*),其型式為

$$P_n(x) = a_n x^n + a_{n-1} x^{n-1} + \cdots + a_1 x + a_0$$

其中 n 為非負整數,且 $a_0, \ldots, a_n$ 為實數常數。此類多項式之所以重要的一個原因為,它們可以一致性的趨近一個連續函數。給一個在某封閉有界的區間中為有定義且連續的函數,則存在有一個多項式可以要多「接近」就多接近此函數。此結果明確顯示於威爾斯特思 (Weierstrass) 近似定理。(見圖 3.1)

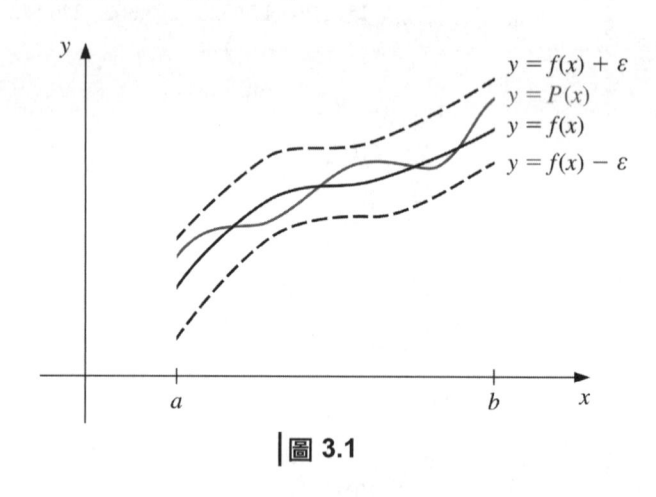

圖 3.1

定理 3.1 威爾斯特思近似定理 (Weierstrass Approximation Theorem)

假設 f 在區間 $[a, b]$ 為有定義且連續。對每一個 $\epsilon > 0$,存在有一個多項式 $P(x)$ 具有以下特性

$$|f(x) - P(x)| < \epsilon,\text{對所有 } [a, b] \text{ 內的 } x。$$

此定理的證明可以在許多實數分析的教科書中找到 (例如[Bart], pp. 165-172)。

在對函數做近似時,選用此類多項式的另一個重要理由是,它們的導數及不定積分都很容易求得,且都仍是多項式。基於上述原因,多項式常被用來近似連續函數。

我們在本書的第一節中介紹了泰勒多項式,並將之形容成建構數值分析的基本。你或許會認為在多項式內插過程中會用到許多此類多項式,其實不然。泰勒多項式可對已知函數的特定點做最大程度的近似,但其精確度只集中在該點附近。一個理想的內插多項式,應能對整個區間做相對準確的近似,這是泰勒多項式通常做不到的部分。例如,我們計算 $f(x) = e^x$ 在 $x_0 = 0$ 處的前六項泰勒多項式。因為 $f(x)$ 的所有導數都是 e^x,

在 $x_0 = 0$ 時其值為 1，泰勒多項式表為

$$P_0(x) = 1, \quad P_1(x) = 1 + x, \quad P_2(x) = 1 + x + \frac{x^2}{2}, \quad P_3(x) = 1 + x + \frac{x^2}{2} + \frac{x^3}{6}$$

$$P_4(x) = 1 + x + \frac{x^2}{2} + \frac{x^3}{6} + \frac{x^4}{24}, \quad P_5(x) = 1 + x + \frac{x^2}{2} + \frac{x^3}{6} + \frac{x^4}{24} + \frac{x^5}{120}$$

這些多項式的圖形顯示於圖 3.2。(注意，即使是高次多項式，離 0 愈遠則誤差愈大。)

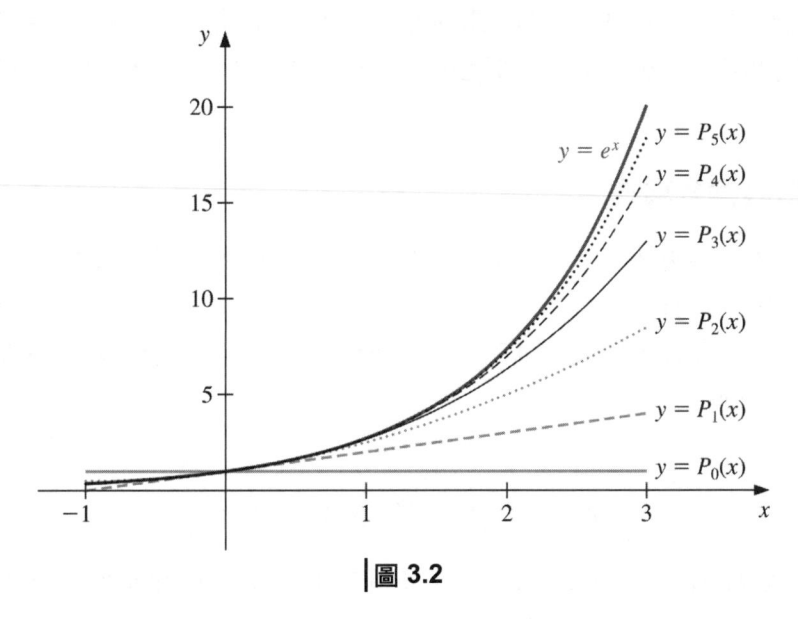

圖 3.2

雖然對 $f(x) = e^x$ 而言，愈高次的多項式會有愈好的近似值，但此並非通例。假設一個特別的例題，將 $f(x) = 1/x$ 在 $x_0 = 1$ 處做泰勒多項式展開，以求 $f(3) = 1/3$ 的近似值。因為

$$f(x) = x^{-1}, \ f'(x) = -x^{-2}, \ f''(x) = (-1)^2 2 \cdot x^{-3}$$

且其通式為

$$f^{(k)}(x) = (-1)^k k! x^{-k-1}$$

泰勒多項式為

$$P_n(x) = \sum_{k=0}^{n} \frac{f^{(k)}(1)}{k!}(x-1)^k = \sum_{k=0}^{n}(-1)^k(x-1)^k$$

要用 $P_n(3)$ 做為 $f(3) = 1/3$ 的近似值，當 n 逐漸增大，我們得到表 3.1 的結果——明顯失敗！當我們用 $P_n(3)$ 做為 $f(3) = 1/3$ 的近似值，隨著 n 的增加，誤差也增加，如表 3.1 所示。

表 3.1

n	0	1	2	3	4	5	6	7
$P_n(3)$	1	-1	3	-5	11	-21	43	-85

因為泰勒多項式只利用單一點 x_0 的資訊做近似，所以當我們遠離 x_0 時，無法獲得準確的結果也不足為奇。所以只有當我們僅需要 x_0 附近的近似值時，才能用泰勒多項式。對一般的計算而言，使用納入多點資訊的方法才有較好的效率，本章以下各節將加以說明。在數值分析中，泰勒多項式主要是用於數值方法的推導及誤差分析，並非用於計算近似值。

■ 拉格朗日內插多項式

要決定一個通過相異兩點 (x_0, y_0) 及 (x_1, y_1) 的一次近似值多項式的問題，也就是運用一個滿足 $f(x_0) = y_0$ 及 $f(x_1) = y_1$ 的一次多項式以內插函數 f 的近似值，或說是使得其與 f 在給定點上相符。在此區間的兩端點內，用此多項式做為近似值，就稱做**多項式內插** (polynomial interpolation)。

定義函數

$$L_0(x) = \frac{x - x_1}{x_0 - x_1} \quad \text{及} \quad L_1(x) = \frac{x - x_0}{x_1 - x_0}$$

通過 (x_0, y_0) 及 (x_1, y_1) 的線性**拉格朗日內插多項式** (Lagrange interpolating polynomials)為

$$P(x) = L_0(x) f(x_0) + L_1(x) f(x_1) = \frac{x - x_1}{x_0 - x_1} f(x_0) + \frac{x - x_0}{x_1 - x_0} f(x_1)$$

因為

$$L_0(x_0) = 1 \text{、} \quad L_0(x_1) = 0 \text{、} \quad L_1(x_0) = 0 \text{、} \quad \text{且} \quad L_1(x_1) = 1$$

我們可得

$$P(x_0) = 1 \cdot f(x_0) + 0 \cdot f(x_1) = f(x_0) = y_0$$

和

$$P(x_1) = 0 \cdot f(x_0) + 1 \cdot f(x_1) = f(x_1) = y_1$$

所以 P 為通過 (x_0, y_0) 及 (x_1, y_1) 的唯一，且不高於一次的多項式。

例題 1 求通過 $(2,4)$ 和 $(5,1)$ 的線性拉格朗日內插多項式。

解 在此我們有

$$L_0(x) = \frac{x - 5}{2 - 5} = -\frac{1}{3}(x - 5) \quad \text{及} \quad L_1(x) = \frac{x - 2}{5 - 2} = \frac{1}{3}(x - 2)$$

所以
$$P(x) = -\frac{1}{3}(x-5) \cdot 4 + \frac{1}{3}(x-2) \cdot 1 = -\frac{4}{3}x + \frac{20}{3} + \frac{1}{3}x - \frac{2}{3} = -x + 6$$

圖 3.3 顯示了 $y = P(x)$ 的圖形。■

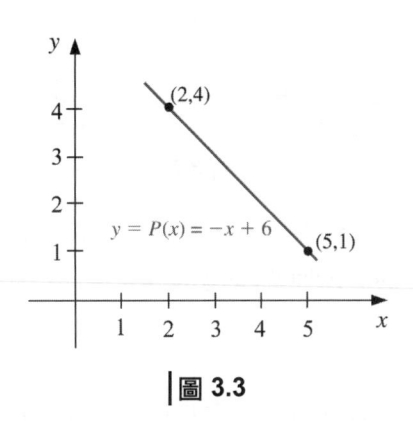

圖 3.3

為將此線性內插的概念一般化，考慮建構一個最高為 n 次且通過 $n+1$ 個點

$$(x_0, f(x_0)), (x_1, f(x_1)), \ldots, (x_n, f(x_n))$$

的多項式。(見圖 3.4)

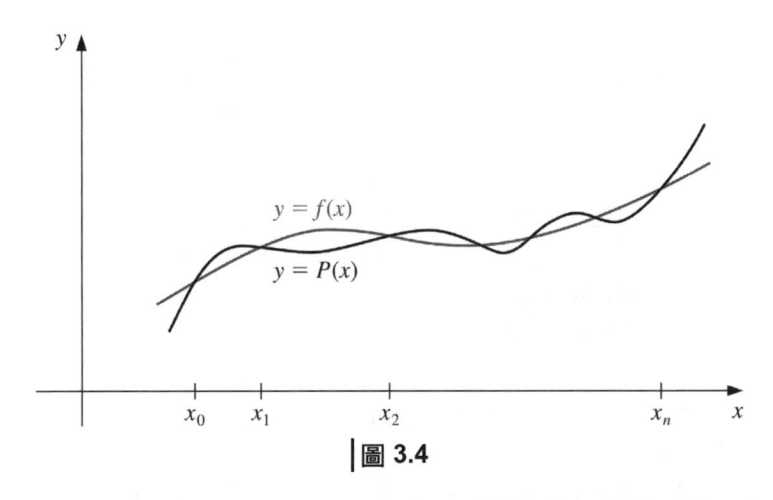

圖 3.4

在此情況下，對每一個 $k = 0, 1, \ldots, n$ 我們先建構一個函數 $L_{n,k}(x)$，在 $i \neq k$ 時，此函數必須有 $L_{n,k}(x_i) = 0$ 及 $L_{n,k}(x_k) = 1$ 的特性。對所有的 $i \neq k$ 時都要滿足 $L_{n,k}(x_i) = 0$，則 $L_{n,k}(x)$ 的分子部分應包含

$$(x-x_0)(x-x_1)\cdots(x-x_{k-1})(x-x_{k+1})\cdots(x-x_n)$$

要滿足 $L_{n,k}(x_k) = 1$，則 $L_{n,k}(x)$ 的分母應有同樣這些項在 $x = x_k$ 時的值。所以，

$$L_{n,k}(x) = \frac{(x-x_0)\cdots(x-x_{k-1})(x-x_{k+1})\cdots(x-x_n)}{(x_k-x_0)\cdots(x_k-x_{k-1})(x_k-x_{k+1})\cdots(x_k-x_n)}$$

圖 3.5 顯示典型的 $L_{n,k}$ 的圖形 (當 n 為偶數)。

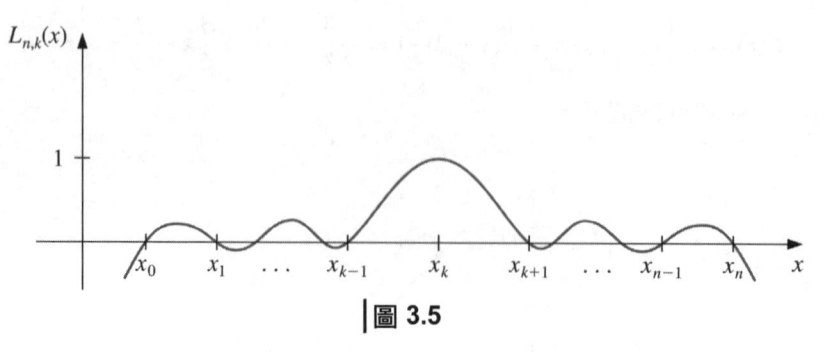

圖 3.5

一旦知道了 $L_{n,k}$ 的型式，就很容易描述內插多項式。下一定理則定義此 **n 次拉格朗日內插多項式** (nth Lagrange Interpolating polynomial)。

定理 3.2

若 $x_0, x_1, \ldots, x_n$ 為 $n+1$ 個相異數，且已知這些數所對應之 f 的函數值，則存在有最高 n 次的多項式 $P(x)$ 使得

$$f(x_k) = P(x_k)，對每一 \ k = 0, 1, \ldots, n$$

此多項式為

$$P(x) = f(x_0)L_{n,0}(x) + \cdots + f(x_n)L_{n,n}(x) = \sum_{k=0}^{n} f(x_k)L_{n,k}(x) \tag{3.1}$$

其中，對每一 $k = 0, 1, \ldots, n$，

$$L_{n,k}(x) = \frac{(x-x_0)(x-x_1)\cdots(x-x_{k-1})(x-x_{k+1})\cdots(x-x_n)}{(x_k-x_0)(x_k-x_1)\cdots(x_k-x_{k-1})(x_k-x_{k+1})\cdots(x_k-x_n)} \tag{3.2}$$

$$= \prod_{\substack{i=0 \\ i \neq k}}^{n} \frac{(x-x_i)}{(x_k-x_i)}$$

∎

當其次數不會產生混淆時，我們將 $L_{n,k}(x)$ 簡化記為 $L_k(x)$。

例題 2 (a) 用數 (或稱節點) $x_0 = 2$，$x_1 = 2.75$、及 $x_2 = 4$ 求 $f(x) = 1/x$ 的二次拉格朗日內插多項式。

(b) 用此多項式求 $f(3) = 1/3$。

解 (a) 我們先求係數多項式 $L_0(x)$、$L_1(x)$、和 $L_2(x)$。它們的巢狀型式為

$$L_0(x) = \frac{(x-2.75)(x-4)}{(2-2.5)(2-4)} = \frac{2}{3}(x-2.75)(x-4)$$

$$L_1(x) = \frac{(x-2)(x-4)}{(2.75-2)(2.75-4)} = -\frac{16}{15}(x-2)(x-4)$$

及

$$L_2(x) = \frac{(x-2)(x-2.75)}{(4-2)(4-2.5)} = \frac{2}{5}(x-2)(x-2.75)$$

同時 $f(x_0) = f(2) = 1/2$、$f(x_1) = f(2.75) = 4/11$、且 $f(x_2) = f(4) = 1/4$，所以得

$$\begin{aligned} P(x) &= \sum_{k=0}^{2} f(x_k) L_k(x) \\ &= \frac{1}{3}(x-2.75)(x-4) - \frac{64}{165}(x-2)(x-4) + \frac{1}{10}(x-2)(x-2.75) \\ &= \frac{1}{22}x^2 - \frac{35}{88}x + \frac{49}{44} \end{aligned}$$

(b) $f(3) = 1/3$ 的近似值 (見圖 3.6) 為

$$f(3) \approx P(3) = \frac{9}{22} - \frac{105}{88} + \frac{49}{44} = \frac{29}{88} \approx 0.32955$$

在本章的簡介中我們知道了 (見表 3.1)，沒有一個對 $x_0 = 1$ 展開的泰勒多項式可以合理的近似於 $x = 3$ 時 $f(x) = 1/x$ 的值。 ∎

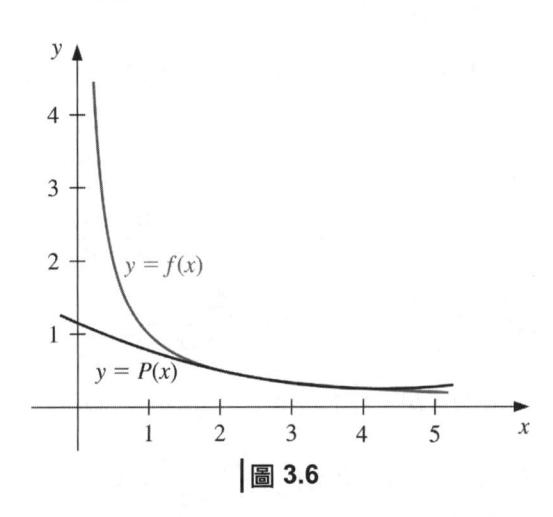

圖 3.6

在 Maple 中可用以下方式定義小於等於 3 次的內插多項式
$P := x \to interp([2, 11/4, 4], [1/2, 4/11, 1/4], x)$

$$x \to interp\left(\left[2, \frac{11}{4}, 4\right], \left[\frac{1}{2}, \frac{4}{11}, \frac{1}{4}\right], x\right)$$

要看到此多項式可輸入

$P(x)$

$$\frac{1}{22}x^2 - \frac{35}{88}x + \frac{49}{44}$$

要以 $P(3)$ 做為 $f(3) = 1/3$ 的近似值則輸入
evalf(P(3))

$$0.3295454545$$

在 Maple 中此多項式也可以用 *CurveFitting* 程式包中的 *PolynomialInterpolation* 來定義。

下一步則是要求出，當我們用內插多項式近似的函數時，其剩餘項 (remainder term) 或誤差界限。

定理 3.3

設 $x_0, x_1, \ldots, x_n$ 為區間 $[a, b]$ 內的相異數且 $f \in C^{n+1}[a, b]$。則，對 $[a, b]$ 內的每一個 x，在 (a, b) 間存在有一數值 $\xi(x)$ (通常為未知數) 使得

$$f(x) = P(x) + \frac{f^{(n+1)}(\xi(x))}{(n+1)!}(x - x_0)(x - x_1)\cdots(x - x_n) \tag{3.3}$$

其中 $P(x)$ 為 (3.1) 式所示的內插多項式。∎

證明 首先，若對任何 $k = 0, 1, \ldots, n$ 都有 $x = x_k$，則 $f(x_k) = P(x_k)$，且在 (a, b) 間任意選取 $\xi(x_k)$ 可得 (3.3) 式。

若對所有的 $k = 0, 1, \ldots, n$ 都有 $x \neq x_k$，定義 $[a, b]$ 間 t 的函數 g 如下

$$g(t) = f(t) - P(t) - [f(x) - P(x)]\frac{(t - x_0)(t - x_1)\cdots(t - x_n)}{(x - x_0)(x - x_1)\cdots(x - x_n)}$$

$$= f(t) - P(t) - [f(x) - P(x)]\prod_{i=0}^{n}\frac{(t - x_i)}{(x - x_i)}$$

因為 $f \in C^{n+1}[a, b]$ 且 $P \in C^{\infty}[a, b]$，故有 $g \in C^{n+1}[a, b]$。對 $t = x_k$ 可得

$$g(x_k) = f(x_k) - P(x_k) - [f(x) - P(x)]\prod_{i=0}^{n}\frac{(x_k - x_i)}{(x - x_i)} = 0 - [f(x) - P(x)] \cdot 0 = 0$$

而且

$$g(x) = f(x) - P(x) - [f(x) - P(x)]\prod_{i=0}^{n}\frac{(x - x_i)}{(x - x_i)} = f(x) - P(x) - [f(x) - P(x)] = 0$$

因此 $g \in C^{n+1}[a, b]$，且對 $n + 2$ 個相異數 $x, x_0, x_1, \ldots, x_n$，g 之函數值為 0。由一般化羅氏定理 1.10(Generalized Rolle's Theorem) 可知，在 (a, b) 間存在有一數值 ξ 使得 $g^{(n+1)}(\xi) = 0$。所以

$$0 = g^{(n+1)}(\xi) = f^{(n+1)}(\xi) - P^{(n+1)}(\xi) - [f(x) - P(x)]\frac{d^{n+1}}{dt^{n+1}}\left[\prod_{i=0}^{n}\frac{(t-x_i)}{(x-x_i)}\right]_{t=\xi} \quad (3.4)$$

但是多項式 $P(x)$ 的次數不超過 n，所以 $(n+1)$ 階導數 $P^{(n+1)}(x)$ 一定為 0。同時，$\prod_{i=0}^{n}[(t-x_i)/(x-x_i)]$ 為 $(n+1)$ 次多項式，所以

$$\prod_{i=0}^{n}\frac{(t-x_i)}{(x-x_i)} = \left[\frac{1}{\prod_{i=0}^{n}(x-x_i)}\right]t^{n+1} + (t\text{ 的低次項})，$$

且

$$\frac{d^{n+1}}{dt^{n+1}}\prod_{i=0}^{n}\frac{(t-x_i)}{(x-x_i)} = \frac{(n+1)!}{\prod_{i=0}^{n}(x-x_i)}$$

(3.4) 式現在成為

$$0 = f^{(n+1)}(\xi) - 0 - [f(x) - P(x)]\frac{(n+1)!}{\prod_{i=0}^{n}(x-x_i)}$$

再求解 $f(x)$ 可得

$$f(x) = P(x) + \frac{f^{(n+1)}(\xi)}{(n+1)!}\prod_{i=0}^{n}(x-x_i)$$

■ ■ ■

定理 3.3 中的誤差公式非常重要，因為拉格朗日多項式廣泛的用於數值微分與積分方法的推導。這些方法的誤差界限均利用此誤差公式推導。

特別說明一點，拉格朗日多項式的誤差型式與泰勒多項式十分類似。對 x_0 展開的 n 次泰勒多項式，所有資訊集中在 x_0，誤差項型式為

$$\frac{f^{(n+1)}(\xi(x))}{(n+1)!}(x-x_0)^{n+1}$$

而 n 次的拉格朗日多項式則以相異點 $x_0, x_1, \ldots, x_n$ 的資訊取代 $(x-x_0)^n$，其誤差項包括了 $(x-x_0), (x-x_1), \ldots, (x-x_n)$ 等 $n+1$ 個項的乘積：

$$\frac{f^{(n+1)}(\xi(x))}{(n+1)!}(x-x_0)(x-x_1)\cdots(x-x_n)$$

例題 3 在例題 2 中我們使用節點 $x_0 = 2$，$x_1 = 2.75$、及 $x_2 = 4$ 求得 $f(x) = 1/x$ 在 $[2, 4]$ 間的二次拉格朗日內插多項式。求此多項式的誤差型式，以及使用此多項式求 $x \in [2, 4]$ 之 $f(x)$ 的近似值時的最大誤差。

解 因為 $f(x) = x^{-1}$，我們有

$$f'(x) = -x^{-2}、f''(x) = 2x^{-3}、\text{及 } f'''(x) = -6x^{-4}$$

因此，對所有在 $(2, 4)$ 間的 $\xi(x)$，二次拉格朗日多項式的誤差型式為

$$\frac{f'''(\xi(x))}{3!}(x-x_0)(x-x_1)(x-x_2) = -(\xi(x))^{-4}(x-2)(x-2.75)(x-4)$$

在此區間內 $(\xi(x))^{-4}$ 的最大值為 $2^{-4} = 1/16$。現在我們須要求以下多項式在區間中的最大絕對值

$$g(x) = (x-2)(x-2.75)(x-4) = x^3 - \frac{35}{4}x^2 + \frac{49}{2}x - 22$$

因為

$$D_x\left(x^3 - \frac{35}{4}x^2 + \frac{49}{2}x - 22\right) = 3x^2 - \frac{35}{2}x + \frac{49}{2} = \frac{1}{2}(3x-7)(2x-7)$$

臨界點出現在

$$x = \frac{7}{3}, \ g\left(\frac{7}{3}\right) = \frac{25}{108}, \quad \text{和 } x = \frac{7}{2}, \ \text{此時 } g\left(\frac{7}{2}\right) = -\frac{9}{16}$$

因此最大誤差為

$$\left|\frac{f'''(\xi(x))}{3!}\right||(x-x_0)(x-x_1)(x-x_2)| \le \frac{1}{16 \cdot 6}\left|-\frac{9}{16}\right| = \frac{3}{512} \approx 0.00586 \quad \blacksquare$$

下一個例題說明了，如何在製作函數表的時候使用誤差公式，以確保所有的內插值的誤差都在規定範圍內。

例題 4 假設我們要做一個 $f(x) = e^x$ 的函數表，x 在 $[0, 1]$ 之間。假設表中每一數值的小數點位數 $d \ge 8$，且相鄰兩 x 值間隔，步進大小 (step size)，為 h。在使用線性內插時，要使得對 $[0, 1]$ 內所有的 x，其絕對誤差都不超過 10^{-6}，則 h 應為多少？

解 令 $x_0, x_1, \ldots$ 為要計算 f 函數值的點，x 在 $[0, 1]$ 之間，且 j 滿足 $x_j \le x \le x_{j+1}$。(3.3) 式指出線性內插的誤差為

$$|f(x) - P(x)| = \left|\frac{f^{(2)}(\xi)}{2!}(x-x_j)(x-x_{j+1})\right| = \frac{|f^{(2)}(\xi)|}{2}|(x-x_j)||(x-x_{j+1})|$$

因為步進大小為 h，故 $x_j = jh$，$x_{j+1} = (j+1)h$ 且

$$|f(x) - P(x)| \le \frac{|f^{(2)}(\xi)|}{2!}|(x-jh)(x-(j+1)h)|$$

因此，

$$|f(x) - P(x)| \le \frac{\max_{\xi \in [0,1]} e^\xi}{2} \max_{x_j \le x \le x_{j+1}} |(x-jh)(x-(j+1)h)|$$

$$\le \frac{e}{2} \max_{x_j \le x \le x_{j+1}} |(x-jh)(x-(j+1)h)|$$

我們考慮在 $jh \le x \le (j+1)h$ 時的函數 $g(x) = (x-jh)(x-(j+1)h)$。因為

$$g'(x) = (x - (j+1)h) + (x - jh) = 2\left(x - jh - \frac{h}{2}\right)$$

函數 g 唯一的臨界點位於 $x = jh + h/2$，此時 $g(jh + h/2) = (h/2)^2 = h^2/4$。

因為 $g(jh) = 0$ 且 $g((j+1)h) = 0$，$|g'(x)|$ 在 $[jh, (j+1)h]$ 間的最大值必定出現在臨界點，由此可得

$$|f(x) - P(x)| \leq \frac{e}{2} \max_{x_j \leq x \leq x_{j+1}} |g(x)| \leq \frac{e}{2} \cdot \frac{h^2}{4} = \frac{eh^2}{8}$$

因此要確保內插值的誤差小於 10^{-6}，可依下式選擇夠小的 h

$$\frac{eh^2}{8} \leq 10^{-6}，即 h < 1.72 \times 10^{-3}。$$

因為 $n = (1-0)/h$ 必須為整數，故合理的選擇為 $h = 0.001$。∎

習題組 3.1 完整習題請見隨書光碟

1. 對已知函數 $f(x)$，令 $x_0 = 0$，$x_1 = 0.6$、和 $x_2 = 0.9$。分別建構最高一次與最高二次的內插多項式，以求 $f(0.45)$ 的近似值，及絕對誤差。
   a. $f(x) = \cos x$ **b.** $f(x) = \sqrt{1+x}$ **c.** $f(x) = \ln(x+1)$ **d.** $f(x) = \tan x$

3. 利用定理 3.3 以求習題 1 之各近似解的誤差界限。

5. 使用適當之一次、二次、及三次拉格朗日內插多項式以求下列近似值。
   a. $f(8.4)$，設 $f(8.1) = 16.94410$、$f(8.3) = 17.56492$、$f(8.6) = 18.50515$、$f(8.7) = 18.82091$。
   b. $f(-\frac{1}{3})$，設 $f(-0.75) = -0.07181250$、$f(-0.5) = -0.02475000$、$f(-0.25) = 0.33493750$、$f(0) = 1.10100000$。
   c. $f(0.25)$，設 $f(0.1) = 0.62049958$、$f(0.2) = -0.28398668$、$f(0.3) = 0.00660095$、$f(0.4) = 0.24842440$。
   d. $f(0.9)$，設 $f(0.6) = -0.17694460$、$f(0.7) = 0.01375227$、$f(0.8) = 0.22363362$、$f(1.0) = 0.65809197$。

7. 習題 5 的數據是由下列函數得來。使用誤差公式以求得其誤差界限，並與 $n = 1$ 和 $n = 2$ 時的實際誤差做比較。
   a. $f(x) = x \ln x$ **b.** $f(x) = x^3 + 4.001x^2 + 4.002x + 1.101$
   c. $f(x) = x \cos x - 2x^2 + 3x - 1$ **d.** $f(x) = \sin(e^x - 2)$

9. 令 $P_3(x)$ 為通過 $(0, 0)$、$(0.5, y)$、$(1, 3)$、及 $(2, 2)$ 的內插多項式。如果 $P_3(x)$ 中 x^3 項的係數為 6，求 y 值為何。

11. 使用下列數值與 4 位數四捨五入運算 (4-digit rounding arithmetic)，求 $f(1.09)$ 的三次拉格朗日內插近似值。已知此函數為 $f(x) = \log_{10}(\tan x)$，求近似解的誤差界限。

$$f(1.00) = 0.1924 \quad f(1.05) = 0.2414 \quad f(1.10) = 0.2933 \quad f(1.15) = 0.3492$$

13. 建立下列函數的拉格朗日內插多項式，並求區間 $[x_0, x_n]$ 內的絕對誤差。

　a. $f(x) = e^{2x} \cos 3x$, $\quad x_0 = 0, x_1 = 0.3, x_2 = 0.6, n = 2$

　b. $f(x) = \sin(\ln x)$, $\quad x_0 = 2.0, x_1 = 2.4, x_2 = 2.6, n = 2$

　c. $f(x) = \ln x$, $\quad x_0 = 1, x_1 = 1.1, x_2 = 1.3, x_3 = 1.4, n = 3$

　d. $f(x) = \cos x + \sin x$, $\quad x_0 = 0, x_1 = 0.25, x_2 = 0.5, x_3 = 1.0, n = 3$

15. 使用 Maple 並設定 Digits 為 10，重複習題 11。

17. 假設我們要建立一個由 $x = 1$ 到 $x = 10$ 的對數 (以 10 為底) 函數表，每一個數包括 8 位小數，表中線性內插準確至 10^{-6}。決定此表的步進大小 (step size)。如果要確保 $x = 10$ 包括於表中，應選擇步進大小為何？

19. 有人懷疑，成熟櫟樹葉中大量的丹寧酸可以阻礙冬蛾幼蟲的生長，在某些年份此種幼蟲會對櫟樹造成嚴重傷害。下表列出兩組幼蟲樣本出生頭 28 天的重量。第 1 組樣本以嫩葉飼養，第 2 組樣本則以同一棵樹上成熟的葉片飼養。

　a. 使用拉格朗日多項式以求出每組樣本的平均重量曲線。

　b. 利用內插多項式，求每組樣本的平均重量的最大值。

天數	0	6	10	13	17	20	28
樣本 1 平均重量 (mg)	6.67	17.33	42.67	37.33	30.10	29.31	28.74
樣本 2 平均重量 (mg)	6.67	16.11	18.89	15.00	10.56	9.44	8.89

21. 利用證明定理 3.3 的程序證明泰勒定理 1.14。[提示：令

$$g(t) = f(t) - P(t) - [f(x) - P(x)] \cdot \frac{(t-x_0)^{n+1}}{(x-x_0)^{n+1}},$$

其中 P 為 n 次泰勒多項式，並使用一般化羅氏定理 1.10。]

23. 對 $f \in C[0, 1]$ 的 n 次 Bernstein 多項式為

$$B_n(x) = \sum_{k=0}^{n} \binom{n}{k} f\left(\frac{k}{n}\right) x^k (1-x)^{n-k},$$

其中 $\binom{n}{k}$ 代表 $n!/k!(n-k)!$。此多項式可用於威爾斯特思近似定理 3.1 的證明 (見[Bart])，因為對每一 $x \in [0, 1]$ 都有 $\lim_{n \to \infty} B_n(x) = f(x)$。

　a. 求下列函數的 $B_3(x)$

　　i. $f(x) = x$ 　　　　　　　　　**ii.** $f(x) = 1$

　b. 證明對每一 $k \leq n$，

$$\binom{n-1}{k-1} = \left(\frac{k}{n}\right)\binom{n}{k}$$

　c. 利用 (b) 之結果及 (a) 的 (ii) 所得之

$$1 = \sum_{k=0}^{n} \binom{n}{k} x^k (1-x)^{n-k}, \text{ 對每一個 } n,$$

以證明，對 $f(x) = x^2$，

$$B_n(x) = \left(\frac{n-1}{n}\right) x^2 + \frac{1}{n} x$$

　d. 利用 (c) 的結果以估算，要使得 $[0, 1]$ 間所有 x 均有 $|B_n(x) - x^2| \leq 10^{-6}$，則 n 之值為何。

3.2 數據近似和 Neville 法

在前一節中我們得到了拉格朗日多項式的外顯表示式,以及在一給定區間內用它們近似一個函數時的誤差。這些多項式經常被用於對表列數據做內插。在此情況下,我們並不須要這些多項式的外顯表示式,只須要在特定點上的多項式的值。此時我們可能不知道這些數據來自何種函數,所以也無法使用誤差的外顯表示式。我們現在就介紹此種內插的實際應用。

說明題 表 3.2 列出某函數在不同點的函數值。在此要比較,利用這些數據所得的不同拉格朗日多項式近似 $f(1.5)$ 的結果,並試著求出近似值的準確度。

表 3.2	
x	$f(x)$
1.0	0.7651977
1.3	0.6200860
1.6	0.4554022
1.9	0.2818186
2.2	0.1103623

因為 1.5 介於 1.3 與 1.6 之間,所以最適當的線性多項式使用 $x_0 = 1.3$ 及 $x_1 = 1.6$。內插多項式在 1.5 的值為

$$P_1(1.5) = \frac{(1.5 - 1.6)}{(1.3 - 1.6)} f(1.3) + \frac{(1.5 - 1.3)}{(1.6 - 1.3)} f(1.6)$$

$$= \frac{(1.5 - 1.6)}{(1.3 - 1.6)} (0.6200860) + \frac{(1.5 - 1.3)}{(1.6 - 1.3)} (0.4554022) = 0.5102968$$

二次多項式可有兩種選擇,一種是使用 $x_0 = 1.3$、$x_1 = 1.6$ 以及 $x_2 = 1.9$,可得

$$P_2(1.5) = \frac{(1.5 - 1.6)(1.5 - 1.9)}{(1.3 - 1.6)(1.3 - 1.9)} (0.6200860) + \frac{(1.5 - 1.3)(1.5 - 1.9)}{(1.6 - 1.3)(1.6 - 1.9)} (0.4554022)$$

$$+ \frac{(1.5 - 1.3)(1.5 - 1.6)}{(1.9 - 1.3)(1.9 - 1.6)} (0.2818186) = 0.5112857$$

另一種是選擇 $x_0 = 1.0$、$x_1 = 1.3$ 以及 $x_2 = 1.6$,可得 $\hat{P}_2(1.5) = 0.5124715$。

在三次多項式時也有兩種合理的選擇,一個是 $x_0 = 1.3$、$x_1 = 1.6$、$x_2 = 1.9$ 及 $x_3 = 2.2$,可得 $P_3(1.5) = 0.5118302$。

三次多項式的第二種選擇為 $x_0 = 1.0$、$x_1 = 1.3$、$x_2 = 1.6$,及 $x_3 = 1.9$,可得 $\hat{P}_3(1.5) = 0.5118127$。四次拉格朗日多項式則使用表中所有的值,$x_0 = 1.0$、$x_1 = 1.3$、$x_2 = 1.6$、$x_3 = 1.9$ 及 $x_4 = 2.2$,可得近似值 $P_4(1.5) = 0.5118200$。

因為 $P_3(1.5)$、$\hat{P}_3(1.5)$、及 $P_4(1.5)$ 彼此相差不超過 2×10^{-5},我們期望這些近似值的誤差應該也是如此。同時我們預期 $P_4(1.5)$ 應該是最準確的一個近似值,因為它用到最多的已知數據。

我們要近似的函數實際上是零階第一類 Bessel 函數 (Bessel function of the first kind of order zero)，已知在 1.5 時的函數值為 0.5118277。所以各近似值的實際精確度如下

$$|P_1(1.5) - f(1.5)| \approx 1.53 \times 10^{-3}$$

$$|P_2(1.5) - f(1.5)| \approx 5.42 \times 10^{-4}$$

$$|\hat{P}_2(1.5) - f(1.5)| \approx 6.44 \times 10^{-4}$$

$$|P_3(1.5) - f(1.5)| \approx 2.5 \times 10^{-6}$$

$$|\hat{P}_3(1.5) - f(1.5)| \approx 1.50 \times 10^{-5}$$

$$|P_4(1.5) - f(1.5)| \approx 7.7 \times 10^{-6}$$

雖然 $P_3(1.5)$ 的誤差最小，但如果我們不知道 $f(1.5)$ 的真實值，我們會認為 $P_4(1.5)$ 是最佳近似值，因為它使用了最多的已知數據。定理 3.3 所推導出來的誤差項在此無法使用，因為我們不知道函數 f 的四階導數為何。很不幸的，通常都是這樣。

■ Neville 法

拉格朗日內插法在實用上有一個困難點，就是它很難使用推導出的誤差項，也就無法事先知道，要達到要求的精度應該使用幾次多項式。通常的做法就是像上面說明題一樣，分別計算各種次數多項式的結果，直到其接近到一定程度之內。但是獲得了二次多項式的結果並不會使得三次式的計算變得較簡單；獲得了三次式的結果後也不會使得四次式的計算變輕鬆，以此類推。所以接下來要推導一種可利用前次計算結果的多項式。

定義 3.4

令 f 為定義於 $x_0, x_1, x_2, \ldots, x_n$ 的函數，並假設 $m_1, m_2, \ldots, m_k$ 為 k 個相異整數，且對每一個 i 有 $0 \leq m_i \leq n$。與 $f(x)$ 在 $x_{m_1}, x_{m_2}, \ldots, x_{m_k}$ 等 k 個點重合的拉格朗日多項式記做 $P_{m_1, m_2, \ldots, m_k}(x)$。

例題 1 設 $x_0 = 1$、$x_1 = 2$、$x_2 = 3$、$x_3 = 4$、$x_4 = 6$ 且 $f(x) = e^x$。求內插多項式 $P_{1,2,4}(x)$，並用此多項式求 $f(5)$ 的近似值。

解 此一拉格朗日多項式與 $f(x)$ 在 $x_1 = 2$、$x_2 = 3$、及 $x_4 = 6$ 處重合。因此

$$P_{1,2,4}(x) = \frac{(x-3)(x-6)}{(2-3)(2-6)}e^2 + \frac{(x-2)(x-6)}{(3-2)(3-6)}e^3 + \frac{(x-2)(x-3)}{(6-2)(6-3)}e^6$$

所以

$$f(5) \approx P(5) = \frac{(5-3)(5-6)}{(2-3)(2-6)}e^2 + \frac{(5-2)(5-6)}{(3-2)(3-6)}e^3 + \frac{(5-2)(5-3)}{(6-2)(6-3)}e^6$$

$$= -\frac{1}{2}e^2 + e^3 + \frac{1}{2}e^6 \approx 218.105$$

下個定理說明如何以遞迴的方式產生拉格朗日多項式近似值。

定理 3.5

令 f 為定義於 $x_0, x_1, \ldots, x_k$ 的函數，並令 x_j 與 x_i 為此集合中的兩相異數。則

$$P(x) = \frac{(x-x_j)P_{0,1,\ldots,j-1,j+1,\ldots,k}(x) - (x-x_i)P_{0,1,\ldots,i-1,i+1,\ldots,k}(x)}{(x_i - x_j)}$$

為 k 次拉格朗日多項式，在 $x_0, x_1, \ldots, x_k$ 等 $k+1$ 個點內插函數 f。

證明 為便於標識，令 $Q \equiv P_{0,1,\ldots,i-1,i+1,\ldots,k}$ 及 $\hat{Q} \equiv P_{0,1,\ldots,j-1,j+1,\ldots,k}$。因為 $Q(x)$ 與 $\hat{Q}(x)$ 的次數不超過 $k-1$ 次，$P(x)$ 最高為 k 次。

首先看到 $\hat{Q}(x_i) = f(x_i)$，由此可得

$$P(x_i) = \frac{(x_i - x_j)\hat{Q}(x_i) - (x_i - x_i)Q(x_i)}{x_i - x_j} = \frac{(x_i - x_j)}{(x_i - x_j)}f(x_i) = f(x_i)$$

同樣的，因為 $Q(x_j) = f(x_j)$，所以 $P(x_j) = f(x_j)$。

此外，若 $0 \le r \le k$ 且 r 不為 i 亦不為 j，則 $Q(x_r) = \hat{Q}(x_r) = f(x_r)$。所以

$$P(x_r) = \frac{(x_r - x_j)\hat{Q}(x_r) - (x_r - x_i)Q(x_r)}{x_i - x_j} = \frac{(x_i - x_j)}{(x_i - x_j)}f(x_r) = f(x_r)$$

但由定義，$P_{0,1,\ldots,k}(x)$ 是唯一與 f 相交於點 $x_0, x_1, \ldots, x_k$ 且不高於 k 次的多項式。因此 $P \equiv P_{0,1,\ldots,k}$。

定理 3.5 暗示了內插多項式可以用遞迴的方式產生。例如，我們有

$$P_{0,1} = \frac{1}{x_1 - x_0}[(x - x_0)P_1 - (x - x_1)P_0]、\quad P_{1,2} = \frac{1}{x_2 - x_1}[(x - x_1)P_2 - (x - x_2)P_1]、$$

$$P_{0,1,2} = \frac{1}{x_2 - x_0}[(x - x_0)P_{1,2} - (x - x_2)P_{0,1}]$$

等。它們用表 3.3 所示的方式產生，在表中是完成一列 (row) 之後再開始下一列。

表 3.3

x_0	P_0				
x_1	P_1	$P_{0,1}$			
x_2	P_2	$P_{1,2}$	$P_{0,1,2}$		
x_3	P_3	$P_{2,3}$	$P_{1,2,3}$	$P_{0,1,2,3}$	
x_4	P_4	$P_{3,4}$	$P_{2,3,4}$	$P_{1,2,3,4}$	$P_{0,1,2,3,4}$

利用定理 3.5 以遞迴產生內插多項式近似值的程序稱為 **Neville 法**(Neville's method)。在表 3.3 中，P 使用了非常累贅的下標以表示數據相對的位置。但是如果表示成矩陣型態，只須要兩個下標就足夠了。在表中由上往下，相當於在連續的 x_i 中增加 i 值，而由左往右則相當於增加多項式的次數。因為各點為連續出現，所以我們只須指出起始點，以及在建構近似解時所使用的點數即可。

為避免使用多重的下標，令 $Q_{i,j}(x)$，$0 \leq j \leq i$，代表通過 $(j+1)$ 個點 x_{i-j}, x_{i-j+1}, ..., x_{i-1}, x_i 的 j 次內插多項式；亦即

$$Q_{i,j} = P_{i-j,i-j+1,\ldots,i-1,i}$$

使用此種標註方式，可得表 3.4 中 Q 的標記。

表 3.4

x_0	$P_0 = Q_{0,0}$				
x_1	$P_1 = Q_{1,0}$	$P_{0,1} = Q_{1,1}$			
x_2	$P_2 = Q_{2,0}$	$P_{1,2} = Q_{2,1}$	$P_{0,1,2} = Q_{2,2}$		
x_3	$P_3 = Q_{3,0}$	$P_{2,3} = Q_{3,1}$	$P_{1,2,3} = Q_{3,2}$	$P_{0,1,2,3} = Q_{3,3}$	
x_4	$P_4 = Q_{4,0}$	$P_{3,4} = Q_{4,1}$	$P_{2,3,4} = Q_{4,2}$	$P_{1,2,3,4} = Q_{4,3}$	$P_{0,1,2,3,4} = Q_{4,4}$

例題 2 在本節一開始的說明題中，我們使用表 3.5 的數據，用不同的內插多項式得出了 $x = 1.5$ 的近似解。將 Neville 法用於這些數據，並建構出表 3.4 型式的遞迴表。

表 3.5

x	$f(x)$
1.0	0.7651977
1.3	0.6200860
1.6	0.4554022
1.9	0.2818186
2.2	0.1103623

解 令 $x_0 = 1.0$、$x_1 = 1.3$、$x_2 = 1.6$、$x_3 = 1.9$、及 $x_4 = 2.2$，則 $Q_{0,0} = f(1.0)$、$Q_{1,0} = f(1.3)$、$Q_{2,0} = f(1.6)$、$Q_{3,0} = f(1.9)$、及 $Q_{4,0} = f(2.2)$。以上為近似於 $f(1.5)$ 的 5 個零次 (常數) 多項式，且與表 3.5 所給的值相同。

計算一次近似解 $Q_{1,1}(1.5)$ 為

$$\begin{aligned} Q_{1,1}(1.5) &= \frac{(x-x_0)Q_{1,0} - (x-x_1)Q_{0,0}}{x_1 - x_0} \\ &= \frac{(1.5-1.0)Q_{1,0} - (1.5-1.3)Q_{0,0}}{1.3 - 1.0} \\ &= \frac{0.5(0.6200860) - 0.2(0.7651977)}{0.3} = 0.5233449 \end{aligned}$$

同樣的，

$$Q_{2,1}(1.5) = \frac{(1.5-1.3)(0.4554022) - (1.5-1.6)(0.6200860)}{1.6-1.3} = 0.5102968$$

$$Q_{3,1}(1.5) = 0.5132634 \text{，且 } Q_{4,1}(1.5) = 0.5104270$$

我們預期最佳的線性近似值為 $Q_{2,1}$，因為 1.5 是位於 $x_1 = 1.3$ 與 $x_2 = 1.6$ 之間。用同樣的方法，可得更高次多項式為

$$Q_{2,2}(1.5) = \frac{(1.5-1.0)(0.5102968) - (1.5-1.6)(0.5233449)}{1.6-1.0} = 0.5124715$$

$$Q_{3,2}(1.5) = 0.5112857 \text{，且 } Q_{4,2}(1.5) = 0.5137361$$

更高次近似值也是以同樣方式獲得，列於表 3.6 中。

表 3.6

1.0	0.7651977				
1.3	0.6200860	0.5233449			
1.6	0.4554022	0.5102968	0.5124715		
1.9	0.2818186	0.5132634	0.5112857	0.5118127	
2.2	0.1103623	0.5104270	0.5137361	0.5118302	0.5118200

如果最後一個近似值 $Q_{4,4}$ 仍不夠精確，則可加入另一個節點 x_5，表中會新增一列

$$x_5 \quad Q_{5,0} \quad Q_{5,1} \quad Q_{5,2} \quad Q_{5,3} \quad Q_{5,4} \quad Q_{5,5}$$

然後可以比較 $Q_{4,4}$、$Q_{5,4}$、與 $Q_{5,5}$，以確認精度。

例題 2 中的函數為零次第一類 Bessel 函數，在 2.5 的函數值為 -0.0483838，對 $f(1.5)$ 的新一列近似值為

$$2.5 \quad -0.0483838 \quad 0.4807699 \quad 0.5301984 \quad 0.5119070 \quad 0.5118430 \quad 0.5118277$$

最後一個數據，0.5118277，小數點 7 位全都正確。

在 Maple 中，要將 Neville 法用於表 3.6 的 x 及 $f(x) = y$ 的值，可使用它的 *NumericalAnalysis* 程式包。載入軟體後，用以下指令定義數據

xy := [[1.0, 0.7651977], [1.3, 0.6200860], [1.6, 0.4554022], [1.9, 0.2818186]]

以下指令可以用 Neville 法，利用這些數據得到 $x = 1.5$ 的近似值

p3 := *PolynomialInterpolation*(*xy*, *method* = *neville*, *extrapolate* = [1.5])

Maple 的輸出為

> *POLYINTERP*([[1.0, 0.7651977], [1.3, 0.6200860], [1.6, 0.4554022], [1.9, 0.2818186]], *method = neville, extrapolate* = [1.5], *INFO*)

這並不很清楚。要顯示出更多資訊，輸入指令

NevilleTable(*p*3, 1.5)

Maple 會傳回一個 4 行 4 列的陣列。其非 0 欄位相對於表 3.6 的上面 4 列 (刪除第 1 行)，顯示 0 的欄位只是用於填滿此陣列。

要以新數據 (2.2, 0.1103623) 在表中增加 1 列，使用指令

p3a:= *AddPoint*(*p*3, [2.2, 0.1103623])

然後用以下指令可得一個新的陣列，包含有表 3.6 中的所有近似值

NevilleTable(*p3a*, 1.5)

例題 3 表 3.7 列出 $f(x) = \ln x$ 的函數值，準確到所示位數。用 Neville 法，及 4 位數捨入算術，經由完成 Neville 表以求得 $f(2.1) = \ln 2.1$ 的近似值。

表 3.7

i	x_i	$\ln x_i$
0	2.0	0.6931
1	2.2	0.7885
2	2.3	0.8329

解 因為 $x-x_0 = 0.1$、$x-x_1 = -0.1$、$x-x_2 = -0.2$，且已知 $Q_{0,0} = 0.6931$、$Q_{1,0} = 0.7885$、及 $Q_{2,0} = 0.8329$，我們得

$$Q_{1,1} = \frac{1}{0.2}[(0.1)0.7885 - (-0.1)0.6931] = \frac{0.1482}{0.2} = 0.7410$$

及

$$Q_{2,1} = \frac{1}{0.1}[(-0.1)0.8329 - (-0.2)0.7885] = \frac{0.07441}{0.1} = 0.7441$$

由此數據我們所能得到的最後近似值為

$$Q_{2,1} = \frac{1}{0.3}[(0.1)0.7441 - (-0.2)0.7410] = \frac{0.2276}{0.3} = 0.7420$$

這些值顯示於表 3.8。

表 3.8

i	x_i	$x - x_i$	Q_{i0}	Q_{i1}	Q_{i2}
0	2.0	0.1	0.6931		
1	2.2	−0.1	0.7885	0.7410	
2	2.3	−0.2	0.8329	0.7441	0.7420

在前一個例題中，得到準確至小數 4 位的函數值 $f(2.1) = \ln 2.1 = 0.7419$，所以絕對誤差為

$$|f(2.1) - P_2(2.1)| = |0.7419 - 0.7420| = 10^{-4}$$

但是，$f'(x) = 1/x$、$f''(x) = -1/x^2$、且 $f'''(x) = 2/x^3$，所以定理 3.3 中的拉格朗日誤差公式 (3.3) 可得誤差界限為

$$|f(2.1) - P_2(2.1)| = \left|\frac{f'''(\xi(2.1))}{3!}(x-x_0)(x-x_1)(x-x_2)\right|$$

$$= \left|\frac{1}{3(\xi(2.1))^3}(0.1)(-0.1)(-0.2)\right| \leq \frac{0.002}{3(2)^3} = 8.\overline{3} \times 10^{-5}$$

要注意的是，實際誤差 10^{-4} 大於 $8.\overline{3} \times 10^{-5}$。此一明顯的矛盾來自於有限位數運算。在本例中我們用 4 位數捨入算術，但拉格朗日誤差公式 (3.3) 則假設無限位數運算。這使得實際誤差超過理論值。

- 記住：你不能指望獲得比所用算術計算最高的精確度。

算則 3.1 以列的順序建構 Neville 法的每一欄位。

算則 3.1 Neville 迭代內插 (Neville's Iterated Interpolation)

要計算通過 $n+1$ 個相異點 P 的多項式 $x_0, \ldots, x_n$ 對函數 f 在點 x 處的近似值：

INPUT 數 $x, x_0, x_1, \ldots, x_n$；做為第一欄 $f(x_0), f(x_1), \ldots, f(x_n)$ 的函數值 $Q_{0,0}, Q_{1,0}, \ldots, Q_{n,0}$。

OUTPUT Q 的列表，其中 $P(x) = Q_{n,n}$。

Step 1 For $i = 1, 2, \ldots, n$
 for $j = 1, 2, \ldots, i$
  set $Q_{i,j} = \dfrac{(x - x_{i-j})Q_{i,j-1} - (x - x_i)Q_{i-1,j-1}}{x_i - x_{i-j}}$.

Step 2 OUTPUT (Q);
 STOP. ∎

此算則可以再修改以便於增加內插節點。例如不等式

$$|Q_{i,i} - Q_{i-1,i-1}| < \varepsilon$$

可用做終止準則，其中 ε 為預先給定的誤差容許範圍。如果此不等式為真，$Q_{i,i}$ 即為 $f(x)$ 的近似解。如果不等式不成立，則加入一個新節點 x_{i+1}。

習題組 3.2 完整習題請見隨書光碟

1. 用 Neville 法求下列各小題的一次、二次、及三次拉格朗日內插多項式的近似值：
   a. $f(8.4)$，設 $f(8.1) = 16.94410$、$f(8.3) = 17.56492$、$f(8.6) = 18.50515$、$f(8.7) = 18.82091$
   b. $f\left(-\frac{1}{3}\right)$，設 $f(-0.75) = -0.07181250$、$f(-0.5) = -0.02475000$、$f(-0.25) = 0.33493750$、$f(0) = 1.10100000$
   c. $f(0.25)$，設 $f(0.1) = 0.62049958$、$f(0.2) = -0.28398668$、$f(0.3) = 0.00660095$、$f(0.4) = 0.24842440$
   d. $f(0.9)$，設 $f(0.6) = -0.17694460$、$f(0.7) = 0.01375227$、$f(0.8) = 0.22363362$、$f(1.0) = 0.65809197$

3. 將 Neville 法分別用於下列函數與已知數，求 $\sqrt{3}$ 的近似值。
   a. $f(x) = 3^x$ 及數 $x_0 = -2$、$x_1 = -1$、$x_2 = 0$、$x_3 = 1$、$x_4 = 2$。
   b. $f(x) = \sqrt{x}$ 及數 $x_0 = 0$、$x_1 = 1$、$x_2 = 2$、$x_3 = 4$、$x_4 = 5$。
   c. 比較 (a) 及 (b) 小題中近似值的準確度。

5. 使用 Neville 法求 $f(0.4)$ 的近似值，已知下表。

$x_0 = 0$	$P_0 = 1$			
$x_1 = 0.25$	$P_1 = 2$	$P_{01} = 2.6$		
$x_2 = 0.5$	P_2	$P_{1,2}$	$P_{0,1,2}$	
$x_3 = 0.75$	$P_3 = 8$	$P_{2,3} = 2.4$	$P_{1,2,3} = 2.96$	$P_{0,1,2,3} = 3.016$

   求 $P_2 = f(0.5)$。

7. 假設對 $j = 0, 1, 2, 3$，$x_j = j$ 且已知

   $$P_{0,1}(x) = 2x + 1,\ P_{0,2}(x) = x + 1,\ 及\ P_{1,2,3}(2.5) = 3$$

   求 $P_{0,1,2,3}(2.5)$。

9. 我們用 Neville 算則，並依據 $f(-2)$、$f(-1)$、$f(1)$、及 $f(2)$ 以求 $f(0)$ 的近似值。假設在計算時 $f(-1)$ 的值被少說了 2，而 $f(1)$ 的值多說了 3。求原來的多項式計算 $f(0)$ 的誤差。

11. 當 $-5 \leq x \leq 5$，$f(x) = (1 + x^2)^{-1}$，依下述建立一個對於 $f(1 + \sqrt{10})$ 內插值 y_n 的數列：對每一 $n = 1, 2, \ldots, 10$，令 $h = 10/n$ 且 $y_n = P_n(1 + \sqrt{10})$，其中 $P_n(x)$ 為通過節點 $x_0^{(n)}, x_1^{(n)}, \ldots, x_n^{(n)}$ 對 $f(x)$ 的內插多項式，且對每一 $j = 0, 1, 2, \ldots, n$，$x_j^{(n)} = -5 + jh$。數列 $\{y_n\}$ 是否收斂至 $f(1 + \sqrt{10})$？

3.3 均差法

上一節中所用的迭代式內插,可以對某特定點產生愈來愈高次數的內插多項式近似值。本節所要介紹的均差法則可用來產生逐步昇高次數的多項式本身。

假設 $P_n(x)$ 是與函數 f 相交於 $x_0, x_1, \ldots, x_n$ 等相異點的 n 次拉格朗日多項式。雖然此多項式是唯一的,但在不同情形下,它可以表示成不同的代數型式。$P_n(x)$ 可用 f 對 $x_0, x_1, \ldots, x_n$ 的均差式表示為

$$P_n(x) = a_0 + a_1(x-x_0) + a_2(x-x_0)(x-x_1) + \cdots + a_n(x-x_0)\cdots(x-x_{n-1}) \tag{3.5}$$

其中 $a_0, a_1, \ldots, a_n$ 為適當之常數。要求得第一個常數 a_0,我們可注意到在 (3.5) 式中如果計算 $P_n(x)$ 在 x_0 的值,就可得唯一的常數項 a_0;亦即

$$a_0 = P_n(x_0) = f(x_0)$$

同樣的,如果我們在 $P(x)$ 中代入 x_1,則剩下的非 0 項僅有常數及一次項,

$$f(x_0) + a_1(x_1 - x_0) = P_n(x_1) = f(x_1).$$

所以

$$a_1 = \frac{f(x_1) - f(x_0)}{x_1 - x_0} \tag{3.6}$$

接著介紹均差式的標記方式,類似於 2.5 節的 Aitken Δ^2 法的標記方式。函數 f 相對於 x_i 的零次均差記為 $f[x_i]$,就是 f 在 x_i 的值:

$$f[x_i] = f(x_i) \tag{3.7}$$

其餘的均差式可以用遞迴方式定義;函數 f 相對於 x_i 及 x_{i+1} 的一次均差式可記做 $f[x_i, x_{i+1}]$,定義為

$$f[x_i, x_{i+1}] = \frac{f[x_{i+1}] - f[x_i]}{x_{i+1} - x_i} \tag{3.8}$$

二次均差式,$f[x_i, x_{i+1}, x_{i+2}]$,則定義為

$$f[x_i, x_{i+1}, x_{i+2}] = \frac{f[x_{i+1}, x_{i+2}] - f[x_i, x_{i+1}]}{x_{i+2} - x_i}$$

同樣的,在經過 $(k-1)$ 次的均差後可得

$$f[x_i, x_{i+1}, x_{i+2}, \ldots, x_{i+k-1}] \text{ 及 } f[x_{i+1}, x_{i+2}, \ldots, x_{i+k-1}, x_{i+k}]$$

則相對於 $x_i, x_{i+1}, x_{i+2}, \ldots, x_{i+k}$ 的 **k 次均差式**(kth divided difference)為

$$f[x_i, x_{i+1}, \ldots, x_{i+k-1}, x_{i+k}] = \frac{f[x_{i+1}, x_{i+2}, \ldots, x_{i+k}] - f[x_i, x_{i+1}, \ldots, x_{i+k-1}]}{x_{i+k} - x_i} \tag{3.9}$$

整個程序結束於單一個 n 次均差,

$$f[x_0, x_1, \ldots, x_n] = \frac{f[x_1, x_2, \ldots, x_n] - f[x_0, x_1, \ldots, x_{n-1}]}{x_n - x_0}$$

由於 (3.6) 式,我們有 $a_1 = f[x_0, x_1]$,這和 a_0 可以寫成 $a_0 = f(x_0) = f[x_0]$ 是一樣的。所以 (3.5) 式的內插多項式成為

$$P_n(x) = f[x_0] + f[x_0, x_1](x - x_0) + a_2(x - x_0)(x - x_1)$$
$$+ \cdots + a_n(x - x_0)(x - x_1) \cdots (x - x_{n-1})$$

由求 a_0 及 a_1 的過程可看出,對每一個 $k = 0, 1, \ldots, n$,我們所要的常數為

$$a_k = f[x_0, x_1, x_2, \ldots, x_k]$$

所以 $P_n(x)$ 可以改寫成牛頓均差式的型式:

$$P_n(x) = f[x_0] + \sum_{k=1}^{n} f[x_0, x_1, \ldots, x_k](x - x_0) \cdots (x - x_{k-1}) \tag{3.10}$$

$f[x_0, x_1, \ldots, x_k]$ 的值與 $x_0, x_1, \ldots, x_k$ 的順序無關,見習題 21。

產生的各種均差式列於表 3.9。利用這些資料還可再得到二個四次及一個五次均差式。

表 3.9

x	$f(x)$	一次均差式	二次均差式	三次均差式
x_0	$f[x_0]$			
		$f[x_0, x_1] = \dfrac{f[x_1] - f[x_0]}{x_1 - x_0}$		
x_1	$f[x_1]$		$f[x_0, x_1, x_2] = \dfrac{f[x_1, x_2] - f[x_0, x_1]}{x_2 - x_0}$	
		$f[x_1, x_2] = \dfrac{f[x_2] - f[x_1]}{x_2 - x_1}$		$f[x_0, x_1, x_2, x_3] = \dfrac{f[x_1, x_2, x_3] - f[x_0, x_1, x_2]}{x_3 - x_0}$
x_2	$f[x_2]$		$f[x_1, x_2, x_3] = \dfrac{f[x_2, x_3] - f[x_1, x_2]}{x_3 - x_1}$	
		$f[x_2, x_3] = \dfrac{f[x_3] - f[x_2]}{x_3 - x_2}$		$f[x_1, x_2, x_3, x_4] = \dfrac{f[x_2, x_3, x_4] - f[x_1, x_2, x_3]}{x_4 - x_1}$
x_3	$f[x_3]$		$f[x_2, x_3, x_4] = \dfrac{f[x_3, x_4] - f[x_2, x_3]}{x_4 - x_2}$	
		$f[x_3, x_4] = \dfrac{f[x_4] - f[x_3]}{x_4 - x_3}$		$f[x_2, x_3, x_4, x_5] = \dfrac{f[x_3, x_4, x_5] - f[x_2, x_3, x_4]}{x_5 - x_2}$
x_4	$f[x_4]$		$f[x_3, x_4, x_5] = \dfrac{f[x_4, x_5] - f[x_3, x_4]}{x_5 - x_3}$	
		$f[x_4, x_5] = \dfrac{f[x_5] - f[x_4]}{x_5 - x_4}$		
x_5	$f[x_5]$			

算則 3.2 牛頓均差公式 (Newton's Divided-Difference Formula)

求 $P(x)$ 的均差式係數,內插多項式 $P(x)$ 與函數 f 重合於 $x_0, x_1, \ldots, x_n$ 等 $(n + 1)$ 個相異點:

INPUT 數 $x_0, x_1, \ldots, x_n$；輸入 $f(x_0), f(x_1), \ldots, f(x_n)$ 做為 $F_{0,0}, F_{1,0}, \ldots, F_{n,0}$ 的值。

OUTPUT 數 $F_{0,0}, F_{1,1}, \ldots, F_{n,n}$ 其中

$$P_n(x) = F_{0,0} + \sum_{i=1}^{n} F_{i,i} \prod_{j=0}^{i-1}(x - x_j). \quad (F_{i,i} \text{為} f[x_0, x_1, \ldots, x_i].)$$

Step 1 For $i = 1, 2, \ldots, n$
　　　　For $j = 1, 2, \ldots, i$
　　　　　set $F_{i,j} = \dfrac{F_{i,j-1} - F_{i-1,j-1}}{x_i - x_{i-j}}. \quad (F_{i,j} = f[x_{i-j}, \ldots, x_i].)$

Step 2 OUTPUT $(F_{0,0}, F_{1,1}, \ldots, F_{n,n})$；
　　　　STOP. ■

在算則 3.2 中可修改輸出方式，以產生所有的均差，如例題 1 所示。

例題 1 針對 3.2 節的例題 1 中的數據，完成其均差表，重製表 3.10，並建構出使用所有數據的內插多項式。

表 3.10

x	$f(x)$
1.0	0.7651977
1.3	0.6200860
1.6	0.4554022
1.9	0.2818186
2.2	0.1103623

解 包含 x_0 和 x_1 的一次均差為

$$f[x_0, x_1] = \frac{f[x_1] - f[x_0]}{x_1 - x_0} = \frac{0.6200860 - 0.7651977}{1.3 - 1.0} = -0.4837057$$

使用同樣的方法可得其他的一次均差，顯示於表 3.11 的第 4 行。

表 3.11

i	x_i	$f[x_i]$	$f[x_{i-1}, x_i]$	$f[x_{i-2}, x_{i-1}, x_i]$	$f[x_{i-3}, \ldots, x_i]$	$f[x_{i-4}, \ldots, x_i]$
0	1.0	0.7651977				
			-0.4837057			
1	1.3	0.6200860		-0.1087339		
			-0.5489460		0.0658784	
2	1.6	0.4554022		-0.0494433		0.0018251
			-0.5786120		0.0680685	
3	1.9	0.2818186		0.0118183		
			-0.5715210			
4	2.2	0.1103623				

包含 x_0、x_1 及 x_2 的二次均差為

$$f[x_0, x_1, x_2] = \frac{f[x_1, x_2] - f[x_0, x_1]}{x_2 - x_0} = \frac{-0.5489460 - (-0.4837057)}{1.6 - 1.0} = -0.1087339$$

其餘的二次均差列於表 3.11 的第 5 行。包含 x_0、x_1、x_2 及 x_3 的三次均差，以及包含所有數據的四次均差分別為

$$f[x_0, x_1, x_2, x_3] = \frac{f[x_1, x_2, x_3] - f[x_0, x_1, x_2]}{x_3 - x_0} = \frac{-0.0494433 - (-0.1087339)}{1.9 - 1.0}$$

$$= 0.0658784$$

及

$$f[x_0, x_1, x_2, x_3, x_4] = \frac{f[x_1, x_2, x_3, x_4] - f[x_0, x_1, x_2, x_3]}{x_4 - x_0} = \frac{0.0680685 - 0.0658784}{2.2 - 1.0}$$
$$= 0.0018251$$

所有各項都列於表 3.11。

此牛頓前向均差型式之內插多項式,它的係數位於表的對角線。此多項式為

$$P_4(x) = 0.7651977 - 0.4837057(x - 1.0) - 0.1087339(x - 1.0)(x - 1.3)$$
$$+ 0.0658784(x - 1.0)(x - 1.3)(x - 1.6)$$
$$+ 0.0018251(x - 1.0)(x - 1.3)(x - 1.6)(x - 1.9)$$

而 $P_4(1.5) = 0.5118200$ 與 3.2 節例題 2 的結果一樣,因為兩個多項式是一樣的,所以結果理應相同。∎

我們可以用 Maple 中的 *NumericalAnalysis* 程式包以產生牛頓均差表。首先載入此套件,並定義表 3.11 的前 4 列要用到的 x 及 $f(x) = y$ 的值。

$xy := [[1.0, 0.7651977], [1.3, 0.6200860], [1.6, 0.4554022], [1.9, 0.2818186]]$

建立均差表的指令為

p3:= PolynomialInterpolation(xy, independentvar = 'x', method = newton)

以下指令可產生一個陣列,它的非 0 元素即為均差表

DividedDifferenceTable(p3)

用以下指令可在表中加入新的一列

p4 := AddPoint(p3, [2.2, 0.1103623])

它會產生和表 3.11 一樣的均差表。

用以下指令可得牛頓型式的內插多項式

Interpolant(p4)

這樣可以得到和例題 1 一樣的多項式,除了 $P_4(x)$ 的前二項:

$$0.7651977 - 0.4837057(x - 1.0)$$

Maple 產生的結果為 $1.248903367 - 0.4837056667x$。

當 $i = 0$ 時,將平均值定理 (mean value theorem)1.8 用於 (3.8) 式,

$$f[x_0, x_1] = \frac{f(x_1) - f(x_0)}{x_1 - x_0}$$

由此可知,當 f' 存在,在 x_0 及 x_1 間存在有某數 ξ 使得 $f[x_0, x_1] = f'(\xi)$。下列定理則為此結果的一般化。

定理 3.6

假設 $f \in C^n[a,b]$ 且 $x_0, x_1, \ldots, x_n$ 為 $[a,b]$ 間的相異數。則在 (a,b) 間存在有一數 ξ，使得

$$f[x_0, x_1, \ldots, x_n] = \frac{f^{(n)}(\xi)}{n!}$$

證明 令

$$g(x) = f(x) - P_n(x)$$

因為對每一個 $i = 0, 1, \ldots, n$，$f(x_i) = P_n(x_i)$，所以函數 g 在 $[a,b]$ 間有 $n+1$ 個相異零點。由一般化羅氏定理 1.10 可知，在 (a,b) 間存在有一數 ξ 使得 $g^{(n)}(\xi) = 0$，所以

$$0 = f^{(n)}(\xi) - P_n^{(n)}(\xi)$$

因為 $P_n(x)$ 是一個 n 次多項式，其首項係數為 $f[x_0, x_1, \ldots, x_n]$，對所有的 x

$$P_n^{(n)}(x) = n! f[x_0, x_1, \ldots, x_n]$$

所以可得

$$f[x_0, x_1, \ldots, x_n] = \frac{f^{(n)}(\xi)}{n!}$$

如果節點是連續等間隔排列的，則牛頓的均差公式可以簡化。此時我們加入一個新的符號，對每一 $i = 0, 1, \ldots, n-1$，令 $h = x_{i+1} - x_i$，並令 $x = x_0 + sh$。則 $x - x_i$ 之差可寫成 $x - x_i = (s-i)h$。所以 (3.10) 式成為

$$P_n(x) = P_n(x_0 + sh) = f[x_0] + shf[x_0, x_1] + s(s-1)h^2 f[x_0, x_1, x_2]$$
$$+ \cdots + s(s-1)\cdots(s-n+1)h^n f[x_0, x_1, \ldots, x_n]$$
$$= f[x_0] + \sum_{k=1}^{n} s(s-1)\cdots(s-k+1)h^k f[x_0, x_1, \ldots, x_k]$$

利用二項式係數表示法

$$\binom{s}{k} = \frac{s(s-1)\cdots(s-k+1)}{k!}$$

$P_n(x)$ 可以表示為緊緻的型式

$$P_n(x) = P_n(x_0 + sh) = f[x_0] + \sum_{k=1}^{n} \binom{s}{k} k! h^k f[x_0, x_i, \ldots, x_k] \tag{3.11}$$

■ 前向差分

牛頓前向差分公式 (Newton forward-difference formula) 是利用 Aitken Δ^2 法所使用的前向差分符號 Δ。利用此符號，

$$f[x_0, x_1] = \frac{f(x_1) - f(x_0)}{x_1 - x_0} = \frac{1}{h}(f(x_1) - f(x_0)) = \frac{1}{h}\Delta f(x_0)$$

$$f[x_0, x_1, x_2] = \frac{1}{2h}\left[\frac{\Delta f(x_1) - \Delta f(x_0)}{h}\right] = \frac{1}{2h^2}\Delta^2 f(x_0)$$

而其通式為

$$f[x_0, x_1, \ldots, x_k] = \frac{1}{k!h^k}\Delta^k f(x_0)$$

因為 $f[x_0] = f(x_0)$，(3.11) 式可寫成以下型式。

牛頓前向差分公式

$$P_n(x) = f(x_0) + \sum_{k=1}^{n} \binom{s}{k} \Delta^k f(x_0) \tag{3.12}$$

■ 後向差分

如果內插的節點由後往前重排為 $x_n, x_{n-1}, \ldots, x_0$，則內插公式可重寫為

$$P_n(x) = f[x_n] + f[x_n, x_{n-1}](x - x_n) + f[x_n, x_{n-1}, x_{n-2}](x - x_n)(x - x_{n-1})$$
$$+ \cdots + f[x_n, \ldots, x_0](x - x_n)(x - x_{n-1})\cdots(x - x_1)$$

如果這些節點也是等間隔排列如 $x = x_n + sh$ 及 $x = x_i + (s + n - i)h$，則

$$P_n(x) = P_n(x_n + sh)$$
$$= f[x_n] + shf[x_n, x_{n-1}] + s(s+1)h^2 f[x_n, x_{n-1}, x_{n-2}] + \cdots$$
$$+ s(s+1)\cdots(s+n-1)h^n f[x_n, \ldots, x_0]$$

這是為了推導**牛頓後向差分公式** (Newton backward-difference formula)。要討論此公式，須先做下列定義。

定義 3.7

給定一數列 $\{p_n\}_{n=0}^{\infty}$，定義後向差分 ∇p_n (讀做 nabla p_n) 為

$$\nabla p_n = p_n - p_{n-1} \quad , \quad n \geq 1$$

高次的差分可以用遞迴方式定義為

$$\nabla^k p_n = \nabla(\nabla^{k-1} p_n) \quad , \quad k \geq 2$$

定義 3.7 代表了

$$f[x_n, x_{n-1}] = \frac{1}{h}\nabla f(x_n), \quad f[x_n, x_{n-1}, x_{n-2}] = \frac{1}{2h^2}\nabla^2 f(x_n)$$

且其通式為

$$f[x_n, x_{n-1}, \ldots, x_{n-k}] = \frac{1}{k!h^k}\nabla^k f(x_n)$$

因此，

$$P_n(x) = f[x_n] + s\nabla f(x_n) + \frac{s(s+1)}{2}\nabla^2 f(x_n) + \cdots + \frac{s(s+1)\cdots(s+n-1)}{n!}\nabla^n f(x_n)$$

如果我們令

$$\binom{-s}{k} = \frac{-s(-s-1)\cdots(-s-k+1)}{k!} = (-1)^k \frac{s(s+1)\cdots(s+k-1)}{k!}$$

以將二項式係數的表示式擴張到所有實數 s，則

$$P_n(x) = f[x_n] + (-1)^1\binom{-s}{1}\nabla f(x_n) + (-1)^2\binom{-s}{2}\nabla^2 f(x_n) + \cdots + (-1)^n\binom{-s}{n}\nabla^n f(x_n)$$

由此式可得以下結果。

牛頓後向差分公式

$$P_n(x) = f[x_n] + \sum_{k=1}^{n}(-1)^k\binom{-s}{k}\nabla^k f(x_n) \tag{3.13}$$

說明題 均差表 3.12 對應於例題 1 的數據。

表 3.12

		一次均差式	二次均差式	三次均差式	四次均差式
1.0	0.7651977				
		−0.4837057			
1.3	0.6200860		−0.1087339		
		−0.5489460		0.0658784	
1.6	0.4554022		−0.0494433		0.0018251
		−0.5786120		0.0680685	
1.9	0.2818186		0.0118183		
		−0.5715210			
2.2	0.1103623				

同時用到這 5 點的只有一個 4 次內插多項式，但我們將把這些數據加以組合以取得 1 次、2 次、及 3 次的最佳近似值。這將給我們一個關於 4 次近似值準確度的概念。

如果要求 $f(1.1)$ 的近似值，合理的選擇為 $x_0 = 1.0$、$x_1 = 1.3$、$x_2 = 1.6$、$x_3 = 1.9$、及 $x_4 = 2.2$，因為此選擇使我們能儘早用到最靠近 $x = 1.1$ 的點，同時也用到 4 次均差。此時 $h = 0.3$ 及 $s = \frac{1}{3}$，所以使用表 3.12 中加實底線（＿＿）的項所組成的牛頓前向差分式為：

$$P_4(1.1) = P_4(1.0 + \frac{1}{3}(0.3))$$

$$= 0.7651977 + \frac{1}{3}(0.3)(-0.4837057) + \frac{1}{3}\left(-\frac{2}{3}\right)(0.3)^2(-0.1087339)$$

$$+ \frac{1}{3}\left(-\frac{2}{3}\right)\left(-\frac{5}{3}\right)(0.3)^3(0.0658784)$$

$$+ \frac{1}{3}\left(-\frac{2}{3}\right)\left(-\frac{5}{3}\right)\left(-\frac{8}{3}\right)(0.3)^4(0.0018251)$$

$$= 0.7196460$$

如果我們要求一個靠近表列數據末端的近似值，例如 $x = 2.0$，同樣的，我們希望能儘早用上最靠近 x 的點。所以我們要使用牛頓後向差分公式，在此 $s = -\frac{2}{3}$ 並使用表 3.12 中加波浪底線（～～）的項。而兩個公式都用到 4 次均差。

$$P_4(2.0) = P_4\left(2.2 - \frac{2}{3}(0.3)\right)$$

$$= 0.1103623 - \frac{2}{3}(0.3)(-0.5715210) - \frac{2}{3}\left(\frac{1}{3}\right)(0.3)^2(0.0118183)$$

$$- \frac{2}{3}\left(\frac{1}{3}\right)\left(\frac{4}{3}\right)(0.3)^3(0.0680685) - \frac{2}{3}\left(\frac{1}{3}\right)\left(\frac{4}{3}\right)\left(\frac{7}{3}\right)(0.3)^4(0.0018251)$$

$$= 0.2238754$$ ∎

■ 中央差分

當 x 的值靠近本表的中央部分時，牛頓前向或後向差分都不大適用，因為不論是前向或後向差分，當使用最高次差分時 x_0 與 x 都有相當距離。有多種均差公式可用於此種情形，各種公式各有其最佳適用條件。這些方法統稱**中央差分公式** (centered-difference formulas)。在此我們只介紹 Stirling 公式。

在中央差分公式中，我們將 x_0 選在最靠近要求近似值的點，令其下各點為 $x_1, x_2, \ldots$，其上各點則為 $x_{-1}, x_{-2}, \ldots$。在如此規定下，若 $n = 2m + 1$ 為奇數，**Stirling 公式** (Stirling's formula) 為

$$P_n(x) = P_{2m+1}(x) = f[x_0] + \frac{sh}{2}(f[x_{-1}, x_0] + f[x_0, x_1]) + s^2 h^2 f[x_{-1}, x_0, x_1] \qquad (3.14)$$

$$+ \frac{s(s^2 - 1)h^3}{2} f[x_{-2}, x_{-1}, x_0, x_1] + f[x_{-1}, x_0, x_1, x_2])$$

$$+ \cdots + s^2(s^2 - 1)(s^2 - 4) \cdots (s^2 - (m-1)^2) h^{2m} f[x_{-m}, \ldots, x_m]$$

$$+ \frac{s(s^2 - 1) \cdots (s^2 - m^2) h^{2m+1}}{2} (f[x_{-m-1}, \ldots, x_m] + f[x_{-m}, \ldots, x_{m+1}])$$

若 $n = 2m$ 為偶數，公式相同但刪去最後一行。表 3.13 中加底線的數據用於此公式。

表 3.13

x	$f(x)$	一次均差式	二次均差式	三次均差式	四次均差式
x_{-2}	$f[x_{-2}]$				
		$f[x_{-2}, x_{-1}]$			
x_{-1}	$f[x_{-1}]$		$f[x_{-2}, x_{-1}, x_0]$		
		$f[x_{-1}, x_0]$		$f[x_{-2}, x_{-1}, x_0, x_1]$	
x_0	$f[x_0]$		$f[x_{-1}, x_0, x_1]$		$f[x_{-2}, x_{-1}, x_0, x_1, x_2]$
		$f[x_0, x_1]$		$f[x_{-1}, x_0, x_1, x_2]$	
x_1	$f[x_1]$		$f[x_0, x_1, x_2]$		
		$f[x_1, x_2]$			
x_2	$f[x_2]$				

例題 2　考慮前一例題中所提供的數據表。利用 Stirling 公式以求 $f(1.5)$ 的近似值，給定 $x_0 = 1.6$。

解　將表 3.14 中加底線的數據用於 Stirling 公式。

表 3.14

x	$f(x)$	一次均差式	二次均差式	三次均差式	四次均差式
1.0	0.7651977				
		−0.4837057			
1.3	0.6200860		−0.1087339		
		−0.5489460		0.0658784	
1.6	0.4554022		−0.0494433		0.0018251
		−0.5786120		0.0680685	
1.9	0.2818186		0.0118183		
		−0.5715210			
2.2	0.1103623				

在 $h = 0.3$、$x_0 = 1.6$、且 $s = -\frac{1}{3}$ 時，此公式為

$$f(1.5) \approx P_4\left(1.6 + \left(-\frac{1}{3}\right)(0.3)\right)$$

$$= 0.4554022 + \left(-\frac{1}{3}\right)\left(\frac{0.3}{2}\right)((-0.5489460) + (-0.5786120))$$

$$+ \left(-\frac{1}{3}\right)^2 (0.3)^2 (-0.0494433)$$

$$+ \frac{1}{2}\left(-\frac{1}{3}\right)\left(\left(-\frac{1}{3}\right)^2 - 1\right)(0.3)^3 (0.0658784 + 0.0680685)$$

$$+ \left(-\frac{1}{3}\right)^2 \left(\left(-\frac{1}{3}\right)^2 - 1\right)(0.3)^4 (0.0018251) = 0.5118200$$

在電腦被普遍使用之前，大多數數值分析的教科書，都十分著重均差法。如果要對此主題有更深入的了解，Hildebrand [Hild]是非常好的參考書籍。

習題組 3.3　完整習題請見隨書光碟

1. 用 (3.10) 式或算則 3.2 以建立符合下列數據的 1 次、2 次、及 3 次內插多項式。用每一個多項式計算指定之近似值。
   a. $f(8.4)$ 設 $f(8.1) = 16.94410, f(8.3) = 17.56492, f(8.6) = 18.50515, f(8.7) = 18.82091$
   b. $f(0.9)$ 設 $f(0.6) = -0.17694460, f(0.7) = 0.01375227, f(0.8) = 0.22363362, f(1.0) = 0.65809197$

3. 用牛頓前向差分公式以建立符合下列數據的 1 次、2 次、及 3 次內插多項式。用每一個多項式計算指定之近似值。
   a. $f(-\frac{1}{3})$ 設 $f(-0.75) = -0.07181250, f(-0.5) = -0.02475000, f(-0.25) = 0.33493750, f(0) = 1.10100000$
   b. $f(0.25)$ 設 $f(0.1) = -0.62049958, f(0.2) = -0.28398668, f(0.3) = 0.00660095, f(0.4) = 0.24842440$

5. 用牛頓後向差分公式以建立符合下列數據的 1 次、2 次、及 3 次內插多項式。用每一個多項式計算指定之近似值。
   a. $f(-\frac{1}{3})$ 若 $f(-0.75) = -0.07181250, f(-0.5) = -0.02475000, f(-0.25) = 0.33493750, f(0) = 1.10100000$
   b. $f(0.25)$ 若 $f(0.1) = -0.62049958, f(0.2) = -0.28398668, f(0.3) = 0.00660095, f(0.4) = 0.24842440$

7. a. 用定理 3.2 及右表中非均勻分佈的點以建構 3 次內插多項式：
   b. 在表中加入 $f(0.35) = 0.97260$，建構 4 次內插多項式。

x	$f(x)$
-0.1	5.30000
0.0	2.00000
0.2	3.19000
0.3	1.00000

9. a. 用下列數據及牛頓前向差分公式以求 $f(0.05)$ 的近似值：

x	0.0	0.2	0.4	0.6	0.8
$f(x)$	1.00000	1.22140	1.49182	1.82212	2.22554

   b. 使用牛頓後向差分公式以求 $f(0.65)$ 的近似值。
   c. 使用 Stirling 公式以求 $f(0.43)$ 的近似值。

11. a. 證明 3 次多項式
$$P(x) = 3 - 2(x+1) + 0(x+1)(x) + (x+1)(x)(x-1)$$

及
$$Q(x) = -1 + 4(x+2) - 3(x+2)(x+1) + (x+2)(x+1)(x)$$

兩者均內插下列數據

x	-2	-1	0	1	2
$f(x)$	-1	3	1	-1	3

b. 為什麼 (a) 部分的結果沒有違背內插多項式的唯一性？

13. 下列數據用以建構多項式 $P(x)$，但不知其次數。

x	0	1	2
$P(x)$	2	-1	4

如果所有 3 次前向差分均為 1，求 $P(x)$ 中 x^2 項的係數。

15. 已知下列數據，用牛頓前向差分公式求 $f(0.3)$ 的近似值。

x	0.0	0.2	0.4	0.6
$f(x)$	15.0	21.0	30.0	51.0

假設我們發現，$f(0.4)$ 的值少說了 10 而 $f(0.6)$ 的值多說了 5。$f(0.3)$ 的近似值會改變多少？

17. 對函數 f 已知其前向差分值如下表

$x_0 = 0.0$	$f[x_0]$		
		$f[x_0, x_1]$	
$x_1 = 0.4$	$f[x_1]$		$f[x_0, x_1, x_2] = \frac{50}{7}$
		$f[x_1, x_2] = 10$	
$x_2 = 0.7$	$f[x_2] = 6$		

求表中空白欄位的值。

19. 已知
$$P_n(x) = f[x_0] + f[x_0, x_1](x - x_0) + a_2(x - x_0)(x - x_1)$$
$$+ a_3(x - x_0)(x - x_1)(x - x_2) + \cdots$$
$$+ a_n(x - x_0)(x - x_1) \cdots (x - x_{n-1}),$$

用 $P_n(x_2)$ 以證明 $a_2 = f[x_0, x_1, x_2]$。

21. 令整數 $0, 1, \ldots, n$ 重新排列為 $i_0, i_1, \ldots, i_n$。證明 $f[x_{i_0}, x_{i_1}, \ldots, x_{i_n}] = f[x_0, x_1, \ldots, x_n]$。[提示：考慮通過點 $\{x_0, x_1, \ldots, x_n\} = \{x_{i_0}, x_{i_1}, \ldots, x_{i_n}\}$ 的 n 次拉格朗日多項式的首項係數。]

3.4 Hermite 內插多項式

密切多項式 (*osculating polynomial*) 同時將泰勒及拉格朗日多項式一般化。假設我們已知

$[a, b]$ 間 $n + 1$ 個相異數 $x_0, x_1, \ldots, x_n$、和非負整數 $m_0, m_1, \ldots, m_n$、且 $m = \max\{m_0, m_1, \ldots, m_n\}$。對每一 $i = 0, \ldots, n$，在 x_i 處近似於函數 $f \in C^m[a, b]$ 的密切多項式，是一個與函數 f 及其所有小於等於 m_i 階導數均相符的最低次多項式。此密切多項式的次數最大為

$$M = \sum_{i=0}^{n} m_i + n$$

因為有 $\sum_{i=0}^{n} m_i + (n + 1)$ 個條件要滿足，而一個 M 次的多項式有 $M + 1$ 個係數可用來滿足這些條件。

定理 3.8

令 $x_0, x_1, \ldots, x_n$ 為 $[a, b]$ 間 $n + 1$ 個相異數且對 $i = 0, \ldots, n$，m_i 為非負整數。設 $f \in C^m[a, b]$，其中 $m = \max_{0 \leq i \leq n} m_i$。

近似於 f 的**密切多項式** (osculating polynomial) 為滿足以下條件且次數最低的多項式 $P(x)$

$$\frac{d^k P(x_i)}{dx^k} = \frac{d^k f(x_i)}{dx^k}, \text{ 對 } i = 0, \ldots, n \text{ 且 } k = 0, 1, \ldots, m_i$$

當 $n = 0$ 時，近似於 f 的密切多項式為 m_0 次泰勒多項式。當對每個 $i = 0, \ldots, n$ 均有 $m_i = 0$，則在點 $x_0, x_1, \ldots, x_n$ 處內插 f 的密切多項式為 n 次拉格朗日多項式。

■ Hermite 多項式

當對每個 $i = 0, \ldots, n$ 均有 $m_i = 1$，則為 **Hermite 多項式** (Hermite polynomials)。對某一已知函數 f，這類多項式和 f 重合於點 $x_0, x_1, \ldots, x_n$。且此多項式的一階導數與原函數的一階導數相同，亦即在 $(x_i, f(x_i))$ 處兩者切線相同，故兩者「形狀」相同。我們對密切多項式的討論將限制在此條件下，並先考慮一個精確描述 Hermite 多項式型式的定理。

定理 3.9

若 $f \in C^1[a, b]$，且 $x_0, \ldots, x_n \in [a, b]$ 相異，則唯一且次數最低並與 f 及 f' 在 $x_0, x_1, \ldots, x_n$ 相合的多項式即為最高 $2n + 1$ 次 Hermite 多項式，記作

$$H_{2n+1}(x) = \sum_{j=0}^{n} f(x_j) H_{n,j}(x) + \sum_{j=0}^{n} f'(x_j) \hat{H}_{n,j}(x)$$

其中，用 $L_{n,j}(x)$ 代表 n 次多項式的第 j 個拉格朗日係數，我們有

$$H_{n,j}(x) = [1 - 2(x - x_j) L'_{n,j}(x_j)] L^2_{n,j}(x) \text{ 及 } \hat{H}_{n,j}(x) = (x - x_j) L^2_{n,j}(x)$$

另外，若 $f \in C^{2n+2}[a, b]$ 則對區間 $[a, b]$ 內的某些 $\xi(x)$ (通常為未知) 有

$$f(x) = H_{2n+1}(x) + \frac{(x - x_0)^2 \ldots (x - x_n)^2}{(2n + 2)!} f^{(2n+2)}(\xi(x))$$

證明 首先複習一下

$$L_{n,j}(x_i) = \begin{cases} 0, & \text{若 } i \neq j \\ 1, & \text{若 } i = j \end{cases}$$

因此在 $i \neq j$ 時，

$$H_{n,j}(x_i) = 0 \qquad \text{且} \quad \hat{H}_{n,j}(x_i) = 0,$$

但對每個 i

$$H_{n,i}(x_i) = [1 - 2(x_i - x_i)L'_{n,i}(x_i)] \cdot 1 = 1 \quad \text{且} \quad \hat{H}_{n,i}(x_i) = (x_i - x_i) \cdot 1^2 = 0$$

因此

$$H_{2n+1}(x_i) = \sum_{\substack{j=0 \\ j \neq i}}^{n} f(x_j) \cdot 0 + f(x_i) \cdot 1 + \sum_{j=0}^{n} f'(x_j) \cdot 0 = f(x_i)$$

所以 H_{2n+1} 與 f 相交於 $x_0, x_1, \ldots, x_n$。

要證明在節點處 H'_{2n+1} 與 f' 相同，首先要說明 $L_{n,j}(x)$ 是 $H'_{n,j}(x)$ 的因式，所以在 $i \neq j$ 時 $H'_{n,j}(x_i) = 0$。同時，當 $i = j$ 我們有 $L_{n,j}(x) = 1$，所以

$$H'_{n,i}(x_i) = -2L'_{n,i}(x_i) \cdot L^2_{n,i}(x_i) + [1 - 2(x_i - x_i)L'_{n,i}(x_i)]2L_{n,i}(x_i)L'_{n,i}(x_i)$$
$$= -2L'_{n,i}(x_i) + 2L'_{n,i}(x_i) = 0$$

因此，對所有的 i 及 j，$H'_{n,j}(x_i) = 0$。

最後，

$$\hat{H}'_{n,j}(x_i) = L^2_{n,j}(x_i) + (x_i - x_j)2L_{n,j}(x_i)L'_{n,j}(x_i)$$
$$= L_{n,j}(x_i)[L_{n,j}(x_i) + 2(x_i - x_j)L'_{n,j}(x_i)]$$

所以，若 $i \neq j$ 且 $\hat{H}'_{n,j}(x_i) = 0$，$\hat{H}'_{n,i}(x_i) = 1$。綜合上述可得

$$H'_{2n+1}(x_i) = \sum_{j=0}^{n} f(x_j) \cdot 0 + \sum_{\substack{j=0 \\ j \neq i}}^{n} f'(x_j) \cdot 0 + f'(x_i) \cdot 1 = f'(x_i)$$

因此，在 $x_0, x_1, \ldots, x_n$，H_{2n+1} 與 f 相同且 H'_{2n+1} 與 f' 相同。

此多項式的唯一性與誤差公式列於習題 11。

例題 1 利用通過下表所列數據的 Hermite 多項式求 $f(1.5)$ 的近似值。

表 3.15

k	x_k	$f(x_k)$	$f'(x_k)$
0	1.3	0.6200860	−0.5220232
1	1.6	0.4554022	−0.5698959
2	1.9	0.2818186	−0.5811571

解 我們先求拉格朗日多項式及其導數。分別是

$$L_{2,0}(x) = \frac{(x-x_1)(x-x_2)}{(x_0-x_1)(x_0-x_2)} = \frac{50}{9}x^2 - \frac{175}{9}x + \frac{152}{9} \qquad L'_{2,0}(x) = \frac{100}{9}x - \frac{175}{9}$$

$$L_{2,1}(x) = \frac{(x-x_0)(x-x_2)}{(x_1-x_0)(x_1-x_2)} = \frac{-100}{9}x^2 + \frac{320}{9}x - \frac{247}{9} \qquad L'_{2,1}(x) = \frac{-200}{9}x + \frac{320}{9}$$

及

$$L_{2,2} = \frac{(x-x_0)(x-x_1)}{(x_2-x_0)(x_2-x_1)} = \frac{50}{9}x^2 - \frac{145}{9}x + \frac{104}{9} \qquad L'_{2,2}(x) = \frac{100}{9}x - \frac{145}{9}$$

多項式 $H_{2,j}(x)$ 及 $\hat{H}_{2,j}(x)$ 則為

$$H_{2,0}(x) = [1 - 2(x-1.3)(-5)] \left(\frac{50}{9}x^2 - \frac{175}{9}x + \frac{152}{9}\right)^2$$

$$= (10x - 12) \left(\frac{50}{9}x^2 - \frac{175}{9}x + \frac{152}{9}\right)^2$$

$$H_{2,1}(x) = 1 \cdot \left(\frac{-100}{9}x^2 + \frac{320}{9}x - \frac{247}{9}\right)^2$$

$$H_{2,2}(x) = 10(2-x) \left(\frac{50}{9}x^2 - \frac{145}{9}x + \frac{104}{9}\right)^2$$

$$\hat{H}_{2,0}(x) = (x - 1.3) \left(\frac{50}{9}x^2 - \frac{175}{9}x + \frac{152}{9}\right)^2$$

$$\hat{H}_{2,1}(x) = (x - 1.6) \left(\frac{-100}{9}x^2 + \frac{320}{9}x - \frac{247}{9}\right)^2$$

及

$$\hat{H}_{2,2}(x) = (x - 1.9) \left(\frac{50}{9}x^2 - \frac{145}{9}x + \frac{104}{9}\right)^2$$

最後，

$$H_5(x) = 0.6200860 H_{2,0}(x) + 0.4554022 H_{2,1}(x) + 0.2818186 H_{2,2}(x)$$
$$- 0.5220232 \hat{H}_{2,0}(x) - 0.5698959 \hat{H}_{2,1}(x) - 0.5811571 \hat{H}_{2,2}(x)$$

及

$$H_5(1.5) = 0.6200860\left(\frac{4}{27}\right) + 0.4554022\left(\frac{64}{81}\right) + 0.2818186\left(\frac{5}{81}\right)$$
$$- 0.5220232\left(\frac{4}{405}\right) - 0.5698959\left(\frac{-32}{405}\right) - 0.5811571\left(\frac{-2}{405}\right)$$
$$= 0.5118277$$

此結果精確至所示位數。 ∎

雖然定理 3.9 提供了 Hermite 多項式的完整描述，但由例題 1 可明顯看出，即使 n 值很小，求拉格朗日多項式及其導數的程序仍十分繁瑣。

■ 使用均差的 Hermite 多項式

產生 Hermite 多項式的另一個方法則是利用通過 $x_0, x_1, \ldots, x_n$ 的均差公式 (3.10)，亦即，

$$P_n(x) = f[x_0] + \sum_{k=1}^{n} f[x_0, x_1, \ldots, x_k](x - x_0) \cdots (x - x_{k-1})$$

此做法利用了 3.3 節定理 3.6 所列出的，f 的 n 次導數與 n 次均差間的關係。

假設相異點 $x_0, x_1, \ldots, x_n$ 及這些點的 f 與 f' 的值均為已知。定義一新數列 $z_0, z_1, \ldots, z_{2n+1}$ 如下

$$z_{2i} = z_{2i+1} = x_i，對每個 i = 0, 1, \ldots, n，$$

並利用 $z_0, z_1, \ldots, z_{2n+1}$ 以建立一個與表 3.9 一樣的均差表。

因為對每一個 i 均有 $z_{2i} = z_{2i+1} = x_i$，我們無法用均差公式定義 $f[z_{2i}, z_{2i+1}]$。但是基於定理 3.6，此一情形下合理的替換為 $f[z_{2i}, z_{2i+1}] = f'(z_{2i}) = f'(x_i)$，我們利用

$$f'(x_0), f'(x_1), \ldots, f'(x_n)$$

以替換未定義的一次均差

$$f[z_0, z_1], f[z_2, z_3], \ldots, f[z_{2n}, z_{2n+1}].$$

其餘的均差項則如常產生，並將適當的項用於牛頓內插均差公式中。表 3.16 則列出了，在求通過 x_0、x_1、及 x_2 的 Hermite 多項式 $H_5(x)$ 時所須的前三欄的均差項。其他各項則依表 3.9 同樣方式產生。故 Hermite 多項式為

$$H_{2n+1}(x) = f[z_0] + \sum_{k=1}^{2n+1} f[z_0, \ldots, z_k](x - z_0)(x - z_1) \cdots (x - z_{k-1})$$

上式的證明可參見[Pow]，p.56。

表 3.16

z	$f(z)$	一次均差	二次均差
$z_0 = x_0$	$f[z_0] = f(x_0)$		
		$f[z_0, z_1] = f'(x_0)$	
$z_1 = x_0$	$f[z_1] = f(x_0)$		$f[z_0, z_1, z_2] = \dfrac{f[z_1, z_2] - f[z_0, z_1]}{z_2 - z_0}$
		$f[z_1, z_2] = \dfrac{f[z_2] - f[z_1]}{z_2 - z_1}$	
$z_2 = x_1$	$f[z_2] = f(x_1)$		$f[z_1, z_2, z_3] = \dfrac{f[z_2, z_3] - f[z_1, z_2]}{z_3 - z_1}$
		$f[z_2, z_3] = f'(x_1)$	
$z_3 = x_1$	$f[z_3] = f(x_1)$		$f[z_2, z_3, z_4] = \dfrac{f[z_3, z_4] - f[z_2, z_3]}{z_4 - z_2}$
		$f[z_3, z_4] = \dfrac{f[z_4] - f[z_3]}{z_4 - z_3}$	
$z_4 = x_2$	$f[z_4] = f(x_2)$		$f[z_3, z_4, z_5] = \dfrac{f[z_4, z_5] - f[z_3, z_4]}{z_5 - z_3}$
		$f[z_4, z_5] = f'(x_2)$	
$z_5 = x_2$	$f[z_5] = f(x_2)$		

例題 2 利用例題 1 所給的數據和均差值，求 $x = 1.5$ 的 Hermite 多項式近似值。

解 表 3.17 中前 3 行加底線的數據是來自例題 1。表中其他數據則來自標準均差公式 (3.9)。

舉例來說，對於第 3 行的第 2 個數據，我們使用了第 2 個 1.3 在第 2 行的數據和第 1 個 1.6 在該行的數據，以獲得

$$\frac{0.4554022 - 0.6200860}{1.6 - 1.3} = -0.5489460$$

對於第 4 行的第 1 個數據則使用了第 1 個 1.3 在第 3 行的數據以及第 1 個 1.6 在該行的數據，以得到

$$\frac{-0.5489460 - (-0.5220232)}{1.6 - 1.3} = -0.0897427$$

在 1.5 處的 Hermite 多項式的值為

$$\begin{aligned} H_5(1.5) = &\, f[1.3] + f'(1.3)(1.5 - 1.3) + f[1.3, 1.3, 1.6](1.5 - 1.3)^2 \\ &+ f[1.3, 1.3, 1.6, 1.6](1.5 - 1.3)^2(1.5 - 1.6) \\ &+ f[1.3, 1.3, 1.6, 1.6, 1.9](1.5 - 1.3)^2(1.5 - 1.6)^2 \\ &+ f[1.3, 1.3, 1.6, 1.6, 1.9, 1.9](1.5 - 1.3)^2(1.5 - 1.6)^2(1.5 - 1.9) \\ = &\, 0.6200860 + (-0.5220232)(0.2) + (-0.0897427)(0.2)^2 \\ &+ 0.0663657(0.2)^2(-0.1) + 0.0026663(0.2)^2(-0.1)^2 \\ &+ (-0.0027738)(0.2)^2(-0.1)^2(-0.4) \\ = &\, 0.5118277 \end{aligned}$$

表 3.17

1.3	0.6200860				
		−0.5220232			
1.3	0.6200860		−0.0897427		
		−0.5489460		0.0663657	
1.6	0.4554022		−0.0698330		0.0026663
		−0.5698959		0.0679655		−0.0027738
1.6	0.4554022		−0.0290537		0.0010020
		−0.5786120		0.0685667	
1.9	0.2818186		−0.0084837		
		−0.5811571			
1.9	0.2818186				

算則 3.3 所用的技巧可加以擴充，以求其他的密切多項式。相關的討論可參見[Pow]，pp. 53-57。

算則 3.3 Hermite 內插

求通過函數 f 上 $(n+1)$ 個相異點 $x_0, x_1, \ldots, x_n$ 的 Hermite 多項式 $H(x)$ 的係數：

INPUT $x_0, x_1, \ldots, x_n$；$f(x_0), \ldots, f(x_n)$ 及 $f'(x_0), \ldots, f'(x_n)$ 的值。

OUTPUT $Q_{0,0}, Q_{1,1}, \ldots, Q_{2n+1,2n+1}$ 其中

$$H(x) = Q_{0,0} + Q_{1,1}(x - x_0) + Q_{2,2}(x - x_0)^2 + Q_{3,3}(x - x_0)^2(x - x_1)$$
$$+ Q_{4,4}(x - x_0)^2(x - x_1)^2 + \cdots$$
$$+ Q_{2n+1,2n+1}(x - x_0)^2(x - x_1)^2 \cdots (x - x_{n-1})^2(x - x_n).$$

Step 1 For $i = 0, 1, \ldots, n$ do Steps 2 and 3.

Step 2 Set $z_{2i} = x_i$;
$z_{2i+1} = x_i$;
$Q_{2i,0} = f(x_i)$;
$Q_{2i+1,0} = f(x_i)$;
$Q_{2i+1,1} = f'(x_i)$.

Step 3 If $i \neq 0$ then set

$$Q_{2i,1} = \frac{Q_{2i,0} - Q_{2i-1,0}}{z_{2i} - z_{2i-1}}.$$

Step 4 For $i = 2, 3, \ldots, 2n+1$
for $j = 2, 3, \ldots, i$ set $Q_{i,j} = \dfrac{Q_{i,j-1} - Q_{i-1,j-1}}{z_i - z_{i-j}}$.

Step 5 OUTPUT $(Q_{0,0}, Q_{1,1}, \ldots, Q_{2n+1,2n+1})$;
STOP

Maple 中的 *NumericalAnalysis* 程式包可產生 Hermite 係數。我們先要載入程式包並定義所用的數據，在此為每一個 $i = 0, 1, \ldots, n$ 的 x_i、$f(x_i)$、和 $f'(x_i)$。做法是將數據表示

成 $[x_i, f(x_i), f'(x_i)]$ 的型式。例如例題 2 中數據輸入方式為

$xy := [[1.3, 0.6200860, -0.5220232], [1.6, 0.4554022, -0.5698959],$
$\quad\quad [1.9, 0.2818186, -0.5811571]]$

然後以指令

$h5 := PolynomialInterpolation(xy, method = hermite, independentvar = 'x')$

可以產生一個陣列，它的非 0 元素相對於表 3.17 中的值。產生 Hermite 內插多項式的指令為

$Interpolant(h5))$

這樣就得到牛頓前向差分型式 (幾乎) 的多項式

$$1.29871616 - 0.5220232x - 0.08974266667(x-1.3)^2 + 0.06636555557(x-1.3)^2(x-1.6)$$
$$+ 0.002666666633(x-1.3)^2(x-1.6)^2 - 0.002774691277(x-1.3)^2(x-1.6)^2(x-1.9)$$

如果須要多項式的標準型式，可用指令

$expand(Interpolant(h5))$

Maple 則傳回

$$1.001944063 - 0.0082292208x - 0.2352161732x^2 - 0.01455607812x^3$$
$$+ 0.02403178946x^4 - 0.002774691277x^5$$

習題組 3.4 完整習題請見隨書光碟

1. 用定理 3.9 或算則 3.3 以建立滿足下列數據的近似多項式。

a.

x	$f(x)$	$f'(x)$
8.3	17.56492	3.116256
8.6	18.50515	3.151762

b.

x	$f(x)$	$f'(x)$
0.8	0.22363362	2.1691753
1.0	0.65809197	2.0466965

c.

x	$f(x)$	$f'(x)$
-0.5	-0.0247500	0.7510000
-0.25	0.3349375	2.1890000
0	1.1010000	4.0020000

d.

x	$f(x)$	$f'(x)$
0.1	-0.62049958	3.58502082
0.2	-0.28398668	3.14033271
0.3	0.00660095	2.66668043
0.4	0.24842440	2.16529366

3. 習題 1 中各數據係來自下列函數。利用已建立之多項式計算下列各函數值，並求其絕對誤差。
   a. $f(x) = x \ln x$；近似 $f(8.4)$

    b. $f(x) = \sin(e^x - 2)$；；近似 $f(0.9)$
    c. $f(x) = x^3 + 4.001x^2 + 4.002x + 1.101$；近似 $f(-1/3)$
    d. $f(x) = x\cos x - 2x^2 + 3x - 1$；近似 $f(0.25)$

5. a. 利用右列數據與 5 位數四捨五入運算建構出 Hermite 內插多項式，並計算 sin 0.34 的近似值。

   b. 求出 (a) 部分近似解的誤差界限，並與實際誤差做比較。

   c. 在表中加入 sin 0.33 = 0.32404 及 cos 0.33 = 0.94604，重複本題。

x	$\sin x$	$D_x \sin x = \cos x$
0.30	0.29552	0.95534
0.32	0.31457	0.94924
0.35	0.34290	0.93937

7. 使用誤差公式及 Maple 以求出習題 3 之 (a) 及 (c) 的近似值的誤差界限。

9. 右表為函數 $f(x) = e^{0.1x^2}$ 的函數值。分別用 $H_5(1.25)$ 及 $H_3(1.25)$ 以求 $f(1.25)$ 的近似值，其中 H_5 使用節點 $x_0 = 1$、$x_1 = 2$、及 $x_2 = 3$；而 H_3 則使用節點 $\bar{x}_0 = 1$ 及 $\bar{x}_1 = 1.5$。求各近似值的誤差界限。

x	$f(x) = e^{0.1x^2}$	$f'(x) = 0.2xe^{0.1x^2}$
$x_0 = \bar{x}_0 = 1$	1.105170918	0.2210341836
$\bar{x}_1 = 1.5$	1.252322716	0.3756968148
$x_1 = 2$	1.491824698	0.5967298792
$x_2 = 3$	2.459603111	1.475761867

11. a. 證明 $H_{2n+1}(x)$ 是在節點 $x_0, \ldots, x_n$ 與 f 及 f' 相一致，且次數最低的唯一多項式。[提示：假設 $P(x)$ 為另一個具此特性的多項式，考慮節點 $x_0, x_1, \ldots, x_n$ 的 $D = H_{2n+1} - P$ 及 D'。]

   b. 推導定理 3.9 的誤差項。[提示：使用定理 3.3 拉格朗日誤差項的相同方法推導，定義

$$g(t) = f(t) - H_{2n+1}(t) - \frac{(t - x_0)^2 \cdots (t - x_n)^2}{(x - x_0)^2 \cdots (x - x_n)^2}[f(x) - H_{2n+1}(x)]$$

並利用，在 $[a, b]$ 內 $g'(t)$ 有 $(2n + 2)$ 個相異零點的事實。]

3.5 三次雲形線內插 [1]

前幾節討論的，是用單一多項式對一封閉區間內的任意函數做近似。但是高次多項式會產生大幅振盪，在某一小區段內的局部擾動，可能造成全區的大幅擾動。在本節最後的圖 3.14，就是此種現象的一個很好範例。

    替代的做法是將近似的區間劃分為許多次區間，並在每一次區間構建一個 (通式) 多項式。此種方式稱做**分段多項式近似** (piecewise-polynomial approximation)。

■ 分段多項式近似

最簡單的分段多項式近似為分段線性內插 (piecewise-linear interpolation)，也就是用一段段直線連接點

$$\{(x_0, f(x_0)), (x_1, f(x_1)), \ldots, (x_n, f(x_n))\}$$

---
[1] 本節各定理的證明用到第 6 章的結果。

如圖 3.7 所示。

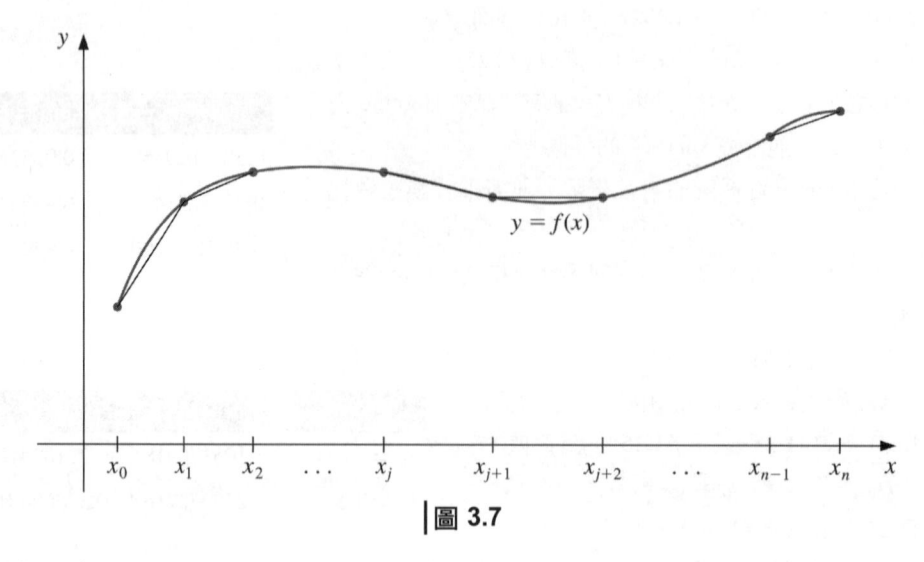

圖 3.7

　　線性函數的主要缺點是，各區段的交接點是不可微的，由幾何的觀點來說就是，內插函數不夠「平滑」。通常由物理的條件可知，平滑性是必要的條件，近似函數必須是連續可微的。

　　一種替代方案是在每一區段使用 Hermite 型式的多項式。舉例來說，如果點 $x_0 < x_1 < \cdots < x_n$ 處的 f 及 f' 的值均為已知，那麼在每一次區段 $[x_0, x_1]$, $[x_1, x_2]$, ..., $[x_{n-1}, x_n]$ 可以產生一個三次 Hermite 多項式，使得此近似函數在整個區間 $[x_0, x_n]$ 為可微。

　　要求一個區間的三次 Hermite 多項式，就僅只是計算 $H_3(x)$ 而已。因為在求 H_3 時所要用到的拉格朗日多項式為一次，所以很容易求得。但是，使用分段 Hermite 多項式做一般內插時，我們必須知道原函數的導數，這通常是做不到的。

　　本節後續部分則考慮如何在無須用到導數的情形下以分段多項式做近似，但整個近似區間最外側的兩端點除外。

　　要獲得在整個區間 $[x_0, x_n]$ 為可微的分段多項式，最簡單的方式就是在每兩相鄰點間使用一個二次多項式。其做法是在區間 $[x_0, x_1]$ 建構一個與原函數重合於 x_0 及 x_1 的二次式，然後在區間 $[x_1, x_2]$ 建構一個與原函數重合於 x_1 及 x_2 的二次式，以此類推。因為一個二次式可有三個待定常數——常數項、x 項係數、及 x^2 項係數——而保證此多項式通過此次區段端點只須要兩個條件，所以還有一個條件可用以確保近似函數在整個區間 $[x_0, x_n]$ 中是連續可微。但是如果要指定最外側端點 x_0 及 x_n 的導數就有困難了，因為沒有足夠的常數可用來滿足這些條件。(見習題 26)

■ 三次雲形線 (Cubic Splines)

最常用的分段多項式是在每兩相鄰節點間使用三次多項式，稱做**三次雲形線內插** (cubic

spline interpolation)。三次多項式有 4 個待定常數,所以三次雲形線有足夠彈性可以保證在整個區間中為連續可微,且二次導數亦為連續。不過在建構三次雲形線時,我們並沒有假設近似多項式與原函數的導數相同,即使在節點亦然。(見圖 3.8)

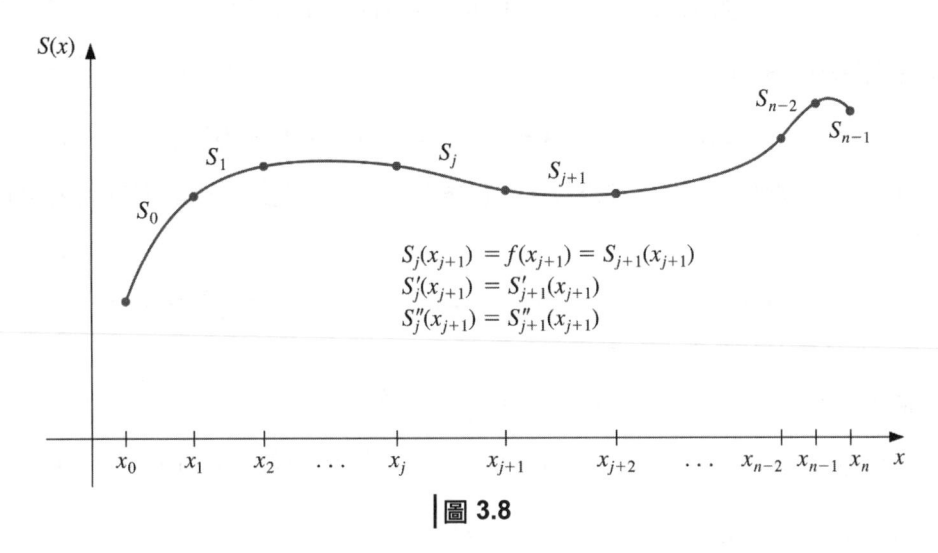

$$S_j(x_{j+1}) = f(x_{j+1}) = S_{j+1}(x_{j+1})$$
$$S'_j(x_{j+1}) = S'_{j+1}(x_{j+1})$$
$$S''_j(x_{j+1}) = S''_{j+1}(x_{j+1})$$

圖 **3.8**

定義 3.10

已知某函數 f 定義於區間 $[a, b]$ 及一組節點 $a = x_0 < x_1 < \cdots < x_n = b$,則 f 的**三次雲形線內插式** (cubic spline interpolant) S 滿足以下條件:

(a) 對每個 $j = 0, 1, \ldots, n - 1$,$S(x)$為次區間 $[x_j, x_{j+1}]$ 上的三次多項式,記做 $S_j(x)$;

(b) 對每個 $j = 0, 1, \ldots, n - 1$,$S_j(x_j) = f(x_j)$ 且 $S_j(x_{j+1}) = f(x_{j+1})$;

(c) 對每個 $j = 0, 1, \ldots, n - 2$,$S_{j+1}(x_{j+1}) = S_j(x_{j+1})$ (得自 **(b)**);

(d) 對每個 $j = 0, 1, \ldots, n - 2$,$S'_{j+1}(x_{j+1}) = S'_j(x_{j+1})$;

(e) 對每個 $j = 0, 1, \ldots, n - 2$,$S''_{j+1}(x_{j+1}) = S''_j(x_{j+1})$;

(f) 滿足下列邊界條件之一:

  (i) $S''(x_0) = S''(x_n) = 0$ (**自然或自由邊界**,natural or free boundary);

  (ii) $S'(x_0) = f'(x_0)$ 及 $S'(x_n) = f'(x_n)$ (**固定邊界**,clamped boundary)。

雖然三次雲形線也有其他邊界條件,但上述的條件 **(f)** 應能滿足本書所需。當使用自由邊界條件時,此雲形線稱為**自然雲形線** (natural spline),其圖形就如同我們使用長條彈性的雲線規時,將其固定於 $\{(x_0, f(x_0)), (x_1, f(x_1)), \ldots, (x_n, f(x_n))\}$ 等點時會出現的樣子。

一般而言,採用固定邊界條件可獲得較佳的近似值,因為它包含了更多關於原函數的資訊。但以上所述要成立,我們必須知道原函數在端點處導數的真實值或極準確的近似值。

例題 1 建構一條通過點 (1,2)、(2,3)、和 (3,5) 的自然三次雲形線。

解 此雲形線包含兩個三次式。第一個用於區間[1,2]，記為

$$S_0(x) = a_0 + b_0(x-1) + c_0(x-1)^2 + d_0(x-1)^3.$$

第二個用於[2,3]，記為

$$S_1(x) = a_1 + b_1(x-2) + c_1(x-2)^2 + d_1(x-2)^3$$

總共要決定 8 個常數，須要 8 個條件。4 個條件來自於，在節點處雲形線和所給數據必須一致。因此

$$2 = f(1) = a_0 \quad 3 = f(2) = a_0 + b_0 + c_0 + d_0 \quad 3 = f(2) = a_1 \text{ 及}$$
$$5 = f(3) = a_1 + b_1 + c_1 + d_1$$

另外兩個來自於 $S_0'(2) = S_1'(2)$ 及 $S_0''(2) = S_1''(2)$。它們是

$$S_0'(2) = S_1'(2): \quad b_0 + 2c_0 + 3d_0 = b_1 \quad \text{和} \quad S_0''(2) = S_1''(2): \quad 2c_0 + 6d_0 = 2c_1$$

最後兩個則來自自由邊界條件：

$$S_0''(1) = 0: \quad 2c_0 = 0 \quad \text{和} \quad S_1''(3) = 0: \quad 2c_1 + 6d_1 = 0$$

解方程組可得雲形線

$$S(x) = \begin{cases} 2 + \frac{3}{4}(x-1) + \frac{1}{4}(x-1)^3 & x \in [1,2] \\ 3 + \frac{3}{2}(x-2) + \frac{3}{4}(x-2)^2 - \frac{1}{4}(x-2)^3 & x \in [2,3] \end{cases}$$
■

■ 建構三次雲形線

由上個例題可知，若雲形線定義的區間劃分為 n 個次區間，則須要決定 $4n$ 個常數。要建立已知函數 f 的三次雲形線式，定義中之各條件將用於三次多項式

$$S_j(x) = a_j + b_j(x - x_j) + c_j(x - x_j)^2 + d_j(x - x_j)^3$$

其中 $j = 0, 1, \ldots, n-1$。因為 $S_j(x_j) = a_j = f(x_j)$，用條件 **(c)** 可得

$$a_{j+1} = S_{j+1}(x_{j+1}) = S_j(x_{j+1}) = a_j + b_j(x_{j+1} - x_j) + c_j(x_{j+1} - x_j)^2 + d_j(x_{j+1} - x_j)^3$$

其中 $j = 0, 1, \ldots, n-2$。

因為在後續討論中會重複用到 $x_{j+1} - x_j$，為了方便，定義一個較簡單的表示法

$$h_j = x_{j+1} - x_j$$

其中 $j = 0, 1, \ldots, n-1$。如果我們同時定義 $a_n = f(x_n)$，則方程式

$$a_{j+1} = a_j + b_j h_j + c_j h_j^2 + d_j h_j^3 \tag{3.15}$$

對每一 $j = 0, 1, \ldots, n - 1$ 均成立。

以類似的做法，定義 $b_n = S'(x_n)$ 並觀察到

$$S'_j(x) = b_j + 2c_j(x - x_j) + 3d_j(x - x_j)^2$$

故可知，對每一 $j = 0, 1, \ldots, n - 1$，$S'_j(x_j) = b_j$。使用條件 **(d)** 可得

$$b_{j+1} = b_j + 2c_j h_j + 3d_j h_j^2 \tag{3.16}$$

其中 $j = 0, 1, \ldots, n - 1$。

定義 $c_n = S''(x_n)/2$ 並使用條件 **(e)** 可得 S_j 的係數間的另一個關係式。對每一個 $j = 0, 1, \ldots, n - 1$，

$$c_{j+1} = c_j + 3d_j h_j \tag{3.17}$$

由 (3.17) 式求解 d_j，並代入 (3.15) 式及 (3.16) 式可得，對每一個 $j = 0, 1, \ldots, n - 1$，新方程式為

$$a_{j+1} = a_j + b_j h_j + \frac{h_j^2}{3}(2c_j + c_{j+1}) \tag{3.18}$$

及

$$b_{j+1} = b_j + h_j(c_j + c_{j+1}) \tag{3.19}$$

要獲得各係數的最後關係，求解 (3.18) 式型式的適當的方程式，首先是 b_j，

$$b_j = \frac{1}{h_j}(a_{j+1} - a_j) - \frac{h_j}{3}(2c_j + c_{j+1}) \tag{3.20}$$

然後將指標減 1 以求 b_{j-1}。可得

$$b_{j-1} = \frac{1}{h_{j-1}}(a_j - a_{j-1}) - \frac{h_{j-1}}{3}(2c_{j-1} + c_j)$$

將這些值代入 (3.19) 式，指標減 1，得線性方程組

$$h_{j-1}c_{j-1} + 2(h_{j-1} + h_j)c_j + h_j c_{j+1} = \frac{3}{h_j}(a_{j+1} - a_j) - \frac{3}{h_{j-1}}(a_j - a_{j-1}) \tag{3.21}$$

$j = 1, 2, \ldots, n - 1$。此方程組中只有 $\{c_j\}_{j=0}^n$ 為未知數。因為由節點間距 $\{x_j\}_{j=0}^n$ 及節點處 f 的值，分別可得 $\{h_j\}_{j=0}^{n-1}$ 及 $\{a_j\}_{j=0}^n$。一旦 $\{c_j\}_{j=0}^n$ 決定了，可以很簡單的由 (3.20) 式得到 $\{b_j\}_{j=0}^{n-1}$，由 (3.17) 式得 $\{d_j\}_{j=0}^{n-1}$。然後我們可建構完成三次多項式 $\{S_j(x)\}_{j=0}^{n-1}$。

建構多項式的整個過程中主要的問題是，是否能由 (3.21) 式的方程組求得 $\{c_j\}_{j=0}^n$，如果有解，則其解是否唯一。下列定理指出，如果邊界條件為定義中條件 **(f)** 的兩者之一，則答案為肯定的。此定理之證明須要用到第 6 章所探討的線性代數。

■ 自然雲形線

定理 3.11

若 f 定義於 $a = x_0 < x_1 < \cdots < x_n = b$，則 f 在節點 $x_0, x_1, \ldots, x_n$ 有唯一之自然雲形線內插式 S，同時滿足自然邊界條件 $S''(a) = 0$ 及 $S''(b) = 0$。

證明 此例中的邊界條件指出 $c_n = S''(x_n)/2 = 0$ 及

$$0 = S''(x_0) = 2c_0 + 6d_0(x_0 - x_0)$$

所以 $c_0 = 0$。$c_0 = 0$ 及 $c_n = 0$ 再加上 (3.21) 式，組成一個線性方程組，可表示成向量方程式 $A\mathbf{x} = \mathbf{b}$，其中 A 為 $(n+1) \times (n+1)$ 矩陣

$$A = \begin{bmatrix} 1 & 0 & 0 & \cdots & & & 0 \\ h_0 & 2(h_0 + h_1) & h_1 & & & & \\ 0 & h_1 & 2(h_1 + h_2) & h_2 & & & \\ \vdots & & \ddots & \ddots & \ddots & & 0 \\ & & & h_{n-2} & 2(h_{n-2} + h_{n-1}) & h_{n-1} \\ 0 & \cdots & & & 0 & 0 & 1 \end{bmatrix}$$

而 $\mathbf{b}$ 及 $\mathbf{x}$ 分別為向量

$$\mathbf{b} = \begin{bmatrix} 0 \\ \frac{3}{h_1}(a_2 - a_1) - \frac{3}{h_0}(a_1 - a_0) \\ \vdots \\ \frac{3}{h_{n-1}}(a_n - a_{n-1}) - \frac{3}{h_{n-2}}(a_{n-1} - a_{n-2}) \\ 0 \end{bmatrix} \quad \text{及} \quad \mathbf{x} = \begin{bmatrix} c_0 \\ c_1 \\ \vdots \\ c_n \end{bmatrix}$$

矩陣 A 為完全對角線主導 (strictly diagonally dominant)，也就是一列中對角線元素的絕對值，大於同列其他元素絕對值的和。在 6.6 節的定理 6.21 將會證明一個方程組如果有此種型式的矩陣，則會有唯一解 $c_0, c_1, \ldots, c_n$。

算則 3.4 可用以解邊界條件為 $S''(x_0) = S''(x_n) = 0$ 的三次雲形線問題。

算則 3.4 自然三次雲形線 (Natural Cubic Spline)

建構函數 f 的三次雲形線內插式 S，此內插式定義於 $x_0 < x_1 < \cdots < x_n$，並滿足 $S''(x_0) = S''(x_n) = 0$：

INPUT $n; x_0, x_1, \ldots, x_n; a_0 = f(x_0), a_1 = f(x_1), \ldots, a_n = f(x_n)$.

OUTPUT a_j, b_j, c_j, d_j for $j = 0, 1, \ldots, n-1$.

(說明：當 $x_j \le x \le x_{j+1}$, $S(x) = S_j(x) = a_j + b_j(x - x_j) + c_j(x - x_j)^2 + d_j(x - x_j)^3$.)

Step 1 For $i = 0, 1, \ldots, n-1$ set $h_i = x_{i+1} - x_i$.

Step 2 For $i = 1, 2, \ldots, n-1$ set
$$\alpha_i = \frac{3}{h_i}(a_{i+1} - a_i) - \frac{3}{h_{i-1}}(a_i - a_{i-1}).$$

Step 3 Set $l_0 = 1$; (Steps 3,4,5 及 Step 6 的一部分，使用算則 6.7 的方法解三對角線線性方程組。)
$\mu_0 = 0$;
$z_0 = 0$.

Step 4 For $i = 1, 2, \ldots, n-1$
set $l_i = 2(x_{i+1} - x_{i-1}) - h_{i-1}\mu_{i-1}$;
$\mu_i = h_i/l_i$;
$z_i = (\alpha_i - h_{i-1}z_{i-1})/l_i$.

Step 5 Set $l_n = 1$;
$z_n = 0$;
$c_n = 0$.

Step 6 For $j = n-1, n-2, \ldots, 0$
set $c_j = z_j - \mu_j c_{j+1}$;
$b_j = (a_{j+1} - a_j)/h_j - h_j(c_{j+1} + 2c_j)/3$;
$d_j = (c_{j+1} - c_j)/(3h_j)$.

Step 7 OUTPUT (a_j, b_j, c_j, d_j for $j = 0, 1, \ldots, n-1$);
STOP. ∎

例題 2 在第 3 章一開始的地方，我們介紹了一些可近似指數函數 $f(x) = e^x$ 的泰勒多項式。在此我們將使用數據點 $(0, 1)$、$(1, e)$、$(2, e^2)$ 及 $(3, e^3)$ 以構建近似 $f(x) = e^x$ 的自然雲形線 $S(x)$。

解 我們有 $n = 3$、$h_0 = h_1 = h_2 = 1$、$a_0 = 1$、$a_1 = e$、$a_2 = e^2$、及 $a_3 = e^3$。所以定理 3.11 中的矩陣 A 以及向量 $\mathbf{b}$ 和 $\mathbf{x}$ 為

$$A = \begin{bmatrix} 1 & 0 & 0 & 0 \\ 1 & 4 & 1 & 0 \\ 0 & 1 & 4 & 1 \\ 0 & 0 & 0 & 1 \end{bmatrix} \quad \mathbf{b} = \begin{bmatrix} 0 \\ 3(e^2 - 2e + 1) \\ 3(e^3 - 2e^2 + e) \\ 0 \end{bmatrix} \quad 及 \quad \mathbf{x} = \begin{bmatrix} c_0 \\ c_1 \\ c_2 \\ c_3 \end{bmatrix}$$

矩陣-向量方程式 $A\mathbf{x} = \mathbf{b}$ 相當於聯立方程組

$$c_0 = 0$$
$$c_0 + 4c_1 + c_2 = 3(e^2 - 2e + 1)$$
$$c_1 + 4c_2 + c_3 = 3(e^3 - 2e^2 + e)$$
$$c_3 = 0$$

此方程組的解為 $c_0 = c_3 = 0$ 及,到小數五位,

$$c_1 = \frac{1}{5}(-e^3 + 6e^2 - 9e + 4) \approx 0.75685 \quad \text{和} \quad c_2 = \frac{1}{5}(4e^3 - 9e^2 + 6e - 1) \approx 5.83007$$

求解其餘常數可得

$$b_0 = \frac{1}{h_0}(a_1 - a_0) - \frac{h_0}{3}(c_1 + 2c_0)$$
$$= (e - 1) - \frac{1}{15}(-e^3 + 6e^2 - 9e + 4) \approx 1.46600$$
$$b_1 = \frac{1}{h_1}(a_2 - a_1) - \frac{h_1}{3}(c_2 + 2c_1)$$
$$= (e^2 - e) - \frac{1}{15}(2e^3 + 3e^2 - 12e + 7) \approx 2.22285$$
$$b_2 = \frac{1}{h_2}(a_3 - a_2) - \frac{h_2}{3}(c_3 + 2c_2)$$
$$= (e^3 - e^2) - \frac{1}{15}(8e^3 - 18e^2 + 12e - 2) \approx 8.80977$$
$$d_0 = \frac{1}{3h_0}(c_1 - c_0) = \frac{1}{15}(-e^3 + 6e^2 - 9e + 4) \approx 0.25228$$
$$d_1 = \frac{1}{3h_1}(c_2 - c_1) = \frac{1}{3}(e^3 - 3e^2 + 3e - 1) \approx 1.69107$$

及

$$d_2 = \frac{1}{3h_2}(c_3 - c_1) = \frac{1}{15}(-4e^3 + 9e^2 - 6e + 1) \approx -1.94336$$

此分段之自然三次雲形線為

$$S(x) = \begin{cases} 1 + 1.46600x + 0.25228x^3 & x \in [0, 1] \\ 2.71828 + 2.22285(x - 1) + 0.75685(x - 1)^2 + 1.69107(x - 1)^3 & x \in [1, 2] \\ 7.38906 + 8.80977(x - 2) + 5.83007(x - 2)^2 - 1.94336(x - 2)^3 & x \in [2, 3] \end{cases}$$

此雲形線以及它與 $f(x) = e^x$ 吻合的情形顯示於圖 3.10。∎

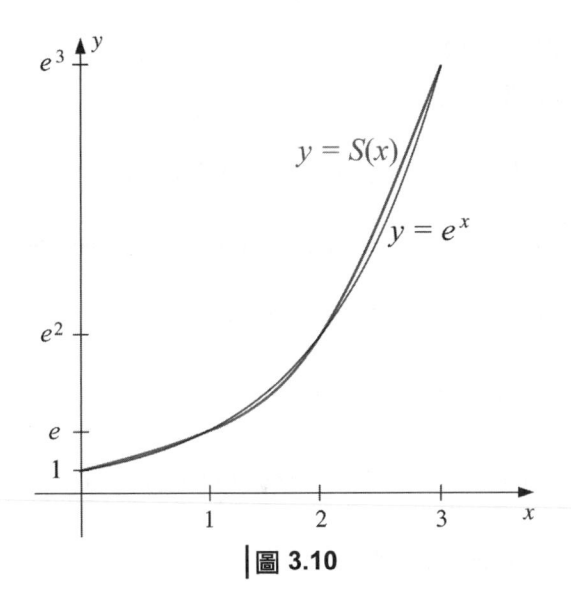

y = S(x)
y = e^x

圖 3.10

可以用 *NumericalAnalysis* 程式包產生三次雲形線，其方式類似於本章中的其他方法。不過也可使用 Maple 中的 *CurveFitting* 程式包，因為之前沒介紹過此種做法，在此用它產生例題 2 的自然雲形線。先用以下指令載入此程式包

with(CurveFitting)

然後定義所要近似的函數

$f := x \to e^x$

要產生雲形線，我們須要指定節點、變數、次數、和端點。其方式為

sn:= $t \to$ *Spline*([[0., 1.0], [1.0, f (1.0)], [2.0, f (2.0)], [3.0, f (3.0)]], *t*, *degree* = 3, *endpoints* = 'natural')

Maple 會回復

$$t \to \text{\textit{CurveFitting:-Spline}}([[0., 1.0], [1.0, f(1.0)], [2.0, f(2.0)], [3.0, f(3.0)]], t,$$
$$degree = 3, endpoints = \text{'natural'})$$

用以下指令可看到自然雲形線的型式

sn(t)

它會得到

$$\begin{cases} 1. + 1.465998t^2 + 0.2522848t^3 & t < 1.0 \\ 0.495432 + 2.22285t + 0.756853(t-1.0)^2 + 1.691071(t-1.0)^3 & t < 2.0 \\ -10.230483 + 8.809770t + 5.830067(t-2.0)^2 - 1.943356(t-2.0)^3 & \text{其他} \end{cases}$$

一旦我們求得近似於某函數的雲形線，我們可以用它來近似該函數的其他性質。下面的說明題包含了對前面例題之雲形線的積分。

說明題 求 $f(x) = e^x$ 在區間 $[0, 3]$ 積分的近似值，其值為

$$\int_0^3 e^x \, dx = e^3 - 1 \approx 20.08553692 - 1 = 19.08553692$$

在此積分式中，我們可以用分段的雲形線代替 f 來積分。如此得

$$\int_0^3 S(x) = \int_0^1 1 + 1.46600x + 0.25228x^3 \, dx$$
$$+ \int_1^2 2.71828 + 2.22285(x-1) + 0.75685(x-1)^2 + 1.69107(x-1)^3 \, dx$$
$$+ \int_2^3 7.38906 + 8.80977(x-2) + 5.83007(x-2)^2 - 1.94336(x-2)^3 \, dx$$

積分並整併相同冪次項可得

$$\int_0^3 S(x) = \left[x + 1.46600 \frac{x^2}{2} + 0.25228 \frac{x^4}{4} \right]_0^1$$
$$+ \left[2.71828(x-1) + 2.22285 \frac{(x-1)^2}{2} + 0.75685 \frac{(x-1)^3}{3} + 1.69107 \frac{(x-1)^4}{4} \right]_1^2$$
$$+ \left[7.38906(x-2) + 8.80977 \frac{(x-2)^2}{2} + 5.83007 \frac{(x-2)^3}{3} - 1.94336 \frac{(x-2)^4}{4} \right]_2^3$$
$$= (1 + 2.71828 + 7.38906) + \frac{1}{2}(1.46600 + 2.22285 + 8.80977)$$
$$+ \frac{1}{3}(0.75685 + 5.83007) + \frac{1}{4}(0.25228 + 1.69107 - 1.94336)$$
$$= 19.55229$$

因為本例中的節點為等距分布，其近似積分可以簡單的寫成

$$\int_0^3 S(x) \, dx = (a_0 + a_1 + a_2) + \frac{1}{2}(b_0 + b_1 + b_2) + \frac{1}{3}(c_0 + c_1 + c_2) + \frac{1}{4}(d_0 + d_1 + d_2) \quad (3.22)$$

∎

如果我們用例題 2 後面所介紹的方法，用 Maple 產生雲形線，我們可以用 Maple 的積分指令求得以上說明題的結果。只要輸入

$int(sn(t), t = 0 .. 3)$

19.55228648

■ 固定雲形線 (Clamped Splines)

例題 3 在例題 1 中我們求出了通過 (1, 2)、(2, 3)、和 (3, 5) 三點的自然雲形線 S。在此建構一條滿足 $s'(1) = 2$ 和 $s'(3) = 1$ 的固定雲形線 s。

解 令

$$s_0(x) = a_0 + b_0(x-1) + c_0(x-1)^2 + d_0(x-1)^3$$

在 [1, 2] 上為三次，在 [2, 3] 上三次多項式為

$$s_1(x) = a_1 + b_1(x-2) + c_1(x-2)^2 + d_1(x-2)^3$$

決定這 8 個常數所要用到的條件，大多和例題 1 的一樣。也就是

$$2 = f(1) = a_0 \quad 3 = f(2) = a_0 + b_0 + c_0 + d_0, \quad 3 = f(2) = a_1 \text{ 及}$$
$$5 = f(3) = a_1 + b_1 + c_1 + d_1$$

$$s'_0(2) = s'_1(2): \quad b_0 + 2c_0 + 3d_0 = b_1 \quad \text{和} \quad s''_0(2) = s''_1(2): \quad 2c_0 + 6d_0 = 2c_1$$

不過現在的邊界條件是

$$s'_0(1) = 2: \quad b_0 = 2 \quad \text{和} \quad s'_1(3) = 1: \quad b_1 + 2c_1 + 3d_1 = 1$$

求解此方程組可得雲形線

$$s(x) = \begin{cases} 2 + 2(x-1) - \frac{5}{2}(x-1)^2 + \frac{3}{2}(x-1)^3 & x \in [1, 2] \\ 3 + \frac{3}{2}(x-2) + 2(x-2)^2 - \frac{3}{2}(x-2)^3 & x \in [2, 3] \end{cases}$$

■

與描述自然邊界條件的定理 3.11 類似，一般性固定邊界條件也有以下定理。

定理 3.12

若 f 定義於 $a = x_0 < x_1 < \cdots < x_n = b$ 且在 a 及 b 為可微，則 f 在節點 $x_0, x_1, \ldots, x_n$ 有唯一之雲形線內插式 S，同時滿足邊界條件 $S'(a) = f'(a)$ 及 $S'(b) = f'(b)$。

■

證明 因為 $f'(a) = S'(a) = S'(x_0) = b_0$，由 (3.20) 式及 $j = 0$ 可得

$$f'(a) = \frac{1}{h_0}(a_1 - a_0) - \frac{h_0}{3}(2c_0 + c_1)$$

因此，

$$2h_0c_0 + h_0c_1 = \frac{3}{h_0}(a_1 - a_0) - 3f'(a)$$

同樣的，

$$f'(b) = b_n = b_{n-1} + h_{n-1}(c_{n-1} + c_n)$$

所以由 (3.20) 式及 $j = n-1$ 可得

$$f'(b) = \frac{a_n - a_{n-1}}{h_{n-1}} - \frac{h_{n-1}}{3}(2c_{n-1} + c_n) + h_{n-1}(c_{n-1} + c_n)$$
$$= \frac{a_n - a_{n-1}}{h_{n-1}} + \frac{h_{n-1}}{3}(c_{n-1} + 2c_n)$$

及

$$h_{n-1}c_{n-1} + 2h_{n-1}c_n = 3f'(b) - \frac{3}{h_{n-1}}(a_n - a_{n-1})$$

(3.21) 式及方程式

$$2h_0 c_0 + h_0 c_1 = \frac{3}{h_0}(a_1 - a_0) - 3f'(a)$$

和

$$h_{n-1}c_{n-1} + 2h_{n-1}c_n = 3f'(b) - \frac{3}{h_{n-1}}(a_n - a_{n-1})$$

決定了線性方程組 $A\mathbf{x} = \mathbf{b}$，其中

$$A = \begin{bmatrix} 2h_0 & h_0 & 0 & \cdots & & & & 0 \\ h_0 & 2(h_0 + h_1) & h_1 & & & & & \\ 0 & h_1 & 2(h_1 + h_2) & h_2 & & & & \\ \vdots & & & & & & & 0 \\ & & & & & h_{n-2} & 2(h_{n-2} + h_{n-1}) & h_{n-1} \\ 0 & \cdots & & & & 0 & h_{n-1} & 2h_{n-1} \end{bmatrix}$$

$$\mathbf{b} = \begin{bmatrix} \frac{3}{h_0}(a_1 - a_0) - 3f'(a) \\ \frac{3}{h_1}(a_2 - a_1) - \frac{3}{h_0}(a_1 - a_0) \\ \vdots \\ \frac{3}{h_{n-1}}(a_n - a_{n-1}) - \frac{3}{h_{n-2}}(a_{n-1} - a_{n-2}) \\ 3f'(b) - \frac{3}{h_{n-1}}(a_n - a_{n-1}) \end{bmatrix} \quad \text{且} \quad \mathbf{x} = \begin{bmatrix} c_0 \\ c_1 \\ \vdots \\ c_n \end{bmatrix}$$

矩陣 A 也是完全對角線主導，所以滿足 6.6 節定理 6.21 的條件，此線性方程組有唯一解 $c_0, c_1, \ldots, c_n$。 ∎

算則 3.5 可用以解邊界條件為 $S'(x_0) = f'(x_0)$ 及 $S'(x_n) = f'(x_n)$ 的三次雲形線問題。

算則 3.5 固定三次雲形線 (Clamped Cubic Spline)

建構函數 f 的三次雲形線內插式 S，此內插式定義於 $x_0 < x_1 < \cdots < x_n$，並滿足 $S'(x_0) = f'(x_0)$ 及 $S'(x_n) = f'(x_n)$：

INPUT　$n; x_0, x_1, \ldots, x_n; a_0 = f(x_0), a_1 = f(x_1), \ldots, a_n = f(x_n); FPO = f'(x_0); FPN = f'(x_n)$.

OUTPUT　a_j, b_j, c_j, d_j for $j = 0, 1, \ldots, n-1$.

（說明：當 $x_j \le x \le x_{j+1}$，$S(x) = S_j(x) = a_j + b_j(x - x_j) + c_j(x - x_j)^2 + d_j(x - x_j)^3$）

Step 1　For $i = 0, 1, \ldots, n-1$ set $h_i = x_{i+1} - x_i$.

Step 2　Set $\alpha_0 = 3(a_1 - a_0)/h_0 - 3FPO$;
　　　　　$\alpha_n = 3FPN - 3(a_n - a_{n-1})/h_{n-1}$.

Step 3　For $i = 1, 2, \ldots, n-1$
$$\text{set } \alpha_i = \frac{3}{h_i}(a_{i+1} - a_i) - \frac{3}{h_{i-1}}(a_i - a_{i-1}).$$

Step 4　Set $l_0 = 2h_0$; (Steps 4,5,6 及 Step 7 的一部分，使用算則 6.7 的方法解三對角線線性方程組。)
　　　　　$\mu_0 = 0.5$;
　　　　　$z_0 = \alpha_0/l_0$.

Step 5　For $i = 1, 2, \ldots, n-1$
　　　　　set $l_i = 2(x_{i+1} - x_{i-1}) - h_{i-1}\mu_{i-1}$;
　　　　　$\mu_i = h_i/l_i$;
　　　　　$z_i = (\alpha_i - h_{i-1}z_{i-1})/l_i$.

Step 6　Set $l_n = h_{n-1}(2 - \mu_{n-1})$;
　　　　　$z_n = (\alpha_n - h_{n-1}z_{n-1})/l_n$;
　　　　　$c_n = z_n$.

Step 7　For $j = n-1, n-2, \ldots, 0$
　　　　　set $c_j = z_j - \mu_j c_{j+1}$;
　　　　　$b_j = (a_{j+1} - a_j)/h_j - h_j(c_{j+1} + 2c_j)/3$;
　　　　　$d_j = (c_{j+1} - c_j)/(3h_j)$.

Step 8　OUTPUT (a_j, b_j, c_j, d_j for $j = 0, 1, \ldots, n-1$);
　　　　　STOP.

例題 4　例題 2 使用自然雲形線和點 $(0, 1)$、$(1, e)$、$(2, e^2)$、及 $(3, e^3)$ 以構成近似函數 $S(x)$。使用同樣這些數據及額外資訊，因為 $f'(x) = e^x$ 所以 $f'(0) = 1$ 且 $f'(3) = e^3$，求固定雲形線 $s(x)$。

解　和例題 2 一樣，我們有 $n = 3$、$h_0 = h_1 = h_2 = 1$、$a_0 = 0$、$a_1 = e$、$a_2 = e^2$、及 $a_3 = e^3$。再加上 $f'(0) = 1$ 和 $f'(3) = e^3$，可得矩陣 A 和向量 $\mathbf{b}$ 及 $\mathbf{x}$ 如

$$A = \begin{bmatrix} 2 & 1 & 0 & 0 \\ 1 & 4 & 1 & 0 \\ 0 & 1 & 4 & 1 \\ 0 & 0 & 1 & 2 \end{bmatrix} \quad \mathbf{b} = \begin{bmatrix} 3(e-2) \\ 3(e^2 - 2e + 1) \\ 3(e^3 - 2e^2 + e) \\ 3e^2 \end{bmatrix} \quad \text{及} \quad \mathbf{x} = \begin{bmatrix} c_0 \\ c_1 \\ c_2 \\ c_3 \end{bmatrix}$$

向量矩陣方程式 $A\mathbf{x} = \mathbf{b}$ 相當於方程組

$$2c_0 + c_1 = 3(e-2)$$
$$c_0 + 4c_1 + c_2 = 3(e^2 - 2e + 1)$$
$$c_1 + 4c_2 + c_3 = 3(e^3 - 2e^2 + e)$$
$$c_2 + 2c_3 = 3e^2$$

對此方程組求解 c_0、c_1、c_2、及 c_3 得，到小數 5 位，

$$c_0 = \frac{1}{15}(2e^3 - 12e^2 + 42e - 59) = 0.44468$$

$$c_1 = \frac{1}{15}(-4e^3 + 24e^2 - 39e + 28) = 1.26548$$

$$c_2 = \frac{1}{15}(14e^3 - 39e^2 + 24e - 8) = 3.35087$$

$$c_3 = \frac{1}{15}(-7e^3 + 42e^2 - 12e + 4) = 9.40815$$

用和例題 2 同樣的方法求解其餘常數得

$$b_0 = 1.00000 \quad b_1 = 2.71016 \quad b_2 = 7.32652$$

及

$$d_0 = 0.27360 \quad d_1 = 0.69513 \quad d_2 = 2.01909$$

這就得到固定三次雲形線

$$s(x) = \begin{cases} 1 + x + 0.44468x^2 + 0.27360x^3, & 0 \leq x < 1 \\ 2.71828 + 2.71016(x-1) + 1.26548(x-1)^2 + 0.69513(x-1)^3 & 1 \leq x < 2 \\ 7.38906 + 7.32652(x-2) + 3.35087(x-2)^2 + 2.01909(x-2)^3 & 2 \leq x \leq 3 \end{cases}$$

此固定雲形線與 $f(x) = e^x$ 圖形接近到看不出差異。 ∎

用於產生自然雲形線的指令，同樣可用來產生例題 4 的固定三次雲形線，唯一的不同就是要指定端點的導數。在此我們使用

$sn := t \rightarrow \mathit{Spline}\,([[0., 1.0], [1.0, f(1.0)], [2.0, f(2.0)], [3.0, f(3.0)]], t, \mathit{degree} = 3,$
$\mathit{endpoints} = [1.0, e^{3.0}])$

可以得到和上面例題同樣的結果。

藉由對固定雲形線積分，我們也可以近似 f 在 $[0, 3]$ 上的積分值。此積分的真實值為

$$\int_0^3 e^x\, dx = e^3 - 1 \approx 20.08554 - 1 = 19.08554$$

因為節點是等距分布的，對固定雲形線做分段積分得到和 (3.22) 式一樣的結果，就是

$$\int_0^3 s(x)\,dx = (a_0 + a_1 + a_2) + \frac{1}{2}(b_0 + b_1 + b_2)$$
$$+ \frac{1}{3}(c_0 + c_1 + c_2) + \frac{1}{4}(d_0 + d_1 + d_2)$$

所以此積分的近似值為

$$\int_0^3 s(x)\,dx = (1 + 2.71828 + 7.38906) + \frac{1}{2}(1 + 2.71016 + 7.32652)$$
$$+ \frac{1}{3}(0.44468 + 1.26548 + 3.35087) + \frac{1}{4}(0.27360 + 0.69513 + 2.01909)$$
$$= 19.05965$$

分別使用自然與固定雲形線求積分值的絕對誤差為

自然：$|19.08554 - 19.55229| = 0.46675$

和

固定：$|19.08554 - 19.05965| = 0.02589$

對積分而言，固定雲形線好得多。不過這也並不意外，因為固定雲形線的邊界條件為真實的，而自然雲形線是假設的，因為 $f''(x) = e^x$，

$$0 = S''(0) \approx f''(0) = e^1 = 1 \quad 且 \quad 0 = S''(3) \approx f''(3) = e^3 \approx 20$$

下個說明題則使用雲形線以近似一個不明函數的曲線。

說明題 圖 3.11 顯示一隻飛行中的鴨子。要近似此鴨子上部的曲線，我們沿著此曲線選取節點，也就是我們希望近似曲線通過的點。表 3.18 列出了 21 個節點的座標值，其座標系統如圖 3.12 所示。我們可以看到，曲線變化大的地方選的點較密集。

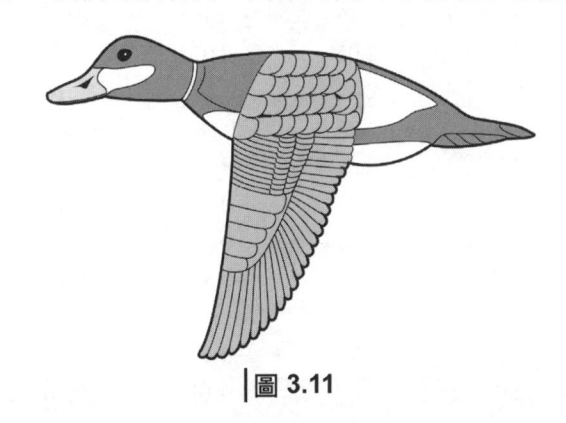

圖 3.11

表 3.18

x	0.9	1.3	1.9	2.1	2.6	3.0	3.9	4.4	4.7	5.0	6.0	7.0	8.0	9.2	10.5	11.3	11.6	12.0	12.6	13.0	13.3
$f(x)$	1.3	1.5	1.85	2.1	2.6	2.7	2.4	2.15	2.05	2.1	2.25	2.3	2.25	1.95	1.4	0.9	0.7	0.6	0.5	0.4	0.25

圖 3.12

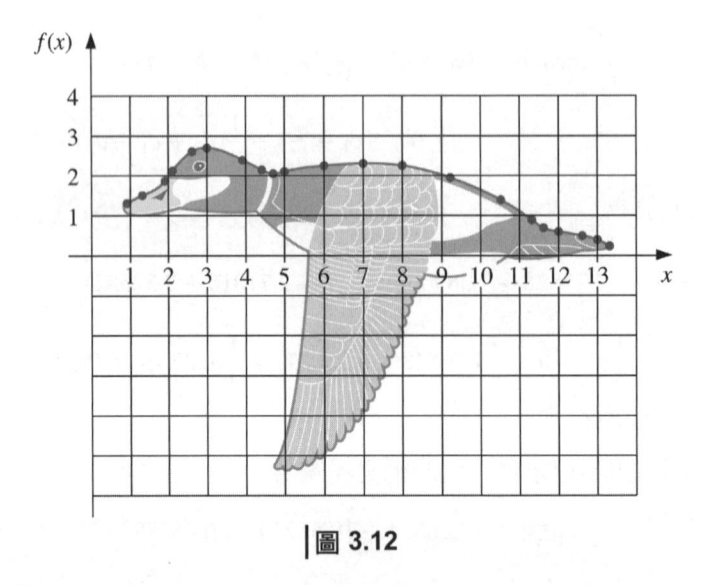

利用這些數據及算則 3.4 可產生自然三次雲形線的各係數如表 3.19。產生之雲形線與原圖形幾乎完全重合，如圖 3.13 所示。

表 3.19

j	x_j	a_j	b_j	c_j	d_j
0	0.9	1.3	5.40	0.00	−0.25
1	1.3	1.5	0.42	−0.30	0.95
2	1.9	1.85	1.09	1.41	−2.96
3	2.1	2.1	1.29	−0.37	−0.45
4	2.6	2.6	0.59	−1.04	0.45
5	3.0	2.7	−0.02	−0.50	0.17
6	3.9	2.4	−0.50	−0.03	0.08
7	4.4	2.15	−0.48	0.08	1.31
8	4.7	2.05	−0.07	1.27	−1.58
9	5.0	2.1	0.26	−0.16	0.04
10	6.0	2.25	0.08	−0.03	0.00
11	7.0	2.3	0.01	−0.04	−0.02
12	8.0	2.25	−0.14	−0.11	0.02
13	9.2	1.95	−0.34	−0.05	−0.01
14	10.5	1.4	−0.53	−0.10	−0.02
15	11.3	0.9	−0.73	−0.15	1.21
16	11.6	0.7	−0.49	0.94	−0.84
17	12.0	0.6	−0.14	−0.06	0.04
18	12.6	0.5	−0.18	0.00	−0.45
19	13.0	0.4	−0.39	−0.54	0.60
20	13.3	0.25			

圖 3.13

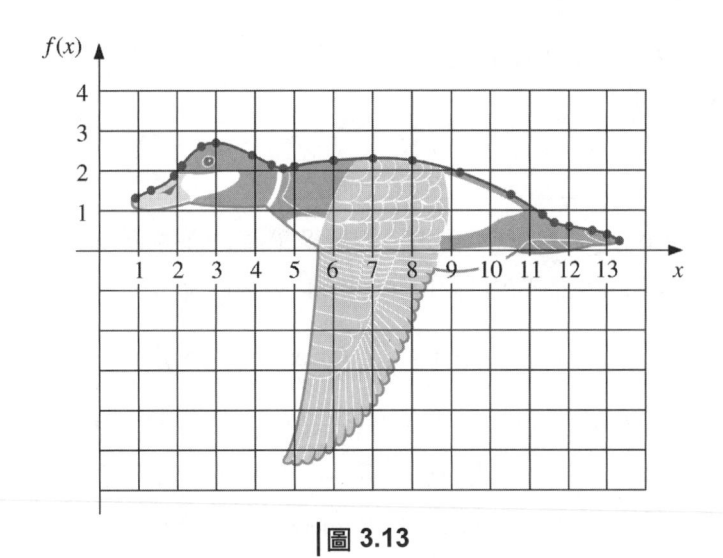

為便於比較，圖 3.14 是使用表 3.18 的數據及拉格朗日內插多項式所產生之曲線。在本例中此多項式的次數為 20 且強烈振盪。產生的曲線怎麼看也不像鴨子。

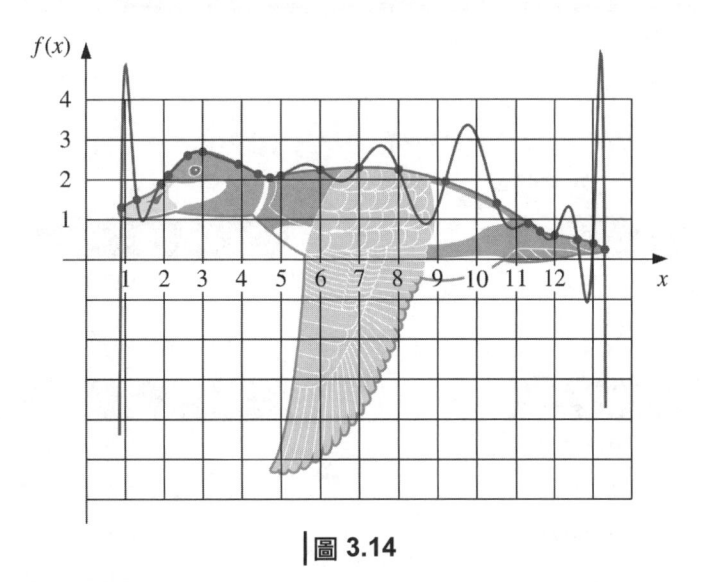

圖 3.14

在本例中如果要使用固定雲形線來近似此曲線，必須要有兩端點處導數的近似值。因為自由雲形線的近似程度已非常的好，所以就算有了此導數，近似程度的改善也是有限。 ■

要用三次雲形線來近似此鴨子下方的曲線則較為困難，因為這部分的曲線無法表示為 x 的函數，且曲線有些部分並不平滑。我們可以用不同的雲形線分段處理以克服這些問題，在下一節將介紹，可以更為有效的近似此種曲線的方法。

以三次雲形線近似一個函數時，固定邊界條件較佳，所以必須求得函數在端點處的導數或其近似值。當節點在靠近端點處為等間隔分布，則可使用 4.1 及 4.2 節中任何適當的公式。不過，當節點不是等間隔分布時，則問題就困難多了。

做為本節的結束，我們列出固定邊界三次雲形線的誤差界限公式。此公式的證明請參考[Schul]，pp. 57-58。

定理 3.13

令 $f \in C^4[a,b]$ 且 $\max_{a \leq x \leq b}|f^{(4)}(x)| = M$。如果 S 是通過節點 $a = x_0 < x_1 < \cdots < x_n = b$ 對 f 的唯一固定三次雲形線內插式，則對 $[a,b]$ 間所有 x 我們有

$$|f(x) - S(x)| \leq \frac{5M}{384}\max_{0 \leq j \leq n-1}(x_{j+1} - x_j)^4 \qquad \blacksquare$$

自由邊界條件時其誤差式也是四次，但表示起來更複雜 (見[BD]，pp. 827-835)。

一般來說，在靠近區間 $[x_0, x_n]$ 的端點處，自然邊界不如固定邊界準確，除非函數 f 剛好接近 $f''(x_0) = f''(x_n) = 0$。替代自然邊界條件且不須知道導數值的另一種條件稱為 *not-a-knot* 條件 (見[Deb2]，pp. 55-56)。此條件要求 $S'''(x)$ 在 x_1 及 x_{n-1} 為連續。

習題組 3.5 *完整習題請見隨書光碟*

1. 求可內插 $f(0) = 0$、$f(1) = 1$、及 $f(2) = 2$ 的自然三次雲形線 S。
3. 用下列數據建構自然三次雲形線。

   a.
x	$f(x)$
8.3	17.56492
8.6	18.50515

   b.
x	$f(x)$
0.8	0.22363362
1.0	0.65809197

   c.
x	$f(x)$
-0.5	-0.0247500
-0.25	0.3349375
0	1.1010000

   d.
x	$f(x)$
0.1	-0.62049958
0.2	-0.28398668
0.3	0.00660095
0.4	0.24842440

5. 習題 3 之數據係來自下列函數。利用習題 3 所得的雲形線以計算下列要求之 $f(x)$ 及 $f'(x)$ 的近似值，並求其實際誤差。

   a. $f(x) = x \ln x$； $f(8.4)$ 及 $f'(8.4)$ 之近似值。
   b. $f(x) = \sin(e^x - 2)$； $f(0.9)$ 及 $f'(0.9)$ 之近似值。
   c. $f(x) = x^3 + 4.001x^2 + 4.002x + 1.101$； $f(-\frac{1}{3})$ 及 $f'(-\frac{1}{3})$ 之近似值。
   d. $f(x) = x \cos x - 2x^2 + 3x - 1$； $f(0.25)$ 及 $f'(0.25)$ 之近似值。

7. 利用習題 3 之數據及下列條件以建構固定三次雲形線。

   a. $f'(8.3) = 3.116256$ 及 $f'(8.6) = 3.151762$

b. $f'(0.8) = 2.1691753$ 及 $f'(1.0) = 2.0466965$

c. $f'(-0.5) = 0.7510000$ 及 $f'(0) = 4.0020000$

d. $f'(0.1) = 3.58502082$ 及 $f'(0.4) = 2.16529366$

9. 利用習題 7 所建構之固定三次雲形線以重做習題 5。

11. 在 [0, 2] 間的自然雲形線 S 定義如下

$$S(x) = \begin{cases} S_0(x) = 1 + 2x - x^3, & \text{若 } 0 \leq x < 1, \\ S_1(x) = 2 + b(x-1) + c(x-1)^2 + d(x-1)^3, & \text{若 } 1 \leq x \leq 2. \end{cases}$$

求 b、c、及 d。

13. 自然三次雲形線 S 定義如下

$$S(x) = \begin{cases} S_0(x) = 1 + B(x-1) - D(x-1)^3, & \text{若 } 1 \leq x < 2, \\ S_1(x) = 1 + b(x-2) - \frac{3}{4}(x-2)^2 + d(x-2)^3, & \text{若 } 2 \leq x \leq 3. \end{cases}$$

若 S 內插數據 $(1,1)$、$(2,1)$、及 $(3,0)$，求 B、D、b、及 d。

15. 利用 $x = 0$、0.25、0.5、0.75、及 1.0 時函數 $f(x) = \cos \pi x$ 的值以建構自然三次雲形線。在區間 $[0, 1]$ 積分此雲形線，並與 $\int_0^1 \cos \pi x \, dx = 0$ 做比較。利用此雲形線的導數以求 $f'(0.5)$ 及 $f''(0.5)$ 的近似值，並與真實值做比較。

17. 用 $f'(0) = f'(1) = 0$ 的固定三次雲形線重做習題 15。

19. 設 $f(x)$ 為 3 次多項式。證明，$f(x)$ 為其本身的固定三次雲形線，但不為其本身的自然三次雲形線。

21. 將區間 $[0, 0.1]$ 在 $x_0 = 0$、$x_1 = 0.05$、及 $x_2 = 0.1$ 分段，求函數 $f(x) = e^{2x}$ 的分段線性內插函數 F。利用 $\int_0^{0.1} F(x) \, dx$ 以得 $\int_0^{0.1} e^{2x} \, dx$ 的近似值，並與實際積分值作比較。

23. 擴展算則 3.4 及 3.5，使能輸出雲形線節點的一階及二階導數。

25. 已知區間 $[0, 0.1]$ 的分段點為 $x_0 = 0$、$x_1 = 0.05$、及 $x_2 = 0.1$ 且 $f(x) = e^{2x}$：

a. 求內插 f 的固定邊界三次雲形線 s。

b. 求 $\int_0^{0.1} s(x) \, dx$ 的值以做為 $\int_0^{0.1} e^{2x} \, dx$ 的近似值。

c. 利用定理 3.13 以估計 $\max_{0 \leq x \leq 0.1} |f(x) - s(x)|$ 及

$$\left| \int_0^{0.1} f(x) \, dx - \int_0^{0.1} s(x) \, dx \right|$$

d. 求自然邊界三次雲形線 S，並比較 $S(0.02)$、$s(0.02)$、及 $e^{0.04} = 1.04081077$。

27. 求內插 $f(0) = 0$、$f(1) = 1$、及 $f(2) = 2$，並滿足 $s'(0) = 2$ 的二次雲形線 s。

29. 記錄一輛沿直線行駛的車子通過多個固定點的時間。觀測數列於下表，其中時間單位為秒、距離為呎、速度為呎/秒。

時間	0	3	5	8	13
距離	0	225	383	623	993
速度	75	77	80	74	72

a. 利用固定三次雲形線以預估在 $t = 10$ 秒時，此車的距離與速度。

b. 利用此雲形線的導數以求出此車是否會超過時速 55 哩的速限，如果會，則第一次超速的時間為何？

   c. 預估此車的最大速度為何？

30. 一匹名為 Mind That Bird 的馬 (以超過 50:1 的賠率)，以 2:02.66(2 分鐘又 2.66 秒) 的時間跑完 $1\frac{1}{4}$ 哩，贏得 2009 年肯它基德比大賽。牠通過 $\frac{1}{4}$ 哩、$\frac{1}{2}$ 哩、及 1 哩的時間分別為 0:22.98、0:47.23 及 1:37.49。

   a. 利用以上數據及起始時間，以建構一條代表 Mind That Bird 賽程的自然三次雲形線。

   b. 使用此雲形線以計算牠通過 $\frac{3}{4}$ 哩標竿的時間，並與實際記錄時間 1:12.09 做比較。

   c. 利用此雲形線求 Mind That Bird 在起點及終點的速度。

31. 有人懷疑，成熟櫸樹葉中大量的丹寧酸可以阻礙冬蛾 (Operophtera bromata L., Geometridae) 幼蟲的生長，在某些年份此種幼蟲會對櫸樹造成嚴重傷害。下表列出兩組幼蟲樣本出生頭 28 天的重量。第一組樣本以嫩葉飼養，第二組樣本則以同一棵樹上成熟的葉片飼養。

    a. 使用自然三次雲形線，求出每組樣本的平均重量曲線。

    b. 利用此雲形線的最大值，求每組樣本的平均重量的最大值。

天數	0	6	10	13	17	20	28
第一組樣本平均重量 (mg)	6.67	17.33	42.67	37.33	30.10	29.31	28.74
第二組樣本平均重量 (mg)	6.67	16.11	18.89	15.00	10.56	9.44	8.89

3.6 參數曲線

本章之前所介紹的方法中沒有一種可產生如圖 3.15 所示的曲線，因為此曲線無法將某一座標值表示為另一座標值的函數。在本節中將說明如何以一個參數代表 x 及 y 座標變數，以表示出一般化的曲線。任何一本好的電腦繪圖教科書，都會說明如何擴展此方法以表現空間中的一般化曲線或曲面。(參考，例如，[FVFH])

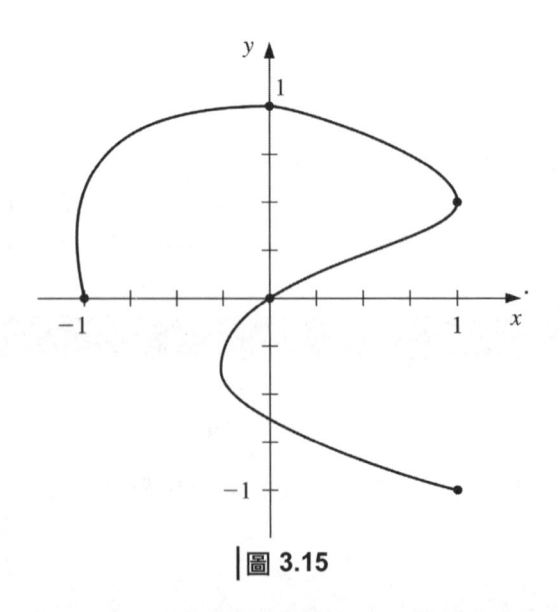

圖 3.15

第 3 章　內插及多項式近似

對於連接依序排列的點 $(x_0, y_0), (x_1, y_1), \ldots, (x_n, y_n)$ 的多項式或分段多項式，要將其參數化，直接的方法就是使用區間 $[t_0, t_n]$ 間的參數 t 且 $t_0 < t_1 < \cdots < t_n$，建構近似函數使得

$$x_i = x(t_i) \quad \text{及} \quad y_i = y(t_i), \quad i = 0, 1, \ldots, n$$

下面例題顯示，兩個函數均使用拉格朗日內插多項式的方法。

例題 1 建構一對拉格朗日多項式以近似圖 3.15 所示的曲線，使用圖中所示的數據點。

解　在選擇參數時有相當的彈性，我們選擇在 [0, 1] 內等分的點 $\{t_i\}_{i=0}^{4}$，所得數據列於表 3.20。

表 **3.20**

i	0	1	0.5	3	4
t_i	0	0.25	0.5	0.75	1
x_i	-1	0	1	0	1
y_i	0	1	0.5	0	-1

這可得到內插多項式

$$x(t) = \left(\left(\left(64t - \tfrac{352}{3}\right)t + 60\right)t - \tfrac{14}{3}\right)t - 1 \quad \text{及} \quad y(t) = \left(\left(\left(-\tfrac{64}{3}t + 48\right)t - \tfrac{116}{3}\right)t + 11\right)t$$

圖 3.16 中的淺色曲線即為此參數系統的圖形。雖然它通過指定的節點且外形大致相似，但對於原曲線仍只是一個相當粗糙的近似。更精確的近似須要用到更多的節點，以及更多的計算。∎

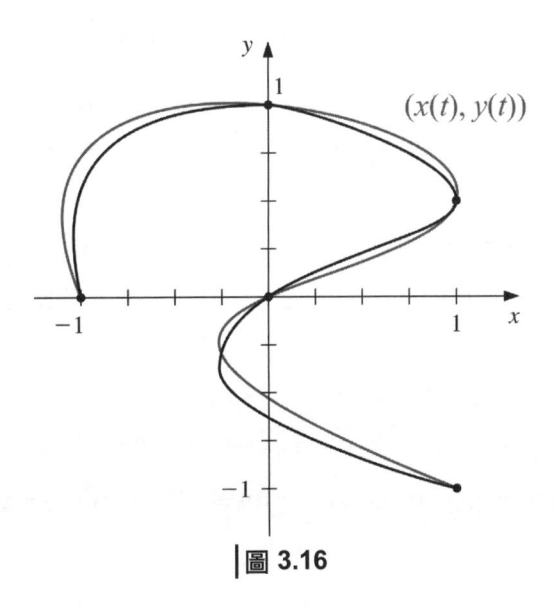

圖 **3.16**

可以用類似的方法產生參數化的 Hermite 曲線或雲形線，但同樣須要相當大量的計算時間。

在電腦繪圖的應用上，我們希望能很快的產生出平滑曲線，且能夠很容易的加以修改。就美學及計算兩者而言，當我們改變曲線的一部分時，對其他的部分應該沒有或僅有很小的影響。這使得內插多項式及雲形線都不適用，因為對此類曲線的局部修改會影響到全部。

在電腦繪圖中通常選擇使用分段三次 Hermite 多項式 (piecewise cubic Hermite polynomial)。指定每一段的端點與端點處的導數，可完整定義代表此段曲線的三次 Hermite 多項式。所以可以只改變曲線中的一段，而其他部分不動。只有相鄰部分要做調整，以確保端點處的平滑性。此方法計算速度快，且可以一次修改一段曲線。

使用 Hermite 內插的問題在於我們必須指定每段曲線端點處的導數。假設整條曲線有 $n + 1$ 個節點 $(x(t_0), y(t_0)), \ldots, (x(t_n), y(t_n))$，且我們希望用參數式以適應複雜的形狀。則我們必須指定 $i = 0, 1, \ldots, n$ 時所有的 $x'(t_i)$ 及 $y'(t_i)$。因為每一段曲線是各別產生的，所以這沒有乍看之下困難。我們僅須確保每段曲線端點的導數與相鄰線段端點的導數一致。根本上，我們可以將此程序簡化為，決定一對以 t 為參數的三次 Hermite 多項式，其 $t_0 = 0$ 且 $t_1 = 1$，已知端點值為 $(x(0), y(0))$、$(x(1), y(1))$ 及導數 dy/dx (在 $t=0$) 和導數 dy/dx (在 $t=1$)。

留意到一點，我們以上指定了六個條件，但 $x(t)$ 及 $y(t)$ 的三次多項式各須要四個條件，故總共要有八個。這提供了彈性，讓我們可以選取符合條件的 Hermite 多項式，因為通常要決定 $x(t)$ 及 $y(t)$ 必須指定 $x'(0)$、$x'(1)$、$y'(0)$、及 $y'(1)$。對 x 及 y 為外顯的 Hermite 曲線只須指定其比值

$$\frac{dy}{dx}(t = 0) = \frac{y'(0)}{x'(0)} \quad \text{及} \quad \frac{dy}{dx}(t = 1) = \frac{y'(1)}{x'(1)}$$

將 $x'(0)$ 及 $y'(0)$ 同乘一個尺度因子 (scaling factor)，曲線在 $(x(0), y(0))$ 的切線不變，但曲線的形狀會改變。尺度因子愈大，曲線會愈貼近 $(x(0), y(0))$ 處的切線。在另一端點 $(x(1), y(1))$ 處亦然。

為使互動式電腦繪圖系統使用更方便，可藉由指定另一個導引點 (guidepoint) 來決定端點處的導數，此導引點落在所期望的切線上。此導引點離節點愈遠，則產生的曲線愈貼近此切線。

在圖 3.17 中，(x_0, y_0) 及 (x_1, y_1) 為二節點，(x_0, y_0) 的導引點為 $(x_0 + \alpha_0, y_0 + \beta_0)$，$(x_1, y_1)$ 的導引點為 $(x_1 - \alpha_1, y_1 - \beta_1)$。在區間 $[0, 1]$ 的三次 Hermite 多項式 $x(t)$ 滿足

$$x(0) = x_0 \quad x(1) = x_1 \quad x'(0) = \alpha_0 \quad \text{及} \quad x'(1) = \alpha_1$$

第 3 章　內插及多項式近似　　161

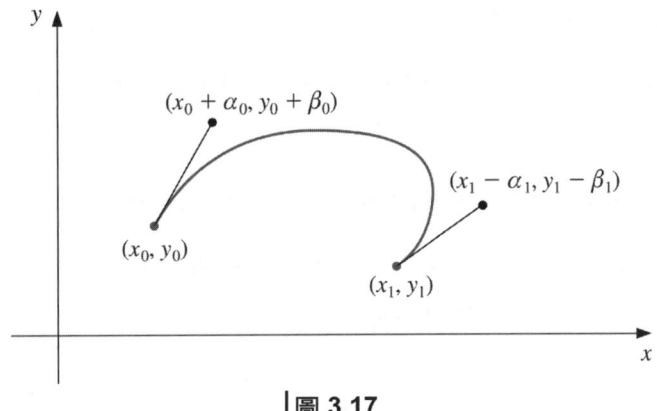

圖 3.17

同時滿足這些條件的唯一的三次多項式為

$$x(t) = [2(x_0 - x_1) + (\alpha_0 + \alpha_1)]t^3 + [3(x_1 - x_0) - (\alpha_1 + 2\alpha_0)]t^2 + \alpha_0 t + x_0 \tag{3.23}$$

同樣的，同時滿足

$$y(0) = y_0 \quad y(1) = y_1 \quad y'(0) = \beta_0 \quad 及 \quad y'(1) = \beta_1$$

條件的唯一的三次多項式為

$$y(t) = [2(y_0 - y_1) + (\beta_0 + \beta_1)]t^3 + [3(y_1 - y_0) - (\beta_1 + 2\beta_0)]t^2 + \beta_0 t + y_0 \tag{3.24}$$

例題 2　求用 (3.23) 式和 (3.24) 式所產生之參數曲線，給定端點為 $(x_0, y_0) = (0, 0)$ 和 $(x_1, y_1) = (1, 0)$，相對的導引點為 (1,1) 及 (0,1)，如圖 3.18 所示。

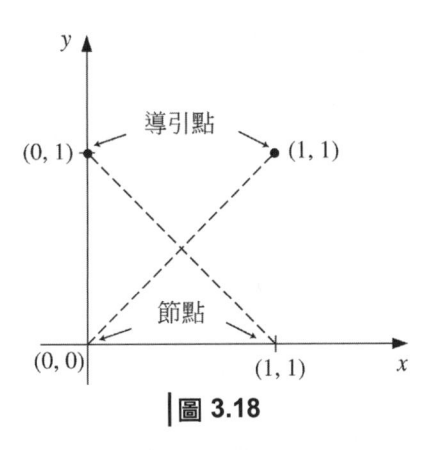

圖 3.18

解　由端點的資訊可知 $x_0 = 0$、$x_1 = 1$、$y_0 = 0$ 及 $y_1 = 0$，而導引點位於 (1,1) 及 (0,1) 代表了 $\alpha_0 = 1$、$\alpha_1 = 1$、$\beta_0 = 1$、及 $\beta_1 = -1$。特別看到，導引線在 (0,0) 及 (1,0) 的斜率分別為

$$\frac{\beta_0}{\alpha_0} = \frac{1}{1} = 1 \quad 和 \quad \frac{\beta_1}{\alpha_1} = \frac{-1}{1} = -1$$

由 (3.23) 式和 (3.24) 式可知，對 $t \in [0, 1]$，我們有

$$x(t) = [2(0-1) + (1+1)]t^3 + [3(0-0) - (1+2\cdot1)]t^2 + 1\cdot t + 0 = t$$

和

$$y(t) = [2(0-0) + (1+(-1))]t^3 + [3(0-0) - (-1+2\cdot1)]t^2 + 1\cdot t + 0 = -t^2 + t$$

此圖形顯示於圖 3.19 的 (a)，另外也顯示了對節點 (0, 0) 和 (1, 0) 及其斜率為 1 和 -1 時，(3.23) 式和 (3.24) 式所能產生的參數曲線。■

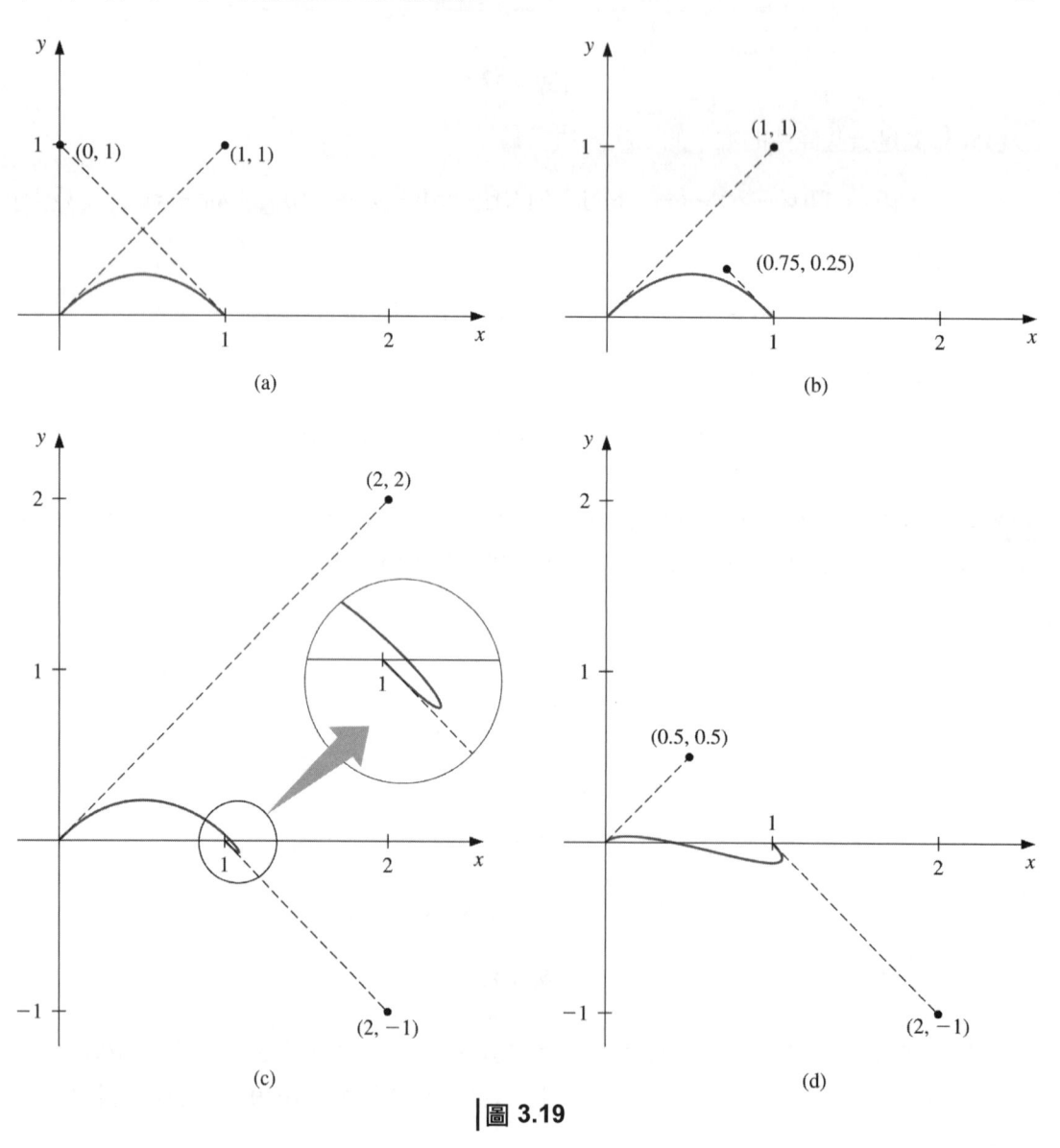

圖 3.19

互動式電腦繪圖程式的標準操作程序,通常是先用滑鼠設定節點與導引點,以產生一條初步近似曲線。此過程可以人工操作,但許多繪圖軟體許可你使用輸入裝置在螢幕上以手繪輸入,然後對此手繪曲線選取適當的節點與導引點。

然後操作者可以調整節點與導引點以獲得美觀的曲線。因為計算數量非常少,所以可以看到圖形立即的改變。此外,計算此曲線所須的所有數據均包含在節點與導引點的座標值內,所以使用者不須對系統非常了解。

通用的繪圖程式就是使用這樣的系統做手繪輸入,只是型式略加修改。在計算端點導數時加入一個尺度因子 3,此時 Hermite 三次式又稱為**貝氏多項式**(Bézier polynomials)。所以參數式成為

$$x(t) = [2(x_0 - x_1) + 3(\alpha_0 + \alpha_1)]t^3 + [3(x_1 - x_0) - 3(\alpha_1 + 2\alpha_0)]t^2 + 3\alpha_0 t + x_0 \tag{3.25}$$

及

$$y(t) = [2(y_0 - y_1) + 3(\beta_0 + \beta_1)]t^3 + [3(y_1 - y_0) - 3(\beta_1 + 2\beta_0)]t^2 + 3\beta_0 t + y_0 \tag{3.26}$$

$0 \le t \le 1$,但對系統使用者而言,此改變是透明的。

算則 3.6 利用參數式 (3.25) 及 (3.26) 以建構一組貝氏曲線。

算則 3.6 貝氏曲線 (Bézier Curve)

建立參數型態的三次貝氏曲線 $C_0, \ldots, C_{n-1}$,其中 C_i 表示為

$$(x_i(t), y_i(t)) = (a_0^{(i)} + a_1^{(i)}t + a_2^{(i)}t^2 + a_3^{(i)}t^3, b_0^{(i)} + b_1^{(i)}t + b_2^{(i)}t^2 + b_3^{(i)}t^3)$$

$0 \le t \le 1$,對每一個 $i = 0, 1, \ldots, n-1$,左側端點為 (x_i, y_i),左側導引點為 (x_i^+, y_i^+),右側端點為 (x_{i+1}, y_{i+1}),右側導引點為 (x_{i+1}^-, y_{i+1}^-):

INPUT $n; (x_0, y_0), \ldots, (x_n, y_n); (x_0^+, y_0^+), \ldots, (x_{n-1}^+, y_{n-1}^+); (x_1^-, y_1^-), \ldots, (x_n^-, y_n^-)$.

OUTPUT 係數 $\{a_0^{(i)}, a_1^{(i)}, a_2^{(i)}, a_3^{(i)}, b_0^{(i)}, b_1^{(i)}, b_2^{(i)}, b_3^{(i)}, \text{ for } 0 \le i \le n-1\}$.

Step 1 For each $i = 0, 1, \ldots, n-1$ do Steps 2 and 3.

    Step 2 Set $a_0^{(i)} = x_i$;
$b_0^{(i)} = y_i$;
$a_1^{(i)} = 3(x_i^+ - x_i)$;
$b_1^{(i)} = 3(y_i^+ - y_i)$;
$a_2^{(i)} = 3(x_i + x_{i+1}^- - 2x_i^+)$;
$b_2^{(i)} = 3(y_i + y_{i+1}^- - 2y_i^+)$;
$a_3^{(i)} = x_{i+1} - x_i + 3x_i^+ - 3x_{i+1}^-$;
$b_3^{(i)} = y_{i+1} - y_i + 3y_i^+ - 3y_{i+1}^-$;

    Step 3 OUTPUT $(a_0^{(i)}, a_1^{(i)}, a_2^{(i)}, a_3^{(i)}, b_0^{(i)}, b_1^{(i)}, b_2^{(i)}, b_3^{(i)})$.

Step 4 STOP.

三度空間曲線的產生方式與此類似，在節點部分再加上第三個分量 z_0 及 z_1，導引點則多了 $z_0+\gamma_0$ 及 $z_1-\gamma_1$。真正困難的是怎樣將一個三度空間的曲線投影到二度空間的電腦螢幕上。有不同的投影方式可用，但此問題屬電腦繪圖的範疇。要對此問題以及曲面的表示法有所了解，請參閱電腦繪圖的書籍，例如 [FVFH]。

習題組 3.6　完整習題請見隨書光碟

1. 令 $(x_0, y_0) = (0, 0)$ 及 $(x_1, y_1) = (5, 2)$ 為曲線之 2 端點。使用下列指定之導引點以建構出參數三次 Hermite 曲線 $(x(t), y(t))$，並畫出其圖形。
    a. (1, 1) 及 (6, 1)　　b. (0.5, 0.5) 及 (5.5, 1.5)　　c. (1, 1) 及 (6, 3)　　d. (2, 2) 及 (7, 0)

3. 依據下列給定之端點與導引點，建構並繪出三次貝氏多項式。
    a. 端點 (1, 1) 配導引點 (1.5, 1.25)；端點 (6, 2) 配導引點 (7, 3)
    b. 端點 (1, 1) 配導引點 (1.25, 1.5)；端點 (6, 2) 配導引點 (5, 3)
    c. 端點 (0, 0) 配導引點 (0.5, 0.5)；端點 (4, 6) 配進入導引點 (3.5, 7) 及離開導引點 (4.5, 5)；端點 (6, 1) 配導引點 (7, 2)
    d. 端點 (0, 0) 配導引點 (0.5, 0.5)；端點 (2, 1) 配進入導引點 (3, 1) 及離開導引點 (3, 1)；端點 (4, 0) 配進入導引點 (5, 1) 及離開導引點 (3, −1)；端點 (6, −1) 配導引點 (6.5, −0.25)

5. 假設三次貝氏多項式通過 (u_0, v_0) 及 (u_3, v_3)，導引點分別為 (u_1, v_1) 及 (u_2, v_2)。
    a. 推導滿足下列假設條件的 $u(t)$ 及 $v(t)$ 的參數式
    $$u(0) = u_0, \quad u(1) = u_3, \quad u'(0) = u_1 - u_0, \quad u'(1) = u_3 - u_2$$
    及
    $$v(0) = v_0, \quad v(1) = v_3, \quad v'(0) = v_1 - v_0, \quad v'(1) = v_3 - v_2.$$
    b. 令 $f(i/3) = u_i$，$i = 0, 1, 2, 3$ 且 $g(i/3) = v_i$，$i = 0, 1, 2, 3$。證明 f 對 t 的三次 Bernstein 多項式為 $u(t)$，且 g 對 t 的三次 Bernstein 多項式為 $v(t)$。(見 3.1 節習題 23)

CHAPTER 4

數值微分與積分

引言

鋪屋頂的波浪板是由平面鋁合金板壓成，它的截面為正弦波形狀。

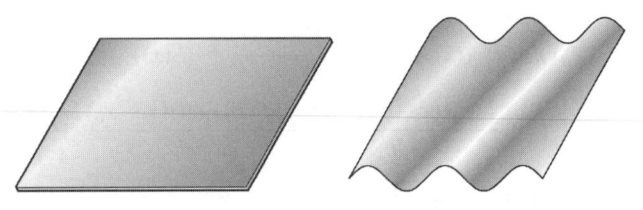

現在須要 4 呎長的波浪板，其波形由中心算起為 1 吋高，每一個波的週期為 2π 吋。求壓製這樣一片波浪板須要多長的平板，這個問題相當於求曲線 $f(x) = \sin x$ 由 $x = 0$ 吋到 $x = 48$ 吋的曲線總長。由微積分知此長度為

$$L = \int_0^{48} \sqrt{1 + (f'(x))^2}\, dx = \int_0^{48} \sqrt{1 + (\cos x)^2}\, dx$$

所以問題簡化為求積分值。雖然正弦函數是最常用的數學函數之一，但要求其長度必須用到第二類橢圓積分，這是沒法用外顯方法計算的。本章將介紹這類問題的近似解。以上這個問題會出現在 4.4 節的習題 25 以及 4.5 節的習題 12。

我們在第 3 章的引言中提過，使用代數多項式以近似任意數據集的一個原因是，對定義於一個封閉區間內的連續函數，存在有一個多項式在此區間內可任意趨近此函數。同時，多項式的導數及積分值都很容易求得。求微分或積分近似值的方法多數採用多項式近似。

4.1 數值微分

函數 f 在 x_0 的導數為

$$f'(x_0) = \lim_{h \to 0} \frac{f(x_0 + h) - f(x_0)}{h}$$

此公式提供了明顯的方法求 $f'(x_0)$ 近似值；當 h 很小時，只要計算

$$\frac{f(x_0+h)-f(x_0)}{h}$$

這方法雖明顯，但不大成功，因為有捨入誤差 (round-off error) 的關係。但這當然可當做是起點。

要求 $f'(x)$ 的近似值，首先假設 $x_0 \in (a,b)$，其中 $f \in C^2[a,b]$，及 $x_1 = x_0+h$ 而 $h \neq 0$ 且必須小到足以確保 $x_1 \in [a,b]$。我們建立由 x_0 及 x_1 所決定的 f 的一次拉格朗日多項式 $P_{0,1}(x)$ 及誤差項：

$$f(x) = P_{0,1}(x) + \frac{(x-x_0)(x-x_1)}{2!}f''(\xi(x))$$

$$= \frac{f(x_0)(x-x_0-h)}{-h} + \frac{f(x_0+h)(x-x_0)}{h} + \frac{(x-x_0)(x-x_0-h)}{2}f''(\xi(x))$$

$\xi(x)$ 位於 x_0 和 x_1 之間。微分後得

$$f'(x) = \frac{f(x_0+h)-f(x_0)}{h} + D_x\left[\frac{(x-x_0)(x-x_0-h)}{2}f''(\xi(x))\right]$$

$$= \frac{f(x_0+h)-f(x_0)}{h} + \frac{2(x-x_0)-h}{2}f''(\xi(x))$$

$$+ \frac{(x-x_0)(x-x_0-h)}{2}D_x(f''(\xi(x)))$$

消去帶 $\xi(x)$ 的項，得到

$$f'(x) \approx \frac{f(x_0+h)-f(x_0)}{h}$$

使用此公式有一個困難處，因為我們不知道 $D_x f''(\xi(x))$，所以無法估計截尾誤差。但是如果 x 等於 x_0，則 $D_x f''(\xi(x))$ 項的係數為 0，故此公式簡化為

$$f'(x_0) = \frac{f(x_0+h)-f(x_0)}{h} - \frac{h}{2}f''(\xi) \tag{4.1}$$

在 h 值很小時，可用差分比值 $[f(x_0+h)-f(x_0)]/h$ 當做 $f'(x_0)$ 的近似值，誤差界限為 $M|h|/2$，其中 M 為 $|f''(x)|$ 的界限，而 x 位於 x_0 和 x_0+h 之間。如果 $h>0$，此公式稱為**前向差分式** (forward-difference formula)(見圖 4.1)，如果 $h<0$ 則稱為**後向差分式** (backward-difference formula)。

例題 1 使用前向差分公式在 $x_0 = 1.8$ 處近似 $f(x) = \ln x$，使用 $h = 0.1$、$h = 0.05$、及 $h = 0.01$，並求出其近似誤差的界限。

解 前向差分公式

$$\frac{f(1.8+h)-f(1.8)}{h}$$

圖 4.1

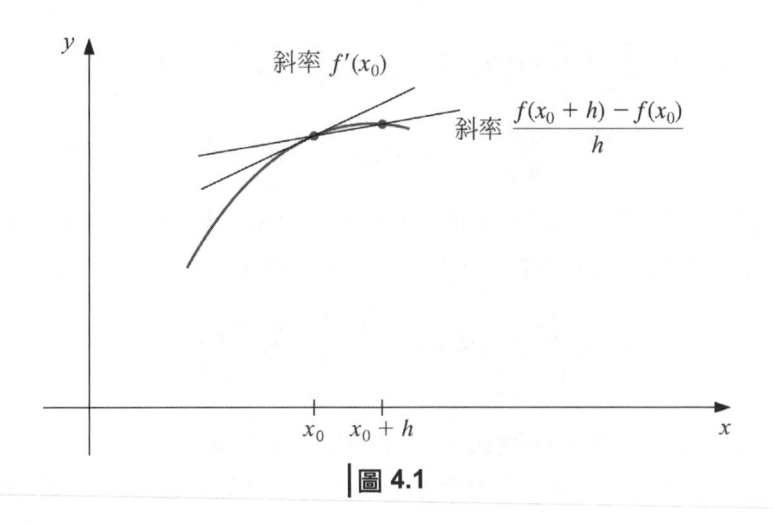

當 $h = 0.1$ 可得

$$\frac{\ln 1.9 - \ln 1.8}{0.1} = \frac{0.64185389 - 0.58778667}{0.1} = 0.5406722$$

因為 $f''(x) = -1/x^2$ 且 $1.8 < \xi < 1.9$，近似誤差的界限為

$$\frac{|hf''(\xi)|}{2} = \frac{|h|}{2\xi^2} < \frac{0.1}{2(1.8)^2} = 0.0154321$$

以同樣方法可得 $h = 0.05$ 及 $h = 0.01$ 時的近似值與誤差界限，結果顯示於表 4.1。

表 4.1

h	$f(1.8 + h)$	$\dfrac{f(1.8 + h) - f(1.8)}{h}$	$\dfrac{|h|}{2(1.8)^2}$
0.1	0.64185389	0.5406722	0.0154321
0.05	0.61518564	0.5479795	0.0077160
0.01	0.59332685	0.5540180	0.0015432

因為 $f'(x) = 1/x$，$f'(1.8)$ 的真實值為 $0.55\overline{5}$，此種情形下誤差界限與實際近似誤差相當接近。 ∎

為獲得導數的一般性近似公式，設 $\{x_0, x_1, \ldots, x_n\}$ 為區間 I 之內的 $(n+1)$ 個相異數且 $f \in C^{n+1}(I)$。由 108 頁的定理 3.3，對 I 中的某 $\xi(x)$，可得

$$f(x) = \sum_{k=0}^{n} f(x_k) L_k(x) + \frac{(x - x_0) \cdots (x - x_n)}{(n+1)!} f^{(n+1)}(\xi(x))$$

其中 $L_k(x)$ 代表 f 在 $x_0, x_1, \ldots, x_n$ 的 k 次拉格朗日係數多項式。將上式微分可得

$$f'(x) = \sum_{k=0}^{n} f(x_k)L'_k(x) + D_x\left[\frac{(x-x_0)\cdots(x-x_n)}{(n+1!)}\right]f^{(n+1)}(\xi(x))$$
$$+ \frac{(x-x_0)\cdots(x-x_n)}{n+1\,!}D_x[f^{(n+1)}(\xi(x))]$$

在此我們又遇到同樣的問題，除非 x 等於某一個 x_j 否則無法求得截尾誤差。若 x 等於某一 x_j，$D_x[f^{(n+1)}(\xi(x))]$ 與係數的乘積為 0，上式簡化為

$$f'(x_j) = \sum_{k=0}^{n} f(x_k)L'_k(x_j) + \frac{f^{(n+1)}(\xi(x_j))}{(n+1)!}\prod_{\substack{k=0\\k\neq j}}^{n}(x_j-x_k) \tag{4.2}$$

此公式稱為近似 $f'(x_j)$ 的 **(n + 1)-點式** ($(n+1)$-point formula)。

一般而言，在 (4.2) 式中使用的點愈多則可獲得愈高的精確度，但是由於運算量的增加以及捨入誤差的累積，並不建議這種做法。其中，最常用的是三點及五點式。

我們先推導一些有用的三點式，並考慮其誤差。因為

$$L_0(x) = \frac{(x-x_1)(x-x_2)}{(x_0-x_1)(x_0-x_2)}, \quad \text{可得}\quad L'_0(x) = \frac{2x-x_1-x_2}{(x_0-x_1)(x_0-x_2)}$$

同樣的，

$$L'_1(x) = \frac{2x-x_0-x_2}{(x_1-x_0)(x_1-x_2)}, \quad \text{及}\quad L'_2(x) = \frac{2x-x_0-x_1}{(x_2-x_0)(x_2-x_1)}$$

因此由 (4.2) 式可得，對每個 $j = 0, 1, 2$，我們有

$$\begin{aligned}f'(x_j) &= f(x_0)\left[\frac{2x_j-x_1-x_2}{(x_0-x_1)(x_0-x_2)}\right] + f(x_1)\left[\frac{2x_j-x_0-x_2}{(x_1-x_0)(x_1-x_2)}\right]\\ &+ f(x_2)\left[\frac{2x_j-x_0-x_1}{(x_2-x_0)(x_2-x_1)}\right] + \frac{1}{6}f^{(3)}(\xi_j)\prod_{\substack{k=0\\k\neq j}}^{2}(x_j-x_k)\end{aligned} \tag{4.3}$$

其中 ξ_j 代表該點取決於 x_j。

■ 三點公式

如果節點間距離相等，(4.3) 式的方程式變得特別有用，亦即

$$x_1 = x_0 + h \quad \text{且}\quad x_2 = x_0 + 2h, \quad h \neq 0$$

在本節中，我們只考慮等間隔節點。

利用 (4.3) 式以及 $x_j = x_0$、$x_1 = x_0 + h$、和 $x_2 = x_0 + 2h$ 可得

$$f'(x_0) = \frac{1}{h}\left[-\frac{3}{2}f(x_0) + 2f(x_1) - \frac{1}{2}f(x_2)\right] + \frac{h^2}{3}f^{(3)}(\xi_0)$$

令 $x_j = x_1$ 再重複一次可得

$$f'(x_1) = \frac{1}{h}\left[-\frac{1}{2}f(x_0) + \frac{1}{2}f(x_2)\right] - \frac{h^2}{6}f^{(3)}(\xi_1)$$

然後對 $x_j = x_2$，

$$f'(x_2) = \frac{1}{h}\left[\frac{1}{2}f(x_0) - 2f(x_1) + \frac{3}{2}f(x_2)\right] + \frac{h^2}{3}f^{(3)}(\xi_2)$$

因為 $x_1 = x_0 + h$ 且 $x_2 = x_0 + 2h$，所以這些公式亦可寫成

$$f'(x_0) = \frac{1}{h}\left[-\frac{3}{2}f(x_0) + 2f(x_0 + h) - \frac{1}{2}f(x_0 + 2h)\right] + \frac{h^2}{3}f^{(3)}(\xi_0)$$

$$f'(x_0 + h) = \frac{1}{h}\left[-\frac{1}{2}f(x_0) + \frac{1}{2}f(x_0 + 2h)\right] - \frac{h^2}{6}f^{(3)}(\xi_1)$$

及

$$f'(x_0 + 2h) = \frac{1}{h}\left[\frac{1}{2}f(x_0) - 2f(x_0 + h) + \frac{3}{2}f(x_0 + 2h)\right] + \frac{h^2}{3}f^{(3)}(\xi_2)$$

為了方便起見，在中間的方程式我們用 x_0 代替 $x_0 + h$，在最後的方程式中則用 x_0 代替 $x_0 + 2h$，以得到三個對 $f'(x_0)$ 的近似方程式：

$$f'(x_0) = \frac{1}{2h}[-3f(x_0) + 4f(x_0 + h) - f(x_0 + 2h)] + \frac{h^2}{3}f^{(3)}(\xi_0)$$

$$f'(x_0) = \frac{1}{2h}[-f(x_0 - h) + f(x_0 + h)] - \frac{h^2}{6}f^{(3)}(\xi_1)$$

及

$$f'(x_0) = \frac{1}{2h}[f(x_0 - 2h) - 4f(x_0 - h) + 3f(x_0)] + \frac{h^2}{3}f^{(3)}(\xi_2)$$

最後說明一點，如果把以上第一個方程式中的 h 換成 $-h$，就成為了第三個方程式，所以實際上只有兩個公式：

■ 三點端點公式

• $f'(x_0) = \dfrac{1}{2h}[-3f(x_0) + 4f(x_0 + h) - f(x_0 + 2h)] + \dfrac{h^2}{3}f^{(3)}(\xi_0)$ (4.4)

其中 ξ_0 介於 x_0 及 $x_0 + 2h$ 之間。

■ 三點中點公式

• $f'(x_0) = \dfrac{1}{2h}[f(x_0 + h) - f(x_0 - h)] - \dfrac{h^2}{6}f^{(3)}(\xi_1)$ (4.5)

其中 ξ_1 介於 $x_0 - h$ 及 $x_0 + h$ 之間。

雖然 (4.4) 與 (4.5) 式的誤差都是 $O(h^2)$，但 (4.5) 式的誤差約為 (4.4) 式的一半。這是因為 (4.5) 式用到了 x_0 左右兩側的數據，而 (4.4) 式只用了一側的數據。同時要注意，在 (4.5) 式中我們只須要計算 f 的值 2 次，而 (4.4) 式須要 3 次。圖 4.2 顯示了使用 (4.5) 式近似的情形。(4.4) 式可用於區間端點處的計算，因為我們可能沒有 f 在區間之外的資訊。

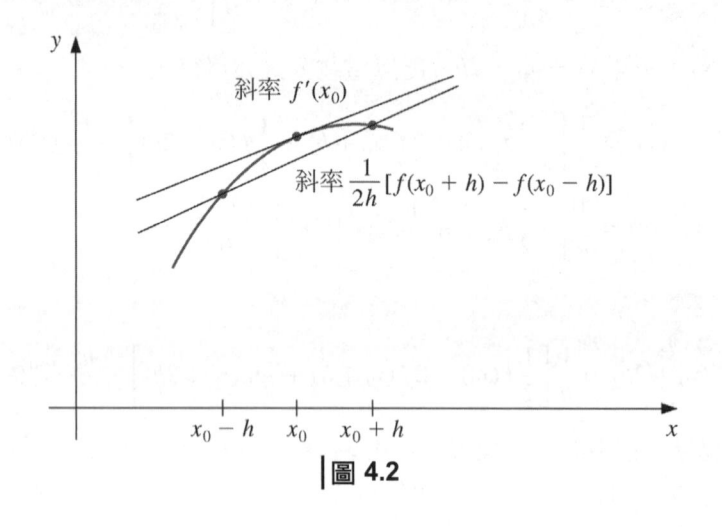

圖 4.2

■ 五點公式

(4.4) 式與 (4.5) 式稱為**三點公式** (three-point formula)(雖然在 (4.5) 式中不含第三點 $f(x_0)$)。以同樣的方法再多納入兩點，可得**五點公式** (five-point formula)，其誤差項為 $O(h^4)$。一個通用五點公式被用來計算中點處之導數的近似值。

■ 五點中點公式

- $$f'(x_0) = \frac{1}{12h}[f(x_0 - 2h) - 8f(x_0 - h) + 8f(x_0 + h) - f(x_0 + 2h)] + \frac{h^4}{30}f^{(5)}(\xi) \qquad (4.6)$$

其中 ξ 介於 $x_0 - 2h$ 及 $x_0 + 2h$ 之間。

此公式的推導將於 4.2 節說明。另一個五點式則可用於端點處近似值的計算。

■ 五點端點公式

- $$f'(x_0) = \frac{1}{12h}[-25f(x_0) + 48f(x_0 + h) - 36f(x_0 + 2h)$$
$$+ 16f(x_0 + 3h) - 3f(x_0 + 4h)] + \frac{h^4}{5}f^{(5)}(\xi) \qquad (4.7)$$

其中 ξ 介於 x_0 及 $x_0 + 4h$ 之間。

在上式中求左側端點近似值時用 $h > 0$，對右側端點則用 $h < 0$。五點端點公式特別適用

於 3.5 節的固定三次雲形線內插。

例題2 函數 $f(x) = xe^x$ 的值列於表 4.2。使用各種合用的三點及五點公式以計算 $f'(2.0)$ 的近似值。

表 4.2	
x	$f(x)$
1.8	10.889365
1.9	12.703199
2.0	14.778112
2.1	17.148957
2.2	19.855030

解 表中數據可求出 4 個三點近似值。我們可以用端點公式 (4.4) 配合 $h = 0.1$ 或 $h = -0.1$，我們也可使用中點公式 (4.5) 配合 $h = 0.1$ 或 $h = 0.2$。

使用端點公式 (4.4) 配合 $h = 0.1$ 可得

$$\frac{1}{0.2}[-3f(2.0) + 4f(2.1) - f(2.2)] = 5[-3(14.778112) + 4(17.148957) - 19.855030)] = 22.032310$$

配合 $h = -0.1$ 可得 22.054525。

使用中點公式 (4.5) 配合 $h = 0.1$ 可得

$$\frac{1}{0.2}[f(2.1) - f(1.9)] = 5(17.148957 - 12.7703199) = 22.228790$$

使用 $h = 0.2$ 可得 22.414163。

用表列數據所能得到唯一的五點公式為中點公式 (4.6) 及 $h = 0.1$。結果為

$$\frac{1}{1.2}[f(1.8) - 8f(1.9) + 8f(2.1) - f(2.2)] = \frac{1}{1.2}[10.889365 - 8(12.703199) + 8(17.148957) - 19.855030]$$
$$= 22.166999$$

如果沒有其他資訊，則我們就只能接受此五點中點近似值是最準確的近似值，並期望真實的值會落於此近似值，和三點中點公式近似值之間，也就是區間 [22.166, 22.229]。

在本例中，真實值為 $f'(2.0) = (2+1)e^2 = 22.167168$，所以實際的近似誤差為：

三點端點式及 $h = 0.1$：1.35×10^{-1}；
三點端點式及 $h = -0.1$：1.13×10^{-1}；
三點中點式及 $h = 0.1$：-6.16×10^{-2}；
三點中點式及 $h = 0.2$：-2.47×10^{-1}；
五點中點式及 $h = 0.1$：1.69×10^{-4}。 ∎

我們亦可推導出，利用一個函數在不同點上的函數值，以計算其高階導數近似值的方法。但推導過程相當繁瑣，在此只列出代表性的過程。

將函數 f 在 x_0 處以三階泰勒多項式展開，其在 x_0+h 及 x_0-h 處的值為

$$f(x_0+h) = f(x_0) + f'(x_0)h + \frac{1}{2}f''(x_0)h^2 + \frac{1}{6}f'''(x_0)h^3 + \frac{1}{24}f^{(4)}(\xi_1)h^4$$

及

$$f(x_0 - h) = f(x_0) - f'(x_0)h + \frac{1}{2}f''(x_0)h^2 - \frac{1}{6}f'''(x_0)h^3 + \frac{1}{24}f^{(4)}(\xi_{-1})h^4$$

其中 $x_0 - h < \xi_{-1} < x_0 < \xi_1 < x_0 + h$。

將以上兩式相加，可消去帶 $f'(x_0)$ 及 $-f'(x_0)$ 的項，所以

$$f(x_0 + h) + f(x_0 - h) = 2f(x_0) + f''(x_0)h^2 + \frac{1}{24}[f^{(4)}(\xi_1) + f^{(4)}(\xi_{-1})]h^4$$

用此式解 $f''(x_0)$ 得

$$f''(x_0) = \frac{1}{h^2}[f(x_0 - h) - 2f(x_0) + f(x_0 + h)] - \frac{h^2}{24}[f^{(4)}(\xi_1) + f^{(4)}(\xi_{-1})] \tag{4.8}$$

假設 $f^{(4)}$ 在 $[x_0 - h, x_0 + h]$ 之間為連續。因為 $\frac{1}{2}[f^{(4)}(\xi_1) + f^{(4)}(\xi_{-1})]$ 是介於 $f^{(4)}(\xi_1)$ 及 $f^{(4)}(\xi_{-1})$ 之間，由中間值定理可知在 ξ_1 及 ξ_{-1} 之間，亦即 $(x_0 - h, x_0 + h)$ 之間，必存有一數 ξ 使得

$$f^{(4)}(\xi) = \frac{1}{2}\left[f^{(4)}(\xi_1) + f^{(4)}(\xi_{-1})\right]$$

這讓我們可以將 (4.8) 式改寫為最終型式。

■ 二階導數中點公式

- $f''(x_0) = \dfrac{1}{h^2}[f(x_0 - h) - 2f(x_0) + f(x_0 + h)] - \dfrac{h^2}{12}f^{(4)}(\xi)$ (4.9)

  其中 ξ 滿足 $x_0 - h < \xi < x_0 + h$。

若 $f^{(4)}$ 在 $[x_0 - h, x_0 + h]$ 之間為連續且有界 (bounded)，則此近似值為 $O(h^2)$。

表 4.3

x	$f(x)$
1.8	10.889365
1.9	12.703199
2.0	14.778112
2.1	17.148957
2.2	19.855030

例題 3 在例題 2 中，我們用表 4.3 所列的數據，求得 $f(x) = xe^x$ 在 $x = 2.0$ 處之一階導數的近似值。使用二階導數公式 (4.9) 求 $f''(2.0)$ 的近似值。

解 所給的數據許可我們求得 $f''(2.0)$ 的兩個近似值。使用 (4.9) 式及 $h = 0.1$ 可得

$$\frac{1}{0.01}[f(1.9) - 2f(2.0) + f(2.1)] = 100[12.703199 - 2(14.778112) + 17.148957]$$

$$= 29.593200$$

使用 (4.9) 式及 $h = 0.2$ 可得

$$\frac{1}{0.04}[f(1.8) - 2f(2.0) + f(2.2)] = 25[10.889365 - 2(14.778112) + 19.855030]$$
$$= 29.704275$$

因為 $f''(x) = (x+2)e^x$，真實值為 $f''(2.0) = 29.556224$。所以真實誤差分別為 -3.70×10^{-2} 及 -1.48×10^{-1}。

■ 捨入誤差造成的不穩定

在計算導數的近似值時必須特別注意捨入誤差。為說明此問題，我們更仔細的檢視一下三點中點公式 (4.5)，

$$f'(x_0) = \frac{1}{2h}[f(x_0 + h) - f(x_0 - h)] - \frac{h^2}{6}f^{(3)}(\xi_1)$$

假設在計算 $f(x_0 + h)$ 及 $f(x_0 - h)$ 時分別有捨入誤差 $e(x_0 + h)$ 及 $e(x_0 - h)$。則我們計算中實際使用的值 $\tilde{f}(x_0 + h)$ 及 $\tilde{f}(x_0 - h)$ 與真實值 $f(x_0 + h)$ 及 $f(x_0 - h)$ 之關係為

$$f(x_0 + h) = \tilde{f}(x_0 + h) + e(x_0 + h) \quad \text{及} \quad f(x_0 - h) = \tilde{f}(x_0 - h) + e(x_0 - h)$$

此近似值的總誤差為

$$f'(x_0) - \frac{\tilde{f}(x_0 + h) - \tilde{f}(x_0 - h)}{2h} = \frac{e(x_0 + h) - e(x_0 - h)}{2h} - \frac{h^2}{6}f^{(3)}(\xi_1)$$

其中包括捨入誤差，上式的第一部分，及截尾誤差。如果我們假設捨入誤差 $e(x_0 \pm h)$ 的界限為 $\varepsilon > 0$，且 f 的三階導數的界限為 $M > 0$，則

$$\left| f'(x_0) - \frac{\tilde{f}(x_0 + h) - \tilde{f}(x_0 - h)}{2h} \right| \leq \frac{\varepsilon}{h} + \frac{h^2}{6}M$$

要減小截尾誤差，$h^2M/6$，我們要減小 h。但是減小 h 時，捨入誤差 ε/h 變大。在實用上，使用太小的 h 並沒有什麼好處，因為捨入誤差會成為主要的誤差來源。

說明題 考慮使用表 4.4 的數據以求 $f'(0.900)$ 的近似值，在此 $f(x) = \sin x$。真實值為 $\cos 0.900 = 0.62161$。使用公式

$$f'(0.900) \approx \frac{f(0.900 + h) - f(0.900 - h)}{2h}$$

及不同的 h 值，所得近似值如表 4.5。

最佳的 h 值看來是在 0.005 與 0.05 之間。我們可以用微積分來驗證 (見習題 29)

$$e(h) = \frac{\varepsilon}{h} + \frac{h^2}{6}M$$

的最小值出現在 $h = \sqrt[3]{3\varepsilon/M}$，其中

表 4.4

x	$\sin x$	x	$\sin x$
0.800	0.71736	0.901	0.78395
0.850	0.75128	0.902	0.78487
0.880	0.77074	0.905	0.75643
0.890	0.77707	0.910	0.78950
0.895	0.78021	0.920	0.79560
0.898	0.78208	0.950	0.81342
0.899	0.78270	1.000	0.84147

表 4.5

h	$f'(0.900)$ 的近似值	誤差
0.001	0.62500	0.00339
0.002	0.62250	0.00089
0.005	0.62200	0.00039
0.010	0.62150	-0.00011
0.020	0.62150	-0.00011
0.050	0.62140	-0.00021
0.100	0.62055	-0.00106

$$M = \max_{x \in [0.800, 1.00]} |f'''(x)| = \max_{x \in [0.800, 1.00]} |\cos x| = \cos 0.8 \approx 0.69671$$

因為 f 的值給到小數第 5 位，所以我們假設捨入誤差的界限為 $\varepsilon = 5 \times 10^{-6}$。因此，$h$ 的最佳選擇約為

$$h = \sqrt[3]{\frac{3(0.000005)}{0.69671}} \approx 0.028$$

這與表 4.6 中的結果相一致。 ■

實際上，在計算導數的近似值時，我們無法求出最佳的 h，因為我們對此函數的三階導數一無所知。但我們要了解，減小步進距離 (step size) 並不一定提昇近似的準確度。 ■

我們只探討了三點公式 (4.5) 的捨入誤差，但所有的微分公式都有同樣的問題。這可歸因於它們都要除上 h 的次方項。我們由 1.2 節了解到 (特別是例題 3)，除上一個很小的數會放大捨入誤差，應該盡量避免。但在數值微分時不可能完全避免此問題，雖然某些高階方法可以相對減輕此問題。

做為近似方法，數值微分是*不穩定* (unstable) 的，因為我們要用很小的 h 以降低截尾誤差但這同時又增大了捨入誤差。這是我們目前遇到的第一類不穩定的方法，應該盡可能加以避免。但是，除了用於計算之外，這些公式將用於求常微分或偏微分方程的近似解。

習題組 4.1 完整習題請見隨書光碟

1. 分別使用前向差分及後向差分公式求下列表中空白欄位的值。

a.
x	$f(x)$	$f'(x)$
0.5	0.4794	
0.6	0.5646	
0.7	0.6442	

b.
x	$f(x)$	$f'(x)$
0.0	0.00000	
0.2	0.74140	
0.4	1.3718	

3. 習題 1 中的數據係得自下列函數。求習題 1 之絕對誤差，並用誤差公式求誤差界限。
   a. $f(x) = \sin x$
   b. $f(x) = e^x - 2x^2 + 3x - 1$

5. 用最準確的三點式求下列各表中空白欄位的值。

   a.
x	$f(x)$	$f'(x)$
1.1	9.025013	
1.2	11.02318	
1.3	13.46374	
1.4	16.44465	

   b.
x	$f(x)$	$f'(x)$
8.1	16.94410	
8.3	17.56492	
8.5	18.19056	
8.7	18.82091	

   c.
x	$f(x)$	$f'(x)$
2.9	−4.827866	
3.0	−4.240058	
3.1	−3.496909	
3.2	−2.596792	

   d.
x	$f(x)$	$f'(x)$
2.0	3.6887983	
2.1	3.6905701	
2.2	3.6688192	
2.3	3.6245909	

7. 習題 5 中的數據係得自下列函數。求習題 5 之絕對誤差，並用誤差公式求誤差界限。
   a. $f(x) = e^{2x}$
   b. $f(x) = x \ln x$
   c. $f(x) = x \cos x - x^2 \sin x$
   d. $f(x) = 2(\ln x)^2 + 3 \sin x$

9. 利用本節所列出的公式，求下列表中空白欄位的最佳近似值。

   a.
x	$f(x)$	$f'(x)$
2.1	−1.709847	
2.2	−1.373823	
2.3	−1.119214	
2.4	−0.9160143	
2.5	−0.7470223	
2.6	−0.6015966	

   b.
x	$f(x)$	$f'(x)$
−3.0	9.367879	
−2.8	8.233241	
−2.6	7.180350	
−2.4	6.209329	
−2.2	5.320305	
−2.0	4.513417	

11. 習題 9 中的數據係得自下列函數。求習題 9 之絕對誤差，使用誤差公式及 Maple 求誤差界限。
    a. $f(x) = \tan x$
    b. $f(x) = e^{x/3} + x^2$

13. 已知下表數據，以及 f 在 [1, 5] 間的前五階導數的界限分別為 2、3、6、12、及 23，求 $f'(3)$ 的最佳近似值。求誤差的界限。

x	1	2	3	4	5
$f(x)$	2.4142	2.6734	2.8974	3.0976	3.2804

15. 重複習題 1，但使用 4 位數四捨五入運算，並與習題 3 所得誤差做比較。

17. 重複習題 9，但使用 4 位數四捨五入運算，並與習題 11 所得誤差做比較。

19. 令 $f(x) = \cos \pi x$。使用 (4.9) 式與 $x = 0.25$、0.5、及 0.75 時 $f(x)$ 的值，求 $f''(0.5)$ 的近似值。將此結果與 3.5 節習題 15 的結果以及真實值做比較，解釋為何此方法在本例中特別準確，並求其誤差界限。

21. 已知下表數據：

x	0.2	0.4	0.6	0.8	1.0
$f(x)$	0.9798652	0.9177710	0.8080348	0.6386093	0.3843735

    a. 用 (4.7) 式求 $f'(0.2)$ 的近似值。
    b. 用 (4.7) 式求 $f'(1.0)$ 的近似值。
    c. 用 (4.6) 式求 $f'(0.6)$ 的近似值。

22. 推導出使用 $f(x_0 - h)$、$f(x_0)$、$f(x_0 + h)$、$f(x_0 + 2h)$、及 $f(x_0 + 3h)$ 的 $O(h^4)$ 之五點式。[提示：考慮對各點展開的四次泰勒多項式，將其組合如 $Af(x_0 - h) + Bf(x_0 + h) + Cf(x_0 + 2h) + Df(x_0 + 3h)$，並選擇適當的 A、B、C、及 D。]

27. 所有學過微積分的學生都知道，函數 f 在 x 的導數可定義為

$$f'(x) = \lim_{h \to 0} \frac{f(x+h) - f(x)}{h}$$

自行選取一個函數 f 及不為 0 的數 x，並使用電腦或計算器。利用

$$f'_n(x) = \frac{f(x + 10^{-n}) - f(x)}{10^{-n}}, n = 1, 2, ..., 20$$

求 $f'(x)$ 的近似值 $f'_n(x)$，並解釋所得結果。

29. 考慮函數

$$e(h) = \frac{\varepsilon}{h} + \frac{h^2}{6}M$$

其中 M 為此函數三階導數的界限。證明 $e(h)$ 在 $\sqrt[3]{3\varepsilon/M}$ 有最小值。

4.2 理查生外推法

理查生外推法是一種使用低階公式以產生高階近似結果的方法。此方法之得名係來自 L. F. Richardson 及 J.A. Gaunt [RG] 在 1927 年所發表的一篇論文，但此方法的基本概念源自更早的年代。在參考文獻 [Joy] 中可發現一篇相關的文章，介紹外推法的淵源及應用。

對任何近似方法，只要知道其誤差項是可預測的型式，就可以使用外推法，此誤差項通常取決於步進大小 h。假設對任一個數 $h \neq 0$，我們有公式 $N_1(h)$ 可近似於未知數 M 的值，則此近似的截尾誤差為

$$M - N_1(h) = K_1 h + K_2 h^2 + K_3 h^3 + \cdots$$

$K_1, K_2, K_3, \ldots$ 為未定常數。

因為截尾誤差為 $O(h)$，所以除非各常數 $K_1, K_2, K_3, \ldots$ 的絕對值差異很大，我們可預期

$$M - N_1(0.1) \approx 0.1 K_1 \text{，} M - N_1(0.01) \approx 0.01 K_1$$

且一般來說應有 $M - N_1(h) \approx K_1 h$。

外推法的目的就是要找出一個簡單的方法，藉由適當的組合不夠準確的 $O(h)$ 近似公式，以得到高階截尾誤差的公式。

舉例來說，假設我們可組合 $N_1(h)$ 公式以產生對 M 的 $O(h^2)$ 的近似公式 $N_2(h)$，並有

$$M - N_2(h) = \hat{K}_2 h^2 + \hat{K}_3 h^3 + \cdots$$

同樣的，$\hat{K}_2, \hat{K}_3, \ldots$ 為未定常數。則有

$$M - N_2(0.1) \approx 0.01\hat{K}_2 , M - N_2(0.01) \approx 0.0001\hat{K}_2$$

餘此類推。若常數 K_1 與 $\hat{K}_2$ 的絕對值相差不多，則 $N_2(h)$ 的近似結果會遠優於 $N_1(h)$ 的近似結果。此一外推程序可再延伸，可以組合適當的 $N_2(h)$ 公式以產生 $O(h^3)$ 的近似公式，並依此類推。

為明顯看出如何產生這些外推公式，我們考慮如下型式的對 M 的 $O(h)$ 近似公式

$$M = N_1(h) + K_1 h + K_2 h^2 + K_3 h^3 + \cdots \tag{4.10}$$

假設此公式是對任何正的 h 均成立，所以我們將 h 用它的一半代入。則可得第二個 $O(h)$ 近似公式

$$M = N_1\left(\frac{h}{2}\right) + K_1\frac{h}{2} + K_2\frac{h^2}{4} + K_3\frac{h^3}{8} + \cdots \tag{4.11}$$

將 (4.11) 式乘 2 再減去 (4.10) 式可消去包含 K_1 的項，得到

$$M = N_1\left(\frac{h}{2}\right) + \left[N_1\left(\frac{h}{2}\right) - N_1(h)\right] + K_2\left(\frac{h^2}{2} - h^2\right) + K_3\left(\frac{h^3}{4} - h^3\right) + \cdots \tag{4.12}$$

定義

$$N_2(h) = N_1\left(\frac{h}{2}\right) + \left[N_1\left(\frac{h}{2}\right) - N_1(h)\right]$$

則 (4.12) 式是對 M 的 $O(h^2)$ 的近似公式：

$$M = N_2(h) - \frac{K_2}{2}h^2 - \frac{3K_3}{4}h^3 - \cdots \tag{4.13}$$

例題 1 在 4.1 節的例題 1 中，我們用前向差分法及 $h = 0.1$ 和 $h = 0.05$，求得 $f'(1.8)$ 的近似值，其中 $f(x) = \ln(x)$。假設此公式的截尾誤差為 $O(h)$，將外推法用於這 2 個值，看是否能獲得更好的近似值。

解 在 4.1 節的例題 1 中我們得到

$$h = 0.1: f'(1.8) \approx 0.5406722 \quad \text{及} \quad h = 0.05: f'(1.8) \approx 0.5479795$$

由此可得

$$N_1(0.1) = 0.5406722 \quad \text{和} \quad N_1(0.05) = 0.5479795$$

外推這兩個結果可得新的近似值

$$N_2(0.1) = N_1(0.05) + (N_1(0.05) - N_1(0.1)) = 0.5479795 + (0.5479795 - 0.5406722)$$
$$= 0.555287$$

我們知道 $h = 0.1$ 和 $h = 0.05$ 時的誤差分別為 1.5×10^{-2} 和 7.7×10^{-3}。由於 $f'(1.8) = 1/1.8 = 0.\overline{5}$，外推值準確至 2.7×10^{-4}。

只要近似公式的截尾誤差的型式為

$$\sum_{j=1}^{m-1} K_j h^{\alpha_j} + O(h^{\alpha_m})$$

就可應應用外推法，其中 K_j 為一組常數且 $\alpha_1 < \alpha_2 < \alpha_3 < \cdots < \alpha_m$。許多用於外推法的公式，其截尾誤差只帶有 h 的偶數次方項，亦即

$$M = N_1(h) + K_1 h^2 + K_2 h^4 + K_3 h^6 + \cdots \tag{4.14}$$

此時外推法會比帶有 h 的所有次方項時更有效率，而平均的過程可得到誤差為 $O(h^2)$、$O(h^4)$、$O(h^6)$、…的近似值，且相較於 $O(h)$、$O(h^2)$、$O(h^3)$、…的結果，幾乎不增加計算量。

假設一個近似值具有 (4.14) 式的型式。用 $h/2$ 替換 h 可得 $O(h^2)$ 的近似公式

$$M = N_1\left(\frac{h}{2}\right) + K_1\frac{h^2}{4} + K_2\frac{h^4}{16} + K_3\frac{h^6}{64} + \cdots$$

將上式乘 4 再減去 (4.14) 式可消去 h^2 項，

$$3M = \left[4N_1\left(\frac{h}{2}\right) - N_1(h)\right] + K_2\left(\frac{h^4}{4} - h^4\right) + K_3\left(\frac{h^6}{16} - h^6\right) + \cdots$$

將上式除 3 可得 $O(h^4)$ 公式

$$M = \frac{1}{3}\left[4N_1\left(\frac{h}{2}\right) - N_1(h)\right] + \frac{K_2}{3}\left(\frac{h^4}{4} - h^4\right) + \frac{K_3}{3}\left(\frac{h^6}{16} - h^6\right) + \cdots$$

定義

$$N_2(h) = \frac{1}{3}\left[4N_1\left(\frac{h}{2}\right) - N_1(h)\right] = N_1\left(\frac{h}{2}\right) + \frac{1}{3}\left[N_1\left(\frac{h}{2}\right) - N_1(h)\right]$$

可得截尾誤差為 $O(h^4)$ 的近似公式：

$$M = N_2(h) - K_2\frac{h^4}{4} - K_3\frac{5h^6}{16} + \cdots \tag{4.15}$$

現在將 (4.15) 式中的 h 換成 $h/2$，可得第二個 $O(h^4)$ 的近似公式

$$M = N_2\left(\frac{h}{2}\right) - K_2\frac{h^4}{64} - K_3\frac{5h^6}{1024} - \cdots$$

將上式乘 16 再減去 (4.15) 式以消去 h^4 項，得到

$$15M = \left[16N_2\left(\frac{h}{2}\right) - N_2(h)\right] + K_3\frac{15h^6}{64} + \cdots$$

將上式除 15 以得到新的 $O(h^6)$ 公式

$$M = \frac{1}{15}\left[16N_2\left(\frac{h}{2}\right) - N_2(h)\right] + K_3\frac{h^6}{64} + \cdots$$

我們就得到了 $O(h^6)$ 的近似公式

$$N_3(h) = \frac{1}{15}\left[16N_2\left(\frac{h}{2}\right) - N_2(h)\right] = N_2\left(\frac{h}{2}\right) + \frac{1}{15}\left[N_2\left(\frac{h}{2}\right) - N_2(h)\right]$$

持續此程序，則對每個 $j = 2, 3, \ldots$，我們可得 $O(h^{2j})$ 的近似公式

$$N_j(h) = N_{j-1}\left(\frac{h}{2}\right) + \frac{N_{j-1}(h/2) - N_{j-1}(h)}{4^{j-1} - 1}$$

表 4.6 顯示了，當近似值是得自

$$M = N_1(h) + K_1h^2 + K_2h^4 + K_3h^6 + \cdots \tag{4.16}$$

時的階數。我們可以保守的假設，實際的結果至少準確至表中對角線最下方 2 位近似值的差值以內，在本例中為 $|N_3(h) - N_4(h)|$。

表 4.6

$O(h^2)$	$O(h^4)$	$O(h^6)$	$O(h^8)$
1: $N_1(h)$			
2: $N_1(\frac{h}{2})$	**3:** $N_2(h)$		
4: $N_1(\frac{h}{4})$	**5:** $N_2(\frac{h}{2})$	**6:** $N_3(h)$	
7: $N_1(\frac{h}{8})$	**8:** $N_2(\frac{h}{4})$	**9:** $N_3(\frac{h}{2})$	**10:** $N_4(h)$

例題 2 可以用泰勒定理來證明，以 (4.5) 式的中央差分公式近似 $f'(x_0)$ 可表示成誤差公式：

$$f'(x_0) = \frac{1}{2h}[f(x_0 + h) - f(x_0 - h)] - \frac{h^2}{6}f'''(x_0) - \frac{h^4}{120}f^{(5)}(x_0) - \cdots$$

求 $f'(2.0)$ 的 $O(h^2)$、$O(h^4)$ 及 $O(h^6)$ 的近似值，給定 $f(x) = xe^x$ 且 $h = 0.2$。

解 我們大概不會有 $K_1 = -f'''(x_0)/6$、$K_2 = -f^{(5)}(x_0)/120$、$\cdots$ 等常數的值，但這不重要。我們只須要知道它們是存在的，就可進行外推。

我們有 $O(h^2)$ 的近似值

$$f'(x_0) = N_1(h) - \frac{h^2}{6}f'''(x_0) - \frac{h^4}{120}f^{(5)}(x_0) - \cdots \tag{4.17}$$

其中

$$N_1(h) = \frac{1}{2h}[f(x_0 + h) - f(x_0 - h)]$$

這給了我們第一個 $O(h^2)$ 近似值

$$N_1(0.2) = \frac{1}{0.4}[f(2.2) - f(1.8)] = 2.5(19.855030 - 10.889365) = 22.414160$$

及

$$N_1(0.1) = \frac{1}{0.2}[f(2.1) - f(1.9)] = 5(17.148957 - 12.703199) = 22.228786$$

結合兩者以得到第一個 $O(h^4)$ 近似值為

$$N_2(0.2) = N_1(0.1) + \frac{1}{3}(N_1(0.1) - N_1(0.2))$$

$$= 22.228786 + \frac{1}{3}(22.228786 - 22.414160) = 22.166995$$

要求得 $O(h^6)$ 的公式，我們須要另一個 $O(h^4)$ 的近似值，這就必須求得第 3 個 $O(h^2)$ 的近似值

$$N_1(0.05) = \frac{1}{0.1}[f(2.05) - f(1.95)] = 10(15.924197 - 13.705941) = 22.182564$$

然後我們可求得 $O(h^4)$ 的近似值

$$N_2(0.1) = N_1(0.05) + \frac{1}{3}(N_1(0.05) - N_1(0.1))$$

$$= 22.182564 + \frac{1}{3}(22.182564 - 22.228786) = 22.167157$$

最後得到 $O(h^6)$ 的近似值

$$N_3(0.2) = N_2(0.1) + \frac{1}{15}(N_2(0.1) - N_1(0.2))$$

$$= 22.167157 + \frac{1}{15}(22.167157 - 22.166995) = 22.167168$$

我們預期此最後的近似值至少準確至 22.167，因為 $N_2(0.2)$ 和 $N_3(0.2)$ 都有相同的數值。事實上 $N_3(0.2)$ 準確至所示的所有位數。 ∎

在外推表中，第一欄以後的各欄均由簡單的平均 (averaging) 程序獲得，此方法可以使用最少的計算就能得到高階近似值。但是當 k 增大時，$N_1(h/2^k)$ 的捨入誤差通常亦隨之增加，因為數值微分的不穩定性是與步進大小 $h/2^k$ 相關。同時，高階公式愈來愈依賴在表中靠在它們左邊的欄位，這就是我們建議比較對角線最後欄位的數值，以確保準確度的原因。

在 4.1 節中我們討論了，如何在已知 f 的數個函數值的情形下，以三點或五點公式求 $f'(x_0)$ 的近似值。我們對 f 的拉格朗日內插多項式微分，導出三點式。五點式亦可用同樣的方法導出，但過程相當繁瑣。外推法可以簡單的導出這些公式，如下所示。

說明題 我們將函數 f 在 x_0 做四次泰勒多項式展開。則

$$f(x) = f(x_0) + f'(x_0)(x - x_0) + \frac{1}{2}f''(x_0)(x - x_0)^2 + \frac{1}{6}f'''(x_0)(x - x_0)^3$$

$$+ \frac{1}{24}f^{(4)}(x_0)(x - x_0)^4 + \frac{1}{120}f^{(5)}(\xi)(x - x_0)^5$$

其中 ξ 為介於 x 及 x_0 之間的某數。求 f 在 $x_0 + h$ 及 $x_0 - h$ 的值可得

$$f(x_0 + h) = f(x_0) + f'(x_0)h + \frac{1}{2}f''(x_0)h^2 + \frac{1}{6}f'''(x_0)h^3$$
$$+ \frac{1}{24}f^{(4)}(x_0)h^4 + \frac{1}{120}f^{(5)}(\xi_1)h^5 \tag{4.18}$$

及

$$f(x_0 - h) = f(x_0) - f'(x_0)h + \frac{1}{2}f''(x_0)h^2 - \frac{1}{6}f'''(x_0)h^3$$
$$+ \frac{1}{24}f^{(4)}(x_0)h^4 - \frac{1}{120}f^{(5)}(\xi_2)h^5 \tag{4.19}$$

其中 $x_0 - h < \xi_2 < x_0 < \xi_1 < x_0 + h$。

用 (4.18) 式減 (4.19) 式可得 $f'(x)$ 新的近似值

$$f(x_0 + h) - f(x_0 - h) = 2hf'(x_0) + \frac{h^3}{3}f'''(x_0) + \frac{h^5}{120}[f^{(5)}(\xi_1) + f^{(5)}(\xi_2)] \tag{4.20}$$

由此可得

$$f'(x_0) = \frac{1}{2h}[f(x_0 + h) - f(x_0 - h)] - \frac{h^2}{6}f'''(x_0) - \frac{h^4}{240}[f^{(5)}(\xi_1) + f^{(5)}(\xi_2)]$$

若 $f^{(5)}$ 在 $[x_0 - h, x_0 + h]$ 為連續,由中間值定理 1.11 可知,在 $(x_0 - h, x_0 + h)$ 間存在有某數 $\tilde{\xi}$ 使得

$$f^{(5)}(\tilde{\xi}) = \frac{1}{2}\left[f^{(5)}(\xi_1) + f^{(5)}(\xi_2)\right]$$

因此,我們可以得到 $O(h^2)$ 的近似公式

$$f'(x_0) = \frac{1}{2h}[f(x_0 + h) - f(x_0 - h)] - \frac{h^2}{6}f'''(x_0) - \frac{h^4}{120}f^{(5)}(\tilde{\xi}) \tag{4.21}$$

雖然 (4.21) 式的近似公式與 (4.5) 式的三點公式相同,但未知點現在出現在 $f^{(5)}$ 而非 f'''。因為有此優點,外推法可將 (4.21) 式中的 h 換成 $2h$ 以得到

$$f'(x_0) = \frac{1}{4h}[f(x_0 + 2h) - f(x_0 - 2h)] - \frac{4h^2}{6}f'''(x_0) - \frac{16h^4}{120}f^{(5)}(\hat{\xi}) \tag{4.22}$$

其中 $\hat{\xi}$ 介於 $x_0 - 2h$ 及 $x_0 + 2h$ 之間。

將 (4.21) 式乘 4 再減去 (4.22) 式可得

$$3f'(x_0) = \frac{2}{h}[f(x_0 + h) - f(x_0 - h)] - \frac{1}{4h}[f(x_0 + 2h) - f(x_0 - 2h)]$$
$$- \frac{h^4}{30}f^{(5)}(\tilde{\xi}) + \frac{2h^4}{15}f^{(5)}(\hat{\xi})$$

即使 $f^{(5)}$ 在 $[x_0 - 2h, x_0 + 2h]$ 間為連續,也不能像推導 (4.21) 式時使用中間值定理 1.11,因為在此我們遇到包含有 $f^{(5)}$ 的差分項。但我們可以用其他方法證明,在此仍可用一個

通用的 $f^{(5)}(\xi)$ 以取代 $f^{(5)}(\hat{\xi})$ 及 $f^{(5)}(\tilde{\xi})$。假設上述成立，利用此結果並將上式除 3 可得 4.1 節中的五點中點公式 (4.6)

$$f'(x_0) = \frac{1}{12h}[f(x_0 - 2h) - 8f(x_0 - h) + 8f(x_0 + h) - f(x_0 + 2h)] + \frac{h^4}{30}f^{(5)}(\xi) \quad \blacksquare$$

用同樣的方法可推導出其他一階或高階導數的近似公式。例如習題 8。

在本書中將一再用到外推法。最明顯的應用包括 4.5 節積分近似，以及 5.8 節求微分方程近似解。

習題組 4.2　完整習題請見隨書光碟

1. 依例題 1 所述的外推程序，求下列各函數及步進距離時 $f'(x_0)$ 的近似值 $N_3(h)$。
    a. $f(x) = \ln x, x_0 = 1.0, h = 0.4$
    c. $f(x) = 2^x \sin x, x_0 = 1.05, h = 0.4$
    b. $f(x) = x + e^x, x_0 = 0.0, h = 0.4$
    d. $f(x) = x^3 \cos x, x_0 = 2.3, h = 0.4$
3. 用 4 位數四捨五入運算重複習題 1。
5. 下列數據為積分 $M = \int_0^\pi \sin x \, dx$ 的近似值。

    $N_1(h) = 1.570796$、$N_1\left(\frac{h}{2}\right) = 1.896119$、$N_1\left(\frac{h}{4}\right) = 1.974232$、$N_1\left(\frac{h}{8}\right) = 1.993570$

    設 $M = N_1(h) + K_1h^2 + K_2h^4 + K_3h^6 + K_4h^8 + O(h^{10})$，建構一個外推表以求得 $N_4(h)$。
7. 證明對 $f(x) = xe^x$ 且 $x_0 = 2.0$ 使用 (4.6) 式的五點式，在 $h = 0.1$ 時可得表 4.6 中的 $N_2(0.2)$，在 $h = 0.05$ 時可得 $N_2(0.1)$。
9. 設在 $h > 0$ 時 $N(h)$ 為 M 的近似值，且有一組常數 $K_1, K_2, K_3, \ldots$ 使得

    $$M = N(h) + K_1h + K_2h^2 + K_3h^3 + \cdots$$

    利用 $N(h)$、$N\left(\frac{h}{3}\right)$、及 $N\left(\frac{h}{9}\right)$ 的值，以產生 M 的 $O(h^3)$ 的近似值。
11. 我們在微積分中學過 $e = \lim_{h \to 0}(1 + h)^{1/h}$，
    a. 求 $h = 0.04$、0.02、及 0.01 時 e 的近似值。
    b. 假設存在有一組常數 $K_1, K_2, \ldots$ 使得 $e = (1+h)^{1/h} + K_1h + K_2h^2 + K_3h^3 + \cdots$，則利用以上近似值與外推法求 e 的 $O(h^3)$ 的近似值，令 $h = 0.04$。
    c. 你認為 (b) 的假設是否正確？
13. 假設下列外推表係用以求 M 的近似值，$M = N_1(h) + K_1h^2 + K_2h^4 + K_3h^6$：

$N_1(h)$		
$N_1\left(\frac{h}{2}\right)$	$N_2(h)$	
$N_1\left(\frac{h}{4}\right)$	$N_2\left(\frac{h}{2}\right)$	$N_3(h)$

a. 證明，通過 $(h^2, N_1(h))$ 及 $(h^2/4, N_1(h/2))$ 的線性內插多項式 $P_{0,1}(h)$ 滿足 $P_{0,1}(0) = N_2(h)$。同樣的，證明 $P_{1,2}(0) = N_2(h/2)$。

b. 證明，通過 $(h^4, N_2(h))$ 及 $(h^4/16, N_2(h/2))$ 的線性內插多項式 $P_{0,2}(h)$ 滿足 $P_{0,2}(0) = N_3(h)$。

15. 早在西元前 200 餘年，阿基米得就利用單位圓的內接與外切正多邊形以求 π 的近似值。由幾何學可證明，單位圓的內接與外切正多邊形邊長數列分別為 $\{p_k\}$ 及 $\{P_k\}$，並滿足

$$p_k = k \sin\left(\frac{\pi}{k}\right) \quad \text{及} \quad P_k = k \tan\left(\frac{\pi}{k}\right)$$

其中 $p_k < \pi < P_k$ 且 $k \geq 4$。

a. 證明 $p_4 = 2\sqrt{2}$ 且 $P_4 = 4$。

b. 證明在 $k \geq 4$ 時，以上數列滿足下述遞迴關係

$$P_{2k} = \frac{2p_k P_k}{p_k + P_k} \quad \text{及} \quad p_{2k} = \sqrt{p_k P_{2k}}$$

c. 求 π 的近似值至 10^{-4}，計算 p_k 及 P_k 直到 $P_k - p_k < 10^{-4}$。

d. 用泰勒級數以證明

$$\pi = p_k + \frac{\pi^3}{3!}\left(\frac{1}{k}\right)^2 - \frac{\pi^5}{5!}\left(\frac{1}{k}\right)^4 + \cdots$$

及

$$\pi = P_k - \frac{\pi^3}{3}\left(\frac{1}{k}\right)^2 + \frac{2\pi^5}{15}\left(\frac{1}{k}\right)^4 - \cdots.$$

e. 利用外推法及 $h = 1/k$ 以求 π 較佳的近似值。

4.3 基本數值積分

我們經常須要計算一個函數的定積分值 (definite integral)，但卻沒有此函數外顯的反導數 (antiderivative) 或是其反導數很難獲得。計算 $\int_a^b f(x)$ 之近似值的基本方法稱為**數值積分** (numerical quadrature)。它利用總和 $\sum_{i=0}^n a_i f(x_i)$ 以近似於 $\int_a^b f(x)\,dx$。

本節所討論的積分法是利用第 3 章所介紹的內插多項式。基本觀念是先由 $[a, b]$ 間選出一組相異節點 $\{x_0, \ldots, x_n\}$。然後我們將拉格朗日內插多項式

$$P_n(x) = \sum_{i=0}^n f(x_i) L_i(x)$$

及誤差項，在 $[a, b]$ 上積分可得

$$\int_a^b f(x)\,dx = \int_a^b \sum_{i=0}^n f(x_i) L_i(x)\,dx + \int_a^b \prod_{i=0}^n (x-x_i) \frac{f^{(n+1)}(\xi(x))}{(n+1)!}\,dx$$

$$= \sum_{i=0}^n a_i f(x_i) + \frac{1}{(n+1)!} \int_a^b \prod_{i=0}^n (x-x_i) f^{(n+1)}(\xi(x))\,dx$$

其中,對所有 x,$\xi(x)$ 在 $[a,b]$ 間,且

$$a_i = \int_a^b L_i(x)\,dx,\; i = 0, 1, \ldots, n$$

所以數值積分公式為

$$\int_a^b f(x)\,dx \approx \sum_{i=0}^n a_i f(x_i)$$

其誤差為

$$E(f) = \frac{1}{(n+1)!} \int_a^b \prod_{i=0}^n (x-x_i) f^{(n+1)}(\xi(x))\,dx$$

在討論一般化的數值積分公式之前,我們先討論等間隔節點時一及二次拉格朗日多項式所產生的公式。這可得到**梯形法則** (Trapezoidal rule) 及**辛普森法則** (Simpson's rule),通常在微積分課程中都會介紹。

■ 梯形法則

要推導可用以近似 $\int_a^b f(x)\,dx$ 的梯形法則,我們令 $x_0 = a$、$x_1 = b$、$h = b - a$,並使用線性拉格朗日多項式:

$$P_1(x) = \frac{(x-x_1)}{(x_0-x_1)} f(x_0) + \frac{(x-x_0)}{(x_1-x_0)} f(x_1)$$

則

$$\begin{aligned}\int_a^b f(x)\,dx &= \int_{x_0}^{x_1} \left[\frac{(x-x_1)}{(x_0-x_1)} f(x_0) + \frac{(x-x_0)}{(x_1-x_0)} f(x_1)\right] dx \\ &\quad + \frac{1}{2} \int_{x_0}^{x_1} f''(\xi(x))(x-x_0)(x-x_1)\,dx\end{aligned} \quad (4.23)$$

因為在 $[x_0, x_1]$ 間 $(x-x_0)(x-x_1)$ 不會變號,將積分的加權平均值定理 (Weighted Mean Value Theorem for Integrals)1.13 用於誤差項,對 (x_0, x_1) 間的某數 ξ,可得

$$\int_{x_0}^{x_1} f''(\xi(x))(x-x_0)(x-x_1)\,dx = f''(\xi)\int_{x_0}^{x_1}(x-x_0)(x-x_1)\,dx$$
$$= f''(\xi)\left[\frac{x^3}{3} - \frac{(x_1+x_0)}{2}x^2 + x_0 x_1 x\right]_{x_0}^{x_1}$$
$$= -\frac{h^3}{6}f''(\xi)$$

因此，由 (4.23) 式可得

$$\int_a^b f(x)\,dx = \left[\frac{(x-x_1)^2}{2(x_0-x_1)}f(x_0) + \frac{(x-x_0)^2}{2(x_1-x_0)}f(x_1)\right]_{x_0}^{x_1} - \frac{h^3}{12}f''(\xi)$$
$$= \frac{(x_1-x_0)}{2}[f(x_0) + f(x_1)] - \frac{h^3}{12}f''(\xi)$$

使用符號 $h = x_1 - x_0$，可得以下法則：

梯形法則

$$\int_a^b f(x)\,dx = \frac{h}{2}[f(x_0) + f(x_1)] - \frac{h^3}{12}f''(\xi)$$

此方法稱為梯形法則是因為，當 f 的函數值為正值時，可以用如圖 4.3 所示的梯形面積當做 $\int_a^b f(x)$ 的近似值。

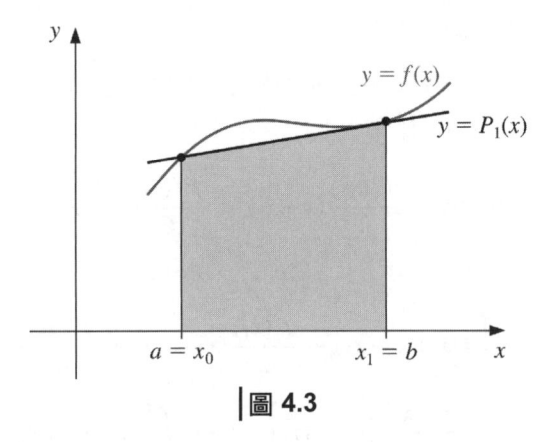

圖 4.3

梯形法則的誤差項中包括了 f''，所以如果一個函數的二次導數為 0，則梯形法則可得真實結果，也就是任何小於或等於一次的多項式。

■ 辛普森法則

辛普森法則是對通過節點 $x_0 = a$、$x_2 = b$、及 $x_1 = a + h$，其中 $h = (b-a)/2$ 的二次拉格朗日多項式在 $[a, b]$ 間積分而得。(見圖 4.4)

圖 4.4

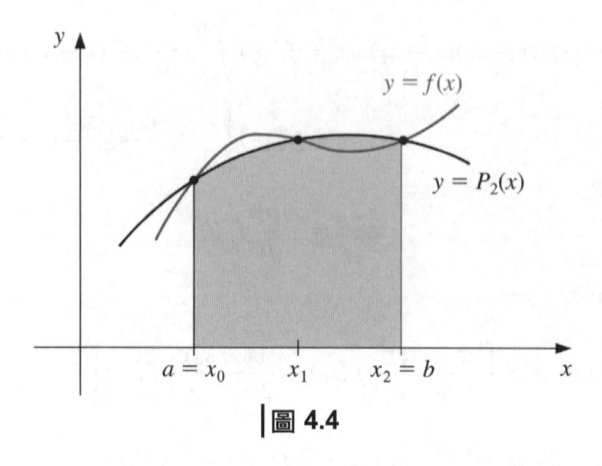

因此

$$\int_a^b f(x)\,dx = \int_{x_0}^{x_2} \left[\frac{(x-x_1)(x-x_2)}{(x_0-x_1)(x_0-x_2)} f(x_0) + \frac{(x-x_0)(x-x_2)}{(x_1-x_0)(x_1-x_2)} f(x_1) \right.$$
$$\left. + \frac{(x-x_0)(x-x_1)}{(x_2-x_0)(x_2-x_1)} f(x_2) \right] dx$$
$$+ \int_{x_0}^{x_2} \frac{(x-x_0)(x-x_1)(x-x_2)}{6} f^{(3)}(\xi(x))\,dx$$

使用此種方法推導出的辛普森法則，其誤差項為包含 $f^{(3)}$ 的 $O(h^4)$ 項。另外有一種方法，可推導出只包含 $f^{(4)}$ 的更高階誤差項。

開始說明此方法，先將 f 在 x_1 做三次泰勒多項式展開。則對於 $[x_0, x_2]$ 間的每個 x，存在有位於 (x_0, x_2) 間的數 $\xi(x)$，使得

$$f(x) = f(x_1) + f'(x_1)(x-x_1) + \frac{f''(x_1)}{2}(x-x_1)^2 + \frac{f'''(x_1)}{6}(x-x_1)^3 + \frac{f^{(4)}(\xi(x))}{24}(x-x_1)^4$$

且

$$\int_{x_0}^{x_2} f(x)\,dx = \left[f(x_1)(x-x_1) + \frac{f'(x_1)}{2}(x-x_1)^2 + \frac{f''(x_1)}{6}(x-x_1)^3 \right.$$
$$\left. + \frac{f'''(x_1)}{24}(x-x_1)^4 \right]_{x_0}^{x_2} + \frac{1}{24} \int_{x_0}^{x_2} f^{(4)}(\xi(x))(x-x_1)^4\,dx \tag{4.24}$$

因為在 $[x_0, x_2]$ 間 $(x-x_1)^4$ 絕不為負，由積分的加權平均值定理 1.13 可得

$$\frac{1}{24} \int_{x_0}^{x_2} f^{(4)}(\xi(x))(x-x_1)^4\,dx = \frac{f^{(4)}(\xi_1)}{24} \int_{x_0}^{x_2} (x-x_1)^4\,dx = \frac{f^{(4)}(\xi_1)}{120} (x-x_1)^5 \Big]_{x_0}^{x_2}$$

ξ_1 為 (x_0, x_2) 間某數。

但是 $h = x_2 - x_1 = x_1 - x_0$，所以

$$(x_2-x_1)^2 - (x_0-x_1)^2 = (x_2-x_1)^4 - (x_0-x_1)^4 = 0$$

因此
$$(x_2 - x_1)^3 - (x_0 - x_1)^3 = 2h^3 \text{ 且 } (x_2 - x_1)^5 - (x_0 - x_1)^5 = 2h^5$$

最後，(4.24) 式可改寫為

$$\int_{x_0}^{x_2} f(x)\, dx = 2hf(x_1) + \frac{h^3}{3} f''(x_1) + \frac{f^{(4)}(\xi_1)}{60} h^5$$

如果我們將上式中的 $f''(x_1)$ 用 4.1 節的 (4.9) 式代入可得

$$\int_{x_0}^{x_2} f(x)\, dx = 2hf(x_1) + \frac{h^3}{3} \left\{ \frac{1}{h^2}[f(x_0) - 2f(x_1) + f(x_2)] - \frac{h^2}{12} f^{(4)}(\xi_2) \right\} + \frac{f^{(4)}(\xi_1)}{60} h^5$$

$$= \frac{h}{3}[f(x_0) + 4f(x_1) + f(x_2)] - \frac{h^5}{12} \left[\frac{1}{3} f^{(4)}(\xi_2) - \frac{1}{5} f^{(4)}(\xi_1) \right]$$

我們另外亦可證明 (見習題 24) 上式中的 ξ_1 及 ξ_2 可為一個 (x_0, x_2) 間的通用數 ξ。這樣就得到了辛普森法則。

辛普森法則

$$\int_{x_0}^{x_2} f(x)\, dx = \frac{h}{3}[f(x_0) + 4f(x_1) + f(x_2)] - \frac{h^5}{90} f^{(4)}(\xi)$$

辛普森法則的誤差項包含 f 的四階導數，所以對任何小於等於三次的多項式，辛普森法則可求得真實結果。

例題 1 對下列各函數 $f(x)$，比較分別用梯形法則與辛普森法則求 $\int_0^2 f(x)\, dx$ 之近似值的結果。

(a) x^2 (b) x^4 (c) $(x+1)^{-1}$
(d) $\sqrt{1+x^2}$ (e) $\sin x$ (f) e^x

解 在 [0, 2] 上，梯形與辛普森法則的型式為

$$\text{梯形法則：} \int_0^2 f(x)\, dx \approx f(0) + f(2)$$

$$\text{辛普森法則：} \int_0^2 f(x)\, dx \approx \frac{1}{3}[f(0) + 4f(1) + f(2)]$$

當 $f(x) = x^2$，它們分別為

$$\text{梯形法則：} \int_0^2 f(x)\, dx \approx 0^2 + 2^2 = 4$$

$$\text{辛普森法則：} \int_0^2 f(x)\, dx \approx \frac{1}{3}[(0^2) + 4 \cdot 1^2 + 2^2] = \frac{8}{3}$$

辛普森法則所得的近似值為確解，因為它的截尾誤差帶有 $f^{(4)}$，對於 $f(x) = x^2$ 它一定是 0。

包含 3 位小數的結果列於表 4.7。由表中可看出，在每一個例子中辛普森法則都明顯優於梯形法則。∎

表 4.7

$f(x)$	(a) x^2	(b) x^4	(c) $(x+1)^{-1}$	(d) $\sqrt{1+x^2}$	(e) $\sin x$	(f) e^x
真實值	2.667	6.400	1.099	2.958	1.416	6.389
梯形法則	4.000	16.000	1.333	3.326	0.909	8.389
辛普森法則	2.667	6.667	1.111	2.964	1.425	6.421

■ 度量精度 (Measuring Precision)

推導數值積分公式誤差的標準方式是，找出對何種多項式這些數值積分公式可獲得真實結果。下一個定義則為了便於討論此種推導方式。

定義 4.1

一個數值積分公式的**準確度或精度** (degree of accuracy or precision) 也就是，使用此數值積分公式時，對 $k = 0, 1, \ldots, n$，能使 x^k 為真實的最大正整數 n。∎

由定義 4.1 可得，梯形法則與辛普森法則的精度分別為 1 與 3。

積分與加法屬於線性運算，即

$$\int_a^b (\alpha f(x) + \beta g(x))\, dx = \alpha \int_a^b f(x)\, dx + \beta \int_a^b g(x)\, dx$$

和

$$\sum_{i=0}^n (\alpha f(x_i) + \beta g(x_i)) = \alpha \sum_{i=0}^n f(x_i) + \beta \sum_{i=0}^n g(x_i)$$

對任一個對可積分函數 f 和 g，以及每一對實常數 α 及 β 均成立。由此可知 (見習題 25)：

- 一個數值積分公式，若且唯若，當用於次數為 $k = 0, 1, \ldots, n$ 的多項式時其誤差為 0，但對某些 $n+1$ 次的多項式其誤差不為 0，則此數值積分公式的精度為 n。

梯形法則與辛普森法則均屬於 Newton-Cotes 公式的一種。Newton-Cotes 公式可分為開放與封閉兩類。

■ 封閉 Newton-Cotes 公式

$(n+1)$ 點封閉 *Newton-Cotes* 公式使用節點 $x_i = x_0 + ih$,其中 $i = 0, 1, \ldots, n$,而 $x_0 = a$、$x_n = b$、且 $h = (b-a)/n$(見圖 4.5)。稱此公式為封閉是因為封閉區間 $[a, b]$ 的兩端點均為節點。

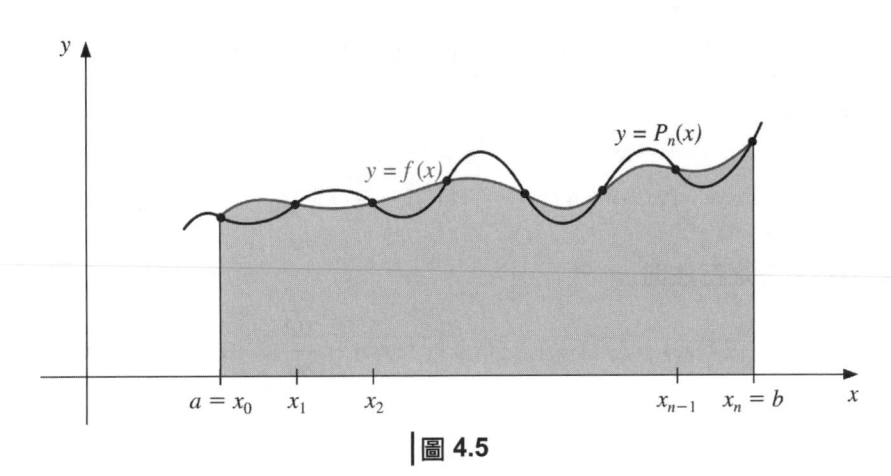

圖 4.5

其公式具有以下型式

$$\int_a^b f(x)\, dx \approx \sum_{i=0}^n a_i f(x_i)$$

其中

$$a_i = \int_{x_0}^{x_n} L_i(x)\, dx = \int_{x_0}^{x_n} \prod_{\substack{j=0 \\ j \neq i}}^n \frac{(x - x_j)}{(x_i - x_j)}\, dx$$

下一定理則為此封閉 Newton-Cotes 公式的誤差分析,其證明參見[IK] ,p.313。

定理 4.2

設 $\sum_{i=0}^n a_i f(x_i)$ 代表 $(n+1)$ 點的封閉 Newton-Cotes 公式,且 $x_0 = a$、$x_n = b$、及 $h = (b-a)/n$。則存在有 $\xi \in (a, b)$,當 n 為偶數且 $f \in C^{n+2}[a, b]$ 時,使得

$$\int_a^b f(x)\, dx = \sum_{i=0}^n a_i f(x_i) + \frac{h^{n+3} f^{(n+2)}(\xi)}{(n+2)!} \int_0^n t^2 (t-1) \cdots (t-n)\, dt$$

當 n 為奇數且 $f \in C^{n+1}[a, b]$ 時

$$\int_a^b f(x)\, dx = \sum_{i=0}^n a_i f(x_i) + \frac{h^{n+2} f^{(n+1)}(\xi)}{(n+1)!} \int_0^n t(t-1) \cdots (t-n)\, dt$$ ∎

留意到當 n 為偶數時,即使其內插多項式最高為 n 次,其精度為 $n+1$。當 n 為奇數

時,精度為 n。

下面列出一些通用的**封閉 Newton-Cotes 公式**(closed Newton-Cotes formulas)及其誤差項。每一個公式中的未知數 ξ 都位於 (a, b) 之內。

$n = 1$:**梯形法則**

$$\int_{x_0}^{x_1} f(x)\,dx = \frac{h}{2}[f(x_0) + f(x_1)] - \frac{h^3}{12} f''(\xi) \qquad 其中\ x_0 < \xi < x_1 \tag{4.25}$$

$n = 2$:**辛普森法則**

$$\int_{x_0}^{x_2} f(x)\,dx = \frac{h}{3}[f(x_0) + 4f(x_1) + f(x_2)] - \frac{h^5}{90} f^{(4)}(\xi) \qquad 其中\ x_0 < \xi < x_2 \tag{4.26}$$

$n = 3$:**辛普森八分之三法則**

$$\int_{x_0}^{x_3} f(x)\,dx = \frac{3h}{8}[f(x_0) + 3f(x_1) + 3f(x_2) + f(x_3)] - \frac{3h^5}{80} f^{(4)}(\xi) \qquad 其中\ x_0 < \xi < x_3 \tag{4.27}$$

$n = 4$:

$$\int_{x_0}^{x_4} f(x)\,dx = \frac{2h}{45}[7f(x_0) + 32f(x_1) + 12f(x_2) + 32f(x_3) + 7f(x_4)] - \frac{8h^7}{945} f^{(6)}(\xi)$$
$$其中\ x_0 < \xi < x_4 \tag{4.28}$$

■ 開放 Newton-Cotes 公式

開放 *Newton-Cotes* 公式的節點不包含 $[a, b]$ 的端點。它們使用節點 $x_i = x_0 + ih$,其中 $i = 0, 1, \ldots, n$,而 $h = (b - a)/(n + 2)$ 且 $x_0 = a + h$。因此 $x_n = b - h$,所以我們使用 $x_{-1} = a$ 及 $x_{n+1} = b$ 的標記,如圖 4.6 所示。開放公式所用到的所有節點均包含於開放區間 (a, b) 內。其公式為

$$\int_a^b f(x)\,dx = \int_{x_{-1}}^{x_{n+1}} f(x)\,dx \approx \sum_{i=0}^{n} a_i f(x_i)$$

其中

$$a_i = \int_a^b L_i(x)\,dx$$

下一定理與定理 4.2 相類;其證明參見 [IK], p.314。

定理 4.3

設 $\sum_{i=0}^{n} a_i f(x_i)$ 代表 $(n + 1)$ 點的開放 Newton-Cotes 公式,且 $x_{-1} = a$、$x_{n+1} = b$、及

图 4.6

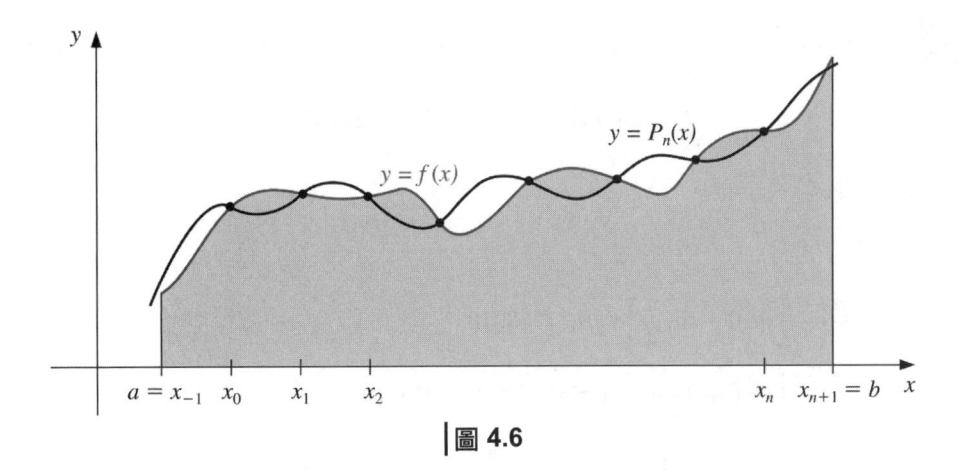

$h = (b-a)/(n+2)$。則存在有 $\xi \in (a,b)$，當 n 為偶數且 $f \in C^{n+2}[a,b]$ 時，使得

$$\int_a^b f(x)\,dx = \sum_{i=0}^n a_i f(x_i) + \frac{h^{n+3} f^{(n+2)}(\xi)}{(n+2)!}\int_{-1}^{n+1} t^2(t-1)\cdots(t-n)\,dt$$

當 n 為奇數且 $f \in C^{n+1}[a,b]$ 時

$$\int_a^b f(x)\,dx = \sum_{i=0}^n a_i f(x_i) + \frac{h^{n+2} f^{(n+1)}(\xi)}{(n+1)!}\int_{-1}^{n+1} t(t-1)\cdots(t-n)\,dt \qquad \blacksquare$$

和封閉公式的情形一樣，偶數次方法的精度高於奇數次的。

下面列出一些通用的**開放 Newton-Cotes 公式**(open Newton-Cotes formulas)及其誤差項：

$n=0$：**中點法則** (Midpoint rule)

$$\int_{x_{-1}}^{x_1} f(x)\,dx = 2h f(x_0) + \frac{h^3}{3} f''(\xi) \qquad \text{其中 } x_{-1} < \xi < x_1 \tag{4.29}$$

$n=1$：

$$\int_{x_{-1}}^{x_2} f(x)\,dx = \frac{3h}{2}[f(x_0)+f(x_1)] + \frac{3h^3}{4} f''(\xi) \qquad \text{其中 } x_{-1} < \xi < x_2 \tag{4.30}$$

$n=2$：

$$\int_{x_{-1}}^{x_3} f(x)\,dx = \frac{4h}{3}[2f(x_0)-f(x_1)+2f(x_2)] + \frac{14h^5}{45} f^{(4)}(\xi) \qquad \text{其中 } x_{-1} < \xi < x_3 \tag{4.31}$$

$n=3$：

$$\int_{x_{-1}}^{x_4} f(x)\,dx = \frac{5h}{24}[11f(x_0)+f(x_1)+f(x_2)+11f(x_3)] + \frac{95}{144} h^5 f^{(4)}(\xi)$$
$$\text{其中 } x_{-1} < \xi < x_4 \tag{4.32}$$

例題 2 利用 (4.25)-(4.28) 式的封閉 Newton-Cotes 公式及 (4.29)-(4.32) 式的開放式求

$$\int_0^{\pi/4} \sin x \, dx = 1 - \sqrt{2}/2 \approx 0.29289322$$

的近似值，比較各式結果。

解 對於封閉公式有

$n = 1:\quad \dfrac{(\pi/4)}{2}\left[\sin 0 + \sin \dfrac{\pi}{4}\right] \approx 0.27768018$

$n = 2:\quad \dfrac{(\pi/8)}{3}\left[\sin 0 + 4\sin \dfrac{\pi}{8} + \sin \dfrac{\pi}{4}\right] \approx 0.29293264$

$n = 3:\quad \dfrac{3(\pi/12)}{8}\left[\sin 0 + 3\sin \dfrac{\pi}{12} + 3\sin \dfrac{\pi}{6} + \sin \dfrac{\pi}{4}\right] \approx 0.29291070$

$n = 4:\quad \dfrac{2(\pi/16)}{45}\left[7\sin 0 + 32\sin \dfrac{\pi}{16} + 12\sin \dfrac{\pi}{8} + 32\sin \dfrac{3\pi}{16} + 7\sin \dfrac{\pi}{4}\right] \approx 0.29289318$

對於開放公式則有

$n = 0:\quad 2(\pi/8)\left[\sin \dfrac{\pi}{8}\right] \approx 0.30055887$

$n = 1:\quad \dfrac{3(\pi/12)}{2}\left[\sin \dfrac{\pi}{12} + \sin \dfrac{\pi}{6}\right] \approx 0.29798754$

$n = 2:\quad \dfrac{4(\pi/16)}{3}\left[2\sin \dfrac{\pi}{16} - \sin \dfrac{\pi}{8} + 2\sin \dfrac{3\pi}{16}\right] \approx 0.29285866$

$n = 3:\quad \dfrac{5(\pi/20)}{24}\left[11\sin \dfrac{\pi}{20} + \sin \dfrac{\pi}{10} + \sin \dfrac{3\pi}{20} + 11\sin \dfrac{\pi}{5}\right] \approx 0.29286923$

以上結果及其近似誤差整理於表 4.8。 ∎

表 4.8

n	0	1	2	3	4
封閉公式		0.27768018	0.29293264	0.29291070	0.29289318
誤差		0.01521303	0.00003942	0.00001748	0.00000004
開放公式	0.30055887	0.29798754	0.29285866	0.29286923	
誤差	0.00766565	0.00509432	0.00003456	0.00002399	

習題組 4.3　完整習題請見隨書光碟

1. 用梯形法則求下列積分式的近似值。

a. $\int_{0.5}^{1} x^4 \, dx$ **b.** $\int_{0}^{0.5} \frac{2}{x-4} \, dx$ **c.** $\int_{1}^{1.5} x^2 \ln x \, dx$ **d.** $\int_{0}^{1} x^2 e^{-x} \, dx$

e. $\int_{1}^{1.6} \frac{2x}{x^2-4} \, dx$ **f.** $\int_{0}^{0.35} \frac{2}{x^2-4} \, dx$ **g.** $\int_{0}^{\pi/4} x \sin x \, dx$ **h.** $\int_{0}^{\pi/4} e^{3x} \sin 2x \, dx$

3. 用誤差公式求習題 1 中各近似值的誤差界限，並與實際誤差做比較。

5. 以辛普森法則重做習題 1。

7. 用辛普森法則及習題 5 的結果重做習題 3。

9. 以中點法則重做習題 1。

11. 用中點法則及習題 9 的結果重做習題 3。

13. 用梯形法則計算 $\int_{0}^{2} f(x) \, dx$ 的結果為 4，以辛普森法則計算的結果為 2，則 $f(1)$ 為何？

15. 求以下數值積分公式的精度

$$\int_{-1}^{1} f(x) \, dx = f\left(-\frac{\sqrt{3}}{3}\right) + f\left(\frac{\sqrt{3}}{3}\right)$$

17. 對所有次數不超過 2 的多項式，數值積分公式 $\int_{-1}^{1} f(x) \, dx = c_0 f(-1) + c_1 f(0) + c_2 f(1)$ 為真實 (exact)，求 c_0、c_1、及 c_2 為何。

19. 求 c_0、c_1、及 x_1 的值，以使得數值積分公式

$$\int_{0}^{1} f(x) \, dx = c_0 f(0) + c_1 f(x_1)$$

能有最高之精度。

21. 分別用 (4.25) 式到 (4.32) 式求下列各積分式的近似值。這些近似值的準確度是否符合誤差公式？在 (d) 及 (e) 小題中哪一個近似值的準確度較佳？

a. $\int_{0}^{0.1} \sqrt{1+x} \, dx$ **b.** $\int_{0}^{\pi/2} (\sin x)^2 \, dx$

c. $\int_{1.1}^{1.5} e^x \, dx$ **d.** $\int_{1}^{10} \frac{1}{x} \, dx$

e. $\int_{1}^{5.5} \frac{1}{x} \, dx + \int_{5.5}^{10} \frac{1}{x} \, dx$ **f.** $\int_{0}^{1} x^{1/3} \, dx$

25. 證明在定義 4.1 後面的敘述；亦即，證明一個精度為 n 的數值積分公式，當用於次數為 $k = 0, 1, \ldots, n$ 的多項式 $P(x)$ 時，其誤差 $E(P(x)) = 0$，但對某些 $n+1$ 次的多項式 $P(x)$ 其誤差 $E(P(x)) \neq 0$。

27. 利用定理 4.3 推導 $n = 1$ 的開放法則及誤差項。

4.4 複合數值積分

當積分區間較大時，Newton-Cotes 公式就不大適合。因為須要用到高次公式，其係數值並不容易求得。同時，Newton-Cotes 公式基本上是一種等間距節點的多項式內插，而高次多項式會有振盪的特性。

在本節中將介紹使用低次 Newton-Cotes 公式，以分段 (piecewise) 方式積分。這是最常用的方法。

例題 1 用辛普森法求 $\int_0^4 e^x\,dx$ 的近似值，另求 $\int_0^2 e^x\,dx$ 及 $\int_2^4 e^x\,dx$ 之辛普森近似值的和，比較兩者的差異。再與用辛普森法則求得之 $\int_0^1 e^x\,dx$、$\int_1^2 e^x\,dx$、$\int_2^3 e^x\,dx$ 及 $\int_3^4 e^x\,dx$ 近似值之和做比較。

解 當 $h=2$，將辛普森法則用於 $[0,4]$ 可得

$$\int_0^4 e^x\,dx \approx \frac{2}{3}(e^0 + 4e^2 + e^4) = 56.76958$$

因為真實值為 $e^4 - e^0 = 53.59815$，其誤差 -3.17143 遠超過一般可接受的範圍。

在此問題上將辛普森法則分別用於 $[0,2]$ 及 $[2,4]$ 兩區段，並以 $h=1$ 可得

$$\int_0^4 e^x\,dx = \int_0^2 e^x\,dx + \int_2^4 e^x\,dx$$

$$\approx \frac{1}{3}\left(e^0 + 4e + e^2\right) + \frac{1}{3}\left(e^2 + 4e^3 + e^4\right)$$

$$= \frac{1}{3}\left(e^0 + 4e + 2e^2 + 4e^3 + e^4\right)$$

$$= 53.86385$$

誤差減為 -0.26570。

分別在積分區間 $[0,1]$、$[1,2]$、$[2,3]$、及 $[3,4]$ 使用四次辛普森法則，並以 $h=\frac{1}{2}$ 可得

$$\int_0^4 e^x\,dx = \int_0^1 e^x\,dx + \int_1^2 e^x\,dx + \int_2^3 e^x\,dx + \int_3^4 e^x\,dx$$

$$\approx \frac{1}{6}\left(e_0 + 4e^{1/2} + e\right) + \frac{1}{6}\left(e + 4e^{3/2} + e^2\right)$$

$$+ \frac{1}{6}\left(e^2 + 4e^{5/2} + e^3\right) + \frac{1}{6}\left(e^3 + 4e^{7/2} + e^4\right)$$

$$= \frac{1}{6}\left(e^0 + 4e^{1/2} + 2e + 4e^{3/2} + 2e^2 + 4e^{5/2} + 2e^3 + 4e^{7/2} + e^4\right)$$

$$= 53.61622$$

此近似值的誤差為 -0.01807。 ∎

要將以上程序對任意積分 $\int_a^b f(x)\,dx$ 做一般化，先選擇一個偶數 n。將區間 $[a,b]$ 分割為 n 個區段，然後對每兩相鄰區段使用辛普森法則。(見圖 4.7)

設 $f \in C^4[a,b]$，對每一 $j=0,1,\ldots,n$，使用 $h=(b-a)/n$ 及 $x_j = a + jh$，可得

圖 4.7

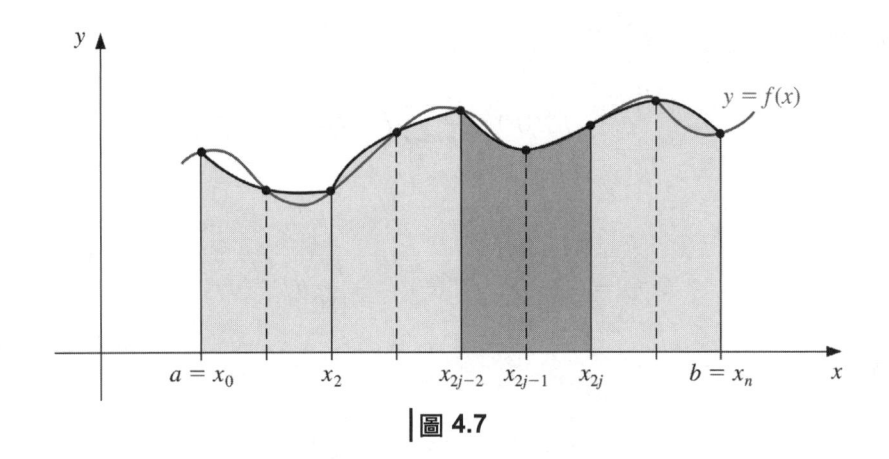

$$\int_a^b f(x)\,dx = \sum_{j=1}^{n/2} \int_{x_{2j-2}}^{x_{2j}} f(x)\,dx$$

$$= \sum_{j=1}^{n/2} \left\{ \frac{h}{3}[f(x_{2j-2}) + 4f(x_{2j-1}) + f(x_{2j})] - \frac{h^5}{90} f^{(4)}(\xi_j) \right\}$$

ξ_j 滿足 $x_{2j-2} < \xi_j < x_{2j}$。因為對每一個 $j = 1, 2, \ldots, (n/2) - 1$，$f(x_{2j})$ 同時出現在相對於區間 $[x_{2j-2}, x_{2j}]$ 及 $[x_{2j}, x_{2j+2}]$ 的項中，故我們可將其和簡化為

$$\int_a^b f(x)\,dx = \frac{h}{3} \left[f(x_0) + 2 \sum_{j=1}^{(n/2)-1} f(x_{2j}) + 4 \sum_{j=1}^{n/2} f(x_{2j-1}) + f(x_n) \right] - \frac{h^5}{90} \sum_{j=1}^{n/2} f^{(4)}(\xi_j)$$

此近似值的誤差為

$$E(f) = -\frac{h^5}{90} \sum_{j=1}^{n/2} f^{(4)}(\xi_j)$$

其中 $x_{2j-2} < \xi_j < x_{2j}$，$j = 1, 2, \ldots, n/2$。

若 $f \in C^4[a, b]$，由極值定理 (Extreme Value Theorem)1.9 可知，$f^{(4)}$ 在 $[a, b]$ 間有最大與最小值。因為

$$\min_{x \in [a,b]} f^{(4)}(x) \leq f^{(4)}(\xi_j) \leq \max_{x \in [a,b]} f^{(4)}(x)$$

故可得

$$\frac{n}{2} \min_{x \in [a,b]} f^{(4)}(x) \leq \sum_{j=1}^{n/2} f^{(4)}(\xi_j) \leq \frac{n}{2} \max_{x \in [a,b]} f^{(4)}(x)$$

且

$$\min_{x \in [a,b]} f^{(4)}(x) \leq \frac{2}{n} \sum_{j=1}^{n/2} f^{(4)}(\xi_j) \leq \max_{x \in [a,b]} f^{(4)}(x)$$

由中間值定理 1.11 可知，存在有 $\mu \in (a,b)$ 使得

$$f^{(4)}(\mu) = \frac{2}{n} \sum_{j=1}^{n/2} f^{(4)}(\xi_j)$$

因此

$$E(f) = -\frac{h^5}{90} \sum_{j=1}^{n/2} f^{(4)}(\xi_j) = -\frac{h^5}{180} n f^{(4)}(\mu)$$

或，因為 $h = (b-a)/n$，

$$E(f) = -\frac{(b-a)}{180} h^4 f^{(4)}(\mu)$$

以上討論可得下述定理。

定理 4.4

令 $f \in C^4[a,b]$、n 為偶數、$h = (b-a)/n$、且在 $j = 0, 1, \ldots, n$ 時 $x_j = a + jh$。存在有 $\mu \in (a,b)$，使得 n 區段的**複合辛普森法則** (Composite Simpson's rule) 及其誤差項可寫為

$$\int_a^b f(x)\,dx = \frac{h}{3}\left[f(a) + 2\sum_{j=1}^{(n/2)-1} f(x_{2j}) + 4\sum_{j=1}^{n/2} f(x_{2j-1}) + f(b)\right] - \frac{b-a}{180}h^4 f^{(4)}(\mu)$$ ∎

由上式中可看到，複合辛普森法則的誤差項為 $O(h^4)$，而標準的辛普森法則是 $O(h^5)$。但這兩者不能相比，因為在標準辛普森法則中 h 固定為 $h = (b-a)/2$，但在複合辛普森法則中 $h = (b-a)/n$，n 為一個偶數。這讓我們在使用複合辛普森法則時可大幅減小 h 的值。

算則 4.1 即為 n 區段複合辛普森法則。此為最普遍之通用數值積分法則。

算則 4.1　複合辛普森法則

求積分式 $I = \int_a^b f(x)\,dx$ 之近似值：

INPUT　端點 a、b；偶數 n。

OUTPUT　I 的近似值 XI。

Step 1　Set $h = (b-a)/n$.

Step 2　Set $XI0 = f(a) + f(b)$;
　　　　　$XI1 = 0$;　($f(x_{2i-1})$ 之和)
　　　　　$XI2 = 0$.　($f(x_{2i})$ 之和)

Step 3　For $i = 1, \ldots, n-1$ do Steps 4 and 5.

Step 4 Set $X = a + ih$.

Step 5 If i is even then set $XI2 = XI2 + f(X)$
else set $XI1 = XI1 + f(X)$.

Step 6 Set $XI = h(XI0 + 2 \cdot XI2 + 4 \cdot XI1)/3$.

Step 7 OUTPUT (XI);
STOP.

分區段的做法適用於所有 Newton-Cotes 公式。以下列出梯形法則 (見圖 4.8) 與中點法則的延伸，但不在此證明了。因為梯形法則每次只用到一個區段，故 n 可為奇數或偶數。

定理 4.5

令 $f \in C^2[a,b]$、$h = (b-a)/n$、且在 $j = 0, 1, \ldots, n$ 時 $x_j = a + jh$。存在有 $\mu \in (a,b)$，使得 n 區段的**複合梯形法則** (Composite Trapezoidal rule) 及其誤差項可寫為

$$\int_a^b f(x)\,dx = \frac{h}{2}\left[f(a) + 2\sum_{j=1}^{n-1} f(x_j) + f(b)\right] - \frac{b-a}{12}h^2 f''(\mu)$$

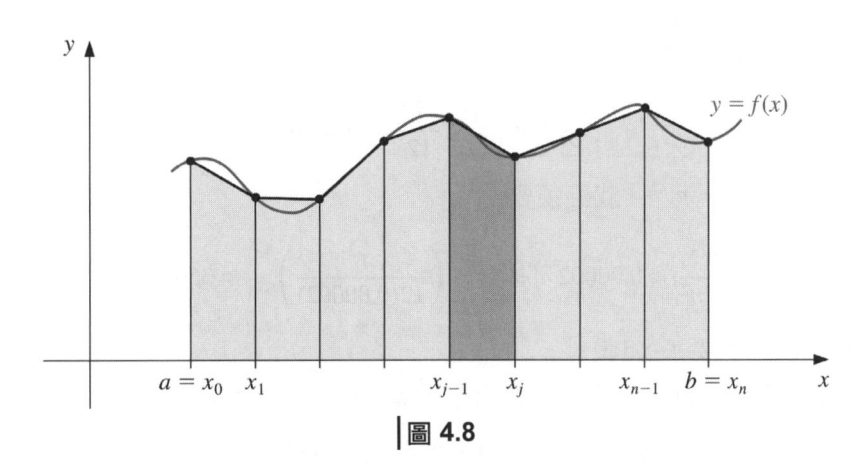

圖 4.8

在複合中點法則中，n 仍然必須是偶數 (見圖 4.9)。

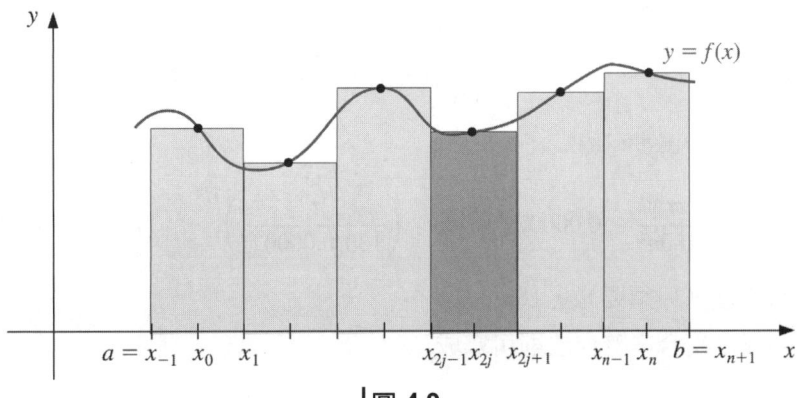

圖 4.9

定理 4.6

令 $f \in C^2[a,b]$、n 為偶數、$h = (b-a)/(n+2)$、且在 $j = -1, 0, \ldots, n+1$ 時 $x_j = a + (j+1)h$。存在有 $\mu \in (a,b)$，使得 $n+2$ 區段的**複合中點法則** (Composite Midpoint rule) 及其誤差項可寫為

$$\int_a^b f(x)\,dx = 2h \sum_{j=0}^{n/2} f(x_{2j}) + \frac{b-a}{6} h^2 f''(\mu)$$

■

例題 2 在計算 $\int_0^\pi \sin x \, dx$ 的近似值時，要使誤差小於 0.00002，則 h 的值應為何？分別使用
(a) 複合梯形法則和 **(b)** 複合辛普森法則。

解 **(a)** 對 $[0, \pi]$ 間的 $f(x) = \sin x$，複合梯形法則的誤差型式為

$$\left| \frac{\pi h^2}{12} f''(\mu) \right| = \left| \frac{\pi h^2}{12} (-\sin \mu) \right| = \frac{\pi h^2}{12} |\sin \mu|$$

為確保達到要求的準確度，我們要有

$$\frac{\pi h^2}{12} |\sin \mu| \leq \frac{\pi h^2}{12} < 0.00002$$

由於 $h = \pi/n$ 因此 $n = \pi/h$，我們須要

$$\frac{\pi^3}{12n^2} < 0.00002 \text{ 亦即 } n > \left(\frac{\pi^3}{12(0.00002)} \right)^{1/2} \approx 359.44$$

所以複合梯形法則須要 $n \geq 360$。

(b) 對 $[0, \pi]$ 間的 $f(x) = \sin x$，複合辛普森法則的誤差型式為

$$\left| \frac{\pi h^4}{180} f^{(4)}(\mu) \right| = \left| \frac{\pi h^4}{180} \sin \mu \right| = \frac{\pi h^4}{180} |\sin \mu|$$

為確保達到要求的準確度，我們要有

$$\frac{\pi h^4}{180} |\sin \mu| \leq \frac{\pi h^4}{180} < 0.00002$$

再次使用 $n = \pi/h$ 的事實可得

$$\frac{\pi^5}{180 n^4} < 0.00002 \text{ 亦即 } n > \left(\frac{\pi^5}{180(0.00002)} \right)^{1/4} \approx 17.07$$

所以複合辛普森法則只須要 $n \geq 18$。

使用 $n = 18$，複合辛普森法則可寫成

$$\int_0^\pi \sin x \, dx \approx \frac{\pi}{54}\left[2\sum_{j=1}^{8}\sin\left(\frac{j\pi}{9}\right) + 4\sum_{j=1}^{9}\sin\left(\frac{(2j-1)\pi}{18}\right)\right] = 2.0000104$$

因為真實值為 $-\cos(\pi) - (-\cos(0)) = 2$，所以此結果準確至 10^{-5}。 ∎

如果你想減少計算量，複合辛普森法則是明確的選擇。為便於比較，我們對例題 2 的積分使用複合梯形法則及 $h = \pi/18$。使用和複合辛普森法則同樣的函數計算，但此時的近似值為

$$\int_0^\pi \sin x \, dx \approx \frac{\pi}{36}\left[2\sum_{j=1}^{17}\sin\left(\frac{j\pi}{18}\right) + \sin 0 + \sin \pi\right] = \frac{\pi}{36}\left[2\sum_{j=1}^{17}\sin\left(\frac{j\pi}{18}\right)\right] = 1.9949205$$

只準確到 5×10^{-3}。

在 Maple 的 *Student* 程式包中的 *NumericalAnalysis* 套件，包含了許多數值積分的程序。首先依往例進入程式庫

with(*Student* [*NumericalAnalysis*])

所有方法都使用 *Quadrature* 指令，再加上呼叫時指定的選項。我們將利用梯形法以說明此程序。首先定義函數與積分區間

$f := x \to \sin(x);\ a := 0.0;\ b := \pi$

在 Maple 回復此函數與積分區間後，輸入指令

Quadrature($f(x), x = a..b, method = trapezoid, partition = 20, output = value$)

1.995885973

在此所用的步進距離 h，是區間 $b-a$ 的寬度，除上 *partition* $= 20$ 所指定的數。

可以用類似的方式呼叫辛普森法，不過步進距離 h 是區間 $b-a$ 除上 *partition* 值的兩倍。使用與梯形法相同節點的辛普森法，呼叫方式為

Quadrature($f(x), x = a..b, method = simpson, partition = 10, output = value$)

2.000006785

使用以下選項可呼叫任何 Newton-Cotes 法

　　　　$method = newtoncotes\,[open, n]$　或　$method = newtoncotes\,[closed, n]$

當我們須要偶數個區段，或使用開放法則時，在指定 *partition* 時要小心。

■ 捨入誤差穩定性

在例題 2 中我們看到，計算 $\int_0^\pi \sin x\,dx$ 的近似值時，若準確度要達到 2×10^{-5}，則複合梯形法則須要將 $[0, \pi]$ 劃分為 360 個區段，而複合辛普森法則只須要 18 個。辛普森法則除了計算量較少之外，你或許也會懷疑，較少的計算量是否也帶來較小的捨入誤差。但所有複合積分法有一個共同的特性，就是捨入誤差與計算量無關。

為說明此令人驚訝的特性，我們以複合辛普森法則為例，對分為 n 區段的函數 f 在 $[a, b]$ 積分，求其捨入誤差的最大界限。設 $\tilde{f}(x_i)$ 為 $f(x_i)$ 的近似值且

$$f(x_i) = \tilde{f}(x_i) + e_i, \qquad i = 0, 1, \ldots, n$$

其中 e_i 代表以 $\tilde{f}(x_i)$ 做為 $f(x_i)$ 的近似值時所產生的捨入誤差。則複合辛普森法則的累積誤差 $e(h)$ 為

$$e(h) = \left| \frac{h}{3} \left[e_0 + 2\sum_{j=1}^{(n/2)-1} e_{2j} + 4\sum_{j=1}^{n/2} e_{2j-1} + e_n \right] \right|$$

$$\leq \frac{h}{3} \left[|e_0| + 2\sum_{j=1}^{(n/2)-1} |e_{2j}| + 4\sum_{j=1}^{n/2} |e_{2j-1}| + |e_n| \right]$$

若捨入誤差界限為 ε，則

$$e(h) \leq \frac{h}{3}\left[\varepsilon + 2\left(\frac{n}{2} - 1\right)\varepsilon + 4\left(\frac{n}{2}\right)\varepsilon + \varepsilon\right] = \frac{h}{3}3n\varepsilon = nh\varepsilon$$

但 $nh = b - a$，所以

$$e(h) \leq (b-a)\varepsilon$$

此界限值與 h 及 n 無關。這意謂著，即使因為精確度的關係而增加區段數，因而增加的計算並不會增加捨入誤差。這代表此程序在 h 趨進 0 時為穩定。本章開始處介紹的數值微分方法就不具此特性。

習題組 4.4 完整習題請見隨書光碟

1. 用複合梯形法則計算下列各積分式的近似值，分別使用各小題規定之 n 值。

   a. $\int_1^2 x \ln x\,dx, \quad n = 4$ **b.** $\int_{-2}^2 x^3 e^x\,dx, \quad n = 4$

   c. $\int_0^2 \frac{2}{x^2 + 4}\,dx, \quad n = 6$ **d.** $\int_0^\pi x^2 \cos x\,dx, \quad n = 6$

   e. $\int_0^2 e^{2x} \sin 3x\,dx, \quad n = 8$ **f.** $\int_1^3 \frac{x}{x^2 + 4}\,dx, \quad n = 8$

g. $\int_3^5 \dfrac{1}{\sqrt{x^2-4}}\, dx, \quad n=8$ 　　　　　　**h.** $\int_0^{3\pi/8} \tan x\, dx, \quad n=8$

3. 用複合辛普森法則重做習題 1。

5. 用複合中點法則及 $n+2$ 區段，求習題 1 各積分式近似值。

7. 分別使用下列各種方法求 $\int_0^2 x^2 \ln(x^2+1)\, dx$ 的近似值，令 $h=0.25$。
   a. 複合梯形法則。　　　　　　　　　　　　**b.** 複合辛普森法則。
   c. 複合中點法則。

9. 設 $f(0)=1$、$f(0.5)=2.5$、$f(1)=2$、且 $f(0.25)=f(0.75)=\alpha$。若以複合梯形法則及 $n=4$ 計算 $\int_0^1 f(x)\, dx$ 的近似值結果為 1.75，求 α 的值。

11. 當使用下列方法計算

$$\int_0^2 e^{2x} \sin 3x\, dx$$

的近似值，要精確至 10^{-4} 以內，則 n 及 h 各應為何？
   a. 複合梯形法則。
   b. 複合辛普森法則。
   c. 複合中點法則。

13. 以下列方法求

$$\int_0^2 \dfrac{1}{x+4}\, dx$$

的近似值，精確至 10^{-5} 以內，並求出所需的 n 及 h 的值。
   a. 複合梯形法則。
   b. 複合辛普森法則。
   c. 複合中點法則。

15. 定義 f 為

$$f(x) = \begin{cases} x^3+1, & 0 \le x \le 0.1 \\ 1.001+0.03(x-0.1)+0.3(x-0.1)^2+2(x-0.1)^3, & 0.1 \le x \le 0.2 \\ 1.009+0.15(x-0.2)+0.9(x-0.2)^2+2(x-0.2)^3, & 0.2 \le x \le 0.3 \end{cases}$$

   a. 檢查 f 導數的連續性。
   b. 使用複合梯形法則及 $n=6$ 求 $\int_0^{0.3} f(x)\, dx$ 的近似值，並利用誤差界限估計其誤差值。
   c. 使用複合辛普森法則及 $n=6$ 求 $\int_0^{0.3} f(x)\, dx$ 的近似值。此結果是否比 (b) 小題的結果更準確？

16. 證明下式為複合辛普森法則的誤差 $E(f)$ 之近似值，

$$-\dfrac{h^4}{180}[f'''(b)-f'''(a)]$$

[提示：$\sum_{j=1}^{n/2} f^{(4)}(\xi_j)(2h)$ 為 $\int_a^b f^{(4)}(x)\, dx$ 的黎曼和 (Riemann sum)。]

17. a. 利用習題 16 的方法導出複合梯形法則誤差的估計值。
   b. 以複合中點法則重複 (a) 小題。

21. 求方程式 $4x^2+9y^2=36$ 所決定的橢圓形週長，精確至 10^{-6} 以內。

23. 一個質量為 m 的物體在流體中移動時受到摩擦阻力 R，R 為速度 v 的函數。下式為阻力 R、速度 v、與時間 t 之關係

$$t = \int_{v(t_0)}^{v(t)} \frac{m}{R(u)} du$$

假設某特定液體 $R(v) = -v\sqrt{v}$，其中 R 的單位為 Newton 且 v 的單位為 meters/second。若 $m = 10$ kg 且 $v(0) = 10$ m/s，求此物體速度減至 $v = 5$ m/s 所需時間的近似解。

25. 求本章開始處所列積分式的近似解至 10^{-4} 以內：

$$\int_0^{48} \sqrt{1 + (\cos x)^2}\, dx$$

4.5 Romberg 積分

在本節中，我們將說明如何將 Richardson 外推法用於複合梯形法則的結果，花費很少的計算成本就可獲得高精度的近似解。

在 4.4 節中我們發現，複合梯形法則的誤差項為 $O(h^2)$。明確的說，就是在 $h = (b-a)/n$ 且 $x_j = a + jh$ 時，對某一 (a, b) 間的 μ，我們有

$$\int_a^b f(x)\, dx = \frac{h}{2}\left[f(a) + 2\sum_{j=1}^{n-1} f(x_j) + f(b)\right] - \frac{(b-a)f''(\mu)}{12}h^2$$

使用另一種方法，我們可證明（見 [RR], pp. 136-140），若 $f \in C^\infty[a,b]$，則複合梯形法則及其誤差項也可寫成

$$\int_a^b f(x)\, dx = \frac{h}{2}\left[f(a) + 2\sum_{j=1}^{n-1} f(x_j) + f(b)\right] + K_1 h^2 + K_2 h^4 + K_3 h^6 + \cdots \quad (4.33)$$

其中 K_i 為常數，且只取決於 $f^{(2i-1)}(a)$ 和 $f^{(2i-1)}(b)$。

在 4.2 節中我們了解到，Richardson 外推法可用於任何具有以下型式截尾誤差的近似法，

$$\sum_{j=1}^{m-1} K_j h^{\alpha_j} + O(h^{\alpha_m})$$

其中 K_j 為一組常數且 $\alpha_1 < \alpha_2 < \alpha_3 < \cdots < \alpha_m$。在該節中我們說明了，當所用近似方法的截尾誤差只有 h 的偶數次方項，此方法的效率非常好。亦即截尾誤差的型式為

$$\sum_{j=1}^{m-1} K_j h^{2j} + O(h^{2m})$$

因為複合梯形法則即為此種型式，故適合使用外推法。這樣就得到了我們所稱的 **Romberg 積分** (Romberg integration)。

我們用 $n = 1, 2, 4, 8, 16, \ldots$ 時的複合梯形法則求 $\int_a^b f(x)\,dx$ 的近似值，並以 $R_{1,1}$、$R_{2,1}$、$R_{3,1}$ 等分別代表各近似解。然後依 4.2 節的方法應用外推法，也就是利用下式以得到 $O(h^4)$ 的近似解 $R_{2,2}$、$R_{3,2}$、$R_{4,2}$ 等，

$$R_{k,2} = R_{k,1} + \frac{1}{3}(R_{k,1} - R_{k-1,1}), \quad k = 2, 3, \ldots$$

則 $O(h^6)$ 的近似解 $R_{3,3}$、$R_{4,3}$、$R_{5,3}$ 等可得自

$$R_{k,3} = R_{k,2} + \frac{1}{15}(R_{k,2} - R_{k-1,2}), \quad k = 3, 4, \ldots$$

在獲得適當的 $R_{k,j-1}$ 近似解之後，我們可得 $O(h^{2j})$ 近似解的通式為

$$R_{k,j} = R_{k,j-1} + \frac{1}{4^{j-1} - 1}(R_{k,j-1} - R_{k-1,j-1}), \quad k = j, j+1, \ldots$$

例題 1 用複合梯形法則求 $n = 1, 2, 4, 8, 16$ 時 $\int_0^\pi \sin x\,dx$ 的近似值。然後將 Romberg 外推用於這些結果。

解 不同 n 值時的複合梯形法則可得以下各近似解，真實值為 2。

$$R_{1,1} = \frac{\pi}{2}[\sin 0 + \sin \pi] = 0$$

$$R_{2,1} = \frac{\pi}{4}\left[\sin 0 + 2\sin\frac{\pi}{2} + \sin \pi\right] = 1.57079633$$

$$R_{3,1} = \frac{\pi}{8}\left[\sin 0 + 2\left(\sin\frac{\pi}{4} + \sin\frac{\pi}{2} + \sin\frac{3\pi}{4}\right) + \sin \pi\right] = 1.89611890$$

$$R_{4,1} = \frac{\pi}{16}\left[\sin 0 + 2\left(\sin\frac{\pi}{8} + \sin\frac{\pi}{4} + \cdots + \sin\frac{3\pi}{4} + \sin\frac{7\pi}{8}\right) + \sin \pi\right] = 1.97423160$$

$$R_{5,1} = \frac{\pi}{32}\left[\sin 0 + 2\left(\sin\frac{\pi}{16} + \sin\frac{\pi}{8} + \cdots + \sin\frac{7\pi}{8} + \sin\frac{15\pi}{16}\right) + \sin \pi\right] = 1.99357034$$

$O(h^4)$ 的近似解為

$$R_{2,2} = R_{2,1} + \frac{1}{3}(R_{2,1} - R_{1,1}) = 2.09439511; \quad R_{3,2} = R_{3,1} + \frac{1}{3}(R_{3,1} - R_{2,1}) = 2.00455976$$

$$R_{4,2} = R_{4,1} + \frac{1}{3}(R_{4,1} - R_{3,1}) = 2.00026917; \quad R_{5,2} = R_{5,1} + \frac{1}{3}(R_{5,1} - R_{4,1}) = 2.00001659$$

$O(h^6)$ 的近似解為

$$R_{3,3} = R_{3,2} + \frac{1}{15}(R_{3,2} - R_{2,2}) = 1.99857073; \quad R_{4,3} = R_{4,2} + \frac{1}{15}(R_{4,2} - R_{3,2}) = 1.99998313$$

$$R_{5,3} = R_{5,2} + \frac{1}{15}(R_{5,2} - R_{4,2}) = 1.99999975$$

兩個 $O(h^8)$ 的近似解為

$$R_{4,4} = R_{4,3} + \frac{1}{63}(R_{4,3}-R_{3,3}) = 2.00000555; \quad R_{5,4} = R_{5,3} + \frac{1}{63}(R_{5,3}-R_{4,3}) = 2.00000001$$

而 $O(h^{10})$ 的近似解為

$$R_{5,5} = R_{5,4} + \frac{1}{255}(R_{5,4} - R_{4,4}) = 1.99999999$$

以上結果列於表 4.9。 ∎

表 4.9

0				
1.57079633	2.09439511			
1.89611890	2.00455976	1.99857073		
1.97423160	2.00026917	1.99998313	2.00000555	
1.99357034	2.00001659	1.99999975	2.00000001	1.99999999

我們留意到，在例題 1 中以複合梯形法則求近似值時，每一個後續的近似解，用到求前一個近似解所計算的所有函數值。也就是，$R_{1,1}$ 要計算 0 及 π 的值，$R_{2,1}$ 會用到這些計算值再加上一個中間點 $\pi/2$ 的函數值。然後 $R_{3,1}$ 會用到 $R_{2,1}$ 所有的計算值，再加上 $\pi/4$ 和 $3\pi/4$ 處的函數值。繼續此模式，$R_{4,1}$ 會用到 $R_{3,1}$ 的計算結果，但再加上 $\pi/8$、$3\pi/8$、$5\pi/8$ 和 $7\pi/8$ 的函數值，以此類推。

複合梯形法則此種計算程序，對區間 $[a, b]$ 上的任何積分都適用。用通式表示，$R_{k+1,1}$ 的複合梯形法則會用到 $R_{k,1}$ 的所有計算值，再加上 2^{k-2} 個中間點上的值。因此可以用遞迴的方式，快速求得各近似解。

要獲得 $\int_a^b f(x)\,dx$ 的複合梯形法則近似值，令 $h_k = (b-a)/m_k = (b-a)/2^{k-1}$。則

$$R_{1,1} = \frac{h_1}{2}[f(a) + f(b)] = \frac{(b-a)}{2}[f(a) + f(b)]$$

且

$$R_{2,1} = \frac{h_2}{2}[f(a) + f(b) + 2f(a + h_2)]$$

經由改寫 $R_{2,1}$，我們可納入已求得的近似值 $R_{1,1}$

$$R_{2,1} = \frac{(b-a)}{4}\left[f(a) + f(b) + 2f\left(a + \frac{(b-a)}{2}\right)\right] = \frac{1}{2}[R_{1,1} + h_1 f(a + h_2)]$$

以同樣的方式，我們可寫出

$$R_{3,1} = \frac{1}{2}\{R_{2,1} + h_2[f(a+h_3) + f(a+3h_3)]\}$$

且對每個 $k = 2, 3, \ldots, n$，我們有通式（見圖 4.10）

$$R_{k,1} = \frac{1}{2}\left[R_{k-1,1} + h_{k-1}\sum_{i=1}^{2^{k-2}} f\left(a + (2i-1)h_k\right)\right] \tag{4.34}$$

(見習題 14 及 15)

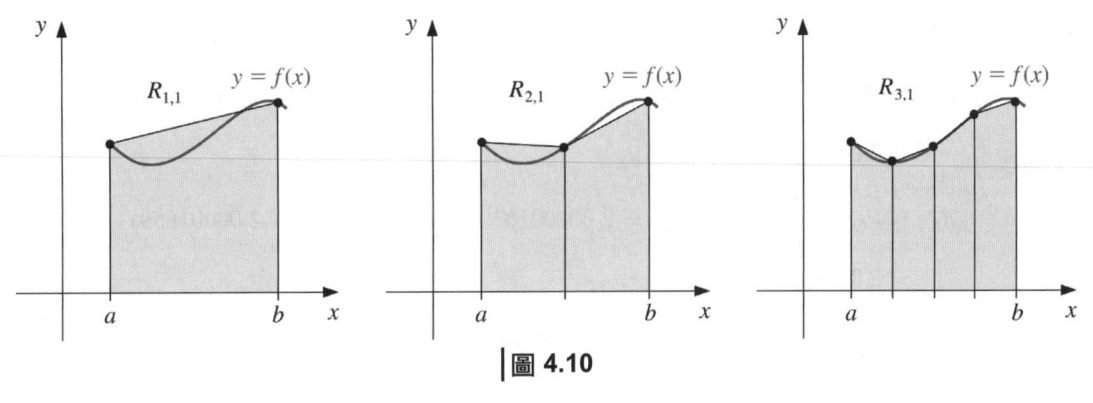

圖 4.10

然後依下式用外推法產生 $O(h_k^{2j})$ 的近似值

$$R_{k,j} = R_{k,j-1} + \frac{1}{4^{j-1}-1}(R_{k,j-1} - R_{k-1,j-1}), \quad k = j, j+1, \ldots$$

如表 4.10 所示。

表 4.10

k	$O(h_k^2)$	$O(h_k^4)$	$O(h_k^6)$	$O(h_k^8)$		$O(h_k^{2n})$
1	$R_{1,1}$					
2	$R_{2,1}$	$R_{2,2}$				
3	$R_{3,1}$	$R_{3,2}$	$R_{3,3}$			
4	$R_{4,1}$	$R_{4,2}$	$R_{4,3}$	$R_{4,4}$		
⋮	⋮	⋮	⋮	⋮	⋱	
n	$R_{n,1}$	$R_{n,2}$	$R_{n,3}$	$R_{n,4}$	⋮	$R_{n,n}$

建構 Romberg 表的有效方法是使用每一步的最高次近似值。也就是依 $R_{1,1}$、$R_{2,1}$、$R_{2,2}$、$R_{3,1}$、$R_{3,2}$、$R_{3,3}$ 等的順序逐列計算各欄位。這讓我們可以，只要多做一次複合梯形法則計算就可以產生新的一整列。只要將它和之前已知的數據做簡單的平均運算就可求得新一列中其餘的各項。切記

- Romberg 表要一次計算完整一列。

例題 2 在表 4.10 中加入新的一列以近似 $\int_0^\pi \sin x\, dx$。

解 為獲得新的一列，我們須要梯形法則近似值

$$R_{6,1} = \frac{1}{2}\left[R_{5,1} + \frac{\pi}{16}\sum_{k=1}^{2^4} \sin\frac{(2k-1)\pi}{32}\right] = 1.99839336$$

由表 4.10 中的值可得

$$R_{6,2} = R_{6,1} + \frac{1}{3}(R_{6,1} - R_{5,1}) = 1.99839336 + \frac{1}{3}(1.99839336 - 1.99357035)$$
$$= 2.00000103$$

$$R_{6,3} = R_{6,2} + \frac{1}{15}(R_{6,2} - R_{5,2}) = 2.00000103 + \frac{1}{15}(2.00000103 - 2.00001659)$$
$$= 2.00000000$$

$$R_{6,4} = R_{6,3} + \frac{1}{63}(R_{6,3} - R_{5,3}) = 2.00000000$$

$$R_{6,5} = R_{6,4} + \frac{1}{255}(R_{6,4} - R_{5,4}) = 2.00000000$$

以及 $R_{6,6} = R_{6,5} + \frac{1}{1023}(R_{6,5} - R_{5,5}) = 2.00000000$。表 4.11 為新產生的外推表。∎

表 4.11

0					
1.57079633	2.09439511				
1.89611890	2.00455976	1.99857073			
1.97423160	2.00026917	1.99998313	2.00000555		
1.99357034	2.00001659	1.99999975	2.00000001	1.99999999	
1.99839336	2.00000103	2.00000000	2.00000000	2.00000000	2.00000000

留意到，除了第一個 (表中第 2 行第 1 列) 之外，表中所有外推值都比複合梯形法所得最好的近似值 (第 1 行最後 1 列) 更準確。雖然表中共有 21 筆數據，但只有最左側的 6 個須要求函數值，因為那幾個欄位是由複合梯形法產生；其他欄位均得自平均程序。事實上，因為左側行中各項的遞迴關係，只有在求複合梯形法則最後近似值時才須要做函數求值的計算。以通式表式，$R_{k,1}$ 須要 $1 + 2^{k-1}$ 次函數求值，所以在本例中須要 $1 + 2^5 = 33$ 次。

算則 4.2 用遞迴程序求複合梯形法則近似值，然後逐列計算表中各項。

算則 4.2 Romberg

求積分式 $I = \int_a^b f(x)\,dx$ 的近似值，選取整數 $n > 0$。

INPUT 端點 a、b；整數 n。

OUTPUT 陣列 R。(依列的順序計算 R；只儲存最後 2 列)

Step 1 Set $h = b - a$;
$R_{1,1} = \frac{h}{2}(f(a) + f(b))$.

Step 2 OUTPUT ($R_{1,1}$).

Step 3 For $i = 2, \ldots, n$ do Steps 4–8.

Step 4 Set $R_{2,1} = \dfrac{1}{2}\left[R_{1,1} + h\displaystyle\sum_{k=1}^{2^{i-2}} f(a + (k - 0.5)h)\right]$.

(梯形法則之近似值)

Step 5 For $j = 2, \ldots, i$

set $R_{2,j} = R_{2,j-1} + \dfrac{R_{2,j-1} - R_{1,j-1}}{4^{j-1} - 1}$.　(外推)

Step 6 OUTPUT ($R_{2,j}$ for $j = 1, 2, \ldots, i$).

Step 7 Set $h = h/2$.

Step 8 For $j = 1, 2, \ldots, i$ set $R_{1,j} = R_{2,j}$.　(更新 R 的第 1 列)

Step 9 STOP. ∎

算則 4.2 須要事先指定一個整數 n 做為所要產生的列數。我們也可以設定近似值的誤差許可範圍，以及 n 的最上限，然後一直進行到兩相鄰對角線的值 $R_{n-1,n-1}$ 及 $R_{n,n}$ 的差小於設定的誤差許可範圍為止。為了防止出現相鄰 2 列的值非常接近但卻並非接近真實值的情形，通常採用的方法是，不只是 $|R_{n-1,n-1} - R_{n,n}|$ 要小於容許誤差範圍，同時要求 $|R_{n-2,n-2} - R_{n-1,n-1}|$ 也要小於容許誤差範圍。這種做法雖然不能 100% 保證，但通常已足可確保最後的答案 $R_{n,n}$ 是在誤差範圍內。

可以用 Maple 的 *Student* 程式包中 *NumericalAnalysis* 套件的 *Quadrature* 指令以執行 Romberg 積分。例如，在載入套件並定義函數與區間之後，指令

Quadrature($f(x), x = a..b, method = romberg_6, output = information$)

可產生表 4.11 的數據，同時顯示共用了 6 次梯形法則，並計算了 33 次函數值。

使用 Romberg 積分法則對 f 在 $[a, b]$ 間積分的基本假設是，所用的複合梯形法則的誤差項可寫成 (4.33) 式的型式；也就是說，要產生第 k 列的先決條件是 $f \in C^{2k+2}[a, b]$。通用軟體在使用 Romberg 積分時會在每一階段執行檢查，以確保滿足此假設條件。此程序稱為 *cautious Romberg* 算則，在參考文獻 [Joh] 中有說明。同份參考文獻中亦介紹了適應性 (adaptive) Romberg 積分法，在 4.6 節中我們將介紹類似的適應性辛普森法。

習題組 4.5　完整習題請見隨書光碟

1. 使用 Romberg 積分法求下列各積分式的 $R_{3,3}$。

   a. $\int_{1}^{1.5} x^2 \ln x \, dx$　　b. $\int_{0}^{1} x^2 e^{-x} \, dx$　　c. $\int_{0}^{0.35} \dfrac{2}{x^2-4} \, dx$　　d. $\int_{0}^{\pi/4} x^2 \sin x \, dx$

   e. $\int_{0}^{\pi/4} e^{3x} \sin 2x \, dx$　f. $\int_{1}^{1.6} \dfrac{2x}{x^2-4} \, dx$　g. $\int_{3}^{3.5} \dfrac{x}{\sqrt{x^2-4}} \, dx$　h. $\int_{0}^{\pi/4} (\cos x)^2 \, dx$

3. 求習題 1 中各積分式的 $R_{4,4}$。

5. 用 Romberg 積分法求習題 1 各積分式的近似值，準確至 10^{-6} 以內。計算 Romberg 表直到滿足 $|R_{n-1,n-1} - R_{n,n}| < 10^{-6}$ 或 $n=10$ 兩者之一。把計算結果與積分的真實值相比較。

7. 利用下表所列數據，求 $\int_{1}^{5} f(x) \, dx$ 的最佳近似值。

x	1	2	3	4	5
$f(x)$	2.4142	2.6734	2.8974	3.0976	3.2804

9. 使用 Romberg 積分法求

   $$\int_{2}^{3} f(x) \, dx$$

   的近似值。若 $f(2) = 0.51342$、$f(3) = 0.36788$、$R_{31} = 0.43687$、且 $R_{33} = 0.43662$，求 $f(2.5)$。

11. 使用 Romberg 積分法求 $\int_{a}^{b} f(x) \, dx$ 的近似值得 $R_{11} = 8$、$R_{22} = 16/3$、且 $R_{33} = 208/45$，求 R_{31}。

13. 證明 $R_{k,2}$ 所得的近似值，與定理 4.4 的複合辛普森法則在 $h = h_k$ 時的結果相同。

4.6 適應性數值積分法

複合公式在大部分情形下都有很好的效率，但有時會遇到困難是因為，它們使用等間隔分布的節點。當一個函數在其積分區間內部分區域函數值變化劇烈而部分區域變化和緩時，等間隔節點並不適合。

說明題　同時滿足 $y(0) = 0$ 及 $y'(0) = 4$ 的微分方程 $y'' + 6y' + 25 = 0$，有唯一解 $y(x) = e^{-3x} \sin 4x$。在機械工程中常遇到此類函數，因為它們可用以描述彈簧與吸震器系統特性，而在電機工程中則為基本電路問題的解。在區間 $[0, 4]$ 上 $y(x)$ 對 x 的圖形如圖 4.11 所示。

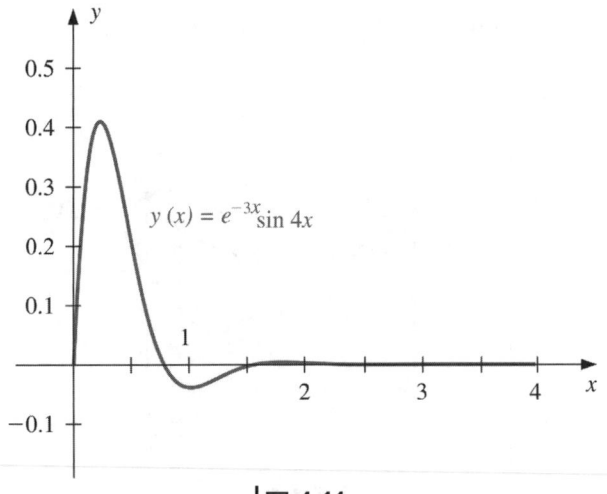

圖 4.11 $y(x) = e^{-3x}\sin 4x$

假設我們須要 $y(x)$ 在區間 [0, 4] 的積分值。由圖形可看出，在區間 [3, 4] 的積分必定十分接近 0，在區間 [2, 3] 也不會大。但是在 [0, 2] 間的函數值則有大幅變化，我們無法預判積分值會是多少。這就是一個不適用複合積分法的例子。在 [2, 4] 間可以用低階的方法，但在 [0, 2] 間就須要高階法。 ■

在本節我們要考慮的問題是：

- 我們要如何決定在積分區間的不同部分使用不同方法，最後近似結果的準確度為何？

我們會看到，在相當合理的條件下我們可以回答此問題，同時求得滿足精度要求的近似解。

如果我們希望在給定區間中積分的近似誤差為均勻分布，則函數值變化大的區域所使用的步進距離，應該要比函數值變化小的區域的步進距離小。要有效的處理此種問題，所用的方法必須能夠預估函數值的變化量，然後依須要調整步進距離。此種方法稱為**適應性數值積分法** (Adaptive quadrature methods)。多數的專業軟體都包括了適應性數值方法，因為它們不僅效率高，同時可達到指定的精確度。

在本節中我們將探討適應性數值積分法，以了解這種方法如何減低近似誤差，同時可以在無須用到函數高階導數的情形下，預估近似值的誤差。我們將介紹的方法是基於複合辛普森法，但很容易套用到其他複合方法上。

假設我們要求 $\int_a^b f(x)\,dx$ 的近似值，精確至容許誤差 $\varepsilon > 0$。第一步是先以步進距離 $h = (b-a)/2$ 執行辛普森法則。如此可得 (見圖 4.12)

$$\int_a^b f(x)\,dx = S(a,b) - \frac{h^5}{90}f^{(4)}(\xi), \quad \xi \text{ 介於 } (a,b) \text{ 間} \tag{4.35}$$

其中 $[a, b]$ 區間的辛普森法則近似值記作

$$S(a,b) = \frac{h}{3}[f(a) + 4f(a+h) + f(b)]$$

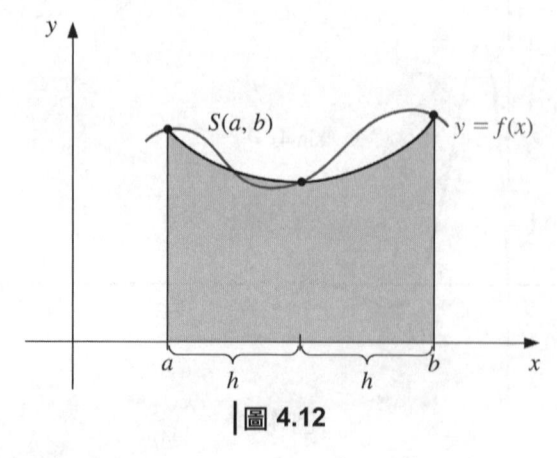

圖 4.12

下一步則是在不須要用到 $f^{(4)}(\xi)$ 的情形下決定準確度的估計值。我們首先以 $n=4$ 及步進 $(b-a)/4 = h/2$ 的條件執行複合辛普森法則，得

$$\int_a^b f(x)\,dx = \frac{h}{6}\left[f(a) + 4f\left(a+\frac{h}{2}\right) + 2f(a+h) + 4f\left(a+\frac{3h}{2}\right) + f(b)\right]$$
$$-\left(\frac{h}{2}\right)^4 \frac{(b-a)}{180} f^{(4)}(\tilde{\xi}) \tag{4.36}$$

$\tilde{\xi}$ 介於 (a,b) 間。為簡化符號，令

$$S\left(a, \frac{a+b}{2}\right) = \frac{h}{6}\left[f(a) + 4f\left(a+\frac{h}{2}\right) + f(a+h)\right]$$

及

$$S\left(\frac{a+b}{2}, b\right) = \frac{h}{6}\left[f(a+h) + 4f\left(a+\frac{3h}{2}\right) + f(b)\right]$$

則 (4.36) 式可改寫為 (見圖 4.13)

$$\int_a^b f(x)\,dx = S\left(a, \frac{a+b}{2}\right) + S\left(\frac{a+b}{2}, b\right) - \frac{1}{16}\left(\frac{h^5}{90}\right) f^{(4)}(\tilde{\xi}) \tag{4.37}$$

要推導出誤差值，先假設 $\xi \approx \tilde{\xi}$，或更精確的說 $f^{(4)}(\xi) \approx f^{(4)}(\tilde{\xi})$，而這方法成功與否就取決於此假設有多準確。若以上假設是對的，則由 (4.35) 及 (4.37) 式可得

$$S\left(a, \frac{a+b}{2}\right) + S\left(\frac{a+b}{2}, b\right) - \frac{1}{16}\left(\frac{h^5}{90}\right) f^{(4)}(\xi) \approx S(a,b) - \frac{h^5}{90} f^{(4)}(\xi)$$

所以

$$\frac{h^5}{90} f^{(4)}(\xi) \approx \frac{16}{15}\left[S(a,b) - S\left(a, \frac{a+b}{2}\right) - S\left(\frac{a+b}{2}, b\right)\right]$$

$$S\left(a, \frac{a+b}{2}\right) + S\left(\frac{a+b}{2}, b\right)$$

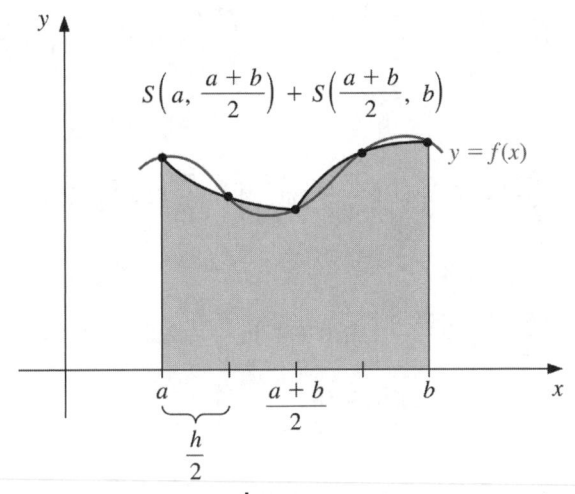

圖 4.13

將此估計值代入 (4.37) 式可得誤差估計為

$$\left| \int_a^b f(x)\,dx - S\left(a, \frac{a+b}{2}\right) - S\left(\frac{a+b}{2}, b\right) \right| \approx \frac{1}{16}\left(\frac{h^5}{90}\right) f^{(4)}(\xi)$$

$$\approx \frac{1}{15}\left| S(a,b) - S\left(a, \frac{a+b}{2}\right) - S\left(\frac{a+b}{2}, b\right) \right|$$

此結果意謂著，以 $S(a,(a+b)/2) + S((a+b)/2,b)$ 做為 $\int_a^b f(x)\,dx$ 的近似值，要比 $S(a,b)$ 所得的好 15 倍。因此，若

$$\left| S(a,b) - S\left(a, \frac{a+b}{2}\right) - S\left(\frac{a+b}{2}, b\right) \right| < 15\varepsilon \tag{4.38}$$

我們應可預期

$$\left| \int_a^b f(x)\,dx - S\left(a, \frac{a+b}{2}\right) - S\left(\frac{a+b}{2}, b\right) \right| < \varepsilon \tag{4.39}$$

且

$$S\left(a, \frac{a+b}{2}\right) + S\left(\frac{a+b}{2}, b\right)$$

應可足夠精確的近似於 $\int_a^b f(x)\,dx$。

例題 1 為檢查 (4.38) 及 (4.39) 式所估算之誤差值的準確度，將其應用於積分式

$$\int_0^{\pi/2} \sin x\,dx = 1$$

並比較以下兩者，

$$\frac{1}{15}\left|S\left(0,\frac{\pi}{2}\right) - S\left(0,\frac{\pi}{4}\right) - S\left(\frac{\pi}{4},\frac{\pi}{2}\right)\right| \quad \text{及} \quad \left|\int_0^{\pi/2} \sin x\, dx - S\left(0,\frac{\pi}{4}\right) - S\left(\frac{\pi}{4},\frac{\pi}{2}\right)\right|$$

解 我們有

$$S\left(0,\frac{\pi}{2}\right) = \frac{\pi/4}{3}\left[\sin 0 + 4\sin\frac{\pi}{4} + \sin\frac{\pi}{2}\right] = \frac{\pi}{12}(2\sqrt{2}+1) = 1.002279878$$

及

$$S\left(0,\frac{\pi}{4}\right) + S\left(\frac{\pi}{4},\frac{\pi}{2}\right) = \frac{\pi/8}{3}\left[\sin 0 + 4\sin\frac{\pi}{8} + 2\sin\frac{\pi}{4} + 4\sin\frac{3\pi}{8} + \sin\frac{\pi}{2}\right]$$
$$= 1.000134585$$

所以

$$\left|S\left(0,\frac{\pi}{2}\right) - S\left(0,\frac{\pi}{4}\right) - S\left(\frac{\pi}{4},\frac{\pi}{2}\right)\right| = |1.002279878 - 1.000134585| = 0.002145293$$

當我們以 $S(a,(a+b)) + S((a+b),b)$ 做為 $\int_a^b f(x)dx$ 的近似值時，估計的誤差為

$$\frac{1}{15}\left|S\left(0,\frac{\pi}{2}\right) - S\left(0,\frac{\pi}{4}\right) - S\left(\frac{\pi}{4},\frac{\pi}{2}\right)\right| = 0.000143020$$

此值非常接近實際誤差

$$\left|\int_0^{\pi/2} \sin x\, dx - 1.000134585\right| = 0.000134585$$

而且在區間 $(0, \pi/2)$ 中 $D_x^4 \sin x = \sin x$ 的變化頗大。∎

當 (4.38) 式中的近似值相差超過 15ε 時，我們可分別在區段 $[a,(a+b)/2]$ 及 $[(a+b)/2,b]$ 使用辛普森法則。然後再用估計誤差的程序，以決定每一區段的積分誤差是否小於 $\varepsilon/2$。如果都小於，我們將兩區段的結果相加，此近似值對 $\int_a^b f(x)dx$ 的誤差應小於 ε。

如果有某一區段的誤差值大於 $\varepsilon/2$，則將此區段再劃分為二，然後重複前面步驟，以決定任一區段的誤差是否小於 $\varepsilon/4$。重複此等分過程，直到每一部分均滿足容許誤差要求。

雖然可以設計出某些特定的問題，使其永遠無法達到此要求，但通常此方法是行得通的，因為每一次等分，精度約以 16 的倍數增加，而我們要求的僅為 2。

算則 4.3 詳述了辛普森法則的適應性積分法，因為技術上的問題，與前面所討論的程序有少許差異。例如，在 Step 1 中誤差界限設為 10ε 而非不等式 (4.38) 中的 15ε。選擇此界限是為了抵消 $f^{(4)}(\xi) \approx f^{(4)}(\tilde{\xi})$ 之假設所造成的誤差。如果我們已知某問題的 $f^{(4)}$ 有大幅變化，則應該再進一步降低此界限值。

以下算則由最左側區段的左半部開始計算積分式的近似值。這須要能夠快速儲存與呼叫已求得的右側區段各節點的函數值。Step 3、4、及 5 包括了一個堆疊 (stacking) 程序，利用一個指標 (indicator) 以追蹤與目前正在計算的區段緊鄰右側的數據。若使用可遞迴呼叫的程式語言，則此方法寫起來較簡單。

算則 4.3 適應性數值積分 (Adaptive Quadrature)

求積分式 $I = \int_a^b f(x)\,dx$ 的近似值至指定之誤差範圍內：

INPUT 端點 a, b；容許誤差 TOL；層數限制 N。

OUTPUT 近似值 APP 或超過 N 的訊息。

Step 1 Set $APP = 0$;
 $i = 1$;
 $TOL_i = 10\ TOL$;
 $a_i = a$;
 $h_i = (b-a)/2$;
 $FA_i = f(a)$;
 $FC_i = f(a + h_i)$;
 $FB_i = f(b)$;
 $S_i = h_i(FA_i + 4FC_i + FB_i)/3$;　(對整個區間做辛普森積分的近似值)
 $L_i = 1$.

Step 2 While $i > 0$ do Steps 3–5.

　　Step 3 Set $FD = f(a_i + h_i/2)$;
 $FE = f(a_i + 3h_i/2)$;
 $S1 = h_i(FA_i + 4FD + FC_i)/6$;　(對一半的區間作辛普森積分的近似值)
 $S2 = h_i(FC_i + 4FE + FB_i)/6$;
 $v_1 = a_i$;　(儲存目前結果)
 $v_2 = FA_i$;
 $v_3 = FC_i$;
 $v_4 = FB_i$;
 $v_5 = h_i$;
 $v_6 = TOL_i$;
 $v_7 = S_i$;
 $v_8 = L_i$.

　　Step 4 Set $i = i - 1$.　(刪除一層)

　　Step 5 If $|S1 + S2 - v_7| < v_6$
　　　then set $APP = APP + (S1 + S2)$
　　　else
　　　　if $(v_8 \geq N)$
　　　　　then
　　　　　　OUTPUT ('LEVEL EXCEEDED');　(程式失敗)
　　　　　　STOP.
　　　　　else　(加入一層)
　　　　　　set $i = i + 1$;　(區段右半值)
　　　　　　　$a_i = v_1 + v_5$;
　　　　　　　$FA_i = v_3$;

$$FC_i = FE;$$
$$FB_i = v_4;$$
$$h_i = v_5/2;$$
$$TOL_i = v_6/2;$$
$$S_i = S2;$$
$$L_i = v_8 + 1;$$
set $i = i + 1;$ （區段左半值）
$$a_i = v_1;$$
$$FA_i = v_2;$$
$$FC_i = FD;$$
$$FB_i = v_3;$$
$$h_i = h_{i-1};$$
$$TOL_i = TOL_{i-1};$$
$$S_i = S1;$$
$$L_i = L_{i-1}.$$

Step 6 OUTPUT (*APP*); （*APP* 近似 *I* 至 *TOL* 以內）
STOP. ∎

說明題 圖 4.14 為函數 $f(x) = (100/x^2)\sin(10/x)$ 對 x 在 [1, 3] 區間的圖形。用適應性數值積分算則 4.3，容許誤差 10^{-4}，計算 $\int_1^3 f(x)\,dx$ 的近似值得 -1.426014，此結果準確至 1.1×10^{-5} 以內。要獲得此近似值必須在 23 個區段執行 $n = 4$ 的辛普森法則，這些區段的端點顯示在圖 4.14 的橫軸上。總計須要執行 93 次函數值計算。

若使用標準的複合辛普森法則，要獲得 10^{-4} 以內的精度，最大可使用 $h = 1/88$。此情形下須要執行 177 次函數值計算，幾乎是適應性數值積分法的 2 倍。 ∎

在 Maple 的 *Student* 程式包的 *NumericalAnalysis* 套件中，可以用 *Quadrature* 指令執行適應性數值積分。此時使用 *adaptive = true* 的選項。例如，要獲得上面說明題中的數據，載入程式包後，用以下指令定義函數與區間

$$f := x \to \frac{100}{x^2} \cdot \sin\left(\frac{10}{x}\right); \; a := 1.0; \; b := 3.0$$

然後用 *NumericalAnalysis* 的指令

Quadrature($f(x), x = a..b, adaptive = true, method = [simpson, 10^{-4}], output = information$)

這樣會得到近似值 -1.42601481，以及一個表，列出使用辛普森法則的所有區段，滿足容許誤差的會標示 PASS，不滿足的就標示 fail。Maple 同時也提供它所判定的積分式的確實值，準確至所示位數，在本例中為 -1.42602476。它也會分別給出絕對誤差與相對誤差，9.946×10^{-6} 和 6.975×10^{-4}，前提是它所判定的確實值是正確的。

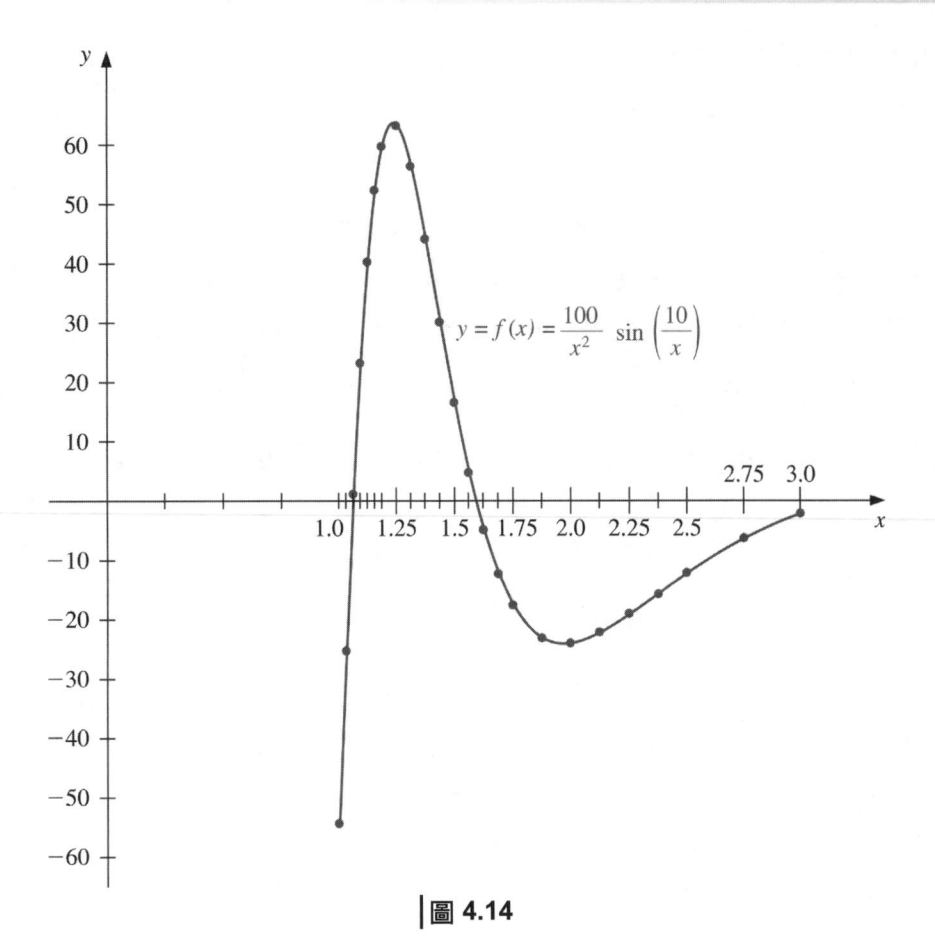

$$y = f(x) = \frac{100}{x^2} \sin\left(\frac{10}{x}\right)$$

圖 4.14

習題組 4.6　完整習題請見隨書光碟

1. 用辛普森法則計算下列積分式的近似值 $S(a,b)$、$S(a, (a+b)/2)$、及 $S((a+b)/2, b)$，並與近似公式的預估值做比較。

   a. $\int_1^{1.5} x^2 \ln x \, dx$　　b. $\int_0^1 x^2 e^{-x} \, dx$　　c. $\int_0^{0.35} \frac{2}{x^2 - 4} \, dx$　　d. $\int_0^{\pi/4} x^2 \sin x \, dx$

   e. $\int_0^{\pi/4} e^{3x} \sin 2x \, dx$　f. $\int_1^{1.6} \frac{2x}{x^2 - 4} \, dx$　g. $\int_3^{3.5} \frac{x}{\sqrt{x^2 - 4}} \, dx$　h. $\int_0^{\pi/4} (\cos x)^2 \, dx$

3. 用適應性積分法求下列各積分式的近似值到 10^{-5} 以內。

   a. $\int_1^3 e^{2x} \sin 3x \, dx$　　　　　　　　　　b. $\int_1^3 e^{3x} \sin 2x \, dx$

   c. $\int_0^5 \left(2x \cos(2x) - (x-2)^2\right) dx$　　　d. $\int_0^5 \left(4x \cos(2x) - (x-2)^2\right) dx$

5. 使用複合辛普森法則求下列積分式近似值，依序使用 $n = 4, 6, 8, \cdots$ 直到相鄰兩近似值的差在 10^{-6} 以內。決定所須的節點數。利用適應性數值積分算則求積分式的近似值到 10^{-6} 以內，並計算所用的節點數。適應性數值積分法是否較佳？

a. $\int_0^\pi x\cos x^2\, dx$ **b.** $\int_0^\pi x\sin x^2\, dx$ **c.** $\int_0^\pi x^2\cos x\, dx$ **d.** $\int_0^\pi x^2\sin x\, dx$

7. 微分方程

$$mu''(t) + ku(t) = F_0\cos\omega t$$

代表了一個質量 m、彈簧常數 k、且沒有阻尼的彈簧-質點系統。其中 $F_0\cos\omega t$ 為施加於此系統的週期性外力。若此系統開始為靜止 ($u'(0) = u(0) = 0$)，其解為

$$u(t) = \frac{F_0}{m(\omega_0^2 - \omega^2)}(\cos\omega t - \cos\omega_0 t)，其中 \omega_0 = \sqrt{\frac{k}{m}} \neq \omega$$

當 $m=1$、$k=9$、$F_0=1$、$\omega=2$、且 $t\in[0,2\pi]$ 時，畫出 u 的圖形。求 $\int_0^{2\pi} u(t)\, dt$ 的近似值到 10^{-4} 以內。

9. 令，對 $\int_a^b f(x)\, dx$ 執行一次及二次梯形法則的結果分別為 $T(a,b)$ 及 $T(a,\frac{a+b}{2}) + T(\frac{a+b}{2},b)$。推導

$$\left|T(a,b) - T\left(a,\frac{a+b}{2}\right) - T\left(\frac{a+b}{2},b\right)\right|$$

及

$$\left|\int_a^b f(x)\, dx - T\left(a,\frac{a+b}{2}\right) - T\left(\frac{a+b}{2},b\right)\right|$$

之間的關係。

4.7 高斯數值積分

在 4.3 節中我們積分內插多項式，以推導 Newton-Cotes 公式。當使用 n 次內插多項式以近似一個函數時，其誤差項包含了該函數的第 $(n+1)$ 次導數，所以，對小於等於 n 次的多項式積分時，Newton-Cotes 公式為真實 (exact)。

所有的 Newton-Cotes 公式都使用等間隔分布點上的函數值。此限制有助於將這些公式結合成為 4.4 節所介紹的複合法則，但有可能明顯的降低近似值的準確性。例如將梯形法則用於圖 4.15 所示的函數。

梯形法則是對連接函數圖形兩側端點的線性函數積分，以做為原函數積分的近似值。但這可能不是近似該積分式的最佳線段。在圖 4.16 中所顯示的各種線段可能可以獲得更好的近似值。

高斯數值積分法選擇最佳的節點位置，而非固定間隔的節點。適當的選取在區間 $[a,b]$ 內的節點 $x_1, x_2, \ldots, x_n$ 及係數 $c_1, c_2, \ldots, c_n$，以使得近似式

| 圖 4.15

| 圖 4.16

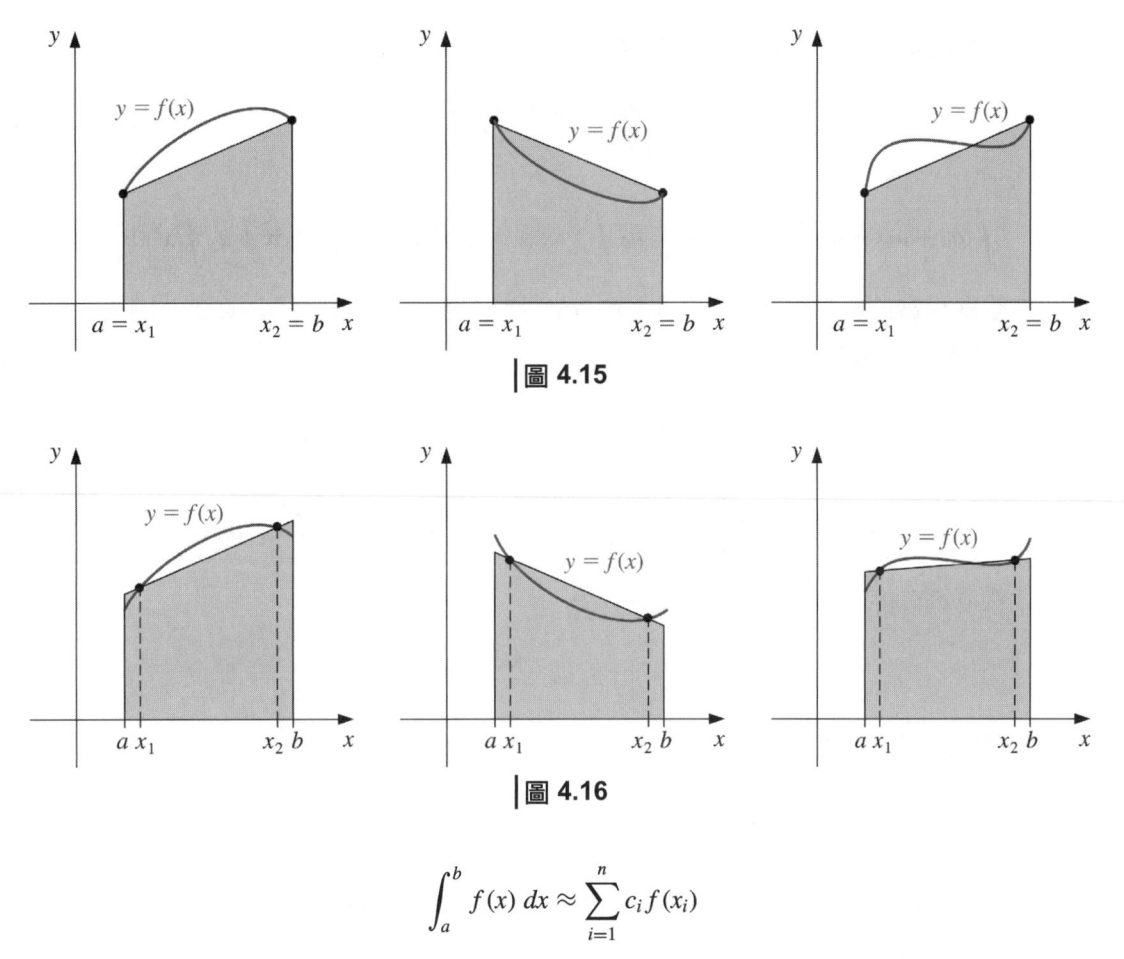

$$\int_a^b f(x)\,dx \approx \sum_{i=1}^n c_i f(x_i)$$

的誤差為最小。為度量其準確性，假設這些值的最佳選擇可使得最多的多項式得到真實的結果，亦即該選擇可得最高的精度。

近似公式中的係數 $c_1, c_2, \ldots, c_n$ 沒有任何限制，節點 $x_1, x_2, \ldots, x_n$ 的唯一限制就是它們必須位於積分區間 $[a, b]$ 之內。所以我們有 $2n$ 個參數可選擇。如果將多項式的係數當做參數，則 $2n-1$ 次的多項式同樣包含了 $2n$ 個參數。這也就是我們可以合理的希望此公式為真實的最大之多項式類別。只要適當的選取節點與係數，即可確保其真實性。

為說明選取適當參數的程序，我們首先介紹在積分區間 $[-1, 1]$ 且 $n = 2$ 時決定節點與係數的方法。然後再介紹一般化的情形以選取任意數目的節點與係數，我們亦將說明如何將此方法用於任意積分區間。

假設我們要決定 c_1、c_2、x_1、及 x_2，以使得，對次數為 $2(2)-1 = 3$ 或以下的多項式 $f(x)$ 進行積分時，積分公式

$$\int_{-1}^1 f(x)\,dx \approx c_1 f(x_1) + c_2 f(x_2)$$

為真實，也就是，對某一組係數係數 a_0、a_1、a_2、及 a_3 有

$$f(x) = a_0 + a_1 x + a_2 x^2 + a_3 x^3$$

因為

$$\int (a_0 + a_1 x + a_2 x^2 + a_3 x^3)\, dx = a_0 \int 1\, dx + a_1 \int x\, dx + a_2 \int x^2\, dx + a_3 \int x^3\, dx$$

所以這也就相當於要證明當 $f(x)$ 為 1、x、x^2、及 x^3 時，此積分公式為真實。因此，c_1、c_2、x_1、及 x_2 必須滿足

$$c_1 \cdot 1 + c_2 \cdot 1 = \int_{-1}^{1} 1\, dx = 2, \qquad c_1 \cdot x_1 + c_2 \cdot x_2 = \int_{-1}^{1} x\, dx = 0$$

$$c_1 \cdot x_1^2 + c_2 \cdot x_2^2 = \int_{-1}^{1} x^2\, dx = \frac{2}{3}, \quad \text{及} \quad c_1 \cdot x_1^3 + c_2 \cdot x_2^3 = \int_{-1}^{1} x^3\, dx = 0$$

稍做代數運算可得以上聯立方程的唯一解為

$$c_1 = 1,\; c_2 = 1,\; x_1 = -\frac{\sqrt{3}}{3},\; \text{及}\; x_2 = \frac{\sqrt{3}}{3}$$

所以積分的近似公式成為

$$\int_{-1}^{1} f(x)\, dx \approx f\left(\frac{-\sqrt{3}}{3}\right) + f\left(\frac{\sqrt{3}}{3}\right) \tag{4.40}$$

此公式的精度 (degree of precision) 為 3，也就是對所有次數小於等於 3 的多項式，此公式可得真實的結果。

■ Legendre 多項式

對於更高次數的多項式，雖然可用同樣的方法求出適當的係數與節點，但我們有更簡單的方法。在 8.2 及 8.3 節中我們將介紹各種正交 (orthogonal) 多項式，正交函數指的是其中任意兩個相乘的特殊定積分值為 0。與我們問題相關的 Legendre 多項式，$\{P_0(x), P_1(x), \ldots, P_n(x), \ldots, \}$，具有以下特性：

(1) 對每一個 n，$P_n(x)$ 為 n 次首一 (monic) 多項式。
(註：首一多項式為首項係數為 1 的多項式。)

(2) 當 $P(x)$ 為小於 n 次的多項式時，$\int_{-1}^{1} P(x) P_n(x)\, dx = 0$。

最前面的幾個 Legendre 多項式為

$$P_0(x) = 1 \text{、} \quad P_1(x) = x \text{、} \quad P_2(x) = x^2 - \frac{1}{3}$$

$$P_3(x) = x^3 - \frac{3}{5}x \quad \text{及} \quad P_4(x) = x^4 - \frac{6}{7}x^2 + \frac{3}{35}$$

這些多項式都有位於 $(-1,1)$ 間的相異根,並且相對原點為對稱,更重要的是,這些根就是解決我們問題的正確選擇,可提供數值積分公式的節點與係數。

要使得我們的積分近似公式用於小於 $2n$ 次多項式時可得真實結果,則其節點剛好是第 n 次 Legendre 多項式的根。這可由以下定理得知。

定理 4.7

設第 n 次 Legendre 多項式 $P_n(x)$ 的根為 $x_1, x_2, \ldots, x_n$,且 c_i 定義為

$$c_i = \int_{-1}^{1} \prod_{\substack{j=1 \\ j \neq i}}^{n} \frac{x - x_j}{x_i - x_j} \, dx$$

若 $P(x)$ 為任意低於 $2n$ 次的多項式,則

$$\int_{-1}^{1} P(x) \, dx = \sum_{i=1}^{n} c_i P(x_i)$$

證明 我們先考慮多項式 $P(x)$ 次數小於 n 的情形。將 $P(x)$ 改寫為第 $(n-1)$ 次 Legendre 多項式,使其節點為第 n 次 Legendre 多項式 $P_n(x)$ 的根。在此種表示方式下,其誤差項帶有 $P(x)$ 的 n 次導數。因為 $P(x)$ 的次數小於 n,所以 $P(x)$ 的 n 次導數為 0,因此這種表示法為真實。所以

$$P(x) = \sum_{i=1}^{n} P(x_i) L_i(x) = \sum_{i=1}^{n} \prod_{\substack{j=1 \\ j \neq i}}^{n} \frac{x - x_j}{x_i - x_j} P(x_i)$$

且

$$\int_{-1}^{1} P(x) \, dx = \int_{-1}^{1} \left[\sum_{i=1}^{n} \prod_{\substack{j=1 \\ j \neq i}}^{n} \frac{x - x_j}{x_i - x_j} P(x_i) \right] dx$$

$$= \sum_{i=1}^{n} \left[\int_{-1}^{1} \prod_{\substack{j=1 \\ j \neq i}}^{n} \frac{x - x_j}{x_i - x_j} \, dx \right] P(x_i) = \sum_{i=1}^{n} c_i P(x_i)$$

對於次數小於 n 的多項式,此結果為真。

現在考慮多項式 $P(x)$ 的次數大於等於 n 但小於 $2n$。將 $P(x)$ 除以第 n 次 Legendre 多項式 $P_n(x)$。則可得到兩個次數小於 n 的多項式 $Q(x)$ 及 $R(x)$:

$$P(x) = Q(x) P_n(x) + R(x)$$

因為對每一個 $i = 1, 2, \ldots, n$,x_i 為 $P_n(x)$ 的根,所以

$$P(x_i) = Q(x_i)P_n(x_i) + R(x_i) = R(x_i)$$

現在我們要應用 Legendre 多項式的特點。首先，多項式 $Q(x)$ 的次數小於 n，所以 (由 Legendre 特性 **(2)**)，

$$\int_{-1}^{1} Q(x)P_n(x)\,dx = 0$$

因為多項式 $R(x)$ 的次數同樣小於 n，所以

$$\int_{-1}^{1} R(x)\,dx = \sum_{i=1}^{n} c_i R(x_i)$$

將以上結果加在一起就證明了此公式對多項式 $P(x)$ 為真實：

$$\int_{-1}^{1} P(x)\,dx = \int_{-1}^{1} [Q(x)P_n(x) + R(x)]\,dx = \int_{-1}^{1} R(x)\,dx = \sum_{i=1}^{n} c_i R(x_i) = \sum_{i=1}^{n} c_i P(x_i)$$

■ ■ ■

可以用定理 4.7 中的公式以獲得數值積分法則中要用到的常數 c_i，但這些常數與 Legendre 多項式的根都有現成的表可查。表 4.12 列出了 $n = 2$、3、4、及 5 時的值。

表 4.12

n	根 $r_{n,i}$	係數 $c_{n,i}$
2	0.5773502692	1.0000000000
	-0.5773502692	1.0000000000
3	0.7745966692	0.5555555556
	0.0000000000	0.8888888889
	-0.7745966692	0.5555555556
4	0.8611363116	0.3478548451
	0.3399810436	0.6521451549
	-0.3399810436	0.6521451549
	-0.8611363116	0.3478548451
5	0.9061798459	0.2369268850
	0.5384693101	0.4786286705
	0.0000000000	0.5688888889
	-0.5384693101	0.4786286705
	-0.9061798459	0.2369268850

例題 1 用高斯數值積分及 $n = 3$ 求 $\int_{-1}^{1} e^x \cos x \, dx$ 的近似值。

解 由表 4.12 可得

$$\int_{-1}^{1} e^x \cos x \, dx \approx 0.\overline{5} e^{0.774596692} \cos 0.774596692$$

$$+ 0.\overline{8} \cos 0 + 0.\overline{5} e^{-0.774596692} \cos(-0.774596692)$$

$$= 1.9333904$$

用部分積分法可得其真實值為 1.9334214，故絕對誤差小於 3.2×10^{-5}。 ∎

■ 在任意區間的高斯數值積分

要將任意區間 $[a, b]$ 的積分 $\int_a^b f(x) \, dx$ 轉換成對 $[-1, 1]$ 的積分，可使用變數代換（見圖 4.17）：

$$t = \frac{2x - a - b}{b - a} \iff x = \frac{1}{2}[(b - a)t + a + b]$$

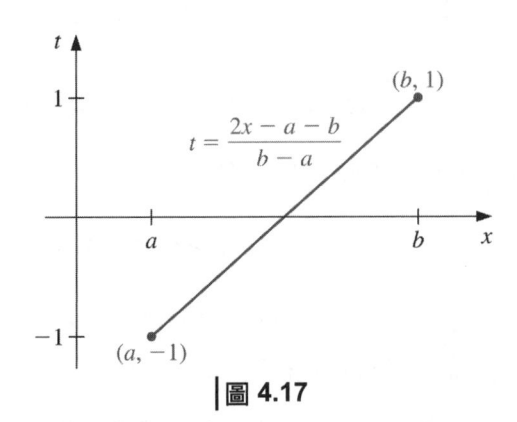

|圖 **4.17**

這使得我們可將高斯數值積分法用於任意區間 $[a, b]$，因為

$$\int_a^b f(x) \, dx = \int_{-1}^{1} f\left(\frac{(b-a)t + (b+a)}{2}\right) \frac{(b-a)}{2} \, dt \tag{4.41}$$

例題 2 考慮積分式 $\int_1^3 x^6 - x^2 \sin(2x) \, dx = 317.3442466$

(a) 比較由 $n = 1$ 的封閉 Newton-Cotes 公式、$n = 1$ 的開放 Newton-Cotes 公式、及 $n = 2$ 的高斯數值積分所得的結果。

(b) 比較由 $n = 2$ 的封閉 Newton-Cotes 公式、$n = 2$ 的開放 Newton-Cotes 公式、及 $n = 3$ 的高斯數值積分所得的結果。

解 (a) 此部分所用的每個公式，都須要計算 $f(x) = x^6 - x^2 \sin(2x)$ 的函數值兩次。

Newton-Cotes 近似值為

$$\text{封閉型 } n = 1 : \frac{2}{2}[f(1) + f(3)] = 731.6054420$$

$$\text{開放型 } n = 1 : \frac{3(2/3)}{2}[f(5/3) + f(7/3)] = 188.7856682$$

要使用高斯數值積分，先要將積分式轉換到 $[-1, 1]$ 的積分區間。使用 (4.41) 式可得

$$\int_1^3 x^6 - x^2 \sin(2x)\, dx = \int_{-1}^1 (t+2)^6 - (t+2)^2 \sin(2(t+2))\, dt$$

$n = 2$ 的高斯數值積分可得

$$\int_1^3 x^6 - x^2 \sin(2x)\, dx \approx f(-0.5773502692 + 2) + f(0.5773502692 + 2) = 306.8199344$$

(b) 此部分所用的每個公式，都須要計算函數值三次。Newton-Cotes 近似值為

$$\text{封閉型 } n = 2 : \frac{(1)}{3}[f(1) + 4f(2) + f(3)] = 333.2380940$$

$$\text{開放型 } n = 2 : \frac{4(1/2)}{3}[2f(1.5) - f(2) + 2f(2.5)] = 303.5912023$$

經過轉換後，$n = 3$ 的高斯數值積分可得

$$\int_1^3 x^6 - x^2 \sin(2x)\, dx \approx 0.\overline{5} f(-0.7745966692 + 2) + 0.\overline{8} f(2)$$
$$+ 0.\overline{5} f(0.7745966692 + 2) = 317.2641516$$

在兩小題中，高斯數值積分都獲得明顯較佳的結果。 ∎

在 Maple 的 *Student* 程式包的 *NumericalAnalysis* 套件中也有複合高斯數值積分法。指令中內定之分段數為 10，所以要求例題 2 中 $n = 2$ 的結果可用

$f := x^6 - x^2 \sin(2x); a := 1; b := 3:$
$Quadrature(f(x), x = a..b, method = gaussian[2], partition = 1, output = information)$

如此就會傳回近似值、Maple 判定的真實值、絕對及相對誤差、及計算函數值的次數。

當然，用 $method = gaussian\,[3]$ 取代 $method = gaussian\,[2]$，就可得到 $n = 3$ 的結果。

習題組 4.7 完整習題請見隨書光碟

1. 利用高斯數值積分法及 $n = 2$ 求下列各積分式的近似值，並將結果與其真實值做比較。

a. $\int_{1}^{1.5} x^2 \ln x \, dx$

b. $\int_{0}^{1} x^2 e^{-x} \, dx$

c. $\int_{0}^{0.35} \dfrac{2}{x^2 - 4} \, dx$

d. $\int_{0}^{\pi/4} x^2 \sin x \, dx$

e. $\int_{0}^{\pi/4} e^{3x} \sin 2x \, dx$

f. $\int_{1}^{1.6} \dfrac{2x}{x^2 - 4} \, dx$

g. $\int_{3}^{3.5} \dfrac{x}{\sqrt{x^2 - 4}} \, dx$

h. $\int_{0}^{\pi/4} (\cos x)^2 \, dx$

3. 以 $n = 4$ 重做習題 1。

5. 求積分公式

$$\int_{-1}^{1} f(x) \, dx = af(-1) + bf(1) + cf'(-1) + df'(1)$$

中的常數 a、b、c、及 d，使其精度 (degree of precision) 為 3。

7. 求相對之 Legendre 多項式的根，以驗證 220 頁的表 4.12 中 $n = 2$ 及 3 的各欄位數字，並利用該表前面的公式求相對於這些根的係數值。

9. 利用 Maple 的複合高斯數值副程式，及以下各種方法求 $\int_{-1}^{1} x^2 e^x \, dx$ 的近似值。

a. 在單一區間 $[-1, 1]$ 上使用高斯數值積分及 $n = 8$。

b. 在區間 $[-1, 0]$ 和 $[0, 1]$ 上使用高斯數值積分及 $n = 4$。

c. 在區間 $[-1, -0.5]$、$[-0.5, 0]$、$[0, 0.5]$ 和 $[0.5, 1]$ 上使用高斯數值積分及 $n = 2$。

d. 說明以上各結果的準確度。

4.8 多重積分

前幾節所介紹的方法，可以簡單修改後用於求多重積分的近似值。考慮雙重積分

$$\iint_R f(x, y) \, dA$$

其中 $R = \{(x, y) \mid a \leq x \leq b, c \leq y \leq d\}$ 為平面上的一個矩形區域，a、b、c、及 d 為一組常數 (見圖 4.18)。

下面說明題將顯示，如何將在每個座標軸都劃分兩區段的複合梯形法則用於此積分式。

說明題 將雙重積分寫成迭代積分型式

$$\iint_R f(x, y) \, dA = \int_a^b \left(\int_c^d f(x, y) \, dy \right) dx$$

為簡化符號，令 $k = (d-c)/2$ 且 $h = (b-a)/2$。將複合梯形法則用於內部積分可得

圖 4.18

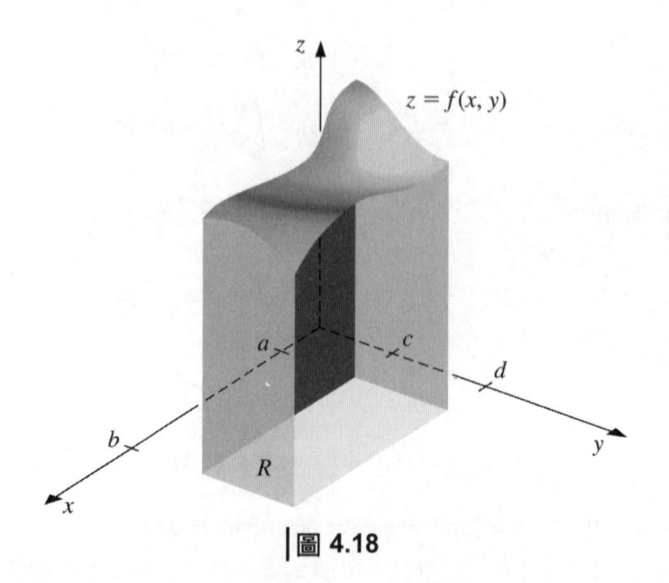

$$\int_c^d f(x,y)\,dy \approx \frac{k}{2}\left[f(x,c)+f(x,d)+2f\left(x,\frac{c+d}{2}\right)\right]$$

此近似值的階數為 $O\left((d-c)^3\right)$。然後用複合梯形法則求此 x 之函數的積分式的近似值：

$$\int_a^b \left(\int_c^d f(x,y)\,dy\right)dx \approx \int_a^b \left(\frac{d-c}{4}\right)\left[f(x,c)+2f\left(x,\frac{c+d}{2}\right)+f(d)\right]dx$$

$$= \frac{b-a}{4}\left(\frac{d-c}{4}\right)\left[f(a,c)+2f\left(a,\frac{c+d}{2}\right)+f(a,d)\right]$$

$$+ \frac{b-a}{4}\left(2\left(\frac{d-c}{4}\right)\left[f\left(\frac{a+b}{2},c\right)\right.\right.$$

$$\left.\left.+2f\left(\frac{a+b}{2},\frac{c+d}{2}\right)+\left(\frac{a+b}{2},d\right)\right]\right)$$

$$+ \frac{b-a}{4}\left(\frac{d-c}{4}\right)\left[f(b,c)+2f\left(b,\frac{c+d}{2}\right)+f(b,d)\right]$$

$$= \frac{(b-a)(d-c)}{16}\left[f(a,c)+f(a,d)+f(b,c)+f(b,d)\right.$$

$$+ 2\left(f\left(\frac{a+b}{2},c\right)+f\left(\frac{a+b}{2},d\right)+f\left(a,\frac{c+d}{2}\right)\right.$$

$$\left.\left.+f\left(b,\frac{c+d}{2}\right)\right)+4f\left(\frac{a+b}{2},\frac{c+d}{2}\right)\right]$$

此近似值的階數為 $O\left((b-a)(d-c)\left[(b-a)^2+(d-c)^2\right]\right)$。圖 4.19 的網格顯示了，在求近似值所用之節點上，計算函數值的次數。 ∎

|圖 **4.19**

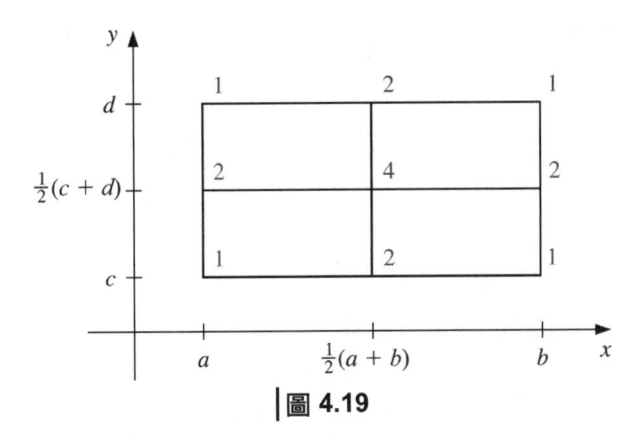

如以上所示，此程序相當簡單。但它計算函數值的次數，是單一積分所須次數的平方。在實際的應用中，我們不會使用像複合梯形法這樣基本的方法。我們將使用複合辛普森法則來說明此種近似方法，而其他任何複合法則都可同樣應用。

要使用複合辛普森法則，我們將區間 $[a, b]$ 及 $[c, d]$ 各自分割為偶數個區段。為簡化符號，我們選擇偶數 n 及 m 並以格點 $x_0, x_1, \ldots, x_n$ 及 $y_0, y_1, \ldots, y_m$ 分別均分 $[a, b]$ 及 $[c, d]$。這樣就決定了步進距離分別為 $h = (b-a)/n$ 及 $k = (d-c)/m$。將雙重積分寫成迭代式積分

$$\iint_R f(x,y)\, dA = \int_a^b \left(\int_c^d f(x,y)\, dy \right) dx$$

我們先用複合辛普森法則求

$$\int_c^d f(x,y)\, dy$$

的近似值，此時將 x 當成常數。

令 $y_j = c + jk$, $j = 0, 1, \ldots, m$。則

$$\int_c^d f(x,y)\, dy = \frac{k}{3} \left[f(x, y_0) + 2 \sum_{j=1}^{(m/2)-1} f(x, y_{2j}) + 4 \sum_{j=1}^{m/2} f(x, y_{2j-1}) + f(x, y_m) \right]$$

$$- \frac{(d-c)k^4}{180} \frac{\partial^4 f}{\partial y^4}(x, \mu)$$

其中 μ 為 (c, d) 間某數。因此

$$\int_a^b \int_c^d f(x,y)\, dy\, dx = \frac{k}{3} \left[\int_a^b f(x, y_0)\, dx + 2 \sum_{j=1}^{(m/2)-1} \int_a^b f(x, y_{2j})\, dx \right.$$

$$\left. + 4 \sum_{j=1}^{m/2} \int_a^b f(x, y_{2j-1})\, dx + \int_a^b f(x, y_m)\, dx \right]$$

$$- \frac{(d-c)k^4}{180} \int_a^b \frac{\partial^4 f}{\partial y^4}(x, \mu)\, dx$$

然後再將複合辛普森法則用於此積分式。令 $x_i = a+ih$，$i = 0, 1, \ldots, n$。然後對每一個 $j = 0, 1, \ldots, m$ 可得

$$\int_a^b f(x, y_j)\, dx = \frac{h}{3}\left[f(x_0, y_j) + 2\sum_{i=1}^{(n/2)-1} f(x_{2i}, y_j) + 4\sum_{i=1}^{n/2} f(x_{2i-1}, y_j) + f(x_n, y_j) \right]$$

$$- \frac{(b-a)h^4}{180}\frac{\partial^4 f}{\partial x^4}(\xi_j, y_j)$$

其中 ξ_j 為 (a,b) 間某數。最後的近似公式為

$$\int_a^b \int_c^d f(x, y)\, dy\, dx \approx \frac{hk}{9}\Bigg\{ \left[f(x_0, y_0) + 2\sum_{i=1}^{(n/2)-1} f(x_{2i}, y_0) \right.$$

$$\left. + 4\sum_{i=1}^{n/2} f(x_{2i-1}, y_0) + f(x_n, y_0) \right]$$

$$+ 2\left[\sum_{j=1}^{(m/2)-1} f(x_0, y_{2j}) + 2\sum_{j=1}^{(m/2)-1}\sum_{i=1}^{(n/2)-1} f(x_{2i}, y_{2j}) \right.$$

$$\left. + 4\sum_{j=1}^{(m/2)-1}\sum_{i=1}^{n/2} f(x_{2i-1}, y_{2j}) + \sum_{j=1}^{(m/2)-1} f(x_n, y_{2j}) \right]$$

$$+ 4\left[\sum_{j=1}^{m/2} f(x_0, y_{2j-1}) + 2\sum_{j=1}^{m/2}\sum_{i=1}^{(n/2)-1} f(x_{2i}, y_{2j-1}) \right.$$

$$\left. + 4\sum_{j=1}^{m/2}\sum_{i=1}^{n/2} f(x_{2i-1}, y_{2j-1}) + \sum_{j=1}^{m/2} f(x_n, y_{2j-1}) \right]$$

$$+ \left[f(x_0, y_m) + 2\sum_{i=1}^{(n/2)-1} f(x_{2i}, y_m) + 4\sum_{i=1}^{n/2} f(x_{2i-1}, y_m) + f(x_n, y_m) \right] \Bigg\}$$

誤差項 E 為

$$E = \frac{-k(b-a)h^4}{540}\left[\frac{\partial^4 f}{\partial x^4}(\xi_0, y_0) + 2\sum_{j=1}^{(m/2)-1} \frac{\partial^4 f}{\partial x^4}(\xi_{2j}, y_{2j}) + 4\sum_{j=1}^{m/2} \frac{\partial^4 f}{\partial x^4}(\xi_{2j-1}, y_{2j-1}) \right.$$

$$\left. + \frac{\partial^4 f}{\partial x^4}(\xi_m, y_m) \right] - \frac{(d-c)k^4}{180}\int_a^b \frac{\partial^4 f}{\partial y^4}(x, \mu)\, dx$$

如果 $\partial^4 f/\partial x^4$ 為連續，則反覆使用中間值定理 1.11 可證明，對 x 的偏導數可以用一個通用數代替，所以

$$E = \frac{-k(b-a)h^4}{540}\left[3m\frac{\partial^4 f}{\partial x^4}(\overline{\eta}, \overline{\mu}) \right] - \frac{(d-c)k^4}{180}\int_a^b \frac{\partial^4 f}{\partial y^4}(x, \mu)\, dx$$

而 $(\overline{\eta}, \overline{\mu})$ 為 R 中的一組數。如果 $\partial^4 f/\partial y^4$ 同樣為連續，則利用積分的加權平均值定理 1.13

可得

$$\int_a^b \frac{\partial^4 f}{\partial y^4}(x,\mu)\,dx = (b-a)\frac{\partial^4 f}{\partial y^4}(\hat{\eta},\hat{\mu})$$

而 $(\hat{\eta},\hat{\mu})$ 為 R 中的一組數值。因為 $m=(d-c)/k$，所以誤差項的型式為

$$E = \frac{-k(b-a)h^4}{540}\left[3m\frac{\partial^4 f}{\partial x^4}(\overline{\eta},\overline{\mu})\right] - \frac{(d-c)(b-a)}{180}k^4\frac{\partial^4 f}{\partial y^4}(\hat{\eta},\hat{\mu})$$

可簡化為

$$E = -\frac{(d-c)(b-a)}{180}\left[h^4\frac{\partial^4 f}{\partial x^4}(\overline{\eta},\overline{\mu}) + k^4\frac{\partial^4 f}{\partial y^4}(\hat{\eta},\hat{\mu})\right]$$

$(\overline{\eta},\overline{\mu})$ 與 $(\hat{\eta},\hat{\mu})$ 均屬於 R。

例題 1 用複合辛普森法則求以下的近似值，令 $n=4$ 且 $m=2$。

$$\int_{1.4}^{2.0}\int_{1.0}^{1.5} \ln(x+2y)\,dy\,dx$$

解 步進距離為 $h=(2.0-1.4)/4=0.15$ 及 $k=(1.5-1.0)/2=0.25$。積分區域 R 及節點 (x_i, y_j) 顯示於圖 4.20，其中 $i=0$、1、2、3、4 及 $j=0$、1、2。同時也顯示了複合辛普森法則求積分近似值時所須之 $f(x_i, y_j) = \ln(x_i + 2y_j)$ 的係數 $w_{i,j}$。

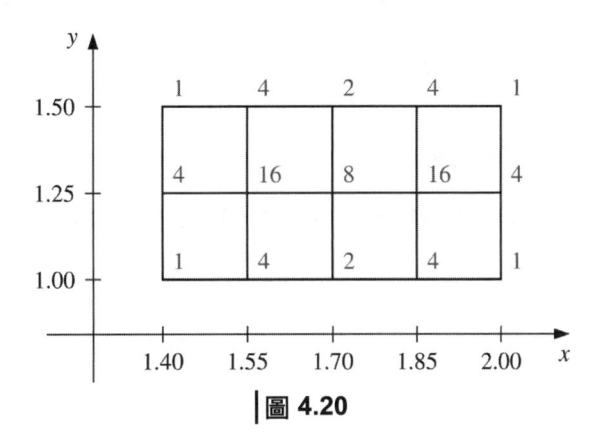

圖 4.20

此近似值為

$$\int_{1.4}^{2.0}\int_{1.0}^{1.5} \ln(x+2y)\,dy\,dx \approx \frac{(0.15)(0.25)}{9}\sum_{i=0}^{4}\sum_{j=0}^{2} w_{i,j}\ln(x_i+2y_j)$$

$$= 0.4295524387$$

我們有

$$\frac{\partial^4 f}{\partial x^4}(x,y) = \frac{-6}{(x+2y)^4} \quad \text{及} \quad \frac{\partial^4 f}{\partial y^4}(x,y) = \frac{-96}{(x+2y)^4}$$

且在 R 中這些偏導數項的最大絕對值出現在 $x = 1.4$ 及 $y = 1.0$。所以其誤差界限為

$$|E| \le \frac{(0.5)(0.6)}{180}\left[(0.15)^4 \max_{(x,y) \text{in} R} \frac{6}{(x+2y)^4} + (0.25)^4 \max_{(x,y) \text{in} R} \frac{96}{(x+2y)^4}\right] \le 4.72 \times 10^{-6}$$

此積分式準確至 10 位小數的真實值為

$$\int_{1.4}^{2.0} \int_{1.0}^{1.5} \ln(x+2y)\,dy\,dx = 0.4295545265$$

所以此近似值準確至 2.1×10^{-6} 以內。 ∎

同樣的方法可用於三重積分，甚至於超過 3 個變數的多重積分。總共須要執行的函數計算，是各個單變數所需的計算量的乘積。

■ 用於雙重積分的高斯數值積分

我們可以使用效率較佳的方法如高斯數值積分、Romberg 積分法、或適應性積分法取代 Newton-Cotes 公式，以減少計算量。下一個例題顯示如何將高斯數值積分用於例題 1 的計算。

例題 2 在兩個方向都使用 $n = 3$ 的高斯數值積分，求下列積分式的近似值

$$\int_{1.4}^{2.0} \int_{1.0}^{1.5} \ln(x+2y)\,dy\,dx$$

解 在使用高斯積分法之前先將積分區域

$$R = \{(x,y) \mid 1.4 \le x \le 2.0, 1.0 \le y \le 1.5\}$$

轉換成

$$\hat{R} = \{(u,v) \mid -1 \le u \le 1, -1 \le v \le 1\}$$

可以滿足此條件的線性轉換為

$$u = \frac{1}{2.0 - 1.4}(2x - 1.4 - 2.0) \quad \text{及} \quad v = \frac{1}{1.5 - 1.0}(2y - 1.0 - 1.5)$$

或寫成 $x = 0.3u + 1.7$ 及 $y = 0.25v + 1.25$。將此變數轉換代入，得到可使用高斯數值積分的公式：

$$\int_{1.4}^{2.0} \int_{1.0}^{1.5} \ln(x+2y)\,dy\,dx = 0.075 \int_{-1}^{1} \int_{-1}^{1} \ln(0.3u + 0.5v + 4.2)\,dv\,du$$

對 u 及 v 均使用 $n = 3$ 的高斯數值積分的節點為

$$u_1 = v_1 = r_{3,2} = 0 \quad u_0 = v_0 = r_{3,1} = -0.7745966692$$

及

$$u_2 = v_2 = r_{3,3} = 0.7745966692$$

相對的權重為 $c_{3,2} = 0.\overline{8}$ 及 $c_{3,1} = c_{3,3} = 0.\overline{5}$。(這些數據都已列在 220 頁的表 4.12 中。)因此,近似值為

$$\int_{1.4}^{2.0} \int_{1.0}^{1.5} \ln(x + 2y)\, dy\, dx \approx 0.075 \sum_{i=1}^{3} \sum_{j=1}^{3} c_{3,i} c_{3,j} \ln(0.3 r_{3,i} + 0.5 r_{3,j} + 4.2)$$

$$= 0.4295545313$$

此結果只須要計算函數值 9 次,而例題 1 的複合辛普森法則須要 15 次;此方法的準確度為 4.8×10^{-9},而例題 1 的準確度為 2.1×10^{-6}。∎

■ 非矩形區域

對雙重積分求近似值並不僅限於矩形的積分區域。之前介紹的方法稍加修改即可用於以下型式的雙重積分:

$$\int_{a}^{b} \int_{c(x)}^{d(x)} f(x, y)\, dy\, dx \tag{4.42}$$

或

$$\int_{c}^{d} \int_{a(y)}^{b(y)} f(x, y)\, dx\, dy \tag{4.43}$$

事實上,其他形狀的積分區域只要經過適當的劃分,一樣可以積分。(見習題 10。)

為說明求型式為

$$\int_{a}^{b} \int_{c(x)}^{d(x)} f(x, y)\, dy\, dx$$

之積分式近似值的方法,我們對兩個變數都使用基本的辛普森法則。變數 x 的步進距離為 $h = (b - a)/2$,但 y 的步進距離則取決於 x (見圖 4.21) 並可寫成

$$k(x) = \frac{d(x) - c(x)}{2}$$

由此得

圖 4.21

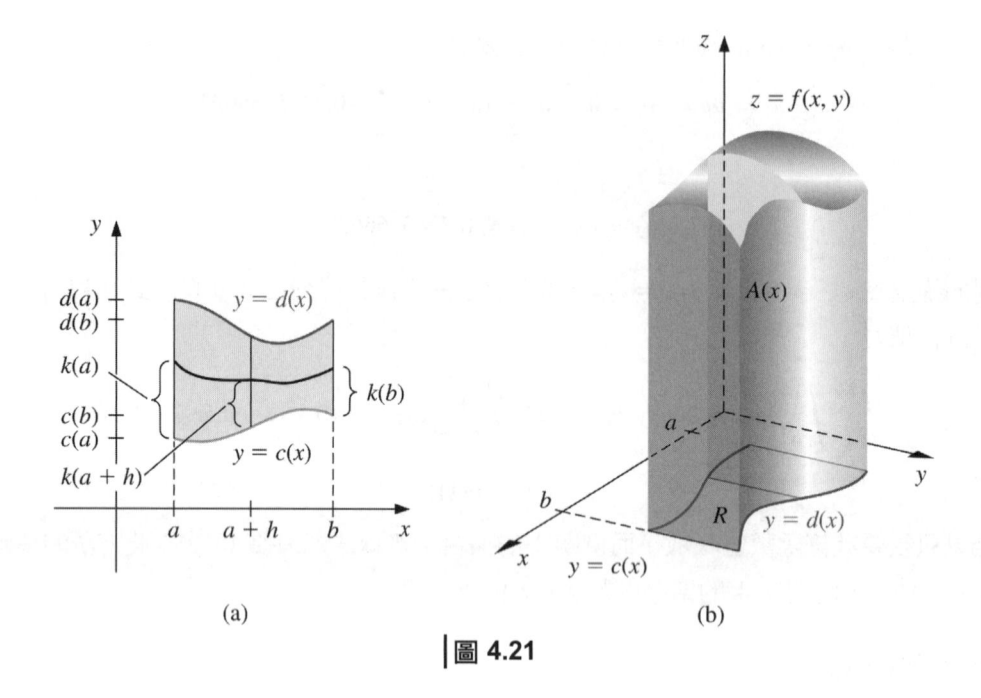

$$\int_a^b \int_{c(x)}^{d(x)} f(x,y)\,dy\,dx \approx \int_a^b \frac{k(x)}{3}[f(x,c(x)) + 4f(x,c(x)+k(x)) + f(x,d(x))]\,dx$$

$$\approx \frac{h}{3}\left\{\frac{k(a)}{3}[f(a,c(a)) + 4f(a,c(a)+k(a)) + f(a,d(a))]\right.$$

$$+ \frac{4k(a+h)}{3}[f(a+h,c(a+h)) + 4f(a+h,c(a+h)$$

$$+ k(a+h)) + f(a+h,d(a+h))]$$

$$\left. + \frac{k(b)}{3}[f(b,c(b)) + 4f(b,c(b)+k(b)) + f(b,d(b))]\right\}$$

算則 4.4 將複合辛普森法則用於計算如 (4.42) 式型式積分式的近似值。當然，類似的方法亦可用於 (4.43) 式型式的積分式。

算則 4.4 辛普森雙重積分 (Simpson's Double Integral)
求積分式

$$I = \int_a^b \int_{c(x)}^{d(x)} f(x,y)\,dy\,dx$$

的近似值。

INPUT   端點 a、b；正偶數 m、n。
OUTPUT I 的近似值 J。

Step 1 Set $h = (b-a)/n$;
$J_1 = 0$;　（末項）
$J_2 = 0$;　（偶數項）
$J_3 = 0$.　（奇數項）

Step 2 For $i = 0, 1, \ldots, n$ do Steps 3–8.

Step 3 Set $x = a + ih$;　（對 x 的複合辛普森法則）
$HX = (d(x) - c(x))/m$;
$K_1 = f(x, c(x)) + f(x, d(x))$;　（末項）
$K_2 = 0$;　（偶數項）
$K_3 = 0$.　（奇數項）

Step 4 For $j = 1, 2, \ldots, m - 1$ do Step 5 and 6.

Step 5 Set $y = c(x) + jHX$;
$Q = f(x, y)$.

Step 6 If j is even then set $K_2 = K_2 + Q$
else set $K_3 = K_3 + Q$.

Step 7 Set $L = (K_1 + 2K_2 + 4K_3)HX/3$.

（由複合辛普森法則得 $L \approx \int_{c(x_i)}^{d(x_i)} f(x_i, y)\, dy$）

Step 8 If $i = 0$ or $i = n$ then set $J_1 = J_1 + L$
else if i is even then set $J_2 = J_2 + L$
else set $J_3 = J_3 + L$.

Step 9 Set $J = h(J_1 + 2J_2 + 4J_3)/3$.

Step 10 OUTPUT (J);
STOP.　∎

要對型式為

$$\int_a^b \int_{c(x)}^{d(x)} f(x, y)\, dy\, dx$$

的雙重積分式使用高斯數值積分，首先要對區間 $[a, b]$ 中的每個 x，將區間 $[c(x), d(x)]$ 的變數 y，都轉換成區間 $[-1, 1]$ 的變數 t。此線性轉換可得

$$f(x, y) = f\left(x, \frac{(d(x) - c(x))t + d(x) + c(x)}{2}\right) \quad 及 \quad dy = \frac{d(x) - c(x)}{2} dt$$

然後，對 $[a, b]$ 間的每一個 x，我們將高斯數值積分用於所得的積分式

$$\int_{c(x)}^{d(x)} f(x, y)\, dy = \int_{-1}^{1} f\left(x, \frac{(d(x) - c(x))t + d(x) + c(x)}{2}\right) dt$$

以產生

$$\int_a^b \int_{c(x)}^{d(x)} f(x, y)\, dy\, dx \approx \int_a^b \frac{d(x) - c(x)}{2} \sum_{j=1}^{n} c_{n,j} f\left(x, \frac{(d(x) - c(x))r_{n,j} + d(x) + c(x)}{2}\right) dx$$

與前面一樣,其中的根 $r_{n,j}$ 及係數 $c_{n,j}$ 均來自 220 頁的表 4.12。現在區間 $[a, b]$ 已轉換成 $[-1, 1]$,可將高斯數值積分用於上式的右側以求其近似值。算則 4.5 詳述此程序。

算則 4.5 高斯雙重積分 (Gaussian Double Integral)

求積分式

$$\int_a^b \int_{c(x)}^{d(x)} f(x, y) \, dy \, dx$$

的近似值。

INPUT 端點 a、b;正整數 m、n。
(必須先有 $i = \max\{m, n\}$ 及 $1 \le j \le i$ 時的有所有根 $r_{i,j}$ 及係數 $c_{i,j}$。)

OUTPUT I 的近似值 J。

Step 1 Set $h_1 = (b - a)/2$;
$h_2 = (b + a)/2$;
$J = 0$.

Step 2 For $i = 1, 2, \ldots, m$ do Steps 3–5.

Step 3 Set $JX = 0$;
$x = h_1 r_{m,i} + h_2$;
$d_1 = d(x)$;
$c_1 = c(x)$;
$k_1 = (d_1 - c_1)/2$;
$k_2 = (d_1 + c_1)/2$.

Step 4 For $j = 1, 2, \ldots, n$ do
set $y = k_1 r_{n,j} + k_2$;
$Q = f(x, y)$;
$JX = JX + c_{n,j} Q$.

Step 5 Set $J = J + c_{m,i} k_1 JX$.

Step 6 Set $J = h_1 J$.

Step 7 OUTPUT (J);
STOP. ∎

說明題 對積分式

$$\int_{0.1}^{0.5} \int_{x^3}^{x^2} e^{y/x} \, dy \, dx$$

使用辛普森雙重積分法,令 $n = m = 10$,可得圖 4.22 所示物體的體積的近似值。這須要執行 121 次函數計算並得到 0.0333054,此結果與圖 4.22 中圖形的真實體積相比,準確至小數第 7 位。若使用高斯數值積分,令 $n = m = 5$,則只須要執行 25 次函數計算並得到 0.03330556611 的結果,此值準確到小數第 11 位。 ∎

図 **4.22**

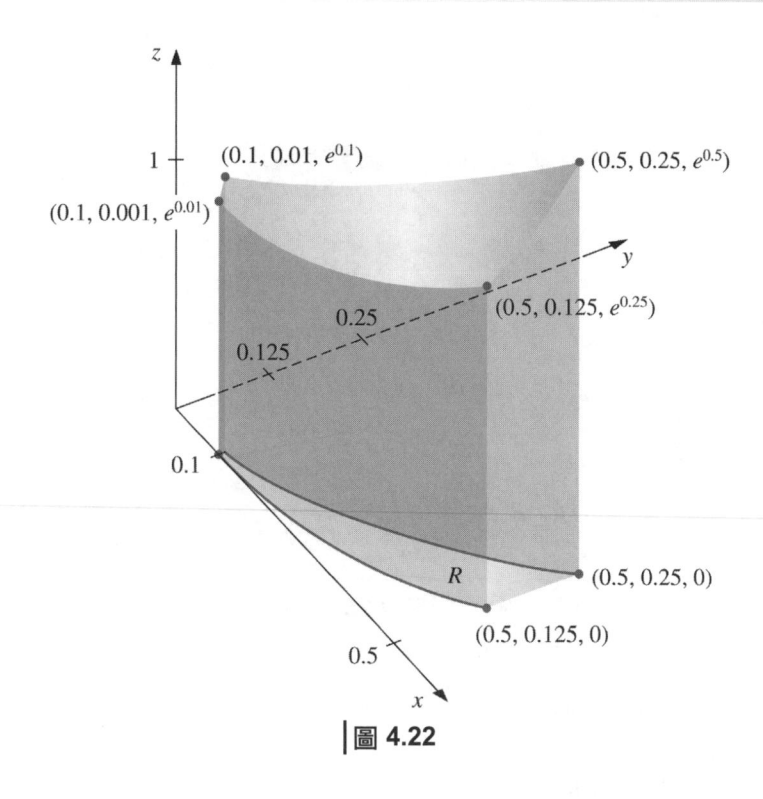

■ 三重積分近似值

可以用類似的方法求

$$\int_a^b \int_{c(x)}^{d(x)} \int_{\alpha(x,y)}^{\beta(x,y)} f(x,y,z)\,dz\,dy\,dx$$

型式的三重積分 (見圖 4.23) 的近似值。因為計算量的關係，我們選擇使用高斯數值積分。算則 4.6 即為此程序的用法。

算則 4.6 高斯三重積分 (Gaussian Triple Integral)

求積分式

$$\int_a^b \int_{c(x)}^{d(x)} \int_{\alpha(x,y)}^{\beta(x,y)} f(x,y,z)\,dz\,dy\,dx$$

的近似值。

INPUT 端點 a、b；正整數 m、n、p。
 (必須先有 $i = \max\{n, m, p\}$ 及 $1 \leq j \leq i$ 時的所有的根 $r_{i,j}$ 及係數 $c_{i,j}$。)

OUTPUT I 的近似值 J。

Step 1 Set $h_1 = (b-a)/2$;
 $h_2 = (b+a)/2$;
 $J = 0$.

圖 4.23

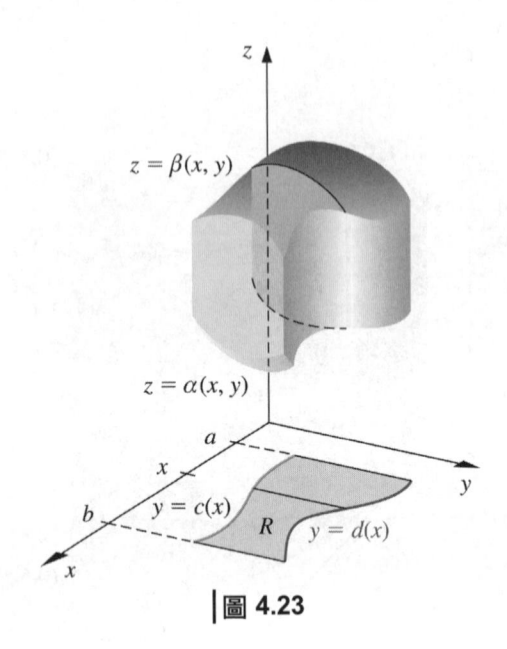

Step 2 For $i = 1, 2, \ldots, m$ do Steps 3–8.

    Step 3 Set $JX = 0$;
$$x = h_1 r_{m,i} + h_2;$$
$$d_1 = d(x);$$
$$c_1 = c(x);$$
$$k_1 = (d_1 - c_1)/2;$$
$$k_2 = (d_1 + c_1)/2.$$

    Step 4 For $j = 1, 2, \ldots, n$ do Steps 5–7.

        Step 5 Set $JY = 0$;
$$y = k_1 r_{n,j} + k_2;$$
$$\beta_1 = \beta(x, y);$$
$$\alpha_1 = \alpha(x, y);$$
$$l_1 = (\beta_1 - \alpha_1)/2;$$
$$l_2 = (\beta_1 + \alpha_1)/2.$$

        Step 6 For $k = 1, 2, \ldots, p$ do
set $z = l_1 r_{p,k} + l_2$;
$$Q = f(x, y, z);$$
$$JY = JY + c_{p,k} Q.$$

        Step 7 Set $JX = JX + c_{n,j} l_1 JY$.

    Step 8 Set $J = J + c_{m,i} k_1 JX$.

Step 9 Set $J = h_1 J$.

Step 10 OUTPUT (J);
STOP.

下面例題須要計算 4 個三重積分。

說明題 一個密度函數為 σ 的實體 D 其質心位於

$$(\bar{x}, \bar{y}, \bar{z}) = \left(\frac{M_{yz}}{M}, \frac{M_{xz}}{M}, \frac{M_{xy}}{M}\right)$$

其中

$$M_{yz} = \iiint_D x\sigma(x,y,z)\,dV \cdot M_{xz} = \iiint_D y\sigma(x,y,z)\,dV$$

及

$$M_{xy} = \iiint_D z\sigma(x,y,z)\,dV$$

為相對於座標平面的慣性矩，且 D 的質量為

$$M = \iiint_D \sigma(x,y,z)\,dV$$

此實體顯示於圖 4.24，其外部為圓錐 $z^2 = x^2 + y^2$ 的上葉與平面 $z = 2$ 所夾的區域。假設此實體的密度函數為

$$\sigma(x,y,z) = \sqrt{x^2 + y^2}$$

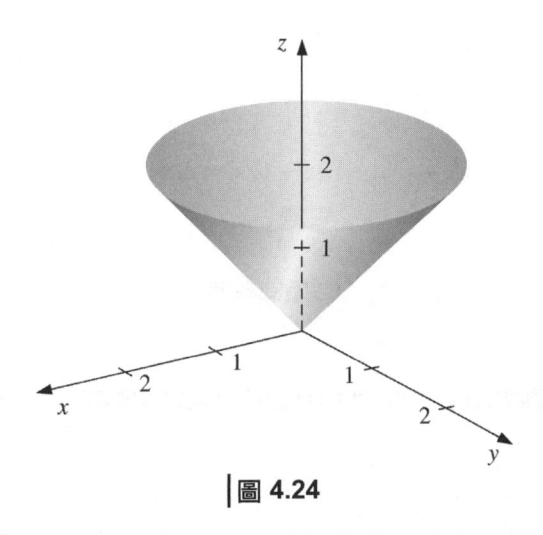

| 圖 **4.24**

使用高斯三重積分算則 4.6 及 $n = m = p = 5$ 共須執行 125 次函數計算，並得到以下近似值：

$$M = \int_{-2}^{2} \int_{-\sqrt{4-x^2}}^{\sqrt{4-x^2}} \int_{\sqrt{x^2+y^2}}^{2} \sqrt{x^2 + y^2}\,dz\,dy\,dx$$

$$= 4\int_{0}^{2} \int_{0}^{\sqrt{4-x^2}} \int_{\sqrt{x^2+y^2}}^{2} \sqrt{x^2 + y^2}\,dz\,dy\,dx \approx 8.37504476$$

$$M_{yz} = \int_{-2}^{2} \int_{-\sqrt{4-x^2}}^{\sqrt{4-x^2}} \int_{\sqrt{x^2+y^2}}^{2} x\sqrt{x^2+y^2}\, dz\, dy\, dx \approx -5.55111512 \times 10^{-17}$$

$$M_{xz} = \int_{-2}^{2} \int_{-\sqrt{4-x^2}}^{\sqrt{4-x^2}} \int_{\sqrt{x^2+y^2}}^{2} y\sqrt{x^2+y^2}\, dz\, dy\, dx \approx -8.01513675 \times 10^{-17}$$

$$M_{xy} = \int_{-2}^{2} \int_{-\sqrt{4-x^2}}^{\sqrt{4-x^2}} \int_{\sqrt{x^2+y^2}}^{2} z\sqrt{x^2+y^2}\, dz\, dy\, dx \approx 13.40038156$$

這代表質心位置的近似值為

$$(\bar{x}, \bar{y}, \bar{z}) = (0, 0, 1.60003701)$$

以上積分式可以直接積分出真實結果。實際積分後可發現質心的真實位置為 (0,0,1.6)。 ■

在 Maple 的 *Student* 程式包中的 *MultivariateCalculus* 套件下的 *MultInt* 指令可計算多重積分。例如，若要計算多重積分

$$\int_{2}^{4} \int_{x-1}^{x+6} \int_{-2}^{4+y^2} x^2 + y^2 + z\, dz\, dy\, dx$$

的值，我們先載入程式包並定義函數

with(*Student*[*MultivariateCalculus*]): $f := (x, y, z) \to x^2 + y^2 + z$

然後輸入指令

MultInt($f(x, y, z), z = -2..4 + y^2, y = x - 1..x + 6, x = 2..4$)

就可得到結果

1.995885970

習題組 4.8 *完整習題請見隨書光碟*

1. 用算則 4.4 及 $n = m = 4$ 求下列雙重積分的近似值，並與真實解相比較。

    a. $\int_{2.1}^{2.5} \int_{1.2}^{1.4} xy^2\, dy\, dx$ **b.** $\int_{0}^{0.5} \int_{0}^{0.5} e^{y-x}\, dy\, dx$

    c. $\int_{2}^{2.2} \int_{x}^{2x} (x^2 + y^3)\, dy\, dx$ **d.** $\int_{1}^{1.5} \int_{0}^{x} (x^2 + \sqrt{y})\, dy\, dx$

3. 用算則 4.4 以及 (i) $n = 4$、$m = 8$，(ii) $n = 8$、$m = 4$，和 (iii) $n = m = 6$ 求下列雙重積分的近似值，並與確解做比較。

    a. $\int_{0}^{\pi/4} \int_{\sin x}^{\cos x} (2y \sin x + \cos^2 x)\, dy\, dx$ **b.** $\int_{1}^{e} \int_{1}^{x} \ln xy\, dy\, dx$

c. $\int_0^1 \int_x^{2x} (x^2 + y^3) \, dy \, dx$ 　　　　d. $\int_0^1 \int_x^{2x} (y^2 + x^3) \, dy \, dx$

e. $\int_0^\pi \int_0^x \cos x \, dy \, dx$ 　　　　f. $\int_0^\pi \int_0^x \cos y \, dy \, dx$

g. $\int_0^{\pi/4} \int_0^{\sin x} \frac{1}{\sqrt{1-y^2}} \, dy \, dx$ 　　　　h. $\int_{-\pi}^{3\pi/2} \int_0^{2\pi} (y \sin x + x \cos y) \, dy \, dx$

5. 用算則 4.5 及 $n = m = 2$ 求習題 1 各積分式的近似值，並與習題 1 的結果相比較。

7. 用算則 4.5 及 (i)$n = m = 3$，(ii)$n = 3$、$m = 4$，(iii)$n = 4$、$m = 3$ 及 (iv)$n = m = 4$ 求習題 3 之各積分式的近似值。

9. 用算則 4.4 和 $n = m = 14$ 以及算則 4.5 和 $n = m = 4$，分別求

$$\iint_R e^{-(x+y)} \, dA$$

的近似值，積分區域 R 為曲線 $y = x^2$ 與 $y = \sqrt{x}$ 所包夾的區域。

11. 在 xy 平面上的一片面積為 R 的薄板，若其質量為連續分布且密度分布函數為 σ，則其質心位置 $(\bar{x}, \bar{y})$ 為

$$\bar{x} = \frac{\iint_R x\sigma(x,y) \, dA}{\iint_R \sigma(x,y) \, dA}, \quad \bar{y} = \frac{\iint_R y\sigma(x,y) \, dA}{\iint_R \sigma(x,y) \, dA}.$$

若此薄板的形狀為 $R = \{(x, y) \mid 0 \le x \le 1, 0 \le y \le \sqrt{1-x^2}\}$ 且密度函數為 $\sigma(x, y) = e^{-(x^2+y^2)}$，用算則 4.4 及 $n = m = 14$ 求此薄板的質心位置。比較近似解與確解的差異。

13. 對在 R 上的 (x, y)，曲面 $z = f(x, y)$ 的面積為

$$\iint_R \sqrt{[f_x(x,y)]^2 + [f_y(x,y)]^2 + 1} \, dA$$

用算則 4.4 和 $n = m = 8$ 求半球 $x^2 + y^2 + z^2 = 9$，$z \ge 0$ 高於平面 $R = \{(x, y) \mid 0 \le x \le 1, 0 \le y \le 1\}$ 的表面積。

15. 用算則 4.6 及 $n = m = p = 2$ 求下列三重積分的近似值，並與真實解做比較。

a. $\int_0^1 \int_1^2 \int_0^{0.5} e^{x+y+z} \, dz \, dy \, dx$ 　　　　b. $\int_0^1 \int_x^1 \int_0^y y^2 z \, dz \, dy \, dx$

c. $\int_0^1 \int_{x^2}^x \int_{x-y}^{x+y} y \, dz \, dy \, dx$ 　　　　d. $\int_0^1 \int_{x^2}^x \int_{x-y}^{x+y} z \, dz \, dy \, dx$

e. $\int_0^\pi \int_0^x \int_0^{xy} \frac{1}{y} \sin \frac{z}{y} \, dz \, dy \, dx$ 　　　　f. $\int_0^1 \int_0^1 \int_{-xy}^{xy} e^{x^2+y^2} \, dz \, dy \, dx$

17. 用 $n = m = p = 4$ 及 $n = m = p = 5$ 重做習題 15。

19. 用算則 4.6 及 $n = m = p = 5$ 求

$$\iiint_S \sqrt{xyz} \, dV$$

的近似值，其中 S 是一個由圓柱 $x^2 + y^2 = 4$、球面 $x^2 + y^2 + z^2 = 4$、及平面 $x + y + z = 8$ 在第一象限所包夾的空間區域。求此近似值時要執行多少次函數計算？

4.9 瑕積分

瑕積分指的是，對函數積分時，在積分區間內函數值為無限或積分區間端點趨向無限。對任何一種情況，一般求積分近似值的法則都必須加以修改。

■ 左側端點為奇點

我們首先考慮在積分區間的左側端點處函數值為無限的情形，如圖 4.25 所示。我們稱此種情形為，函數 f 在端點 a 處有一個**奇點** (singularity)。然後我們將說明，如何將其他型態的瑕積分，化做此種型態。

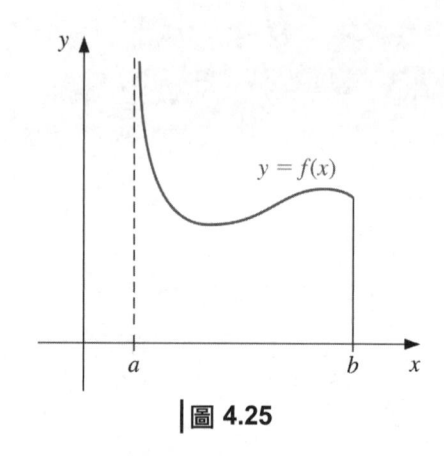

圖 4.25

由微積分可知，左側端點為奇點的積分

$$\int_a^b \frac{dx}{(x-a)^p}$$

收斂的唯一條件是 $0 < p < 1$，所以我們定義

$$\int_a^b \frac{1}{(x-a)^p}\,dx = \lim_{M \to a^+} \left.\frac{(x-a)^{1-p}}{1-p}\right|_{x=M}^{x=b} = \frac{(b-a)^{1-p}}{1-p}$$

例題 1 證明瑕積分 $\int_0^1 \frac{1}{\sqrt{x}}\,dx$ 收斂，但 $\int_0^1 \frac{1}{x^2}\,dx$ 會發散。

解 對第一個積分式我們有

$$\int_0^1 \frac{1}{\sqrt{x}}\,dx = \lim_{M \to 0^+} \int_M^1 x^{-1/2}\,dx = \lim_{M \to 0^+} 2x^{1/2}\Big|_{x=M}^{x=1} = 2 - 0 = 2$$

但第二個積分式

$$\int_0^1 \frac{1}{x^2}\,dx = \lim_{M \to 0^+} \int_M^1 x^{-2}\,dx = \lim_{M \to 0^+} -x^{-1}\Big|_{x=M}^{x=1}$$

沒有界限。

若 f 是一個可寫成

$$f(x) = \frac{g(x)}{(x-a)^p}$$

型式的函數,其中 $0 < p < 1$ 且 g 在 $[a, b]$ 間為連續,則同樣存在有瑕積分

$$\int_a^b f(x)\, dx$$

我們將用複合辛普森法則求此積分式的近似值,條件為 $g \in C^5[a, b]$。為此我們可寫出 g 對於 a 點的四次泰勒多項式 $P_4(x)$

$$P_4(x) = g(a) + g'(a)(x-a) + \frac{g''(a)}{2!}(x-a)^2 + \frac{g'''(a)}{3!}(x-a)^3 + \frac{g^{(4)}(a)}{4!}(x-a)^4$$

並寫出

$$\int_a^b f(x)\, dx = \int_a^b \frac{g(x) - P_4(x)}{(x-a)^p}\, dx + \int_a^b \frac{P_4(x)}{(x-a)^p}\, dx \tag{4.44}$$

因為 $P(x)$ 為多項式,所以我們可以求得真實的積分值為

$$\int_a^b \frac{P_4(x)}{(x-a)^p}\, dx = \sum_{k=0}^4 \int_a^b \frac{g^{(k)}(a)}{k!}(x-a)^{k-p}\, dx = \sum_{k=0}^4 \frac{g^{(k)}(a)}{k!(k+1-p)}(b-a)^{k+1-p} \tag{4.45}$$

通常這就是近似解的主要部分,尤其是當泰勒多項式 $P_4(x)$ 與 $g(x)$ 在積分區間 $[a, b]$ 內相當吻合時。

要求 f 積分的近似值,我們必須加上

$$\int_a^b \frac{g(x) - P_4(x)}{(x-a)^p}\, dx$$

的近似值。要求此值,我們首先定義

$$G(x) = \begin{cases} \frac{g(x) - P_4(x)}{(x-a)^p}, & \text{若 } a < x \leq b \\ 0, & \text{若 } x = a \end{cases}$$

這提供了一個在 $[a, b]$ 上為連續的函數。事實上,$0 < p < 1$ 且 $P_4^{(k)}(a)$ 與 $g^{(k)}(a)$ 在每一個 $k = 1$、2、3、4 重合,所以我們得 $G \in C^4[a, b]$。這就代表了我們可以用複合辛普森法則求 G 在 $[a, b]$ 積分的近似值。將此近似值與 (4.45) 式的結果相加即為 f 在 $[a, b]$ 之瑕積分的近似值,其準確度即為複合辛普森法則的準確度。

例題 2 使用複合辛普森法則及 $h = 0.25$ 求以下瑕積分的近似值。

$$\int_0^1 \frac{e^x}{\sqrt{x}}\, dx$$

解 因為 e^x 在 $x = 0$ 的四次泰勒多項式為

$$P_4(x) = 1 + x + \frac{x^2}{2} + \frac{x^3}{6} + \frac{x^4}{24}$$

所以積分式 $\int_0^1 \frac{e^x}{\sqrt{x}} dx$ 之近似值的主要部分為

$$\int_0^1 \frac{P_4(x)}{\sqrt{x}} dx = \int_0^1 \left(x^{-1/2} + x^{1/2} + \frac{1}{2} x^{3/2} + \frac{1}{6} x^{5/2} + \frac{1}{24} x^{7/2} \right) dx$$

$$= \lim_{M \to 0^+} \left[2x^{1/2} + \frac{2}{3} x^{3/2} + \frac{1}{5} x^{5/2} + \frac{1}{21} x^{7/2} + \frac{1}{108} x^{9/2} \right]_M^1$$

$$= 2 + \frac{2}{3} + \frac{1}{5} + \frac{1}{21} + \frac{1}{108} \approx 2.9235450$$

要求得 $\int_0^1 \frac{e^x}{\sqrt{x}} dx$ 之近似值的另一部分,我們要先求 $\int_0^1 G(x) dx$ 的近似值,其中

$$G(x) = \begin{cases} \frac{1}{\sqrt{x}} (e^x - P_4(x)), & 0 < x \leq 1 \\ 0, & x = 0 \end{cases}$$

表 4.13 列出了用複合辛普森法則求此近似值所須用到的數據。

表 4.13	
x	$G(x)$
0.00	0
0.25	0.0000170
0.50	0.0004013
0.75	0.0026026
1.00	0.0099485

使用這些數據和複合辛普森法則可得

$$\int_0^1 G(x) dx \approx \frac{0.25}{3} [0 + 4(0.0000170) + 2(0.0004013) + 4(0.0026026) + 0.0099485]$$

$$= 0.0017691$$

因此,

$$\int_0^1 \frac{e^x}{\sqrt{x}} dx \approx 2.9235450 + 0.0017691 = 2.9253141$$

此結果的準確度也就是以複合辛普森法則求函數 G 的近似值的準確度。因為在 $[0, 1]$ 之間 $|G^{(4)}(x)| < 1$,所以誤差界限為

$$\frac{1-0}{180} (0.25)^4 = 0.0000217 \qquad \blacksquare$$

■ 右側端點為奇點

當積分式在右側端點為奇點時,我們可用上述同樣的方法,但對右側端點 b 做展開,而非端點 a。另外,我們也可以用變數代換

$$z = -x \cdot dz = -dx$$

將原來的瑕積分轉換成

$$\int_a^b f(x)\, dx = \int_{-b}^{-a} f(-z)\, dz \qquad (4.46)$$

此式的奇點在左側端點。然後就可以使用上面建立的左側端點為奇點的方法。(見圖 4.26)

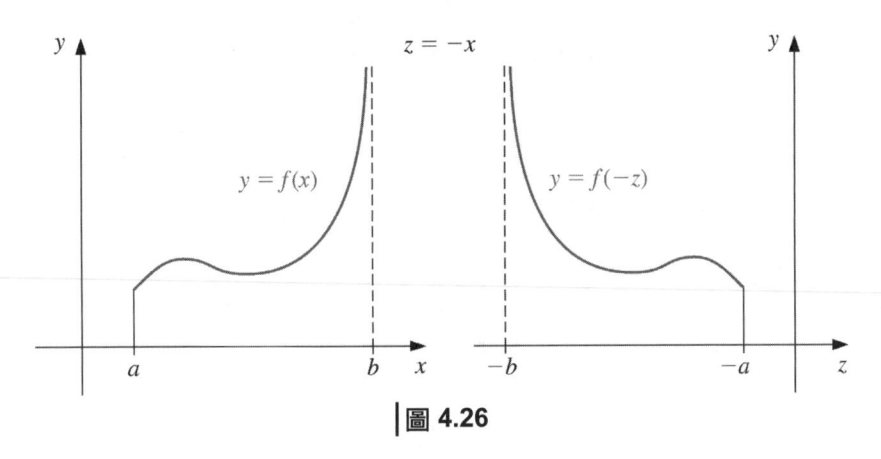

圖 4.26

若一個瑕積分式有奇點 c 且 $a < c < b$，則將其改寫為兩個奇點在端點處的瑕積分之和

$$\int_a^b f(x)\, dx = \int_a^c f(x)\, dx + \int_c^b f(x)\, dx$$

■ 無限奇點 (Infinite Singularity)

另一類的瑕積分則是積分區間為無限大。此類積分的基本型式為

$$\int_a^\infty \frac{1}{x^p}\, dx$$

式中 $p > 1$。這可經由變數轉換

$$t = x^{-1}、\quad dt = -x^{-2}\, dx，\quad \text{所以}\quad dx = -x^2\, dt = -t^{-2}\, dt$$

成為左側端點為 0 且為奇點的積分式。然後可得

$$\int_a^\infty \frac{1}{x^p}\, dx = \int_{1/a}^0 -\frac{t^p}{t^2}\, dt = \int_0^{1/a} \frac{1}{t^{2-p}}\, dt$$

類似的，變數轉換 $t = x^{-1}$ 可將瑕積分 $\int_a^\infty f(x)\,dx$ 轉換成左側端點為 0 且為奇點的積分：

$$\int_a^\infty f(x)\, dx = \int_0^{1/a} t^{-2} f\left(\frac{1}{t}\right) dt \qquad (4.47)$$

然後就可以用我們前面所介紹的數值積分公式來求其近似值。

例題 3 求以下瑕積分的近似值。

$$I = \int_1^\infty x^{-3/2} \sin \frac{1}{x}\, dx$$

解 我們先做變數轉換 $t = x^{-1}$ 以將無限奇點轉換成左側奇點。則

$$dt = -x^{-2}\, dx,\text{ 所以 } dx = -x^2\, dt = -\frac{1}{t^2}\, dt$$

且

$$I = \int_{x=1}^{x=\infty} x^{-3/2} \sin \frac{1}{x}\, dx = \int_{t=1}^{t=0} \left(\frac{1}{t}\right)^{-3/2} \sin t \left(-\frac{1}{t^2}\, dt\right) = \int_0^1 t^{-1/2} \sin t\, dt$$

$\sin t$ 在 0 處的四次泰勒多項式為

$$P_4(t) = t - \frac{1}{6}t^3$$

所以

$$G(t) = \begin{cases} \dfrac{\sin t - t + \frac{1}{6}t^3}{t^{1/2}}, & \text{若 } 0 < t \leq 1 \\ 0, & \text{若 } t = 0 \end{cases}$$

在 $C^4[0, 1]$ 內，故得到

$$\begin{aligned}
I &= \int_0^1 t^{-1/2}\left(t - \frac{1}{6}t^3\right) dt + \int_0^1 \frac{\sin t - t + \frac{1}{6}t^3}{t^{1/2}}\, dt \\
&= \left[\frac{2}{3}t^{3/2} - \frac{1}{21}t^{7/2}\right]_0^1 + \int_0^1 \frac{\sin t - t + \frac{1}{6}t^3}{t^{1/2}}\, dt \\
&= 0.61904761 + \int_0^1 \frac{\sin t - t + \frac{1}{6}t^3}{t^{1/2}}\, dt
\end{aligned}$$

用複合辛普森法則及 $n = 16$ 求剩下積分式的近似值為 0.0014890097。如此就得到最後的近似值為

$$I = 0.0014890097 + 0.61904761 = 0.62053661$$

此值準確到 4.0×10^{-8}。∎

習題組 4.9 完整習題請見隨書光碟

1. 利用複合辛普森法則與給定的 n 值，求下列各瑕積分的近似值。

   a. $\int_0^1 x^{-1/4} \sin x\, dx, \quad n=4$
   b. $\int_0^1 \dfrac{e^{2x}}{\sqrt[5]{x^2}}\, dx, \quad n=6$
   c. $\int_1^2 \dfrac{\ln x}{(x-1)^{1/5}}\, dx, \quad n=8$
   d. $\int_0^1 \dfrac{\cos 2x}{x^{1/3}}\, dx, \quad n=6$

3. 利用變數轉換 $t = x^{-1}$，複合辛普森法則與給定的 n 值，求下列各瑕積分的近似值。

   a. $\int_1^\infty \dfrac{1}{x^2+9}\, dx, \quad n=4$
   b. $\int_1^\infty \dfrac{1}{1+x^4}\, dx, \quad n=4$
   c. $\int_1^\infty \dfrac{\cos x}{x^3}\, dx, \quad n=6$
   d. $\int_1^\infty x^{-4} \sin x\, dx, \quad n=6$

5. 假設有一個質量為 m 的物體，由地球表面垂直向上運動。若重力以外的其他阻力均忽略不計，則其脫離速度 (escape velocity) v 為

$$v^2 = 2gR \int_1^\infty z^{-2}\, dz, \text{ 其中 } z = \dfrac{x}{R}$$

地球半徑 $R = 3960$ 英里，地表重力加速度 $g = 0.00609$ 英里/s^2。求脫離速度 v 的近似值。

6. Laguerre 多項式 $\{L_0(x), L_1(x) \ldots\}$ 在 $[0,\infty)$ 間構成一個正交集合並滿足 $\int_0^\infty e^{-x} L_i(x) L_j(x)\, dx = 0$，其中 $i \neq j$（見 8.2 節）。多項式 $L_n(x)$ 在 $[0,\infty)$ 間有 n 個相異零點 x_1、x_2、$\ldots$、x_n。令

$$c_{n,i} = \int_0^\infty e^{-x} \prod_{\substack{j=1 \\ j \neq i}}^n \dfrac{x - x_j}{x_i - x_j}\, dx$$

證明數值積分公式

$$\int_0^\infty f(x) e^{-x}\, dx = \sum_{i=1}^n c_{n,i} f(x_i)$$

的精度 (degree of precision) 為 $2n-1$。（提示：依照定理 4.7 的證明步驟。）

7. 在 8.2 節的習題 11 中推導出 Laguerre 多項式 $L_0(x) = 1$、$L_1(x) = 1 - x$、$L_2(x) = x^2 - 4x + 2$、及 $L_3(x) = -x^3 + 9x^2 - 18x + 6$。如習題 6 所顯示的，這些多項式可用來求如下型式積分的近似值：

$$\int_0^\infty e^{-x} f(x)\, dx = 0$$

   a. 推導使用 $n=2$ 及 $L_2(x)$ 之零點的數值積分公式。
   b. 推導使用 $n=3$ 及 $L_3(x)$ 之零點的數值積分公式。

CHAPTER 5

常微分方程的初值問題

引言

在經過適度的簡化之後，單擺的運動可以用一個二次常微分方程

$$\frac{d^2\theta}{dt^2} + \frac{g}{L}\sin\theta = 0$$

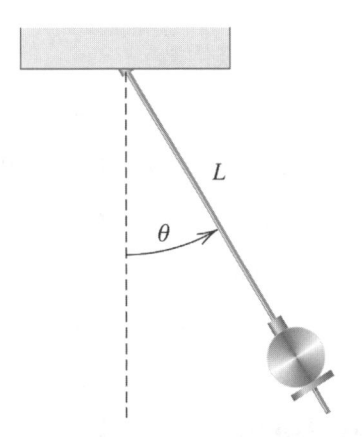

來描述，其中 L 為單擺長度，$g \approx 32.17$ ft/s^2 為地球重力常數，而 θ 為單擺與垂直線的夾角。如果我們也知道，在運動開始時單擺的位置 $\theta(t_0) = \theta_0$，及速度 $\theta'(t_0) = \theta'_0$，這就構成一個初值問題 (*initial-value problem*)。

在擺角 θ 很小的時候，可以用 $\theta \approx \sin\theta$ 的近似關係將問題簡化為線性初值問題

$$\frac{d^2\theta}{dt^2} + \frac{g}{L}\theta = 0, \quad \theta(t_0) = \theta_0, \quad \theta'(t_0) = \theta'_0$$

此問題可以用標準的微分方程解法求解。當擺角 θ 較大時，就不能再用 $\theta = \sin\theta$ 的假設，必須用近似的方法求解。5.9 節的習題 8 就是這樣的問題。

任何微分方程的教科書都會介紹許多解一階初值問題的方法。但事實上，在探討實際物理問題時會遇到的微分方程極少

有確解 (exact solution)。

本章的第一部分探討，如何對型式為

$$\frac{dy}{dt} = f(t, y), \quad a \le t \le b$$

及初始條件 $y(a) = \alpha$ 的問題，求 $y(t)$ 的近似解。在本章稍後則會將此方法推廣，以用於以下型式的一階聯立微分方程問題，

$$\frac{dy_1}{dt} = f_1(t, y_1, y_2, \ldots, y_n)$$

$$\frac{dy_2}{dt} = f_2(t, y_1, y_2, \ldots, y_n)$$

$$\vdots$$

$$\frac{dy_n}{dt} = f_n(t, y_1, y_2, \ldots, y_n)$$

其中 $a \le t \le b$，且其初始條件為

$$y_1(a) = \alpha_1, \quad y_2(a) = \alpha_2, \quad \ldots, \quad y_n(a) = \alpha_n$$

我們同時也會探討這樣的方程組與一般化的 n 階初值問題的關係，其型式為

$$y^{(n)} = f(t, y, y', y'', \ldots, y^{(n-1)})$$

其中 $a \le t \le b$，且初始條件為

$$y(a) = \alpha_1, \quad y'(a) = \alpha_2, \quad \ldots, \quad y^{n-1}(a) = \alpha_n$$

5.1 初值問題的基本定理

處理科學及工程的問題時，如果某個變數隨另一個變數改變，則可以用微分方程來描述此問題。大多數這類問題都是初值問題 (*initial-value problem*)，也就是找出微分方程滿足已知初始條件的解。

用來描述實際現象的微分方程，絕大多數是太過複雜而無法求得確解，我們有兩種方式可求其近似解。第一種方式是簡化微分方程，將其簡化到可以求確解的型式，然後用簡化後的方程式的解做為原方程式的近似解。另一種方式，也就是本章所要探討的，則直接求原方程式的近似解。這也是最常使用的方法，因為近似的方法可得到較準確的解及實際誤差的資訊。

本章所探討的方法不能獲得初值問題的連續解。它們只能求得某些特定點上的近似解，而這些點通常是等間隔分布的。如果須要點與點中間的值，則可使用內插法，通常會用 Hermite 內插。

在討論求初值問題近似解的時候，我們須要用到常微分方程理論中的一些定義與定理。

定義 5.1

若在 $(t, y_1), (t, y_2) \in D$ 時存在有常數 $L > 0$ 滿足

$$|f(t, y_1) - f(t, y_2)| \leq L|y_1 - y_2|$$

則我們說函數 $f(t, y)$ 的變數 y 在集合 $D \subset \mathbb{R}^2$ 中滿足 **Lipschitz 條件**(Lipschitz condition)。常數 L 稱為 f 的 **Lipschitz 常數**(Lipschitz constant)。

例題 1 證明 $f(t, y) = t|y|$ 在區間 $D = \{(t, y) \mid 1 \leq t \leq 2, -3 \leq y \leq 4\}$ 上滿足 Lipschitz 條件。

解 對 D 中的每一對點 (t, y_1) 及 (t, y_2)，我們有

$$|f(t, y_1) - f(t, y_2)| = |t|y_1| - t|y_2|| = |t|||y_1| - |y_2|| \leq 2|y_1 - y_2|$$

因此，f 的變數 y 在 D 中滿足 Lipschitz 條件且 Lipschitz 常數為 2。在此問題中 Lipschitz 常數最小為 $L=2$，因為

$$|f(2, 1) - f(2, 0)| = |2 - 0| = 2|1 - 0|$$

定義 5.2

稱集合 $D \subset \mathbb{R}^2$ 為凸 (convex) 集合的條件是，若 (t, y_1) 及 (t, y_2) 屬於 D，則對 $[0, 1]$ 間的任何 λ，點 $((1 - \lambda)t_1 + \lambda t_2, (1 - \lambda)y_1 + \lambda y_2)$ 同樣屬於 D。

用幾何的觀點來解釋，定義 5.2 所稱的凸集合的意義就是，如果有兩點屬於同一集合，則連接此兩點的直線線段上的每一點都屬於此集合 (見圖 5.1)。本章中所用到的集合，其型式通常為 $D = \{(t, y) \mid a \leq t \leq b, -\infty < y < \infty\}$，$a$ 與 b 為常數。很容易驗證這類集合為凸集合 (見習題 7)。

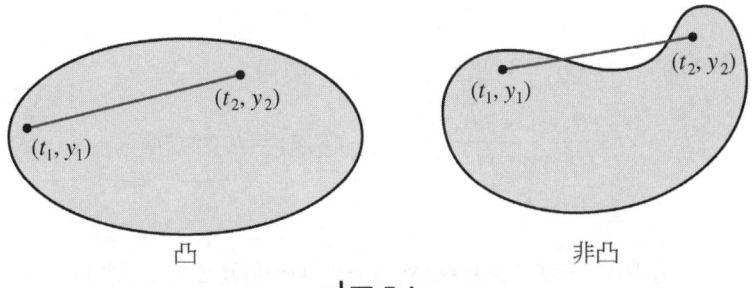

凸　　　　　　　　　非凸

圖 5.1

定理 5.3

設 $f(t,y)$ 定義於凸集合 $D \subset \mathbb{R}^2$ 之上。若存在有常數 $L > 0$ 滿足

$$\left|\frac{\partial f}{\partial y}(t,y)\right| \leq L \quad, \text{對所有 } (t,y) \in D \tag{5.1}$$

則 f 的變數 y 在 D 中滿足 Lipschitz 條件且 Lipschitz 常數為 L。∎

定理 5.3 的證明我們留在習題 6；其證明類似於 1.1 節之習題 27 對單變數函數的證明。

下一個定理將會說明，在初值問題中，函數的第二個變數是否滿足 Lipschitz 條件是很重要的事，且在實用上 (5.1) 式較原定義方便。我們必須要留意，定理 5.3 只是滿足 Lipschitz 條件的充份條件。例如例題 1 中的函數滿足 Lipschitz 條件，但是在 $y = 0$ 時它對 y 的偏導數並不存在。

下面定理為一階常微分方程之存在性與唯一性基本定理的一種型式。雖然此定理在前提上做了簡化，但已足以本書教學所須。（在 [BiR, pp. 142-155] 可找到與本處類似型式定理的證明。）

定理 5.4

設 $D = \{(t,y) \mid a \leq t \leq b, -\infty < y < \infty\}$ 且 $f(x,y)$ 在 D 之間為連續。若 f 的變數 y 在 D 上滿足 Lipschitz 條件，則初值問題

$$y'(t) = f(t,y), \quad a \leq t \leq b, \quad y(a) = \alpha$$

在 $a \leq t \leq b$ 時有唯一解 $y(t)$。∎

例題 2 用定理 5.4 證明以下初值問題有唯一解

$$y' = 1 + t\sin(ty), \quad 0 \leq t \leq 2, \quad y(0) = 0$$

解 保持 t 不變，將平均值定理 (Mean Value Theorem) 用於函數

$$f(t,y) = 1 + t\sin(ty)$$

我們發現當 $y_1 < y_2$ 時，在 (y_1, y_2) 間存在有一數 ξ 使得

$$\frac{f(t,y_2) - f(t,y_1)}{y_2 - y_1} = \frac{\partial}{\partial y}f(t,\xi) = t^2\cos(\xi t)$$

因此

$$|f(t,y_2) - f(t,y_1)| = |y_2 - y_1||t^2\cos(\xi t)| \leq 4|y_2 - y_1|$$

且 f 的變數 y 滿足 Lipschitz 條件，其 Lipschitz 常數為 $L = 4$。另外，因為在 $0 \leq t \leq 2$ 且 $-\infty < y < \infty$ 時 $f(t,y)$ 為連續，由定理 5.4 可知此初值問題存在有唯一解。

如果你修過微分方程的課程，可試著找出此問題的確解。 ∎

■ 完備問題 (Well-Posed Problems)

到目前為止，我們已經有一定程度的解決了初值問題之解的唯一性問題，接下來要處理在求初值問題近似解的時候，會遇到的第二重要的問題。由觀察實際物理現象而得的初值問題，通常只是近似於真實狀況，所以我們必須要知道，在問題敘述中的小幅變化，是否只會對解答造成相應的小幅改變。使這個問題變得重要的另一個原因是，數值方法所帶入的捨入誤差。此問題為

- 問題：我們如何知道，在問題陳述時的一些微小變化或擾動，只會對結果造成相對的小幅改變？

和以往一樣，我們要先建立定義以將概念具體化。

定義 5.5

初值問題

$$\frac{dy}{dt} = f(t,y), \quad a \leq t \leq b, \quad y(a) = \alpha \tag{5.2}$$

為**完備問題** (well-posed problem) 的條件是：

- 該問題存在有唯一解 $y(t)$，且
- 存在有常數 $\varepsilon_0 > 0$ 與 $k > 0$，$\varepsilon_0 > \varepsilon > 0$，對所有 $[a, b]$ 間的 t 在 $\delta(t)$ 為連續時 $|\delta(t)| < \varepsilon$，且在 $|\delta_0| < \varepsilon$ 時，初值問題

$$\frac{dz}{dt} = f(t,z) + \delta(t), \quad a \leq t \leq b, \quad z(a) = \alpha + \delta_0 \tag{5.3}$$

有唯一解 $z(t)$，對 $[a, b]$ 間所有的 t 都滿足

$$|z(t) - y(t)| < k\varepsilon$$

∎

相對於原問題 (5.2) 式，(5.3) 式稱為原問題的**擾動問題** (perturbed problem)。它假設在陳述微分方程時可能加入了誤差，且其初始條件中可能包括了誤差 δ_0。

討論數值方法時我們永遠要關心擾動問題的解，因為捨入誤差 (round-off error) 就是一種擾動。除非原問題是一個完備問題，不然我們沒理由期望擾動問題的解可以準確的近似於原問題的解。

下一定理指出，確保一個初值問題同時是完備問題的條件。其證明可參見[BiR]，pp. 142-147。

定理 5.6

設 $D = \{(t, y) \mid a \leq t \leq b, -\infty < y < \infty\}$。若 f 為連續且變數 y 在集合 D 中滿足 Lipschitz 條件，則初值問題

$$\frac{dy}{dt} = f(t, y), \quad a \leq t \leq b, \quad y(a) = \alpha$$

為完備問題。

例題 3 證明初值問題

$$\frac{dy}{dt} = y - t^2 + 1, \quad 0 \leq t \leq 2, \quad y(0) = 0.5 \tag{5.4}$$

在 $D = \{(t, y) \mid 0 \leq t \leq 2, -\infty < y < \infty\}$ 上為完備問題。

解 因為

$$\left| \frac{\partial (y - t^2 + 1)}{\partial y} \right| = |1| = 1$$

由定理 5.3 可得 $f(t, y) = y - t^2 + 1$ 在變數 y 滿足 Lipschitz 條件，其 Lipschitz 常數為 1。因為 f 在 D 中為連續，由定理 5.6 可得此問題為完備。

為進一步說明，我們可寫出其擾動問題

$$\frac{dz}{dt} = z - t^2 + 1 + \delta, \quad 0 \leq t \leq 2, \quad z(0) = 0.5 + \delta_0 \tag{5.5}$$

其中 δ 與 δ_0 為常數。(5.4) 及 (5.5) 式的解分別為

$$y(t) = (t+1)^2 - 0.5 e^t \quad \text{及} \quad z(t) = (t+1)^2 + (\delta + \delta_0 - 0.5) e^t - \delta$$

設 ε 為一個正數。若 $|\delta| < \varepsilon$ 且 $|\delta_0| < \varepsilon$，則對所有的 t，

$$|y(t) - z(t)| = |(\delta + \delta_0) e^t - \delta| \leq |\delta + \delta_0| e^2 + |\delta| \leq (2e^2 + 1)\varepsilon$$

因此，問題 (5.4) 為完備且對所有的 $\varepsilon > 0$，$k(\varepsilon) = 2e^2 + 1$。

Maple 可以解許多的初值問題。考慮問題

$$\frac{dy}{dt} = y - t^2 + 1, \quad 0 \leq t \leq 2, \quad y(0) = 0.5$$

輸入以下指令以定義此微分方程及初始條件

$deq := D(y)(t) = y(t) - t^2 + 1; \; init := y(0) = 0.5$

名稱 deq 及 $init$ 可由使用者自行決定。解初值問題的指令為

$deqsol := dsolve\,(\{deq, init\}, y(t))$

Maple 的傳回值為

$$y(t) = 1 + t^2 + 2t - \frac{1}{2}e^t$$

若要獲得特定點的值，例如 $y(1.5)$，可輸入

$q := rhs(deqsol) : evalf(subs(t = 1.5, q))$

如此可得

$$4.009155465$$

函數 *rhs*(意為 right hand side) 是將初值問題的解指定到函數 q，再利用 q 計算 $t = 1.5$ 的值。

如果求解的初值問題沒有外顯解 (explicit solution)，則函數 *dsolve* 將會失敗。例如，對例題 2 中的初值問題，指令

$deqsol2 := dsolve(\{D(y)(t) = 1 + t \cdot \sin(t \cdot y(t)), y(0) = 0\}, y(t))$

不會成功，因為找不到外顯解。在此情形下就必須使用數值方法。

習題組 5.1　完整習題請見隨書光碟

1. 用定理 5.4 證明下列各初值問題都有唯一解，並求其解。

   a. $y' = y \cos t, \quad 0 \leq t \leq 1, \quad y(0) = 1.$ **b.** $y' = \frac{2}{t}y + t^2 e^t, \quad 1 \leq t \leq 2, \quad y(1) = 0.$

   c. $y' = -\frac{2}{t}y + t^2 e^t, \quad 1 \leq t \leq 2, \quad y(1) = \sqrt{2}e.$ **d.** $y' = \frac{4t^3 y}{1 + t^4}, \quad 0 \leq t \leq 1, \quad y(0) = 1$

3. 對 (a) 到 (d) 小題中的每一個 $f(t, y)$：

   i. f 是否在 $D = \{(t, y) \mid 0 \leq t \leq 1, -\infty < y < \infty\}$ 中滿足 Lipschitz 條件？

   ii. 是否可用定理 5.6 證明初值問題

   $$y' = f(t, y), \quad 0 \leq t \leq 1, \quad y(0) = 1$$

   為完備。

   a. $f(t, y) = t^2 y + 1$　**b.** $f(t, y) = ty$　　**c.** $f(t, y) = 1 - y$　　**d.** $f(t, y) = -ty + \frac{4t}{y}$

5. 對下列初值問題，證明所給的方程式為其內隱解 (implicit solution)。用牛頓法求 $y(2)$ 的近似值。

   a. $y' = -\frac{y^3 + y}{(3y^2 + 1)t}, \quad 1 \leq t \leq 2, \quad y(1) = 1; \quad y^3 t + yt = 2$

   b. $y' = -\frac{y \cos t + 2te^y}{\sin t + t^2 e^y + 2}, \quad 1 \leq t \leq 2, \quad y(1) = 0; \quad y \sin t + t^2 e^y + 2y = 1$

7. 證明，對任何常數 a 及 b，$D = \{(t, y) \mid a \leq t \leq b, -\infty < y < \infty\}$ 為凸集合。

9. Picard 法可用於求解初值問題

   $$y' = f(t, y), \quad a \leq t \leq b, \quad y(a) = \alpha$$

其方法為：令 $y_0(t) = \alpha$，t 為 $[a, b]$ 間任一數。以下式定義函數數列 $\{y_k(t)\}$

$$y_k(t) = \alpha + \int_a^t f(\tau, y_{k-1}(\tau))\, d\tau, \quad k = 1, 2, \ldots.$$

a. 積分 $y' = f(t, y(t))$，並利用初始條件推導 Picard 法。
b. 求出初值問題

$$y' = -y + t + 1, \quad 0 \le t \le 1, \quad y(0) = 1$$

的 $y_0(t)$、$y_1(t)$、$y_2(t)$、及 $y_3(t)$。
c. 將 (b) 小題的結果與真實解 $y(t) = t + e^{-t}$ 的麥克勞林級數相比較。

5.2 歐拉法

歐拉法是求解初值問題的數值方法中最基本的。雖然在實用上很少使用歐拉法，但因為它推導過程簡單，不須要繁瑣的代數運算，所以可用來說明其他複雜方法的推導過程。

歐拉法的目的在求得完備初值問題

$$\frac{dy}{dt} = f(t, y), \quad a \le t \le b, \quad y(a) = \alpha \tag{5.6}$$

的近似解。

我們將無法獲得 $y(t)$ 的連續近似解，所能獲得的只是在 $[a, b]$ 間特定的**格點** (mesh points) 上的值。獲得了這些點上的近似解後，積分區間內其他點的值可由內插法獲得。

我們先規定，格點在區間 $[a, b]$ 內等間隔分布。要確保這點，我們可選取一正整數 N 並決定格點為

$$t_i = a + ih, \quad i = 0, 1, 2, \ldots, N$$

點與點的間隔 $h = (b - a)/N = t_{i+1} - t_i$ 稱為**步進距離** (step size)。

我們將使用泰勒定理以推導歐拉法。假設 (5.6) 式的唯一解 $y(t)$ 在 $[a, b]$ 間有兩連續導數，所以對每一個 $i = 0, 1, 2, \ldots, N - 1$ 有

$$y(t_{i+1}) = y(t_i) + (t_{i+1} - t_i)y'(t_i) + \frac{(t_{i+1} - t_i)^2}{2}y''(\xi_i)$$

而 ξ_i 位於 (t_i, t_{i+1}) 間。因為 $h = t_{i+1} - t_i$，故得

$$y(t_{i+1}) = y(t_i) + hy'(t_i) + \frac{h^2}{2}y''(\xi_i)$$

且因為 $y(t)$ 滿足微分方程 (5.6) 式，故

$$y(t_{i+1}) = y(t_i) + hf(t_i, y(t_i)) + \frac{h^2}{2}y''(\xi_i) \tag{5.7}$$

對每一個 $i = 1, 2, \ldots, N$，歐拉法直接刪除剩餘項 (remainder term) 以建構出 $w_i \approx y(t_i)$。所以歐拉法可寫成

$$w_0 = \alpha$$
$$w_{i+1} = w_i + hf(t_i, w_i), \qquad i = 0, 1, \ldots, N-1 \tag{5.8}$$

說明題 在以下例題 1 中，我們將用歐拉法的算則求出

$$y' = y - t^2 + 1, \quad 0 \le t \le 2, \quad y(0) = 0.5$$

在 $t = 2$ 的近似解。在此我們只是簡單的說明，在 $h = 0.5$ 時此方法的步驟。

在此問題中，$f(t, y) = y - t^2 + 1$，所以

$$w_0 = y(0) = 0.5;$$
$$w_1 = w_0 + 0.5\left(w_0 - (0.0)^2 + 1\right) = 0.5 + 0.5(1.5) = 1.25$$
$$w_2 = w_1 + 0.5\left(w_1 - (0.5)^2 + 1\right) = 1.25 + 0.5(2.0) = 2.25$$
$$w_3 = w_2 + 0.5\left(w_2 - (1.0)^2 + 1\right) = 2.25 + 0.5(2.25) = 3.375$$

及

$$y(2) \approx w_4 = w_3 + 0.5\left(w_3 - (1.5)^2 + 1\right) = 3.375 + 0.5(2.125) = 4.4375 \qquad \blacksquare$$

(5.8) 式稱為歐拉法的**差分方程式** (difference equation)。在本章稍後我們將會看到，差分方程式的理論與解在許多方面均類似於微分方程的理論與解。算則 5.1 即為歐拉法的應用。

算則 5.1 歐拉法 (Euler's Method)
在區間 $[a, b]$ 中 $(N + 1)$ 個等間隔分布的點上求初值問題

$$y' = f(t, y), \quad a \le t \le b, \quad y(a) = \alpha$$

的近似解；

INPUT 端點 $a \cdot b$；整體 N；初始條件 α。

OUTPUT y 在 $(N + 1)$ 個 t 值的近似值。

Step 1 Set $h = (b - a)/N$;
  $t = a$;
  $w = \alpha$;
  OUTPUT (t, w).

Step 2 For $i = 1, 2, \ldots, N$ do Steps 3, 4.

Step 3 Set $w = w + hf(t, w)$; (計算 w_i)
$t = a + ih$. (計算 t_i)

Step 4 OUTPUT (t, w).

Step 5 STOP. ∎

也可以用幾何的方式說明歐拉法，如果 w_i 是個非常接近 $y(t_i)$ 的近似值，因為我們已假設此問題為完備，所以

$$f(t_i, w_i) \approx y'(t_i) = f(t_i, y(t_i))$$

圖 5.2 中的函數圖形標示了 $y(t_i)$ 的位置。圖 5.3 顯示了歐拉法的一次步進，圖 5.4 則顯示了連續數步進的情形。

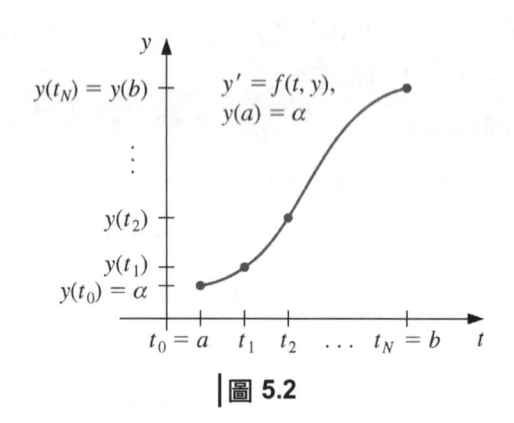

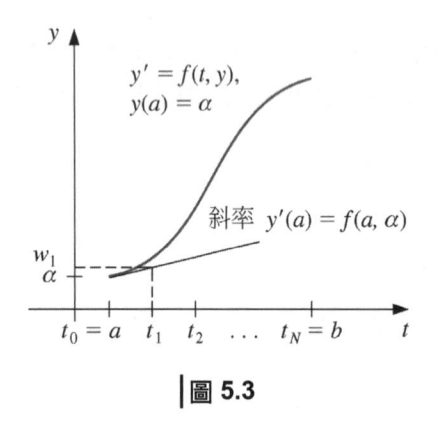

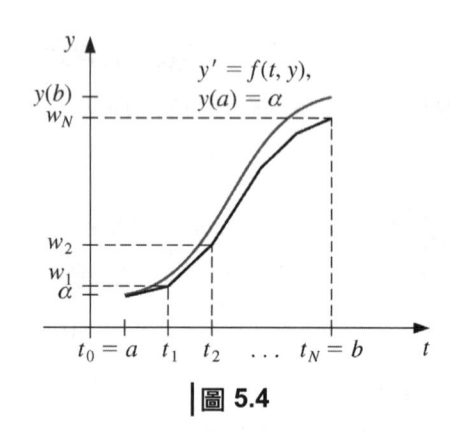

| 圖 5.2

| 圖 5.3 | 圖 5.4

例題 1 我們在說明題中以 $h = 0.5$，用歐拉法求得以下初值問題的近似解

$$y' = y - t^2 + 1, \quad 0 \le t \le 2, \quad y(0) = 0.5$$

用算則 5.1 及 $N = 10$ 求其近似解，並將結果與確解 $y(t) = (t+1)^2 - 0.5e^t$ 做比較。

解 當 $N = 10$ 則 $h = 0.2$、$t_i = 0.2i$、$w_0 = 0.5$、且

$$w_{i+1} = w_i + h(w_i - t_i^2 + 1) = w_i + 0.2[w_i - 0.04i^2 + 1] = 1.2w_i - 0.008i^2 + 0.2$$

其中 $i = 0, 1, \ldots, 9$。所以

$$w_1 = 1.2(0.5) - 0.008(0)^2 + 0.2 = 0.8; \quad w_2 = 1.2(0.8) - 0.008(1)^2 + 0.2 = 1.152$$

並依此類推。表 5.1 列出了不同 t_i 時近似解與真實解的比較。 ∎

表 5.1

t_i	w_i	$y_i = y(t_i)$	$\|y_i - w_i\|$
0.0	0.5000000	0.5000000	0.0000000
0.2	0.8000000	0.8292986	0.0292986
0.4	1.1520000	1.2140877	0.0620877
0.6	1.5504000	1.6489406	0.0985406
0.8	1.9884800	2.1272295	0.1387495
1.0	2.4581760	2.6408591	0.1826831
1.2	2.9498112	3.1799415	0.2301303
1.4	3.4517734	3.7324000	0.2806266
1.6	3.9501281	4.2834838	0.3333557
1.8	4.4281538	4.8151763	0.3870225
2.0	4.8657845	5.3054720	0.4396874

注意其誤差隨著 t 一起小幅增加。此種有限度的誤差成長是由於歐拉法的穩定性，這也意謂著即使在最壞的情形下，其誤差為線性成長。

Maple 的 *Student* 程式包中的 *NumericalAnalysis* 套件有一個 *InitialValueProblem* 指令，在它的選項中包含了歐拉法。要用它解例題 1 的問題，先載入程式包及微分方程。

with(*Student*[*NumericalAnalysis*]): *deq* := *diff*(*y*(*t*), *t*) = *y*(*t*) − *t*² + 1

然後輸入指令

C := *InitialValueProblem*(*deq*, *y*(0) = 0.5, *t* = 2, *method* = *euler*, *numsteps* = 10, *output* = *information*, *digits* = 8)

Maple 會產生

$$\begin{bmatrix} 1..12 \times 1..4 \; \textit{Array} \\ \textit{Data Type: anything} \\ \textit{Storage: rectangular} \\ \textit{Order: Fortran\_order} \end{bmatrix}$$

在輸出上雙擊滑鼠會出現一個表，列出 t_i、真實解 $y(t_i)$、歐拉近似解 w_i、及絕對誤差 $|y(t_i) - w_i|$ 等的值。它們會和表 5.1 的值一樣。

若要印出 Maple 的表，可使用以下指令

for k **from** 1 **to** 12 **do**
  $print(C[k,1], C[k,2], C[k,3], C[k,4])$
end do

在 *InitialValueProblem* 指令中的選項包括了指定要解的一階微分方程、初始條件、自變數的最終值、選用方法、求 $h = (2-0)/(numsteps)$ 所用的步進數、指定輸出型式、計算中用多少位數捨入。其他的輸出選項可指定特定的 t 值,或繪出近似解圖形。

■ 歐拉法的誤差界限

雖然在實用上歐拉法不夠精確,但分析其誤差是必要的過程。在以後各節中我們將介紹更精確的方法,但其誤差分析均與此模式類似,只是更複雜。

要推導歐拉法的誤差界限,我們須要兩個計算的引理 (lemma)。

引理 5.7 對所有的 $x \geq -1$ 及任何正數 m,我們有 $0 \leq (1+x)^m \leq e^{mx}$。

證明 對 $f(x) = e^x$、$x_0 = 0$、及 $n = 1$ 使用泰勒定理可得

$$e^x = 1 + x + \frac{1}{2}x^2 e^{\xi}$$

其中 ξ 位於 x 與 0 之間。因此,

$$0 \leq 1 + x \leq 1 + x + \frac{1}{2}x^2 e^{\xi} = e^x$$

且因為 $1 + x \geq 0$,我們有

$$0 \leq (1+x)^m \leq (e^x)^m = e^{mx}$$

引理 5.8 若 s 與 t 為正實數,$\{a_i\}_{i=0}^{k}$ 為滿足 $a_0 \geq -t/s$ 的數列,且

$$a_{i+1} \leq (1+s)a_i + t, \quad i = 0, 1, 2, \ldots, k-1 \tag{5.9}$$

則

$$a_{i+1} \leq e^{(i+1)s}\left(a_0 + \frac{t}{s}\right) - \frac{t}{s}$$

證明 對固定整數 i,由不等式 (5.9) 可得

$$\begin{aligned}
a_{i+1} &\leq (1+s)a_i + t \\
&\leq (1+s)[(1+s)a_{i-1} + t] + t = (1+s)^2 a_{i-1} + [1 + (1+s)]t \\
&\leq (1+s)^3 a_{i-2} + [1 + (1+s) + (1+s)^2]t \\
&\vdots \\
&\leq (1+s)^{i+1} a_0 + [1 + (1+s) + (1+s)^2 + \cdots + (1+s)^i]t
\end{aligned}$$

但

$$1 + (1+s) + (1+s)^2 + \cdots + (1+s)^i = \sum_{j=0}^{i} (1+s)^j$$

是一個比值為 $(1+s)$ 的幾何級數，其和為

$$\frac{1-(1+s)^{i+1}}{1-(1+s)} = \frac{1}{s}[(1+s)^{i+1} - 1]$$

因此，

$$a_{i+1} \leq (1+s)^{i+1} a_0 + \frac{(1+s)^{i+1} - 1}{s} t = (1+s)^{i+1}\left(a_0 + \frac{t}{s}\right) - \frac{t}{s}$$

再使用引理 5.7 及 $x = 1 + s$ 可得

$$a_{i+1} \leq e^{(i+1)s}\left(a_0 + \frac{t}{s}\right) - \frac{t}{s}$$

定理 5.9

設 f 在

$$D = \{(t,y) \mid a \leq t \leq b \text{ 且 } -\infty < y < \infty\}$$

中滿足 Lipschitz 條件且 Lipschitz 常數為 L，並且存在有常數 M 使得

$$|y''(t)| \leq M，對所有的 t \in [a,b]$$

其中 $y(t)$ 為初值問題

$$y' = f(t,y), \quad a \leq t \leq b, \quad y(a) = \alpha$$

的唯一解。令 $w_0, w_1, \ldots, w_N$ 為歐拉法所產生的近似解，N 為正整數。則，對每個 $i = 0, 1, 2, \ldots, N$

$$|y(t_i) - w_i| \leq \frac{hM}{2L}\left[e^{L(t_i - a)} - 1\right] \tag{5.10}$$

證明 在 $i = 0$ 時，此結果明顯為真，因為 $y(t_0) = w_0 = \alpha$。
由 (5.7) 式可知，對 $i = 0, 1, \ldots, N-1$

$$y(t_{i+1}) = y(t_i) + hf(t_i, y(t_i)) + \frac{h^2}{2} y''(\xi_i)$$

並由 (5.8) 式可得

$$w_{i+1} = w_i + hf(t_i, w_i)$$

利用符號 $y_i = y(t_i)$ 及 $y_{i+1} = y(t_{i+1})$，我們將 2 個方程式相減以得到

$$y_{i+1} - w_{i+1} = y_i - w_i + h[f(t_i, y_i) - f(t_i, w_i)] + \frac{h^2}{2} y''(\xi_i)$$

因此

$$|y_{i+1} - w_{i+1}| \leq |y_i - w_i| + h|f(t_i, y_i) - f(t_i, w_i)| + \frac{h^2}{2}|y''(\xi_i)|$$

因為 f 在第二變數滿足 Lipschitz 條件其常數為 L，且 $|y''(t)| \leq M$，所以

$$|y_{i+1} - w_{i+1}| \leq (1 + hL)|y_i - w_i| + \frac{h^2 M}{2}$$

引用引理 5.8，並令 $s = hL$、$t = h^2M/2$、及 $a_j = |y_j - w_j|$，其中 $j = 0, 1, \ldots, N$，我們可看到

$$|y_{i+1} - w_{i+1}| \leq e^{(i+1)hL}\left(|y_0 - w_0| + \frac{h^2 M}{2hL}\right) - \frac{h^2 M}{2hL}$$

因為 $|y_0 - w_0| = 0$ 且 $(i+1)h = t_{i+1} - t_0 = t_{i+1} - a$，我們得

$$|y_{i+1} - w_{i+1}| \leq \frac{hM}{2L}(e^{(t_{i+1}-a)L} - 1), \quad i = 0, 1, \ldots, N-1 \qquad \blacksquare$$

定理 5.9 的一個弱點是它必須知道解的二次導數的界限值。雖然在一般情形下這個條件使我們無法得到實際的誤差界限，但我們要知道，若 $\partial f/\partial t$ 與 $\partial f/\partial y$ 同時存在，則由偏微分的連鎖律 (chain rule) 可得

$$y''(t) = \frac{dy'}{dt}(t) = \frac{df}{dt}(t, y(t)) = \frac{\partial f}{\partial t}(t, y(t)) + \frac{\partial f}{\partial y}(t, y(t)) \cdot f(t, y(t))$$

所以有時我們是可以獲得 $y''(t)$ 的誤差界限而不須要知道 $y(t)$ 的外顯型式。

例題 2 在例題 1 中求出初值問題

$$y' = y - t^2 + 1, \quad 0 \leq t \leq 2, \quad y(0) = 0.5$$

的解，用的是歐拉法及 $h = 0.2$。用定理 5.9 的不等式求其誤差界限，並與真實誤差做比較。

解 因為 $f(t, y) = y - t^2 + 1$，對所有的 y 我們有 $\partial f(t, y)/\partial y = 1$，所以 $L = 1$。此問題的確解為 $y(t) = (t+1)^2 - 0.5e^t$，所以 $y''(t) = 2 - 0.5e^t$，且對所有 $t \in [0, 2]$，

$$|y''(t)| \leq 0.5e^2 - 2$$

使用歐拉法誤差界限的不等式，並用 $h = 0.2$、$L = 1$，以及 $M = 0.5e^2 - 2$ 可得

$$|y_i - w_i| \leq 0.1(0.5e^2 - 2)(e^{t_i} - 1)$$

因此

$$|y(0.2) - w_1| \le 0.1(0.5e^2 - 2)(e^{0.2} - 1) = 0.03752$$
$$|y(0.4) - w_2| \le 0.1(0.5e^2 - 2)(e^{0.4} - 1) = 0.08334$$

並依此類推。表 5.2 列出了例題 1 所求出的實際誤差以及此處的誤差界限。由表中數據可看出，即使我們用了實際解的二次導數求誤差界限，它還是比實際誤差大很多，且隨著 t 的增加而加大。

表 5.2

t_i	0.2	0.4	0.6	0.8	1.0	1.2	1.4	1.6	1.8	2.0
實際誤差	0.02930	0.06209	0.09854	0.13875	0.18268	0.23013	0.28063	0.33336	0.38702	0.43969
誤差界限	0.03752	0.08334	0.13931	0.20767	0.29117	0.39315	0.51771	0.66985	0.85568	1.08264

定理 5.9 中的誤差界限公式的最主要功用是，它可以顯示出誤差界限與步進距離 h 成線性的關係。因此縮小 h 應能相對的提高精確度。

在定理 5.9 中所沒有考慮的是，捨入誤差對步進距離的影響。隨著 h 變小，須要進行更多的計算，也就會有更多的捨入誤差。所以事實上我們並不是用

$$w_0 = \alpha,$$
$$w_{i+1} = w_i + hf(t_i, w_i), \quad i = 0, 1, \ldots, N - 1$$

這種型式的差分方程來求 y_i 在 t_i 處的近似解。我們使用方程式的型式為

$$u_0 = \alpha + \delta_0,$$
$$u_{i+1} = u_i + hf(t_i, u_i) + \delta_{i+1}, \quad i = 0, 1, \ldots, N - 1 \tag{5.11}$$

其中 δ_i 代表了相對於 u_i 的捨入誤差。使用類似證明定理 5.9 所用的方法，我們可以求得用歐拉法求 y_i 的有限位數 (finite-digit) 近似解的誤差界限。

定理 5.10

令 $y(t)$ 為初值問題

$$y' = f(t, y), \quad a \le t \le b, \quad y(a) = \alpha \tag{5.12}$$

的唯一解，且由 (5.11) 式求得其近似值為 $u_0, u_1, \ldots, u_N$。若對每個 $i = 0, 1, \ldots, N$ 都有 $|\delta_i| < \delta$，且在 (5.12) 式中定理 5.9 的前提成立，則，對每一 $i = 0, 1, \ldots, N$

$$|y(t_i) - u_i| \le \frac{1}{L}\left(\frac{hM}{2} + \frac{\delta}{h}\right)[e^{L(t_i - a)} - 1] + |\delta_0|e^{L(t_i - a)} \tag{5.13}$$

誤差界限 (5.13) 式與 h 不再是線性關係。事實上，因為

$$\lim_{h \to 0} \left(\frac{hM}{2} + \frac{\delta}{h} \right) = \infty$$

在 h 小到一定程度後誤差將會變大。我們可以用微積分找出步進距離 h 的最下界。令 $E(h) = (hM/2) + (\delta/h)$，則 $E'(h) = (M/2) - (\delta/h^2)$。

若 $h < \sqrt{2\delta/M}$，則 $E'(h) < 0$ 且 $E(h)$ 下降。

若 $h > \sqrt{2\delta/M}$，則 $E'(h) > 0$ 且 $E(h)$ 增加。

$E(h)$ 的最小值出現在

$$h = \sqrt{\frac{2\delta}{M}} \tag{5.14}$$

若 h 小於此值時，則整體的近似誤差將增加。但是通常 δ 的值非常小，所以此下限值不影響歐拉法的使用。

習題組 5.2　完整習題請見隨書光碟

1. 用歐拉法求以下各初值問題的近似解。
   a. $y' = te^{3t} - 2y$，$0 \leq t \leq 1$，$y(0) = 0$，令 $h = 0.5$
   b. $y' = 1 + (t-y)^2$，$2 \leq t \leq 3$，$y(2) = 1$，令 $h = 0.5$
   c. $y' = 1 + y/t$，$1 \leq t \leq 2$，$y(1) = 2$，令 $h = 0.25$
   d. $y' = \cos 2t + \sin 3t$，$0 \leq t \leq 1$，$y(0) = 1$，令 $h = 0.25$

3. 下列為習題 1 中各問題的確解。比較每個步進的真實誤差與誤差界限值。
   a. $y(t) = \frac{1}{5}te^{3t} - \frac{1}{25}e^{3t} + \frac{1}{25}e^{-2t}$　　b. $y(t) = t + \frac{1}{1-t}$
   c. $y(t) = t \ln t + 2t$　　d. $y(t) = \frac{1}{2}\sin 2t - \frac{1}{3}\cos 3t + \frac{4}{3}$

5. 用歐拉法求以下各初值問題的近似解。
   a. $y' = y/t - (y/t)^2$，$1 \leq t \leq 2$，$y(1) = 1$，令 $h = 0.1$
   b. $y' = 1 + y/t + (y/t)^2$，$1 \leq t \leq 3$，$y(1) = 0$，令 $h = 0.2$
   c. $y' = -(y+1)(y+3)$，$0 \leq t \leq 2$，$y(0) = -2$，令 $h = 0.2$
   d. $y' = -5y + 5t^2 + 2t$，$0 \leq t \leq 1$，$y(0) = \frac{1}{3}$，令 $h = 0.1$

7. 下列為習題 5 中各問題的確解。求習題 5 所得各近似解的實際誤差。
   a. $y(t) = \frac{t}{1 + \ln t}$　　b. $y(t) = t\tan(\ln t)$　　c. $y(t) = -3 + \frac{2}{1+e^{-2t}}$　　d. $y(t) = t^2 + \frac{1}{3}e^{-5t}$

9. 已知初值問題

$$y' = \frac{2}{t}y + t^2 e^t, \quad 1 \leq t \leq 2, \quad y(1) = 0$$

其確解為 $y(t) = t^2(e^t - e)$：

a. 用歐拉法及 $h=0.1$ 求其近似解，並與 y 的真實解做比較。

b. 利用 (a) 小題的答案與線性內插求下列各點的近似值，並與真實值做比較。
  i. $y(1.04)$ **ii.** $y(1.55)$ **iii.** $y(1.97)$

c. 利用 (5.10) 式求，要達到 $|y(t_i) - w_i| \leq 0.1$ 的要求，h 值應為何？

11. 已知初值問題

$$y' = -y + t + 1, \quad 0 \leq t \leq 5, \quad y(0) = 1$$

的確解為 $y(t) = e^{-t} + t$：

a. 以歐拉法分別用 $h = 0.2$、$h = 0.1$、和 $h = 0.05$，求 $y(5)$ 的近似解。

b. 假設 (5.14) 式成立且 $\delta = 10^{-6}$，求計算 $y(5)$ 的近似解時最佳的步進距離 h 為何。

13. 利用習題 5 的結果及線性內插求下列 $y(t)$ 的近似值。利用習題 7 所給的函數，將所得的近似值與真實值做比較。

a. $y(1.25)$ 及 $y(1.93)$ **b.** $y(2.1)$ 及 $y(2.75)$ **c.** $y(1.3)$ 及 $y(1.93)$ **d.** $y(0.54)$ 及 $y(0.94)$

15. 令 $E(h) = \dfrac{hM}{2} + \dfrac{\delta}{h}$。

a. 對初值問題

$$y' = -y + 1, \quad 0 \leq t \leq 1, \quad y(0) = 0$$

求，可使 $E(h)$ 為最小的 h 值。如果你在 (c) 小題中會使用 n 位數運算，假設 $\delta = 5 \times 10^{-(n+1)}$。

b. 利用 (a) 小題求出的最佳 h 及 (5.13) 式，求可得的最小誤差。

c. 分別用 $h = 0.1$ 及 $h = 0.01$ 求近似解，將其實際誤差與 (b) 小題的最小誤差做比較。請解釋此結果。

17. Rashevsky 在其著作 *Looking at History Through Mathematics* 一書中考慮了一個有關非國教徒 (nonconformist) 人數問題的模型。假設某社會在年份 t 時共有人口數 $x(t)$，且所有非國教徒與非國教徒所生的子女均為非國教徒，而所有其他的後代中會有比率 r 的人成為非國教徒。如果整個社會的出生及死亡率分別為常數 b 及 d，且國教徒與非國教徒以隨機方式結合，則此問題可表示成微分方程

$$\frac{dx(t)}{dt} = (b-d)x(t) \quad \text{及} \quad \frac{dx_n(t)}{dt} = (b-d)x_n(t) + rb(x(t) - x_n(t))$$

其中 $x_n(t)$ 代表時間 t 時的非國教徒人口數。

a. 假設我們引入一個新的變數 $p(t) = x_n(t)/x(t)$ 代表時間 t 時非國教徒占總人口數的比值。證明以上 2 個方程式可合併且簡化為

$$\frac{dp(t)}{dt} = rb(1 - p(t))$$

b. 假設 $p(0) = 0.01$、$b = 0.02$、$d = 0.015$、及 $r = 0.1$，求 $t = 0$ 到 $t = 50$ 時 $p(t)$ 的近似解，步進距離 $h = 1$ 年。

c. 解微分方程以得到 $p(t)$ 的確解，將 (b) 小題中 $t = 50$ 的近似解與確解做比較。

5.3 高階泰勒法

因為數值方法的目的就是要以最少的計算獲得最精確的近似值。所以我們要有一種方法，能夠比較不同方法的效率。我們考慮的第一種工具稱為**局部截尾誤差** (*local truncation error*)。

局部截尾誤差是在某一步進時，將原微分方程的確解代入求近似值的差分方程所不滿足的部分。這看起來不像是可以比較不同方法誤差值的方式。我們真的想知道的是，由近似法所得的近似值，可滿足原微分方程到何種程度，而不是倒過來。但通常我們不知道確解，所以做不到這一點，而局部截尾誤差不只能決定一種近似法的局部誤差，也能表示實際近似誤差。

考慮初值問題

$$y' = f(t,y), \quad a \leq t \leq b, \quad y(a) = \alpha$$

定義 5.11

差分法

$$w_0 = \alpha$$
$$w_{i+1} = w_i + h\phi(t_i, w_i), \quad i = 0, 1, \ldots, N-1$$

的**局部截尾誤差**為

$$\tau_{i+1}(h) = \frac{y_{i+1} - (y_i + h\phi(t_i, y_i))}{h} = \frac{y_{i+1} - y_i}{h} - \phi(t_i, y_i)$$

$i = 0, 1, \cdots, N-1$，其中 y_i 及 y_{i+1} 分別代表在 t_i 及 t_{i+1} 處的解。∎

例如，歐拉法在第 i 步時的局部截尾誤差為

$$\tau_{i+1}(h) = \frac{y_{i+1} - y_i}{h} - f(t_i, y_i), \quad i = 0, 1, \ldots, N-1$$

稱此誤差為局部誤差，是因為它代表了此方法在某步進時的精確性，而假設該方法在之前的步進中都沒有誤差。

考慮前一節的 (5.7) 式，我們看到歐拉法有

$$\tau_{i+1}(h) = \frac{h}{2} y''(\xi_i), \quad \xi_i \text{ 在 } (t_i, t_{i+1}) \text{ 之間。}$$

當已知 $y''(t)$ 在 $[a,b]$ 間有界限 M，可得

$$|\tau_{i+1}(h)| \leq \frac{h}{2} M$$

所以歐拉法的局部截尾誤差為 $O(h)$。

求解常微分方程時有一種方法可用來選取合適的差分方法，也就是它們的局部截尾誤差 $O(h^p)$ 的 p 值要愈高愈好，但同時維持所須的計算量與複雜度均在合理範圍以內。

歐拉法是由 $n=1$ 的泰勒定理推導而來，在我們改善差分法收斂性的努力中，我們首先嘗試使用較大的 n 值。

假設初值問題

$$y' = f(t,y), \quad a \le t \le b, \quad y(a) = \alpha$$

的解 $y(t)$ 有 $(n+1)$ 階連續導數。將 $y(t)$ 對 t_i 做 n 次泰勒多項式展開並求它在 t_{i+1} 處的值可得

$$y(t_{i+1}) = y(t_i) + hy'(t_i) + \frac{h^2}{2}y''(t_i) + \cdots + \frac{h^n}{n!}y^{(n)}(t_i) + \frac{h^{n+1}}{(n+1)!}y^{(n+1)}(\xi_i) \tag{5.15}$$

ξ_i 在 (t_i, t_{i+1}) 之間。

對解 $y(t)$ 做連續微分可得

$$y'(t) = f(t,y(t)),\ y''(t) = f'(t,y(t))，及通式\ y^{(k)}(t) = f^{(k-1)}(t,y(t))$$

將這些代入 (5.15) 式得

$$y(t_{i+1}) = y(t_i) + hf(t_i, y(t_i)) + \frac{h^2}{2}f'(t_i, y(t_i)) + \cdots \tag{5.16}$$
$$+ \frac{h^n}{n!}f^{(n-1)}(t_i, y(t_i)) + \frac{h^{n+1}}{(n+1)!}f^{(n)}(\xi_i, y(\xi_i))$$

將 (5.16) 式中包含 ξ_i 的剩餘項刪除即為其相對之差分方程式。

■ n 階泰勒法

$$w_0 = \alpha,$$
$$w_{i+1} = w_i + hT^{(n)}(t_i, w_i), \quad i = 0, 1, \ldots, N-1 \tag{5.17}$$

其中

$$T^{(n)}(t_i, w_i) = f(t_i, w_i) + \frac{h}{2}f'(t_i, w_i) + \cdots + \frac{h^{n-1}}{n!}f^{(n-1)}(t_i, w_i)$$

歐拉法就是一階泰勒法。

例題 1 將 **(a)** 二階及 **(b)** 四階泰勒法以 $N = 10$ 用於初值問題

$$y' = y - t^2 + 1, \quad 0 \le t \le 2, \quad y(0) = 0.5$$

解 **(a)** 對於二階法，我們須要 $f(t, y(t)) = y(t) - t^2 + 1$ 對於 t 的一階導數。因為 $y' = y - t^2 + 1$，我們有

$$f'(t, y(t)) = \frac{d}{dt}(y - t^2 + 1) = y' - 2t = y - t^2 + 1 - 2t$$

所以

$$T^{(2)}(t_i, w_i) = f(t_i, w_i) + \frac{h}{2}f'(t_i, w_i) = w_i - t_i^2 + 1 + \frac{h}{2}(w_i - t_i^2 + 1 - 2t_i)$$

$$= \left(1 + \frac{h}{2}\right)(w_i - t_i^2 + 1) - ht_i$$

由於 $N = 10$，所以 $h = 0.2$，且對所有 $i = 1, 2, \cdots, 10$，$t_i = 0.2i$。因此二階法可寫成

$$w_0 = 0.5$$

$$w_{i+1} = w_i + h\left[\left(1 + \frac{h}{2}\right)(w_i - t_i^2 + 1) - ht_i\right]$$

$$= w_i + 0.2\left[\left(1 + \frac{0.2}{2}\right)(w_i - 0.04i^2 + 1) - 0.04i\right]$$

$$= 1.22w_i - 0.0088i^2 - 0.008i + 0.22$$

前 2 次步進所得近似值為

$$y(0.2) \approx w_1 = 1.22(0.5) - 0.0088(0)^2 - 0.008(0) + 0.22 = 0.83$$

$$y(0.4) \approx w_2 = 1.22(0.83) - 0.0088(0.2)^2 - 0.008(0.2) + 0.22 = 1.2158$$

所有近似值與其誤差列於表 5.3。

(b) 對於四階泰勒法，我們須要 $f(t, y(t))$ 對於 t 的前 3 個導數。同樣用 $y' = y - t^2 + 1$，可得

$$f'(t, y(t)) = y - t^2 + 1 - 2t$$

$$f''(t, y(t)) = \frac{d}{dt}(y - t^2 + 1 - 2t) = y' - 2t - 2$$

$$= y - t^2 + 1 - 2t - 2 = y - t^2 - 2t - 1$$

及

$$f'''(t, y(t)) = \frac{d}{dt}(y - t^2 - 2t - 1) = y' - 2t - 2 = y - t^2 - 2t - 1$$

所以

$$T^{(4)}(t_i, w_i) = f(t_i, w_i) + \frac{h}{2}f'(t_i, w_i) + \frac{h^2}{6}f''(t_i, w_i) + \frac{h^3}{24}f'''(t_i, w_i)$$

$$= w_i - t_i^2 + 1 + \frac{h}{2}(w_i - t_i^2 + 1 - 2t_i) + \frac{h^2}{6}(w_i - t_i^2 - 2t_i - 1)$$

$$+ \frac{h^3}{24}(w_i - t_i^2 - 2t_i - 1)$$

$$= \left(1 + \frac{h}{2} + \frac{h^2}{6} + \frac{h^3}{24}\right)(w_i - t_i^2) - \left(1 + \frac{h}{3} + \frac{h^2}{12}\right)(ht_i)$$

$$+ 1 + \frac{h}{2} - \frac{h^2}{6} - \frac{h^3}{24}$$

因此四階泰勒法為

$$w_0 = 0.5$$
$$w_{i+1} = w_i + h\left[\left(1 + \frac{h}{2} + \frac{h^2}{6} + \frac{h^3}{24}\right)(w_i - t_i^2) - \left(1 + \frac{h}{3} + \frac{h^2}{12}\right)ht_i\right.$$
$$\left. + 1 + \frac{h}{2} - \frac{h^2}{6} - \frac{h^3}{24}\right]$$

$i = 0, 1, \ldots, N - 1$。

由於 $N = 10$，$h = 0.2$，四階法成為

$$w_{i+1} = w_i + 0.2\left[\left(1 + \frac{0.2}{2} + \frac{0.04}{6} + \frac{0.008}{24}\right)(w_i - 0.04i^2)\right.$$
$$\left. -\left(1 + \frac{0.2}{3} + \frac{0.04}{12}\right)(0.04i) + 1 + \frac{0.2}{2} - \frac{0.04}{6} - \frac{0.008}{24}\right]$$
$$= 1.2214w_i - 0.008856i^2 - 0.00856i + 0.2186$$

$i = 0, 1, \ldots, 9$。前 2 次步進所得近似值為

$$y(0.2) \approx w_1 = 1.2214(0.5) - 0.008856(0)^2 - 0.00856(0) + 0.2186 = 0.8293$$
$$y(0.4) \approx w_2 = 1.2214(0.8293) - 0.008856(0.2)^2 - 0.00856(0.2) + 0.2186 = 1.214091$$

所有近似值與其誤差列於表 5.4。

表 5.3		
t_i	泰勒二階 w_i	誤差 $|y(t_i) - w_i|$
0.0	0.500000	0
0.2	0.830000	0.000701
0.4	1.215800	0.001712
0.6	1.652076	0.003135
0.8	2.132333	0.005103
1.0	2.648646	0.007787
1.2	3.191348	0.011407
1.4	3.748645	0.016245
1.6	4.306146	0.022663
1.8	4.846299	0.031122
2.0	5.347684	0.042212

表 5.4		
t_i	泰勒四階 w_i	誤差 $|y(t_i) - w_i|$
0.0	0.500000	0
0.2	0.829300	0.000001
0.4	1.214091	0.000003
0.6	1.648947	0.000006
0.8	2.127240	0.000010
1.0	2.640874	0.000015
1.2	3.179964	0.000023
1.4	3.732432	0.000032
1.6	4.283529	0.000045
1.8	4.815238	0.000062
2.0	5.305555	0.000083

將這些結果與二階法所得的相比，你會發現四階法遠優於二階法。

由表 5.4 的數據可看出，四階法在 0.2、0.4 等節點相當精確。但如果我們要求表列值中間的值，例如 $t=1.25$。如果我們對四階泰勒法在 $t=1.2$ 及 $t=1.4$ 的近似值用線性內插

可得

$$y(1.25) \approx \left(\frac{1.25 - 1.4}{1.2 - 1.4}\right) 3.1799640 + \left(\frac{1.25 - 1.2}{1.4 - 1.2}\right) 3.7324321 = 3.3180810$$

因為真實值為 $y(1.25) = 3.3173285$，所以此近似值的誤差為 0.0007525，這差不多是 1.2 及 1.4 兩點平均誤差的 30 倍。

使用三次 Hermite 內插可以大幅改善 $y(1.25)$ 的近似值。但除了 $y(1.2)$ 及 $y(1.4)$ 以外同時要有 $y'(1.2)$ 及 $y'(1.4)$ 的近似值。但導數的近似值可由微分方程獲得，因為 $y'(t) = f(t, y(t))$。在本例中 $y'(t) = y(t) - t^2 + 1$，所以

$$y'(1.2) = y(1.2) - (1.2)^2 + 1 \approx 3.1799640 - 1.44 + 1 = 2.7399640$$

且

$$y'(1.4) = y(1.4) - (1.4)^2 + 1 \approx 3.7324327 - 1.96 + 1 = 2.7724321$$

利用 3.4 節的均差 (divided-difference) 法可得表 5.5 的數據。其中畫底線的欄位為本節所得數據，其餘欄位由均差公式求得。

表 5.5

1.2	3.1799640			
		2.7399640		
1.2	3.1799640		0.1118825	
		2.7623405		−0.3071225
1.4	3.7324321		0.0504580	
		2.7724321		
1.4	3.7324321			

三次 Hermite 多項式為

$$y(t) \approx 3.1799640 + (t - 1.2)2.7399640 + (t - 1.2)^2 0.1118825$$
$$+ (t - 1.2)^2(t - 1.4)(-0.3071225)$$

所以

$$y(1.25) \approx 3.1799640 + 0.1369982 + 0.0002797 + 0.0001152 = 3.3173571$$

此結果的誤差為 0.0000286。此值相當於 1.2 及 1.4 兩處誤差的平均值，或是線性內插誤差值的 4%。對誤差值能有這種幅度的改善，當然值得 Hermite 內插法所須的額外計算量。 ■

定理 5.12

若使用 n 階泰勒法及步進距離 h 求

$$y'(t) = f(t, y(t)), \quad a \leq t \leq b, \quad y(a) = \alpha$$

的近似解，如果 $y \in C^{n+1}[a,b]$，則局部截尾誤差為 $O(h^n)$。 ■

證明 因為 263 頁的 (5.16) 式可重寫為

$$y_{i+1} - y_i - hf(t_i, y_i) - \frac{h^2}{2}f'(t_i, y_i) - \cdots - \frac{h^n}{n!}f^{(n-1)}(t_i, y_i) = \frac{h^{n+1}}{(n+1)!}f^{(n)}(\xi_i, y(\xi_i))$$

ξ_i 在 (t_i, t_{i+1}) 之間。所以局部截尾誤差為

$$\tau_{i+1}(h) = \frac{y_{i+1} - y_i}{h} - T^{(n)}(t_i, y_i) = \frac{h^n}{(n+1)!}f^{(n)}(\xi_i, y(\xi_i))$$

$i = 0, 1, \ldots, N-1$。因為 $y \in C^{n+1}[a,b]$，我們可得 $y^{(n+1)}(t) = f^{(n)}(t, y(t))$ 在 $[a,b]$ 間為有界且 $\tau_i(h) = O(h^n)$，$i = 1, 2, \ldots, N$。 ■

泰勒法是 Maple 指令 *InitialValueProblem* 的一個選項。使用泰勒法的型式及輸出，和 5.1 節所介紹的歐拉法一樣。要求得例題 1 之二階泰勒法近似解，首先要載入程式包與微分方程。

with(Student[NumericalAnalysis]) : deq := diff(y(t), t) = y(t) − t² + 1

然後

C := InitialValueProblem(deq, y(0) = 0.5, t = 2, method = taylor, order = 2, numsteps = 10, output = information, digits = 8)

Maple 會回復一個數據陣列，和歐拉法類似。在輸出上雙擊滑鼠會出現一個表格，列出 t_i、真實解 $y(t_i)$、泰勒近似解 w_i、及絕對誤差 $|y(t_i) - w_i|$ 等的數值。它們會和表 5.3 的數值一樣。

若要印出此表，可用指令

for *k* **from** 1 **to** 12 **do**
print(C[k, 1], C[k, 2], C[k, 3], C[k, 4])
end do

習題組 5.3 　完整習題請見隨書光碟

1. 用二階泰勒法求下列各初值問題的近似解。
   a. $y' = te^{3t} - 2y$，$0 \leq t \leq 1$，$y(0) = 0$，令 $h = 0.5$
   b. $y' = 1 + (t-y)^2$，$2 \leq t \leq 3$，$y(2) = 1$，令 $h = 0.5$
   c. $y' = 1 + y/t$，$1 \leq t \leq 2$，$y(1) = 2$，令 $h = 0.25$
   d. $y' = \cos 2t + \sin 3t$，$0 \leq t \leq 1$，$y(0) = 1$，令 $h = 0.25$
3. 用四階泰勒法重做習題 1。

5. 用二階泰勒法求下列各初值問題的近似解。

  a. $y' = y/t - (y/t)^2$，$1 \leq t \leq 1.2$，$y(1) = 1$，令 $h = 0.1$
  b. $y' = \sin t + e^{-t}$，$0 \leq t \leq 1$，$y(0) = 0$，令 $h = 0.5$
  c. $y' = (y^2 + y)/t$，$1 \leq t \leq 3$，$y(1) = -2$，令 $h = 0.5$
  d. $y' = -ty + 4ty^{-1}$，$0 \leq t \leq 1$，$y(0) = 1$，令 $h = 0.25$

7. 用四階泰勒法重做習題 5。

9. 已知初值問題

$$y' = \frac{2}{t}y + t^2 e^t, \quad 1 \leq t \leq 2, \quad y(1) = 0$$

的確解為 $y(t) = t^2(e^t - e)$：

  a. 用二階泰勒法及 $h = 0.1$ 求其近似解，並與 y 的確解做比較。
  b. 利用 (a) 小題的答案與線性內插求下列各點的近似值，並與真實值做比較。
     i. $y(1.04)$ **ii.** $y(1.55)$ **iii.** $y(1.97)$
  c. 用四階泰勒法及 $h = 0.1$ 求其近似解，並與 y 的確解做比較。
  d. 利用 (c) 小題的答案與分段三次 Hermite 內插法求下列各點的近似值，並與真實值做比較。
     i. $y(1.04)$ **ii.** $y(1.55)$ **iii.** $y(1.97)$

11. 一顆 $m = 0.11$ kg 的砲彈以 $v(0) = 8$ m/s 的初速垂直向上發射，其速度受重力 $F_g = -mg$ 及空氣阻力 $F_r = -kv|v|$ 的作用而遞減，其中 $g = 9.8$ m/s^2 及 $k = 0.002$ kg/m。描述速度 v 的微分方程為

$$mv' = -mg - kv|v|$$

  a. 求發射後 0.1、0.2、⋯、1.0 秒的速度。
  b. 求此砲彈何時會達到最大高度並開始落下，準確至 0.1 秒。

5.4 Runge-Kutta 法

前節中介紹的泰勒法其好處是具有高階的局部截尾誤差，但缺點是要計算 $f(t,y)$ 的導數值。對大多數問題，這是一個複雜且耗時的過程，所以實際上也很少使用。

Runge-Kutta 法(Runge-Kutta methods)保有泰勒法的高階局部截尾誤差，同時又省去了求 $f(t,y)$ 之導數的麻煩。在介紹其推導的概念之前，我們要先介紹雙變數泰勒定理。在任何高等微積分的教科書中都可找到此定理的證明 (例如[Fu]，p. 331)。

定理 5.13

設 $f(t,y)$ 及其所有小於等於 $n+1$ 次的偏導數 (partial derivatives) 在 $D = \{(t,y) \mid a \leq t \leq b, c \leq y \leq d\}$ 中均為連續，並令 $(t_0, y_0) \in D$。對所有 $(t,y) \in D$，在 t 及 t_0 間存在有 ξ 且在 y 及 y_0 間存在有 μ 使得

$$f(t,y) = P_n(t,y) + R_n(t,y)$$

其中

$$P_n(t,y) = f(t_0, y_0) + \left[(t - t_0)\frac{\partial f}{\partial t}(t_0, y_0) + (y - y_0)\frac{\partial f}{\partial y}(t_0, y_0)\right]$$

$$+ \left[\frac{(t - t_0)^2}{2}\frac{\partial^2 f}{\partial t^2}(t_0, y_0) + (t - t_0)(y - y_0)\frac{\partial^2 f}{\partial t \partial y}(t_0, y_0)\right.$$

$$\left. + \frac{(y - y_0)^2}{2}\frac{\partial^2 f}{\partial y^2}(t_0, y_0)\right] + \cdots$$

$$+ \left[\frac{1}{n!}\sum_{j=0}^{n}\binom{n}{j}(t - t_0)^{n-j}(y - y_0)^j\frac{\partial^n f}{\partial t^{n-j}\partial y^j}(t_0, y_0)\right]$$

及

$$R_n(t,y) = \frac{1}{(n+1)!}\sum_{j=0}^{n+1}\binom{n+1}{j}(t - t_0)^{n+1-j}(y - y_0)^j\frac{\partial^{n+1} f}{\partial t^{n+1-j}\partial y^j}(\xi, \mu)$$

函數 $P_n(t,y)$ 稱為函數 f 對 (t_0, y_0) 的**雙變數 n 次泰勒多項式** (nth Taylor polynomial in two variables)，而 $R_n(t,y)$ 則為伴隨著 $P_n(t,y)$ 的剩餘項。 ■

例題 1 使用 Maple 求以下函數在 (2,3) 的二階泰勒多項式 $P_2(t,y)$

$$f(t,y) = \exp\left[-\frac{(t-2)^2}{4} - \frac{(y-3)^2}{4}\right]\cos(2t + y - 7)$$

解 要求得 $P_2(t,y)$，必須有 f 及其一、二階偏導數在 (2,3) 的值。函數值很容易求得

$$f(2,3) = e^{\left(-0^2/4 - 0^2/4\right)}\cos(4 + 3 - 7) = 1$$

但要計算偏導數的數值就非常繁瑣。不過在 Student 程式包中的 MultivariateCalculus 套件可處理高階泰勒多項式，先用以下指令載入

with(Student[MultivariateCalculus])

指令 *TaylorApproximation* 中的第一個選項是函數本身、第二個指定多項式的中心點 (t_0, y_0)、第三個為多項式的次數。所以我們輸入指令

TaylorApproximation $\left(e^{-\frac{(t-2)^2}{4} - \frac{(y-3)^2}{4}}\cos(2t + y - 7), [t, y] = [2, 3], 2\right)$

Maple 會回復多項式

$$1 - \frac{9}{4}(t-2)^2 - 2(t-2)(y-3) - \frac{3}{4}(y-3)^2$$

在 *TaylorApproximation* 指令中可加入 *output=plot* 型式的第 4 個選項，以獲得圖形顯示。此圖形相當粗糙，因為只用了少量的點來描繪函數及多項式。圖 5.5 是比較好的圖形。

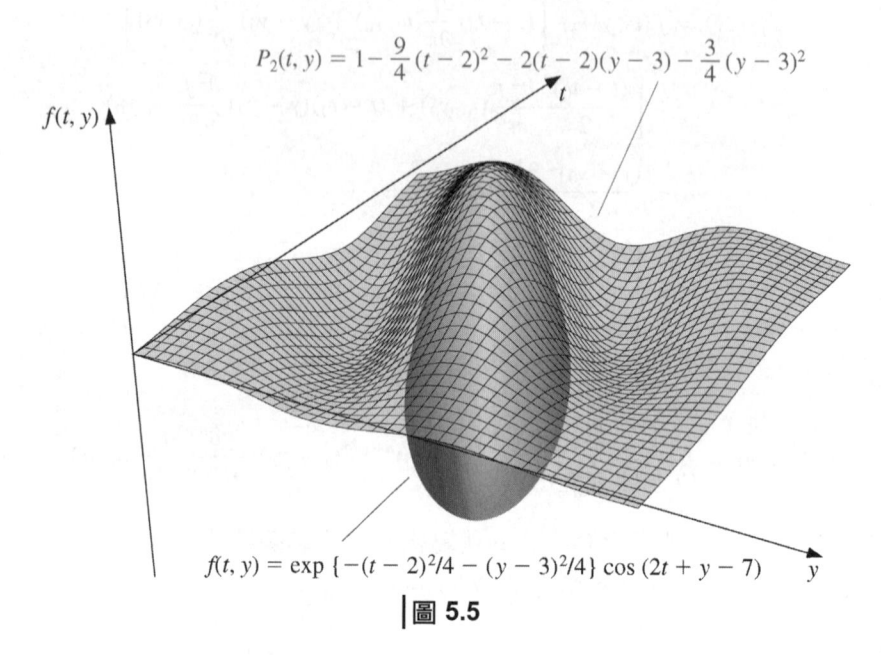

$$P_2(t,y) = 1 - \frac{9}{4}(t-2)^2 - 2(t-2)(y-3) - \frac{3}{4}(y-3)^2$$

$$f(t,y) = \exp\{-(t-2)^2/4 - (y-3)^2/4\} \cos(2t+y-7)$$

圖 5.5

這個指令中的最後一個參數代表我們要的是二次多變數泰勒多項式。如果此參數為 2，我們將得到二次多項式，如果為 0 或 1，就會得到常數多項式 1，因為沒有線性項。如果省略此參數，系統內定值為 6，可得到 6 次泰勒多項式。∎

■ 二階 Runge-Kutta 法

推導 Runge-Kutta 法的第一步是找出 a_1、α_1、及 β_1 的值，使得以 $a_1 f(t+\alpha_1, y+\beta_1)$ 做為

$$T^{(2)}(t,y) = f(t,y) + \frac{h}{2}f'(t,y)$$

的近似值時，誤差不超過 $O(h^2)$，也就是二階泰勒法的局部截尾誤差。因為由

$$f'(t,y) = \frac{df}{dt}(t,y) = \frac{\partial f}{\partial t}(t,y) + \frac{\partial f}{\partial y}(t,y) \cdot y'(t) \quad \text{及} \quad y'(t) = f(t,y)$$

我們有

$$T^{(2)}(t,y) = f(t,y) + \frac{h}{2}\frac{\partial f}{\partial t}(t,y) + \frac{h}{2}\frac{\partial f}{\partial y}(t,y) \cdot f(t,y) \tag{5.18}$$

將 $f(t+\alpha_1, y+\beta_1)$ 在 (t,y) 做一次泰勒多項式展開可得

$$a_1 f(t+\alpha_1, y+\beta_1) = a_1 f(t,y) + a_1\alpha_1 \frac{\partial f}{\partial t}(t,y)$$
$$+ a_1\beta_1 \frac{\partial f}{\partial y}(t,y) + a_1 \cdot R_1(t+\alpha_1, y+\beta_1) \tag{5.19}$$

其中

$$R_1(t+\alpha_1, y+\beta_1) = \frac{\alpha_1^2}{2}\frac{\partial^2 f}{\partial t^2}(\xi,\mu) + \alpha_1\beta_1 \frac{\partial^2 f}{\partial t \partial y}(\xi,\mu) + \frac{\beta_1^2}{2}\frac{\partial^2 f}{\partial y^2}(\xi,\mu) \tag{5.20}$$

ξ 位於 t 與 $t+\alpha_1$ 之間,且 μ 位於 y 與 $y+\beta_1$ 之間。

將 (5.18) 與 (5.19) 式中 f 與其導數的係數配對可得 3 個方程式

$$f(t,y): a_1 = 1; \quad \frac{\partial f}{\partial t}(t,y): a_1\alpha_1 = \frac{h}{2} \text{ 及 } \frac{\partial f}{\partial y}(t,y): a_1\beta_1 = \frac{h}{2}f(t,y)$$

因此參數 a_1、α_1、及 β_1 為

$$a_1 = 1, \quad \alpha_1 = \frac{h}{2} \text{ 和 } \beta_1 = \frac{h}{2}f(t,y)$$

所以

$$T^{(2)}(t,y) = f\left(t+\frac{h}{2}, y+\frac{h}{2}f(t,y)\right) - R_1\left(t+\frac{h}{2}, y+\frac{h}{2}f(t,y)\right)$$

並且由 (5.20) 式得

$$R_1\left(t+\frac{h}{2}, y+\frac{h}{2}f(t,y)\right) = \frac{h^2}{8}\frac{\partial^2 f}{\partial t^2}(\xi,\mu) + \frac{h^2}{4}f(t,y)\frac{\partial^2 f}{\partial t \partial y}(\xi,\mu)$$
$$+ \frac{h^2}{8}(f(t,y))^2 \frac{\partial^2 f}{\partial y^2}(\xi,\mu)$$

如果 f 的所有二次偏導數為有界,則

$$R_1\left(t+\frac{h}{2}, y+\frac{h}{2}f(t,y)\right)$$

為 $O(h^2)$。因此

- 新方法誤差的階數 (order) 與二階泰勒法的局部截尾誤差的階數一樣。

以 $T^{(2)}(t,y)$ 取代二階泰勒法中的 $f(t+(h/2), y+(h/2)f(t,y))$ 所得的差分公式是 Runge-Kutta 法的一種,稱為中點法 (*Midpoint method*)。

■ 中點法 (Midpoint Method)

$$w_0 = \alpha,$$
$$w_{i+1} = w_i + hf\left(t_i + \frac{h}{2}, w_i + \frac{h}{2}f(t_i, w_i)\right), \quad i = 0, 1, \ldots, N-1$$

因為 $a_1 f(t + \alpha_1, y + \beta_1)$ 只有 3 個參數，在對 $T^{(2)}$ 做配對時全都要用到，所以如果要滿足更高階泰勒法的要求，必須使用更複雜的型式。

最適合用於近似

$$T^{(3)}(t, y) = f(t, y) + \frac{h}{2}f'(t, y) + \frac{h^2}{6}f''(t, y)$$

的 4 個參數型式為

$$a_1 f(t, y) + a_2 f(t + \alpha_2, y + \delta_2 f(t, y)) \tag{5.21}$$

但即使是這樣，對於展開 $(h^2/6)f''(t, y)$ 時出現的

$$\frac{h^2}{6}\left[\frac{\partial f}{\partial y}(t, y)\right]^2 f(t, y)$$

項做配對時，彈性仍然不足。所以使用 (5.21) 式最多也只能獲得局部截尾誤差為 $O(h^2)$ 的方法。

但是 (5.21) 式中有 4 個參數，使我們有了選擇的彈性，因此產生了許多 $O(h^2)$ 的方法。最有名的一個是改良歐拉法 (Modified Euler Method)，此方法選取 $a_1 = a_2 = \frac{1}{2}$ 及 $\alpha_2 = \delta_2 = h$，其差分方程如下。

■ 改良歐拉法

$$w_0 = \alpha,$$
$$w_{i+1} = w_i + \frac{h}{2}[f(t_i, w_i) + f(t_{i+1}, w_i + hf(t_i, w_i))], \quad i = 0, 1, \ldots, N-1$$

例題 2 用中點法與改良歐拉法，配合 $N = 10$、$h = 0.2$、$t_i = 0.2i$、及 $w_0 = 0.5$，求我們例題的近似解

$$y' = y - t^2 + 1, \quad 0 \leq t \leq 2, \quad y(0) = 0.5$$

解 由不同公式所得之差分方程為

中點法：$w_{i+1} = 1.22 w_i - 0.0088 i^2 - 0.008 i + 0.218$

改良歐拉法：$w_{i+1} = 1.22 w_i - 0.0088 i^2 - 0.008 i + 0.216$

$i = 0, 1, \cdots, 9$。兩種方法的前兩次步進可得

中點法： $w_1 = 1.22(0.5) - 0.0088(0)^2 - 0.008(0) + 0.218 = 0.828$

改良歐拉法： $w_1 = 1.22(0.5) - 0.0088(0)^2 - 0.008(0) + 0.216 = 0.826$

及

中點法： $w_2 = 1.22(0.828) - 0.0088(0.2)^2 - 0.008(0.2) + 0.218$
$= 1.21136$

改良歐拉法： $w_2 = 1.22(0.826) - 0.0088(0.2)^2 - 0.008(0.2) + 0.216$
$= 1.20692$

表 5.6 列出了所有計算結果。對此問題，中點法優於改良歐拉法。 ∎

表 5.6

t_i	$y(t_i)$	中點法	誤差	改良歐拉法	誤差
0.0	0.5000000	0.5000000	0	0.5000000	0
0.2	0.8292986	0.8280000	0.0012986	0.8260000	0.0032986
0.4	1.2140877	1.2113600	0.0027277	1.2069200	0.0071677
0.6	1.6489406	1.6446592	0.0042814	1.6372424	0.0116982
0.8	2.1272295	2.1212842	0.0059453	2.1102357	0.0169938
1.0	2.6408591	2.6331668	0.0076923	2.6176876	0.0231715
1.2	3.1799415	3.1704634	0.0094781	3.1495789	0.0303627
1.4	3.7324000	3.7211654	0.0112346	3.6936862	0.0387138
1.6	4.2834838	4.2706218	0.0128620	4.2350972	0.0483866
1.8	4.8151763	4.8009586	0.0142177	4.7556185	0.0595577
2.0	5.3054720	5.2903695	0.0151025	5.2330546	0.0724173

Runge-Kutta 法也是 Maple 指令 *InitialValueProblem* 中的一個選項。Runge-Kutta 法的型式與輸出，和 5.1 節及 5.2 節中所討論的歐拉法與泰勒法一樣。

■ 高階 Runge-Kutta 法

使用如下表示式可得 $T^{(3)}(t, y)$ 項的近似值，誤差為 $O(h^3)$

$$f(t + \alpha_1, y + \delta_1 f(t + \alpha_2, y + \delta_2 f(t, y)))$$

此式包含 4 個參數，要求得 α_1、δ_1、α_2 及 δ_2 須要相當多的代數運算。最常用的 $O(h^3)$ 方法為 Heun 法，

$$w_0 = \alpha$$
$$w_{i+1} = w_i + \tfrac{h}{4}\left(f(t_i, w_i) + 3f\left(t_i + \tfrac{2h}{3}, w_i + \tfrac{2h}{3}f\left(t_i + \tfrac{h}{3}, w_i + \tfrac{h}{3}f(t_i, w_i)\right)\right)\right),$$
$$i = 0, 1, \ldots, N-1$$

說明題 用 Heun 法，配合 $N = 10$、$h = 0.2$、$t_i = 0.2i$、及 $w_0 = 0.5$，求我們例題的近似解

$$y' = y - t^2 + 1, \quad 0 \le t \le 2, \quad y(0) = 0.5$$

所得結果列於表 5.7。可以看到它所有的誤差都低於中點法及改良歐拉法。 ∎

| 表 5.7 |

t_i	$y(t_i)$	Heun 法	誤差
0.0	0.5000000	0.5000000	0
0.2	0.8292986	0.8292444	0.0000542
0.4	1.2140877	1.2139750	0.0001127
0.6	1.6489406	1.6487659	0.0001747
0.8	2.1272295	2.1269905	0.0002390
1.0	2.6408591	2.6405555	0.0003035
1.2	3.1799415	3.1795763	0.0003653
1.4	3.7324000	3.7319803	0.0004197
1.6	4.2834838	4.2830230	0.0004608
1.8	4.8151763	4.8146966	0.0004797
2.0	5.3054720	5.3050072	0.0004648

三階的 Runge-Kutta 法很少使用，最常用的是四階 Runge-Kutta 法，其差分方程如下所示。

■ 四階 Runge-Kutta 法

$$w_0 = \alpha$$
$$k_1 = hf(t_i, w_i)$$
$$k_2 = hf\left(t_i + \frac{h}{2}, w_i + \frac{1}{2}k_1\right)$$
$$k_3 = hf\left(t_i + \frac{h}{2}, w_i + \frac{1}{2}k_2\right)$$
$$k_4 = hf(t_{i+1}, w_i + k_3)$$
$$w_{i+1} = w_i + \frac{1}{6}(k_1 + 2k_2 + 2k_3 + k_4)$$

$i = 0, 1, \ldots, N-1$。此方法的局部截尾誤差為 $O(h^4)$，前提為其解 $y(t)$ 有五階連續導數。我們引入符號 k_1、k_2、k_3、k_4 是為了避免對 $f(t, y)$ 第二個變數的連續巢狀表示。由習題 32 可看到那會有多複雜。

算則 5.2 即為四階 Runge-Kutta 法。

算則 5.2　四階 Runge-Kutta 法

求初值問題

$$y' = f(t, y), \quad a \leq t \leq b, \quad y(a) = \alpha$$

在 $[a, b]$ 區間 $(N + 1)$ 個等間隔分佈點上的近似解。

INPUT　端點 a、b；整數 N；初始條件 α。

OUTPUT　y 在 $(N+1)$ 個 t 值的近似值 w。

Step 1　Set $h = (b - a)/N$;
　　　　　$t = a$;
　　　　　$w = \alpha$;
　　　　　OUTPUT (t, w).

Step 2　For $i = 1, 2, \ldots, N$ do Steps 3–5.

Step 3　Set $K_1 = hf(t, w)$;
　　　　　$K_2 = hf(t + h/2, w + K_1/2)$;
　　　　　$K_3 = hf(t + h/2, w + K_2/2)$;
　　　　　$K_4 = hf(t + h, w + K_3)$.

Step 4　Set $w = w + (K_1 + 2K_2 + 2K_3 + K_4)/6$; (計算 w_i)
　　　　　$t = a + ih$. (計算 t_i)

Step 5　OUTPUT (t, w).

Step 6　STOP.　■

例題 3　用四階 Runge-Kutta 法配合 $h = 0.2$、$N = 10$，及 $t_i = 0.2i$，求初值問題

$$y' = y - t^2 + 1, \quad 0 \leq t \leq 2, \quad y(0) = 0.5$$

的近似解。

解　求 $y(0.2)$ 的近似值如下

$$w_0 = 0.5$$
$$k_1 = 0.2 f(0, 0.5) = 0.2(1.5) = 0.3$$
$$k_2 = 0.2 f(0.1, 0.65) = 0.328$$
$$k_3 = 0.2 f(0.1, 0.664) = 0.3308$$
$$k_4 = 0.2 f(0.2, 0.8308) = 0.35816$$
$$w_1 = 0.5 + \frac{1}{6}(0.3 + 2(0.328) + 2(0.3308) + 0.35816) = 0.8292933$$

其餘結果及誤差列於表 5.8。

表 5.8

t_i	確解 $y_i = y(t_i)$	四階 Runge-Kutta 法 w_i	誤差 $\|y_i - w_i\|$
0.0	0.5000000	0.5000000	0
0.2	0.8292986	0.8292933	0.0000053
0.4	1.2140877	1.2140762	0.0000114
0.6	1.6489406	1.6489220	0.0000186
0.8	2.1272295	2.1272027	0.0000269
1.0	2.6408591	2.6408227	0.0000364
1.2	3.1799415	3.1798942	0.0000474
1.4	3.7324000	3.7323401	0.0000599
1.6	4.2834838	4.2834095	0.0000743
1.8	4.8151763	4.8150857	0.0000906
2.0	5.3054720	5.3053630	0.0001089

利用 *InitialValueProblem* 求四階 Runge-Kutta 法的結果時，使用選項 *method=rungekutta*、*submethod=rk4*。利用以下指令求解上述例題，會得到與表 5.6 一致的結果。

$C := InitialValueProblem(deq, y(0) = 0.5, t = 2, method = rungekutta, submethod = rk4, numsteps = 10, output = information, digits = 8)$

■ 比較計算量

使用 Runge-Kutta 法時主要的計算量是求 f 的值。在二階法中，局部截尾誤差為 $O(h^2)$，每一步要算 2 次函數值。在四階 Runge-Kutta 法中，局部截尾誤差為 $O(h^4)$，每一步要算 4 次函數值。Butcher(見[But])建立了局部截尾誤差階數與每步所須計算函數次數的關係，顯示於表 5.9。由這個表我們可以了解，為何要使用五階以下的法則配合較小的步進距離，而不使用更高階法則但配合較大的步進距離。

表 5.9

每步計算次數	2	3	4	$5 \leq n \leq 7$	$8 \leq n \leq 9$	$10 \leq n$
最佳局部截尾誤差	$O(h^2)$	$O(h^3)$	$O(h^4)$	$O(h^{n-1})$	$O(h^{n-2})$	$O(h^{n-3})$

有一個衡量較低階 Runge-Kutta 法優劣的方法為：

- 因為四階 Runge-Kutta 法每步要計算四次函數值，而歐拉法只要一次。它的結果應該比使用 $\frac{1}{4}$ 步進距離的歐拉法更準確，才算是優於歐拉法。同樣的，如果要說四階 Runge-Kutta 法優於二階法，那麼四階法使用步進距離 h 所得的結果應該比二階法使用 $h/2$ 的結果更準確，因為四階法每步的計算量為 2 倍。

下個說明題就是以我們用過的例題來說明四階 Runge-Kutta 法的優越性。

說明題 對初值問題

$$y' = y - t^2 + 1, \quad 0 \leq t \leq 2, \quad y(0) = 0.5$$

歐拉法使用 $h = 0.025$，中點法使用 $h = 0.05$，四階 Runge-Kutta 法則使用 $h = 0.1$，各種方法都使用共同的網格點 0.1、0.2、0.3、0.4、及 0.5。要獲得表 5.10 所列 $y(0.5)$ 的近似值，各種方法都必須執行 20 次函數值計算。在本例中四階法明顯優於其他方法。 ∎

表 5.10

t_i	確解	歐拉法 $h=0.025$	改良歐拉法 $h=0.05$	四階 Runge-Kutta 法 $h=0.1$
0.0	0.5000000	0.5000000	0.5000000	0.5000000
0.1	0.6574145	0.6554982	0.6573085	0.6574144
0.2	0.8292986	0.8253385	0.8290778	0.8292983
0.3	1.0150706	1.0089334	1.0147254	1.0150701
0.4	1.2140877	1.2056345	1.2136079	1.2140869
0.5	1.4256394	1.4147264	1.4250141	1.4256384

習題組 5.4 完整習題請見隨書光碟

1. 用改良歐拉法求下列各初值問題的近似解，並與真實解做比較。
    a. $y' = te^{3t} - 2y$，$0 \leq t \leq 1$，$y(0) = 0$，令 $h = 0.5$；真實解為 $y(t) = \frac{1}{5}te^{3t} - \frac{1}{25}e^{3t} + \frac{1}{25}e^{-2t}$。
    b. $y' = 1 + (t-y)^2$，$2 \leq t \leq 3$，$y(2) = 1$，令 $h = 0.5$；真實解為 $y(t) = t + \frac{1}{1-t}$。
    c. $y' = 1 + y/t$，$1 \leq t \leq 2$，$y(1) = 2$，令 $h = 0.25$；真實解為 $y(t) = t \ln t + 2t$。
    d. $y' = \cos 2t + \sin 3t$，$0 \leq t \leq 1$，$y(0) = 1$，令 $h = 0.25$；真實解為 $y(t) = \frac{1}{2}\sin 2t - \frac{1}{3}\cos 3t + \frac{4}{3}$。

3. 用改良歐拉法求下列各初值問題的近似解，並與真實解做比較。
    a. $y' = y/t - (y/t)^2$，$1 \leq t \leq 2$，$y(1) = 1$，令 $h = 0.1$；真實解為 $y(t) = t/(1 + \ln t)$。

b. $y' = 1 + y/t + (y/t)^2$，$1 \leq t \leq 3$，$y(1) = 0$，令 $h = 0.2$；真實解為 $y(t) = t\tan(\ln t)$。

c. $y' = -(y+1)(y+3)$，$0 \leq t \leq 2$，$y(0) = -2$，令 $h = 0.2$；真實解為 $y(t) = -3 + 2(1 + e^{-2t})^{-1}$。

d. $y' = -5y + 5t^2 + 2t$，$0 \leq t \leq 1$，$y(0) = \frac{1}{3}$，令 $h = 0.1$；真實解為 $y(t) = t^2 + \frac{1}{3}e^{-5t}$。

5. 用中點法重做習題 1。

7. 用中點法重做習題 3。

9. 用 Heun 法重做習題 1。

11. 用 Heun 法重做習題 3。

13. 用四階 Runge-Kutta 法重做習題 1。

15. 用四階 Runge-Kutta 法重做習題 3。

17. 利用習題 3 的結果與線性內插求下列 $y(t)$ 的近似值，並與真實解做比較。

a. $y(1.25)$ 和 $y(1.93)$ **b.** $y(2.1)$ 和 $y(2.75)$

c. $y(1.3)$ 和 $y(1.93)$ **d.** $y(0.54)$ 和 $y(0.94)$

19. 利用習題 7 的結果重做習題 17。

21. 利用習題 11 的結果重做習題 17。

23. 利用習題 15 的結果重做習題 17。

25. 利用習題 15 的結果與三次 Hermite 內插法求下列 $y(t)$ 的近似值，並與真實解做比較。

a. $y(1.25)$ 和 $y(1.93)$ **b.** $y(2.1)$ 和 $y(2.75)$

c. $y(1.3)$ 和 $y(1.93)$ **d.** $y(0.54)$ 和 $y(0.94)$

27. 證明，對初值問題

$$y' = -y + t + 1, \quad 0 \leq t \leq 1, \quad y(0) = 1$$

不論 h 為何，中點法及改良歐拉法所得近似解均相同。原因為何？

29. 有一個不可逆化學反應，兩個鉻酸鉀 ($K_2Cr_2O_7$) 分子、兩個水 (H_2O) 分子、及三個固態硫 (S) 原子結合成為三個氣態的二氧化硫 (SO_2) 分子、三個固態氫氧化鉀 (KOH) 分子、以及兩個固態的鉻酸 (Cr_2O_3) 分子，用化學反應式表示為

$$2K_2Cr_2O_7 + 2H_2O + 3S \longrightarrow 4KOH + 2Cr_2O_3 + 3SO_2$$

如果在開始之前有 n_1 個 $K_2Cr_2O_7$ 分子、n_2 個 H_2O 分子、n_3 個 S 原子，下列微分方程則描述時間 t 之後 KOH 的量 $x(t)$

$$\frac{dx}{dt} = k\left(n_1 - \frac{x}{2}\right)^2 \left(n_2 - \frac{x}{2}\right)^2 \left(n_3 - \frac{3x}{4}\right)^3$$

其中 k 為反應速度常數。假設 $k = 6.22 \times 10^{-19}$、$n_1 = n_2 = 2 \times 10^3$ 且 $n_3 = 3 \times 10^3$，用四階 Runge-Kutta 法求在 0.2 s 之後會生成多少的氫氧化鉀？

32. 四階 Runge-Kutta 法可寫成

$$w_0 = \alpha,$$
$$w_{i+1} = w_i + \frac{h}{6}f(t_i, w_i) + \frac{h}{3}f(t_i + \alpha_1 h, w_i + \delta_1 h f(t_i, w_i))$$
$$+ \frac{h}{3}f(t_i + \alpha_2 h, w_i + \delta_2 h f(t_i + \gamma_2 h, w_i + \gamma_3 h f(t_i, w_i)))$$
$$+ \frac{h}{6}f(t_i + \alpha_3 h, w_i + \delta_3 h f(t_i + \gamma_4 h, w_i + \gamma_5 h f(t_i + \gamma_6 h, w_i + \gamma_7 h f(t_i, w_i))))$$

求常數 α_1、α_2、α_3、δ_1、δ_2、δ_3、γ_2、γ_3、γ_4、γ_5、γ_6、及 γ_7 的值。

5.5 誤差控制與 Runge-Kutta-Fehlberg 法

在 4.6 節中我們看到了如何利用可變步進距離，以獲得效率較佳的積分近似法。但如果僅是提高效率仍不夠吸引人，因為這種方法同時也增加了使用的複雜性。不過另一個特性提高了它們的價值。它們在每一次步進時加入了截尾誤差的估算，同時不須要用到函數的高階導數。這類方法被稱為適應性的原因在於，它們會在近似的過程中調整節點的數量與位置，以使得截尾誤差保持在指定的界限之內。

求定積分近似解與求初值問題近似解這兩類問題之間有密切的關聯。所以我們也無須驚訝，對初值問題而言，同樣也有適應性的近似解法，它們不但效率較佳，也納入了誤差控制。

求初值問題

$$y' = f(t,y) \, , \quad a \leq t \leq b \, , \quad y(a) = \alpha$$

的解 $y(t)$ 之近似值的所有單步 (one-step) 法則都可表示成

$$w_{i+1} = w_i + h_i \phi(t_i, w_i, h_i) \, , \quad i = 0, 1, \ldots, N-1$$

的型式，而 ϕ 為某特定函數。

一個理想的差分方程式

$$w_{i+1} = w_i + h_i \phi(t_i, w_i, h_i), \quad i = 0, 1, \ldots, N-1$$

可近似於初值問題

$$y' = f(t,y), \quad a \leq t \leq b, \quad y(a) = \alpha$$

的解 $y(t)$，應該具有以下特性，給定一個容許誤差 $\varepsilon > 0$，它應該在確保對任何 $i = 0, 1, \ldots, N$，總體誤差 $|y(t_i) - w_i|$ 不超過 ε 的前提下，使用最少的格點數。要使用最少的格點同時又能控制總體誤差，這是等間隔格點做不到的。在本節中我們將探討，如何適當的選取格點以控制差分方程的誤差。

一般而言，我們無法得知數值方法的總體誤差，在 5.10 節我們將會看到局部截尾誤差與總體誤差有密切關聯。藉由使用不同階數的方法，我們可以預估局部截尾誤差，利用此預估值我們可以選取適當的步進距離，使得總體誤差受到控制。

要說明此方法，先假設我們有兩種近似法。第一種是來自 n 階泰勒法

$$y(t_{i+1}) = y(t_i) + h\phi(t_i, y(t_i), h) + O(h^{n+1})$$

其近似值的局部截尾誤差為 $\tau_{i+1}(h) = O(h^n)$。其近似方式為

$$w_0 = \alpha$$
$$w_{i+1} = w_i + h\phi(t_i, w_i, h), \qquad i > 0$$

通常，我們可以將 Runge-Kutta 修正用於泰勒法以導出此方法，但實際推導過程不是重點。

第二種方法與前面的類似，但再高一階，它來自 $(n+1)$ 階泰勒法

$$y(t_{i+1}) = y(t_i) + h\tilde{\phi}(t_i, y(t_i), h) + O(h^{n+2})$$

它產生局部截尾誤差為 $\tilde{\tau}_{i+1}(h) = O(h^{n+1})$ 的近似值。其近似方式為

$$\tilde{w}_0 = \alpha$$
$$\tilde{w}_{i+1} = \tilde{w}_i + h\tilde{\phi}(t_i, \tilde{w}_i, h), \qquad i > 0$$

我們首先假設 $w_i \approx y(t_i) \approx \tilde{w}_i$ 並使用固定步進距離 h，以求出 $y(t_{i+1})$ 的近似值 w_{i+1} 及 $\tilde{w}_{i+1}$。則

$$\begin{aligned}\tau_{i+1}(h) &= \frac{y(t_{i+1}) - y(t_i)}{h} - \phi(t_i, y(t_i), h) \\ &= \frac{y(t_{i+1}) - w_i}{h} - \phi(t_i, w_i, h) \\ &= \frac{y(t_{i+1}) - [w_i + h\phi(t_i, w_i, h)]}{h} \\ &= \frac{1}{h}(y(t_{i+1}) - w_{i+1})\end{aligned}$$

用類似的方法可得

$$\tilde{\tau}_{i+1}(h) = \frac{1}{h}(y(t_{i+1}) - \tilde{w}_{i+1})$$

因此我們有

$$\begin{aligned}\tau_{i+1}(h) &= \frac{1}{h}(y(t_{i+1}) - w_{i+1}) \\ &= \frac{1}{h}[(y(t_{i+1}) - \tilde{w}_{i+1}) + (\tilde{w}_{i+1} - w_{i+1})] \\ &= \tilde{\tau}_{i+1}(h) + \frac{1}{h}(\tilde{w}_{i+1} - w_{i+1})\end{aligned}$$

但是 $\tau_{i+1}(h)$ 是 $O(h^n)$，而 $\tilde{\tau}_{i+1}(h)$ 為 $O(h^{n+1})$，所以 $\tau_{i+1}(h)$ 的主要部分必然是來自

$$\frac{1}{h}(\tilde{w}_{i+1} - w_{i+1})$$

很簡單的，我們就獲得了對於 $O(h^n)$ 法則的局部截尾誤差的估計值：

$$\tau_{i+1}(h) \approx \frac{1}{h}\left(\tilde{w}_{i+1} - w_{i+1}\right)$$

但我們的目的不只是求出局部截尾誤差的估計值，而是要調整步進距離使誤差維持在容許範圍內。要達到此目的，我們假設，因為 $\tau_{i+1}(h)$ 是 $O(h^n)$，所以存在有一個與 h 無關的數 K 使得

$$\tau_{i+1}(h) \approx Kh^n$$

然後可以用原來的近似值 w_{i+1} 與 $\tilde{w}_{i+1}$ 來估算此 n 階法則使用新步進距離 qh 時的局部截尾誤差：

$$\tau_{i+1}(qh) \approx K(qh)^n = q^n(Kh^n) \approx q^n \tau_{i+1}(h) \approx \frac{q^n}{h}(\tilde{w}_{i+1} - w_{i+1})$$

要將 $\tau_{i+1}(qh)$ 限制在 ε 以內，q 要滿足

$$\frac{q^n}{h}|\tilde{w}_{i+1} - w_{i+1}| \approx |\tau_{i+1}(qh)| \leq \varepsilon$$

亦即

$$q \leq \left(\frac{\varepsilon h}{|\tilde{w}_{i+1} - w_{i+1}|}\right)^{1/n} \tag{5.22}$$

■ Runge-Kutta-Fehlberg 法

利用不等式 (5.22) 做誤差控制的常用方法是 Runge-Kutta-Fehlberg 法 (見[Fe])。此方法使用局部截尾誤差為五階的 Runge-Kutta 法，

$$\tilde{w}_{i+1} = w_i + \frac{16}{135}k_1 + \frac{6656}{12825}k_3 + \frac{28561}{56430}k_4 - \frac{9}{50}k_5 + \frac{2}{55}k_6$$

以估算四階 Runge-Kutta 法

$$w_{i+1} = w_i + \frac{25}{216}k_1 + \frac{1408}{2565}k_3 + \frac{2197}{4104}k_4 - \frac{1}{5}k_5$$

的局部誤差，其係數方程式為

$$k_1 = hf(t_i, w_i),$$
$$k_2 = hf\left(t_i + \frac{h}{4}, w_i + \frac{1}{4}k_1\right)$$
$$k_3 = hf\left(t_i + \frac{3h}{8}, w_i + \frac{3}{32}k_1 + \frac{9}{32}k_2\right)$$
$$k_4 = hf\left(t_i + \frac{12h}{13}, w_i + \frac{1932}{2197}k_1 - \frac{7200}{2197}k_2 + \frac{7296}{2197}k_3\right)$$

$$k_5 = hf\left(t_i + h, w_i + \frac{439}{216}k_1 - 8k_2 + \frac{3680}{513}k_3 - \frac{845}{4104}k_4\right)$$

$$k_6 = hf\left(t_i + \frac{h}{2}, w_i - \frac{8}{27}k_1 + 2k_2 - \frac{3544}{2565}k_3 + \frac{1859}{4104}k_4 - \frac{11}{40}k_5\right)$$

此方法的一個好處是，它每次步進只須要計算 6 次 f 的函數值。而任意的四階與五階 Runge-Kutta 法合併使用，至少須要計算 10 次函數值，四階法要 4 次，五階法要 6 次 (見 276 頁的表 5.9)。所以 Runge-Kutta-Fehlberg 法相較於任意一種四階法與五階法合用，至少可減少 40% 的計算量。

在誤差控制理論中，在第 i 步時，我們先用 h 以求得 w_{i+1} 和 $\tilde{w}_{i+1}$，由此再求出該步的 q，然後重複計算過程。相對於沒有誤差控制的情形，其計算量加倍。所以在實際應用上 q 的用法略有修正，以使得額外的計算更有價值。在第 i 步時求得的 q 值有兩個作用：

- 當 $q < 1$，放棄第 i 步時原來的 h 而用 qh 重新計算，及
- 當 $q \geq 1$，接受第 i 步時用 h 計算所得的結果，並將 $(i+1)$ 步的步進距離改為 qh。

因為，如果要重新計算，必須做額外的函數值計算，所以一般在決定 q 值時會採用比較保守的方式。對於 $n = 4$ 的 Runge-Kutta-Fehlberg 法則，通常用

$$q = \left(\frac{\varepsilon h}{2|\tilde{w}_{i+1} - w_{i+1}|}\right)^{1/4} = 0.84\left(\frac{\varepsilon h}{|\tilde{w}_{i+1} - w_{i+1}|}\right)^{1/4}$$

在算則 5.3 的 Runge-Kutta-Fehlberg 法則中，加入了 Step 9 以避免對步進距離做太大的調整。這樣做的目的一方面是為了避免在 y 的導數不規律的區域，用了太小的步進距離而花費太多時間；另一方面也為了避免使用過大的步進距離而跳過了某些敏感區域。在某些情形下，有人完全刪除步進距離加大的程序，只在須要控制誤差時減小步進距離。

算則 5.3 Runge-Kutta-Fehlberg 法則

求初值問題

$$y' = f(t, y), \quad a \leq t \leq b, \quad y(a) = \alpha$$

的近似解，且局部截尾誤差在規定之容許範圍內：

INPUT 端點 a、b；初始條件 α；容許誤差 TOL；最大步進距離 hmax；最小步進距離 hmin。

OUTPUT t、w、h 其中 w 為步進距離 h 時 $y(t)$ 的近似值，或超過最小步進距離的訊息。

Step 1 Set $t = a$;
 $w = \alpha$;
 $h = hmax$;
 $FLAG = 1$;
 OUTPUT (t, w).

Step 2 While ($FLAG = 1$) do Steps 3–11.

Step 3 Set $K_1 = hf(t, w)$;
$$K_2 = hf\left(t + \tfrac{1}{4}h, w + \tfrac{1}{4}K_1\right);$$
$$K_3 = hf\left(t + \tfrac{3}{8}h, w + \tfrac{3}{32}K_1 + \tfrac{9}{32}K_2\right);$$
$$K_4 = hf\left(t + \tfrac{12}{13}h, w + \tfrac{1932}{2197}K_1 - \tfrac{7200}{2197}K_2 + \tfrac{7296}{2197}K_3\right);$$
$$K_5 = hf\left(t + h, w + \tfrac{439}{216}K_1 - 8K_2 + \tfrac{3680}{513}K_3 - \tfrac{845}{4104}K_4\right);$$
$$K_6 = hf\left(t + \tfrac{1}{2}h, w - \tfrac{8}{27}K_1 + 2K_2 - \tfrac{3544}{2565}K_3 + \tfrac{1859}{4104}K_4 - \tfrac{11}{40}K_5\right).$$

Step 4 Set $R = \tfrac{1}{h}|\tfrac{1}{360}K_1 - \tfrac{128}{4275}K_3 - \tfrac{2197}{75240}K_4 + \tfrac{1}{50}K_5 + \tfrac{2}{55}K_6|$.

(*Note:* $R = \tfrac{1}{h}|\tilde{w}_{i+1} - w_{i+1}|$.)

Step 5 If $R \leq TOL$ then do Steps 6 and 7.

   Step 6 Set $t = t + h$; (接受近似值)
$$w = w + \tfrac{25}{216}K_1 + \tfrac{1408}{2565}K_3 + \tfrac{2197}{4104}K_4 - \tfrac{1}{5}K_5.$$

   Step 7 OUTPUT (t, w, h).

Step 8 Set $\delta = 0.84(TOL/R)^{1/4}$.

Step 9 If $\delta \leq 0.1$ then set $h = 0.1h$
   else if $\delta \geq 4$ then set $h = 4h$
   else set $h = \delta h$. (計算新的 h)

Step 10 If $h > hmax$ then set $h = hmax$.

Step 11 If $t \geq b$ then set $FLAG = 0$
   else if $t + h > b$ then set $h = b - t$
   else if $h < hmin$ then
      set $FLAG = 0$;
         OUTPUT ('*minimum h exceeded*').
         (程式失敗並結束)

Step 12 (程式完成)
STOP. ∎

例題 1 用 Runge-Kutta-Fehlberg 法及 $TOL = 10^{-5}$、最大步進距離 $hmax = 0.25$、最小步進距離 $hmin = 0.01$ 求初值問題

$$y' = y - t^2 + 1, \quad 0 \leq t \leq 2, \quad y(0) = 0.5$$

的近似解,並將結果與其確解 $y(t) = (t+1)^2 - 0.5e^t$ 相比。

解 我們會依序完成第一次步進,再用算則 5.3 求出其餘結果。由初始條件得 $t_0 = 0$ 及 $w_0 = 0.5$。使用最大步進距離 $h = 0.25$ 求 w_1,我們計算

$$k_1 = hf(t_0, w_0) = 0.25\left(0.5 - 0^2 + 1\right) = 0.375;$$
$$k_2 = hf\left(t_0 + \tfrac{1}{4}h, w_0 + \tfrac{1}{4}k_1\right) = 0.25\left(\tfrac{1}{4}0.25, 0.5 + \tfrac{1}{4}0.375\right) = 0.3974609;$$
$$k_3 = hf\left(t_0 + \tfrac{3}{8}h, w_0 + \tfrac{3}{32}k_1 + \tfrac{9}{32}k_2\right)$$
$$= 0.25\left(0.09375, 0.5 + \tfrac{3}{32}0.375 + \tfrac{9}{32}0.3974609\right) = 0.4095383;$$

$$k_4 = hf\left(t_0 + \frac{12}{13}h, w_0 + \frac{1932}{2197}k_1 - \frac{7200}{2197}k_2 + \frac{7296}{2197}k_3\right)$$
$$= 0.25\left(0.2307692, 0.5 + \frac{1932}{2197}0.375 - \frac{7200}{2197}0.3974609 + \frac{7296}{2197}0.4095383\right)$$
$$= 0.4584971;$$
$$k_5 = hf\left(t_0 + h, w_0 + \frac{439}{216}k_1 - 8k_2 + \frac{3680}{513}k_3 - \frac{845}{4104}k_4\right)$$
$$= 0.25\left(0.25, 0.5 + \frac{439}{216}0.375 - 8(0.3974609) + \frac{3680}{513}0.4095383 - \frac{845}{4104}0.4584971\right)$$
$$= 0.4658452;$$
$$k_6 = hf\left(t_0 + \frac{1}{2}h, w_0 - \frac{8}{27}k_1 + 2k_2 - \frac{3544}{2565}k_3 + \frac{1859}{4104}k_4 - \frac{11}{40}k_5\right)$$
$$= 0.25\left(0.125, 0.5 - \frac{8}{27}0.375 + 2(0.3974609) - \frac{3544}{2565}0.4095383\right.$$
$$\left. + \frac{1859}{4104}0.4584971 - \frac{11}{40}0.4658452\right)$$
$$= 0.4204789.$$

然後可求得 $y(0.25)$ 的 2 個近似值為

$$\tilde{w}_1 = w_0 + \frac{16}{135}k_1 + \frac{6656}{12825}k_3 + \frac{28561}{56430}k_4 - \frac{9}{50}k_5 + \frac{2}{55}k_6$$
$$= 0.5 + \frac{16}{135}0.375 + \frac{6656}{12825}0.4095383 + \frac{28561}{56430}0.4584971 - \frac{9}{50}0.4658452$$
$$+ \frac{2}{55}0.4204789$$
$$= 0.9204870$$

及

$$w_1 = w_0 + \frac{25}{216}k_1 + \frac{1408}{2565}k_3 + \frac{2197}{4104}k_4 - \frac{1}{5}k_5$$
$$= 0.5 + \frac{25}{216}0.375 + \frac{1408}{2565}0.4095383 + \frac{2197}{4104}0.4584971 - \frac{1}{5}0.4658452$$
$$= 0.9204886$$

由此可得

$$R = \frac{1}{0.25}\left|\frac{1}{360}k_1 - \frac{128}{4275}k_3 - \frac{2197}{75240}k_4 + \frac{1}{50}k_5 + \frac{2}{55}k_6\right|$$
$$= 4\left|\frac{1}{360}0.375 - \frac{128}{4275}0.4095383 - \frac{2197}{75240}0.4584971 + \frac{1}{50}0.4658452 + \frac{2}{55}0.4204789\right|$$
$$= 0.00000621388$$

及

$$q = 0.84 \left(\frac{\varepsilon}{R}\right)^{1/4} = 0.84 \left(\frac{0.00001}{0.00000621388}\right)^{1/4} = 0.9461033291$$

因為 $q < 1$，我們接受 0.9204886 為 $y(0.25)$ 的近似值，但在下一次迭代時，我們應將步進距離調整為 $h = 0.9461033291(0.25) \approx 0.2365258$。不過我們只能預期此結果的前 5 位數是準確的，因為 R 的準確也只到大約 5 位數。因為在計算 R 的時候，我們將兩個幾乎相等的數 w_i 與 $\tilde{w}_i$ 相減，所以很可能會有捨入誤差。這是另一個，在計算 q 時要有所保留的理由。

由算則所得的結果列於表 5.11。利用增加的精確度，可確保計算準確至所示所有位數。表 5.11 的最後兩行為五階法則的結果。在 t 值較小時，其誤差小於四階的，但 t 增大後就超過了。■

表 5.11

t_i	$y_i = y(t_i)$	RKF-4 w_i	h_i	R_i	$\|y_i - w_i\|$	RKF-5 $\hat{w}_i$	$\|y_i - \hat{w}_i\|$
0	0.5	0.5			0.5		
0.2500000	0.9204873	0.9204886	0.2500000	6.2×10^{-6}	1.3×10^{-6}	0.9204870	2.424×10^{-7}
0.4865522	1.3964884	1.3964910	0.2365522	4.5×10^{-6}	2.6×10^{-6}	1.3964900	1.510×10^{-6}
0.7293332	1.9537446	1.9537488	0.2427810	4.3×10^{-6}	4.2×10^{-6}	1.9537477	3.136×10^{-6}
0.9793332	2.5864198	2.5864260	0.2500000	3.8×10^{-6}	6.2×10^{-6}	2.5864251	5.242×10^{-6}
1.2293332	3.2604520	3.2604605	0.2500000	2.4×10^{-6}	8.5×10^{-6}	3.2604599	7.895×10^{-6}
1.4793332	3.9520844	3.9520955	0.2500000	7×10^{-7}	1.11×10^{-5}	3.9520954	1.096×10^{-5}
1.7293332	4.6308127	4.6308268	0.2500000	1.5×10^{-6}	1.41×10^{-5}	4.6308272	1.446×10^{-5}
1.9793332	5.2574687	5.2574861	0.2500000	4.3×10^{-6}	1.73×10^{-5}	5.2574871	1.839×10^{-5}
2.0000000	5.3054720	5.3054896	0.0206668		1.77×10^{-5}	5.3054896	1.768×10^{-5}

在 Maple 中利用 *InitialValueProblem* 指令可應用 Runge-Kutta -Fehlberg 法。但它和我們的說明不同，它不須要指定容許誤差。對前面的例題使用指令

$C := InitialValueProblem(deq, y(0) = 0.5, t = 2, method = rungekutta, submethod = rkf, numsteps = 10, output = information, digits = 8)$

和之前一樣，經由滑鼠雙擊輸出可得各種數據的列表。也可用前節介紹的方式列印出結果。

習題組 5.5　完整習題請見隨書光碟

1. 用 Runge-Kutta-Fehlberg 法及 $TOL = 10^{-4}$、$hmax = 0.25$、$hmin = 0.05$，求下列初值問題之近似解。將結果與真實解作比較。
   a. $y' = te^{3t} - 2y$，$0 \leq t \leq 1$，$y(0) = 0$；真實解 $y(t) = \frac{1}{5}te^{3t} - \frac{1}{25}e^{3t} + \frac{1}{25}e^{-2t}$。
   b. $y' = 1 + (t-y)^2$，$2 \leq t \leq 3$，$y(2) = 1$；真實解 $y(t) = t + 1/(1-t)$。
   c. $y' = 1 + y/t$，$1 \leq t \leq 2$，$y(1) = 2$；真實解 $y(t) = t \ln t + 2t$。
   d. $y' = \cos 2t + \sin 3t$，$0 \leq t \leq 1$，$y(0) = 1$；真實解 $y(t) = \frac{1}{2}\sin 2t - \frac{1}{3}\cos 3t + \frac{4}{3}$。

3. 用 Runge-Kutta-Fehlberg 法及 $TOL = 10^{-6}$、$hmax = 0.5$、$hmin = 0.05$，求下列初值問題之近似解。將結果與真實解作比較。
   a. $y' = y/t - (y/t)^2$，$1 \leq t \leq 4$，$y(1) = 1$；真實解 $y(t) = t/(1 + \ln t)$。
   b. $y' = 1 + y/t + (y/t)^2$，$1 \leq t \leq 3$，$y(1) = 0$；真實解 $y(t) = t\tan(\ln t)$。
   c. $y' = -(y+1)(y+3)$，$0 \leq t \leq 3$，$y(0) = -2$；真實解 $y(t) = -3 + 2(1 + e^{-2t})^{-1}$。
   d. $y' = (t + 2t^3)y^3 - ty$，$0 \leq t \leq 2$，$y(0) = \frac{1}{3}$；真實解 $y(t) = (3 + 2t^2 + 6e^{t^2})^{-1/2}$。

5. 在傳染病傳染理論中 (見[Ba]或[Ba2])，經過適度的簡化後，可以用一個很基本的微分方程來描述在時間 t 時，總人口中被感染的人數。其基本假設包括在固定的總人口數中，每一個人被感染的機率一樣，且被感染後就持續處於感染狀態。假設在時間 t 時，$x(t)$ 代表未被感染人數而 $y(t)$ 代表被感染人數。可以合理的假設，被感染人數的變化率正比於 $x(t)$ 和 $y(t)$ 的乘積，因為此速率同時取決於被感染人數與未感染人數。若人口數夠大，可假設 $x(t)$ 和 $y(t)$ 為連續變數，則此問題可表示為

$$y'(t) = kx(t)y(t)$$

其中 k 為常數，且 $x(t) + y(t) = m$ 為總人口數。此方程式可改寫為只包含 $y(t)$ 的型式

$$y'(t) = k(m - y(t))y(t)$$

   a. 假設 $m = 100{,}000$、$y(0) = 1000$、$k = 2 \times 10^{-6}$，且時間以天計，求 30 天後被感染人數的近似值。
   b. 以上的微分方程稱為伯努利(*Bernoulli*)方程式，利用 $u(t) = (y(t))^{-1}$ 可將其轉換成線性微分方程。利用此方法求 **(a)** 小題條件下的確解，並與近似解做比較。$\lim_{t \to \infty} y(t)$ 為何？與你的直覺是否相同？

5.6 多步法

到目前為止我們討論過的方法都屬於**單步法** (one-step methods)，因為在計算格點 t_{i+1} 處的近似解時，我們只會用到前一個格點 t_i 處的資訊。雖然有些方法可能須要計算 t_i 與 t_{i+1} 之間某點的函數值，但不會保留這些資訊，也不會用於再下一個格點的計算。這些方法，

在計算新的近似解時，只會用到目前所求解之次區間內的資訊。

因為在求 t_{i+1} 處的近似解時，我們已得到了格點 $t_0, t_1, \ldots, t_i$ 上的近似解，而且誤差 $|w_j - y(t_j)|$ 有隨著 j 增大的趨勢，所以利用這些既有且較準確的數據來求 t_{i+1} 處的近似解似乎是合理的做法。

凡是在求下一格點近似解時，用到之前一個以上格點的近似解的方法，就稱為**多步法** (multistep methods)。以下為多步法及其中兩型的定義。

定義 5.14

求解初值問題

$$y' = f(t, y), \quad a \leq t \leq b, \quad y(a) = \alpha \tag{5.23}$$

的 **m 步法則**(m-step multistep method)，在求 t_{i+1} 處之近似解 w_{i+1} 的差分方程式可表示為：

$$\begin{aligned} w_{i+1} = &\, a_{m-1} w_i + a_{m-2} w_{i-1} + \cdots + a_0 w_{i+1-m} \\ &+ h[b_m f(t_{i+1}, w_{i+1}) + b_{m-1} f(t_i, w_i) \\ &+ \cdots + b_0 f(t_{i+1-m}, w_{i+1-m})] \end{aligned} \tag{5.24}$$

其中 m 為大於 1 之整數，$i = m-1, m, \ldots, N-1$，且 $h = (b-a)/N$，$a_0, a_1, \ldots, a_{m-1}$ 及 $b_0, b_1, \ldots, b_m$ 為常數，而起始值

$$w_0 = \alpha, \quad w_1 = \alpha_1, \quad w_2 = \alpha_2, \quad \ldots, \quad w_{m-1} = \alpha_{m-1}$$

須另行給定。∎

當 $b_m = 0$，稱此方法為**顯式** (explicit) 或**開放** (open)，因為在 (5.24) 式中 w_{i+1} 僅取決於已知的數據。當 $b_m \neq 0$ 時，稱此方法為**隱式** (implicit) 或**封閉** (closed)，因為 w_{i+1} 同時出現在 (5.24) 式的等號兩側且只能以內隱方式指定。

例如，方程式

$$w_0 = \alpha, \quad w_1 = \alpha_1, \quad w_2 = \alpha_2, \quad w_3 = \alpha_3$$

$$w_{i+1} = w_i + \frac{h}{24}[55 f(t_i, w_i) - 59 f(t_{i-1}, w_{i-1}) + 37 f(t_{i-2}, w_{i-2}) - 9 f(t_{i-3}, w_{i-3})] \tag{5.25}$$

對每一個 $i = 3, 4, \ldots, N-1$，定義出一個外顯四步法，稱為**四階 Adams-Bashforth 法** (fourth-order Adams-Bashforth technique)。公式

$$w_0 = \alpha, \quad w_1 = \alpha_1, \quad w_2 = \alpha_2$$

$$w_{i+1} = w_i + \frac{h}{24}[9 f(t_{i+1}, w_{i+1}) + 19 f(t_i, w_i) - 5 f(t_{i-1}, w_{i-1}) + f(t_{i-2}, w_{i-2})] \tag{5.26}$$

對每一個 $i = 2, 3, \ldots, N-1$，定義出一個隱式四步法，稱為**四階 Adams-Moulton 法** (fourth-order Adams-Moulton technique)。

不論是 (5.25) 式或 (5.26) 式，其起始值都必須另外設定，通常是設定 $w_0 = \alpha$ 然後利

用 Runge-Kutta 或泰勒法以獲得其他的起始值。我們將會看到，通常隱式法比顯示法準確，但要直接使用如 (5.26) 式的隱式法，我們必須解 w_{i+1} 的內隱方程式。它不一定有解，即使有解也不一定是唯一解。

例題 1 在 5.4 節的例題 3 中 (見 276 頁的表 5.8)，我們用四階 Runge-Kutta 法求及 $h = 0.2$ 求以下初值問題的近似解

$$y' = y - t^2 + 1, \quad 0 \le t \le 2, \quad y(0) = 0.5$$

我們求得最前面 4 個近似值為 $y(0) = w_0 = 0.5$、$y(0.2) \approx w_1 = 0.8292933$、$y(0.4) \approx w_2 = 1.2140762$、和 $y(0.6) \approx w_3 = 1.6489220$。利用這些數據做為四階 Adams-Bashforth 法的起始值，以求得 $y(0.8)$ 及 $y(1.0)$ 新的近似解，並與四階 Runge-Kutta 法的結果做比較。

解 對於四階 Adams-Bashforth 法，我們有

$$y(0.8) \approx w_4 = w_3 + \frac{0.2}{24}(55f(0.6, w_3) - 59f(0.4, w_2) + 37f(0.2, w_1) - 9f(0, w_0))$$

$$= 1.6489220 + \frac{0.2}{24}(55f(0.6, 1.6489220) - 59f(0.4, 1.2140762)$$

$$+ 37f(0.2, 0.8292933) - 9f(0, 0.5))$$

$$= 1.6489220 + 0.0083333(55(2.2889220) - 59(2.0540762)$$

$$+ 37(1.7892933) - 9(1.5))$$

$$= 2.1272892$$

及

$$y(1.0) \approx w_5 = w_4 + \frac{0.2}{24}(55f(0.8, w_4) - 59f(0.6, w_3) + 37f(0.4, w_2) - 9f(0.2, w_1))$$

$$= 2.1272892 + \frac{0.2}{24}(55f(0.8, 2.1272892) - 59f(0.6, 1.6489220)$$

$$+ 37f(0.4, 1.2140762) - 9f(0.2, 0.8292933))$$

$$= 2.1272892 + 0.0083333(55(2.4872892) - 59(2.2889220)$$

$$+ 37(2.0540762) - 9(1.7892933))$$

$$= 2.6410533$$

這兩個近似值在 $t = 0.8$ 和 $t = 1.0$ 的誤差分別為

$$|2.1272295 - 2.1272892| = 5.97 \times 10^{-5} \text{ 及 } |2.6410533 - 2.6408591| = 1.94 \times 10^{-4}$$

而相對之 Runge-Kutta 近似值的誤差為

$$|2.1272027 - 2.1272892| = 2.69 \times 10^{-5} \text{ 及 } |2.6408227 - 2.6408591| = 3.64 \times 10^{-5}$$

在開始推導多步法之前先說明一點，對於初值問題

$$y' = f(t,y), \quad a \le t \le b, \quad y(a) = \alpha$$

若將其解在區間 $[t_i, t_{i+1}]$ 中積分可得

$$y(t_{i+1}) - y(t_i) = \int_{t_i}^{t_{i+1}} y'(t)\,dt = \int_{t_i}^{t_{i+1}} f(t,y(t))\,dt$$

因此，

$$y(t_{i+1}) = y(t_i) + \int_{t_i}^{t_{i+1}} f(t,y(t))\,dt \tag{5.27}$$

但是不知道 $y(t)$ 就無法對 $f(t,y(t))$ 進行積分，而 $y(t)$ 本身是我們要求的解，所以我們以內插多項式 $P(t)$ 取代 $f(t,y(t))$ 來積分，$P(t)$ 是由已知數據 $(t_0, w_0), (t_1, w_1), \ldots, (t_i, w_i)$ 所決定的。若我們再假設 $y(t_i) \approx w_i$，(5.27) 式成為

$$y(t_{i+1}) \approx w_i + \int_{t_i}^{t_{i+1}} P(t)\,dt \tag{5.28}$$

雖然在推導過程中可以使用任何型式的內插多項式，但以牛頓後向差分 (backward difference) 公式最方便，因為此種型式最容易用上最新求得的數據。

要推導 Adams-Bashforth 顯式 m 步法，先用

$$(t_i, f(t_i, y(t_i))), \quad (t_{i-1}, f(t_{i-1}, y(t_{i-1}))), \ldots, \quad (t_{i+1-m}, f(t_{i+1-m}, y(t_{i+1-m})))$$

組成後向差分多項式 $P_{m-1}(t)$。因為 $P_{m-1}(t)$ 為 $m-1$ 次內插多項式，故在 (t_{i+1-m}, t_i) 間存在有某數 ξ_i 使得

$$f(t, y(t)) = P_{m-1}(t) + \frac{f^{(m)}(\xi_i, y(\xi_i))}{m!}(t-t_i)(t-t_{i-1})\cdots(t-t_{i+1-m})$$

對 $P_{m-1}(t)$ 及誤差項使用變數代換 $t = t_i + sh$ 及 $dt = h\,ds$ 可得

$$\begin{aligned}
\int_{t_i}^{t_{i+1}} f(t,y(t))\,dt &= \int_{t_i}^{t_{i+1}} \sum_{k=0}^{m-1} (-1)^k \binom{-s}{k} \nabla^k f(t_i, y(t_i))\,dt \\
&\quad + \int_{t_i}^{t_{i+1}} \frac{f^{(m)}(\xi_i, y(\xi_i))}{m!}(t-t_i)(t-t_{i-1})\cdots(t-t_{i+1-m})\,dt \\
&= \sum_{k=0}^{m-1} \nabla^k f(t_i, y(t_i)) h (-1)^k \int_0^1 \binom{-s}{k} ds \\
&\quad + \frac{h^{m+1}}{m!} \int_0^1 s(s+1)\cdots(s+m-1) f^{(m)}(\xi_i, y(\xi_i))\,ds
\end{aligned}$$

對不同的 k 值，很容易積分獲得 $(-1)^k \int_0^1 \binom{-s}{k} ds$ 的值，結果列於表 5.12 中。例如在 $k=3$ 時

$$(-1)^3 \int_0^1 \binom{-s}{3} ds = -\int_0^1 \frac{(-s)(-s-1)(-s-2)}{1\cdot 2\cdot 3} ds$$

$$= \frac{1}{6}\int_0^1 (s^3 + 3s^2 + 2s)\, ds$$

$$= \frac{1}{6}\left[\frac{s^4}{4} + s^3 + s^2\right]_0^1 = \frac{1}{6}\left(\frac{9}{4}\right) = \frac{3}{8}$$

表 5.12

k	$\int_0^1 \binom{-s}{k} ds$
0	1
1	$\frac{1}{2}$
2	$\frac{5}{12}$
3	$\frac{3}{8}$
4	$\frac{251}{720}$
5	$\frac{95}{288}$

由此可得

$$\int_{t_i}^{t_{i+1}} f(t, y(t))\, dt$$
$$= h\left[f(t_i, y(t_i)) + \frac{1}{2}\nabla f(t_i, y(t_i)) + \frac{5}{12}\nabla^2 f(t_i, y(t_i)) + \cdots\right]$$
$$+ \frac{h^{m+1}}{m!}\int_0^1 s(s+1)\cdots(s+m-1) f^{(m)}(\xi_i, y(\xi_i))\, ds. \quad (5.29)$$

因為 $s(s+1)\cdots(s+m-1)$ 在 $[0, 1]$ 內不會變號，故由積分的加權平均值定理 (Weighted Mean Value Theorem for Integrals) 知，存在有某數 μ_i，$t_{i+1-m} < \mu_i < t_{i+1}$，可將 (5.29) 式的誤差項改寫為

$$\frac{h^{m+1}}{m!}\int_0^1 s(s+1)\cdots(s+m-1) f^{(m)}(\xi_i, y(\xi_i))\, ds$$
$$= \frac{h^{m+1} f^{(m)}(\mu_i, y(\mu_i))}{m!}\int_0^1 s(s+1)\cdots(s+m-1)\, ds$$

因此 (5.29) 式的誤差項簡化為

$$h^{m+1} f^{(m)}(\mu_i, y(\mu_i))(-1)^m \int_0^1 \binom{-s}{m} ds \quad (5.30)$$

但 $y(t_{i+1}) - y(t_i) = \int_{t_i}^{t_{i+1}} f(t, y(t))\, dt$，所以 (5.27) 式可改寫為

$$y(t_{i+1}) = y(t_i) + h\left[f(t_i, y(t_i)) + \frac{1}{2}\nabla f(t_i, y(t_i)) + \frac{5}{12}\nabla^2 f(t_i, y(t_i)) + \cdots\right]$$
$$+ h^{m+1} f^{(m)}(\mu_i, y(\mu_i))(-1)^m \int_0^1 \binom{-s}{m} ds \quad (5.31)$$

例題 2 利用 (5.31) 式及 $m = 3$ 推導三步 Adams-Bashforth 法，

解 我們有

$$y(t_{i+1}) \approx y(t_i) + h\left[f(t_i, y(t_i)) + \frac{1}{2}\nabla f(t_i, y(t_i)) + \frac{5}{12}\nabla^2 f(t_i, y(t_i))\right]$$

$$= y(t_i) + h\Big\{f(t_i, y(t_i)) + \frac{1}{2}[f(t_i, y(t_i)) - f(t_{i-1}, y(t_{i-1}))]$$

$$+ \frac{5}{12}[f(t_i, y(t_i)) - 2f(t_{i-1}, y(t_{i-1})) + f(t_{i-2}, y(t_{i-2}))]\Big\}$$

$$= y(t_i) + \frac{h}{12}[23f(t_i, y(t_i)) - 16f(t_{i-1}, y(t_{i-1})) + 5f(t_{i-2}, y(t_{i-2}))]$$

因此三步 Adams-Bashforth 法可寫為

$$w_0 = \alpha, \quad w_1 = \alpha_1, \quad w_2 = \alpha_2$$

$$w_{i+1} = w_i + \frac{h}{12}[23f(t_i, w_i) - 16f(t_{i-1}, w_{i-1})] + 5f(t_{i-2}, w_{i-2})]$$

$i = 2, 3, \ldots, N-1$。∎

多步法也可以用泰勒級數推導。習題 12 就是一個這樣的例子。習題 11 則是用拉格朗日內插多項式推導的例子。

多步法的局部截尾誤差的定義方式類比於單步法。與單步法一樣，局部截尾誤差是度量微分方程的解與差分方程之差異。

定義 5.15

若 $y(t)$ 為初值問題

$$y' = f(t, y), \quad a \leq t \leq b, \quad y(a) = \alpha$$

的解，且

$$w_{i+1} = a_{m-1}w_i + a_{m-2}w_{i-1} + \cdots + a_0 w_{i+1-m}$$
$$+ h[b_m f(t_{i+1}, w_{i+1}) + b_{m-1} f(t_i, w_i) + \cdots + b_0 f(t_{i+1-m}, w_{i+1-m})]$$

為多步法第 $(i+1)$ 步的近似解，則此步的**局部截尾誤差**(local truncation error)為

$$\tau_{i+1}(h) = \frac{y(t_{i+1}) - a_{m-1}y(t_i) - \cdots - a_0 y(t_{i+1-m})}{h}$$
$$- [b_m f(t_{i+1}, y(t_{i+1})) + \cdots + b_0 f(t_{i+1-m}, y(t_{i+1-m}))] \tag{5.32}$$

$i = m-1, m, \ldots, N-1$。∎

例題 3 求例題 2 所推導之三步 Adams-Bashforth 法的局部截尾誤差。

解 考慮 (5.30) 式中的誤差項的型式，並由表 5.12 中選取適當的值可得

$$h^4 f^{(3)}(\mu_i, y(\mu_i))(-1)^3 \int_0^1 \binom{-s}{3} ds = \frac{3h^4}{8} f^{(3)}(\mu_i, y(\mu_i))$$

利用 $f^{(3)}(\mu_i, y(\mu_i)) = y^{(4)}(\mu_i)$ 的關係及例題 2 所導出之差分方程式，我們得到

$$\tau_{i+1}(h) = \frac{y(t_{i+1}) - y(t_i)}{h} - \frac{1}{12}[23f(t_i, y(t_i)) - 16f(t_{i-1}, y(t_{i-1})) + 5f(t_{i-2}, y(t_{i-2}))]$$

$$= \frac{1}{h}\left[\frac{3h^4}{8}f^{(3)}(\mu_i, y(\mu_i))\right] = \frac{3h^3}{8}y^{(4)}(\mu_i), \quad 其中 \mu_i \in (t_{i-2}, t_{i+1}) \qquad \blacksquare$$

■ Adams-Bashforth 顯式法

下面列出一些顯式多步法及它們的起始條件與局部截尾誤差。這些方法的推導方式與例題 2 及 3 類似。

Adams-Bashforth 二步顯式法

$$w_0 = \alpha, \quad w_1 = \alpha_1$$

$$w_{i+1} = w_i + \frac{h}{2}[3f(t_i, w_i) - f(t_{i-1}, w_{i-1})] \qquad (5.33)$$

其中 $i = 1, 2, \ldots, N - 1$。局部截尾誤差為 $\tau_{i+1}(h) = \frac{5}{12}y'''(\mu_i)h^2$，其中 $\mu_i \in (t_{i-1}, t_{i+1})$。

Adams-Bashforth 三步顯式法

$$w_0 = \alpha, \quad w_1 = \alpha_1, \quad w_2 = \alpha_2,$$

$$w_{i+1} = w_i + \frac{h}{12}[23f(t_i, w_i) - 16f(t_{i-1}, w_{i-1}) + 5f(t_{i-2}, w_{i-2})] \qquad (5.34)$$

其中 $i = 2, 3, \ldots, N - 1$。局部截尾誤差為 $\tau_{i+1}(h) = \frac{3}{8}y^{(4)}(\mu_i)h^3$，其中 $\mu_i \in (t_{i-2}, t_{i+1})$。

Adams-Bashforth 四步顯式法

$$w_0 = \alpha, \quad w_1 = \alpha_1, \quad w_2 = \alpha_2, \quad w_3 = \alpha_3,$$

$$w_{i+1} = w_i + \frac{h}{24}[55f(t_i, w_i) - 59f(t_{i-1}, w_{i-1}) + 37f(t_{i-2}, w_{i-2}) - 9f(t_{i-3}, w_{i-3})] \qquad (5.35)$$

其中 $i = 3, 4, \ldots, N - 1$。局部截尾誤差為 $\tau_{i+1}(h) = \frac{251}{720}y^{(5)}(\mu_i)h^4$，其中 $\mu_i \in (t_{i-3}, t_{i+1})$。

Adams-Bashforth 五步顯式法

$$w_0 = \alpha, \quad w_1 = \alpha_1, \quad w_2 = \alpha_2, \quad w_3 = \alpha_3, \quad w_4 = \alpha_4,$$

$$w_{i+1} = w_i + \frac{h}{720}[1901f(t_i, w_i) - 2774f(t_{i-1}, w_{i-1})$$
$$+ 2616f(t_{i-2}, w_{i-2}) - 1274f(t_{i-3}, w_{i-3}) + 251f(t_{i-4}, w_{i-4})] \qquad (5.36)$$

其中 $i = 4, 5, \ldots, N - 1$。局部截尾誤差為 $\tau_{i+1}(h) = \frac{95}{288}y^{(6)}(\mu_i)h^5$，其中 $\mu_i \in (t_{i-4}, t_{i+1})$。

■ Adams-Moulton 隱式法

在推導隱式法時，在求積分式

$$\int_{t_i}^{t_{i+1}} f(t, y(t))\, dt$$

的近似值所用的內插多項式中,要增加一個節點 $(t_{i+1}, f(t_{i+1}, y(t_{i+1})))$。下面為一些最常用的隱式法。

Adams-Moulton 二步隱式法

$$w_0 = \alpha, \quad w_1 = \alpha_1,$$

$$w_{i+1} = w_i + \frac{h}{12}[5f(t_{i+1}, w_{i+1}) + 8f(t_i, w_i) - f(t_{i-1}, w_{i-1})] \tag{5.37}$$

其中 $i = 1, 2, \ldots, N-1$。局部截尾誤差為 $\tau_{i+1}(h) = -\frac{1}{24} y^{(4)}(\mu_i) h^3$,其中 $\mu_i \in (t_{i-1}, t_{i+1})$。

Adams-Moulton 三步隱式法

$$w_0 = \alpha, \quad w_1 = \alpha_1, \quad w_2 = \alpha_2, \tag{5.38}$$

$$w_{i+1} = w_i + \frac{h}{24}[9f(t_{i+1}, w_{i+1}) + 19f(t_i, w_i) - 5f(t_{i-1}, w_{i-1}) + f(t_{i-2}, w_{i-2})]$$

其中 $i = 2, 3, \ldots, N-1$。局部截尾誤差為 $\tau_{i+1}(h) = -\frac{19}{720} y^{(5)}(\mu_i) h^4$,其中 $\mu_i \in (t_{i-2}, t_{i+1})$。

Adams-Moulton 四步隱式法

$$w_0 = \alpha, \quad w_1 = \alpha_1, \quad w_2 = \alpha_2, \quad w_3 = \alpha_3$$

$$w_{i+1} = w_i + \frac{h}{720}[251f(t_{i+1}, w_{i+1}) + 646f(t_i, w_i) \tag{5.39}$$
$$- 264f(t_{i-1}, w_{i-1}) + 106f(t_{i-2}, w_{i-2}) - 19f(t_{i-3}, w_{i-3})]$$

其中 $i = 3, 4, \ldots, N-1$。局部截尾誤差為 $\tau_{i+1}(h) = -\frac{3}{160} y^{(6)}(\mu_i) h^5$,其中 $\mu_i \in (t_{i-3}, t_{i+1})$。

將 m 步的 Adams-Bashforth 顯式法與 $(m-1)$ 步的 Adams-Moulton 隱式法做比較相當有趣。兩種方法每一步均包括對 f 的 m 次計算,且兩種方法的局部截尾誤差項都包括了 $y^{(m+1)}(\mu_i) h^m$。通常隱式法局部截尾誤差項的係數比顯式法的小。這使得隱式法的穩定性較高,而且捨入誤差較小。

例題 4 考慮初值問題

$$y' = y - t^2 + 1, \quad 0 \leq t \leq 2, \quad y(0) = 0.5$$

使用 $y(t) = (t+1)^2 - 0.5e^t$ 所提供之確解做為起始值,以比較 **(a)** Adams-Bashforth 四步顯式法和 **(b)** Adams-Moulton 三步隱式法所得之近似解,兩者均使用 $h = 0.2$。

解 **(a)** Adams-Bashforth 法的差分方程式為

$$w_{i+1} = w_i + \frac{h}{24}[55f(t_i, w_i) - 59f(t_{i-1}, w_{i-1}) + 37f(t_{i-2}, w_{i-2}) - 9f(t_{i-3}, w_{i-3})]$$

其中 $i = 3, 4, \cdots, 9$。利用 $f(t, y) = y - t^2 + 1$、$h = 0.2$、及 $t_i = 0.2i$,可將上式簡化為

$$w_{i+1} = \frac{1}{24}[35w_i - 11.8w_{i-1} + 7.4w_{i-2} - 1.8w_{i-3} - 0.192i^2 - 0.192i + 4.736]$$

(b) Adams-Moulton 法的差分方程式為

$$w_{i+1} = w_i + \frac{h}{24}[9f(t_{i+1}, w_{i+1}) + 19f(t_i, w_i) - 5f(t_{i-1}, w_{i-1}) + f(t_{i-2}, w_{i-2})]$$

其中 $i = 2, 3, \cdots, 9$。並可簡化為

$$w_{i+1} = \frac{1}{24}[1.8w_{i+1} + 27.8w_i - w_{i-1} + 0.2w_{i-2} - 0.192i^2 - 0.192i + 4.736]$$

要以外顯方式使用上式，求解 w_{i+1} 可得

$$w_{i+1} = \frac{1}{22.2}[27.8w_i - w_{i-1} + 0.2w_{i-2} - 0.192i^2 - 0.192i + 4.736]$$

其中 $i = 2, 3, \cdots, 9$。

在表 5.13 中，顯式的 Adams-Bashforth 法所須的 α、α_1、α_2、及 α_3，和隱式的 Adams-Moulton 法所須的 α、α_1、及 α_2 均來自 $y(t) = (t+1)^2 - 0.5e^t$ 的確解。其中隱式 Adams-Moulton 法所得結果較好。 ■

表 5.13

t_i	確解	Adams-Bashforth w_i	誤差	Adams-Moulton w_i	誤差
0.0	0.5000000				
0.2	0.8292986				
0.4	1.2140877				
0.6	1.6489406			1.6489341	0.0000065
0.8	2.1272295	2.1273124	0.0000828	2.1272136	0.0000160
1.0	2.6408591	2.6410810	0.0002219	2.6408298	0.0000293
1.2	3.1799415	3.1803480	0.0004065	3.1798937	0.0000478
1.4	3.7324000	3.7330601	0.0006601	3.7323270	0.0000731
1.6	4.2834838	4.2844931	0.0010093	4.2833767	0.0001071
1.8	4.8151763	4.8166575	0.0014812	4.8150236	0.0001527
2.0	5.3054720	5.3075838	0.0021119	5.3052587	0.0002132

在 *InitialValueProblem* 指令中也有多步法的選項，其用法類似於單步法。要將 Adam Bashforth 四步法用於常用問題的指令為

$C := InitialValueProblem(deq, y(0) = 0.5, t = 2, method = adamsbashforth,$
$submethod = step4, numsteps = 10, output = information, digits = 8)$

此方法的輸出類似於表 5.13，除了表 5.13 使用確解做起始值，而 Maple 使用近似解。

要將 Adams-Moulton 三步法用於此問題，須將選項換成 *method=adamsmoulton, submethod=step*3。

■ 預測-修正法

在例題 4 中，隱式的 Adams-Moulton 法比同階的顯式 Adams-Bashforth 法為佳。雖然通常是隱式法較佳，但隱式法先天的缺點是，我們必須先用代數運算找出 w_{i+1} 的外顯公式。有時無法辦到，由以下這個基本的初值問題即可了解

$$y' = e^y, \quad 0 \leq t \leq 0.25, \quad y(0) = 1$$

因為 $f(t, y) = e^y$，三步 Adams-Moulton 法的差分方程為

$$w_{i+1} = w_i + \frac{h}{24}[9e^{w_{i+1}} + 19e^{w_i} - 5e^{w_{i-1}} + e^{w_{i-2}}]$$

而我們無法由此解出 w_{i+1} 的外顯公式。

我們可以用牛頓法或正割法 (secant method) 求 w_{i+1} 的近似值，但這會讓整個程序變得太複雜。在實用上，隱式法不是這樣應用的，它們是用來改善顯式法的結果。將一個顯式法與一個隱式法結合就成為**預測-修正法** (predictor-corrector method)。由顯式法先預估一個近似值，然後再用隱式法加以修正。

以下考慮求解初值問題的四階法則。第一步是求出四步 Adams-Bashforth 法所須的起始值 w_0、w_1、w_2、及 w_3。我們使用單步的四階 Runge-Kutta 法求起始值。接下來，用 Adams-Bashforth 顯式法做為預測子計算 $y(t_4)$ 的近似值 w_{4p}：

$$w_{4p} = w_3 + \frac{h}{24}[55f(t_3, w_3) - 59f(t_2, w_2) + 37f(t_1, w_1) - 9f(t_0, w_0)]$$

再將 w_{4p} 代入 Adams-Moulton 三步隱式法的右側，並用其做為修正子，如此得

$$w_4 = w_3 + \frac{h}{24}[9f(t_4, w_{4p}) + 19f(t_3, w_3) - 5f(t_2, w_2) + f(t_1, w_1)]$$

在修正子計算中只須要多求一個 $f(t_4, w_{4p})$ 的函數值，其他的值在計算預測子時都已獲得了。

而 w_4 就是 $y(t_4)$ 的近似值，然後我們重複使用此方法，用 Adams-Bashforth 做預測子及 Adams-Moulton 法做修正子，以獲得 $y(t_5)$ 的初步及最終近似解 w_{5p} 及 w_5。然後持續此一程序直到獲得 $y(t_N) = y(b)$ 的近似值 w_c 為止。

要再進一步改進 $y(t_{i+1})$ 的近似值，我們可以迭代 Adams-Moulton 公式，但這會收斂到隱式法公式的解而不是收斂到 $y(t_{i+1})$。所以，要提高準確度，通常減小步進距離較有效。

算則 5.4 則使用四階 Adams-Bashforth 法做預測子再用 Adams-Moulton 法迭代一次做為修正子，起始值則使用四階 Runge-Kutta 法獲得。

算則 5.4　Adams 四階預測-修正法

求初值問題

$$y' = f(t, y), \quad a \leq t \leq b, \quad y(a) = \alpha$$

在 $[a, b]$ 間 $(N+1)$ 個等距分布的格點處的近似解：

INPUT　端點 a、b；整數 N；初值 α。

OUTPUT　y 在 $(N+1)$ 個 t 值的近似值 w。

Step 1　Set $h = (b-a)/N$;
　　　　　$t_0 = a$;
　　　　　$w_0 = \alpha$;
　　　　　OUTPUT (t_0, w_0).

Step 2　For $i = 1, 2, 3$, do Steps 3–5.
　　　　　(用 Runge-Kutta 法求起始值)

　Step 3　Set $K_1 = hf(t_{i-1}, w_{i-1})$;
　　　　　　$K_2 = hf(t_{i-1} + h/2, w_{i-1} + K_1/2)$;
　　　　　　$K_3 = hf(t_{i-1} + h/2, w_{i-1} + K_2/2)$;
　　　　　　$K_4 = hf(t_{i-1} + h, w_{i-1} + K_3)$.

　Step 4　Set $w_i = w_{i-1} + (K_1 + 2K_2 + 2K_3 + K_4)/6$;
　　　　　　$t_i = a + ih$.

　Step 5　OUTPUT (t_i, w_i).

Step 6　For $i = 4, \ldots, N$ do Steps 7–10.

　Step 7　Set $t = a + ih$;
　　　　　　$w = w_3 + h[55f(t_3, w_3) - 59f(t_2, w_2) + 37f(t_1, w_1)$
　　　　　　　　$- 9f(t_0, w_0)]/24$;　　(預測 w_i)
　　　　　　$w = w_3 + h[9f(t, w) + 19f(t_3, w_3) - 5f(t_2, w_2)$
　　　　　　　　$+ f(t_1, w_1)]/24$.　　(修正 w_i.)

　Step 8　OUTPUT (t, w).

　Step 9　For $j = 0, 1, 2$
　　　　　　set $t_j = t_{j+1}$;　　(準備下一迭代)
　　　　　　　$w_j = w_{j+1}$.

　Step 10　Set $t_3 = t$;
　　　　　　　$w_3 = w$.

Step 11　STOP.

例題 5　使用 Adams 四階預測-修正法，配合 $h = 0.2$ 並用四階 Runge-Kutta 法求起始值，求解以下初值問題

$$y' = y - t^2 + 1, \quad 0 \leq t \leq 2, \quad y(0) = 0.5$$

解 這是本節前面例題 1 中問題的延伸。在前面我們用 Runge-Kutta 法求得起始值為

$$y(0) = w_0 = 0.5, \ y(0.2) \approx w_1 = 0.8292933, \ y(0.4) \approx w_2 = 1.2140762 \ \text{及}$$
$$y(0.6) \approx w_3 = 1.6489220$$

由四階 Adams-Bashforth 法可得

$$y(0.8) \approx w_{4p} = w_3 + \frac{0.2}{24}\left(55f(0.6, w_3) - 59f(0.4, w_2) + 37f(0.2, w_1) - 9f(0, w_0)\right)$$
$$= 1.6489220 + \frac{0.2}{24}(55f(0.6, 1.6489220) - 59f(0.4, 1.2140762)$$
$$+ 37f(0.2, 0.8292933) - 9f(0, 0.5))$$
$$= 1.6489220 + 0.0083333(55(2.2889220) - 59(2.0540762)$$
$$+ 37(1.7892933) - 9(1.5))$$
$$= 2.1272892$$

現在我們以 w_{4p} 做為 $y(0.8)$ 的預測子,並用隱式 Adams-Moulton 法求修正後的 w_4。如此得

$$y(0.8) \approx w_4 = w_3 + \frac{0.2}{24}\left(9f(0.8, w_{4p}) + 19f(0.6, w_3) - 5f(0.4, w_2) + f(0.2, w_1)\right)$$
$$= 1.6489220 + \frac{0.2}{24}(9f(0.8, 2.1272892) + 19f(0.6, 1.6489220)$$
$$- 5f(0.4, 1.2140762) + f(0.2, 0.8292933))$$
$$= 1.6489220 + 0.0083333(9(2.4872892) + 19(2.2889220) - 5(2.0540762)$$
$$+ (1.7892933))$$
$$= 2.1272056$$

現在再利用此近似解求 $y(1.0)$ 的預測子 w_{5p} 得

$$y(1.0) \approx w_{5p} = w_4 + \frac{0.2}{24}\left(55f(0.8, w_4) - 59f(0.6, w_3) + 37f(0.4, w_2) - 9f(0.2, w_1)\right)$$
$$= 2.1272056 + \frac{0.2}{24}(55f(0.8, 2.1272056) - 59f(0.6, 1.6489220)$$
$$+ 37f(0.4, 1.2140762) - 9f(0.2, 0.8292933))$$
$$= 2.1272056 + 0.0083333(55(2.4872056) - 59(2.2889220) + 37(2.0540762)$$
$$- 9(1.7892933))$$
$$= 2.6409314$$

然後再修正為

$$y(1.0) \approx w_5 = w_4 + \frac{0.2}{24}\left(9f(1.0, w_{5p}) + 19f(0.8, w_4) - 5f(0.6, w_3) + f(0.4, w_2)\right)$$
$$= 2.1272056 + \frac{0.2}{24}(9f(1.0, 2.6409314) + 19f(0.8, 2.1272892)$$
$$- 5f(0.6, 1.6489220) + f(0.4, 1.2140762))$$

$$= 2.1272056 + 0.0083333(9(2.6409314) + 19(2.4872056) - 5(2.2889220)$$
$$+ (2.0540762))$$
$$= 2.6408286$$

在例題 1 中我們發現，單獨使用顯式 Adams-Bashforth 法的結果不如 Runge-Kutta 法。但在此 $y(0.8)$ 和 $y(1.0)$ 近似值則分別準確到

$$|2.1272295 - 2.1272056| = 2.39 \times 10^{-5} \text{ 及 } |2.6408286 - 2.6408591| = 3.05 \times 10^{-5}$$

而 Runge-Kutta 法的準確度則分別為

$$|2.1272027 - 2.1272892| = 2.69 \times 10^{-5} \text{ 及 } |2.6408227 - 2.6408591| = 3.64 \times 10^{-5}$$

使用算則 5.4 以產生預測-修正法的其餘近似解，如表 5.14 所示。∎

| 表 5.14 |

t_i	$y_i = y(t_i)$	w_i	誤差 $\|y_i - w_i\|$
0.0	0.5000000	0.5000000	0
0.2	0.8292986	0.8292933	0.0000053
0.4	1.2140877	1.2140762	0.0000114
0.6	1.6489406	1.6489220	0.0000186
0.8	2.1272295	2.1272056	0.0000239
1.0	2.6408591	2.6408286	0.0000305
1.2	3.1799415	3.1799026	0.0000389
1.4	3.7324000	3.7323505	0.0000495
1.6	4.2834838	4.2834208	0.0000630
1.8	4.8151763	4.8150964	0.0000799
2.0	5.3054720	5.3053707	0.0001013

在 Maple 中將 Adams 四階預測-修正法用於以上例題的指令為

$C := InitialValueProblem(deq, y(0) = 0.5, t = 2, method = adamsbashforthmoulton,$
$submethod = step4, numsteps = 10, output = information, digits = 8)$

這會得到和表 5.14 一樣的結果。

我們可以將內插多項式在區間 $[t_j, t_{i+1}]$，$j \leq i-1$ 內積分以推導出其他求 $y(t_{i+1})$ 之近似值的多步法。如果將內插多項式在 $[t_{i-3}, t_{i+1}]$ 積分，可得顯式 **Milne 法**(Milne's method)：

$$w_{i+1} = w_{i-3} + \frac{4h}{3}[2f(t_i, w_i) - f(t_{i-1}, w_{i-1}) + 2f(t_{i-2}, w_{i-2})]$$

其局部截尾誤差為 $\frac{14}{45}h^4 y^{(5)}(\xi_i)$，其中 $\xi_i \in (t_{i-3}, t_{i+1})$。

有時此方法會被用做隱式 **Simpson 法**的預測子，

$$w_{i+1} = w_{i-1} + \frac{h}{3}[f(t_{i+1}, w_{i+1}) + 4f(t_i, w_i) + f(t_{i-1}, w_{i-1})]$$

其局部截尾誤差為 $-(h^4/90)y^{(5)}(\xi_i)$，其中 $\xi_i \in (t_{i-1}, t_{i+1})$，它是將內插多項式在 $[t_{i-1}, t_{i+1}]$ 積分而得。

Milne-Simpson 型式的預測-修正法的局部截尾誤差，通常比 Adams-Bashforth-Moulton 法的小。但是因為捨入誤差的問題而限制了它的使用，Adams 的方法則沒有這種問題。在 5.10 節中我們將詳述此問題。

習題組 5.6 完整習題請見隨書光碟

1. 用所有的 Adams-Bashforth 法求下列初值問題的近似解。在每小題中，用真實值做起始值，並將結果與真實值做比較。
    a. $y' = te^{3t} - 2y$，$0 \le t \le 1$，$y(0) = 0$，令 $h = 0.2$；真實解為 $y(t) = \frac{1}{5}te^{3t} - \frac{1}{25}e^{3t} + \frac{1}{25}e^{-2t}$。
    b. $y' = 1 + (t - y)^2$，$2 \le t \le 3$，$y(2) = 1$，令 $h = 0.2$；真實解為 $y(t) = t + \frac{1}{1-t}$。
    c. $y' = 1 + y/t$，$1 \le t \le 2$，$y(1) = 2$，令 $h = 0.2$；真實解為 $y(t) = t \ln t + 2t$。
    d. $y' = \cos 2t + \sin 3t$，$0 \le t \le 1$，$y(0) = 1$，令 $h = 0.2$；真實解為 $y(t) = \frac{1}{2}\sin 2t - \frac{1}{3}\cos 3t + \frac{4}{3}$。

3. 用各種 Adams-Bashforth 法求下列初值問題的近似解。在每小題中，用四階 Runge-Kutta 法求起始值。將結果與真實值做比較。
    a. $y' = y/t - (y/t)^2$，$1 \le t \le 2$，$y(1) = 1$，令 $h = 0.1$；真實解為 $y(t) = \dfrac{t}{1 + \ln t}$。
    b. $y' = 1 + y/t + (y/t)^2$，$1 \le t \le 3$，$y(1) = 0$，令 $h = 0.2$；真實解為 $y(t) = t\tan(\ln t)$。
    c. $y' = -(y+1)(y+3)$，$0 \le t \le 2$，$y(0) = -2$，令 $h = 0.1$；真實解為 $y(t) = -3 + 2/(1 + e^{-2t})$。
    d. $y' = -5y + 5t^2 + 2t$，$0 \le t \le 1$，$y(0) = 1/3$，令 $h = 0.1$；真實解為 $y(t) = t^2 + \frac{1}{3}e^{-5t}$。

5. 用算則 5.4 求習題 1 各初值問題之近似解。

7. 用算則 5.4 求習題 3 各初值問題之近似解。

9. 初值問題

$$y' = e^y, \quad 0 \le t \le 0.20, \quad y(0) = 1$$

之解為

$$y(t) = 1 - \ln(1 - et)$$

在此問題中使用三步 Adams-Moulton 法相當於求

$$g(w) = w_i + \frac{h}{24}(9e^w + 19e^{w_i} - 5e^{w_{i-1}} + e^{w_{i-2}})$$

的固定點 w_{i+1}。

    a. 用泛函迭代求 w_{i+1}，使用 $h=0.01$，$i=2, \cdots, 19$。用真實值做為起始值 w_0、w_1、及 w_2。在每一步，用 w_i 做為 w_{i+1} 的初始近似值。

    b. 牛頓法是否會收斂的比泛函迭代快？

11. a. 用拉格朗日 (Lagrange) 內插多項式推導 Adams-Bashforth 二步法。

    b. 用牛頓後向差分型式的內插多項式推導 Adams-Bashforth 四步法。

13. 使用適當型式的內插多項式以推導 Adams-Moulton 二步法及其局部截尾誤差。

15. 將 (4.29) 式的 Newton-Cotes 公式用於積分

$$y(t_{i+1}) - y(t_{i-3}) = \int_{t_{i-3}}^{t_{i+1}} f(t, y(t))\, dt$$

以推導 Milne 法。

5.7 可變步進多步法

Runge-Kutta-Fehlberg 法之所以能控制誤差是因為它在每一次步進，只花很少的額外代價，產生 2 個近似解。將其互相比較後可決定局部截尾誤差。而預測-修正法則是每一步一定會產生 2 個近似解，所以它們很適合用於誤差控制。

    為說明誤差控制的程序，我們將構建一個可變步進距離的預測-修正法，在此用四步顯式 Adams-Bashforth 法當預測子，三步隱式 Adams-Moulton 法做修正子。

    Adams-Bashforth 四步法來自以下關係

$$y(t_{i+1}) = y(t_i) + \frac{h}{24}[55f(t_i, y(t_i)) - 59f(t_{i-1}, y(t_{i-1})) + 37f(t_{i-2}, y(t_{i-2})) - 9f(t_{i-3}, y(t_{i-3}))] + \frac{251}{720}y^{(5)}(\hat{\mu}_i)h^5$$

$\hat{\mu}_i \in (t_{i-3}, t_{i+1})$。假設近似值 w_0、w_1、$\cdots$、w_i 均為確實，則 Adams-Bashforth 的局部截尾誤差為

$$\frac{y(t_{i+1}) - w_{i+1,p}}{h} = \frac{251}{720}y^{(5)}(\hat{\mu}_i)h^4 \tag{5.40}$$

Adams-Moulton 三步法來自

$$y(t_{i+1}) = y(t_i) + \frac{h}{24}[9f(t_{i+1}, y(t_{i+1})) + 19f(t_i, y(t_i)) - 5f(t_{i-1}, y(t_{i-1})) + f(t_{i-2}, y(t_{i-2}))] - \frac{19}{720}y^{(5)}(\tilde{\mu}_i)h^5$$

$\tilde{\mu}_i \in (t_{i-2}, t_{i+1})$，由同樣的分析可得其局部截尾誤差為

$$\frac{y(t_{i+1}) - w_{i+1}}{h} = -\frac{19}{720}y^{(5)}(\tilde{\mu}_i)h^4 \tag{5.41}$$

在繼續推導之前，我們假設在 h 值很小時，

$$y^{(5)}(\hat{\mu}_i) \approx y^{(5)}(\tilde{\mu}_i)$$

而誤差控制方法是否有效，直接取決於此一假設。

用 (5.41) 式減去 (5.40) 式可得

$$\frac{w_{i+1} - w_{i+1,p}}{h} = \frac{h^4}{720}[251y^{(5)}(\hat{\mu}_i) + 19y^{(5)}(\tilde{\mu}_i)] \approx \frac{3}{8}h^4 y^{(5)}(\tilde{\mu}_i)$$

所以

$$y^{(5)}(\tilde{\mu}_i) \approx \frac{8}{3h^5}(w_{i+1} - w_{i+1,p}) \tag{5.42}$$

利用此結果以消去 (5.41) 式中包含 $y^{(5)}(\tilde{\mu}_i)h^4$ 的項，可得 Adams-Moulton 法局部截尾誤差的近似值

$$|\tau_{i+1}(h)| = \frac{|y(t_{i+1}) - w_{i+1}|}{h} \approx \frac{19h^4}{720} \cdot \frac{8}{3h^5}|w_{i+1} - w_{i+1,p}| = \frac{19|w_{i+1} - w_{i+1,p}|}{270h}$$

假設我們考慮在 (5.41) 式中使用新的步進距離 qh，並獲得新的近似值 $\hat{w}_{i+1,p}$ 及 $\hat{w}_{i+1}$。其目的在於選擇 q 使得 (5.41) 式的局部截尾誤差能限制在指定的容許範圍 ε 之內。如果我們假設，換成 qh 後 (5.41) 式中的 $y^{(5)}(\mu)$ 仍適用 (5.42) 式的近似關係，則

$$\frac{|y(t_i + qh) - \hat{w}_{i+1}|}{qh} = \frac{19q^4h^4}{720}|y^{(5)}(\mu)| \approx \frac{19q^4h^4}{720}\left[\frac{8}{3h^5}|w_{i+1} - w_{i+1,p}|\right]$$

$$= \frac{19q^4}{270}\frac{|w_{i+1} - w_{i+1,p}|}{h}$$

然後我們必須選擇 q 使得

$$\frac{|y(t_i + qh) - \hat{w}_{i+1}|}{qh} \approx \frac{19q^4}{270}\frac{|w_{i+1} - w_{i+1,p}|}{h} < \varepsilon$$

也就是選擇 q 滿足

$$q < \left(\frac{270}{19}\frac{h\varepsilon}{|w_{i+1} - w_{i+1,p}|}\right)^{1/4} \approx 2\left(\frac{h\varepsilon}{|w_{i+1} - w_{i+1,p}|}\right)^{1/4}$$

因為在以上過程中用了幾個近似性的假定，所以要以較保守的方式選擇 q，通常用

$$q = 1.5\left(\frac{h\varepsilon}{|w_{i+1} - w_{i+1,p}|}\right)^{1/4}$$

以計算函數值的觀點言，在多步法中要改變步進距離其成本要比單步法高得多，因為必須重新計算等間隔分布的起始值。因此，當局部截尾誤差在 $\varepsilon/10$ 與 ε 之間時，我們

通常就不做調整，也就是

$$\frac{\varepsilon}{10} < |\tau_{i+1}(h)| = \frac{|y(t_{i+1}) - w_{i+1}|}{h} \approx \frac{19|w_{i+1} - w_{i+1,p}|}{270h} < \varepsilon$$

此外，也要設定 q 的上限，以免因為某特別準確的近似解，讓步進距離變得太大。算則 5.5 中採用的上限值為 4。

記得一點，多步法須要用同樣的步進距離以獲得起始值。所以只要改變步進距離，就必須重新計算該點的起始值。在算則 5.5 的 Step 3、16 和 19 中，藉由呼叫 Step 1 建立的 Runge-Kutta 算則 (算則 5.2) 來完成此工作。

算則 5.5 Adams 可變步進距離預測-修正法

求初值問題

$$y' = f(t, y) \quad a \le t \le b \quad y(a) = \alpha$$

之近似解，使其局部截尾誤差不超過指定範圍：

INPUT 端點 a、b；初始值 α；容許誤差 TOL；最大步進距離 $hmax$；最小步進距離 $hmin$。

OUTPUT i、t_i、w_i、h，其中 w_i 為第 i 步時 $y(t_i)$ 的近似值而 h 為步進距離；或是超過最小步進距離之訊息。

Step 1 建立一個可被呼叫的四階 Runge-Kutta 次算則 $RK4(h, v_0, x_0, v_1, x_1, v_2, x_2, v_3, x_3)$，它接受輸入步進距離 h 及起始值 $v_0 \approx y(x_0)$ 並傳回 $\{(x_j, v_j) \mid j = 1, 2, 3\}$ 定義如下：

    for $j = 1, 2, 3$
        set $K_1 = hf(x_{j-1}, v_{j-1})$;
            $K_2 = hf(x_{j-1} + h/2, v_{j-1} + K_1/2)$
            $K_3 = hf(x_{j-1} + h/2, v_{j-1} + K_2/2)$
            $K_4 = hf(x_{j-1} + h, v_{j-1} + K_3)$
            $v_j = v_{j-1} + (K_1 + 2K_2 + 2K_3 + K_4)/6$;
            $x_j = x_0 + jh$.

Step 2 Set $t_0 = a$;
        $w_0 = \alpha$;
        $h = hmax$;
        $FLAG = 1$; （在 Step 4 會用 FLAG 來跳出迴圈）
        $LAST = 0$; （LAST 用來表示已算至最後一個值）
    OUTPUT (t_0, w_0).

Step 3 Call $RK4(h, w_0, t_0, w_1, t_1, w_2, t_2, w_3, t_3)$;
        Set $NFLAG = 1$; （代表來自 PK4 的計算）
        $i = 4$;
        $t = t_3 + h$.

Step 4 While ($FLAG = 1$) do Steps 5–20.

    Step 5 Set $WP = w_{i-1} + \frac{h}{24}[55f(t_{i-1}, w_{i-1}) - 59f(t_{i-2}, w_{i-2})$
                $+ 37f(t_{i-3}, w_{i-3}) - 9f(t_{i-4}, w_{i-4})]$; （預測 w_i）

$$WC = w_{i-1} + \frac{h}{24}[9f(t, WP) + 19f(t_{i-1}, w_{i-1})$$
$$- 5f(t_{i-2}, w_{i-2}) + f(t_{i-3}, w_{i-3})]; \quad （修正 w_i）$$
$$\sigma = 19|WC - WP|/(270h).$$

Step 6 If $\sigma \leq TOL$ then do Steps 7–16 （接受結果）
else do Steps 17–19. （不接受結果）

Step 7 Set $w_i = WC$; （接受結果）
$t_i = t$.

Step 8 If $NFLAG = 1$ then for $j = i - 3, i - 2, i - 1, i$
OUTPUT (j, t_j, w_j, h);
（同時接受之前的結果）
else OUTPUT (i, t_i, w_i, h).
（已接受之前的結果）

Step 9 If $LAST = 1$ then set $FLAG = 0$ （接 Step 20）
else do Steps 10–16.

Step 10 Set $i = i + 1$;
$NFLAG = 0$.

Step 11 If $\sigma \leq 0.1\ TOL$ or $t_{i-1} + h > b$ then do Steps 12–16.
（若超過準確度要求則增加 h，或減小 h
以將 b 納為格點）

Step 12 Set $q = (TOL/(2\sigma))^{1/4}$.

Step 13 If $q > 4$ then set $h = 4h$
else set $h = qh$.

Step 14 If $h > hmax$ then set $h = hmax$.

Step 15 If $t_{i-1} + 4h > b$ then
set $h = (b - t_{i-1})/4$;
$LAST = 1$.

Step 16 Call $RK4(h, w_{i-1}, t_{i-1}, w_i, t_i, w_{i+1}, t_{i+1}, w_{i+2}, t_{i+2})$;
Set $NFLAG = 1$;
$i = i + 3$. （True 的分支結束，接 Step 20）

Step 17 Set $q = (TOL/(2\sigma))^{1/4}$. （來自 Step 6 的 False 分支：不接受結果）

Step 18 If $q < 0.1$ then set $h = 0.1h$
else set $h = qh$.

Step 19 If $h < hmin$ then set $FLAG = 0$;
OUTPUT ('hmin exceeded')
else
if $NFLAG = 1$ then set $i = i - 3$;
（同時拒絕之前的結果）
Call $RK4(h, w_{i-1}, t_{i-1}, w_i, t_i, w_{i+1}, t_{i+1}, w_{i+2}, t_{i+2})$;
set $i = i + 3$;
$NFLAG = 1$.

Step 20 Set $t = t_{i-1} + h$.

Step 21 STOP.

例題 1 用 Adams 可變步進距離預測-修正法及最大步進距離 $hmax = 0.2$、最小步進距離 $hmin = 0.01$ 和容許誤差 $TOL = 10^{-5}$，求以下初值問題的近似解

$$y' = y - t^2 + 1 \quad 0 \le t \le 2 \quad y(0) = 0.5$$

解 我們由 $h = hmax = 0.2$ 開始，並用 Runge-Kutta 法求出 w_0、w_1、w_2 及 w_3，然後用預測-修正法求 wp_4 和 wc_4。在 5.6 節的例題 5 已完成了這些計算，我們求得 Runge-Kutta 的近似解為

$$y(0) = w_0 = 0.5, \ y(0.2) \approx w_1 = 0.8292933, \ y(0.4) \approx w_2 = 1.2140762 \ \text{及}$$

$$y(0.6) \approx w_3 = 1.6489220$$

預測子及修正子則得到

$$y(0) = w_0 = 0.5, \ y(0.2) \approx w_1 = 0.8292933, \ y(0.4) \approx w_2 = 1.2140762 \ \text{及}$$

$$y(0.6) \approx w_3 = 1.6489220$$

$$y(0.8) \approx w_{4p} = w_3 + \frac{0.2}{24}(55f(0.6, w_3) - 59f(0.4, w_2) + 37f(0.2, w_1) - 9f(0, w_0))$$

$$= 2.1272892$$

及

$$y(0.8) \approx w_4 = w_3 + \frac{0.2}{24}(9f(0.8, w_{4p}) + 19f(0.6, w_3) - 5f(0.42, w_2) + f(0.2, w_1))$$

$$= 2.1272056$$

我們現在要決定，這些近似值是否夠準確，是否須要改變步進距離。我們首先求

$$\delta = \frac{19}{270h}|w_4 - w_{4p}| = \frac{19}{270(0.2)}|2.1272056 - 2.1272892| = 2.941 \times 10^{-5}$$

因為它超過容許誤差 10^{-5}，我們須要新的步進距離，它是

$$qh = \left(\frac{10^{-5}}{2\delta}\right)^{1/4} = \left(\frac{10^{-5}}{2(2.941 \times 10^{-5})}\right)^{1/4}(0.2) = 0.642(0.2) \approx 0.128$$

因此我們要再重複此程序，將此步進距離用於 Runge-Kutta 法重新計算，然後再將此步進距離用於預測-修正法以獲得新的 w_{4p} 和 w_4。然後再執行準確度的檢查，看是否滿足。表 5.15 顯示了第二次是成功的，並列出了由算則 5.5 所得的所有結果。∎

表 5.15

t_i	$y(t_i)$	w_i	h_i	σ_i	$|y(t_i) - w_i|$
0	0.5	0.5			
0.1257017	0.7002323	0.7002318	0.1257017	4.051×10^{-6}	0.0000005
0.2514033	0.9230960	0.9230949	0.1257017	4.051×10^{-6}	0.0000011
0.3771050	1.1673894	1.1673877	0.1257017	4.051×10^{-6}	0.0000017
0.5028066	1.4317502	1.4317480	0.1257017	4.051×10^{-6}	0.0000022
0.6285083	1.7146334	1.7146306	0.1257017	4.610×10^{-6}	0.0000028
0.7542100	2.0142869	2.0142834	0.1257017	5.210×10^{-6}	0.0000035
0.8799116	2.3287244	2.3287200	0.1257017	5.913×10^{-6}	0.0000043
1.0056133	2.6556930	2.6556877	0.1257017	6.706×10^{-6}	0.0000054
1.1313149	2.9926385	2.9926319	0.1257017	7.604×10^{-6}	0.0000066
1.2570166	3.3366642	3.3366562	0.1257017	8.622×10^{-6}	0.0000080
1.3827183	3.6844857	3.6844761	0.1257017	9.777×10^{-6}	0.0000097
1.4857283	3.9697541	3.9697433	0.1030100	7.029×10^{-6}	0.0000108
1.5887383	4.2527830	4.2527711	0.1030100	7.029×10^{-6}	0.0000120
1.6917483	4.5310269	4.5310137	0.1030100	7.029×10^{-6}	0.0000133
1.7947583	4.8016639	4.8016488	0.1030100	7.029×10^{-6}	0.0000151
1.8977683	5.0615660	5.0615488	0.1030100	7.760×10^{-6}	0.0000172
1.9233262	5.1239941	5.1239764	0.0255579	3.918×10^{-8}	0.0000177
1.9488841	5.1854932	5.1854751	0.0255579	3.918×10^{-8}	0.0000181
1.9744421	5.2460056	5.2459870	0.0255579	3.918×10^{-8}	0.0000186
2.0000000	5.3054720	5.3054529	0.0255579	3.918×10^{-8}	0.0000191

習題組 5.7 完整習題請見隨書光碟

1. 用 Adams 可變步進距離預測-修正算則，給定 $TOL = 10^{-4}$、$hmax = 0.25$、$hmin = 0.025$，求下列初值問題之近似解。將結果與真實值做比較。
   a. $y' = te^{3t} - 2y$，$0 \leq t \leq 1$，$y(0) = 0$；真實解 $y(t) = \frac{1}{5}te^{3t} - \frac{1}{25}e^{3t} + \frac{1}{25}e^{-2t}$
   b. $y' = 1 + (t-y)^2$，$2 \leq t \leq 3$，$y(2) = 1$；真實解 $y(t) = t + 1/(1-t)$
   c. $y' = 1 + y/t$，$1 \leq t \leq 2$，$y(1) = 2$；真實解 $y(t) = t \ln t + 2t$
   d. $y' = \cos 2t + \sin 3t$，$0 \leq t \leq 1$，$y(0) = 1$；真實解 $y(t) = \frac{1}{2}\sin 2t - \frac{1}{3}\cos 3t + \frac{4}{3}$

3. 用 Adams 可變步進距離預測-修正算則，給定 $TOL = 10^{-6}$、$hmax = 0.5$、$hmin = 0.02$，求下列初

值問題之近似解。將結果與真實值做比較。

a. $y' = y/t - (y/t)^2$，$1 \le t \le 4$，$y(1) = 1$；真實解 $y(t) = t/(1 + \ln t)$
b. $y' = 1 + y/t + (y/t)^2$，$1 \le t \le 3$，$y(1) = 0$；真實解 $y(t) = t\tan(\ln t)$
c. $y' = -(y+1)(y+3)$，$0 \le t \le 3$，$y(0) = -2$；真實解 $y(t) = -3 + 2(1 + e^{-2t})^{-1}$
d. $y' = (t + 2t^3)y^3 - ty$，$0 \le t \le 2$，$y(0) = \frac{1}{3}$；真實解 $y(t) = (3 + 2t^2 + 6e^{t^2})^{-1/2}$

5. 一個電路上串聯了一個 $C = 1.1$ farads 的電容及 $R_0 = 2.1$ ohms 的電阻。在時間 $t = 0$ 時，外加一電壓為 $\mathcal{E}(t) = 110\sin t$ 的電源。當電阻溫度昇高後，其電阻值成為電流 i 的函數

$$R(t) = R_0 + ki，其中 k = 0.9，$$

而 $i(t)$ 的微分方程為

$$\left(1 + \frac{2k}{R_0}i\right)\frac{di}{dt} + \frac{1}{R_0 C}i = \frac{1}{R_0 C}\frac{d\mathcal{E}}{dt}$$

假設 $i(0) = 0$，求 $i(2)$。

5.8 外推法

我們在 4.5 節中用外推法求定積分的近似值，我們發現，把幾個梯形法則求得的不甚準確的近似值，做適當的平均計算後，我們可以得到非常準確的新近似值。在本節中我們將用外推法來提昇初值問題近似解的準確性。我們在前面已討論過，此方法要能成功的先決條件是其誤差的展開必須要符合特定型式。

要用外推法解初值問題，我們用中點法 (Midpoint method) 的技巧：

$$w_{i+1} = w_{i-1} + 2hf(t_i, w_i), \quad i \ge 1 \tag{5.43}$$

此方法需要 2 個起始值，因為在開始求第一個中點近似值 w_2 之前，我們必須先有 w_0 和 w_1。其中一個是初始條件 $w_0 = y(a) = \alpha$。我們用歐拉法求第二個起始值 w_1。用 (5.43) 可得後續的近似值。在獲得了一連串這樣的近似值之後，在最後終點 t 的地方要用最後的兩個中點近似值做端點修正。這樣產生 $y(t)$ 的近似值 $w(t, h)$，其型式為

$$y(t) = w(t, h) + \sum_{k=1}^{\infty} \delta_k h^{2k} \tag{5.44}$$

其中 δ_k 是一個與 $y(t)$ 的導數相關的常數。重點是 δ_k 與步進距離 h 無關。可以在 Gragg 的論文[Gr]中找到此過程的詳細說明。

為說明求解

$$y'(t) = f(t, y) \quad a \le t \le b \quad y(a) = \alpha$$

的外推法，我們假設使用固定步進距離 h，且要求的是 $y(t_1) = y(a + h)$ 的近似值。

外推的第一步，我們令 $h_0 = h/2$ 用歐拉法及 $w_0 = \alpha$ 求 $y(a+h_0) = y(a+h/2)$ 的近似值

$$w_1 = w_0 + h_0 f(a, w_0)$$

然後我們用中點法，$t_{i-1} = a$ 及 $t_i = a + h_0 = a + h/2$，以產生 $y(a+h) = y(a+2h_0)$ 的第一個近似值

$$w_2 = w_0 + 2h_0 f(a+h_0, w_1)$$

然後用端點修正以獲得步進距離 h_0 時 $y(a+h)$ 最後的近似值。此結果為 $y(t_1)$ 的 $O(h_0^2)$ 的近似值

$$y_{1,1} = \frac{1}{2}[w_2 + w_1 + h_0 f(a+2h_0, w_2)]$$

我們儲存 $y_{1,1}$ 而不保留中間值 w_1 和 w_2。

要求 $y(t_1)$ 的下一個近似值 $y_{2,1}$，我們令 $h_1 = h/4$ 用歐拉法及 $w_0 = \alpha$ 求 $y(a+h_1) = y(a+h/4)$ 的近似值，我們令它為 w_1：

$$w_1 = w_0 + h_1 f(a, w_0)$$

接下來用中點法以 w_2 近似 $y(a+2h_1) = y(a+h/2)$、w_3 近似 $y(a+3h_1) = y(a+3h/4)$、w_4 近似 $y(a+4h_1) = y(t_1)$。

$$w_2 = w_0 + 2h_1 f(a+h_1, w_1)$$
$$w_3 = w_1 + 2h_1 f(a+2h_1, w_2)$$
$$w_4 = w_2 + 2h_1 f(a+3h_1, w_3)$$

對 w_3 及 w_4 做端點修正可得改善的 $y(t_1)$ 的 $O(h_1^2)$ 的近似值，

$$y_{2,1} = \frac{1}{2}[w_4 + w_3 + h_1 f(a+4h_1, w_4)]$$

由於 (5.44) 式誤差項的型式，$y(a+h)$ 的 2 個近似值具有以下特性

$$y(a+h) = y_{1,1} + \delta_1 \left(\frac{h}{2}\right)^2 + \delta_2 \left(\frac{h}{2}\right)^4 + \cdots = y_{1,1} + \delta_1 \frac{h^2}{4} + \delta_2 \frac{h^4}{16} + \cdots$$

及

$$y(a+h) = y_{2,1} + \delta_1 \left(\frac{h}{4}\right)^2 + \delta_2 \left(\frac{h}{4}\right)^4 + \cdots = y_{2,1} + \delta_1 \frac{h^2}{16} + \delta_2 \frac{h^4}{256} + \cdots$$

將以上 2 式做適當的平均運算，我們可以消去 $O(h^2)$ 的部分。做法是將第 2 式乘 4 再減去第 1 式再除 3 可得

$$y(a+h) = y_{2,1} + \frac{1}{3}(y_{2,1} - y_{1,1}) - \delta_2 \frac{h^4}{64} + \cdots$$

所以 $y(t_1)$ 的近似值為

$$y_{2,2} = y_{2,1} + \frac{1}{3}(y_{2,1} - y_{1,1})$$

其誤差為 $O(h^4)$。

接著我們令 $h_2 = h/6$ 然後用一次歐拉法再接著 5 次中點法。做端點修正後可得 $y(a+h) = y(t_1)$ 的 h^2 的近似值 $y_{3,1}$。此近似值可以和 $y_{2,1}$ 做平均，以獲得第二個 $O(h^4)$ 的近似值 $y_{3,2}$。然後 $y_{3,2}$ 可和 $y_{2,2}$ 做平均以消去 $O(h^4)$ 的誤差項，得到誤差為 $O(h^6)$ 的近似值。持續此做法可得更高階的公式。

本節所述的外推法與 4.5 節 Romberg 積分的外推法唯一明顯的差異就是次區段的選取。Romberg 積分配合梯形法則使用時可以用整數 1、2、4、8、16、32、64、⋯對一個步進距離做連續分割。這使得平均的程序很容易。

對初值問題，我們沒有簡單的方法以產生持續改進的近似值，所以外推法中步進距離的劃分，是以所須函數值計算次數最少為原則。由此種選擇所得的平均程序列於表 5.16 中，此結果雖然複雜，但其程序與 Romberg 積分是一樣的。

表 5.16

$y_{1,1} = w(t, h_0)$		
$y_{2,1} = w(t, h_1)$	$y_{2,2} = y_{2,1} + \dfrac{h_1^2}{h_0^2 - h_1^2}(y_{2,1} - y_{1,1})$	
$y_{3,1} = w(t, h_2)$	$y_{3,2} = y_{3,1} + \dfrac{h_2^2}{h_1^2 - h_2^2}(y_{3,1} - y_{2,1})$	$y_{3,3} = y_{3,2} + \dfrac{h_2^2}{h_0^2 - h_2^2}(y_{3,2} - y_{2,2})$

算則 5.6 的外推法使用以下整數序列

$$q_0 = 2 \text{、} q_1 = 4 \text{、} q_2 = 6 \text{、} q_3 = 8 \text{、} q_4 = 12 \text{、} q_5 = 16 \text{、} q_6 = 24 \text{ 及 } q_7 = 32$$

先選擇一個基本步進距離 h，然後此方法會對每一個 $i = 0, \cdots, 7$ 使用 $h_i = h/q_i$ 以產生 $y(t + h)$ 的近似值。控制誤差的方法是計算 $y_{1,1}$、$y_{2,2}$、⋯直到 $|y_{i,i} - y_{i-1,i-1}|$ 小於給定的容許範圍。如果一直到 $i = 8$ 都無法符合此容許範圍，將 h 減小再重複整個過程。

要分別指定 h 的最大與最小值 hmax 和 hmin，以控制計算過程。如果發現 $y_{i,i}$ 已符合要求，則將 w_1 設為 $y_{i,i}$ 再重新開始計算 $y(t_2) = y(a + 2h)$ 的近似值 w_2。此程序重複直到獲得 $y(b)$ 的近似值 w_N 為止。

算則 5.6 外推法

求初值問題

$$y' = f(t, y) \quad a \leq t \leq b \quad y(a) = \alpha$$

之近似解，並保持其局部截尾誤差在規定容許範圍內：

INPUT 端點 a、b；初始值 α；容許誤差 TOL；最大步進距離 $hmax$；最小步進距離 $hmin$。

OUTPUT T、W、h，其中 W 為步進距離 h 時 $y(t)$ 的近似值；或小於最小步進距離之訊息。

Step 1 Initialize the array $NK = (2, 4, 6, 8, 12, 16, 24, 32)$.

Step 2 Set $TO = a$;
  $WO = \alpha$;
  $h = hmax$;
  $FLAG = 1$. （FLAG 是在 Step 4 用來脫離迴圈）

Step 3 For $i = 1, 2, \ldots, 7$
  for $j = 1, \ldots, i$
   set $Q_{i,j} = (NK_{i+1}/NK_j)^2$. (Note: $Q_{i,j} = h_j^2/h_{i+1}^2$.)

Step 4 While ($FLAG = 1$) do Steps 5–20.

  Step 5 Set $k = 1$;
    $NFLAG = 0$. （達到所須準確度時，NFLAG 設為 1）

  Step 6 While ($k \le 8$ and $NFLAG = 0$) do Steps 7–14.

   Step 7 Set $HK = h/NK_k$;
     $T = TO$;
     $W2 = WO$;
     $W3 = W2 + HK \cdot f(T, W2)$; （歐拉法第一步）
     $T = TO + HK$.

   Step 8 For $j = 1, \ldots, NK_k - 1$
     set $W1 = W2$;
     $W2 = W3$;
     $W3 = W1 + 2HK \cdot f(T, W2)$; （中點法）
     $T = TO + (j+1) \cdot HK$.

   Step 9 Set $y_k = [W3 + W2 + HK \cdot f(T, W3)]/2$.
     （端點修正以求 $y_{k,1}$.）

   Step 10 If $k \ge 2$ then do Steps 11–13.
     （註：$y_{k-1} \equiv y_{k-1,1}, y_{k-2} \equiv y_{k-2,2}, \ldots, y_1 \equiv y_{k-1,k-1}$
     因為只儲存表中的前一列）

    Step 11 Set $j = k$;
      $v = y_1$. (Save $y_{k-1,k-1}$.)

    Step 12 While ($j \ge 2$) do
      set $y_{j-1} = y_j + \dfrac{y_j - y_{j-1}}{Q_{k-1,j-1} - 1}$;
      （外推以計算 $y_{j-1} \equiv y_{k,k-j+2}$.）
      $\left(\text{註：} \ y_{j-1} = \dfrac{h_{j-1}^2 y_j - h_k^2 y_{j-1}}{h_{j-1}^2 - h_k^2}.\right)$
      $j = j - 1$.

Step 13　If $|y_1 - v| \leq TOL$ then set $NFLAG = 1$.
（接受 y_1 為新的 w）

Step 14　Set $k = k + 1$.

Step 15　Set $k = k - 1$.

Step 16　If $NFLAG = 0$ then do Steps 17 and 18　（不接受結果）
else do Steps 19 and 20.　（接受結果）

Step 17　Set $h = h/2$.　（不接受新的 w 值，減小 h）

Step 18　If $h < hmin$ then
　　　　OUTPUT ('h min exceeded');
　　　　Set $FLAG = 0$.
（True 分支完成，下一步回到 Step 4）

Step 19　Set $WO = y_1$;　（接受 w 的新值）
　　　　$TO = TO + h$;
　　　　OUTPUT (TO, WO, h).

Step 20　If $TO \geq b$ then set $FLAG = 0$
（程式成功）
else if $TO + h > b$ then set $h = b - TO$
（在 $t = b$ 時終止）
else if ($k \leq 3$ and $h < 0.5(hmax)$) then set $h = 2h$.
（可能的話加大步進距離）

Step 21　STOP.　　　　　　　　　　　　　　　　　　　　　　　　■

例題 1　用外推法並給定最大步進距離 $hmax = 0.2$、最小步進距離 $hmin = 0.01$、及容許誤差 $TOL = 10^{-9}$ 求以下初值問題近似解。

$$y' = y - t^2 + 1 \quad 0 \leq t \leq 2 \quad y(0) = 0.5$$

解　外推法的第一步，我們令 $w_0 = 0.5$、$t_0 = 0$ 且 $h = 0.2$。然後計算

$$h_0 = h/2 = 0.1$$
$$w_1 = w_0 + h_0 f(t_0, w_0) = 0.5 + 0.1(1.5) = 0.65$$
$$w_2 = w_0 + 2h_0 f(t_0 + h_0, w_1) = 0.5 + 0.2(1.64) = 0.828$$

以及 $y(0.2)$ 的第一個近似值為

$$y_{11} = \frac{1}{2}(w_2 + w_1 + h_0 f(t_0 + 2h_0, w_2)) = \frac{1}{2}(0.828 + 0.65 + 0.1 f(0.2, 0.828)) = 0.8284$$

要獲得 $y(0.2)$ 的第二個近似值，我們計算

$$h_1 = h/4 = 0.05$$
$$w_1 = w_0 + h_1 f(t_0, w_0) = 0.5 + 0.05(1.5) = 0.575$$
$$w_2 = w_0 + 2h_1 f(t_0 + h_1, w_1) = 0.5 + 0.1(1.5725) = 0.65725$$
$$w_3 = w_1 + 2h_1 f(t_0 + 2h_1, w_2) = 0.575 + 0.1(1.64725) = 0.739725$$
$$w_4 = w_2 + 2h_1 f(t_0 + 3h_1, w_3) = 0.65725 + 0.1(1.717225) = 0.8289725$$

然後端點修正近似值為

$$y_{21} = \frac{1}{2}(w_4 + w_3 + h_1 f(t_0 + 4h_1, w_4))$$
$$= \frac{1}{2}(0.8289725 + 0.739725 + 0.05 f(0.2, 0.8289725)) = 0.8290730625$$

這就得到第 1 個外推近似解

$$y_{22} = y_{21} + \left(\frac{(1/4)^2}{(1/2)^2 - (1/4)^2}\right)(y_{21} - y_{11}) = 0.8292974167$$

要求得第 3 個近似值則計算

$$h_2 = h/6 = 0.0\overline{3}$$
$$w_1 = w_0 + h_2 f(t_0, w_0) = 0.55$$
$$w_2 = w_0 + 2h_2 f(t_0 + h_2, w_1) = 0.6032592593$$
$$w_3 = w_1 + 2h_2 f(t_0 + 2h_2, w_2) = 0.6565876543$$
$$w_4 = w_2 + 2h_2 f(t_0 + 3h_2, w_3) = 0.7130317696$$
$$w_5 = w_3 + 2h_2 f(t_0 + 4h_2, w_4) = 0.7696045871$$
$$w_6 = w_4 + 2h_2 f(t_0 + 5h_2, w_4) = 0.8291535569$$

然後端點修正近似值為

$$y_{31} = \frac{1}{2}(w_6 + w_5 + h_2 f(t_0 + 6h_2, w_6) = 0.8291982979$$

我們現在可求得 2 個外推近似解，

$$y_{32} = y_{31} + \left(\frac{(1/6)^2}{(1/4)^2 - (1/6)^2}\right)(y_{31} - y_{21}) = 0.8292984862$$

及

$$y_{33} = y_{32} + \left(\frac{(1/6)^2}{(1/2)^2 - (1/6)^2}\right)(y_{32} - y_{22}) = 0.8292986199$$

因為

$$|y_{33} - y_{22}| = 1.2 \times 10^{-6}$$

並未達到容許誤差，我們須要在外推表至少再加一列。我們用 $h_3 = h/8 = 0.025$ 並以歐拉法求 w_1，以中點法求 $w_2, \cdots, w_8$，再用端點修正。這樣可得新的近似解 y_{41}，這讓我們可以求出新一列的外推值

$y_{41} = 0.8292421745$ $y_{42} = 0.8292985873$ $y_{43} = 0.8292986210$ $y_{44} = 0.8292986211$

比較 $|y_{44} - y_{33}| = 1.2 \times 10^{-9}$ 可知，仍未達到要求的容許誤差。要獲得下一列，我們用 $h_4 = h/12 = 0.01\overline{6}$，先以歐拉法求 w_1，以中點法求 w_2 到 w_{12}。最後再用端點修正得到 y_{51}。

第 5 列的其他各欄以外推獲得，如表 5.17 所示。近似解 $y_{55} = 0.8292986213$ 與 y_{44} 的差小於 10^{-9} 故接受它為 $y(0.2)$ 的近似值。此程序重新開始以求 $y(0.4)$ 的近似值。整組近似解列於表 5.18，數據準確至所示位數。　∎

表 5.17

$y_{1,1} = 0.8284000000$				
$y_{2,1} = 0.8290730625$	$y_{2,2} = 0.8292974167$			
$y_{3,1} = 0.8291982979$	$y_{3,2} = 0.8292984862$	$y_{3,3} = 0.8292986199$		
$y_{4,1} = 0.8292421745$	$y_{4,2} = 0.8292985873$	$y_{4,3} = 0.8292986210$	$y_{4,4} = 0.8292986211$	
$y_{5,1} = 0.8292735291$	$y_{5,2} = 0.8292986128$	$y_{5,3} = 0.8292986213$	$y_{5,4} = 0.8292986213$	$y_{5,5} = 0.8292986213$

表 5.18

t_i	$y_i = y(t_i)$	w_i	h_i	k
0.200	0.8292986210	0.8292986213	0.200	5
0.400	1.2140876512	1.2140876510	0.200	4
0.600	1.6489405998	1.6489406000	0.200	4
0.700	1.8831236462	1.8831236460	0.100	5
0.800	2.1272295358	2.1272295360	0.100	4
0.900	2.3801984444	2.3801984450	0.100	7
0.925	2.4446908698	2.4446908710	0.025	8
0.950	2.5096451704	2.5096451700	0.025	3
1.000	2.6408590858	2.6408590860	0.050	3
1.100	2.9079169880	2.9079169880	0.100	7
1.200	3.1799415386	3.1799415380	0.100	6
1.300	3.4553516662	3.4553516610	0.100	8
1.400	3.7324000166	3.7324000100	0.100	5
1.450	3.8709427424	3.8709427340	0.050	7
1.475	3.9401071136	3.9401071050	0.025	3
1.525	4.0780532154	4.0780532060	0.050	4
1.575	4.2152541820	4.2152541820	0.050	3
1.675	4.4862274254	4.4862274160	0.100	4
1.775	4.7504844318	4.7504844210	0.100	4
1.825	4.8792274904	4.8792274790	0.050	3
1.875	5.0052154398	5.0052154290	0.050	3
1.925	5.1280506670	5.1280506570	0.050	4
1.975	5.2473151731	5.2473151660	0.050	8
2.000	5.3054719506	5.3054719440	0.025	3

有關算則 5.6 收斂性的證明要用到可加性定理 (summability theory)；可參考 Gragg 的原始論文[Gr]。另外還有多種外推法，其中有些也用到可變步進距離的方法。要對此有更多了解可參考 Bulirsch 及 Stoer 的論文[BS1]、[BS2]、[BS3]或 Stetter 所著的教科書[Stet]。Bulirsch 及 Stoer 所用的方法中使用了有理函數內插，而非 Gragg 所用的多項式內插。

習題組 5.8　完整習題請見隨書光碟

1. 利用外推算則並給定 $TOL = 10^{-4}$、$hmax = 0.25$、$hmin = 0.05$ 求下列初值問題的近似解。將結果與真實值做比較。
   a. $y' = te^{3t} - 2y$，$0 \le t \le 1$，$y(0) = 0$；真實解 $y(t) = \frac{1}{5}te^{3t} - \frac{1}{25}e^{3t} + \frac{1}{25}e^{-2t}$
   b. $y' = 1 + (t-y)^2$，$2 \le t \le 3$，$y(2) = 1$；真實解 $y(t) = t + 1/(1-t)$
   c. $y' = 1 + y/t$，$1 \le t \le 2$，$y(1) = 2$；真實解 $y(t) = t \ln t + 2t$
   d. $y' = \cos 2t + \sin 3t$，$0 \le t \le 1$，$y(0) = 1$；真實解 $y(t) = \frac{1}{2}\sin 2t - \frac{1}{3}\cos 3t + \frac{4}{3}$

3. 利用外推算則並給定 $TOL = 10^{-6}$、$hmax = 0.5$、$hmin = 0.05$ 求下列初值問題的近似解。將結果與真實值做比較。
   a. $y' = y/t - (y/t)^2$，$1 \le t \le 4$，$y(1) = 1$；真實解 $y(t) = t/(1 + \ln t)$
   b. $y' = 1 + y/t + (y/t)^2$，$1 \le t \le 3$，$y(1) = 0$；真實解 $y(t) = t \tan(\ln t)$
   c. $y' = -(y+1)(y+3)$，$0 \le t \le 3$，$y(0) = -2$；真實解 $y(t) = -3 + 2(1 + e^{-2t})^{-1}$
   d. $y' = (t + 2t^3)y^3 - ty$，$0 \le t \le 2$，$y(0) = \frac{1}{3}$；真實解 $y(t) = (3 + 2t^2 + 6e^{t^2})^{-1/2}$

5.9 高階及聯立微分方程組

本節將說明高階初值問題的數值解。本節的討論僅限於將高階方程式轉換成一階聯立方程組的方法。在討論轉換程序之前，我們要先對一階聯立方程組做一些說明。

由一階初值問題構成的 **m 階方程組** (mth-order system) 其型式為

$$\frac{du_1}{dt} = f_1(t, u_1, u_2, \ldots, u_m)$$

$$\frac{du_2}{dt} = f_2(t, u_1, u_2, \ldots, u_m)$$

$$\vdots$$

$$\frac{du_m}{dt} = f_m(t, u_1, u_2, \ldots, u_m) \tag{5.45}$$

其中 $a \leq t \leq b$，其初始條件為

$$u_1(a) = \alpha_1 \quad u_2(a) = \alpha_2, \ldots, u_m(a) = \alpha_m \tag{5.46}$$

其目的在求得 m 個函數 $u_1(t), u_2(t), \ldots, u_m(t)$ 可同時滿足每個方程式與初始條件。

要討論方程組解的存在性與唯一性，我們必須將 Lipschitz 條件的定義推廣到多變數函數。

定義 5.16

函數 $f(t, y_1, \ldots, y_m)$ 定義於集合

$$D = \{(t, u_1, \ldots, u_m) \mid a \leq t \leq b \text{ 及 } -\infty < u_i < \infty, \quad i = 1, 2, \ldots, m\}$$

上，若存在有常數 $L > 0$，對所有 $(t, u_1, \ldots, u_m)$ 及 $(t, z_1, \ldots, z_m)$，使得

$$|f(t, u_1, \ldots, u_m) - f(t, z_1, \ldots, z_m)| \leq L \sum_{j=1}^{m} |u_j - z_j| \tag{5.47}$$

則我們說 f 的變數 $u_1, u_2, \ldots, u_m$ 在 D 中滿足 **Lipschitz 條件**(Lipschitz condition)。 ∎

利用平均值定理我們可以證明，對每一 $i = 1, 2, \ldots, m$ 及所有屬於 D 的 $(t, u_1, \ldots, u_m)$，若 f 及其一次偏導數在 D 中為連續且

$$\left| \frac{\partial f(t, u_1, \ldots, u_m)}{\partial u_i} \right| \leq L$$

則 f 在 D 中滿足 Lipschitz 條件且有 Lipschitz 常數 L（見[BiR], p.141）。由此可得基本的存在性與唯一性定理。其證明可參考[BiR], pp. 152-154。

定理 5.17

設

$$D = \{(t, u_1, \ldots, u_m) \mid a \leq t \leq b \text{ 及 } -\infty < u_i < \infty, \quad i = 1, 2, \ldots, m\}$$

並令 $f_i(t, u_1, \ldots, u_m)$，$i = 1, 2, \ldots, m$，為連續並在 D 中滿足 Lipschitz 條件。(5.45) 式所列的一階微分方程組配合初始條件 (5.46) 式，有唯一解 $u_1(t), \ldots, u_m(t)$，$a \leq t \leq b$。 ∎

解一階微分方程組的方法，其實就是把本章之前所介紹的，求解單獨一階方程式的方法加以一般化。例如，傳統用於解初值問題

$$y' = f(t, y) \quad a \leq t \leq b \quad y(a) = \alpha$$

的四階 Runge-Kutta 法

$$w_0 = \alpha$$
$$k_1 = hf(t_i, w_i)$$
$$k_2 = hf\left(t_i + \frac{h}{2}, w_i + \frac{1}{2}k_1\right)$$
$$k_3 = hf\left(t_i + \frac{h}{2}, w_i + \frac{1}{2}k_2\right)$$
$$k_4 = hf(t_{i+1}, w_i + k_3)$$
$$w_{i+1} = w_i + \frac{1}{6}(k_1 + 2k_2 + 2k_3 + k_4), \quad i = 0, 1, \ldots, N-1$$

之一般化方式如下。

選擇一整數 $N > 0$ 並令 $h = (b-a)/N$。將區間 $[a, b]$ 用格點

$$t_j = a + jh, \quad j = 0, 1, \ldots, N$$

劃分為 N 個次區段。

用符號 w_{ij}, $j = 0, 1, \ldots, N$ 及 $i = 1, 2, \ldots, m$，代表 $u_i(t_j)$ 的近似值。也就是，w_{ij} 為 (5.45) 式中第 i 個解 $u_i(t)$ 在第 j 個格點 t_j 處的近似值。對初始值，設定 (見圖 5.6)

$$w_{1,0} = \alpha_1 \text{、} w_{2,0} = \alpha_2 \text{、} \ldots \text{、} w_{m,0} = \alpha_m \tag{5.48}$$

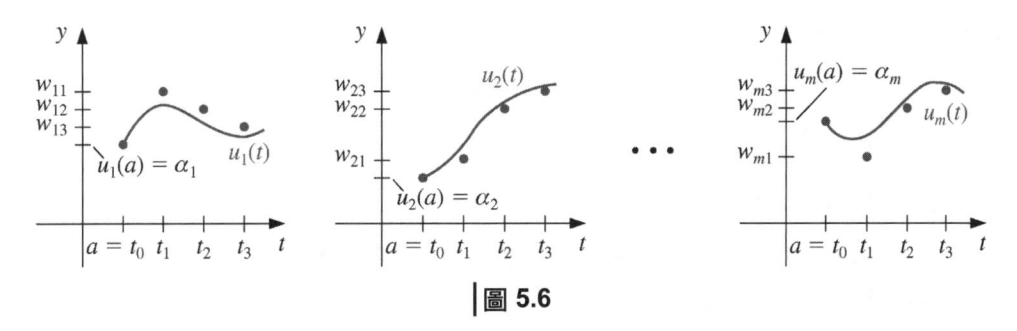

圖 5.6

假設我們已求得了 $w_{1,j}, w_{2,j}, \ldots, w_{m,j}$ 的值，要求 $w_{1,j+1}, w_{2,j+1}, \ldots, w_{m,j+1}$ 的值須先計算

$$k_{1,i} = hf_i(t_j, w_{1,j}, w_{2,j}, \ldots, w_{m,j}), \quad i = 1, 2, \ldots, m \tag{5.49}$$

$$k_{2,i} = hf_i\left(t_j + \frac{h}{2}, w_{1,j} + \frac{1}{2}k_{1,1}, w_{2,j} + \frac{1}{2}k_{1,2}, \ldots, w_{m,j} + \frac{1}{2}k_{1,m}\right), \tag{5.50}$$

$i = 1, 2, \ldots, m$；

$$k_{3,i} = hf_i\left(t_j + \frac{h}{2}, w_{1,j} + \frac{1}{2}k_{2,1}, w_{2,j} + \frac{1}{2}k_{2,2}, \ldots, w_{m,j} + \frac{1}{2}k_{2,m}\right), \tag{5.51}$$

$i = 1, 2, \ldots, m$；

$$k_{4,i} = hf_i(t_j + h, w_{1,j} + k_{3,1}, w_{2,j} + k_{3,2}, \ldots, w_{m,j} + k_{3,m}), \tag{5.52}$$

$i = 1, 2, \ldots, m$；以及

$$w_{i,j+1} = w_{i,j} + \frac{1}{6}(k_{1,i} + 2k_{2,i} + 2k_{3,i} + k_{4,i}) \tag{5.53}$$

$i = 1, 2, \ldots, m$。要注意的是，必先求得所有 $k_{1,1}, k_{1,2}, \ldots, k_{1,m}$ 的值，才能求 $k_{2,i}$ 的值。以通式表示就是，在求任何 $k_{l+1,i}$ 之前必先獲得所有的 $k_{l,1}, k_{l,2}, \ldots, k_{l,m}$。算則 5.7 即應用四階 Runge-Kutta 法以求解聯立初值問題。

算則 5.7 聯立微分方程組之 Runge-Kutta 法

求一階初值問題構成的 m 階方程組

$$u'_j = f_j(t, u_1, u_2, \ldots, u_m) \quad a \leq t \leq b \;\;\text{且}\;\; u_j(a) = \alpha_j$$

$j = 1, 2, \ldots, m$，在區間 $[a, b]$ 中 $(N+1)$ 個等間隔點的近似值：

INPUT 端點 a、b；方程式數目 m；整數 N；初始條件 $\alpha_1, \ldots, \alpha_m$。

OUTPUT $u_j(t)$ 在 $(N+1)$ 個 t 值處的近似值 w_j。

Step 1 Set $h = (b - a)/N$;
$t = a$.

Step 2 For $j = 1, 2, \ldots, m$ set $w_j = \alpha_j$.

Step 3 OUTPUT $(t, w_1, w_2, \ldots, w_m)$.

Step 4 For $i = 1, 2, \ldots, N$ do steps 5–11.

    Step 5 For $j = 1, 2, \ldots, m$ set
$k_{1,j} = hf_j(t, w_1, w_2, \ldots, w_m)$.

    Step 6 For $j = 1, 2, \ldots, m$ set
$k_{2,j} = hf_j\left(t + \frac{h}{2}, w_1 + \frac{1}{2}k_{1,1}, w_2 + \frac{1}{2}k_{1,2}, \ldots, w_m + \frac{1}{2}k_{1,m}\right)$.

    Step 7 For $j = 1, 2, \ldots, m$ set
$k_{3,j} = hf_j\left(t + \frac{h}{2}, w_1 + \frac{1}{2}k_{2,1}, w_2 + \frac{1}{2}k_{2,2}, \ldots, w_m + \frac{1}{2}k_{2,m}\right)$.

    Step 8 For $j = 1, 2, \ldots, m$ set
$k_{4,j} = hf_j(t + h, w_1 + k_{3,1}, w_2 + k_{3,2}, \ldots, w_m + k_{3,m})$.

    Step 9 For $j = 1, 2, \ldots, m$ set
$w_j = w_j + (k_{1,j} + 2k_{2,j} + 2k_{3,j} + k_{4,j})/6$.

    Step 10 Set $t = a + ih$.

    Step 11 OUTPUT $(t, w_1, w_2, \ldots, w_m)$.

Step 12 STOP. ∎

說明題 克西荷夫 (Kirchhoff) 定律指出，在一封閉線路上所有瞬間電壓變化的總和為 0。此定律的意思是，在一個包括電阻 R ohms、電容 C farads、電感 L henries 的封閉電路上的電流 $I(t)$ 與電壓 $E(t)$ 之關係為

$$LI'(t) + RI(t) + \frac{1}{C}\int I(t)\,dt = E(t)$$

圖 5.7 所示左、右迴路的電流 $I_1(t)$ 及 $I_2(t)$ 為以下方程組之解

$$2I_1(t) + 6[I_1(t) - I_2(t)] + 2I_1'(t) = 12$$

$$\frac{1}{0.5}\int I_2(t)\,dt + 4I_2(t) + 6[I_2(t) - I_1(t)] = 0$$

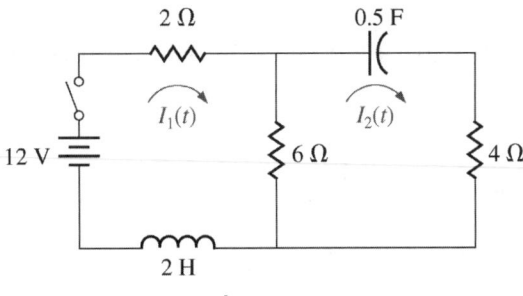

| 圖 5.7

若此電路的開關在 $t = 0$ 時接通,則初始條件為 $I_1(0) = 0$ 和 $I_2(0) = 0$。用第一個方程式解 $I_1'(t)$,將第二式微分再代以 $I_1'(t)$ 可得

$$I_1' = f_1(t, I_1, I_2) = -4I_1 + 3I_2 + 6 \quad I_1(0) = 0$$

$$I_2' = f_2(t, I_1, I_2) = 0.6I_1' - 0.2I_2 = -2.4I_1 + 1.6I_2 + 3.6 \quad I_2(0) = 0$$

此方程組的確解為

$$I_1(t) = -3.375e^{-2t} + 1.875e^{-0.4t} + 1.5$$

$$I_2(t) = -2.25e^{-2t} + 2.25e^{-0.4t}$$

我們將用四階 Runge-Kutta 法及 $h = 0.1$ 求解此方程組。因為 $w_{1,0} = I_1(0) = 0$ 且 $w_{2,0} = I_2(0) = 0$,

$$k_{1,1} = hf_1(t_0, w_{1,0}, w_{2,0}) = 0.1\,f_1(0,0,0) = 0.1\,(-4(0) + 3(0) + 6) = 0.6$$

$$k_{1,2} = hf_2(t_0, w_{1,0}, w_{2,0}) = 0.1\,f_2(0,0,0) = 0.1\,(-2.4(0) + 1.6(0) + 3.6) = 0.36$$

$$k_{2,1} = hf_1\left(t_0 + \frac{1}{2}h, w_{1,0} + \frac{1}{2}k_{1,1}, w_{2,0} + \frac{1}{2}k_{1,2}\right) = 0.1\,f_1(0.05, 0.3, 0.18)$$

$$= 0.1\,(-4(0.3) + 3(0.18) + 6) = 0.534$$

$$k_{2,2} = hf_2\left(t_0 + \frac{1}{2}h, w_{1,0} + \frac{1}{2}k_{1,1}, w_{2,0} + \frac{1}{2}k_{1,2}\right) = 0.1\,f_2(0.05, 0.3, 0.18)$$

$$= 0.1\,(-2.4(0.3) + 1.6(0.18) + 3.6) = 0.3168$$

以類似方法可獲得以下數據

$$k_{3,1} = (0.1) f_1(0.05, 0.267, 0.1584) = 0.54072$$
$$k_{3,2} = (0.1) f_2(0.05, 0.267, 0.1584) = 0.321264$$
$$k_{4,1} = (0.1) f_1(0.1, 0.54072, 0.321264) = 0.4800912$$
$$k_{4,2} = (0.1) f_2(0.1, 0.54072, 0.321264) = 0.28162944$$

因此，

$$I_1(0.1) \approx w_{1,1} = w_{1,0} + \frac{1}{6}(k_{1,1} + 2k_{2,1} + 2k_{3,1} + k_{4,1})$$
$$= 0 + \frac{1}{6}(0.6 + 2(0.534) + 2(0.54072) + 0.4800912) = 0.5382552$$

及

$$I_2(0.1) \approx w_{2,1} = w_{2,0} + \frac{1}{6}(k_{1,2} + 2k_{2,2} + 2k_{3,2} + k_{4,2}) = 0.3196263$$

以同樣方法可得表 5.19 中其餘各項數據。 ∎

表 5.19

t_j	$w_{1,j}$	$w_{2,j}$	$\lvert I_1(t_j) - w_{1,j} \rvert$	$\lvert I_2(t_j) - w_{2,j} \rvert$
0.0	0	0	0	0
0.1	0.5382550	0.3196263	0.8285×10^{-5}	0.5803×10^{-5}
0.2	0.9684983	0.5687817	0.1514×10^{-4}	0.9596×10^{-5}
0.3	1.310717	0.7607328	0.1907×10^{-4}	0.1216×10^{-4}
0.4	1.581263	0.9063208	0.2098×10^{-4}	0.1311×10^{-4}
0.5	1.793505	1.014402	0.2193×10^{-4}	0.1240×10^{-4}

Maple 的 *NumericalAnalysis* 程式包目前無法求解初值問題方程組，但一階微分方程組可以用 *dsolve* 來求解。說明題中之方程組可定義為

sys 2 := $D(u1)(t) = -4u1(t) + 3u2(t) + 6$, $D(u2)(t) = -2.4u1(t) + 1.6u2(t) + 3.6$

其初始條件為

init 2 := $u1(0) = 0$, $u2(0) = 0$

求解方程組的指令為

sol 2 := *dsolve*({*sys* 2, *init* 2}, {$u1(t), u2(t)$})

Maple 會回復

$$\left\{ u1(t) = -\frac{27}{8}e^{-2t} + \frac{15}{8}e^{-\frac{5}{2}t} + \frac{3}{2},\ u2(t) = -\frac{9}{4}e^{-2t} + \frac{9}{4}e^{-\frac{5}{2}t} \right\}$$

要將解以函數型態獨立出來可用

$r1 := rhs(sol\,2[1]);\ r2 := rhs(sol\,2[2])$

這會得到

$$-\frac{27}{8}e^{-2t} + \frac{15}{8}e^{-\frac{5}{2}t} + \frac{3}{2}$$
$$-\frac{9}{4}e^{-2t} + \frac{9}{4}e^{-\frac{5}{2}t}$$

要求得 $t = 0.5$ 的函數值可輸入

$evalf\,(subs(t = 0.5, r1));\ evalf\,(subs(t = 0.5, r2))$

將獲得和表 5.19 一致的結果

1.793527048
1.014415451

如果無法找到顯式解，*dsolve* 指令會失敗。此時可選擇 *dsolve* 的 numeric 選項，系統將使用 Runge-Kutta-Fehlberg 法。當然，即使 *dsolve* 可求得確解，仍可使用此選項。例如，利用之前定義的方程組，

$g := dsolve(\{sys\,2, init\,2\}, \{u1(t), u2(t)\}, numeric)$

將傳回

proc($x\_rk\,f\,45$) ... **end proc**

要獲得 $t = 0.5$ 的近似解可輸入

$g(0.5)$

系統回復

$[t = 0.5,\ u2(t) = 1.014415563,\ u1(t) = 1.793527215]$

■ 高階微分方程

許多重要的物理問題──例如電路與振動系統──都用到高階初值問題方程式。解這些問題並不須要新的方法，我們可以重新定義變數，將其換成一階聯立微分方程組，然後用我們之前討論過的方法求解。

一個 m 階初值問題的通式為

$$y^{(m)}(t) = f(t, y, y', \ldots, y^{(m-1)}) \qquad a \leq t \leq b$$

及其初始條件 $y(a) = \alpha_1, y'(a) = \alpha_2, \ldots, y^{(m-1)}(a) = \alpha_m$，可以轉換成 (5.45) 式及 (5.46) 式型態的方程組。

令 $u_1(t) = y(t)$、$u_2(t) = y'(t)$、$\cdots$、且 $u_m(t) = y^{(m-1)}(t)$。這樣可得一階方程組

$$\frac{du_1}{dt} = \frac{dy}{dt} = u_2 \quad \frac{du_2}{dt} = \frac{dy'}{dt} = u_3 \quad \cdots \quad \frac{du_{m-1}}{dt} = \frac{dy^{(m-2)}}{dt} = u_m$$

和

$$\frac{du_m}{dt} = \frac{dy^{(m-1)}}{dt} = y^{(m)} = f(t, y, y', \ldots, y^{(m-1)}) = f(t, u_1, u_2, \ldots, u_m)$$

以及初始條件

$$u_1(a) = y(a) = \alpha_1 \quad u_2(a) = y'(a) = \alpha_2 \quad \cdots \quad u_m(a) = y^{(m-1)}(a) = \alpha_m$$

例題 1 將二階初值問題

$$y'' - 2y' + 2y = e^{2t} \sin t, \quad 0 \leq t \leq 1, \quad 已知 \quad y(0) = -0.4 \quad y'(0) = -0.6$$

轉換成一階方程組，並用 Runge-Kutta 法及 $h = 0.1$ 求其近似解。

解 令 $u_1(t) = y(t)$ 且 $u_2(t) = y'(t)$。可將方程式轉換為方程組

$$u_1'(t) = u_2(t)$$
$$u_2'(t) = e^{2t} \sin t - 2u_1(t) + 2u_2(t)$$

及初始條件 $u_1(0) = -0.4$、$u_2(0) = -0.6$。

由初始條件知 $w_{1,0} = -0.4$ 及 $w_{2,0} = -0.6$。用 315 頁的 Runge-Kutta 法 (5.49) 式到 (5.52) 式及 $j = 0$ 可得

$$k_{1,1} = hf_1(t_0, w_{1,0}, w_{2,0}) = hw_{2,0} = -0.06$$

$$k_{1,2} = hf_2(t_0, w_{1,0}, w_{2,0}) = h\left[e^{2t_0}\sin t_0 - 2w_{1,0} + 2w_{2,0}\right] = -0.04$$

$$k_{2,1} = hf_1\left(t_0 + \frac{h}{2}, w_{1,0} + \frac{1}{2}k_{1,1}, w_{2,0} + \frac{1}{2}k_{1,2}\right) = h\left[w_{2,0} + \frac{1}{2}k_{1,2}\right] = -0.062$$

$$k_{2,2} = hf_2\left(t_0 + \frac{h}{2}, w_{1,0} + \frac{1}{2}k_{1,1}, w_{2,0} + \frac{1}{2}k_{1,2}\right)$$
$$= h\left[e^{2(t_0+0.05)}\sin(t_0 + 0.05) - 2\left(w_{1,0} + \frac{1}{2}k_{1,1}\right) + 2\left(w_{2,0} + \frac{1}{2}k_{1,2}\right)\right]$$
$$= -0.03247644757$$

$$k_{3,1} = h\left[w_{2,0} + \frac{1}{2}k_{2,2}\right] = -0.06162832238$$

$$k_{3,2} = h\left[e^{2(t_0+0.05)}\sin(t_0+0.05) - 2\left(w_{1,0}+\frac{1}{2}k_{2,1}\right) + 2\left(w_{2,0}+\frac{1}{2}k_{2,2}\right)\right]$$
$$= -0.03152409237$$
$$k_{4,1} = h\left[w_{2,0} + k_{3,2}\right] = -0.06315240924$$

及

$$k_{4,2} = h\left[e^{2(t_0+0.1)}\sin(t_0+0.1) - 2(w_{1,0}+k_{3,1}) + 2(w_{2,0}+k_{3,2})\right] = -0.02178637298$$

所以

$$w_{1,1} = w_{1,0} + \frac{1}{6}(k_{1,1} + 2k_{2,1} + 2k_{3,1} + k_{4,1}) = -0.4617333423$$

及

$$w_{2,1} = w_{2,0} + \frac{1}{6}(k_{1,2} + 2k_{2,2} + 2k_{3,2} + k_{4,2}) = -0.6316312421$$

$w_{1,1}$ 為 $u_1(0.1) = y(0.1) = 0.2e^{2(0.1)}(\sin 0.1 - 2\cos 0.1)$ 的近似值，而 $w_{2,1}$ 為 $u_2(0.1) = y'(0.1) = 0.2e^{2(0.1)}(4\sin 0.1 - 3\cos 0.1)$ 的近似值。

在表 5.20 中列出 $j = 0, 1, \cdots, 10$ 的 $w_{1,j}$ 與 $w_{2,j}$ 的值，並與確解 $u_1(t) = 0.2e^{2t}(\sin t - 2\cos t)$ 及 $u_2(t) = u_1'(t) = 0.2e^{2t}(4\sin t - 3\cos t)$ 做比較。∎

表 5.20

t_j	$y(t_j) = u_1(t_j)$	$w_{1,j}$	$y'(t_j) = u_2(t_j)$	$w_{2,j}$	$\|y(t_j)-w_{1,j}\|$	$\|y'(t_j)-w_{2,j}\|$
0.0	−0.40000000	−0.40000000	−0.6000000	−0.60000000	0	0
0.1	−0.46173297	−0.46173334	−0.6316304	−0.63163124	3.7×10^{-7}	7.75×10^{-7}
0.2	−0.52555905	−0.52555988	−0.6401478	−0.64014895	8.3×10^{-7}	1.01×10^{-6}
0.3	−0.58860005	−0.58860144	−0.6136630	−0.61366381	1.39×10^{-6}	8.34×10^{-7}
0.4	−0.64661028	−0.64661231	−0.5365821	−0.53658203	2.03×10^{-6}	1.79×10^{-7}
0.5	−0.69356395	−0.69356666	−0.3887395	−0.38873810	2.71×10^{-6}	5.96×10^{-7}
0.6	−0.72114849	−0.72115190	−0.1443834	−0.14438087	3.41×10^{-6}	7.75×10^{-7}
0.7	−0.71814890	−0.71815295	0.2289917	0.22899702	4.05×10^{-6}	2.03×10^{-6}
0.8	−0.66970677	−0.66971133	0.7719815	0.77199180	4.56×10^{-6}	5.30×10^{-6}
0.9	−0.55643814	−0.55644290	1.534764	1.5347815	4.76×10^{-6}	9.54×10^{-6}
1.0	−0.35339436	−0.35339886	2.578741	2.5787663	4.50×10^{-6}	1.34×10^{-5}

我們也可將 Maple 的 *dsolve* 指令用於高階方程式。要定義例題 1 的微分方程可用

$$def2 := (D@@2)(y)(t) - 2D(y)(t) + 2y(t) = e^{2t}\sin(t)$$

定義初始條件為

$init\ 2 := y(0) = -0.4, D(y)(0) = -0.6$

可獲得解答的指令為

$sol\ 2 := dsolve(\{def\ 2, init\ 2\}, y(t))$

將可獲得

$$y(t) = \frac{1}{5}e^{2t}(\sin(t) - 2\cos(t))$$

要將解答獨立為函數型式可用

$g := rhs(sol\ 2)$

要獲得 $y(1.0) = g(1.0)$ 的值，輸入

$evalf(subs(t = 1.0, g))$

可得結果為 -0.3533943574。

　　經由 $dsolve$ 指令中的 numeric 選項，我們亦可將 Runge-Kutta-Fehlberg 法用於高階方程式。它的使用方法和前面介紹的方程組一樣。

　　其他的單步法則也可以用類似的方法推廣到聯立方程組。當推廣 Runge-Kutta-Fehlberg 這類有誤差控制的方法時，必須檢查數值解 $(w_{1j}, w_{2j}, \ldots, w_{mj})$ 的每一個分量的準確度。若任何一個分量的準確度未達要求，整組數值解 $(w_{1j}, w_{2j}, \ldots, w_{mj})$ 都要重新計算。

　　多步法以及預測-修正法都可推廣到方程組。同樣的，如果加入了誤差控制，那麼每一個分量都必須準確。外推法也可推廣到方程組，但其符號會變得非常複雜，有興趣的讀者可參考[HNW1]。

　　在 5.10 節中會說明單一方程式的收斂理論與誤差估計，方程組的情況類似，不過方程組的誤差界限是以向量範數 (vector norm) 表示，這將在第 7 章探討。(有關這些理論的參考資料為[Gel] , pp.45-72)

習題組 5.9　完整習題請見隨書光碟

1. 用 Runge-Kutta 法求下列一階聯立微分方程組之近似解，並將結果與真實解做比較。

    a. $u'_1 = 3u_1 + 2u_2 - (2t^2 + 1)e^{2t}, \quad u_1(0) = 1;$
    $u'_2 = 4u_1 + u_2 + (t^2 + 2t - 4)e^{2t}, \quad u_2(0) = 1; \quad 0 \le t \le 1; \quad h = 0.2;$
    真實解 $u_1(t) = \frac{1}{3}e^{5t} - \frac{1}{3}e^{-t} + e^{2t}$ 及 $u_2(t) = \frac{1}{3}e^{5t} + \frac{2}{3}e^{-t} + t^2 e^{2t}$.

b. $u_1' = -4u_1 - 2u_2 + \cos t + 4\sin t,\quad u_1(0) = 0;$
$u_2' = 3u_1 + u_2 - 3\sin t,\quad u_2(0) = -1;\quad 0 \le t \le 2;\quad h = 0.1;$
真實解 $u_1(t) = 2e^{-t} - 2e^{-2t} + \sin t$ 及 $u_2(t) = -3e^{-t} + 2e^{-2t}$.

c. $u_1' = u_2,\quad u_1(0) = 1;$
$u_2' = -u_1 - 2e^t + 1,\quad u_2(0) = 0;$
$u_3' = -u_1 - e^t + 1,\quad u_3(0) = 1;\quad 0 \le t \le 2;\quad h = 0.5;$
真實解 $u_1(t) = \cos t + \sin t - e^t + 1,\quad u_2(t) = -\sin t + \cos t - e^t$, 及 $u_3(t) = -\sin t + \cos t$.

d. $u_1' = u_2 - u_3 + t,\quad u_1(0) = 1;$
$u_2' = 3t^2,\quad u_2(0) = 1;$
$u_3' = u_2 + e^{-t},\quad u_3(0) = -1;\quad 0 \le t \le 1;\quad h = 0.1;$
真實解 $u_1(t) = -0.05t^5 + 0.25t^4 + t + 2 - e^{-t},\quad u_2(t) = t^3 + 1$, 及 $u_3(t) = 0.25t^4 + t - e^{-t}$.

3. 用解方程組的 Runge-Kutta 法求下列高階微分方程近似解，並將結果與真實解做比較。

a. $y'' - 2y' + y = te^t - t,\quad 0 \le t \le 1,\quad y(0) = y'(0) = 0,\quad \text{令 } h = 0.1;$
真實解 $y(t) = \frac{1}{6}t^3 e^t - te^t + 2e^t - t - 2$.

b. $t^2 y'' - 2ty' + 2y = t^3 \ln t,\quad 1 \le t \le 2,\quad y(1) = 1,\quad y'(1) = 0,\quad \text{令 } h = 0.1;$
真實解 $y(t) = \frac{7}{4}t + \frac{1}{2}t^3 \ln t - \frac{3}{4}t^3$.

c. $y''' + 2y'' - y' - 2y = e^t,\quad 0 \le t \le 3,\quad y(0) = 1,\quad y'(0) = 2,\quad y''(0) = 0,\quad \text{令 } h = 0.2;$
真實解 $y(t) = \frac{43}{36}e^t + \frac{1}{4}e^{-t} - \frac{4}{9}e^{-2t} + \frac{1}{6}te^t$.

d. $t^3 y''' - t^2 y'' + 3ty' - 4y = 5t^3 \ln t + 9t^3,\quad 1 \le t \le 2,\quad y(1) = 0,\quad y'(1) = 1,\quad y''(1) = 3,$
令 $h = 0.1;$ 真實解 $y(t) = -t^2 + t\cos(\ln t) + t\sin(\ln t) + t^3 \ln t$.

5. 修改 Adams 四階預測-修正算則，使其能求一階方程組的近似解。

7. 用習題 5 所得之算則重做習題 1。

9. 二十世紀初期由 A.J. Lotka 和 V. Volterra 所發表的獨立研究報告，開啟了以數學模型研究競爭物種之族群動力學的先河。(參考 [Lo1], [Lo2]和[Vo])

考慮預估 2 個物種族群數的問題，一個物種為獵食者，在時間 t 時族群數為 $x_2(t)$，牠們以另一個物種為食，被獵物的族群數為 $x_1(t)$。我們假設被獵物永遠有充份的食物，所以其出生率與當時存活的族群數成正比；也就是出生率 (被獵物) 為 $k_1 x_1(t)$。被獵物的死亡率則同時取決於當時存活的被獵物與獵食者的總數。為簡化問題，我們假設死亡率(被獵物) = $k_2 x_1(t) x_2(t)$。在另一方面，獵食者的出生率則取決於食物，$x_1(t)$，以及獵食者本身的數量。所以我們假設出生率(獵食者) 為 $k_3 x_1(t) x_2(t)$。而獵食者的死亡率則單純的正比於其族群數，也就是死亡率(獵食者) = $k_4 x_2(t)$。

因為 $x_1'(t)$ 與 $x_2'(t)$ 分別代表被獵物與獵食者數量隨時間的變化，故此問題可以表示成一個非線性微分方程組

$$x_1'(t) = k_1 x_1(t) - k_2 x_1(t) x_2(t) \quad \text{及} \quad x_2'(t) = k_3 x_1(t) x_2(t) - k_4 x_2(t)$$

在 $0 \le t \le 4$ 求解此問題，假設被獵物的初始族群數為 1000 且獵食者為 500，常數為 $k_1 = 3$、$k_2 = 0.002$、$k_3 = 0.0006$、及 $k_4 = 0.5$。畫出此問題解的圖形，顯示兩個族群的數量隨時間的變化，並說明其物理現象。此族群模型是否有穩態解？若有，穩態解之 x_1 及 x_2 為何？

5.10 穩定性

本章已介紹了多種可用於求初值問題近似解的數值方法。雖然還有許多的其他方法可供選擇，但我們選擇介紹的方法一般而言符合以下 3 個條件：

- 它們的推導過程相當清楚，使讀者能了解它們為何及如何作用。
- 對於科學或工程領域的學生所會遇到的問題，絕大多數可以找到至少一種管用的方法。
- 大多數更先進及複雜的方法，都是以本章所介紹之方法為基礎發展出來的。

■ 單步法

在本節中，我們將探討為何本章所介紹的方法可以獲得令人滿意的答案，而有些方法看來類似卻做不到這一點。在開始之前我們要先提出 2 個定義，這是關於用單步差分方程法解微分方程時，減小步進距離的收斂性。

定義 5.18

一個在第 i 步的局部截尾誤差為 $\tau_i(h)$ 的單步差分方程法，我們說它與所近似的微分方程為**一致** (consistent)，其意義為

$$\lim_{h \to 0} \max_{1 \leq i \leq N} |\tau_i(h)| = 0$$

■

要特別留意，此定義是一個局部的定義，在計算每一個 $\tau_i(h)$ 時，我們假設前一點的近似值 w_{i-1} 等於真實值 $y(t_{i-1})$。要分析 h 減小的影響，更實際的方法是求總體 (global) 效果。此效果為整個積分範圍內的最大誤差，而唯一的假設是初始條件為真實。

定義 5.19

一個單步差分方程法相對於它所近似之微分方程為**收斂** (convergent) 之意義為

$$\lim_{h \to 0} \max_{1 \leq i \leq N} |w_i - y(t_i)| = 0$$

其中 $y(t_i)$ 是微分方程的真實解，而 w_i 為第 i 步時差分方程的近似解。 ■

例題 1 證明歐拉法為收斂。

解 檢視 257 頁的不等式 (5.10)，亦即歐拉法的誤差界限公式，我們看到在定理 5.9 的假設下，

$$\max_{1 \leq i \leq N} |w_i - y(t_i)| \leq \frac{Mh}{2L} |e^{L(b-a)} - 1|$$

不過 M、L、a 及 b 都是常數，且

$$\lim_{h\to 0}\max_{1\leq i\leq N}|w_i - y(t_i)| \leq \lim_{h\to 0}\frac{Mh}{2L}\left|e^{L(b-a)} - 1\right| = 0$$

所以對一個滿足此定理條件的微分方程，歐拉法為收斂。收斂速率為 $O(h)$。∎

一個具一致性的單步法，在步進距離趨近於 0 時，其差分方程趨近於微分方程。所以一個具一致性的單步法，在步進距離趨近於 0 時其局部截尾誤差趨近於 0。

在使用差分法求微分方程的近似解時，出現的另一類誤差是由於我們沒有使用確實 (exact) 的結果。實際上不論是初始條件或後續的所有算術運算都不是確實的，因為在有限位數的運算中必然有捨入誤差。在 5.2 節中我們看到了，即使是符合收斂性的歐拉法，都會因此而會產生困難。

至少要能對此問題做部分的分析，我們將試著找出哪個方法是**穩定** (stable) 的，也就是在初始條件的微小變化或擾動，只會使近似結果產生相對的小幅改變。

因為單步差分方程穩定性的概念，在一定程度上可類比於微分方程的完備 (well-posed) 條件。所以也不必驚訝 5.1 節定理 5.6 的 Lipschitz 條件也出現在此處。

下列定理的 (i) 是關於單步法的穩定性。其證明並不困難，所以留在習題 1。定理 5.20 的 (ii) 則是有關滿足一致性的法則同時也收斂的充份條件。(iii) 則驗證了我們在 5.5 節中，有關藉由控制局部截尾誤差以控制全面誤差的做法。並且指出，如果局部截尾誤差的收斂速度為 $O(h^n)$，則全面誤差的收斂速度亦同。其中 (ii) 及 (iii) 的證明比第一部分困難得多，讀者可參閱[Gel] , pp.57-58。

定理 5.20

若我們用單步差分法

$$y' = f(t, y) \quad a \leq t \leq b \quad y(a) = \alpha$$

求初值問題

$$w_0 = \alpha$$
$$w_{i+1} = w_i + h\phi(t_i, w_i, h)$$

的近似解。假設存在有一數 $h_0 > 0$ 及 $\phi(t, w, h)$ 為連續且其變數 w 在集合 D 中滿足 Lipschitz 條件並有 Lipschitz 常數 L，集合 D 為

$$D = \{(t, w, h) \mid a \leq t \leq b \text{ 且 } -\infty < w < \infty, 0 \leq h \leq h_0\}$$

則

(i) 此方法為穩定；

(ii) 若且唯若此方法具一致性則此方法為收斂，亦即

$$\phi(t, y, 0) = f(t, y)，對所有 a \leq t \leq b$$

(iii) 若存在有函數 τ，使得對每一個 $i = 1, 2, \cdots, N$ 都有局部截尾誤差 $\tau_i(h)$ 可滿足

$|\tau_i(h)| \leq \tau(h)$，其中 $0 \leq h \leq h_0$，則

$$|y(t_i) - w_i| \leq \frac{\tau(h)}{L} e^{L(t_i - a)}$$

例題 2 改良歐拉法 (Modified Euler method) 可寫成 $w_0 = \alpha$，

$$w_{i+1} = w_i + \frac{h}{2}\left[f(t_i, w_i) + f(t_{i+1}, w_i + hf(t_i, w_i))\right]$$

其中 $i = 0, 1, \cdots, N-1$。驗證此方法滿足定理 5.20 的假設條件。

解 對此方法，

$$\phi(t, w, h) = \frac{1}{2} f(t, w) + \frac{1}{2} f(t+h, w + hf(t, w))$$

若 f 對變數 w 在 $\{(t, w) \mid a \leq t \leq b \text{ 且 } -\infty < w < \infty\}$ 中滿足 Lipschitz 條件並有 Lipschitz 常數 L，則因為

$$\phi(t, w, h) - \phi(t, \overline{w}, h) = \frac{1}{2} f(t, w) + \frac{1}{2} f(t+h, w + hf(t, w))$$
$$- \frac{1}{2} f(t, \overline{w}) - \frac{1}{2} f(t+h, \overline{w} + hf(t, \overline{w}))$$

由 f 的 Lipschitz 條件可得

$$|\phi(t, w, h) - \phi(t, \overline{w}, h)| \leq \frac{1}{2} L |w - \overline{w}| + \frac{1}{2} L |w + hf(t, w) - \overline{w} - hf(t, \overline{w})|$$
$$\leq L |w - \overline{w}| + \frac{1}{2} L |hf(t, w) - hf(t, \overline{w})|$$
$$\leq L |w - \overline{w}| + \frac{1}{2} h L^2 |w - \overline{w}|$$
$$= \left(L + \frac{1}{2} h L^2\right) |w - \overline{w}|$$

因此，ϕ 對變數 w 在集合

$$\{(t, w, h) \mid a \leq t \leq b, -\infty < w < \infty, \text{ 且 } 0 \leq h \leq h_0\}$$

上滿足 Lipschitz 條件，對任何 $h_0 > 0$ 其常數為

$$L' = L + \frac{1}{2} h_0 L^2$$

最後，若 f 在 $\{(t, w) \mid a \leq t \leq b, -\infty < w < \infty\}$ 中為連續，則 ϕ 在

$$\{(t, w, h) \mid a \leq t \leq b, -\infty < w < \infty, \text{ 且 } 0 \leq h \leq h_0\}$$

中為連續；所以由定理 5.20 可知改良歐拉法為穩定。令 $h = 0$，我們有

$$\phi(t,w,0) = \frac{1}{2}f(t,w) + \frac{1}{2}f(t+0, w+0 \cdot f(t,w)) = f(t,w)$$

所以定理 5.20 的 (ii) 所述的一致性的條件成立。因此，此方法為收斂。此外，我們也了解到此方法的局部截尾誤差為 $O(h^2)$，所以改良歐拉法的收斂速度亦為 $O(h^2)$。 ∎

■ 多步法

對多步法而言，其一致性、收斂性、與穩定性等問題要複雜的多，因為在一次步進中牽涉到 1 個以上的近似值。在單步法中，近似值 w_{i+1} 僅只與前 1 個近似值 w_i 直接相關，而多步法則牽涉到至少前 2 個近似值，通常都不止 2 個。

用於求初值問題

$$y' = f(t,y) \quad a \le t \le b \quad y(a) = \alpha \tag{5.54}$$

的多步法之通式可寫為

$$w_0 = \alpha \quad w_1 = \alpha_1 \quad \ldots \quad w_{m-1} = \alpha_{m-1}$$
$$w_{i+1} = a_{m-1}w_i + a_{m-2}w_{i-1} + \cdots + a_0 w_{i+1-m} + hF(t_i, h, w_{i+1}, w_i, \ldots, w_{i+1-m}) \tag{5.55}$$

$i = m-1, m, \cdots, N-1$，其中 $a_0, a_1, \ldots, a_{m+1}$ 為常數且 $h = (b-a)/N$ 和 $t_i = a + ih$。

此種型式多步法的局部截尾誤差為

$$\tau_{i+1}(h) = \frac{y(t_{i+1}) - a_{m-1}y(t_i) - \cdots - a_0 y(t_{i+1-m})}{h}$$
$$- F(t_i, h, y(t_{i+1}), y(t_i), \ldots, y(t_{i+1-m}))$$

$i = m-1, m, \cdots, N-1$。與單步法相同，局部截尾誤差是微分方程的解 y 代入差分方程所無法滿足的部分。

對於四步 Adams-Bashforth 法，我們已知

$$\tau_{i+1}(h) = \frac{251}{720} y^{(5)}(\mu_i) h^4 \text{，其中 } \mu_i \in (t_{i-3}, t_{i+1})$$

而三步 Adams-Moulton 法為

$$\tau_{i+1}(h) = -\frac{19}{720} y^{(5)}(\mu_i) h^4 \text{，其中 } \mu_i \in (t_{i-2}, t_{i+1})$$

當然其前提為 $y \in C^5[a,b]$。

在分析過程中，我們對函數 F 做了 2 個假設：

- 若 $f \equiv 0$ (微分方程為齊次 (homogeneous))，則 $F \equiv 0$。
- F 對 $\{w_j\}$ 滿足 Lipschitz 條件的意義為，存在有常數 L 且對每個數列對 $\{v_j\}_{j=0}^{N}$ 和 $\{\tilde{v}_j\}_{j=0}^{N}$ 以及 $i = m-1, m, \cdots, N-1$，我們有

$$|F(t_i, h, v_{i+1}, \ldots, v_{i+1-m}) - F(t_i, h, \tilde{v}_{i+1}, \ldots, \tilde{v}_{i+1-m})| \leq L \sum_{j=0}^{m} |v_{i+1-j} - \tilde{v}_{i+1-j}|$$

顯式 Adams-Bashforth 法及隱式 Adams-Moulton 法均滿足以上 2 個條件，前提為 f 滿足 Lipschitz 條件。(見習題 2)

多步法收斂性的概念與單步法的一樣。

- 一個多步法如果在步進距離趨近於 0 時，差分方程的解趨近於微分方程的解則稱此多步法為**收斂** (convergent)。其意義為 $\lim_{h \to 0} \max_{0 \leq i \leq N} |w_i - y(t_i)| = 0$。

但一致性的問題就稍有不同。同樣的，我們要多步法具有一致性的前提是在步進距離趨近於 0 時，差分方程會趨近於微分方程；也就是在步進距離趨近於 0 時局部截尾誤差趨近於 0。但是因為多步法須要一個以上的起始值，所以產生了額外的條件。因為通常只有初始值 $w_0 = \alpha$ 為真實，我們必須要在步進距離趨近於 0 時讓所有起始值 $\{\alpha_i\}$ 的誤差也趨近 0。所以，要 (5.55) 式型式的多步法為**一致** (consistent)，必須

$$\text{對所有的 } i = m, m+1, \ldots, N \text{ 都有 } \lim_{h \to 0} |\tau_i(h)| = 0 \text{，且} \tag{5.56}$$

$$\text{對所有的 } i = 1, 2, \ldots, m-1 \text{ 都有 } \lim_{h \to 0} |\alpha_i - y(t_i)| = 0 \text{，} \tag{5.57}$$

兩者同時為真。由 (5.57) 式可以看出，只有在用來產生起始值的單步法為一致時，多步法本身才可能是一致的。

下面關於多步法的定理與定理 5.20 的 (iii) 類似，提供了多步法的局部截尾誤差與總體誤差的關係。對於經由控制局部誤差以控制總體誤差的做法，它提供了理論上的驗證。在[IK] ,pp. 387-388 中有此定理之證明，不過是它更一般性的型式。

定理 5.21

設初值問題

$$y' = f(t, y) \quad a \leq t \leq b \quad y(a) = \alpha$$

要以 Adams 預測-修正法求解，m 步 Adams-Bashforth 預測子為

$$w_{i+1} = w_i + h[b_{m-1} f(t_i, w_i) + \cdots + b_0 f(t_{i+1-m}, w_{i+1-m})]$$

其局部截尾誤差為 $\tau_{i+1}(h)$，$(m-1)$ 步的 Adams-Moulton 修正子為

$$w_{i+1} = w_i + h\left[\tilde{b}_{m-1} f(t_i, w_{i+1}) + \tilde{b}_{m-2} f(t_i, w_i) + \cdots + \tilde{b}_0 f(t_{i+2-m}, w_{i+2-m})\right]$$

其局部截尾誤差為 $\tilde{\tau}_{i+1}(h)$。此外再設，$f(t, y)$ 及 $f_y(t, y)$ 在 $D = \{(t, y) \mid a \leq t \leq b, -\infty < y < \infty\}$ 中為連續且 f_y 為有界。則此預測-修正法的局部截尾誤差 $\sigma_{i+1}(h)$ 為

$$\sigma_{i+1}(h) = \tilde{\tau}_{i+1}(h) + \tau_{i+1}(h) \tilde{b}_{m-1} \frac{\partial f}{\partial y}(t_{i+1}, \theta_{i+1})$$

其中 θ_{i+1} 為介於 0 與 $h\tau_{i+1}(h)$ 間的數。

此外，存在有常數 k_1 與 k_2 使得

$$|w_i - y(t_i)| \leq \left[\max_{0 \leq j \leq m-1} |w_j - y(t_j)| + k_1\sigma(h)\right] e^{k_2(t_i - a)}$$

其中 $\sigma(h) = \max_{m \leq j \leq N} |\sigma_j(h)|$。∎

在開始討論多步法的一致性、收斂性、與穩定性之關係前，我們須要對多步法的差分方程做更詳細的考慮。這樣我們將會發現為何要選擇 Adams 的方法做為我們的標準多步法。

我們在開始討論的時候列出了差分方程 (5.55) 式

$$w_0 = \alpha, \; w_1 = \alpha_1, \; \ldots, \; w_{m-1} = \alpha_{m-1}$$

$$w_{i+1} = a_{m-1}w_i + a_{m-2}w_{i-1} + \cdots + a_0 w_{i+1-m} + hF(t_i, h, w_{i+1}, w_i, \ldots, w_{i+1-m})$$

相對於此差分方程式有一個**特徵多項式** (characteristic polynomial)

$$P(\lambda) = \lambda^m - a_{m-1}\lambda^{m-1} - a_{m-2}\lambda^{m-2} - \cdots - a_1\lambda - a_0 \tag{5.58}$$

多步法相對於捨入誤差的穩定性，是由此特徵多項式零點的絕對值所決定。要了解這一點，我們將標準多步法 (5.55) 式用於一個簡明 (trivial) 初值問題

$$y' \equiv 0, \quad y(a) = \alpha, \text{ 其中 } \alpha \neq 0 \tag{5.59}$$

此問題有確解 $y(t) \equiv \alpha$。經由檢視 5.6 節的 (5.27) 及 (5.28) 式 (見 289 頁)，我們可以看出，理論上，任何多步法對所有的 n 都會得到確解 $w_n = \alpha$。與確解的任何差異都是由捨入誤差所造成。

微分方程 (5.59) 式的右側為 $f(t,y) \equiv 0$，所以由假設 (1) 可得差分方程 (5.55) 式中 $F(t_i, h, w_{i+1}, w_{i+2}, \ldots, w_{i+1-m}) = 0$。因此標準型式的差分方程可寫為

$$w_{i+1} = a_{m-1}w_i + a_{m-2}w_{i-1} + \cdots + a_0 w_{i+1-m} \tag{5.60}$$

設 λ 為 (5.55) 式的特徵多項式的一個零點。則對每一個 n，$w_n = \lambda^n$ 均為 (5.59) 式的解，因為

$$\lambda^{i+1} - a_{m-1}\lambda^i - a_{m-2}\lambda^{i-1} - \cdots - a_0\lambda^{i+1-m} = \lambda^{i+1-m}[\lambda^m - a_{m-1}\lambda^{m-1} - \cdots - a_0] = 0$$

事實上，若 $\lambda_1, \lambda_2, \ldots, \lambda_m$ 是 (5.55) 式的特徵多項式之相異零點，可以證明 (5.60) 式的每一個解可以寫成

$$w_n = \sum_{i=1}^{m} c_i \lambda_i^n \tag{5.61}$$

其中 $c_1, c_2, \ldots, c_m$ 為一組特定常數。

因為 (5.59) 式的確解為 $y(t) = \alpha$，對所有的 n 選取 $w_n = \alpha$ 均為 (5.60) 式的解。將此

代入 (5.60) 式得

$$0 = \alpha - \alpha a_{m-1} - \alpha a_{m-2} - \cdots - \alpha a_0 = \alpha[1 - a_{m-1} - a_{m-2} - \cdots - a_0]$$

這代表 $\lambda = 1$ 為特徵多項式 (5.58) 式的一個零點。我們假設這就相對是 (5.61) 式中 $\lambda_1 = 1$ 及 $c_1 = \alpha$ 的解，所以 (5.59) 式的所有解可寫成

$$w_n = \alpha + \sum_{i=2}^{m} c_i \lambda_i^n \tag{5.62}$$

如果所有的計算都是確實的，所有的常數 $c_2, c_3, \ldots, c_m$ 應該都是 0。但實際上因為捨入誤差的因素，常數 $c_2, c_3, \ldots, c_m$ 並不為 0。事實上，除非每一個根 $\lambda_2, \lambda_3, \ldots, \lambda_m$ 都有 $|\lambda_i| \leq 1$，捨入誤差將以指數方式成長。這些根的絕對值愈小，就捨入誤差而言，此方法就愈穩定。

在推導 (5.62) 式時我們做了一個簡化的假設，就是假設特徵多項式有相異零點。有重根的情況是類似的。例如，若對某一 k 及 p 有 $\lambda_k = \lambda_{k+1} = \cdots = \lambda_{k+p}$，我們只須要將 (5.62) 式中的和

$$c_k \lambda_k^n + c_{k+1} \lambda_{k+1}^n + \cdots + c_{k+p} \lambda_{k+p}^n$$

換成

$$c_k \lambda_k^n + c_{k+1} n \lambda_k^{n-1} + c_{k+2} n(n-1) \lambda_k^{n-2} + \cdots + c_{k+p}[n(n-1)\cdots(n-p+1)] \lambda_k^{n-p} \tag{5.63}$$

(見[He2], pp. 119-145。) 雖然解的型式修改了，但只要 $|\lambda_k| > 1$ 捨入誤差仍會以指數成長。

雖然我們只考慮了 (5.59) 式的特例，但是在 $f(t, y)$ 不全等於零的情況下其穩定性仍取決於此方程式的穩定性。這是因為任何方程式的解都內含了齊次式 (5.59) 式的解。下列定義即來自以上說明。

定義 5.22

令 $\lambda_1, \lambda_2, \ldots, \lambda_m$ 為 (不必為相異) 特徵方程式

$$P(\lambda) = \lambda^m - a_{m-1} \lambda^{m-1} - \cdots - a_1 \lambda - a_0 = 0$$

的根，此特徵方程式來自多步差分法

$$w_0 = \alpha \quad w_1 = \alpha_1 \quad \ldots \quad w_{m-1} = \alpha_{m-1}$$

$$w_{i+1} = a_{m-1} w_i + a_{m-2} w_{i-1} + \cdots + a_0 w_{i+1-m} + hF(t_i, h, w_{i+1}, w_i, \ldots, w_{i+1-m})$$

如果對每一個 $i = 1, 2, \cdots, m$ 都有 $|\lambda_i| \leq 1$，且所有絕對值為 1 的根都是單一根，則我們稱此差分法滿足**根的條件** (root condition)。 ∎

定義 5.23

(i) 一個方法如果滿足根的條件,且 $\lambda = 1$ 是唯一的絕對值為 1 的根,則此方法為**強穩定** (strongly stable)。

(ii) 一個方法如果滿足根的條件,且有一個以上絕對值為 1 的相異根,則此方法為**弱穩定** (weakly stable)。

(iii) 不滿足根的條件的方法為**不穩定** (unstable)。 ∎

多步法的一致性與收斂性,與該方法的捨入誤差穩定性有密切關係。下一定理即說明此關係。要了解此定理的證明及其依據的理論,請參見[IK],pp. 410-417。

定理 5.24

如下型式之多步法

$$w_0 = \alpha \quad w_1 = \alpha_1 \quad \ldots \quad w_{m-1} = \alpha_{m-1}$$

$$w_{i+1} = a_{m-1}w_i + a_{m-2}w_{i-1} + \cdots + a_0 w_{i+1-m} + hF(t_i, h, w_{i+1}, w_i, \ldots, w_{i+1-m})$$

若且唯若此法滿足根的條件則此法為穩定。另外,若其差分方程與微分方程為一致,若且唯若此法為收斂則此法為穩定。 ∎

例題 3 四階 Adams-Bashforth 法可以表示成

$$w_{i+1} = w_i + hF(t_i, h, w_{i+1}, w_i, \ldots, w_{i-3})$$

其中

$$F(t_i, h, w_{i+1}, \ldots, w_{i-3}) = \frac{h}{24}[55f(t_i, w_i) - 59f(t_{i-1}, w_{i-1}) + 37f(t_{i-2}, w_{i-2}) - 9f(t_{i-3}, w_{i-3})]$$

證明此法為強穩定。

解 在此我們有 $m=4$、$a_0=0$、$a_1=0$、$a_2=0$、及 $a_3=1$,所以 Adams-Bashforth 法的特徵方程式為

$$0 = P(\lambda) = \lambda^4 - \lambda^3 = \lambda^3(\lambda - 1)$$

其根為 $\lambda_1 = 1$、$\lambda_2 = 0$、$\lambda_3 = 0$、及 $\lambda_4 = 0$。這滿足根的條件且為強穩定。

而 Adams-Moulton 法有類似的特徵多項式 $P(\lambda) = \lambda^3 - \lambda^2$,其零點為 $\lambda_1 = 1$、$\lambda_2 = 0$、及 $\lambda_3 = 0$,同樣也是強穩定。 ∎

例題 4 證明四階 Milne 法,顯式多步法

$$w_{i+1} = w_{i-3} + \frac{4h}{3}\left[2f(t_i, w_i) - f(t_{i-1}, w_{i-1}) + 2f(t_{i-2}, w_{i-2})\right]$$

滿足根的條件,但只是弱穩定。

解 此方法的特徵方程式為 $0 = P(\lambda) = \lambda^4 - 1$，它有 4 個絕對值為 1 的根，$\lambda_1 = 1$、$\lambda_2 = -1$、$\lambda_3 = i$、及 $\lambda_4 = -i$。因為所有根的絕對值都是 1，故此法滿足根的條件。但有多個根的絕對值為 1，因此只是弱穩定。 ■

例題 5 將強穩定的四階 Adams-Bashforth 法與弱穩定的 Milne 法，令 $h = 0.1$，用於求解初值問題

$$y' = -6y + 6 \quad 0 \le t \le 1 \quad y(0) = 2$$

其確解為 $y(t) = 1 + e^{-6t}$。

解 表 5.21 顯示出強穩定法與弱穩定法在此問題的差異。 ■

表 5.21

t_i	確解 $y(t_i)$	Adams-Bashforth 法 w_i	誤差 $|y_i - w_i|$	Milne 法 w_i	誤差 $|y_i - w_i|$
0.10000000		1.5488116		1.5488116	
0.20000000		1.3011942		1.3011942	
0.30000000		1.1652989		1.1652989	
0.40000000	1.0907180	1.0996236	8.906×10^{-3}	1.0983785	7.661×10^{-3}
0.50000000	1.0497871	1.0513350	1.548×10^{-3}	1.0417344	8.053×10^{-3}
0.60000000	1.0273237	1.0425614	1.524×10^{-2}	1.0486438	2.132×10^{-2}
0.70000000	1.0149956	1.0047990	1.020×10^{-2}	0.9634506	5.154×10^{-2}
0.80000000	1.0082297	1.0359090	2.768×10^{-2}	1.1289977	1.208×10^{-1}
0.90000000	1.0045166	0.9657936	3.872×10^{-2}	0.7282684	2.762×10^{-1}
1.00000000	1.0024788	1.0709304	6.845×10^{-2}	1.6450917	6.426×10^{-1}

由於 Adams-Bashforth 與 Adams-Moulton 兩種方法都是強穩定，所以我們在 5.6 節中選擇 Adams-Bashforth-Moulton 法做為標準的四階預測-修正法而不用同階的 Milne-Simpson 法。因為 Milne 及 Simpson 兩種方法都是弱穩定，所以 Adams-Bashforth 與 Adams-Moulton 兩種方法可以在較多的情形下獲得準確的近似解。

習題組 5.10 完整習題請見隨書光碟

1. 要證明定理 5.20 的 (i)，先證明由其假設條件可得，當 $\{u_i\}_{i=1}^{N}$ 及 $\{v_i\}_{i=1}^{N}$ 滿足差分方程 $w_{i+1} = w_i +$

$h\phi(t_i, w_i, h)$ 時，存在有常數 $K > 0$ 使得

$$|u_i - v_i| \leq K|u_0 - v_0|, \quad 1 \leq i \leq N$$

3. 用 5.4 節習題 32 的結果以證明四階 Runge-Kutta 法滿足一致性。
5. 已知多步法

$$w_{i+1} = -\frac{3}{2}w_i + 3w_{i-1} - \frac{1}{2}w_{i-2} + 3hf(t_i, w_i), \quad i = 2, \ldots, N-1$$

及起始值 w_0、w_1、及 w_2：

    a. 求其局部截尾誤差。
    b. 說明其一致性、穩定性、與收斂性。

7. 探討差分方程

$$w_{i+1} = -4w_i + 5w_{i-1} + 2h[f(t_i, w_i) + 2hf(t_{i-1}, w_{i-1})]$$

$i = 1, 2, \ldots, N-1$，的穩定性，起始值為 w_0 及 w_1。

5.11 硬性微分方程

所有求解初值問題的數值方法，它們的誤差項都包含了方程式解的高階導數。如果此導數有合理的界限，則可以預估此方法的誤差界限，並用以估計近似值的準確度。即使是導數值隨步進距離增加，誤差也可獲得相對的控制，前提為解的絕對值也相對增加。但如果導數的絕對值變大但解並不隨之變大，通常就會產生問題。在這種情形下，誤差可能會一直增加而主導了計算。出現這種情況的初值問題我們稱為**硬性方程** (stiff equations)，它們還頗為常見，特別在有關振動、化學反應、及電路問題方面。

    硬性微分方程的特點是，它們的確解中都包含了 e^{-ct} 型式的項，其中 c 為很大的正數。通常這只是解的一部分，稱為**暫態** (transient) 解。解的比較重要的部分稱為**穩態** (steady-state) 解。一個硬性方程的暫態部分會隨著時間很快衰減為 0，但是此項的第 n 次導數的絕對值為 $c^n e^{-ct}$，它衰減的比較慢。事實上，誤差項中導數的值並非取決於 t，而是 0 到 t 中間的某數，所以在 t 增加時導數項也會隨之增加——真的增加的很快。但是還好，通常我們可以由方程式所描述的物理問題預知硬性方程的出現，只要仔細處理，其誤差仍可受到控制。本節即討論此方法。

說明題 初值問題方程組

$$u_1' = 9u_1 + 24u_2 + 5\cos t - \frac{1}{3}\sin t \quad u_1(0) = \frac{4}{3}$$

$$u_2' = -24u_1 - 51u_2 - 9\cos t + \frac{1}{3}\sin t \quad u_2(0) = \frac{2}{3}$$

之唯一解為

$$u_1(t) = 2e^{-3t} - e^{-39t} + \frac{1}{3}\cos t \quad u_2(t) = -e^{-3t} + 2e^{-39t} - \frac{1}{3}\cos t$$

暫態項中的 e^{-39t} 使得此系統為硬性。用算則 5.7，方程組之四階 Runge-Kutta 法，可得表 5.22 所列結果。在 $h = 0.05$ 時我們獲得穩定且準確的結果。但是將步進距離加大到 $h = 0.1$ 時，表中所列結果慘不忍睹。 ∎

表 5.22

t	$u_1(t)$	$w_1(t)$ $h = 0.05$	$w_1(t)$ $h = 0.1$	$u_2(t)$	$w_2(t)$ $h = 0.05$	$w_2(t)$ $h = 0.1$
0.1	1.793061	1.712219	-2.645169	-1.032001	-0.8703152	7.844527
0.2	1.423901	1.414070	-18.45158	-0.8746809	-0.8550148	38.87631
0.3	1.131575	1.130523	-87.47221	-0.7249984	-0.7228910	176.4828
0.4	0.9094086	0.9092763	-934.0722	-0.6082141	-0.6079475	789.3540
0.5	0.7387877	9.7387506	-1760.016	-0.5156575	-0.5155810	3520.00
0.6	0.6057094	0.6056833	-7848.550	-0.4404108	-0.4403558	15697.84
0.7	0.4998603	0.4998361	-34989.63	-0.3774038	-0.3773540	69979.87
0.8	0.4136714	0.4136490	-155979.4	-0.3229535	-0.3229078	311959.5
0.9	0.3416143	0.3415939	-695332.0	-0.2744088	-0.2743673	1390664
1.0	0.2796748	0.2796568	-3099671	-0.2298877	-0.2298511	6199352

雖然硬性問題多半出現在微分方程組，但是為了解某特定數值方法用於硬性方程組時的特性，我們可以先將其試用於測試方程式

$$y' = \lambda y, \quad y(0) = \alpha, \text{其中 } \lambda < 0 \tag{5.64}$$

此方程式的解為 $y(t) = \alpha e^{\lambda t}$，其中 $e^{\lambda t}$ 為暫態解。此方程式的穩態解為 0，所以我們很容易決定數值方法的特性。(對硬性方程組的捨入誤差問題，更完整的討論必須用到實部為負的複數 λ，見 [Gel]，p. 222。)

首先將歐拉法用於測試方程式。在 $j = 0, 1, 2, \ldots, N$ 時令 $h = (b - a)/N$ 且 $t_j = jh$，由 253 頁的 (5.8) 式得

$$w_0 = \alpha, \text{ 及 } w_{j+1} = w_j + h(\lambda w_j) = (1 + h\lambda)w_j$$

所以

$$w_{j+1} = (1 + h\lambda)^{j+1} w_0 = (1 + h\lambda)^{j+1} \alpha, \quad j = 0, 1, \ldots, N - 1 \tag{5.65}$$

因為確解為 $y(t) = \alpha e^{\lambda t}$，所以絕對誤差為

$$|y(t_j) - w_j| = \left|e^{jh\lambda} - (1+h\lambda)^j\right| |\alpha| = \left|(e^{h\lambda})^j - (1+h\lambda)^j\right| |\alpha|$$

且其準確度取決於 $1+h\lambda$ 近似於 $e^{h\lambda}$ 的程度。當 $\lambda < 0$，隨著 j 增大確解 $(e^{h\lambda})^j$ 衰減至 0，但由 (5.65) 式可知，只有在 $|1+h\lambda| < 1$ 時近似解才會有此特性，這代表 $-2 < h\lambda < 0$。這限制了歐拉法的步進距離必須要滿足 $h < 2/|\lambda|$。

現在我們假設在初始條件中加入了捨入誤差 δ_0，

$$w_0 = \alpha + \delta_0$$

在第 j 步時此捨入誤差為

$$\delta_j = (1+h\lambda)^j \delta_0$$

因為 $\lambda < 0$，所以控制捨入誤差成長的條件，和控制絕對誤差的一樣，$|1+h\lambda| < 1$，也就是 $h < 2/|\lambda|$。

所以

- 對於問題

$$y' = \lambda y \quad y(0) = \alpha，\text{其中 } \lambda < 0$$

歐拉法只有在步進距離 h 小於 $2/|\lambda|$ 時才會穩定。

其他單步法的情況類似。一般而論，當一個差分法用於求解測試方程式時，存在有函數 Q 使得

$$w_{i+1} = Q(h\lambda) w_i \tag{5.66}$$

此方法的準確度取決於 $Q(h\lambda)$ 近似於 $e^{h\lambda}$ 的程度，且若 $|Q(h\lambda)| > 1$ 其誤差會無限成長。以 n 次泰勒法為例，其捨入誤差的成長以及絕對誤差兩者都為穩定的條件是，h 要滿足

$$\left|1 + h\lambda + \frac{1}{2}h^2\lambda^2 + \cdots + \frac{1}{n!}h^n\lambda^n\right| < 1$$

習題 10 探討的是傳統四階 Runge-Kutta 法的情形，本質上它也是四階泰勒法。

當我們使用如同 (5.55) 式的多步法求解測試方程式，其結果為

$$w_{j+1} = a_{m-1} w_j + \cdots + a_0 w_{j+1-m} + h\lambda(b_m w_{j+1} + b_{m-1} w_j + \cdots + b_0 w_{j+1-m}),$$

$j = m-1, \ldots, N-1$，或

$$(1 - h\lambda b_m) w_{j+1} - (a_{m-1} + h\lambda b_{m-1}) w_j - \cdots - (a_0 + h\lambda b_0) w_{j+1-m} = 0$$

此齊次差分方程式有**特徵多項式** (characteristic polynomial)

$$Q(z, h\lambda) = (1 - h\lambda b_m) z^m - (a_{m-1} + h\lambda b_{m-1}) z^{m-1} - \cdots - (a_0 + h\lambda b_0)$$

此多項式類似於 (5.58) 式，但納入了測試方程式。本節的理論與 5.10 節有關穩定性的討論相類。

設 $w_0,\ldots,w_{m-1}$ 為已知，$h\lambda$ 為固定，令 $\beta_1,\ldots,\beta_m$ 為特徵多項式 $Q(z,h\lambda)$ 的零點。若 $\beta_1,\ldots,\beta_m$ 為相異，則存在有 $c_1,\ldots,c_m$ 使得

$$w_j = \sum_{k=1}^{m} c_k(\beta_k)^j, \quad j=0,\ldots,N \tag{5.67}$$

若 $Q(z,h\lambda)$ 有多重零點，w_j 的定義類似。(見 5.10 節的 (5.63) 式。) 若 w_j 要能準確的近似於 $y(t_j)=e^{jh\lambda}=(e^{h\lambda})^j$，則所有的零點 β_k 必須滿足 $|\beta_k|<1$；否則會有某一 α 值使得 $c_k \neq 0$，且 $c_k(\beta_k)^j$ 不會衰減至零。

說明題 測試方程式

$$y' = -30y \quad 0 \leq t \leq 1.5 \quad y(0) = \frac{1}{3}$$

之確解為 $y = \frac{1}{3}e^{-30t}$。給定 $h=0.1$，使用算則 5.1 歐拉法，算則 5.2 四階 Runge-Kutta 法，及算則 5.4 Adams 預測-修正法，求 $t=1.5$ 之結果，如表 5.23。■

表 5.23

確解	9.54173×10^{-21}
歐拉法	-1.09225×10^4
Runge-Kutta 法	3.95730×10^1
預測-修正法	8.03840×10^5

說明題中結果不準確的原因是，歐拉法與 Runge-Kutta 法的 $|Q(h\lambda)|>1$，而預測-修正法的 $Q(z,h\lambda)$ 則有模數 (modulus) 大於 1 的零點。要將這些方法用於此問題，必須減小步進距離。以下定義則描述步進距離須減小的程度。

定義 5.25

單步法的**絕對穩定範圍** R(region R of absolute stability) 為 $R = \{h\lambda \in \mathcal{C} \mid |Q(h\lambda)| < 1\}$，而多步法的是 $R = \{h\lambda \in \mathcal{C} \mid$ 對 $Q(z,h\lambda)$ 的所有零點 $\beta_k, |\beta_k|<1\}$。■

由 (5.66) 及 (5.67) 式可以看出，一個方法只有當它的 $h\lambda$ 值在絕對穩定範圍內，才能有效的用於求解硬性方程，也就是對步進距離 h 有所限制。即使確解中的指數項會快速衰減為 0，我們仍必須確保 λh 在整個 t 的區間內均維持在絕對穩定範圍內，以確保近似解也會衰減至 0 而誤差的成長在控制之內。也就是說，雖然由截尾誤差的考量我們可以加大 h，但絕對穩定的要求卻強迫使用較小的 h。可變步進距離的方法對此問題更加麻煩，因為可能在檢查局部截尾誤差時認為可以加大步進距離，但卻使得 λh 超出絕對穩定範圍。

因為在求解硬性方程組時，絕對穩定範圍是一個關鍵因素，所以我們希望數值方法的絕對穩定範圍愈大愈好。如果一個數值方法的絕對穩定範圍 R 包括了整個左半平面，則稱此方法為 **A-stable**。

隱式梯形法則 (Implicit Trapezoidal method)，寫為

$$w_0 = \alpha \tag{5.68}$$

$$w_{j+1} = w_j + \frac{h}{2}\left[f(t_{j+1}, w_{j+1}) + f(t_j, w_j)\right] \quad 0 \leq j \leq N-1$$

是 A-stable 法則 (見習題 15) 而且是唯一的 A-stable 多步法。雖然在使用較大步進距離時梯形法的結果準確度不高，但其誤差不會以指數成長。

用於硬性方程組的方法通常為隱式多步法。一般是用迭代的方式求解非線性方程式或方程組以獲得 w_{i+1}，而多半用牛頓法迭代。以隱式梯形法為例

$$w_{j+1} = w_j + \frac{h}{2}[f(t_{j+1}, w_{j+1}) + f(t_j, w_j)]$$

在計算出 t_j、t_{j+1}、及 w_j 之後，我們要求出

$$F(w) = w - w_j - \frac{h}{2}[f(t_{j+1}, w) + f(t_j, w_j)] = 0 \tag{5.69}$$

的解 w_{j+1}。求此式之近似解，通常可選擇 $w_{j+1}^{(0)}$ 等於 w_j，將牛頓法用於 (5.69) 式以求出 $w_{j+1}^{(k)}$，

$$\begin{aligned} w_{j+1}^{(k)} &= w_{j+1}^{(k-1)} - \frac{F(w_{j+1}^{(k-1)})}{F'(w_{j+1}^{(k-1)})} \\ &= w_{j+1}^{(k-1)} - \frac{w_{j+1}^{(k-1)} - w_j - \frac{h}{2}[f(t_j, w_j) + f(t_{j+1}, w_{j+1}^{(k-1)})]}{1 - \frac{h}{2}f_y(t_{j+1}, w_{j+1}^{(k-1)})} \end{aligned}$$

直到 $|w_{j+1}^{(k)} - w_{j+1}^{(k-1)}|$ 夠小為止。算則 5.8 即使用此程序。因為牛頓法為二階收斂，通常每一步只須要 3 或 4 次迭代即可。

也可以用正割法 (Secant method) 解 (5.69) 式，但此時對每一個 w_{j+1} 須要 2 個初始近似值。要使用正割法一般是令 $w_{j+1}^{(0)} = w_j$ 然後用其他的顯式多步法求出 $w_{j+1}^{(1)}$。如果要解的是硬性方程組，則必須將牛頓法或正割法一般化，此方法將在第 10 章討論。

算則 5.8 梯形法加牛頓迭代 (Trapezoidal with Newton Iteration)

求初值問題

$$y' = f(t, y)，a \leq t \leq b，y(a) = \alpha$$

在區間 $[a, b]$ 中 $(N+1)$ 個等距分布點的近似解：

INPUT 端點 a、b；整數 N；初始條件 α；容許誤差 TOL；每步最大迭代次數 M。

OUTPUT y 在 $(N+1)$ 個 t 值的近似值 w，或失敗訊息。

Step 1 Set $h = (b-a)/N$;
$t = a$;
$w = \alpha$;
OUTPUT (t, w).

Step 2   For $i = 1, 2, \ldots, N$ do Steps 3–7.

     Step 3   Set $k_1 = w + \frac{h}{2} f(t, w)$;
$w_0 = k_1$;
$j = 1$;
$FLAG = 0$.

     Step 4   While $FLAG = 0$ do Steps 5–6.

       Step 5   Set $w = w_0 - \dfrac{w_0 - \frac{h}{2} f(t + h, w_0) - k_1}{1 - \frac{h}{2} f_y(t + h, w_0)}$.

       Step 6   If $|w - w_0| < TOL$ then set $FLAG = 1$
else set $j = j + 1$;
$w_0 = w$;
if $j > M$ then
OUTPUT ('The maximum number of iterations exceeded');
STOP.

     Step 7   Set $t = a + ih$;
OUTPUT (t, w).

Step 8   STOP. ∎

說明題   硬性初值問題

$$y' = 5e^{5t}(y - t)^2 + 1 \quad 0 \le t \le 1 \quad y(0) = -1$$

確解為 $y(t) = t - e^{-5t}$。為了顯示出硬性的影響，分別使用隱式梯形法與四階 Runge-Kutta 法求解，2 種方法都使用 $N = 4$、$h = 0.25$ 以及 $N = 5$、$h = 0.20$。

使用 $M = 10$ 及 $TOL = 10^{-6}$，梯形法在兩種情形下表現的都不錯，結果與 $h = 0.2$ 的 Runge-Kutta 法相似。但是由表 5.24 的結果可以明顯看出，$h = 0.25$ 已超出了 Runge-Kutta 法的絕對穩定範圍。 ∎

表 5.24

	Runge-Kutta 法		梯形法	
	$h = 0.2$		$h = 0.2$	
t_i	w_i	$|y(t_i) - w_i|$	w_i	$|y(t_i) - w_i|$
0.0	-1.0000000	0	-1.0000000	0
0.2	-0.1488521	1.9027×10^{-2}	-0.1414969	2.6383×10^{-2}
0.4	0.2684884	3.8237×10^{-3}	0.2748614	1.0197×10^{-2}
0.6	0.5519927	1.7798×10^{-3}	0.5539828	3.7700×10^{-3}
0.8	0.7822857	6.0131×10^{-4}	0.7830720	1.3876×10^{-3}
1.0	0.9934905	2.2845×10^{-4}	0.9937726	5.1050×10^{-4}
	$h = 0.25$		$h = 0.25$	
t_i	w_i	$|y(t_i) - w_i|$	w_i	$|y(t_i) - w_i|$
0.0	-1.0000000	0	-1.0000000	0
0.25	0.4014315	4.37936×10^{-1}	0.0054557	4.1961×10^{-2}
0.5	3.4374753	3.01956×10^{0}	0.4267572	8.8422×10^{-3}
0.75	1.44639×10^{23}	1.44639×10^{23}	0.7291528	2.6706×10^{-3}
1.0	溢出		0.9940199	7.5790×10^{-4}

對於經常會遇到硬性微分方程的讀者，本節所討論的只是簡略的說明，讀者可再參考[Ge2]、[Lam]、或[SGe]。

習題組 5.11 完整習題請見隨書光碟

1. 用歐拉法解下列硬性初值問題，並與確解做比較。
   a. $y' = -9y$，$0 \leq t \leq 1$，$y(0) = e$，令 $h = 0.1$；真實解 $y(t) = e^{1-9t}$
   b. $y' = -20(y-t^2)+2t$，$0 \leq t \leq 1$，$y(0) = \frac{1}{3}$，令 $h = 0.1$；真實解 $y(t) = t^2 + \frac{1}{3}e^{-20t}$
   c. $y' = -20y + 20\sin t + \cos t$，$0 \leq t \leq 2$，$y(0) = 1$，令 $h = 0.25$；真實解 $y(t) = \sin t + e^{-20t}$
   d. $y' = 50/y - 50y$，$0 \leq t \leq 1$，$y(0) = \sqrt{2}$，令 $h = 0.1$；真實解 $y(t) = (1+e^{-100t})^{1/2}$
3. 用四階 Runge-Kutta 法重做習題 1。
5. 用四階 Adams 預測-修正法重做習題 1。
7. 用梯形算則及 $TOL = 10^{-5}$ 重做習題 1。
9. 以四階 Runge-Kutta 法解以下硬性初值問題，分別用 (a) $h = 0.1$ 及 (b) $h = 0.025$。

$$u_1' = 32u_1 + 66u_2 + \frac{2}{3}t + \frac{2}{3}, \quad 0 \le t \le 0.5, \quad u_1(0) = \frac{1}{3};$$

$$u_2' = -66u_1 - 133u_2 - \frac{1}{3}t - \frac{1}{3}, \quad 0 \le t \le 0.5, \quad u_2(0) = \frac{1}{3}.$$

將結果與確解

$$u_1(t) = \frac{2}{3}t + \frac{2}{3}e^{-t} - \frac{1}{3}e^{-100t} \quad 及 \quad u_2(t) = -\frac{1}{3}t - \frac{1}{3}e^{-t} + \frac{2}{3}e^{-100t}$$

做比較。

11. 討論用隱式梯形法

$$w_{i+1} = w_i + \frac{h}{2}\left(f(t_{i+1}, w_{i+1}) + f(t_i, w_i)\right), \quad i = 0, 1, \ldots, N-1$$

及 $w_0 = \alpha$ 求解微分方程

$$y' = f(t, y), \quad a \le t \le b, \quad y(a) = \alpha$$

的一致性、穩定性、及收斂性。

13. 用後向歐拉法解習題 1 的微分方程。用牛頓法求 w_{i+1}。

15. **a.** 證明隱式梯形法為 A-stable。

　　b. 證明習題 12 的後向歐拉法為 A-stable。

CHAPTER 6

以直接法解線性方程組

引言

電路學的克西荷夫 (Kirchhoff) 定律指出，在電路中任何一個接點處電流的淨流量，以及任一個封閉迴路的淨電壓降均為 0。假設在電路的 A 和 G 點間加一 V volts 的電位，且 i_1、i_2、i_3、i_4、及 i_5 為如圖所示的電流。用 G 當參考點，由克西荷夫定律可得下列線性方程組：

$$5i_1 + 5i_2 = V$$
$$i_3 - i_4 - i_5 = 0$$
$$2i_4 - 3i_5 = 0$$
$$i_1 - i_2 - i_3 = 0$$
$$5i_2 - 7i_3 - 2i_4 = 0$$

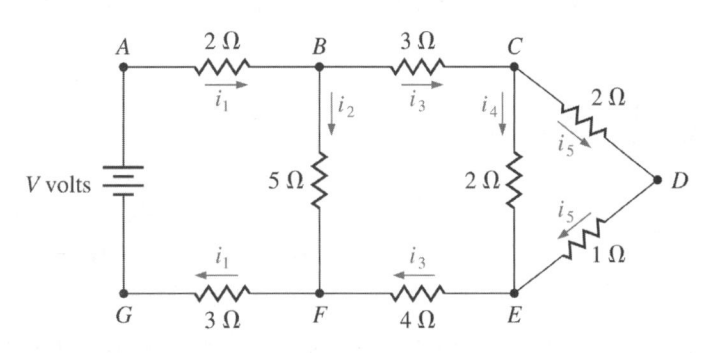

本章就是要探討這種方程組的解法。以上的問題將出現在 6.6 節的習題 29 中。

許多工程與科學問題都會用到線性方程組，社會科學、商業與經濟的定量分析同樣也會用到。

在本章中，我們探討以**直接法** (*direct method*) 解如下型式的線性方程組中的 $x_1, \ldots, x_n$

$$\begin{aligned} E_1: &\quad a_{11}x_1 + a_{12}x_2 + \cdots + a_{1n}x_n = b_1 \\ E_2: &\quad a_{21}x_1 + a_{22}x_2 + \cdots + a_{2n}x_n = b_2 \\ &\quad\quad\quad\quad\quad\quad\quad\vdots \\ E_n: &\quad a_{n1}x_1 + a_{n2}x_2 + \cdots + a_{nn}x_n = b_n \end{aligned} \qquad (6.1)$$

在以上方程組中，對 $i, j = 1, 2, \ldots, n$ 常數 a_{ij} 為已知，對 $i = 1, 2, \ldots, n$，b_i 為已知。

理論上直接法可於有限的運算步驟內得到方程組的確解。當然在實際上會受捨入誤差的影響。分析此種影響的作用，並找出控制方法，將是本章的重點。

讀者不一定要先修過線性代數課程，我們會在此介紹一些必要的基本觀念。在第 7 章中我們將介紹以迭代法求線性方程組的近似解，同樣會用到這些觀念。

6.1 線性方程組

有 3 種運算可用來化簡 (6.1) 式的線性方程組：

1. 將方程式 E_i 乘以任何非零的常數 λ，用其結果取代 E_i。此運算記做 $(\lambda E_i) \to (E_i)$。
2. 將方程式 E_j 乘以任何非零的常數 λ 然後加到方程式 E_i，用其結果取代 E_i。此運算記做 $(E_i + \lambda E_j) \to (E_i)$。
3. 方程式 E_i 與 E_j 位置對調。此運算記做 $(E_i) \leftrightarrow (E_j)$。

經過一系列這種運算，我們可以把一個線性方程組轉換成容易解且答案相同的方程組。下面說明題將顯示此種程序。

說明題　由 4 個方程式

$$\begin{aligned} E_1: &\quad x_1 + x_2 + 3x_4 = 4 \\ E_2: &\quad 2x_1 + x_2 - x_3 + x_4 = 1 \\ E_3: &\quad 3x_1 - x_2 - x_3 + 2x_4 = -3 \\ E_4: &\quad -x_1 + 2x_2 + 3x_3 - x_4 = 4 \end{aligned} \qquad (6.2)$$

我們求解 4 個未知數 x_1、x_2、x_3、及 x_4。我們首先用方程式 E_1 以由 E_2、E_3、及 E_4 中消去未知數 x_1，運算程序為 $(E_2 - 2E_1) \to (E_2)$、$(E_3 - 3E_1) \to (E_3)$、及 $(E_4 + E_1) \to (E_4)$。例如對第 2 個方程式做

$$(E_2 - 2E_1) \to (E_2)$$

可得到

$$(2x_1 + x_2 - x_3 + x_4) - 2(x_1 + x_2 + 3x_4) = 1 - 2(4)$$

化簡後成為以下方程組中的 E_2

$$E_1: x_1 + x_2 \qquad + 3x_4 = 4$$
$$E_2: \qquad - x_2 - x_3 - 5x_4 = -7$$
$$E_3: \qquad - 4x_2 - x_3 - 7x_4 = -15$$
$$E_4: \qquad 3x_2 + 3x_3 + 2x_4 = 8$$

在此為簡化符號,新的方程式仍舊標示為 E_1、E_2、E_3、及 E_4。

在新方程組中,用 E_2 以消去 E_3 及 E_4 中的未知數 x_2,其運算為 $(E_3 - 4E_2) \to (E_3)$ 及 $(E_4 + 3E_2) \to (E_4)$,結果為

$$\begin{aligned} E_1: & \quad x_1 + x_2 \qquad + 3x_4 = 4 \\ E_2: & \qquad - x_2 - x_3 - 5x_4 = -7 \\ E_3: & \qquad \qquad 3x_3 + 13x_4 = 13 \\ E_4: & \qquad \qquad \qquad - 13x_4 = -13 \end{aligned} \qquad (6.3)$$

方程組 (6.3) 式現在成為**三角或簡化型式** (triangular or reduced form),且可經由**後向代換程序** (backward-substitution process) 求解。由 E_4 可知 $x_4 = 1$,我們由 E_3 解 x_3 可得

$$x_3 = \frac{1}{3}(13 - 13x_4) = \frac{1}{3}(13 - 13) = 0$$

繼續解 E_2 得

$$x_2 = -(-7 + 5x_4 + x_3) = -(-7 + 5 + 0) = 2$$

再解 E_1 得

$$x_1 = 4 - 3x_4 - x_2 = 4 - 3 - 2 = -1$$

而方程組 (6.3) 的解,也就是方程組 (6.2) 的解,所以 $x_1 = -1$、$x_2 = 2$、$x_3 = 0$、及 $x_4 = 1$。 ∎

■ 矩陣與向量

在進行說明題的計算時,我們不須要寫出完整的方程式,也不須要寫出變數 x_1、x_2、x_3、及 x_4,因為它們一直維持在同一行中。由一個方程組到另一個方程組,只有未知數的係數及等號右側的值會改變。所以線性方程組常以**矩陣** (*matrix*) 來表示,矩陣中包含了求解所須的所有資訊,它較緊緻且較便於電腦的運用。

定義 6.1

一個 **$n \times m$ 矩陣**,是一個有 n 列 (row) m 行 (column) 元素的矩形陣列,每一個元素的值與位置同樣重要。 ∎

一個 $n \times m$ 矩陣的表示方法為,以大寫字母,如 A,代表矩陣,並以帶 2 個下標的小寫字母代表矩陣中的元素,例如 a_{ij} 代表第 i 列第 j 行的元素,也就是

$$A = [a_{ij}] = \begin{bmatrix} a_{11} & a_{12} & \cdots & a_{1m} \\ a_{21} & a_{22} & \cdots & a_{2m} \\ \vdots & \vdots & & \vdots \\ a_{n1} & a_{n2} & \cdots & a_{nm} \end{bmatrix}$$

例題 1 寫出矩陣

$$A = \begin{bmatrix} 2 & -1 & 7 \\ 3 & 1 & 0 \end{bmatrix}$$

的大小與各欄位。

解 此矩陣有 2 列 3 行，所以其大小為 2×3。它的各欄位可寫成 $a_{11} = 2$、$a_{12} = -1$、$a_{13} = 7$、$a_{21} = 3$、$a_{22} = 1$、及 $a_{23} = 0$。∎

$1 \times n$ 的矩陣

$$A = [a_{11} \ a_{12} \ \cdots \ a_{1n}]$$

稱為 **n 維列向量** (n-dimensional row vector)，而 $n \times 1$ 的矩陣

$$A = \begin{bmatrix} a_{11} \\ a_{21} \\ \vdots \\ a_{n1} \end{bmatrix}$$

稱為 **n 維行向量** (n-dimensional column vector)。通常會省略向量中不必要的下標，並以小寫粗體字母來代表。因此

$$\mathbf{x} = \begin{bmatrix} x_1 \\ x_2 \\ \vdots \\ x_n \end{bmatrix}$$

代表行向量，而

$$\mathbf{y} = [y_1 \ y_2 \ \ldots \ y_n]$$

是列向量。此外，列向量中常在元素與元素間加入逗號，以做清楚分隔。所以你可能會看到 $\mathbf{y}$ 寫成 $\mathbf{y} = [y_1, y_2, \ldots, y_n]$。

可以用一個 $n \times (n+1)$ 矩陣代表線性方程組

$$a_{11}x_1 + a_{12}x_2 + \cdots + a_{1n}x_n = b_1$$
$$a_{21}x_1 + a_{22}x_2 + \cdots + a_{2n}x_n = b_2$$
$$\vdots \qquad\qquad \vdots$$
$$a_{n1}x_1 + a_{n2}x_2 + \cdots + a_{nn}x_n = b_n$$

首先建立

$$A = [a_{ij}] = \begin{bmatrix} a_{11} & a_{12} & \cdots & a_{1n} \\ a_{21} & a_{22} & \cdots & a_{2n} \\ \vdots & \vdots & & \vdots \\ a_{n1} & a_{n2} & \cdots & a_{nn} \end{bmatrix} \quad 及 \quad \mathbf{b} = \begin{bmatrix} b_1 \\ b_2 \\ \vdots \\ b_n \end{bmatrix}$$

$$[A, \mathbf{b}] = \begin{bmatrix} a_{11} & a_{12} & \cdots & a_{1n} & \vdots & b_1 \\ a_{21} & a_{22} & \cdots & a_{2n} & \vdots & b_2 \\ \vdots & \vdots & & \vdots & \vdots & \vdots \\ a_{n1} & a_{n2} & \cdots & a_{nn} & \vdots & b_n \end{bmatrix}$$

其中垂直虛線是用來分隔未知數係數與等號右側項。陣列 [A, **b**] 稱為**增大矩陣** (augmented matrix)。

將例題 1 的運算用矩陣的表示法重複一遍，首先是增大矩陣

$$\begin{bmatrix} 1 & 1 & 0 & 3 & \vdots & 4 \\ 2 & 1 & -1 & 1 & \vdots & 1 \\ 3 & -1 & -1 & 2 & \vdots & -3 \\ -1 & 2 & 3 & -1 & \vdots & 4 \end{bmatrix}$$

依照例題 1 所述的運算進行可得

$$\begin{bmatrix} 1 & 1 & 0 & 3 & \vdots & 4 \\ 0 & -1 & -1 & -5 & \vdots & -7 \\ 0 & -4 & -1 & -7 & \vdots & -15 \\ 0 & 3 & 3 & 2 & \vdots & 8 \end{bmatrix} \quad 及 \quad \begin{bmatrix} 1 & 1 & 0 & 3 & \vdots & 4 \\ 0 & -1 & -1 & -5 & \vdots & -7 \\ 0 & 0 & 3 & 13 & \vdots & 13 \\ 0 & 0 & 0 & -13 & \vdots & -13 \end{bmatrix}$$

最後一個矩陣可以轉換成線性方程組，然後求出解 x_1、x_2、x_3、及 x_4。以上所用的程序稱為**含後向代換的高斯消去法** (Gaussian elimination with backward substitution)。

將一般化的高斯消去法用於線性方程組

$$\begin{aligned} E_1: & \quad a_{11}x_1 + a_{12}x_2 + \cdots + a_{1n}x_n = b_1 \\ E_2: & \quad a_{21}x_1 + a_{22}x_2 + \cdots + a_{2n}x_n = b_2 \\ & \quad \vdots \qquad\qquad\qquad\qquad \vdots \\ E_n: & \quad a_{n1}x_1 + a_{n2}x_2 + \cdots + a_{nn}x_n = b_n \end{aligned} \tag{6.4}$$

的方法類似。首先寫出增大矩陣 $\tilde{A}$：

$$\tilde{A} = [A, \mathbf{b}] = \begin{bmatrix} a_{11} & a_{12} & \cdots & a_{1n} & \vdots & a_{1,n+1} \\ a_{21} & a_{22} & \cdots & a_{2n} & \vdots & a_{2,n+1} \\ \vdots & \vdots & & \vdots & \vdots & \vdots \\ a_{n1} & a_{n2} & \cdots & a_{nn} & \vdots & a_{n,n+1} \end{bmatrix} \tag{6.5}$$

其中 A 代表係數矩陣。第 $(n+1)$ 行的數據是 **b** 的值，也就是 $a_{i,n+1} = b_i$，$i = 1, 2, \cdots, n$。

在 $a_{11} \neq 0$ 的條件下，對每一個 $j = 2, 3, \cdots, n$ 進行

$$(E_j - (a_{j1}/a_{11})E_1) \to (E_j)$$

運算，可在每一列中消去 x_1 的係數。雖然第 $2, 3, \cdots, n$ 列的內容改變了，但為了便於標記，我們仍將第 i 列第 j 行記為 a_{ij}。知道這一點之後，我們依 $i = 2, 3, \cdots, n-1$ 的順序進行，對每一個 $j = i+1, i+2, \cdots, n$ 執行

$$(E_j - (a_{ji}/a_{ii})E_i) \to (E_j)$$

的運算，前提為 $a_{ii} \neq 0$。對所有的 $i = 1, 2, \cdots, n-1$，這樣就可以將第 i 列以下各列的 x_i 消去 (將係數化為 0)。最後矩陣的型式為：

$$\tilde{A} = \begin{bmatrix} a_{11} & a_{12} & \cdots & a_{1n} & \vdots & a_{1,n+1} \\ 0 & a_{22} & \cdots & a_{2n} & \vdots & a_{2,n+1} \\ \vdots & & \ddots & \vdots & \vdots & \vdots \\ 0 & \cdots & 0 & a_{nn} & \vdots & a_{n,n+1} \end{bmatrix}$$

其中除了第一列以外，a_{ij} 的值與原矩陣 $\tilde{A}$ 中的值不同了。矩陣 $\tilde{A}$ 代表了一個與原線性方程組具有相同解的方程組。

因為此新的線性方程組為三角形方程組

$$\begin{aligned} a_{11}x_1 + a_{12}x_2 + \cdots + a_{1n}x_n &= a_{1,n+1} \\ a_{22}x_2 + \cdots + a_{2n}x_n &= a_{2,n+1} \\ &\vdots \qquad \vdots \\ a_{nn}x_n &= a_{n,n+1} \end{aligned}$$

所以可進行後向代換。由第 n 個方程式解 x_n 得

$$x_n = \frac{a_{n,n+1}}{a_{nn}}$$

由第 $(n-1)$ 個方程式解 x_{n-1}，利用已知的 x_n，可得

$$x_{n-1} = \frac{a_{n-1,n+1} - a_{n-1,n}x_n}{a_{n-1,n-1}}$$

持續此過程可得

$$x_i = \frac{a_{i,n+1} - a_{i,n}x_n - a_{i,n-1}x_{n-1} - \cdots - a_{i,i+1}x_{i+1}}{a_{ii}} = \frac{a_{i,n+1} - \sum_{j=i+1}^{n} a_{ij}x_j}{a_{ii}}$$

$i = n-1, n-2, \cdots, 2, 1$。

高斯消去法的過程可以用更精準的方式表達，當然也更煩雜，經由組成一序列的增大矩陣 $\tilde{A}^{(1)}、\tilde{A}^{(2)}、\cdots、\tilde{A}^{(n)}$，其中 $\tilde{A}^{(1)}$ 即為 (6.5) 式的矩陣 $\tilde{A}$，而對每一個 $k = 2, 3, \cdots, n$，$\tilde{A}^{(k)}$ 的元素 $a_{ij}^{(k)}$ 為

$$a_{ij}^{(k)} = \begin{cases} a_{ij}^{(k-1)}, & \text{當 } i = 1, 2, \ldots, k-1 \text{ 且 } j = 1, 2, \ldots, n+1 \\ 0, & \text{當 } i = k, k+1, \ldots, n \text{ 且 } j = 1, 2, \cdots, k-1 \\ a_{ij}^{(k-1)} - \dfrac{a_{i,k-1}^{(k-1)}}{a_{k-1,k-1}^{(k-1)}} a_{k-1,j}^{(k-1)}, & \text{當 } i = k, k+1, \ldots, n \text{ 且 } j = k, k+1, \ldots, n+1 \end{cases}$$

因此

$$\tilde{A}^{(k)} = \begin{bmatrix} a_{11}^{(1)} & a_{12}^{(1)} & a_{13}^{(1)} & \cdots & a_{1,k-1}^{(1)} & a_{1k}^{(1)} & \cdots & a_{1n}^{(1)} & \vdots & a_{1,n+1}^{(1)} \\ 0 & a_{22}^{(2)} & a_{23}^{(2)} & \cdots & a_{2,k-1}^{(2)} & a_{2k}^{(2)} & \cdots & a_{2n}^{(2)} & \vdots & a_{2,n+1}^{(2)} \\ & & & & \vdots & \vdots & & \vdots & & \vdots \\ & & & & a_{k-1,k-1}^{(k-1)} & a_{k-1,k}^{(k-1)} & \cdots & a_{k-1,n}^{(k-1)} & \vdots & a_{k-1,n+1}^{(k-1)} \\ & & & & 0 & a_{kk}^{(k)} & \cdots & a_{kn}^{(k)} & \vdots & a_{k,n+1}^{(k)} \\ & & & & \vdots & \vdots & & \vdots & & \vdots \\ 0 & \cdots\cdots\cdots\cdots\cdots\cdots\cdots & 0 & a_{nk}^{(k)} & \cdots & a_{nn}^{(k)} & \vdots & a_{n,n+1}^{(k)} \end{bmatrix} \quad (6.6)$$

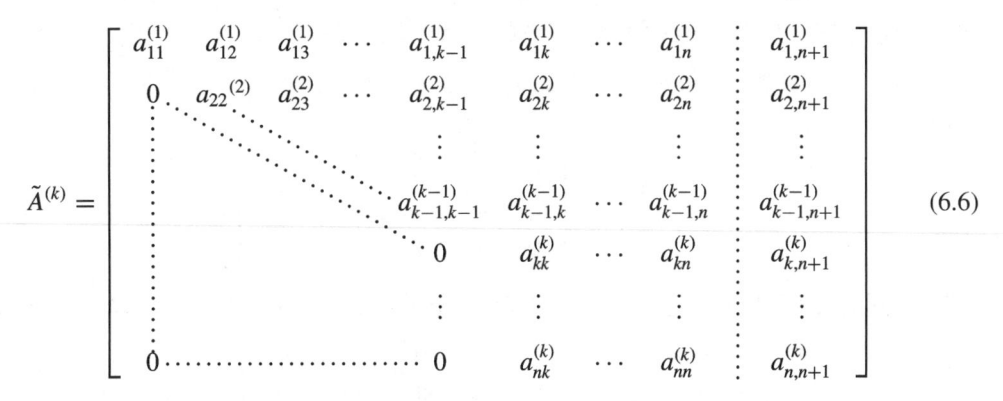

代表了等價的線性方程組，在此剛由方程式 E_k、E_{k+1}、$\cdots$、E_n 中消去 x_{k-1}。

如果 $a_{11}^{(1)}$、$a_{22}^{(2)}$、$a_{33}^{(3)}$、$\cdots$、$a_{n-1,n-1}^{(n-1)}$、$a_{nn}^{(n)}$ 中有任一個為 0，此程序會失敗，因為

$$\left(E_i - \frac{a_{i,k}^{(k)}}{a_{kk}^{(k)}} (E_k) \right) \to E_i$$

的步驟可能無法完成 (如果 $a_{11}^{(1)}$、$\cdots$、$a_{n-1,n-1}^{(n-1)}$ 中任一個為 0)，或是後向代換無法完成 (當 $a_{nn}^{(n)} = 0$)。此方程組可能仍然有解，只是要用其他方法求解。下面例題提供了說明。

例題 2 將線性方程組

$$\begin{aligned} E_1 : & \quad x_1 - x_2 + 2x_3 - x_4 = -8 \\ E_2 : & \quad 2x_1 - 2x_2 + 3x_3 - 3x_4 = -20 \\ E_3 : & \quad x_1 + x_2 + x_3 \qquad\quad = -2 \\ E_4 : & \quad x_1 - x_2 + 4x_3 + 3x_4 = 4 \end{aligned}$$

表示成增大矩陣，並用高斯消去法求解。

解 增大矩陣為

$$\tilde{A} = \tilde{A}^{(1)} = \begin{bmatrix} 1 & -1 & 2 & -1 & \vdots & -8 \\ 2 & -2 & 3 & -3 & \vdots & -20 \\ 1 & 1 & 1 & 0 & \vdots & -2 \\ 1 & -1 & 4 & 3 & \vdots & 4 \end{bmatrix}$$

執行以下運算

$$(E_2 - 2E_1) \to (E_2) \text{ 、 } (E_3 - E_1) \to (E_3) \text{ 、 及 } (E_4 - E_1) \to (E_4)$$

可得

$$\tilde{A}^{(2)} = \begin{bmatrix} 1 & -1 & 2 & -1 & \vdots & -8 \\ 0 & 0 & -1 & -1 & \vdots & -4 \\ 0 & 2 & -1 & 1 & \vdots & 6 \\ 0 & 0 & 2 & 4 & \vdots & 12 \end{bmatrix}$$

因為對角線元素 $a_{22}^{(2)}$，稱為**樞軸元素** (pivot element)，為 0，所以此程序無法以目前的型式繼續下去。但可以做 $(E_i) \leftrightarrow (E_j)$ 的運算，所以在 $a_{32}^{(2)}$ 及 $a_{42}^{(2)}$ 中找第一個不為 0 的元素。因為 $a_{32}^{(2)} \neq 0$，所以執行 $(E_2) \leftrightarrow (E_3)$ 運算以獲得新矩陣，

$$\tilde{A}^{(2)'} = \begin{bmatrix} 1 & -1 & 2 & -1 & \vdots & -8 \\ 0 & 2 & -1 & 1 & \vdots & 6 \\ 0 & 0 & -1 & -1 & \vdots & -4 \\ 0 & 0 & 2 & 4 & \vdots & 12 \end{bmatrix}$$

因為已經由 E_3 及 E_4 中消去了 x_2，$\tilde{A}^{(3)}$ 就是 $\tilde{A}^{(2)'}$，然後繼續運算 $(E_4 + 2E_3) \to (E_4)$ 可得

$$\tilde{A}^{(4)} = \begin{bmatrix} 1 & -1 & 2 & -1 & \vdots & -8 \\ 0 & 2 & -1 & 1 & \vdots & 6 \\ 0 & 0 & -1 & -1 & \vdots & -4 \\ 0 & 0 & 0 & 2 & \vdots & 4 \end{bmatrix}$$

最後將矩陣轉換回和原方程組有相同解的線性方程組，使用後向代換：

$$x_4 = \frac{4}{2} = 2$$

$$x_3 = \frac{[-4 - (-1)x_4]}{-1} = 2$$

$$x_2 = \frac{[6 - x_4 - (-1)x_3]}{2} = 3$$

$$x_1 = \frac{[-8 - (-1)x_4 - 2x_3 - (-1)x_2]}{1} = -7$$ ∎

例題 2 顯示了在某個 $k = 1, 2, \cdots, n-1$ 出現 $a_{kk}^{(k)} = 0$ 時的做法。搜尋 $\tilde{A}^{(k-1)}$ 的第 k 行的第 k 列到第 n 列中第一個不為 0 的元素。若對某一個 p 有 $a_{pk}^{(k)} \neq 0$ 且 $k+1 \leq p \leq n$，則進行 $(E_k) \leftrightarrow (E_p)$ 運算以獲得 $\tilde{A}^{(k-1)'}$。然後可繼續進行原來的程序以產生 $\tilde{A}^{(k)}$ 及其餘。如果對所有的 p 都有 $a_{pk}^{(k)} = 0$，則可以證明 (見 379 頁的定理 6.17) 此方程組沒有唯一解，程序終止。最後，若 $a_{nn}^{(n)} = 0$ 則此方程組沒有唯一解，程序終止。

算則 6.1 總結此高斯消去法加後向代換程序。在此算則中，當樞軸元素 $a_{kk}^{(k)}$ 為 0 時，其樞軸變換方式是將第 k 列與第 p 列互換，其中 p 為大於 k 且滿足 $a_{pk}^{(k)} \neq 0$ 的最小整數。

算則 6.1 高斯消去法加後向代換 (Gaussian Elimination with Backward Substitution)

解 $n \times n$ 線性方程組

$$E_1: \quad a_{11}x_1 + a_{12}x_2 + \cdots + a_{1n}x_n = a_{1,n+1}$$
$$E_2: \quad a_{21}x_1 + a_{22}x_2 + \cdots + a_{2n}x_n = a_{2,n+1}$$
$$\vdots \qquad \vdots \qquad \vdots \qquad \qquad \vdots \qquad \vdots$$
$$E_n: \quad a_{n1}x_1 + a_{n2}x_2 + \cdots + a_{nn}x_n = a_{n,n+1}$$

INPUT 　未知數與方程式數目 n；增大矩陣 $A = [a_{ij}]$，其中 $1 \leq i \leq n$ 且 $1 \leq j \leq n+1$。

OUTPUT 　解 $x_1, x_2, \ldots, x_n$，或方程組沒有唯一解的訊息。

Step 1　For $i = 1, \ldots, n-1$ do Steps 2–4. 　(消去程序)

　　Step 2　令 p 為滿足 $i \leq p \leq n$ 且 $a_{pi} \neq 0$ 的最小正整數。
　　　　　　如果找不到此種整數 p
　　　　　　　則 OUTPUT ('no unique solution exists');
　　　　　　　　STOP.

　　Step 3　If $p \neq i$ then perform $(E_p) \leftrightarrow (E_i)$.

　　Step 4　For $j = i+1, \ldots, n$ do Steps 5 and 6.

　　　　Step 5　Set $m_{ji} = a_{ji}/a_{ii}$.

　　　　Step 6　Perform $(E_j - m_{ji}E_i) \to (E_j)$;

Step 7　If $a_{nn} = 0$ then OUTPUT ('no unique solution exists');
　　　　　　　STOP.

Step 8　Set $x_n = a_{n,n+1}/a_{nn}$. 　(開始後向代換)

Step 9　For $i = n-1, \ldots, 1$ set $x_i = \left[a_{i,n+1} - \sum_{j=i+1}^{n} a_{ij}x_j \right] \Big/ a_{ii}$.

Step 10　OUTPUT $(x_1, \ldots, x_n)$; 　(程式順利完成)
　　　　　　STOP.

在 Maple 中要定義矩陣並使用高斯消去法，使用者必須先連結 *LinearAlgebra* 程式庫，其指令為

with(LinearAlgebra)

以下指令可定義出例題 2 中的 $\tilde{A}^{(1)}$，在此命名為 AA，

AA := Matrix([[1,-1,2,-1,-8],[2,-2,3,-3,-20],[1,1,1,0,-2],[1,-1,4,3,4]])

也就是以列的順序寫出增大矩陣 $AA \equiv \tilde{A}^{(1)}$ 的所有元素。

函數 *RowOperation(AA,[i, j], m)* 相當於 $(E_j + mE_i) \to (E_j)$ 運算，如果省略函數最後一個參數，*RowOperation(AA, [i, j])* 代表 $(E_i) \leftrightarrow (E_j)$ 運算。所以依序執行以下運算

*AA*1 := *RowOperation(AA*, [2, 1], -2)

$AA2 := RowOperation(AA1, [3, 1], -1)$

$AA3 := RowOperation(AA2, [4, 1], -1)$

$AA4 := RowOperation(AA3, [2, 3])$

$AA5 := RowOperation(AA4, [4, 3], 2)$

可得簡化矩陣 $AA5 \equiv \tilde{A}^{(4)}$。

在 Maple 的 *LinearAlgebra* 程式包中，高斯消去法是一個標準副程式，單一指令

$AA5 := GaussianElimination(AA)$

可得同樣的簡化矩陣。不論用那種方法，最後用

$x := BackwardSubstitute(AA5)$

可得解 **x**，它是 $x_1 = -7$、$x_2 = 3$、$x_3 = 2$、及 $x_4 = 2$。

說明題 本說明題的目的在顯示，如果算則 6.1 失敗時會出現什麼狀況。我們將同時進行兩個線性方程組的計算：

$$\begin{array}{rl} x_1 + x_2 + x_3 = 4, \\ 2x_1 + 2x_2 + x_3 = 6, \\ x_1 + x_2 + 2x_3 = 6, \end{array} \quad 及 \quad \begin{array}{rl} x_1 + x_2 + x_3 = 4, \\ 2x_1 + 2x_2 + x_3 = 4, \\ x_1 + x_2 + 2x_3 = 6 \end{array}$$

這兩個方程組對應之矩陣為

$$\tilde{A} = \begin{bmatrix} 1 & 1 & 1 & \vdots & 4 \\ 2 & 2 & 1 & \vdots & 6 \\ 1 & 1 & 2 & \vdots & 6 \end{bmatrix} \quad 及 \quad \tilde{A} = \begin{bmatrix} 1 & 1 & 1 & \vdots & 4 \\ 2 & 2 & 1 & \vdots & 4 \\ 1 & 1 & 2 & \vdots & 6 \end{bmatrix}$$

因為 $a_{11} = 1$，我們進行 $(E_2 - 2E_1) \to (E_2)$ 及 $(E_3 - E_1) \to (E_3)$ 的運算，可得

$$\tilde{A} = \begin{bmatrix} 1 & 1 & 1 & \vdots & 4 \\ 0 & 0 & -1 & \vdots & -2 \\ 0 & 0 & 1 & \vdots & 2 \end{bmatrix} \quad 及 \quad \tilde{A} = \begin{bmatrix} 1 & 1 & 1 & \vdots & 4 \\ 0 & 0 & -1 & \vdots & -4 \\ 0 & 0 & 1 & \vdots & 2 \end{bmatrix}$$

此時出現了 $a_{22} = a_{32} = 0$ 的情形。算則無法繼續，兩個方程組都無法獲得答案。我們寫出實際的方程組

$$\begin{array}{rl} x_1 + x_2 + x_3 = 4, \\ -x_3 = -2, \\ x_3 = 2, \end{array} \quad 及 \quad \begin{array}{rl} x_1 + x_2 + x_3 = 4 \\ -x_3 = -4 \\ x_3 = 2 \end{array}$$

第一個方程組有無限多組解，可以表示成 $x_3 = 2$、$x_2 = 2 - x_1$、而 x_1 為任意值。
第二個方程組則出現 $x_3 = 2$ 且 $x_3 = 4$ 的矛盾，所以是無解。但 2 種情形都符合算則 6.1 所稱的沒有唯一解。 ∎

雖然算則 6.1 看起來是產生一系列的增大矩陣 $\tilde{A}^{(1)}$、$\cdots$、$\tilde{A}^{(n)}$，但實際在電腦上執行

時只須要一個 $n \times (n+1)$ 陣列的儲存空間。在每一個步驟，我們只是用新的 a_{ij} 取代舊的。此外，我們可以用 a_{ji} 的位置來存乘數 m_{ji} 的值，因為對所有的 $i = 1, 2, \cdots, n-1$ 及 $j = i+1, i+2, \cdots, n$，a_{ji} 的值都為 0。所以 A 在主對角線以下的欄位 (也就是 $j > i$ 的欄位 a_{ji}) 被乘數取代，在主對角線及其以上的各欄位 (也就是 $j \leq i$ 的欄位 a_{ij}) 就是新求得的 $\tilde{A}^{(n)}$。我們在 6.5 節將會看到，這些數據可用來解其他的線性方程組。

■ 運算次數

計算所須的時間以及捨入誤差的大小，兩者均取決於解題時所用的浮點數運算次數。通常在電腦上執行乘法與除法所須的時間大致相同，並且比執行加法或減法所須時間多很多。當然，實際的差異取決於所用的電腦系統。為說明如何計算一個數值方法所須的運算次數，我們將數一數以算則 6.1 解 n 個未知數 n 個方程式的線性方程組所須的運算次數。因為所用的時間不同，我們將把加/減法與乘/除法分開計數。

在算則的 Step 5 及 6 之前都沒有用到算數運算。Step 5 須要執行 $(n-i)$ 個除法。在 Step 6 中以 $(E_j - m_{ji}E_i)$ 取代 E_j 的動作須要用 m_{ji} 乘 E_i 的每一項，故須要 $(n-i)(n-i+1)$ 個乘法。然後，所得方程式的每一項要與 E_j 相對的項相減，須要 $(n-i)(n-i+1)$ 個減法。對於每一個 $i = 1, 2, \cdots, n-1$，Step 5 及 6 所須的運算次數如下。

乘/除法

$$(n-i) + (n-i)(n-i+1) = (n-i)(n-i+2)$$

加/減法

$$(n-i)(n-i+1)$$

將以上運算次數對每一個 i 做加總可得這兩個步驟所須運算次數的總數。利用微積分的關係式

$$\sum_{j=1}^{m} 1 = m, \quad \sum_{j=1}^{m} j = \frac{m(m+1)}{2}, \quad \text{及} \quad \sum_{j=1}^{m} j^2 = \frac{m(m+1)(2m+1)}{6}$$

我們可得總數如下。

乘/除法

$$\sum_{i=1}^{n-1}(n-i)(n-i+2) = \sum_{i=1}^{n-1}(n^2 - 2ni + i^2 + 2n - 2i)$$

$$= \sum_{i=1}^{n-1}(n-i)^2 + 2\sum_{i=1}^{n-1}(n-i) = \sum_{i=1}^{n-1} i^2 + 2\sum_{i=1}^{n-1} i$$

$$= \frac{(n-1)n(2n-1)}{6} + 2\frac{(n-1)n}{2} = \frac{2n^3 + 3n^2 - 5n}{6}$$

加/減法

$$\sum_{i=1}^{n-1}(n-i)(n-i+1) = \sum_{i=1}^{n-1}(n^2 - 2ni + i^2 + n - i)$$

$$= \sum_{i=1}^{n-1}(n-i)^2 + \sum_{i=1}^{n-1}(n-i) = \sum_{i=1}^{n-1}i^2 + \sum_{i=1}^{n-1}i$$

$$= \frac{(n-1)n(2n-1)}{6} + \frac{(n-1)n}{2} = \frac{n^3 - n}{3}$$

在算則 6.1 中只有 Step 8 及 9 的後向代換還須要算術運算。Step 8 須要一個除法。Step 9 的加成項須要 $(n-i)$ 個乘法以及 $(n-i-1)$ 個加法，另外還要一個減法和一個除法。Step 8 及 9 所須運算次數的總數如下。

乘/除法

$$1 + \sum_{i=1}^{n-1}((n-i)+1) = 1 + \left(\sum_{i=1}^{n-1}(n-i)\right) + n - 1$$

$$= n + \sum_{i=1}^{n-1}(n-i) = n + \sum_{i=1}^{n-1}i = \frac{n^2 + n}{2}.$$

加/減法

$$\sum_{i=1}^{n-1}((n-i-1)+1) = \sum_{i=1}^{n-1}(n-i) = \sum_{i=1}^{n-1}i = \frac{n^2 - n}{2}$$

所以算則 6.1 所須的總運算次數為

乘/除法

$$\frac{2n^3 + 3n^2 - 5n}{6} + \frac{n^2 + n}{2} = \frac{n^3}{3} + n^2 - \frac{n}{3}$$

加/減法

$$\frac{n^3 - n}{3} + \frac{n^2 - n}{2} = \frac{n^3}{3} + \frac{n^2}{2} - \frac{5n}{6}$$

當 n 夠大時，乘法與除法的總數約為 $n^3/3$，和加法與減法的總數相當。因此所須要的總計算量與時間是正比於 n^3，如表 6.1 所示。

表 6.1

n	乘/除法	加/減法
3	17	11
10	430	375
50	44,150	42,875
100	343,300	338,250

習題組 6.1 完整習題請見隨書光碟

1. 下列各線性方程組，如果可能的話以圖形法求解。由幾何的觀點解釋其結果。
   a. $x_1 + 2x_2 = 3$
      $x_1 - x_2 = 0$
   b. $x_1 + 2x_2 = 3$
      $2x_1 + 4x_2 = 6$
   c. $x_1 + 2x_2 = 0$
      $2x_1 + 4x_2 = 0$
   d. $2x_1 + x_2 = -1$
      $4x_1 + 2x_2 = -2$
      $x_1 - 3x_2 = 5$

3. 用高斯消去法加後向代換及 2 位數四捨五入運算，求解下列線性方程組。不要改變方程式順序。(兩方程組之確解均為 $x_1 = 1$、$x_2 = -1$、$x_3 = 3$)
   a. $4x_1 - x_2 + x_3 = 8$
      $2x_1 + 5x_2 + 2x_3 = 3$
      $x_1 + 2x_2 + 4x_3 = 11$
   b. $4x_1 + x_2 + 2x_3 = 9$
      $2x_1 + 4x_2 - x_3 = -5$
      $x_1 + x_2 - 3x_3 = -9$

5. 在可能的情形下用高斯消去法求解下列線性方程組，並決定是否必須調換列。
   a. $x_1 - x_2 + 3x_3 = 2$
      $3x_1 - 3x_2 + x_3 = -1$
      $x_1 + x_2 = 3$
   b. $2x_1 - 1.5x_2 + 3x_3 = 1$
      $-x_1 + 2x_3 = 3$
      $4x_1 - 4.5x_2 + 5x_3 = 1$
   c. $2x_1 = 3$
      $x_1 + 1.5x_2 = 4.5$
      $-3x_2 + 0.5x_3 = -6.6$
      $2x_1 - 2x_2 + x_3 + x_4 = 0.8$
   d. $x_1 + x_2 + x_4 = 2$
      $2x_1 + x_2 - x_3 + x_4 = 1$
      $4x_1 - x_2 - 2x_3 + 2x_4 = 0$
      $3x_1 - x_2 - x_3 + 2x_4 = -3$

7. 用算則 6.1 及 Maple，設 $Digits := 10$，求解下列線性方程組。
   a. $\frac{1}{4}x_1 + \frac{1}{5}x_2 + \frac{1}{6}x_3 = 9$
      $\frac{1}{3}x_1 + \frac{1}{4}x_2 + \frac{1}{5}x_3 = 8$
      $\frac{1}{2}x_1 + x_2 + 2x_3 = 8$
   b. $3.333x_1 + 15920x_2 - 10.333x_3 = 15913$
      $2.222x_1 + 16.71x_2 + 9.612x_3 = 28.544$
      $1.5611x_1 + 5.1791x_2 + 1.6852x_3 = 8.4254$
   c. $x_1 + \frac{1}{2}x_2 + \frac{1}{3}x_3 + \frac{1}{4}x_4 = \frac{1}{6}$
      $\frac{1}{2}x_1 + \frac{1}{3}x_2 + \frac{1}{4}x_3 + \frac{1}{5}x_4 = \frac{1}{7}$
      $\frac{1}{3}x_1 + \frac{1}{4}x_2 + \frac{1}{5}x_3 + \frac{1}{6}x_4 = \frac{1}{8}$
      $\frac{1}{4}x_1 + \frac{1}{5}x_2 + \frac{1}{6}x_3 + \frac{1}{7}x_4 = \frac{1}{9}$
   d. $2x_1 + x_2 - x_3 + x_4 - 3x_5 = 7$
      $x_1 + 2x_3 - x_4 + x_5 = 2$
      $-2x_2 - x_3 + x_4 - x_5 = -5$
      $3x_1 + x_2 - 4x_3 + 5x_5 = 6$
      $x_1 - x_2 - x_3 - x_4 + x_5 = 3$

9. 已知線性方程組
$$2x_1 - 6\alpha x_2 = 3$$
$$3\alpha x_1 - x_2 = \tfrac{3}{2}$$
   a. 求 α 值為何，可使此方程組無解。
   b. 求 α 值為何，可使此方程組有無限多組解。
   c. 假設在某個 α 值時，此方程組有唯一解，求此解。

11. 證明，以下運算
    a. $(\lambda E_i) \to (E_i)$
    b. $(E_i + \lambda E_j) \to (E_i)$
    c. $(E_i) \leftrightarrow (E_j)$

    不會改變一個線性方程組的解。

12. Gauss-Jordan 法：此方法簡述如下。高斯法用第 i 個方程式消去 $E_{i+1}, E_{i+2}, \ldots, E_n$ 中的 x_i 項，Gauss-Jordan 法則同時也消去方程式 $E_1, E_2, \ldots, E_{i-1}$ 中的 x_i 項。最後 $[A, \mathbf{b}]$ 化簡為：

$$\begin{bmatrix} a_{11}^{(1)} & 0 & \cdots & 0 & \vdots & a_{1,n+1}^{(1)} \\ 0 & a_{22}^{(2)} & \ddots & \vdots & \vdots & a_{2,n+1}^{(2)} \\ \vdots & \ddots & \ddots & 0 & \vdots & \vdots \\ 0 & \cdots & 0 & a_{nn}^{(n)} & \vdots & a_{n,n+1}^{(n)} \end{bmatrix}$$

最後的解為

$$x_i = \frac{a_{i,n+1}^{(i)}}{a_{ii}^{(i)}}$$

$i = 1, 2, \cdots, n$。此程序免去了後向代換。比照算則 6.1，建構一個 Gauss-Jordan 法的算則。

13. 用 Gauss-Jordan 法及 2 位數四捨五入運算求解習題 3 之各方程組。

15. a. 證明 Gauss-Jordan 法須要

$$\frac{n^3}{2} + n^2 - \frac{n}{2} \text{ 個乘/除法}$$

及

$$\frac{n^3}{2} - \frac{n}{2} \text{ 個加/減法。}$$

b. 做一個表，比較 $n = 3, 10, 50, 100$ 時高斯消去法與 Gauss-Jordan 法各須要多少次運算。那一個方法的運算次數較少？

19. 設一個生態系統中有 n 種動物及 m 種食物來源。令 x_j 代表第 j 種動物的族群數，$j = 1, \cdots, n$；b_i 代表第 i 種食物每日可食的量；a_{ij} 代表第 j 種動物對第 i 種食物的平均食用量。線性方程組

$$\begin{aligned} a_{11}x_1 + a_{12}x_2 + \cdots + a_{1n}x_n &= b_1 \\ a_{21}x_1 + a_{22}x_2 + \cdots + a_{2n}x_n &= b_2 \\ &\vdots \\ a_{m1}x_1 + a_{m2}x_2 + \cdots + a_{mn}x_n &= b_m \end{aligned}$$

代表一種平衡狀態，每天食物的供應量剛好等於所有的需求量。

a. 令

$$A = [a_{ij}] = \begin{bmatrix} 1 & 2 & 0 & \vdots & 3 \\ 1 & 0 & 2 & \vdots & 2 \\ 0 & 0 & 1 & \vdots & 1 \end{bmatrix}$$

$\mathbf{x} = (x_j) = [1000, 500, 350, 400]$ 且 $\mathbf{b} = (b_i) = [3500, 2700, 900]$。食物的供應是否可滿足消耗？

b. 對每一種動物最多可再加入多少隻，此食物供應仍可滿足？

c. 如果物種 1 消失了，原來的食物供應許可其他各種動物再增加幾隻？

d. 如果物種 2 消失了，原來的食物供應許可其他各種動物再增加幾隻？

6.2 樞軸變換策略

在推導算則 6.1 時我們發現，如果有任一個樞軸元素 $a_{kk}^{(k)}$ 為 0，我們必須做列的互換。此互換的型式為 $(E_k) \leftrightarrow (E_p)$，其中 p 為大於 k 且滿足 $a_{pk}^{(k)} \neq 0$ 的最小整數。但為了減低捨入誤差，有時即使樞軸元素不為零，也須要進行列的互換。

如果 $a_{kk}^{(k)}$ 的絕對值比 $a_{jk}^{(k)}$ 的小很多，則乘數

$$m_{jk} = \frac{a_{jk}^{(k)}}{a_{kk}^{(k)}}$$

的絕對值會遠大於 1。在計算 $a_{jl}^{(k+1)}$ 時，每一個 $a_{kl}^{(k)}$ 項的捨入誤差都會被乘以 m_{jk}，使得原來的誤差大幅增加。同時，在 $a_{kk}^{(k)}$ 很小時進行後向代換

$$x_k = \frac{a_{k,n+1}^{(k)} - \sum_{j=k+1}^{n} a_{kj}^{(k)}}{a_{kk}^{(k)}}$$

分子中的任何誤差都會因為除以很小的數 $a_{kk}^{(k)}$ 而被放大。在下個例題中我們將看到，即使是很小的方程組，捨入誤差都可能蓋過一切。

例題 1 將高斯消去法用於方程組

$$E_1: \quad 0.003000x_1 + 59.14x_2 = 59.17$$

$$E_2: \quad 5.291x_1 - 6.130x_2 = 46.78$$

使用 4 位數捨入算術，並將結果與確解 $x_1 = 10.00$ 及 $x_2 = 1.000$ 做比較。

解 第一個樞軸元素 $a_{11}^{(1)} = 0.003000$ 很小，其對應之乘數為

$$m_{21} = \frac{5.291}{0.003000} = 1763.6\overline{6}$$

四捨五入後為 1764。執行 $(E_2 - m_{21}E_1) \to (E_2)$ 運算及適當的四捨五入得到方程組

$$0.003000x_1 + 59.14x_2 \approx 59.17$$

$$-104300x_2 \approx -104400$$

而非確實的方程組

$$0.003000x_1 + 59.14x_2 = 59.17$$

$$-104309.37\overline{6}x_2 = -104309.37\overline{6}$$

$m_{21}a_{13}$ 及 a_{23} 絕對值的差異造成了捨入誤差，但此時誤差尚未擴散。後向代換可得

$$x_2 \approx 1.001$$

這與真實值 $x_2 = 1.000$ 還相當接近。但是因為樞軸元素 $a_{11} = 0.003000$ 很小，

$$x_1 \approx \frac{59.17 - (59.14)(1.001)}{0.003000} = -10.00$$

包含了一個很小的誤差 0.001 乘上

$$\frac{59.14}{0.003000} \approx 20000$$

這與真實值 $x_1 = 10.00$ 差的太遠了。

在圖 6.1 中顯示了，為何在這個特別設計的例題中誤差這麼容易發生，但對於再大一點的方程組，我們就很難預測類似情形是否會出現。 ∎

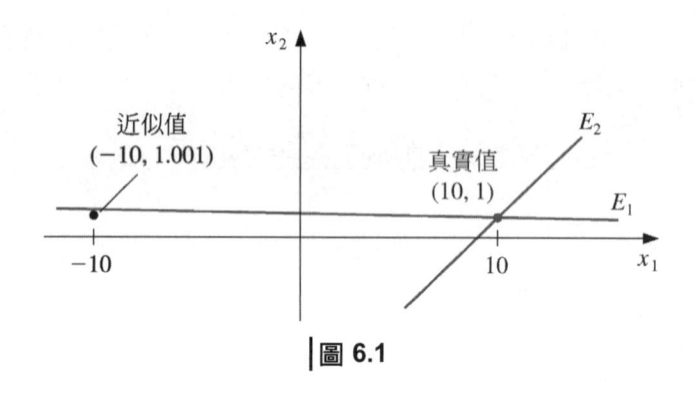

圖 6.1

■ 部分樞軸變換(Partial Pivoting)

例題 1 顯示了，當樞軸元素 $a_{kk}^{(k)}$ 遠小於 $a_{ij}^{(k)}$，$k \leq i \leq n$ 且 $k \leq j \leq n$，時將出現的困擾。要避免此問題，必須要選取絕對值較大的 $a_{pq}^{(k)}$ 做為樞軸元素，然後將第 k 與第 p 列互換，必要時再將第 k 行與第 q 行互換。

最簡單的策略是，選取同行在主對角線以下各元素中，絕對值最大的一個，也就是選取滿足

$$|a_{pk}^{(k)}| = \max_{k \leq i \leq n} |a_{ik}^{(k)}|$$

的最小之 $p \geq k$，然後執行 $(E_k) \leftrightarrow (E_p)$。在此不做行的互換。

例題 2 將高斯消去法用於方程組

$$E_1: 0.003000x_1 + 59.14x_2 = 59.17$$
$$E_2: 5.291x_1 - 6.130x_2 = 46.78$$

利用部分樞軸程序及 4 位數捨入算術，並將結果與確解 $x_1 = 10.00$ 及 $x_2 = 1.000$ 做比較。

解 部分樞軸變換程序要先找出

$$\max\left\{|a_{11}^{(1)}|, |a_{21}^{(1)}|\right\} = \max\left\{|0.003000|, |5.291|\right\} = |5.291| = |a_{21}^{(1)}|$$

然後執行 $(E_2) \leftrightarrow (E_1)$ 以獲得等價方程組

$$E_1:\ 5.291x_1 - 6.130x_2 = 46.78$$

$$E_2:\ 0.003000x_1 + 59.14x_2 = 59.17$$

此方程組之乘數為

$$m_{21} = \frac{a_{21}^{(1)}}{a_{11}^{(1)}} = 0.0005670$$

而 $(E_2 - m_{21}E_1) \to (E_2)$ 運算可將方程組化簡為

$$5.291x_1 - 6.130x_2 \approx 46.78$$

$$59.14x_2 \approx 59.14$$

由後向代換所得 4 位數的答案與確解相同 $x_1 = 10.00$ 及 $x_2 = 1.000$。 ∎

以上所述方法稱為**部分樞軸變換** (partial pivoting)，或最大行樞軸變換 (*maximal column pivoting*)，具體用於算則 6.2。在算則中是經由改變 Step 5 的 *NROW* 的值來做列的互換。

算則 6.2 含部分樞軸變換之高斯消去法 (Gaussian Elimination with Partial Pivoting)

解 $n \times n$ 線性方程組

$$\begin{aligned} E_1: &\ a_{11}x_1 + a_{12}x_2 + \cdots + a_{1n}x_n = a_{1,n+1} \\ E_2: &\ a_{21}x_1 + a_{22}x_2 + \cdots + a_{2n}x_n = a_{2,n+1} \\ &\quad \vdots \qquad\qquad\qquad\qquad\qquad\qquad \vdots \\ E_n: &\ a_{n1}x_1 + a_{n2}x_2 + \cdots + a_{nn}x_n = a_{n,n+1} \end{aligned}$$

INPUT 未知數與方程式數目 n；增大矩陣 $A = [a_{ij}]$，其中 $1 \leq i \leq n$ 且 $1 \leq j \leq n+1$。

OUTPUT 解 $x_1, \ldots, x_n$，或方程組沒有唯一解的訊息。

Step 1 For $i = 1, \ldots, n$ set $NROW(i) = i$. (初始化列指標)

Step 2 For $i = 1, \ldots, n-1$ do Steps 3–6. (消去程序)

  Step 3 Let p be the smallest integer with $i \leq p \leq n$ and $|a(NROW(p), i)| = \max_{i \leq j \leq n} |a(NROW(j), i)|$.
(符號：$a(NROW(i), j) \equiv a_{NROW_i, j}$)

  Step 4 If $a(NROW(p), i) = 0$ then OUTPUT ('no unique solution exists');
STOP.

  Step 5 If $NROW(i) \neq NROW(p)$ then set $NCOPY = NROW(i)$;
$NROW(i) = NROW(p)$;
$NROW(p) = NCOPY$.

  (模擬列互換)

Step 6 For $j = i+1, \ldots, n$ do Steps 7 and 8.

Step 7 Set $m(NROW(j), i) = a(NROW(j), i)/a(NROW(i), i)$.

Step 8 Perform $(E_{NROW(j)} - m(NROW(j), i) \cdot E_{NROW(i)}) \to (E_{NROW(j)})$.

Step 9 If $a(NROW(n), n) = 0$ then OUTPUT ('no unique solution exists');
STOP.

Step 10 Set $x_n = a(NROW(n), n+1)/a(NROW(n), n)$.
（開始後向代換）

Step 11 For $i = n-1, \ldots, 1$
$$\text{set } x_i = \frac{a(NROW(i), n+1) - \sum_{j=i+1}^{n} a(NROW(i), j) \cdot x_j}{a(NROW(i), i)}.$$

Step 12 OUTPUT $(x_1, \ldots, x_n)$; （程式順利完成）
STOP. ∎

在部分樞軸變換程序中所有的乘數 m_{ji} 的絕對值都小於等於 1。雖然此策略可解決大部分的問題，但是某些情形下仍會出問題。

說明題 線性方程組

$$E_1: \quad 30.00 x_1 + 591400 x_2 = 591700$$
$$E_2: \quad 5.291 x_1 - \quad 6.130 x_2 = 46.78$$

與例題 1 及 2 的完全一樣，只是將第一個方程式乘上 10^4。利用算則 6.2 的部分樞軸程序及四位數算術運算，可得到與例題 1 一樣的結果。第一行的最大值為 30.00，乘數為

$$m_{21} = \frac{5.291}{30.00} = 0.1764$$

可得方程組

$$30.00 x_1 + 591400 x_2 \approx 591700$$
$$-104300 x_2 \approx -104400$$

此方程組會得到與例題 1 同樣不正確的解 $x_2 \approx 1.001$ 及 $x_1 \approx -10.00$。 ∎

■ 尺度化部分樞軸變換

以上說明題中的方程組，須要做**尺度化部分樞軸變換** (scaled partial pivoting)，也稱為尺度化行樞軸變換 (*scaled column pivoting*)。此方法將一列中最大的元素置於樞軸位置。此程序的第一步就是定義每一列的尺度因子 s_i，

$$s_i = \max_{1 \leq j \leq n} |a_{ij}|$$

如果對某個 i 值出現 $s_i = 0$，則此方程組沒有唯一解，因為整列的係數都是 0。不考慮此一情況，適當的列互換方式為，選取能滿足

$$\frac{|a_{p1}|}{s_p} = \max_{1 \le k \le n} \frac{|a_{k1}|}{s_k}$$

的最小整數 p 並執行 $(E_1) \leftrightarrow (E_p)$。尺度化的作用是在確保執行列互換的比較前，每一列最大元素的相對絕對值都是 1。

類似的，在利用

$$E_k - m_{ki}E_i \quad , \quad k = i+1, \ldots, n$$

運算消去變數 x_i 之前，先選擇滿足

$$\frac{|a_{pi}|}{s_p} = \max_{i \le k \le n} \frac{|a_{ki}|}{s_k}$$

的最小整數 $p \ge i$，若 $i \ne p$ 則進行 $(E_i) \leftrightarrow (E_p)$ 的列互換。尺度化因子 $s_1, \ldots, s_n$ 只在開始時計算一次。因為它們與列相關，在執行列互換時其因子要跟著互換。

說明題 將尺度化部分樞軸用於前一個說明題可得

$$s_1 = \max\{|30.00|, |591400|\} = 591400$$

及

$$s_2 = \max\{|5.291|, |-6.130|\} = 6.130$$

因此

$$\frac{|a_{11}|}{s_1} = \frac{30.00}{591400} = 0.5073 \times 10^{-4} \quad , \quad \frac{|a_{21}|}{s_2} = \frac{5.291}{6.130} = 0.8631$$

並進行 $(E_1) \leftrightarrow (E_2)$ 運算。

將高斯消去法用於新的方程組

$$5.291x_1 - 6.130x_2 = 46.78$$
$$30.00x_1 + 591400x_2 = 591700$$

可得正確的結果：$x_1 = 10.00$ 及 $x_2 = 1.000$。 ∎

算則 6.3 應用了尺度化部分樞軸變換。

算則 6.3 高斯消去法及尺度化部分樞軸變換 (Gaussian Elimination with Scaled Partial Pivoting)

此算則與算則 6.2 的唯一差異為：

Step 1 For $i = 1, \ldots, n$ set $s_i = \max_{1 \le j \le n} |a_{ij}|$;
　　　　if $s_i = 0$ then OUTPUT ('no unique solution exists');
　　　　　　STOP.
　　　　set $NROW(i) = i$.

Step 2 For $i = 1, \ldots, n-1$ do Steps 3–6. （消去程序）

Step 3 Let p be the smallest integer with $i \le p \le n$ and

$$\frac{|a(NROW(p), i)|}{s(NROW(p))} = \max_{i \le j \le n} \frac{|a(NROW(j), i)|}{s(NROW(j))}.$$

■

下一個例題則顯示如何用 Maple 的 *LinearAlgebra* 程式庫及有限位數算術運算，執行尺度化部分樞軸變換。

例題 3 在 Maple 的 *LinearAlgebra* 程式庫，使用 3 位數四捨五入算術運算求解線性方程組

$$\begin{aligned} 2.11x_1 - 4.21x_2 + 0.921x_3 &= 2.01 \\ 4.01x_1 + 10.2x_2 - 1.12x_3 &= -3.09 \\ 1.09x_1 + 0.987x_2 + 0.832x_3 &= 4.21 \end{aligned}$$

解 要使用 3 位數四捨五入算術運算可輸入

Digits := 3;

我們已知 $s_1 = 4.21$、$s_2 = 10.2$、及 $s_3 = 1.09$。所以

$$\frac{|a_{11}|}{s_1} = \frac{2.11}{4.21} = 0.501 \ , \ \frac{|a_{21}|}{s_1} = \frac{4.01}{10.2} = 0.393 \ , \ 及 \ \frac{|a_{31}|}{s_3} = \frac{1.09}{1.09} = 1$$

接著載入 *LinearAlgebra* 程式庫

with(LinearAlgebra)

增大矩陣 *AA* 的定義為

AA := *Matrix*([[2.11,-4.21,0.921,2.01],[4.01,10.2,-1.12,-3.09],
         [1.09,0.987,0.832,4.21]])

如此可得

$$\begin{bmatrix} 2.11 & -4.21 & .921 & 2.01 \\ 4.01 & 10.2 & -1.12 & -3.09 \\ 1.09 & .987 & .832 & 4.21 \end{bmatrix}$$

因為最大的是 $|a_{31}|/s_3$，我們進行 $(E_1) \leftrightarrow (E_3)$

*AA*1 := *RowOperation(AA,[1,3])*

可得

$$\begin{bmatrix} 1.09 & .987 & .832 & 4.21 \\ 4.01 & 10.2 & -1.12 & -3.09 \\ 2.11 & -4.21 & .921 & 2.01 \end{bmatrix}$$

第 6 章 以直接法解線性方程組

計算乘數

$$m21 := \frac{AA1[2,1]}{AA1[1,1]}; \quad m31 := \frac{AA1[3,1]}{AA1[1,1]}$$

可得

$$\begin{matrix} 3.68 \\ 1.94 \end{matrix}$$

用以下指令進行前兩次消去

$AA2 := RowOperation(AA1,[2,1],-m21):AA3 := RowOperation(AA2,[3,1],-m31)$

可得

$$\begin{bmatrix} 1.09 & .987 & .832 & 4.21 \\ 0 & 6.57 & -4.18 & -18.6 \\ 0 & -6.12 & -.689 & -6.16 \end{bmatrix}$$

因為

$$\frac{|a_{22}|}{s_2} = \frac{6.57}{10.2} = 0.644 \quad 及 \quad \frac{|a_{32}|}{s_3} = \frac{6.12}{4.21} = 1.45$$

我們執行

$AA4 := RowOperation(AA3,[2,3]);$

可得

$$\begin{bmatrix} 1.09 & .987 & .832 & 4.21 \\ 0 & -6.12 & -.689 & -6.16 \\ 0 & 6.57 & -4.18 & -18.6 \end{bmatrix}$$

乘數 m_{32} 的計算為

$$m32 := \frac{AA4[3,2]}{AA4[2,2]}$$

$$-1.07$$

再一步消去

$AA5 := RowOperation(AA4,[3,2],-m32)$

得矩陣

$$\begin{bmatrix} 1.09 & .987 & .832 & 4.21 \\ 0 & -6.12 & -.689 & -6.16 \\ 0 & .02 & -4.92 & -25.2 \end{bmatrix}$$

現在仍無法使用 BackwardSubstitute，因為在 (3,2) 位置，第 2 行的最後 1 列，的數據是

0.02。這一欄位數字不為 0 是由捨入誤差造成的，要消除這個小問題可用

$AA5[3,2] := 0$

你可以用指令 *evalm(AA5)* 以驗證其正確性。

最後，後向代換可得 **x** 的解，在 3 位數時為 $x_1 = -0.436$、$x_2 = 0.430$ 及 $x_3 = 5.12$。　■

　　尺度化部分樞軸要做的額外計算，第一項就是決定尺度因子；對每一列要執行 (n-1) 次比對，總共 n 列，故總數為

$$n(n-1) \text{ 個比對。}$$

　　要決定正確的第一次互換，須執行 n 次除法再加 $(n-1)$ 次比對。所以第一次互換增加了

$$n \text{ 個除法及 } (n-1) \text{ 個比對。}$$

因為尺度因子只須要計算一次，所以第二步須要

$$(n-1) \text{ 個除法及 } (n-2) \text{ 個比對。}$$

　　我們以同樣方法重複以上步驟，直到除了第 n 列以外，主對角線以下均為 0。在最後一步我們須要執行

$$2 \text{ 個除法及 } 1 \text{ 個比對。}$$

綜合上述，尺度化部分樞軸變換與高斯消去法相比總共增加了

$$n(n-1) + \sum_{k=1}^{n-1} k = n(n-1) + \frac{(n-1)n}{2} = \frac{3}{2}n(n-1) \text{ 個比對} \tag{6.7}$$

及

$$\sum_{k=2}^{n} k = \left(\sum_{k=1}^{n} k\right) - 1 = \frac{n(n+1)}{2} - 1 = \frac{1}{2}(n-1)(n+2) \text{ 個除法}$$

執行比對運算所須的時間，大略相當於執行加/減法所須的時間。因為執行基本高斯消去法所須的時間是 $O(n^3/3)$ 的乘/除法與 $O(n^3/3)$ 的加/減法，所以當 n 夠大時，尺度化部分樞軸並不會明顯增加計算所須時間。

　　要突顯只計算一次尺度化因子的重要性，我們考慮如果每次互換後都重新計算尺度因子所增加的計算量。在此情形下 (6.7) 式中的 $n(n-1)$ 要換成

$$\sum_{k=2}^{n} k(k-1) = \frac{1}{3}n(n^2-1)$$

所以這樣的樞軸變換方式，除了 $[n(n+1)/2] - 1$ 個除法外還要增加 $O(n^3/3)$ 次的比對。

■ 完全樞軸變換

樞軸變換可用於互換列，也可互換行。**完全樞軸變換** (complete pivoting)，也稱為**最大樞軸變換** (*maximal pivoting*)，在第 k 步時搜尋 $i = k, k+1, \ldots, n$ 且 $j = k, k+1, \ldots, n$ 範圍內所有的 a_{ij}，找出其中絕對值最大的。同時做行與列的互換，以將此值換到樞軸位置。完全樞軸的第一步需要執行 $n^2 - 1$ 個比對，第二步須要 $(n-1)^2 - 1$ 個比對，並依此類推。所以在高斯消去法中加入完全樞軸變換所增加的計算量為

$$\sum_{k=2}^{n}(k^2 - 1) = \frac{n(n-1)(2n+5)}{6}$$

個比對。所以只有對準確度要求很高的方程組，且計算時間可接受的情況，我們才建議採用完全樞軸變換策略。

習題組 6.2 　完整習題請見隨書光碟

1. 使用算則 6.1 求解下列線性方程組時，必須進行的列互換為何？

　a. 　$x_1 - 5x_2 + x_3 = 7$
　　　　$10x_1 + 20x_3 = 6$
　　　　$5x_1 - x_3 = 4$

　b. 　$x_1 + x_2 - x_3 = 1$
　　　　$x_1 + x_2 + 4x_3 = 2$
　　　　$2x_1 - x_2 + 2x_3 = 3$

　c. 　$2x_1 - 3x_2 + 2x_3 = 5$
　　　　$-4x_1 + 2x_2 - 6x_3 = 14$
　　　　$2x_1 + 2x_2 + 4x_3 = 8$

　d. 　$ x_2 + x_3 = 6$
　　　　$x_1 - 2x_2 - x_3 = 4$
　　　　$x_1 - x_2 + x_3 = 5$

3. 用算則 6.2 重複習題 1。

5. 用算則 6.3 重複習題 1。

7. 用完全樞軸變換重複習題 1。

9. 用高斯消去法及三位數截斷算術運算求解下列線性方程組，並將近似解與真實解做比較。

　a. 　$0.03x_1 + 58.9x_2 = 59.2$
　　　　$5.31x_1 - 6.10x_2 = 47.0$
　　　　真實解 $[10, 1]$

　b. 　$3.03x_1 - 12.1x_2 + 14x_3 = -119$
　　　　$-3.03x_1 + 12.1x_2 - 7x_3 = 120$
　　　　$6.11x_1 - 14.2x_2 + 21x_3 = -139$
　　　　真實解 $[0, 10, \frac{1}{7}]$

　c. 　$1.19x_1 + 2.11x_2 - 100x_3 + x_4 = 1.12$
　　　　$14.2x_1 - 0.122x_2 + 12.2x_3 - x_4 = 3.44$
　　　　$ 100x_2 - 99.9x_3 + x_4 = 2.15$
　　　　$15.3x_1 + 0.110x_2 - 13.1x_3 - x_4 = 4.16$
　　　　真實解 $[0.176, 0.0126, -0.0206, -1.18]$

　d. 　$\pi x_1 - ex_2 + \sqrt{2}x_3 - \sqrt{3}x_4 = \sqrt{11}$
　　　　$\pi^2 x_1 + ex_2 - e^2 x_3 + \frac{3}{7}x_4 = 0$
　　　　$\sqrt{5}x_1 - \sqrt{6}x_2 + x_3 - \sqrt{2}x_4 = \pi$
　　　　$\pi^3 x_1 + e^2 x_2 - \sqrt{7}x_3 + \frac{1}{9}x_4 = \sqrt{2}$
　　　　真實解 $[0.788, -3.12, 0.167, 4.55]$

11. 用 3 位數四捨五入運算重複習題 9。

13. 用高斯消去法及部分樞軸變換重複習題 9。

15. 用高斯消去法加部分樞軸變換以及三位數四捨五入運算重複習題 9。
17. 用高斯消去法及尺度化部分樞軸變換重複習題 9。
19. 用高斯消去法加尺度化部分樞軸變換以及三位數四捨五入運算重複習題 9。
21. 用算則 6.1 及 Maple，$Digits := 10$，重複習題 9。
23. 用算則 6.2 及 Maple，$Digits := 10$，重複習題 9。
25. 用算則 6.3 及 Maple，$Digits := 10$，重複習題 9。
27. 用高斯消去法及完全樞軸變換重複習題 9。
29. 用高斯消去法及完全樞軸變換並使用三位數四捨五入運算重複習題 9。
31. 設已知

$$2x_1 + x_2 + 3x_3 = 1$$
$$4x_1 + 6x_2 + 8x_3 = 5$$
$$6x_1 + \alpha x_2 + 10x_3 = 5$$

且 $|\alpha| < 10$。在使用尺度化部分樞軸變換求解此問題時，當 α 值為下列何者時無須做列的互換。
   a. $\alpha = 6$　　**b.** $\alpha = 9$　　**c.** $\alpha = -3$
33. 用完全樞軸變換算則重複習題 9，使用 Maple 及 $Digits := 10$。

6.3 線性代數與矩陣求逆

我們在 6.1 節中介紹了如何用矩陣，以簡便的表示及處理線性方程組。在本節中我們要介紹一些與矩陣相關的代數運算，並說明如何將其用於求解包括線性方程組在內的一些問題。

定義 6.2

兩個矩陣**相等** (equal) 是指，兩個矩陣的行與列的數目均相等，例如 $n \times m$，且對每一個 $i = 1, 2, \ldots, n$ 及 $j = 1, 2, \ldots, m$，$a_{ij} = b_{ij}$。

此定義指出，例如

$$\begin{bmatrix} 2 & -1 & 7 \\ 3 & 1 & 0 \end{bmatrix} \neq \begin{bmatrix} 2 & 3 \\ -1 & 1 \\ 7 & 0 \end{bmatrix}$$

因為它們的維度 (dimension) 不同。

■ 矩陣算術

兩個很重要的矩陣運算分別是，兩矩陣相加以及一矩陣乘以一個實數。

定義 6.3

如果 A 及 B 均為 $n \times m$ 矩陣,則 A 與 B 的**和**,記為 $A + B$,為 $n \times m$ 矩陣,其元素為 $a_{ij} + b_{ij}$,$i = 1, 2, \ldots, n$ 及 $j = 1, 2, \ldots, m$。

定義 6.4

若 A 為 $n \times m$ 矩陣且 λ 為實數,則 λ 與 A 的**純量乘積** (scalar multiplication),記作 λA,仍為 $n \times m$ 矩陣,其元素為 λa_{ij},$i = 1, 2, \ldots, n$ 及 $j = 1, 2, \ldots, m$。

例題 1 求 $A + B$ 及 λA,已知

$$A = \begin{bmatrix} 2 & -1 & 7 \\ 3 & 1 & 0 \end{bmatrix}, B = \begin{bmatrix} 4 & 2 & -8 \\ 0 & 1 & 6 \end{bmatrix}, \text{且 } \lambda = -2$$

解 我們有

$$A + B = \begin{bmatrix} 2+4 & -1+2 & 7-8 \\ 3+0 & 1+1 & 0+6 \end{bmatrix} = \begin{bmatrix} 6 & 1 & -1 \\ 3 & 2 & 6 \end{bmatrix}$$

及

$$\lambda A = \begin{bmatrix} -2(2) & -2(-1) & -2(7) \\ -2(3) & -2(1) & -2(0) \end{bmatrix} = \begin{bmatrix} -4 & 2 & -14 \\ -6 & -2 & 0 \end{bmatrix}$$

我們有以下矩陣加法及純量乘法的通用性質。這些性質足夠將所有 $n \times m$ 實數矩陣所成的集合歸類為實數域中的**向量空間** (vector space)。

- 令 O 代表所有元素均為 0 的矩陣,$-A$ 代表元素為 $-a_{ij}$ 的矩陣。

定理 6.5

令 A、B、及 C 為 $n \times m$ 矩陣且 λ 及 μ 為實數。下列有關矩陣加法及純量乘法的關係成立:

(i) $A + B = B + A$
(ii) $(A + B) + C = A + (B + C)$
(iii) $A + O = O + A = A$
(iv) $A + (-A) = -A + A = 0$
(v) $\lambda(A + B) = \lambda A + \lambda B$
(vi) $(\lambda + \mu)A = \lambda A + \mu A$
(vii) $\lambda(\mu A) = (\lambda \mu)A$
(viii) $1A = A$

以上所有關係式與實數運算相同。

■ 矩陣-向量積 (Matrix-Vector Products)

在定義矩陣乘積前,先考慮一個 $n \times m$ 矩陣和一個 $m \times 1$ 行向量的乘積。

定義 6.6

令 A 為 $n \times m$ 矩陣且 $\mathbf{b}$ 為 m 維行向量。A 及 $\mathbf{b}$ 的**矩陣-向量積** (matrix-vector product)，記為 $A\mathbf{b}$，是一個 n 維行向量，如下所示

$$A\mathbf{b} = \begin{bmatrix} a_{11} & a_{12} & \cdots & a_{1m} \\ a_{21} & a_{22} & \cdots & a_{2m} \\ \vdots & \vdots & & \vdots \\ a_{n1} & a_{n2} & \cdots & a_{nm} \end{bmatrix} \begin{bmatrix} b_1 \\ b_2 \\ \vdots \\ b_m \end{bmatrix} = \begin{bmatrix} \sum_{i=1}^{m} a_{1i}b_i \\ \sum_{i=1}^{m} a_{2i}b_i \\ \vdots \\ \sum_{i=1}^{m} a_{ni}b_i \end{bmatrix}$$

此乘積要有定義的條件是，矩陣 A 的行數，必須和向量 $\mathbf{b}$ 的列數一樣，而相乘所得的行向量，其列數和原矩陣列數一樣。

例題 2 求乘積 $A\mathbf{b}$，已知 $A = \begin{bmatrix} 3 & 2 \\ -1 & 1 \\ 6 & 4 \end{bmatrix}$ 及 $\mathbf{b} = \begin{bmatrix} 3 \\ -1 \end{bmatrix}$。

解 因為 A 的維數是 3×2，且 $\mathbf{b}$ 的維數是 2×1，此乘積有定義，並且是一個 3 列的行向量。它們是

$$3(3) + 2(-1) = 7 \text{、} (-1)(3) + 1(-1) = -4 \text{、及} 6(3) + 4(-1) = 14$$

也就是

$$A\mathbf{b} = \begin{bmatrix} 3 & 2 \\ -1 & 1 \\ 6 & 4 \end{bmatrix} \begin{bmatrix} 3 \\ -1 \end{bmatrix} = \begin{bmatrix} 7 \\ -4 \\ 14 \end{bmatrix}$$

介紹了矩陣-向量積之後，我們可以將線性方程組

$$\begin{aligned} a_{11}x_1 + a_{12}x_2 + \cdots + a_{1n}x_n &= b_1 \\ a_{21}x_1 + a_{22}x_2 + \cdots + a_{2n}x_n &= b_2 \\ &\vdots \\ a_{n1}x_1 + a_{n2}x_2 + \cdots + a_{nn}x_n &= b_n \end{aligned}$$

視為矩陣方程式

$$A\mathbf{x} = \mathbf{b}$$

其中

$$A = \begin{bmatrix} a_{11} & a_{12} & \cdots & a_{1n} \\ a_{21} & a_{22} & \cdots & a_{2n} \\ \vdots & \vdots & & \vdots \\ a_{n1} & a_{n2} & \cdots & a_{nn} \end{bmatrix} \text{、} \mathbf{x} = \begin{bmatrix} x_1 \\ x_2 \\ \vdots \\ x_n \end{bmatrix} \text{、及} \mathbf{b} = \begin{bmatrix} b_1 \\ b_2 \\ \vdots \\ b_n \end{bmatrix}$$

第 6 章 以直接法解線性方程組

因為乘積 **Ax** 中的所有元素，必須與向量 **b** 中的相對元素一致。本質上，一個 $n \times m$ 矩陣可視為是一個，以 m 維行向量所成集合為定義域，以 n 維行向量所成子集合為值域的函數。

■ 矩陣-矩陣乘積

我們可以用矩陣-向量乘法來定義通用的矩陣-矩陣相乘。

定義 6.7

令 A 為 $n \times m$ 矩陣且 B 為 $m \times p$ 矩陣。則 A 與 B 的**矩陣乘積** (matrix product)，記作 AB，是一個 $n \times p$ 的矩陣 C，其元素 c_{ij} 為

$$c_{ij} = \sum_{k=1}^{m} a_{ik} b_{kj} = a_{i1}b_{1j} + a_{i2}b_{2j} + \cdots + a_{im}b_{mj}$$

$i = 1, 2, \cdots n$ 及 $j = 1, 2, \cdots, p$。∎

c_{ij} 的計算方法是將 A 矩陣的第 i 列與 B 矩陣的第 j 行逐項兩兩相乘再加總，也就是

$$[a_{i1}, a_{i2}, \cdots, a_{im}] \begin{bmatrix} b_{1j} \\ b_{2j} \\ \vdots \\ b_{mj} \end{bmatrix} = c_{ij}$$

其中

$$c_{ij} = a_{i1}b_{1j} + a_{i2}b_{2j} + \cdots + a_{im}b_{mj} = \sum_{k=1}^{m} a_{ik} b_{kj}$$

這說明了為何在計算乘積 AB 時，A 的行數一定要等於 B 的列數。

下個例題將使得矩陣相乘的程序更清楚。

例題 3 求下列各矩陣所有可能的乘積

$$A = \begin{bmatrix} 3 & 2 \\ -1 & 1 \\ 1 & 4 \end{bmatrix}, B = \begin{bmatrix} 2 & 1 & -1 \\ 3 & 1 & 2 \end{bmatrix}$$

$$C = \begin{bmatrix} 2 & 1 & 0 & 1 \\ -1 & 3 & 2 & 1 \\ 1 & 1 & 2 & 0 \end{bmatrix}, \text{ 及 } D = \begin{bmatrix} 1 & -1 \\ 2 & -1 \end{bmatrix}$$

解 各矩陣的大小為

$A: 3 \times 2$、$B: 2 \times 3$、$C: 3 \times 4$，及 $D: 2 \times 2$。

可定義之乘積及其維數為：

$AB : 3 \times 3$，$BA : 2 \times 2$，$AD : 3 \times 2$，$BC : 2 \times 4$，$DB : 2 \times 3$，及 $DD : 2 \times 2$

這些乘積分別為

$$AB = \begin{bmatrix} 12 & 5 & 1 \\ 1 & 0 & 3 \\ 14 & 5 & 7 \end{bmatrix}, BA = \begin{bmatrix} 4 & 1 \\ 10 & 15 \end{bmatrix}, AD = \begin{bmatrix} 7 & -5 \\ 1 & 0 \\ 9 & -5 \end{bmatrix}$$

$$BC = \begin{bmatrix} 2 & 4 & 0 & 3 \\ 7 & 8 & 6 & 4 \end{bmatrix}, DB = \begin{bmatrix} -1 & 0 & -3 \\ 1 & 1 & -4 \end{bmatrix}, DD = \begin{bmatrix} -1 & 0 \\ 0 & -1 \end{bmatrix}$$ ∎

在此可留意到，雖然 AB 和 BA 都是有定義的乘積，但它們並不相同；它們連維數都不一樣。用數學的語言來說，矩陣相乘為**不可交換**，也就是順序對調後會有不同結果。即使兩個乘積都有定義甚至維數相同亦然。幾乎所有例子都如此，例如

$$\begin{bmatrix} 1 & 1 \\ 1 & 0 \end{bmatrix} \begin{bmatrix} 0 & 1 \\ 1 & 1 \end{bmatrix} = \begin{bmatrix} 1 & 2 \\ 0 & 1 \end{bmatrix} \quad \text{然而} \quad \begin{bmatrix} 0 & 1 \\ 1 & 1 \end{bmatrix} \begin{bmatrix} 1 & 1 \\ 1 & 0 \end{bmatrix} = \begin{bmatrix} 1 & 0 \\ 2 & 1 \end{bmatrix}$$

不過如以下定理所示，一些與矩陣乘積有關的重要運算關係確實成立。

定理 6.8

令 A 為 $n \times m$ 矩陣、B 為 $m \times k$ 矩陣、C 為 $k \times p$ 矩陣、D 為 $m \times k$ 矩陣、且 λ 為實數。下列關係式成立：

(a) $A(BC) = (AB)C$；**(b)** $A(B + D) = AB + AD$；**(c)** $\lambda(AB) = (\lambda A)B = A(\lambda B)$。 ∎

證明 在此只列出 **(a)** 式的證明，以說明所用的方法，其他各式可用類似方法證明。

要證明 $A(BC) = (AB)C$，我們先求出方程式兩側 sj 欄位的值。BC 為 $m \times p$ 矩陣其 sj 元素為

$$(BC)_{sj} = \sum_{l=1}^{k} b_{sl} c_{lj}$$

因此 $A(BC)$ 是一個 $n \times p$ 矩陣其元素為

$$[A(BC)]_{ij} = \sum_{s=1}^{m} a_{is}(BC)_{sj} = \sum_{s=1}^{m} a_{is} \left(\sum_{l=1}^{k} b_{sl} c_{lj} \right) = \sum_{s=1}^{m} \sum_{l=1}^{k} a_{is} b_{sl} c_{lj}$$

同樣的，AB 是一個 $n \times k$ 矩陣其元素為

$$(AB)_{il} = \sum_{s=1}^{m} a_{is} b_{sl}$$

所以 $(AB)C$ 是一個 $n \times p$ 矩陣其元素為

$$[(AB)C]_{ij} = \sum_{l=1}^{k}(AB)_{il}c_{lj} = \sum_{l=1}^{k}\left(\sum_{s=1}^{m}a_{is}b_{sl}\right)c_{lj} = \sum_{l=1}^{k}\sum_{s=1}^{m}a_{is}b_{sl}c_{lj}$$

將右側加總運算的順序互換可得

$$[(AB)C]_{ij} = \sum_{s=1}^{m}\sum_{l=1}^{k}a_{is}b_{sl}c_{lj} = [A(BC)]_{ij}$$

對所有 $i = 1, 2, \ldots, n$ 及 $j = 1, 2, \ldots, p$。所以 $A(BC) = (AB)C$。

■ 方矩陣

在應用上，列數等於行數的矩陣是非常重要的。

定義 6.9

(i) **方矩陣** (square matrix) 的行數與列數一樣。

(ii) **對角線** (diagonal) 矩陣 $D = [d_{ij}]$ 是一個方矩陣，且在 $i \neq j$ 時 $d_{ij} = 0$。

(iii) 一個 n 階**單位矩陣** (identity matrix of order n) $I_n = [\delta_{ij}]$，是一個對角線矩陣且其元素全為 1。當 I_n 的階數明確時，通常只寫為 I。

例如三階單位矩陣為

$$I = \begin{bmatrix} 1 & 0 & 0 \\ 0 & 1 & 0 \\ 0 & 0 & 1 \end{bmatrix}$$

定義 6.10

一個**上三角** (upper-triangular) 的 $n \times n$ 矩陣 $U = [u_{ij}]$，對每個 $j = 1, 2, \cdots, n$ 其元素

$$u_{ij} = 0, \quad i = j+1, j+2, \cdots, n;$$

而**下三角** (lower-triangular) 矩陣 $L = [l_{ij}]$ 對每個 $j = 1, 2, \cdots, n$ 其元素

$$l_{ij} = 0, \quad i = 1, 2, \cdots, j-1。$$

因此，對角線矩陣同時是上三角矩陣，也是下三角矩陣，因為它所有不為 0 的元素都在主對角線上。

說明題 考慮三階單位矩陣

$$I_3 = \begin{bmatrix} 1 & 0 & 0 \\ 0 & 1 & 0 \\ 0 & 0 & 1 \end{bmatrix}$$

若 A 為任意 3×3 矩陣，則

$$AI_3 = \begin{bmatrix} a_{11} & a_{12} & a_{13} \\ a_{21} & a_{22} & a_{23} \\ a_{31} & a_{32} & a_{33} \end{bmatrix} \begin{bmatrix} 1 & 0 & 0 \\ 0 & 1 & 0 \\ 0 & 0 & 1 \end{bmatrix} = \begin{bmatrix} a_{11} & a_{12} & a_{13} \\ a_{21} & a_{22} & a_{23} \\ a_{31} & a_{32} & a_{33} \end{bmatrix} = A$$

單位矩陣 I_n 與任何 $n \times n$ 矩陣 A 適合互換律；也就是乘法的順序不重要，
$$I_n A = A = A I_n$$
但要記住，對一般的矩陣乘法這關係是不成立的，即使是方矩陣。

■ 矩陣求逆 (Inverse Matrices)

與線性方程組有關的是矩陣求逆。

定義 6.11

對一個 $n \times n$ 的矩陣 A，若存在有一個 $n \times n$ 的矩陣 A^{-1} 使得 $AA^{-1} = A^{-1}A = I$，則 A 為**非奇異** (nonsingular) 矩陣 (或稱可逆矩陣)。矩陣 A^{-1} 為矩陣 A 的**逆** (inverse) 矩陣。一個矩陣如果沒有逆矩陣，則稱為**奇異** (singular) 矩陣 (或稱不可逆矩陣)。

下列有關逆矩陣的關係式來自定義 6.11。這些結果的證明留在習題 5。

定理 6.12

對任何非奇異 $n \times n$ 矩陣 A：
(i) A^{-1} 為唯一。
(ii) A^{-1} 為非奇異且 $(A^{-1})^{-1} = A$。
(iii) 若 B 也是非奇異 $n \times n$ 矩陣，則 $(AB)^{-1} = B^{-1}A^{-1}$。

例題 4 令

$$A = \begin{bmatrix} 1 & 2 & -1 \\ 2 & 1 & 0 \\ -1 & 1 & 2 \end{bmatrix} \quad \text{及} \quad B = \begin{bmatrix} -\frac{2}{9} & \frac{5}{9} & -\frac{1}{9} \\ \frac{4}{9} & -\frac{1}{9} & \frac{2}{9} \\ -\frac{1}{3} & \frac{1}{3} & \frac{1}{3} \end{bmatrix}$$

證明 $B = A^{-1}$，且線性方程組

$$\begin{aligned} x_1 + 2x_2 - x_3 &= 2 \\ 2x_1 + x_2 &= 3 \\ -x_1 + x_2 + 2x_3 &= 4 \end{aligned}$$

的解為 $B\mathbf{b}$ 的元素，其中 $\mathbf{b}$ 是元素為 2、3、及 4 的行向量。

解 首先看到

$$AB = \begin{bmatrix} 1 & 2 & -1 \\ 2 & 1 & 0 \\ -1 & 1 & 2 \end{bmatrix} \cdot \begin{bmatrix} -\frac{2}{9} & \frac{5}{9} & -\frac{1}{9} \\ \frac{4}{9} & -\frac{1}{9} & \frac{2}{9} \\ -\frac{1}{3} & \frac{1}{3} & \frac{1}{3} \end{bmatrix} = \begin{bmatrix} 1 & 0 & 0 \\ 0 & 1 & 0 \\ 0 & 0 & 1 \end{bmatrix} = I_3$$

用同樣的方法可得 $BA = I_3$，所以 A 及 B 為非奇異且有 $B = A^{-1}$ 及 $A = B^{-1}$。

現在將所給的線性方程組改寫為矩陣方程式

$$\begin{bmatrix} 1 & 2 & -1 \\ 2 & 1 & 0 \\ -1 & 1 & 2 \end{bmatrix} \begin{bmatrix} x_1 \\ x_2 \\ x_3 \end{bmatrix} = \begin{bmatrix} 2 \\ 3 \\ 4 \end{bmatrix}$$

並將等號兩側同乘上 A 的逆矩陣 B。因為我們有

$$B(A\mathbf{x}) = (BA)\mathbf{x} = I_3\mathbf{x} = \mathbf{x} \quad \text{及} \quad B(A\mathbf{x}) = \mathbf{b}$$

所以得到

$$BA\mathbf{x} = \left(\begin{bmatrix} -\frac{2}{9} & \frac{5}{9} & -\frac{1}{9} \\ \frac{4}{9} & -\frac{1}{9} & \frac{2}{9} \\ -\frac{3}{9} & \frac{3}{9} & \frac{3}{9} \end{bmatrix} \begin{bmatrix} 1 & 2 & -1 \\ 2 & 1 & 0 \\ -1 & 1 & 2 \end{bmatrix} \right) \mathbf{x} = \mathbf{x}$$

及

$$BA\mathbf{x} = B(\mathbf{b}) = \begin{bmatrix} -\frac{2}{9} & \frac{5}{9} & -\frac{1}{9} \\ \frac{4}{9} & -\frac{1}{9} & \frac{2}{9} \\ -\frac{1}{3} & \frac{1}{3} & \frac{1}{3} \end{bmatrix} \begin{bmatrix} 2 \\ 3 \\ 4 \end{bmatrix} = \begin{bmatrix} \frac{7}{9} \\ \frac{13}{9} \\ \frac{5}{3} \end{bmatrix}$$

這代表 $\mathbf{x} = B\mathbf{b}$ 並得到答案為 $x_1 = 7/9$、$x_2 = 13/9$、及 $x_3 = 5/3$。 ∎

如果已知 A^{-1}，那麼很容易就可求得線性方程組 $A\mathbf{x} = \mathbf{b}$ 的解，但若為了解線性方程組而去求 A^{-1}，其計算效率並不理想。(見習題 8) 但即使如此，了解求逆矩陣的方法仍是有益的。

為了找出求 A^{-1} 的方法，先假設 A 為非奇異，我們再檢視一下矩陣的乘法。令 B_j 為 $n \times n$ 矩陣 B 的第 j 行，

$$B_j = \begin{bmatrix} b_{1j} \\ b_{2j} \\ \vdots \\ b_{nj} \end{bmatrix}$$

若 $AB = C$，則 C 的第 j 行為

$$\begin{bmatrix} c_{1j} \\ c_{2j} \\ \vdots \\ c_{nj} \end{bmatrix} = C_j = AB_j = \begin{bmatrix} a_{11} & a_{12} & \cdots & a_{1n} \\ a_{21} & a_{22} & \cdots & a_{2n} \\ \vdots & \vdots & & \vdots \\ a_{n1} & a_{n2} & \cdots & a_{nn} \end{bmatrix} \begin{bmatrix} b_{1j} \\ b_{2j} \\ \vdots \\ b_{nj} \end{bmatrix} = \begin{bmatrix} \sum_{k=1}^{n} a_{1k}b_{kj} \\ \sum_{k=1}^{n} a_{2k}b_{kj} \\ \vdots \\ \sum_{k=1}^{n} a_{nk}b_{kj} \end{bmatrix}$$

設 A^{-1} 存在，且 $A^{-1} = B = (b_{ij})$。則 $AB = I$ 且

$$AB_j = \begin{bmatrix} 0 \\ \vdots \\ 0 \\ 1 \\ 0 \\ \vdots \\ 0 \end{bmatrix}, \text{其中 1 出現在第 } j \text{ 列}$$

要求得 B，我們須要解 n 個線性方程組。其中，可求得逆矩陣的第 j 行的方程組，其右側為單位矩陣的第 j 行。在此以下面說明題示範此方法。

說明題 求矩陣

$$A = \begin{bmatrix} 1 & 2 & -1 \\ 2 & 1 & 0 \\ -1 & 1 & 2 \end{bmatrix}$$

的逆矩陣，先考慮乘積 AB，其中 B 為任意 3×3 矩陣：

$$AB = \begin{bmatrix} 1 & 2 & -1 \\ 2 & 1 & 0 \\ -1 & 1 & 2 \end{bmatrix} \begin{bmatrix} b_{11} & b_{12} & b_{13} \\ b_{21} & b_{22} & b_{23} \\ b_{31} & b_{32} & b_{33} \end{bmatrix}$$

$$= \begin{bmatrix} b_{11} + 2b_{21} - b_{31} & b_{12} + 2b_{22} - b_{32} & b_{13} + 2b_{23} - b_{33} \\ 2b_{11} + b_{21} & 2b_{12} + b_{22} & 2b_{13} + b_{23} \\ -b_{11} + b_{21} + 2b_{31} & -b_{12} + b_{22} + 2b_{32} & -b_{13} + b_{23} + 2b_{33} \end{bmatrix}$$

若 $B = A^{-1}$，則 $AB = I$，所以

$$\begin{array}{lll} b_{11} + 2b_{21} - b_{31} = 1, & b_{12} + 2b_{22} - b_{32} = 0, & b_{13} + 2b_{23} - b_{33} = 0 \\ 2b_{11} + b_{21} = 0, & 2b_{12} + b_{22} = 1, \text{ 及} & 2b_{13} + b_{23} = 0 \\ -b_{11} + b_{21} + 2b_{31} = 0, & -b_{12} + b_{22} + 2b_{32} = 0, & -b_{13} + b_{23} + 2b_{33} = 1 \end{array}$$

注意到每一個方程組的係數都是一樣的，只有等號右側會改變。因此之故，我們可以在高斯消去法中使用一個更大的增大矩陣，將每個方程組的矩陣結合為：

$$\left[\begin{array}{ccc|ccc} 1 & 2 & -1 & 1 & 0 & 0 \\ 2 & 1 & 0 & 0 & 1 & 0 \\ -1 & 1 & 2 & 0 & 0 & 1 \end{array} \right]$$

首先執行 $(E_2 - 2E_1) \to (E_2)$ 及 $(E_3 + E_1) \to (E_3)$，接著為 $(E_3 + E_2) \to (E_3)$ 可得

$$\left[\begin{array}{ccc|ccc} 1 & 2 & -1 & 1 & 0 & 0 \\ 0 & -3 & 2 & -2 & 1 & 0 \\ 0 & 3 & 1 & 1 & 0 & 1 \end{array} \right] \text{ 及 } \left[\begin{array}{ccc|ccc} 1 & 2 & -1 & 1 & 0 & 0 \\ 0 & -3 & 2 & -2 & 1 & 0 \\ 0 & 0 & 3 & -1 & 1 & 1 \end{array} \right]$$

分別對以下三個增大矩陣做後向代換，

$$\begin{bmatrix} 1 & 2 & -1 & \vdots & 1 \\ 0 & -3 & 2 & \vdots & -2 \\ 0 & 0 & 3 & \vdots & -1 \end{bmatrix}, \begin{bmatrix} 1 & 2 & -1 & \vdots & 0 \\ 0 & -3 & 2 & \vdots & 1 \\ 0 & 0 & 3 & \vdots & 1 \end{bmatrix}, \begin{bmatrix} 1 & 2 & -1 & \vdots & 0 \\ 0 & -3 & 2 & \vdots & 0 \\ 0 & 0 & 3 & \vdots & 1 \end{bmatrix}$$

最後得到

$$\begin{aligned} b_{11} &= -\tfrac{2}{9}, & b_{12} &= \tfrac{5}{9}, & b_{13} &= -\tfrac{1}{9} \\ b_{21} &= \tfrac{4}{9}, & b_{22} &= -\tfrac{1}{9}, & \text{及} \quad b_{23} &= \tfrac{2}{9} \\ b_{31} &= -\tfrac{1}{3}, & b_{32} &= \tfrac{1}{3}, & b_{33} &= \tfrac{1}{3} \end{aligned}$$

如例題 4 所示，以上即為 A^{-1} 的元素：

$$B = A^{-1} = \begin{bmatrix} -\tfrac{2}{9} & \tfrac{5}{9} & -\tfrac{1}{9} \\ \tfrac{4}{9} & -\tfrac{1}{9} & \tfrac{2}{9} \\ -\tfrac{1}{3} & \tfrac{1}{3} & \tfrac{1}{3} \end{bmatrix}$$ ■

在上面說明題中我們看到了，使用加大的增大矩陣

$$[\,A \;\vdots\; I\,]$$

有助於求得 A^{-1}。依算則 6.1 執行消去法後可以得到增大矩陣

$$[\,U \;\vdots\; Y\,]$$

其中 U 是一個上三角矩陣，而將使 A 變成 U 的運算同樣用於 I 可得 Y。

用高斯消去法加後向代換解這 n 個方程組共須要

$$\tfrac{4}{3}n^3 - \tfrac{1}{3}n \text{ 個乘/除法} \quad \text{和} \quad \tfrac{4}{3}n^3 - \tfrac{3}{2}n^2 + \tfrac{n}{6} \text{ 個加/減法}$$

(見習題 8(a))。在使用時可以特別注意以省去不必要的運算，例如已知乘數為 1 時無須執行該乘法，被減數為 0 時無須執行該減法。則所須的乘/除法次數減為 n^3，加/減法次數減為 $n^3 - 2n^2 + n$ (見習題 8(d))。

■ 矩陣的轉置

與矩陣 A 相關的另一個重要矩陣就是它的**轉置矩陣** (transpose)，記做 A^t。

定義 6.13

一個 $n \times m$ 矩陣 $A = [a_{ij}]$ 的轉置矩陣為 $m \times n$ 矩陣 $A^t = [a_{ji}]$，其中對每一個 i，A^t 的第 i 行即為 A 的第 i 列。若方矩陣 $A = A^t$ 則稱其為**對稱** (symmetric)。 ■

說明題 矩陣

$$A = \begin{bmatrix} 7 & 2 & 0 \\ 3 & 5 & -1 \\ 0 & 5 & -6 \end{bmatrix}, B = \begin{bmatrix} 2 & 4 & 7 \\ 3 & -5 & -1 \end{bmatrix}, C = \begin{bmatrix} 6 & 4 & -3 \\ 4 & -2 & 0 \\ -3 & 0 & 1 \end{bmatrix}$$

的轉置矩陣為

$$A^t = \begin{bmatrix} 7 & 3 & 0 \\ 2 & 5 & 5 \\ 0 & -1 & -6 \end{bmatrix}, B^t = \begin{bmatrix} 2 & 3 \\ 4 & -5 \\ 7 & -1 \end{bmatrix}, C^t = \begin{bmatrix} 6 & 4 & -3 \\ 4 & -2 & 0 \\ -3 & 0 & 1 \end{bmatrix}$$

因為 $C^t = C$ 所以 C 為對稱矩陣，但 A 與 B 則不是對稱。 ■

由轉置矩陣的定義可直接得到下一個定理的證明。

定理 6.14

在以下運算為可能時，下列與矩陣轉置相關的運算成立：

(i) $(A^t)^t = A$，　　　　　　　　　　(iii) $(AB)^t = B^t A^t$，

(ii) $(A + B)^t = A^t + B^t$，　　　　　(iv) 若 A^{-1} 存在，則 $(A^{-1})^t = (A^t)^{-1}$。 ■

Maple 使用 *LinearAlgebra* 程式包執行各種有定義的矩陣運算。例如，在 Maple 中用 $A + B$ 指令可執行兩個 $n \times m$ 矩陣的相加，乘上 c 的純量乘法則為 cA。

若 A 為 $n \times m$ 且 B 為 $m \times p$，則指令 $A \cdot B$ 可得 $n \times p$ 矩陣 AB。*Transpose(A)* 可得轉置矩陣，*MatrixInverse(A)* 則可得逆矩陣。

習題組 6.3　完整習題請見隨書光碟

1. 執行下列矩陣-向量乘法：

a. $\begin{bmatrix} 2 & 1 \\ -4 & 3 \end{bmatrix} \begin{bmatrix} 3 \\ -2 \end{bmatrix}$　　　　　　b. $\begin{bmatrix} 2 & -2 \\ -4 & 4 \end{bmatrix} \begin{bmatrix} 1 \\ 1 \end{bmatrix}$

c. $\begin{bmatrix} 2 & 0 & 0 \\ 3 & -1 & 2 \\ 0 & 2 & -3 \end{bmatrix} \begin{bmatrix} 2 \\ 5 \\ 1 \end{bmatrix}$　　　d. $[-4 \quad 0 \quad 0] \begin{bmatrix} 1 & -2 & 4 \\ -2 & 3 & 1 \\ 4 & 1 & 0 \end{bmatrix}$

3. 執行下列矩陣-矩陣乘法：

a. $\begin{bmatrix} 2 & -3 \\ 3 & -1 \end{bmatrix} \begin{bmatrix} 1 & 5 \\ 2 & 0 \end{bmatrix}$　　　　b. $\begin{bmatrix} 2 & -3 \\ 3 & -1 \end{bmatrix} \begin{bmatrix} 1 & 5 & -4 \\ -3 & 2 & 0 \end{bmatrix}$

c. $\begin{bmatrix} 2 & -3 & 1 \\ 4 & 3 & 0 \\ 5 & 2 & -4 \end{bmatrix} \begin{bmatrix} 0 & 1 & -2 \\ 1 & 0 & -1 \\ 2 & 3 & -2 \end{bmatrix}$　　d. $\begin{bmatrix} 2 & 1 & 2 \\ -2 & 3 & 0 \\ 2 & -1 & 3 \end{bmatrix} \begin{bmatrix} 1 & -2 \\ -4 & 1 \\ 0 & 2 \end{bmatrix}$

5. 找出下列矩陣中那些為非奇異，並求其逆矩陣。

a. $\begin{bmatrix} 4 & 2 & 6 \\ 3 & 0 & 7 \\ -2 & -1 & -3 \end{bmatrix}$　　　　b. $\begin{bmatrix} 1 & 2 & 0 \\ 2 & 1 & -1 \\ 3 & 1 & 1 \end{bmatrix}$

c. $\begin{bmatrix} 1 & 1 & -1 & 1 \\ 1 & 2 & -4 & -2 \\ 2 & 1 & 1 & 5 \\ -1 & 0 & -2 & -4 \end{bmatrix}$
d. $\begin{bmatrix} 4 & 0 & 0 & 0 \\ 6 & 7 & 0 & 0 \\ 9 & 11 & 1 & 0 \\ 5 & 4 & 1 & 1 \end{bmatrix}$

7. 已知兩個 4×4 線性方程組，其係數矩陣相同：

$$x_1 - x_2 + 2x_3 - x_4 = 6, \qquad x_1 - x_2 + 2x_3 - x_4 = 1$$
$$x_1 \qquad - x_3 + x_4 = 4, \qquad x_1 \qquad - x_3 + x_4 = 1$$
$$2x_1 + x_2 + 3x_3 - 4x_4 = -2, \qquad 2x_1 + x_2 + 3x_3 - 4x_4 = 2$$
$$-x_2 + x_3 - x_4 = 5; \qquad -x_2 + x_3 - x_4 = -1$$

   a. 用高斯消去法及以下增大矩陣，求解這兩個線性方程組

   $$\begin{bmatrix} 1 & -1 & 2 & -1 & \vdots & 6 & 1 \\ 1 & 0 & -1 & 1 & \vdots & 4 & 1 \\ 2 & 1 & 3 & -4 & \vdots & -2 & 2 \\ 0 & -1 & 1 & -1 & \vdots & 5 & -1 \end{bmatrix}$$

   b. 求出矩陣

   $$\begin{bmatrix} 1 & -1 & 2 & -1 \\ 1 & 0 & -1 & 1 \\ 2 & 1 & 3 & -4 \\ 0 & -1 & 1 & -1 \end{bmatrix}$$

   的逆矩陣以解出這兩個線性方程組。

   c. 那種方法須要的計算量較多？

9. 證明定理 6.12 時須要用到以下陳述。

   a. 證明若 A^{-1} 存在，則其為唯一。
   b. 證明若 A 為非奇異，則 $(A^{-1})^{-1} = A$。
   c. 證明若 A 與 B 為非奇異 $n \times n$ 矩陣，則 $(AB)^{-1} = B^{-1}A^{-1}$。

11. a. 證明兩個 $n \times n$ 下三角矩陣的乘積為下三角矩陣。
    b. 證明兩個 $n \times n$ 上三角矩陣的乘積為上三角矩陣。
    c. 證明非奇異 $n \times n$ 下三角矩陣的逆矩陣為下三角矩陣。

15. 在一篇題為 "Population Waves" 的論文中，Bernadelli [Ber](亦見[Se]) 對一種生命期 3 年的甲蟲提出了一個簡化的假設。雌性甲蟲第 1 年的存活率為 $\frac{1}{2}$，由第 2 到第 3 年的存活率為 $\frac{1}{3}$，在第 3 年結束前平均可產育 6 隻雌性甲蟲。我們可以建立一個矩陣，由機率的觀點以顯示單一雌性甲蟲對整個族群雌性甲蟲總數的貢獻。在矩陣 $A = [a_{ij}]$ 中令 a_{ij} 代表 1 隻年齡為 j 的雌性甲蟲對次年年齡為 i 的雌性甲蟲總數的影響，即

$$A = \begin{bmatrix} 0 & 0 & 6 \\ \frac{1}{2} & 0 & 0 \\ 0 & \frac{1}{3} & 0 \end{bmatrix}$$

   a. 1 隻雌性甲蟲對 2 年後整個族群雌性甲蟲總數的影響取決於 A^2，3 年後則取決於 A^3，依此類推。求出 A^2 與 A^3，並建立一個通用陳述，以說明 1 隻雌性甲蟲對 n 年後整個族群雌性甲蟲總數的影響。

b. 如果有一個甲蟲族群，在開始時每一年齡各有 6000 隻雌性甲蟲，利用 (a) 小題的結果以描述此族群未來的變化。

c. 建構 A^{-1} 並說明它對於族群數的意義。

17. 由 3.6 節我們知道，表示成 $(x(t), y(t))$ 參數型式的三次 Hermite 多項式，若通過點 $(x(0), y(0)) = (x_0, y_0)$ 及 $(x(1), y(1)) = (x_1, y_1)$ 並分別有導引點 $(x_0+\alpha_0, y_0+\beta_0)$ 及 $(x_1-\alpha_1, y_1-\beta_1)$，可寫成

$$x(t) = (2(x_0 - x_1) + (\alpha_0 + \alpha_1))t^3 + (3(x_1 - x_0) - \alpha_1 - 2\alpha_0)t^2 + \alpha_0 t + x_0$$

及

$$y(t) = (2(y_0 - y_1) + (\beta_0 + \beta_1))t^3 + (3(y_1 - y_0) - \beta_1 - 2\beta_0)t^2 + \beta_0 t + y_0$$

而 Bézier 三次多項式可寫成

$$\hat{x}(t) = (2(x_0 - x_1) + 3(\alpha_0 + \alpha_1))t^3 + (3(x_1 - x_0) - 3(\alpha_1 + 2\alpha_0))t^2, +3\alpha_0 t + x_0$$

及

$$\hat{y}(t) = (2(y_0 - y_1) + 3(\beta_0 + \beta_1))t^3 + (3(y_1 - y_0) - 3(\beta_1 + 2\beta_0))t^2 + 3\beta_0 t + y_0$$

a. 證明，矩陣

$$A = \begin{bmatrix} 7 & 4 & 4 & 0 \\ -6 & -3 & -6 & 0 \\ 0 & 0 & 3 & 0 \\ 0 & 0 & 0 & 1 \end{bmatrix}$$

可將 Hermite 多項式係數轉換成 Bézier 多項式係數。

b. 求矩陣 B，可將 Bézier 多項式係數轉換成 Hermite 多項式係數。

6.4 矩陣的行列式值

對於具有同樣數目方程式及變數的線性方程組，由矩陣的**行列式值** (*determinant*) 可以知道，此方程組之解的存在性與唯一性。我們將方矩陣 A 的行列式值記為 $\det A$，不過 $|A|$ 也是通用符號。

定義 6.15

設 A 為方矩陣。

(i) 若 $A = [a]$ 為 1×1 矩陣，則 $\det A = a$。

(ii) 若 A 為 $n \times n$ 矩陣且 $n > 1$，將其第 i 列及第 j 行刪除後所得的 $(n-1) \times (n-1)$ 的次矩陣的行列式稱為**子行列式** (minor) M_{ij}。

(iii) M_{ij} 的**餘因子** (cofactor) A_{ij} 定義為 $A_{ij} = (-1)^{i+j} M_{ij}$。

(iv) 對於 $n > 1$ 的 $n \times n$ 矩陣 A，其**行列式值** (determinant) 為

$$\det A = \sum_{j=1}^{n} a_{ij}A_{ij} = \sum_{j=1}^{n}(-1)^{i+j}a_{ij}M_{ij}, \quad \text{任一 } i=1,2,\cdots,n$$

或

$$\det A = \sum_{i=1}^{n} a_{ij}A_{ij} = \sum_{i=1}^{n}(-1)^{i+j}a_{ij}M_{ij}, \quad \text{任一 } j=1,2,\cdots,n$$

我們可以證明 (見習題 9)，用此定義計算一個 $n \times n$ 矩陣的行列式值須要 $O(n!)$ 次的乘/除法與加/減法。即使 n 很小，所須的運算次數也大到不切實際。

雖然，依據選擇的列或行的不同，$\det A$ 有 $2n$ 種定義，但所有的定義都會獲得同樣結果。在下個例題中就用到這種定義上的彈性。選擇一個 0 最多的列或行計算行列式值最為方便。

例題 1 求矩陣

$$A = \begin{bmatrix} 2 & -1 & 3 & 0 \\ 4 & -2 & 7 & 0 \\ -3 & -4 & 1 & 5 \\ 6 & -6 & 8 & 0 \end{bmatrix}$$

的行列式值，利用有最多 0 的行或列。

解 計算 $\det A$ 最簡單的是利用第 4 行：

$$\det A = a_{14}A_{14} + a_{24}A_{24} + a_{34}A_{34} + a_{44}A_{44} = 5A_{34} = -5M_{34}$$

消去第 3 列及第 4 行得

$$\det A = -5 \det \begin{bmatrix} 2 & -1 & 3 \\ 4 & -2 & 7 \\ 6 & -6 & 8 \end{bmatrix}$$

$$= -5 \left\{ 2 \det \begin{bmatrix} -2 & 7 \\ -6 & 8 \end{bmatrix} - (-1) \det \begin{bmatrix} 4 & 7 \\ 6 & 8 \end{bmatrix} + 3 \det \begin{bmatrix} 4 & -2 \\ 6 & -6 \end{bmatrix} \right\} = -30$$

在 Maple 的 *LinearAlgebra* 程式包中可用 *Determinant(A)* 求 $n \times n$ 矩陣的行列式值。

下列有關行列式值的特性與線性方程組及高斯消去法有關。在任何線性代數的教科書中都可找到這些性質的證明。

定理 6.16

設 A 為 $n \times n$ 矩陣：

(i) 若 A 的任何 1 行或列中所有元素為 0，則 $\det A = 0$。

(ii) 若 A 有任何 2 列或 2 行相等，則 $\det A = 0$。

(iii) 若 A 經過運算 $(E_i) \leftrightarrow (E_j)$，且 $i \neq j$，得到 $\tilde{A}$，則 $\det \tilde{A} = -\det A$。

(iv) 若 A 經過運算 $(\lambda E_i) \to (E_i)$ 得到 $\tilde{A}$，則 $\det \tilde{A} = \lambda \det A$。

(v) 若 A 經過運算 $(E_i + \lambda E_j) \to (E_i)$，且 $i \neq j$，得到 $\tilde{A}$，則 $\det \tilde{A} = \det A$。

(vi) 設 B 亦為 $n \times n$ 矩陣，則 $\det AB = \det A \det B$。

(vii) $\det A^t = \det A$。

(viii) 若存在有 A^{-1}，則 $\det A^{-1} = (\det A)^{-1}$。

(ix) 若 A 為上三角矩陣、下三角矩陣、或對角線矩陣，則 $\det A = \prod_{i=1}^{n} a_{ii}$。 ■

如定理 6.16 的項 (ix) 所示，一個三角矩陣的行列式值，就是它對角線元素的乘積。利用 (iii)、(iv)、及 (v) 中的列運算，我們可將一個方矩陣化簡為三角矩陣以求其行列式值。

例題 2 計算矩陣

$$A = \begin{bmatrix} 2 & 1 & -1 & 1 \\ 1 & 1 & 0 & 3 \\ -1 & 2 & 3 & -1 \\ 3 & -1 & -1 & 2 \end{bmatrix}$$

的行列式值，使用定理 6.16 中的 (iii)、(iv)、及 (v)。利用 Maple 的 *LinearAlgebra* 程式包執行計算。

解 在 Maple 中矩陣 A 定義為

$A := Matrix([[2,1,-1,1],[1,1,0,3],[-1,2,3,-1],[3,-1,-1,2]])$

依表 6.2 所列之順序執行可得

$$A8 = \begin{bmatrix} 1 & \frac{1}{2} & -\frac{1}{2} & \frac{1}{2} \\ 0 & 1 & 1 & 5 \\ 0 & 0 & 3 & 13 \\ 0 & 0 & 0 & -13 \end{bmatrix}$$

由 (ix) 可得 $\det A8 = -39$ 所以 $\det A = 39$。 ■

表 6.2

運算	Maple	作用
$\frac{1}{2}E_1 \to E_1$	$A1 := RowOperation(A, 1, \frac{1}{2})$	$\det A1 = \frac{1}{2} \det A$
$E_2 - E_1 \to E_2$	$A2 := RowOperation(A1, [2, 1], -1)$	$\det A2 = \det A1 = \frac{1}{2} \det A$
$E_3 + E_1 \to E_3$	$A3 := RowOperation(A2, [3, 1], 1)$	$\det A3 = \det A2 = \frac{1}{2} \det A$
$E_4 - 3E_1 \to E_4$	$A4 := RowOperation(A3, [4, 1], -3)$	$\det A4 = \det A3 = \frac{1}{2} \det A$
$2E_2 \to E_2$	$A5 := RowOperation(A4, 2, 2)$	$\det A5 = 2 \det A4 = \det A$
$E_3 - \frac{5}{2}E_2 \to E_3$	$A6 := RowOperation(A5, [3, 2], -\frac{5}{2})$	$\det A6 = \det A5 = \det A$
$E_4 + \frac{5}{2}E_2 \to E_4$	$A7 := RowOperation(A6, [4, 2], \frac{5}{2})$	$\det A7 = \det A6 = \det A$
$E_3 \leftrightarrow E_4$	$A8 := RowOperation(A7, [3, 4])$	$\det A8 = -\det A7 = -\det A$

在非奇異性、高斯消去法、線性方程組、及行列式值之間的主要關係為下列等價陳述。

定理 6.17

對任何 $n \times n$ 矩陣 A 下列陳述為等價：
 (i) 方程式 $A\mathbf{x} = \mathbf{0}$ 有唯一解 $\mathbf{x} = \mathbf{0}$。
 (ii) 對任何 n 維行向量 $\mathbf{b}$，方程組 $A\mathbf{x} = \mathbf{b}$ 有唯一解。
 (iii) 矩陣 A 為非奇異，亦即 A^{-1} 存在。
 (iv) $\det A \neq 0$。
 (v) 高斯消去法及列互換可用於方程組 $A\mathbf{x} = \mathbf{b}$，$\mathbf{b}$ 為任何 n 維行向量。 ■

以下對定理 6.17 的推論顯示，如何用行列式值證明方矩陣的一些重要性質。

推論 6.18
設 A 和 B 均為 $n \times n$ 矩陣，且 $AB = I$ 或 $BA = I$。則 $B = A^{-1}$（且 $A = B^{-1}$）。 ■

證明 設 $AB = I$。則由定理 6.16 的 (vi) 可得
$$1 = \det(I) = \det(AB) = \det(A) \cdot \det(B) \text{，所以 } \det(A) \neq 0 \text{ 且 } \det(B) \neq 0$$
由定理 6.17 之 (iii) 及 (iv) 的等價性可知，A^{-1} 和 B^{-1} 都存在。因此
$$A^{-1} = A^{-1} \cdot I = A^{-1} \cdot (AB) = (A^{-1}A) \cdot B = I \cdot B = B$$
由於 A 和 B 的角色相似，所以也得到了 $BA = I$。因此 $B = A^{-1}$。 ■■■

習題組 6.4 完整習題請見隨書光碟

1. 利用定理 6.15 以計算下列矩陣之行列式值。

a. $\begin{bmatrix} 1 & 2 & 0 \\ 2 & 1 & -1 \\ 3 & 1 & 1 \end{bmatrix}$ b. $\begin{bmatrix} 4 & 0 & 1 \\ 2 & 1 & 0 \\ 2 & 2 & 3 \end{bmatrix}$

c. $\begin{bmatrix} 1 & 1 & -1 & 1 \\ 1 & 2 & -4 & -2 \\ 2 & 1 & 1 & 5 \\ -1 & 0 & -2 & -4 \end{bmatrix}$ d. $\begin{bmatrix} 2 & 0 & 1 & 2 \\ 1 & 1 & 0 & 2 \\ 2 & -1 & 3 & 1 \\ 3 & -1 & 4 & 3 \end{bmatrix}$

3. 利用例題 2 的方法重做習題 1。

5. 求可使以下矩陣為奇異的所有 α 值
$$A = \begin{bmatrix} 1 & -1 & \alpha \\ 2 & 2 & 1 \\ 0 & \alpha & -\frac{3}{2} \end{bmatrix}$$

7. 求可使以下方程組無解的所有 α 值

$$2x_1 - x_2 + 3x_3 = 5$$
$$4x_1 + 2x_2 + 2x_3 = 6$$
$$-2x_1 + \alpha x_2 + 3x_3 = 4$$

9. 用數學歸納法證明，在 $n>1$ 時，用定義計算一個 $n \times n$ 矩陣的行列式值所須的運算次數為

$$n! \sum_{k=1}^{n-1} \frac{1}{k!} \text{ 個乘/除法} \quad \text{及} \quad n! - 1 \text{ 個加/減法。}$$

12. 以 Cramer 法則求解線性方程組

$$a_{11}x_1 + a_{12}x_2 + a_{13}x_3 = b_1$$
$$a_{21}x_1 + a_{22}x_2 + a_{23}x_3 = b_2$$
$$a_{31}x_1 + a_{32}x_2 + a_{33}x_3 = b_3$$

之方法為

$$x_1 = \frac{1}{D}\det\begin{bmatrix} b_1 & a_{12} & a_{13} \\ b_2 & a_{22} & a_{23} \\ b_3 & a_{32} & a_{33} \end{bmatrix} \equiv \frac{D_1}{D}, \quad x_2 = \frac{1}{D}\det\begin{bmatrix} a_{11} & b_1 & a_{13} \\ a_{21} & b_2 & a_{23} \\ a_{31} & b_3 & a_{33} \end{bmatrix} \equiv \frac{D_2}{D}$$

及

$$x_3 = \frac{1}{D}\det\begin{bmatrix} a_{11} & a_{12} & b_1 \\ a_{21} & a_{22} & b_2 \\ a_{31} & a_{32} & b_3 \end{bmatrix} \equiv \frac{D_3}{D}, \quad \text{其中} \quad D = \det\begin{bmatrix} a_{11} & a_{12} & a_{13} \\ a_{21} & a_{22} & a_{23} \\ a_{31} & a_{32} & a_{33} \end{bmatrix}$$

 a. 用 Cramer 法則求解線性方程組

$$2x_1 + 3x_2 - x_3 = 4$$
$$x_1 - 2x_2 + x_3 = 6$$
$$x_1 - 12x_2 + 5x_3 = 10$$

 b. 證明線性方程組

$$2x_1 + 3x_2 - x_3 = 4$$
$$x_1 - 2x_2 + x_3 = 6$$
$$-x_1 - 12x_2 + 5x_3 = 9$$

  無解。求出 D_1、D_2、及 D_3。

 c. 證明線性方程組

$$2x_1 + 3x_2 - x_3 = 4$$
$$x_1 - 2x_2 + x_3 = 6$$
$$-x_1 - 12x_2 + 5x_3 = 10$$

  有無限多組解。求出 D_1、D_2、及 D_3。

 d. 證明一個 3×3 的線性方程組如果在 $D = 0$ 時仍有解，則 $D_1 = D_2 = D_3 = 0$。

 e. 求 Cramer 法則用於 3×3 的方程組時須要多少次乘/除法及加/減法。

6.5 矩陣因式分解

高斯消去法是以直接法求解線性方程組的主要工具，所以讀者無須驚訝於它以別的面貌出現。在本節中我們將看到，求解 $A\mathbf{x} = \mathbf{b}$ 的步驟同樣可用於矩陣的因式分解。當矩陣可化為 $A = LU$ 型式時，因式分解特別有用，其中 L 為下三角矩陣，U 為上三角矩陣。雖然不是所有的矩陣都可以化成這種型式，但在數值方法的應用中時常會遇到。

我們在 6.1 節中看到了，當高斯消去法用於任意線性方程組 $A\mathbf{x} = \mathbf{b}$ 時，須要 $O(n^3/3)$ 次算術運算以求出 $\mathbf{x}$。但是對一個只有上三角矩陣的方程組只須要執行後向代換，所須的運算次數為 $O(n^2)$。對下三角矩陣的情況類似。

如果我們可以將 A 因式分解為三角型式的 $A = LU$，其中 L 為下三角矩陣，U 為上三角矩陣，我們可以經由 2 個步驟很容易的解出 $\mathbf{x}$。

- 首先令 $\mathbf{y} = U\mathbf{x}$ 然後由 $L\mathbf{y} = \mathbf{b}$ 解出 $\mathbf{y}$。因為 L 是三角型式，由方程組解出 $\mathbf{y}$ 只要 $O(n^2)$ 次運算。
- 獲得 $\mathbf{y}$ 以後，由上三角方程組 $U\mathbf{x} = \mathbf{y}$ 解出 $\mathbf{x}$ 也只要 $O(n^2)$ 次運算。

這意謂著，以因式的型式求解線性方程組 $A\mathbf{x} = \mathbf{b}$ 所須的運算次數由 $O(n^3/3)$ 減至 $O(2n^2)$。

例題 1 以 $n = 20$、$n = 100$、及 $n = 1000$，比較兩種不同方法解線性方程組所須的概略運算次數，一種方法須要 $O(n^3/3)$ 次運算，另一種方法須要 $O(2n^2)$ 次運算。

解 所有結果列於表 6.3。

表 6.3

n	$n^3/3$	$2n^2$	減少%
10	$3.\overline{3} \times 10^2$	2×10^2	40
100	$3.\overline{3} \times 10^5$	2×10^4	94
1000	$3.\overline{3} \times 10^8$	2×10^6	99.4

如以上例題所示，隨著矩陣的增大，減少的因子快速增加。但同樣的，因式分解本身是要付出代價的，找出特定矩陣的 L 和 U 須要 $O(n^3/3)$ 次運算。但只要此因式分解確定了，則包含矩陣 A 的方程組配合任何的向量 $\mathbf{b}$ 都可簡單的求解。

要了解何種矩陣可以做 LU 因式分解，並找出分解的方法，首先假設有一方程組 $A\mathbf{x} = \mathbf{b}$ 可以用高斯消去法求解而無須做列的互換。使用 6.1 節的符號，這就相當於所有樞軸元素 $a_{ii}^{(i)}$，$i = 1, 2, \cdots, n$，均不為 0。

高斯消去法程序中的第一步是，對每一個 $j = 2, 3, \cdots, n$ 執行運算

$$(E_j - m_{j,1}E_1) \to (E_j), \text{ 其中 } m_{j,1} = \frac{a_{j1}^{(1)}}{a_{11}^{(1)}}. \tag{6.8}$$

以上運算可將矩陣轉換成第一行在對角線以下均為 0 的矩陣。

我們可以用另一種角度來看 (6.8) 式的方程組。我們可以在原矩陣 A 的左側乘上

$$M^{(1)} = \begin{bmatrix} 1 & 0 & \cdots & & 0 \\ -m_{21} & 1 & & & \\ \vdots & & 0 & & \\ & & & \ddots & 0 \\ -m_{n1} & 0 & \cdots & 0 & 1 \end{bmatrix}$$

來完成此步驟。這個矩陣稱為**高斯第一轉換矩陣** (first Gaussian transformation matrix)。這個矩陣與 $A^{(1)} \equiv A$ 的乘積記為 $A^{(2)}$，與 $\mathbf{b}$ 的乘積記為 $\mathbf{b}^{(2)}$，所以

$$A^{(2)}\mathbf{x} = M^{(1)}A\mathbf{x} = M^{(1)}\mathbf{b} = \mathbf{b}^{(2)}$$

用類似的方式可建構 $M^{(2)}$，單位矩陣的第 2 行對角線以下的元素換成負的乘數

$$m_{j,2} = \frac{a_{j2}^{(2)}}{a_{22}^{(2)}}$$

這個矩陣與 $A^{(2)}$ 相乘所得的矩陣，其前 2 行對角線以下的元素均為 0，我們令

$$A^{(3)}\mathbf{x} = M^{(2)}A^{(2)}\mathbf{x} = M^{(2)}M^{(1)}A\mathbf{x} = M^{(2)}M^{(1)}\mathbf{b} = \mathbf{b}^{(3)}$$

考慮其通式，獲得 $A^{(k)}\mathbf{x} = \mathbf{b}^{(k)}$ 之後，乘上**高斯第 k 次轉換矩陣** (kth Gaussian transformation matrix)

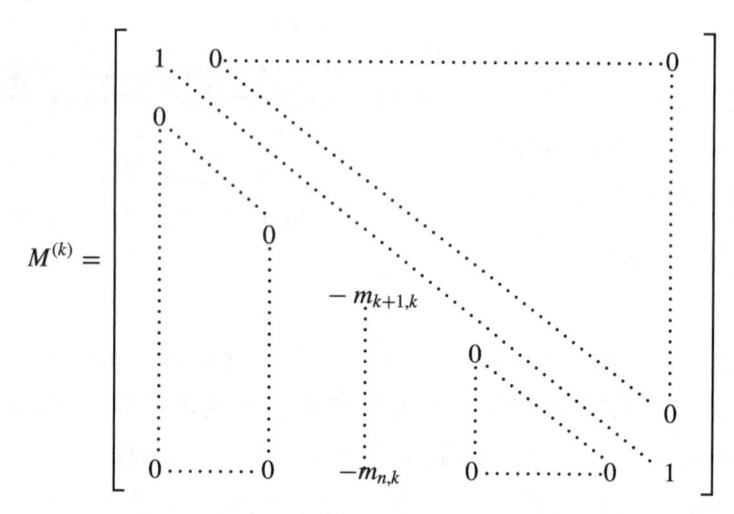

$$M^{(k)} = \begin{bmatrix} 1 & 0 & \cdots & & & & 0 \\ 0 & \ddots & & & & & \\ & & \ddots & 0 & & & \\ & & & 1 & & & \\ & & & -m_{k+1,k} & \ddots & & \\ & & & \vdots & & 0 & \\ & & & & & & 0 \\ 0 & \cdots & 0 & -m_{n,k} & 0 & \cdots & 0 & 1 \end{bmatrix}$$

可得

$$A^{(k+1)}\mathbf{x} = M^{(k)}A^{(k)}\mathbf{x} = M^{(k)}\cdots M^{(1)}A\mathbf{x} = M^{(k)}\mathbf{b}^{(k)} = \mathbf{b}^{(k+1)} = M^{(k)}\cdots M^{(1)}\mathbf{b} \quad (6.9)$$

整個程序在獲得 $A^{(n)}\mathbf{x} = \mathbf{b}^{(n)}$ 之後結束，其中 $A^{(n)}$ 為上三角矩陣

$$A^{(n)} = \begin{bmatrix} a_{11}^{(1)} & a_{12}^{(1)} & \cdots & a_{1n}^{(1)} \\ 0 & a_{22}^{(2)} & & \vdots \\ \vdots & & \ddots & a_{n-1,n}^{(n-1)} \\ 0 & \cdots & 0 & a_{nn}^{(n)} \end{bmatrix}$$

來自
$$A^{(n)} = M^{(n-1)}M^{(n-2)}\cdots M^{(1)}A$$

此程序可獲得因式分解 $A = LU$ 中的 $U = A^{(n)}$ 部分。要獲得互補的下三角矩陣 L，先回顧一下 (6.9) 式中 $A^{(k)}\mathbf{x} = \mathbf{b}^{(k)}$ 與高斯轉換矩陣 $M^{(k)}$ 的乘積：
$$A^{(k+1)}\mathbf{x} = M^{(k)}A^{(k)}\mathbf{x} = M^{(k)}\mathbf{b}^{(k)} = \mathbf{b}^{(k+1)}$$

其中 $M^{(k)}$ 產生列運算
$$(E_j - m_{j,k}E_k) \rightarrow (E_j) \; , \quad j = k+1,\ldots,n$$

要反轉此轉換的效果並回復到 $A^{(k)}$，須要對每一個 $j = k+1,\cdots,n$ 執行 $(E_j + m_{j,k}E_k) \rightarrow (E_j)$。這相當於乘上 $M^{(k)}$ 的逆矩陣

$$L^{(k)} = [M^{(k)}]^{-1} = \begin{bmatrix} 1 & 0 & & & & & 0 \\ 0 & & & & & & \\ & & & & & & \\ & & & 0 & & & \\ & & & m_{k+1,k} & & & \\ & & & & & 0 & \\ & & & & & & 0 \\ 0 & \cdots & 0 & m_{n,k} & 0 & \cdots & 0 & 1 \end{bmatrix}$$

對 A 之因式分解中的下三角矩陣 L 即為各 $L^{(k)}$ 的乘積：

$$L = L^{(1)}L^{(2)}\cdots L^{(n-1)} = \begin{bmatrix} 1 & 0 & \cdots & 0 \\ m_{21} & 1 & & \\ \vdots & & \ddots & 0 \\ m_{n1} & \cdots & m_{n,n-1} & 1 \end{bmatrix}$$

然而 L 與上三角矩陣 $U = M^{(n-1)}\cdots M^{(2)}M^{(1)}A$ 相乘可得
$$LU = L^{(1)}L^{(2)}\cdots L^{(n-3)}L^{(n-2)}L^{(n-1)} \cdot M^{(n-1)}M^{(n-2)}M^{(n-3)}\cdots M^{(2)}M^{(1)}A$$
$$= [M^{(1)}]^{-1}[M^{(2)}]^{-1}\cdots [M^{(n-2)}]^{-1}[M^{(n-1)}]^{-1} \cdot M^{(n-1)}M^{(n-2)}\cdots M^{(2)}M^{(1)}A = A$$

定理 6.19 即依據此觀察而來。

定理 6.19

如果對線性方程組 $A\mathbf{x} = \mathbf{b}$ 可以使用高斯消去法且不須做列互換，則矩陣 A 可因式分解為下三角矩陣 L 與上三角矩陣 U，即 $A = LU$，其中 $m_{ji} = a_{ji}^{(i)}/a_{ii}^{(i)}$，

$$U = \begin{bmatrix} a_{11}^{(1)} & a_{12}^{(1)} & \cdots & a_{1n}^{(1)} \\ 0 & a_{22}^{(2)} & & \\ \vdots & & \ddots & a_{n-1,n}^{(n-1)} \\ 0 & \cdots & 0 & a_{nn}^{(n)} \end{bmatrix}, \quad 及 \quad L = \begin{bmatrix} 1 & 0 & \cdots & 0 \\ m_{21} & 1 & & \\ \vdots & & \ddots & 0 \\ m_{n1} & \cdots & m_{n,n-1} & 1 \end{bmatrix}$$

例題 2 **(a)** 求線性方程組 $A\mathbf{x}=\mathbf{b}$ 中 A 的 LU 因式分解，其中

$$A = \begin{bmatrix} 1 & 1 & 0 & 3 \\ 2 & 1 & -1 & 1 \\ 3 & -1 & -1 & 2 \\ -1 & 2 & 3 & -1 \end{bmatrix} \quad 及 \quad \mathbf{b} = \begin{bmatrix} 1 \\ 1 \\ -3 \\ 4 \end{bmatrix}$$

(b) 然後用因式分解求解線性方程組

$$\begin{aligned} x_1 + x_2 \quad\quad + 3x_4 &= 8 \\ 2x_1 + x_2 - x_3 + x_4 &= 7 \\ 3x_1 - x_2 - x_3 + 2x_4 &= 14 \\ -x_1 + 2x_2 + 3x_3 - x_4 &= -7 \end{aligned}$$

解 **(a)** 此方程組在 6.1 節中已出現過，我們知道經由一系列運算 $(E_2 - 2E_1) \to (E_2)$、$(E_3 - 3E_1) \to (E_3)$、$(E_4 - (-1)E_1) \to (E_4)$、$(E_3 - 4E_2) \to (E_3)$、$(E_4 - (-3)E_2) \to (E_4)$ 可將原方程組轉成三角型式

$$\begin{aligned} x_1 + x_2 \quad\quad + 3x_4 &= 4 \\ -x_2 - x_3 - 5x_4 &= -7 \\ 3x_3 + 13x_4 &= 13 \\ -13x_4 &= -13 \end{aligned}$$

由乘數 m_{ij} 及上三角矩陣可得因式分解

$$A = \begin{bmatrix} 1 & 1 & 0 & 3 \\ 2 & 1 & -1 & 1 \\ 3 & -1 & -1 & 2 \\ -1 & 2 & 3 & -1 \end{bmatrix} = \begin{bmatrix} 1 & 0 & 0 & 0 \\ 2 & 1 & 0 & 0 \\ 3 & 4 & 1 & 0 \\ -1 & -3 & 0 & 1 \end{bmatrix} \begin{bmatrix} 1 & 1 & 0 & 3 \\ 0 & -1 & -1 & -5 \\ 0 & 0 & 3 & 13 \\ 0 & 0 & 0 & -13 \end{bmatrix} = LU$$

(b) 要求解

$$A\mathbf{x} = LU\mathbf{x} = \begin{bmatrix} 1 & 0 & 0 & 0 \\ 2 & 1 & 0 & 0 \\ 3 & 4 & 1 & 0 \\ -1 & -3 & 0 & 1 \end{bmatrix} \begin{bmatrix} 1 & 1 & 0 & 3 \\ 0 & -1 & -1 & -5 \\ 0 & 0 & 3 & 13 \\ 0 & 0 & 0 & -13 \end{bmatrix} \begin{bmatrix} x_1 \\ x_2 \\ x_3 \\ x_4 \end{bmatrix} = \begin{bmatrix} 8 \\ 7 \\ 14 \\ -7 \end{bmatrix}$$

我們首先引入代換關係 $\mathbf{y} = U\mathbf{x}$。則 $\mathbf{b} = L(U\mathbf{x}) = L\mathbf{y}$，也就是

$$L\mathbf{y} = \begin{bmatrix} 1 & 0 & 0 & 0 \\ 2 & 1 & 0 & 0 \\ 3 & 4 & 1 & 0 \\ -1 & -3 & 0 & 1 \end{bmatrix} \begin{bmatrix} y_1 \\ y_2 \\ y_3 \\ y_4 \end{bmatrix} = \begin{bmatrix} 8 \\ 7 \\ 14 \\ -7 \end{bmatrix}$$

此方程組可用簡單的前向代換程序解得 $\mathbf{y}$：

$$y_1 = 8 \, ;$$

$$2y_1 + y_2 = 7，所以 y_2 = 7 - 2y_1 = -9$$

$$3y_1 + 4y_2 + y_3 = 14，所以 y_3 = 14 - 3y_1 - 4y_2 = 26$$

$-y_1 - 3y_2 + y_4 = -7$，所以 $y_4 = -7 + y_1 + 3y_2 = -26$

然後由 $U\mathbf{x} = \mathbf{y}$ 解出原方程組的答案 $\mathbf{x}$，就是

$$\begin{bmatrix} 1 & 1 & 0 & 3 \\ 0 & -1 & -1 & -5 \\ 0 & 0 & 3 & 13 \\ 0 & 0 & 0 & -13 \end{bmatrix} \begin{bmatrix} x_1 \\ x_2 \\ x_3 \\ x_4 \end{bmatrix} = \begin{bmatrix} 8 \\ -9 \\ 26 \\ -26 \end{bmatrix}$$

用後向代換可得 $x_4 = 2$、$x_3 = 0$、$x_2 = -1$、$x_1 = 3$。 ∎

可以用 Maple 的 *NumericalAnalysis* 程式包執行例題 2 中的矩陣因式分解。首先載入程式包

with(*Student*[*NumericalAnalysis*])

以及矩陣 A

$A := Matrix([[1, 1, 0, 3], [2, 1, -1, 1], [3, -1, -1, 2], [-1, 2, 3, -1]])$

用以下指令進行因式分解

Lower, Upper:= *MatrixDecomposition*(*A, method* = *LU, output* = ['*L*', '*U*'])

可得

$$\begin{bmatrix} 1 & 0 & 0 & 0 \\ 2 & 1 & 0 & 0 \\ 3 & 4 & 1 & 0 \\ -1 & -3 & 0 & 1 \end{bmatrix}, \begin{bmatrix} 1 & 1 & 0 & 3 \\ 0 & -1 & -1 & -5 \\ 0 & 0 & 3 & 13 \\ 0 & 0 & 0 & -13 \end{bmatrix}$$

要用因式分解求解方程組 $A\mathbf{x} = \mathbf{b}$，先定義 $\mathbf{b}$ 為

$b := Vector([8, 7, 14, -7])$

先進行前向代換以由 $L\mathbf{y} = \mathbf{b}$ 求出 $\mathbf{y}$，再以後向代換由 $U\mathbf{x} = \mathbf{y}$ 求得 $\mathbf{x}$。

$y := ForwardSubstiution(Lower, b):$ $x := BackSubstitution(Upper, y)$

所得解答和例題 2 的一樣。

例題 2 所用的因式分解法稱為 *Doolittle* 法，它要求 L 矩陣的對角線元素必須為 1，可獲得定理 6.19 的因式分解。在 6.6 節中我們會介紹 *Crout* 法，它的 U 矩陣的對角線值為 1；還有 *Cholesky* 法，它要求在每個 i 值 $l_{ii} = u_{ii}$。

算則 6.4 是一個將矩陣因式分解為兩個三角矩陣乘積的通用程序。雖然是產生新的 L 和 U，但它們取代原來 A 的位置。

算則 6.4 許可使用者選擇指定 L 或 U 的對角線。

算則 6.4　*LU* 因式分解 (*LU* Factorization)

將 $n \times n$ 的矩陣 $A = [a_{ij}]$ 分解為，一個下三角矩陣 $L = [l_{ij}]$ 及上三角矩陣 $U = [u_{ij}]$ 的乘積；也就是 $A = LU$，L 與 U 其中之一的對角線元素均為 1。

INPUT 維度 n；A 的元素 a_{ij}，$1 \leq i, j \leq n$ 的對角線；L 的對角線 $l_{11} = \cdots = l_{nn} = 1$ 或 U 的對角線 $u_{11} = \cdots = u_{nn} = 1$。

OUTPUT L 的元素 l_{ij}，$1 \leq j \leq i$，$1 \leq i \leq n$，及 U 的元素 u_{ij}，$i \leq j \leq n$，$1 \leq i \leq n$。

Step 1 Select l_{11} and u_{11} satisfying $l_{11}u_{11} = a_{11}$.
If $l_{11}u_{11} = 0$ then OUTPUT ('Factorization impossible');
STOP.

Step 2 For $j = 2, \ldots, n$ set $u_{1j} = a_{1j}/l_{11}$;　　(U 的第一列)
$l_{j1} = a_{j1}/u_{11}$.　　(L 的第一行)

Step 3 For $i = 2, \ldots, n-1$ do Steps 4 and 5.

　　Step 4 Select l_{ii} and u_{ii} satisfying $l_{ii}u_{ii} = a_{ii} - \sum_{k=1}^{i-1} l_{ik}u_{ki}$.

　　　If $l_{ii}u_{ii} = 0$ then OUTPUT ('Factorization impossible');
　　　STOP.

　　Step 5 For $j = i+1, \ldots, n$

　　　set $u_{ij} = \frac{1}{l_{ii}}\left[a_{ij} - \sum_{k=1}^{i-1} l_{ik}u_{kj}\right]$;　　($U$ 的第 i 列)

　　　$l_{ji} = \frac{1}{u_{ii}}\left[a_{ji} - \sum_{k=1}^{i-1} l_{jk}u_{ki}\right]$.　　($L$ 的第 i 行)

Step 6 Select l_{nn} and u_{nn} satisfying $l_{nn}u_{nn} = a_{nn} - \sum_{k=1}^{n-1} l_{nk}u_{kn}$.

（註：若 $l_{nn}u_{nn} = 0$，則 $A = LU$ 但 A 為奇異）

Step 7 OUTPUT (l_{ij} for $j = 1, \ldots, i$ and $i = 1, \ldots, n$);
OUTPUT (u_{ij} for $j = i, \ldots, n$ and $i = 1, \ldots, n$);
STOP. ∎

一旦完成了矩陣的因式分解，要求解 $A\mathbf{x} = LU\mathbf{x} = \mathbf{b}$ 型式的線性方程組可以先令 $\mathbf{y} = U\mathbf{x}$ 並由 $L\mathbf{y} = \mathbf{b}$ 解得 $\mathbf{y}$。因為 L 為下三角矩陣，可得

$$y_1 = \frac{b_1}{l_{11}}$$

以及，對每一個 $i = 2, 3, \cdots, n$，

$$y_i = \frac{1}{l_{ii}}\left[b_i - \sum_{j=1}^{i-1} l_{ij}y_j\right]$$

以前向代換程序求得 $\mathbf{y}$ 之後，可以用後向代換由上三角方程組 $U\mathbf{x} = \mathbf{y}$ 解得 $\mathbf{x}$，其公式為

$$x_n = \frac{y_n}{u_{nn}} \quad \text{及} \quad x_i = \frac{1}{u_{ii}}\left[y_i - \sum_{j=i+1}^{n} u_{ij}x_j\right]$$

■ 置換矩陣

在之前的討論中，我們假設 $A\mathbf{x} = \mathbf{b}$ 可以用高斯消去法求解而無須做列互換。從實用的觀點來看，這種因式分解只有在我們不須要藉由列互換來控制捨入誤差時才有用。但很幸運的，許多須要用近似法求解的問題都屬於這一類，但我們還是要考慮對於必須做列互換的情形如何修改以上程序。我們先介紹一種矩陣，它們可以對已知矩陣的列進行重組或互換。

經由重新排列單位矩陣 I_n 的列，可得 $n \times n$ 的 **置換矩陣** (permutation matrix) $P = [p_{ij}]$。此一矩陣的每一行與每一列，都只有一個非 0 的元素，且所有的非 0 元素的值都是 1。

說明題 矩陣

$$P = \begin{bmatrix} 1 & 0 & 0 \\ 0 & 0 & 1 \\ 0 & 1 & 0 \end{bmatrix}$$

是一個 3×3 的置換矩陣。對任何 3×3 的矩陣 A，在其左側乘上 P，可將 A 的第 2 列及第 3 列互換：

$$PA = \begin{bmatrix} 1 & 0 & 0 \\ 0 & 0 & 1 \\ 0 & 1 & 0 \end{bmatrix} \begin{bmatrix} a_{11} & a_{12} & a_{13} \\ a_{21} & a_{22} & a_{23} \\ a_{31} & a_{32} & a_{33} \end{bmatrix} = \begin{bmatrix} a_{11} & a_{12} & a_{13} \\ a_{31} & a_{32} & a_{33} \\ a_{21} & a_{22} & a_{23} \end{bmatrix}$$

同樣的，在 A 的右側乘 P 可將 A 的第 2 及第 3 行互換。 ■

置換矩陣有兩個與高斯消去法有關的特性，一個已在前面例題中說明了。設 $k_1, \cdots, k_n$ 為整數 $1, \cdots, n$ 的一種排列，且置換矩陣 $P = (p_{ij})$ 定義為

$$p_{ij} = \begin{cases} 1, & \text{若 } j = k_i \\ 0, & \text{其餘} \end{cases}$$

則

- PA 置換 A 的列；即

$$PA = \begin{bmatrix} a_{k_1 1} & a_{k_1 2} & \cdots & a_{k_1 n} \\ a_{k_2 1} & a_{k_2 2} & \cdots & a_{k_2 n} \\ \vdots & \vdots & \ddots & \vdots \\ a_{k_n 1} & a_{k_n 2} & \cdots & a_{k_n n} \end{bmatrix}$$

- P^{-1} 存在且 $P^{-1} = P^t$。

在 6.4 節的最後我們看到，對任何非奇異矩陣 A，只要能做列互換，線性方程組 $A\mathbf{x} = \mathbf{b}$ 可用高斯消去法求解。如果我們事先知道，使用高斯消去法求解某個線性方程組，必須做那些列互換，那麼我們可以重新安排各方程式的順序，以避免列互換。因此可以經

由重新安排方程組中方程式的順序,使得高斯消去法無須執行列互換。這也就是,對任何非奇異矩陣 A,存在有置換矩陣 P,使得我們可用高斯消去法求解方程組

$$PA\mathbf{x} = P\mathbf{b}$$

而無須列互換。因此,可以將矩陣 PA 分解為

$$PA = LU$$

其中 L 為下三角矩陣而 U 為上三角矩陣。因為 $P^{-1} = P^t$,故可得因式分解

$$A = P^{-1}LU = (P^tL)U$$

矩陣 U 仍為上三角矩陣,但 P^tL 不再是下三角矩陣,除非 $P = I$。

例題 3 求以下矩陣 $A = (P^tL)U$ 的因式分解

$$A = \begin{bmatrix} 0 & 0 & -1 & 1 \\ 1 & 1 & -1 & 2 \\ -1 & -1 & 2 & 0 \\ 1 & 2 & 0 & 2 \end{bmatrix}$$

解 因為 $a_{11} = 0$,矩陣 A 無法做 LU 因式分解。但使用列互換 $(E_1) \leftrightarrow (E_2)$,再加上 $(E_3 + E_1) \to (E_3)$ 及 $(E_4 - E_1) \to (E_4)$,可得

$$\begin{bmatrix} 1 & 1 & -1 & 2 \\ 0 & 0 & -1 & 1 \\ 0 & 0 & 1 & 2 \\ 0 & 1 & 1 & 0 \end{bmatrix}$$

然後用列互換 $(E_2) \leftrightarrow (E_4)$,再加上 $(E_4 + E_3) \to (E_4)$ 可得矩陣

$$U = \begin{bmatrix} 1 & 1 & -1 & 2 \\ 0 & 1 & 1 & 0 \\ 0 & 0 & 1 & 2 \\ 0 & 0 & 0 & 3 \end{bmatrix}$$

相對於列互換 $(E_1) \leftrightarrow (E_2)$ 及 $(E_2) \leftrightarrow (E_4)$ 的置換矩陣為

$$P = \begin{bmatrix} 0 & 1 & 0 & 0 \\ 0 & 0 & 0 & 1 \\ 0 & 0 & 1 & 0 \\ 1 & 0 & 0 & 0 \end{bmatrix}$$

且

$$PA = \begin{bmatrix} 1 & 1 & -1 & 2 \\ 1 & 2 & 0 & 2 \\ -1 & -1 & 2 & 0 \\ 0 & 0 & -1 & 1 \end{bmatrix}$$

高斯消去法可用於 PA,和用於 A 的運算一樣,只是不用做列互換。也就是 $(E_2 - E_1) \to$

(E_2)、$(E_3+E_1) \to (E_3)$、再加上 $(E_4+E_3) \to (E_4)$。因此 PA 的非 0 乘數為

$$m_{21}=1,m_{31}=-1,\text{及 } m_{43}=-1$$

而 PA 的 LU 因式分解為

$$PA = \begin{bmatrix} 1 & 0 & 0 & 0 \\ 1 & 1 & 0 & 0 \\ -1 & 0 & 1 & 0 \\ 0 & 0 & -1 & 1 \end{bmatrix} \begin{bmatrix} 1 & 1 & -1 & 2 \\ 0 & 1 & 1 & 0 \\ 0 & 0 & 1 & 2 \\ 0 & 0 & 0 & 3 \end{bmatrix} = LU$$

乘上 $P^{-1} = P^t$ 可得因式分解為

$$A = P^{-1}(LU) = P^t(LU) = (P^tL)U = \begin{bmatrix} 0 & 0 & -1 & 1 \\ 1 & 0 & 0 & 0 \\ -1 & 0 & 1 & 0 \\ 1 & 1 & 0 & 0 \end{bmatrix} \begin{bmatrix} 1 & 1 & -1 & 2 \\ 0 & 1 & 1 & 0 \\ 0 & 0 & 1 & 2 \\ 0 & 0 & 0 & 3 \end{bmatrix}$$ ∎

用 Maple 的 *LinearAlgebra* 程式包可得到矩陣 A 的因式分解 $A = PLU$，指令為

LUDecmposition(A)

函數呼叫

$(P, L, U) := LUDecompositiion(A)$

可得分解之因式，置換矩陣存為 P、下三角矩陣存為 L、且上三角矩陣存為 U。

習題組 6.5 完整習題請見隨書光碟

1. 求解下列線性方程組：

   a. $\begin{bmatrix} 1 & 0 & 0 \\ 2 & 1 & 0 \\ -1 & 0 & 1 \end{bmatrix} \begin{bmatrix} 2 & 3 & -1 \\ 0 & -2 & 1 \\ 0 & 0 & 3 \end{bmatrix} \begin{bmatrix} x_1 \\ x_2 \\ x_3 \end{bmatrix} = \begin{bmatrix} 2 \\ -1 \\ 1 \end{bmatrix}$

   b. $\begin{bmatrix} 2 & 0 & 0 \\ -1 & 1 & 0 \\ 3 & 2 & -1 \end{bmatrix} \begin{bmatrix} 1 & 1 & 1 \\ 0 & 1 & 2 \\ 0 & 0 & 1 \end{bmatrix} \begin{bmatrix} x_1 \\ x_2 \\ x_3 \end{bmatrix} = \begin{bmatrix} -1 \\ 3 \\ 0 \end{bmatrix}$

3. 求出下列矩陣的置換矩陣 P，使得 PA 可分解為 LU，其中 L 為對角線元素均為 1 的下三角矩陣，U 為上三角矩陣。

   a. $A = \begin{bmatrix} 1 & 2 & -1 \\ 2 & 4 & 0 \\ 0 & 1 & -1 \end{bmatrix}$
   b. $A = \begin{bmatrix} 0 & 1 & 1 \\ 1 & -2 & -1 \\ 1 & -1 & 1 \end{bmatrix}$

   c. $A = \begin{bmatrix} 1 & 1 & -1 & 0 \\ 1 & 1 & 4 & 3 \\ 2 & -1 & 2 & 4 \\ 2 & -1 & 2 & 3 \end{bmatrix}$
   d. $A = \begin{bmatrix} 0 & 1 & 1 & 2 \\ 0 & 1 & 1 & -1 \\ 1 & 2 & -1 & 3 \\ 1 & 1 & 2 & 0 \end{bmatrix}$

5. 利用 LU 因式分解算則將下列矩陣分解為 LU 型式，且對所有的 i 值 $l_{ii} = 1$。

a. $\begin{bmatrix} 2 & -1 & 1 \\ 3 & 3 & 9 \\ 3 & 3 & 5 \end{bmatrix}$

b. $\begin{bmatrix} 1.012 & -2.132 & 3.104 \\ -2.132 & 4.096 & -7.013 \\ 3.104 & -7.013 & 0.014 \end{bmatrix}$

c. $\begin{bmatrix} 2 & 0 & 0 & 0 \\ 1 & 1.5 & 0 & 0 \\ 0 & -3 & 0.5 & 0 \\ 2 & -2 & 1 & 1 \end{bmatrix}$

d. $\begin{bmatrix} 2.1756 & 4.0231 & -2.1732 & 5.1967 \\ -4.0231 & 6.0000 & 0 & 1.1973 \\ -1.0000 & -5.2107 & 1.1111 & 0 \\ 6.0235 & 7.0000 & 0 & -4.1561 \end{bmatrix}$

7. 修改 LU 因式分解算則，使其能夠求解線性方程組，並解出下列方程組。

a. $2x_1 - x_2 + x_3 = -1$
   $3x_1 + 3x_2 + 9x_3 = 0$
   $3x_1 + 3x_2 + 5x_3 = 4$

b. $1.012x_1 - 2.132x_2 + 3.104x_3 = 1.984$
   $-2.132x_1 + 4.096x_2 - 7.013x_3 = -5.049$
   $3.104x_1 - 7.013x_2 + 0.014x_3 = -3.895$

c. $2x_1 = 3$
   $x_1 + 1.5x_2 = 4.5$
   $-3x_2 + 0.5x_3 = -6.6$
   $2x_1 - 2x_2 + x_3 + x_4 = 0.8$

d. $2.1756x_1 + 4.0231x_2 - 2.1732x_3 + 5.1967x_4 = 17.102$
   $-4.0231x_1 + 6.0000x_2 + 1.1973x_4 = -6.1593$
   $-1.0000x_1 - 5.2107x_2 + 1.1111x_3 = 3.0004$
   $6.0235x_1 + 7.0000x_2 - 4.1561x_4 = 0.0000$

9. 求下列矩陣 $A = P^t LU$ 型式的因式分解。

a. $A = \begin{bmatrix} 0 & 2 & 3 \\ 1 & 1 & -1 \\ 0 & -1 & 1 \end{bmatrix}$

b. $A = \begin{bmatrix} 1 & 2 & -1 \\ 1 & 2 & 3 \\ 2 & -1 & 4 \end{bmatrix}$

c. $A = \begin{bmatrix} 1 & -2 & 3 & 0 \\ 3 & -6 & 9 & 3 \\ 2 & 1 & 4 & 1 \\ 1 & -2 & 2 & -2 \end{bmatrix}$

d. $A = \begin{bmatrix} 1 & -2 & 3 & 0 \\ 1 & -2 & 3 & 1 \\ 1 & -2 & 2 & -2 \\ 2 & 1 & 3 & -1 \end{bmatrix}$

11. a. 證明 LU 因式分解算則須要

$$\frac{1}{3}n^3 - \frac{1}{3}n \text{ 次乘/除法 \quad 及 \quad } \frac{1}{3}n^3 - \frac{1}{2}n^2 + \frac{1}{6}n \text{ 次加/減法。}$$

b. 若 L 為下三角矩陣且對所有的 i，$l_{ii} = 1$，證明解 $L\mathbf{y} = \mathbf{b}$ 須要

$$\frac{1}{2}n^2 - \frac{1}{2}n \text{ 次乘/除法 \quad 及 \quad } \frac{1}{2}n^2 - \frac{1}{2}n \text{ 次加/減法。}$$

c. 證明解 $A\mathbf{x} = \mathbf{b}$，利用先將 A 分解為 $A = LU$ 再求解 $L\mathbf{y} = \mathbf{b}$ 及 $U\mathbf{x} = \mathbf{y}$，所須要的運算次數和算則 6.1 高斯消去法的一樣多。

d. 要求解 m 個線性方程組 $A\mathbf{x}^{(k)} = \mathbf{b}^{(k)}$，$k = 1, \ldots, m$，可先對 A 做因式分解，再使用 m 次 (c) 的方法。計算一下這種做法所須的運算次數。

6.6 特殊矩陣

在本節中我們將注意力轉到兩種矩陣，對這兩種矩陣我們可以很有效率的使用高斯消去法而不須要做列的互換。

■ 對角線主導矩陣

以下定義即為其中的第一種。

定義 6.20

對一個 $n \times n$ 的矩陣 A，若對每一個 $i = 1, 2, \cdots, n$ 都有

$$|a_{ii}| \geq \sum_{\substack{j=1,\\ j \neq i}}^{n} |a_{ij}| \tag{6.10}$$

則此矩陣為**對角線主導** (diagonally dominant)。

當對所有的 n，(6.10) 式中的等號都不成立，亦即對每一個 $i = 1, 2, \cdots, n$ 都有

$$|a_{ii}| > \sum_{\substack{j=1,\\ j \neq i}}^{n} |a_{ij}|$$

則此矩陣為**完全對角線主導** (strictly diagonally dominant)。 ■

說明題 考慮矩陣

$$A = \begin{bmatrix} 7 & 2 & 0 \\ 3 & 5 & -1 \\ 0 & 5 & -6 \end{bmatrix} \quad \text{及} \quad B = \begin{bmatrix} 6 & 4 & -3 \\ 4 & -2 & 0 \\ -3 & 0 & 1 \end{bmatrix}$$

非對稱矩陣 A 是完全對角線主導，因為

$$|7| > |2| + |0|、\ |5| > |3| + |-1|、\ 且 |-6| > |0| + |5|$$

對稱矩陣 B 則不是完全對角線主導，因為，例如它的第 1 列主對角線元素的絕對值 $|6| < |4| + |-3| = 7$。另外有趣的是 A^t 不是完全對角線主導，因為其中間列為 [2 5 5]，當然 B^t 也不是，因為 $B^t = B$。 ■

下面的定理我們在 3.5 節中用過，以確保決定三次雲形內插 (cubic spline interpolation) 的線性方程組有唯一解。

定理 6.21

一個完全對角線主導的矩陣 A 為非奇異。而此時可用高斯消去法求解型式為 $A\mathbf{x} = \mathbf{b}$ 的

任何線性方程組，無須經過任何行或列的互換即可獲得唯一解，且就捨入誤差而言，其計算過程為穩定。 ■

證明 我們首先用互斥法證明 A 為非奇異。考慮一個方程組 $A\mathbf{x} = \mathbf{0}$，並假設此方程組有非零解 $\mathbf{x} = (x_i)$。令 k 為下標，用於標示

$$0 < |x_k| = \max_{1 \leq j \leq n} |x_j|$$

因為對所有 $i = 1, 2, \cdots, n$，$\sum_{j=1}^{n} a_{ij} x_j = 0$，所以在 $i = k$ 時我們有

$$a_{kk} x_k = -\sum_{\substack{j=1 \\ j \neq k}}^{n} a_{kj} x_j$$

由三角不等式可得

$$|a_{kk}||x_k| \leq \sum_{\substack{j=1 \\ j \neq k}}^{n} |a_{kj}||x_j|, \quad \text{所以} \quad |a_{kk}| \leq \sum_{\substack{j=1 \\ j \neq k}}^{n} |a_{kj}| \frac{|x_j|}{|x_k|} \leq \sum_{\substack{j=1 \\ j \neq k}}^{n} |a_{kj}|$$

這個不等式與矩陣 A 為完全對角線主導之前提矛盾。因此 $A\mathbf{x} = \mathbf{0}$ 的唯一解為 $\mathbf{x} = \mathbf{0}$，379 頁的定理 6.17 指出這相當於 A 為非奇異。

要證明使用高斯消去法時無須做任何列互換，我們將證明在高斯消去的過程 (如 6.5 節所述) 中產生的所有矩陣 $A^{(2)}, A^{(3)}, \ldots, A^{(n)}$ 都是完全對角線主導。這可確保在高斯消去的過程中，所有樞軸元素都不為 0。

因為 A 為完全對角線主導，$a_{11} \neq 0$ 且可以組成 $A^{(2)}$。因此，對每個 $i = 2, 3, \cdots, n$，

$$a_{ij}^{(2)} = a_{ij}^{(1)} - \frac{a_{1j}^{(1)} a_{i1}^{(1)}}{a_{11}^{(1)}}, \quad 2 \leq j \leq n。$$

首先 $a_{i1}^{(2)} = 0$，由三角不等式可得

$$\sum_{\substack{j=2 \\ j \neq i}}^{n} |a_{ij}^{(2)}| = \sum_{\substack{j=2 \\ j \neq i}}^{n} \left| a_{ij}^{(1)} - \frac{a_{1j}^{(1)} a_{i1}^{(1)}}{a_{11}^{(1)}} \right| \leq \sum_{\substack{j=2 \\ j \neq i}}^{n} |a_{ij}^{(1)}| + \sum_{\substack{j=2 \\ j \neq i}}^{n} \left| \frac{a_{1j}^{(1)} a_{i1}^{(1)}}{a_{11}^{(1)}} \right|$$

但因為 A 是完全對角線主導，

$$\sum_{\substack{j=2 \\ j \neq i}}^{n} |a_{ij}^{(1)}| < |a_{ii}^{(1)}| - |a_{i1}^{(1)}| \quad \text{且} \quad \sum_{\substack{j=2 \\ j \neq i}}^{n} |a_{1j}^{(1)}| < |a_{11}^{(1)}| - |a_{1i}^{(1)}|$$

所以

$$\sum_{\substack{j=2 \\ j \neq i}}^{n} |a_{ij}^{(2)}| < |a_{ii}^{(1)}| - |a_{i1}^{(1)}| + \frac{|a_{i1}^{(1)}|}{|a_{11}^{(1)}|}(|a_{11}^{(1)}| - |a_{1i}^{(1)}|) = |a_{ii}^{(1)}| - \frac{|a_{i1}^{(1)}||a_{1i}^{(1)}|}{|a_{11}^{(1)}|}$$

同樣由三角不等式可得

$$\left|a_{ii}^{(1)}\right| - \frac{|a_{i1}^{(1)}||a_{1i}^{(1)}|}{|a_{11}^{(1)}|} \leq \left|a_{ii}^{(1)} - \frac{|a_{i1}^{(1)}||a_{1i}^{(1)}|}{|a_{11}^{(1)}|}\right| = |a_{ii}^{(2)}|$$

由上式可得

$$\sum_{\substack{j=2 \\ j \neq i}}^{n} |a_{ij}^{(2)}| < |a_{ii}^{(2)}|$$

這就得到了第 $2, \cdots, n$ 列的完全對角線主導性。因為 $A^{(2)}$ 的第一列與 A 相同，所以 $A^{(2)}$ 為完全對角線主導。

可以歸納法持續此程序，直到獲得上三角矩陣以及 $A^{(n)}$ 為完全對角線主導為止。這代表所有對角線元素均不為 0，所以用高斯消去法時不須做列互換。

此程序的穩定性請參考[We]。 ∎

■ 正定矩陣

下一種特殊矩陣稱為**正定矩陣**(*positive definite matrix*)。

定義 6.22

若矩陣 A 為對稱，且對所有 n 維向量 $\mathbf{x} \neq \mathbf{0}$ 有 $\mathbf{x}^t A \mathbf{x} > 0$，則 A 為**正定** (positive definite) 矩陣。

並不是所有的作者都要求正定矩陣必須為對稱。例如在 Golub 及 Van Loan[GV]所著的矩陣運算的標準參考書中，他們只要求對所有 $\mathbf{x} \neq \mathbf{0}$ 有 $\mathbf{x}^t A \mathbf{x} > 0$。我們在此稱為正定的矩陣在[GV]中稱作對稱正定矩陣。當你閱讀其他參考資料時，記住此差異。

精確的說，定義 6.22 指出，經過 $\mathbf{x}^t A \mathbf{x}$ 運算後所得的 1×1 矩陣，其唯一的元素為正值，因為此運算為：

$$\mathbf{x}^t A \mathbf{x} = [x_1, x_2, \cdots, x_n] \begin{bmatrix} a_{11} & a_{12} & \cdots & a_{1n} \\ a_{21} & a_{22} & \cdots & a_{2n} \\ \vdots & \vdots & & \vdots \\ a_{n1} & a_{n2} & \cdots & a_{nn} \end{bmatrix} \begin{bmatrix} x_1 \\ x_2 \\ \vdots \\ x_n \end{bmatrix}$$

$$= [x_1, x_2, \cdots, x_n] \begin{bmatrix} \sum_{j=1}^{n} a_{1j} x_j \\ \sum_{j=1}^{n} a_{2j} x_j \\ \vdots \\ \sum_{j=1}^{n} a_{nj} x_j \end{bmatrix} = \left[\sum_{i=1}^{n} \sum_{j=1}^{n} a_{ij} x_i x_j \right]$$

例題 1 證明矩陣

$$A = \begin{bmatrix} 2 & -1 & 0 \\ -1 & 2 & -1 \\ 0 & -1 & 2 \end{bmatrix}$$

為正定。

解 設 **x** 為任何三維行向量。則

$$\mathbf{x}^t A\mathbf{x} = [x_1, x_2, x_3] \begin{bmatrix} 2 & -1 & 0 \\ -1 & 2 & -1 \\ 0 & -1 & 2 \end{bmatrix} \begin{bmatrix} x_1 \\ x_2 \\ x_3 \end{bmatrix}$$

$$= [x_1, x_2, x_3] \begin{bmatrix} 2x_1 - x_2 \\ -x_1 + 2x_2 - x_3 \\ -x_2 + 2x_3 \end{bmatrix}$$

$$= 2x_1^2 - 2x_1x_2 + 2x_2^2 - 2x_2x_3 + 2x_3^2$$

重整各項可得

$$\mathbf{x}^t A\mathbf{x} = x_1^2 + (x_1^2 - 2x_1x_2 + x_2^2) + (x_2^2 - 2x_2x_3 + x_3^2) + x_3^2$$
$$= x_1^2 + (x_1 - x_2)^2 + (x_2 - x_3)^2 + x_3^2,$$

由此可得

$$x_1^2 + (x_1 - x_2)^2 + (x_2 - x_3)^2 + x_3^2 > 0$$

除非 $x_1 = x_2 = x_3 = 0$。 ∎

由例題應該可以清楚的看出，要用定義來決定一個矩陣是否為正定是相當困難的。但幸運的是，有一些簡單的準則可用以判定一個矩陣是否為正定，這將在第 9 章介紹。下一定理則是可用來排除某些矩陣的條件。

定理 6.23

若 A 為 $n \times n$ 正定矩陣，則

(i) A 為可逆；

(ii) 對每個 $i = 1, 2, \cdots, n$，$a_{ii} > 0$；

(iii) $\max_{1 \leq k, j \leq n} |a_{kj}| \leq \max_{1 \leq i \leq n} |a_{ii}|$；

(iv) 當 $i \neq j$，$(a_{ij})^2 < a_{ii}a_{jj}$。 ∎

證明

(i) 若 **x** 滿足 $A\mathbf{x} = \mathbf{0}$，則 $\mathbf{x}^t A\mathbf{x} = 0$。因為 A 為正定，所以 $\mathbf{x} = \mathbf{0}$。因此，$A\mathbf{x} = \mathbf{0}$ 的解必為零。由 379 頁的定理 6.17 可知，這和 A 為非奇異是等價的。

(ii) 給定 i 值，當 $j \neq i$ 時令 $\mathbf{x} = (x_j)$ 定義為 $x_i = 1$ 且 $x_j = 0$。因為 $\mathbf{x} \neq \mathbf{0}$，

$$0 < \mathbf{x}^t A\mathbf{x} = a_{ii}$$

(iii) 當 $k \neq j$，定義 $\mathbf{x} = (x_i)$ 為

$$x_i = \begin{cases} 0, & \text{若 } i \neq j \text{ 且 } i \neq k \\ 1, & \text{若 } i = j, \\ -1, & \text{若 } i = k. \end{cases}$$

因為 $\mathbf{x} \neq \mathbf{0}$,

$$0 < \mathbf{x}^t A \mathbf{x} = a_{jj} + a_{kk} - a_{jk} - a_{kj}$$

但 $A^t = A$,所以 $a_{jk} = a_{kj}$,由此得

$$2a_{kj} < a_{jj} + a_{kk} \tag{6.11}$$

現在定義 $\mathbf{z} = (z_i)$ 為

$$z_i = \begin{cases} 0, & \text{若 } i \neq j \text{ 且 } i \neq k, \\ 1, & \text{若 } i = j \text{ 或 } i = k. \end{cases}$$

則 $\mathbf{z}^t A \mathbf{z} > 0$,所以

$$-2a_{kj} < a_{kk} + a_{jj} \tag{6.12}$$

由 (6.11) 與 (6.12) 式可得,對所有 $k \neq j$

$$|a_{kj}| < \frac{a_{kk} + a_{jj}}{2} \leq \max_{1 \leq i \leq n} |a_{ii}|, \quad \text{所以} \quad \max_{1 \leq k, j \leq n} |a_{kj}| \leq \max_{1 \leq i \leq n} |a_{ii}|$$

(iv) 當 $i \neq j$,定義 $\mathbf{x} = (x_k)$ 為

$$x_k = \begin{cases} 0, & \text{若 } k \neq j \text{ 且 } k \neq i, \\ \alpha, & \text{若 } k = i, \\ 1, & \text{若 } k = j, \end{cases}$$

其中 α 為任意實數。因為 $\mathbf{x} \neq \mathbf{0}$,

$$0 < \mathbf{x}^t A \mathbf{x} = a_{ii}\alpha^2 + 2a_{ij}\alpha + a_{jj}$$

上式為 α 的二次多項式且沒有實根,則多項式 $P(\alpha) = a_{ii}\alpha^2 + 2a_{ij}\alpha + a_{jj}$ 的判別式必定為負。因此

$$4a_{ij}^2 - 4a_{ii}a_{jj} < 0 \quad \text{且} \quad a_{ij}^2 < a_{ii}a_{jj} \quad \blacksquare\blacksquare\blacksquare$$

雖然定理 6.23 提供了一些正定矩陣必定滿足的條件,但無法保證滿足這些條件的矩陣就是正定矩陣。

在說明充要條件時將會用到下個定義。

定義 6.24

矩陣 A 的**首項主要子矩陣** (leading principal submatrix) 為

$$A_k = \begin{bmatrix} a_{11} & a_{12} & \cdots & a_{1k} \\ a_{21} & a_{22} & \cdots & a_{2k} \\ \vdots & \vdots & & \vdots \\ a_{k1} & a_{k2} & \cdots & a_{kk} \end{bmatrix}$$

$1 \leq k \leq n$。

在 [Stew2], p. 250 中可找到下面定理的證明。

定理 6.25

一個對稱矩陣 A，若且唯若其所有首項主要子矩陣的行列式值為正，此矩陣為正定。

例題 2 在例題 1 中我們用定義來證明對稱矩陣

$$A = \begin{bmatrix} 2 & -1 & 0 \\ -1 & 2 & -1 \\ 0 & -1 & 2 \end{bmatrix}$$

為正定。用定理 6.25 做再次確認。

解 因為

$$\det A_1 = \det[2] = 2 > 0$$

$$\det A_2 = \det \begin{bmatrix} 2 & -1 \\ -1 & 2 \end{bmatrix} = 4 - 1 = 3 > 0$$

及

$$\det A_3 = \det \begin{bmatrix} 2 & -1 & 0 \\ -1 & 2 & -1 \\ 0 & -1 & 2 \end{bmatrix} = 2 \det \begin{bmatrix} 2 & -1 \\ -1 & 2 \end{bmatrix} - (-1) \det \begin{bmatrix} -1 & -1 \\ 0 & 2 \end{bmatrix}$$

$$= 2(4-1) + (-2+0) = 4 > 0$$

和定理 6.25 一致。

下一個定理則是定理 6.23 (i) 的推廣，類似於 391 頁定理 6.21 的完全對角線主導。我們不擬列出此定理的證明，因為那必須引入許多本書其他地方都用不到的專有名詞及定理。此定理的推導與證明可參見 [We], p. 120ff。

定理 6.26

若且唯若高斯消去法可用於樞軸元素全為正數的線性方程組 $A\mathbf{x} = \mathbf{b}$ 而無須任何列互換，則對稱矩陣 A 為正定。與此同時，計算過程中捨入誤差的成長為穩定。

下列推論是在定理 6.26 的證明過程中，所得出的有趣事項。

推論 6.27 矩陣 A 為正定，若且唯若 A 可因式分解為 LDL^t 型式，其中 L 為對角線均為 1 的下三角矩陣，D 為對角線均為正數的對角線矩陣。 ■

推論 6.28 矩陣 A 為正定，若且唯若 A 可因式分解為 LL^t 型式，其中 L 為對角線均不為 0 的下三角矩陣。 ■

本推論中的矩陣 L 與推論 6.27 的不同。在習題 32 中給出了兩者的關係。

算則 6.5 利用算則 6.4 的 LU 因式分解以獲得推論 6.27 中的 LDL^t。

算則 6.5 LDL^t 因式分解

將 $n \times n$ 正定矩陣 A 分解為 LDL^t 型式，其中 L 為對角線均為 1 的下三角矩陣，D 為對角線均為正數的對角線矩陣。

INPUT 維度 n；A 的元素 a_{ij}，$1 \leq i, j \leq n$。

OUTPUT L 的元素 l_{ij}，$1 \leq j < i$ 且 $1 \leq i \leq n$；D 的元素 d_i，$1 \leq i \leq n$。

Step 1 For $i = 1, \ldots, n$ do Steps 2–4.

    Step 2 For $j = 1, \ldots, i - 1$, set $v_j = l_{ij} d_j$.

    Step 3 Set $d_i = a_{ii} - \sum_{j=1}^{i-1} l_{ij} v_j$.

    Step 4 For $j = i + 1, \ldots, n$ set $l_{ji} = (a_{ji} - \sum_{k=1}^{i-1} l_{jk} v_k)/d_i$.

Step 5 OUTPUT (l_{ij} for $j = 1, \ldots, i - 1$ and $i = 1, \ldots, n$);
OUTPUT (d_i for $i = 1, \ldots, n$);
STOP. ■

在 *NumericalAnalysis* 程式包中，可用以下指令將正定矩陣 A 分解為 LDL^t 型式

$L, DD, Lt := MatrixDecomposititon(A, method = LDLt)$

在 A 為對稱但不一定為正定的情形下，有一個與推論 6.27 對應的推論。此推論用途很廣，因為對稱矩陣很常見，且容易辨識。

推論 6.29 令 A 為一個 $n \times n$ 對稱矩陣，且對 A 使用高斯消去法無須做列互換。則 A 可分解為 LDL^t，其中 L 為對角線均為 1 的下三角矩陣，D 為對角線矩陣，其對角線元素為 $a_{11}^{(1)}, \ldots, a_{nn}^{(n)}$。 ■

例題 3 求以下正定矩陣之 LDL^t 因式分解

$$A = \begin{bmatrix} 4 & -1 & 1 \\ -1 & 4.25 & 2.75 \\ 1 & 2.75 & 3.5 \end{bmatrix}$$

解 在 LDL^t 因式分解中，下三角矩陣 L 的對角線元素均為 1，所以必須要有

$$A = \begin{bmatrix} a_{11} & a_{21} & a_{31} \\ a_{21} & a_{22} & a_{32} \\ a_{31} & a_{32} & a_{33} \end{bmatrix} = \begin{bmatrix} 1 & 0 & 0 \\ l_{21} & 1 & 0 \\ l_{31} & l_{32} & 1 \end{bmatrix} \begin{bmatrix} d_1 & 0 & 0 \\ 0 & d_2 & 0 \\ 0 & 0 & d_3 \end{bmatrix} \begin{bmatrix} 1 & l_{21} & l_{31} \\ 0 & 1 & l_{32} \\ 0 & 0 & 1 \end{bmatrix}$$

$$= \begin{bmatrix} d_1 & d_1 l_{21} & d_1 l_{31} \\ d_1 l_{21} & d_2 + d_1 l_{21}^2 & d_2 l_{32} + d_1 l_{21} l_{31} \\ d_1 l_{31} & d_1 l_{21} l_{31} + d_2 l_{32} & d_1 l_{31}^2 + d_2 l_{32}^2 + d_3 \end{bmatrix}$$

因此

$a_{11} : 4 = d_1 \Longrightarrow d_1 = 4$ $\quad\quad a_{21} : -1 = d_1 l_{21} \Longrightarrow l_{21} = -0.25$

$a_{31} : 1 = d_1 l_{31} \Longrightarrow l_{31} = 0.25$ $\quad\quad a_{22} : 4.25 = d_2 + d_1 l_{21}^2 \Longrightarrow d_2 = 4$

$a_{32} : 2.75 = d_1 l_{21} l_{31} + d_2 l_{32} \Longrightarrow l_{32} = 0.75$ $\quad a_{33} : 3.5 = d_1 l_{31}^2 + d_2 l_{32}^2 + d_3 \Longrightarrow d_3 = 1$

因此可得

$$A = LDL^t = \begin{bmatrix} 1 & 0 & 0 \\ -0.25 & 1 & 0 \\ 0.25 & 0.75 & 1 \end{bmatrix} \begin{bmatrix} 4 & 0 & 0 \\ 0 & 4 & 0 \\ 0 & 0 & 1 \end{bmatrix} \begin{bmatrix} 1 & -0.25 & 0.25 \\ 0 & 1 & 0.75 \\ 0 & 0 & 1 \end{bmatrix}$$ ■

很容易就可修改算則 6.5，將其用於分解推論 6.29 所述的對稱矩陣。只要加入一個檢查，以確保對角線元素不為 0。Cholesky 算則 6.6 可產生推論 6.28 所述的 LL^t 因式分解。

算則 6.6 Cholesky

將 $n \times n$ 正定矩陣 A 分解為 LL^t 型式，其中 L 為下三角矩陣。

INPUT 維度 n；A 的元素 a_{ij}，$1 \leq i, j \leq n$。

OUTPUT L 的元素 l_{ij}，$1 \leq j \leq i$ 且 $1 \leq i \leq n$。($U = L^t$ 的元素為 $u_{ij} = l_{ji}$，$i \leq j \leq n$ 且 $1 \leq i \leq n$。)

Step 1 Set $l_{11} = \sqrt{a_{11}}$.

Step 2 For $j = 2, \ldots, n$, set $l_{j1} = a_{j1}/l_{11}$.

Step 3 For $i = 2, \ldots, n-1$ do Steps 4 and 5.

    Step 4 Set $l_{ii} = \left(a_{ii} - \sum_{k=1}^{i-1} l_{ik}^2 \right)^{1/2}$.

    Step 5 For $j = i+1, \ldots, n$

    set $l_{ji} = \left(a_{ji} - \sum_{k=1}^{i-1} l_{jk} l_{ik} \right)/l_{ii}$.

Step 6 Set $l_{nn} = \left(a_{nn} - \sum_{k=1}^{n-1} l_{nk}^2 \right)^{1/2}$.

Step 7 OUTPUT (l_{ij} for $j = 1, \ldots, i$ and $i = 1, \ldots, n$);
    STOP. ■

在 Maple 中要獲得矩陣 A 的 Cholesky 因式分解，可用 *LinearAlgebra* 程式庫的指令

$L := LUDecomposition(A, method = 'Cholesky')$

其輸出為下三角矩陣 L。

例題 4 求正定矩陣

$$A = \begin{bmatrix} 4 & -1 & 1 \\ -1 & 4.25 & 2.75 \\ 1 & 2.75 & 3.5 \end{bmatrix}$$

之 Cholesky LL^t 因式分解。

解 在 LL^t 因式分解中，下三角矩陣 L 的對角線元素不一定是 1，所以我們要有

$$A = \begin{bmatrix} a_{11} & a_{21} & a_{31} \\ a_{21} & a_{22} & a_{32} \\ a_{31} & a_{32} & a_{33} \end{bmatrix} = \begin{bmatrix} l_{11} & 0 & 0 \\ l_{21} & l_{22} & 0 \\ l_{31} & l_{32} & l_{33} \end{bmatrix} \begin{bmatrix} l_{11} & l_{21} & l_{31} \\ 0 & l_{22} & l_{32} \\ 0 & 0 & l_{33} \end{bmatrix}$$

$$= \begin{bmatrix} l_{11}^2 & l_{11}l_{21} & l_{11}l_{31} \\ l_{11}l_{21} & l_{21}^2 + l_{22}^2 & l_{21}l_{31} + l_{22}l_{32} \\ l_{11}l_{31} & l_{21}l_{31} + l_{22}l_{32} & l_{31}^2 + l_{32}^2 + l_{33}^2 \end{bmatrix}$$

因此

$a_{11}: \quad 4 = l_{11}^2 \implies l_{11} = 2 \qquad a_{21}: \quad -1 = l_{11}l_{21} \implies l_{21} = -0.5$

$a_{31}: \quad 1 = l_{11}l_{31} \implies l_{31} = 0.5 \qquad a_{22}: \quad 4.25 = l_{21}^2 + l_{22}^2 \implies l_{22} = 2$

$a_{32}: \quad 2.75 = l_{21}l_{31} + l_{22}l_{32} \implies l_{32} = 1.5 \qquad a_{33}: \quad 3.5 = l_{31}^2 + l_{32}^2 + l_{33}^2 \implies l_{33} = 1$

由此可得因式

$$A = LL^t = \begin{bmatrix} 2 & 0 & 0 \\ -0.5 & 2 & 0 \\ 0.5 & 1.5 & 1 \end{bmatrix} \begin{bmatrix} 2 & -0.5 & 0.5 \\ 0 & 2 & 1.5 \\ 0 & 0 & 1 \end{bmatrix} \qquad ■$$

算則 6.5 中的 LDL^t 因式分解須要

$$\frac{1}{6}n^3 + n^2 - \frac{7}{6}n \text{ 次乘/除法} \quad 及 \quad \frac{1}{6}n^3 - \frac{1}{6}n \text{ 次加/減法。}$$

對一個正定矩陣的 Cholesky LL^t 因式分解只須要

$$\frac{1}{6}n^3 + \frac{1}{2}n^2 - \frac{2}{3}n \text{ 次乘/除法} \quad 及 \quad \frac{1}{6}n^3 - \frac{1}{6}n \text{ 次加/減法。}$$

但是 Cholesky 法在計算效率上的優點是一種誤解，因為它還須要 n 次平方根運算。不過 n 次平方根所須要的運算次數與 n 成線性關係，且會隨著 n 增大而明顯減小。

算則 6.5 是一種穩定的方法，可將正定矩陣分解為 $A = LDL^t$ 的型式，但必須再加以修改以求解線性方程組 $A\mathbf{x} = \mathbf{b}$。我們先將算則中 Step 5 的 STOP 陳述刪除，換上以下步

驟以求解下三角方程組 $L\mathbf{y} = \mathbf{b}$：

Step 6 Set $y_1 = b_1$.

Step 7 For $i = 2, \ldots, n$ set $y_i = b_i - \sum_{j=1}^{i-1} l_{ij}y_j$.

然後用以下步驟求解線性方程組 $D\mathbf{z} = \mathbf{y}$，

Step 8 For $i = 1, \ldots, n$ set $z_i = y_i/d_i$.

最後，上三角方程組 $L^t\mathbf{x} = \mathbf{z}$ 可用以下步驟求解

Step 9 Set $x_n = z_n$.

Step 10 For $i = n - 1, \ldots, 1$ set $x_i = z_i - \sum_{j=i+1}^{n} l_{ji}x_j$.

Step 11 OUTPUT (x_i for $i = 1, \ldots, n$);
STOP.

表 6.4 顯示了求解線性方程組所須增加的運算次數。

表 6.4

Step	乘/除	加/減
6	0	0
7	$n(n-1)/2$	$n(n-1)/2$
8	n	0
9	0	0
10	$n(n-1)/2$	$n(n-1)/2$
合計	n^2	$n^2 - n$

如果我們選擇算則 6.6 的 Cholesky 因式分解，則求解線性方程組 $A\mathbf{x} = \mathbf{b}$ 所須的額外步驟如下。首先刪除 Step 7 中的 STOP 陳述。然後加入

Step 8 Set $y_1 = b_1/l_{11}$.

Step 9 For $i = 2, \ldots, n$ set $y_i = \left(b_i - \sum_{j=1}^{i-1} l_{ij}y_j\right) \Big/ l_{ii}$.

Step 10 Set $x_n = y_n/l_{nn}$.

Step 11 For $i = n - 1, \ldots, 1$ set $x_i = \left(y_i - \sum_{j=i+1}^{n} l_{ji}x_j\right) \Big/ l_{ii}$.

Step 12 OUTPUT (x_i for $i = 1, \ldots, n$);
STOP.

Steps 8-12 須要 $n^2 + n$ 次乘/除法及 $n^2 - n$ 加/減法。

■ 帶狀矩陣

我們要考慮的最後一種矩陣稱為帶狀矩陣。在許多的應用中，帶狀矩陣同時也是完全對角線主導或正定矩陣。

定義 6.30

一個 $n \times n$ 的矩陣，如果存在有整數 p 及 q 且 $1 < p$、$q < n$，使得在 $p \leq j - i$ 或 $q \leq i - j$ 時 $a_{ij} = 0$，則此矩陣稱為**帶狀矩陣** (band matrix)。帶狀矩陣之**帶寬** (bandwidth) 定義為 $w = p + q - 1$。

整數 p 代表在主對角線 (含) 以上，有幾條對角線有非 0 元素。整數 q 代表在主對角線 (含) 以下，有幾條對角線有非 0 元素。例如矩陣

$$A = \begin{bmatrix} 7 & 2 & 0 \\ 3 & 5 & -1 \\ 0 & -5 & -6 \end{bmatrix}$$

為 $p = q = 2$ 的帶狀矩陣，其帶寬為 $2 + 2 - 1 = 3$。

帶狀矩陣的定義指出，它們所有非零的元素都向著主對角線集中。兩種最常出現的帶狀矩陣分別為 $p = q = 2$ 及 $p = q = 4$。

■ 三對角線矩陣

帶寬為 3 的矩陣，也就是 $p = q = 2$，又稱為**三對角線** (tridiagonal) 矩陣，它的型式為

$$A = \begin{bmatrix} a_{11} & a_{12} & 0 & \cdots & & 0 \\ a_{21} & a_{22} & a_{23} & & & \\ 0 & a_{32} & a_{33} & a_{34} & & \\ \vdots & & \ddots & \ddots & \ddots & 0 \\ & & & & & a_{n-1,n} \\ 0 & \cdots & & 0 & a_{n,n-1} & a_{nn} \end{bmatrix}$$

在第 11 章探討邊界值問題的分段線性近似法時也會用到三對角線矩陣。在解邊界值問題時，如果用三次雲形函數做為近似函數，就會用到 $p = q = 4$ 的帶狀矩陣。

用於帶狀矩陣因式分解的算則可大幅簡化，因為很多固定位置的元素都是 0。特別有意思的是 Crout 或 Doolittle 法在此種情形下的用法。

為說明此種情形，設 A 為三對角線矩陣，且可分解為三角型式的矩陣 L 及 U。因此 A 最多只有 $(3n\text{-}2)$ 個非 0 元素，所以在求 L 及 U 時也只有 $(3n\text{-}2)$ 個條件要用，當然前提為所有為 0 的元素位置確定。

假設矩陣 L 及 U 也是三對角線型式，可表示為

$$L = \begin{bmatrix} l_{11} & 0 & \cdots\cdots\cdots & 0 \\ l_{21} & l_{22} & & \vdots \\ 0 & \ddots & \ddots & \vdots \\ \vdots & \ddots & \ddots & 0 \\ 0 & \cdots\cdots & 0 & l_{n,n-1} & l_{nn} \end{bmatrix} \quad \text{及} \quad U = \begin{bmatrix} 1 & u_{12} & 0 & \cdots\cdots & 0 \\ 0 & 1 & \ddots & & \vdots \\ \vdots & \ddots & \ddots & \ddots & \vdots \\ & & & & u_{n-1,n} \\ 0 & \cdots\cdots\cdots & 0 & & 1 \end{bmatrix}$$

其中 L 有 $(2n-1)$ 個未知元素，U 有 $(n-1)$ 個，所以總計有 $(3n-2)$ 個非 0 元素。A 中所有的 0 則無須計算。

除了數值為 0 的元素以外，$A = LU$ 用到的乘法包括

$$a_{11} = l_{11}$$

$$a_{i,i-1} = l_{i,i-1} \text{，對每個 } i = 2, 3, \ldots, n \tag{6.13}$$

$$a_{ii} = l_{i,i-1}u_{i-1,i} + l_{ii} \text{，對每個 } i = 2, 3, \ldots, n \tag{6.14}$$

及

$$a_{i,i+1} = l_{ii}u_{i,i+1} \text{，對每個 } i = 1, 2, \ldots, n-1 \tag{6.15}$$

要求解此方程組，我們可以先用 (6.13) 式獲得 L 的不在對角線上且非 0 的所有元素，然後交互使用 (6.14) 及 (6.15) 式以獲得 L 及 U 的所有其他元素。這些值可以儲存在 A 的相對位置，而無須用到新的儲存空間。

算則 6.7 用於求解係數矩陣為三對角線的 $n \times n$ 線性方程組。此算則只須要 $(5n-4)$ 次乘/除法和 $(3n-3)$ 次加/減法。所以其計算效率比不考慮三對角線特性的矩陣解法要好得太多了。

算則 6.7 三對角線線性方程組的 Crout 因式分解

求解 $n \times n$ 線性方程組

$$\begin{array}{rl} E_1: & a_{11}x_1 + a_{12}x_2 \qquad\qquad\qquad\qquad\qquad = a_{1,n+1} \\ E_2: & a_{21}x_1 + a_{22}x_2 + a_{23}x_3 \qquad\qquad\qquad = a_{2,n+1} \\ & \vdots \qquad\qquad\qquad \vdots \qquad\qquad\qquad\qquad \vdots \\ E_{n-1}: & a_{n-1,n-2}x_{n-2} + a_{n-1,n-1}x_{n-1} + a_{n-1,n}x_n = a_{n-1,n+1} \\ E_n: & a_{n,n-1}x_{n-1} + a_{nn}x_n = a_{n,n+1} \end{array}$$

假設此方程組有唯一解：

INPUT 維度 n；A 的元素。
OUTPUT 解 $x_1, \ldots, x_n$。

(*Step 1-3* 建立並解出 $L\mathbf{z} = \mathbf{b}$。)

Step 1 Set $l_{11} = a_{11}$;
$u_{12} = a_{12}/l_{11}$;
$z_1 = a_{1,n+1}/l_{11}$.

Step 2 For $i = 2, \ldots, n-1$ set $l_{i,i-1} = a_{i,i-1}$; (L 的第 i 列)
$l_{ii} = a_{ii} - l_{i,i-1}u_{i-1,i}$;
$u_{i,i+1} = a_{i,i+1}/l_{ii}$;   ($U$ 的第 $(i+1)$ 行)
$z_i = (a_{i,n+1} - l_{i,i-1}z_{i-1})/l_{ii}$.

Step 3 Set $l_{n,n-1} = a_{n,n-1}$; (L 的第 n 列)
$l_{nn} = a_{nn} - l_{n,n-1}u_{n-1,n}$.
$z_n = (a_{n,n+1} - l_{n,n-1}z_{n-1})/l_{nn}$.

(*Step* 4 及 5 求解 $U\mathbf{x} = \mathbf{z}$。)

Step 4 Set $x_n = z_n$.

Step 5 For $i = n-1, \ldots, 1$ set $x_i = z_i - u_{i,i+1}x_{i+1}$.

Step 6 OUTPUT $(x_1, \ldots, x_n)$;
STOP. ∎

例題 5 求對稱三對角線矩陣

$$\begin{bmatrix} 2 & -1 & 0 & 0 \\ -1 & 2 & -1 & 0 \\ 0 & -1 & 2 & -1 \\ 0 & 0 & -1 & 2 \end{bmatrix}$$

的 Crout 因式分解，並用此因式分解求解線性方程組

$$\begin{aligned} 2x_1 - x_2 &= 1 \\ -x_1 + 2x_2 - x_3 &= 0 \\ -x_2 + 2x_3 - x_4 &= 0 \\ -x_3 + 2x_4 &= 1 \end{aligned}$$

解 A 之 LU 因式分解的型式為

$$A = \begin{bmatrix} a_{11} & a_{12} & 0 & 0 \\ a_{21} & a_{22} & a_{23} & 0 \\ 0 & a_{32} & a_{33} & a_{34} \\ 0 & 0 & a_{43} & a_{44} \end{bmatrix} = \begin{bmatrix} l_{11} & 0 & 0 & 0 \\ l_{21} & l_{22} & 0 & 0 \\ 0 & l_{32} & l_{33} & 0 \\ 0 & 0 & l_{43} & l_{44} \end{bmatrix} \begin{bmatrix} 1 & u_{12} & 0 & 0 \\ 0 & 1 & u_{23} & 0 \\ 0 & 0 & 1 & u_{34} \\ 0 & 0 & 0 & 1 \end{bmatrix}$$

$$= \begin{bmatrix} l_{11} & l_{11}u_{12} & 0 & 0 \\ l_{21} & l_{22} + l_{21}u_{12} & l_{22}u_{23} & 0 \\ 0 & l_{32} & l_{33} + l_{32}u_{23} & l_{33}u_{34} \\ 0 & 0 & l_{43} & l_{44} + l_{43}u_{34} \end{bmatrix}$$

因此

$a_{11}: \ 2 = l_{11} \implies l_{11} = 2,$ $a_{12}: \ -1 = l_{11}u_{12} \implies u_{12} = -\frac{1}{2}$

$a_{21}: \ -1 = l_{21} \implies l_{21} = -1,$ $a_{22}: \ 2 = l_{22} + l_{21}u_{12} \implies l_{22} = -\frac{3}{2}$

$a_{23}: \ -1 = l_{22}u_{23} \implies u_{23} = -\frac{2}{3},$ $a_{32}: \ -1 = l_{32} \implies l_{32} = -1$

$a_{33}: \ 2 = l_{33} + l_{32}u_{23} \implies l_{33} = \frac{4}{3},$ $a_{34}: \ -1 = l_{33}u_{34} \implies u_{34} = -\frac{3}{4}$

$a_{43}: \ -1 = l_{43} \implies l_{43} = -1,$ $a_{44}: \ 2 = l_{44} + l_{43}u_{34} \implies l_{44} = \frac{5}{4}$

這樣就得到了 Crout 因式分解

$$A = \begin{bmatrix} 2 & -1 & 0 & 0 \\ -1 & 2 & -1 & 0 \\ 0 & -1 & 2 & -1 \\ 0 & 0 & -1 & 2 \end{bmatrix} = \begin{bmatrix} 2 & 0 & 0 & 0 \\ -1 & \frac{3}{2} & 0 & 0 \\ 0 & -1 & \frac{4}{3} & 0 \\ 0 & 0 & -1 & \frac{5}{4} \end{bmatrix} \begin{bmatrix} 1 & -\frac{1}{2} & 0 & 0 \\ 0 & 1 & -\frac{2}{3} & 0 \\ 0 & 0 & 1 & -\frac{3}{4} \\ 0 & 0 & 0 & 1 \end{bmatrix} = LU$$

解方程組

$$L\mathbf{z} = \begin{bmatrix} 2 & 0 & 0 & 0 \\ -1 & \frac{3}{2} & 0 & 0 \\ 0 & -1 & \frac{4}{3} & 0 \\ 0 & 0 & -1 & \frac{5}{4} \end{bmatrix} \begin{bmatrix} z_1 \\ z_2 \\ z_3 \\ z_4 \end{bmatrix} = \begin{bmatrix} 1 \\ 0 \\ 0 \\ 1 \end{bmatrix} \quad 可得 \quad \begin{bmatrix} z_1 \\ z_2 \\ z_3 \\ z_4 \end{bmatrix} = \begin{bmatrix} \frac{1}{2} \\ \frac{1}{3} \\ \frac{1}{4} \\ 1 \end{bmatrix}$$

然後解

$$U\mathbf{x} = \begin{bmatrix} 1 & -\frac{1}{2} & 0 & 0 \\ 0 & 1 & -\frac{2}{3} & 0 \\ 0 & 0 & 1 & -\frac{3}{4} \\ 0 & 0 & 0 & 1 \end{bmatrix} \begin{bmatrix} x_1 \\ x_2 \\ x_3 \\ x_4 \end{bmatrix} = \begin{bmatrix} \frac{1}{2} \\ \frac{1}{3} \\ \frac{1}{4} \\ 1 \end{bmatrix} \quad 可得 \quad \begin{bmatrix} x_1 \\ x_2 \\ x_3 \\ x_4 \end{bmatrix} = \begin{bmatrix} 1 \\ 1 \\ 1 \\ 1 \end{bmatrix} \quad \blacksquare$$

只要對每個 $i = 1, 2, \cdots, n$ 都有 $l_{ii} \neq 0$，就可使用 Crout 因式分解算則。以下 2 個條件中的任何一個，可保證上述為真，即方程組的係數矩陣為正定，或為完全對角線主導。下個定理則是可使用此算則的另一種情況，其證明留在習題 28。

定理 6.31

設 $A = [a_{ij}]$ 為三對角線矩陣，且對每個 $i = 2, 3, \cdots, n - 1$ 都有 $a_{i,i-1} a_{i,i+1} \neq 0$。若對每個 $i = 2, 3, \cdots, n - 1$ 其 $|a_{11}| > |a_{12}|$、$|a_{ii}| \geq |a_{i,i-1}| + |a_{i,i+1}|$，且 $|a_{nn}| > |a_{n,n-1}|$，則 A 為非奇異且對每個 $i = 1, 2, \cdots, n$，Crout 因式分解之 l_{ii} 均不為 0。 $\blacksquare$

在 Maple 的 *LinearAlgebra* 程式包中有數個指令可檢測矩陣的性質。對一個矩陣如果該性質成立則傳回值為 **true**，如果不成立則傳回值為 **false**。例如

IsDefinite(A, query = 'positive_defnite')

對以下正定矩陣會傳回 **true**

$$A = \begin{bmatrix} 2 & -1 & 0 \\ -1 & 2 & -1 \\ 0 & -1 & 2 \end{bmatrix}$$

但對以下矩陣則會傳回 **false**

$$A = \begin{bmatrix} -1 & 2 \\ 2 & -1 \end{bmatrix}$$

和我們的定義一致，矩陣必須是對稱的才會傳回 **true**。

在 *NumericalAnalysis* 程式包中也有一些矩陣的詢答指令。以下為其中部分

IsMatrixShape(*A*, *'diagonal'*)
IsMatrixShape(*A*, *'symmetric'*)
IsMatrixShape(*A*, *'positivedefinite'*)
IsMatrixShape(*A*, *'diagonallydominant'*)
IsMatrixShape(*A*, *'strictlydiagonallydominant'*)
IsMatrixShape(*A*, *'triangular'*$_{'upper'}$)
IsMatrixShape(*A*, *'triangular'*$_{'lower'}$)

習題組 6.6　完整習題請見隨書光碟

1. 在下列矩陣中找出何者為 (i) 對稱、(ii) 奇異、(iii) 完全對角線主導、(iv) 正定。

a. $\begin{bmatrix} 2 & 1 \\ 1 & 3 \end{bmatrix}$
b. $\begin{bmatrix} 2 & 1 & 0 \\ 0 & 3 & 0 \\ 1 & 0 & 4 \end{bmatrix}$

c. $\begin{bmatrix} 4 & 2 & 6 \\ 3 & 0 & 7 \\ -2 & -1 & -3 \end{bmatrix}$
d. $\begin{bmatrix} 4 & 0 & 0 & 0 \\ 6 & 7 & 0 & 0 \\ 9 & 11 & 1 & 0 \\ 5 & 4 & 1 & 1 \end{bmatrix}$

3. 利用 LDL^t 因式分解算則，求下列矩陣 $A = LDL^t$ 型式之因式分解。

a. $A = \begin{bmatrix} 2 & -1 & 0 \\ -1 & 2 & -1 \\ 0 & -1 & 2 \end{bmatrix}$
b. $A = \begin{bmatrix} 4 & 1 & 1 & 1 \\ 1 & 3 & -1 & 1 \\ 1 & -1 & 2 & 0 \\ 1 & 1 & 0 & 2 \end{bmatrix}$

c. $A = \begin{bmatrix} 4 & 1 & -1 & 0 \\ 1 & 3 & -1 & 0 \\ -1 & -1 & 5 & 2 \\ 0 & 0 & 2 & 4 \end{bmatrix}$
d. $A = \begin{bmatrix} 6 & 2 & 1 & -1 \\ 2 & 4 & 1 & 0 \\ 1 & 1 & 4 & -1 \\ -1 & 0 & -1 & 3 \end{bmatrix}$

5. 利用 Cholesky 算則，求習題 3 各矩陣之 $A = LL^t$ 型式的因式分解。

7. 利用書中所建議的方式修改 LDL^t 因式分解算則，以用於求解線性方程組。利用修改過之算則解下列線性方程組。

a.　$2x_1 - x_2 \phantom{{}+x_3{}} = 3$
　　　$-x_1 + 2x_2 - x_3 = -3$
　　　$\phantom{-x_1 + {}} - x_2 + 2x_3 = 1$

b.　$4x_1 + x_2 + x_3 + x_4 = 0.65$
　　　$x_1 + 3x_2 - x_3 + x_4 = 0.05$
　　　$x_1 - x_2 + 2x_3 \phantom{{}+x_4} = 0$
　　　$x_1 + x_2 \phantom{{}+x_3} + 2x_4 = 0.5$

c.　$4x_1 + x_2 - x_3 \phantom{{}+2x_4} = 7$
　　　$x_1 + 3x_2 - x_3 \phantom{{}+2x_4} = 8$
　　　$-x_1 - x_2 + 5x_3 + 2x_4 = -4$
　　　$\phantom{-x_1 - x_2 + {}} 2x_3 + 4x_4 = 6$

d.　$6x_1 + 2x_2 + x_3 - x_4 = 0$
　　　$2x_1 + 4x_2 + x_3 \phantom{{}-x_4} = 7$
　　　$x_1 + x_2 + 4x_3 - x_4 = -1$
　　　$-x_1 \phantom{{}+x_2} - x_3 + 3x_4 = -2$

9. 利用書中所建議的方式修改 Cholesky 算則，以用於求解線性方程組，利用修改過之算則解習題 7 之線性方程組。

11. 利用三對角線矩陣的 Crout 因式分解法求解下列線性方程組。

   a. $\quad x_1 - x_2 \quad\quad\quad = 0$
   $-2x_1 + 4x_2 - 2x_3 = -1$
   $\quad\quad\quad - x_2 + 2x_3 = 1.5$

   b. $\quad 3x_1 + x_2 \quad\quad\quad = -1$
   $\quad 2x_1 + 4x_2 + x_3 = 7$
   $\quad\quad\quad 2x_2 + 5x_3 = 9$

   c. $\quad 2x_1 - x_2 \quad\quad\quad = 3$
   $-x_1 + 2x_2 - x_3 = -3$
   $\quad\quad\quad - x_2 + 2x_3 = 1$

   d. $\quad 0.5x_1 + 0.25x_2 \quad\quad\quad\quad\quad = 0.35$
   $\quad 0.35x_1 + 0.8x_2 + 0.4x_3 \quad\quad = 0.77$
   $\quad\quad\quad 0.25x_2 + x_3 + 0.5x_4 = -0.5$
   $\quad\quad\quad\quad\quad x_3 - 2x_4 = -2.25$

13. 令 A 是一個 10×10 的三對角線矩陣，在 $i = 2,\cdots,9$ 時 $a_{ii} = 2$、$a_{i,i+1} = a_{i,i-1} = -1$，且 $a_{11} = a_{10,10} = 2$、$a_{12} = a_{10,9} = -1$。令 **b** 是一個 10 維行向量，其 $b_1 = b_{10} = 1$ 且在 $i = 2,\cdots,9$ 時 $b_i = 0$。利用三對角線矩陣的 Crout 因式分解法求解線性方程組 $A\mathbf{x} = \mathbf{b}$。

17. 求所有 α 值，使得 $A = \begin{bmatrix} 2 & \alpha & -1 \\ \alpha & 2 & 1 \\ -1 & 1 & 4 \end{bmatrix}$ 為正定。

19. 求所有的 $\alpha > 0$ 及 $\beta > 0$，使得矩陣

$$A = \begin{bmatrix} 3 & 2 & \beta \\ \alpha & 5 & \beta \\ 2 & 1 & \alpha \end{bmatrix}$$

為完全對角線主導。

21. 設 A 及 B 為正定之 $n \times n$ 矩陣。下列何者必定為正定？

   a. $-A$ **b.** A^t **c.** $A + B$ **d.** A^2
   e. $A - B$

23. 令

$$A = \begin{bmatrix} \alpha & 1 & 0 \\ \beta & 2 & 1 \\ 0 & 1 & 2 \end{bmatrix}$$

求所有 α 和 β 的值，使得

   a. A 為奇異。 **b.** A 為完全對角線主導。
   c. A 為對稱。 **d.** A 為正定。

25. 建構一個非對稱矩陣 A，但對所有 $\mathbf{x} \neq 0$ 都有 $\mathbf{x}^t A \mathbf{x} > 0$。

27. 三對角線矩陣經常寫成

$$A = \begin{bmatrix} a_1 & c_1 & 0 & \cdots & 0 \\ b_2 & a_2 & c_2 & & \vdots \\ 0 & b_3 & \ddots & \ddots & 0 \\ \vdots & & \ddots & \ddots & c_{n-1} \\ 0 & \cdots & 0 & b_n & a_n \end{bmatrix}$$

以突顯它不須要用到所有的矩陣欄位。利用此種符號重寫 Crout 因式分解算則，並以同樣的方式修改 l_{ij} 與 u_{ij} 的註記方式。

29. 在本章引言中的例題，設 $V = 5.5$ volts。重新安排方程式可得三對角線線性方程組。利用 Crout 因式分解算則以求解此方程組。

31. Dorn 及 Burdick [DoB]在一篇論文中提到，由 3 種果蠅 (*Drosophila melanogaster*) 交配產生後代之平均翅長，可表示為一個對稱矩陣

$$A = \begin{bmatrix} 1.59 & 1.69 & 2.13 \\ 1.69 & 1.31 & 1.72 \\ 2.13 & 1.72 & 1.85 \end{bmatrix}$$

其中 a_{ij} 代表第 i 種雄性與第 j 種雌性果蠅交配產生後代的平均翅長。

a. 此矩陣的對稱性有何物理意義？

b. 此矩陣是否為正定？如果是，證明其為是；若否，則求一個非 0 向量 **x** 使得 $\mathbf{x}^t A \mathbf{x} \leq 0$。

CHAPTER 7

矩陣代數之迭代法

引言

桁架 (truss) 是一種能承重的輕型結構。在橋梁設計上,以萬向接頭連接桁架的構件,將承受的力由一個構件傳遞到另一個。下圖顯示了一個這種結構。此結構在左下角①點處固定,右下角 ④點處可做水平移動,而①、②、③、及 ④ 為插銷接點 (pin joint)。在接點 ③ 處施加 10,000 牛頓 (N) 的負載,各接點的受力分別為 f_1、f_2、f_3、f_4、及 f_5,如圖所示。正值代表構件上承受張力 (tension),負值代表構件上承受壓力 (compression)。

固定的支撐點可同時承受水平分量 F_1 及垂直分量 F_2,但是可滑動的支撐點只能承受垂直負荷 F_3。

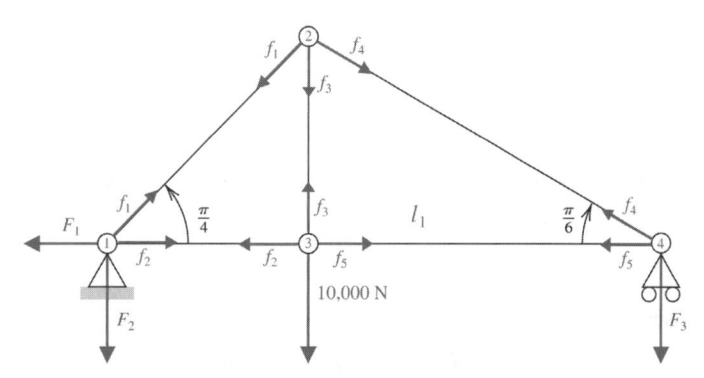

若此桁架處於靜平衡狀態,則每個接點受力的向量和為 0,所以每個接點上力的水平與垂直分量和均為 0。這樣可得到附表中所示的線性方程組。可以用一個 8×8 的矩陣來代表此方程組,其中有 47 個元素為 0,只有 17 個非 0 元素。一個矩陣如果有很高比例的元素為 0,稱為*稀疏 (sparse)* 矩陣,通常是用迭代法求解,而不用直接法。在 7.3 節的習題 18 以及 7.4 節的習題 10,我們將以迭代法求解此問題。

接點	水平分量	垂直分量
①	$-F_1 + \frac{\sqrt{2}}{2} f_1 + f_2 = 0$	$\frac{\sqrt{2}}{2} f_1 - F_2 = 0$
②	$-\frac{\sqrt{2}}{2} f_1 + \frac{\sqrt{3}}{2} f_4 = 0$	$-\frac{\sqrt{2}}{2} f_1 - f_3 - \frac{1}{2} f_4 = 0$
③	$-f_2 + f_5 = 0$	$f_3 - 10{,}000 = 0$
④	$-\frac{\sqrt{3}}{2} f_4 - f_5 = 0$	$\frac{1}{2} f_4 - F_3 = 0$

在第 6 章中我們介紹了如何用直接法求解 $A\mathbf{x} = \mathbf{b}$ 型式的 $n \times n$ 線性方程組。在本章中我們將用迭代法來求解。

7.1 向量與矩陣的範數

在第 2 章中我們討論過，如何以迭代法求 $f(x) = 0$ 型式方程式的根。先找出一個 (或多個) 初步近似解，然後依據此近似解與原方程式符合的程度，求出下一個近似解。目的是要找出一種方法，使近似值與確解的差異最小。

要討論求解線性方程組的迭代法，我們首先要能夠度量 n 維行向量間的距離。以決定一個向量序列是否會收斂到方程組的解。

事實上，用我們在第 6 章中介紹的方法求解時，也須要用到此度量方式。那些方法須要許多有限位數的算術運算，所以它們的解也只是真實解的近似值。

■ 向量範數

令 $\mathbb{R}^n$ 代表所有實數 n 維行向量的集合。我們用範數的概念以定義 $\mathbb{R}^n$ 中的距離，這是在實數集合 $\mathbb{R}$ 上之絕對值的一般化。

定義 7.1

在 $\mathbb{R}^n$ 中的**向量範數** (vector norm)，是一個由 $\mathbb{R}^n$ 到 $\mathbb{R}$ 的函數 $\|\cdot\|$，並有以下性質：
  (i) 對所有 $\mathbf{x} \in \mathbb{R}^n$，$\|\mathbf{x}\| \geq 0$，
  (ii) 若且唯若 $\mathbf{x} = \mathbf{0}$，$\|\mathbf{x}\| = 0$，
  (iii) 對所有 $\alpha \in \mathbb{R}$ 且 $\mathbf{x} \in \mathbb{R}^n$，$\|\alpha\mathbf{x}\| = |\alpha|\|\mathbf{x}\|$，
  (iv) 對所有 $\mathbf{x}, \mathbf{y} \in \mathbb{R}^n$，$\|\mathbf{x} + \mathbf{y}\| \leq \|\mathbf{x}\| + \|\mathbf{y}\|$。

由於 $\mathbb{R}^n$ 中之向量為行向量，如果要表示出它的分量，使用 6.3 節所介紹的轉置 (transpose) 表示法會較方便。例如向量

$$\mathbf{x} = \begin{bmatrix} x_1 \\ x_2 \\ \vdots \\ x_n \end{bmatrix}$$

將會寫成 $\mathbf{x} = (x_1, x_2, \ldots, x_n)^t$。

我們只須要用到兩種 $\mathbb{R}^n$ 中的範數，在習題 2 中則介紹了第三種範數。

定義 7.2

向量 $\mathbf{x} = (x_1, x_2, \ldots, x_n)^t$ 的 l_2 及 l_∞ 範數之定義為

$$\|\mathbf{x}\|_2 = \left\{ \sum_{i=1}^n x_i^2 \right\}^{1/2} \quad \text{及} \quad \|\mathbf{x}\|_\infty = \max_{1 \leq i \leq n} |x_i|$$ ∎

特別看到，在 $n=1$ 的時候，2 種範數都簡化為絕對值。

向量 **x** 的 l_2 範數又稱為**歐幾里德範數** (Euclidean norm)，因為在 **x** 屬於 $\mathbb{R}^1 \equiv \mathbb{R}$、$\mathbb{R}^2$、或 $\mathbb{R}^3$ 時，此範數代表到原點的距離。例如，向量 $\mathbf{x} = (x_1, x_2, x_3)^t$ 的 l_2 範數，就是連接 $(0,0,0)$ 與 (x_1, x_2, x_3) 2 點之線段的長度。圖 7.1 顯示了在 $\mathbb{R}^2$ 及 $\mathbb{R}^3$ 中 l_2 範數小於 1 的邊界。圖 7.2 是同樣的，但針對 l_∞ 範數。

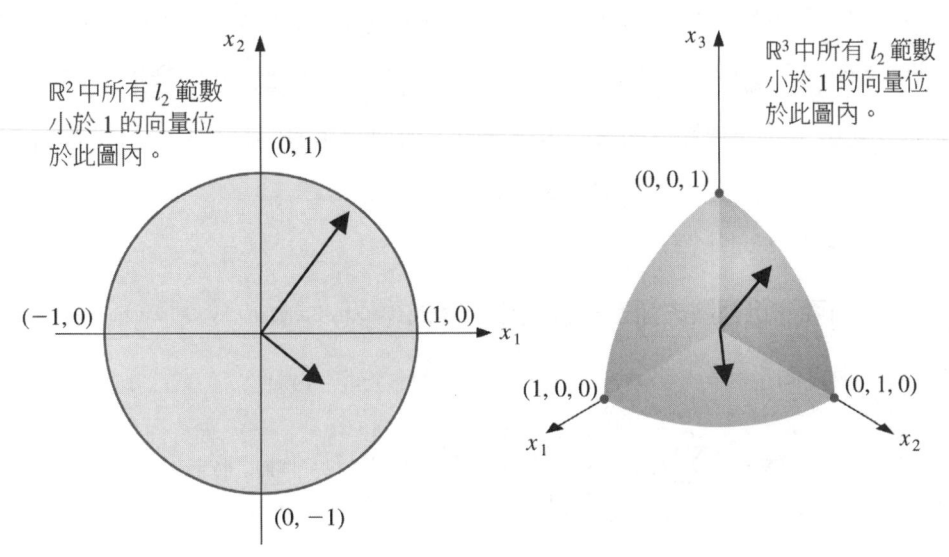

圖 7.1

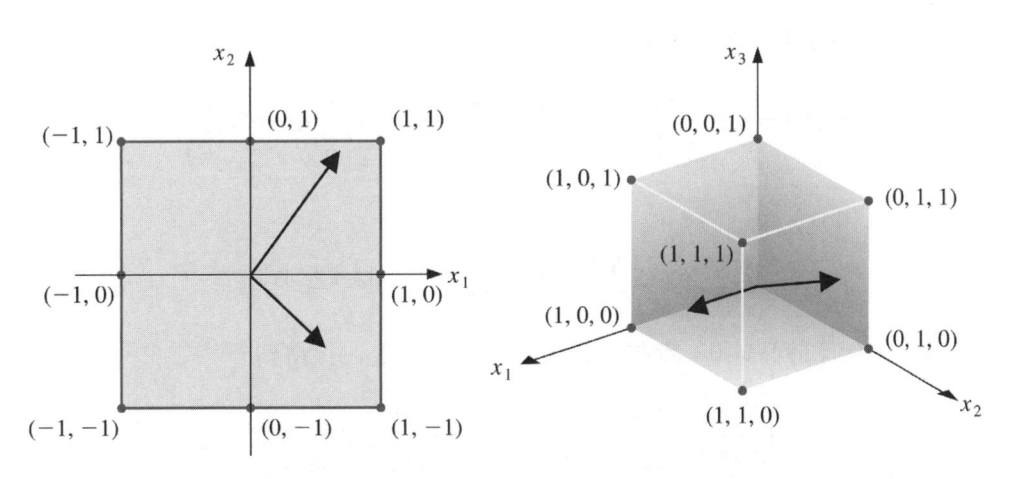

圖 7.2

例題 1 求向量 $\mathbf{x} = (-1, 1, -2)^t$ 之 l_2 及 l_∞ 範數。

解 在 $\mathbb{R}^3$ 中的向量 $\mathbf{x} = (-1, 1, -2)^t$ 其範數為

$$\|\mathbf{x}\|_2 = \sqrt{(-1)^2 + (1)^2 + (-2)^2} = \sqrt{6}$$

及

$$\|\mathbf{x}\|_\infty = \max\{|-1|, |1|, |-2|\} = 2$$

∎

我們很容易證明 l_∞ 範數符合定義 7.1 中的各項性質，它們和絕對值的性質類似。唯一須要多加說明的是性質 (iv)，此時若 $\mathbf{x} = (x_1, x_2, \ldots, x_n)^t$ 且 $\mathbf{y} = (y_1, y_2, \ldots, y_n)^t$，則

$$\|\mathbf{x} + \mathbf{y}\|_\infty = \max_{1 \le i \le n} |x_i + y_i| \le \max_{1 \le i \le n} (|x_i| + |y_i|) \le \max_{1 \le i \le n} |x_i| + \max_{1 \le i \le n} |y_i| = \|\mathbf{x}\|_\infty + \|\mathbf{y}\|_\infty$$

對於 l_2 範數，前 3 項性質的證明也很簡單。但要證明對所有 $\mathbf{x}, \mathbf{y} \in \mathbb{R}_n$，都有

$$\|\mathbf{x} + \mathbf{y}\|_2 \le \|\mathbf{x}\|_2 + \|\mathbf{y}\|_2$$

我們要用到一個很有名的不等式。

定理 7.3 科西－班亞科夫斯基－舒瓦茲不等式 (Cauchy-Bunyakovsky-Schwarz Inequality for Sums)

對所有在 $\mathbb{R}^n$ 中之向量 $\mathbf{x} = (x_1, x_2, \ldots, x_n)^t$ 及 $\mathbf{y} = (y_1, y_2, \ldots, y_n)^t$，

$$\mathbf{x}^t \mathbf{y} = \sum_{i=1}^n x_i y_i \le \left\{\sum_{i=1}^n x_i^2\right\}^{1/2} \left\{\sum_{i=1}^n y_i^2\right\}^{1/2} = \|\mathbf{x}\|_2 \cdot \|\mathbf{y}\|_2 \tag{7.1}$$

∎

證明 若 $\mathbf{y} = \mathbf{0}$ 或 $\mathbf{x} = \mathbf{0}$，則上式中等號明顯成立，因為兩邊都是 0。

設 $\mathbf{y} \ne \mathbf{0}$ 且 $\mathbf{x} \ne \mathbf{0}$。對每個 $\lambda \in \mathbb{R}$ 我們有

$$0 \le \|\mathbf{x} - \lambda \mathbf{y}\|_2^2 = \sum_{i=1}^n (x_i - \lambda y_i)^2 = \sum_{i=1}^n x_i^2 - 2\lambda \sum_{i=1}^n x_i y_i + \lambda^2 \sum_{i=1}^n y_i^2$$

所以

$$2\lambda \sum_{i=1}^n x_i y_i \le \sum_{i=1}^n x_i^2 + \lambda^2 \sum_{i=1}^n y_i^2 = \|\mathbf{x}\|_2^2 + \lambda^2 \|\mathbf{y}\|_2^2$$

但因為 $\|\mathbf{x}\|_2 > 0$ 且 $\|\mathbf{y}\|_2 > 0$，我們可以令 $\lambda = \|\mathbf{x}\|_2 / \|\mathbf{y}\|_2$，以得到

$$\left(2\frac{\|\mathbf{x}\|_2}{\|\mathbf{y}\|_2}\right)\left(\sum_{i=1}^n x_i y_i\right) \le \|\mathbf{x}\|_2^2 + \frac{\|\mathbf{x}\|_2^2}{\|\mathbf{y}\|_2^2} \|\mathbf{y}\|_2^2 = 2\|\mathbf{x}\|_2^2$$

因此，

$$2\sum_{i=1}^{n} x_i y_i \leq 2\|\mathbf{x}\|_2^2 \frac{\|\mathbf{y}\|_2}{\|\mathbf{x}\|_2} = 2\|\mathbf{x}\|_2 \|\mathbf{y}\|_2$$

且

$$\mathbf{x}^t \mathbf{y} = \sum_{i=1}^{n} x_i y_i \leq \|\mathbf{x}\|_2 \|\mathbf{y}\|_2 = \left\{\sum_{i=1}^{n} x_i^2\right\}^{1/2} \left\{\sum_{i=1}^{n} y_i^2\right\}^{1/2} \qquad \blacksquare\blacksquare\blacksquare$$

由此結果可以看出，對所有 $\mathbf{x}, \mathbf{y} \in \mathbb{R}^n$，

$$\|\mathbf{x} + \mathbf{y}\|_2^2 = \sum_{i=1}^{n} (x_i + y_i)^2 = \sum_{i=1}^{n} x_i^2 + 2\sum_{i=1}^{n} x_i y_i + \sum_{i=1}^{n} y_i^2 \leq \|\mathbf{x}\|_2^2 + 2\|\mathbf{x}\|_2 \|\mathbf{y}\|_2 + \|\mathbf{y}\|_2^2$$

這樣就得到了範數性質 (iv)

$$\|\mathbf{x} + \mathbf{y}\|_2 \leq \left(\|\mathbf{x}\|_2^2 + 2\|\mathbf{x}\|_2 \|\mathbf{y}\|_2 + \|\mathbf{y}\|_2^2\right)^{1/2} = \|\mathbf{x}\|_2 + \|\mathbf{y}\|_2$$

■ $\mathbb{R}^n$ 中向量間的距離

因為向量的範數代表了該向量與零向量之距離，就如同絕對值代表一個實數與 0 的距離。同樣的，**兩向量之距離** (distance between two vectors) 可定義為兩向量差之範數，就如同兩實數的距離是它們的差的絕對值。

定義 7.4

若 $\mathbf{x} = (x_1, x_2, \ldots, x_n)^t$ 且 $\mathbf{y} = (y_1, y_2, \ldots, y_n)^t$ 為 $\mathbb{R}^n$ 中之向量，則 $\mathbf{x}$ 及 $\mathbf{y}$ 之間的 l_2 及 l_∞ 距離定義為

$$\|\mathbf{x} - \mathbf{y}\|_2 = \left\{\sum_{i=1}^{n} (x_i - y_i)^2\right\}^{1/2} \qquad \text{及} \qquad \|\mathbf{x} - \mathbf{y}\|_\infty = \max_{1 \leq i \leq n} |x_i - y_i| \qquad \blacksquare$$

例題 2 線性方程組

$$3.3330 x_1 + 15920 x_2 - 10.333 x_3 = 15913$$
$$2.2220 x_1 + 16.710 x_2 + 9.6120 x_3 = 28.544$$
$$1.5611 x_1 + 5.1791 x_2 + 1.6852 x_3 = 8.4254$$

之確解為 $\mathbf{x} = (x_1, x_2, x_3)^t = (1, 1, 1)^t$。若使用高斯消去法配合部分樞軸變換 (算則 6.2) 及五位數四捨五入算術運算，可得近似解為

$$\tilde{\mathbf{x}} = (\tilde{x}_1, \tilde{x}_2, \tilde{x}_3)^t = (1.2001, 0.99991, 0.92538)^t$$

求確解和近似解之間的 l_2 及 l_∞ 距離。

解 度量 $\mathbf{x} - \tilde{\mathbf{x}}$ 的方式為

$$\|\mathbf{x} - \tilde{\mathbf{x}}\|_\infty = \max\{|1 - 1.2001|, |1 - 0.99991|, |1 - 0.92538|\}$$
$$= \max\{0.2001, 0.00009, 0.07462\} = 0.2001$$

及

$$\|\mathbf{x} - \tilde{\mathbf{x}}\|_2 = \left[(1 - 1.2001)^2 + (1 - 0.99991)^2 + (1 - 0.92538)^2\right]^{1/2}$$
$$= [(0.2001)^2 + (0.00009)^2 + (0.07462)^2]^{1/2} = 0.21356$$

雖然分量 $\tilde{x}_2$ 及 $\tilde{x}_3$ 十分接近 x_2 及 x_3，但 $\tilde{x}_1$ 近似於 x_1 的程度卻很差，所以 $|x_1 - \tilde{x}_1|$ 主導了兩個範數的值。

在 $\mathbb{R}^n$ 中距離的概念也被用來定義在此空間中的向量序列的極限。

定義 7.5

一個在 $\mathbb{R}^n$ 中的向量列 $\{\mathbf{x}^{(k)}\}_{k=1}^\infty$，就範數 $\|\cdot\|$ 而言會**收斂** (converge) 到 $\mathbf{x}$ 的條件為，給定任何 $\varepsilon > 0$，存在有整數 $N(\varepsilon)$ 使得，對所有的 $k \geq N(\varepsilon)$

$$\|\mathbf{x}^{(k)} - \mathbf{x}\| < \varepsilon$$

定理 7.6

一個在 $\mathbb{R}^n$ 中的向量列 $\{\mathbf{x}^{(k)}\}$，就範數 l_∞ 而言會收斂到 $\mathbf{x}$，若且唯若 $\lim_{k\to\infty} x_i^{(k)} = x_i$，$i = 1, 2, \cdots, n$。

證明 設 $\{\mathbf{x}^{(k)}\}$ 就 l_∞ 範數而言會收斂到 $\mathbf{x}$。給定任何 $\varepsilon > 0$，存在有整數 $N(\varepsilon)$，對所有的 $k \geq N(\varepsilon)$ 滿足

$$\max_{i=1,2,\ldots,n} |x_i^{(k)} - x_i| = \|\mathbf{x}^{(k)} - \mathbf{x}\|_\infty < \varepsilon$$

由此結果可得，對每一 $i = 1, 2, \cdots, n$，$|x_i^{(k)} - x_i| < \varepsilon$，所以對每一個 i 值都有 $\lim_{k\to\infty} x_i^{(k)} = x_i$。

反過來說，假設對每一 $i = 1, 2, \cdots, n$ 都有 $\lim_{k\to\infty} x_i^{(k)} = x_i$。給定 $\varepsilon > 0$，令 $N_i(\varepsilon)$ 為一整數，可在 $k \geq N_i(\varepsilon)$ 時滿足

$$|x_i^{(k)} - x_i| < \varepsilon$$

定義 $N(\varepsilon) = \max_{i=1,2,\ldots,n} N_i(\varepsilon)$。若 $k \geq N(\varepsilon)$，則

$$\max_{i=1,2,\ldots,n} |x_i^{(k)} - x_i| = \|\mathbf{x}^{(k)} - \mathbf{x}\|_\infty < \varepsilon$$

由此可知，就範數 l_∞ 而言 $\{\mathbf{x}^{(k)}\}$ 收斂到 $\mathbf{x}$。

例題 3 說明

$$\mathbf{x}^{(k)} = (x_1^{(k)}, x_2^{(k)}, x_3^{(k)}, x_4^{(k)})^t = \left(1, 2 + \frac{1}{k}, \frac{3}{k^2}, e^{-k} \sin k\right)^t$$

就範數 l_∞ 而言收斂到 $\mathbf{x} = (1, 2, 0, 0)^t$。

解 因為

$$\lim_{k \to \infty} 1 = 1 \text{、} \lim_{k \to \infty} (2 + 1/k) = 2 \text{、} \lim_{k \to \infty} 3/k^2 = 0 \text{、且} \lim_{k \to \infty} e^{-k} \sin k = 0$$

由定理 7.6 可得，就範數 l_∞ 而言數列 $\{\mathbf{x}^{(k)}\}$ 收斂到 $(1, 2, 0, 0)^t$。 ∎

要直接證明例題 3 的序列，就範數 l_2 而言收斂到 $(1, 2, 0, 0)^t$，是相當複雜的。我們可以證明下一個定理，再將此定理用於此特殊狀況會比較簡單。

定理 7.7

對每個 $\mathbf{x} \in \mathbb{R}^n$，

$$\|\mathbf{x}\|_\infty \leq \|\mathbf{x}\|_2 \leq \sqrt{n}\|\mathbf{x}\|_\infty$$

證明 令 x_j 為 $\mathbf{x}$ 的一個座標，滿足 $\|\mathbf{x}\|_\infty = \max_{1 \leq i \leq n} |x_i| = |x_j|$。則

$$\|\mathbf{x}\|_\infty^2 = |x_j|^2 = x_j^2 \leq \sum_{i=1}^n x_i^2 = \|\mathbf{x}\|_2^2$$

且

$$\|\mathbf{x}\|_\infty \leq \|\mathbf{x}\|_2$$

所以

$$\|\mathbf{x}\|_2^2 = \sum_{i=1}^n x_i^2 \leq \sum_{i=1}^n x_j^2 = nx_j^2 = n\|\mathbf{x}\|_\infty^2$$

且 $\|\mathbf{x}\|_2 \leq \sqrt{n}\|\mathbf{x}\|_\infty$。 ∎

圖 7.3 顯示了 $n = 2$ 的情形。

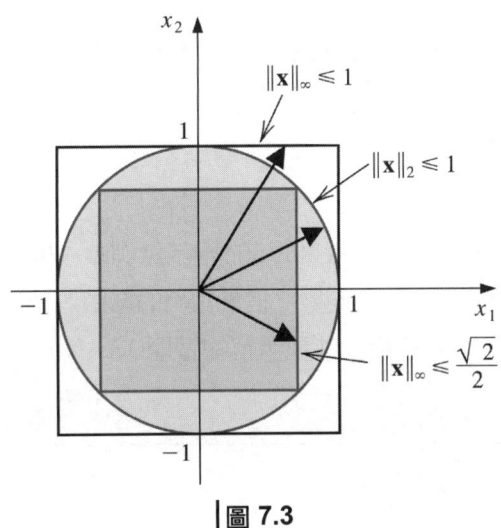

圖 7.3

例題 4 在例題 3 中我們發現，定義為

$$\mathbf{x}^{(k)} = \left(1, 2+\frac{1}{k}, \frac{3}{k^2}, e^{-k}\sin k\right)^t$$

的序列 $\{\mathbf{x}^{(k)}\}$，就範數 l_∞ 而言收斂到 $\mathbf{x} = (1,2,0,0)^t$。說明，就 l_2 範數而言此序列也收斂到 $\mathbf{x}$。

解 給定 $\varepsilon > 0$，存在有整數 $N(\varepsilon/2)$，可在 $k \geq N(\varepsilon/2)$ 時滿足

$$\|\mathbf{x}^{(k)} - \mathbf{x}\|_\infty < \frac{\varepsilon}{2}$$

由定理 7.7 我們可得，在 $k \geq N(\varepsilon/2)$ 時

$$\|\mathbf{x}^{(k)} - \mathbf{x}\|_2 \leq \sqrt{4}\|\mathbf{x}^{(k)} - \mathbf{x}\|_\infty \leq 2(\varepsilon/2) = \varepsilon$$

所以 $\{\mathbf{x}^{(k)}\}$ 就範數 l_2 而言也收斂到 $\mathbf{x}$。∎

我們可以證明，就收斂的觀點而言，在 $\mathbb{R}^n$ 中所有的範數都相等；也就是說，如果 $\|\cdot\|$ 與 $\|\cdot\|'$ 為 $\mathbb{R}^n$ 中的任意兩個範數，且 $\{\mathbf{x}^{(k)}\}_{k=1}^\infty$ 相對 $\|\cdot\|$ 的極限為 $\mathbf{x}$，則其相對 $\|\cdot\|'$ 的極限也是 $\mathbf{x}$。針對一般情況，此結果的證明可參考[Or2]，p.8。針對 l_2 與 l_∞ 的特例已顯示於定理 7.7。

■ 矩陣範數與距離

在後續各章節中，我們須要一種方法以決定 $n \times n$ 矩陣間的距離，這同樣要用到範數。

定義 7.8

在由所有 $n \times n$ 矩陣構成的集合之上，**矩陣範數** (matrix norm) 是一個定義於此集合的實函數 $\|\cdot\|$，對所有 $n \times n$ 矩陣 A 和 B 以及所有實數 α，滿足以下關係：

(i) $\|A\| \geq 0$；
(ii) $\|A\| = 0$ 若且唯若 A 為 O，所有元素均為 0 的矩陣；
(iii) $\|\alpha A\| = |\alpha|\|A\|$；
(iv) $\|A + B\| \leq \|A\| + \|B\|$；
(v) $\|AB\| \leq \|A\|\|B\|$。∎

就矩陣範數而言，$n \times n$ 矩陣 A 和 B 之間的距離為 $\|A - B\|$。

雖然有不同的方法可獲得矩陣的範數，但最常用的還由 l_2 及 l_∞ 自然衍生出來的範數。這些範數可用以下定理來定義，其證明留在習題 13。

定理 7.9

若 $\|\cdot\|$ 是 $\mathbb{R}^n$ 中的一個向量範數，則

$$\|A\| = \max_{\|\mathbf{x}\|=1} \|A\mathbf{x}\| \tag{7.2}$$

是一個矩陣範數。

用向量範數來定義的矩陣範數，稱為相對於向量範數的**自然** (natural) [或**誘發** (*induced*)] **矩陣範數** (matrix norm)。在本書中，除非另有說明，所有矩陣範數都是自然矩陣範數。

對任何 $\mathbf{z} \neq \mathbf{0}$，我們有單位向量 $\mathbf{x} = \mathbf{z}/\|\mathbf{z}\|$。因此，

$$\max_{\|\mathbf{x}\|=1} \|A\mathbf{x}\| = \max_{\mathbf{z} \neq \mathbf{0}} \left\| A\left(\frac{\mathbf{z}}{\|\mathbf{z}\|}\right) \right\| = \max_{\mathbf{z} \neq \mathbf{0}} \frac{\|A\mathbf{z}\|}{\|\mathbf{z}\|}$$

我們可以另外寫成

$$\|A\| = \max_{\mathbf{z} \neq \mathbf{0}} \frac{\|A\mathbf{z}\|}{\|\mathbf{z}\|} \tag{7.3}$$

下面來自定理 7.9 的推論即依據此種對 $\|A\|$ 的表示法。

推論 7.10 對任何向量 $\mathbf{z} \neq \mathbf{0}$、矩陣 A、及任何自然範數 $\|\cdot\|$，我們有

$$\|A\mathbf{z}\| \leq \|A\| \cdot \|\mathbf{z}\|$$

一個矩陣的自然範數，代表了此矩陣對於該範數相對之單位向量的拉伸 (stretch)。最大的拉伸即為矩陣的範數。我們將考慮的矩陣範數包括以下型式

$$\|A\|_\infty = \max_{\|\mathbf{x}\|_\infty=1} \|A\mathbf{x}\|_\infty, \quad l_\infty \text{ 範數,}$$

及

$$\|A\|_2 = \max_{\|\mathbf{x}\|_2=1} \|A\mathbf{x}\|_2, \quad l_2 \text{ 範數。}$$

對矩陣

$$A = \begin{bmatrix} 0 & -2 \\ 2 & 0 \end{bmatrix}$$

這些範數在 $n=2$ 的情形顯示在圖 7.4 及 7.5。

矩陣的 l_∞ 範數可以很容易的由其元素求得。

定理 7.11

若 $A = (a_{ij})$ 是一個 $n \times n$ 矩陣，則

$$\|A\|_\infty = \max_{1 \leq i \leq n} \sum_{j=1}^n |a_{ij}|$$

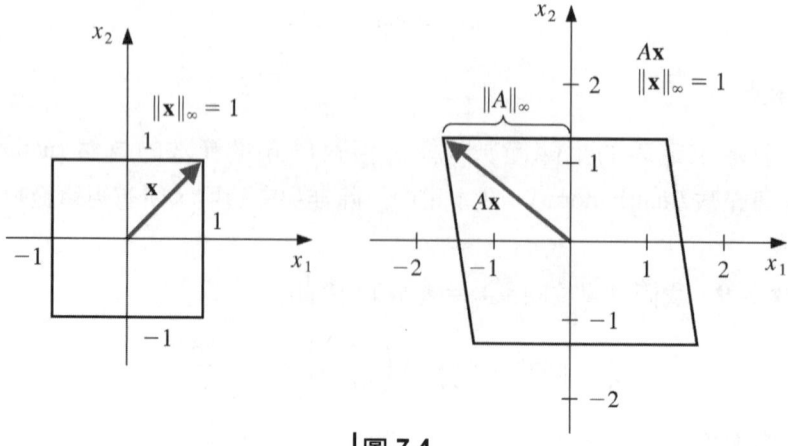

| 圖 7.4

| 圖 7.5

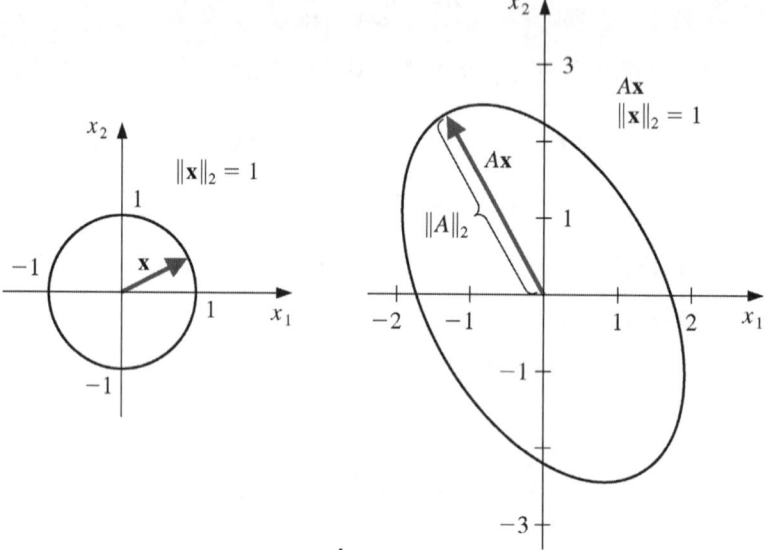

證明 我們首先證明 $\|A\|_\infty \leq \max_{1 \leq i \leq n} \sum_{j=1}^{n} |a_{ij}|$。

令 **x** 為 n 維向量且 $1 = \|\mathbf{x}\|_\infty = \max_{1 \leq i \leq n} |x_i|$。因為 $A\mathbf{x}$ 也是 n 維向量，

$$\|A\mathbf{x}\|_\infty = \max_{1 \leq i \leq n} |(A\mathbf{x})_i| = \max_{1 \leq i \leq n} \left| \sum_{j=1}^{n} a_{ij} x_j \right| \leq \max_{1 \leq i \leq n} \sum_{j=1}^{n} |a_{ij}| \max_{1 \leq j \leq n} |x_j|$$

但是 $\max_{1 \leq j \leq n} |x_j| = \|\mathbf{x}\|_\infty = 1$，所以

$$\|A\mathbf{x}\|_\infty \leq \max_{1 \leq i \leq n} \sum_{j=1}^{n} |a_{ij}|$$

因此，

$$\|A\|_\infty = \max_{\|\mathbf{x}\|_\infty=1} \|A\mathbf{x}\|_\infty \leq \max_{1\leq i\leq n} \sum_{j=1}^n |a_{ij}| \tag{7.4}$$

現在我們要證明反向的不等式。令 p 為整數使得

$$\sum_{j=1}^n |a_{pj}| = \max_{1\leq i\leq n} \sum_{j=1}^n |a_{ij}|$$

且 $\mathbf{x}$ 向量之分量為

$$x_j = \begin{cases} 1, & \text{若 } a_{pj} \geq 0 \\ -1, & \text{若 } a_{pj} < 0 \end{cases}$$

則對所有的 $j = 1, 2, \cdots, n$，$\|\mathbf{x}\|_\infty = 1$ 且 $a_{pj}x_j = |a_{pj}|$，所以

$$\|A\mathbf{x}\|_\infty = \max_{1\leq i\leq n} \left|\sum_{j=1}^n a_{ij}x_j\right| \geq \left|\sum_{j=1}^n a_{pj}x_j\right| = \left|\sum_{j=1}^n |a_{pj}|\right| = \max_{1\leq i\leq n} \sum_{j=1}^n |a_{ij}|$$

由此結果可知

$$\|A\|_\infty = \max_{\|\mathbf{x}\|_\infty=1} \|A\mathbf{x}\|_\infty \geq \max_{1\leq i\leq n} \sum_{j=1}^n |a_{ij}|$$

由此公式及不等式 (7.4) 得 $\|A\|_\infty = \max_{1\leq i\leq n} \sum_{j=1}^n |a_{ij}|$。∎

例題 5 求以下矩陣之 $\|A\|_\infty$

$$A = \begin{bmatrix} 1 & 2 & -1 \\ 0 & 3 & -1 \\ 5 & -1 & 1 \end{bmatrix}$$

解 我們有

$$\sum_{j=1}^3 |a_{1j}| = |1| + |2| + |-1| = 4, \quad \sum_{j=1}^3 |a_{2j}| = |0| + |3| + |-1| = 4$$

及

$$\sum_{j=1}^3 |a_{3j}| = |5| + |-1| + |1| = 7$$

所以由定理 7.11 可知，$\|A\|_\infty = \max\{4, 4, 7\} = 7$。∎

在下一節中我們會看到如何用另一種方法求矩陣的 l_2 範數。

習題組 7.1 完整習題請見隨書光碟

1. 求下列向量的 l_2 及 l_∞ 範數。
   a. $\mathbf{x} = (3, -4, 0, \frac{3}{2})^t$
   b. $\mathbf{x} = (2, 1, -3, 4)^t$
   c. $\mathbf{x} = (\sin k, \cos k, 2^k)^t$，$k$ 為固定正整數
   d. $\mathbf{x} = (4/(k+1), 2/k^2, k^2 e^{-k})^t$，$k$ 為固定正整數

3. 證明下列序列為收斂，並求其極限值。
   a. $\mathbf{x}^{(k)} = (1/k, e^{1-k}, -2/k^2)^t$
   b. $\mathbf{x}^{(k)} = (e^{-k}\cos k, k\sin(1/k), 3 + k^{-2})^t$
   c. $\mathbf{x}^{(k)} = (ke^{-k^2}, (\cos k)/k, \sqrt{k^2+k} - k)^t$
   d. $\mathbf{x}^{(k)} = (e^{1/k}, (k^2+1)/(1-k^2), (1/k^2)(1+3+5+\cdots+(2k-1)))^t$

5. 下列線性方程組 $A\mathbf{x} = \mathbf{b}$ 的確解為 $\mathbf{x}$，近似解為 $\tilde{\mathbf{x}}$。求 $\|\mathbf{x} - \tilde{\mathbf{x}}\|_\infty$ 及 $\|A\tilde{\mathbf{x}} - \mathbf{b}\|_\infty$。

   a. $\frac{1}{2}x_1 + \frac{1}{3}x_2 = \frac{1}{63}$
      $\frac{1}{3}x_1 + \frac{1}{4}x_2 = \frac{1}{168}$
      $\mathbf{x} = (\frac{1}{7}, -\frac{1}{6})^t$
      $\tilde{\mathbf{x}} = (0.142, -0.166)^t$

   b. $x_1 + 2x_2 + 3x_3 = 1$
      $2x_1 + 3x_2 + 4x_3 = -1$
      $3x_1 + 4x_2 + 6x_3 = 2$
      $\mathbf{x} = (0, -7, 5)^t$
      $\tilde{\mathbf{x}} = (-0.33, -7.9, 5.8)^t$

   c. $x_1 + 2x_2 + 3x_3 = 1$
      $2x_1 + 3x_2 + 4x_3 = -1$
      $3x_1 + 4x_2 + 6x_3 = 2$
      $\mathbf{x} = (0, -7, 5)^t$
      $\tilde{\mathbf{x}} = (-0.2, -7.5, 5.4)^t$

   d. $0.04x_1 + 0.01x_2 - 0.01x_3 = 0.06$
      $0.2x_1 + 0.5x_2 - 0.2x_3 = 0.3$
      $x_1 + 2x_2 + 4x_3 = 11$
      $\mathbf{x} = (1.827586, 0.6551724, 1.965517)^t$
      $\tilde{\mathbf{x}} = (1.8, 0.64, 1.9)^t$

7. 以實例說明，定義為 $\|A\|_\infty = \max_{1 \leq i,j \leq n} |a_{ij}|$ 的函數 $\|\cdot\|_\infty$，不能定義矩陣範數。

11. 令 S 為 $n \times n$ 正定矩陣。對 $\mathbb{R}^n$ 中任意 $\mathbf{x}$ 定義 $\|\mathbf{x}\| = (\mathbf{x}^t S\mathbf{x})^{1/2}$。說明，這樣即定義出 $\mathbb{R}^n$ 上的一個範數。[提示：對 S 用 Cholesky 因式分解以證明 $\mathbf{x}^t S\mathbf{y} = \mathbf{y}^t S\mathbf{x} \leq (\mathbf{x}^t S\mathbf{x})^{1/2}(\mathbf{y}^t S\mathbf{y})^{1/2}$。]

13. 證明，若 $\|\cdot\|$ 為 $\mathbb{R}^n$ 上的一個向量範數，則 $\|A\| = \max_{\|\mathbf{x}\|=1} \|A\mathbf{x}\|$ 是一個矩陣範數。

15. 說明，科西－班亞科夫斯基－舒瓦茲不等式可以強化成

$$\sum_{i=1}^n x_i y_i \leq \sum_{i=1}^n |x_i y_i| \leq \left(\sum_{i=1}^n x_i^2\right)^{1/2} \left(\sum_{i=1}^n y_i^2\right)^{1/2}$$

7.2 特徵值與特徵向量

我們可以將一個 $n \times m$ 的矩陣看做是一個函數，它可以將一個 m 維的行向量轉成 n 維的行向量。所以一個 $n \times m$ 矩陣事實上是一個由 $\mathbb{R}^m$ 到 $\mathbb{R}^n$ 的線性函數。而一個方陣 A，則將 n 維向量的集合轉換到其自身，也就是一個由 $\mathbb{R}^n$ 到 $\mathbb{R}^n$ 的線性函數。在這種情況下，應有非 0 向量 $\mathbf{x}$ 平行於 $A\mathbf{x}$，也就是存在有常數 λ 使得 $A\mathbf{x} = \lambda \mathbf{x}$。對這種向量我們有 $(A - \lambda I)\mathbf{x} = \mathbf{0}$。迭代法是否收斂，與此常數 λ 有緊密關係。本節將說明此種關係。

定義 7.12

若 A 是一個方陣，A 的**特徵多項式** (characteristic polynomial) 定義為

$$p(\lambda) = \det(A - \lambda I)$$

不大困難就可證明出 (見習題 13) p 是一個 n 次多項式，且最多有 n 個相異零點，其中有可能包含複數。如果 λ 是 p 的一個零點，因為 $\det(A - \lambda I) = 0$，由 379 頁的定理 6.17 可知，線性方程組 $(A - \lambda I)\mathbf{x} = \mathbf{0}$ 有 $\mathbf{x} \neq \mathbf{0}$ 的解。我們要探討 p 的零點，及對應於這些方程組的非零解。

定義 7.13

若 p 是矩陣 A 的特徵多項式，則 p 的零點即為 A 的**特徵值** (eigenvalues or characteristic values)。若 λ 是 A 的一個特徵值，且 $\mathbf{x} \neq \mathbf{0}$ 滿足 $(A - \lambda I)\mathbf{x} = \mathbf{0}$，則 $\mathbf{x}$ 是矩陣 A 相對於特徵值 λ 的**特徵向量** (eigenvector or characteristic vector)。

要獲得一個矩陣的特徵值，我們可用以下性質

- λ 是 A 的一個特徵值，若且唯若 $\det(A - \lambda I) = 0$。

求得特徵值 λ 之後，解以下方程組可得相對之特徵向量 $\mathbf{x} \neq \mathbf{0}$

- $(A - \lambda I)\mathbf{x} = \mathbf{0}$

例題 1 證明在 $\mathbb{R}^2$ 中沒有非 0 向量 $\mathbf{x}$ 可使得 $A\mathbf{x}$ 平行 $\mathbf{x}$，已知

$$A = \begin{bmatrix} 0 & 1 \\ -1 & 0 \end{bmatrix}$$

解 A 的特徵值為以下特徵多項式的解

$$0 = \det(A - \lambda I) = \det \begin{bmatrix} -\lambda & 1 \\ -1 & -\lambda \end{bmatrix} = \lambda^2 + 1$$

所以 A 的特徵值為複數 $\lambda_1 = i$ 和 $\lambda_2 = -i$。相對於 λ_1 的特徵向量 $\mathbf{x}$ 必須滿足

$$\begin{bmatrix} 0 \\ 0 \end{bmatrix} = \begin{bmatrix} -i & 1 \\ -1 & -i \end{bmatrix} \begin{bmatrix} x_1 \\ x_2 \end{bmatrix} = \begin{bmatrix} -ix_1 + x_2 \\ -x_1 - ix_2 \end{bmatrix}$$

也就是 $0 = -ix_1 + x_2$，所以 $x_2 = ix_1$ 且 $0 = -x_1 - ix_2$。若 $\mathbf{x}$ 是 A 的特徵向量，則它恰有一個分量為實數，另一個分量為複數。因此，沒有一個屬於 $\mathbb{R}^2$ 的非 0 向量 $\mathbf{x}$ 可使得 $A\mathbf{x}$ 平行 $\mathbf{x}$。 ∎

若 $\mathbf{x}$ 是相對於特徵值 λ 的特徵向量，則 $A\mathbf{x} = \lambda\mathbf{x}$，所以矩陣 A 將向量 $\mathbf{x}$ 轉換成它自己與一個純量的乘積。

- 如果 λ 為實數且 $\lambda > 1$，則 A 將 $\mathbf{x}$ 拉長 λ 倍，如圖 7.6(a) 所示。
- 如果 $0 < \lambda < 1$，則 A 將 $\mathbf{x}$ 壓縮 λ 倍 (見圖 7.6(b))。
- 若 $\lambda < 0$，其作用類似但 $A\mathbf{x}$ 的方向反轉 (見圖 7.6(c) 及 (d))。

(a) $\lambda > 1$　　(b) $1 > \lambda > 0$　　(c) $\lambda < -1$　　(d) $-1 < \lambda < 0$

$A\mathbf{x} = \lambda\mathbf{x}$

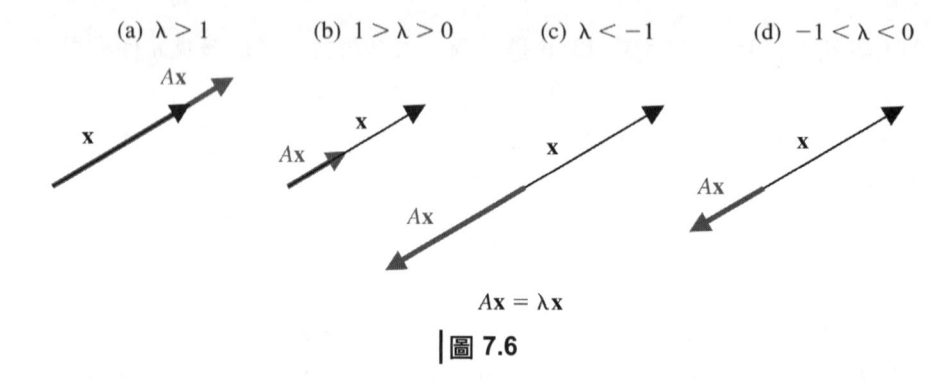

圖 7.6

同時可以知道，若 $\mathbf{x}$ 是矩陣 A 相對於特徵值 λ 的一個特徵向量，且 α 為任何非 0 常數，則 $\alpha\mathbf{x}$ 也是特徵向量，因為

$$A(\alpha\mathbf{x}) = \alpha(A\mathbf{x}) = \alpha(\lambda\mathbf{x}) = \lambda(\alpha\mathbf{x})$$

由此可得到一個重要的結果，對任何向量範數 $\|\cdot\|$，我們可選取常數 $\alpha = \pm\|\mathbf{x}\|^{-1}$ 以使得 $\alpha\mathbf{x}$ 是一個範數為 1 的特徵向量。所以

- 對每一個特徵值，用任一種向量範數，存在有範數為 1 的特徵向量。

例題 2　求矩陣

$$A = \begin{bmatrix} 2 & 0 & 0 \\ 1 & 1 & 2 \\ 1 & -1 & 4 \end{bmatrix}$$

之特徵值與特徵向量。

解　A 的特徵多項式為

$$p(\lambda) = \det(A - \lambda I) = \det \begin{bmatrix} 2-\lambda & 0 & 0 \\ 1 & 1-\lambda & 2 \\ 1 & -1 & 4-\lambda \end{bmatrix}$$

$$= -(\lambda^3 - 7\lambda^2 + 16\lambda - 12) = -(\lambda-3)(\lambda-2)^2$$

所以 A 的特徵值為 $\lambda_1 = 3$ 及 $\lambda_2 = 2$。

對應於特徵值 $\lambda_1 = 3$ 的特徵向量 $\mathbf{x}_1$ 是向量-矩陣方程式 $(A - 3 \cdot I)\mathbf{x}_1 = \mathbf{0}$ 的解,所以

$$\begin{bmatrix} 0 \\ 0 \\ 0 \end{bmatrix} = \begin{bmatrix} -1 & 0 & 0 \\ 1 & -2 & 2 \\ 1 & -1 & 1 \end{bmatrix} \cdot \begin{bmatrix} x_1 \\ x_2 \\ x_3 \end{bmatrix}$$

由此可得 $x_1 = 0$ 及 $x_2 = x_3$。

給定 x_3 為任何非 0 的數,就可得到特徵值 $\lambda_1 = 3$ 時的特徵向量。例如,令 $x_3 = 1$,可得特徵向量 $\mathbf{x}_1 = (0,1,1)^t$,且 A 所有相對於 $\lambda = 3$ 的特徵向量,都是 $\mathbf{x}_1$ 的非 0 倍數。

A 相對於 $\lambda_2 = 2$ 的特徵向量 $\mathbf{x} \neq \mathbf{0}$,為方程組 $(A - 2 \cdot I)\mathbf{x} = \mathbf{0}$ 的解,所以

$$\begin{bmatrix} 0 \\ 0 \\ 0 \end{bmatrix} = \begin{bmatrix} 0 & 0 & 0 \\ 1 & -1 & 2 \\ 1 & -1 & 2 \end{bmatrix} \cdot \begin{bmatrix} x_1 \\ x_2 \\ x_3 \end{bmatrix}$$

此時特徵向量只須要滿足方程式

$$x_1 - x_2 + 2x_3 = 0$$

這有許多方式可達成。例如,當 $x_1 = 0$ 可得 $x_2 = 2x_3$,所以一個選擇是 $\mathbf{x}_2 = (0,2,1)^t$。我們也可選擇 $x_2 = 0$,這樣就有 $x_1 = -2x_3$。這樣就得到了特徵值 $\lambda_2 = 2$ 的第二個特徵向量 $\mathbf{x}_3 = (-2,0,1)^t$,而它不是 $\mathbf{x}_2$ 的倍數。A 相對於特徵值 $\lambda_2 = 2$ 的特徵向量構成一個平面。此平面由所有型式如下的向量所組成

$$\alpha \mathbf{x}_2 + \beta \mathbf{x}_3 = (-2\beta, 2\alpha, \alpha + \beta)^t$$

其中 α 及 β 為任意常數,但不得同時為 0。∎

Maple 中的 *LinearAlgebra* 程式包提供了 *Eigenvalues* 函數以計算特徵值。*Eigenvectors* 函數可同時獲得矩陣的特徵值與相對之特徵向量。針對例題 2 中之矩陣,先載入程式包

with(LinearAlgebra)

然後輸入矩陣

$A := ([[2,0,0],[1,1,2],[1,-1,4]])$

可得

$$\begin{bmatrix} 2 & 0 & 0 \\ 1 & 1 & 2 \\ 1 & -1 & 4 \end{bmatrix}$$

要求出特徵值與特徵向量，使用

evalf(Eigenvectors(A))

系統回復

$$\begin{bmatrix} 3 \\ 2 \\ 2 \end{bmatrix}, \begin{bmatrix} 0 & -2 & 1 \\ 1 & 0 & 1 \\ 1 & 1 & 0 \end{bmatrix}$$

這表示特徵值為 3、2、及 2，對應之特徵向量則為相對之各行，分別是 $(0, 1, 1)^t$、$(-2, 0, 1)^t$、和 $(1, 1, 0)^t$。

在 *LinearAlgebra* 程式包中另有一個 *CharacteristicPolynomial* 指令，所以也可用以下方式獲得特徵值

$p := CharacteristicPolynomial(A, \lambda); factor(p)$

這樣可獲得

$$-12 + \lambda^3 - 7\lambda^2 + 16\lambda$$

$$(\lambda - 3)(\lambda - 2)^2$$

在此，我們為了計算的便利而介紹了特徵值與特徵向量的概念，但在探討物理系統時我們也經常要用到此概念。事實上，因為它們的重要性，所以本書的第 9 章，即專門介紹求其近似解的數值方法。

■ **頻譜半徑**

定義 7.14

矩陣 A 的**頻譜半徑** (spectral radius) $\rho(A)$ 定義為

$$\rho(A) = \max |\lambda|，其中 \lambda 為 A 的特徵值。$$

(對複數 $\lambda = \alpha + \beta i$，我們定義 $|\lambda| = (\alpha^2 + \beta^2)^{1/2}$。)

對於例題 2 中的矩陣，$\rho(A) = \max\{2, 3\} = 3$。

由下個定理我們可以知道，矩陣的頻譜半徑與範數有密切的關聯。

定理 7.15

若 A 為 $n \times n$ 矩陣，則

(i) $\|A\|_2 = [\rho(A^t A)]^{1/2}$，

(ii) 對任何自然範數 $\|\cdot\|$，$\rho(A) \le \|A\|$。

證明 對於 (i) 部分的證明須要對特徵值有更多的了解。其證明的方式可參考[Or2], p.21。

要證明 (ii)，設 λ 為 A 的特徵值，其相對之特徵向量為 $\mathbf{x}$ 且 $\|\mathbf{x}\| = 1$。因此 $A\mathbf{x} = \lambda\mathbf{x}$ 且
$$|\lambda| = |\lambda| \cdot \|\mathbf{x}\| = \|\lambda\mathbf{x}\| = \|A\mathbf{x}\| \leq \|A\|\|\mathbf{x}\| = \|A\|$$

因此
$$\rho(A) = \max |\lambda| \leq \|A\|$$ ■■■

由定理 7.15 的 (i) 部分可知，如果 A 為對稱，則 $\|A\|_2 = \rho(A)$ (見習題 14)。

類似於定理 7.15 的 (ii)，有一個既有趣又有用的結果，對任何矩陣 A 及 $\varepsilon > 0$，存在有自然範數 $\|\cdot\|$，使得 $\rho(A) < \|A\| < \rho(A) + \varepsilon$。因此，$\rho(A)$ 為 A 之自然範數的最大下限 (greatest lower bound)。此結果之證明請參考[Or2], p.23。

例題 3 求以下矩陣之 l_2 範數。

$$A = \begin{bmatrix} 1 & 1 & 0 \\ 1 & 2 & 1 \\ -1 & 1 & 2 \end{bmatrix}$$

解 要應用定理 7.15，我們要先計算 $\rho(A^t A)$，所以我們要先求出 $A^t A$ 的特徵值

$$A^t A = \begin{bmatrix} 1 & 1 & -1 \\ 1 & 2 & 1 \\ 0 & 1 & 2 \end{bmatrix} \begin{bmatrix} 1 & 1 & 0 \\ 1 & 2 & 1 \\ -1 & 1 & 2 \end{bmatrix} = \begin{bmatrix} 3 & 2 & -1 \\ 2 & 6 & 4 \\ -1 & 4 & 5 \end{bmatrix}$$

若

$$0 = \det(A^t A - \lambda I) = \det \begin{bmatrix} 3-\lambda & 2 & -1 \\ 2 & 6-\lambda & 4 \\ -1 & 4 & 5-\lambda \end{bmatrix}$$
$$= -\lambda^3 + 14\lambda^2 - 42\lambda = -\lambda(\lambda^2 - 14\lambda + 42)$$

則 $\lambda = 0$ 或 $\lambda = 7 \pm \sqrt{7}$。由定理 7.15，我們有

$$\|A\|_2 = \sqrt{\rho(A^t A)} = \sqrt{\max\{0, 7-\sqrt{7}, 7+\sqrt{7}\}} = \sqrt{7+\sqrt{7}} \approx 3.106$$ ■

也可以用 Maple 的 *LinearAlgebra* 程式包來進行例題 3 的運算，先載入程式包並輸入矩陣。

with(LinearAlgebra): $A := Matrix([[1, 1, 0], [1, 2, 1], [-1, 1, 2]])$

Maple 會列出我們輸入的矩陣。要求 A 的轉置可用

$B := Transpose(A)$

這樣會得到

$$\begin{bmatrix} 1 & 1 & -1 \\ 1 & 2 & 1 \\ 0 & 1 & 2 \end{bmatrix}$$

然後用指令

$C := A.B$

這樣會得到

$$\begin{bmatrix} 3 & 2 & -1 \\ 2 & 6 & 4 \\ -1 & 4 & 5 \end{bmatrix}$$

指令

    evalf(Eigenvalues(C))

會得到向量

$$\begin{bmatrix} 0. \\ 9.645751311 \\ 4.354248689 \end{bmatrix}$$

因為 $\|A\|_2 = \sqrt{\rho(A^t A)} = \sqrt{\rho(C)}$，所以得

$$\|A\|_2 = \sqrt{9.645751311} = 3.105760987$$

用 *evalf(Norm(A, 2))* 可獲得同樣的結果。

    要求出 A 的 l_∞ 範數，將最後一個指令換成 *evalf(Norm(A, infinity))*，Maple 將會傳回 4。這應該是對的，因為它是第 2 列中各元素絕對值的和。

■ 收斂矩陣

在探討矩陣的迭代法時，很重要的一件事就是要知道，何時一個矩陣的冪次方會變小 (即所有元素趨近於 0)。這種矩陣稱為收斂。

定義 7.16

我們稱一個 $n \times n$ 矩陣 A 為**收斂** (convergent) 的條件為

$$\lim_{k \to \infty} (A^k)_{ij} = 0, \text{ 對所有 } i = 1, 2, \ldots, n \text{ 及 } j = 1, 2, \ldots, n$$

例題 4   說明

$$A = \begin{bmatrix} \frac{1}{2} & 0 \\ \frac{1}{4} & \frac{1}{2} \end{bmatrix}$$

是一個收斂矩陣。

解 求 A 的冪次方得

$$A^2 = \begin{bmatrix} \frac{1}{4} & 0 \\ \frac{1}{4} & \frac{1}{4} \end{bmatrix} \quad A^3 = \begin{bmatrix} \frac{1}{8} & 0 \\ \frac{3}{16} & \frac{1}{8} \end{bmatrix} \quad A^4 = \begin{bmatrix} \frac{1}{16} & 0 \\ \frac{1}{8} & \frac{1}{16} \end{bmatrix}$$

其通式為

$$A^k = \begin{bmatrix} (\frac{1}{2})^k & 0 \\ \frac{k}{2^{k+1}} & (\frac{1}{2})^k \end{bmatrix}$$

所以 A 為收斂矩陣，因為

$$\lim_{k \to \infty} \left(\frac{1}{2}\right)^k = 0 \quad \text{且} \quad \lim_{k \to \infty} \frac{k}{2^{k+1}} = 0 \qquad \blacksquare$$

我們也可看出，例題 4 中矩陣 A 的 $\rho(A) = \frac{1}{2}$，因為 $\frac{1}{2}$ 是唯一的特徵值。這顯示了矩陣頻譜半徑與收斂性之間的關係，詳述如下。

定理 7.17

下列敘述為等價

(i) A 為收斂矩陣。

(ii) 對某自然範數，$\lim_{n \to \infty} \|A^n\| = 0$。

(iii) 對所有自然範數，$\lim_{n \to \infty} \|A^n\| = 0$。

(iv) $\rho(A) < 1$。

(v) 對每個 $\mathbf{x}$，$\lim_{n \to \infty} A^n \mathbf{x} = \mathbf{0}$。 $\qquad \blacksquare$

此定理之證明可參見[IK]，p. 14。

習題組 7.2 /完整習題請見隨書光碟

1. 求下列矩陣之特徵值及相對之特徵向量。

a. $\begin{bmatrix} 2 & -1 \\ -1 & 2 \end{bmatrix}$
b. $\begin{bmatrix} 0 & 1 \\ 1 & 1 \end{bmatrix}$

c. $\begin{bmatrix} 0 & \frac{1}{2} \\ \frac{1}{2} & 0 \end{bmatrix}$
d. $\begin{bmatrix} 2 & 1 & 0 \\ 1 & 2 & 0 \\ 0 & 0 & 3 \end{bmatrix}$

e. $\begin{bmatrix} -1 & 2 & 0 \\ 0 & 3 & 4 \\ 0 & 0 & 7 \end{bmatrix}$
f. $\begin{bmatrix} 2 & 1 & 1 \\ 2 & 3 & 2 \\ 1 & 1 & 2 \end{bmatrix}$

3. 求下列矩陣之複數特徵值及相對之特徵向量。

   a. $\begin{bmatrix} 2 & 2 \\ -1 & 2 \end{bmatrix}$

   b. $\begin{bmatrix} 1 & 2 \\ -1 & 2 \end{bmatrix}$

5. 求習題 1 中各矩陣之頻譜半徑。

7. 習題 1 中之矩陣那些是收斂的？

9. 求習題 1 中各矩陣之 l_2 範數。

11. 令 $A_1 = \begin{bmatrix} 1 & 0 \\ \frac{1}{4} & \frac{1}{2} \end{bmatrix}$ 且 $A_2 = \begin{bmatrix} \frac{1}{2} & 0 \\ 16 & \frac{1}{2} \end{bmatrix}$。證明 A_1 不收斂但 A_2 為收斂矩陣。

13. 證明 $n \times n$ 矩陣 A 的特徵多項式 $p(\lambda) = \det(A - \lambda I)$ 是一個 n 次多項式。[提示：將 $\det(A - \lambda I)$ 沿第一列展開，並對 n 使用數學歸納法。]

15. 令 λ 為 $n \times n$ 矩陣 A 的特徵值且 $\mathbf{x} \neq \mathbf{0}$ 為其相對之特徵向量。

    a. 證明 λ 也是 A^t 的特徵值。

    b. 證明對任何整數 $k \geq 1$，λ^k 為 A^k 的特徵值，且特徵向量為 $\mathbf{x}$。

    c. 證明若 A^{-1} 存在，則 $1/\lambda$ 為 A^{-1} 的特徵值，且特徵向量為 $\mathbf{x}$。

    d. 對整數 $k \geq 2$，將 (b) 及 (c) 對 $(A^{-1})^k$ 做一般化。

    e. 已知多項式 $q(x) = q_0 + q_1 x + \cdots + q_k x^k$，定義 $q(A)$ 為矩陣 $q(A) = q_0 I + q_1 A + \cdots + q_k A^k$。證明 $q(\lambda)$ 為 $q(A)$ 的特徵值並有特徵向量 $\mathbf{x}$。

    f. 令 $\alpha \neq \lambda$ 為已知。證明若 $A - \alpha I$ 為非奇異，則 $1/(\lambda - \alpha)$ 為 $(A - \alpha I)^{-1}$ 的特徵值，且有特徵向量 $\mathbf{x}$。

17. 在 6.3 節的習題 15 中，我們假設一隻雌性甲蟲對該種甲蟲未來族群數的貢獻可以表示成矩陣

$$A = \begin{bmatrix} 0 & 0 & 6 \\ \frac{1}{2} & 0 & 0 \\ 0 & \frac{1}{3} & 0 \end{bmatrix}$$

其中第 i 列第 j 行元素代表 j 齡的雌性甲蟲對下一年 i 齡的雌性甲蟲總數的貢獻。

   a. 矩陣 A 是否有實數特徵值？若有，求其值及其相對特徵向量。

   b. 如果為了實驗的目的，要對此族群採樣，須要按固定比例每年對每齡的甲蟲採樣，對初始族群數應加入何種限制，以確保可滿足此要求。

19. 證明若 $\|\cdot\|$ 為任何自然範數，則對任何非奇異矩陣的特徵值 λ 有 $(\|A^{-1}\|)^{-1} \leq |\lambda| \leq \|A\|$。

7.3 Jacobi 和高斯-賽德迭代法

在本節中我們將介紹傳統的 Jacobi 法及高斯-賽德 (Gauss-Seidel) 法，其發展可追溯到 18 世紀晚期。對於維度小的方程組，很少用迭代法求解，因為花的時間比直接法如高斯消去法要多。但對於有很高比例元素為 0 的很大的方程組，這類方法在電腦的儲存及計算兩方面的效率都比較好。這類方程組經常出現在電路問題、邊界值問題、及偏微分方程數值解法中。

求解 $n \times n$ 線性方程組 $A\mathbf{x} = \mathbf{b}$ 的迭代法，由一個初始近似 $\mathbf{x}^{(0)}$ 開始，然後產生一個收斂到 $\mathbf{x}$ 的向量列 $\{\mathbf{x}^{(k)}\}_{k=0}^{\infty}$。

■ Jacobi 法

Jacobi 迭代法是由 $A\mathbf{x} = \mathbf{b}$ 的第 i 個方程式解 x_i (前提為 $a_{ii} \neq 0$) 以獲得

$$x_i = \sum_{\substack{j=1 \\ j \neq i}}^{n} \left(-\frac{a_{ij} x_j}{a_{ii}} \right) + \frac{b_i}{a_{ii}} , \quad i = 1, 2, \ldots, n \text{。}$$

對每一個 $k \geq 1$，由 $\mathbf{x}^{(k-1)}$ 的分量求出 $\mathbf{x}^{(k)}$ 之分量 $x_i^{(k)}$ 的方式為

$$x_i^{(k)} = \frac{1}{a_{ii}} \left[\sum_{\substack{j=1 \\ j \neq i}}^{n} \left(-a_{ij} x_j^{(k-1)} \right) + b_i \right] , \quad i = 1, 2, \ldots, n \tag{7.5}$$

例題 1 已知線性方程組 $A\mathbf{x} = \mathbf{b}$

$$\begin{aligned}
E_1: & \quad 10x_1 - x_2 + 2x_3 = 6 \\
E_2: & \quad -x_1 + 11x_2 - x_3 + 3x_4 = 25 \\
E_3: & \quad 2x_1 - x_2 + 10x_3 - x_4 = -11 \\
E_4: & \quad 3x_2 - x_3 + 8x_4 = 15
\end{aligned}$$

有唯一解 $\mathbf{x} = (1, 2, -1, 1)^t$。用 Jacobi 迭代法求 $\mathbf{x}$ 的近似值 $\mathbf{x}^{(k)}$，由 $\mathbf{x}^{(0)} = (0, 0, 0, 0)^t$ 開始，直到

$$\frac{\|\mathbf{x}^{(k)} - \mathbf{x}^{(k-1)}\|_{\infty}}{\|\mathbf{x}^{(k)}\|_{\infty}} < 10^{-3}$$

解 對每個 $i = 1, 2, 3, 4$ 我們先用 E_i 解 x_i，可得

$$\begin{aligned}
x_1 &= \phantom{-\frac{1}{11}x_1 +} \frac{1}{10}x_2 - \frac{1}{5}x_3 \phantom{+ \frac{1}{10}x_4} + \frac{3}{5} \\
x_2 &= \frac{1}{11}x_1 \phantom{+ \frac{1}{10}x_2} + \frac{1}{11}x_3 - \frac{3}{11}x_4 + \frac{25}{11} \\
x_3 &= -\frac{1}{5}x_1 + \frac{1}{10}x_2 \phantom{+ \frac{1}{11}x_3} + \frac{1}{10}x_4 - \frac{11}{10} \\
x_4 &= \phantom{-\frac{1}{5}x_1} - \frac{3}{8}x_2 + \frac{1}{8}x_3 \phantom{+ \frac{1}{10}x_4} + \frac{15}{8}
\end{aligned}$$

由初始近似值 $\mathbf{x}^{(0)} = (0, 0, 0, 0)^t$，可得 $\mathbf{x}^{(1)}$ 為

$$\begin{aligned}
x_1^{(1)} &= \phantom{\frac{1}{11}x_1^{(0)} +} \frac{1}{10}x_2^{(0)} - \frac{1}{5}x_3^{(0)} \phantom{+ \frac{3}{11}x_4^{(0)}} + \frac{3}{5} = 0.6000 \\
x_2^{(1)} &= \frac{1}{11}x_1^{(0)} \phantom{+ \frac{1}{10}x_2^{(0)}} + \frac{1}{11}x_3^{(0)} - \frac{3}{11}x_4^{(0)} + \frac{25}{11} = 2.2727
\end{aligned}$$

$$x_3^{(1)} = -\frac{1}{5}x_1^{(0)} + \frac{1}{10}x_2^{(0)} \qquad\qquad + \frac{1}{10}x_4^{(0)} - \frac{11}{10} = -1.1000$$

$$x_4^{(1)} = \qquad\qquad -\frac{3}{8}x_2^{(0)} + \frac{1}{8}x_3^{(0)} \qquad\qquad + \frac{15}{8} = 1.8750$$

以同樣的方法持續迭代可得 $\mathbf{x}^{(k)} = (x_1^{(k)}, x_2^{(k)}, x_3^{(k)}, x_4^{(k)})^t$，結果列於表 7.1 中。

表 7.1

k	0	1	2	3	4	5	6	7	8	9	10
$x_1^{(k)}$	0.0000	0.6000	1.0473	0.9326	1.0152	0.9890	1.0032	0.9981	1.0006	0.9997	1.0001
$x_2^{(k)}$	0.0000	2.2727	1.7159	2.053	1.9537	2.0114	1.9922	2.0023	1.9987	2.0004	1.9998
$x_3^{(k)}$	0.0000	-1.1000	-0.8052	-1.0493	-0.9681	-1.0103	-0.9945	-1.0020	-0.9990	-1.0004	-0.9998
$x_4^{(k)}$	0.0000	1.8750	0.8852	1.1309	0.9739	1.0214	0.9944	1.0036	0.9989	1.0006	0.9998

我們停在第十次迭代，因為

$$\frac{\|\mathbf{x}^{(10)} - \mathbf{x}^{(9)}\|_\infty}{\|\mathbf{x}^{(10)}\|_\infty} = \frac{8.0 \times 10^{-4}}{1.9998} < 10^{-3}$$

實際上 $\|\mathbf{x}^{(10)} - \mathbf{x}\|_\infty = 0.0002$。 ∎

一般而言，解線性方程組的迭代法包括了一個，將方程組 $A\mathbf{x} = \mathbf{b}$ 轉換成 $\mathbf{x} = T\mathbf{x} + \mathbf{c}$ 型式的程序，而 T 為某一固定的矩陣，$\mathbf{c}$ 為向量。在選擇了初始向量 $\mathbf{x}^{(0)}$ 之後，對每一 $k = 1, 2, \cdots$ 計算向量

$$\mathbf{x}^{(k)} = T\mathbf{x}^{(k-1)} + \mathbf{c}$$

以獲得一序列的近似解。這種方式讓我們回想起第 2 章的固定點迭代。

可將 A 劃分為對角線與非對角線部分，以將 Jacobi 法表示為 $\mathbf{x}^{(k)} = T\mathbf{x}^{(k-1)} + \mathbf{c}$ 的型式。要了解這一點，我們令 D 為 A 的對角線元素構成的對角線矩陣，$-L$ 為 A 的下三角部分，$-U$ 為 A 的上三角部分。以符號表示為

$$A = \begin{bmatrix} a_{11} & a_{12} & \cdots & a_{1n} \\ a_{21} & a_{22} & \cdots & a_{2n} \\ \vdots & \vdots & & \vdots \\ a_{n1} & a_{n2} & \cdots & a_{nn} \end{bmatrix}$$

劃分為

$$A = \begin{bmatrix} a_{11} & 0 & \cdots & 0 \\ 0 & a_{22} & & \vdots \\ \vdots & & \ddots & 0 \\ 0 & \cdots & 0 & a_{nn} \end{bmatrix} - \begin{bmatrix} 0 & \cdots & & 0 \\ -a_{21} & & & \\ \vdots & \ddots & & \vdots \\ -a_{n1} & \cdots & -a_{n,n-1} & 0 \end{bmatrix} - \begin{bmatrix} 0 & -a_{12} & \cdots & -a_{1n} \\ & & & \vdots \\ & & & -a_{n-1,n} \\ 0 & \cdots & & 0 \end{bmatrix}$$

$$= D - L - U$$

方程組 $A\mathbf{x}=\mathbf{b}$，或 $(D-L-U)\mathbf{x}=\mathbf{b}$，現在可以轉換成

$$D\mathbf{x}=(L+U)\mathbf{x}+\mathbf{b}$$

若 D^{-1} 存在，也就是對所有 i，$a_{ii}\neq 0$，則

$$\mathbf{x}=D^{-1}(L+U)\mathbf{x}+D^{-1}\mathbf{b}$$

由此就得到矩陣型式的 Jacobi 迭代法為：

$$\mathbf{x}^{(k)}=D^{-1}(L+U)\mathbf{x}^{(k-1)}+D^{-1}\mathbf{b},\quad k=1,2,\ldots \tag{7.6}$$

引入符號 $T_j=D^{-1}(L+U)$ 及 $\mathbf{c}_j=D^{-1}\mathbf{b}$，Jacobi 法可寫成

$$\mathbf{x}^{(k)}=T_j\mathbf{x}^{(k-1)}+\mathbf{c}_j \tag{7.7}$$

實際上，在計算時我們使用 (7.5) 式，(7.7) 式則用於理論分析。

例題 2 將用來求解 $A\mathbf{x}=\mathbf{b}$ 的 Jacobi 法表示成 $\mathbf{x}^{(k)}=T\mathbf{x}^{(k-1)}+\mathbf{c}$ 的型式。已知線性方程組為

$$\begin{aligned}
E_1: &\quad 10x_1 - x_2 + 2x_3 \phantom{{}-x_4} = 6 \\
E_2: &\quad -x_1 + 11x_2 - x_3 + 3x_4 = 25 \\
E_3: &\quad 2x_1 - x_2 + 10x_3 - x_4 = -11 \\
E_4: &\quad \phantom{2x_1 -{}} 3x_2 - x_3 + 8x_4 = 15
\end{aligned}$$

解 在例題 1 中我們看到，用於此方程組的 Jacobi 法之型式為

$$\begin{aligned}
x_1 &= \phantom{-\tfrac{1}{11}x_1} \tfrac{1}{10}x_2 - \tfrac{1}{5}x_3 \phantom{{}+\tfrac{1}{10}x_4} + \tfrac{3}{5} \\
x_2 &= \tfrac{1}{11}x_1 \phantom{{}+ 0} + \tfrac{1}{11}x_3 - \tfrac{3}{11}x_4 + \tfrac{25}{11} \\
x_3 &= -\tfrac{1}{5}x_1 + \tfrac{1}{10}x_2 \phantom{{}+ 0} + \tfrac{1}{10}x_4 - \tfrac{11}{10} \\
x_4 &= \phantom{-\tfrac{1}{5}x_1} - \tfrac{3}{8}x_2 + \tfrac{1}{8}x_3 \phantom{{}+\tfrac{1}{10}x_4} + \tfrac{15}{8}
\end{aligned}$$

因此我們有

$$T=\begin{bmatrix} 0 & \tfrac{1}{10} & -\tfrac{1}{5} & 0 \\ \tfrac{1}{11} & 0 & \tfrac{1}{11} & -\tfrac{3}{11} \\ -\tfrac{1}{5} & \tfrac{1}{10} & 0 & \tfrac{1}{10} \\ 0 & -\tfrac{3}{8} & \tfrac{1}{8} & 0 \end{bmatrix} \quad \text{及} \quad \mathbf{c}=\begin{bmatrix} \tfrac{3}{5} \\ \tfrac{25}{11} \\ -\tfrac{11}{10} \\ \tfrac{15}{8} \end{bmatrix} \quad\blacksquare$$

算則 7.1 為 Jacobi 迭代法的應用方式。

算則 7.1 Jacobi 迭代

已知初始近似值 $\mathbf{x}^{(0)}$，求 $A\mathbf{x}=\mathbf{b}$ 的解：

INPUT　方程式與變數的數目 n；矩陣 A 的元素 $a_{ij}, 1 \leq i, j \leq n$；$\mathbf{b}$ 的分量 b_i，$1 \leq i \leq n$；$\mathbf{XO} = \mathbf{x}^{(0)}$ 的分量 XO_i，$1 \leq i \leq n$；容許誤差 TOL；最大迭代次數 N。

OUTPUT　近似解 $x_1, \ldots, x_n$ 或迭代次數超過訊息。

Step 1　Set $k = 1$.

Step 2　While ($k \leq N$) do Steps 3–6.

　　Step 3　For $i = 1, \ldots, n$

$$\text{set } x_i = \frac{1}{a_{ii}} \left[-\sum_{\substack{j=1 \\ j \neq i}}^{n} (a_{ij} XO_j) + b_i \right].$$

　　Step 4　If $\|\mathbf{x} - \mathbf{XO}\| < TOL$ then OUTPUT $(x_1, \ldots, x_n)$;
　　　　　　　　　(程式成功)
　　　　　　　　　STOP.

　　Step 5　Set $k = k + 1$.

　　Step 6　For $i = 1, \ldots, n$ set $XO_i = x_i$.

Step 7　OUTPUT ('Maximum number of iterations exceeded');
　　　　　(程式失敗)
　　　　　STOP.　■

在算則的 Step 3 中要求對每個 $i = 1, 2, \ldots, n$ 必須有 $a_{ii} \neq 0$。如果有 a_{ii} 為 0 且矩陣為非奇異，則可以重新排列各方程式，使得 a_{ii} 都不為 0。為加速收斂，我們應該讓 a_{ii} 愈大愈好。對此，本章稍後會有更詳細的討論。

在 Step 4 中可用另一個終止準則，程式迭代到

$$\frac{\|\mathbf{x}^{(k)} - \mathbf{x}^{(k-1)}\|}{\|\mathbf{x}^{(k)}\|}$$

小於給定的容許誤差為止。在此可使用任何方便的範數，通常用 l_∞ 範數。

在 Maple 的 *Student* 套件中的 *NumericalAnalysis* 程式包中也有 Jacobi 迭代法。以我們的例題說明其用法，先載入 *NumericalAnalysis* 和 *LinearAlgebra* 程式包。

with(*Student*[*NumericalAnalysis*]): *with*(*LinearAlgebra*):

加在指令後面的冒號是用以抑制系統輸出。輸入矩陣如下

$A := Matrix([[10, -1, 2, 0, 6], [-1, 11, -1, 3, 25], [2, -1, 10, -1, -11], [0, 3, -1, 8, 15]])$

以下指令可以得到和表 7.1 一樣的結果。

IterativeApproximate(*A*, *initialapprox* = *Vector*([0., 0., 0., 0.]), *tolerance* = 10^{-3}, *maxiterations* = 20, *stoppingcriterion* = *relative*(*infinity*), *method* = *jacobi*, *output* = *approximates*)

如果省略 *output* = *approximates* 的選項，則只會輸出最後的近似解。留意到我們輸入的初始值是 [0., 0., 0., 0.]，每個數字後面加有小數點，這樣做會讓 Maple 的傳回值每個數有 10 位小數。如果將輸入簡化為 [0, 0, 0, 0]，則輸出將會是分數的型式。

■ 高斯-賽德法

重新考慮 (7.5) 式可以發現一個改進算則 7.1 的可能性。我們用 $\mathbf{x}^{(k-1)}$ 的分量計算 $\mathbf{x}^{(k)}$ 的所有分量 $x_i^{(k)}$。但當 $i > 1$，我們已獲得了 $x_1^{(k)}, \ldots, x_{i-1}^{(k)}$，這些值應該比 $x_1^{(k-1)}, \ldots, x_{i-1}^{(k-1)}$ 更接近真實解 $x_1, \ldots, x_{i-1}$，所以在計算 $x_i^{(k)}$ 時用這些剛獲得的值，看起來比較合理。也就是，我們可用

$$x_i^{(k)} = \frac{1}{a_{ii}} \left[-\sum_{j=1}^{i-1}(a_{ij}x_j^{(k)}) - \sum_{j=i+1}^{n}(a_{ij}x_j^{(k-1)}) + b_i \right] \tag{7.8}$$

$i = 1, 2, \cdots, n$，以取代 (7.5) 式。此一修改稱為**高斯-賽德迭代法** (Gauss-Seidel iterative technique)，以下為其實例。

例題 3 用高斯-賽德迭代法求線性方程組

$$\begin{aligned} 10x_1 - x_2 + 2x_3 &= 6 \\ -x_1 + 11x_2 - x_3 + 3x_4 &= 25 \\ 2x_1 - x_2 + 10x_3 - x_4 &= -11 \\ 3x_2 - x_3 + 8x_4 &= 15 \end{aligned}$$

之近似解。使用 $\mathbf{x} = (0,0,0,0)^t$ 為初始值，迭代到

$$\frac{\|\mathbf{x}^{(k)} - \mathbf{x}^{(k-1)}\|_\infty}{\|\mathbf{x}^{(k)}\|_\infty} < 10^{-3}$$

解 在例題 1 中我們用 Jacobi 迭代法得到 $\mathbf{x} = (1, 2, -1, 1)^t$ 的解。對於高斯-賽德迭代法，我們將方程組寫成

$$\begin{aligned} x_1^{(k)} &= \phantom{-\frac{1}{5}x_1^{(k)} +} \frac{1}{10}x_2^{(k-1)} - \frac{1}{5}x_3^{(k-1)} \phantom{+ \frac{1}{10}x_4^{(k-1)}} + \frac{3}{5} \\ x_2^{(k)} &= \frac{1}{11}x_1^{(k)} \phantom{+ \frac{1}{10}x_2^{(k)}} + \frac{1}{11}x_3^{(k-1)} - \frac{3}{11}x_4^{(k-1)} + \frac{25}{11} \\ x_3^{(k)} &= -\frac{1}{5}x_1^{(k)} + \frac{1}{10}x_2^{(k)} \phantom{+ \frac{1}{11}x_3^{(k-1)}} + \frac{1}{10}x_4^{(k-1)} - \frac{11}{10} \\ x_4^{(k)} &= \phantom{-\frac{1}{5}x_1^{(k)}} - \frac{3}{8}x_2^{(k)} + \frac{1}{8}x_3^{(k)} \phantom{+ \frac{1}{10}x_4^{(k-1)}} + \frac{15}{8} \end{aligned}$$

$k = 1, 2, \cdots$。當 $\mathbf{x}^{(0)} = (0,0,0,0)^t$，我們得 $\mathbf{x}^{(1)} = (0.6000, 2.3272, -0.9873, 0.8789)^t$。後續迭代的結果列於表 7.2。

表 7.2

k	0	1	2	3	4	5
$x_1^{(k)}$	0.0000	0.6000	1.030	1.0065	1.0009	1.0001
$x_2^{(k)}$	0.0000	2.3272	2.037	2.0036	2.0003	2.0000
$x_3^{(k)}$	0.0000	−0.9873	−1.014	−1.0025	−1.0003	−1.0000
$x_4^{(k)}$	0.0000	0.8789	0.9844	0.9983	0.9999	1.0000

因為

$$\frac{\|\mathbf{x}^{(5)} - \mathbf{x}^{(4)}\|_\infty}{\|\mathbf{x}^{(5)}\|_\infty} = \frac{0.0008}{2.000} = 4 \times 10^{-4}$$

所以 $\mathbf{x}^{(5)}$ 是合理的近似解。而在例題 1 中,Jacobi 法須要 2 倍的迭代次數才能達到同樣的準確度。 ∎

為寫出高斯-賽德法的矩陣型式,將 (7.8) 式兩側同乘 a_{ii} 並合併所有 k 次迭代項,可得

$$a_{i1}x_1^{(k)} + a_{i2}x_2^{(k)} + \cdots + a_{ii}x_i^{(k)} = -a_{i,i+1}x_{i+1}^{(k-1)} - \cdots - a_{in}x_n^{(k-1)} + b_i$$

$i = 1, 2, \cdots, n$。寫出所有 n 個方程式

$$\begin{aligned}
a_{11}x_1^{(k)} &= -a_{12}x_2^{(k-1)} - a_{13}x_3^{(k-1)} - \cdots - a_{1n}x_n^{(k-1)} + b_1 \\
a_{21}x_1^{(k)} + a_{22}x_2^{(k)} &= -a_{23}x_3^{(k-1)} - \cdots - a_{2n}x_n^{(k-1)} + b_2 \\
&\vdots \\
a_{n1}x_1^{(k)} + a_{n2}x_2^{(k)} + \cdots + a_{nn}x_n^{(k)} &= b_n
\end{aligned}$$

利用前面提過的 D、L、及 U 的定義,高斯-賽德法可表示成

$$(D - L)\mathbf{x}^{(k)} = U\mathbf{x}^{(k-1)} + \mathbf{b}$$

且

$$\mathbf{x}^{(k)} = (D - L)^{-1}U\mathbf{x}^{(k-1)} + (D - L)^{-1}\mathbf{b}, \quad k = 1, 2, \ldots \tag{7.9}$$

令 $T_g = (D - L)^{-1}U$ 及 $\mathbf{c}_g = (D - L)^{-1}\mathbf{b}$,高斯-賽德法可表示成

$$\mathbf{x}^{(k)} = T_g\mathbf{x}^{(k-1)} + \mathbf{c}_g \tag{7.10}$$

下三角矩陣 $D - L$ 為非奇異的充份且必要條件為 $a_{ii} \neq 0$,$i = 1, 2, \cdots, n$。

算則 7.2 為高斯-賽德法之應用。

算則 7.2 高斯-賽德迭代 (Gauss-Seidel Iterative)

已知初始近似值 $\mathbf{x}^{(0)}$,求 $A\mathbf{x} = \mathbf{b}$ 的解:

INPUT 方程式與變數的數目 n;矩陣 A 的元素 a_{ij},$1 \leq i, j \leq n$;$\mathbf{b}$ 的分量 b_i,$1 \leq i \leq n$;**XO** = $\mathbf{x}^{(0)}$ 的分量 XO_i,$1 \leq i \leq n$;容許誤差 TOL;最大迭代次數 N。

OUTPUT 近似解 $x_1, \ldots, x_n$ 或迭代次數超過的訊息。

Step 1 Set $k = 1$.

Step 2 While ($k \leq N$) do Steps 3–6.

  Step 3 For $i = 1, \ldots, n$
  $$\text{set } x_i = \frac{1}{a_{ii}} \left[-\sum_{j=1}^{i-1} a_{ij}x_j - \sum_{j=i+1}^{n} a_{ij}XO_j + b_i \right].$$

  Step 4 If $||\mathbf{x} - \mathbf{XO}|| < TOL$ then OUTPUT $(x_1, \ldots, x_n)$;
  （程式成功）
  STOP.

  Step 5 Set $k = k + 1$.

  Step 6 For $i = 1, \ldots, n$ set $XO_i = x_i$.

Step 7 OUTPUT ('Maximum number of iterations exceeded');
（程式失敗）
STOP.

在算則 7.1 之後有關重新排列與終止準則的說明，同樣適用於算則 7.2。

例題 1 及 2 的結果顯示出高斯-賽德法優於 Jacobi 法。絕大多數情形下這是成立的，但對某些線性方程組，Jacobi 法會收斂但高斯-賽德法不收斂（見習題 9 及 10）。

在 Maple 的 *Student* 套件中的 *NumericalAnalysis* 程式包中的高斯-賽德法，其用法類似於 Jacobi 法。要求得表 7.2 中的結果，可先載入 *NumericalAnalysis* 和 *LinearAlgebra* 及矩陣 A，再使用指令

IterativeApproximate(A, *initialapprox* = *Vector*([0., 0., 0., 0.]), *tolerance* = 10^{-3}, *maxiterations* = 20, *stoppingcriterion* = *relative*(*infinity*), *method* = *gaussseidel*, *output* = *approximates*)

如果將最後的選項改為 *output* = [*approximate, distances*]，則輸出中將包括近似解與真實解間的 l_∞ 距離。

■ 一般迭代法

要探討一般迭代法的收斂，我們考慮公式
$$\mathbf{x}^{(k)} = T\mathbf{x}^{(k-1)} + \mathbf{c}, \quad k = 1, 2, \ldots$$
其中 $\mathbf{x}^{(0)}$ 為任意。下面引理與 427 頁的定理 7.17 為探討的關鍵。

引理 7.18

若頻譜半徑滿足 $\rho(T) < 1$，則 $(I - T)^{-1}$ 存在，且
$$(I - T)^{-1} = I + T + T^2 + \cdots = \sum_{j=0}^{\infty} T^j$$

證明 因為在正好 $(I-T)\mathbf{x} = (1-\lambda)\mathbf{x}$ 時 $T\mathbf{x} = \lambda\mathbf{x}$ 為真,當 $1-\lambda$ 為 $I-T$ 的特徵值時 λ 也是 T 的特徵值。但是 $|\lambda| \le \rho(T) < 1$,所以 $\lambda = 1$ 不是 T 的特徵值,且 0 也不為 $I-T$ 的特徵值。因此 $(I-T)^{-1}$ 存在。

令 $S_m = I + T + T^2 + \cdots + T^m$,則

$$(I-T)S_m = (1 + T + T^2 + \cdots + T^m) - (T + T^2 + \cdots + T^{m+1}) = I - T^{m+1}$$

且因為 T 為收斂,由定理 7.17 可知

$$\lim_{m\to\infty}(I-T)S_m = \lim_{m\to\infty}(I-T^{m+1}) = I$$

因此,$(I-T)^{-1} = \lim_{m\to\infty} S_m = I + T + T^2 + \cdots = \sum_{j=0}^{\infty} T^j$。　∎

定理 7.19

對任何 $\mathbf{x}^{(0)} \in \mathbb{R}^n$,若且唯若 $\rho(T) < 1$,定義為

$$\mathbf{x}^{(k)} = T\mathbf{x}^{(k-1)} + \mathbf{c},\ k \ge 1 \tag{7.11}$$

的序列 $\{\mathbf{x}^{(k)}\}_{k=0}^{\infty}$ 會收斂到 $\mathbf{x} = T\mathbf{x} + \mathbf{c}$ 的唯一解。　∎

證明 首先假設 $\rho(T) < 1$。則

$$\begin{aligned}\mathbf{x}^{(k)} &= T\mathbf{x}^{(k-1)} + \mathbf{c} \\ &= T(T\mathbf{x}^{(k-2)} + \mathbf{c}) + \mathbf{c} \\ &= T^2\mathbf{x}^{(k-2)} + (T+I)\mathbf{c} \\ &\ \ \vdots \\ &= T^k\mathbf{x}^{(0)} + (T^{k-1} + \cdots + T + I)\mathbf{c}\end{aligned}$$

因為 $\rho(T) < 1$,定理 7.17 指出矩陣 T 為收斂且

$$\lim_{k\to\infty} T^k\mathbf{x}^{(0)} = \mathbf{0}$$

由引理 7.18 可知

$$\lim_{k\to\infty}\mathbf{x}^{(k)} = \lim_{k\to\infty} T^k\mathbf{x}^{(0)} + \left(\sum_{j=0}^{\infty} T^j\right)\mathbf{c} = \mathbf{0} + (I-T)^{-1}\mathbf{c} = (I-T)^{-1}\mathbf{c}$$

因此,序列 $\{\mathbf{x}^{(k)}\}$ 收斂到向量 $\mathbf{x} \equiv (I-T)^{-1}\mathbf{c}$ 且 $\mathbf{x} = T\mathbf{x} + \mathbf{c}$。

要證明其反向亦成立,我們要證明對任何 $\mathbf{z} \in \mathbb{R}^n$ 都有 $\lim_{k\to\infty} T^k\mathbf{z} = \mathbf{0}$。由定理 7.17,這相當於 $\rho(T) < 1$。

令 $\mathbf{z}$ 為任意向量且 $\mathbf{x}$ 為 $\mathbf{x} = T\mathbf{x} + \mathbf{c}$ 的唯一解。定義 $\mathbf{x}^{(0)} = \mathbf{x} - \mathbf{z}$,且在 $k \ge 1$ 時 $\mathbf{x}^{(k)} = T\mathbf{x}^{(k-1)} + \mathbf{c}$。則 $\{\mathbf{x}^{(k)}\}$ 收斂到 $\mathbf{x}$。同時

$$\mathbf{x} - \mathbf{x}^{(k)} = (T\mathbf{x} + \mathbf{c}) - \left(T\mathbf{x}^{(k-1)} + \mathbf{c}\right) = T\left(\mathbf{x} - \mathbf{x}^{(k-1)}\right)$$

所以
$$\mathbf{x} - \mathbf{x}^{(k)} = T\left(\mathbf{x} - \mathbf{x}^{(k-1)}\right) = T^2\left(\mathbf{x} - \mathbf{x}^{(k-2)}\right) = \cdots = T^k\left(\mathbf{x} - \mathbf{x}^{(0)}\right) = T^k\mathbf{z}$$

因此 $\lim_{k \to \infty} T^k\mathbf{z} = \lim_{k \to \infty} T^k\left(\mathbf{x} - \mathbf{x}^{(0)}\right) = \lim_{k \to \infty} \left(\mathbf{x} - \mathbf{x}^{(k)}\right) = \mathbf{0}$。

但 $\mathbf{z} \in \mathbb{R}^n$ 為任意向量，所以由定理 7.17 可知 T 為收斂矩陣且 $\rho(T) < 1$。 ■■■

下一個推論的證明，與 62 頁推論 2.5 的證明類似，我們留在習題 13。

推論 7.20 若，對任何自然矩陣範數 $\|T\| < 1$ 且 $\mathbf{c}$ 為已知向量，則給定任何的 $\mathbf{x}^{(0)} \in \mathbb{R}^n$，由 $\mathbf{x}^{(k)} = T\mathbf{x}^{(k-1)} + \mathbf{c}$ 所定義之序列 $\{\mathbf{x}^{(k)}\}_{k=0}^{\infty}$ 會收斂到滿足 $\mathbf{x} = T\mathbf{x} + \mathbf{c}$ 之向量 $\mathbf{x} \in \mathbb{R}^n$，並有下列誤差界限：

(i) $\|\mathbf{x} - \mathbf{x}^{(k)}\| \leq \|T\|^k \|\mathbf{x}^{(0)} - \mathbf{x}\|$； (ii) $\|\mathbf{x} - \mathbf{x}^{(k)}\| \leq \frac{\|T\|^k}{1 - \|T\|}\|\mathbf{x}^{(1)} - \mathbf{x}^{(0)}\|$。 ■

我們已經看到了，利用矩陣
$$T_j = D^{-1}(L + U) \quad \text{及} \quad T_g = (D - L)^{-1}U$$

Jacobi 和高斯-賽德迭代法可寫成
$$\mathbf{x}^{(k)} = T_j\mathbf{x}^{(k-1)} + \mathbf{c}_j \quad \text{及} \quad \mathbf{x}^{(k)} = T_g\mathbf{x}^{(k-1)} + \mathbf{c}_g$$

若 $\rho(T_j)$ 或 $\rho(T_g)$ 小於 1，則其相對之序列 $\{\mathbf{x}^{(k)}\}_{k=0}^{\infty}$ 會收斂到 $A\mathbf{x} = \mathbf{b}$ 的解 $\mathbf{x}$。例如，Jacobi 法為
$$\mathbf{x}^{(k)} = D^{-1}(L + U)\mathbf{x}^{(k-1)} + D^{-1}\mathbf{b}$$

若 $\{\mathbf{x}^{(k)}\}_{k=0}^{\infty}$ 收斂到 $\mathbf{x}$，則
$$\mathbf{x} = D^{-1}(L + U)\mathbf{x} + D^{-1}\mathbf{b}$$

由此可知
$$D\mathbf{x} = (L + U)\mathbf{x} + \mathbf{b} \quad \text{及} \quad (D - L - U)\mathbf{x} = \mathbf{b}$$

因為 $D - L - U = A$，所以 $\mathbf{x}$ 為 $A\mathbf{x} = \mathbf{b}$ 的解。

我們現在可以簡單的驗證 Jacobi 法與高斯-賽德法收斂的充份條件。(Jacobi 法收斂的證明見習題 14，高斯-賽德法收斂的證明見 [Or2], p. 120。)

定理 7.21

若 A 為完全對角線主導矩陣，則對任何 $\mathbf{x}^{(0)}$，Jacobi 法與高斯-賽德法產生之序列 $\{\mathbf{x}^{(k)}\}_{k=0}^{\infty}$ 均收斂到 $A\mathbf{x} = \mathbf{b}$ 的唯一解。 ■

由推論 7.20 可看出迭代矩陣 T 的頻譜半徑與收斂速度的關係。因為 424 頁定理 7.15 中的不等式對任何自然矩陣範數均成立，所以

$$\|\mathbf{x}^{(k)} - \mathbf{x}\| \approx \rho(T)^k \|\mathbf{x}^{(0)} - \mathbf{x}\| \tag{7.12}$$

因此對特定的方程組 $A\mathbf{x} = \mathbf{b}$，要選擇 $\rho(T) < 1$ 最小的迭代法。對任意的線性方程組，沒有一種普遍性的法則可以決定 Jacobi 法與高斯-賽德法何者較佳。但下一個定理說明了，特殊狀況下的答案。此定理的證明請見[Y], pp. 120-127。

定理 7.22 Stein-Rosenberg

若在 $i \neq j$ 時 $a_{ij} \leq 0$，且對所有 $i = 1, 2, \ldots, n$ 都有 $a_{ii} > 0$，則下列陳述中只有一個成立：

(i) $0 \leq \rho(T_g) < \rho(T_j) < 1$ (ii) $1 < \rho(T_j) < \rho(T_g)$

(iii) $\rho(T_j) = \rho(T_g) = 0$ (iv) $\rho(T_j) = \rho(T_g) = 1$ ∎

對於定理 7.22 的特例，它的 (i) 部分指出，2 種方法中的任一種收斂，則 2 種方法都收斂，且高斯-賽德法收斂的比 Jacobi 法快。(ii) 部分則指出，若任一種方法為發散，則 2 種方法都發散，且高斯-賽德法發散的較快。

習題組 7.3 完整習題請見隨書光碟

1. 用 Jacobi 法求下列線性方程組的前兩次迭代，使用 $\mathbf{x}^{(0)} = \mathbf{0}$：

 a. $\begin{aligned} 3x_1 - x_2 + x_3 &= 1 \\ 3x_1 + 6x_2 + 2x_3 &= 0 \\ 3x_1 + 3x_2 + 7x_3 &= 4 \end{aligned}$ **b.** $\begin{aligned} 10x_1 - x_2 &= 9 \\ -x_1 + 10x_2 - 2x_3 &= 7 \\ - 2x_2 + 10x_3 &= 6 \end{aligned}$

 c. $\begin{aligned} 10x_1 + 5x_2 &= 6, \\ 5x_1 + 10x_2 - 4x_3 &= 25 \\ -4x_2 + 8x_3 - x_4 &= -11 \\ - x_3 + 5x_4 &= -11 \end{aligned}$ **d.** $\begin{aligned} 4x_1 + x_2 + x_3 + x_5 &= 6 \\ -x_1 - 3x_2 + x_3 + x_4 &= 6 \\ 2x_1 + x_2 + 5x_3 - x_4 - x_5 &= 6 \\ -x_1 - x_2 - x_3 + 4x_4 &= 6 \\ 2x_2 - x_3 + x_4 + 4x_5 &= 6 \end{aligned}$

3. 用高斯-賽德法重做習題 1。

5. 用 Jacobi 法求解習題 1 的各線性方程組，要達到 l_∞ 範數容許誤差為 $TOL = 10^{-3}$。

7. 用高斯-賽德法求解習題 1 的各線性方程組，要達到 l_∞ 範數容許誤差為 $TOL = 10^{-3}$。

9. 線性方程組

$$\begin{aligned} 2x_1 - x_2 + x_3 &= -1 \\ 2x_1 + 2x_2 + 2x_3 &= 4 \\ -x_1 - x_2 + 2x_3 &= -5 \end{aligned}$$

之解為 $(1, 2, -1)^t$。

 a. 證明 $\rho(T_j) = \frac{\sqrt{5}}{2} > 1$。

 b. 證明用 Jacobi 法及 $\mathbf{x}^{(0)} = \mathbf{0}$，在 25 次迭代後無法獲得夠好的近似解。

 c. 證明 $\rho(T_g) = \frac{1}{2}$。

 d. 用高斯-賽德法及 $\mathbf{x}^{(0)} = \mathbf{0}$ 求此線性方程組的近似解，要達到 l_∞ 範數在 10^{-5} 以內。

11. 線性方程組

$$\begin{aligned} x_1 - x_3 &= 0.2 \\ -\frac{1}{2}x_1 + x_2 - \frac{1}{4}x_3 &= -1.425 \\ x_1 - \frac{1}{2}x_2 + x_3 &= 2 \end{aligned}$$

之解為 $(0.9, -0.8, 0.7)^t$。

   a. 其係數矩陣

$$A = \begin{bmatrix} 1 & 0 & -1 \\ -\frac{1}{2} & 1 & -\frac{1}{4} \\ 1 & -\frac{1}{2} & 1 \end{bmatrix}$$

是否為完全對角線主導？

   b. 求高斯-賽德矩陣 T_g 的頻譜半徑。

   c. 用高斯-賽德迭代法求此線性方程組的近似解，容許誤差 10^{-2} 及最多 300 次迭代。

   d. 在 (c) 小題中，若將方程組換成

$$\begin{aligned} x_1 - 2x_3 &= 0.2 \\ -\frac{1}{2}x_1 + x_2 - \frac{1}{4}x_3 &= -1.425 \\ x_1 - \frac{1}{2}x_2 + x_3 &= 2 \end{aligned}$$

結果如何？

13. **a.** 證明

$$\|\mathbf{x}^{(k)} - \mathbf{x}\| \le \|T\|^k \|\mathbf{x}^{(0)} - \mathbf{x}\| \quad \text{及} \quad \|\mathbf{x}^{(k)} - \mathbf{x}\| \le \frac{\|T\|^k}{1 - \|T\|} \|\mathbf{x}^{(1)} - \mathbf{x}^{(0)}\|$$

其中 T 為 $n \times n$ 矩陣且 $\|T\| < 1$ 及

$$\mathbf{x}^{(k)} = T\mathbf{x}^{(k-1)} + \mathbf{c}, \quad k = 1, 2, \ldots,$$

而 $\mathbf{x}^{(0)}$ 為任意，$\mathbf{c} \in \mathbb{R}^n$，和 $\mathbf{x} = T\mathbf{x} + \mathbf{c}$。

   b. 若可行的話，將此 2 個界限以 l_∞ 範數用於習題 1。

15. 用 (a) Jacobi 法 (b) 高斯-賽德法求 $A\mathbf{x} = \mathbf{b}$ 的近似解，使 l_∞ 範數在 10^{-5} 以內，其中 A 的元素為

$$a_{i,j} = \begin{cases} 2i, & \text{當 } j = i \text{ 且 } i = 1, 2, \ldots, 80 \\ 0.5i, & \text{當 } \begin{cases} j = i+2 \text{ 且 } i = 1, 2, \ldots, 78 \\ j = i-2 \text{ 且 } i = 3, 4, \ldots, 80 \end{cases} \\ 0.25i, & \text{當 } \begin{cases} j = i+4 \text{ 且 } i = 1, 2, \ldots, 76 \\ j = i-4 \text{ 且 } i = 5, 6, \ldots, 80 \end{cases} \\ 0, & \text{其他} \end{cases}$$

而 $\mathbf{b}$ 的元素為 $b_i = \pi$，$i = 1, 2, \cdots, 80$。

17. 設 A 為正定。

   a. 證明我們有 $A = D - L - L^t$，其中 D 為對角線矩陣且對 $1 \le i \le n$ 有 $d_{ii} > 0$，而 L 為下三

角矩陣。另外，證明 $D - L$ 為非奇異。
b. 令 $T_g = (D - L)^{-1}L^t$ 且 $P = A - T_g^t A T_g$。證明 P 為對稱。
c. 證明 T_g 也可寫成 $T_g = I - (D - L)^{-1}A$。
d. 令 $Q = (D - L)^{-1}A$。證明 $T_g = I - Q$ 且 $P = Q^t[AQ^{-1} - A + (Q^t)^{-1}A]Q$。
e. 證明 $P = Q^t DQ$ 且 P 為正定。
f. 令 λ 為 T_g 的特徵值，且有特徵向量 $\mathbf{x} \neq \mathbf{0}$。用 (b) 的結果證明，由 $\mathbf{x}^t P \mathbf{x} > 0$ 可得 $|\lambda| < 1$。
g. 證明 T_g 為收斂，並證明高斯-賽德法為收斂。

7.4 求解線性方程組的鬆弛法

在 7.3 節中我們看到，一種迭代法的收斂速度，取決於此方法所用矩陣之頻譜半徑。所以要加快收斂，就要選擇所用矩陣之頻譜半徑為最小的方法。在介紹選擇方法的程序之前，我們須要介紹一種新方法，以度量線性方程組近似解與真實解之差。此方法須要用到以下定義之向量。

定義 7.23

設 $\tilde{\mathbf{x}} \in \mathbb{R}^n$ 為線性方程組 $A\mathbf{x} = \mathbf{b}$ 的近似解。則相對於此方程組，$\tilde{\mathbf{x}}$ 的**殘值向量** (residual vector) 為 $\mathbf{r} = \mathbf{b} - A\tilde{\mathbf{x}}$。 ∎

在 Jacobi 與高斯-賽德這類方法中，殘值向量是附隨著每次計算所得的近似解中。我們的目的是要產生一系列的近似解，使得殘值向量快速收斂到 0。假設我們令

$$\mathbf{r}_i^{(k)} = (r_{1i}^{(k)}, r_{2i}^{(k)}, \ldots, r_{ni}^{(k)})^t$$

代表高斯-賽德法的殘值向量，其相對之近似解 $\mathbf{x}_i^{(k)}$ 定義為

$$\mathbf{x}_i^{(k)} = (x_1^{(k)}, x_2^{(k)}, \ldots, x_{i-1}^{(k)}, x_i^{(k-1)}, \ldots, x_n^{(k-1)})^t$$

則 $\mathbf{r}_i^{(k)}$ 的第 m 個分量為

$$r_{mi}^{(k)} = b_m - \sum_{j=1}^{i-1} a_{mj} x_j^{(k)} - \sum_{j=i}^{n} a_{mj} x_j^{(k-1)} \tag{7.13}$$

或寫為

$$r_{mi}^{(k)} = b_m - \sum_{j=1}^{i-1} a_{mj} x_j^{(k)} - \sum_{j=i+1}^{n} a_{mj} x_j^{(k-1)} - a_{mi} x_i^{(k-1)}$$

其中 $m = 1, 2, \cdots, n$。

特別看到 $\mathbf{r}_i^{(k)}$ 的第 i 個分量為

$$r_{ii}^{(k)} = b_i - \sum_{j=1}^{i-1} a_{ij}x_j^{(k)} - \sum_{j=i+1}^{n} a_{ij}x_j^{(k-1)} - a_{ii}x_i^{(k-1)}$$

所以

$$a_{ii}x_i^{(k-1)} + r_{ii}^{(k)} = b_i - \sum_{j=1}^{i-1} a_{ij}x_j^{(k)} - \sum_{j=i+1}^{n} a_{ij}x_j^{(k-1)} \tag{7.14}$$

回想一下，在高斯-賽德法中我們選取 $x_i^{(k)}$ 使得

$$x_i^{(k)} = \frac{1}{a_{ii}}\left[b_i - \sum_{j=1}^{i-1} a_{ij}x_j^{(k)} - \sum_{j=i+1}^{n} a_{ij}x_j^{(k-1)}\right] \tag{7.15}$$

所以 (7.14) 式可改寫成

$$a_{ii}x_i^{(k-1)} + r_{ii}^{(k)} = a_{ii}x_i^{(k)}$$

因此，我們可以說高斯-賽德法是選擇 $x_i^{(k)}$ 使其滿足

$$x_i^{(k)} = x_i^{(k-1)} + \frac{r_{ii}^{(k)}}{a_{ii}} \tag{7.16}$$

我們可以推導殘值向量與高斯-賽德法的另一個關係。考慮相對於 $\mathbf{x}_{i+1}^{(k)} = (x_1^{(k)}, \ldots, x_i^{(k)}, x_{i+1}^{(k-1)}, \ldots, x_n^{(k-1)})^t$ 的殘值向量 $\mathbf{r}_{i+1}^{(k)}$。由 (7.13) 式，$\mathbf{r}_{i+1}^{(k)}$ 的第 i 個分量為

$$r_{i,i+1}^{(k)} = b_i - \sum_{j=1}^{i} a_{ij}x_j^{(k)} - \sum_{j=i+1}^{n} a_{ij}x_j^{(k-1)}$$

$$= b_i - \sum_{j=1}^{i-1} a_{ij}x_j^{(k)} - \sum_{j=i+1}^{n} a_{ij}x_j^{(k-1)} - a_{ii}x_i^{(k)}$$

由 (7.15) 式中定義 $x_i^{(k)}$ 的方式可知 $r_{i,i+1}^{(k)} = 0$。在某種意義上，高斯-賽德法也可說成是選擇 $x_{i+1}^{(k)}$，以使得 $\mathbf{r}_{i+1}^{(k)}$ 的第 i 個分量為 0。

但是選取 $x_{i+1}^{(k)}$，使得殘值向量的某一分量為 0，並不一定是減小 $\mathbf{r}_{i+1}^{(k)}$ 的範數的最有效方法。如果我們將 (7.16) 式型式的高斯-賽德法修改為

$$x_i^{(k)} = x_i^{(k-1)} + \omega \frac{r_{ii}^{(k)}}{a_{ii}} \tag{7.17}$$

若能恰當的選取正數 ω，則可以明顯的減小殘值向量的範數並加快收斂速度。

利用到 (7.17) 式的方法稱為**鬆弛法** (relaxation methods)。當選擇 $0 < \omega < 1$ 時，此方法稱為**次弛法** (under-relaxation methods)。我們感興趣的是選擇 $1 < \omega$，這稱為**過弛法** (over-relaxation methods)。當高斯-賽德法收斂的時後，可使用此方法加速收斂。這些方法

統稱為 **SOR** (Successive Over-Relaxation)，對於偏微分方程數值解所產生之方程組，這種方法特別有用。

在說明 SOR 法的優點前要說明一點，為了計算的關係，可利用 (7.14) 式將 (7.17) 式改寫為

$$x_i^{(k)} = (1-\omega)x_i^{(k-1)} + \frac{\omega}{a_{ii}}\left[b_i - \sum_{j=1}^{i-1}a_{ij}x_j^{(k)} - \sum_{j=i+1}^{n}a_{ij}x_j^{(k-1)}\right]$$

要決定 SOR 法的矩陣，上式可改寫為

$$a_{ii}x_i^{(k)} + \omega\sum_{j=1}^{i-1}a_{ij}x_j^{(k)} = (1-\omega)a_{ii}x_i^{(k-1)} - \omega\sum_{j=i+1}^{n}a_{ij}x_j^{(k-1)} + \omega b_i$$

所以其向量型式為

$$(D - \omega L)\mathbf{x}^{(k)} = [(1-\omega)D + \omega U]\mathbf{x}^{(k-1)} + \omega\mathbf{b}$$

也就是

$$\mathbf{x}^{(k)} = (D-\omega L)^{-1}[(1-\omega)D + \omega U]\mathbf{x}^{(k-1)} + \omega(D-\omega L)^{-1}\mathbf{b} \tag{7.18}$$

如果我們令 $T_\omega = (D-\omega L)^{-1}[(1-\omega)D + \omega U]$ 且 $\mathbf{c}_\omega = \omega(D-\omega L)^{-1}\mathbf{b}$，SOR 法可寫成

$$\mathbf{x}^{(k)} = T_\omega \mathbf{x}^{(k-1)} + \mathbf{c}_\omega \tag{7.19}$$

例題 1 已知線性方程組

$$\begin{aligned}4x_1 + 3x_2 &= 24\\ 3x_1 + 4x_2 - x_3 &= 30\\ -x_2 + 4x_3 &= -24\end{aligned}$$

之解為 $(3, 4, -5)^t$。比較使用高斯-賽德法及 SOR 法，$\omega = 1.25$，求解此方程組的迭代過程，兩種方法都用 $\mathbf{x}^{(0)} = (1, 1, 1)^t$。

解 對每個 $k = 1, 2, \cdots$ 高斯-賽德法的方程式為

$$\begin{aligned}x_1^{(k)} &= -0.75x_2^{(k-1)} + 6\\ x_2^{(k)} &= -0.75x_1^{(k)} + 0.25x_3^{(k-1)} + 7.5\\ x_3^{(k)} &= 0.25x_2^{(k)} - 6\end{aligned}$$

而 SOR 法且 $\omega = 1.25$ 的方程式為

$$\begin{aligned}x_1^{(k)} &= -0.25x_1^{(k-1)} - 0.9375x_2^{(k-1)} + 7.5\\ x_2^{(k)} &= -0.9375x_1^{(k)} - 0.25x_2^{(k-1)} + 0.3125x_3^{(k-1)} + 9.375\\ x_3^{(k)} &= 0.3125x_2^{(k)} - 0.25x_3^{(k-1)} - 7.5\end{aligned}$$

兩種方法的前 7 次迭代結果列於表 7.3 及 7.4。如果要使近似解準確到小數 7 位，高斯-賽德法須要 34 次迭代，而 $\omega = 1.25$ 的 SOR 法只須要 14 次迭代。 ∎

表 7.3

k	0	1	2	3	4	5	6	7
$x_1^{(k)}$	1	5.250000	3.1406250	3.0878906	3.0549316	3.0343323	3.0214577	3.0134110
$x_2^{(k)}$	1	3.812500	3.8828125	3.9267578	3.9542236	3.9713898	3.9821186	3.9888241
$x_3^{(k)}$	1	-5.046875	-5.0292969	-5.0183105	-5.0114441	-5.0071526	-5.0044703	-5.0027940

表 7.4

k	0	1	2	3	4	5	6	7
$x_1^{(k)}$	1	6.312500	2.6223145	3.1333027	2.9570512	3.0037211	2.9963276	3.0000498
$x_2^{(k)}$	1	3.5195313	3.9585266	4.0102646	4.0074838	4.0029250	4.0009262	4.0002586
$x_3^{(k)}$	1	-6.6501465	-4.6004238	-5.0966863	-4.9734897	-5.0057135	-4.9982822	-5.0003486

有一個明顯的問題，如何選取 ω 的值？雖然對一般的 $n \times n$ 線性方程組，這問題沒有完整的答案，但在某些重要狀況中，適用以下結果。

定理 7.24　Kahan

若對所有 $i = 1, 2, \cdots, n$，$a_{ii} \neq 0$，則 $\rho(T_\omega) \geq |\omega - 1|$。這代表 SOR 法只在 $0 < \omega < 2$ 的條件下收斂。 ∎

此定理的證明留在習題 9。下面兩個定理的證明可參見[Or2]，pp. 123-133，並將用於第 12 章。

定理 7.25　Ostrowski-Reich

若 A 為正定矩陣且 $0 < \omega < 2$，則對任何初始近似值 $\mathbf{x}^{(0)}$，SOR 法均收斂。 ∎

定理 7.26

若 A 為三對角線且正定矩陣，則 $\rho(T_g) = [\rho(T_j)]^2 < 1$，且 SOR 法中 ω 的最佳選擇為

$$\omega = \frac{2}{1 + \sqrt{1 - [\rho(T_j)]^2}}$$

選擇這個 ω 時，我們得到 $\rho(T_\omega) = \omega - 1$。 ∎

例題 2　求以下矩陣使用 SOR 法的最佳 ω 值

$$A = \begin{bmatrix} 4 & 3 & 0 \\ 3 & 4 & -1 \\ 0 & -1 & 4 \end{bmatrix}$$

解 此矩陣明顯是三對角線，如果我們可以確認它也是正定，就可以使用定理 7.26。因為此矩陣為對稱，396 頁的定理 6.26 指出，此矩陣為正定的條件是，若且唯若它的所有首項主要子矩陣的行列式值均為正。而本例確是如此，因為

$$\det(A) = 24, \quad \det\left(\begin{bmatrix} 4 & 3 \\ 3 & 4 \end{bmatrix}\right) = 7, \quad 且 \quad \det([4]) = 4$$

因為

$$T_j = D^{-1}(L+U) = \begin{bmatrix} \frac{1}{4} & 0 & 0 \\ 0 & \frac{1}{4} & 0 \\ 0 & 0 & \frac{1}{4} \end{bmatrix} \begin{bmatrix} 0 & -3 & 0 \\ -3 & 0 & 1 \\ 0 & 1 & 0 \end{bmatrix} = \begin{bmatrix} 0 & -0.75 & 0 \\ -0.75 & 0 & 0.25 \\ 0 & 0.25 & 0 \end{bmatrix}$$

我們得到

$$T_j - \lambda I = \begin{bmatrix} -\lambda & -0.75 & 0 \\ -0.75 & -\lambda & 0.25 \\ 0 & 0.25 & -\lambda \end{bmatrix}$$

所以

$$\det(T_j - \lambda I) = -\lambda(\lambda^2 - 0.625)$$

因此，

$$\rho(T_j) = \sqrt{0.625}$$

且

$$\omega = \frac{2}{1 + \sqrt{1 - [\rho(T_j)]^2}} = \frac{2}{1 + \sqrt{1 - 0.625}} \approx 1.24$$

這說明了為何在例題 1 中用 $\omega = 1.25$ 時會收斂的那麼快。 ■

我們以 SOR 法算則 7.3 做為本節的結束。

算則 7.3　SOR

已知參數 ω 和初始近似值 $\mathbf{x}^{(0)}$，求 $A\mathbf{x} = \mathbf{b}$ 的解：

INPUT 方程式與變數的數目 n；矩陣 A 的元素 $a_{ij}, 1 \leq i, j \leq n$；$\mathbf{b}$ 的分量 $b_i, 1 \leq i \leq n$；**XO** $= \mathbf{x}^{(0)}$ 的分量 $XO_i, 1 \leq i \leq n$；參數 ω；容許誤差 TOL；最大迭代次數 N。

OUTPUT 近似解 $x_1, \ldots, x_n$ 或迭代次數超過的訊息。

Step 1 Set $k = 1$.

Step 2 While ($k \leq N$) do Steps 3–6.

Step 3 For $i = 1, \ldots, n$

$$\text{set } x_i = (1 - \omega)XO_i + \frac{1}{a_{ii}}\left[\omega\left(-\sum_{j=1}^{i-1} a_{ij}x_j - \sum_{j=i+1}^{n} a_{ij}XO_j + b_i\right)\right].$$

Step 4 If $\|\mathbf{x} - \mathbf{XO}\| < TOL$ then OUTPUT $(x_1, \ldots, x_n)$;
(程式成功)
STOP.

Step 5 Set $k = k + 1$.

Step 6 For $i = 1, \ldots, n$ set $XO_i = x_i$.

Step 7 OUTPUT ('Maximum number of iterations exceeded');
(程式失敗)
STOP. ∎

在 Maple 的 *Student* 包件的 *NumericalAnalysis* 程式包中也有 SOR 法，它的使用方式類似於 Jacobi 和高斯-賽德法。要獲得表 7.4 中 SOR 法的結果，先載入 *NumericalAnalysis* 和 *LinearAlgebra*、矩陣 *A*、向量 **b** = [24, 30, −24]^t，然後使用以下指令

IterativeApproximate(*A*, **b**, *initialapprox* = *Vector*([1., 1., 1., 1.]), *tolerance* = 10^{-3}, *maxiterations* = 20, *stoppingcriterion* = *relative*(*infinity*), *method* = SOR(1.25), *output* = *approximates*)

輸入的 *method* = SOR(1.25) 代表 SOR 法要配合 $\omega = 1.25$ 使用。

習題組 7.4 完整習題請見隨書光碟

1. 用 SOR 法及 $\omega = 1.1$ 求下列線性方程組的前兩次迭代，使用 $\mathbf{x}^{(0)} = \mathbf{0}$：
   a. $3x_1 - x_2 + x_3 = 1$
      $3x_1 + 6x_2 + 2x_3 = 0$
      $3x_1 + 3x_2 + 7x_3 = 4$
   b. $10x_1 - x_2 = 9$
      $-x_1 + 10x_2 - 2x_3 = 7$
      $-2x_2 + 10x_3 = 6$
   c. $10x_1 + 5x_2 = 6$
      $5x_1 + 10x_2 - 4x_3 = 25$
      $-4x_2 + 8x_3 - x_4 = -11$
      $-x_3 + 5x_4 = -11$
   d. $4x_1 + x_2 + x_3 + x_5 = 6$
      $-x_1 - 3x_2 + x_3 + x_4 = 6$
      $2x_1 + x_2 + 5x_3 - x_4 - x_5 = 6$
      $-x_1 - x_2 - x_3 + 4x_4 = 6$
      $2x_2 - x_3 + x_4 + 4x_5 = 6$

3. 用 $\omega = 1.3$ 重做習題 1。

5. 用 SOR 法及 $\omega = 1.2$ 求解習題 1 的各線性方程組，達到 l_∞ 範數容許誤差 $TOL = 10^{-3}$。

7. 找出習題 1 的各矩陣哪些是三對角線且正定，針對這些矩陣，以最佳之 ω 值重做習題 1。

9. 證明 Kahan 定理 7.24。[提示：若 $\lambda_1, \ldots, \lambda_n$ 為 T_ω 的特徵值，則 $\det T_\omega = \prod_{i=1}^{n} \lambda_i$。既然 $\det D^{-1} = \det(D - \omega L)^{-1}$ 且矩陣乘積的行列式值等於矩陣行列式值的乘積，則由 (7.18) 式可得證。]

11. 用 SOR 法求 $A\mathbf{x} = \mathbf{b}$ 的近似解，使 l_∞ 範數在 10^{-5} 以內，其中 A 的元素為

$$a_{i,j} = \begin{cases} 2i, & \text{當 } j = i \text{ 且 } i = 1, 2, \ldots, 80 \\ 0.5i, & \text{當 } \begin{cases} j = i+2 \text{ 且 } i = 1, 2, \ldots, 78 \\ j = i-2 \text{ 且 } i = 3, 4, \ldots, 80 \end{cases} \\ 0.25i, & \text{當 } \begin{cases} j = i+4 \text{ 且 } i = 1, 2, \ldots, 76 \\ j = i-4 \text{ 且 } i = 5, 6, \ldots, 80 \end{cases} \\ 0, & \text{其他} \end{cases}$$

而 $\mathbf{b}$ 的元素為 $b_i = \pi$，$i = 1, 2, \ldots, 80$。

7.5 誤差界限及迭代精細化

若 $\tilde{\mathbf{x}}$ 是 $A\mathbf{x} = \mathbf{b}$ 之解 $\mathbf{x}$ 的近似值，且殘值向量 $\mathbf{r} = \mathbf{b} - A\tilde{\mathbf{x}}$ 之範數 $\|\mathbf{r}\|$ 很小，則直觀上認為，$\|\mathbf{x} - \tilde{\mathbf{x}}\|$ 應該也很小。通常是這樣的，但對某些在實用上常遇到的方程組，此關係並不成立。

例題 1 已知線性方程組 $A\mathbf{x} = \mathbf{b}$ 為

$$\begin{bmatrix} 1 & 2 \\ 1.0001 & 2 \end{bmatrix} \begin{bmatrix} x_1 \\ x_2 \end{bmatrix} = \begin{bmatrix} 3 \\ 3.0001 \end{bmatrix}$$

其唯一解為 $\mathbf{x} = (1, 1)^t$。對一個很差的近似解 $\tilde{\mathbf{x}} = (3, -0.0001)^t$，求其殘值向量。

解 我們有

$$\mathbf{r} = \mathbf{b} - A\tilde{\mathbf{x}} = \begin{bmatrix} 3 \\ 3.0001 \end{bmatrix} - \begin{bmatrix} 1 & 2 \\ 1.0001 & 2 \end{bmatrix} \begin{bmatrix} 3 \\ -0.0001 \end{bmatrix} = \begin{bmatrix} 0.0002 \\ 0 \end{bmatrix}$$

所以 $\|\mathbf{r}\|_\infty = 0.0002$。雖然殘值向量的範數很小，但 $\tilde{\mathbf{x}} = (3, -0.0001)^t$ 近似值明顯很差，事實上 $\|\mathbf{x} - \tilde{\mathbf{x}}\|_\infty = 2$。 ∎

例題 1 的問題很容易解釋，我們可以留意到，它的解就是兩條線的交點

$$l_1: \quad x_1 + 2x_2 = 3 \quad \text{及} \quad l_2: \quad 1.0001x_1 + 2x_2 = 3.0001$$

點 $(3, -0.0001)$ 落於線 l_2 上，而 2 條線幾乎平行。這代表 $(3, -0.0001)$ 和 l_1 的距離也很小，不過卻距交點 $(1, 1)$ 相當遠。(見圖 7.7)

例題 1 明顯是設計來突顯此問題，而此問題真的會發生。如果線與線不是幾乎重合，那麼我們可以期望很小的殘值向量代表很好的近似程度。

在一般情形下，我們不能依靠方程組的幾何特性來告訴我們，何時會有問題。但是矩陣 A 及其逆矩陣的範數可提供相關資訊。

图 7.7

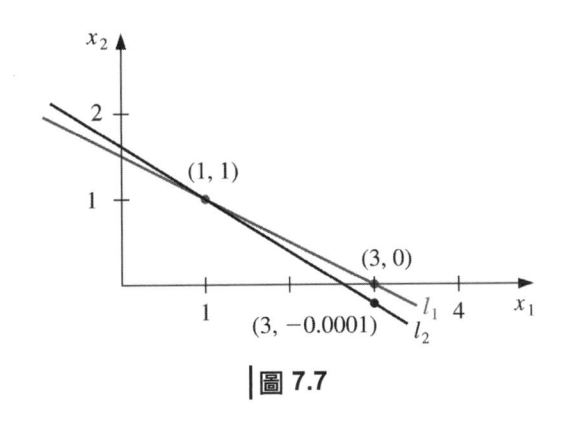

定理 7.27

設 $\tilde{\mathbf{x}}$ 為 $A\mathbf{x} = \mathbf{b}$ 之近似解，A 為非奇異矩陣，且 $\mathbf{r}$ 是 $\tilde{\mathbf{x}}$ 的殘值向量。則對任何自然範數

$$\|\mathbf{x} - \tilde{\mathbf{x}}\| \leq \|\mathbf{r}\| \cdot \|A^{-1}\|$$

且若 $\mathbf{x} \neq \mathbf{0}$ 同時 $\mathbf{b} \neq \mathbf{0}$，

$$\frac{\|\mathbf{x} - \tilde{\mathbf{x}}\|}{\|\mathbf{x}\|} \leq \|A\| \cdot \|A^{-1}\| \frac{\|\mathbf{r}\|}{\|\mathbf{b}\|} \tag{7.20}$$

證明 因為 $\mathbf{r} = \mathbf{b} - A\tilde{\mathbf{x}} = A\mathbf{x} - A\tilde{\mathbf{x}}$ 且 A 為非奇異，我們有 $\mathbf{x} - \tilde{\mathbf{x}} = A^{-1}\mathbf{r}$。由 417 頁的定理 7.11 可知

$$\|\mathbf{x} - \tilde{\mathbf{x}}\| = \|A^{-1}\mathbf{r}\| \leq \|A^{-1}\| \cdot \|\mathbf{r}\|$$

另外，因為 $\mathbf{b} = A\mathbf{x}$ 可得，$\|\mathbf{b}\| \leq \|A\| \cdot \|\mathbf{x}\|$。所以 $1/\|\mathbf{x}\| \leq \|A\|/\|\mathbf{b}\|$ 且

$$\frac{\|\mathbf{x} - \tilde{\mathbf{x}}\|}{\|\mathbf{x}\|} \leq \frac{\|A\| \cdot \|A^{-1}\|}{\|\mathbf{b}\|} \|\mathbf{r}\|$$

■ 條件數

由定理 7.27 的不等式可以看出，$\|A^{-1}\|$ 及 $\|A\| \cdot \|A^{-1}\|$ 代表了殘值向量與近似值準確度之間的關係。通常我們最感興趣的是相對誤差 $\|\mathbf{x} - \tilde{\mathbf{x}}\|/\|\mathbf{x}\|$，由不等式 (7.20) 可知，此誤差之上限為 $\|A\| \cdot \|A^{-1}\|$ 與相對殘值 $\|\mathbf{r}\|/\|\mathbf{b}\|$ 的乘積。在此定理中可使用任何方便的範數，唯一的條件是必須全部一致。

定義 7.28

一個非奇異矩陣 A 相對於 $\|\cdot\|$ 範數的**條件數** (condition number) 定義為

$$K(A) = \|A\| \cdot \|A^{-1}\|$$

利用此符號，定理 7.27 的不等式可寫成

$$\|\mathbf{x} - \tilde{\mathbf{x}}\| \leq K(A)\frac{\|\mathbf{r}\|}{\|A\|}$$

及

$$\frac{\|\mathbf{x} - \tilde{\mathbf{x}}\|}{\|\mathbf{x}\|} \leq K(A)\frac{\|\mathbf{r}\|}{\|\mathbf{b}\|}$$

對任何非奇異矩陣 A 與自然範數 $\|\cdot\|$，

$$1 = \|I\| = \|A \cdot A^{-1}\| \leq \|A\| \cdot \|A^{-1}\| = K(A)$$

如果矩陣 A 的 $K(A)$ 值接近 1，我們說此矩陣**條件良好** (well-conditioned)，當 $K(A)$ 遠大於 1 時，則稱為**條件不良** (ill-conditioned)。在此意義下，條件指的是，殘值向量小則近似誤差小，此說法成立的相對性。

例題 2 求以下矩陣的條件數

$$A = \begin{bmatrix} 1 & 2 \\ 1.0001 & 2 \end{bmatrix}$$

解 在例題 1 中我們看到，對確解 $(1, 1)^t$ 而言很差的近似解 $(3, -0.0001)^t$ 其殘值向量的範數卻很小，所以我們預期 A 的條件數會很大。我們有 $\|A\|_\infty = \max\{|1| + |2|, |1.001| + |2|\} = 3.0001$，此範數並不大。但

$$A^{-1} = \begin{bmatrix} -10000 & 10000 \\ 5000.5 & -5000 \end{bmatrix}, \quad 所以 \quad \|A^{-1}\|_\infty = 20000$$

而在此範數下 $K(A) = (20000)(3.0001) = 60002$。看到這麼大的條件數，我們就不應該用殘值來判斷近似解的準確度。

在 Maple 求條件數 K_∞ 的方式是先載入 *LinearAlgebra* 程式包及該矩陣。然後用指令 *ConditionNumber(A)* 可得到使用 l_∞ 範數的條件數。例如，以下指令可獲得例題 2 之矩陣 A 的條件數

$A := Matrix([[1, 2], [1.0001, 2]]): ConditionNumber(A)$

$$60002.00000$$

雖然一個矩陣的條件數，完全取決於該矩陣及其逆矩陣的範數，但計算逆矩陣時會有捨入誤差，所以它也取決於計算的準確度。如果我們用準確到 t 位數的算術運算，那麼近似的條件數是該矩陣範數，與使用 t 位數算術運算獲得的近似逆矩陣的近似範數之

乘積。事實上此條件數亦取決於計算逆矩陣所用的方法。此外，因為求逆矩陣所須的運算量，我們須要一種不用直接求逆矩陣就能估計條件數的方法。

假設我們用 t 位數算術運算及高斯消去法求線性方程組 $A\mathbf{x} = \mathbf{b}$ 的近似解，我們可以證明 (見[FM], pp. 45-47)，相對於近似解 $\tilde{\mathbf{x}}$ 的殘值向量 $\mathbf{r}$ 有以下關係

$$\|\mathbf{r}\| \approx 10^{-t}\|A\| \cdot \|\tilde{\mathbf{x}}\| \tag{7.21}$$

利用此近似關係，我們不須要真的求矩陣 A 的逆矩陣，就可獲得 t 位數算術運算時的有效條件數。實際上，此近似關係假設高斯消去法的所有運算都是 t 位數，但在計算殘值時要使用倍精度 ($2t$ 位數) 運算。這種做法並不會增加太多的計算量，但可避免計算殘值時的誤差，因為那包括了 2 個很接近的數相減。

關於 t 位數條件數 $K(A)$ 的近似值可得自線性方程組

$$A\mathbf{y} = \mathbf{r}$$

這個方程組的近似解很容易獲得，因為前面已求出了高斯消去法要用的各個乘數。所以 A 可以用 6.5 節的方法分解為 P^tLU 的型式。事實上 $A\mathbf{y} = \mathbf{r}$ 的近似解 $\tilde{\mathbf{y}}$ 滿足

$$\tilde{\mathbf{y}} \approx A^{-1}\mathbf{r} = A^{-1}(\mathbf{b} - A\tilde{\mathbf{x}}) = A^{-1}\mathbf{b} - A^{-1}A\tilde{\mathbf{x}} = \mathbf{x} - \tilde{\mathbf{x}} \tag{7.22}$$

且

$$\mathbf{x} \approx \tilde{\mathbf{x}} + \tilde{\mathbf{y}}$$

所以 $\tilde{\mathbf{y}}$ 是近似解 $\tilde{\mathbf{x}}$ 對原方程組之誤差的估計值。由 (7.21) 及 (7.22) 式可得

$$\|\tilde{\mathbf{y}}\| \approx \|\mathbf{x} - \tilde{\mathbf{x}}\| = \|A^{-1}\mathbf{r}\| \le \|A^{-1}\| \cdot \|\mathbf{r}\| \approx \|A^{-1}\| \left(10^{-t}\|A\| \cdot \|\tilde{\mathbf{x}}\|\right) = 10^{-t}\|\tilde{\mathbf{x}}\|K(A)$$

這樣我們就得到了，用高斯消去法及 t 位數算術運算求解方程組 $A\mathbf{x} = \mathbf{b}$ 時，條件數的近似值為

$$K(A) \approx \frac{\|\tilde{\mathbf{y}}\|}{\|\tilde{\mathbf{x}}\|}10^t \tag{7.23}$$

說明題 已知線性方程組

$$\begin{bmatrix} 3.3330 & 15920 & -10.333 \\ 2.2220 & 16.710 & 9.6120 \\ 1.5611 & 5.1791 & 1.6852 \end{bmatrix} \begin{bmatrix} x_1 \\ x_2 \\ x_3 \end{bmatrix} = \begin{bmatrix} 15913 \\ 28.544 \\ 8.4254 \end{bmatrix}$$

之確解為 $\mathbf{x} = (1, 1, 1)^t$。

利用高斯消去法及 5 位數四捨五入算術運算，獲得逐次之增大矩陣為

$$\begin{bmatrix} 3.3330 & 15920 & -10.333 & 15913 \\ 0 & -10596 & 16.501 & 10580 \\ 0 & -7451.4 & 6.5250 & -7444.9 \end{bmatrix}$$

及

$$\begin{bmatrix} 3.3330 & 15920 & -10.333 & 15913 \\ 0 & -10596 & 16.501 & -10580 \\ 0 & 0 & -5.0790 & -4.7000 \end{bmatrix}$$

此方程組的近似解為

$$\tilde{\mathbf{x}} = (1.2001, 0.99991, 0.92538)^t$$

以雙倍精度計算相對於 $\tilde{\mathbf{x}}$ 的殘值向量得

$$\mathbf{r} = \mathbf{b} - A\tilde{\mathbf{x}}$$

$$= \begin{bmatrix} 15913 \\ 28.544 \\ 8.4254 \end{bmatrix} - \begin{bmatrix} 3.3330 & 15920 & -10.333 \\ 2.2220 & 16.710 & 9.6120 \\ 1.5611 & 5.1791 & 1.6852 \end{bmatrix} \begin{bmatrix} 1.2001 \\ 0.99991 \\ 0.92538 \end{bmatrix}$$

$$= \begin{bmatrix} 15913 \\ 28.544 \\ 8.4254 \end{bmatrix} - \begin{bmatrix} 15913.00518 \\ 28.26987086 \\ 8.611560367 \end{bmatrix} = \begin{bmatrix} -0.00518 \\ 0.27412914 \\ -0.186160367 \end{bmatrix}$$

所以

$$\|\mathbf{r}\|_\infty = 0.27413$$

要得到前面所介紹的條件數的估計值，我們由方程組 $A\mathbf{y} = \mathbf{r}$ 解 $\tilde{\mathbf{y}}$：

$$\begin{bmatrix} 3.3330 & 15920 & -10.333 \\ 2.2220 & 16.710 & 9.6120 \\ 1.5611 & 5.1791 & 1.6852 \end{bmatrix} \begin{bmatrix} y_1 \\ y_2 \\ y_3 \end{bmatrix} = \begin{bmatrix} -0.00518 \\ 0.27413 \\ -0.18616 \end{bmatrix}$$

由此可得 $\tilde{\mathbf{y}} = (-0.20008, 8.9987 \times 10^{-5}, 0.074607)^t$。代入 (7.23) 式可得估計值為

$$K(A) \approx \frac{\|\tilde{\mathbf{y}}\|_\infty}{\|\tilde{\mathbf{x}}\|_\infty} 10^5 = \frac{0.20008}{1.2001} 10^5 = 16672 \tag{7.24}$$

要決定 A 的真實的條件數，我們必須先求出 A^{-1}。使用 5 位數四捨五入算術運算可得近似值：

$$A^{-1} \approx \begin{bmatrix} -1.1701 \times 10^{-4} & -1.4983 \times 10^{-1} & 8.5416 \times 10^{-1} \\ 6.2782 \times 10^{-5} & 1.2124 \times 10^{-4} & -3.0662 \times 10^{-4} \\ -8.6631 \times 10^{-5} & 1.3846 \times 10^{-1} & -1.9689 \times 10^{-1} \end{bmatrix}$$

由 417 頁的定理 7.11 可得 $\|A^{-1}\|_\infty = 1.0041$ 及 $\|A\|_\infty = 15934$。

綜合以上，此不良條件矩陣 A 之條件數為

$$K(A) = (1.0041)(15934) = 15999$$

(7.24) 式的估計值與 $K(A)$ 的真實值非常接近，但使用的計算量少得多。

因為我們已知此方程組的確解為 $\mathbf{x} = (1, 1, 1)^t$，所以我們可以算出

$$\|\mathbf{x} - \tilde{\mathbf{x}}\|_\infty = 0.2001 \quad \text{及} \quad \frac{\|\mathbf{x} - \tilde{\mathbf{x}}\|_\infty}{\|\mathbf{x}\|_\infty} = \frac{0.2001}{1} = 0.2001$$

由定理 7.27 得到的誤差界限為

$$\|\mathbf{x} - \tilde{\mathbf{x}}\|_\infty \leq K(A) \frac{\|\mathbf{r}\|_\infty}{\|A\|_\infty} = \frac{(15999)(0.27413)}{15934} = 0.27525$$

及

$$\frac{\|\mathbf{x} - \tilde{\mathbf{x}}\|_\infty}{\|\mathbf{x}\|_\infty} \leq K(A) \frac{\|\mathbf{r}\|_\infty}{\|\mathbf{b}\|_\infty} = \frac{(15999)(0.27413)}{15913} = 0.27561$$ ∎

■ 迭代精細化

在 (7.22) 式中我們使用估計值 $\tilde{\mathbf{y}} \approx \mathbf{x} - \tilde{\mathbf{x}}$，其中 $\tilde{\mathbf{y}}$ 是方程組 $A\mathbf{y} = \mathbf{r}$ 的近似解。通常，$\tilde{\mathbf{x}} + \tilde{\mathbf{y}}$ 比單獨 $\tilde{\mathbf{x}}$ 更接近 $A\mathbf{x} = \mathbf{b}$ 的真實解。利用此一假設的方法稱為**迭代精細化** (iterative refinement)，它對等號右側為殘值向量的方程組進行迭代，直到獲得滿意的結果為止。

若以 t 位數算術運算使用此程序，且若，$K_\infty(A) \approx 10^q$ 則在 k 次精細化迭代之後，其近似解的準確位數約為 t 及 $k(t-q)$ 中之較小者。如果此方程組屬於條件良好的情形，1 或 2 次迭代就可獲得準確的答案。對於條件不良的方程組，也有可能獲得明顯的改善，除非其矩陣的條件差到 $K_\infty(A) > 10^t$。這種情形下就必須增加計算的精度。

算則 7.4 迭代精細法 (Iterative Refinement)

求線性方程組 $A\mathbf{x} = \mathbf{b}$ 的近似解：

INPUT 方程式與變數的數目 n；矩陣 A 的元素 a_{ij}, $1 \leq i,j \leq n$；$\mathbf{b}$ 的分量 b_i, $1 \leq i \leq n$；最大迭代次數 N；容許誤差 TOL；精確位數 t。

OUTPUT 近似解 $\mathbf{xx} = (xx_i, \ldots, xx_n)^t$ 或迭代次數超過的訊息，以及 $K_\infty(A)$ 的近似值 $COND$

Step 0 用高斯消去法求 $A\mathbf{x} = \mathbf{b}$ 的近似解 $x_1, \ldots, x_n$，並儲存
$j = i+1, i+2, \ldots, n, i = 1, 2, \ldots, n-1$ 的乘數 m_{ji}，
並註明列的互換

Step 1 Set $k = 1$.

Step 2 While ($k \leq N$) do Steps 3–9.

  Step 3 For $i = 1, 2, \ldots, n$　（計算 $\mathbf{r}$）

$$\text{set } r_i = b_i - \sum_{j=1}^n a_{ij} x_j.$$

  （使用倍精度計算）

  Step 4 依 Step 0 同樣順序以高斯消去法解線性方程組 $A\mathbf{y} = \mathbf{r}$

  Step 5 For $i = 1, \ldots, n$ set $xx_i = x_i + y_i$.

  Step 6 If $k = 1$ then set $COND = \frac{\|\mathbf{y}\|_\infty}{\|\mathbf{xx}\|_\infty} 10^t$.

Step 7 If $\|\mathbf{x} - \mathbf{xx}\|_\infty < TOL$ then OUTPUT (**xx**);
OUTPUT (*COND*);
(程式成功)
STOP.

Step 8 Set $k = k + 1$.

Step 9 For $i = 1, \ldots, n$ set $x_i = xx_i$.

Step 10 OUTPUT ('Maximum number of iterations exceeded');
OUTPUT (*COND*);
(程式失敗)
STOP. ∎

如果使用的是 t 位數運算，Step 7 建議的終止判斷是迭代到對所有的 $i = 1, 2, \ldots, n$ 直到 $|y_i^{(k)}| \leq 10^{-t}$ 為止。

說明題 在前面的說明題中，我們使用 5 位數算術運算及高斯消去法，求得線性方程組

$$\begin{bmatrix} 3.3330 & 15920 & -10.333 \\ 2.2220 & 16.710 & 9.6120 \\ 1.5611 & 5.1791 & 1.6852 \end{bmatrix} \begin{bmatrix} x_1 \\ x_2 \\ x_3 \end{bmatrix} = \begin{bmatrix} 15913 \\ 28.544 \\ 8.4254 \end{bmatrix}$$

的近似解為

$$\tilde{\mathbf{x}}^{(1)} = (1.2001, 0.99991, 0.92538)^t$$

而 $A\mathbf{y} = \mathbf{r}^{(1)}$ 的解為

$$\tilde{\mathbf{y}}^{(1)} = (-0.20008, 8.9987 \times 10^{-5}, 0.074607)^t$$

由以上算則的 Step 5 可得

$$\tilde{\mathbf{x}}^{(2)} = \tilde{\mathbf{x}}^{(1)} + \tilde{\mathbf{y}}^{(1)} = (1.0000, 1.0000, 0.99999)^t$$

以及此近似值的實際誤差為

$$\|\mathbf{x} - \tilde{\mathbf{x}}^{(2)}\|_\infty = 1 \times 10^{-5}$$

用算則建議的終止準則，我們計算 $\mathbf{r}^{(2)} = \mathbf{b} - A\tilde{\mathbf{x}}^{(2)}$ 並解方程組 $A\mathbf{y}^{(2)} = \mathbf{r}^{(2)}$ 可得

$$\tilde{\mathbf{y}}^{(2)} = (1.5002 \times 10^{-9}, 2.0951 \times 10^{-10}, 1.0000 \times 10^{-5})^t$$

因為 $\|\tilde{\mathbf{y}}^{(2)}\|_\infty \leq 10^{-5}$，所以我們最後的結論是

$$\tilde{\mathbf{x}}^{(3)} = \tilde{\mathbf{x}}^{(2)} + \tilde{\mathbf{y}}^{(2)} = (1.0000, 1.0000, 1.0000)^t$$

已足夠準確了，而這結果當然正確。 ∎

在本節之前的討論中，我們都是假設，線性方程組 $A\mathbf{x} = \mathbf{b}$ 中的 A 及 $\mathbf{b}$ 都是完全正確的。實際上，元素 a_{ij} 及 b_j 有可能包含 δa_{ij} 及 δb_j 的擾動量，使得我們真正求解的方程組是

$$(A + \delta A)\mathbf{x} = \mathbf{b} + \delta \mathbf{b}$$

而非 $A\mathbf{x} = \mathbf{b}$。通常，如果 $\|\delta A\|$ 及 $\|\delta \mathbf{b}\|$ 很小 (在 10^{-t} 數量級) 則 t 位數運算所得的近似解 $\tilde{\mathbf{x}}$，其相對之 $\|\mathbf{x} - \tilde{\mathbf{x}}\|$ 也會很小。但對於條件不良的方程組，我們看到了，即使 A 及 $\mathbf{b}$ 都是完全正確的，捨入誤差也會讓 $\|\mathbf{x} - \tilde{\mathbf{x}}\|$ 變得很大。下列定理說明線性方程組的擾動與矩陣條件數之關係。其證明可參見[Or2], p. 33。

定理 7.29

設 A 為非奇異且

$$\|\delta A\| < \frac{1}{\|A^{-1}\|}$$

方程組 $(A + \delta A)\tilde{\mathbf{x}} = \mathbf{b} + \delta \mathbf{b}$ 的解 $\tilde{\mathbf{x}}$，對於 $A\mathbf{x} = \mathbf{b}$ 的解 $\mathbf{x}$ 的估計誤差為：

$$\frac{\|\mathbf{x} - \tilde{\mathbf{x}}\|}{\|\mathbf{x}\|} \leq \frac{K(A)\|A\|}{\|A\| - K(A)\|\delta A\|} \left(\frac{\|\delta \mathbf{b}\|}{\|\mathbf{b}\|} + \frac{\|\delta A\|}{\|A\|} \right) \tag{7.25}$$

不等式 (7.25) 指出，如果矩陣 A 的條件良好 ($K(A)$ 不大)，則 A 及 $\mathbf{b}$ 的小幅變化，對解 $\mathbf{x}$ 也只會造成小幅影響。但如果 A 的條件不良，則 A 及 $\mathbf{b}$ 的小幅變化有可能使得 $\mathbf{x}$ 產生很大的改變。

此定理與用何種數值方法解 $A\mathbf{x} = \mathbf{b}$ 無關。可以利用後向誤差分析 (backward error analysis) 證明 (參考[Wil1]或[Wil2])，如果用高斯消去法配合樞軸變換及 t 位數運算，則數值解 $\tilde{\mathbf{x}}$ 為以下線性方程組的確解：

$$(A + \delta A)\tilde{\mathbf{x}} = \mathbf{b}, \quad \text{其中} \|\delta A\|_\infty \leq f(n) 10^{1-t} \max_{i,j,k} |a_{ij}^{(k)}|$$

Wilkinson 發現，實際上 $f(n) \approx n$，且最壞的情形下 $f(n) \leq 1.01(n^3 + 3n^2)$。

習題組 7.5 完整習題請見隨書光碟

1. 求下列各矩陣相對於 $\|\cdot\|_\infty$ 的條件數。

   a. $\begin{bmatrix} \frac{1}{2} & \frac{1}{3} \\ \frac{1}{3} & \frac{1}{4} \end{bmatrix}$
   b. $\begin{bmatrix} 3.9 & 1.6 \\ 6.8 & 2.9 \end{bmatrix}$

   c. $\begin{bmatrix} 1 & 2 \\ 1.00001 & 2 \end{bmatrix}$
   d. $\begin{bmatrix} 1.003 & 58.09 \\ 5.550 & 321.8 \end{bmatrix}$

3. 下列線性方程組 $A\mathbf{x} = \mathbf{b}$ 的確解為 $\mathbf{x}$，近似解為 $\tilde{\mathbf{x}}$。利用習題 1 的結果求

$$\|\mathbf{x} - \tilde{\mathbf{x}}\|_\infty \quad \text{及} \quad K_\infty(A) \frac{\|\mathbf{b} - A\tilde{\mathbf{x}}\|_\infty}{\|A\|_\infty}$$

a. $\dfrac{1}{2}x_1 + \dfrac{1}{3}x_2 = \dfrac{1}{63}$

$\dfrac{1}{3}x_1 + \dfrac{1}{4}x_2 = \dfrac{1}{168}$

$\mathbf{x} = \left(\dfrac{1}{7}, -\dfrac{1}{6}\right)^t$

$\tilde{\mathbf{x}} = (0.142, -0.166)^t$

b. $3.9x_1 + 1.6x_2 = 5.5$

$6.8x_1 + 2.9x_2 = 9.7$

$\mathbf{x} = (1, 1)^t$

$\tilde{\mathbf{x}} = (0.98, 1.1)^t$

c. $x_1 + 2x_2 = 3$

$1.0001x_1 + 2x_2 = 3.0001$

$\mathbf{x} = (1, 1)^t$

$\tilde{\mathbf{x}} = (0.96, 1.02)^t$

d. $1.003x_1 + 58.09x_2 = 68.12$

$5.550x_1 + 321.8x_2 = 377.3$

$\mathbf{x} = (10, 1)^t$

$\tilde{\mathbf{x}} = (-10, 1)^t$

5. (i) 先用高斯消去法與 3 位數四捨五入運算求下列線性方程組的近似解。**(ii)** 然後再用一次精細化迭代以改進近似解，並將近似解與真實解做比較。

a. $0.03x_1 + 58.9x_2 = 59.2$

$5.31x_1 - 6.10x_2 = 47.0$

真實解 $(10, 1)^t$

b. $3.3330x_1 + 15920x_2 + 10.333x_3 = 7953$

$2.2220x_1 + 16.710x_2 + 9.6120x_3 = 0.965$

$-1.5611x_1 + 5.1792x_2 - 1.6855x_3 = 2.714$

真實解 $(1, 0.5, -1)^t$

c. $1.19x_1 + 2.11x_2 - 100x_3 + x_4 = 1.12$

$14.2x_1 - 0.122x_2 + 12.2x_3 - x_4 = 3.44$

$100x_2 - 99.9x_3 + x_4 = 2.15$

$15.3x_1 + 0.110x_2 - 13.1x_3 - x_4 = 4.16$

真實解 $(0.17682530, 0.01269269, -0.02065405, -1.18260870)^t$

d. $\pi x_1 - ex_2 + \sqrt{2}x_3 - \sqrt{3}x_4 = \sqrt{11}$

$\pi^2 x_1 + ex_2 - e^2 x_3 + \dfrac{3}{7}x_4 = 0$

$\sqrt{5}x_1 - \sqrt{6}x_2 + x_3 - \sqrt{2}x_4 = \pi$

$\pi^3 x_1 + e^2 x_2 - \sqrt{7}x_3 + \dfrac{1}{9}x_4 = \sqrt{2}$

真實解 $(0.78839378, -3.12541367, 0.16759660, 4.55700252)^t$.

7. 已知線性方程組

$$\begin{bmatrix} 1 & 2 \\ 1.0001 & 2 \end{bmatrix} \begin{bmatrix} x_1 \\ x_2 \end{bmatrix} = \begin{bmatrix} 3 \\ 3.0001 \end{bmatrix}$$

之確解為 $(1, 1)^t$。將 A 小幅修改為

$$\begin{bmatrix} 1 & 2 \\ 0.9999 & 2 \end{bmatrix}$$

得到新的線性方程組

$$\begin{bmatrix} 1 & 2 \\ 0.9999 & 2 \end{bmatrix} \begin{bmatrix} x_1 \\ x_2 \end{bmatrix} = \begin{bmatrix} 3 \\ 3.0001 \end{bmatrix}$$

用 5 位數四捨五入運算求新方程組的解，並將實際誤差與 (7.25) 式的估計誤差做比較。A 是否為條件不良？

9. 證明，若 B 為奇異，則

$$\dfrac{1}{K(A)} \leq \dfrac{\|A - B\|}{\|A\|}$$

[提示：存在有一個$\|\mathbf{x}\| = 1$的向量，可使得$B\mathbf{x} = \mathbf{0}$。利用$\|A\mathbf{x}\| \geq \|\mathbf{x}\| / \|A^{-1}\|$推導估計值。]

11. $n \times n$ Hilbert 矩陣 $H^{(n)}$(見 487 頁) 定義為

$$H_{ij}^{(n)} = \frac{1}{i+j-1}, \quad 1 \leq i,j \leq n$$

是一個條件不良矩陣，此矩陣出現於求最小平方多項式係數的正交方程組 (見 8.2 節的例題 1)。

a. 證明

$$[H^{(4)}]^{-1} = \begin{bmatrix} 16 & -120 & 240 & -140 \\ -120 & 1200 & -2700 & 1680 \\ 240 & -2700 & 6480 & -4200 \\ -140 & 1680 & -4200 & 2800 \end{bmatrix}$$

並求出 $K_\infty(H^{(4)})$。

b. 證明

$$[H^{(5)}]^{-1} = \begin{bmatrix} 25 & -300 & 1050 & -1400 & 630 \\ -300 & 4800 & -18900 & 26880 & -12600 \\ 1050 & -18900 & 79380 & -117600 & 56700 \\ -1400 & 26880 & -117600 & 179200 & -88200 \\ 630 & -12600 & 56700 & -88200 & 44100 \end{bmatrix}$$

並求出 $K_\infty(H^{(5)})$。

c. 用 5 位數四捨五入算術運算解線性方程組

$$H^{(4)} \begin{bmatrix} x_1 \\ x_2 \\ x_3 \\ x_4 \end{bmatrix} = \begin{bmatrix} 1 \\ 0 \\ 0 \\ 1 \end{bmatrix}$$

並將真實誤差與 (7.25) 式的估計誤差做比較。

7.6 共軛梯度法

由 Hestenes 及 Stiefel [HS] 所開發的共軛梯度法，原本是求解 $n \times n$ 正定線性方程組的直接法。但是做為直接法，高斯消去法配合樞軸變換比它好用，因為 2 種方法同樣都須要 n 步才能獲得答案，而共軛梯度法所用的計算比較花時間。

但如果以迭代的方式求解大型稀疏矩陣 (sparse matrix)，共軛梯度法就很有用了，當然此稀疏矩陣中非 0 元素的位置必須是可預知的。在求解邊界值問題時經常會遇到此類矩陣。如果能事先將問題做預調條件 (preconditioned) 以獲得較好的效率，則只須 $\sqrt{n}$ 次迭代就可獲得夠好的近似解。以此種方式來使用，共軛梯度法優於高斯消去法及我們之前介紹過的其他方法。

在本節之中，我們假設矩陣 A 為正定。我們將使用**內積** (*inner product*) 的符號

$$\langle \mathbf{x}, \mathbf{y} \rangle = \mathbf{x}^t \mathbf{y} \tag{7.26}$$

其中 **x** 及 **y** 為 n 維向量。我們同時還須要一些線性代數的結果。在 9.1 節將複習這些定理。

利用移項關係可很容易獲得以下結果 (見習題 12)。

定理 7.30

對任何向量 **x**、**y**、及 **z** 和任何實數 α，我們有

(a) $\langle \mathbf{x}, \mathbf{y} \rangle = \langle \mathbf{y}, \mathbf{x} \rangle$
(b) $\langle \alpha\mathbf{x}, \mathbf{y} \rangle = \langle \mathbf{x}, \alpha\mathbf{y} \rangle = \alpha\langle \mathbf{x}, \mathbf{y} \rangle$
(c) $\langle \mathbf{x} + \mathbf{z}, \mathbf{y} \rangle = \langle \mathbf{x}, \mathbf{y} \rangle + \langle \mathbf{z}, \mathbf{y} \rangle$
(d) $\langle \mathbf{x}, \mathbf{x} \rangle \geq 0$
(e) $\langle \mathbf{x}, \mathbf{x} \rangle = 0$ 若且唯若 $\mathbf{x} = \mathbf{0}$。∎

當 A 為正定，除非 $\mathbf{x} = \mathbf{0}$ 否則 $\langle \mathbf{x}, A\mathbf{x} \rangle = \mathbf{x}^t A\mathbf{x} > 0$。同時因為 A 是對稱的，我們有 $\mathbf{x}^t A\mathbf{y} = \mathbf{x}^t A^t \mathbf{y} = (A\mathbf{x})^t \mathbf{y}$，所以除了定理 7.30 之外，對每個 **x** 及 **y** 可得

$$\langle \mathbf{x}, A\mathbf{y} \rangle = (A\mathbf{x})^t \mathbf{y} = \mathbf{x}^t A^t \mathbf{y} = \mathbf{x}^t A\mathbf{y} = \langle A\mathbf{x}, \mathbf{y} \rangle \tag{7.27}$$

以下定理為推導共軛梯度法的基本工具。

定理 7.31

若且唯若向量 $\mathbf{x}^*$ 可最小化

$$g(\mathbf{x}) = \langle \mathbf{x}, A\mathbf{x} \rangle - 2\langle \mathbf{x}, \mathbf{b} \rangle$$

則 $\mathbf{x}^*$ 為正定線性方程組 $A\mathbf{x} = \mathbf{b}$ 之解。∎

證明 令 **x** 及 $\mathbf{v} \neq \mathbf{0}$ 為固定向量，且 t 為實變數。我們有

$$\begin{aligned} g(\mathbf{x} + t\mathbf{v}) &= \langle \mathbf{x} + t\mathbf{v}, A\mathbf{x} + tA\mathbf{v} \rangle - 2\langle \mathbf{x} + t\mathbf{v}, \mathbf{b} \rangle \\ &= \langle \mathbf{x}, A\mathbf{x} \rangle + t\langle \mathbf{v}, A\mathbf{x} \rangle + t\langle \mathbf{x}, A\mathbf{v} \rangle + t^2 \langle \mathbf{v}, A\mathbf{v} \rangle - 2\langle \mathbf{x}, \mathbf{b} \rangle - 2t\langle \mathbf{v}, \mathbf{b} \rangle \\ &= \langle \mathbf{x}, A\mathbf{x} \rangle - 2\langle \mathbf{x}, \mathbf{b} \rangle + 2t\langle \mathbf{v}, A\mathbf{x} \rangle - 2t\langle \mathbf{v}, \mathbf{b} \rangle + t^2 \langle \mathbf{v}, A\mathbf{v} \rangle \end{aligned}$$

所以

$$g(\mathbf{x} + t\mathbf{v}) = g(\mathbf{x}) - 2t\langle \mathbf{v}, \mathbf{b} - A\mathbf{x} \rangle + t^2 \langle \mathbf{v}, A\mathbf{v} \rangle \tag{7.28}$$

因為 **x** 及 **v** 為固定，我們可以定義 t 的二次函數 h 為

$$h(t) = g(\mathbf{x} + t\mathbf{v})$$

因為 h 的 t^2 項係數 $\langle \mathbf{v}, A\mathbf{v} \rangle$ 為正，所以在 $h'(t) = 0$ 時 h 有最小值。因為

$$h'(t) = -2\langle \mathbf{v}, \mathbf{b} - A\mathbf{x} \rangle + 2t\langle \mathbf{v}, A\mathbf{v} \rangle$$

最小值發生在

$$\hat{t} = \frac{\langle \mathbf{v}, \mathbf{b} - A\mathbf{x} \rangle}{\langle \mathbf{v}, A\mathbf{v} \rangle}$$

且由 (7.28) 式可得

$$\begin{aligned} h(\hat{t}) &= g(\mathbf{x} + \hat{t}\mathbf{v}) \\ &= g(\mathbf{x}) - 2\hat{t}\langle \mathbf{v}, \mathbf{b} - A\mathbf{x}\rangle + \hat{t}^2\langle \mathbf{v}, A\mathbf{v}\rangle \\ &= g(\mathbf{x}) - 2\frac{\langle \mathbf{v}, \mathbf{b} - A\mathbf{x}\rangle}{\langle \mathbf{v}, A\mathbf{v}\rangle}\langle \mathbf{v}, \mathbf{b} - A\mathbf{x}\rangle + \left(\frac{\langle \mathbf{v}, \mathbf{b} - A\mathbf{x}\rangle}{\langle \mathbf{v}, A\mathbf{v}\rangle}\right)^2 \langle \mathbf{v}, A\mathbf{v}\rangle \\ &= g(\mathbf{x}) - \frac{\langle \mathbf{v}, \mathbf{b} - A\mathbf{x}\rangle^2}{\langle \mathbf{v}, A\mathbf{v}\rangle} \end{aligned}$$

所以對任何向量 $\mathbf{v} \neq \mathbf{0}$，除非 $\langle \mathbf{v}, \mathbf{b} - A\mathbf{x}\rangle = 0$ 否則都有 $g(\mathbf{x} + \hat{t}\mathbf{v}) < g(\mathbf{x})$；在 $\langle \mathbf{v}, \mathbf{b} - A\mathbf{x}\rangle = 0$ 時 $g(\mathbf{x}) = g(\mathbf{x} + \hat{t}\mathbf{v})$。這是證明定理 7.31 要用的基本關係。

設 $\mathbf{x}^*$ 滿足 $A\mathbf{x}^* = \mathbf{b}$。則對任何向量 $\mathbf{v}$，$\langle \mathbf{v}, \mathbf{b} - A\mathbf{x}^*\rangle = 0$，且 $g(\mathbf{x})$ 不可能比 $g(\mathbf{x}^*)$ 更小。也就是，$\mathbf{x}^*$ 使 g 最小化。

另一方面，設 $\mathbf{x}^*$ 為可最小化 g 的向量。則對任何向量 $\mathbf{v}$，我們有 $g(\mathbf{x}^* + \hat{t}\mathbf{v}) \geq g(\mathbf{x}^*)$。因此 $\langle \mathbf{v}, \mathbf{b} - A\mathbf{x}^*\rangle = 0$。由此可知 $\mathbf{b} - A\mathbf{x}^* = \mathbf{0}$ 且 $A\mathbf{x}^* = \mathbf{b}$。∎

在共軛梯度法一開始，我們選擇 $\mathbf{x}$ 為 $A\mathbf{x}^* = \mathbf{b}$ 的近似解，以及可使得 $\mathbf{x}$ 更準確的搜尋方向 (search direction) $\mathbf{v} \neq \mathbf{0}$。令 $\mathbf{r} = \mathbf{b} - A\mathbf{x}$ 為相對於 $\mathbf{x}$ 的殘值向量且

$$t = \frac{\langle \mathbf{v}, \mathbf{b} - A\mathbf{x}\rangle}{\langle \mathbf{v}, A\mathbf{v}\rangle} = \frac{\langle \mathbf{v}, \mathbf{r}\rangle}{\langle \mathbf{v}, A\mathbf{v}\rangle}$$

若 $\mathbf{r} \neq \mathbf{0}$ 且 $\mathbf{v}$ 及 $\mathbf{r}$ 不為正交，則在 g 中代入 $\mathbf{x} + t\mathbf{v}$ 的函數值會比 $g(\mathbf{x})$ 更小，且可假定 $\mathbf{x} + t\mathbf{v}$ 比 $\mathbf{x}$ 更接近 $\mathbf{x}^*$。由此引出以下的方法。

令 $\mathbf{x}^{(0)}$ 為 $\mathbf{x}^*$ 的初始近似值，且令 $\mathbf{v}^{(1)} \neq \mathbf{0}$ 為初始搜尋方向。對 $k = 1, 2, 3, \ldots$，我們計算

$$t_k = \frac{\langle \mathbf{v}^{(k)}, \mathbf{b} - A\mathbf{x}^{(k-1)}\rangle}{\langle \mathbf{v}^{(k)}, A\mathbf{v}^{(k)}\rangle}$$

$$\mathbf{x}^{(k)} = \mathbf{x}^{(k-1)} + t_k \mathbf{v}^{(k)}$$

並選取新的搜尋方向 $\mathbf{v}^{(k+1)}$。這樣做的目的是讓近似解的序列 $\{\mathbf{x}^{(k)}\}$ 快速收斂到 $\mathbf{x}^*$。

要決定此搜尋方向，我們將 g 視為是一個 $\mathbf{x} = (x_1, x_2, \ldots, x_n)^t$ 各分量的函數。因此，

$$g(x_1, x_2, \ldots, x_n) = \langle \mathbf{x}, A\mathbf{x}\rangle - 2\langle \mathbf{x}, \mathbf{b}\rangle = \sum_{i=1}^{n}\sum_{j=1}^{n} a_{ij}x_ix_j - 2\sum_{i=1}^{n} x_ib_i$$

對分量變數 x_k 取偏導數得

$$\frac{\partial g}{\partial x_k}(\mathbf{x}) = 2\sum_{i=1}^{n} a_{ki}x_i - 2b_k$$

這是向量 $2(A\mathbf{x} - \mathbf{b})$ 的第 k 個分量。因此 g 的梯度為

$$\nabla g(\mathbf{x}) = \left(\frac{\partial g}{\partial x_1}(\mathbf{x}), \frac{\partial g}{\partial x_2}(\mathbf{x}), \ldots, \frac{\partial g}{\partial x_n}(\mathbf{x})\right)^t = 2(A\mathbf{x} - \mathbf{b}) = -2\mathbf{r}$$

其中向量 $\mathbf{r}$ 是 $\mathbf{x}$ 的殘值向量。

我們由多變數微積分知道，能夠使 $g(\mathbf{x})$ 減小最多的方向就是 $-\nabla g(\mathbf{x})$ 的方向；也就是殘值 $\mathbf{r}$ 的方向。所以選擇

$$\mathbf{v}^{(k+1)} = \mathbf{r}^{(k)} = \mathbf{b} - A\mathbf{x}^{(k)}$$

的方法稱為**最陡下降法** (*method of steepest descent*)。我們在 10.4 節中將會看到，此方法用於非線性方程與最佳化問題時有其優點，但通常不會用於線性方程組，因為收斂速度慢。

另一個可行的做法是使用一個滿足

$$\langle \mathbf{v}^{(i)}, A\mathbf{v}^{(j)} \rangle = 0 \text{，若 } i \neq j$$

的非零向量集合 $\{\mathbf{v}^{(1)}, \ldots, \mathbf{v}^{(n)}\}$。這稱為 **$A$-正交性條件** (*A-orthogonality condition*)，而向量集合 $\{\mathbf{v}^{(1)}, \ldots, \mathbf{v}^{(n)}\}$ 稱為 **A-正交** (*A-orthogonal*)。不難證明相對於正定矩陣 A 的 A-正交向量集合為線性獨立 (linearly independent)。(見習題 13(a)) 由此一搜尋方向集合可得

$$t_k = \frac{\langle \mathbf{v}^{(k)}, \mathbf{b} - A\mathbf{x}^{(k-1)} \rangle}{\langle \mathbf{v}^{(k)}, A\mathbf{v}^{(k)} \rangle} = \frac{\langle \mathbf{v}^{(k)}, \mathbf{r}^{(k-1)} \rangle}{\langle \mathbf{v}^{(k)}, A\mathbf{v}^{(k)} \rangle}$$

及 $\mathbf{x}^{(k)} = \mathbf{x}^{(k-1)} + t_k \mathbf{v}^{(k)}$。

下列定理則顯示了，這樣選取的搜尋方向可使此方法在最多 n 步內收斂，與直接法求確解所須步數一樣，而前提是所用的算數運算沒有誤差。

定理 7.32

令 $\{\mathbf{v}^{(1)}, \ldots, \mathbf{v}^{(n)}\}$ 為相對於正定矩陣 A 的 A-正交非零向量集合，且令 $\mathbf{x}^{(0)}$ 為任意。定義

$$t_k = \frac{\langle \mathbf{v}^{(k)}, \mathbf{b} - A\mathbf{x}^{(k-1)} \rangle}{\langle \mathbf{v}^{(k)}, A\mathbf{v}^{(k)} \rangle} \quad \text{且} \quad \mathbf{x}^{(k)} = \mathbf{x}^{(k-1)} + t_k \mathbf{v}^{(k)}$$

$k = 1, 2, \cdots, n$。假設所用算數運算沒有誤差，則 $A\mathbf{x}^{(n)} = \mathbf{b}$。 ∎

證明 因為對每個 $k = 1, 2, \ldots, n$，$\mathbf{x}^{(k)} = \mathbf{x}^{(k-1)} + t_k \mathbf{v}^{(k)}$，我們有

$$A\mathbf{x}^{(n)} = A\mathbf{x}^{(n-1)} + t_n A\mathbf{v}^{(n)}$$
$$= (A\mathbf{x}^{(n-2)} + t_{n-1} A\mathbf{v}^{(n-1)}) + t_n A\mathbf{v}^{(n)}$$
$$\vdots$$
$$= A\mathbf{x}^{(0)} + t_1 A\mathbf{v}^{(1)} + t_2 A\mathbf{v}^{(2)} + \cdots + t_n A\mathbf{v}^{(n)}$$

並由上式中減去 $\mathbf{b}$ 得

$$A\mathbf{x}^{(n)} - \mathbf{b} = A\mathbf{x}^{(0)} - \mathbf{b} + t_1 A\mathbf{v}^{(1)} + t_2 A\mathbf{v}^{(2)} + \cdots + t_n A\mathbf{v}^{(n)}$$

將等號兩側同時對 $\mathbf{v}^{(k)}$ 取內積，利用內積的特性及 A 為對稱之事實，可得

$$\langle A\mathbf{x}^{(n)} - \mathbf{b}, \mathbf{v}^{(k)} \rangle = \langle A\mathbf{x}^{(0)} - \mathbf{b}, \mathbf{v}^{(k)} \rangle + t_1 \langle A\mathbf{v}^{(1)}, \mathbf{v}^{(k)} \rangle + \cdots + t_n \langle A\mathbf{v}^{(n)}, \mathbf{v}^{(k)} \rangle$$
$$= \langle A\mathbf{x}^{(0)} - \mathbf{b}, \mathbf{v}^{(k)} \rangle + t_1 \langle \mathbf{v}^{(1)}, A\mathbf{v}^{(k)} \rangle + \cdots + t_n \langle \mathbf{v}^{(n)}, A\mathbf{v}^{(k)} \rangle$$

對每個 k 值，由 A-正交性條件可得，

$$\langle A\mathbf{x}^{(n)} - \mathbf{b}, \mathbf{v}^{(k)} \rangle = \langle A\mathbf{x}^{(0)} - \mathbf{b}, \mathbf{v}^{(k)} \rangle + t_k \langle \mathbf{v}^{(k)}, A\mathbf{v}^{(k)} \rangle \tag{7.29}$$

但是 $t_k \langle \mathbf{v}^{(k)}, A\mathbf{v}^{(k)} \rangle = \langle \mathbf{v}^{(k)}, \mathbf{b} - A\mathbf{x}^{(k-1)} \rangle$，所以

$$t_k \langle \mathbf{v}^{(k)}, A\mathbf{v}^{(k)} \rangle = \langle \mathbf{v}^{(k)}, \mathbf{b} - A\mathbf{x}^{(0)} + A\mathbf{x}^{(0)} - A\mathbf{x}^{(1)} + \cdots - A\mathbf{x}^{(k-2)} + A\mathbf{x}^{(k-2)} - A\mathbf{x}^{(k-1)} \rangle$$
$$= \langle \mathbf{v}^{(k)}, \mathbf{b} - A\mathbf{x}^{(0)} \rangle + \langle \mathbf{v}^{(k)}, A\mathbf{x}^{(0)} - A\mathbf{x}^{(1)} \rangle + \cdots + \langle \mathbf{v}^{(k)}, A\mathbf{x}^{(k-2)} - A\mathbf{x}^{(k-1)} \rangle$$

但對任何 i，

$$\mathbf{x}^{(i)} = \mathbf{x}^{(i-1)} + t_i \mathbf{v}^{(i)} \quad \text{且} \quad A\mathbf{x}^{(i)} = A\mathbf{x}^{(i-1)} + t_i A\mathbf{v}^{(i)}$$

所以

$$A\mathbf{x}^{(i-1)} - A\mathbf{x}^{(i)} = -t_i A\mathbf{v}^{(i)}$$

因此

$$t_k \langle \mathbf{v}^{(k)}, A\mathbf{v}^{(k)} \rangle = \langle \mathbf{v}^{(k)}, \mathbf{b} - A\mathbf{x}^{(0)} \rangle - t_1 \langle \mathbf{v}^{(k)}, A\mathbf{v}^{(1)} \rangle - \cdots - t_{k-1} \langle \mathbf{v}^{(k)}, A\mathbf{v}^{(k-1)} \rangle$$

因為 A-正交性，$i \neq k$ 時 $\langle \mathbf{v}^{(k)}, A\mathbf{v}^{(i)} \rangle = 0$，所以

$$\langle \mathbf{v}^{(k)}, A\mathbf{v}^{(k)} \rangle t_k = \langle \mathbf{v}^{(k)}, \mathbf{b} - A\mathbf{x}^{(0)} \rangle$$

由 (7.29) 式，

$$\langle A\mathbf{x}^{(n)} - \mathbf{b}, \mathbf{v}^{(k)} \rangle = \langle A\mathbf{x}^{(0)} - \mathbf{b}, \mathbf{v}^{(k)} \rangle + \langle \mathbf{v}^{(k)}, \mathbf{b} - A\mathbf{x}^{(0)} \rangle$$
$$= \langle A\mathbf{x}^{(0)} - \mathbf{b}, \mathbf{v}^{(k)} \rangle + \langle \mathbf{b} - A\mathbf{x}^{(0)}, \mathbf{v}^{(k)} \rangle$$
$$= \langle A\mathbf{x}^{(0)} - \mathbf{b}, \mathbf{v}^{(k)} \rangle - \langle A\mathbf{x}^{(0)} - \mathbf{b}, \mathbf{v}^{(k)} \rangle = 0$$

因此向量 $A\mathbf{x}^{(n)} - \mathbf{b}$ 正交於 A-正交向量集合 $\{\mathbf{v}^{(1)}, \ldots, \mathbf{v}^{(n)}\}$。由此可得 (見習題 13(b)) $A\mathbf{x}^{(n)} - \mathbf{b} = \mathbf{0}$，所以 $A\mathbf{x}^{(n)} = \mathbf{b}$。 ∎

例題 1 線性方程組

$$\begin{aligned} 4x_1 + 3x_2 &= 24 \\ 3x_1 + 4x_2 - x_3 &= 30 \\ - x_2 + 4x_3 &= -24 \end{aligned}$$

之確解為 $\mathbf{x}^* = (3, 4, -5)^t$。證明以定理 7.32 所述的程序，並使用 $\mathbf{x}^{(0)} = (0, 0, 0)^t$，可在三次迭代內獲得確解。

解 在 7.4 節的例題 2 中，我們已知此方程組的係數矩陣

$$A = \begin{bmatrix} 4 & 3 & 0 \\ 3 & 4 & -1 \\ 0 & -1 & 4 \end{bmatrix}$$

為正定矩陣。令 $\mathbf{v}^{(1)} = (1,0,0)^t$、$\mathbf{v}^{(2)} = (-3/4, 1, 0)^t$、及 $\mathbf{v}^{(3)} = (-3/7, 4/7, 1)^t$。則

$$\langle \mathbf{v}^{(1)}, A\mathbf{v}^{(2)} \rangle = \mathbf{v}^{(1)t} A\mathbf{v}^{(2)} = (1,0,0) \begin{bmatrix} 4 & 3 & 0 \\ 3 & 4 & -1 \\ 0 & -1 & 4 \end{bmatrix} \begin{bmatrix} -\frac{3}{4} \\ 1 \\ 0 \end{bmatrix} = 0$$

$$\langle \mathbf{v}^{(1)}, A\mathbf{v}^{(3)} \rangle = (1,0,0) \begin{bmatrix} 4 & 3 & 0 \\ 3 & 4 & -1 \\ 0 & -1 & 4 \end{bmatrix} \begin{bmatrix} -\frac{3}{7} \\ \frac{4}{7} \\ 1 \end{bmatrix} = 0$$

及

$$\langle \mathbf{v}^{(2)}, A\mathbf{v}^{(3)} \rangle = \left(-\frac{3}{4}, 1, 0\right) \begin{bmatrix} 4 & 3 & 0 \\ 3 & 4 & -1 \\ 0 & -1 & 4 \end{bmatrix} \begin{bmatrix} -\frac{3}{7} \\ \frac{4}{7} \\ 1 \end{bmatrix} = 0$$

因此 $\{\mathbf{v}^{(1)}, \mathbf{v}^{(2)}, \mathbf{v}^{(3)}\}$ 為 A-正交集合。

將定理 7.22 的迭代過程用於 A，並令 $\mathbf{x}^{(0)} = (0,0,0)^t$，且 $\mathbf{b} = (24, 30, -24)^t$ 可得

$$\mathbf{r}^{(0)} = \mathbf{b} - A\mathbf{x}^{(0)} = \mathbf{b} = (24, 30, -24)^t$$

所以

$$\langle \mathbf{v}^{(1)}, \mathbf{r}^{(0)} \rangle = \mathbf{v}^{(1)t} \mathbf{r}^{(0)} = 24 \text{ , } \langle \mathbf{v}^{(1)}, A\mathbf{v}^{(1)} \rangle = 4 \text{ , 及 } t_0 = \frac{24}{4} = 6$$

因此得到

$$\mathbf{x}^{(1)} = \mathbf{x}^{(0)} + t_0 \mathbf{v}^{(1)} = (0,0,0)^t + 6(1,0,0)^t = (6,0,0)^t$$

持續進行下去可得

$$\mathbf{r}^{(1)} = \mathbf{b} - A\mathbf{x}^{(1)} = (0, 12, -24)^t \text{ ; } t_1 = \frac{\langle \mathbf{v}^{(2)}, \mathbf{r}^{(1)} \rangle}{\langle \mathbf{v}^{(2)}, A\mathbf{v}^{(2)} \rangle} = \frac{12}{7/4} = \frac{48}{7}$$

$$\mathbf{x}^{(2)} = \mathbf{x}^{(1)} + t_1 \mathbf{v}^{(2)} = (6,0,0)^t + \frac{48}{7}\left(-\frac{3}{4}, 1, 0\right)^t = \left(\frac{6}{7}, \frac{48}{7}, 0\right)^t$$

$$\mathbf{r}^{(2)} = \mathbf{b} - A\mathbf{x}^{(2)} = \left(0, 0, -\frac{120}{7}\right) \text{ ; } t_2 = \frac{\langle \mathbf{v}^{(3)}, \mathbf{r}^{(2)} \rangle}{\langle \mathbf{v}^{(3)}, A\mathbf{v}^{(3)} \rangle} = \frac{-120/7}{24/7} = -5$$

及

$$\mathbf{x}^{(3)} = \mathbf{x}^{(2)} + t_2 \mathbf{v}^{(3)} = \left(\frac{6}{7}, \frac{48}{7}, 0\right)^t + (-5)\left(-\frac{3}{7}, \frac{4}{7}, 1\right)^t = (3, 4, -5)^t$$

我們將此方法用了 $n = 3$ 次，得到的必定是確解。∎

在討論如何決定 A-正交集合之前，我們先繼續推導過程。利用 A-正交集合 $\{\mathbf{v}^{(1)}, \ldots, \mathbf{v}^{(n)}\}$ 做為方向向量的方法稱為**共軛方向** (*conjugate direction*) 法。下一個定理則會顯示殘值向量 $\mathbf{r}^{(k)}$ 與方向向量 $\mathbf{v}^{(j)}$ 之正交性。習題 14 以數學歸納法證明此定理。

定理 7.33

共軛方向法中的殘值向量 $\mathbf{r}^{(k)}$, $k = 1, 2, \cdots, n$，滿足方程式

$$\langle \mathbf{r}^{(k)}, \mathbf{v}^{(j)} \rangle = 0, \quad j = 1, 2, \ldots, k$$

在 Hestenes 及 Stiefel 的共軛梯度法中，搜尋方向 $\{\mathbf{v}^{(k)}\}$ 是在迭代過程中決定，以使得殘值向量 $\{\mathbf{r}^{(k)}\}$ 相互正交。要建構出方向向量 $\{\mathbf{v}^{(1)}, \mathbf{v}^{(2)}, \ldots\}$ 及近似解 $\{\mathbf{x}^{(1)}, \mathbf{x}^{(2)}, \ldots\}$，我們由初始近似值 $\mathbf{x}^{(0)}$ 開始，並利用最陡下降方向 $\mathbf{r}^{(0)} = \mathbf{b} - A\mathbf{x}^{(0)}$ 做為第一個搜尋方向 $\mathbf{v}^{(1)}$。

假設我們已利用

$$\mathbf{x}^{(k-1)} = \mathbf{x}^{(k-2)} + t_{k-1} \mathbf{v}^{(k-1)}$$

獲得了共軛方向 $\mathbf{v}^{(1)}, \ldots, \mathbf{v}^{(k-1)}$ 及近似解 $\mathbf{x}^{(1)}, \ldots, \mathbf{x}^{(k-1)}$，其中

$$\langle \mathbf{v}^{(i)}, A\mathbf{v}^{(j)} \rangle = 0 \quad \text{且} \quad \langle \mathbf{r}^{(i)}, \mathbf{r}^{(j)} \rangle = 0, \, i \neq j$$

若 $\mathbf{x}^{(k-1)}$ 是 $A\mathbf{x} = \mathbf{b}$ 的解，那工作就完成了。否則 $\mathbf{r}^{(k-1)} = \mathbf{b} - A\mathbf{x}^{(k-1)} \neq \mathbf{0}$ 且由定理 7.33 可知 $\langle \mathbf{r}^{(k-1)}, \mathbf{v}^{(i)} \rangle = 0$, $i = 1, 2, \cdots, k-1$。

然後經由設定

$$\mathbf{v}^{(k)} = \mathbf{r}^{(k-1)} + s_{k-1} \mathbf{v}^{(k-1)}$$

我們可利用 $\mathbf{r}^{(k-1)}$ 以求出 $\mathbf{v}^{(k)}$。我們要選取 s_{k-1} 使得

$$\langle \mathbf{v}^{(k-1)}, A\mathbf{v}^{(k)} \rangle = 0$$

因為

$$A\mathbf{v}^{(k)} = A\mathbf{r}^{(k-1)} + s_{k-1} A\mathbf{v}^{(k-1)}$$

且

$$\langle \mathbf{v}^{(k-1)}, A\mathbf{v}^{(k)} \rangle = \langle \mathbf{v}^{(k-1)}, A\mathbf{r}^{(k-1)} \rangle + s_{k-1} \langle \mathbf{v}^{(k-1)}, A\mathbf{v}^{(k-1)} \rangle$$

所以當

$$s_{k-1} = -\frac{\langle \mathbf{v}^{(k-1)}, A\mathbf{r}^{(k-1)} \rangle}{\langle \mathbf{v}^{(k-1)}, A\mathbf{v}^{(k-1)} \rangle}$$

時，我們應可得 $\langle \mathbf{v}^{(k-1)}, A\mathbf{v}^{(k)} \rangle = 0$。同時也可以證明，利用這個 s_{k-1} 值，我們也有 $\langle \mathbf{v}^{(k)}, A\mathbf{v}^{(i)} \rangle = 0$, $i = 1, 2, \cdots, k-2$ (見 [Lu], p. 245)。因此，$\{\mathbf{v}^{(1)}, \ldots \mathbf{v}^{(k)}\}$ 為 A-正交集合。

決定 $\mathbf{v}^{(k)}$ 之後，我們可計算

$$t_k = \frac{\langle \mathbf{v}^{(k)}, \mathbf{r}^{(k-1)} \rangle}{\langle \mathbf{v}^{(k)}, A\mathbf{v}^{(k)} \rangle} = \frac{\langle \mathbf{r}^{(k-1)} + s_{k-1}\mathbf{v}^{(k-1)}, \mathbf{r}^{(k-1)} \rangle}{\langle \mathbf{v}^{(k)}, A\mathbf{v}^{(k)} \rangle}$$

$$= \frac{\langle \mathbf{r}^{(k-1)}, \mathbf{r}^{(k-1)} \rangle}{\langle \mathbf{v}^{(k)}, A\mathbf{v}^{(k)} \rangle} + s_{k-1} \frac{\langle \mathbf{v}^{(k-1)}, \mathbf{r}^{(k-1)} \rangle}{\langle \mathbf{v}^{(k)}, A\mathbf{v}^{(k)} \rangle}$$

由定理 7.33 我們知道 $\langle \mathbf{v}^{(k-1)}, \mathbf{r}^{(k-1)} \rangle = 0$，所以

$$t_k = \frac{\langle \mathbf{r}^{(k-1)}, \mathbf{r}^{(k-1)} \rangle}{\langle \mathbf{v}^{(k)}, A\mathbf{v}^{(k)} \rangle} \tag{7.30}$$

因此，

$$\mathbf{x}^{(k)} = \mathbf{x}^{(k-1)} + t_k \mathbf{v}^{(k)}$$

為求得 $\mathbf{r}^{(k)}$，將上式乘以 A 再減去 $\mathbf{b}$ 可得

$$A\mathbf{x}^{(k)} - \mathbf{b} = A\mathbf{x}^{(k-1)} - \mathbf{b} + t_k A\mathbf{v}^{(k)}$$

或

$$\mathbf{r}^{(k)} = \mathbf{r}^{(k-1)} - t_k A\mathbf{v}^{(k)}$$

由此可得

$$\langle \mathbf{r}^{(k)}, \mathbf{r}^{(k)} \rangle = \langle \mathbf{r}^{(k-1)}, \mathbf{r}^{(k)} \rangle - t_k \langle A\mathbf{v}^{(k)}, \mathbf{r}^{(k)} \rangle = -t_k \langle \mathbf{r}^{(k)}, A\mathbf{v}^{(k)} \rangle$$

另外，由 (7.30) 式，

$$\langle \mathbf{r}^{(k-1)}, \mathbf{r}^{(k-1)} \rangle = t_k \langle \mathbf{v}^{(k)}, A\mathbf{v}^{(k)} \rangle$$

所以

$$s_k = -\frac{\langle \mathbf{v}^{(k)}, A\mathbf{r}^{(k)} \rangle}{\langle \mathbf{v}^{(k)}, A\mathbf{v}^{(k)} \rangle} = -\frac{\langle \mathbf{r}^{(k)}, A\mathbf{v}^{(k)} \rangle}{\langle \mathbf{v}^{(k)}, A\mathbf{v}^{(k)} \rangle} = \frac{(1/t_k)\langle \mathbf{r}^{(k)}, \mathbf{r}^{(k)} \rangle}{(1/t_k)\langle \mathbf{r}^{(k-1)}, \mathbf{r}^{(k-1)} \rangle} = \frac{\langle \mathbf{r}^{(k)}, \mathbf{r}^{(k)} \rangle}{\langle \mathbf{r}^{(k-1)}, \mathbf{r}^{(k-1)} \rangle}$$

綜合上述，我們得到

$$\mathbf{r}^{(0)} = \mathbf{b} - A\mathbf{x}^{(0)} \; ; \; \mathbf{v}^{(1)} = \mathbf{r}^{(0)}$$

及，對 $k = 1, 2, \cdots, n$，

$$t_k = \frac{\langle \mathbf{r}^{(k-1)}, \mathbf{r}^{(k-1)} \rangle}{\langle \mathbf{v}^{(k)}, A\mathbf{v}^{(k)} \rangle} \;,\; \mathbf{x}^{(k)} = \mathbf{x}^{(k-1)} + t_k \mathbf{v}^{(k)} \;,\; \mathbf{r}^{(k)} = \mathbf{r}^{(k-1)} - t_k A\mathbf{v}^{(k)} \;,\; s_k = \frac{\langle \mathbf{r}^{(k)}, \mathbf{r}^{(k)} \rangle}{\langle \mathbf{r}^{(k-1)}, \mathbf{r}^{(k-1)} \rangle}$$

和

$$\mathbf{v}^{(k+1)} = \mathbf{r}^{(k)} + s_k \mathbf{v}^{(k)} \tag{7.31}$$

■ 預調條件(Preconditioning)

在此我們不直接介紹使用以上公式的算則，而要繼續推展此方法，以加入條件調整程序。對於條件不良的矩陣，共軛梯度法對捨入誤差非常敏感。所以雖然理論上應該在 n 步內

求得確解，但實際上做不到。當作直接法用，共軛梯度法不如高斯消去法配合樞軸變換。共軛梯度法主要是以迭代的方式使用，並用於條件較好的方程組。此種情形下，通常只須 $\sqrt{n}$ 步就可獲得可接受的近似解。

在使用預調條件時，我們不是將共軛梯度法直接用於 A 而是用於一個條件數較小的正定矩陣。採取此種做法的前提是，只要求得此新方程組的解，就可以很容易的獲得原方程組的解。我們期望此種做法可減少捨入誤差。為獲得正定矩陣，我們要在等號兩側各乘上一個非奇異矩陣。我們將此矩陣記為 C^{-1}，並考慮

$$\tilde{A} = C^{-1}A(C^{-1})^t$$

我們希望 $\tilde{A}$ 的條件數比 A 的小。為求簡化，我們使用矩陣符號 $C^{-t} \equiv (C^{-1})^t$。在本節稍後我們會說明選取 C 的合理方法，但我們先考慮用於 $\tilde{A}$ 的共軛法。

考慮線性方程組

$$\tilde{A}\tilde{\mathbf{x}} = \tilde{\mathbf{b}}$$

其中 $\tilde{\mathbf{x}} = C^t\mathbf{x}$ 且 $\tilde{\mathbf{b}} = C^{-1}\mathbf{b}$。則

$$\tilde{A}\tilde{\mathbf{x}} = (C^{-1}AC^{-t})(C^t\mathbf{x}) = C^{-1}A\mathbf{x}$$

所以我們可以由 $\tilde{A}\tilde{\mathbf{x}} = \tilde{\mathbf{b}}$ 解出 $\tilde{\mathbf{x}}$，再乘上 C^{-t} 就得到 $\mathbf{x}$。不過，與其用 $\tilde{\mathbf{r}}^{(k)}$、$\tilde{\mathbf{v}}^{(k)}$、$\tilde{t}_k$、$\tilde{\mathbf{x}}^{(k)}$、及 $\tilde{s}_k$ 重寫 (7.31) 式，我們將以內隱的方式納入條件調整。

因為

$$\tilde{\mathbf{x}}^{(k)} = C^t\mathbf{x}^{(k)}$$

所以有

$$\tilde{\mathbf{r}}^{(k)} = \tilde{\mathbf{b}} - \tilde{A}\tilde{\mathbf{x}}^{(k)} = C^{-1}\mathbf{b} - (C^{-1}AC^{-t})C^t\mathbf{x}^{(k)} = C^{-1}(\mathbf{b} - A\mathbf{x}^{(k)}) = C^{-1}\mathbf{r}^{(k)}$$

令 $\tilde{\mathbf{v}}^{(k)} = C^t\mathbf{v}^{(k)}$ 且 $\mathbf{w}^{(k)} = C^{-1}\mathbf{r}^{(k)}$。則

$$\tilde{s}_k = \frac{\langle \tilde{\mathbf{r}}^{(k)}, \tilde{\mathbf{r}}^{(k)} \rangle}{\langle \tilde{\mathbf{r}}^{(k-1)}, \tilde{\mathbf{r}}^{(k-1)} \rangle} = \frac{\langle C^{-1}\mathbf{r}^{(k)}, C^{-1}\mathbf{r}^{(k)} \rangle}{\langle C^{-1}\mathbf{r}^{(k-1)}, C^{-1}\mathbf{r}^{(k-1)} \rangle}$$

所以

$$\tilde{s}_k = \frac{\langle \mathbf{w}^{(k)}, \mathbf{w}^{(k)} \rangle}{\langle \mathbf{w}^{(k-1)}, \mathbf{w}^{(k-1)} \rangle} \tag{7.32}$$

因此，

$$\tilde{t}_k = \frac{\langle \tilde{\mathbf{r}}^{(k-1)}, \tilde{\mathbf{r}}^{(k-1)} \rangle}{\langle \tilde{\mathbf{v}}^{(k)}, \tilde{A}\tilde{\mathbf{v}}^{(k)} \rangle} = \frac{\langle C^{-1}\mathbf{r}^{(k-1)}, C^{-1}\mathbf{r}^{(k-1)} \rangle}{\langle C^t\mathbf{v}^{(k)}, C^{-1}AC^{-t}C^t\mathbf{v}^{(k)} \rangle} = \frac{\langle \mathbf{w}^{(k-1)}, \mathbf{w}^{(k-1)} \rangle}{\langle C^t\mathbf{v}^{(k)}, C^{-1}A\mathbf{v}^{(k)} \rangle}$$

且因為

$$\langle C^t\mathbf{v}^{(k)}, C^{-1}A\mathbf{v}^{(k)} \rangle = [C^t\mathbf{v}^{(k)}]^t C^{-1}A\mathbf{v}^{(k)}$$
$$= [\mathbf{v}^{(k)}]^t CC^{-1}A\mathbf{v}^{(k)} = [\mathbf{v}^{(k)}]^t A\mathbf{v}^{(k)} = \langle \mathbf{v}^{(k)}, A\mathbf{v}^{(k)} \rangle$$

我們得
$$\tilde{t}_k = \frac{\langle \mathbf{w}^{(k-1)}, \mathbf{w}^{(k-1)} \rangle}{\langle \mathbf{v}^{(k)}, A\mathbf{v}^{(k)} \rangle} \tag{7.33}$$

另有
$$\tilde{\mathbf{x}}^{(k)} = \tilde{\mathbf{x}}^{(k-1)} + \tilde{t}_k \tilde{\mathbf{v}}^{(k)}, \quad \text{所以} \quad C^t \mathbf{x}^{(k)} = C^t \mathbf{x}^{(k-1)} + \tilde{t}_k C^t \mathbf{v}^{(k)}$$

及
$$\mathbf{x}^{(k)} = \mathbf{x}^{(k-1)} + \tilde{t}_k \mathbf{v}^{(k)} \tag{7.34}$$

再來
$$\tilde{\mathbf{r}}^{(k)} = \tilde{\mathbf{r}}^{(k-1)} - \tilde{t}_k \tilde{A} \tilde{\mathbf{v}}^{(k)}$$

所以
$$C^{-1}\mathbf{r}^{(k)} = C^{-1}\mathbf{r}^{(k-1)} - \tilde{t}_k C^{-1} A C^{-t} \tilde{v}^{(k)}, \quad \mathbf{r}^{(k)} = \mathbf{r}^{(k-1)} - \tilde{t}_k A C^{-t} C^t \mathbf{v}^{(k)}$$

及
$$\mathbf{r}^{(k)} = \mathbf{r}^{(k-1)} - \tilde{t}_k A \mathbf{v}^{(k)} \tag{7.35}$$

最後
$$\tilde{\mathbf{v}}^{(k+1)} = \tilde{\mathbf{r}}^{(k)} + \tilde{s}_k \tilde{\mathbf{v}}^{(k)} \quad \text{且} \quad C^t \mathbf{v}^{(k+1)} = C^{-1} \mathbf{r}^{(k)} + \tilde{s}_k C^t \mathbf{v}^{(k)}$$

所以
$$\mathbf{v}^{(k+1)} = C^{-t} C^{-1} \mathbf{r}^{(k)} + \tilde{s}_k \mathbf{v}^{(k)} = C^{-t} \mathbf{w}^{(k)} + \tilde{s}_k \mathbf{v}^{(k)} \tag{7.36}$$

以上 (7.32)-(7.36) 式就是預調條件之共軛梯度法，其順序為 (7.33)、(7.34)、(7.35)、(7.32)、(7.36)。算則 7.5 為此程序之應用。

算則 7.5 預調條件之共軛梯度法 (Preconditioned Conjugate Gradient Method)
已知調整矩陣 C^{-1} 及初始值 $\mathbf{x}^{(0)}$，求解 $A\mathbf{x} = \mathbf{b}$：

INPUT 方程式與變數的數目 n；矩陣 A 的元素 a_{ij}，$1 \leq i, j \leq n$；$\mathbf{b}$ 的分量 b_j，$1 \leq j \leq n$；調整矩陣 C^{-1} 的元素 γ_{ij}，$1 \leq i, j \leq n$；初始值 $\mathbf{x} = \mathbf{x}^{(0)}$ 的分量 x_i，$1 \leq i \leq n$；最大迭代次數 N；容許誤差 TOL。

OUTPUT 近似解 $x_1, \ldots x_n$ 及殘值 $r_1, \ldots r_n$，或迭代次數超過的訊息。

Step 1 Set $\mathbf{r} = \mathbf{b} - A\mathbf{x}$; (計算 $\mathbf{r}^{(0)}$)
$\mathbf{w} = C^{-1}\mathbf{r}$; (註：$\mathbf{w} = \mathbf{w}^{(0)}$)
$\mathbf{v} = C^{-t}\mathbf{w}$; (註：$\mathbf{v} = \mathbf{v}^{(1)}$)
$\alpha = \sum_{j=1}^{n} w_j^2$.

Step 2 Set $k = 1$.

Step 3 While ($k \leq N$) do Steps 4–7.

Step 4 If $\|\mathbf{v}\| < TOL$, then
OUTPUT ('Solution vector'; $x_1, \ldots, x_n$);
OUTPUT ('with residual'; $r_1, \ldots, r_n$);
(程式成功)
STOP

Step 5 Set $\mathbf{u} = A\mathbf{v}$; (註：$\mathbf{u} = A\mathbf{v}^{(k)}$)
$$t = \frac{\alpha}{\sum_{j=1}^{n} v_j u_j}; (註：t = t_k)$$
$\mathbf{x} = \mathbf{x} + t\mathbf{v}$; (註：$\mathbf{x} = \mathbf{x}^{(k)}$)
$\mathbf{r} = \mathbf{r} - t\mathbf{u}$; (註：$\mathbf{r} = \mathbf{r}^{(k)}$)
$\mathbf{w} = C^{-1}\mathbf{r}$; (註：$\mathbf{w} = \mathbf{w}^{(k)}$)
$\beta = \sum_{j=1}^{n} w_j^2$. (註：$\beta = \langle \mathbf{w}^{(k)}, \mathbf{w}^{(k)} \rangle$)

Step 6 If $|\beta| < TOL$ then
if $\|\mathbf{r}\| < TOL$ then
OUTPUT('Solution vector'; $x_1, \ldots, x_n$);
OUTPUT('with residual'; $r_1, \ldots, r_n$);
(程式成功)
STOP

Step 7 Set $s = \beta/\alpha$; ($s = s_k$)
$\mathbf{v} = C^{-t}\mathbf{w} + s\mathbf{v}$; (註：$\mathbf{v} = \mathbf{v}^{(k+1)}$)
$\alpha = \beta$; (更新 α)
$k = k + 1$.

Step 8 If ($k > n$) then
OUTPUT ('The maximum number of iterations was exceeded.');
(程式失敗)
STOP. ∎

下面用一個簡單的例題說明其計算。

例題 2 已知線性方程組 $A\mathbf{x} = \mathbf{b}$ 為

$$4x_1 + 3x_2 \quad\quad = 24$$
$$3x_1 + 4x_2 - x_3 = 30$$
$$\quad\quad - x_2 + 4x_3 = -24$$

其確解為 $(3, 4, -5)^t$。使用共軛梯度法來求解，在此我們不用預調條件，所以 $\mathbf{x}^{(0)} = (0, 0, 0)^t$，並令 $C = C^{-1} = I$。

解 在 7.4 節的例題 2 我們已經用 SOR 法及近似最佳的 $\omega = 1.25$ 解過此問題。

對於共軛梯度法，我們先求

$$\mathbf{r}^{(0)} = \mathbf{b} - A\mathbf{x}^{(0)} = \mathbf{b} = (24, 30, -24)^t$$
$$\mathbf{w} = C^{-1}\mathbf{r}^{(0)} = (24, 30, -24)^t$$
$$\mathbf{v}^{(1)} = C^{-t}\mathbf{w} = (24, 30, -24)^t$$
$$\alpha = \langle \mathbf{w}, \mathbf{w} \rangle = 2052$$

由 $k=1$ 開始第一次迭代。則

$$\mathbf{u} = A\mathbf{v}^{(1)} = (186.0, 216.0, -126.0)^t$$
$$t_1 = \frac{\alpha}{\langle \mathbf{v}^{(1)}, \mathbf{u} \rangle} = 0.1469072165$$
$$\mathbf{x}^{(1)} = \mathbf{x}^{(0)} + t_1\mathbf{v}^{(1)} = (3.525773196, 4.407216495, -3.525773196)^t$$
$$\mathbf{r}^{(1)} = \mathbf{r}^{(0)} - t_1\mathbf{u} = (-3.32474227, -1.73195876, -5.48969072)^t$$
$$\mathbf{w} = C^{-1}\mathbf{r}^{(1)} = \mathbf{r}^{(1)}$$
$$\beta = \langle \mathbf{w}, \mathbf{w} \rangle = 44.19029651$$
$$s_1 = \frac{\beta}{\alpha} = 0.02153523222$$
$$\mathbf{v}^{(2)} = C^{-t}\mathbf{w} + s_1\mathbf{v}^{(1)} = (-2.807896697, -1.085901793, -6.006536293)^t$$

設定

$$\alpha = \beta = 44.19029651$$

現在我們可開始第二次迭代。我們得

$$\mathbf{u} = A\mathbf{v}^{(2)} = (-14.48929217, -6.760760967, -22.94024338)^t$$
$$t_2 = 0.2378157558$$
$$\mathbf{x}^{(2)} = (2.858011121, 4.148971939, -4.954222164)^t$$
$$\mathbf{r}^{(2)} = (0.121039698, -0.124143281, -0.034139402)^t$$
$$\mathbf{w} = C^{-1}\mathbf{r}^{(2)} = \mathbf{r}^{(2)}$$
$$\beta = 0.03122766148$$
$$s_2 = 0.0007066633163$$
$$\mathbf{v}^{(3)} = (0.1190554504, -0.1249106480, -0.03838400086)^t$$

設定 $\alpha = \beta = 0.03122766148$。

最後，第三次迭代為

$$\mathbf{u} = A\mathbf{v}^{(3)} = (0.1014898976, -0.1040922099, -0.0286253554)^t$$
$$t_3 = 1.192628008$$
$$\mathbf{x}^{(3)} = (2.999999998, 4.000000002, -4.999999998)^t$$
$$\mathbf{r}^{(3)} = (0.36 \times 10^{-8}, 0.39 \times 10^{-8}, -0.141 \times 10^{-8})^t$$

因為 $\mathbf{x}^{(3)}$ 幾乎與確解完全一樣，捨入誤差沒有造成明顯的影響。要達到 10^{-7} 的準確度，在 7.4 節的例題 2 中，SOR 法在 $\omega = 1.25$ 時須要 14 次迭代。但要留意的是，在這個例子中，我們其實是把直接法與迭代法做比較。∎

下一個例題顯示，預調條件對條件不良矩陣的效果。在這個例題及以後，我們用 $D^{-1/2}$ 代表一個特殊的對角線矩陣，它的對角線元素是係數矩陣 A 的對角線元素平方根的倒數。

例題 3 用 Maple 求下面矩陣的特徵值與條件數。

$$A = \begin{bmatrix} 0.2 & 0.1 & 1 & 1 & 0 \\ 0.1 & 4 & -1 & 1 & -1 \\ 1 & -1 & 60 & 0 & -2 \\ 1 & 1 & 0 & 8 & 4 \\ 0 & -1 & -2 & 4 & 700 \end{bmatrix}$$

並和預調條件矩陣 $D^{-1/2}AD^{-1/2}$ 的特徵值與條件數做比較。

解 我們要先載入 *LinearAlgebra* 程式包並輸入矩陣。

with(*LinearAlgebra*):
$A := Matrix([[0.2, 0.1, 1, 1, 0], [0.1, 4, -1, 1, -1], [1, -1, 60, 0, -2],$
$[1, 1, 0, 8, 4], [0, -1, -2, 4, 700]])$

要求得預調矩陣，我們先要有對角線矩陣，它是對稱所以也等於它的轉置，其對角線元素為

$a1 := \dfrac{1}{\sqrt{0.2}}; \ a2 := \dfrac{1}{\sqrt{4.0}}; \ a3 := \dfrac{1}{\sqrt{60.0}}; \ a4 := \dfrac{1}{\sqrt{8.0}}; \ a5 := \dfrac{1}{\sqrt{700.0}}$

而預調矩陣為

$CI := Matrix([[a1, 0, 0, 0, 0], [0, a2, 0, 0, 0], [0, 0, a3, 0, 0], [0, 0, 0, a4, 0], [0, 0, 0, 0, a5]])$

Maple 會傳回

$$\begin{bmatrix} 2.23607 & 0 & 0 & 0 & 0 \\ 0 & .500000 & 0 & 0 & 0 \\ 0 & 0 & .129099 & 0 & 0 \\ 0 & 0 & 0 & .353553 & 0 \\ 0 & 0 & 0 & 0 & 0.0377965 \end{bmatrix}$$

預調矩陣為

$AH := CI.A.Transpose(CI)$

$$\begin{bmatrix} 1.000002 & 0.1118035 & 0.2886744 & 0.7905693 & 0 \\ 0.1118035 & 1 & -0.0645495 & 0.1767765 & -0.0188983 \\ 0.2886744 & -0.0645495 & 0.9999931 & 0 & -0.00975898 \\ 0.7905693 & 0.1767765 & 0 & 0.9999964 & 0.05345219 \\ 0 & -0.0188983 & -0.00975898 & 0.05345219 & 1.000005 \end{bmatrix}$$

用以下指令可得 A 和 AH 的特徵值

Eigenvalues(A); Eigenvalues(AH)

Maple 會得出

A 的特徵值：700.031, 60.0284, 0.0570747, 8.33845, 3.74533

AH 的特徵值：1.88052, 0.156370, 0.852686, 1.10159, 1.00884

A 和 AH 以 l_∞ 範數計算的條件數為

ConditionNumber(A); ConditionNumber(AH)

Maple 會得到 A 為 13961.7，而 AH 的是 16.1155。在本例中，AH 的條件當然比原來 A 的好。 ∎

說明題 線性方程組 $A\mathbf{x} = \mathbf{b}$ 之

$$A = \begin{bmatrix} 0.2 & 0.1 & 1 & 1 & 0 \\ 0.1 & 4 & -1 & 1 & -1 \\ 1 & -1 & 60 & 0 & -2 \\ 1 & 1 & 0 & 8 & 4 \\ 0 & -1 & -2 & 4 & 700 \end{bmatrix} \quad \text{且} \quad \mathbf{b} = \begin{bmatrix} 1 \\ 2 \\ 3 \\ 4 \\ 5 \end{bmatrix}$$

其解為

$\mathbf{x}^* = (7.859713071, 0.4229264082, -0.07359223906, -0.5406430164, 0.01062616286)^t$

我們以容許誤差 0.01，用 Jacobi、高斯-賽德、及 SOR($\omega = 1.25$) 迭代法解 A 的方程組，同時也用未經預調的共軛梯度法及如例題 3 預調的共軛梯度法求解，結果列於表 7.5。預調條件共軛梯度法不僅結果最準，且使用的迭代次數最少。 ∎

表 7.5

方法	迭代次數	$\mathbf{x}^{(k)}$	$\|\mathbf{x}^* - \mathbf{x}^{(k)}\|_\infty$
Jacobi	49	(7.86277141, 0.42320802, −0.07348669, −0.53975964, 0.01062847)^t	0.00305834
高斯-賽德	15	(7.83525748, 0.42257868, −0.07319124, −0.53753055, 0.01060903)^t	0.02445559
SOR($\omega = 1.25$)	7	(7.85152706, 0.42277371, −0.07348303, −0.53978369, 0.01062286)^t	0.00818607
共軛梯度法	5	(7.85341523, 0.42298677, −0.07347963, −0.53987920, 0.008628916)^t	0.00629785
共軛梯度法 (預調)	4	(7.85968827, 0.42288329, −0.07359878, −0.54063200, 0.01064344)^t	0.00009312

對很大的方程組，當其係數矩陣為稀疏且正定時，常用預調條件共軛梯度法求解。在求常微分方程的邊界值問題數值解時，就必須求解這類方程組 (11.3、11.4、11.5 節)。方程組愈大則共軛梯度法的效果愈明顯，因為它可以大幅的減少迭代次數。對這類問題，其預調矩陣 C 近似於 Cholesky 因式分解 LL^t 中的 L 矩陣。通常，我們忽略 A 中較小的元素，然後用 Cholesky 法求得所謂的不完全 LL^t 因式分解。因此 $C^{-t}C^{-1} \approx A^{-1}$，由此可得相當好的近似值。在[Kelley]中有更多關於共軛梯度法的說明。

習題組 7.6 完整習題請見隨書光碟

1. 線性方程組

$$x_1 + \frac{1}{2}x_2 = \frac{5}{21}$$
$$\frac{1}{2}x_1 + \frac{1}{3}x_2 = \frac{11}{84}$$

之解為 $(x_1, x_2)^t = (1/6, 1/7)^t$。

a. 用高斯消去法及 2 位數四捨五入運算求解此方程組。
b. 用共軛梯度法 $(C = C^{-1} = I)$ 及 2 位數四捨五入運算求解此方程組。
c. 那種方法的結果較好？
d. 選取 $C^{-1} = D^{-1/2}$。這樣是否能改善共軛梯度法？

3. 線性方程組

$$x_1 + \frac{1}{2}x_2 + \frac{1}{3}x_3 = \frac{5}{6}$$
$$\frac{1}{2}x_1 + \frac{1}{3}x_2 + \frac{1}{4}x_3 = \frac{5}{12}$$
$$\frac{1}{3}x_1 + \frac{1}{4}x_2 + \frac{1}{5}x_3 = \frac{17}{60}$$

之解為 $(1, -1, 1)^t$。

a. 用高斯消去法及 3 位數四捨五入運算求解此方程組。
b. 用共軛梯度法及 3 位數四捨五入運算求解此方程組。
c. 如果加入樞軸變換是否可改進 (a) 小題的答案？
d. 用 $C^{-1} = D^{-1/2}$ 重做 (b) 小題。是否可改進 (b) 小題的答案？

5. 對下列各線性方程組，用 $C = C^{-1} = I$ 執行 2 步共軛梯度法。將 (b) 及 (c) 小題的結果，與 7.3 節習題 1 和 7.4 節習題 1 的 (b) 及 (c) 的結果做比較。

a. $3x_1 - x_2 + x_3 = 1$
$-x_1 + 6x_2 + 2x_3 = 0$
$x_1 + 2x_2 + 7x_3 = 4$

b. $10x_1 - x_2 = 9$
$-x_1 + 10x_2 - 2x_3 = 7$
$ - 2x_2 + 10x_3 = 6$

c.
$$10x_1 + 5x_2 = 6$$
$$5x_1 + 10x_2 - 4x_3 = 25$$
$$ -4x_2 + 8x_3 - x_4 = -11$$
$$ - x_3 + 5x_4 = -11$$

d.
$$4x_1 + x_2 - x_3 + x_4 = -2$$
$$x_1 + 4x_2 - x_3 - x_4 = -1$$
$$-x_1 - x_2 + 5x_3 + x_4 = 0$$
$$x_1 - x_2 + x_3 + 3x_4 = 1$$

e.
$$4x_1 + x_2 + x_3 + x_5 = 6$$
$$x_1 + 3x_2 + x_3 + x_4 = 6$$
$$x_1 + x_2 + 5x_3 - x_4 - x_5 = 6$$
$$ x_2 - x_3 + 4x_4 = 6$$
$$x_1 - x_3 + 4x_5 = 6$$

f.
$$4x_1 - x_2 - x_4 = 0$$
$$-x_1 + 4x_2 - x_3 - x_5 = 5$$
$$ -x_2 + 4x_3 - x_6 = 0$$
$$-x_1 + 4x_4 - x_5 = 6$$
$$ -x_2 - x_4 + 4x_5 - x_6 = -2$$
$$ - x_3 - x_5 + 4x_6 = 6$$

7. 用 l_∞ 範數容許值 $TOL = 10^{-3}$ 重做習題 5。將 (b) 及 (c) 小題的結果，與 7.3 節習題 5、7、和 7.4 節的習題 5 的結果做比較。

9. 求下列線性方程組 $A\mathbf{x} = \mathbf{b}$ 的近似解，至 l_∞ 範數在 10^{-5} 以內。

  (i)
  $$a_{i,j} = \begin{cases} 4, & \text{當 } j = i \text{ 且 } i = 1, 2, \ldots, 16, \\ -1, & \text{當} \begin{cases} j = i+1 \text{ 且 } i = 1, 2, 3, 5, 6, 7, 9, 10, 11, 13, 14, 15, \\ j = i-1 \text{ 且 } i = 2, 3, 4, 6, 7, 8, 10, 11, 12, 14, 15, 16, \\ j = i+4 \text{ 且 } i = 1, 2, \ldots, 12, \\ j = i-4 \text{ 且 } i = 5, 6, \ldots, 16, \end{cases} \\ 0, & \text{其他} \end{cases}$$

  及 $\mathbf{b} = (1.902207, 1.051143, 1.175689, 3.480083, 0.819600, -0.264419$
  $-0.412789, 1.175689, 0.913337, -0.150209, -0.264419, 1.051143$
  $1.966694, 0.913337, 0.819600, 1.902207)^t$

  (ii)
  $$a_{i,j} = \begin{cases} 4, & \text{當 } j = i \text{ 且 } i = 1, 2, \ldots, 25, \\ -1, & \text{當} \begin{cases} j = i+1 \text{ 且 } i = \begin{cases} 1, 2, 3, 4, 6, 7, 8, 9, 11, 12, 13, 14, \\ 16, 17, 18, 19, 21, 22, 23, 24, \end{cases} \\ j = i-1 \text{ 且 } i = \begin{cases} 2, 3, 4, 5, 7, 8, 9, 10, 12, 13, 14, 15, \\ 17, 18, 19, 20, 22, 23, 24, 25, \end{cases} \\ j = i+5 \text{ 且 } i = 1, 2, \ldots, 20, \\ j = i-5 \text{ 且 } i = 6, 7, \ldots, 25, \end{cases} \\ 0, & \text{其他} \end{cases}$$

  及 $\mathbf{b} = (1, 0, -1, 0, 2, 1, 0, -1, 0, 2, 1, 0, -1, 0, 2, 1, 0, -1, 0, 2, 1, 0, -1, 0, 2)^t$

  (iii)
  $$a_{i,j} = \begin{cases} 2i, & \text{當 } j = i \text{ 且 } i = 1, 2, \ldots, 40 \\ -1, & \text{當} \begin{cases} j = i+1 \text{ 且 } i = 1, 2, \ldots, 39 \\ j = i-1 \text{ 且 } i = 2, 3, \ldots, 40 \end{cases} \\ 0, & \text{其他} \end{cases}$$

  對所有 $i = 1, 2, \ldots, 40$，$b_i = 1.5i - 6$。

a. 用 Jacobi 法。 **b.** 用高斯-賽德法

c. 用 SOR 法，在 (i) 中用 $\omega = 1.3$、(ii) 用 $\omega = 1.2$、(iii) 用 $\omega = 1.1$。

d. 用共軛梯度法，並以 $C^{-1} = D^{-1/2}$ 做預調條件。

11. 令

$$A_1 = \begin{bmatrix} 4 & -1 & 0 & 0 \\ -1 & 4 & -1 & 0 \\ 0 & -1 & 4 & -1 \\ 0 & 0 & -1 & 4 \end{bmatrix}, -I = \begin{bmatrix} -1 & 0 & 0 & 0 \\ 0 & -1 & 0 & 0 \\ 0 & 0 & -1 & 0 \\ 0 & 0 & 0 & -1 \end{bmatrix}, \text{及 } O = \begin{bmatrix} 0 & 0 & 0 & 0 \\ 0 & 0 & 0 & 0 \\ 0 & 0 & 0 & 0 \\ 0 & 0 & 0 & 0 \end{bmatrix}$$

構成一個區劃的 16×16 矩陣 A

$$A = \begin{bmatrix} A_1 & -I & O & O \\ -I & A_1 & -I & O \\ O & -I & A_1 & -I \\ O & O & -I & A_1 \end{bmatrix}$$

令 $\mathbf{b} = (1, 2, 3, 4, 5, 6, 7, 8, 9, 0, 1, 2, 3, 4, 5, 6)^t$。

a. 用共軛梯度法及容許誤差 0.05，求解 $A\mathbf{x} = \mathbf{b}$。

b. 用 $C^{-1} = D^{-1/2}$ 的狀態調整共軛梯度法及容許誤差 0.05，求解 $A\mathbf{x} = \mathbf{b}$。

c. 是否有某個容許誤差會使得 (a) 及 (b) 須要不同的迭代次數？

13. a. 證明一個相對於正定矩陣的 A-正交非 0 向量集合為線性獨立。

b. 證明若 $\{\mathbf{v}^{(1)}, \mathbf{v}^{(2)}, \ldots, \mathbf{v}^{(n)}\}$ 是一個 $\mathbb{R}$ 中的 A-正交非 0 向量集合，且對每個 $i = 1, 2, \cdots, n$，$\mathbf{z}^t \mathbf{v}^{(i)} = \mathbf{0}$，則 $\mathbf{z} = \mathbf{0}$。

15. 在例題 3 中我們求得了矩陣 A 及調整後矩陣 AH 的特徵值與條件數。利用這些結果，求出 A 及 AH 以 l_2 範數計算的條件數，並將計算結果與 Maple 指令 *ConditionNumber(A,2)* 及 *ConditionNumber(AH,2)* 所得的結果做比較。

CHAPTER 8

近似理論

引言

虎克定律指出，一個均質彈簧受到外力時，彈簧的長度與外力之間為線性函數。我們可將此線性函數寫成 $F(l) = k(l - E)$，其中 $F(l)$ 代表將彈簧拉伸到長度 l 所須的力，E 代表彈簧未受力時的長度，而 k 為彈簧常數。

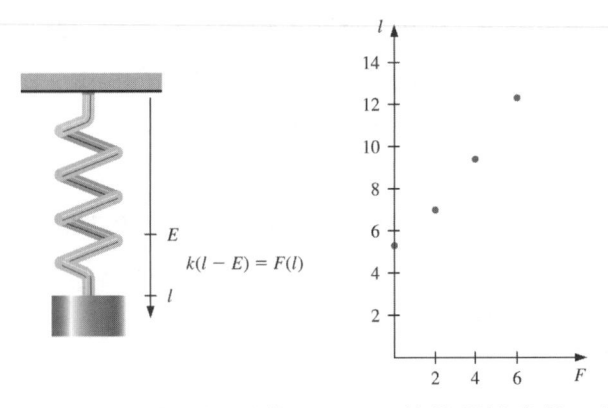

設我們要求一個原長度為 5.3 in 彈簧的彈簧常數。我們在彈簧上分次施加 2、4、及 6 lb 的力，並量得彈簧長度分別為 7.0、9.4、及 12.3 in。我們很快檢視一下就知道，(0, 5.3)、(2, 7.0)、(4, 9.4)、及 (6, 12.3) 並沒有完全落於同一直線上。雖然我們可以由這些數據中隨便挑 2 點，以求得彈簧常數的近似值，但較合理的做法應該是，利用所有的數據，以找出最佳的近似值。本章將討論此種近似值問題，此彈簧的問題將出現在 8.1 節的習題 7。

近似理論探討兩類問題。第一類問題是函數為已知，但我們想找出一個較簡單的函數型式，例如多項式，以便於求得此已知函數的近似值。近似理論所探討的第二類問題是已知一組數據，想要找出一個特定類型的最佳函數，以代表這組數據。

這兩類問題，我們在第 3 章中都有所接觸。對一個 $(n + 1)$ 次可微的函數 f，它對 x_0 展開的 n 次泰勒多項式，在緊鄰 x_0 處非常接近 f。我們介紹過拉格朗日 (Lagrange) 內插多項式，一

般化的講法是密切 (osculatory) 多項式，它們可用做近似多項式，也可做為擬合特定數據的多項式。在第 3 章中也討論了三次雲形線 (cubic splines)。在本章中，我們將說明這些方法的限制條件，並探討其他的方法。

8.1 離散最小平方近似

表 8.1 為已知的實驗數據，我們要估計未列於表中之其他點的函數值。

圖 8.1 為表 8.1 數據的圖形。由圖中看來，x 與 y 之間似乎是線性關係。而所有數據無法位於同一條線上，是因為數據本身有誤差。所以，要求近似函數通過每一點並不合理。事實上，這樣的函數將會產生原本沒有的振盪。例如，圖 8.2 顯示了 9 次內插多項式的圖形，此圖形可用以下的 Maple 指令獲得。

表 8.1

x_i	y_i	x_i	y_i
1	1.3	6	8.8
2	3.5	7	10.1
3	4.2	8	12.5
4	5.0	9	13.0
5	7.0	10	15.6

$p := interp([1, 2, 3, 4, 5, 6, 7, 8, 9, 10], [1.3, 3.5, 4.2, 5.0, 7.0, 8.8, 10.1, 12.5, 13.0, 15.6], x)$:
$plot(p, x = 1..10)$

所得的圖形及數據點如圖 8.2 所示。

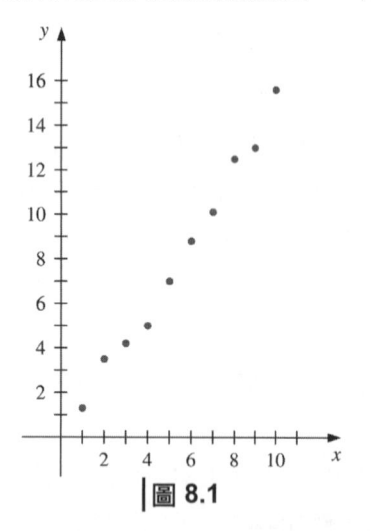

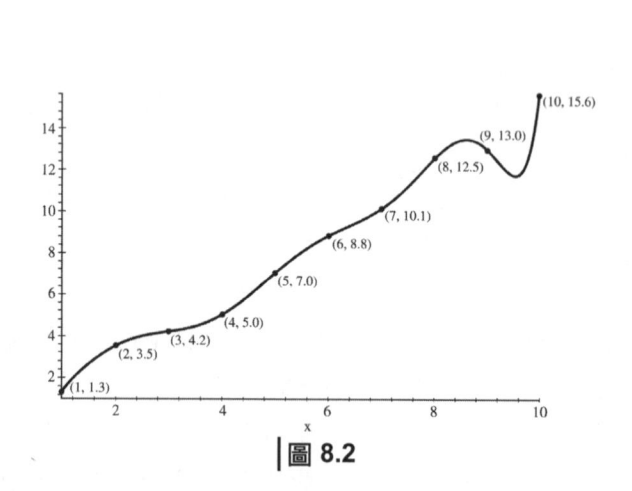

圖 8.1

圖 8.2

此多項式，明顯的在許多地方都是很差的近似值。較佳的做法是去找出一條「最佳」(在某種意義上) 的近似線，即使這條線沒有通過任何數據點。

令 $a_1 x_i + a_0$ 代表近似線上第 i 點的值，而 y_i 為第 i 個已知的 y 值。我們假定自變數 x_i 為絕對正確，有問題的是應變數 y_i。在多數的實驗中，此假設都是合理的。

由絕對值的觀點來看，要找到一個最佳的線性近似函數，相當於求出 a_0 與 a_1 以使得

第 8 章　近似理論

$$E_\infty(a_0, a_1) = \max_{1 \le i \le 10}\{|y_i - (a_1 x_i + a_0)|\}$$

為最小。這種問題通常稱為**最小最大值** (minimax) 問題，用基本的方法是無法處理的。

另一種求最佳線性近似函數的方法是，求出 a_0 與 a_1 以使得

$$E_1(a_0, a_1) = \sum_{i=1}^{10} |y_i - (a_1 x_i + a_0)|$$

為最小。這稱為**絕對差** (absolute deviation)。要最小化一個雙變數函數，我們要設定其偏導數為 0，並求方程組的聯立解。對於絕對差，我們要求出滿足

$$0 = \frac{\partial}{\partial a_0} \sum_{i=1}^{10} |y_i - (a_1 x_i + a_0)| \quad \text{及} \quad 0 = \frac{\partial}{\partial a_1} \sum_{i=1}^{10} |y_i - (a_1 x_i + a_0)|$$

的 a_0 與 a_1。但麻煩的是，絕對值函數在 0 的位置是不可微的，這個方程組可能無解。

■ 線性最小平方

利用已知的 y 值與近似值之差的平方和，以決定最佳近似線的方法稱為**最小平方** (least squares) 法。因為我們求 a_0 與 a_1，使得平方差

$$E_2(a_0, a_1) = \sum_{i=1}^{10} [y_i - (a_1 x_i + a_0)]^2$$

為最小。

要找出最佳線性近似函數，最小平方法在使用上最為方便，而且有兩點理論性的考量支持它。最小最大值法對誤差過大的數據，賦予過高的權重，而絕對差法則又不夠重視偏離較遠的點。最小平方法對於偏離較遠的點給予較大的權重，但又不致於使其主導了結果。選擇最小平方法的另一個理由則牽涉到誤差的統計分布 (見 [Lar], pp. 463-481)。

要對一組數據 $\{(x_i, y_i)\}_{i=1}^{m}$ 擬合 (fitting) 出最佳的最小平方差線，必須將總誤差 (total error)

$$E \equiv E_2(a_0, a_1) = \sum_{i=1}^{m} [y_i - (a_1 x_i + a_0)]^2$$

對參數 a_0 與 a_1 做最小化。要有最小值，必須

$$\frac{\partial E}{\partial a_0} = 0 \quad \text{及} \quad \frac{\partial E}{\partial a_1} = 0$$

也就是

$$0 = \frac{\partial}{\partial a_0} \sum_{i=1}^{m} [(y_i - (a_1 x_i - a_0)]^2 = 2 \sum_{i=1}^{m} (y_i - a_1 x_i - a_0)(-1)$$

和

$$0 = \frac{\partial}{\partial a_1} \sum_{i=1}^{m} [y_i - (a_1 x_i + a_0)]^2 = 2 \sum_{i=1}^{m} (y_i - a_1 x_i - a_0)(-x_i)$$

這些方程式可化簡為**正交方程式** (normal equation)：

$$a_0 \cdot m + a_1 \sum_{i=1}^{m} x_i = \sum_{i=1}^{m} y_i \quad \text{及} \quad a_0 \sum_{i=1}^{m} x_i + a_1 \sum_{i=1}^{m} x_i^2 = \sum_{i=1}^{m} x_i y_i$$

此方程組的解為

$$a_0 = \frac{\sum_{i=1}^{m} x_i^2 \sum_{i=1}^{m} y_i - \sum_{i=1}^{m} x_i y_i \sum_{i=1}^{m} x_i}{m \left(\sum_{i=1}^{m} x_i^2 \right) - \left(\sum_{i=1}^{m} x_i \right)^2} \tag{8.1}$$

及

$$a_1 = \frac{m \sum_{i=1}^{m} x_i y_i - \sum_{i=1}^{m} x_i \sum_{i=1}^{m} y_i}{m \left(\sum_{i=1}^{m} x_i^2 \right) - \left(\sum_{i=1}^{m} x_i \right)^2} \tag{8.2}$$

例題 1 求出近似表 8.1 中數據的最小平方線。

解 我們先在表中加入 x_i^2 和 $x_i y_i$ 並將各行加總，如表 8.2 所示。

| 表 8.2 |

x_i	y_i	x_i^2	$x_i y_i$	$P(x_i) = 1.538 x_i - 0.360$
1	1.3	1	1.3	1.18
2	3.5	4	7.0	2.72
3	4.2	9	12.6	4.25
4	5.0	16	20.0	5.79
5	7.0	25	35.0	7.33
6	8.8	36	52.8	8.87
7	10.1	49	70.7	10.41
8	12.5	64	100.0	11.94
9	13.0	81	117.0	13.48
10	15.6	100	156.0	15.02
55	81.0	385	572.4	$E = \sum_{i=1}^{10} (y_i - P(x_i))^2 \approx 2.34$

由正交方程式 (8.1) 及 (8.2) 可得

$$a_0 = \frac{385(81) - 55(572.4)}{10(385) - (55)^2} = -0.360$$

及

$$a_1 = \frac{10(572.4) - 55(81)}{10(385) - (55)^2} = 1.538$$

所以 $P(x) = 1.538x - 0.360$。圖 8.3 中顯示了這條線與數據點。由最小平方法所得的近似值列於表 8.2 中。 ∎

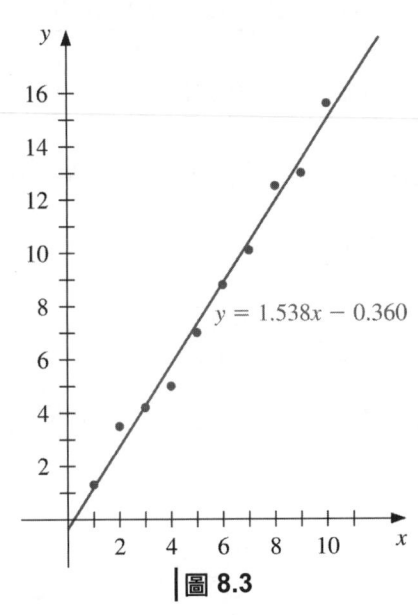

圖 8.3

■ 多項式最小平方

我們可以用同樣的方法，以代數多項式

$$P_n(x) = a_n x^n + a_{n-1} x^{n-1} + \cdots + a_1 x + a_0$$

做為數據 $\{(x_i, y_i) \mid i = 1, 2, \ldots, m\}$，其中 $n < m - 1$，的最小平方近似函數。我們選取適當的常數 $a_0, a_1, \ldots, a_n$，使得平方差 $E = E_2(a_0, a_1, \ldots, a_n)$ 為最小，其中

$$E = \sum_{i=1}^{m} (y_i - P_n(x_i))^2$$

$$= \sum_{i=1}^{m} y_i^2 - 2 \sum_{i=1}^{m} P_n(x_i) y_i + \sum_{i=1}^{m} (P_n(x_i))^2$$

$$= \sum_{i=1}^{m} y_i^2 - 2\sum_{i=1}^{m}\left(\sum_{j=0}^{n} a_j x_i^j\right) y_i + \sum_{i=1}^{m}\left(\sum_{j=0}^{n} a_j x_i^j\right)^2$$

$$= \sum_{i=1}^{m} y_i^2 - 2\sum_{j=0}^{n} a_j \left(\sum_{i=1}^{m} y_i x_i^j\right) + \sum_{j=0}^{n}\sum_{k=0}^{n} a_j a_k \left(\sum_{i=1}^{m} x_i^{j+k}\right)$$

與線性時一樣，要使得 E 最小，必須對每個 $j = 0, 1, \ldots, n$ 都有 $\partial E/\partial a_j = 0$。因此，對每個 j 值，我們必須有

$$0 = \frac{\partial E}{\partial a_j} = -2\sum_{i=1}^{m} y_i x_i^j + 2\sum_{k=0}^{n} a_k \sum_{i=1}^{m} x_i^{j+k}$$

由此可得 $n+1$ 個未知數 a_j 的 $n+1$ 個正交方程式，它們是

$$\sum_{k=0}^{n} a_k \sum_{i=1}^{m} x_i^{j+k} = \sum_{i=1}^{m} y_i x_i^j, \quad j = 0, 1, \ldots, n. \tag{8.3}$$

我們可將其寫成以下型式以利了解：

$$a_0 \sum_{i=1}^{m} x_i^0 + a_1 \sum_{i=1}^{m} x_i^1 + a_2 \sum_{i=1}^{m} x_i^2 + \cdots + a_n \sum_{i=1}^{m} x_i^n = \sum_{i=1}^{m} y_i x_i^0$$

$$a_0 \sum_{i=1}^{m} x_i^1 + a_1 \sum_{i=1}^{m} x_i^2 + a_2 \sum_{i=1}^{m} x_i^3 + \cdots + a_n \sum_{i=1}^{m} x_i^{n+1} = \sum_{i=1}^{m} y_i x_i^1$$

$$\vdots$$

$$a_0 \sum_{i=1}^{m} x_i^n + a_1 \sum_{i=1}^{m} x_i^{n+1} + a_2 \sum_{i=1}^{m} x_i^{n+2} + \cdots + a_n \sum_{i=1}^{m} x_i^{2n} = \sum_{i=1}^{m} y_i x_i^n$$

在 x_i 為相異的情形下這組正交方程式有唯一解 (見習題 14)。

例題 2 以 2 次最小平方多項式擬合表 8.3 的數據。

解 在此問題中 $n = 2$、$m = 5$ 而 3 個正交方程式為

$5a_0 + 2.5a_1 + 1.875a_2 = 8.7680$

$2.5a_0 + 1.875a_1 + 1.5625a_2 = 5.4514$

$1.875a_0 + 1.5625a_1 + 1.3828a_2 = 4.4015$

表 8.3

i	x_i	y_i
1	0	1.0000
2	0.25	1.2840
3	0.50	1.6487
4	0.75	2.1170
5	1.00	2.7183

用 Maple 求解，首先定義方程式

$eq1 := 5a0 + 2.5a1 + 1.875a2 = 8.7680:$
$eq2 := 2.5a0 + 1.875a1 + 1.5625a2 = 5.4514:$
$eq3 := 1.875a0 + 1.5625a1 + 1.3828a2 = 4.4015$

要解此方程組可輸入

$solve(\{eq1, eq2, eq3\}, \{a0, a1, a2\})$

如此可得

$$\{a_0 = 1.005075519, \quad a_1 = 0.8646758482, \quad a_2 = .8431641518\}$$

因此，可擬合表 8.3 之數據且次數為二的最小平方多項式為

$$P_2(x) = 1.0051 + 0.86468x + 0.84316x^2$$

其圖形顯示於圖 8.4。對已知的 x_i，其近似值列於表 8.4。

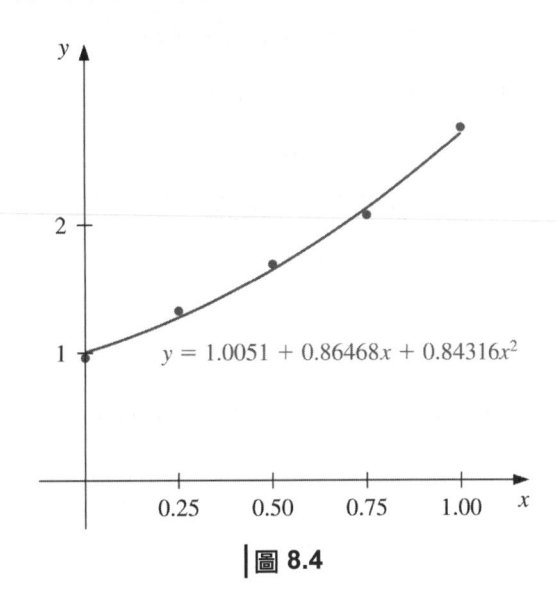

圖 8.4

表 8.4

i	1	2	3	4	5
x_i	0	0.25	0.50	0.75	1.00
y_i	1.0000	1.2840	1.6487	2.1170	2.7183
$P(x_i)$	1.0051	1.2740	1.6482	2.1279	2.7129
$y_i - P(x_i)$	−0.0051	0.0100	0.0004	−0.0109	0.0054

總誤差

$$E = \sum_{i=1}^{5}(y_i - P(x_i))^2 = 2.74 \times 10^{-4}$$

是用二次多項式所能獲得的最小誤差。∎

在 **Maple** 的 *Statistics* 程式包中有一個 *LinearFit* 函數，可以計算離散最小平方近似。要求例題 2 的近似值，我們載入程式包並定義數據如下

with(Statistics): xvals := Vector([0, 0.25, 0.5, 0.75, 1]): yvals := Vector([1, 1.284, 1.6487, 2.117, 2.7183]):

以下指令可定義用於這些數據的最小平方多項式

$P := x \to LinearFit([1, x, x^2], xvals, yvals, x): P(x)$

Maple 回復結果四捨五入到小數 5 位為

$$1.00514 + 0.86418x + 0.84366x^2$$

如果要求某特定點的近似值，如 $x = 1.7$，可用 $P(1.7)$

$$4.91242$$

有的時候，假設數據間為指數關係會比較適當。此時我們要假設此近似函數的型式為

$$y = be^{ax} \tag{8.4}$$

或

$$y = bx^a \tag{8.5}$$

其中 a 及 b 為常數。在這種情形下最小平方法會遭遇困難，因為我們要最小化

$$E = \sum_{i=1}^{m}(y_i - be^{ax_i})^2 \text{，(8.4) 式的情形，}$$

或

$$E = \sum_{i=1}^{m}(y_i - bx_i^a)^2 \text{，(8.5) 式的情形，}$$

我們可得 2 種情形下的正交方程式，對 (8.4) 式為

$$0 = \frac{\partial E}{\partial b} = 2\sum_{i=1}^{m}(y_i - be^{ax_i})(-e^{ax_i})$$

且

$$0 = \frac{\partial E}{\partial a} = 2\sum_{i=1}^{m}(y_i - be^{ax_i})(-bx_i e^{ax_i})$$

對 (8.5) 式為

$$0 = \frac{\partial E}{\partial b} = 2\sum_{i=1}^{m}(y_i - bx_i^a)(-x_i^a)$$

且

$$0 = \frac{\partial E}{\partial a} = 2\sum_{i=1}^{m}(y_i - bx_i^a)(-b(\ln x_i)x_i^a)$$

對這兩個方程組，通常我們都找不到 a 及 b 的確解。

如果我們懷疑數據為指數關係，那我們應考慮以下的對數函數：

$$\ln y = \ln b + ax, \quad (8.4) \text{ 式的情形,}$$

及

$$\ln y = \ln b + a \ln x, \quad (8.5) \text{ 式的情形。}$$

不論是那種情形，現在成為線性問題，將正交方程式 (8.1) 及 (8.2) 做適當的修改，我們可求得 $\ln b$ 及 a。

但這樣獲得的近似值，並不是原問題的最小平方近似，有時它們的差異還很大。習題 13 就是一個這樣的例子。在 10.3 節的習題 11，我們會再考慮此問題，那時我們將用適合於解非線性方程的方法，求得指數最小平方法的近似值。

說明題 考慮表 8.5 中前 3 行的數據。

表 8.5

i	x_i	y_i	$\ln y_i$	x_i^2	$x_i \ln y_i$
1	1.00	5.10	1.629	1.0000	1.629
2	1.25	5.79	1.756	1.5625	2.195
3	1.50	6.53	1.876	2.2500	2.814
4	1.75	7.45	2.008	3.0625	3.514
5	2.00	8.46	2.135	4.0000	4.270
	7.50		9.404	11.875	14.422

如果用 x_i 對 $\ln y_i$ 作圖，這些數據看起來成線性關係，所以我們合理的假設近似函數為

$$y = be^{ax}, \quad \text{也就是} \quad \ln y = \ln b + ax。$$

將表擴充，並計算各行的和，如表 8.5 所示。

用正交方程式 (8.1) 及 (8.2) 式可得

$$a = \frac{(5)(14.422) - (7.5)(9.404)}{(5)(11.875) - (7.5)^2} = 0.5056$$

及

$$\ln b = \frac{(11.875)(9.404) - (14.422)(7.5)}{(5)(11.875) - (7.5)^2} = 1.122$$

在 $\ln b = 1.122$ 時我們有 $b = e^{1.122} = 3.071$，而近似函數為

$$y = 3.071 e^{0.5056x}$$

由此獲得各點的近似值，如表 8.6。(參見圖 8.5)

表 8.6

i	x_i	y_i	$3.071e^{0.5056x_i}$	$\|y_i - 3.071e^{0.5056x_i}\|$
1	1.00	5.10	5.09	0.01
2	1.25	5.79	5.78	0.01
3	1.50	6.53	6.56	0.03
4	1.75	7.45	7.44	0.01
5	2.00	8.46	8.44	0.02

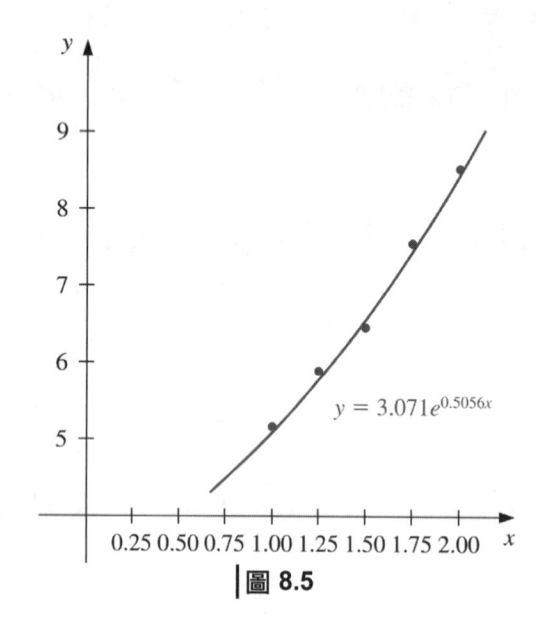

圖 8.5

在 *Statistics* 程式包中的指令 *ExponentialFit* 和 *NonlinearFit* 指令可計算指數及其他非線性的最小平方近似。

例如，要得到說明題中的近似值，先定義數據

$X := Vector([1, 1.25, 1.5, 1.75, 2]): Y := Vector([5.1, 5.79, 6.53, 7.45, 8.46]):$

然後再用指令

ExponentialFit(X, Y, x)

可得結果，捨入到小數 5 位為

$$3.07249e^{0.50572x}$$

如果用的是 *NonlinearFit* 指令，那結果將來自第 10 章介紹的解非線性方程組的方法。在

第 8 章 近似理論 483

本例中 Maple 將傳回

$$3.06658(1.66023)^x \approx 3.06658e^{0.50695}$$

習題組 8.1 完整習題請見隨書光碟

1. 針對例題 2 的數據，求其線性最小平方多項式。
3. 針對下表數據，求其 1、2、及 3 次的最小平方多項式。求出每一情形的總誤差 E。畫出數據點及各多項式圖形。

x_i	1.0	1.1	1.3	1.5	1.9	2.1
y_i	1.84	1.96	2.21	2.46	2.94	3.18

5. 已知下表數據：

x_i	4.0	4.2	4.5	4.7	5.1	5.5	5.9	6.3	6.8	7.1
y_i	102.56	113.18	130.11	142.05	167.53	195.14	224.87	256.73	299.50	326.72

  a. 建立 1 次最小平方多項式，並求其誤差。
  b. 建立 2 次最小平方多項式，並求其誤差。
  c. 建立 3 次最小平方多項式，並求其誤差。
  d. 建立 be^{ax} 型式之最小平方多項式，並求其誤差。
  e. 建立 bx^a 型式之最小平方多項式，並求其誤差。

7. 在本章一開始的地方，我們描述了一個決定虎克定律中彈簧常數 k 的實驗，虎克定律為：

$$F(l) = k(l - E)$$

其中函數 F 是將彈簧拉長至 l 單位長的外力，常數 $E = 5.3$in 是彈簧未受力時的長度。

  a. 假設我們量得的長度 l 與外力 $F(l)$ 如下表，其中長度單位為吋，外力單位為磅。

$F(l)$	l
2	7.0
4	9.4
6	12.3

求 k 的最小平方近似值。

  b. 之後再做了更多量測，其數據如下：

$F(l)$	l
3	8.3
5	11.3
8	14.4
10	15.9

求新的 k 的最小平方近似值。(a) 及 (b) 的答案那一個最吻合全部數據？

9. 下表為 20 位主修數學及電腦科學學生的大學學期平均成績，與他們高中時的大學學測 ACT (American College Testing Program) 成績。畫出這些數據，並找出其最小平方線公式。

ACT 成績	學期平均成績	ACT 成績	學期平均成績
28	3.84	29	3.75
25	3.21	28	3.65
28	3.23	27	3.87
27	3.63	29	3.75
28	3.75	21	1.66
33	3.20	28	3.12
28	3.41	28	2.96
29	3.38	26	2.92
23	3.53	30	3.10
27	2.03	24	2.81

11. 為找出大堡礁的魚類總數與魚的種類數之間的關係，P. Sale 及 R. Dybdahl [SD] 用線性最小平方法來擬合以下數據，這些數據是他們花了 2 年的時間所採取的樣本。其中 x 為每組樣本中魚隻總數，而 y 為每組樣本中魚的種類。

x	y	x	y	x	y
13	11	29	12	60	14
15	10	30	14	62	21
16	11	31	16	64	21
21	12	36	17	70	24
22	12	40	13	72	17
23	13	42	14	100	23
25	13	55	22	130	34

求這些數據的線性最小平方多項式。

13. 在一篇討論一種天蛾 (*Pachysphinx modesta*) 幼蟲的能源使用效率的論文中，L. Schroeder [Schr1]

利用下列數據以找出 W 與 R 之間的關係。其中 W 為幼蟲的重量，單位為公克；R 是幼蟲的耗氧量，單位為毫升/小時。由生物學的知識，假設 W 與 R 的關係為 $R = bW^a$。

a. 利用

$$\ln R = \ln b + a \ln W$$

求對數線性最小平方多項式。

b. 計算 (a) 小題的近似誤差：

$$E = \sum_{i=1}^{37}(R_i - bW_i^a)^2$$

c. 將 (a) 小題的對數線性最小平方多項式加入一個二次項 $c(\ln W_i)^2$，以求得對數二次最小平方多項式。

d. 找出 (c) 小題近似誤差的公式，並算出誤差值。

W	R	W	R	W	R	W	R	W	R
0.017	0.154	0.025	0.23	0.020	0.181	0.020	0.180	0.025	0.234
0.087	0.296	0.111	0.357	0.085	0.260	0.119	0.299	0.233	0.537
0.174	0.363	0.211	0.366	0.171	0.334	0.210	0.428	0.783	1.47
1.11	0.531	0.999	0.771	1.29	0.87	1.32	1.15	1.35	2.48
1.74	2.23	3.02	2.01	3.04	3.59	3.34	2.83	1.69	1.44
4.09	3.58	4.28	3.28	4.29	3.40	5.48	4.15	2.75	1.84
5.45	3.52	4.58	2.96	5.30	3.88			4.83	4.66
5.96	2.40	4.68	5.10					5.53	6.94

8.2 正交多項式與最小平方近似

在前一節中，我們討論了用最小平方近似的方法以擬合一組數據的問題。在引言中提過，還有一類問題是對函數的近似。

設 $f \in C[a,b]$ 且有不超過 n 次的多項式 $P_n(x)$ 以使誤差

$$\int_a^b [f(x) - P_n(x)]^2 \, dx$$

為最小。要找出最小平方近似多項式，也就是找出一個可使上式最小的多項式，令

$$P_n(x) = a_n x^n + a_{n-1} x^{n-1} + \cdots + a_1 x + a_0 = \sum_{k=0}^{n} a_k x^k$$

然後如圖 8.6 所示的，定義

$$E \equiv E_2(a_0, a_1, \ldots, a_n) = \int_a^b \left(f(x) - \sum_{k=0}^n a_k x^k \right)^2 dx$$

現在的問題就成了，找出可使 E 為最小的實係數 $a_0, a_1, \ldots, a_n$。而 $a_0, a_1, \ldots, a_n$ 可使 E 為最小的必要條件為

$$\frac{\partial E}{\partial a_j} = 0 \ , \ j = 0, 1, \ldots, n$$

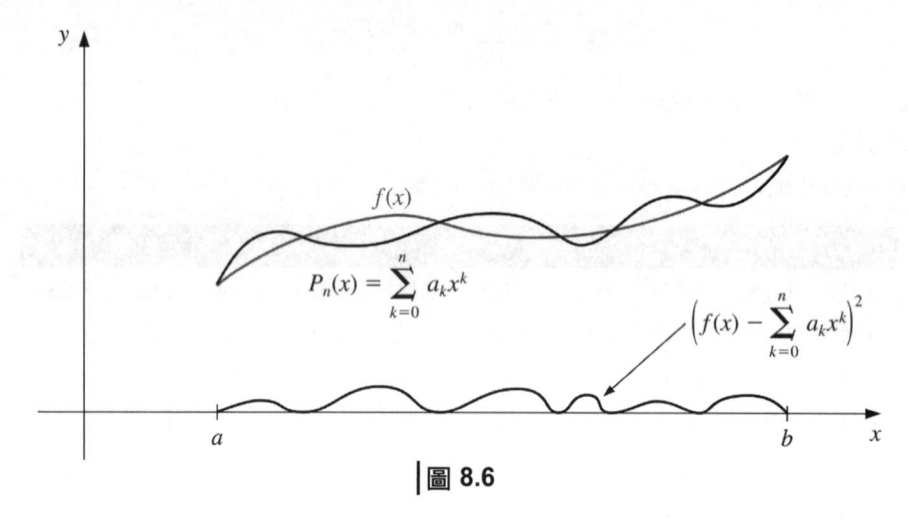

圖 8.6

因為

$$E = \int_a^b [f(x)]^2 \, dx - 2 \sum_{k=0}^n a_k \int_a^b x^k f(x) \, dx + \int_a^b \left(\sum_{k=0}^n a_k x^k \right)^2 dx$$

我們得到

$$\frac{\partial E}{\partial a_j} = -2 \int_a^b x^j f(x) \, dx + 2 \sum_{k=0}^n a_k \int_a^b x^{j+k} \, dx$$

因此，要找出 $P_n(x)$，我們要解 $(n+1)$ 個線性**正交方程式** (normal equations)

$$\sum_{k=0}^n a_k \int_a^b x^{j+k} \, dx = \int_a^b x^j f(x) \, dx \ , \ j = 0, 1, \ldots, n, \tag{8.6}$$

以求出 $(n+1)$ 個未知數 a_j。只要 $f \in C[a, b]$，正交方程式必定有唯一解。(見習題 15)

例題 1 求函數 $f(x) = \sin \pi x$ 在區間 $[0, 1]$ 的二次最小平方近似多項式。

解 $P_2(x) = a_2 x^2 + a_1 x + a_0$ 的正交方程式為

$$a_0 \int_0^1 1\, dx + a_1 \int_0^1 x\, dx + a_2 \int_0^1 x^2\, dx = \int_0^1 \sin \pi x\, dx$$

$$a_0 \int_0^1 x\, dx + a_1 \int_0^1 x^2\, dx + a_2 \int_0^1 x^3\, dx = \int_0^1 x \sin \pi x\, dx$$

$$a_0 \int_0^1 x^2\, dx + a_1 \int_0^1 x^3\, dx + a_2 \int_0^1 x^4\, dx = \int_0^1 x^2 \sin \pi x\, dx$$

執行積分可得

$$a_0 + \frac{1}{2}a_1 + \frac{1}{3}a_2 = \frac{2}{\pi}, \quad \frac{1}{2}a_0 + \frac{1}{3}a_1 + \frac{1}{4}a_2 = \frac{1}{\pi}, \quad \frac{1}{3}a_0 + \frac{1}{4}a_1 + \frac{1}{5}a_2 = \frac{\pi^2 - 4}{\pi^3}$$

由這三個公式可解得三個未知數為

$$a_0 = \frac{12\pi^2 - 120}{\pi^3} \approx -0.050465 \text{ 及 } a_1 = -a_2 = \frac{720 - 60\pi^2}{\pi^3} \approx 4.12251$$

所以函數 $f(x) = \sin \pi x$ 在區間 $[0, 1]$ 的二次最小平方近似多項式為 $P_2(x) = -4.12251x^2 + 4.12251x - 0.050465$。(見圖 8.7) ∎

圖 8.7

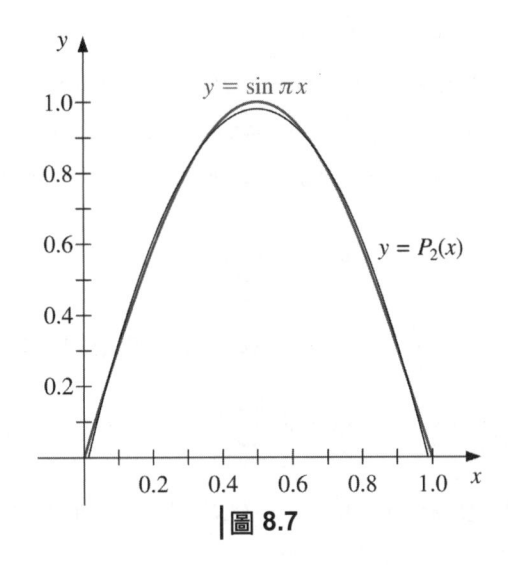

例題 1 顯示了要獲得最小平方近似多項式所可能遇到的困難。要獲得未知數 $a_0, \ldots, a_n$，我們必須解 $(n+1) \times (n+1)$ 線性方程組。而此方程組的係數型式為

$$\int_a^b x^{j+k}\, dx = \frac{b^{j+k+1} - a^{j+k+1}}{j + k + 1}$$

這樣子的方程組，要求其數值解並不容易。這種方程組所構成的矩陣稱為 **Hilbert 矩陣** (Hilbert matrix)，這是一個用來說明捨入誤差的典型例子。(見 7.5 節習題 11)

它的另一個缺點類似於，我們在 3.1 節第一次介紹拉格朗日 (Lagrange) 多項式時所遇到的問題。我們花在求 n 次多項式 $P_n(x)$ 的工夫，對於求 $P_{n+1}(x)$ 毫無用處。

■ 線性獨立函數

現在我們介紹另一種最小平方近似法。這種方法不但計算效率比較好，而且一旦求得 $P_n(x)$，很容易就可求出 $P_{n+1}(x)$。為便於說明，我們要再介紹幾個概念。

定義 8.1

函數集合 $\{\phi_0,\ldots,\phi_n\}$ 在 $[a,b]$ 間為**線性獨立** (linearly independent) 的條件為，對所有的 $x \in [a,b]$，當

$$c_0\phi_0(x) + c_1\phi_1(x) + \cdots + c_n\phi_n(x) = 0$$

我們有 $c_0 = c_1 = \cdots = c_n = 0$。否則，此函數集合為**線性相依** (linearly dependent)。 ∎

定理 8.2

若 $\phi_j(x)$ 為 j 次多項式，$j = 0, 1, \cdots, n$，則在任意區間 $[a, b]$ 中 $\{\phi_0,\ldots,\phi_n\}$ 為線性獨立。

證明 令 $c_0,\ldots,c_n$ 為實數且滿足

$$P(x) = c_0\phi_0(x) + c_1\phi_1(x) + \cdots + c_n\phi_n(x) = 0, \quad x \in [a,b]$$

多項式 $P(x)$ 在 $[a,b]$ 中為 0，所以必定是 0 多項式，且 x 的所有冪次項的係數都是 0。特別是 x^n 的係數為 0。因為在 $P(x)$ 中，$c_n\phi_n(x)$ 是唯一包含有 x^n 的項，故必有 $c_n = 0$。因此

$$P(x) = \sum_{j=0}^{n-1} c_j\phi_j(x)$$

在上式中，唯一包含有 x^{n-1} 的項為 $c_{n-1}\phi_{n-1}(x)$，所以此項的係數也必須為 0，且

$$P(x) = \sum_{j=0}^{n-2} c_j\phi_j(x)$$

以同樣的方式可得其餘係數 $c_{n-2}, c_{n-3},\ldots, c_1, c_0$ 均為 0，由此可知 $\{\phi_0, \phi_1,\ldots, \phi_n\}$ 在 $[a, b]$ 中為線性獨立。 ∎∎∎

例題 2 令 $\phi_0(x) = 2$、$\phi_1(x) = x - 3$、及 $\phi_2(x) = x^2 + 2x + 7$，且 $Q(x) = a_0 + a_1 x + a_2 x^2$。證明存在有常數 c_0、c_1、及 c_2 可使得 $Q(x) = c_0\phi_0(x) + c_1\phi_1(x) + c_2\phi_2(x)$。

解 由定理 8.2，$\{\phi_0, \phi_1, \phi_2\}$ 在任何區間 $[a,b]$ 中均為線性獨立。我們首先看到

$$1 = \frac{1}{2}\phi_0(x) \, , \, x = \phi_1(x) + 3 = \phi_1(x) + \frac{3}{2}\phi_0(x)$$

及

$$x^2 = \phi_2(x) - 2x - 7 = \phi_2(x) - 2\left[\phi_1(x) + \frac{3}{2}\phi_0(x)\right] - 7\left[\frac{1}{2}\phi_0(x)\right]$$
$$= \phi_2(x) - 2\phi_1(x) - \frac{13}{2}\phi_0(x)$$

因此，

$$Q(x) = a_0\left[\frac{1}{2}\phi_0(x)\right] + a_1\left[\phi_1(x) + \frac{3}{2}\phi_0(x)\right] + a_2\left[\phi_2(x) - 2\phi_1(x) - \frac{13}{2}\phi_0(x)\right]$$
$$= \left(\frac{1}{2}a_0 + \frac{3}{2}a_1 - \frac{13}{2}a_2\right)\phi_0(x) + [a_1 - 2a_2]\phi_1(x) + a_2\phi_2(x)$$

例題 2 所示的情形，在更一般化的條件下也成立。令 $\prod_n$ 為所有不超過 **n 次的多項式的集合** (set of all polynomials of degree at most n)。以下結果廣泛的用於各種線性代數問題中。其證明留在習題 13。

定理 8.3

設 $\{\phi_0(x), \phi_1(x), \ldots, \phi_n(x)\}$ 為 $\prod_n$ 中的一組線性獨立多項式。則任何屬於 $\prod_n$ 的多項式，可以唯一的表示成 $\phi_0(x), \phi_1(x), \ldots, \phi_n(x)$ 之線性組合。

■ 正交函數

要討論一般性函數近似，必須介紹權重函數 (weight function) 及正交性 (orthogonality) 的概念。

定義 8.4

一個可積函數 w，若對所有屬於區間 I 的 x 都有 $w(x) \geq 0$，但在 I 的任一次區間中 $w(x) \not\equiv 0$，則稱 w 為區間 I 中的**權重函數** (weight function)。

權重函數的作用是在求近似值時，對區間中的不同部分賦予不同的重要性。例如，權重函數

$$w(x) = \frac{1}{\sqrt{1 - x^2}}$$

對於區間 $(-1, 1)$ 的中央部分給予較少的關注，對於 $|x|$ 接近 1 的部分關注較高 (見圖 8.8)。下一節將會使用這個權重函數。
設 $\{\phi_0, \phi_1, \ldots, \phi_n\}$ 是一個在 $[a, b]$ 間為線性獨立的函數集合，w 是一個 $[a, b]$ 間的權重函數。若 $f \in C[a, b]$，找尋一個線性組合

$$P(x) = \sum_{k=0}^{n} a_k \phi_k(x)$$

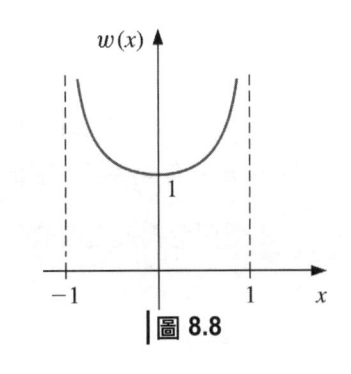

圖 8.8

以使得誤差

$$E = E(a_0, \ldots, a_n) = \int_a^b w(x)\left[f(x) - \sum_{k=0}^n a_k \phi_k(x)\right]^2 dx$$

為最小。在 $w(x) \equiv 1$ 且 $\phi_k(x) = x^k$，$k = 0, 1, \cdots, n$，的特殊情況下，上式簡化為本節一開始所討論的狀況。

我們可以利用以下事實以推導此問題的正交方程式，對 $j = 0, 1, \cdots, n$，

$$0 = \frac{\partial E}{\partial a_j} = 2\int_a^b w(x)\left[f(x) - \sum_{k=0}^n a_k \phi_k(x)\right]\phi_j(x)\, dx.$$

由此得正交方程組為

$$\int_a^b w(x) f(x) \phi_j(x)\, dx = \sum_{k=0}^n a_k \int_a^b w(x) \phi_k(x) \phi_j(x)\, dx, \quad j = 0, 1, \ldots, n$$

若選取函數 $\phi_0, \phi_1, \ldots, \phi_n$ 使得

$$\int_a^b w(x) \phi_k(x) \phi_j(x)\, dx = \begin{cases} 0, & \text{當 } j \neq k \\ \alpha_j > 0, & \text{當 } j = k \end{cases} \tag{8.7}$$

則正交方程組簡化為

$$\int_a^b w(x) f(x) \phi_j(x)\, dx = a_j \int_a^b w(x)[\phi_j(x)]^2\, dx = a_j \alpha_j$$

對每個 $j = 0, 1, \cdots, n$。此方程組可簡單的解得

$$a_j = \frac{1}{\alpha_j}\int_a^b w(x) f(x) \phi_j(x)\, dx$$

如果我們能選取滿足 (8.7) 式正交性 (*orthogonality*) 條件的函數 $\phi_0, \phi_1, \ldots, \phi_n$，則可大幅簡化最小平方近似的問題。所以本節的後續部分就用來說明此種函數。

定義 8.5

如果函數集合 $\{\phi_0, \phi_1, \ldots, \phi_n\}$ 與權重函數 w 在 $[a, b]$ 間滿足

$$\int_a^b w(x) \phi_k(x) \phi_j(x)\, dx = \begin{cases} 0, & \text{當 } j \neq k \\ \alpha_j > 0, & \text{當 } j = k \end{cases}$$

則 $\{\phi_0, \phi_1, \ldots, \phi_n\}$ 稱為**函數的正交集合** (orthogonal set of functions)。另外，若對所有 $j = 0, 1, \cdots, n$ 都有 $\alpha_j = 1$，則稱此集合為**正規正交** (orthonormal)。■

由這個定義及之前的說明，可得以下定理。

定理 8.6

若 $\{\phi_0, \ldots, \phi_n\}$ 是在 $[a, b]$ 間相對於權重函數 w 的函數的正交集合，則 f 在 $[a, b]$ 間相對於權重函數 w 的最小平方近似為

$$P(x) = \sum_{j=0}^{n} a_j \phi_j(x)$$

其中對每個 $j = 0, 1, \cdots, n$ 有

$$a_j = \frac{\int_a^b w(x)\phi_j(x)f(x)\,dx}{\int_a^b w(x)[\phi_j(x)]^2\,dx} = \frac{1}{\alpha_j}\int_a^b w(x)\phi_j(x)f(x)\,dx \qquad \blacksquare$$

雖然定義 8.5 及定理 8.6 許可各種的正交函數，但在此我們只考慮正交多項式的集合。下一個定理則說明如何建構在 $[a, b]$ 間相對於權重函數 w 的正交多項式，此定理係來自 **Gram-Schmidt 程序** (Gram-Schmidt process)。

定理 8.7

如下定義之多項式函數集合 $\{\phi_0, \phi_1, \ldots, \phi_n\}$ 是在 $[a, b]$ 間相對於權重函數 w 為正交：

$$\phi_0(x) \equiv 1 \,,\, \phi_1(x) = x - B_1, \quad x \text{ 在 } [a, b] \text{ 間，}$$

其中

$$B_1 = \frac{\int_a^b xw(x)[\phi_0(x)]^2\,dx}{\int_a^b w(x)[\phi_0(x)]^2\,dx}$$

且在 $k \geq 2$ 時

$$\phi_k(x) = (x - B_k)\phi_{k-1}(x) - C_k\phi_{k-2}(x) \,,\, x \text{ 在 } [a, b] \text{ 間，}$$

其中

$$B_k = \frac{\int_a^b xw(x)[\phi_{k-1}(x)]^2\,dx}{\int_a^b w(x)[\phi_{k-1}(x)]^2\,dx}$$

及

$$C_k = \frac{\int_a^b xw(x)\phi_{k-1}(x)\phi_{k-2}(x)\,dx}{\int_a^b w(x)[\phi_{k-2}(x)]^2\,dx} \qquad \blacksquare$$

定理 8.7 是一個建構正交多項式集合的遞迴程序。可以對多項式 $\phi_n(x)$ 的次數使用數學歸納法，即可證明此定理。

推論 8.8

對任何 $n > 0$，定理 8.7 之多項式函數集合 $\{\phi_0, \ldots, \phi_n\}$ 在 $[a, b]$ 間為線性獨立，

且對任何次數 $k < n$ 的多項式 $Q_k(x)$ 有

$$\int_a^b w(x)\phi_n(x)Q_k(x)\, dx = 0$$

證明　對每個 $k = 0, 1, \cdots, n$，$\phi_k(x)$ 為 k 次多項式。由定理 8.2 可知 $\{\phi_0, \ldots, \phi_n\}$ 為線性獨立集合。

令 $Q_k(x)$ 為 $k < n$ 次多項式。由定理 8.3 可知，必存在有數 $c_0, \ldots, c_k$ 使得

$$Q_k(x) = \sum_{j=0}^{k} c_j \phi_j(x)$$

因為對每個 $j = 0, 1, \cdots, k$，ϕ_n 正交於 ϕ_j，因此可得

$$\int_a^b w(x)Q_k(x)\phi_n(x)\, dx = \sum_{j=0}^{k} c_j \int_a^b w(x)\phi_j(x)\phi_n(x)\, dx = \sum_{j=0}^{k} c_j \cdot 0 = 0$$

說明題　Legendre 多項式 (Legendre polynomials) 的集合 $\{P_n(x)\}$ 在 $[-1, 1]$ 間相對於權重函數 $w(x) \equiv 1$ 為正交。Legendre 多項式的傳統定義方式是，先令對所有的 n 值 $P_n(1) = 1$，然後用遞迴的關係產生 $n \geq 2$ 的多項式。在我們的應用中不須要這樣的常態化，且不同方式產生的最小平方近似多項式基本上是一樣的。

給定 $P_0(x) \equiv 1$，使用 Gram-Schmidt 程序可得

$$B_1 = \frac{\int_{-1}^{1} x\, dx}{\int_{-1}^{1} dx} = 0 \quad \text{及} \quad P_1(x) = (x - B_1)P_0(x) = x$$

同時

$$B_2 = \frac{\int_{-1}^{1} x^3\, dx}{\int_{-1}^{1} x^2\, dx} = 0 \quad \text{及} \quad C_2 = \frac{\int_{-1}^{1} x^2\, dx}{\int_{-1}^{1} 1\, dx} = \frac{1}{3}$$

所以

$$P_2(x) = (x - B_2)P_1(x) - C_2 P_0(x) = (x - 0)x - \frac{1}{3} \cdot 1 = x^2 - \frac{1}{3}$$

圖 8.9 中的高次 Legendre 多項式可用同樣方式求得。雖然積分過程很麻煩，但使用電腦代數系統 (CAS) 就簡單多了。

例如，我們可以用 Maple 的指令 *int* 求 B_3 及 C_3 的積分：

$$B3 := \frac{int\left(x\left(x^2 - \frac{1}{3}\right)^2, x = -1..1\right)}{int\left(\left(x^2 - \frac{1}{3}\right)^2, x = -1..1\right)} \quad ; \quad C3 := \frac{int\left(x\left(x^2 - \frac{1}{3}\right), x = -1..1\right)}{int(x^2, x = -1..1)}$$

圖 8.9

$$\begin{array}{c} 0 \\ \dfrac{4}{15} \end{array}$$

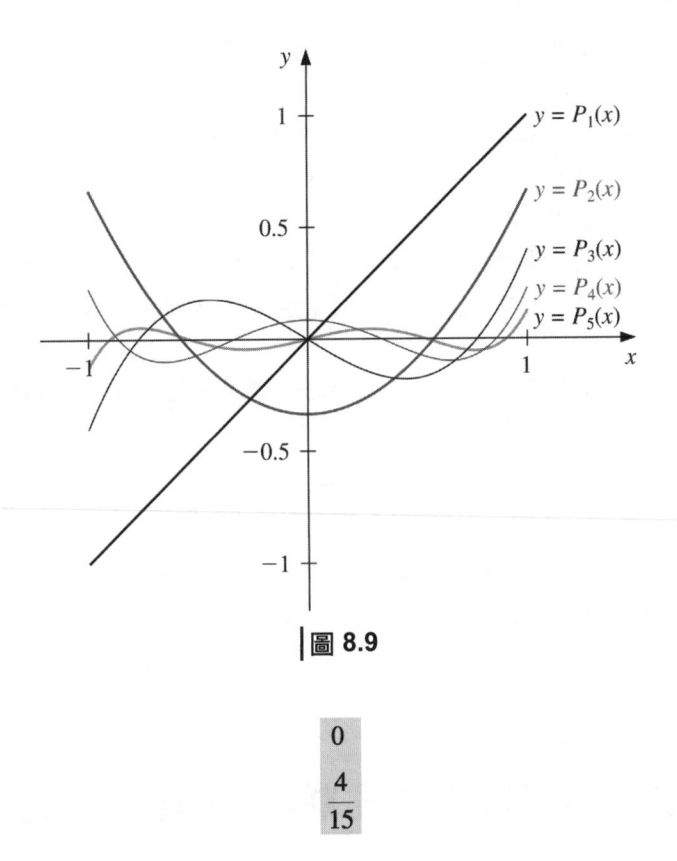

因此

$$P_3(x) = xP_2(x) - \frac{4}{15}P_1(x) = x^3 - \frac{1}{3}x - \frac{4}{15}x = x^3 - \frac{3}{5}x$$

下兩個 Legendre 多項式為

$$P_4(x) = x^4 - \frac{6}{7}x^2 + \frac{3}{35} \quad 及 \quad P_5(x) = x^5 - \frac{10}{9}x^3 + \frac{5}{21}x \qquad \blacksquare$$

在 4.7 節我們已提到過 Legendre 多項式，在那裡我們用它們的根做為高斯積分的節點。

習題組 8.2　完整習題請見隨書光碟

1. 求下列函數 $f(x)$ 在指定區間內的線性最小平方近似多項式。

    a. $f(x) = x^2 + 3x + 2$,　$[0, 1]$
    b. $f(x) = x^3$,　$[0, 2]$
    c. $f(x) = \dfrac{1}{x}$,　$[1, 3]$
    d. $f(x) = e^x$,　$[0, 2]$
    e. $f(x) = \dfrac{1}{2}\cos x + \dfrac{1}{3}\sin 2x$,　$[0, 1]$
    f. $f(x) = x \ln x$,　$[1, 3]$

3. 求習題 1 各函數在所給區間之二次最小平方近似多項式。

5. 求習題 3 各近似多項式的誤差 E。

7. 利用 Gram-Schmidt 程序以建構出下列區間中的 $\phi_0(x)$、$\phi_1(x)$、$\phi_2(x)$、及 $\phi_3(x)$。
   a. $[0, 1]$ **b.** $[0, 2]$ **c.** $[1, 3]$

9. 用習題 7 的結果，求習題 1 中各函數的三次最小平方近似多項式。

11. 用 Gram-Schmidt 程序以計算 L_1、L_2、及 L_3，其中 $\{L_0(x), L_1(x), L_2(x), L_3(x)\}$ 為在 $(0, \infty)$ 中相對於權重函數 $w(x) = e^{-x}$ 的多項式正交集合，且 $L_0(x) \equiv 1$。由此程序獲得之多項式稱為 **Laguerre 多項式**。

13. 設 $\{\phi_0, \phi_1, \ldots, \phi_n\}$ 為 $\prod_n$ 中的一組線性獨立多項式。證明，對任一個元素 $Q \in \prod_n$，存在有唯一的一組常數 $c_0, c_1, \ldots, c_n$ 可使得
$$Q(x) = \sum_{k=0}^{n} c_k \phi_k(x)$$

15. 證明正交方程式 (8.6) 式有唯一解。[提示：證明 $f(x) \equiv 0$ 的唯一解為 $a_j = 0$，$j = 0, 1, \cdots, n$。將 (8.6) 式乘以 a_j，然後對所有 j 加總。將加總符號與積分符號互換，以獲得 $\int_a^b [P(x)]^2 dx = 0$。故得 $P(x) \equiv 0$，所以 $a_j = 0$，$j = 0, 1, \cdots, n$。所以係數矩陣為非奇異，且 (8.6) 式有唯一解。]

8.3 柴比雪夫多項式與冪次級數節約化

柴比雪夫多項式 $\{T_n(x)\}$ 在 $(-1, 1)$ 之間相對於權重函數 $w(x) = (1 - x^2)^{-1/2}$ 為正交。雖然可以用前節介紹的方法推導出這種多項式，但比較簡單的方法是直接做出此種多項式的定義，然後證明其滿足正交性的條件。

對 $x \in [-1, 1]$，定義
$$T_n(x) = \cos[n \arccos x] \, , \quad n \geq 0 \tag{8.8}$$

由這個定義我們不大容易看出對每個 n，$T_n(x)$ 是 x 的多項式，我們現在要證明它確實是。首先我們可看到
$$T_0(x) = \cos 0 = 1 \quad \text{及} \quad T_1(x) = \cos(\arccos x) = x$$

當 $n \geq 1$，我們引入一個新變數 $\theta = \arccos x$，將方程式改寫為
$$T_n(\theta(x)) \equiv T_n(\theta) = \cos(n\theta) \, , \quad \text{其中 } \theta \in [0, \pi]$$

利用
$$T_{n+1}(\theta) = \cos(n+1)\theta = \cos\theta \cos(n\theta) - \sin\theta \sin(n\theta)$$

及
$$T_{n-1}(\theta) = \cos(n-1)\theta = \cos\theta \cos(n\theta) + \sin\theta \sin(n\theta)$$

的關係，可導出一個遞迴關係。將以上兩式相加得

$$T_{n+1}(\theta) = 2\cos\theta \,\cos(n\theta) - T_{n-1}(\theta)$$

回到變數 $x = \cos\theta$，在 $n \geq 1$ 時我們有

$$T_{n+1}(x) = 2x\cos(n\arccos x) - T_{n-1}(x)$$

也就是

$$T_{n+1}(x) = 2xT_n(x) - T_{n-1}(x) \tag{8.9}$$

因為 $T_0(x) = 1$ 且 $T_1(x) = x$，由以上遞迴關係可知，接著的 3 個柴比雪夫多項式為

$$T_2(x) = 2xT_1(x) - T_0(x) = 2x^2 - 1$$
$$T_3(x) = 2xT_2(x) - T_1(x) = 4x^3 - 3x$$

及

$$T_4(x) = 2xT_3(x) - T_2(x) = 8x^4 - 8x^2 + 1$$

同樣由此遞迴關係可知，在 $n \geq 1$ 時 $T_n(x)$ 是 n 次多項式，且首項係數為 2^{n-1}。圖 8.10 中顯示了 T_1、T_2、T_3、及 T_4 的圖形。

| 圖 8.10

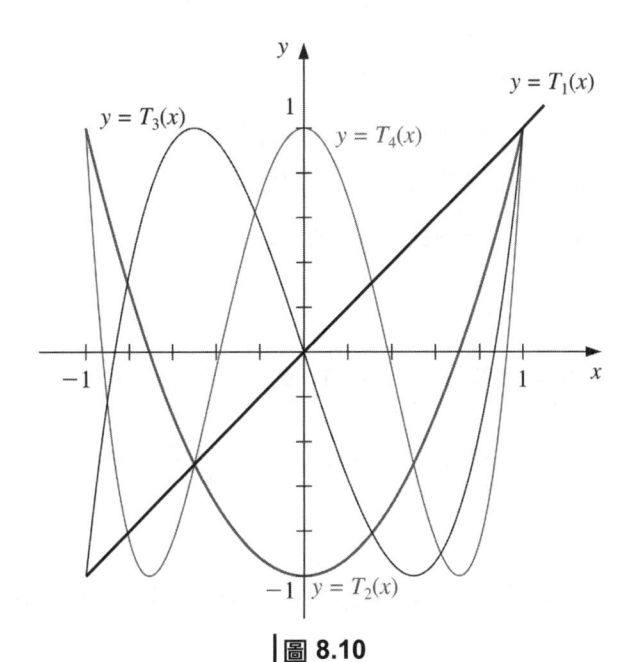

要證明柴比雪夫多項式相對於權重函數 $w(x) = (1-x^2)^{-1/2}$ 的正交性，考慮

$$\int_{-1}^{1} \frac{T_n(x)T_m(x)}{\sqrt{1-x^2}}\,dx = \int_{-1}^{1} \frac{\cos(n\arccos x)\cos(m\arccos x)}{\sqrt{1-x^2}}\,dx$$

利用變數代換 $\theta = \arccos x$ 可得

$$d\theta = -\frac{1}{\sqrt{1-x^2}}\,dx$$

及
$$\int_{-1}^{1} \frac{T_n(x)T_m(x)}{\sqrt{1-x^2}} \, dx = -\int_{\pi}^{0} \cos(n\theta)\cos(m\theta) \, d\theta = \int_{0}^{\pi} \cos(n\theta)\cos(m\theta) \, d\theta$$

設 $n \neq m$。因為
$$\cos(n\theta)\cos(m\theta) = \frac{1}{2}[\cos(n+m)\theta + \cos(n-m)\theta]$$

我們得
$$\int_{-1}^{1} \frac{T_n(x)T_m(x)}{\sqrt{1-x^2}} \, dx = \frac{1}{2}\int_{0}^{\pi} \cos((n+m)\theta) \, d\theta + \frac{1}{2}\int_{0}^{\pi} \cos((n-m)\theta) \, d\theta$$
$$= \left[\frac{1}{2(n+m)}\sin((n+m)\theta) + \frac{1}{2(n-m)}\sin((n-m)\theta)\right]_{0}^{\pi} = 0$$

利用類似的方法 (見習題 9)，我們也可得到
$$\int_{-1}^{1} \frac{[T_n(x)]^2}{\sqrt{1-x^2}} \, dx = \frac{\pi}{2} \, , \, n \geq 1 \tag{8.10}$$

柴比雪夫多項式可用來將近似誤差最小化。我們將看到如何將其用於以下類型問題：

- 找出最佳的內插點，使得拉格朗日內插的近似誤差為最小；
- 降低多項式次數的同時，使得準確性的損失為最少。

下一個定理是有關於 $T_n(x)$ 的零點與極點 (extreme points)。

定理 8.9

次數 $n \geq 1$ 的柴比雪夫多項式 $T_n(x)$ 在 $[-1, 1]$ 間有 n 個單純零點
$$\bar{x}_k = \cos\left(\frac{2k-1}{2n}\pi\right), \quad k = 1, 2, \ldots, n$$

另外，$T_n(x)$ 的絕對極值在
$$\bar{x}'_k = \cos\left(\frac{k\pi}{n}\right) \quad \text{給定} \quad T_n(\bar{x}'_k) = (-1)^k \, , \, k = 0, 1, \ldots, n \qquad \blacksquare$$

證明 令
$$\bar{x}_k = \cos\left(\frac{2k-1}{2n}\pi\right), \, k = 1, 2, \ldots, n$$

則
$$T_n(\bar{x}_k) = \cos(n \arccos \bar{x}_k) = \cos\left(n \arccos\left(\cos\left(\frac{2k-1}{2n}\pi\right)\right)\right) = \cos\left(\frac{2k-1}{2}\pi\right) = 0$$

但 $\bar{x}_k$ 為相異零點 (見習題 10) 且 $T_n(x)$ 是 n 次多項式，因此 $T_n(x)$ 的所有零點都必須是此種型式。

要證明第二部分，我們首先看到

$$T_n'(x) = \frac{d}{dx}[\cos(n \arccos x)] = \frac{n \sin(n \arccos x)}{\sqrt{1-x^2}}$$

且在 $k = 1, 2, \ldots, n-1$ 時

$$T_n'(\bar{x}_k') = \frac{n \sin\left(n \arccos\left(\cos\left(\frac{k\pi}{n}\right)\right)\right)}{\sqrt{1-\left[\cos\left(\frac{k\pi}{n}\right)\right]^2}} = \frac{n \sin(k\pi)}{\sin\left(\frac{k\pi}{n}\right)} = 0$$

因為 $T_n(x)$ 是 n 次多項式，它的導數 $T_n'(x)$ 為 $(n-1)$ 次多項式，且 $T_n'(x)$ 的所有零點就是這 $(n-1)$ 個相異點 (在習題 11 討論它們的相異性)。除此之外唯一的可能性就是，$T_n(x)$ 的極值出現在 $[-1, 1]$ 的端點；也就是在 $\bar{x}_0' = 1$ 和 $\bar{x}_n' = -1$。

對任何 $k = 0, 1, \cdots, n$，我們有

$$T_n(\bar{x}_k') = \cos\left(n \arccos\left(\cos\left(\frac{k\pi}{n}\right)\right)\right) = \cos(k\pi) = (-1)^k$$

所以當 k 為偶數時是最大值，當 k 為奇數時為最小值。∎

將柴比雪夫多項式 $T_n(x)$ 除以它首項的係數 2^{n-1} 就可得到首一 (monic) 柴比雪夫多項式 $\tilde{T}_n(x)$。(首一多項式指的是首項係數為 1 的多項式) 因此，

$$\tilde{T}_0(x) = 1 \quad 且 \quad \tilde{T}_n(x) = \frac{1}{2^{n-1}} T_n(x), \quad n \geq 1 \tag{8.11}$$

由柴比雪夫多項式的遞迴關係可得，對每個 $n \geq 2$

$$\tilde{T}_2(x) = x\tilde{T}_1(x) - \frac{1}{2}\tilde{T}_0(x) \quad 及 \quad \tilde{T}_{n+1}(x) = x\tilde{T}_n(x) - \frac{1}{4}\tilde{T}_{n-1}(x) \tag{8.12}$$

圖 8.11 中顯示了 $\tilde{T}_1$、$\tilde{T}_2$、$\tilde{T}_3$、$\tilde{T}_4$、及 $\tilde{T}_5$ 的圖形。

由於 $\tilde{T}_n(x)$ 只是 $T_n(x)$ 的倍數，由定理 8.9 可知 $\tilde{T}_n(x)$ 的零點同樣出現在

$$\bar{x}_k = \cos\left(\frac{2k-1}{2n}\pi\right), \quad k = 1, 2, \ldots, n$$

且在 $n \geq 1$ 時 $\tilde{T}_n(x)$ 的極值出現在

$$\bar{x}_k' = \cos\left(\frac{k\pi}{n}\right), \text{給定 } \tilde{T}_n(\bar{x}_k') = \frac{(-1)^k}{2^{n-1}}, \quad k = 0, 1, 2, \ldots, n \tag{8.13}$$

令 $\widetilde{\prod}_n$ 為所有 **n 次首一多項式的集合** (the set of all monic polynomials of degree n)。由 (8.13) 式的關係可獲致重要的最小化特性，這使得 $\tilde{T}_n(x)$ 明顯不同於 $\widetilde{\prod}_n$ 中的其他多項式。

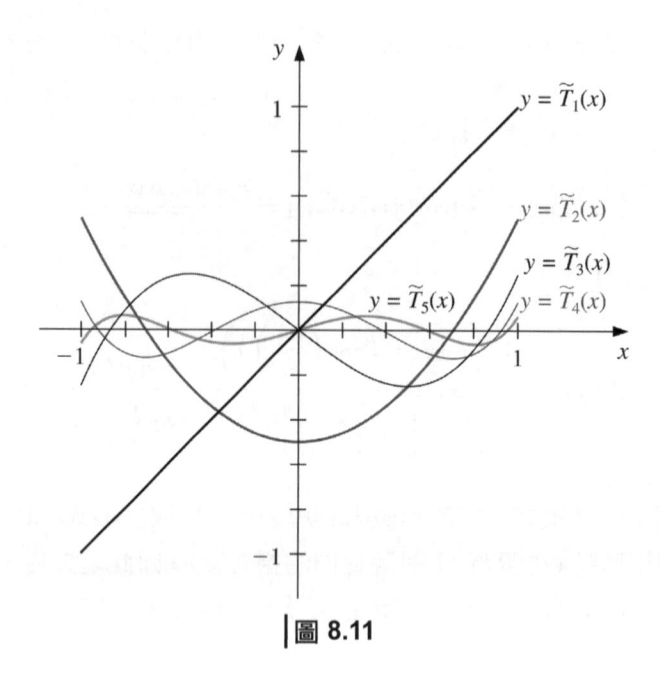

图 8.11

定理 8.10

$\tilde{T}_n(x)$ 型式的多項式，在 $n \geq 1$ 時具有以下特性

$$\frac{1}{2^{n-1}} = \max_{x \in [-1,1]} |\tilde{T}_n(x)| \leq \max_{x \in [-1,1]} |P_n(x)|, \quad 對所有 P_n(x) \in \widetilde{\prod}_n$$

此外，只有在 $P_n \equiv \tilde{T}_n$ 時等號成立。 ■

證明 設 $P_n(x) \in \widetilde{\prod}_n$ 且

$$\max_{x \in [-1,1]} |P_n(x)| \leq \frac{1}{2^{n-1}} = \max_{x \in [-1,1]} |\tilde{T}_n(x)|$$

令 $Q = \tilde{T}_n - P_n$。因此 $\tilde{T}_n(x)$ 及 $P_n(x)$ 均為 n 次首一多項式，所以多項式 $Q(x)$ 的次數最高為 $(n-1)$ 次。此外，在 $\tilde{T}_n(x)$ 的 $n+1$ 個極點 $\bar{x}'_k$ 處，我們有

$$Q(\bar{x}'_k) = \tilde{T}_n(\bar{x}'_k) - P_n(\bar{x}'_k) = \frac{(-1)^k}{2^{n-1}} - P_n(\bar{x}'_k)$$

但是

$$|P_n(\bar{x}'_k)| \leq \frac{1}{2^{n-1}}, \quad k = 0, 1, \ldots, n$$

所以我們可得

當 k 為奇數時 $Q(\bar{x}'_k) \leq 0$ 及 當 k 為偶數時 $Q(\bar{x}'_k) \geq 0$。

因為 Q 為連續，由中間值定理 (Intermediate Value Theorem) 可知，對每一個 $j = 0, 1, \cdots$，

$n-1$，$Q(x)$ 在 $\bar{x}'_j$ 與 $\bar{x}'_{j+1}$ 之間至少有一零點。因此，Q 在區間 $[-1, 1]$ 之間至少有 n 個零點。但 $Q(x)$ 的次數小於 n，所以 $Q \equiv 0$。由此得 $P_n \equiv \tilde{T}_n$。 ■■■

■ 最小化拉格朗日內插誤差

使用拉格朗日內插法時要如何選擇內插節點，以使得誤差最小，定理 8.10 提供了此問題的答案。將定理 3.3 用於區間 $[-1, 1]$ 可知，若 $x_0, \ldots, x_n$ 是區間 $[-1, 1]$ 內的相異數，且若 $f \in C^{n+1}[-1, 1]$，則對每個 $x \in [-1, 1]$，在 $(-1, 1)$ 之間必存在有一數 $\xi(x)$ 使得

$$f(x) - P(x) = \frac{f^{(n+1)}(\xi(x))}{(n+1)!}(x - x_0)(x - x_1)\cdots(x - x_n)$$

其中 $P(x)$ 為拉格朗日內插多項式。一般來說我們沒法控制 $\xi(x)$，所以我們只好想辦法選取 $x_0, \ldots, x_n$ 的位置來使得誤差為最小，我們要找出在 $[-1, 1]$ 之間使

$$|(x - x_0)(x - x_1)\cdots(x - x_n)|$$

為最小的 $x_0, \ldots, x_n$。

因為 $(x - x_0)(x - x_1)\cdots(x - x_n)$ 為 $(n+1)$ 次的首一多項式，我們剛看到了，它的最小值出現在

$$(x - x_0)(x - x_1)\cdots(x - x_n) = \tilde{T}_{n+1}(x)$$

對每個 $k = 0, 1, \cdots, n$，當 x_k 為 $\tilde{T}_{n+1}$ 的第 $(k+1)$ 個零點時，$|(x - x_0)(x - x_1)\cdots(x - x_n)|$ 的最大值為最小。因此我們選擇 x_k 為

$$\bar{x}_{k+1} = \cos\left(\frac{2k+1}{2(n+1)}\pi\right)$$

因為 $\max_{x \in [-1,1]} |\tilde{T}_{n+1}(x)| = 2^{-n}$，這同時也代表了，在區間 $[-1, 1]$ 中選取任何的 $x_0, x_1, \ldots, x_n$ 會有

$$\frac{1}{2^n} = \max_{x \in [-1,1]} |(x - \bar{x}_1)\cdots(x - \bar{x}_{n+1})| \leq \max_{x \in [-1,1]} |(x - x_0)\cdots(x - x_n)|$$

下個推論即來自以上討論。

推論 8.11 若 $P(x)$ 為不超過 n 次的內插多項式，且其節點為 $T_{n+1}(x)$ 的零點，則對每個 $f \in C^{n+1}[-1, 1]$，

$$\max_{x \in [-1,1]} |f(x) - P(x)| \leq \frac{1}{2^n(n+1)!} \max_{x \in [-1,1]} |f^{(n+1)}(x)|$$ ■

■ 在任意區間之近似誤差最小化

這種藉由選擇節點以使內插誤差最小化的方法，可以推廣到適用於一般的封閉區間$[a,b]$。我們可以用變數轉換

$$\tilde{x} = \frac{1}{2}[(b-a)x + a + b]$$

將區間 $[-1, 1]$ 內的 $\bar{x}_k$ 轉換成區間 $[a, b]$ 內的 $\tilde{x}_k$，以下即為一例。

例題 1 令 $f(x) = xe^x$ 在 $[0, 1.5]$。分別以使用 4 個等距分布節點的拉格朗日多項式，以及使用四次柴比雪夫多項式零點做為節點的拉格朗日多項式，做為近似函數，比較兩者的差異。

解 由等間距節點 $x_0 = 0$、$x_1 = 0.5$、$x_2 = 1$、及 $x_3 = 1.5$，得到

$$L_0(x) = -1.3333x^3 + 4.0000x^2 - 3.6667x + 1$$
$$L_1(x) = 4.0000x^3 - 10.000x^2 + 6.0000x$$
$$L_2(x) = -4.0000x^3 + 8.0000x^2 - 3.0000x$$
$$L_3(x) = 1.3333x^3 - 2.000x^2 + 0.66667x$$

我們得到多項式

$$P_3(x) = L_0(x)(0) + L_1(x)(0.5e^{0.5}) + L_2(x)e^1 + L_3(x)(1.5e^{1.5}) = 1.3875x^3$$
$$+ 0.057570x^2 + 1.2730x$$

要求得第二個多項式，我們用線性轉換

$$\tilde{x}_k = \frac{1}{2}[(1.5 - 0)\bar{x}_k + (1.5 + 0)] = 0.75 + 0.75\bar{x}_k$$

將 $[-1, 1]$ 間的零點 $\bar{x}_k = \cos((2k+1)/8)\pi$，$k = 0, 1, 2, 3$ 移到 $[0, 1.5]$ 之間。因為

$$\bar{x}_0 = \cos\frac{\pi}{8} = 0.92388 \text{、} \bar{x}_1 = \cos\frac{3\pi}{8} = 0.38268$$

$$\bar{x}_2 = \cos\frac{5\pi}{8} = -0.38268 \text{、及 } \bar{x}_4 = \cos\frac{7\pi}{8} = -0.92388$$

我們得

$$\tilde{x}_0 = 1.44291 \text{、} \tilde{x}_1 = 1.03701 \text{、} \tilde{x}_2 = 0.46299 \text{ 及 } \tilde{x}_3 = 0.05709$$

這組節點的拉格朗日係數多項式為

$$\tilde{L}_0(x) = 1.8142x^3 - 2.8249x^2 + 1.0264x - 0.049728$$
$$\tilde{L}_1(x) = -4.3799x^3 + 8.5977x^2 - 3.4026x + 0.16705$$

$$\tilde{L}_2(x) = 4.3799x^3 - 11.112x^2 + 7.1738x - 0.37415$$

$$\tilde{L}_3(x) = -1.8142x^3 + 5.3390x^2 - 4.7976x + 1.2568$$

這些多項式所須的函數值列於表 8.7 的最後 2 行。不超過 3 次的內插多項式為

$$\tilde{P}_3(x) = 1.3811x^3 + 0.044652x^2 + 1.3031x - 0.014352$$

表 8.7

x	$f(x) = xe^x$	$\tilde{x}$	$f(\tilde{x}) = xe^x$
$x_0 = 0.0$	0.00000	$\tilde{x}_0 = 1.44291$	6.10783
$x_1 = 0.5$	0.824361	$\tilde{x}_1 = 1.03701$	2.92517
$x_2 = 1.0$	2.71828	$\tilde{x}_2 = 0.46299$	0.73560
$x_3 = 1.5$	6.72253	$\tilde{x}_3 = 0.05709$	0.060444

為便於比較，表 8.8 列出了不同 x 時 $f(x)$、$P_3(x)$、及 $\tilde{P}_3(x)$ 的值。由表中可以看出，雖然在靠近表中央部分，$P_3(x)$ 的誤差比 $\tilde{P}_3(x)$ 的小，但 $\tilde{P}_3(x)$ 的最大誤差 0.0180 卻遠小於 $P_3(x)$ 的 0.0290。(見圖 8.12) ∎

表 8.8

x	$f(x) = xe^x$	$P_3(x)$	$\|xe^x - P_3(x)\|$	$\tilde{P}_3(x)$	$\|xe^x - \tilde{P}_3(x)\|$
0.15	0.1743	0.1969	0.0226	0.1868	0.0125
0.25	0.3210	0.3435	0.0225	0.3358	0.0149
0.35	0.4967	0.5121	0.0154	0.5064	0.0097
0.65	1.245	1.233	0.012	1.231	0.014
0.75	1.588	1.572	0.016	1.571	0.017
0.85	1.989	1.976	0.013	1.974	0.015
1.15	3.632	3.650	0.018	3.644	0.012
1.25	4.363	4.391	0.028	4.382	0.019
1.35	5.208	5.237	0.029	5.224	0.016

■ 降低近似多項式的次數

柴比雪夫多項式也可用來降低近似多項式的次數，同時使得準確性的損失為最低。因為柴比雪夫多項式的最大絕對值為最小，且均勻分布在區間中，可以用它們來降低近似多項式的次數而不超過誤差容許範圍。

考慮如何在區間 $[-1, 1]$ 中以最高 $n-1$ 次的多項式來近似於任意 n 次多項式

圖 8.12

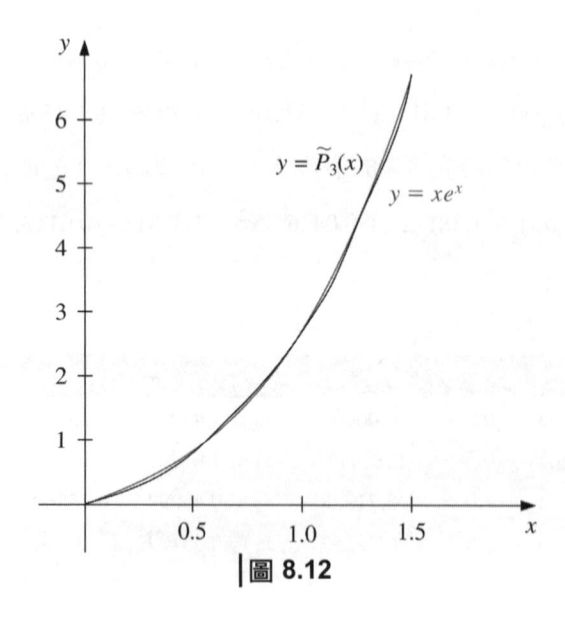

$$P_n(x) = a_n x^n + a_{n-1} x^{n-1} + \cdots + a_1 x + a_0$$

我們的目的是要由 $\prod_{n-1}$ 中選出 $P_{n-1}(x)$ 使得

$$\max_{x \in [-1, 1]} |P_n(x) - P_{n-1}(x)|$$

愈小愈好。

我們首先看到 $(P_n(x) - P_{n-1}(x))/a_n$ 是一個 n 次首一多項式，所以利用定理 8.10 可得

$$\max_{x \in [-1, 1]} \left| \frac{1}{a_n}(P_n(x) - P_{n-1}(x)) \right| \geq \frac{1}{2^{n-1}}$$

上式等號成立的條件為

$$\frac{1}{a_n}(P_n(x) - P_{n-1}(x)) = \tilde{T}_n(x)$$

這代表我們應該選擇

$$P_{n-1}(x) = P_n(x) - a_n \tilde{T}_n(x)$$

如此將可使下式的值為最小

$$\max_{x \in [-1, 1]} |P_n(x) - P_{n-1}(x)| = |a_n| \max_{x \in [-1, 1]} \left| \frac{1}{a_n}(P_n(x) - P_{n-1}(x)) \right| = \frac{|a_n|}{2^{n-1}}$$

說明題 用四次麥克勞林 (Maclaurin) 多項式

$$P_4(x) = 1 + x + \frac{x^2}{2} + \frac{x^3}{6} + \frac{x^4}{24}$$

在 $[-1, 1]$ 之間近似函數 $f(x) = e^x$，其截尾誤差為

$$|R_4(x)| = \frac{|f^{(5)}(\xi(x))||x^5|}{120} \le \frac{e}{120} \approx 0.023 , -1 \le x \le 1$$

假設我們容許最大 0.05 的誤差,我們要降低多項式次數但不超過此容許範圍。在 $[-1, 1]$ 之間能夠均勻近似於 $P_4(x)$ 的最佳 3 次 (或以下) 多項式為

$$P_3(x) = P_4(x) - a_4 \tilde{T}_4(x) = 1 + x + \frac{x^2}{2} + \frac{x^3}{6} + \frac{x^4}{24} - \frac{1}{24}\left(x^4 - x^2 + \frac{1}{8}\right)$$
$$= \frac{191}{192} + x + \frac{13}{24}x^2 + \frac{1}{6}x^3$$

利用此多項式可得

$$|P_4(x) - P_3(x)| = |a_4 \tilde{T}_4(x)| \le \frac{1}{24} \cdot \frac{1}{2^3} = \frac{1}{192} \le 0.0053$$

將此誤差界限與麥克勞林多項式截尾誤差相加得

$$0.023 + 0.0053 = 0.0283$$

仍小於許可誤差 0.05。

在 $[-1, 1]$ 之間能夠均勻近似於 $P_3(x)$ 的最佳 2 次 (或以下) 多項式為

$$P_2(x) = P_3(x) - \frac{1}{6}\tilde{T}_3(x)$$
$$= \frac{191}{192} + x + \frac{13}{24}x^2 + \frac{1}{6}x^3 - \frac{1}{6}(x^3 - \frac{3}{4}x) = \frac{191}{192} + \frac{9}{8}x + \frac{13}{24}x^2$$

但是

$$|P_3(x) - P_2(x)| = \left|\frac{1}{6}\tilde{T}_3(x)\right| = \frac{1}{6}\left(\frac{1}{2}\right)^2 = \frac{1}{24} \approx 0.042$$

當其加上前面累積的誤差 0.0283 以後,就超過許可誤差 0.05。所以在誤差範圍 0.05 的條件下,在 $[-1, 1]$ 之間能最佳近似於 e^x 且次數最低的多項式為

$$P_3(x) = \frac{191}{192} + x + \frac{13}{24}x^2 + \frac{1}{6}x^3$$

表 8.9 列出了在 $[-1, 1]$ 之間不同 x 值的原函數與近似多項式的值。

由表中可看出,雖然 $P_2(x)$ 的誤差界限超過 0.05,但其實際誤差仍在此範圍內。∎

| 表 8.9 |

x	e^x	$P_4(x)$	$P_3(x)$	$P_2(x)$	$|e^x - P_2(x)|$
-0.75	0.47237	0.47412	0.47917	0.45573	0.01664
-0.25	0.77880	0.77881	0.77604	0.74740	0.03140
0.00	1.00000	1.00000	0.99479	0.99479	0.00521
0.25	1.28403	1.28402	1.28125	1.30990	0.02587
0.75	2.11700	2.11475	2.11979	2.14323	0.02623

習題組 8.3　完整習題請見隨書光碟

1. 利用 $\tilde{T}_3$ 的零點以建構出，在 $[-1, 1]$ 之間內插下列各函數的二次內插多項式。
   a. $f(x) = e^x$　　b. $f(x) = \sin x$　　c. $f(x) = \ln(x+2)$　　d. $f(x) = x^4$

3. 求習題 1 各近似多項式在 $[-1, 1]$ 間最大誤差的界限。

5. 利用 $\tilde{T}_3$ 的零點並轉換到以下指定之區間，建構出下列各函數的二次內插多項式。
   a. $f(x) = \dfrac{1}{x}$,　$[1, 3]$　　　　　　　b. $f(x) = e^{-x}$,　$[0, 2]$
   c. $f(x) = \dfrac{1}{2}\cos x + \dfrac{1}{3}\sin 2x$,　$[0, 1]$　　d. $f(x) = x\ln x$,　$[1, 3]$

7. 求 $\sin x$ 的六次麥克勞林多項式，再用柴比雪夫多項式求次數較低的近似多項式，維持在 $[-1, 1]$ 之間誤差小於 0.01。

9. 證明，對每個柴比雪夫多項式 $T_n(x)$，我們有
$$\int_{-1}^{1} \frac{[T_n(x)]^2}{\sqrt{1-x^2}}\,dx = \frac{\pi}{2}$$

11. 證明，對每個 n，柴比雪夫多項式 $T_n(x)$ 的導數在 $(-1, 1)$ 間有 $n-1$ 個相異零點。

8.4 有理函數近似

用於近似時，代數多項式有一些明顯的優點：

- 對於任何連續函數，在一個封閉區間內，我們有充份的多項式可近似它到任意的誤差範圍；
- 很容易求得任意點處多項式的值；及
- 多項式的導數及積分都一定存在，且很容易獲得。

使用多項式做近似的缺點就是它們有振盪的趨勢。在以多項式近似時，這經常使得誤差界限遠大於平均誤差，因為誤差界限取決於最大近似誤差。我們現在要討論的方法可使得近似誤差在整個近似區間中有更均勻的分布。此種方法使用有理函數。

一個 N 次**有理函數** (rational function) r 的型式為

$$r(x) = \frac{p(x)}{q(x)}$$

其中 $p(x)$ 及 $q(x)$ 為多項式，其次數的和為 N。

每一個多項式都是有理函數 (只要令 $q(x) \equiv 1$)，所以使用有理函數近似的結果不會比用多項式近似的結果差。而在有理函數的分子與分母的次數一樣或很接近時，通常可

以用同樣的計算量獲得更好的近似。(以上敘述係基於，除法與乘法所須時間大致相同的假設。)

有理函數附帶的另一個優點是，對於在靠近區間外 (但不得在區間內) 有無限大的不連續點的函數，它也能有效的近似。此種情形下，多項式近似通常無法接受。

■ Padé 近似法

設 r 是一個次數為 $N = n + m$ 的有理函數，其型式為

$$r(x) = \frac{p(x)}{q(x)} = \frac{p_0 + p_1 x + \cdots + p_n x^n}{q_0 + q_1 x + \cdots + q_m x^m}$$

用它在包含 0 的封閉區間 I 中近似函數 f。如果 r 在 0 的地方要有定義的話，必須 $q_0 \neq 0$。事實上，我們可以假設 $q_0 = 1$，就算它不是 1，我們只要用 $p(x)/q_0$ 替換 $p(x)$，用 $q(x)/q_0$ 替換 $q(x)$ 即可。所以在用 r 近似 f 時，總共有 $N + 1$ 個參數 $q_1, q_2, \ldots, q_m$，$p_0, p_1, \ldots, p_n$ 可用。

Padé 近似法 (Padé approximation technique)，是將泰勒多項式近似法推廣到有理函數，對每個 $k = 0, 1, \cdots, N$，選取 $N + 1$ 個參數使得 $f^{(k)}(0) = r^{(k)}(0)$。當 $n = N$ 且 $m = 0$ 時，Padé 近似就是 N 次麥克勞林多項式。

考慮差值

$$f(x) - r(x) = f(x) - \frac{p(x)}{q(x)} = \frac{f(x)q(x) - p(x)}{q(x)} = \frac{f(x) \sum_{i=0}^{m} q_i x^i - \sum_{i=0}^{n} p_i x^i}{q(x)}$$

並設 f 的麥克勞林級數展開為 $f(x) = \sum_{i=0}^{\infty} a_i x^i$。則

$$f(x) - r(x) = \frac{\sum_{i=0}^{\infty} a_i x^i \sum_{i=0}^{m} q_i x^i - \sum_{i=0}^{n} p_i x^i}{q(x)} \tag{8.14}$$

目的是對每個 $k = 0, 1, \cdots, N$，找出常數 $q_1, q_2, \ldots, q_m$ 及 $p_0, p_1, \ldots, p_n$ 使得

$$f^{(k)}(0) - r^{(k)}(0) = 0$$

由 2.4 節 (特別是習題 10) 我們知道，這相當於 $f - r$ 在 $x = 0$ 有 $N + 1$ 重零點。因此我們選擇 $q_1, q_2, \ldots, q_m$ 及 $p_0, p_1, \ldots, p_n$ 使得 (8.14) 式右側的分子

$$(a_0 + a_1 x + \cdots)(1 + q_1 x + \cdots + q_m x^m) - (p_0 + p_1 x + \cdots + p_n x^n) \tag{8.15}$$

中沒有次數小於等於 N 的項。

為簡化符號，定義 $p_{n+1} = p_{n+2} = \cdots = p_N = 0$ 及 $q_{m+1} = q_{m+2} = \cdots = q_N = 0$。這樣我們就可更緊緻的將 (8.15) 式中 x^k 的係數寫為

$$\left(\sum_{i=0}^{k} a_i q_{k-i} \right) - p_k$$

所以，由 $N+1$ 個線性方程式

$$\sum_{i=0}^{k} a_i q_{k-i} = p_k \quad , \quad k = 0, 1, \ldots, N$$

解出 $N+1$ 個未知數 $q_1, q_2, \ldots, q_m$ 及 $p_0, p_1, \ldots, p_n$，即可得到 Padé 近似法的有理函數。

例題 1 對 e^{-x} 展開的麥克勞林級數為

$$\sum_{i=0}^{\infty} \frac{(-1)^i}{i!} x^i$$

在 $n = 3$ 且 $m = 2$ 的條件下，求出 e^{-x} 的 5 次 Padé 近似函數。

解 要求得 Padé 近似函數，我們必須選取 p_0, p_1, p_2, p_3, q_1 及 q_2，使得下式中，在 $k = 0$, 1, …, 5 時，x^k 的係數為 0

$$\left(1 - x + \frac{x^2}{2} - \frac{x^3}{6} + \cdots\right)(1 + q_1 x + q_2 x^2) - (p_0 + p_1 x + p_2 x^2 + p_3 x^3)$$

展開並合併項可得

$$x^5: \quad -\frac{1}{120} + \frac{1}{24} q_1 - \frac{1}{6} q_2 = 0 \qquad x^2: \quad \frac{1}{2} - q_1 + q_2 = p_2$$

$$x^4: \quad \frac{1}{24} - \frac{1}{6} q_1 + \frac{1}{2} q_2 = 0 \qquad x^1: \quad -1 + q_1 \quad = p_1$$

$$x^3: \quad -\frac{1}{6} + \frac{1}{2} q_1 - q_2 = p_3 \qquad x^0: \quad 1 \quad = p_0$$

用 Maple 求解此方程組，我們輸入以下指令：

$eq\,1 := -1 + q1 = p1:$
$eq\,2 := \frac{1}{2} - q1 + q2 = p2:$
$eq\,3 := -\frac{1}{6} + \frac{1}{2} q1 - q2 = p3:$
$eq\,4 := \frac{1}{24} - \frac{1}{6} q1 + \frac{1}{2} q2 = 0:$
$eq\,5 := -\frac{1}{120} + \frac{1}{24} q1 - \frac{1}{6} q2 = 0:$
$solve(\{eq1, eq2, eq3, eq4, eq5\}, \{q1, q2, p1, p2, p3\})$

可得到

$$\left\{ p_1 = -\frac{3}{5}, p_2 = \frac{3}{20}, p_3 = -\frac{1}{60}, q_1 = \frac{2}{5}, q_2 = \frac{1}{20} \right\}$$

所以 Padé 近似函數為

$$r(x) = \frac{1 - \frac{3}{5}x + \frac{3}{20}x^2 - \frac{1}{60}x^3}{1 + \frac{2}{5}x + \frac{1}{20}x^2}$$

表 8.10 列出了 $r(x)$ 與 5 次麥克勞林多項式 $P_5(x)$ 的值。在本例中，Padé 近似函數明顯較佳。

表 8.10

x	e^{-x}	$P_5(x)$	$\|e^{-x} - P_5(x)\|$	$r(x)$	$\|e^{-x} - r(x)\|$
0.2	0.81873075	0.81873067	8.64×10^{-8}	0.81873075	7.55×10^{-9}
0.4	0.67032005	0.67031467	5.38×10^{-6}	0.67031963	4.11×10^{-7}
0.6	0.54881164	0.54875200	5.96×10^{-5}	0.54880763	4.00×10^{-6}
0.8	0.44932896	0.44900267	3.26×10^{-4}	0.44930966	1.93×10^{-5}
1.0	0.36787944	0.36666667	1.21×10^{-3}	0.36781609	6.33×10^{-5}

也可以直接用 Maple 求得 Padé 近似。首先用以下指令求得麥克勞林級數

$series(exp(-x), x)$

將可獲得

$$1 - x + \frac{1}{2}x^2 - \frac{1}{6}x^3 + \frac{1}{24}x^4 - \frac{1}{120}x^5 + O(x^6)$$

用以下指令可求得 $n = 3$ 且 $m = 2$ 時 $r(x)$ 的 Padé 近似

$r := x \to convert(\%, ratpoly, 3, 2);$

其中 % 代表前一計算的結果，即以上級數。Maple 所得結果為

$$x \to \frac{1 - \frac{3}{5}x + \frac{3}{20}x^2 - \frac{1}{60}x^3}{1 + \frac{2}{5}x + \frac{1}{20}x^2}$$

然後要計算例如 $r(0.8)$ 的值，可輸入

$r(0.8)$

將得到 $e^{-0.8} = 0.449328964$ 的近似值為 0.4493096647。

算則 8.1 為 Padé 近似法的應用。

算則 8.1 Padé 有理近似 (Padé Rational Approximation)

求已知函數 $f(x)$ 的有理函數近似

$$r(x) = \frac{p(x)}{q(x)} = \frac{\sum_{i=0}^{n} p_i x^i}{\sum_{j=0}^{m} q_j x^j}$$

INPUT 非負整數 m 及 n。

OUTPUT 係數 $q_0, q_1, \ldots, q_m$ 及 $p_0, p_1, \ldots, p_n$。

Step 1 Set $N = m + n$.

Step 2 For $i = 0, 1, \ldots, N$ set $a_i = \dfrac{f^{(i)}(0)}{i!}$.
(麥克勞林多項式的係數為 $a_0, \ldots, a_N$，可以直接輸入就不用再計算。)

Step 3 Set $q_0 = 1$;
$p_0 = a_0$.

Step 4 For $i = 1, 2, \ldots, N$ do Steps 5–10. (利用矩陣 B 建立線性方程組)

    Step 5 For $j = 1, 2, \ldots, i-1$
        if $j \leq n$ then set $b_{i,j} = 0$.

    Step 6 If $i \leq n$ then set $b_{i,i} = 1$.

    Step 7 For $j = i+1, i+2, \ldots, N$ set $b_{i,j} = 0$.

    Step 8 For $j = 1, 2, \ldots, i$
        if $j \leq m$ then set $b_{i,n+j} = -a_{i-j}$.

    Step 9 For $j = n+i+1, n+i+2, \ldots, N$ set $b_{i,j} = 0$.

    Step 10 Set $b_{i,N+1} = a_i$.

(*Step 11-12* 用部分樞軸變換解線性方程組。)

Step 11 For $i = n+1, n+2, \ldots, N-1$ do Steps 12–18.

    Step 12 Let k be the smallest integer with $i \leq k \leq N$ and $|b_{k,i}| = \max_{i \leq j \leq N} |b_{j,i}|$.
    (找出樞軸元素)

    Step 13 If $b_{k,i} = 0$ then OUTPUT ("The system is singular");
        STOP.

    Step 14 If $k \neq i$ then (將第 i 列與第 k 列互換)
        for $j = i, i+1, \ldots, N+1$ set

$$b_{COPY} = b_{i,j};$$
$$b_{i,j} = b_{k,j};$$
$$b_{k,j} = b_{COPY}.$$

    Step 15 For $j = i+1, i+2, \ldots, N$ do Steps 16–18. (進行消去)

        Step 16 Set $xm = \dfrac{b_{j,i}}{b_{i,i}}$.

        Step 17 For $k = i+1, i+2, \ldots, N+1$
            set $b_{j,k} = b_{j,k} - xm \cdot b_{i,k}$.

        Step 18 Set $b_{j,i} = 0$.

Step 19 If $b_{N,N} = 0$ then OUTPUT ("The system is singular");
    STOP.

Step 20 If $m > 0$ then set $q_m = \dfrac{b_{N,N+1}}{b_{N,N}}$. (開始後向代換)

Step 21 For $i = N-1, N-2, \ldots, n+1$ set $q_{i-n} = \dfrac{b_{i,N+1} - \sum_{j=i+1}^{N} b_{i,j} q_{j-n}}{b_{ii}}$.

Step 22 For $i = n, n-1, \ldots, 1$ set $p_i = b_{i,N+1} - \sum_{j=n+1}^{N} b_{i,j} q_{j-n}$.

Step 23 OUTPUT $(q_0, q_1, \ldots, q_m, p_0, p_1, \ldots, p_n)$;
STOP. (程序成功) ∎

■ 連分數近似

比較一下例題 1 中求 $P_5(x)$ 及 $r(x)$ 所須的算數運算量，是很有意思的事。$P_5(x)$ 的巢狀乘式可以寫為

$$P_5(x) = \left(\left(\left(\left(-\frac{1}{120}x + \frac{1}{24}\right)x - \frac{1}{6}\right)x + \frac{1}{2}\right)x - 1\right)x + 1$$

假設 1、x、x^2、x^3、x^4、及 x^5 的係數是以小數表示，則計算 1 次 $P_5(x)$ 須要 5 次乘法及 5 次加/減法。

利用巢狀乘式，$r(x)$ 可以寫成

$$r(x) = \frac{\left(\left(-\frac{1}{60}x + \frac{3}{20}\right)x - \frac{3}{5}\right)x + 1}{\left(\frac{1}{20}x + \frac{2}{5}\right)x + 1}$$

所以計算一次 $r(x)$ 的值須要 5 次乘法、5 次加/減法、及 1 次除法。這樣看來似乎是多項式近似較有利。但是 $r(x)$ 可以寫成連除法的型式

$$r(x) = \frac{1 - \frac{3}{5}x + \frac{3}{20}x^2 - \frac{1}{60}x^3}{1 + \frac{2}{5}x + \frac{1}{20}x^2}$$

$$= \frac{-\frac{1}{3}x^3 + 3x^2 - 12x + 20}{x^2 + 8x + 20}$$

$$= -\frac{1}{3}x + \frac{17}{3} + \frac{\left(-\frac{152}{3}x - \frac{280}{3}\right)}{x^2 + 8x + 20}$$

$$= -\frac{1}{3}x + \frac{17}{3} + \frac{-\frac{152}{3}}{\left(\frac{x^2+8x+20}{x+(35/19)}\right)}$$

或

$$r(x) = -\frac{1}{3}x + \frac{17}{3} + \frac{-\frac{152}{3}}{\left(x + \frac{117}{19} + \frac{3125/361}{(x+(35/19))}\right)} \tag{8.16}$$

寫成此種型式之後，計算一次 $r(x)$ 的值須要 1 次乘法、5 次加/減法、及 2 次除法。如果執行除法所須的時間與乘法的時間大致相等，則計算 $P_5(x)$ 所須的時間明顯高於有理函數 $r(x)$ 所須的時間。

寫成 (8.16) 式型式的有理函數稱為**連分數** (continued-fraction) 近似。這種古典的近似法，因為它們計算的效率，目前又重新受到重視。不過這是一種特殊的方法，我們將不

再深入討論。但在[RR], pp. 285-322 中對此種做法及有理函數近似有廣泛的討論。

在例題 1 中，雖然有理函數近似的結果要優於同次數的多項式近似，但近似值的準確度變化很大。在 0.2 時，近似值準確到 8×10^{-9}，但在 1.0 時，近似值與函數值的差為 7×10^{-5}。這種準確度的變異是可預期的，因為 Padé 近似法是利用 e^{-x} 的泰勒多項式，而泰勒多項式在[0.2, 1.0]間的準確度本來就有很大的變化。

■ 柴比雪夫有理函數近似

要讓有理函數近似的準確度更均勻，我們使用柴比雪夫多項式，因為此種多項式的行為更均勻。柴比雪夫有理函數近似法的步驟與 Padé 近似法一樣，只是將 Padé 近似法中的每一個 x^k 項換成 k 次柴比雪夫多項式 $T_k(x)$。

假設我們要用 N 次有理函數 r 近似函數 f，r 的型式為

$$r(x) = \frac{\sum_{k=0}^{n} p_k T_k(x)}{\sum_{k=0}^{m} q_k T_k(x)}，其中 N = n + m 且 q_0 = 1$$

將 $f(x)$ 寫成柴比雪夫多項式的級數和

$$f(x) = \sum_{k=0}^{\infty} a_k T_k(x)$$

可得

$$f(x) - r(x) = \sum_{k=0}^{\infty} a_k T_k(x) - \frac{\sum_{k=0}^{n} p_k T_k(x)}{\sum_{k=0}^{m} q_k T_k(x)}$$

或

$$f(x) - r(x) = \frac{\sum_{k=0}^{\infty} a_k T_k(x) \sum_{k=0}^{m} q_k T_k(x) - \sum_{k=0}^{n} p_k T_k(x)}{\sum_{k=0}^{m} q_k T_k(x)} \tag{8.17}$$

選取 $q_1, q_2, \ldots, q_m$ 及 $p_0, p_1, \ldots, p_n$，使得上式右側分子部分在 $k = 0, 1, \cdots, N$ 時 $T_k(x)$ 項的係數為 0。這代表了級數

$$(a_0 T_0(x) + a_1 T_1(x) + \cdots)(T_0(x) + q_1 T_1(x) + \cdots + q_m T_m(x))$$
$$- (p_0 T_0(x) + p_1 T_1(x) + \cdots + p_n T_n(x))$$

沒有次數小於等於 N 的項。

有 2 個問題，使得柴比雪夫程序的應用比 Padé 法困難。一個問題是因為多項式 $q(x)$ 與 $f(x)$ 的級數相乘時其中包含了柴比雪夫多項式。使用關係式

$$T_i(x) T_j(x) = \frac{1}{2} \left[T_{i+j}(x) + T_{|i-j|}(x) \right] \tag{8.18}$$

可解決此問題。(見 8.3 節之習題 8) 另一個問題就比較難解決，它要求出 $f(x)$ 的柴比雪夫

級數。理論上來說這並不難，因為，如果

$$f(x) = \sum_{k=0}^{\infty} a_k T_k(x)$$

則由柴比雪夫多項式的正交性可得

$$a_0 = \frac{1}{\pi} \int_{-1}^{1} \frac{f(x)}{\sqrt{1-x^2}} \, dx \quad 且 \quad a_k = \frac{2}{\pi} \int_{-1}^{1} \frac{f(x)T_k(x)}{\sqrt{1-x^2}} \, dx，其中 k \geq 1$$

但實際上，極少能獲得這些積分式的確實積分結果，必須用數值積分的方法求出積分近似值。

例題 2 以柴比雪夫多項式展開 e^{-x} 的前 5 項為

$$\tilde{P}_5(x) = 1.266066T_0(x) - 1.130318T_1(x) + 0.271495T_2(x) - 0.044337T_3(x)$$
$$+ 0.005474T_4(x) - 0.000543T_5(x)$$

在 $n = 3$ 及 $m = 2$ 時，求柴比雪夫 5 次有理函數。

解 求此近似函數須要選取 p_0, p_1, p_2, p_3, q_1 及 q_2 使得，在 $k = 0, 1, 2, 3, 4$, 及 5 時展開式

$$\tilde{P}_5(x)[T_0(x) + q_1T_1(x) + q_2T_2(x)] - [p_0T_0(x) + p_1T_1(x) + p_2T_2(x) + p_3T_3(x)]$$

中 $T_k(x)$ 的係數為零。利用 (8.18) 式，並整併項可得

$$
\begin{aligned}
T_0 &: & 1.266066 - 0.565159q_1 + 0.1357485q_2 &= p_0 \\
T_1 &: & -1.130318 + 1.401814q_1 - 0.587328q_2 &= p_1 \\
T_2 &: & 0.271495 - 0.587328q_1 + 1.268803q_2 &= p_2 \\
T_3 &: & -0.044337 + 0.138485q_1 - 0.565431q_2 &= p_3 \\
T_4 &: & 0.005474 - 0.022440q_1 + 0.135748q_2 &= 0 \\
T_5 &: & -0.000543 + 0.002737q_1 - 0.022169q_2 &= 0
\end{aligned}
$$

求解以上方程組可得有理函數

$$r_T(x) = \frac{1.055265T_0(x) - 0.613016T_1(x) + 0.077478T_2(x) - 0.004506T_3(x)}{T_0(x) + 0.378331T_1(x) + 0.022216T_2(x)}$$

在 8.3 節一開始的地方列出了

$$T_0(x) = 1 \quad、\quad T_1(x) = x \quad、\quad T_2(x) = 2x^2 - 1 \quad、\quad T_3(x) = 4x^3 - 3x$$

利用這些多項式並依 x 的冪次整併，可得

$$r_T(x) = \frac{0.977787 - 0.599499x + 0.154956x^2 - 0.018022x^3}{0.977784 + 0.378331x + 0.044432x^2}$$

表 8.11 中列出了 $r_T(x)$ 的值，為便於比較，也列出了例題 1 的 $r(x)$ 的值。由表中可看出，在 $x = 0.2$ 及 0.4 時 $r(x)$ 的近似值優於 $r_T(x)$ 的值，但 $r(x)$ 的最大誤差為 6.33×10^{-5}，而 $r_T(x)$ 的只有 9.13×10^{-6}。∎

表 8.11

x	e^{-x}	$r(x)$	$\|e^{-x} - r(x)\|$	$r_T(x)$	$\|e^{-x} - r_T(x)\|$
0.2	0.81873075	0.81873075	7.55×10^{-9}	0.81872510	5.66×10^{-6}
0.4	0.67032005	0.67031963	4.11×10^{-7}	0.67031310	6.95×10^{-6}
0.6	0.54881164	0.54880763	4.00×10^{-6}	0.54881292	1.28×10^{-6}
0.8	0.44932896	0.44930966	1.93×10^{-5}	0.44933809	9.13×10^{-6}
1.0	0.36787944	0.36781609	6.33×10^{-5}	0.36787155	7.89×10^{-6}

算則 8.2 可用於產生柴比雪夫近似。

算則 8.2 柴比雪夫有理近似 (Chebyshev Rational Approximation)

求已知函數 $f(x)$ 的有理函數近似

$$r_T(x) = \frac{\sum_{k=0}^{n} p_k T_k(x)}{\sum_{k=0}^{m} q_k T_k(x)}$$

INPUT 非負整數 m 及 n。

OUTPUT 係數 $q_0, q_1, \ldots, q_m$ 及 $p_0, p_1, \ldots, p_n$。

Step 1 Set $N = m + n$.

Step 2 Set $a_0 = \dfrac{2}{\pi} \displaystyle\int_0^{\pi} f(\cos\theta)\, d\theta;$ （為計算效率將 a_0 加倍）

For $k = 1, 2, \ldots, N + m$ set

$$a_k = \frac{2}{\pi} \int_0^{\pi} f(\cos\theta) \cos k\theta\, d\theta.$$

（可以用數值積分計算積分式的值，或直接輸入係數）

Step 3 Set $q_0 = 1$.

Step 4 For $i = 0, 1, \ldots, N$ do Steps 5–9. （用矩陣 B 建立線性方程組）

  Step 5 For $j = 0, 1, \ldots, i$
    if $j \leq n$ then set $b_{i,j} = 0$.

  Step 6 If $i \leq n$ then set $b_{i,i} = 1$.

  Step 7 For $j = i+1, i+2, \ldots, n$ set $b_{i,j} = 0$.

  Step 8 For $j = n+1, n+2, \ldots, N$
    if $i \neq 0$ then set $b_{i,j} = -\frac{1}{2}(a_{i+j-n} + a_{|i-j+n|})$
    else set $b_{i,j} = -\frac{1}{2} a_{j-n}$.

  Step 9 If $i \neq 0$ then set $b_{i,N+1} = a_i$
    else set $b_{i,N+1} = \frac{1}{2} a_i$.

(Steps 10-21 用部分樞軸變換解線性方程組)

Step 10 For $i = n+1, n+2, \ldots, N-1$ do Steps 11–17.

Step 11 Let k be the smallest integer with $i \leq k \leq N$ and $|b_{k,i}| = \max_{i \leq j \leq N} |b_{j,i}|$. （找出樞軸元素）

Step 12 If $b_{k,i} = 0$ then OUTPUT ("The system is singular"); STOP.

Step 13 If $k \neq i$ then （將 i 及 k 列互換）
for $j = i, i+1, \ldots, N+1$ set
$$b_{COPY} = b_{i,j};$$
$$b_{i,j} = b_{k,j};$$
$$b_{k,j} = b_{COPY}.$$

Step 14 For $j = i+1, i+2, \ldots, N$ do Steps 15–17. （進行消去）

Step 15 Set $xm = \dfrac{b_{j,i}}{b_{i,i}}$.

Step 16 For $k = i+1, i+2, \ldots, N+1$
set $b_{j,k} = b_{j,k} - xm \cdot b_{i,k}$.

Step 17 Set $b_{j,i} = 0$.

Step 18 If $b_{N,N} = 0$ then OUTPUT ("The system is singular"); STOP.

Step 19 If $m > 0$ then set $q_m = \dfrac{b_{N,N+1}}{b_{N,N}}$. （開始後向代換）

Step 20 For $i = N-1, N-2, \ldots, n+1$ set $q_{i-n} = \dfrac{b_{i,N+1} - \sum_{j=i+1}^{N} b_{i,j} q_{j-n}}{b_{i,i}}$.

Step 21 For $i = n, n-1, \ldots, 0$ set $p_i = b_{i,N+1} - \sum_{j=n+1}^{N} b_{i,j} q_{j-n}$.

Step 22 OUTPUT $(q_0, q_1, \ldots, q_m, p_0, p_1, \ldots, p_n)$; STOP. （程序成功） ∎

柴比雪夫級數展開及柴比雪夫有理近似，兩者都可用 Maple 的 *orthopoly* 和 *numapprox* 程式包獲得。載入程式包，並輸入指令

$g := chebyshev(e^{-x}, x, 0.00001)$

其中參數 0.000001 則告訴 Maple，當剩餘係數除上最大係數小於 0.000001 時就可截斷級數。Maple 回復

$1.266065878T(0, x) - 1.130318208T(1, x) + .2714953396T(2, x) - 0.04433684985T(3, x)$
$+ 0.005474240442T(4, x) - 0.0005429263119T(5, x) + 0.00004497732296T(6, x)$
$- 0.000003198436462T(7, x)$

要計算 $e^{-0.8} = 0.449328964$ 的值則輸入

$evalf(subs(x = .8, g))$

$$0.4493288893$$

要獲得柴比雪夫有理近似，則輸入

$gg := convert(chebyshev(e^{-x}, x, 0.00001), ratpoly, 3, 2)$

可得

$$gg := \frac{0.9763521942 - 0.5893075371x + 0.1483579430x^2 - 0.01643823341x^3}{0.9763483269 + 0.3870509565x + 0.04730334625x^2}$$

我們可以計算 $g(0.8)$ 的值

$evalf(subs(x = 0.8, g))$

可得 $e^{-0.8} = 0.449328964$ 的近似值 0.4493317577。

由最大近似誤差的觀點來看，柴比雪夫法產生的有理函數並不是最好的。但它可以做為第二 Remez 算則的起點，以迭代的方式收斂到最佳近似解。在[RR]，pp. 292-305 及 [Pow]，pp. 90-92 中都有這方面的討論。

習題組 8.4　完整習題請見隨書光碟

1. 求 $f(x) = e^{2x}$ 的所有 2 次 Padé 近似。將 $i = 1, 2, 3, 4, 5$，$x_i = 0.2i$ 的結果與 $f(x_i)$ 的真實值做比較。

3. 求 $f(x) = e^x$ 的 5 次 Padé 近似，給定 $n = 2$ 及 $m = 3$。將 $i = 1, 2, 3, 4, 5$，$x_i = 0.2i$ 的結果與 5 次麥克勞林多項式做比較。

5. 求 $f(x) = \sin x$ 的 6 次 Padé 近似，給定 $n = m = 3$。在 $i = 0, 1, \cdots, 5$，將 $x_i = 0.1i$ 的結果與確解及 6 次麥克勞林多項式做比較。

7. 表 8.10 中列出 $f(x) = e^{-x}$ 的 $n = 3$ 及 $m = 2$ 時 5 次 Padé 近似值、5 次麥克勞林多項式、及真實值，表中 $x_i = 0.2i$，$i = 1, 2, 3, 4, 5$。將這些結果與其他 5 次 Padé 近似值做比較。
   a. $n = 0$、$m = 5$　**b.** $n = 1$、$m = 4$　**c.** $n = 3$、$m = 2$　**d.** $n = 4$、$m = 1$

9. 求 $f(x) = e^{-x}$ 的所有柴比雪夫 2 次有理近似。在 $x = 0.25$、0.5、及 1 時，那個是 $f(x) = e^{-x}$ 的最佳近似值？

11. 求 $f(x) = \sin x$ 的柴比雪夫 4 次有理近似，給定 $n = m = 2$。在 $i = 0, 1, 2, 3, 4, 5$，將 $x_i = 0.1i$ 的結果，與習題 5 中使用 6 次 Padé 近似的結果相比較。

13. 為了求出 $f(x) = e^x$ 精確的近似值以放在數學參考書中，我們要先限制 f 的定義域。將實數 x 除以 $\ln \sqrt{10}$ 可得關係式

$$x = M \cdot \ln \sqrt{10} + s$$

其中 M 為整數，s 為實數並滿足 $|s| \leq \frac{1}{2} \ln \sqrt{10}$。

a. 證明 $e^x = e^s \cdot 10^{M/2}$。
b. 用 $n = m = 3$ 建構出 e^s 的有理函數近似。估計 $0 \leq |s| \leq \frac{1}{2} \ln \sqrt{10}$ 時的誤差。
c. 設計一種方法，將 (a) 及 (b) 的結果以及近似值

$$\frac{1}{\ln \sqrt{10}} = 0.8685889638 \quad \text{及} \quad \sqrt{10} = 3.162277660$$

用於 e^x 的計算。

8.5 三角多項式近似

用正弦 (sin) 及餘弦 (cos) 函數的級數來近似任意函數，最早開始於 1750 年代對弦的振動的研究。這個問題最早由 Jean d'Alembert 開始研究，隨後由當時最優秀的數學家歐拉 (Leonhard Euler) 接手。但伯努利 (Daniel Bernoulli) 首先提出使用正弦與餘弦函數的無限級數和做為此問題的答案，也就是我們今天所知道的傅立葉 (Fourier) 級數。在 19 世紀初期，傅立葉 (Jean Baptiste Joseph Fourier) 用這些級數研究熱的流動，並發展出一套相當完整的理論。

發展傅立葉級數的第一步，就是要觀察到，對每個正整數 n，函數集合 $\{\phi_0, \phi_1, \ldots, \phi_{2n-1}\}$，其中

$$\phi_0(x) = \frac{1}{2}$$
$$\phi_k(x) = \cos kx \,,\quad k = 1, 2, \ldots, n$$

及

$$\phi_{n+k}(x) = \sin kx \,,\quad k = 1, 2, \ldots, n-1$$

在 $[-\pi, \pi]$ 之間相對於 $w(x) \equiv 1$ 為正交集合。此正交性係來自，對每個整數 j，$\sin jx$ 與 $\cos jx$ 在 $[-\pi, \pi]$ 的積分值為 0，並且利用以下三個三角恆等式，我們可以把正弦與餘弦函數的乘積化為和差：

$$\sin t_1 \sin t_2 = \frac{1}{2}[\cos(t_1 - t_2) - \cos(t_1 + t_2)]$$
$$\cos t_1 \cos t_2 = \frac{1}{2}[\cos(t_1 - t_2) + \cos(t_1 + t_2)] \tag{8.19}$$
$$\sin t_1 \cos t_2 = \frac{1}{2}[\sin(t_1 - t_2) + \sin(t_1 + t_2)]$$

■ 正交三角多項式

令 $\mathcal{T}_n$ 代表函數 $\phi_0, \phi_1, \ldots, \phi_{2n-1}$ 所有的線性組合所構成的集合。這個集合稱為次數小於等

於 n 的**三角多項式** (trigonometric polynomial) 集合。(在某些文獻中也有將 $\phi_{2n}(x) = \sin nx$ 納入此集合)

對於函數 $f \in C[-\pi, \pi]$，我們要利用 $\mathcal{T}_n$ 中函數找出它的連續最小平方 (continuous least squares) 近似，其型式為

$$S_n(x) = \frac{a_0}{2} + a_n \cos nx + \sum_{k=1}^{n-1} (a_k \cos kx + b_k \sin kx)$$

因為函數集合 $\{\phi_0, \phi_1, \ldots, \phi_{2n-1}\}$ 在 $[-\pi, \pi]$ 之間相對於 $w(x) \equiv 1$ 為正交，由定理 8.6 及 (8.19) 式可知，係數的適當選擇為

$$a_k = \frac{\int_{-\pi}^{\pi} f(x) \cos kx \, dx}{\int_{-\pi}^{\pi} (\cos kx)^2 \, dx} = \frac{1}{\pi} \int_{-\pi}^{\pi} f(x) \cos kx \, dx, \quad k = 0, 1, 2, \ldots, n \tag{8.20}$$

及

$$b_k = \frac{\int_{-\pi}^{\pi} f(x) \sin kx \, dx}{\int_{-\pi}^{\pi} (\sin kx)^2 \, dx} = \frac{1}{\pi} \int_{-\pi}^{\pi} f(x) \sin kx \, dx, \quad k = 1, 2, \ldots, n-1 \tag{8.21}$$

在 $n \to \infty$ 時 $S_n(x)$ 的極限稱為 f 的**傅立葉級數** (Fourier series)。傅立葉級數可用於描述各種常微或偏微分方程的解，這些微分方程都對應到實際問題。

例題 1 由 $\mathcal{T}_n$ 中找出可近似

$$f(x) = |x|, \quad -\pi < x < \pi$$

的三角多項式。

解 我們首先要對每個 $k = 1, 2, \ldots, n$，求出係數

$$a_0 = \frac{1}{\pi} \int_{-\pi}^{\pi} |x| \, dx = -\frac{1}{\pi} \int_{-\pi}^{0} x \, dx + \frac{1}{\pi} \int_{0}^{\pi} x \, dx = \frac{2}{\pi} \int_{0}^{\pi} x \, dx = \pi$$

$$a_k = \frac{1}{\pi} \int_{-\pi}^{\pi} |x| \cos kx \, dx = \frac{2}{\pi} \int_{0}^{\pi} x \cos kx \, dx = \frac{2}{\pi k^2} \left[(-1)^k - 1 \right]$$

及

$$b_k = \frac{1}{\pi} \int_{-\pi}^{\pi} |x| \sin kx \, dx = 0, \quad k = 1, 2, \ldots, n-1$$

因為 $g(x) = |x| \sin kx$ 對所有的 k 值都是奇函數，所以全部的 b_k 均為 0，且任何奇函數在 $[-a, a]$ 型式的區間中積分值也為 0。(見習題 13 及 14) 因此由 $\mathcal{T}_n$ 中選出近似 f 的三角多項式為

$$S_n(x) = \frac{\pi}{2} + \frac{2}{\pi} \sum_{k=1}^{n} \frac{(-1)^k - 1}{k^2} \cos kx$$

圖 8.13 顯示了 $f(x) = |x|$ 的前幾個三角多項式。∎

第 8 章　近似理論　　517

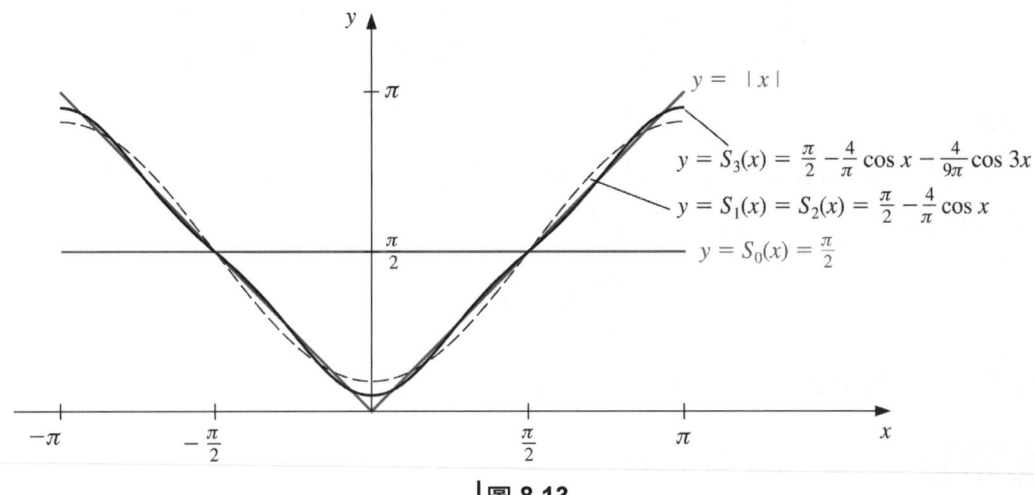

圖 8.13

f 的傅立葉級數為

$$S(x) = \lim_{n \to \infty} S_n(x) = \frac{\pi}{2} + \frac{2}{\pi} \sum_{k=1}^{\infty} \frac{(-1)^k - 1}{k^2} \cos kx$$

因為對所有 k 和 x，$|\cos kx| \leq 1$，此級數收斂，且對所有實數 x 都存在有 $S(x)$。

■ 離散三角近似

在離散的情形下，有一個類似的**離散最小平方** (discret least squares) 近似，可用於大量數據的內插。

假設已知 $2m$ 對的數據點 $\{(x_j, y_j)\}_{j=0}^{2m-1}$，且其第一對元素等分一個封閉區間。為方便起見，假設此區間為 $[-\pi, \pi]$，所以如圖 8.14 所示的，對每個 $j = 0, 1, \ldots, 2m-1$

$$x_j = -\pi + \left(\frac{j}{m}\right)\pi \tag{8.22}$$

如果實際區間不是 $[-\pi, \pi]$，可以用一個簡單的線性轉換，將數據轉至此區間。

圖 8.14

在離散的情形下，我們的目的是由 $\mathcal{T}_n$ 中選出三角多項式 $S_n(x)$，可使得

$$E(S_n) = \sum_{j=0}^{2m-1} [y_j - S_n(x_j)]^2$$

為最小。要達到此目的，我們要選取常數 $a_0, a_1, \ldots, a_n, b_1, b_2, \ldots, b_{n-1}$ 以使得

為最小。

$$E(S_n) = \sum_{j=0}^{2m-1} \left\{ y_j - \left[\frac{a_0}{2} + a_n \cos nx_j + \sum_{k=1}^{n-1}(a_k \cos kx_j + b_k \sin kx_j) \right] \right\}^2 \tag{8.23}$$

因為集合 $\{\phi_0, \phi_1, \ldots, \phi_{2n-1}\}$ 在 $[-\pi, \pi]$ 中相對於在等間隔點 $\{x_j\}_{j=0}^{2m-1}$ 之和為正交，所以求這些常數並不難。也就是說對每個 $k \neq l$，

$$\sum_{j=0}^{2m-1} \phi_k(x_j)\phi_l(x_j) = 0 \tag{8.24}$$

我們用以下引理來說明此正交性。

引理 8.12 設整數 r 不是 $2m$ 的倍數，則

- $\sum_{j=0}^{2m-1} \cos rx_j = 0$ 且 $\sum_{j=0}^{2m-1} \sin rx_j = 0$

另外，若 r 不是 m 的倍數，則

- $\sum_{j=0}^{2m-1} (\cos rx_j)^2 = m$ 且 $\sum_{j=0}^{2m-1} (\sin rx_j)^2 = m$ ■

證明 歐拉公式指出，若 $i^2 = -1$，則對所有實數 z，我們有

$$e^{iz} = \cos z + i \sin z \tag{8.25}$$

應用此公式可得

$$\sum_{j=0}^{2m-1} \cos rx_j + i \sum_{j=0}^{2m-1} \sin rx_j = \sum_{j=0}^{2m-1}(\cos rx_j + i \sin rx_j) = \sum_{j=0}^{2m-1} e^{irx_j}$$

但是

$$e^{irx_j} = e^{ir(-\pi+j\pi/m)} = e^{-ir\pi} \cdot e^{irj\pi/m}$$

所以

$$\sum_{j=0}^{2m-1} \cos rx_j + i \sum_{j=0}^{2m-1} \sin rx_j = e^{-ir\pi} \sum_{j=0}^{2m-1} e^{irj\pi/m}$$

因為 $\sum_{j=0}^{2m-1} e^{irj\pi/m}$ 是幾何級數，其首項為 1 且比值 $e^{ir\pi/m} \neq 1$，所以我們可得

$$\sum_{j=0}^{2m-1} e^{irj\pi/m} = \frac{1-(e^{ir\pi/m})^{2m}}{1-e^{ir\pi/m}} = \frac{1-e^{2ir\pi}}{1-e^{ir\pi/m}}$$

但是 $e^{2ir\pi} = \cos 2r\pi + i \sin 2r\pi = 1$，所以 $1 - e^{2ir\pi} = 0$ 且

$$\sum_{j=0}^{2m-1} \cos rx_j + i \sum_{j=0}^{2m-1} \sin rx_j = e^{-ir\pi} \sum_{j=0}^{2m-1} e^{irj\pi/m} = 0$$

由此可知虛部與實部均為零，所以

$$\sum_{j=0}^{2m-1} \cos rx_j = 0 \quad \text{且} \quad \sum_{j=0}^{2m-1} \sin rx_j = 0$$

另外，若 r 不是 m 的倍數，由以上的和可得

$$\sum_{j=0}^{2m-1} (\cos rx_j)^2 = \sum_{j=0}^{2m-1} \frac{1}{2}\left(1 + \cos 2rx_j\right) = \frac{1}{2}\left[2m + \sum_{j=0}^{2m-1} \cos 2rx_j\right] = \frac{1}{2}(2m+0) = m$$

以及

$$\sum_{j=0}^{2m-1} (\sin rx_j)^2 = \sum_{j=0}^{2m-1} \frac{1}{2}\left(1 - \cos 2rx_j\right) = m$$

■■■

我們現在可以說明 (8.24) 式的正交性。考慮以下情況，

$$\sum_{j=0}^{2m-1} \phi_k(x_j)\phi_{n+l}(x_j) = \sum_{j=0}^{2m-1} (\cos kx_j)(\sin lx_j)$$

因為

$$\cos kx_j \sin lx_j = \frac{1}{2}[\sin(l+k)x_j + \sin(l-k)x_j]$$

且 $(l+k)$ 和 $(l-k)$ 都是整數而且不是 $2m$ 的倍數，由引理 8.12 得

$$\sum_{j=0}^{2m-1} (\cos kx_j)(\sin lx_j) = \frac{1}{2}\left[\sum_{j=0}^{2m-1} \sin(l+k)x_j + \sum_{j=0}^{2m-1} \sin(l-k)x_j\right] = \frac{1}{2}(0+0) = 0$$

用這個方法可證明任何一對函數都滿足正交條件，並得到以下結果。

定理 8.13

在方程式

$$S_n(x) = \frac{a_0}{2} + a_n \cos nx + \sum_{k=1}^{n-1}(a_k \cos kx + b_k \sin kx)$$

中，能夠使最小平方和

$$E(a_0, \ldots, a_n, b_1, \ldots, b_{n-1}) = \sum_{j=0}^{2m-1}(y_j - S_n(x_j))^2$$

為最小的係數為

- $a_k = \dfrac{1}{m} \displaystyle\sum_{j=0}^{2m-1} y_j \cos kx_j$, $\quad k = 0, 1, \ldots, n$

及

- $b_k = \dfrac{1}{m} \displaystyle\sum_{j=0}^{2m-1} y_j \sin kx_j$, $\quad k = 1, 2, \ldots, n-1$ ∎

要證明此定理，我們可以用與 8.1 及 8.2 節同樣的方式，令 E 對每個 a_k 與 b_k 的偏導數為零，然後利用正交性的關係以化簡方程式。例如

$$0 = \frac{\partial E}{\partial b_k} = 2\sum_{j=0}^{2m-1}[y_j - S_n(x_j)](-\sin kx_j)$$

所以

$$\begin{aligned} 0 &= \sum_{j=0}^{2m-1} y_j \sin kx_j - \sum_{j=0}^{2m-1} S_n(x_j) \sin kx_j \\ &= \sum_{j=0}^{2m-1} y_j \sin kx_j - \frac{a_0}{2}\sum_{j=0}^{2m-1} \sin kx_j - a_n \sum_{j=0}^{2m-1} \sin kx_j \cos nx_j \\ &\quad - \sum_{l=1}^{n-1} a_l \sum_{j=0}^{2m-1} \sin kx_j \cos lx_j - \sum_{\substack{l=1,\\l\neq k}}^{n-1} b_l \sum_{j=0}^{2m-1} \sin kx_j \sin lx_j - b_k \sum_{j=0}^{2m-1} (\sin kx_j)^2 \end{aligned}$$

由正交的特性，上式等號右側除了第一項與最後一項之外，每個加總的結果都是 0，而引理 8.12 指出最後一項的和為 m。因此

$$0 = \sum_{j=0}^{2m-1} y_j \sin kx_j - mb_k$$

也就是

$$b_k = \frac{1}{m} \sum_{j=0}^{2m-1} y_j \sin kx_j$$

求 a_k 的方式也是一樣，但多一個求 a_0 的步驟 (見習題 17)。

例題 2 求 $f(x) = 2x^2 - 9$ 的二次離散最小平方三角多項式 $S_2(x)$，x 在 $[-\pi, \pi]$ 之間。

解 我們有 $m = 2(2) - 1 = 3$，所以節點為

$$x_j = \pi + \frac{j}{m}\pi \quad \text{及} \quad y_j = f(x_j) = 2x_j^2 - 9 , \quad j = 0, 1, 2, 3, 4, 5$$

三角多項式為

$$S_2(x) = \frac{1}{2}a_0 + a_2 \cos 2x + (a_1 \cos x + b_1 \sin x)$$

其中

$$a_k = \frac{1}{3}\sum_{j=0}^{5} y_j \cos kx_j, \quad k = 0, 1, 2, \quad 及 \quad b_1 = \frac{1}{3}\sum_{j=0}^{5} y_j \sin x_j$$

係數為

$$a_0 = \frac{1}{3}\left(f(-\pi) + f\left(-\frac{2\pi}{3}\right) + f\left(-\frac{\pi}{3}\right)f(0) + f\left(\frac{\pi}{3}\right) + f\left(\frac{2\pi}{3}\right)\right) = -4.10944566$$

$$a_1 = \frac{1}{3}\left(f(-\pi)\cos(-\pi) + f\left(-\frac{2\pi}{3}\right)\cos\left(-\frac{2\pi}{3}\right) + f\left(-\frac{\pi}{3}\right)\cos\left(-\frac{\pi}{3}\right)f(0)\cos 0 \right.$$
$$\left. + f\left(\frac{\pi}{3}\right)\cos\left(\frac{\pi}{3}\right) + f\left(\frac{2\pi}{3}\right)\cos\left(\frac{2\pi}{3}\right)\right) = -8.77298169$$

$$a_2 = \frac{1}{3}\left(f(-\pi)\cos(-2\pi) + f\left(-\frac{2\pi}{3}\right)\cos\left(-\frac{4\pi}{3}\right) + f\left(-\frac{\pi}{3}\right)\cos\left(-\frac{2\pi}{3}\right)f(0)\cos 0 \right.$$
$$\left. + f\left(\frac{\pi}{3}\right)\cos\left(\frac{2\pi}{3}\right) + f\left(\frac{2\pi}{3}\right)\cos\left(\frac{4\pi}{3}\right)\right) = 2.92432723$$

以及

$$b_1 = \frac{1}{3}\left(f(-\pi)\sin(-\pi) + f\left(-\frac{2\pi}{3}\right)\sin\left(-\frac{\pi}{3}\right) + f\left(-\frac{\pi}{3}\right)\left(-\frac{\pi}{3}\right)f(0)\sin 0 \right.$$
$$\left. + f\left(\frac{\pi}{3}\right)\left(\frac{\pi}{3}\right) + f\left(\frac{2\pi}{3}\right)\left(\frac{2\pi}{3}\right)\right) = 0$$

因此,

$$S_2(x) = \frac{1}{2}(-4.10944562) - 8.77298169\cos x + 2.92432723\cos 2x$$

圖 8.15 顯示了 $f(x)$ 以及離散最小平方三角多項式 $S_2(x)$ 的圖形。 ■

下一例題則說明如何求得一個定義於 $[-\pi, \pi]$ 以外封閉區間之函數的最小平方近似。

例題 3 求

$$f(x) = x^4 - 3x^3 + 2x^2 - \tan x(x-2)$$

的離散最小平方近似 $S_3(x)$。使用數據 $\{(x_j, y_j)\}_{j=0}^{9}$,其中 $x_j = j/5$ 且 $y_j = f(x_j)$。

解 首先要將數據由 $[0, 2]$ 轉換到 $[-\pi, \pi]$,此線性轉換為

$$z_j = \pi(x_j - 1)$$

圖 8.15

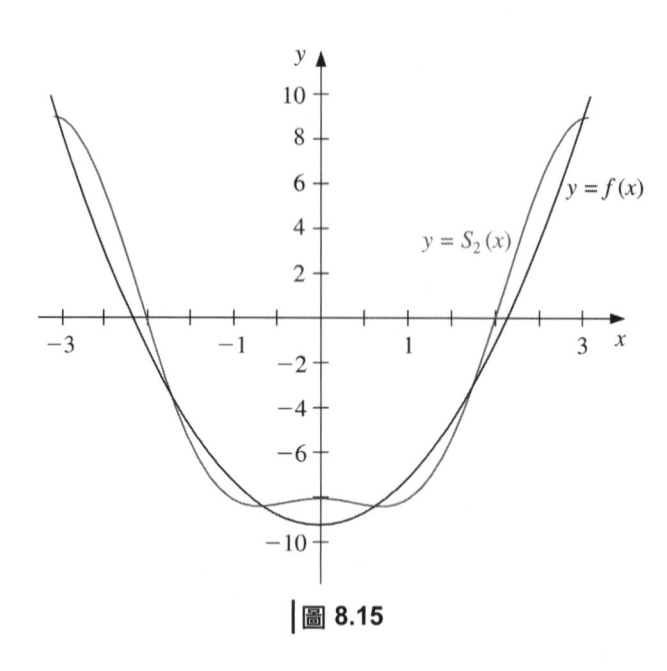

轉換後的數據為

$$\left\{\left(z_j, f\left(1+\frac{z_j}{\pi}\right)\right)\right\}_{j=0}^{9}$$

因此可得最小平方三角多項式為

$$S_3(z) = \left[\frac{a_0}{2} + a_3 \cos 3z + \sum_{k=1}^{2}(a_k \cos kz + b_k \sin kz)\right]$$

其中

$$a_k = \frac{1}{5}\sum_{j=0}^{9} f\left(1+\frac{z_j}{\pi}\right)\cos kz_j \quad , \quad k=0,1,2,3$$

及

$$b_k = \frac{1}{5}\sum_{j=0}^{9} f\left(1+\frac{z_j}{\pi}\right)\sin kz_j \quad , \quad k=1,2$$

將其實際加總可得

$$S_3(z) = 0.76201 + 0.77177 \cos z + 0.017423 \cos 2z + 0.0065673 \cos 3z$$
$$- 0.38676 \sin z + 0.047806 \sin 2z$$

再轉換回變數 x 為

$$S_3(x) = 0.76201 + 0.77177 \cos \pi(x-1) + 0.017423 \cos 2\pi(x-1)$$
$$+ 0.0065673 \cos 3\pi(x-1) - 0.38676 \sin \pi(x-1) + 0.047806 \sin 2\pi(x-1)$$

表 8.12 列出了 $f(x)$ 與 $S_3(x)$ 的值。

表 8.12

x	$f(x)$	$S_3(x)$	$\lvert f(x) - S_3(x) \rvert$
0.125	0.26440	0.24060	2.38×10^{-2}
0.375	0.84081	0.85154	1.07×10^{-2}
0.625	1.36150	1.36248	9.74×10^{-4}
0.875	1.61282	1.60406	8.75×10^{-3}
1.125	1.36672	1.37566	8.94×10^{-3}
1.375	0.71697	0.71545	1.52×10^{-3}
1.625	0.07909	0.06929	9.80×10^{-3}
1.875	-0.14576	-0.12302	2.27×10^{-2}

習題組 8.5　完整習題請見隨書光碟

1. 求 $f(x) = x^2$ 在 $[-\pi, \pi]$ 間的連續最小平方三角多項式 $S_2(x)$。
3. 求 $f(x) = e^x$ 在 $[-\pi, \pi]$ 間的連續最小平方三角多項式 $S_3(x)$。
5. 求

$$f(x) = \begin{cases} 0, & \text{若 } -\pi < x \leq 0 \\ 1, & \text{若 } 0 < x < \pi \end{cases}$$

   的連續最小平方三角多項式之通式 $S_n(x)$。
7. 求下列各函數在 $[-\pi, \pi]$ 間的離散最小平方三角多項式 $S_n(x)$，使用各小題給定的 m 及 n。
   a. $f(x) = \cos 2x$, $m = 4, n = 2$
   b. $f(x) = \cos 3x$, $m = 4, n = 2$
   c. $f(x) = \sin \frac{x}{2} + 2\cos \frac{x}{3}$, $m = 6, n = 3$
   d. $f(x) = x^2 \cos x$, $m = 6, n = 3$
9. 求 $f(x) = e^x \cos 2x$ 在 $[-\pi, \pi]$ 間的離散最小平方三角多項式 $S_3(x)$，給定 $m = 4$。求其誤差 $E(S_3)$。
11. 令 $f(x) = 2\tan x - \sec 2x$, $2 \leq x \leq 4$。用以下所給之 n 及 m 的值，求離散最小平方三角多項式 $S_n(x)$，並計算每小題之誤差。
    a. $n = 3, \quad m = 6$
    b. $n = 4, \quad m = 6$
13. 證明對定義於區間 $[-a, a]$ 的連續奇函數 f，我們有 $\int_{-a}^{a} f(x)\,dx = 0$。
15. 證明函數 $\phi_0(x) = 1/2$, $\phi_1(x) = \cos x, \ldots, \phi_n(x) = \cos nx$, $\phi_{n+1}(x) = \sin x, \ldots, \phi_{2n-1}(x) = \sin(n-1)x$ 在 $[-\pi, \pi]$ 間相對於 $w(x) \equiv 1$ 為正交。
17. 證明定理 8.13 中常數 a_k 在 $k = 0, \ldots, n$ 的型式為正確。

8.6 快速傅立葉轉換

在 8.5 節的後半段，我們求出了，對於 $2m$ 個點 $\{(x_j, y_j)\}_{j=0}^{2m-1}$ 的 n 次離散最小平方多項式，其中 $x_j = -\pi + (j/m)\pi$，$j = 0, 1, \ldots, 2m-1$。

而 $\mathcal{T}_m$ 中內插這 $2m$ 個點的三角多項式與最小平方多項式幾乎完全一樣。這是因為最小平方三角多項式是將誤差項

$$E(S_m) = \sum_{j=0}^{2m-1} (y_j - S_m(x_j))^2$$

最小化，而對於內插三角多項式，當 $S_m(x_j) = y_j$，$j = 0, 1, \ldots, 2m-1$，此誤差為 0，當然也是最小。

但如果我們要使它係數的型式與最小平方的相同，我們要對多項式做些調整。由引理 8.12 可知，如果 r 不是 m 的倍數，則

$$\sum_{j=0}^{2m-1} (\cos rx_j)^2 = m$$

內插則須要計算

$$\sum_{j=0}^{2m-1} (\cos mx_j)^2$$

其值為 $2m$（見習題 8）。這須要將內插多項式改寫為

$$S_m(x) = \frac{a_0 + a_m \cos mx}{2} + \sum_{k=1}^{m-1} (a_k \cos kx + b_k \sin kx) \tag{8.26}$$

如果我們要使常數 a_k 及 b_k 與離散最小平方多項式的型式一致；也就是

- $a_k = \dfrac{1}{m} \displaystyle\sum_{j=0}^{2m-1} y_j \cos kx_j$，$k = 0, 1, \ldots, m$，及

- $b_k = \dfrac{1}{m} \displaystyle\sum_{j=0}^{2m-1} y_j \sin kx_j$，$k = 1, 2, \ldots, m-1$

用三角多項式來近似大量等間隔分布的數據，可獲得非常準確的結果。在許多不同領域中，這都是一種合用的近似方法，包括數位濾波器、天線涵蓋範圍、量子力學、光學、以及無數的模擬問題。但直到 1960 年代中期，這方法無法大量使用，因為找出這些常數須要非常大量的計算。

要靠直接計算的方法內插 $2m$ 個數據點，須要約 $(2m)^2$ 個乘法及 $(2m)^2$ 個加法。在須要用到三角函數內插的問題中，數千個數據點並不為多，所以靠直接法決定這些常數，

往往須要以百萬計的運算次數。伴隨計算而來的捨入誤差往往大到超過一切。

在 1965 年，J.W. Cooley 及 J.W. Tukey 發表在 *Mathematics of Computation* 的一篇論文[CT]，提出了另一種計算內插三角多項式係數的方法。這方法只須要 $O(m \log_2 m)$ 次乘法及 $O(m \log_2 m)$ 次加法，前提為 m 須依特定方法選取。對於一個包括上千個數據點的問題，所須的計算次數由以百萬計降到以千計。其實在 Cooley 及 Tukey 發表論文前數年，這方法就已經被發現了，但卻未受到重視。(在[Brigh], pp. 8-9 有一則關於此方法發展歷史的簡短但有趣的報導。)

由 Cooley 及 Tukey 所提出的方法被稱做 Cooley-Tukey 算則，或稱**快速傅立葉轉換算則** (fast Fourier transform, FFT, algorithm)，並對內插三角多項式的使用造成革命性的影響。此方法必須調整數據點的數目，使其能夠表示成因數乘積，尤其是 2 的冪次。

快速傅立葉轉換並不直接求常數 a_k 及 b_k，它所求的是

$$\frac{1}{m} \sum_{k=0}^{2m-1} c_k e^{ik} \tag{8.27}$$

中的複數係數 c_k，其中

$$c_k = \sum_{j=0}^{2m-1} y_j e^{ik\pi j/m}, \quad k = 0, 1, \ldots, 2m-1 \tag{8.28}$$

一旦求得了常數 c_k，利用歐拉公式

$$e^{iz} = \cos z + i \sin z$$

可求得 a_k 及 b_k。

對每一個 $k = 0, 1, \ldots, m$，我們有

$$\frac{1}{m} c_k (-1)^k = \frac{1}{m} c_k e^{-i\pi k} = \frac{1}{m} \sum_{j=0}^{2m-1} y_j e^{ik\pi j/m} e^{-i\pi k} = \frac{1}{m} \sum_{j=0}^{2m-1} y_j e^{ik(-\pi + (\pi j/m))}$$

$$= \frac{1}{m} \sum_{j=0}^{2m-1} y_j \left(\cos k \left(-\pi + \frac{\pi j}{m} \right) + i \sin k \left(-\pi + \frac{\pi j}{m} \right) \right)$$

$$= \frac{1}{m} \sum_{j=0}^{2m-1} y_j (\cos k x_j + i \sin k x_j)$$

所以，已知 c_k 可得

$$a_k + i b_k = \frac{(-1)^k}{m} c_k \tag{8.29}$$

為了符號標示的方便，加入了 b_0 及 b_m，但兩者的值均為 0 所以不影響加總後的和。

快速傅立葉轉換之所以能減少運算量，是因為它以叢集的方式計算係數 c_k，且利用以下公式做為基本關係，對任何整數 n，

$$e^{n\pi i} = \cos n\pi + i \sin n\pi = (-1)^n$$

對某一正整數 p，設 $m = 2^p$。對每一 $k = 0, 1, \ldots, m-1$，我們有

$$c_k + c_{m+k} = \sum_{j=0}^{2m-1} y_j e^{ik\pi j/m} + \sum_{j=0}^{2m-1} y_j e^{i(m+k)\pi j/m} = \sum_{j=0}^{2m-1} y_j e^{ik\pi j/m}(1 + e^{\pi ij})$$

但

$$1 + e^{i\pi j} = \begin{cases} 2, & \text{若 } j \text{ 為偶數} \\ 0, & \text{若 } j \text{ 為奇數} \end{cases}$$

所以只有 m 個非 0 項須要相加。

如果把加總運算指標中的 j 換成 $2j$，我們可將加總的和寫成

$$c_k + c_{m+k} = 2\sum_{j=0}^{m-1} y_{2j} e^{ik\pi(2j)/m}$$

也就是，

$$c_k + c_{m+k} = 2\sum_{j=0}^{m-1} y_{2j} e^{ik\pi j/(m/2)} \tag{8.30}$$

以類似的方式可得

$$c_k - c_{m+k} = 2e^{ik\pi/m}\sum_{j=0}^{m-1} y_{2j+1} e^{ik\pi j/(m/2)} \tag{8.31}$$

因為 c_k 與 c_{m+k} 均可由 (8.30) 與 (8.31) 式獲得，所以由這 2 個關係式可決定所有的係數 c_k。同時可看出，(8.30) 與 (8.31) 式中的加總項與 (8.28) 式的一樣，只是將指標的 m 換成了 $m/2$。

總共有 $2m$ 個係數 $c_0, c_1, \ldots, c_{2m-1}$ 要求。利用基本公式 (8.28)，每個係數須要 $2m$ 個複數乘法，所以總共要 $(2m)^2$ 次運算。對每個 $k = 0, 1, \ldots, m-1$，(8.30) 式須要 m 個複數乘法，而 (8.31) 式須要 $m + 1$ 個複數乘法。所以用這兩個公式求 $c_0, c_1, \ldots, c_{2m-1}$，所須的複數乘法的次數由 $(2m)^2 = 4m^2$ 減為

$$m \cdot m + m(m + 1) = 2m^2 + m$$

因為在 (8.30) 與 (8.31) 式中加總項的型式與原來的一樣，且 m 為 2 的冪次，所以上述方法可再用於 (8.30) 與 (8.31) 式。可將兩式中加總的指標換為由 $j = 0$ 到 $j = (m/2) - 1$。這可將上式中 $2m^2$ 的部分減成

$$2\left[\frac{m}{2} \cdot \frac{m}{2} + \frac{m}{2} \cdot \left(\frac{m}{2} + 1\right)\right] = m^2 + m$$

所以現在總共須要

$$(m^2 + m) + m = m^2 + 2m$$

次的複數乘法而不是 $(2m)^2$ 次。

再用一次這個方法,我們可以獲得 4 個加總,每個是 $m/4$ 項的和,而上式中的 m^2 部分減為

$$4\left[\left(\frac{m}{4}\right)^2 + \frac{m}{4}\left(\frac{m}{4} + 1\right)\right] = \frac{m^2}{2} + m$$

新的總數為 $(m^2/2) + 3m$ 次複數乘法。重複此方法 r 次,可將所須複數乘法的總數減為

$$\frac{m^2}{2^{r-2}} + mr$$

此程序持續到 $r = p + 1$ 時完成,因為 $m = 2^p$ 且 $2m = 2^{p+1}$。所以在經過 $r = p + 1$ 次這樣的降低之後,所須複數乘法的次數由 $(2m)^2$ 減為

$$\frac{(2^p)^2}{2^{p-1}} + m(p+1) = 2m + pm + m = 3m + m\log_2 m = O(m\log_2 m)$$

由於計算方式的安排,所須要的複數加法的次數大致相同。

為了解此種減少的重要性,設 $m = 2^{10} = 1024$。直接計算 $k = 0, 1, \ldots, 2m - 1$ 的 c_k 須要

$$(2m)^2 = (2048)^2 \approx 4{,}200{,}000$$

次運算。快速傅立葉轉換則可將運算次數減為

$$3(1024) + 1024\log_2 1024 \approx 13{,}300$$

說明題 考慮將快速傅立葉轉換用於 $8 = 2^3$ 個數據點,$\{(x_j, y_j)\}_{j=0}^{7}$ 其中 $x_j = -\pi + j\pi/4$,$j = 0, 1, \ldots, 7$。在本例中 $2m = 8$,所以 $m = 4 = 2^2$ 且 $p = 2$。

由 (8.26) 式可得

$$S_4(x) = \frac{a_0 + a_4 \cos 4x}{2} + \sum_{k=1}^{3}(a_k \cos kx + b_k \sin kx)$$

其中

$$a_k = \frac{1}{4}\sum_{j=0}^{7} y_j \cos kx_j \quad \text{及} \quad b_k = \frac{1}{4}\sum_{j=0}^{7} y_j \sin kx_j, \quad k = 0, 1, 2, 3, 4$$

定義傅立葉轉換為

$$\frac{1}{4}\sum_{j=0}^{7} c_k e^{ikx}$$

其中

$$c_k = \sum_{j=0}^{7} y_j e^{ik\pi j/4} \quad , \quad k = 0, 1, \ldots, 7$$

然後在 $k = 0, 1, 2, 3, 4$ 時用 (8.31) 式可得

$$\frac{1}{4} c_k e^{-ik\pi} = a_k + ib_k$$

經由直接計算，可求得複數常數 c_k 為

$$c_0 = y_0 + y_1 + y_2 + y_3 + y_4 + y_5 + y_6 + y_7$$

$$c_1 = y_0 + \left(\frac{i+1}{\sqrt{2}}\right) y_1 + iy_2 + \left(\frac{i-1}{\sqrt{2}}\right) y_3 - y_4 - \left(\frac{i+1}{\sqrt{2}}\right) y_5 - iy_6 - \left(\frac{i-1}{\sqrt{2}}\right) y_7$$

$$c_2 = y_0 + iy_1 - y_2 - iy_3 + y_4 + iy_5 - y_6 - iy_7$$

$$c_3 = y_0 + \left(\frac{i-1}{\sqrt{2}}\right) y_1 - iy_2 + \left(\frac{i+1}{\sqrt{2}}\right) y_3 - y_4 - \left(\frac{i-1}{\sqrt{2}}\right) y_5 + iy_6 - \left(\frac{i+1}{\sqrt{2}}\right) y_7$$

$$c_4 = y_0 - y_1 + y_2 - y_3 + y_4 - y_5 + y_6 - y_7$$

$$c_5 = y_0 - \left(\frac{i+1}{\sqrt{2}}\right) y_1 + iy_2 - \left(\frac{i-1}{\sqrt{2}}\right) y_3 - y_4 + \left(\frac{i+1}{\sqrt{2}}\right) y_5 - iy_6 + \left(\frac{i-1}{\sqrt{2}}\right) y_7$$

$$c_6 = y_0 - iy_1 - y_2 + iy_3 + y_4 - iy_5 - y_6 + iy_7$$

$$c_7 = y_0 - \left(\frac{i-1}{\sqrt{2}}\right) y_1 - iy_2 - \left(\frac{i+1}{\sqrt{2}}\right) y_3 - y_4 + \left(\frac{i-1}{\sqrt{2}}\right) y_5 + iy_6 + \left(\frac{i+1}{\sqrt{2}}\right) y_7$$

因為此例題的數據量很小，所以方程式中許多 y_j 的係數為 1 或 -1。在數據較多的時候，它們出現的頻率會降低，所以為了能得到較準確的運算次數，乘以 1 或 -1 的運算我們也納入計算，當然在實際計算時是可以不用的。了解這一點之後，我們可看出，直接計算 $c_0, c_1, \ldots, c_7$ 須要 64 次乘/除法及 56 次加/減法。

在 $r = 1$ 的情況下使用快速傅立葉程序，我們首先定義

$$d_0 = \frac{c_0 + c_4}{2} = y_0 + y_2 + y_4 + y_6; \qquad d_4 = \frac{c_2 + c_6}{2} = y_0 - y_2 + y_4 - y_6$$

$$d_1 = \frac{c_0 - c_4}{2} = y_1 + y_3 + y_5 + y_7; \qquad d_5 = \frac{c_2 - c_6}{2} = i(y_1 - y_3 + y_5 - y_7)$$

$$d_2 = \frac{c_1 + c_5}{2} = y_0 + iy_2 - y_4 - iy_6; \qquad d_6 = \frac{c_3 + c_7}{2} = y_0 - iy_2 - y_4 + iy_6$$

$$d_3 = \frac{c_1 - c_5}{2} \qquad\qquad\qquad\qquad d_7 = \frac{c_3 - c_7}{2}$$

$$\quad = \left(\frac{i+1}{\sqrt{2}}\right)(y_1 + iy_3 - y_5 - iy_7); \quad = \left(\frac{i-1}{\sqrt{2}}\right)(y_1 - iy_3 - y_5 + iy_7)$$

然後在 $r = 2$ 時定義

$$e_0 = \frac{d_0 + d_4}{2} = y_0 + y_4; \qquad e_4 = \frac{d_2 + d_6}{2} = y_0 - y_4$$

$$e_1 = \frac{d_0 - d_4}{2} = y_2 + y_6; \qquad e_5 = \frac{d_2 - d_6}{2} = i(y_2 - y_6)$$

$$e_2 = \frac{id_1 + d_5}{2} = i(y_1 + y_5); \qquad e_6 = \frac{id_3 + d_7}{2} = \left(\frac{i-1}{\sqrt{2}}\right)(y_1 - y_5)$$

$$e_3 = \frac{id_1 - d_5}{2} = i(y_3 + y_7); \qquad e_7 = \frac{id_3 - d_7}{2} = i\left(\frac{i-1}{\sqrt{2}}\right)(y_3 - y_7)$$

最後，在 $r = p + 1 = 3$ 時，定義

$$f_0 = \frac{e_0 + e_4}{2} = y_0 \qquad f_4 = \frac{((i+1)/\sqrt{2})e_2 + e_6}{2} = \left(\frac{i-1}{\sqrt{2}}\right) y_1$$

$$f_1 = \frac{e_0 - e_4}{2} = y_4 \qquad f_5 = \frac{((i+1)/\sqrt{2})e_2 - e_6}{2} = \left(\frac{i-1}{\sqrt{2}}\right) y_5$$

$$f_2 = \frac{ie_1 + e_5}{2} = iy_2 \qquad f_6 = \frac{((i-1)/\sqrt{2})e_3 + e_7}{2} = \left(\frac{-i-1}{\sqrt{2}}\right) y_3$$

$$f_3 = \frac{ie_1 - e_5}{2} = iy_6 \qquad f_7 = \frac{((i-1)/\sqrt{2})e_3 - e_7}{2} = \left(\frac{-i-1}{\sqrt{2}}\right) y_7$$

$c_0, \ldots, c_7$、$d_0, \ldots, d_7$、$e_0, \ldots, e_7$、及 $f_0, \ldots, f_7$ 並不取決於特定的數據點；它們取決於 $m = 4$。對每一個 m，有一組唯一的常數 $\{c_k\}_{k=0}^{2m-1}$、$\{d_k\}_{k=0}^{2m-1}$、$\{e_k\}_{k=0}^{2m-1}$、及 $\{f_k\}_{k=0}^{2m-1}$。對於特定的應用，這部分工作是不必要的，只須要執行以下計算：

f_k：

$f_0 = y_0; \quad f_1 = y_4; \quad f_2 = iy_2; \quad f_3 = iy_6$

$f_4 = \left(\dfrac{i-1}{\sqrt{2}}\right) y_1; \quad f_5 = \left(\dfrac{i-1}{\sqrt{2}}\right) y_5; \quad f_6 = -\left(\dfrac{i+1}{\sqrt{2}}\right) y_3; \quad f_7 = -\left(\dfrac{i+1}{\sqrt{2}}\right) y_7$

e_k：

$e_0 = f_0 + f_1; \quad e_1 = -i(f_2 + f_3); \quad e_2 = -\left(\dfrac{i-1}{\sqrt{2}}\right)(f_4 + f_5)$

$e_3 = -\left(\dfrac{i+1}{\sqrt{2}}\right)(f_6 + f_7); \quad e_4 = f_0 - f_1; \quad e_5 = f_2 - f_3; \quad e_6 = f_4 - f_5; \quad e_7 = f_6 - f_7$

d_k：

$d_0 = e_0 + e_1; \quad d_1 = -i(e_2 + e_3); \quad d_2 = e_4 + e_5; \quad d_3 = -i(e_6 + e_7)$

$d_4 = e_0 - e_1; \quad d_5 = e_2 - e_3; \quad d_6 = e_4 - e_5; \quad d_7 = e_6 - e_7$

c_k：

$c_0 = d_0 + d_1; \quad c_1 = d_2 + d_3; \quad c_2 = d_4 + d_5; \quad c_3 = d_6 + d_7$

$c_4 = d_0 - d_1; \quad c_5 = d_2 - d_3; \quad c_6 = d_4 - d_5; \quad c_7 = d_6 - d_7$

以這種方式求常數 $c_0, c_1, \ldots, c_7$ 所須的運算次數列於表 8.13。再次說明，乘以 1 或 -1 的運算我們也納入計算。

在求 c_k 時完全不用乘/除法，反應出一個事實，對任何的 m 值，由 $\{d_k\}_{k=0}^{2m-1}$ 求係數 $\{c_k\}_{k=0}^{2m-1}$ 的方式相同：

$$c_k = d_{2k} + d_{2k+1} \text{ 且 } c_{k+m} = d_{2k} - d_{2k+1},$$
$$k = 0, 1, \ldots, m-1$$

其中不含複數乘法。

表 8.13

步驟	乘/除法	加/減法
$(f_k:)$	8	0
$(e_k:)$	8	8
$(d_k:)$	8	8
$(c_k:)$	0	8
總數	24	24

總結上述，直接求係數 $c_0, c_1, \ldots, c_7$ 須要 64 次乘/除法及 56 次加/減法。快速傅立葉轉換則只須要 24 次乘/除法及 24 次加/減法。 ∎

算則 8.3 則針對 $m = 2^p$ 且 p 為正整數的情形，執行快速傅立葉轉換。此方法也可加以修改，以適用其他型式的 m 值。

算則 8.3　快速傅立葉轉換

求以下加總運算中的係數

$$\frac{1}{m}\sum_{k=0}^{2m-1} c_k e^{ikx} = \frac{1}{m}\sum_{k=0}^{2m-1} c_k(\cos kx + i\sin kx)，其中 i = \sqrt{-1}$$

已知數據 $\{(x_j, y_j)\}_{j=0}^{2m-1}$ 其中 $m = 2^p$ 且 $x_j = -\pi + j\pi/m$，$j = 0, 1, \ldots, 2m-1$：

INPUT　　$m, p; y_0, y_1, \ldots, y_{2m-1}$.

OUTPUT　　複數 $c_0, \ldots, c_{2m-1}$；實數 $a_0, \ldots, a_m$；$b_1, \ldots, b_{m-1}$

Step 1　Set $M = m$;
　　　　$q = p$;
　　　　$\zeta = e^{\pi i/m}$.

Step 2　For $j = 0, 1, \ldots, 2m-1$ set $c_j = y_j$.

Step 3　For $j = 1, 2, \ldots, M$　　set $\xi_j = \zeta^j$;
　　　　　　　　　　　　　　　　　$\xi_{j+M} = -\xi_j$.

Step 4　Set $K = 0$;
　　　　$\xi_0 = 1$.

Step 5　For $L = 1, 2, \ldots, p+1$ do Steps 6–12.

　　Step 6　While $K < 2m-1$ do Steps 7–11.

　　　　Step 7　For $j = 1, 2, \ldots, M$ do Steps 8–10.

Step 8 Let $K = k_p \cdot 2^p + k_{p-1} \cdot 2^{p-1} + \cdots + k_1 \cdot 2 + k_0$;
(分解 k)
set $K_1 = K/2^q = k_p \cdot 2^{p-q} + \cdots + k_{q+1} \cdot 2 + k_q$;
$K_2 = k_q \cdot 2^p + k_{q+1} \cdot 2^{p-1} + \cdots + k_p \cdot 2^q$.

Step 9 Set $\eta = c_{K+M}\xi_{K_2}$;
$c_{K+M} = c_K - \eta$;
$c_K = c_K + \eta$.

Step 10 Set $K = K + 1$.

Step 11 Set $K = K + M$.

Step 12 Set $K = 0$;
$M = M/2$;
$q = q - 1$.

Step 13 While $K < 2m - 1$ do Steps 14–16.

Step 14 Let $K = k_p \cdot 2^p + k_{p-1} \cdot 2^{p-1} + \cdots + k_1 \cdot 2 + k_0$; (分解 k)
set $j = k_0 \cdot 2^p + k_1 \cdot 2^{p-1} + \cdots + k_{p-1} \cdot 2 + k_p$.

Step 15 If $j > K$ then interchange c_j and c_k.

Step 16 Set $K = K + 1$.

Step 17 Set $a_0 = c_0/m$;
$a_m = \text{Re}(e^{-i\pi m}c_m/m)$.

Step 18 For $j = 1, \ldots, m-1$ set $a_j = \text{Re}(e^{-i\pi j}c_j/m)$;
$b_j = \text{Im}(e^{-i\pi j}c_j/m)$.

Step 19 OUTPUT $(c_0, \ldots, c_{2m-1}; a_0, \ldots, a_m; b_1, \ldots, b_{m-1})$;
STOP. ∎

例題 1 對函數 $f(x) = 2x^2 - 9$，求數據 $\{(x_j, f(x_j))\}_{j=0}^{3}$ 在 $[-\pi, \pi]$ 之間的 2 次內插三角多項式，其中

$$a_k = \frac{1}{2}\sum_{j=0}^{3} f(x_j)\cos(kx_j) \quad k = 0, 1, 2 \quad \text{及} \quad b_1 = \frac{1}{2}\sum_{j=0}^{3} f(x_j)\sin(x_j)$$

解 我們有

$$a_0 = \frac{1}{2}\left(f(-\pi) + f\left(-\frac{\pi}{2}\right) + f(0) + f\left(\frac{\pi}{2}\right)\right) = -3.19559339$$

$$a_1 = \frac{1}{2}\left(f(-\pi)\cos(-\pi) + f\left(-\frac{\pi}{2}\right)\cos\left(-\frac{\pi}{2}\right) + f(0)\cos 0 + f\left(\frac{\pi}{2}\right)\right)\cos\left(\frac{\pi}{2}\right)$$

$$= -9.86960441$$

$$a_2 = \frac{1}{2}\left(f(-\pi)\cos(-2\pi) + f\left(-\frac{\pi}{2}\right)\cos(-\pi) + f(0)\cos 0 + f\left(\frac{\pi}{2}\right)\right)\cos(\pi)$$

$$= 4.93480220$$

及

$$b_1 = \frac{1}{2}\left(f(-\pi)\sin(-\pi) + f\left(-\frac{\pi}{2}\right)\sin\left(-\frac{\pi}{2}\right) + f(0)\sin 0 + f\left(\frac{\pi}{2}\right)\sin\left(\frac{\pi}{2}\right)\right) = 0$$

所以
$$S_2(x) = \frac{1}{2}\left(-3.19559339 + 4.93480220\cos 2x\right) - 9.86960441\cos x$$

圖 8.16 為 $f(x)$ 與內插三角多項式 $S_2(x)$ 的圖形。 ∎

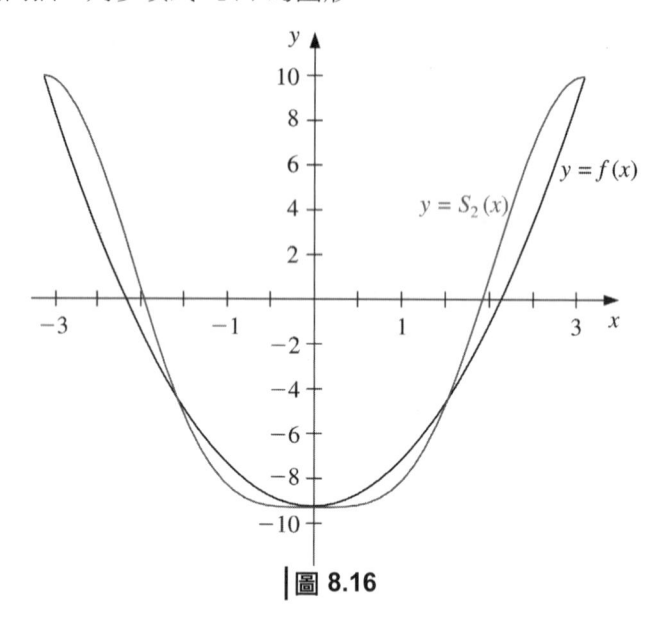

圖 8.16

下一個例題則說明，如何求得定義於 $[-\pi, \pi]$ 之外其他封閉區間之函數的內插三角多項式。

例題 2 求已知數據點 $\{(j/4, f(j/4))\}_{j=0}^{7}$ 在 $[0, 2]$ 之上的四次內插三角多項式，其中 $f(x) = x^4 - 3x^3 + 2x^2 - \tan x(x-2)$。

解 我們必須先將區間由 $[0, 2]$ 轉換到 $[-\pi, \pi]$。這可由
$$z_j = \pi(x_j - 1)$$
獲得，所以算則 8.3 的輸入數據為
$$\left\{z_j, f\left(1 + \frac{z_j}{\pi}\right)\right\}_{j=0}^{7}$$

對於 z 的內插多項式為
$$S_4(z) = 0.761979 + 0.771841\cos z + 0.0173037\cos 2z + 0.00686304\cos 3z$$
$$- 0.000578545\cos 4z - 0.386374\sin z + 0.0468750\sin 2z - 0.0113738\sin 3z$$

將 $z = \pi(x-1)$ 代入 $S_4(z)$，可得區間 $[0, 2]$ 的三角多項式 $S_4(x)$。$y = f(x)$ 及 $y = S_4(x)$ 的圖形顯示於圖 8.17，$f(x)$ 與 $S_4(x)$ 的值則列於表 8.14。 ∎

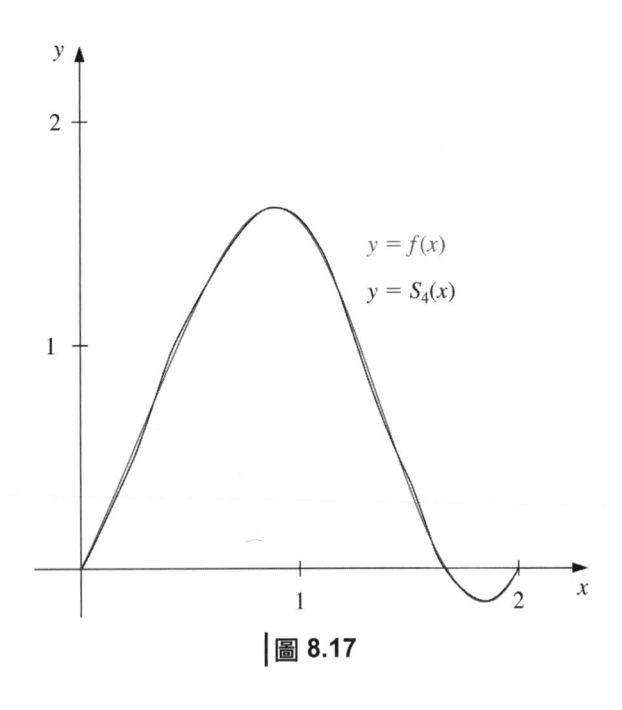

圖 8.17 處顯示 $y = f(x)$ 與 $y = S_4(x)$ 的曲線圖。

表 8.14

x	$f(x)$	$S_4(x)$	$|f(x) - S_4(x)|$
0.125	0.26440	0.25001	1.44×10^{-2}
0.375	0.84081	0.84647	5.66×10^{-3}
0.625	1.36150	1.35824	3.27×10^{-3}
0.875	1.61282	1.61515	2.33×10^{-3}
1.125	1.36672	1.36471	2.02×10^{-3}
1.375	0.71697	0.71931	2.33×10^{-3}
1.625	0.07909	0.07496	4.14×10^{-3}
1.875	-0.14576	-0.13301	1.27×10^{-2}

在參考文獻[Ham]中有更多關於快速傅立葉轉換之有效性的驗證，這份參考文獻偏重由數學觀點來說明，一般理工背景的讀者則可能較習慣 [Brac] 的說明。而此方法計算層面的討論則可參考[AHU] , pp. 252-269。在[Win]中則說明了如何修改此方法以適用於 m 不是 2 的冪次的情況。在[Lau, pp. 438-465]中則由應用代數的觀點說明此方法。

習題組 8.6 完整習題請見隨書光碟

1. 求下列函數在 $[-\pi, \pi]$ 間的 2 次內插三角多項式 $S_2(x)$，並繪出 $f(x) - S_2(x)$ 的圖形。
   a. $f(x) = \pi(x - \pi)$
   b. $f(x) = x(\pi - x)$
   c. $f(x) = |x|$
   d. $f(x) = \begin{cases} -1, & -\pi \leq x \leq 0 \\ 1, & 0 < x \leq \pi \end{cases}$

3. 用快速傅立葉轉換算則，求下列函數在 $[-\pi, \pi]$ 間的 4 次內插三角多項式。
   a. $f(x) = \pi(x - \pi)$
   b. $f(x) = |x|$
   c. $f(x) = \cos \pi x - 2 \sin \pi x$
   d. $f(x) = x \cos x^2 + e^x \cos e^x$

5. 利用習題 3 的結果，求下列積分的近似值，並將結果與確解做比較。
   a. $\int_{-\pi}^{\pi} \pi(x - \pi)\, dx$
   b. $\int_{-\pi}^{\pi} |x|\, dx$
   c. $\int_{-\pi}^{\pi} (\cos \pi x - 2 \sin \pi x)\, dx$
   d. $\int_{-\pi}^{\pi} (x \cos x^2 + e^x \cos e^x)\, dx$

7. 用快速傅立葉轉換算則，求 $f(x) = x^2 \cos x$ 函數在 $[-\pi, \pi]$ 間的 64 次內插三角多項式。

9. 證明算則 8.3 中的 $c_0, \ldots, c_{2m-1}$ 可由

$$\begin{bmatrix} c_0 \\ c_1 \\ c_2 \\ \vdots \\ c_{2m-1} \end{bmatrix} = \begin{bmatrix} 1 & 1 & 1 & \cdots & 1 \\ 1 & \zeta & \zeta^2 & \cdots & \zeta^{2m-1} \\ 1 & \zeta^2 & \zeta^4 & \cdots & \zeta^{4m-2} \\ \vdots & \vdots & \vdots & & \vdots \\ 1 & \zeta^{2m-1} & \zeta^{4m-2} & \cdots & \zeta^{(2m-1)^2} \end{bmatrix} \begin{bmatrix} y_0 \\ y_1 \\ y_2 \\ \vdots \\ y_{2m-1} \end{bmatrix}$$

獲得，其中 $\zeta = e^{\pi i/m}$。

CHAPTER 9 近似特徵值

引言

一根彈性梁,其局部剛性 (local stiffness) 為 $p(x)$、密度為 $\rho(x)$,它的縱向振動可用偏微分方程

$$\rho(x)\frac{\partial^2 v}{\partial t^2}(x,t) = \frac{\partial}{\partial x}\left[p(x)\frac{\partial v}{\partial x}(x,t)\right]$$

來表示,其中 $v(x,t)$ 代表梁的一個截面在時間 t 時相對其平衡位置 x 的縱向位移量。實際的振動可以寫成簡諧振動的和

$$v(x,t) = \sum_{k=0}^{\infty} c_k u_k(x) \cos\sqrt{\lambda_k}(t-t_0)$$

其中

$$\frac{d}{dx}\left[p(x)\frac{du_k}{dx}(x)\right] + \lambda_k \rho(x) u_k(x) = 0$$

如果梁的長度為 l 且在兩端點固定,則此微分方程適用於 $0 < x < l$ 及 $v(0) = v(l) = 0$ 的情況。

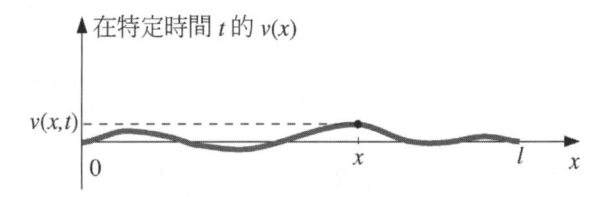

一組這樣的微分方程稱為 Sturm-Liouville 方程組,而 λ_k 為對應於特徵函數 $u_k(x)$ 的特徵值。

假設此梁的長度為 1 m,其剛性為均值 $p(x) = p$ 密度亦為均值 $\rho(x) = \rho$。欲獲得 u 及 λ 的近似值,令 $h = 0.2$。則 $x_j = 0.2j$,$0 \le j \le 5$,然後我們可以用 4.1 節 (4.5) 式的中點公式以近似其一階導數。如此可得線性方程組

$$A\mathbf{w} = \begin{bmatrix} 2 & -1 & 0 & 0 \\ -1 & 2 & -1 & 0 \\ 0 & -1 & 2 & -1 \\ 0 & 0 & -1 & 2 \end{bmatrix} \begin{bmatrix} w_1 \\ w_2 \\ w_3 \\ w_4 \end{bmatrix} = -0.04\frac{\rho}{p}\lambda \begin{bmatrix} w_1 \\ w_2 \\ w_3 \\ w_4 \end{bmatrix}$$

$$= -0.04\frac{\rho}{p}\lambda\mathbf{w}$$

此方程組中，在 $1 \leq j \leq 4$ 時 $w_j \approx u(x_j)$，且 $w_0 = w_5 = 0$。則矩陣 A 的 4 個特徵值，即為 *Sturm-Liouville* 方程組特徵值的近似值。本章所要探討的就是如何求特徵值的近似值。在 9.5 節的習題 13 就列出了對 Sturm-Liouville 問題的應用。

9.1 線性代數與特徵值

在第 7 章討論以迭代法求線性方程組近似解的時候，我們已介紹過特徵值與特徵向量。要決定一個 $n \times n$ 矩陣 A 的特徵值，我們先寫出它的特徵多項式

$$p(\lambda) = \det(A - \lambda I)$$

然後求其零點。求一個 $n \times n$ 矩陣的行列式值的計算成本非常高，要準確的求得其根 $p(\lambda)$ 的近似解也不容易。在本章中，我們將探討以其他方法來近似矩陣的特徵值。在 9.6 節我們會介紹一種因式分解的方法，可將一般 $m \times n$ 矩陣分解成一種在許多領域都非常重要的因式分解型式。

在第 7 章中我們發現，一個求解線性方程組的迭代法，它收斂的條件是，它所有特徵值的絕對值要小於 1。在此情形下特徵值實際的值並不重要，只須要知道它們落在複平面的那一區。就此一目的，S. A. Geršgorin 首先獲得了重要成果。Richard Varga [Var2] 有一本相當有趣的書即以此為主題。

定理 9.1 （Geršgorin 圓）

令 A 是一個 $n \times n$ 矩陣，而 R_i 代表複平面上以 a_{ii} 為圓心 $\sum_{j=1, j \neq i}^{n} |a_{ij}|$ 為半徑的圓，亦即

$$R_i = \left\{ z \in \mathcal{C} \,\Big|\, |z - a_{ii}| \leq \sum_{j=1, j \neq i}^{n} |a_{ij}| \right\}$$

其中 $\mathcal{C}$ 代表複平面。A 的特徵值包含於圓 $R = \cup_{i=1}^{n} R_i$ 的聯集中。此外，對任何 k 個圓的聯集，如果它們不與其餘 $(n-k)$ 個圓相交，則恰好包含 k 個 (計算重根) 特徵值。 ∎

證明 設 λ 是 A 的一個特徵值並有相對之特徵向量 $\mathbf{x}$，此處 $\|\mathbf{x}\|_\infty = 1$。因為 $A\mathbf{x} = \lambda \mathbf{x}$，以分量表示為

$$\sum_{j=1}^{n} a_{ij} x_j = \lambda x_i \,, \quad i = 1, 2, \ldots, n \tag{9.1}$$

令 k 為滿足 $|x_k| = \|\mathbf{x}\|_\infty = 1$ 的整數。當 $i = k$，由 (9.1) 式可得

$$\sum_{j=1}^{n} a_{kj} x_j = \lambda x_k$$

因此

$$\sum_{\substack{j=1,\\j\neq k}}^{n} a_{kj}x_j = \lambda x_k - a_{kk}x_k = (\lambda - a_{kk})x_k$$

且

$$|\lambda - a_{kk}| \cdot |x_k| = \left|\sum_{\substack{j=1,\\j\neq k}}^{n} a_{kj}x_j\right| \leq \sum_{\substack{j=1,\\j\neq k}}^{n} |a_{kj}||x_j|$$

但是 $|x_k| = \|\mathbf{x}\|_\infty = 1$，所以對所有 $j = 1, 2, \ldots, n$，$|x_j| \leq |x_k| = 1$。因此

$$|\lambda - a_{kk}| \leq \sum_{\substack{j=1,\\j\neq k}}^{n} |a_{kj}|$$

這就證明了本定理的第一項陳述，$\lambda \in R_k$。第二項陳述的證明請參見[Var2], p. 8，或[Or2], p. 48。

例題 1 求矩陣

$$A = \begin{bmatrix} 4 & 1 & 1 \\ 0 & 2 & 1 \\ -2 & 0 & 9 \end{bmatrix}$$

的 Geršgorin 圓，並用這些圓找出 A 之頻譜半徑的界限。

解 Geršgorin 理論中的圓為 (見圖 9.1)

$R_1 = \{z \in \mathcal{C} \mid |z-4| \leq 2\}$ 、 $R_2 = \{z \in \mathcal{C} \mid |z-2| \leq 1\}$ 、及 $R_3 = \{z \in \mathcal{C} \mid |z-9| \leq 2\}$

因為 R_1 及 R_2 與 R_3 不相交，所以在 $R_1 \cup R_2$ 中恰有 2 個特徵值，另一個在 R_3 之中。而且 $\rho(A) = \max_{1 \leq i \leq 3} |\lambda_i|$，所以 $7 \leq \rho(A) \leq 11$。

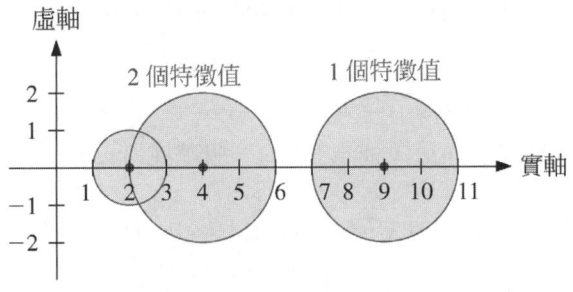

圖 9.1

即使我們須要求得特徵值，事實上許多方法都是以迭代的方式求近似解，所以決定它們所處之區域實為求解的第一步，因為它們提供了迭代法所須要的初始近似值。

在進一步討論特徵值與特徵向量之前，我們須要一些線性代數的定義與定理。本章

後續部分所會用到的所有一般性定理都將列於此處，以利參考。凡本處未提供證明的部分，會當作習題，而且都可以在標準的線性代數教科書中找到 (例如[ND]、[Poo]、或 [DG])。

第一個定義與 8.2 節中函數線性獨立的定義類似。事實上，在本章中有許多地方都和第 8 章類似。

定義 9.2

令 $\{\mathbf{v}^{(1)}, \mathbf{v}^{(2)}, \mathbf{v}^{(3)}, \ldots, \mathbf{v}^{(k)}\}$ 為向量集合。若在

$$\mathbf{0} = \alpha_1 \mathbf{v}^{(1)} + \alpha_2 \mathbf{v}^{(2)} + \alpha_3 \mathbf{v}^{(3)} + \cdots + \alpha_k \mathbf{v}^{(k)}$$

時有 $\alpha_i = 0$，$i = 0, 1, \cdots, k$，則此集合為**線性獨立** (linearly independent)。否則此向量集合為**線性相依** (linearly dependent)。 ∎

特別說明一點，任何包含 0 向量的向量集合都是線性相依。

定理 9.3

若 $\{\mathbf{v}^{(1)}, \mathbf{v}^{(2)}, \mathbf{v}^{(3)}, \ldots, \mathbf{v}^{(n)}\}$ 是一個屬於 $\mathbb{R}^n$ 的 n 個線性獨立向量的集合，則對任何向量 $\mathbf{x} \in \mathbb{R}^n$，存有一組唯一的常數 $\beta_1, \beta_2, \ldots, \beta_n$，可使得

$$\mathbf{x} = \beta_1 \mathbf{v}^{(1)} + \beta_2 \mathbf{v}^{(2)} + \beta_3 \mathbf{v}^{(3)} + \cdots + \beta_n \mathbf{v}^{(n)}$$ ∎

證明 令 A 為一個矩陣，它的行是向量 $\mathbf{v}^{(1)}, \mathbf{v}^{(2)}, \ldots, \mathbf{v}^{(n)}$。若且唯若矩陣方程

$$A(\alpha_1, \alpha_2, \ldots, \alpha_n)^t = \mathbf{0} \text{ 有唯一解 } (\alpha_1, \alpha_2, \ldots, \alpha_n)^t = \mathbf{0}$$

則集合 $\{\mathbf{v}^{(1)}, \mathbf{v}^{(2)}, \ldots, \mathbf{v}^{(n)}\}$ 為線性獨立。但由定理 6.16 可知，對任何向量 $\mathbf{x} \in \mathbb{R}^n$ 矩陣方程 $A(\beta_1, \beta_2, \ldots, \beta_n)^t = \mathbf{x}$ 有唯一解，與此為等價。這也就相當於指出了，對任何 $\mathbf{x} \in \mathbb{R}^n$，存有一組唯一的常數 $\beta_1, \beta_2, \ldots, \beta_n$，可使得

$$\mathbf{x} = \beta_1 \mathbf{v}^{(1)} + \beta_2 \mathbf{v}^{(2)} + \beta_3 \mathbf{v}^{(3)} + \cdots + \beta_n \mathbf{v}^{(n)}$$ ∎

定義 9.4

在 $\mathbb{R}^n$ 中任意 n 個線性獨立之向量，稱為 $\mathbb{R}^n$ 的一組**基底** (basis)。 ∎

例題 2 (a) 證明 $\mathbf{v}^{(1)} = (1, 0, 0)^t$、$\mathbf{v}^{(2)} = (-1, 1, 1)^t$、及 $\mathbf{v}^{(3)} = (0, 4, 2)^t$ 為 $\mathbb{R}^3$ 中的一組基底，且

(b) 已知任意向量 $\mathbf{x} \in \mathbb{R}^3$ 求 β_1、β_2、及 β_3 使得

$$\mathbf{x} = \beta_1 \mathbf{v}^{(1)} + \beta_2 \mathbf{v}^{(2)} + \beta_3 \mathbf{v}^{(3)}$$

解 (a) 令 α_1、α_2、及 α_3 為一組滿足 $\mathbf{0} = \alpha_1 \mathbf{v}^{(1)} + \alpha_2 \mathbf{v}^{(2)} + \alpha_3 \mathbf{v}^{(3)}$ 的數。則

$$(0,0,0)^t = \alpha_1(1,0,0)^t + \alpha_2(-1,1,1)^t + \alpha_3(0,4,2)^t$$
$$= (\alpha_1 - \alpha_2, \alpha_2 + 4\alpha_3, \alpha_2 + 2\alpha_3)^t$$

所以 $\alpha_1 - \alpha_2 = 0$、$\alpha_2 + 4\alpha_3 = 0$、且 $\alpha_2 + 2\alpha_3 = 0$。

此方程組的唯一解為 $\alpha_1 = \alpha_2 = \alpha_3 = 0$，所以集合 $\{\mathbf{v}^{(1)}, \mathbf{v}^{(2)}, \mathbf{v}^{(3)}\}$ 為 $\mathbb{R}^3$ 中 3 個線性獨立向量，且為 $\mathbb{R}^3$ 的一組基底。

(b) 令 $\mathbf{x} = (x_1, x_2, x_3)^t$ 為 $\mathbb{R}^3$ 中的向量。解

$$\mathbf{x} = \beta_1 \mathbf{v}^{(1)} + \beta_2 \mathbf{v}^{(2)} + \beta_3 \mathbf{v}^{(3)}$$
$$= \beta_1 (1,0,0)^t + \beta_2 (-1,1,1)^t + \beta_3 ((0,4,2)^t$$
$$= (\beta_1 - \beta_2, \beta_2 + 4\beta_3, \beta_2 + 2\beta_3)^t$$

相當於由方程組

$$\beta_1 - \beta_2 = x_1 \quad、\quad \beta_2 + 4\beta_3 = x_2 \quad、\quad \beta_2 + 2\beta_3 = x_3$$

解 β_1、β_2、及 β_3。此方程組有唯一解

$$\beta_1 = x_1 - x_2 + 2x_3 \quad,\quad \beta_2 = 2x_3 - x_2 \quad,\text{及}\quad \beta_3 = \frac{1}{2}(x_2 - x_3) \quad \blacksquare$$

在 9.3 節將用下一個定理以推導求特徵值近似解的冪次法。此定理的證明留在習題 10。

定理 9.5

若 A 為矩陣，且 $\lambda_1, \ldots, \lambda_k$ 為其相異特徵值，其相對之特徵向量為 $\mathbf{x}^{(1)}, \mathbf{x}^{(2)}, \ldots, \mathbf{x}^{(k)}$，則 $\{\mathbf{x}^{(1)}, \mathbf{x}^{(2)}, \ldots, \mathbf{x}^{(k)}\}$ 為線性獨立集合。 $\blacksquare$

例題 3 證明以下 3×3 矩陣的特徵向量可構成 $\mathbb{R}^3$ 的一組基底。

$$A = \begin{bmatrix} 2 & 0 & 0 \\ 1 & 1 & 2 \\ 1 & -1 & 4 \end{bmatrix}$$

解 在 7.2 節的例題 2 我們已求得 A 的特徵多項式為

$$p(\lambda) = \det(A - \lambda I) = (\lambda - 3)(\lambda - 2)^2$$

A 的 2 個相異特徵值為 $\lambda_1 = 3$ 及 $\lambda_2 = 2$。在該問題中我們也求出，特徵值 $\lambda_1 = 3$ 有特徵向量 $\mathbf{x}_1 = (0,1,1)^t$，對於特徵值 $\lambda_2 = 2$，則有兩個線性獨立的特徵向量 $\mathbf{x}_2 = (0,2,1)^t$ 及 $\mathbf{x}_3 = (-2,0,1)^t$。

我們不難看出 (見習題 8)，這 3 個特徵向量的集合

$$\{\mathbf{x}_1, \mathbf{x}_2, \mathbf{x}_3\} = \{(0,1,1)^t, (0,2,1)^t, (-2,0,1)^t\}$$

是線性獨立並構成 $\mathbb{R}^3$ 中的一組基底。

在下個例題中,我們會看到一個矩陣,它的特徵值和上題相同,但特徵向量卻有不同的特性。

例題 4 證明,3×3 矩陣

$$B = \begin{bmatrix} 2 & 1 & 0 \\ 0 & 2 & 0 \\ 0 & 0 & 3 \end{bmatrix}$$

之特徵向量的任何組合都無法構成 $\mathbb{R}^3$ 中的一組基底。

解 這個矩陣的特徵多項式與例題 3 的一樣:

$$p(\lambda) = \det \begin{bmatrix} 2-\lambda & 1 & 0 \\ 0 & 2-\lambda & 0 \\ 0 & 0 & 3-\lambda \end{bmatrix} = (\lambda - 3)(\lambda - 2)^2$$

所以它的特徵值與例題 3 中 A 的相同,也是 $\lambda_1 = 3$ 及 $\lambda_2 = 2$。

要求得 B 相對於 $\lambda_1 = 3$ 的特徵向量,我們要解方程組 $(B - 3I)\mathbf{x} = \mathbf{0}$,所以

$$\begin{bmatrix} 0 \\ 0 \\ 0 \end{bmatrix} = (B - 3I)\begin{bmatrix} x_1 \\ x_2 \\ x_3 \end{bmatrix} = \begin{bmatrix} -1 & 1 & 0 \\ 0 & -1 & 0 \\ 0 & 0 & 0 \end{bmatrix}\begin{bmatrix} x_1 \\ x_2 \\ x_3 \end{bmatrix} = \begin{bmatrix} -x_1 + x_2 \\ -x_2 \\ 0, \end{bmatrix}$$

因此 $x_2 = 0$、$x_1 = x_2 = 0$、且 x_3 為任意。設 $x_3 = 1$ 可得相對於 $\lambda_1 = 3$ 的唯一線性獨立特徵向量 $(0, 0, 1)^t$。

考慮 $\lambda_2 = 2$。若

$$\begin{bmatrix} 0 \\ 0 \\ 0 \end{bmatrix} = (B - 2\lambda)\begin{bmatrix} x_1 \\ x_2 \\ x_3 \end{bmatrix} = \begin{bmatrix} 0 & 1 & 0 \\ 0 & 0 & 0 \\ 0 & 0 & 1 \end{bmatrix} \cdot \begin{bmatrix} x_1 \\ x_2 \\ x_3 \end{bmatrix} = \begin{bmatrix} x_2 \\ 0 \\ x_3, \end{bmatrix}$$

則 $x_2 = 0$、$x_3 = 0$ 且 x_1 為任意。相對於 $\lambda_2 = 2$ 只有一個線性獨立特徵向量 $(1, 0, 0)^t$,即使 $\lambda_2 = 2$ 是 B 之特徵多項式的一個雙重零點。

這 2 個特徵向量明顯不足以構成一組 $\mathbb{R}^3$ 中的基底。特別是,$(0, 1, 0)^t$ 並不是 $\{(0, 0, 1)^t, (1, 0, 0)^t\}$ 的線性組合。

我們將會看到,如果線性獨立特徵向量的數目,與矩陣的大小不一致,如例題 4 的情形,在以近似法求特徵值時會有問題。

■ 正交向量

在 8.2 節中我們看到了正交與正規正交函數的集合。具有同樣特性的向量亦有類似的定義。

定義 9.6

若對所有的 $i \neq j$ 都有 $(\mathbf{v}^{(i)})^t \mathbf{v}^{(j)} = 0$，則向量集合 $\{\mathbf{v}^{(1)}, \mathbf{v}^{(2)}, \ldots, \mathbf{v}^{(n)}\}$ 為 **正交** (orthogonal)。如果對所有 $i = 1, 2, \ldots, n$，另有 $(\mathbf{v}^{(i)})^t \mathbf{v}^{(i)} = 1$，則此集合為 **正規正交** (orthonormal)。

因為對 $\mathbb{R}^n$ 中的任何 $\mathbf{x}$ 都有 $\mathbf{x}^t \mathbf{x} = \|\mathbf{x}\|_2^2$，所以正交向量集合 $\{\mathbf{v}^{(1)}, \mathbf{v}^{(2)}, \ldots, \mathbf{v}^{(n)}\}$ 同時為正規正交之充要條件為

$$\|\mathbf{v}^{(i)}\|_2 = 1, \quad i = 1, 2, \ldots, n$$

例題 5 (a) 證明向量 $\mathbf{v}^{(1)} = (0, 4, 2)^t$、$\mathbf{v}^{(2)} = (-5, -1, 2)^t$、及 $\mathbf{v}^{(3)} = (1, -1, 2)^t$ 組成一個正交集合，及 (b) 利用它們以獲得一個正規正交向量集合。

解 (a) 我們有 $(\mathbf{v}^{(1)})^t \mathbf{v}^{(2)} = 0(-5) + 4(-1) + 2(2) = 0$、$(\mathbf{v}^{(1)})^t \mathbf{v}^{(3)} = 0(1) + 4(-1) + 2(2) = 0$、及 $(\mathbf{v}^{(2)})^t \mathbf{v}^{(3)} = -5(1) - 1(-1) + 2(2) = 0$，
所以這些向量為正交，並構成 $\mathbb{R}^n$ 的一組基底。這些向量的 l_2 範數 (norm) 為

$$\|\mathbf{v}^{(1)}\|_2 = 2\sqrt{5}、\quad \|\mathbf{v}^{(2)}\|_2 = \sqrt{30}、\text{及}\quad \|\mathbf{v}^{(3)}\|_2 = \sqrt{6}$$

(b) 向量

$$\mathbf{u}^{(1)} = \frac{\mathbf{v}^{(1)}}{\|\mathbf{v}^{(1)}\|_2} = \left(\frac{0}{2\sqrt{5}}, \frac{4}{2\sqrt{5}}, \frac{2}{2\sqrt{5}}\right)^t = \left(0, \frac{2\sqrt{5}}{5}, \frac{\sqrt{5}}{5}\right)^t$$

$$\mathbf{u}^{(2)} = \frac{\mathbf{v}^{(2)}}{\|\mathbf{v}^{(2)}\|_2} = \left(\frac{-5}{\sqrt{30}}, \frac{-1}{\sqrt{30}}, \frac{2}{\sqrt{30}}\right)^t = \left(-\frac{\sqrt{30}}{6}, -\frac{\sqrt{30}}{30}, \frac{\sqrt{30}}{15}\right)^t$$

$$\mathbf{u}^{(3)} = \frac{\mathbf{v}^{(3)}}{\|\mathbf{v}^{(3)}\|_2} = \left(\frac{1}{\sqrt{6}}, \frac{-1}{\sqrt{6}}, \frac{2}{\sqrt{6}}\right)^t = \left(\frac{\sqrt{6}}{6}, -\frac{\sqrt{6}}{6}, \frac{\sqrt{6}}{3}\right)^t$$

構成一個正規正交集合，因為它們具有 $\mathbf{v}^{(1)}$、$\mathbf{v}^{(2)}$、及 $\mathbf{v}^{(3)}$ 的正交性，同時

$$\|\mathbf{u}^{(1)}\|_2 = \|\mathbf{u}^{(2)}\|_2 = \|\mathbf{u}^{(3)}\|_2 = 1$$

下個定理的證明留在習題 9。

定理 9.7

一個非 0 向量的正交集合為線性獨立。

在 8.2 節的定理 8.7 中的 **Gram-Schmidt 程序** (Gram-Schmidt process) 可建構一個多項式集合，它們對一已知權重函數為正交。在此有一個與之平行的程序，同樣稱為 Gram-Schmidt 程序，讓我們可以由 $\mathbb{R}^n$ 中的 n 個線性獨立向量，建構出 $\mathbb{R}^n$ 的一組正交基底。

定理 9.8

令 $\{\mathbf{x}_1, \mathbf{x}_2, \ldots, \mathbf{x}_k\}$ 為 $\mathbb{R}^n$ 中的 k 個線性獨立向量的集合。則定義為

$$\mathbf{v}_1 = \mathbf{x}_1$$

$$\mathbf{v}_2 = \mathbf{x}_2 - \left(\frac{\mathbf{v}_1^t \mathbf{x}_2}{\mathbf{v}_1^t \mathbf{v}_1}\right) \mathbf{v}_1$$

$$\mathbf{v}_3 = \mathbf{x}_3 - \left(\frac{\mathbf{v}_1^t \mathbf{x}_3}{\mathbf{v}_1^t \mathbf{v}_1}\right) \mathbf{v}_1 - \left(\frac{\mathbf{v}_2^t \mathbf{x}_3}{\mathbf{v}_2^t \mathbf{v}_2}\right) \mathbf{v}_2$$

$$\vdots$$

$$\mathbf{v}_k = \mathbf{x}_k - \sum_{i=1}^{k-1} \left(\frac{\mathbf{v}_i^t \mathbf{x}_k}{\mathbf{v}_i^t \mathbf{v}_i}\right) \mathbf{v}_i$$

的集合 $\{\mathbf{v}_1, \mathbf{v}_2, \ldots, \mathbf{v}_k\}$，是 $\mathbb{R}^n$ 中 k 個正交向量的集合。 ∎

此定理的證明留在習題 16，它就是直接檢驗在 $i \neq j$，對每個 $1 \leq i \leq k$ 且 $1 \leq j \leq k$，我們有 $\mathbf{v}_i^t \mathbf{v}_j = 0$。

當原來的向量集合構成 $\mathbb{R}^n$ 的一組基底，也就是 $k = n$，則建構之向量可組成 $\mathbb{R}^n$ 的一組正交基底。由此我們只要定義，對每個 $i = 1, 2, \ldots, n$，

$$\mathbf{u}_i = \frac{\mathbf{v}_i}{\|\mathbf{v}_i\|_2}$$

就可獲得正規正交基底 $\{\mathbf{u}_1, \mathbf{u}_2, \ldots, \mathbf{u}_n\}$。下個例題說明，如何用 $\mathbb{R}^3$ 中的線性獨立向量，以建構出 $\mathbb{R}^3$ 的正規正交基底。

例題 6 利用 Gram-Schmidt 程序，由以下線性獨立向量求得正交向量集合，

$$\mathbf{x}^{(1)} = (1, 0, 0)^t \; \text{、} \; \mathbf{x}^{(2)} = (1, 1, 0)^t \; \text{、及} \; \mathbf{x}^{(3)} = (1, 1, 1)^t$$

解 我們可得正交向量 $\mathbf{v}^{(1)}$、$\mathbf{v}^{(2)}$、及 $\mathbf{v}^{(3)}$ 分別為

$$\mathbf{v}^{(1)} = \mathbf{x}^{(1)} = (1, 0, 0)^t$$

$$\mathbf{v}^{(2)} = (1, 1, 0)^t - \left(\frac{((1,0,0)^t)^t (1,1,0)^t}{((1,0,0)^t)^t (1,0,0)^t}\right)(1, 0, 0)^t = (1, 1, 0)^t - (1, 0, 0)^t = (0, 1, 0)^t$$

$$\mathbf{v}^{(3)} = (1, 1, 1)^t - \left(\frac{((1,0,0)^t)^t (1,1,1)^t}{((1,0,0)^t)^t (1,0,0)^t}\right)(1, 0, 0)^t - \left(\frac{((0,1,0)^t)^t (1,1,1)^t}{((0,1,0)^t)^t (0,1,0)^t}\right)(0, 1, 0)^t$$

$$= (1, 1, 1)^t - (1, 0, 0)^t - (0, 1, 0)^t = (0, 0, 1)^t$$

集合 $\{\mathbf{v}^{(1)}, \mathbf{v}^{(2)}, \mathbf{v}^{(3)}\}$ 為正交且恰為正規正交，不過這不是通例。 ∎

Maple 的 *LinearAlgebra* 程式包中有 Gram-Schmidt 指令，可傳回向量的正交集合，甚或正規正交集合。指令

$GramSchmidt(\{x1, x2, x3\})$

可得到向量的正交集合，而指令

$GramSchmidt(\{x1, x2, x3\}, normalized)$

會產生正規正交集合。

習題組 9.1 完整習題請見隨書光碟

1. 求下列 3×3 矩陣的特徵值及特徵向量。是否有線性獨立的特徵向量集合？

   a. $A = \begin{bmatrix} 2 & -3 & 6 \\ 0 & 3 & -4 \\ 0 & 2 & -3 \end{bmatrix}$ 　　**b.** $A = \begin{bmatrix} 2 & 0 & 1 \\ 0 & 2 & 0 \\ 1 & 0 & 2 \end{bmatrix}$

   c. $A = \begin{bmatrix} 1 & 1 & 1 \\ 1 & 1 & 0 \\ 1 & 0 & 1 \end{bmatrix}$ 　　**d.** $A = \begin{bmatrix} 2 & 1 & -1 \\ 0 & 2 & 1 \\ 0 & 0 & 3 \end{bmatrix}$

3. 利用 Geršgorin 圓理論，求下列矩陣特徵值及頻譜半徑之界限。

   a. $\begin{bmatrix} 1 & 0 & 0 \\ -1 & 0 & 1 \\ -1 & -1 & 2 \end{bmatrix}$ 　　**b.** $\begin{bmatrix} 4 & -1 & 0 \\ -1 & 4 & -1 \\ -1 & -1 & 4 \end{bmatrix}$

   c. $\begin{bmatrix} 3 & 2 & 1 \\ 2 & 3 & 0 \\ 1 & 0 & 3 \end{bmatrix}$ 　　**d.** $\begin{bmatrix} 4.75 & 2.25 & -0.25 \\ 2.25 & 4.75 & 1.25 \\ -0.25 & 1.25 & 4.75 \end{bmatrix}$

5. 對於習題 1 中有 3 個線性獨立特徵向量的矩陣，求其因式分解 $A = PDP^{-1}$。

7. 證明，$\mathbf{v}_1 = (2, -1)^t$、$\mathbf{v}_2 = (1, 1)^t$、及 $\mathbf{v}_3 = (1, 3)^t$ 為線性相依。

9. 證明，k 個非 0 正交向量所成的集合 $\{\mathbf{v}_1, \ldots, \mathbf{v}_k\}$ 是線性獨立。

11. 令 $\{\mathbf{v}_1, \ldots, \mathbf{v}_n\}$ 為 $\mathbb{R}^n$ 中非 0 之正規正交向量的集合且 $\mathbf{x} \in \mathbb{R}^n$。若

    $$\mathbf{x} = \sum_{k=1}^{n} c_k \mathbf{v}_k$$

    求 c_k，$k = 1, 2, \ldots, n$。

13. 考慮以下向量集合。**(i)** 證明該集合為線性獨立；**(ii)** 用 Gram-Schmidt 程序求一個正交向量集合；**(iii)** 由 (ii) 所得的向量求一個正規正交向量集合。

    a. $\mathbf{v}_1 = (1, 1)^t$, $\mathbf{v}_2 = (-2, 1)^t$
    b. $\mathbf{v}_1 = (1, 1, 0)^t$, $\mathbf{v}_2 = (1, 0, 1)^t$, $\mathbf{v}_3 = (0, 1, 1)^t$
    c. $\mathbf{v}_1 = (1, 1, 1, 1)^t$, $\mathbf{v}_2 = (0, 2, 2, 2)^t$, $\mathbf{v}_3 = (1, 0, 0, 1)^t$
    d. $\mathbf{v}_1 = (2, 2, 3, 2, 3)^t$, $\mathbf{v}_2 = (2, -1, 0, -1, 0)^t$, $\mathbf{v}_3 = (0, 0, 1, 0, -1)^t$, $\mathbf{v}_4 = (1, 2, -1, 0, -1)^t$, $\mathbf{v}_5 = (0, 1, 0, -1, 0)^t$

15. 用 Geršgorin 圓理論以證明，一個完全對角線主導矩陣必定不為奇異。

17. **全對稱矩陣** (persymmetric matrix) 指的是相對於兩條對角線都對稱的矩陣，也就是說，如果 N

$\times N$ 矩陣 $A = (a_{ij})$ 為全對稱，則對所有的 $i = 1, 2, \ldots, N$ 及 $j = 1, 2, \ldots, N$，$a_{ij} = a_{ji} = a_{N+1-i, N+1-j}$。在通訊理論中，有許多問題的解就必須用到全對稱矩陣的特徵值與特徵向量。例如，4×4 全對稱矩陣

$$A = \begin{bmatrix} 2 & -1 & 0 & 0 \\ -1 & 2 & -1 & 0 \\ 0 & -1 & 2 & -1 \\ 0 & 0 & -1 & 2 \end{bmatrix}$$

相對於它最小特徵值的特徵向量代表了，長度為 2 的誤差序列的單位能量通道衝量響應 (unit energy-channel impulse response)，同時也是所有可能誤差序列的權重中最小的。

a. 用 Geršgorin 圓理論證明，以上所給的矩陣 A 若其最小特徵值為 λ，則 $|\lambda - 4| = \rho(A - 4I)$，其中 ρ 為頻譜半徑 (spectral radius)。

b. 求出 A-$4I$ 的所有特徵值及頻譜半徑，並藉此找出矩陣 A 的最小特徵值，及其相對之特徵向量。

c. 用 Geršgorin 圓理論證明，如果 λ 是矩陣

$$B = \begin{bmatrix} 3 & -1 & -1 & 1 \\ -1 & 3 & -1 & -1 \\ -1 & -1 & 3 & -1 \\ 1 & -1 & -1 & 3 \end{bmatrix}$$

的最小特徵值，則 $|\lambda - 6| = \rho(B - 6I)$。

d. 利用矩陣 B 及 (c) 小題的結果重複 (b)。

9.2 正交矩陣與相似轉換

在本節中，我們將考慮向量所成的集合，以及用這些向量做為行所組成之矩陣，兩者間的關係。我們會先介紹一些關於特殊矩陣的定理。下一定理所用之名詞係因為，一個正交矩陣的各行，可構成一個正交向量集合。

定義 9.9

對矩陣 Q，如果它的各行 $\{\mathbf{q}_1^t, \mathbf{q}_2^t, \ldots, \mathbf{q}_n^t\}$ 構成 $\mathbb{R}^n$ 中的正規正交集合，則 Q 為**正交** (orthogonal)。

如果矩陣 A 為正交，則 Maple 的 *LinearAlgebra* 程式包中的 *IsOrthogonal(A)* 指令會傳回 *true*，否則就傳回 *false*。

以下關於正交矩陣的重要性質，其證明留在習題 16。

定理 9.10

設 Q 是一個 $n \times n$ 矩陣。則

(i) Q 為可逆且 $Q^{-1} = Q^t$；

(ii) 對任何屬於 $\mathbb{R}^n$ 的 $\mathbf{x}$ 及 $\mathbf{y}$，$(Q\mathbf{x})^t Q\mathbf{y} = \mathbf{x}^t \mathbf{y}$；

(iii) 對任何屬於 $\mathbb{R}^n$ 的 $\mathbf{x}$，$\|Q\mathbf{x}\|_2 = \|\mathbf{x}\|_2$。

此外，(i) 的逆命題亦成立 (見習題 18)。也就是

- 任何滿足 $Q^{-1} = Q^t$ 且可逆的矩陣 Q 為正交。

舉例來說，在 6.5 節所介紹的置換矩陣就有此性質，所以它們是正交矩陣。

定理 9.10 的 (iii) 通常可表示成，正交矩陣對 l_2 範數有保範 (norm preserving) 性質。由此性質直接可得，每個正交矩陣 Q 都有 $\|Q\|_2 = 1$。

例題 1 證明，由 9.1 節例題 5 中的正規正交向量所構成之矩陣

$$Q = [\mathbf{u}^{(1)}, \mathbf{u}^{(2)}, \mathbf{u}^{(3)}] = \begin{bmatrix} 0 & -\frac{\sqrt{30}}{6} & \frac{\sqrt{6}}{6} \\ \frac{2\sqrt{5}}{5} & -\frac{\sqrt{30}}{30} & -\frac{\sqrt{6}}{6} \\ \frac{\sqrt{5}}{5} & \frac{\sqrt{30}}{15} & \frac{\sqrt{6}}{3} \end{bmatrix}$$

是正交矩陣。

解 我們可看出

$$QQ^t = \begin{bmatrix} 0 & -\frac{\sqrt{30}}{6} & \frac{\sqrt{6}}{6} \\ \frac{2\sqrt{5}}{5} & -\frac{\sqrt{30}}{30} & -\frac{\sqrt{6}}{6} \\ \frac{\sqrt{5}}{5} & \frac{\sqrt{30}}{15} & \frac{\sqrt{6}}{3} \end{bmatrix} \cdot \begin{bmatrix} 0 & \frac{2\sqrt{5}}{5} & \frac{\sqrt{5}}{5} \\ -\frac{\sqrt{30}}{6} & -\frac{\sqrt{30}}{30} & \frac{\sqrt{30}}{15} \\ \frac{\sqrt{6}}{6} & -\frac{\sqrt{6}}{6} & \frac{\sqrt{6}}{3} \end{bmatrix} = \begin{bmatrix} 1 & 0 & 0 \\ 0 & 1 & 0 \\ 0 & 0 & 1 \end{bmatrix} = I$$

由 6.4 節的推論 6.18，這樣足可確保 $Q^t = Q^{-1}$。所以 Q 是正交矩陣。

下個定義則提供了許多求矩陣特徵值方法的基礎。

定義 9.11

對矩陣 A 及 B，若存在有非奇異矩陣 S 使得 $A = S^{-1}BS$，則兩矩陣為**相似** (similar)。

相似矩陣的一個重要特性是，它們有相同的特徵值。

定理 9.12

設 A 及 B 為相似矩陣且 $A = S^{-1}BS$，且 λ 為 A 的特徵值，其相對之特徵向量為 $\mathbf{x}$。則 λ

為 B 的特徵值且有特徵向量 $S\mathbf{x}$。

證明 令 $\mathbf{x} \neq \mathbf{0}$ 使得

$$S^{-1}BS\mathbf{x} = A\mathbf{x} = \lambda\mathbf{x}$$

在左側乘上矩陣 S 得

$$BS\mathbf{x} = \lambda S\mathbf{x}$$

因為 $\mathbf{x} \neq \mathbf{0}$ 且 S 為非奇異,故 $S\mathbf{x} \neq \mathbf{0}$。因此,$S\mathbf{x}$ 是 B 的特徵向量,相對於其特徵值 λ。

如果矩陣 A 及 B 為相似,則使用 Maple 的 *LinearAlgebra* 程式包中的 *IsSimilar(A,B)* 指令會傳回 ***true*** 否則傳回 ***false***。

如果 $n \times n$ 矩陣 A 相似於一個對角線矩陣,此時相似性有一個很重要的用途。也就是,當存在有對角線矩陣 D 及可逆矩陣 S,會有

$$A = S^{-1}DS \quad \text{或寫成} \quad D = SAS^{-1}$$

此種情形下稱 A 為**可對角線化** (*diagonalizable*)。下面定理的證明列於習題 19。

定理 9.13

一個 $n \times n$ 矩陣 A 相似於一個對角線矩陣 D,若且唯若 A 有 n 個線性獨立特徵向量。此時 $D = S^{-1}AS$,其中 S 的各行是特徵向量,而 D 的第 i 個對角線元素,是 A 的特徵值,相對於 S 的第 i 行特徵向量。

矩陣 S 和 D 並非唯一的。例如,對 S 做重新排序,同時將 D 的對角線元素做相對的重排,就會得到一對不同的 S 和 D。見習題 15。

在定理 9.3 我們看到,對應於一個矩陣相異特徵值的特徵向量,構成一線性獨立集合。因此我們有以下定理 9.13 的推論。

推論 9.14
有 n 個相異特徵值的 $n \times n$ 矩陣 A 會相似於一個對角線矩陣。

事實上,要使用此概念,相似矩陣不一定要是對角線矩陣。設 A 相似於三角形矩陣 B。三角形矩陣 B 的特徵值比較好求,若且唯若對某個 i 值有 $\lambda = b_{ii}$,則此時 λ 是方程組

$$0 = \det(B - \lambda I) = \prod_{i=1}^{n}(b_{ii} - \lambda)$$

的解。下個定理描述任意矩陣與三角形矩陣的關係,稱為**相似轉換** (similarity transformation)。

定理 9.15 (Schur)

令 A 為任意矩陣。則存在有非奇異矩陣 U 使得

$$T = U^{-1}AU$$

其中 T 為上三角矩陣,其對角線元素為 A 的特徵值。

定理 9.15 中的矩陣 U,對任何向量 $\mathbf{x}$,滿足 $\|U\mathbf{x}\|_2 = \|\mathbf{x}\|_2$ 的條件。具有此種特性的矩陣稱為**單式** (unitary) 矩陣。雖然我們不會用到這種保範 (norm-preserving) 特性,但此特性確實大幅增加了 Schur 定理的應用範圍。

定理 9.15 只說明了三角矩陣 T 的存在性,但沒有告訴我們如何求得 T,因為必須先知道 A 的特徵值。在大部分時候,相似轉換 U 太難求了。

以下的討論限制在對稱矩陣,這樣就大幅減低了複雜度,因為在此情形下相似轉換矩陣為正交。

定理 9.16

一個 $n \times n$ 矩陣 A,若且唯若存在有對角線矩陣 D 和正交矩陣 Q,使得 $A = QDQ^t$,則 A 為對稱矩陣。

證明 首先假設 $A = QDQ^t$,其中 Q 為正交且 D 為對角線矩陣。則

$$A^t = (QDQ^t)^t = (Q^t)^t DQ^t = QDQ^t = A$$

且 A 為對稱。

要證明每個對稱矩陣 A 都可寫成 $A = QDQ^t$ 的型式,首先考慮 A 的相異特徵值。若在 $\lambda_1 \neq \lambda_2$ 的情況下 $A\mathbf{v}_1 = \lambda_1 \mathbf{v}_1$ 且 $A\mathbf{v}_2 = \lambda_2 \mathbf{v}_2$,則由於 $A^t = A$,我們有

$$(\lambda_1 - \lambda_2)\mathbf{v}_1^t \mathbf{v}_2 = (\lambda_1 \mathbf{v}_1)^t \mathbf{v}_2 - \mathbf{v}_1^t(\lambda_2 \mathbf{v}_2) = (A\mathbf{v}_1)^t \mathbf{v}_2 - \mathbf{v}_1^t(A\mathbf{v}_2) = \mathbf{v}_1^t A^t \mathbf{v}_2 - \mathbf{v}_1^t A\mathbf{v}_2 = 0$$

所以 $\mathbf{v}_1^t \mathbf{v}_2 = 0$。因為只要將所有這些正交的特徵向量正規化,我們可以為相異特徵值選取正規正交向量。當特徵值重複時,每組多重特徵值會有一個特徵向量的子空間,藉由 Gram-Schmidt 正交化程序,我們可以求得 n 個正規正交向量的完整集合。

由定理 9.16 可得以下推論,它顯示了對稱矩陣的一些有趣特性。

推論 9.17

若 A 為對稱 $n \times n$ 矩陣,則存在有 A 的 n 個特徵向量可構成正規正交集合,且 A 的特徵值為實數。

證明 若 $Q = (q_{ij})$ 且 $D = (d_{ij})$ 為定理 9.16 所指定的矩陣,則

$$D = Q^t AQ = Q^{-1}AQ \quad 代表 \quad AQ = QD$$

令 $1 \leq i \leq n$ 且 $\mathbf{v}_i = (q_{1i}, q_{2i}, \ldots, q_{ni})^t$ 為 Q 的第 i 行。則

$$A\mathbf{v}_i = d_{ii}\mathbf{v}_i$$

且 d_{ii} 為 A 的特徵值，相對之特徵向量為 $\mathbf{v}_i$，也就是 Q 的第 i 行。因為 Q 的各行為正規正交，所以 A 的特徵向量亦為正規正交。

將上式由左側乘上 $\mathbf{v}_i^t$ 可得

$$\mathbf{v}_i^t A\mathbf{v}_i = d_{ii}\mathbf{v}_i^t\mathbf{v}_i$$

因為 $\mathbf{v}_i^t A\mathbf{v}_i$ 與 $\mathbf{v}_i^t\mathbf{v}_i$ 為實數且 $\mathbf{v}_i^t\mathbf{v}_i = 1$，對每個 $i = 1, 2, \ldots, n$，特徵值 $d_{ii} = \mathbf{v}_i^t A\mathbf{v}_i$ 為實數。

∎

回顧一下 6.6 節，矩陣 A 為正定 (positive definite) 的條件是，對所有非 0 向量 $\mathbf{x}$ 我們有 $\mathbf{x}^t A\mathbf{x} > 0$。以下定理則用特徵值來說明正定矩陣的性質。此種特徵值的特性，賦予正定矩陣在應用上的重要性。

定理 9.18

若且唯若對稱矩陣 A 的所有特徵值為正，則此矩陣為正定。

證明 首先設 A 為正定矩陣，λ 為其特徵值，並有相對之特徵向量 $\mathbf{x}$ 且 $\|\mathbf{x}\|_2 = 1$。則

$$0 < \mathbf{x}^t A\mathbf{x} = \lambda \mathbf{x}^t\mathbf{x} = \lambda \|\mathbf{x}\|_2^2 = \lambda$$

要證明其反向成立，設 A 為對稱且特徵值為正。由推論 9.17，A 有 n 個特徵向量 $\mathbf{v}^{(1)}, \mathbf{v}^{(2)}, \ldots, \mathbf{v}^{(n)}$ 構成正規正交集合，再由定理 9.7 得，它也是線性獨立集合。因此對任何 $\mathbf{x} \neq \mathbf{0}$，必存在有唯一的一組常數 $\beta_1, \beta_2, \ldots, \beta_n$ 使得

$$\mathbf{x} = \sum_{i=1}^{n} \beta_i \mathbf{v}^{(i)}$$

再乘上 $\mathbf{x}^t A$ 得

$$\mathbf{x}^t A\mathbf{x} = \mathbf{x}^t \left(\sum_{i=1}^{n} \beta_i A\mathbf{v}^{(i)}\right) = \mathbf{x}^t \left(\sum_{i=1}^{n} \beta_i \lambda_i \mathbf{v}^{(i)}\right) = \sum_{j=1}^{n}\sum_{i=1}^{n} \beta_j \beta_i \lambda_i (\mathbf{v}^{(j)})^t \mathbf{v}^{(i)}$$

但向量 $\mathbf{v}^{(1)}, \mathbf{v}^{(2)}, \ldots, \mathbf{v}^{(n)}$ 構成正規正交集合，所以

$$(\mathbf{v}^{(j)})^t \mathbf{v}^{(i)} = \begin{cases} 0, & \text{若 } i \neq j \\ 1, & \text{若 } i = j \end{cases}$$

由此結果再加上 λ_i 均為正，可得

$$\mathbf{x}^t A\mathbf{x} = \sum_{j=1}^{n}\sum_{i=1}^{n} \beta_j \beta_i \lambda_i (\mathbf{v}^{(j)})^t \mathbf{v}^{(i)} = \sum_{i=1}^{n} \lambda_i \beta_i^2 > 0$$

因此 A 為正定。

∎

習題組 9.2　完整習題請見隨書光碟

1. 證明以下各組矩陣並不相似。

a. $A = \begin{bmatrix} 2 & 1 \\ 1 & 2 \end{bmatrix}$ 及 $B = \begin{bmatrix} 1 & 2 \\ 2 & 1 \end{bmatrix}$

b. $A = \begin{bmatrix} 2 & 0 \\ 1 & 3 \end{bmatrix}$ 及 $B = \begin{bmatrix} 4 & -1 \\ -2 & 2 \end{bmatrix}$

c. $A = \begin{bmatrix} 1 & 2 & 1 \\ 0 & 1 & 2 \\ 0 & 0 & 2 \end{bmatrix}$ 及 $B = \begin{bmatrix} 1 & 2 & 0 \\ 0 & 1 & 2 \\ 1 & 0 & 2 \end{bmatrix}$

d. $A = \begin{bmatrix} 1 & 2 & 1 \\ -3 & 2 & 2 \\ 0 & 1 & 2 \end{bmatrix}$ 及 $B = \begin{bmatrix} 1 & 2 & 1 \\ 0 & 1 & 2 \\ -3 & 2 & 2 \end{bmatrix}$

3. 已知矩陣 D 及 P 如下列，定義 $A = PDP^{-1}$。求 A^3。

a. $P = \begin{bmatrix} 2 & -1 \\ 3 & 1 \end{bmatrix}$ 及 $D = \begin{bmatrix} 1 & 0 \\ 0 & 2 \end{bmatrix}$

b. $P = \begin{bmatrix} -1 & 2 \\ 1 & 0 \end{bmatrix}$ 及 $D = \begin{bmatrix} -2 & 0 \\ 0 & 1 \end{bmatrix}$

c. $P = \begin{bmatrix} 1 & 2 & -1 \\ 2 & 1 & 0 \\ 1 & 0 & 2 \end{bmatrix}$ 及 $D = \begin{bmatrix} 0 & 0 & 0 \\ 0 & 1 & 0 \\ 0 & 0 & -1 \end{bmatrix}$

d. $P = \begin{bmatrix} 2 & -1 & 0 \\ -1 & 2 & -1 \\ 0 & -1 & 2 \end{bmatrix}$ 及 $D = \begin{bmatrix} 2 & 0 & 0 \\ 0 & 2 & 0 \\ 0 & 0 & 2 \end{bmatrix}$

5. 以下各矩陣是否為可對角線化？如果是，求 P 及 D 使得 $A = PDP^{-1}$。

a. $A = \begin{bmatrix} 4 & -1 \\ -4 & 1 \end{bmatrix}$

b. $A = \begin{bmatrix} 2 & -1 \\ -1 & 2 \end{bmatrix}$

c. $A = \begin{bmatrix} 2 & 0 & 1 \\ 0 & 1 & 0 \\ 1 & 0 & 2 \end{bmatrix}$

d. $A = \begin{bmatrix} 1 & 1 & 1 \\ 1 & 1 & 0 \\ 1 & 0 & 1 \end{bmatrix}$

7. (i) 以下各矩陣是否為正定？若是，(ii) 建構一個正交矩陣 Q 使得 $Q^t A Q = D$，其中 D 為對角線矩陣。

a. $A = \begin{bmatrix} 2 & 1 \\ 1 & 2 \end{bmatrix}$

b. $A = \begin{bmatrix} 1 & 2 \\ 2 & 1 \end{bmatrix}$

c. $A = \begin{bmatrix} 2 & 0 & 1 \\ 0 & 2 & 0 \\ 1 & 0 & 2 \end{bmatrix}$

d. $A = \begin{bmatrix} 1 & 1 & 1 \\ 1 & 1 & 0 \\ 1 & 0 & 1 \end{bmatrix}$

9. 證明，下列各矩陣為非奇異，但無法對角線化。

a. $A = \begin{bmatrix} 2 & 1 & 0 \\ 0 & 2 & 0 \\ 0 & 0 & 3 \end{bmatrix}$

b. $A = \begin{bmatrix} 2 & -3 & 6 \\ 0 & 3 & -4 \\ 0 & 2 & -3 \end{bmatrix}$

c. $A = \begin{bmatrix} 2 & 1 & -1 \\ 0 & 2 & 1 \\ 0 & 0 & 3 \end{bmatrix}$

d. $A = \begin{bmatrix} 1 & 0 & 0 \\ -1 & 0 & 1 \\ -1 & -1 & 2 \end{bmatrix}$

11. 在 6.6 節的習題 31，我們用對稱矩陣

$$A = \begin{bmatrix} 1.59 & 1.69 & 2.13 \\ 1.69 & 1.31 & 1.72 \\ 2.13 & 1.72 & 1.85 \end{bmatrix}$$

來描述 3 種突變型果蠅後代的平均翅長。元素 a_{ij} 代表第 i 種雄性與第 j 種雌性交配所生後代的平均翅長。

  a. 求此矩陣的特徵值與相對之特徵向量。
  b. 此矩陣是否為正定？

13. 證明，若 A 相似於 B 且 B 相似於 C，則 A 相似於 C。

15. 證明 9.1 節例題 3 的矩陣

$$A = \begin{bmatrix} 2 & 0 & 0 \\ 1 & 1 & 2 \\ 1 & -1 & 4 \end{bmatrix}$$

相似於對角線矩陣

$$D_1 = \begin{bmatrix} 3 & 0 & 0 \\ 0 & 2 & 0 \\ 0 & 0 & 2 \end{bmatrix}, \quad D_2 = \begin{bmatrix} 2 & 0 & 0 \\ 0 & 3 & 0 \\ 0 & 0 & 2 \end{bmatrix}, \quad \text{及} \quad D_3 = \begin{bmatrix} 2 & 0 & 0 \\ 0 & 2 & 0 \\ 0 & 0 & 3 \end{bmatrix}$$

17. 證明，沒有對角線矩陣會相似於 9.1 節例題 4 的矩陣

$$B = \begin{bmatrix} 2 & 1 & 0 \\ 0 & 2 & 0 \\ 0 & 0 & 3 \end{bmatrix}$$

19. 證明定理 9.13。

9.3 冪次法

冪次法(Power method)以迭代的方式求矩陣的主導特徵值 (dominant eigenvalue)，也就是所有特徵值中絕對值最大的一個。將此方法稍加修改，也可以求出其他的特徵值。冪次法有一個特點，它不只是求出特徵值，同時也得到其相對之特徵向量。事實上，經常是用別的方法求出特徵值，然後用冪次法求特徵向量。

要應用冪次法，我們假設 $n \times n$ 的矩陣 A 有 n 個特徵值 $\lambda_1, \lambda_2, \ldots, \lambda_n$，並有相對之線性獨立特徵向量集合 $\{\mathbf{v}^{(1)}, \mathbf{v}^{(2)}, \mathbf{v}^{(3)}, \ldots, \mathbf{v}^{(n)}\}$。另外，我們假設 A 有單一的絕對值最大的特徵值 λ_1，使得

$$|\lambda_1| > |\lambda_2| \geq |\lambda_3| \geq \cdots \geq |\lambda_n| \geq 0$$

在 9.1 節的例題 4 中我們看到，一個 $n \times n$ 的矩陣不一定有 n 個線性獨立之特徵向量。在這種情形下，冪次法可能仍然可行，但無法保證成功。

若 $\mathbf{x}$ 為屬於 $\mathbb{R}^n$ 的任意向量,因為 $\{\mathbf{v}^{(1)}, \mathbf{v}^{(2)}, \mathbf{v}^{(3)}, \ldots, \mathbf{v}^{(n)}\}$ 為線性獨立,故可知存在有常數 $\beta_1, \beta_2, \ldots, \beta_n$,使得

$$\mathbf{x} = \sum_{j=1}^n \beta_j \mathbf{v}^{(j)}$$

將此方程式的兩側同乘以 $A, A^2, \ldots, A^k, \ldots$ 得

$$A\mathbf{x} = \sum_{j=1}^n \beta_j A \mathbf{v}^{(j)} = \sum_{j=1}^n \beta_j \lambda_j \mathbf{v}^{(j)}, \quad A^2\mathbf{x} = \sum_{j=1}^n \beta_j \lambda_j A \mathbf{v}^{(j)} = \sum_{j=1}^n \beta_j \lambda_j^2 \mathbf{v}^{(j)}$$

而通式為 $A^k \mathbf{x} = \sum_{j=1}^n \beta_j \lambda_j^k \mathbf{v}^{(j)}$。

若由最後一式右側的每一項中,提出因式 λ_1^k,則

$$A^k \mathbf{x} = \lambda_1^k \sum_{j=1}^n \beta_j \left(\frac{\lambda_j}{\lambda_1}\right)^k \mathbf{v}^{(j)}$$

因為對所有 $j = 2, 3, \ldots, n$,$|\lambda_1| > |\lambda_j|$,所以我們有 $\lim_{k \to \infty} (\lambda_j/\lambda_1)^k = 0$,且

$$\lim_{k \to \infty} A^k \mathbf{x} = \lim_{k \to \infty} \lambda_1^k \beta_1 \mathbf{v}^{(1)} \tag{9.2}$$

在 $|\lambda_1| < 1$ 時 (9.2) 式的數列收斂到 $\mathbf{0}$,在 $|\lambda_1| > 1$ 時數列發散,前提當然是 $\beta_1 \neq 0$。因此,若 $|\lambda_1| > 1$ 則 $A^k \mathbf{x}$ 的元素會隨 k 增長,若 $|\lambda_1| < 1$ 則趨近 0,有可能造成溢位或不足位。為避免此種可能性,我們可以用適當的方式調整 $A^k \mathbf{x}$ 的冪次,以確保 (9.2) 式的極限值為有限且非 0 的數。我們首先選擇相對於 $\|\cdot\|_\infty$ 的單位向量 $\mathbf{x}^{(0)}$,並選擇 $\mathbf{x}^{(0)}$ 的一個分量 $x_{p_0}^{(0)}$ 為

$$x_{p_0}^{(0)} = 1 = \|\mathbf{x}^{(0)}\|_\infty$$

令 $\mathbf{y}^{(1)} = A\mathbf{x}^{(0)}$,並定義 $\mu^{(1)} = y_{p_0}^{(1)}$。則

$$\mu^{(1)} = y_{p_0}^{(1)} = \frac{y_{p_0}^{(1)}}{x_{p_0}^{(0)}} = \frac{\beta_1 \lambda_1 v_{p_0}^{(1)} + \sum_{j=2}^n \beta_j \lambda_j v_{p_0}^{(j)}}{\beta_1 v_{p_0}^{(1)} + \sum_{j=2}^n \beta_j v_{p_0}^{(j)}} = \lambda_1 \left[\frac{\beta_1 v_{p_0}^{(1)} + \sum_{j=2}^n \beta_j (\lambda_j/\lambda_1) v_{p_0}^{(j)}}{\beta_1 v_{p_0}^{(1)} + \sum_{j=2}^n \beta_j v_{p_0}^{(j)}}\right]$$

令 p_1 為滿足

$$|y_{p_1}^{(1)}| = \|\mathbf{y}^{(1)}\|_\infty$$

的最小整數,並定義 $\mathbf{x}^{(1)}$ 為

$$\mathbf{x}^{(1)} = \frac{1}{y_{p_1}^{(1)}} \mathbf{y}^{(1)} = \frac{1}{y_{p_1}^{(1)}} A \mathbf{x}^{(0)}$$

則

$$x_{p_1}^{(1)} = 1 = \|\mathbf{x}^{(1)}\|_\infty$$

現在定義

$$\mathbf{y}^{(2)} = A\mathbf{x}^{(1)} = \frac{1}{y_{p_1}^{(1)}} A^2 \mathbf{x}^{(0)}$$

及

$$\mu^{(2)} = y_{p_1}^{(2)} = \frac{y_{p_1}^{(2)}}{x_{p_1}^{(1)}} = \frac{\left[\beta_1 \lambda_1^2 v_{p_1}^{(1)} + \sum_{j=2}^{n} \beta_j \lambda_j^2 v_{p_1}^{(j)}\right] \Big/ y_{p_1}^{(1)}}{\left[\beta_1 \lambda_1 v_{p_1}^{(1)} + \sum_{j=2}^{n} \beta_j \lambda_j v_{p_1}^{(j)}\right] \Big/ y_{p_1}^{(1)}}$$

$$= \lambda_1 \left[\frac{\beta_1 v_{p_1}^{(1)} + \sum_{j=2}^{n} \beta_j (\lambda_j/\lambda_1)^2 v_{p_1}^{(j)}}{\beta_1 v_{p_1}^{(1)} + \sum_{j=2}^{n} \beta_j (\lambda_j/\lambda_1) v_{p_1}^{(j)}}\right]$$

令 p_2 為滿足

$$|y_{p_2}^{(2)}| = \|\mathbf{y}^{(2)}\|_\infty$$

的最小整數,並定義

$$\mathbf{x}^{(2)} = \frac{1}{y_{p_2}^{(2)}} \mathbf{y}^{(2)} = \frac{1}{y_{p_2}^{(2)}} A\mathbf{x}^{(1)} = \frac{1}{y_{p_2}^{(2)} y_{p_1}^{(1)}} A^2 \mathbf{x}^{(0)}$$

以同樣的方式,我們可以用歸納法定義出向量序列 $\{\mathbf{x}^{(m)}\}_{m=0}^{\infty}$ 和 $\{\mathbf{y}^{(m)}\}_{m=1}^{\infty}$ 以及純量數列 $\{\mu^{(m)}\}_{m=1}^{\infty}$ 為

$$\mathbf{y}^{(m)} = A\mathbf{x}^{(m-1)}$$

$$\mu^{(m)} = y_{p_{m-1}}^{(m)} = \lambda_1 \left[\frac{\beta_1 v_{p_{m-1}}^{(1)} + \sum_{j=2}^{n} (\lambda_j/\lambda_1)^m \beta_j v_{p_{m-1}}^{(j)}}{\beta_1 v_{p_{m-1}}^{(1)} + \sum_{j=2}^{n} (\lambda_j/\lambda_1)^{m-1} \beta_j v_{p_{m-1}}^{(j)}}\right] \quad (9.3)$$

及

$$\mathbf{x}^{(m)} = \frac{\mathbf{y}^{(m)}}{y_{p_m}^{(m)}} = \frac{A^m \mathbf{x}^{(0)}}{\prod_{k=1}^{m} y_{p_k}^{(k)}}$$

在每一步,p_m 代表可滿足

$$|y_{p_m}^{(m)}| = \|\mathbf{y}^{(m)}\|_\infty$$

的最小整數。

檢視 (9.3) 式,我們可看出,因為對每個 $j = 2, 3, \ldots, n$ 都有 $|\lambda_j/\lambda_1| < 1$,所以 $\lim_{m \to \infty} \mu^{(m)} = \lambda_1$,前提為選擇適當的 $\mathbf{x}^{(0)}$ 使 $\beta_1 \neq 0$。此外,向量序列 $\{\mathbf{x}^{(m)}\}_{m=0}^{\infty}$ 收斂到相對於 λ_1 的特徵向量且其 l_∞ 範數為 1。

說明題 矩陣

$$A = \begin{bmatrix} -2 & -3 \\ 6 & 7 \end{bmatrix}$$

有特徵值 $\lambda_1 = 4$ 和 $\lambda_2 = 1$ 及相對之特徵向量 $\mathbf{v}_1 = (1, -2)^t$ 和 $\mathbf{v}_2 = (1, -1)^t$。如果我們由任意向量 $\mathbf{x}_0 = (1, 1)^t$ 開始，並乘上矩陣 A 可得

$$\mathbf{x}_1 = A\mathbf{x}_0 = \begin{bmatrix} -5 \\ 13 \end{bmatrix}, \quad \mathbf{x}_2 = A\mathbf{x}_1 = \begin{bmatrix} -29 \\ 61 \end{bmatrix}, \quad \mathbf{x}_3 = A\mathbf{x}_2 = \begin{bmatrix} -125 \\ 253 \end{bmatrix}$$

$$\mathbf{x}_4 = A\mathbf{x}_3 = \begin{bmatrix} -509 \\ 1021 \end{bmatrix}, \quad \mathbf{x}_5 = A\mathbf{x}_4 = \begin{bmatrix} -2045 \\ 4093 \end{bmatrix}, \quad \mathbf{x}_6 = A\mathbf{x}_5 = \begin{bmatrix} -8189 \\ 16381 \end{bmatrix}$$

因此，主導特徵值 $\lambda_1 = 4$ 的近似值為

$$\lambda_1^{(1)} = \frac{61}{13} = 4.6923, \quad \lambda_1^{(2)} = \frac{253}{61} = 4.14754, \quad \lambda_1^{(3)} = \frac{1021}{253} = 4.03557$$

$$\lambda_1^{(4)} = \frac{4093}{1021} = 4.00881, \quad \lambda_1^{(5)} = \frac{16381}{4093} = 4.00200$$

相對於 $\lambda_1^{(5)} = \frac{16381}{4093} = 4.00200$ 之特徵向量的近似值為

$$\mathbf{x}_6 = \begin{bmatrix} -8189 \\ 16381 \end{bmatrix}, \text{將其除以 16381 加以正規化為} \begin{bmatrix} -0.49908 \\ 1 \end{bmatrix} \approx \mathbf{v}_1 \text{。} \blacksquare$$

冪次法的缺點是，從一開始，我們不知道這個矩陣是否有單一的主導特徵值。如果有，我們也不確定如何正確的選擇 $\mathbf{x}^{(0)}$，以確保用它代表矩陣特徵向量時，它會包含有矩陣主導特徵值之特徵向量的一部分。

算則 9.1 即為冪次法之應用。

算則 9.1 冪次法 (Power Method)

求 $n \times n$ 矩陣的主導特徵值及其相對的特徵向量之近似值，已知非 0 向量 $\mathbf{x}$：

INPUT 維度 n；矩陣 A；向量 $\mathbf{x}$；容許誤差 TOL；最大迭代次數 N。

OUTPUT 近似特徵值 μ；近似特徵向量 $\mathbf{x}$（其 $\|\mathbf{x}\|_\infty = 1$）；或超過最大迭代次數的訊息。

Step 1 Set $k = 1$.

Step 2 求滿足 $1 \leq p \leq n$ 且 $|x_p| = \|\mathbf{x}\|_\infty$ 之最小整數 p。

Step 3 Set $\mathbf{x} = \mathbf{x}/x_p$.

Step 4 While ($k \leq N$) do Steps 5–11.

    Step 5 Set $\mathbf{y} = A\mathbf{x}$.

    Step 6 Set $\mu = y_p$.

    Step 7 求滿足 $1 \leq p \leq n$ 且 $|y_p| = \|\mathbf{y}\|_\infty$ 之最小整數 p。

    Step 8 If $y_p = 0$ then OUTPUT ('Eigenvector', $\mathbf{x}$);
                  OUTPUT ('A has the eigenvalue 0, select a new vector $\mathbf{x}$ and restart');
                    STOP.

Step 9 Set $ERR = ||\mathbf{x} - (\mathbf{y}/y_p)||_\infty$;
$$\mathbf{x} = \mathbf{y}/y_p.$$

Step 10 If $ERR < TOL$ then OUTPUT $(\mu, \mathbf{x})$;
(程式成功)
STOP.

Step 11 Set $k = k + 1$.

Step 12 OUTPUT ('The maximum number of iterations exceeded');
(程式失敗)
STOP. ∎

■ 加速收斂

在 Step 7 中選擇可滿足 $|y_{p_m}^{(m)}| = \|\mathbf{y}^{(m)}\|_\infty$ 的最小整數 p_m，通常即足以確保此一下標固定不變。$\{\mu^{(m)}\}_{m=1}^\infty$ 收斂到 λ_1 的速度取決於比值 $|\lambda_j/\lambda_1|^m$，$j = 2, 3, \ldots, n$，而且特別是 $|\lambda_2/\lambda_1|^m$。收斂速率為 $O(|\lambda_2/\lambda_1|^m)$ (見[IK, p. 148])，所以在 m 值很大時，存在有常數 k，使得

$$|\mu^{(m)} - \lambda_1| \approx k \left|\frac{\lambda_2}{\lambda_1}\right|^m$$

這代表了

$$\lim_{m \to \infty} \frac{|\mu^{(m+1)} - \lambda_1|}{|\mu^{(m)} - \lambda_1|} \approx \left|\frac{\lambda_2}{\lambda_1}\right| < 1$$

數列 $\{\mu^{(m)}\}$ 以線性方式收斂到 λ_1，所以我們在 2.5 節討論過的 Aitken Δ^2 法可用來加速收斂。要將 Δ^2 法加入算則 9.1，可對其做以下修改：

Step 1 Set $k = 1$;
$\mu_0 = 0$;
$\mu_1 = 0$.

Step 6 Set $\mu = y_p$;
$$\hat{\mu} = \mu_0 - \frac{(\mu_1 - \mu_0)^2}{\mu - 2\mu_1 + \mu_0}.$$

Step 10 If $ERR < TOL$ and $k \geq 4$ then OUTPUT $(\hat{\mu}, \mathbf{x})$;
STOP.

Step 11 Set $k = k + 1$;
$\mu_0 = \mu_1$;
$\mu_1 = \mu$.

事實上，並非所有特徵值都必須相異，冪次法才會收斂。如果矩陣的主導特徵值為單一，但為 r 重特徵值 (r 大於 1)，且 $\mathbf{v}^{(1)}, \mathbf{v}^{(2)}, \ldots, \mathbf{v}^{(r)}$ 為相對於 λ_1 的線性獨立特徵向量，則此方法仍會收斂到 λ_1。在此種情形下，向量序列 $\{\mathbf{x}^{(m)}\}_{m=0}^\infty$ 會收斂到 λ_1 的一個特徵向量，且 l_∞ 範數為 1，但此向量會取決於所選的 $\mathbf{x}^{(0)}$，且為 $\mathbf{v}^{(1)}, \mathbf{v}^{(2)}, \ldots, \mathbf{v}^{(r)}$ 的線性組合。見[Wil2], p. 570。

例題 1 用冪次法求矩陣

$$A = \begin{bmatrix} -4 & 14 & 0 \\ -5 & 13 & 0 \\ -1 & 0 & 2 \end{bmatrix}$$

之主導特徵值的近似值，然後將 Aitken Δ^2 法用於近似解以加速收斂。

解 此矩陣之特徵值為 $\lambda_1 = 6$、$\lambda_2 = 3$、及 $\lambda_3 = 2$，所以算則 9.1 的冪次法會收斂。令 $\mathbf{x}^{(0)} = (1, 1, 1)^t$，則

$$\mathbf{y}^{(1)} = A\mathbf{x}^{(0)} = (10, 8, 1)^t$$

所以

$$\|\mathbf{y}^{(1)}\|_\infty = 10 \ , \ \mu^{(1)} = y_1^{(1)} = 10 \ , \ \text{及} \ \mathbf{x}^{(1)} = \frac{\mathbf{y}^{(1)}}{10} = (1, 0.8, 0.1)^t$$

持續進行下去可獲得表 9.1 中的數據，其中 $\hat{\mu}^{(m)}$ 代表由 Aitken Δ^2 法所獲得的數列。對於主導特徵值 6，我們得到 $\hat{\mu}^{(10)} = 6.000000$，其單位 l_∞ 之特徵向量的近似值為 $(\mathbf{x}^{(12)})^t = (1, 0.714316, -0.249895)^t$。

表 9.1

m	$(\mathbf{x}^{(m)})^t$	$\mu^{(m)}$	$\hat{\mu}^{(m)}$
0	(1, 1, 1)		
1	(1, 0.8, 0.1)	10	6.266667
2	(1, 0.75, −0.111)	7.2	6.062473
3	(1, 0.730769, −0.188803)	6.5	6.015054
4	(1, 0.722200, −0.220850)	6.230769	6.004202
5	(1, 0.718182, −0.235915)	6.111000	6.000855
6	(1, 0.716216, −0.243095)	6.054546	6.000240
7	(1, 0.715247, −0.246588)	6.027027	6.000058
8	(1, 0.714765, −0.248306)	6.013453	6.000017
9	(1, 0.714525, −0.249157)	6.006711	6.000003
10	(1, 0.714405, −0.249579)	6.003352	6.000000
11	(1, 0.714346, −0.249790)	6.001675	
12	(1, 0.714316, −0.249895)	6.000837	

雖然特徵值的近似值準確到所示位數，但特徵向量的近似程度就差多了，真實的特徵向量為 $(1, 5/7, -1/4)^t \approx (1, 0.714286, -0.25)^t$。

■ 對稱矩陣

當 A 為對稱時，可以用不同的方式來選取向量 $\mathbf{x}^{(m)}$、$\mathbf{y}^{(m)}$ 及純量 $\mu^{(m)}$，以明顯的加快 $\{\mu^{(m)}\}_{m=1}^{\infty}$ 收斂到主導特徵值 λ_1 的速度。事實上，雖然一般冪次法的收斂速率為 $O(|\lambda_2/\lambda_1|^m)$，但針對對稱矩陣，經修改過之算則 9.2 的收斂速率為 $O(|\lambda_2/\lambda_1|^{2m})$。(見[IK, pp. 149 ff]) 因為 $\{\mu^{(m)}\}$ 仍然是線性收斂，故同樣可使用 Aitken Δ^2 法。

算則 9.2 對稱冪次法 (Symmetric Power Method)

求 $n \times n$ 對稱矩陣的主導特徵值及其相對的特徵向量之近似值，已知非 0 向量 $\mathbf{x}$：

INPUT 維度 n；矩陣 A；向量 $\mathbf{x}$；容許誤差 TOL；最大迭代次數 N。

OUTPUT 近似特徵值 μ；近似特徵向量 $\mathbf{x}$ (其 $\|\mathbf{x}\|_2 = 1$)；或超過最大迭代次數的訊息。

Step 1 Set $k = 1$;
$\mathbf{x} = \mathbf{x}/\|\mathbf{x}\|_2$.

Step 2 While ($k \leq N$) do Steps 3–8.

  Step 3 Set $\mathbf{y} = A\mathbf{x}$.

  Step 4 Set $\mu = \mathbf{x}^t \mathbf{y}$.

  Step 5 If $\|\mathbf{y}\|_2 = 0$, then OUTPUT ('Eigenvector', $\mathbf{x}$);
        OUTPUT ('A has eigenvalue 0, select new vector $\mathbf{x}$
            and restart');
        STOP.

  Step 6 Set $ERR = \left\| \mathbf{x} - \dfrac{\mathbf{y}}{\|\mathbf{y}\|_2} \right\|_2$;
        $\mathbf{x} = \mathbf{y}/\|\mathbf{y}\|_2$.

  Step 7 If $ERR < TOL$ then OUTPUT ($\mu, \mathbf{x}$);
            (程式成功)
            STOP.

  Step 8 Set $k = k + 1$.

Step 9 OUTPUT ('Maximum number of iterations exceeded');
  (程式失敗)
  STOP.

例題 2 將冪次法與對稱冪次法分別用於矩陣

$$A = \begin{bmatrix} 4 & -1 & 1 \\ -1 & 3 & -2 \\ 1 & -2 & 3 \end{bmatrix}$$

並用 Aitken Δ^2 法加速收斂。

解 此矩陣有特徵值 $\lambda_1 = 6$、$\lambda_2 = 3$、及 $\lambda_3 = 1$。特徵值 6 的一個特徵向量為 $(1, -1, 1)^t$。表 9.2 為冪次法及初始向量 $(1, 0, 0)^t$ 所得的結果。

表 9.2

m	$(\mathbf{y}^{(m)})^t$	$\mu^{(m)}$	$\hat{\mu}^{(m)}$	$(\mathbf{x}^{(m)})^t$ 且 $\|\mathbf{x}^{(m)}\|_\infty = 1$
0				$(1, 0, 0)$
1	$(4, -1, 1)$	4		$(1, -0.25, 0.25)$
2	$(4.5, -2.25, 2.25)$	4.5	7	$(1, -0.5, 0.5)$
3	$(5, -3.5, 3.5)$	5	6.2	$(1, -0.7, 0.7)$
4	$(5.4, -4.5, 4.5)$	5.4	6.047617	$(1, -0.833\bar{3}, 0.833\bar{3})$
5	$(5.666\bar{6}, -5.166\bar{6}, 5.166\bar{6})$	$5.666\bar{6}$	6.011767	$(1, -0.911765, 0.911765)$
6	$(5.823529, -5.558824, 5.558824)$	5.823529	6.002931	$(1, -0.954545, 0.954545)$
7	$(5.909091, -5.772727, 5.772727)$	5.909091	6.000733	$(1, -0.976923, 0.976923)$
8	$(5.953846, -5.884615, 5.884615)$	5.953846	6.000184	$(1, -0.988372, 0.988372)$
9	$(5.976744, -5.941861, 5.941861)$	5.976744		$(1, -0.994163, 0.994163)$
10	$(5.988327, -5.970817, 5.970817)$	5.988327		$(1, -0.997076, 0.997076)$

現在將對稱冪次法用於此一矩陣,同樣用初始向量 $(1, 0, 0)^t$。第一步為
$$\mathbf{x}^{(0)} = (1, 0, 0)^t \cdot A\mathbf{x}^{(0)} = (4, -1, 1)^t \cdot \mu^{(1)} = 4$$
及
$$\mathbf{x}^{(1)} = \frac{1}{\|A\mathbf{x}^{(0)}\|_2} \cdot A\mathbf{x}^{(0)} = (0.942809, -0.235702, 0.235702)^t$$
其餘結果列於表 9.3。

對此矩陣,對稱冪次法的收斂遠快於冪次法。冪次法所得的特徵向量收斂到 $(1, -1, 1)^t$,一個 l_∞ 範數為 1 的向量。對稱冪次法則收斂到一個平行向量 $(\sqrt{3}/3, -\sqrt{3}/3, \sqrt{3}/3)^t$,其 l_2 範數為 1。

若 λ 為實數,且近似於對稱矩陣 A 的特徵值,且 $\mathbf{x}$ 為其相對之近似特徵向量,則 $A\mathbf{x} - \lambda\mathbf{x}$ 近似於 0 向量。以下定理建立此向量範數與 λ 近似特徵值的準確度之間的關係。

定理 9.19

若 A 為 $n \times n$ 對稱矩陣,其特徵值為 $\lambda_1, \lambda_2, \ldots, \lambda_n$。如果對實數 λ、向量 $\mathbf{x}$,我們有 $\|A\mathbf{x} - \lambda\mathbf{x}\|_2 < \varepsilon$,其中 $\|\mathbf{x}\|_2 = 1$,則
$$\min_{1 \leq j \leq n} |\lambda_j - \lambda| < \varepsilon$$

表 9.3

m	$(\mathbf{y}^{(m)})^t$	$\mu^{(m)}$	$\hat{\mu}^{(m)}$	$(\mathbf{x}^{(m)})^t$ 且 $\|\mathbf{x}^{(m)}\|_\infty = 1$
0	(1, 0, 0)			(1, 0, 0)
1	(4, −1, 1)	4	7	(0.942809, −0.235702, 0.235702)
2	(4.242641, −2.121320, 2.121320)	5	6.047619	(0.816497, −0.408248, 0.408248)
3	(4.082483, −2.857738, 2.857738)	5.666667	6.002932	(0.710669, −0.497468, 0.497468)
4	(3.837613, −3.198011, 3.198011)	5.909091	6.000183	(0.646997, −0.539164, 0.539164)
5	(3.666314, −3.342816, 3.342816)	5.976744	6.000012	(0.612836, −0.558763, 0.558763)
6	(3.568871, −3.406650, 3.406650)	5.994152	6.000000	(0.595247, −0.568190, 0.568190)
7	(3.517370, −3.436200, 3.436200)	5.998536	6.000000	(0.586336, −0.572805, 0.572805)
8	(3.490952, −3.450359, 3.450359)	5.999634		(0.581852, −0.575086, 0.575086)
9	(3.477580, −3.457283, 3.457283)	5.999908		(0.579603, −0.576220, 0.576220)
10	(3.470854, −3.460706, 3.460706)	5.999977		(0.578477, −0.576786, 0.576786)

證明 假設相對於 A 之特徵值 $\lambda_1, \lambda_2, \ldots, \lambda_n$ 的特徵向量 $\mathbf{v}^{(1)}, \mathbf{v}^{(2)}, \ldots, \mathbf{v}^{(n)}$ 構成一個正規正交集合。由定理 9.5 與 9.3 可知，存在有一組唯一的常數 $\beta_1, \beta_2, \ldots, \beta_n$，可將 $\mathbf{x}$ 表示成

$$\mathbf{x} = \sum_{j=1}^{n} \beta_j \mathbf{v}^{(j)}$$

因此，

$$\|A\mathbf{x} - \lambda\mathbf{x}\|_2^2 = \left\| \sum_{j=1}^{n} \beta_j(\lambda_j - \lambda)\mathbf{v}^{(j)} \right\|_2^2 = \sum_{j=1}^{n} |\beta_j|^2 |\lambda_j - \lambda|^2 \geq \min_{1 \leq j \leq n} |\lambda_j - \lambda|^2 \sum_{j=1}^{n} |\beta_j|^2$$

但是

$$\sum_{j=1}^{n} |\beta_j|^2 = \|\mathbf{x}\|_2^2 = 1 \text{，所以 } \varepsilon \geq \|A\mathbf{x} - \lambda\mathbf{x}\|_2 > \min_{1 \leq j \leq n} |\lambda_j - \lambda|$$

■

■ 逆冪次法

逆冪次法(Inverse Power method)則是將冪次法加以修改，使其收斂的較快。指定一數 q，逆冪次法可求出 A 的特徵值中最靠近 q 的一個。

設矩陣 A 有特徵值 $\lambda_1, \ldots, \lambda_n$ 及線性獨立之特徵向量 $\mathbf{v}^{(1)}, \ldots, \mathbf{v}^{(n)}$。對於 $q \neq \lambda_i$，$i = 1, 2, \cdots, n$，$(A - qI)^{-1}$ 的特徵值為

$$\frac{1}{\lambda_1 - q}, \quad \frac{1}{\lambda_2 - q}, \quad \ldots, \quad \frac{1}{\lambda_n - q}$$

且有同樣的特徵向量 $\mathbf{v}^{(1)}, \mathbf{v}^{(2)}, \ldots, \mathbf{v}^{(n)}$ (見 7.2 節習題 15)。

將冪次法用於 $(A - qI)^{-1}$ 可得

$$\mathbf{y}^{(m)} = (A - qI)^{-1}\mathbf{x}^{(m-1)}$$

$$\mu^{(m)} = y^{(m)}_{p_{m-1}} = \frac{y^{(m)}_{p_{m-1}}}{x^{(m-1)}_{p_{m-1}}} = \frac{\sum_{j=1}^{n} \beta_j \frac{1}{(\lambda_j - q)^m} v^{(j)}_{p_{m-1}}}{\sum_{j=1}^{n} \beta_j \frac{1}{(\lambda_j - q)^{m-1}} v^{(j)}_{p_{m-1}}} \tag{9.4}$$

及

$$\mathbf{x}^{(m)} = \frac{\mathbf{y}^{(m)}}{y^{(m)}_{p_m}}$$

在每一步，p_m 代表可滿足 $|y^{(m)}_{p_m}| = \|\mathbf{y}^{(m)}\|_\infty$ 的最小整數。在 (9.4) 式中的數列 $\{\mu^{(m)}\}$ 會收斂到 $1/(\lambda_k - q)$，其中

$$\frac{1}{|\lambda_k - q|} = \max_{1 \leq i \leq n} \frac{1}{|\lambda_i - q|}$$

且 $\lambda_k \approx q + 1/\mu^{(m)}$ 為 A 最接近 q 的特徵值。

知道 k 值之後，(9.4) 式可以改寫為

$$\mu^{(m)} = \frac{1}{\lambda_k - q} \left[\frac{\beta_k v^{(k)}_{p_{m-1}} + \sum_{\substack{j=1 \\ j \neq k}}^{n} \beta_j \left[\frac{\lambda_k - q}{\lambda_j - q}\right]^m v^{(j)}_{p_{m-1}}}{\beta_k v^{(k)}_{p_{m-1}} + \sum_{\substack{j=1 \\ j \neq k}}^{n} \beta_j \left[\frac{\lambda_k - q}{\lambda_j - q}\right]^{m-1} v^{(j)}_{p_{m-1}}} \right] \tag{9.5}$$

因此 q 的選擇決定了收斂情形，前提為 $1/(\lambda_k - q)$ 是 $(A - qI)^{-1}$ 的單一主導特徵值 (也可以是多重特徵值)。若 q 愈接近 λ_k 就收斂的愈快，因為收斂速度為

$$O\left(\left|\frac{(\lambda - q)^{-1}}{(\lambda_k - q)^{-1}}\right|^m\right) = O\left(\left|\frac{(\lambda_k - q)}{(\lambda - q)}\right|^m\right)$$

其中 λ 代表 A 的特徵值中第二接近 q 的。

解以下線性方程組可得向量 $\mathbf{y}^{(m)}$，

$$(A - qI)\mathbf{y}^{(m)} = \mathbf{x}^{(m-1)}$$

通常可用高斯消去法配合樞軸變換求解此方程組，不過和 LU 因式分解的情形一樣，可以保留乘數以減少計算量。可以用 Geršgorin 圓理論或其他方法以定出特徵值的範圍。

在算則 9.3 中，q 的計算為

$$q = \frac{\mathbf{x}^{(0)t} A \mathbf{x}^{(0)}}{\mathbf{x}^{(0)t} \mathbf{x}^{(0)}}$$

$\mathbf{x}^{(0)}$ 為特徵向量的初始近似值。這種選擇方式是因為，若 $\mathbf{x}$ 是 A 的特徵向量相對於特徵

值 λ，則 $A\mathbf{x} = \lambda\mathbf{x}$。所以 $\mathbf{x}^t A\mathbf{x} = \lambda\mathbf{x}^t\mathbf{x}$ 且

$$\lambda = \frac{\mathbf{x}^t A\mathbf{x}}{\mathbf{x}^t\mathbf{x}} = \frac{\mathbf{x}^t A\mathbf{x}}{\|\mathbf{x}\|_2^2}$$

如果 q 與某個特徵值很接近，則收斂的相當快，但在 Step 6 還是要用樞軸變換以避免捨入誤差的影響。

當已知某近似特徵值 q，可用算則 9.3 求近似特徵向量。

算則 9.3 逆冪次法 (Inverse Power Method)

求 $n \times n$ 矩陣的一個特徵值及其相對特徵向量之近似值，已知非零向量 $\mathbf{x}$：

INPUT 維度 n；矩陣 A；向量 $\mathbf{x}$；容許誤差 TOL；最大迭代次數 N。

OUTPUT 近似特徵值 μ；近似特徵向量 $\mathbf{x}$ (其 $\|\mathbf{x}\|_\infty = 1$)；或超過最大迭代次數的訊息。

Step 1 Set $q = \dfrac{\mathbf{x}^t A\mathbf{x}}{\mathbf{x}^t\mathbf{x}}$.

Step 2 Set $k = 1$.

Step 3 求滿足 $1 \le p \le n$ 及 $|x_p| = \|\mathbf{x}\|_\infty$ 的最小整數 p.

Step 4 Set $\mathbf{x} = \mathbf{x}/x_p$.

Step 5 While ($k \le N$) do Steps 6–12.

    Step 6 解線性方程組 $(A - qI)\mathbf{y} = \mathbf{x}$.

    Step 7 若方程組沒有唯一解，則
OUTPUT ('q is an eigenvalue', q);
STOP.

    Step 8 Set $\mu = y_p$.

    Step 9 求滿足 $1 \le p \le n$ 及 $|y_p| = \|\mathbf{y}\|_\infty$ 的最小整數 p.

    Step 10 Set $ERR = \|\mathbf{x} - (\mathbf{y}/y_p)\|_\infty$;

           $\mathbf{x} = \mathbf{y}/y_p$.

    Step 11 If $ERR < TOL$ then set $\mu = (1/\mu) + q$;
OUTPUT ($\mu, \mathbf{x}$);
(程式成功)
STOP.

    Step 12 Set $k = k + 1$.

Step 13 OUTPUT ('Maximum number of iterations exceeded');
(程式失敗)
STOP.

因為逆冪次法為線性收斂，所以同樣可用 Aitken Δ^2 法以加速收斂。下面例題顯示了，當 q 接近特徵值時，逆冪次法的快速收斂。

例題 3 將逆冪次法與 $\mathbf{x}^{(0)} = (1,1,1)^t$ 用於矩陣

$$A = \begin{bmatrix} -4 & 14 & 0 \\ -5 & 13 & 0 \\ -1 & 0 & 2 \end{bmatrix} \text{ 且 } q = \frac{\mathbf{x}^{(0)t}A\mathbf{x}^{(0)}}{\mathbf{x}^{(0)t}\mathbf{x}^{(0)}} = \frac{19}{3}$$

並用 Aitken Δ^2 法以加速收斂。

解 在例題 1 中，我們將冪次法用於此一矩陣，並用初始向量 $\mathbf{x}^{(0)} = (1,1,1)^t$。我們得到近似的特徵值 $\mu^{(12)} = 6.000837$ 及特徵向量 $(\mathbf{x}^{(12)})^t = (1, 0.714316, -0.249895)^t$。

對於逆冪次法，我們考慮

$$A - qI = \begin{bmatrix} -\frac{31}{3} & 14 & 0 \\ -5 & \frac{20}{3} & 0 \\ -1 & 0 & -\frac{13}{3} \end{bmatrix}$$

給定 $\mathbf{x}^{(0)} = (1,1,1)^t$，此方法首先解 $(A - qI)\mathbf{y}^{(1)} = \mathbf{x}^{(0)}$ 以求 $\mathbf{y}^{(1)}$。可得

$$\mathbf{y}^{(1)} = \left(-\frac{33}{5}, -\frac{24}{5}, \frac{84}{65}\right)^t = (-6.6, -4.8, 1.29\overline{2307692})^t$$

所以

$$\|\mathbf{y}^{(1)}\|_\infty = 6.6, \quad \mathbf{x}^{(1)} = \frac{1}{-6.6}\mathbf{y}^{(1)} = (1, 0.7272727, -0.1958042)^t$$

且

$$\mu^{(1)} = -\frac{1}{6.6} + \frac{19}{3} = 6.1818182$$

其餘的結果列於表 9.4，其最右側一行是將 Aitken Δ^2 法用於 $\mu^{(m)}$ 所得的結果。 ∎

表 9.4

m	$\mathbf{x}^{(m)t}$	$\mu^{(m)}$	$\hat{\mu}^{(m)}$
0	$(1, 1, 1)$		
1	$(1, 0.7272727, -0.1958042)$	6.1818182	6.000098
2	$(1, 0.7155172, -0.2450520)$	6.0172414	6.000001
3	$(1, 0.7144082, -0.2495224)$	6.0017153	6.000000
4	$(1, 0.7142980, -0.2499534)$	6.0001714	6.000000
5	$(1, 0.7142869, -0.2499954)$	6.0000171	
6	$(1, 0.7142858, -0.2499996)$	6.0000017	

若 A 為對稱，則對任何實數 q，矩陣 $(A - qI)^{-1}$ 亦為對稱，所以我們可將算則 9.2 對稱冪次法用於 $(A - qI)^{-1}$，以將收斂速度加快到

$$O\left(\left|\frac{\lambda_k - q}{\lambda - q}\right|^{2m}\right)$$

■ **緊縮法**

一旦求得了矩陣的主導特徵值，有許多不同的方法可用來求出其餘的特徵值。在此我們只介紹**緊縮法** (deflation techniques)。

緊縮法包括了構建一個新的矩陣 B，這個矩陣的特徵值與 A 的完全相同，除了將已知的主導特徵值換成 0。下一定理說明了此方法的效果，此定理的證明可參見[Wil2]，p. 596。

定理 9.20

設 $\lambda_1, \lambda_2, \ldots, \lambda_n$ 為 A 的特徵值，其相對之特徵向量為 $\mathbf{v}^{(1)}, \mathbf{v}^{(2)}, \ldots, \mathbf{v}^{(n)}$ 且 λ_1 的重數為 1。令 $\mathbf{x}$ 為滿足 $\mathbf{x}^t \mathbf{v}^{(1)} = 1$ 之向量。則矩陣

$$B = A - \lambda_1 \mathbf{v}^{(1)} \mathbf{x}^t$$

的特徵值為 $0, \lambda_2, \lambda_3, \ldots, \lambda_n$ 其相對之特徵向量為 $\mathbf{v}^{(1)}, \mathbf{w}^{(2)}, \mathbf{w}^{(3)}, \ldots, \mathbf{w}^{(n)}$，其中 $\mathbf{v}^{(i)}$ 及 $\mathbf{w}^{(i)}$ 的關係為

$$\mathbf{v}^{(i)} = (\lambda_i - \lambda_1)\mathbf{w}^{(i)} + \lambda_1(\mathbf{x}^t \mathbf{w}^{(i)})\mathbf{v}^{(1)} \tag{9.6}$$

$i = 2, 3, \cdots, n$。 ■

有許多方法可決定定理 9.20 中的向量 $\mathbf{x}$，**Wielandt 緊縮法** (Wielandt deflation) 則首先定義

$$\mathbf{x} = \frac{1}{\lambda_1 v_i^{(1)}}(a_{i1}, a_{i2}, \ldots, a_{in})^t \tag{9.7}$$

其中 $v_i^{(1)}$ 為特徵向量 $\mathbf{v}^{(1)}$ 的非零座標，而 $a_{i1}, a_{i2}, \ldots, a_{in}$ 則為 A 的第 i 列元素。

利用以上定義，

$$\mathbf{x}^t \mathbf{v}^{(1)} = \frac{1}{\lambda_1 v_i^{(1)}}[a_{i1}, a_{i2}, \ldots, a_{in}](v_1^{(1)}, v_2^{(1)}, \ldots, v_n^{(1)})^t = \frac{1}{\lambda_1 v_i^{(1)}} \sum_{j=1}^n a_{ij} v_j^{(1)}$$

其中求和項為 $A\mathbf{v}^{(1)}$ 乘積的第 i 個座標。因為 $A\mathbf{v}^{(1)} = \lambda_1 \mathbf{v}^{(1)}$，我們有

$$\sum_{j=1}^n a_{ij} v_j^{(1)} = \lambda_1 v_i^{(1)}$$

由此可知

$$\mathbf{x}^t \mathbf{v}^{(1)} = \frac{1}{\lambda_1 v_i^{(1)}}(\lambda_1 v_i^{(1)}) = 1$$

所以 **x** 滿足定理 9.20 的假設條件。此外 (見習題 20)，$B = A - \lambda_1 \mathbf{v}^{(1)} \mathbf{x}^t$ 的第 i 列所有元素都為 0。

若 $\lambda \neq 0$ 是一個特徵值，其相對之特徵向量為 **w**，則由 $B\mathbf{w} = \lambda \mathbf{w}$ 的關係可知，**w** 的第 i 個座標必定也是 0。因此，矩陣 B 的第 i 行對 $B\mathbf{w} = \lambda \mathbf{w}$ 的乘積沒有影響。所以我們可以將 B 的第 i 列第 i 行刪除，成為一個 $(n-1) \times (n-1)$ 的矩陣 B'，用來取代 B。矩陣 B' 的特徵值為 $\lambda_2, \lambda_3, \ldots, \lambda_n$。

如果 $|\lambda_2| > |\lambda_3|$，我們可將冪次法用於 B'，以求得新的主導特徵值 λ_2 及其相對之特徵向量 $\mathbf{w}^{(2)'}$。要求得矩陣 B 的特徵向量 $\mathbf{w}^{(2)}$，可在 $(n-1)$ 維之 $\mathbf{w}^{(2)'}$ 的座標 $w_{i-1}^{(2)'}$ 與 $w_i^{(2)'}$ 之間插入一個 0，然後用 (9.6) 式求出 $\mathbf{v}^{(2)}$。

例題 4 矩陣

$$A = \begin{bmatrix} 4 & -1 & 1 \\ -1 & 3 & -2 \\ 1 & -2 & 3 \end{bmatrix}$$

的主導特徵值為 $\lambda_1 = 6$ 並有相對之單位特徵向量 $\mathbf{v}^{(1)} = (1, -1, 1)^t$。設主導特徵值為已知，用緊縮法求其他的特徵值與特徵向量。

解 要求得第 2 個特徵值 λ_2 的程序如下：

$$\mathbf{x} = \frac{1}{6} \begin{bmatrix} 4 \\ -1 \\ 1 \end{bmatrix} = \left(\frac{2}{3}, -\frac{1}{6}, \frac{1}{6}\right)^t$$

$$\mathbf{v}^{(1)} \mathbf{x}^t = \begin{bmatrix} 1 \\ -1 \\ 1 \end{bmatrix} \begin{bmatrix} \frac{2}{3}, & -\frac{1}{6}, & \frac{1}{6} \end{bmatrix} = \begin{bmatrix} \frac{2}{3} & -\frac{1}{6} & \frac{1}{6} \\ -\frac{2}{3} & \frac{1}{6} & -\frac{1}{6} \\ \frac{2}{3} & -\frac{1}{6} & \frac{1}{6} \end{bmatrix}$$

及

$$B = A - \lambda_1 \mathbf{v}^{(1)} \mathbf{x}^t = \begin{bmatrix} 4 & -1 & 1 \\ -1 & 3 & -2 \\ 1 & -2 & 3 \end{bmatrix} - 6 \begin{bmatrix} \frac{2}{3} & -\frac{1}{6} & \frac{1}{6} \\ -\frac{2}{3} & \frac{1}{6} & -\frac{1}{6} \\ \frac{2}{3} & -\frac{1}{6} & \frac{1}{6} \end{bmatrix} = \begin{bmatrix} 0 & 0 & 0 \\ 3 & 2 & -1 \\ -3 & -1 & 2 \end{bmatrix}$$

消去第 1 行及第 1 列可得

$$B' = \begin{bmatrix} 2 & -1 \\ -1 & 2 \end{bmatrix}$$

其特徵值為 $\lambda_2 = 3$ 及 $\lambda_3 = 1$。對 $\lambda_2 = 3$，經由求解線性方程組

$$(B' - 3I)\mathbf{w}^{(2)'} = \mathbf{0} \quad \text{，可得} \quad \mathbf{w}^{(2)'} = (1, -1)^t$$

在第 1 個分量前加一個 0，得到 $\mathbf{w}^{(2)} = (0, 1, -1)^t$，且由 (9.6) 式我們可得相對於 $x_2 = 3$，A 的特徵向量：

$$\mathbf{v}^{(2)} = (\lambda_2 - \lambda_1)\mathbf{w}^{(2)} + \lambda_1(\mathbf{x}^t\mathbf{w}^{(2)})\mathbf{v}^{(1)}$$
$$= (3-6)(0,1,-1)^t + 6\left[\left(\frac{2}{3}, -\frac{1}{6}, \frac{1}{6}\right)(0,1,-1)^t\right](1,-1,1)^t = (-2,-1,1)^t$$

雖然利用此種緊縮程序，我們可以求出一個矩陣的所有特徵值與特徵向量，但此一程序對捨入誤差敏感。在每次緊縮求得一個特徵值的近似值之後，應該將此近似值做為逆冪次法的起始值，再求一次原矩陣的特徵值。這應可確保此程序收斂到原矩陣的特徵值，而非已包含誤差的簡化矩陣的特徵值。如果我們要求矩陣所有的特徵值，應該使用9.5 節所介紹的相似轉換。

我們用算則 9.4 做為本節的結束，當已經求得一個矩陣的主導特徵值及其相對之特徵向量，此算則可求出第二主導特徵值及其相對之特徵向量。

算則 9.4 Wielandt 緊縮法

一個 $n \times n$ 矩陣 A，已知其主導特徵值 λ 及相對之特徵向量 $\mathbf{v}$，和一個已知向量 $\mathbf{x} \in \mathbb{R}^{n-1}$，求第二主導特徵值及其相對之特徵向量：

INPUT 維度 n；矩陣 A；近似特徵值 λ 及特徵向量 $\mathbf{v} \in \mathbb{R}^n$；向量 $\mathbf{x} \in \mathbb{R}^{n-1}$；容許誤差 TOL；最大迭代次數 N。

OUTPUT 近似特徵值 μ；近似特徵向量 $\mathbf{u}$；或此方法失敗的訊息。

Step 1 令 i 為滿足 $1 \le i \le n$ 且 $|v_i| = \max_{1 \le j \le n}|v_j|$ 的最小整數。

Step 2 If $i \ne 1$ then
    for $k = 1, \ldots, i-1$
        for $j = 1, \ldots, i-1$
            set $b_{kj} = a_{kj} - \dfrac{v_k}{v_i}a_{ij}$.

Step 3 If $i \ne 1$ and $i \ne n$ then
    for $k = i, \ldots, n-1$
        for $j = 1, \ldots, i-1$
            set $b_{kj} = a_{k+1,j} - \dfrac{v_{k+1}}{v_i}a_{ij}$;
            $b_{jk} = a_{j,k+1} - \dfrac{v_j}{v_i}a_{i,k+1}$.

Step 4 If $i \ne n$ then
    for $k = i, \ldots, n-1$
        for $j = i, \ldots, n-1$
            set $b_{kj} = a_{k+1,j+1} - \dfrac{v_{k+1}}{v_i}a_{i,j+1}$.

Step 5 對 $(n-1) \times (n-1)$ 矩陣 $B' = (b_{kj})$ 執行冪次法，並以 $\mathbf{x}$ 為初始近似值。

Step 6 如果此方法失敗，則 OUTPUT ('Method fails');
STOP
否則令 μ 為近似特徵值且
$$\mathbf{w}' = (w'_1, \ldots, w'_{n-1})^t \text{ 為近似特徵向量。}$$

Step 7 If $i \neq 1$ then for $k = 1, \ldots, i-1$ set $w_k = w'_k$.

Step 8 Set $w_i = 0$.

Step 9 If $i \neq n$ then for $k = i+1, \ldots, n$ set $w_k = w'_{k-1}$.

Step 10 For $k = 1, \ldots, n$
$$\text{set } u_k = (\mu - \lambda)w_k + \left(\sum_{j=1}^{n} a_{ij} w_j\right) \frac{v_k}{v_i}.$$
(用 (9.6) 式計算特徵向量)

Step 11 OUTPUT ($\mu, \mathbf{u}$); (程式成功)
STOP.

習題組 9.3 完整習題請見隨書光碟

1. 將冪次法用於下列矩陣，計算前三次迭代。

a. $\begin{bmatrix} 2 & 1 & 1 \\ 1 & 2 & 1 \\ 1 & 1 & 2 \end{bmatrix}$ 用 $\mathbf{x}^{(0)} = (1, -1, 2)^t$

b. $\begin{bmatrix} 1 & 1 & 1 \\ 1 & 1 & 0 \\ 1 & 0 & 1 \end{bmatrix}$ 用 $\mathbf{x}^{(0)} = (-1, 0, 1)^t$

c. $\begin{bmatrix} 1 & -1 & 0 \\ -2 & 4 & -2 \\ 0 & -1 & 2 \end{bmatrix}$ 用 $\mathbf{x}^{(0)} = (-1, 2, 1)^t$

d. $\begin{bmatrix} 4 & 1 & 1 & 1 \\ 1 & 3 & -1 & 1 \\ 1 & -1 & 2 & 0 \\ 1 & 1 & 0 & 2 \end{bmatrix}$ 用 $\mathbf{x}^{(0)} = (1, -2, 0, 3)^t$

3. 用逆冪次法重複習題 1。

5. 將對稱冪次法用於下列矩陣，計算前三次迭代。

a. $\begin{bmatrix} 2 & 1 & 1 \\ 1 & 2 & 1 \\ 1 & 1 & 2 \end{bmatrix}$ 用 $\mathbf{x}^{(0)} = (1, -1, 2)^t$

b. $\begin{bmatrix} 1 & 1 & 1 \\ 1 & 1 & 0 \\ 1 & 0 & 1 \end{bmatrix}$ 用 $\mathbf{x}^{(0)} = (-1, 0, 1)^t$

c. $\begin{bmatrix} 4.75 & 2.25 & -0.25 \\ 2.25 & 4.75 & 1.25 \\ -0.25 & 1.25 & 4.75 \end{bmatrix}$ 用 $\mathbf{x}^{(0)} = (0, 1, 0)^t$

d. $\begin{bmatrix} 4 & 1 & -1 & 0 \\ 1 & 3 & -1 & 0 \\ -1 & -1 & 5 & 2 \\ 0 & 0 & 2 & 4 \end{bmatrix}$ 用 $\mathbf{x}^{(0)} = (0, 1, 0, 0)^t$

7. 用冪次法求習題 1 各矩陣之主導特徵值，迭代至容許誤差 10^{-4} 以內，或最大迭代次數 25。

9. 用逆冪次法求習題 1 各矩陣之主導特徵值，迭代至容許誤差 10^{-4} 以內，或最大迭代次數 25。

11. 用對稱冪次法求習題 5 各矩陣之主導特徵值，迭代至容許誤差 10^{-4} 以內，或最大迭代次數 25。

13. 用 Wielandt 緊縮法及習題 7 之結果，求習題 1 各矩陣的第二主導特徵值的近似值。迭代至容許誤差 10^{-4} 以內，或最大迭代次數 25。

15. 用冪次法加 Aitken Δ^2 法重做習題 7，求主導特徵值。

17. **Hotelling 緊縮法** 假設已知 $n \times n$ 對稱矩陣 A 的主導特徵值 λ_1 及相對之特徵向量 $\mathbf{v}^{(1)}$。證明，矩陣

$$B = A - \frac{\lambda_1}{(\mathbf{v}^{(1)})^t \mathbf{v}^{(1)}} \mathbf{v}^{(1)} (\mathbf{v}^{(1)})^t$$

的特徵值 $\lambda_2, \ldots, \lambda_n$ 與 A 的相同，但是 B 另有特徵值 0 及其特徵向量 $\mathbf{v}^{(1)}$ 而沒有 λ_1。利用此緊縮法求習題 5 各矩陣的 λ_2。理論上，此方法可持續進行，以求出所有特徵值，但捨入誤差會使得後續的計算毫無意義。

19. 延續 6.3 節的習題 11 及 7.2 節的習題 15，假設有一種壽命 4 年的甲蟲，雌性甲蟲第 1 年存活率為 1/2，第 2 年存活率為 1/4，第 3 年為 1/8。並且假設，平均每 1 隻雌性甲蟲，在 3 歲時生出 2 隻新雌性甲蟲，在第 4 年時可生 4 隻雌性甲蟲。那麼 1 隻雌性甲蟲對次年雌性甲蟲總數的影響，可表示為矩陣

$$A = \begin{bmatrix} 0 & 0 & 2 & 4 \\ \frac{1}{2} & 0 & 0 & 0 \\ 0 & \frac{1}{4} & 0 & 0 \\ 0 & 0 & \frac{1}{8} & 0 \end{bmatrix}$$

其中第 i 列第 j 行的元素代表 1 隻 j 齡雌蟲對次年 i 齡雌蟲總數的概率性影響。

a. 用 Geršgorin 圓理論找出複數平面上包含 A 之所有特徵值的區域。
b. 用冪次法求出此矩陣的主導特徵值及相對之特徵向量。
c. 用算則 9.4 以求出 A 的另一個特徵值與特徵向量。
d. 利用特徵多項式與牛頓法求出 A 的所有特徵值。
e. 試預估此甲蟲族群的長期發展。

21. 在用後向差分法解熱傳方程式時 (參見 12.2 節)，會用到 $(m-1) \times (m-1)$ 的三對角線矩陣

$$A = \begin{bmatrix} 1+2\alpha & -\alpha & 0 & \cdots & 0 \\ -\alpha & 1+2\alpha & -\alpha & & \vdots \\ 0 & \ddots & \ddots & \ddots & 0 \\ \vdots & & \ddots & \ddots & -\alpha \\ 0 & \cdots & 0 & -\alpha & 1+2\alpha \end{bmatrix}$$

為了穩定性的要求，必須滿足 $\rho(A^{-1}) < 1$。當 $m = 11$，求以下各小題 $\rho(A^{-1})$ 的近似值。

a. $\alpha = \frac{1}{4}$ b. $\alpha = \frac{1}{2}$ c. $\alpha = \frac{3}{4}$

以上那個可使此方法穩定？

23. 用 Crank-Nicolson 法解熱傳方程式時 (參見 12.2 節)，會用到 $(m-1) \times (m-1)$ 的矩陣 A 及 B

$$A = \begin{bmatrix} 1+\alpha & -\frac{\alpha}{2} & 0 & \cdots & 0 \\ -\frac{\alpha}{2} & 1+\alpha & -\frac{\alpha}{2} & & \vdots \\ 0 & & & & 0 \\ \vdots & & & & -\frac{\alpha}{2} \\ 0 & \cdots & 0 & -\frac{\alpha}{2} & 1+\alpha \end{bmatrix} \quad \text{及} \quad B = \begin{bmatrix} 1+\alpha & \frac{\alpha}{2} & 0 & \cdots & 0 \\ \frac{\alpha}{2} & 1+\alpha & \frac{\alpha}{2} & & \vdots \\ 0 & & & & 0 \\ \vdots & & & & \frac{\alpha}{2} \\ 0 & \cdots & 0 & \frac{\alpha}{2} & 1+\alpha \end{bmatrix}$$

當 $m = 11$，求以下各小題 $\rho(A^{-1}B)$ 的近似值。

a. $\alpha = \frac{1}{4}$ **b.** $\alpha = \frac{1}{2}$ **c.** $\alpha = \frac{3}{4}$

9.4 Householder 法

在 9.5 節中我們將介紹 QR 法，它可以將一個對稱三對角線矩陣簡化為近乎對角線的相似矩陣。此簡化矩陣的對角線元素即為原矩陣特徵值的近似值。在本節中則要介紹由 Alston Householder 所推導出來的方法，它可將任意對稱矩陣化簡為相似三對角線矩陣。雖然這兩節所討論的問題有明顯的關聯性，但在求矩陣特徵值的近似值之外，Householder 法還有其他更廣的應用，所以列為單獨一節。

Householder 法是用來求，與對稱矩陣 A 相似的對稱三對角線矩陣 B。由定理 9.16 可知，A 相似於對角線矩陣 D 的條件為，存在有正交矩陣 Q 使得 $D = Q^{-1}AQ = Q^tAQ$。因為通常很難求得矩陣 Q(所以也求不出 D)，Householder 法則提供了一種折衷。在 Householder 法求得對稱三對角線矩陣之後，利用其他方法，例如 QR 法，可以快速且準確求得其特徵值的近似值。

■ Householder 轉換

定義 9.21

令 $\mathbf{w} \in \mathbb{R}^n$ 且 $\mathbf{w}^t\mathbf{w} = 1$。則 $n \times n$ 矩陣

$$P = I - 2\mathbf{w}\mathbf{w}^t$$

稱為 **Householder 轉換** (Householder transformation)。

Householder 轉換可將向量或矩陣的行中的元素，選擇性的區段化為 0，且對於捨入誤差極為穩定。(更詳細說明可見[Wil2]，pp. 152-162) 下面定理列出了 Householder 轉換的特性。

定理 9.22

Householder 轉換 $P = I - 2\mathbf{w}\mathbf{w}^t$ 為對稱且正交，所以 $P^{-1} = P$。

證明 因為

$$(\mathbf{w}\mathbf{w}^t)^t = (\mathbf{w}^t)^t \mathbf{w}^t = \mathbf{w}\mathbf{w}^t$$

所以有

$$P^t = (I - 2\mathbf{w}\mathbf{w}^t)^t = I - 2\mathbf{w}\mathbf{w}^t = P$$

此外，由於 $\mathbf{w}^t\mathbf{w} = 1$，所以

$$PP^t = (I - 2\mathbf{w}\mathbf{w}^t)(I - 2\mathbf{w}\mathbf{w}^t) = I - 2\mathbf{w}\mathbf{w}^t - 2\mathbf{w}\mathbf{w}^t + 4\mathbf{w}\mathbf{w}^t\mathbf{w}\mathbf{w}^t$$
$$= I - 4\mathbf{w}\mathbf{w}^t + 4\mathbf{w}\mathbf{w}^t = I$$

且 $P^{-1} = P^t = P$。

Householder 法一開始要求出轉換 $P^{(1)}$ 使得 $A^{(2)} = P^{(1)}AP^{(1)}$ 會使得 A 的第 1 行元素由第 3 列開始化為 0。也就是

$$a_{j1}^{(2)} = 0 \quad , \quad j = 3, 4, \ldots, n \tag{9.8}$$

由對稱性可得 $a_{1j}^{(2)} = 0$。

我們選擇向量 $\mathbf{w} = (w_1, w_2, \ldots, w_n)^t$ 滿足 $\mathbf{w}^t\mathbf{w} = 1$、滿足(9.8) 式、並對矩陣

$$A^{(2)} = P^{(1)}AP^{(1)} = (I - 2\mathbf{w}\mathbf{w}^t)A(I - 2\mathbf{w}\mathbf{w}^t)$$

中之元素我們有 $a_{11}^{(2)} = a_{11}$ 以及在 $j = 3, 4, \ldots, n$ 時 $a_{j1}^{(2)} = 0$。這種選擇對 n 個未知數 $w_1, w_2, \ldots, w_n$ 加了 n 個條件。

設定 $w_1 = 0$ 可確保 $a_{11}^{(2)} = a_{11}$。我們要讓

$$P^{(1)} = I - 2\mathbf{w}\mathbf{w}^t$$

滿足

$$P^{(1)}(a_{11}, a_{21}, a_{31}, \ldots, a_{n1})^t = (a_{11}, \alpha, 0, \ldots, 0)^t \tag{9.9}$$

其中 α 值稍後再決定。為簡化符號，令

$$\hat{\mathbf{w}} = (w_2, w_3, \ldots, w_n)^t \in \mathbb{R}^{n-1}, \quad \hat{\mathbf{y}} = (a_{21}, a_{31}, \ldots, a_{n1})^t \in \mathbb{R}^{n-1}$$

且 $\hat{P}$ 代表 $(n-1) \times (n-1)$ Householder 轉換

$$\hat{P} = I_{n-1} - 2\hat{\mathbf{w}}\hat{\mathbf{w}}^t$$

如此 (9.9) 式就成為

$$P^{(1)}\begin{bmatrix} a_{11} \\ a_{21} \\ a_{31} \\ \vdots \\ a_{n1} \end{bmatrix} = \begin{bmatrix} 1 & 0 \cdots 0 \\ \cdots & \cdots \\ 0 & \\ \vdots & \hat{P} \\ 0 & \end{bmatrix} \cdot \begin{bmatrix} a_{11} \\ \text{----} \\ \hat{\mathbf{y}} \end{bmatrix} = \begin{bmatrix} a_{11} \\ \text{----} \\ \hat{P}\hat{\mathbf{y}} \end{bmatrix} = \begin{bmatrix} a_{11} \\ \text{----} \\ \alpha \\ 0 \\ \vdots \\ 0 \end{bmatrix}$$

且

$$\hat{P}\hat{\mathbf{y}} = (I_{n-1} - 2\hat{\mathbf{w}}\hat{\mathbf{w}}^t)\hat{\mathbf{y}} = \hat{\mathbf{y}} - 2(\hat{\mathbf{w}}^t\hat{\mathbf{y}})\hat{\mathbf{w}} = (\alpha, 0, \ldots, 0)^t \tag{9.10}$$

令 $r = \hat{\mathbf{w}}^t\hat{\mathbf{y}}$。則

$$(\alpha, 0, \ldots, 0)^t = (a_{21} - 2rw_2, a_{31} - 2rw_3, \ldots, a_{n1} - 2rw_n)^t$$

只要知道了 α 與 r 之後，我們就可求出所有的 w_i。對應各分量可得

$$\alpha = a_{21} - 2rw_2$$

及

$$0 = a_{j1} - 2rw_j \quad , \quad j = 3, \ldots, n$$

因此，

$$2rw_2 = a_{21} - \alpha \tag{9.11}$$

且

$$2rw_j = a_{j1} \quad , \quad j = 3, \ldots, n \tag{9.12}$$

將以上兩式左右平方後相加得

$$4r^2 \sum_{j=2}^{n} w_j^2 = (a_{21} - \alpha)^2 + \sum_{j=3}^{n} a_{j1}^2$$

因為 $\mathbf{w}^t\mathbf{w} = 1$ 且 $w_1 = 0$，我們得 $\sum_{j=2}^{n} w_j^2 = 1$ 以及

$$4r^2 = \sum_{j=2}^{n} a_{j1}^2 - 2\alpha a_{21} + \alpha^2 \tag{9.13}$$

由 (9.10) 式及 P 為正交可知

$$\alpha^2 = (\alpha, 0, \ldots, 0)(\alpha, 0, \ldots, 0)^t = (\hat{P}\hat{\mathbf{y}})^t \hat{P}\hat{\mathbf{y}} = \hat{\mathbf{y}}^t \hat{P}^t \hat{P}\hat{\mathbf{y}} = \hat{\mathbf{y}}^t \hat{\mathbf{y}}$$

因此，

$$\alpha^2 = \sum_{j=2}^{n} a_{j1}^2$$

將其代入 (9.13) 式得

$$2r^2 = \sum_{j=2}^{n} a_{j1}^2 - \alpha a_{21}$$

為確保只有在 $a_{21} = a_{31} = \cdots = a_{n1} = 0$ 時才有 $2r^2 = 0$，我們選擇

$$\alpha = -\text{sgn}(a_{21}) \left(\sum_{j=2}^{n} a_{j1}^2 \right)^{1/2}$$

由此可得

$$2r^2 = \sum_{j=2}^{n} a_{j1}^2 + |a_{21}| \left(\sum_{j=2}^{n} a_{j1}^2 \right)^{1/2}$$

這樣決定了 α 與 $2r^2$ 之後，我們求解 (9.11) 及 (9.12) 式可得

$$w_2 = \frac{a_{21} - \alpha}{2r} \quad \text{及} \quad w_j = \frac{a_{j1}}{2r} \quad , \quad j = 3, \ldots, n$$

總結 $P^{(1)}$ 的選取，我們有

$$\alpha = -\text{sgn}(a_{21}) \left(\sum_{j=2}^{n} a_{j1}^2 \right)^{1/2}$$

$$r = \left(\frac{1}{2}\alpha^2 - \frac{1}{2}a_{21}\alpha \right)^{1/2}$$

$$w_1 = 0$$

$$w_2 = \frac{a_{21} - \alpha}{2r}$$

及

$$w_j = \frac{a_{j1}}{2r} \quad , \quad j = 3, \ldots, n$$

利用以上這些選擇可得

$$A^{(2)} = P^{(1)}AP^{(1)} = \begin{bmatrix} a_{11}^{(2)} & a_{12}^{(2)} & 0 & \cdots & 0 \\ a_{21}^{(2)} & a_{22}^{(2)} & a_{23}^{(2)} & \cdots & a_{2n}^{(2)} \\ 0 & a_{32}^{(2)} & a_{33}^{(2)} & \cdots & a_{3n}^{(2)} \\ \vdots & \vdots & \vdots & & \vdots \\ 0 & a_{n2}^{(2)} & a_{n3}^{(2)} & \cdots & a_{nn}^{(2)} \end{bmatrix}$$

求得 $P^{(1)}$ 並算出 $A^{(2)}$ 之後，我們可以在 $k = 2, 3, \cdots, n-2$ 重複此程序如下：

$$\alpha = -\text{sgn}(a_{k+1,k}^{(k)}) \left(\sum_{j=k+1}^{n} (a_{jk}^{(k)})^2 \right)^{1/2}$$

$$r = \left(\frac{1}{2}\alpha^2 - \frac{1}{2}\alpha \alpha_{k+1,k}^{(k)} \right)^{1/2}$$

$$w_1^{(k)} = w_2^{(k)} = \ldots = w_k^{(k)} = 0$$

$$w_{k+1}^{(k)} = \frac{a_{k+1,k}^{(k)} - \alpha}{2r}$$

$$w_j^{(k)} = \frac{a_{jk}^{(k)}}{2r}, \quad j = k+2, k+3, \ldots, n$$

$$P^{(k)} = I - 2\mathbf{w}^{(k)} \cdot (\mathbf{w}^{(k)})^t$$

及

$$A^{(k+1)} = P^{(k)} A^{(k)} P^{(k)}$$

其中

$$A^{(k+1)} = \begin{bmatrix} a_{11}^{(k+1)} & a_{12}^{(k+1)} & 0 & \cdots & & 0 \\ a_{21}^{(k+1)} & & & & & \\ 0 & & & & 0 & 0 \\ \vdots & & a_{k+1,k}^{(k+1)} & a_{k+1,k+1}^{(k+1)} & a_{k+1,k+2}^{(k+1)} \cdots & a_{k+1,n}^{(k+1)} \\ & & 0 & & & \\ 0 & \cdots & 0 & a_{n,k+1}^{(k+1)} & \cdots & a_{nn}^{(k+1)} \end{bmatrix}$$

持續此一程序,直到形成對稱三對角線矩陣 $A^{(n-1)}$,其中

$$A^{(n-1)} = P^{(n-2)} P^{(n-3)} \cdots P^{(1)} A P^{(1)} \cdots P^{(n-3)} P^{(n-2)}$$

例題 1 對 4×4 矩陣

$$A = \begin{bmatrix} 4 & 1 & -2 & 2 \\ 1 & 2 & 0 & 1 \\ -2 & 0 & 3 & -2 \\ 2 & 1 & -2 & -1 \end{bmatrix}$$

進行 Householder 轉換,以得到相似於 A 的對稱三對角線矩陣。

解 第一次 Householder 轉換,

$$\alpha = -(1) \left(\sum_{j=2}^{4} a_{j1}^2 \right)^{1/2} = -3, \quad r = \left(\frac{1}{2}(-3)^2 - \frac{1}{2}(1)(-3) \right)^{1/2} = \sqrt{6}$$

$$\mathbf{w} = \left(0, \frac{\sqrt{6}}{3}, -\frac{\sqrt{6}}{6}, \frac{\sqrt{6}}{6} \right)^t$$

$$P^{(1)} = \begin{bmatrix} 1 & 0 & 0 & 0 \\ 0 & 1 & 0 & 0 \\ 0 & 0 & 1 & 0 \\ 0 & 0 & 0 & 1 \end{bmatrix} - 2 \left(\frac{\sqrt{6}}{6} \right)^2 \begin{bmatrix} 0 \\ 2 \\ -1 \\ 1 \end{bmatrix} \cdot (0, 2, -1, 1)$$

$$= \begin{bmatrix} 1 & 0 & 0 & 0 \\ 0 & -\frac{1}{3} & \frac{2}{3} & -\frac{2}{3} \\ 0 & \frac{2}{3} & \frac{2}{3} & \frac{1}{3} \\ 0 & -\frac{2}{3} & \frac{1}{3} & \frac{2}{3} \end{bmatrix}$$

及

$$A^{(2)} = \begin{bmatrix} 4 & -3 & 0 & 0 \\ -3 & \frac{10}{3} & 1 & \frac{4}{3} \\ 0 & 1 & \frac{5}{3} & -\frac{4}{3} \\ 0 & \frac{4}{3} & -\frac{4}{3} & -1 \end{bmatrix}$$

繼續第二次迭代，

$$\alpha = -\frac{5}{3}, \quad r = \frac{2\sqrt{5}}{3}, \quad \mathbf{w} = \left(0, 0, 2\sqrt{5}, \frac{\sqrt{5}}{5}\right)^t$$

$$P^{(2)} = \begin{bmatrix} 1 & 0 & 0 & 0 \\ 0 & 1 & 0 & 0 \\ 0 & 0 & -\frac{3}{5} & -\frac{4}{5} \\ 0 & 0 & -\frac{4}{5} & \frac{3}{5} \end{bmatrix}$$

對稱三對角線矩陣為

$$A^{(3)} = \begin{bmatrix} 4 & -3 & 0 & 0 \\ -3 & \frac{10}{3} & -\frac{5}{3} & 0 \\ 0 & -\frac{5}{3} & -\frac{33}{25} & \frac{68}{75} \\ 0 & 0 & \frac{68}{75} & \frac{149}{75} \end{bmatrix}$$ ∎

算則 9.5 即為以上所介紹的 Householder 法，不過其中避開了實際執行矩陣乘法。

算則 9.5 Householder 法

為獲得與對稱矩陣 $A = A^{(1)}$ 相似之對稱三對角線矩陣 $A^{(n-1)}$，建構出矩陣 $A^{(2)}, A^{(3)}, \ldots, A^{(n-1)}$，其中對每個 $k = 1, 2, \cdots, n-1$，$A^{(k)} = (a_{ij}^{(k)})$：

INPUT　維度 n；矩陣 A。

OUTPUT　$A^{(n-1)}$。(在每一步，A 可被覆蓋)

Step 1　For $k = 1, 2, \ldots, n-2$ do Steps 2–14.

　　Step 2　Set
$$q = \sum_{j=k+1}^{n} \left(a_{jk}^{(k)}\right)^2.$$

　　Step 3　If $a_{k+1,k}^{(k)} = 0$ then set $\alpha = -q^{1/2}$

　　　　　　else set $\alpha = -\dfrac{q^{1/2} a_{k+1,k}^{(k)}}{|a_{k+1,k}^{(k)}|}.$

Step 4 Set $RSQ = \alpha^2 - \alpha a_{k+1,k}^{(k)}$. (註：$RSQ = 2r^2$)

Step 5 Set $v_k = 0$; (註：$v_1 = \cdots = v_{k-1} = 0$，但非必要)
$v_{k+1} = a_{k+1,k}^{(k)} - \alpha$;
For $j = k+2, \ldots, n$ set $v_j = a_{jk}^{(k)}$.
$\left(\text{註：} \mathbf{w} = \left(\frac{1}{\sqrt{2RSQ}}\right)\mathbf{v} = \frac{1}{2r}\mathbf{v}.\right)$

Step 6 For $j = k, k+1, \ldots, n$ set $u_j = \left(\frac{1}{RSQ}\right)\sum_{i=k+1}^{n} a_{ji}^{(k)} v_i$.
$\left(\text{註：} \mathbf{u} = \left(\frac{1}{RSQ}\right)A^{(k)}\mathbf{v} = \frac{1}{2r^2}A^{(k)}\mathbf{v} = \frac{1}{r}A^{(k)}\mathbf{w}.\right)$

Step 7 Set $PROD = \sum_{i=k+1}^{n} v_i u_i$.
$\left(\text{註：} PROD = \mathbf{v}^t \mathbf{u} = \frac{1}{2r^2}\mathbf{v}^t A^{(k)}\mathbf{v}.\right)$

Step 8 For $j = k, k+1, \ldots, n$ set $z_j = u_j - \left(\frac{PROD}{2RSQ}\right)v_j$.
$\left(\text{註：} \mathbf{z} = \mathbf{u} - \frac{1}{2RSQ}\mathbf{v}^t\mathbf{u}\mathbf{v} = \mathbf{u} - \frac{1}{4r^2}\mathbf{v}^t\mathbf{u}\mathbf{v}\right.$
$\left. = \mathbf{u} - \mathbf{w}\mathbf{w}^t\mathbf{u} = \frac{1}{r}A^{(k)}\mathbf{w} - \mathbf{w}\mathbf{w}^t\frac{1}{r}A^{(k)}\mathbf{w}.\right)$

Step 9 For $l = k+1, k+2, \ldots, n-1$ do Steps 10 and 11.
(註：計算 $A^{(k+1)} = A^{(k)} - \mathbf{v}\mathbf{z}^t - \mathbf{z}\mathbf{v}^t$
$= (I - 2\mathbf{w}\mathbf{w}^t)A^{(k)}(I - 2\mathbf{w}\mathbf{w}^t).)$

Step 10 For $j = l+1, \ldots, n$ set
$a_{jl}^{(k+1)} = a_{jl}^{(k)} - v_l z_j - v_j z_l$;
$a_{lj}^{(k+1)} = a_{jl}^{(k+1)}$.

Step 11 Set $a_{ll}^{(k+1)} = a_{ll}^{(k)} - 2v_l z_l$.

Step 12 Set $a_{nn}^{(k+1)} = a_{nn}^{(k)} - 2v_n z_n$.

Step 13 For $j = k+2, \ldots, n$ set $a_{kj}^{(k+1)} = a_{jk}^{(k+1)} = 0$.

Step 14 Set $a_{k+1,k}^{(k+1)} = a_{k+1,k}^{(k)} - v_{k+1} z_k$;
$a_{k,k+1}^{(k+1)} = a_{k+1,k}^{(k+1)}$.
(註：$A^{(k+1)}$ 的其他元素與 $A^{(k)}$ 同)

Step 15 OUTPUT ($A^{(n-1)}$);
(程式完成，$A^{(n-1)}$ 為對稱三對角線，且與 A 相似)
STOP.

可以用 Maple 的 *LinearAlgebra* 程式包執行 Householder 法。對例題 1 的矩陣，我們可輸入以下指令。

$with(LinearAlgebra): A := Matrix([[4, 1, -2, 2], [1, 2, 0, 1], [-2, 0, 3, -2], [2, 1, -2, -1]])$

再用以下指令可求得正交矩陣 Q 以及滿足 $A = QTQ^t$ 的三對角線矩陣 T。

$Q := TridiagonalForm(A, output =' Q')$; $T := TridiagonalForm(A, output =' T')$

Maple 產生以下矩陣，10 位小數的近似值。

$$Q = \begin{bmatrix} 1 & 0 & 0 & 0 \\ 0 & -0.\overline{3} & 0.1\overline{3} & -0.9\overline{3} \\ 0 & 0.\overline{6} & -0.\overline{6} & -0.\overline{3} \\ 0 & -0.\overline{6} & 0.7\overline{3} & 0.1\overline{3} \end{bmatrix} \text{ 及 } T = \begin{bmatrix} 4 & -3 & 0 & 0 \\ -3 & 3.\overline{3} & -0.1\overline{6} & 0 \\ 0 & -0.1\overline{6} & -1.32 & 0.90\overline{6} \\ 0 & 0 & 0.90\overline{6} & 1.98\overline{6} \end{bmatrix}$$

在下一節中我們將要探討，如何利用 QR 算則求出 $A^{(n-1)}$ 的特徵值，也就是原矩陣 A 的特徵值。

要將 Householder 算則用於任意 $n \times n$ 矩陣，必須加以修改，以適用於不對稱的情形。除非原矩陣 A 為對稱，否則得到的 $A^{(n-1)}$ 不會是三對角線矩陣，但在下對角線 (subdiagonal) 之下的所有元素為 0。此種型式的矩陣稱為上 Hessenberg 矩陣。也就是，若對所有 $i \geq j + 2$ 都有 $h_{ij} = 0$，則 $H = (h_{ij})$ 為**上 Hessenberg 矩陣** (upper Hessenberg)。

適用於任意矩陣所須的修改為：

Step 6   For $j = 1, 2, \ldots, n$ set $u_j = \dfrac{1}{RSQ} \sum_{i=k+1}^{n} a_{ji}^{(k)} v_i;$

$$y_j = \frac{1}{RSQ} \sum_{i=k+1}^{n} a_{ij}^{(k)} v_i.$$

Step 8   For $j = 1, 2, \ldots, n$ set $z_j = u_j - \dfrac{PROD}{RSQ} v_j.$

Step 9   For $l = k + 1, k + 2, \ldots, n$ do Steps 10 and 11.

   Step 10   For $j = 1, 2, \ldots, k$ set $a_{jl}^{(k+1)} = a_{jl}^{(k)} - z_j v_l;$

$$a_{lj}^{(k+1)} = a_{lj}^{(k)} - y_j v_l.$$

   Step 11   For $j = k+1, \ldots, n$ set $a_{jl}^{(k+1)} = a_{jl}^{(k)} - z_j v_l - y_l v_j.$

在加入以上修改之後，刪除原來的 Step 12 到 14 並輸出 $A^{(n-1)}$。

習題組 9.4　完整習題請見隨書光碟

1. 用 Householder 法將下列矩陣轉成三對角線型式。

   a. $\begin{bmatrix} 12 & 10 & 4 \\ 10 & 8 & -5 \\ 4 & -5 & 3 \end{bmatrix}$
   b. $\begin{bmatrix} 2 & -1 & -1 \\ -1 & 2 & -1 \\ -1 & -1 & 2 \end{bmatrix}$
   c. $\begin{bmatrix} 1 & 1 & 1 \\ 1 & 1 & 0 \\ 1 & 0 & 1 \end{bmatrix}$
   d. $\begin{bmatrix} 4.75 & 2.25 & -0.25 \\ 2.25 & 4.75 & 1.25 \\ -0.25 & 1.25 & 4.75 \end{bmatrix}$

3. 修改算則 9.5，以求出下列矩陣的相似上 Hessenberg 矩陣。

   a. $\begin{bmatrix} 2 & -1 & 3 \\ 2 & 0 & 1 \\ -2 & 1 & 4 \end{bmatrix}$
   b. $\begin{bmatrix} -1 & 2 & 3 \\ 2 & 3 & -2 \\ 3 & 1 & -1 \end{bmatrix}$
   c. $\begin{bmatrix} 5 & -2 & -3 & 4 \\ 0 & 4 & 2 & -1 \\ 1 & 3 & -5 & 2 \\ -1 & 4 & 0 & 3 \end{bmatrix}$
   d. $\begin{bmatrix} 4 & -1 & -1 & -1 \\ -1 & 4 & 0 & -1 \\ -1 & -1 & 4 & -1 \\ -1 & -1 & -1 & 4 \end{bmatrix}$

9.5 QR 算則

在 9.3 節所介紹的緊縮法，因為捨入誤差成長的問題，並不適合用來求一個矩陣所有的特徵值。在本節中我們要考慮 QR 算則，這是一種矩陣化簡方法，對一個對稱矩陣可以同時獲得所有的特徵值。

要使用 QR 算則，必須先有一個對稱三對角線矩陣；也就是除了主對角線以及上下各一條緊鄰次對角線之外，其餘元素全為零的矩陣。如果要求解的對稱矩陣不是三對角線，那麼第一步就是用 Householder 法將它轉為對稱、三對角線、並且與原矩陣相似的矩陣。

在本節中我們限定，我們探討的矩陣都是對稱三對角線。如果令 A 代表此種矩陣，利用標記

$$A = \begin{bmatrix} a_1 & b_2 & 0 & \cdots & 0 \\ b_2 & a_2 & b_3 & & \vdots \\ 0 & b_3 & a_3 & & 0 \\ \vdots & & & & b_n \\ 0 & \cdots & 0 & b_n & a_n \end{bmatrix} \tag{9.14}$$

我們可以簡化符號。若 $b_2 = 0$ 或 $b_n = 0$，則由 1×1 矩陣 $[a_1]$ 或 $[a_n]$ 立刻可得 A 的一個特徵值 a_1 或 a_n。QR 法就利用此一性質，持續減少主對角線以下元素的值，直到 $b_2 \approx 0$ 或

$b_n \approx 0$。

若有某個 $b_j = 0$，$2 < j < n$，則可將矩陣分為兩個較小的矩陣

$$\begin{bmatrix} a_1 & b_2 & 0 & \cdots & & 0 \\ b_2 & a_2 & b_3 & & & \\ 0 & b_3 & a_3 & & & 0 \\ \vdots & & & \ddots & b_{j-1} & \\ 0 & \cdots & & 0 & b_{j-1} & a_{j-1} \end{bmatrix} \text{ 及 } \begin{bmatrix} a_j & b_{j+1} & 0 & \cdots & & 0 \\ b_{j+1} & a_{j+1} & b_{j+2} & & & \\ 0 & b_{j+2} & a_{j+2} & & & 0 \\ \vdots & & & \ddots & b_n & \\ 0 & \cdots & & 0 & b_n & a_n \end{bmatrix}. \quad (9.15)$$

如果沒有任何一個 b_j 為 0，QR 算則依序組成一序列矩陣 $A = A^{(1)}, A^{(2)}, A^{(3)}, \ldots$，如下：

1. 將 $A^{(1)} = A$ 因式分解為 $A^{(1)} = Q^{(1)} R^{(1)}$，其中 $Q^{(1)}$ 為正交而 $R^{(1)}$ 為上三角矩陣。
2. $A^{(2)}$ 定義為 $A^{(2)} = R^{(1)} Q^{(1)}$。

原則上，就是將 $A^{(i)}$ 因式分解為 $A^{(i)} = Q^{(i)} R^{(i)}$，成為正交矩陣 $Q^{(i)}$ 與上三角矩陣 $R^{(i)}$ 的乘積。而 $A^{(i+1)}$ 則定義為 $Q^{(i)}$ 與 $R^{(i)}$ 反向的乘積 $A^{(i+1)} = R^{(i)} Q^{(i)}$。因為 $Q^{(i)}$ 為正交，$R^{(i)} = Q^{(i)t} A^{(i)}$ 且

$$A^{(i+1)} = R^{(i)} Q^{(i)} = (Q^{(i)t} A^{(i)}) Q^{(i)} = Q^{(i)t} A^{(i)} Q^{(i)} \quad (9.16)$$

這樣就確保 $A^{(i+1)}$ 為對稱，並和 $A^{(i)}$ 的特徵值相同。由我們定義 $R^{(i)}$ 與 $Q^{(i)}$ 的方式，我們也確保 $A^{(i+1)}$ 為三對角線。

以歸納法繼續下去，$A^{(i+1)}$ 的特徵值與原矩陣 A 的相同，且 $A^{(i+1)}$ 會趨向於對角線矩陣，其對角線值即為 A 的特徵值。

■ 旋轉矩陣

為描述建構因式矩陣 $Q^{(i)}$ 與 $R^{(i)}$ 的方法，我們須要有旋轉矩陣的概念。

定義 9.23

一個**旋轉矩陣** (rotation matrix) P 與單位矩陣最多只差 4 個元素。這 4 個元素的型式為

$$p_{ii} = p_{jj} = \cos\theta \text{ 及 } p_{ij} = -p_{ji} = \sin\theta$$

其中 θ 為未定數而 $i \neq j$。　　　　　　　　　　　　　　　　　　　　　　　　　■

很容易就可證明 (見習題 8)，對任何旋轉矩陣 P，矩陣 AP 與 A 只有第 i 及 j 行不同，而矩陣 PA 與 A 只有第 i 及 j 列不同。對任何 $i \neq j$，我們可以選擇 θ 的值，使得 PA 的元素 $(PA)_{ij}$ 有一個為 0。此外，每個旋轉矩陣 P 均為正交，因為由定義得 $PP^t = I$。

例題 1 求旋轉矩陣 P，它能使 PA 的第 2 列、第 1 行有 1 個元素為 0，其中

$$A = \begin{bmatrix} 3 & 1 & 0 \\ 1 & 3 & 1 \\ 0 & 1 & 3 \end{bmatrix}$$

解 P 的型式為

$$P = \begin{bmatrix} \cos\theta & \sin\theta & 0 \\ -\sin\theta & \cos\theta & 0 \\ 0 & 0 & 1 \end{bmatrix} \text{ 所以 } PA = \begin{bmatrix} 3\cos\theta + \sin\theta & \cos\theta + 3\sin\theta & \sin\theta \\ -3\sin\theta + \cos\theta & -\sin\theta + 3\cos\theta & \cos\theta \\ 0 & 1 & 3 \end{bmatrix}$$

選擇角 θ 使得 $-3\sin\theta + \cos\theta = 0$，也就是 $\tan\theta = \dfrac{1}{3}$。因此

$$\cos\theta = \frac{3\sqrt{10}}{10}, \quad \sin\theta = \frac{\sqrt{10}}{10}$$

及

$$PA = \begin{bmatrix} \frac{3\sqrt{10}}{10} & \frac{\sqrt{10}}{10} & 0 \\ -\frac{\sqrt{10}}{10} & \frac{3\sqrt{10}}{10} & 0 \\ 0 & 0 & 1 \end{bmatrix} \begin{bmatrix} 3 & 1 & 0 \\ 1 & 3 & 1 \\ 0 & 1 & 3 \end{bmatrix} = \begin{bmatrix} \sqrt{10} & \frac{3}{5}\sqrt{10} & \frac{1}{10}\sqrt{10} \\ 0 & \frac{4}{5}\sqrt{10} & \frac{3}{10}\sqrt{10} \\ 0 & 1 & 3 \end{bmatrix}$$

最後得到的矩陣既不對稱，也不是三對角線。■

要將 $A^{(1)}$ 因式分解為 $A^{(1)} = Q^{(1)}R^{(1)}$，要用到 $n-1$ 個旋轉矩陣以得到

$$R^{(1)} = P_n P_{n-1} \cdots P_2 A^{(1)}$$

我們先決定旋轉矩陣 P_2 為

$$p_{11} = p_{22} = \cos\theta_2 \text{ 及 } p_{12} = -p_{21} = \sin\theta_2$$

其中

$$\sin\theta_2 = \frac{b_2}{\sqrt{b_2^2 + a_1^2}} \text{ 及 } \cos\theta_2 = \frac{a_1}{\sqrt{b_2^2 + a_1^2}}$$

如此選擇會使得在 (2,1) 位置，也就是 $P_2A^{(1)}$ 的第 2 列第 1 行，的元素為

$$(-\sin\theta_2)a_1 + (\cos\theta_2)b_2 = \frac{-b_2 a_1}{\sqrt{b_2^2 + a_1^2}} + \frac{a_1 b_2}{\sqrt{b_2^2 + a_1^2}} = 0$$

所以矩陣

$$A_2^{(1)} = P_2 A^{(1)}$$

在 (2, 1) 位置為 0。

因為 $P_2 A^{(1)}$ 的乘積同時影響 $A^{(1)}$ 的第 1 及 2 列，所以新矩陣 $A_2^{(1)}$ 在 (1, 3)、(1, 4)、⋯、及 (1, n) 等位置不一定為 0。但是 $A^{(1)}$ 為三對角線矩陣，所以 $A_2^{(1)}$ 的 (1, 4)、⋯、及 (1, n) 等位置一定為 0。只有 (1, 3) 位置的元素可能不為 0，也就是 $A_2^{(1)}$ 第 1 列第 3 行的元素。

以通式表示，我們選取矩陣 P_k，以使得 $A_k^{(1)} = P_k A_{k-1}^{(1)}$ 中 $(k, k-1)$ 位置的元素為零。這將使得 $(k-1, k+1)$ 位置的元素不為 0。矩陣 $A_k^{(1)}$ 的型式為

$$A_k^{(1)} = \begin{bmatrix} z_1 & q_1 & r_1 & 0 & \cdots & & & & & 0 \\ 0 & & & & & & & & & \\ 0 & & & & & & & & & \\ & & & 0 & z_{k-1} & q_{k-1} & r_{k-1} & & & \\ & & & & 0 & x_k & y_k & 0 & & \\ & & & & & b_{k+1} & a_{k+1} & b_{k+2} & & 0 \\ & & & & & & & & & 0 \\ & & & & & & & & & b_n \\ 0 & & & & & & \cdots & 0 & b_n & a_n \end{bmatrix}$$

且 P_{k+1} 的型式為

$$P_{k+1} = \begin{bmatrix} I_{k-1} & & O & & O \\ \hline & c_{k+1} & & s_{k+1} & \\ O & & & & O \\ & -s_{k+1} & & c_{k+1} & \\ \hline O & & O & & I_{n-k-1} \end{bmatrix} \leftarrow \text{列 } k \quad (9.17)$$

$$\uparrow$$
$$\text{行 } k$$

其中 O 代表適當大小且元素全為零的矩陣。

要選擇 P_{k+1} 中的常數 $c_{k+1} = \cos\theta_{k+1}$ 及 $s_{k+1} = \sin\theta_{k+1}$，使得 $A_{k+1}^{(1)}$ 的 $(k+1, k)$ 位置元素為零；也就是 $-s_{k+1}x_k + c_{k+1}b_{k+1} = 0$。

因為 $c_{k+1}^2 + s_{k+1}^2 = 1$，所以此方程式的解為

$$s_{k+1} = \frac{b_{k+1}}{\sqrt{b_{k+1}^2 + x_k^2}} \quad \text{及} \quad c_{k+1} = \frac{x_k}{\sqrt{b_{k+1}^2 + x_k^2}}$$

且 $A_{k+1}^{(1)}$ 的型式為

$$A_{k+1}^{(1)} = \begin{bmatrix} z_1 & q_1 & r_1 & 0 & \cdots & & & & & 0 \\ 0 & & & & & & & & & \\ 0 & & & & & & & & & \\ & & & 0 & z_k & q_k & r_k & & & \\ & & & & 0 & x_{k+1} & y_{k+1} & 0 & & \\ & & & & & b_{k+2} & a_{k+2} & b_{k+3} & & 0 \\ & & & & & & & & & 0 \\ & & & & & & & & & b_n \\ 0 & & & & & & \cdots & 0 & b_n & a_n \end{bmatrix}$$

依序建構出 $P_2, \ldots, P_n$ 可得上三角矩陣

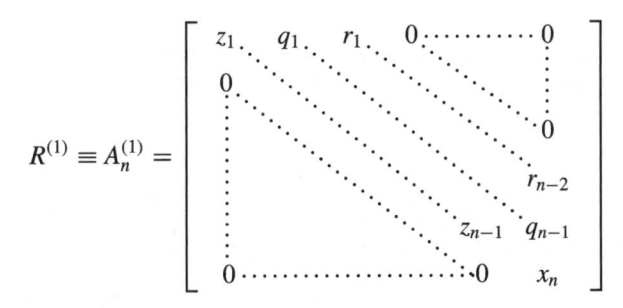

$$R^{(1)} \equiv A_n^{(1)} = \begin{bmatrix} z_1 & q_1 & r_1 & 0 & \cdots & 0 \\ 0 & \ddots & \ddots & \ddots & \ddots & \vdots \\ \vdots & \ddots & \ddots & \ddots & \ddots & 0 \\ \vdots & & \ddots & \ddots & \ddots & r_{n-2} \\ \vdots & & & \ddots & z_{n-1} & q_{n-1} \\ 0 & \cdots & \cdots & \cdots & 0 & x_n \end{bmatrix}$$

QR 因式分解的另一半為矩陣

$$Q^{(1)} = P_2^t P_3^t \cdots P_n^t$$

因為旋轉矩陣的正交性，我們可得

$$Q^{(1)} R^{(1)} = (P_2^t P_3^t \cdots P_n^t) \cdot (P_n \cdots P_3 P_2) A^{(1)} = A^{(1)}$$

矩陣 $Q^{(1)}$ 為正交是因為

$$(Q^{(1)})^t Q^{(1)} = (P_2^t P_3^t \cdots P_n^t)^t (P_2^t P_3^t \cdots P_n^t) = (P_n \cdots P_3 P_2) \cdot (P_2^t P_3^t \cdots P_n^t) = I$$

同時，$Q^{(1)}$ 為上 Hessenberg 矩陣。要了解此點，可依照習題 9 及 10 的步驟。

因此 $A^{(2)} = R^{(1)} Q^{(1)}$ 也是上 Hessenberg 矩陣，因為在 $Q^{(1)}$ 的左側乘以上三角矩陣 $R^{(1)}$ 不會改變下三角區域的元素值。因為我們已知它是對稱的，所以 $A^{(2)}$ 也是三對角線矩陣。

而 $A^{(2)}$ 中主對角線以外各元素的絕對值，通常要比 $A^{(1)}$ 的小，所以 $A^{(2)}$ 比 $A^{(1)}$ 更接近成為對角線矩陣。重複以上程序以得到 $A^{(3)}$、$A^{(4)}$、$\cdots$，直到獲得滿意的收斂為止。(見 [Wil2],pages 516-523)

例題 2 對例題 1 的矩陣

$$A = \begin{bmatrix} 3 & 1 & 0 \\ 1 & 3 & 1 \\ 0 & 1 & 3 \end{bmatrix}$$

使用 QR 法進行一次迭代。

解 令 $A^{(1)} = A$ 為已知矩陣，P_2 代表例題 1 所求得的旋轉矩陣。利用 QR 法的標示方式，我們可得

$$A_2^{(1)} = P_2 A^{(1)} = \begin{bmatrix} \frac{3\sqrt{10}}{10} & \frac{\sqrt{10}}{10} & 0 \\ -\frac{\sqrt{10}}{10} & \frac{3\sqrt{10}}{10} & 0 \\ 0 & 0 & 1 \end{bmatrix} \begin{bmatrix} 3 & 1 & 0 \\ 1 & 3 & 1 \\ 0 & 1 & 3 \end{bmatrix} = \begin{bmatrix} \sqrt{10} & \frac{3}{5}\sqrt{10} & \frac{\sqrt{10}}{10} \\ 0 & \frac{4\sqrt{10}}{5} & \frac{3\sqrt{10}}{10} \\ 0 & 1 & 3 \end{bmatrix}$$

$$\equiv \begin{bmatrix} z_1 & q_1 & r_1 \\ 0 & x_2 & y_2 \\ 0 & b_3^{(1)} & a_3^{(1)} \end{bmatrix}$$

接著可得

$$s_3 = \frac{b_3^{(1)}}{\sqrt{x_2^2 + (b_3^{(1)})^2}} = 0.36761 \text{ 及 } c_3 = \frac{x_2}{\sqrt{x_2^2 + (b_3^{(1)})^2}} = 0.92998$$

所以

$$R^{(1)} \equiv A_3^{(1)} = P_3 A_2^{(1)} = \begin{bmatrix} 1 & 0 & 0 \\ 0 & 0.92998 & 0.36761 \\ 0 & -0.36761 & 0.92998 \end{bmatrix} \begin{bmatrix} \sqrt{10} & \frac{3}{5}\sqrt{10} & \frac{\sqrt{10}}{10} \\ 0 & \frac{4\sqrt{10}}{5} & \frac{3\sqrt{10}}{10} \\ 0 & 1 & 3 \end{bmatrix}$$

$$= \begin{bmatrix} \sqrt{10} & \frac{3}{5}\sqrt{10} & \frac{\sqrt{10}}{10} \\ 0 & 2.7203 & 1.9851 \\ 0 & 0 & 2.4412 \end{bmatrix}$$

及

$$Q^{(1)} = P_2^t P_3^t = \begin{bmatrix} \frac{3\sqrt{10}}{10} & -\frac{\sqrt{10}}{10} & 0 \\ \frac{\sqrt{10}}{10} & \frac{3\sqrt{10}}{10} & 0 \\ 0 & 0 & 1 \end{bmatrix} \begin{bmatrix} 1 & 0 & 0 \\ 0 & 0.92998 & -0.36761 \\ 0 & 0.36761 & 0.92998 \end{bmatrix}$$

$$= \begin{bmatrix} 0.94868 & -0.29409 & 0.11625 \\ 0.31623 & 0.88226 & -0.34874 \\ 0 & 0.36761 & 0.92998 \end{bmatrix}$$

由此可得

$$A^{(2)} = R^{(1)} Q^{(1)} = \begin{bmatrix} \sqrt{10} & \frac{3}{5}\sqrt{10} & \frac{\sqrt{10}}{10} \\ 0 & 2.7203 & 1.9851 \\ 0 & 0 & 2.4412 \end{bmatrix} \begin{bmatrix} 0.94868 & -0.29409 & 0.11625 \\ 0.31623 & 0.88226 & -0.34874 \\ 0 & 0.36761 & 0.92998 \end{bmatrix}$$

$$= \begin{bmatrix} 3.6 & 0.86024 & 0 \\ 0.86024 & 3.12973 & 0.89740 \\ 0 & 0.89740 & 2.27027 \end{bmatrix}$$

$A^{(2)}$ 的非對角線元素比 $A^{(1)}$ 的元素小了約 14%，但減少的還不夠多。要減到 0.001 以下，須要 13 次 QR 法迭代。如此可得

$$A^{(13)} = \begin{bmatrix} 4.4139 & 0.01941 & 0 \\ 0.01941 & 3.0003 & 0.00095 \\ 0 & 0.00095 & 1.5858 \end{bmatrix}$$

這樣就得到一個特徵值的近似解 1.5858，其餘特徵值則可得自簡化的矩陣

$$\begin{bmatrix} 4.4139 & 0.01941 \\ 0.01941 & 3.0003 \end{bmatrix}$$

∎

■ 加速收斂

如果 A 的特徵值有相異模數 (moduli) 且 $|\lambda_1| > |\lambda_2| > \cdots > |\lambda_n|$，則矩陣 $A^{(i+1)}$ 中 $b_{j+1}^{(i+1)}$ 收斂到 0 的速度取決於比值 $|\lambda_{j+1}/\lambda_j|$ (見[Fr])。而 $b_{j+1}^{(i+1)}$ 收斂到 0 的速度，決定了 $a_j^{(i+1)}$ 收斂到第 j 個特徵值 λ_j 的速度。因此，如果 $|\lambda_{j+1}/\lambda_j|$ 不是遠小於 1 的話，將會收斂的很慢。

要加快收斂速度，可以使用類似於 9.3 節的逆冪次法的移位技巧。選取一個很接近特徵值的常數 σ。將 (9.16) 式的因式分解修改為，選擇 $R^{(i)}$ 與 $Q^{(i)}$ 以滿足

$$A^{(i)} - \sigma I = Q^{(i)} R^{(i)} \tag{9.18}$$

且 $A^{(i+1)}$ 的定義亦改為

$$A^{(i+1)} = R^{(i)} Q^{(i)} + \sigma I \tag{9.19}$$

做了這樣的修改之後，$b_{j+1}^{(i+1)}$ 收斂到 0 的速度取決於比值 $|(\lambda_{j+1} - \sigma)/(\lambda_j - \sigma)|$。如果 σ 靠近 λ_{j+1} 而距 λ_j 較遠，這將可明顯提高 $a_j^{(i+1)}$ 收斂到 λ_j 的速度。

當 A 的特徵值有相異模數，我們可在每一步時改變 σ 的值，使得對任何小於 n 的整數 j，$b_n^{(i+1)}$ 收斂的比 $b_j^{(i+1)}$ 快。當 $b_n^{(i+1)}$ 小到我們可以假設 $\lambda_n \approx a_n^{(i+1)}$，刪去矩陣的第 n 行與列，然後再以同樣的方法求出 λ_{n-1} 的近似值。重複此程序直到求出所有特徵值的近似值。

使用移位法時，第 i 步的移位常數 σ_i 是矩陣

$$E^{(i)} = \begin{bmatrix} a_{n-1}^{(i)} & b_n^{(i)} \\ b_n^{(i)} & a_n^{(i)} \end{bmatrix}$$

的特徵值中，最接近 $a_n^{(i)}$ 的一個。這樣的移位會使 A 的特徵值產生一個 σ_i 因子的移動。但使用移位方法，通常可達到三階收斂速度。(見[WR], p. 270) 這方法會累積移位量直到 $b_n^{(i+1)} \approx 0$，然後將之加到 $a_n^{(i+1)}$ 以做為 λ_n 的近似值。

如果 A 有模數相同的特徵值，則在某個 $j \neq n$，$b_j^{(i+1)}$ 可能比 $b_n^{(i+1)}$ 更快收斂到 0。此時可用 (9.15)式所示的矩陣分割，將原來的矩陣分成兩個較小的矩陣。

例題 3 將 QR 法加上移位用於矩陣

$$A = \begin{bmatrix} 3 & 1 & 0 \\ 1 & 3 & 1 \\ 0 & 1 & 3 \end{bmatrix} = \begin{bmatrix} a_1^{(1)} & b_2^{(1)} & 0 \\ b_2^{(1)} & a_2^{(1)} & b_3^{(1)} \\ 0 & b_3^{(1)} & a_3^{(1)} \end{bmatrix}$$

解 要得到加速收斂的移位參數，須求出

$$\begin{bmatrix} a_2^{(1)} & b_3^{(1)} \\ b_3^{(1)} & a_3^{(1)} \end{bmatrix} = \begin{bmatrix} 3 & 1 \\ 1 & 3 \end{bmatrix}$$

的特徵值，分別為 $\mu_1 = 4$ 及 $\mu_2 = 2$。兩者與 $a_3^{(1)} = 3$ 的差別一樣，故任意選取 $\mu_2 = 2$ 並依此移動。則 $\sigma_1 = 2$ 且

$$\begin{bmatrix} d_1 & b_2^{(1)} & 0 \\ b_2^{(1)} & d_2 & b_3^{(1)} \\ 0 & b_3^{(1)} & d_3 \end{bmatrix} = \begin{bmatrix} 1 & 1 & 0 \\ 1 & 1 & 1 \\ 0 & 1 & 1 \end{bmatrix}$$

繼續計算可得

$$x_1 = 1 \,,\, y_1 = 1 \,,\, z_1 = \sqrt{2} \,,\, c_2 = \frac{\sqrt{2}}{2} \,,\, s_2 = \frac{\sqrt{2}}{2} \,,$$

$$q_1 = \sqrt{2} \,,\, x_2 = 0 \,,\, r_1 = \frac{\sqrt{2}}{2} \,,\, 及\, y_2 = \frac{\sqrt{2}}{2}$$

所以

$$A_2^{(1)} = \begin{bmatrix} \sqrt{2} & \sqrt{2} & \frac{\sqrt{2}}{2} \\ 0 & 0 & \frac{\sqrt{2}}{2} \\ 0 & 1 & 1 \end{bmatrix}$$

再進一步，

$$z_2 = 1 \,,\, c_3 = 0 \,,\, s_3 = 1 \,,\, q_2 = 1 \,,\, 及\, x_3 = -\frac{\sqrt{2}}{2}$$

所以

$$R^{(1)} = A_3^{(1)} = \begin{bmatrix} \sqrt{2} & \sqrt{2} & \frac{\sqrt{2}}{2} \\ 0 & 1 & 1 \\ 0 & 0 & -\frac{\sqrt{2}}{2} \end{bmatrix}$$

要求 $A^{(2)}$，我們有

$$z_3 = -\frac{\sqrt{2}}{2} \,,\, a_1^{(2)} = 2 \,,\, b_2^{(2)} = \frac{\sqrt{2}}{2} \,,\, a_2^{(2)} = 1 \,,\, b_3^{(2)} = -\frac{\sqrt{2}}{2} \,,\, 及\, a_3^{(2)} = 0$$

所以

$$A^{(2)} = R^{(1)}Q^{(1)} = \begin{bmatrix} 2 & \frac{\sqrt{2}}{2} & 0 \\ \frac{\sqrt{2}}{2} & 1 & -\frac{\sqrt{2}}{2} \\ 0 & -\frac{\sqrt{2}}{2} & 0 \end{bmatrix}$$

這樣就完成了一次 QR 迭代。因為 $b_2^{(2)} = \sqrt{2}/2$ 及 $b_3^{(2)} = -\sqrt{2}/2$ 都不算小，所以要再進行一次迭代。在這次迭代，我們求得

$$\begin{bmatrix} a_2^{(2)} & b_3^{(2)} \\ b_3^{(2)} & a_3^{(2)} \end{bmatrix} = \begin{bmatrix} 1 & -\frac{\sqrt{2}}{2} \\ -\frac{\sqrt{2}}{2} & 0 \end{bmatrix}$$

的特徵值為 $\frac{1}{2} \pm \frac{1}{2}\sqrt{3}$，並選擇最靠近 $a_3^{(2)} = 0$ 的一個 $\sigma_2 = \frac{1}{2} - \frac{1}{2}\sqrt{3}$。
完成所有計算可得

$$A^{(3)} = \begin{bmatrix} 2.6720277 & 0.37597448 & 0 \\ 0.37597448 & 1.4736080 & 0.030396964 \\ 0 & 0.030396964 & -0.047559530 \end{bmatrix}$$

如果接受 $b_3^{(3)} = 0.030396964$ 已夠小了，則 $a_3^{(3)}$ 再加上位移量 $\sigma_1 + \sigma_2 = 2 + (1 - \sqrt{3})/2$，就是 λ_3 的近似值 1.5864151。然後刪除第三列與第三行得

$$A^{(3)} = \begin{bmatrix} 2.6720277 & 0.37597448 \\ 0.37597448 & 1.4736080 \end{bmatrix}$$

其特徵值為 $\mu_1 = 2.7802140$ 及 $\mu_2 = 1.3654218$。再加上位移量得近似值

$$\lambda_1 \approx 4.4141886 \ \text{及} \ \lambda_2 \approx 2.9993964$$

因為矩陣 A 的真實特徵值為 4.41420、3.00000、及 1.58579，所以 QR 法在兩次迭代後就得到 4 位準確位數。 ■

算則 9.6 為 QR 法的應用，並用移位加速收斂。

算則 9.6 QR

求對稱三對角線 $n \times n$ 矩陣

$$A \equiv A_1 = \begin{bmatrix} a_1^{(1)} & b_2^{(1)} & 0 & \cdots & 0 \\ b_2^{(1)} & a_2^{(1)} & & & \vdots \\ 0 & & \ddots & & 0 \\ \vdots & & & & b_n^{(1)} \\ 0 & \cdots & 0 & b_n^{(1)} & a_n^{(1)} \end{bmatrix}$$

之特徵值：

INPUT n；$a_1^{(1)}, \ldots, a_n^{(1)}$、$b_2^{(1)}, \ldots, b_n^{(1)}$；容許誤差 *TOL*；最大迭代次數 M。

OUTPUT A 的特徵值，或分割 A 的建議，或迭代次數超過之訊息。

Step 1 Set $k = 1$;
SHIFT $= 0$. （累計位移量）

Step 2 While $k \leq M$ do Steps 3–19.
(Steps 3–7 test for success.)

    Step 3 If $|b_n^{(k)}| \leq TOL$ then set $\lambda = a_n^{(k)} + SHIFT$;
OUTPUT (λ);
set $n = n - 1$.

Step 4 If $|b_2^{(k)}| \leq TOL$ then set $\lambda = a_1^{(k)} + SHIFT$;
OUTPUT (λ);
set $n = n - 1$;
$a_1^{(k)} = a_2^{(k)}$;
for $j = 2, \ldots, n$
set $a_j^{(k)} = a_{j+1}^{(k)}$;
$b_j^{(k)} = b_{j+1}^{(k)}$.

Step 5 If $n = 0$ then
STOP.

Step 6 If $n = 1$ then
set $\lambda = a_1^{(k)} + SHIFT$;
OUTPUT (λ);
STOP.

Step 7 For $j = 3, \ldots, n-1$
if $|b_j^{(k)}| \leq TOL$ then
OUTPUT ('split into', $a_1^{(k)}, \ldots, a_{j-1}^{(k)}, b_2^{(k)}, \ldots, b_{j-1}^{(k)}$,
'and',
$a_j^{(k)}, \ldots, a_n^{(k)}, b_{j+1}^{(k)}, \ldots, b_n^{(k)}, SHIFT$);
STOP.

Step 8 (計算位移量)
Set $b = -(a_{n-1}^{(k)} + a_n^{(k)})$;
$c = a_n^{(k)} a_{n-1}^{(k)} - [b_n^{(k)}]^2$;
$d = (b^2 - 4c)^{1/2}$.

Step 9 If $b > 0$ then set $\mu_1 = -2c/(b+d)$;
$\mu_2 = -(b+d)/2$
else set $\mu_1 = (d-b)/2$;
$\mu_2 = 2c/(d-b)$.

Step 10 If $n = 2$ then set $\lambda_1 = \mu_1 + SHIFT$;
$\lambda_2 = \mu_2 + SHIFT$;
OUTPUT (λ_1, λ_2);
STOP.

Step 11 Choose σ so that $|\sigma - a_n^{(k)}| = \min\{|\mu_1 - a_n^{(k)}|, |\mu_2 - a_n^{(k)}|\}$.

Step 12 (累計位移量)
Set $SHIFT = SHIFT + \sigma$.

Step 13 (進行移位)
For $j = 1, \ldots, n$, set $d_j = a_j^{(k)} - \sigma$.

Step 14 (Steps 14 及 15 計算 $R^{(k)}$)
Set $x_1 = d_1$;
$y_1 = b_2$.

Step 15 For $j = 2, \ldots, n$

$$\text{set } z_{j-1} = \left\{ x_{j-1}^2 + \left[b_j^{(k)}\right]^2 \right\}^{1/2};$$

$$c_j = \frac{x_{j-1}}{z_{j-1}};$$

$$\sigma_j = \frac{b_j^{(k)}}{z_{j-1}};$$

$$q_{j-1} = c_j y_{j-1} + s_j d_j;$$
$$x_j = -\sigma_j y_{j-1} + c_j d_j;$$

If $j \neq n$ then set $r_{j-1} = \sigma_j b_{j+1}^{(k)};$

$$y_j = c_j b_{j+1}^{(k)}.$$

$\left(\text{剛求得 } A_j^{(k)} = P_j A_{j-1}^{(k)} \text{ 且 } R^{(k)} = A_n^{(k)}.\right)$

Step 16 (*Steps 16-18* 計算 $A^{(k+1)}$.)
Set $z_n = x_n$;

$$a_1^{(k+1)} = \sigma_2 q_1 + c_2 z_1;$$
$$b_2^{(k+1)} = \sigma_2 z_2.$$

Step 17 For $j = 2, 3, \ldots, n-1$
set $a_j^{(k+1)} = \sigma_{j+1} q_j + c_j c_{j+1} z_j;$

$$b_{j+1}^{(k+1)} = \sigma_{j+1} z_{j+1}.$$

Step 18 Set $a_n^{(k+1)} = c_n z_n$.

Step 19 Set $k = k + 1$.

Step 20 OUTPUT ('Maximum number of iterations exceeded');
(程式失敗)
STOP. ∎

另外有一個類似的方法可以求非對稱 $n \times n$ 矩陣特徵值的近似值。首先用 9.4 節最後所介紹的非對稱矩陣 Householder 算則，將此矩陣轉換成相似的上 Hessenberg 矩陣 H。

QR 因式分解程序的型式如下。首先

$$H \equiv H^{(1)} = Q^{(1)} R^{(1)} \tag{9.20}$$

則 $H^{(2)}$ 定義為

$$H^{(2)} = R^{(1)} Q^{(1)} \tag{9.21}$$

然後再分解為

$$H^{(2)} = Q^{(2)} R^{(2)} \tag{9.22}$$

此一因式分解的目的與 QR 算則一樣。也就是，我們要選取這些因式矩陣，使得原矩陣中適當的欄位化為 0，這個方法與 QR 法同樣可使用移位法。但對於非對稱矩陣的移位法較複雜，因為非對稱矩陣可能出現模數相同的複數特徵值。加入移位程序會修改 (9.20)、(9.21)、及 (9.22) 式，以得到雙 QR 法

$$H^{(1)} - \sigma_1 I = Q^{(1)}R^{(1)} \qquad H^{(2)} = R^{(1)}Q^{(1)} + \sigma_1 I$$
$$H^{(2)} - \sigma_2 I = Q^{(2)}R^{(2)} \qquad H^{(3)} = R^{(2)}Q^{(2)} + \sigma_2 I$$

其中 σ_1 與 σ_2 為共軛複數，$H^{(1)}, H^{(2)}, \ldots$ 為實數的上 Hessenberg 矩陣。

對於 QR 法的完整說明可參考 Wilkinson 的著作[Wil2]。在[WR]中有此方法以及許多其他常用方法的詳細算則與程式。如果讀者對我們本節的說明仍感不足，可參考以上文獻。

QR 法也可用來產生特徵向量，而不僅是特徵值，不過算則 9.6 並未將此納入。如果必須同時求得特徵值及特徵向量，我們建議先用算則 9.5 及 9.6，然後再用逆冪次法，或使用[WR]中所列的其他更有效的方法。

習題組 9.5　完整習題請見隨書光碟

1. 用 QR 算則對下列矩陣進行兩次迭代。

    a. $\begin{bmatrix} 2 & -1 & 0 \\ -1 & 2 & -1 \\ 0 & -1 & 2 \end{bmatrix}$
    b. $\begin{bmatrix} 3 & 1 & 0 \\ 1 & 4 & 2 \\ 0 & 2 & 1 \end{bmatrix}$

    c. $\begin{bmatrix} 4 & -1 & 0 \\ -1 & 3 & -1 \\ 0 & -1 & 2 \end{bmatrix}$
    d. $\begin{bmatrix} 1 & 1 & 0 & 0 \\ 1 & 2 & -1 & 0 \\ 0 & -1 & 3 & 1 \\ 0 & 0 & 1 & 4 \end{bmatrix}$

    e. $\begin{bmatrix} -2 & 1 & 0 & 0 \\ 1 & -3 & -1 & 0 \\ 0 & -1 & 1 & 1 \\ 0 & 0 & 1 & 3 \end{bmatrix}$
    f. $\begin{bmatrix} 0.5 & 0.25 & 0 & 0 \\ 0.25 & 0.8 & 0.4 & 0 \\ 0 & 0.4 & 0.6 & 0.1 \\ 0 & 0 & 0.1 & 1 \end{bmatrix}$

3. 用 QR 算則求出習題 1 之各矩陣的所有特徵值，準確至 0^{-5}。
5. 用逆冪次法求習題 1 之各矩陣的所有特徵向量，準確至 10^{-5}。
7. **a.** 證明旋轉矩陣

    $$\begin{bmatrix} \cos\theta & -\sin\theta \\ \sin\theta & \cos\theta \end{bmatrix}$$

    用於向量 $\mathbf{x} = (x_1, x_2)^t$ 時，其幾何效果為將 $\mathbf{x}$ 轉一個角度 θ 而不改變它相對於 l_2 範數的絕對值。

    b. 證明，旋轉矩陣可以改變 $\mathbf{x}$ 相對於 l_∞ 範數的絕對值。

9. 證明，一個上三角矩陣(在左)與一個上 Hessenberg 矩陣相乘，其結果為上 Hessenberg 矩陣。
11. 用於對稱矩陣 A 的 **Jacobi 法 (Jacobi's method)** 可表示成

    $$A_1 = A,$$
    $$A_2 = P_1 A_1 P_1^t$$

其通式為
$$A_{i+1} = P_i A_i P_i^t$$

矩陣 A_{i+1} 會趨近為對角線矩陣，其中 P_i 為旋轉矩陣，可消去 A_i 中多數非對角線元素。設，在 $j \neq k$ 時，$a_{j,k}$ 與 $a_{k,j}$ 可設為 0。若 $a_{jj} \neq a_{kk}$，則

$$(P_i)_{jj} = (P_i)_{kk} = \sqrt{\frac{1}{2}\left(1 + \frac{b}{\sqrt{c^2+b^2}}\right)} \quad , \quad (P_i)_{kj} = \frac{c}{2(P_i)_{jj}\sqrt{c^2+b^2}} = -(P_i)_{jk}$$

其中
$$c = 2a_{jk}\,\text{sgn}(a_{jj} - a_{kk}) \quad \text{及} \quad b = |a_{jj} - a_{kk}|$$

或者，若 $a_{jj} = a_{kk}$，
$$(P_i)_{jj} = (P_i)_{kk} = \frac{\sqrt{2}}{2}$$

及
$$(P_i)_{kj} = -(P_i)_{jk} = \frac{\sqrt{2}}{2}$$

建立一個算則，可經由設定 $a_{21} = 0$ 以執行 Jacobi 法。然後逐步使得 $a_{31}, a_{32}, a_{41}, a_{42}, a_{43}, \ldots, a_{n,1}, \ldots, a_{n,n-1}$ 為 0。一直到 A_k 的

$$\sum_{i=1}^{n} \sum_{\substack{j=1 \\ j \neq i}}^{n} |a_{ij}^{(k)}|$$

夠小為止。此時 A_k 的對角線值即為 A 之特徵值的近似值。

13. 在本章開始的例題中，為了要求 Sturm-Liouville 問題的近似特徵值 λ_k，我們要解線性方程組 $A\mathbf{w} = -0.04(\rho/p)\lambda\mathbf{w}$ 以得到 $\mathbf{w}$ 及 λ。

   a. 求以下矩陣的四個特徵值 $\mu_1, \ldots, \mu_4$

$$A = \begin{bmatrix} 2 & -1 & 0 & 0 \\ -1 & 2 & -1 & 0 \\ 0 & -1 & 2 & -1 \\ 0 & 0 & -1 & 2 \end{bmatrix}$$

   準確至 10^{-5}。

   b. 求此方程組之特徵值 $\lambda_1, \ldots, \lambda_4$ 的近似值，以 p 及 ρ 表示。

9.6 奇異值分解

在本節中我們要考慮如何對一個一般性的 $m \times n$ 矩陣 A，進行被稱為奇異值分解(singular value decomposition)的因式分解。此因式分解的型式為

$$A = USV^t$$

其中 U 為 $m \times m$ 正交矩陣、V 為 $n \times n$ 正交矩陣、而 S 是一個 $m \times n$ 矩陣它所有非 0 元素都位於主對角線上。在本節中我們設定 $m \geq n$，在很多重要的應用中 m 遠大於 n。

奇異值分解的歷史攸久，早在 19 世紀後半期就由數學家提出。但要到 20 世紀的後半期，有了計算資源之後，才發展出高效率的應用算則，也才有了實用上的重要性。這主要得歸功於 Gene Golub (1932-2007) 在 1960 與 1970 年代所發表的一系列論文 (主要見 [GK]和[GR])。G. W. Stewart 對此方法的發展過程有相當完整的描述，該論文放在網路上，網址見[Stew3]。

要分解 A，我們考慮 $n \times n$ 矩陣 $A^t A$ 和 $m \times m$ 矩陣 AA^t。以下定義說明任意矩陣的一些基本性質。

定義 9.24

令 A 為 $m \times n$ 矩陣。
(i) A 的**秩** (Rank)，記做 Rank(A)，是 A 的線性獨立列的數目。
(ii) A 的**零消次數** (Nullity)，記做 Nullity(A)，是 $n - \text{Rank}(A)$，它代表了 $\mathbb{R}^n$ 中滿足 $A\mathbf{v} = \mathbf{0}$ 的線性獨立向量 $\mathbf{v}$ 的最大集合。 ∎

秩與零消次數在描述矩陣的行為上是非常有用的。例如對一個方矩陣，若且唯若該矩陣的零消次數為 0 且秩數等於矩陣的維數，則該矩陣為可逆。

以下是一個線性代數的基本定理。

定理 9.25

一個 $m \times n$ 矩陣 A 之線性獨立列的數目，和 A 之線性獨立行的數目相同。 ∎

下個定理給出了 AA^t 和 $A^t A$ 之間有用的關係。

定理 9.26

令 A 為 $m \times n$ 矩陣。
(i) 矩陣 $A^t A$ 和 AA^t 為對稱。
(ii) Nullity$(A) = $ Nullity$(A^t A)$
(iii) Rank$(A) = $ Rank$(A^t A)$
(iv) $A^t A$ 和 AA^t 的特徵值為非負實數。
(v) AA^t 和 $A^t A$ 有相同的非零特徵值。 ∎

證明 (i) 因為 $\left(A^t A\right)^t = A^t \left(A^t\right)^t = A^t A$，此矩陣為對稱，同樣的，$AA^t$ 也是。

(ii) 令 $\mathbf{v} \neq \mathbf{0}$ 為一向量且有 $A\mathbf{v} = \mathbf{0}$。則

$$(A^t A)\mathbf{v} = A^t(A\mathbf{v}) = A^t \mathbf{0} = \mathbf{0} \quad , \text{所以 Nullity}(A) \leq \text{Nullity}(A^t A)$$

現在設 **v** 為向量且有 $A^tA\mathbf{v} = \mathbf{0}$，則

$$0 = \mathbf{v}^tA^tA\mathbf{v} = (A\mathbf{v})^tA\mathbf{v} = ||A\mathbf{v}||_2^2 \text{ ，這代表 } A\mathbf{v} = \mathbf{0}$$

由於 $\text{Nullity}(A^tA) \leq \text{Nullity}(A)$，因此 $\text{Nullity}(A^tA) = \text{Nullity}(A)$。

(iii) 矩陣 A 和 A^tA 同樣都有 n 行，及相同的零消次數，所以

$$\text{Rank}(A) = n - \text{Nullity}(A) = n - \text{Nullity}(A^tA) = \text{Rank}(A^tA)$$

(iv) 矩陣 A^tA 是對稱的，所以由推論 9.17 可知它的特徵值為實數。假設 **v** 是 A^tA 的一個特徵向量相對於特徵值 λ，且 $||\mathbf{v}||_2 = 1$。則

$$0 \leq ||A\mathbf{v}||_2^2 = (A\mathbf{v})^t(A\mathbf{v}) = \mathbf{v}^tA^tA\mathbf{v} = \mathbf{v}^t\left(A^tA\mathbf{v}\right) = \mathbf{v}^t(\lambda\mathbf{v}) = \lambda\mathbf{v}^t\mathbf{v} = \lambda||\mathbf{v}||_2^2 = \lambda$$

(v) 令 **v** 是相對於 A^tA 之非 0 特徵值 λ 的特徵向量。則

$$A^tA\mathbf{v} = \lambda\mathbf{v} \text{ 代表了 } (AA^t)A\mathbf{v} = \lambda A\mathbf{v}$$

若 $A\mathbf{v} = \mathbf{0}$ 則 $A^tA\mathbf{v} = A^t\mathbf{0} = \mathbf{0}$，這和 $\lambda \neq 0$ 的假設相矛盾。由此同樣可得逆結論，因為 λ 是 $AA^t = \left(A^t\right)^tA^t$ 的非 0 特徵值，則 λ 同時也是 $A^t\left(A^t\right)^t = A^tA$ 的特徵值。

∎

在第 6 章的第 5 節我們看到，在求解 $A\mathbf{x} = \mathbf{b}$ 型式的線性方程組時，如果同樣的 A 配有不同的 **b**，則因式分解是很有效率的方法。我們現在要考慮對一般性 $m \times n$ 矩陣做因式分解的方法。它可應用在許多領域，包括數據的最小平方擬合、影像壓縮、訊號處理、及統計。

■ 建構奇異值分解

一個非方矩陣 A，也就是行數不等於列數的矩陣，沒有特徵值，因為 $A\mathbf{x}$ 和 $\mathbf{x}$ 是不同大小的向量。但是對非方矩陣，有些數的角色類似於方矩陣的特徵值。對一般性矩陣的奇異值分解有個重要特點，它會將特徵值與特徵向量在此情形下加以一般化。

我們的目的是要求出一個 $m \times n$ 矩陣 A 的因式分解，其中 $m \geq n$，其分解型式為

$$A = USV^t$$

在此 U 是一個 $m \times m$ 正交矩陣、V 是一個 $n \times n$ 正交矩陣、而 S 是一個 $m \times n$ 對角線矩陣，亦即它的非 0 元素為 $(S)_{ii} \equiv s_i \geq 0$，$i = 1, \cdots, n$。(見圖 9.2)

■ 建構因式 $A = USV^t$ 中的 S

經由求出 $n \times n$ 對稱矩陣 A^tA 的特徵值，我們可建構出矩陣 S。這些特徵值都是非負的實數，我們將其由大到小排列，並表示成

$$s_1^2 \geq s_2^2 \geq \cdots \geq s_k^2 > s_{k+1} = \cdots = s_n = 0$$

圖 9.2

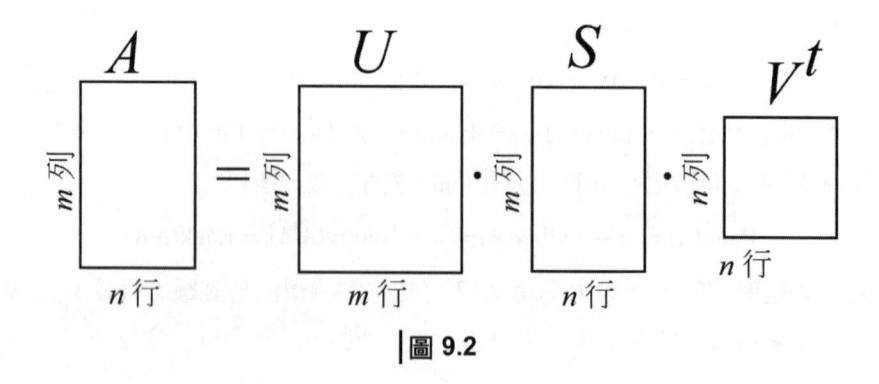

也就是，我們將 A^tA 的最小非 0 特徵值記為 s_k^2。A^tA 這些特徵值的正平方根就是 S 的對角線元素。它們稱為 A 的奇異值。因此

$$S = \begin{bmatrix} s_1 & 0 & \cdots & 0 \\ 0 & s_2 & \ddots & \vdots \\ \vdots & \ddots & \ddots & 0 \\ 0 & \cdots & 0 & s_n \\ 0 & \cdots & \cdots & 0 \\ \vdots & & & \vdots \\ 0 & \cdots & \cdots & 0 \end{bmatrix}$$

其中，當 $k < i \leq n$ 的時候 $s_i = 0$。

定義 9.27

一個 $m \times n$ 矩陣 A 的**奇異值**(singular values)，是 $n \times n$ 對稱矩陣 A^tA 之非 0 特徵值的正平方根。

例題 1 求以下 5×3 矩陣的奇異值

$$A = \begin{bmatrix} 1 & 0 & 1 \\ 0 & 1 & 0 \\ 0 & 1 & 1 \\ 0 & 1 & 0 \\ 1 & 1 & 0 \end{bmatrix}$$

解 我們有

$$A^t = \begin{bmatrix} 1 & 0 & 0 & 0 & 1 \\ 0 & 1 & 1 & 1 & 1 \\ 1 & 0 & 1 & 0 & 0 \end{bmatrix} \text{ 所以 } A^tA = \begin{bmatrix} 2 & 1 & 1 \\ 1 & 4 & 1 \\ 1 & 1 & 2 \end{bmatrix}$$

A^tA 的特徵多項式為

$$p(A^tA) = \lambda^3 - 8\lambda^2 + 17\lambda - 10 = (\lambda - 5)(\lambda - 2)(\lambda - 1)$$

第 9 章 近似特徵值 | 591

所以 A^tA 的特徵值為 $\lambda_1 = s_1^2 = 5$、$\lambda_2 = s_2^2 = 2$、及 $\lambda_3 = s_3^2 = 1$。由此可得 A 的奇異值為 $s_1 = \sqrt{5}$、$s_2 = \sqrt{2}$、及 $s_3 = 1$，且對 A 的奇異值分解我們有

$$S = \begin{bmatrix} \sqrt{5} & 0 & 0 \\ 0 & \sqrt{2} & 0 \\ 0 & 0 & 1 \\ 0 & 0 & 0 \\ 0 & 0 & 0 \end{bmatrix}$$

■

當 A 為 $n \times n$ 對稱矩陣，所有的 s_i^2 都是 $A^2 = A^tA$ 的特徵值，這些特徵值是 A 之特徵值的平方。(見 7.2 節的習題 15) 所以在此情形下，A 之奇異值是其特徵值取絕對值。在 A 為正定的情形下，甚或是非負定 (nonnegative definite)，A 的奇異值和特徵值相同。

■ 建構因式 $A = USV^t$ 中的 V

因為 $n \times n$ 矩陣 A^tA 是對稱的，所以由 9.2 節的定理 9.16，我們有因式

$$A^tA = VDV^t$$

其中 D 為對角線矩陣且其對角線元素為 A^tA 的特徵值；而 V 為正交矩陣，它的第 i 行是一個 l_2 範數為 1 的特徵向量，對應之特徵值為 D 之第 i 個對角線元素。此特定的對角線矩陣取決於特徵值在對角線上的順序。我們選擇 D 使它們為遞減排列。$n \times n$ 正交矩陣 V 的各行，記做 $\mathbf{v}_1^t, \mathbf{v}_2^t, \ldots, \mathbf{v}_n^t$，為相對於這些特徵值的正規正交向量。對於 A^tA 的多重特徵值，相對之特徵向量也有多重選擇，所以即使 D 是唯一定義的，矩陣 V 有可能不是。但這不是問題，我們可選擇任一個 V。因為 A^tA 的特徵值都不為負，我們有 $D = S^2$。

■ 建構因式 $A = USV^t$ 中的 U

要建構 $m \times m$ 矩陣 U，我們先考慮非零的數 $s_1 \geq s_2 \geq \cdots \geq s_k > 0$ 及 V 中相對之行 $\mathbf{v}_1, \mathbf{v}_2, \ldots, \mathbf{v}_k$。我們定義

$$\mathbf{u}_i = \frac{1}{s_i} A\mathbf{v}_i, \quad i = 1, 2, \ldots, k$$

我們用這些做為 U 的 m 行中的前 k 行。因為 A 是 $m \times n$ 矩陣且每個 $\mathbf{v}_i$ 是 $n \times 1$ 所以 $\mathbf{u}_i$ 是 $m \times 1$ 向量。此外，對每個 $1 \leq i \leq k$ 和 $1 \leq j \leq k$，$\mathbf{v}_1, \mathbf{v}_2, \ldots, \mathbf{v}_n$ 實際上是 A^tA 的特徵向量，並構成一正規正交集合，這代表了

$$\mathbf{u}_i^t \mathbf{u}_j = \left(\frac{1}{s_i}A\mathbf{v}_i\right)^t \frac{1}{s_j}A\mathbf{v}_j = \frac{1}{s_is_j}\mathbf{v}_i^t A^tA\mathbf{v}_j = \frac{1}{s_is_j}\mathbf{v}_i^t s_j^2 \mathbf{v}_j = \frac{s_j}{s_i}\mathbf{v}_i^t \mathbf{v}_j = \begin{cases} 0 & \text{若 } i \neq j, \\ 1 & \text{若 } i = j. \end{cases}$$

所以 U 的前 k 行構成 $\mathbb{R}^m$ 中向量的正規正交集合。但我們還要有 U 的其餘 $m - k$ 行。我們先要找出 $m - k$ 個向量，加上前面 k 行後要能夠成為一個線性獨立集合。我們可以用 Gram-Schmidt 程序以獲得我們所要的其餘各行。

除非 $k=m$，也就是 A^tA 的所有特徵值都是唯一確定的，否則 U 不會是唯一的。不是唯一沒有關係，我們只要其中一個 U 即可。

■ 驗證因式 $A = USV^t$

要驗證此一過程真的可得到因式分解 $A = USV^t$，我們回憶一下，一個正交矩陣的轉置同時也是此矩陣的逆矩陣。(見 545 頁定理 9.10 的 (i)) 因此要證明 $A = USV^t$，我們可證明等價的 $AV = US$。

向量 $\mathbf{v}_1, \mathbf{v}_2, \ldots, \mathbf{v}_n$ 構成 $\mathbb{R}^n$ 的一組基底，對 $i = 1, \ldots, k$，$A\mathbf{v}_i = s_i\mathbf{u}_i$；對 $i = k+1, \ldots, n$，$A\mathbf{v}_i = \mathbf{0}$。只有 U 的前 k 行會產生 US 中的非 0 元素，所以我們有

$$\begin{aligned}
AV &= A\begin{bmatrix} \mathbf{v}_1 & \mathbf{v}_2 & \cdots & \mathbf{v}_k & \mathbf{v}_{k+1} & \cdots & \mathbf{v}_n \end{bmatrix} \\
&= \begin{bmatrix} A\mathbf{v}_1 & A\mathbf{v}_2 & \cdots & A\mathbf{v}_k & A\mathbf{v}_{k+1} & \cdots & A\mathbf{v}_n \end{bmatrix} \\
&= \begin{bmatrix} s_1\mathbf{u}_1 & s_2\mathbf{u}_2 & \cdots & s_k\mathbf{u}_k & \mathbf{0} & \cdots & \mathbf{0} \end{bmatrix} \\
&= \begin{bmatrix} \mathbf{u}_1 & \mathbf{u}_2 & \cdots & \mathbf{u}_k & \mathbf{0} & \cdots & \mathbf{0} \end{bmatrix}
\begin{bmatrix}
s_1 & 0 & \cdots & 0 & 0 & \cdots & 0 \\
0 & \ddots & \ddots & \vdots & \vdots & & \vdots \\
\vdots & \ddots & \ddots & \vdots & \vdots & & \vdots \\
0 & \cdots & 0 & s_k & 0 & \cdots & 0 \\
0 & \cdots & \cdots & 0 & 0 & \cdots & 0 \\
\vdots & & & \vdots & \vdots & & \vdots \\
0 & \cdots & \cdots & 0 & 0 & \cdots & 0
\end{bmatrix} = US
\end{aligned}$$

這樣就完成了對 A 的奇異值分解。

例題 2 求以下 5×3 矩陣的奇異值分解

$$A = \begin{bmatrix} 1 & 0 & 1 \\ 0 & 1 & 0 \\ 0 & 1 & 1 \\ 0 & 1 & 0 \\ 1 & 1 & 0 \end{bmatrix}$$

解 在例題 1 中我們求得 A 的奇異值為 $s_1 = \sqrt{5}$、$s_2 = \sqrt{2}$、及 $s_3 = 1$，所以

$$S = \begin{bmatrix} \sqrt{5} & 0 & 0 \\ 0 & \sqrt{2} & 0 \\ 0 & 0 & 1 \\ 0 & 0 & 0 \\ 0 & 0 & 0 \end{bmatrix}$$

A^tA 相對於 $s_1 = \sqrt{5}$、$s_2 = \sqrt{2}$、及 $s_3 = 1$ 的特徵值分別為 $(1, 2, 1)^t$、$(1, -1, 1)^t$、及 $(-1, 0, 1)^t$ (見習題 5)。將這些向量正規化，並做為 V 的行，可得

$$V = \begin{bmatrix} \frac{\sqrt{6}}{6} & \frac{\sqrt{3}}{3} & -\frac{\sqrt{2}}{2} \\ \frac{\sqrt{6}}{3} & -\frac{\sqrt{3}}{3} & 0 \\ \frac{\sqrt{6}}{6} & \frac{\sqrt{3}}{3} & \frac{\sqrt{2}}{2} \end{bmatrix} \text{ 及 } V^t = \begin{bmatrix} \frac{\sqrt{6}}{6} & \frac{\sqrt{6}}{3} & \frac{\sqrt{6}}{6} \\ \frac{\sqrt{3}}{3} & -\frac{\sqrt{3}}{3} & \frac{\sqrt{3}}{3} \\ -\frac{\sqrt{2}}{2} & 0 & \frac{\sqrt{2}}{2} \end{bmatrix}$$

因此 U 的前 3 行分別為

$$\mathbf{u}_1 = \frac{1}{\sqrt{5}} \cdot A \left(\frac{\sqrt{6}}{6}, \frac{\sqrt{6}}{3}, \frac{\sqrt{6}}{6} \right)^t = \left(\frac{\sqrt{30}}{15}, \frac{\sqrt{30}}{15}, \frac{\sqrt{30}}{10}, \frac{\sqrt{30}}{15}, \frac{\sqrt{30}}{10} \right)^t$$

$$\mathbf{u}_2 = \frac{1}{\sqrt{2}} \cdot A \left(\frac{\sqrt{3}}{3}, -\frac{\sqrt{3}}{3}, \frac{\sqrt{3}}{3} \right)^t = \left(\frac{\sqrt{6}}{3}, -\frac{\sqrt{6}}{6}, 0, -\frac{\sqrt{6}}{6}, 0 \right)^t$$

$$\mathbf{u}_3 = 1 \cdot A \left(-\frac{\sqrt{2}}{2}, 0, \frac{\sqrt{2}}{2} \right)^t = \left(0, 0, \frac{\sqrt{2}}{2}, 0, -\frac{\sqrt{2}}{2} \right)^t$$

要求出 U 的其餘 2 行,我們要先找到向量 $\mathbf{x}_4$ 和 $\mathbf{x}_5$,使得 $\{\mathbf{u}_1, \mathbf{u}_2, \mathbf{u}_3, \mathbf{x}_4, \mathbf{x}_5\}$ 為線性獨立集合。然後再用 Gram-Schmidt 程序以獲得 $\mathbf{u}_4$ 和 $\mathbf{u}_5$,使得 $\{\mathbf{u}_1, \mathbf{u}_2, \mathbf{u}_3, \mathbf{u}_4, \mathbf{u}_5\}$ 為正交集合。符合要求的 2 個向量為

$$(1, 1, -1, 1, -1)^t \text{ 及 } (0, 1, 0, -1, 0)^t$$

對 $i = 1, 2, 3, 4, 5$,將 $\mathbf{u}_i$ 正規化以得到矩陣 U 且奇異值分解為

$$A = USV^t = \begin{bmatrix} \frac{\sqrt{30}}{15} & \frac{\sqrt{6}}{3} & 0 & \frac{\sqrt{5}}{5} & 0 \\ \frac{\sqrt{30}}{15} & -\frac{\sqrt{6}}{6} & 0 & \frac{\sqrt{5}}{5} & \frac{\sqrt{2}}{2} \\ \frac{\sqrt{30}}{10} & 0 & \frac{\sqrt{2}}{2} & -\frac{\sqrt{5}}{5} & 0 \\ \frac{\sqrt{30}}{15} & -\frac{\sqrt{6}}{6} & 0 & \frac{\sqrt{5}}{5} & -\frac{\sqrt{2}}{2} \\ \frac{\sqrt{30}}{10} & 0 & -\frac{\sqrt{2}}{2} & -\frac{\sqrt{5}}{5} & 0 \end{bmatrix} \begin{bmatrix} \sqrt{5} & 0 & 0 \\ 0 & \sqrt{2} & 0 \\ 0 & 0 & 1 \\ 0 & 0 & 0 \\ 0 & 0 & 0 \end{bmatrix}$$

$$\times \begin{bmatrix} \frac{\sqrt{6}}{6} & \frac{\sqrt{6}}{3} & \frac{\sqrt{6}}{6} \\ \frac{\sqrt{3}}{3} & -\frac{\sqrt{3}}{3} & \frac{\sqrt{3}}{3} \\ -\frac{\sqrt{2}}{2} & 0 & \frac{\sqrt{2}}{2} \end{bmatrix}$$ ∎

例題 2 所示的程序中,困難的是決定額外的向量 $\mathbf{x}_4$ 和 $\mathbf{x}_5$ 以獲得線性獨立集合,然後才能使用 Gram-Schmidt 程序。以下我們考慮一種在許多情形下適用的簡化方式。

■ 求 U 的替代方法

定理 9.26 的 (v) 指出,A^tA 和 AA^t 的非 0 特徵值是一樣的。此外,對稱矩陣 A^tA 和 AA^t 的特徵向量,分別構成 $\mathbb{R}^n$ 和 $\mathbb{R}^m$ 的完整正規正交子集。所以 A^tA 的 n 個特徵向量的正規正交集合構成 V 的行,同樣的,AA^t 的 m 個特徵向量的正規正交集合構成 U 的行。

綜合上述,要求得 $m \times n$ 矩陣 A 的奇異值分解,我們可:

- 求對稱矩陣 A^tA 的特徵值 $s_1^2 \geq s_2^2 \geq \cdots \geq s_k^2 \geq s_{k+1} = \cdots = s_n = 0$,並將 s_i^2 的正平方根

做為 $n \times n$ 對角線矩陣 S 的元素 $(S)_{ii}$。
- 求相對於 $\{\mathbf{v}_1, \mathbf{v}_2, \ldots, \mathbf{v}_n\}$ 之特徵值的特徵向量所成的正規正交集合 $\{\mathbf{v}_1, \mathbf{v}_2, \ldots, \mathbf{v}_n\}$，並以這些向量做為行，以組成 $n \times n$ 矩陣 V。
- 求相對於 AA^t 之特徵值的特徵向量所成的正規正交集合 $\{\mathbf{u}_1, \mathbf{u}_2, \ldots, \mathbf{u}_m\}$，並以這些向量做為行，以組成 $m \times m$ 矩陣 U。

然後得 A 之奇異值分解 $A = USV^t$。

例題 3 求以下 5×3 矩陣的奇異值分解

$$A = \begin{bmatrix} 1 & 0 & 1 \\ 0 & 1 & 0 \\ 0 & 1 & 1 \\ 0 & 1 & 0 \\ 1 & 1 & 0 \end{bmatrix}$$

用 AA^t 的特徵向量先求得 U。

解 我們有

$$AA^t = \begin{bmatrix} 1 & 0 & 1 \\ 0 & 1 & 0 \\ 0 & 1 & 1 \\ 0 & 1 & 0 \\ 1 & 1 & 0 \end{bmatrix} \begin{bmatrix} 1 & 0 & 0 & 0 & 1 \\ 0 & 1 & 1 & 1 & 1 \\ 1 & 0 & 1 & 0 & 0 \end{bmatrix} = \begin{bmatrix} 2 & 0 & 1 & 0 & 1 \\ 0 & 1 & 1 & 1 & 1 \\ 1 & 1 & 2 & 1 & 1 \\ 0 & 1 & 1 & 1 & 1 \\ 1 & 1 & 1 & 1 & 2 \end{bmatrix}$$

它和 A^tA 有同樣的非 0 特徵值，即 $\lambda_1 = 5$、$\lambda_2 = 2$、及 $\lambda_3 = 1$，以及 $\lambda_4 = 0$ 且 $\lambda_5 = 0$。相對於這些特徵值的特徵向量分別為

$$\mathbf{x}_1 = (2, 2, 3, 2, 3)^t, \quad \mathbf{x}_2 = (2, -1, 0, -1, 0)^t, \quad \mathbf{x}_3 = (0, 0, 1, 0, -1)^t, \quad \mathbf{x}_4 = (1, 2, -1, 0, -1)^t$$

及 $\mathbf{x}_5 = (0, 1, 0, -1, 0)^t$。

$\{\mathbf{x}_1, \mathbf{x}_2, \mathbf{x}_3, \mathbf{x}_4\}$ 和 $\{\mathbf{x}_1, \mathbf{x}_2, \mathbf{x}_3, \mathbf{x}_5\}$ 2 個都是正交集合，因為它們是對應於對稱矩陣 AA^t 之相異特徵值的特徵向量。不過 $\mathbf{x}_4$ 和 $\mathbf{x}_5$ 並不正交。我們將保留 $\mathbf{x}_4$ 以組成 U，另外再找可構成正交集合的第 5 個向量。在此我們用 542 頁之定理 9.8 所述的 Gram-Schmidt 程序。用該定理中的符號，我們有

$$\mathbf{v}_1 = \mathbf{x}_1, \mathbf{v}_2 = \mathbf{x}_2, \mathbf{v}_3 = \mathbf{x}_3, \mathbf{v}_4 = \mathbf{x}_4$$

而且因為除了 $\mathbf{x}_4$ 之外，$\mathbf{x}_5$ 和所有其他向量為正交，

第 9 章 近似特徵值 595

$$\mathbf{v}_5 = \mathbf{x}_5 - \frac{\mathbf{v}_4^t \mathbf{x}_5}{\mathbf{v}_4^t \mathbf{v}_4} \mathbf{x}_4$$

$$= (0,1,0,-1,0)^t - \frac{(1,2,-1,0,-1) \cdot (0,1,0,-1,0)^t}{||(1,2,-1,0,-1)^t||_2^2} (1,2,-1,0,-1)$$

$$= (0,1,0,-1,0)^t - \frac{2}{7}(1,2,-1,0,-1)^t = -\frac{1}{7}(2,-3,-2,7,-2)^t$$

我們很容易驗證 $\mathbf{v}_5$ 正交於 $\mathbf{v}_4 = \mathbf{x}_4$。它同時正交於 $\{\mathbf{v}_1, \mathbf{v}_2, \mathbf{v}_3\}$ 中的向量，因為它是 $\mathbf{x}_4$ 和 $\mathbf{x}_5$ 的線性組合。將這些向量正規化可得因式分解中矩陣 U 的各行。因此

$$U = [\mathbf{u}_1, \mathbf{u}_2, \mathbf{u}_3, \mathbf{u}_4, \mathbf{u}_5] = \begin{bmatrix} \frac{\sqrt{30}}{15} & \frac{\sqrt{6}}{3} & 0 & \frac{\sqrt{7}}{7} & \frac{\sqrt{70}}{35} \\ \frac{\sqrt{30}}{15} & -\frac{\sqrt{6}}{6} & 0 & \frac{2\sqrt{7}}{7} & -\frac{3\sqrt{70}}{70} \\ \frac{\sqrt{30}}{10} & 0 & \frac{\sqrt{2}}{2} & -\frac{\sqrt{7}}{7} & -\frac{\sqrt{70}}{35} \\ \frac{\sqrt{30}}{15} & -\frac{\sqrt{6}}{6} & 0 & 0 & \frac{\sqrt{70}}{10} \\ \frac{\sqrt{30}}{10} & 0 & -\frac{\sqrt{2}}{2} & -\frac{\sqrt{7}}{7} & -\frac{\sqrt{70}}{35} \end{bmatrix}$$

這和例題 2 所求得的 U 不同，但用前面例題的 S 和 V，這裡的 U 同樣可得有效的因式分解 $A = U S V^t$。 ■

Maple 的 *LinearAlgebra* 程式包中有一個 *SingularValues* 指令。它可輸出矩陣 A 的奇異值以及正交矩陣 U 和 V。例如對例題 2 及 3 中的矩陣 A，使用指令

$U, S, Vt := SingularValues\,(A, output = ['U', 'S', 'Vt'])$

會產生正交矩陣 U 和 V，以及一個行向量 S，包含了 A 的奇異值。對此一運算，Maple 內定使用 18 位數精度。

■ 最小平方近似

奇異值分解可應用在多種不同領域，其中之一是，在數據擬合中當做求最小平方多項式的另一方法。令 A 為 $m \times n$ 矩陣且 $m > n$，而 $\mathbf{b}$ 為屬於 $\mathbb{R}^m$ 的向量。最小平方的目的是要找到一個屬於 $\mathbb{R}^n$ 的向量 $\mathbf{x}$，可將 $||A\mathbf{x} - \mathbf{b}||_2$ 最小化。

假設已知 A 的奇異值分解為

$$A = U S V^t$$

其中 U 為 $m \times m$ 正交矩陣、V 為 $n \times n$ 正交矩陣、而 S 為 $m \times n$ 矩陣，在它的前 $k \leq n$ 列，所有非 0 奇異值以遞減方式排列於主對角線，而所有其他元素都是 0。因為 U 和 V 均為正交，所以我們有 $U^{-1} = U^t$、$V^{-1} = V^t$，由 9.2 節之定理 9.10 的 (iii) 可知，U 和 V 對 l_2 均為保範 (norm preserving)。因此

$$||A\mathbf{x} - \mathbf{b}||_2 = ||U S V^t \mathbf{x} - U U^t \mathbf{b}||_2 = ||S V^t \mathbf{x} - U^t \mathbf{b}||_2$$

定義 $\mathbf{z} = V^t\mathbf{x}$ 及 $\mathbf{c} = U^t\mathbf{b}$。則

$$\|A\mathbf{x} - \mathbf{b}\|_2 = \|(s_1z_1 - c_1, s_2z_2 - c_2, \ldots, s_kz_k - c_k, -c_{k+1}, \ldots, -c_m)^t\|_2$$

$$= \left\{\sum_{i=1}^{k}(s_iz_i - c_i)^2 + \sum_{i=k+1}^{m}(c_i)^2\right\}^{1/2}$$

當向量 $\mathbf{z}$ 選擇如

$$z_i = \begin{cases} \dfrac{c_i}{s_i}, & \text{當 } i \leq k \\ \text{任意}, & \text{當 } k < i \leq n \end{cases}$$

則範數為最小。因為 $\mathbf{c} = U^t\mathbf{b}$ 和 $\mathbf{x} = V\mathbf{z}$ 兩者都很容易計算，最小平方解也就很容易獲得。

例題 4 用奇異值分解的方法，求表 9.5 中數據的二次最小平方多項式。

表 9.5

i	x_i	y_i
1	0	1.0000
2	0.25	1.2840
3	0.50	1.6487
4	0.75	2.1170
5	1.00	2.7183

解 在 8.1 節的例題 2 中，我們用正交方程式解過此一問題。在此我們要先決定 A、$\mathbf{x}$、和 $\mathbf{b}$ 的適當型式。在 8.1 節的例題 2，此問題是表示成求多項式

$$P_2(x) = a_0 + a_1x + a_2x^2$$

中的 a_0、a_1 及 a_2。為將其表示成矩陣型式，我們令

$$\mathbf{x} = \begin{bmatrix} a_0 \\ a_1 \\ a_2 \end{bmatrix}, \quad \mathbf{b} = \begin{bmatrix} y_0 \\ y_1 \\ y_2 \\ y_3 \\ y_4 \end{bmatrix} = \begin{bmatrix} 1.0000 \\ 1.2840 \\ 1.6487 \\ 2.1170 \\ 2.7183 \end{bmatrix}, \quad \text{及}$$

$$A = \begin{bmatrix} 1 & x_0 & x_0^2 \\ 1 & x_1 & x_1^2 \\ 1 & x_2 & x_2^2 \\ 1 & x_3 & x_3^2 \\ 1 & x_4 & x_4^2 \end{bmatrix} = \begin{bmatrix} 1 & 0 & 0 \\ 1 & 0.25 & 0.0625 \\ 1 & 0.5 & 0.25 \\ 1 & 0.75 & 0.5625 \\ 1 & 1 & 1 \end{bmatrix}$$

A 的奇異值分解的型式為 $A = USV^t$，其中

$$U = \begin{bmatrix} -0.2945 & -0.6327 & 0.6314 & -0.0143 & -0.3378 \\ -0.3466 & -0.4550 & -0.2104 & 0.2555 & 0.7505 \\ -0.4159 & -0.1942 & -0.5244 & -0.6809 & -0.2250 \\ -0.5025 & 0.1497 & -0.3107 & 0.6524 & -0.4505 \\ -0.6063 & 0.5767 & 0.4308 & -0.2127 & 0.2628 \end{bmatrix}$$

$$S = \begin{bmatrix} 2.7117 & 0 & 0 \\ 0 & 0.9371 & 0 \\ 0 & 0 & 0.1627 \\ 0 & 0 & 0 \\ 0 & 0 & 0 \end{bmatrix}, \quad \text{及} \quad V^t = \begin{bmatrix} -0.7987 & -0.4712 & -0.3742 \\ -0.5929 & 0.5102 & 0.6231 \\ 0.1027 & -0.7195 & 0.6869 \end{bmatrix}$$

所以

$$\mathbf{c} = U^t \begin{bmatrix} y_0 \\ y_1 \\ y_2 \\ y_3 \\ y_4 \end{bmatrix} = \begin{bmatrix} -0.2945 & -0.6327 & 0.6314 & -0.0143 & -0.3378 \\ -0.3466 & -0.4550 & -0.2104 & 0.2555 & 0.7505 \\ -0.4159 & -0.1942 & -0.5244 & -0.6809 & -0.2250 \\ -0.5025 & 0.1497 & -0.3107 & 0.6524 & -0.4505 \\ -0.6063 & 0.5767 & 0.4308 & -0.2127 & 0.2628 \end{bmatrix}^t \begin{bmatrix} 1 \\ 1.284 \\ 1.6487 \\ 2.117 \\ 2.7183 \end{bmatrix}$$

$$= \begin{bmatrix} -4.1372 \\ 0.3473 \\ 0.0099 \\ -0.0059 \\ 0.0155 \end{bmatrix}$$

而 **z** 的分量為

$$z_1 = \frac{c_1}{s_1} = \frac{-4.1372}{2.7117} = -1.526 \text{ 、} \quad z_2 = \frac{c_2}{s_2} = \frac{0.3473}{0.9371} = 0.3706 \text{ 、及}$$

$$z_3 = \frac{c_3}{s_3} = \frac{0.0099}{0.1627} = 0.0609$$

這樣就得到最小平方 $P_2(x)$ 的係數

$$\begin{bmatrix} a_0 \\ a_1 \\ a_2 \end{bmatrix} = \mathbf{x} = V\mathbf{z} = \begin{bmatrix} -0.7987 & -0.5929 & 0.1027 \\ -0.4712 & 0.5102 & -0.7195 \\ -0.3742 & 0.6231 & 0.6869 \end{bmatrix} \begin{bmatrix} -1.526 \\ 0.3706 \\ 0.0609 \end{bmatrix} = \begin{bmatrix} 1.005 \\ 0.8642 \\ 0.8437 \end{bmatrix},$$

這和 8.1 節例題 2 的結果一樣。使用 **c** 的最後 2 個分量可得使用這些數據的最小平方誤差為

$$\|A\mathbf{x} - \mathbf{b}\|_2 = \sqrt{c_4^2 + c_5^2} = \sqrt{(-0.0059)^2 + (0.0155)^2} = 0.0165 \qquad \blacksquare$$

■ 其他應用

奇異值分解在許多應用中之所以重要，是因為它讓我們可以利用一個通常小很多的矩陣，來掌握一個 $m \times n$ 矩陣的最重要特性。因為奇異值是以遞減的方式排列在 S 的對角線，只保留 S 的 k 列與 k 行，是此種大小矩陣對 A 的最佳近似。圖 9.3 再次說明對一個 $m \times n$ 矩陣 A 的奇異值分解。

將 $n \times n$ 矩陣 S 換成 $k \times k$ 矩陣 S_k，只保留最重要的奇異值。當然指的是非 0 的奇異值，但我們也可省略掉一些相對較小的奇異值。

依據奇異值分解的程序，分別找出 $k \times n$ 矩陣 U_k 和 $m \times k$ 矩陣 V_k^t。如圖 9.4 中陰影部分。

新矩陣 $A_k = U_k S_k V_k^t$ 的大小仍是 $m \times n$，須要 $m \cdot n$ 個儲存位置來表示。但是在分解為因式的情形下，儲存的須求為，U_k 須要 $m \cdot k$ 個、S_k 須要 k 個、V_k^t 須要 $n \cdot k$ 個，總數為 $k(m + n + 1)$。

圖 9.3

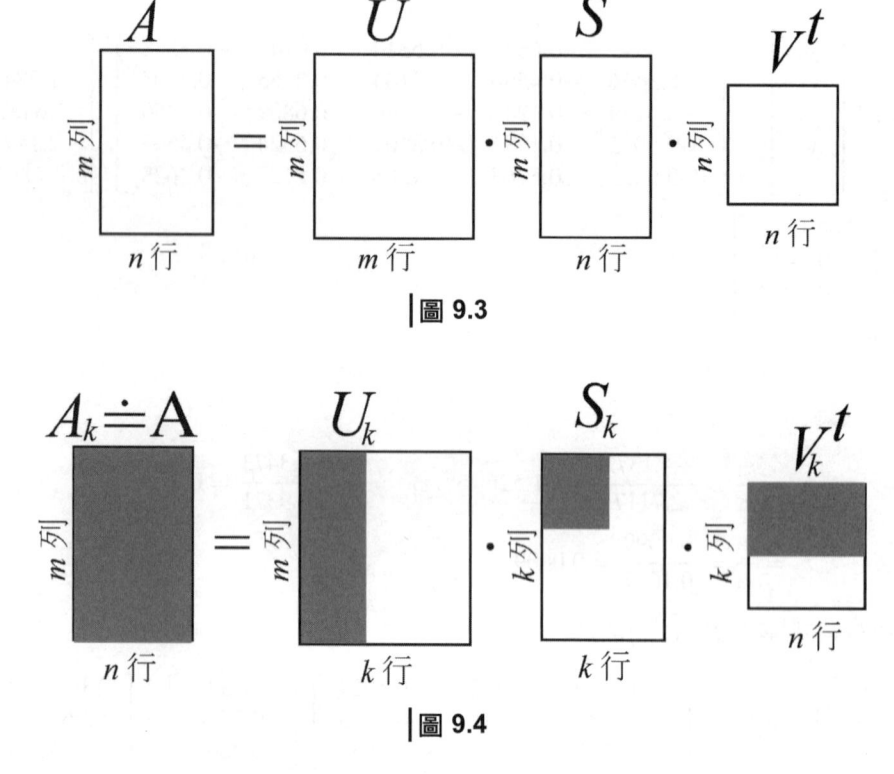

圖 9.4

舉例來說，若 $m = 2n$、$k = n/3$。則原矩陣 A 包含 $mn = 2n^2$ 筆數據。但對於分解後的 A_k 則只包含了，U_k 的 $mk = 2n^2/3$、S_k 的 k、及 V_k^t 的 $nk = n^2/3$ 筆的數據，總共占用 $(n/3)(3n^2 + 1)$ 個儲存位置。相較於儲存 A，這樣減少了大約一半的儲存量，這就是所稱的資料壓縮 (data compression)。

說明題 在例題 2 中我們證明了

$$A = USV^t = \begin{bmatrix} \frac{\sqrt{30}}{15} & \frac{\sqrt{6}}{3} & 0 & \frac{\sqrt{5}}{5} & 0 \\ \frac{\sqrt{30}}{15} & -\frac{\sqrt{6}}{6} & 0 & \frac{\sqrt{5}}{5} & \frac{\sqrt{2}}{2} \\ \frac{\sqrt{30}}{10} & 0 & \frac{\sqrt{2}}{2} & -\frac{\sqrt{5}}{5} & 0 \\ \frac{\sqrt{30}}{15} & -\frac{\sqrt{6}}{3} & 0 & \frac{\sqrt{5}}{5} & -\frac{\sqrt{2}}{2} \\ \frac{\sqrt{30}}{10} & 0 & -\frac{\sqrt{2}}{2} & -\frac{\sqrt{5}}{5} & 0 \end{bmatrix} \begin{bmatrix} \sqrt{5} & 0 & 0 \\ 0 & \sqrt{2} & 0 \\ 0 & 0 & 1 \\ 0 & 0 & 0 \\ 0 & 0 & 0 \end{bmatrix} \times \begin{bmatrix} \frac{\sqrt{6}}{6} & \frac{\sqrt{6}}{3} & \frac{\sqrt{6}}{6} \\ \frac{\sqrt{3}}{3} & -\frac{\sqrt{3}}{3} & \frac{\sqrt{3}}{3} \\ -\frac{\sqrt{2}}{2} & 0 & \frac{\sqrt{2}}{2} \end{bmatrix}$$

考慮此因式分解的簡化矩陣

$$U_3 = \begin{bmatrix} \frac{\sqrt{30}}{15} & \frac{\sqrt{6}}{3} & 0 \\ \frac{\sqrt{30}}{15} & -\frac{\sqrt{6}}{6} & 0 \\ \frac{\sqrt{30}}{10} & 0 & \frac{\sqrt{2}}{2} \\ \frac{\sqrt{30}}{15} & -\frac{\sqrt{6}}{3} & 0 \\ \frac{\sqrt{30}}{10} & 0 & -\frac{\sqrt{2}}{2} \end{bmatrix}, \quad S_3 = \begin{bmatrix} \sqrt{5} & 0 & 0 \\ 0 & \sqrt{2} & 0 \\ 0 & 0 & 1 \end{bmatrix}, \quad 和 \quad V_3^t = \begin{bmatrix} \frac{\sqrt{6}}{6} & \frac{\sqrt{6}}{3} & \frac{\sqrt{6}}{6} \\ \frac{\sqrt{3}}{3} & -\frac{\sqrt{3}}{3} & \frac{\sqrt{3}}{3} \\ -\frac{\sqrt{2}}{2} & 0 & \frac{\sqrt{2}}{2} \end{bmatrix}$$

則

$$S_3 V_3^t = \begin{bmatrix} \frac{\sqrt{30}}{6} & \frac{\sqrt{30}}{3} & \frac{\sqrt{30}}{6} \\ \frac{\sqrt{6}}{3} & -\frac{\sqrt{6}}{3} & \frac{\sqrt{6}}{3} \\ -\frac{\sqrt{2}}{2} & 0 & \frac{\sqrt{2}}{2} \end{bmatrix} \quad \text{且} \quad A_3 = U_3 S_3 V_3^t = \begin{bmatrix} 1 & 0 & 1 \\ 0 & 1 & 0 \\ 0 & 1 & 1 \\ 0 & 1 & 0 \\ 1 & 1 & 0 \end{bmatrix} \quad ■$$

因為以上說明題中的計算是用真實算術，矩陣 A_3 和矩陣 A 完全一樣。但通常用的是有限位數算術，不能期望它們完全一致。我們希望的是，數據壓縮後的矩陣 A_k 和原矩陣 A 不會有明顯差異，此點取決於 A 之奇異值之絕對值的相對大小。當矩陣 A 的秩 (rank) 為 k 則不會有任何衰減，因為原矩陣 A 只有 k 列是線性獨立的，理論上，它可化簡成為一個在其餘 $m-k$ 列或 $n-k$ 行都是 0 的矩陣。當 k 小於 A 的秩，則 A_k 和原矩陣 A 不同，但這不一定不好。

如果矩陣 A 包含的是一張灰階圖形的像素，它可能是由遙遠距離拍攝，例如由衛星拍攝地表。此圖形很可能包含有雜訊 (noise)，也就是不屬於真實影像的數據，而是來自如大氣顆粒、鏡頭品質、複製程序等影響所產生的。這些雜訊數據夾雜在 A 中，但希望它對真實影像的影響很小。我們期望較大的奇異值代表真實的影像，而較小，接近 0，的奇異值來自雜訊。經過奇異值分解，只保留一定門檻以上的奇異值，希望能消去大部分的雜訊，而實際獲得的影像不但較小而且更真實的表現出原圖形。(更詳細說明請參見 [AP]；特別是圖 3)

奇異值分解的其他重要應用包括：求方矩陣的有效條件數 (見習題 15)、求矩陣的有效秩數、及移除雜訊。更多關於因式分解的內容及其幾何上的解釋，請參見 Kalman 的綜整論文及其中所列之參考文獻。要更完整且廣泛的探討此理論，見 Golub 和 Van Loan [GV]。

習題組 9.6 完整習題請見隨書光碟

1. 求下列矩陣的奇異值。

a. $A = \begin{bmatrix} 2 & 1 \\ 1 & 0 \end{bmatrix}$

b. $A = \begin{bmatrix} 2 & 1 \\ 1 & 0 \\ 0 & 1 \end{bmatrix}$

c. $A = \begin{bmatrix} 2 & 1 \\ -1 & 1 \\ 1 & 1 \\ 2 & -1 \end{bmatrix}$

d. $A = \begin{bmatrix} 1 & 1 & 0 \\ -1 & 0 & 1 \\ 0 & 1 & -1 \\ 1 & 1 & -1 \end{bmatrix}$

3. 求習題 1 中各矩陣的奇異值分解。

5. 令 A 為例題 2 所給的矩陣。證明 $(1, 2, 1)^t$、$(1, -1, 1)^t$、和 $(-1, 0, 1)^t$ 為 $A^t A$ 的特徵向量，分別對應於特徵值 $\lambda_1 = 5$、$\lambda_2 = 2$、和 $\lambda_3 = 1$。

7. 證明，若且唯若 A 為方矩陣，則 Nullity(A) = Nullity(A^t)。
9. 設 A 有奇異值分解 $A = USV^t$。證明 Rank(A) = Rank(S)。
11. 設 $n \times n$ 矩陣 A 有奇異值分解 $A = USV^t$。證明，若且唯若 S^{-1} 存在，則 A^{-1} 存在，如果 A^{-1} 存在，求它的奇異值分解。
13. 定理 9.26 的 (iii) 指出 Rank(A) = Rank(A^tA)。是否 Rank(A) = Rank(AA^t) 亦為真？
15. 證明，若 A 是 $n \times n$ 非奇異矩陣，並有奇異值 $s_1, s_2, ..., s_n$，則 A 的 l_2 條件數為 $K_2(A) = (s_1/s_n)$。
17. 已知數據

x_i	1.0	2.0	3.0	4.0	5.0
y_i	1.3	3.5	4.2	5.0	7.0

   a. 用奇異值分解的方法，求 1 次最小平方多項式。
   b. 用奇異值分解的方法，求 2 次最小平方多項式。

索 引

中文	英文	頁碼
(n+1)-點式	(n+1)-point formula	168
Aitken's Δ^2 法		85
A-正交	A-orthogonal	458
A-正交性條件	A-orthogonality condition	458
B 雲形線	B-splines	11-37
Dirichlet 邊界條件	Dirichlet boundary conditions	12-2
Gram-Schmidt 程序	Gram-Schmidt process	491, 541
Hermite 多項式	Hermite polynomials	132
Hilbert 矩陣	Hilbert matrix	487
Householder 轉換	Householder transformation	567
Jacobi 法	Jacobi's method	586
k 次均差式	kth divided difference	121
Laguerre 多項式	Laguerre polynomials	494
Legendre 多項式	Legendre polynomials	492
Lipschitz 常數	Lipschitz constant	247
Lipschitz 條件	Lipschitz condition	247, 314
Milne 法	Milne's method	298
m 步法則	m-step multistep method	287
m 階方程組	mth-order system	313
n 維列向量	n-dimensional row vector	344
n 維行向量	n-dimensional column vector	344
Neville 法	Neville's method	116
n 次拉格朗日內插多項式	nth Lagrange Interpolating polynomial	106
n 次的多項式的集合	set of all polynomials of degree at most n	489
n 次首一多項式的集合	the set of all monic polynomials of degree n	497
n 次泰勒多項式	nth Taylor polynomial	11
Padé 近似法	Padé approximation technique	505
Romberg 積分	Romberg integration	203
Runge-Kutta 法	Runge-Kutta methods	268
SOR	Successive Over-Relaxation	442
Stirling 公式	Stirling's formula	128
Wielandt 緊縮法	Wielandt deflation	562

■ 1 劃

中文	英文	頁碼
一致	consistent	324, 328

■ 2 劃

中文	英文	頁碼
二元搜尋法	Binary-search method	48
二分法	bisection method	48
二階收斂	quadratically convergent	77

■ 3 劃

中文	英文	頁碼
三次雲形線內插式	cubic spline interpolant	141
三角多項式	trigonometric polynomial	516
三角或簡化型式	triangular or reduced form	343
三對角線	tridiagonal	401
三點公式	three-point formula	170
下三角	lower-triangular	369
上 Hessenberg 矩陣	upper Hessenberg	574
上三角	upper-triangular	369
子行列式	minor	376

■ 4 劃

不足位	underflow	19
不穩定	unstable	33, 331
中央差分公式	centered-difference formulas	128, 11-17
中點法則	Midpoint rule	191
五點公式	five-point formula	170
分段多項式近似	piecewise-polynomial approximation	139
尺度化部分樞軸變換	scaled partial pivoting	358
方向導數	directional derivative	10-29
方矩陣	square matrix	369
牛頓法	Newton's Method	65
牛頓前向差分公式	Newton forward-difference formula	126
牛頓後向差分公式	Newton backward-difference formula	126

■ 5 劃

以 α 階收斂到 p	converges to p of order α	77
凸	convex	247
可微	differentiable	4
四捨五入法	rounding	20
四階 Adams-Bashforth 法	fourth-order Adams-Bashforth technique	287
四階 Adams-Moulton 法	fourth-order Adams-Moulton technique	287
平均值	average value	10
正交	orthogonal	541, 544
正交方程式	normal equation	476, 486, 11-31
正定	positive definite	393
正規正交	orthonormal	490, 541
正割法	Secant method	70

■ 6 劃

全對稱矩陣	persymmetric matrix	543
共位法	method of collocation	11-42
同倫函數	homotopy	10-35
向量空間	vector space	365
向量範數	vector norm	410
在集合上連續	continuous on the set	2
多步法	multistep methods	287
多項式內插	polynomial interpolation	104
收斂	convergent	324, 328, 426
收斂	converge	414
收斂至	converge to	3
收斂速率	rate of convergence	36
有限元素法	Finite-Element method	12-36
有限差分法	Finite-Difference method	12-5
有效位數	significant digits	21
有理函數	rational function	504
次弛法	under-relaxation methods	441
自然或自由邊界	free or natural boundary	141
自然或誘發矩陣範數	natural (induced) matrix norm	417
自然雲形線	natural spline	141
行列式值	determinant	376

■ 7 劃

含後向代換的高斯消去法	Gaussian elimination with backward substitution	345
完全對角線主導	strictly diagonally dominant	391
完全樞軸變換	complete pivoting	363
局部截尾誤差	local truncation error	262, 291
尾數	mantissa	18
快速傅立葉轉換算則	fast Fourier transform, FFT, algorithm	525

步進距離 step size	252
求根問題 root-finding problem	48
貝氏多項式 Bézier polynomials	163
辛普森法則 Simpson's rule	184

■ 8 劃

兩向量之距離 distance between two vectors	413
函數的正交集合 orthogonal set of functions	490
固定點 fixed point	56, 10-5
固定點迭代 fixed-point iteration	59
固定邊界 clamped boundary	141
奇異 singular	370
奇異值 singular values	590
奇點 singularity	238
拉格朗日內插多項式 Lagrange interpolating polynomials	104
拉普拉斯方程式 Laplace's equation	12-2
拋物線型 parabolic	12-2
波動方程式 wave equation	12-3, 12-28
泛函迭代 functional iteration	59
非奇異 nonsingular	370
非線性方程組的牛頓法 Newton's method for nonlinear systems	10-13

■ 9 劃

前向差分 forward difference	86
前向差分式 forward-difference formula	166
前向差分法 Forward-Difference method	12-15
封閉 closed	287
封閉 Newton-Cotes 公式 closed Newton-Cotes formulas	190
後向代換程序 backward-substitution process	343

後向差分式 backward-difference formula	166
後向差分法 Backward-Difference method	12-18
指數型 exponential	34
相似 similar	545
相似轉換 similarity transformation	546
相減 subtraction	25
相等 equal	364
相對誤差 relative error	20
迭代精細化 iterative refinement	451
重零點 zero of multiplicity	81
首項主要子矩陣 leading principal submatrix	395

■ 10 劃

差分方程式 difference equation	253
座標函數 coordinate functions	10-2
弱穩定 weakly stable	331
根 root	48
根的條件 root condition	330
格點 mesh points	252
格點線 grid lines	12-4
泰勒級數 Taylor series	11
特徵向量 eigenvector or characteristic vector	421
特徵多項式 characteristic polynomial	329, 335, 421
特徵值 eigenvalues or characteristic values	421
特徵數 characteristic	18
矩陣-向量積 matrix-vector product	366
矩陣乘積 matrix product	367
矩陣範數 matrix norm	416
秩 Rank	588
純量乘積 scalar multiplication	365

中文	英文	頁碼
逆	inverse	370
逆冪次法	Inverse Power method	558
高斯第 k 次轉換矩陣	kth Gaussian transformation matrix	382
高斯第一轉換矩陣	first Gaussian transformation matrix	382
高斯-賽德迭代法	Gauss-Seidel iterative technique	433

■ 11 劃

中文	英文	頁碼
基底	basis	538
密切多項式	osculating polynomial	132
帶狀矩陣	band matrix	401
帶寬	bandwidth	401
強穩定	strongy stable	331
捨入誤差	round-off error	17
旋轉矩陣	rotation matrix	576
梯形法則	Trapezoidal rule	184
梯度	gradient	10-29
條件不良	ill-conditioned	448
條件良好	well-conditioned	448
條件數	condition number	447
條件穩定	conditionally stable	33, 12-17
理察生法	Richardson's method	12-21
連分數	continued-fraction	509
連續	continuous	10-4
部分樞軸變換	partial pivoting	357
麥克勞林多項式	Maclaurin polynomial	11
麥克勞林級數	Maclaurin series	11

■ 12 劃

中文	英文	頁碼
傅立葉級數	Fourier series	516
最小平方	least squares	475
最小最大值	minimax	475
最陡下降	Steepest Descent	10-28
剩餘項	remainder term	11
單式	unitary	547
單步法	one-step methods	286
普松方程	Poisson equation	12-1
殘值向量	residual vector	440
無條件穩定	unconditionally stable	12-17
無條件穩定法	unconditionally stable method	12-21
硬性方程	stiff equations	333
絕對差	absolute deviation	475
絕對誤差	absolute error	20
絕對穩定範圍 R	region R of absolute stability	336
虛擬碼	pseudocode	31
超線性	superlinear	10-21
開放	open	287
開放 Newton-Cotes 公式	open Newton-Cotes formulas	119

■ 13 劃

中文	英文	頁碼
極限	limit	2, 3, 10-4
溢位	overflow	19
準牛頓	quasi-Newton	10-21
準確度或精度	degree of accuracy or precision	188
節點	node	12-37
置換矩陣	permutation matrix	387
過弛法	over-relaxation methods	441
零消次數	Nullity	588
零點	zero	48
預測-修正法	predictor-corrector method	295

■ 14 劃

中文	英文	頁碼
對角線	diagonal	369
對角線主導	diagonally dominant	391

對稱　symmetric	373
截尾誤差　truncation error	11
截斷法　chopping	20
漸近誤差常數為 λ　asymptotic error constant λ	77
算則　algorithms	31
緊縮法　deflation techniques	562
網格點　mesh points	12-4

■ 15 劃

增大矩陣　augmented matrix	345
數值積分　numerical quadrature	183
樞軸元素　pivot element	348
歐幾里德範數　Euclidean norm	411
線性　linear	33
線性收斂　linearly convergent	77
線性相依　linearly dependent	488, 538
線性獨立　linearly independent	488, 538
複合中點法則　Composite Midpoint rule	198
複合辛普森法則　Composite Simpson's rule	196
複合梯形法則　Composite Trapezoidal rule	197
適應性數值積分法　Adaptive quadrature methods	209
餘因子　cofactor	376
黎曼積分　Riemann integral	9

■ 16 劃

冪次法　Power method	550

導數　derivative	4
橢圓型　elliptic	12-1
錯位法　method of False Position	72
頻譜半徑　spectral radius	424

■ 17 劃

隱式　implicit	287
隱式梯形法則　Implicit Trapezoidal method	336

■ 18 劃

擴散方程式　diffusion equation	12-3
擾動問題　perturbed problem	249
雙曲線型　hyperbolic	12-3
雙變數 n 次泰勒多項式　nth Taylor polynomial in two variables	269
鬆弛法　relaxation methods	441

■ 19 劃

穩定　stable	33, 325
邊界值問題　boundary-value problem	11-1

■ 22 劃

權重函數　weight function	489

■ 23 劃

變分　variational	11-29
顯式　explicit	287